1	Gleichstrom	1
2	Elektrische Felder	39
3	Wechselstrom	105
4	Elektrische Maschinen	176
5	Messung von Strom, Spannung, Leistung	223
6	Netzwerke bei veränderlicher Frequenz	260
7	Signale und Systeme	277
8	Analoge Schaltungstechnik	332
9	Digitaltechnik	463
10	Stromversorgungen	540
A	Mathematische Grundlagen	587
B	Tabellen	604
C	Elemente der Installationstechnik	643
D	Abkürzungsverzeichnis	653
E	Schaltzeichen	720
	Sachwortverzeichnis deutsch	725
	Sachwortverzeichnis englisch	745

Taschenbuch
der
Elektrotechnik

Taschenbuch der Elektrotechnik

Grundlagen und Elektronik

Ralf Kories
Heinz Schmidt-Walter

7., erweiterte Auflage

Verlag
Harri
Deutsch

Autoren:

Professor Dr. rer. nat. Ralf Kories lehrt an der Telekom Fachhochschule Leipzig Telekommunikationsinformatik.

Professor Dr.-Ing. Heinz Schmidt-Walter lehrt an der Fachhochschule Darmstadt Technische Elektronik, Regelungs- und Schaltnetzteiltechnik.

Webseite zum Buch:
http://www.harri-deutsch.de/1793.html

Bibliografische Information der Deutschen Nationalbibliothek

Die Deutsche Nationalbibliothek verzeichnet diese Publikation in der Deutschen Nationalbibliografie; detaillierte bibliografische Daten sind im Internet über http://dnb.d-nb.de abrufbar.

ISBN-10   3-8171-1793-0
ISBN-13   978-3-8171-1793-2

Schaltungen und Verfahren werden ohne Rücksicht auf die Patentlage mitgeteilt. Bei gewerblicher Nutzung vergewissere man sich gegebenenfalls bestehender Schutzansprüche. Die Wiedergabe von Gebrauchsnamen, Handelsnamen, Warenbezeichnungen usw. in diesem Text berechtigt auch ohne besondere Kennzeichnung nicht zu der Annahme, daß solche Namen im Sinne der Warenzeichen- und Markenschutzgesetze als frei zu betrachten wären und daher von jedermann benutzt werden dürfen.

Dieses Werk ist urheberrechtlich geschützt.

Alle Rechte, auch die der Übersetzung, des Nachdrucks und der Vervielfältigung des Buches – oder von Teilen daraus – sind vorbehalten.
Kein Teil des Werkes darf ohne schriftliche Genehmigung des Verlages in irgendeiner Form (Fotokopie, Mikrofilm oder ein anderes Verfahren), auch nicht für Zwecke der Unterrichtsgestaltung, reproduziert oder unter Verwendung elektronischer Systeme verarbeitet werden. Zuwiderhandlungen unterliegen den Strafbestimmungen des Urheberrechtsgesetzes.
Der Inhalt des Werkes wurde sorgfältig erarbeitet. Dennoch übernehmen Autoren und Verlag für die Richtigkeit von Angaben, Hinweisen und Ratschlägen sowie für eventuelle Druckfehler keine Haftung.

7., erweiterte Auflage 2006
© Wissenschaftlicher Verlag Harri Deutsch GmbH, Frankfurt am Main, 2006
Satz: Satzherstellung Dr. Steffen Naake, Chemnitz <www.naake-satz.de>
Druck: Clausen & Bosse, Leck
Printed in Germany

Für wen ist dieses Buch?

Das Taschenbuch der Elektrotechnik richtet sich an **Studentinnen** und **Studenten** an Universitäten und Fachhochschulen in den Bereichen
- Elektrotechnik
- Nachrichtentechnik
- Technische Informatik
- allgemeine Ingenieurwissenschaften mit Nebenfach Elektrotechnik
- Naturwissenschaften.

Auch der tätige **Praktiker** wird im Taschenbuch der Elektrotechnik schnell einen Zusammenhang nachschlagen können.

Was ist dieses Buch?

Das Taschenbuch der Elektrotechnik ist ein **Nachschlagewerk** für die Grundlagen der Elektrotechnik und die Elektronik. Es enthält aber deutlich **mehr als eine Formelsammlung**.

Besonderheiten

Das Taschenbuch der Elektrotechnik bietet
- zahlreiche Graphiken und tabellarische Übersichten
- einen ausführlichen Tabellenanhang
- ein zweisprachiges Abkürzungsverzeichnis (über 2000 Einträge)
- ausführliche Sachwortverzeichnisse in deutscher und englischer Sprache
- zu vielen Sachverhalten den englisch/amerikanischen Fachbegriff im fachlichen Zusammenhang
- eine mathematische Formelsammlung für die Elektrotechnik.

Neu in dieser Auflage

Die 7. Auflage wurde, dem Wunsch vieler Leser entsprechend, um die Abschnitte 5.4 Berührungslose Messung von Gleich- und Wechselströmen, 5.6 Digitale Messung von Gleichspannung und 5.7 Digital-Analog-Umsetzung ergänzt, das Abkürzungsverzeichnis erweitert.

Leserkontakt

Fragen, Kommentare und Anregungen an:

Autoren und Verlag Harri Deutsch
Gräfstraße 47
D-60486 Frankfurt am Main
verlag@harri-deutsch.de
http://www.harri-deutsch.de

Inhaltsverzeichnis

1	**Gleichstrom**			1
1.1	Grundgrößen, Grundgesetze			1
	1.1.1	Elektrische Ladung, Elementarladung		1
	1.1.2	Elektrischer Strom		1
	1.1.3	Spannung und Potential		2
	1.1.4	Ohmsches Gesetz		3
	1.1.5	Widerstand und Leitwert		3
	1.1.6	Temperaturabhängigkeit des Widerstandes		3
	1.1.7	Induktivität		4
	1.1.8	Kapazität		5
	1.1.9	Ideale Spannungsquelle		5
	1.1.10	Ideale Stromquelle		6
	1.1.11	Kirchhoffsches Gesetz		6
		1.1.11.1	1. Kirchhoffscher Satz (Knotenpunktregel)	6
		1.1.11.2	2. Kirchhoffscher Satz (Maschenregel)	7
	1.1.12	Leistung und Energie		7
		1.1.12.1	Energie und Leistung am ohmschen Widerstand	8
		1.1.12.2	Energie in einer Induktivität	9
		1.1.12.3	Energie in der Kapazität	9
	1.1.13	Wirkungsgrad		10
	1.1.14	Leistungsanpassung		11
1.2	Grundschaltungen			12
	1.2.1	Reale Spannungs- und Stromquellen		12
		1.2.1.1	Reale Spannungsquelle	12
		1.2.1.2	Reale Stromquelle	12
		1.2.1.3	Umrechnung von Spannungs- in Stromquellen und umgekehrt	13
	1.2.2	Reihen- und Parallelschaltung von Bauelementen		14
		1.2.2.1	Reihenschaltung von Widerständen	14
		1.2.2.2	Parallelschaltung von Widerständen	14
		1.2.2.3	Reihenschaltung von Leitwerten	15
		1.2.2.4	Parallelschaltung von Leitwerten	15
		1.2.2.5	Reihenschaltung von Induktivitäten	16
		1.2.2.6	Parallelschaltung von Induktivitäten	16
		1.2.2.7	Reihenschaltung von Kapazitäten	17
		1.2.2.8	Parallelschaltung von Kapazitäten	17
	1.2.3	Stern-Dreieck-Umrechnung		18
	1.2.4	Spannungs- und Stromteilerregel		18
		1.2.4.1	Spannungsteilerregel	18
		1.2.4.2	Stromteilerregel	19
		1.2.4.3	Kapazitive und induktive Teiler	19
	1.2.5	*RC*- und *RL*-Kombinationen		20
		1.2.5.1	Reihenschaltung von *R* und *C* an einer Spannungsquelle	21
		1.2.5.2	Reihenschaltung von *R* und *C* an einer Stromquelle	22
		1.2.5.3	Parallelschaltung von *R* und *C* an einer Stromquelle	22
		1.2.5.4	Parallelschaltung von *R* und *C* an einer Spannungsquelle	23
		1.2.5.5	Reihenschaltung von *R* und *L* an einer Spannungsquelle	23

		1.2.5.6	Reihenschaltung von R und L an einer Stromquelle	23
		1.2.5.7	Parallelschaltung von R und L an einer Spannungsquelle	24
		1.2.5.8	Parallelschaltung von R und L an einer Stromquelle	24
	1.2.6	RLC-Kombinationen		25
		1.2.6.1	Reihenschaltung aus R, L, und C	26
1.3	Berechnungsverfahren für lineare Netzwerke			29
	1.3.1	Zählpfeile und Vorzeichenregeln		29
	1.3.2	Netzwerkberechnung mit Maschen- und Knotenpunktregel		30
	1.3.3	Überlagerungssatz (Superposition)		31
	1.3.4	Maschenstromanalyse		32
	1.3.5	Knotenpotentialanalyse		33
	1.3.6	Aktive und passive Zweipole		34
	1.3.7	Zweipolverfahren		34
1.4	Formelzeichen			37
1.5	Weiterführende Literatur			38

2 Elektrische Felder 39

2.1	Elektrostatisches Feld		39
	2.1.1	Coulombsches Gesetz	39
	2.1.2	Definition der elektrischen Feldstärke	40
	2.1.3	Spannung und Potential	41
	2.1.4	Influenz	42
	2.1.5	Verschiebungsdichte (elektrische Erregung)	43
	2.1.6	Dielektrikum	44
	2.1.7	Coulombintegral	45
	2.1.8	Gaußscher Satz der Elektrostatik	46
	2.1.9	Kapazität	47
	2.1.10	Elektrostatisches Feld an Grenzflächen	48
	2.1.11	Übersicht: Felder und Kapazitäten verschiedener geometrischer Anordnungen	49
	2.1.12	Energie im elektrostatischen Feld	50
	2.1.13	Kräfte im elektrostatischen Feld	51
		2.1.13.1 Kraft auf eine Ladung	51
		2.1.13.2 Kraft auf Grenzflächen	51
	2.1.14	Übersicht: Eigenschaften des elektrostatischen Feldes	53
	2.1.15	Zusammenhang der elektrostatischen Feldgrößen	54
2.2	Stationäres elektrisches Strömungsfeld		55
	2.2.1	Spannung und Potential	55
	2.2.2	Strom	55
	2.2.3	Elektrische Feldstärke	55
	2.2.4	Stromdichte	57
	2.2.5	Spezifischer Widerstand, spezifischer Leitwert	58
	2.2.6	Widerstand und Leitwert	59
	2.2.7	Kirchhoffsches Gesetz	60
		2.2.7.1 1. Kirchhoffscher Satz (Knotenpunktregel)	60
		2.2.7.2 2. Kirchhoffscher Satz (Maschenregel)	61
	2.2.8	Das Strömungsfeld an Grenzflächen	62
	2.2.9	Übersicht: Felder und Widerstände verschiedener geometrischer Anordnungen	63
	2.2.10	Leistung und Energie im stationären elektrischen Strömungsfeld	64
	2.2.11	Übersicht: Eigenschaften des stationären elektrischen Strömungsfeldes	65
	2.2.12	Zusammenhang der Größen im stationären elektrischen Strömungsfeld	66

2.3	Magnetisches Feld		66
	2.3.1	Kraft auf die bewegte Ladung	68
	2.3.2	Definition der magnetischen Flußdichte	68
	2.3.3	Gesetz von BIOT-SAVART	71
	2.3.4	Magnetische Feldstärke	72
	2.3.5	Magnetischer Fluß	73
	2.3.6	Magnetische Spannung und Durchflutungssatz	74
	2.3.7	Magnetischer Widerstand, magnetischer Leitwert, Induktivität	76
	2.3.8	Materie im Magnetfeld	78
		2.3.8.1 Ferromagnetische Materialien	79
	2.3.9	Das magnetische Feld an Grenzflächen	81
	2.3.10	Der magnetische Kreis	82
	2.3.11	Magnetischer Kreis mit Permanentmagnet	84
	2.3.12	Übersicht: Induktivitäten verschiedener geometrischer Anordnungen	86
	2.3.13	Induktion	87
		2.3.13.1 Induktion im bewegten elektrischen Leiter	87
		2.3.13.2 Das allgemeine Induktionsgesetz	88
		2.3.13.3 Selbstinduktion	92
	2.3.14	Gegeninduktion	93
	2.3.15	Transformatorprinzip	95
	2.3.16	Energie im magnetischen Feld	96
		2.3.16.1 Energie im magnetischen Kreis mit Luftspalt	96
	2.3.17	Kraft im magnetischen Feld	97
		2.3.17.1 Kraft auf den stromdurchflossenen Leiter	97
		2.3.17.2 Kraft auf Grenzflächen	98
	2.3.18	Übersicht: Eigenschaften des magnetischen Feldes	99
	2.3.19	Zusammenhang der magnetischen Feldgrößen	100
2.4	Maxwellsche Gleichungen		101
2.5	Formelzeichen		102
2.6	Weiterführende Literatur		103

3 Wechselstrom 105

3.1	Mathematische Grundlagen der Wechselstromtechnik		105
	3.1.1	Sinus- und Kosinusfunktionen	105
		3.1.1.1 Addition von Sinusgrößen	106
	3.1.2	Komplexe Zahlen	107
		3.1.2.1 Arithmetik im Komplexen	108
		3.1.2.2 Darstellung komplexer Zahlen	109
		3.1.2.3 Umrechnung zwischen verschiedenen Darstellungen	111
	3.1.3	Rechenoperationen im Komplexen	111
		3.1.3.1 Addition und Subtraktion im Komplexen	111
		3.1.3.2 Multiplikation komplexer Zahlen	112
	3.1.4	Übersicht: Rechnen mit komplexen Zahlen	113
	3.1.5	Die komplexe Exponentialfunktion	114
		3.1.5.1 Exponentialfunktion mit imaginärem Exponenten	114
		3.1.5.2 Exponentialfunktion mit komplexem Exponenten	115
	3.1.6	Trigonometrische Funktionen mit komplexem Argument	115
	3.1.7	Von Sinusgrößen zu Zeigergrößen	116
		3.1.7.1 Komplexe Amplitude	116
		3.1.7.2 Anschauliche Beziehung zwischen Sinusgrößen und Zeigern	117
		3.1.7.3 Addition und Subtraktion von Zeigergrößen	117

3.2	Sinusförmige Wechselgrößen		118
	3.2.1	Kenngrößen sinusförmiger Wechselgrößen	119
	3.2.2	Kenngrößen nicht sinusförmiger Wechselgrößen	122
3.3	Komplexer Widerstands- und Leitwertoperator		123
	3.3.1	Widerstandsoperator	123
	3.3.2	Komplexe Widerstände der Grundzweipole	125
		3.3.2.1 Widerstand	125
		3.3.2.2 Induktivität	125
		3.3.2.3 Kapazität	125
	3.3.3	Leitwertoperator	126
	3.3.4	Komplexe Leitwerte der Grundzweipole	127
	3.3.5	Übersicht: Komplexe Widerstände	128
		3.3.5.1 Widerstands- und Leitwertoperator	128
3.4	Wechselstromwiderstände der Grundzweipole		129
3.5	Kombinationen von Zweipolen		130
	3.5.1	Reihenschaltungen	130
		3.5.1.1 Allgemeiner Fall	130
		3.5.1.2 Widerstand und Induktivität in Reihe	131
		3.5.1.3 Widerstand und Kapazität in Reihe	132
		3.5.1.4 Widerstand, Induktivität und Kapazität in Reihe	133
	3.5.2	Parallelschaltungen	135
		3.5.2.1 Allgemeiner Fall	135
		3.5.2.2 Widerstand und Induktivität parallel	136
		3.5.2.3 Widerstand und Kapazität parallel	137
		3.5.2.4 Widerstand, Induktivität und Kapazität parallel	138
	3.5.3	Übersicht: Reihen- und Parallelschaltung	140
3.6	Netzwerkumformungen		142
	3.6.1	Umwandlung von Parallel- in Reihenschaltung und umgekehrt	142
	3.6.2	Stern-Dreieck-Wandlung und umgekehrt	143
	3.6.3	Duale Schaltungen	145
3.7	Einfache Netzwerke		147
	3.7.1	Komplexe Strom- und Spannungsteiler	147
	3.7.2	Belasteter komplexer Spannungsteiler	148
	3.7.3	Widerstandsanpassung	149
	3.7.4	Spannungsteiler mit definierten Eingangs- und Ausgangswiderständen	151
	3.7.5	Netzwerke zur Phasenverschiebung	152
		3.7.5.1 RC-Phasenschieber	153
		3.7.5.2 Sonstige Schaltungen zur Phasenverschiebung	154
	3.7.6	Wechselstrombrücken	156
		3.7.6.1 Abgleichbedingung	156
		3.7.6.2 Anwendung: Meßtechnik	157
3.8	Leistung im Wechselstromkreis		158
	3.8.1	Augenblickleistung	158
		3.8.1.1 Leistung am Wirkwiderstand	158
		3.8.1.2 Leistung am Blindwiderstand	158
	3.8.2	Mittlere Leistung	159
		3.8.2.1 Wirkleistung	159
		3.8.2.2 Blindleistung	160
		3.8.2.3 Scheinleistung	162
	3.8.3	Komplexe Leistung	162

	3.8.4	Übersicht: Wechselstromleistung	163
	3.8.5	Blindstromkompensation	164
3.9	Drehstrom		165
	3.9.1	Mehrphasensysteme	165
	3.9.2	Dreiphasensystem	166
		3.9.2.1 Eigenschaften des Drehoperators $\underline{a}$	167
	3.9.3	Generator-Dreieckschaltung	168
	3.9.4	Generator-Sternschaltung	169
3.10	Übersicht: Symmetrische Drehstromsysteme		171
	3.10.1	Leistung im Dreiphasensystem	172
3.11	Formelzeichen		173
3.12	Weiterführende Literatur		174

4 Elektrische Maschinen — 176

- 4.1 Grundlagen des magnetischen Feldes … 176
  - 4.1.1 Erzeugung eines magnetischen Feldes … 176
  - 4.1.2 Motorprinzip … 177
  - 4.1.3 Generatorprinzip … 177
  - 4.1.4 Allgemeines Induktionsgesetz … 178
  - 4.1.5 Ferromagnetische Werkstoffe … 179
  - 4.1.6 Streuung … 179
  - 4.1.7 Eisenverluste … 180
    - 4.1.7.1 Hystereseverluste … 180
    - 4.1.7.2 Wirbelstromverluste … 180
- 4.2 Drehmoment, mechanische Leistung und Beschleunigung … 180
  - 4.2.1 Typenschildangaben … 181
  - 4.2.2 Baugröße, Drehmoment, Leistung … 181
  - 4.2.3 Rechtslauf/Linkslauf … 182
  - 4.2.4 Drehzahl-Drehmoment-Arbeitspunkt … 182
  - 4.2.5 Beschleunigung und Hochlaufzeiten … 182
    - 4.2.5.1 Beschleunigung … 183
    - 4.2.5.2 Hochlaufzeit … 183
    - 4.2.5.3 Beschleunigungsweg … 184
- 4.3 Transformatoren … 186
  - 4.3.1 Der ideale Transformator … 186
  - 4.3.2 Der reale Transformator … 187
    - 4.3.2.1 Messung der Leerlaufverluste P_0 … 188
    - 4.3.2.2 Messung der Stromwärmeverluste … 188
    - 4.3.2.3 Betriebsverluste … 189
  - 4.3.3 Parallelschalten von Transformatoren … 189
  - 4.3.4 Spartransformatoren … 190
  - 4.3.5 Trenntransformatoren … 190
  - 4.3.6 Drehstromtransformatoren … 190
    - 4.3.6.1 Schaltgruppen und Kennzeichnung … 191
- 4.4 Gleichstrommaschinen … 192
  - 4.4.1 Aufbau von Gleichstrommaschinen … 192
    - 4.4.1.1 Ankerquerfeld … 193
    - 4.4.1.2 Kompensationswicklung … 193
    - 4.4.1.3 Wendepolwicklung … 194
  - 4.4.2 Der drehende Rotor und sein Ersatzschaltbild … 194
  - 4.4.3 Nebenschluß- und Reihenschlußmaschinen … 195

	4.4.4	Nebenschlußmaschinen	195
	4.4.5	Drehzahlverstellung beim Gleichstromnebenschlußmotor	197
		4.4.5.1 Drehzahlverstellung durch Veränderung der Ankerspannung	197
		4.4.5.2 Drehzahlverstellung mittels Feldschwächung	199
		4.4.5.3 Drehzahlverstellung mittels Vorwiderstand	199
	4.4.6	Reihenschlußmaschinen	199
		4.4.6.1 Reihenschlußmaschinen am Wechselstromnetz	201
	4.4.7	Drehzahlsteuerung von Universalmotoren	202
	4.4.8	Nebenschluß- und Reihenschlußverhalten	202
4.5	Drehstrommotoren		203
	4.5.1	Erzeugung des Drehfeldes	203
	4.5.2	Synchronmaschinen	204
	4.5.3	Asynchronmotoren	205
		4.5.3.1 Funktionsprinzip	205
		4.5.3.2 Bemessungsdaten (Nenndaten) der Asynchronmaschine	207
		4.5.3.3 Elektrisches Ersatzschaltbild der Asynchronmaschine	208
		4.5.3.4 Drehzahl-Drehmomentverlauf	209
		4.5.3.5 Einfluß des Läuferwiderstandes	210
		4.5.3.6 Stromverdrängung	210
		4.5.3.7 Einfluß der Speisespannung auf das Drehmoment	211
	4.5.4	Die Stromortskurve der Drehstromasynchronmaschine	211
		4.5.4.1 Konstruktion der Stromortskurve	213
		4.5.4.2 Die reale Stromortskurve	213
	4.5.5	Reduzierung des Anlaufstromes	213
		4.5.5.1 Stern-Dreieck-Umschaltung	213
		4.5.5.2 Sanftanlaufgeräte	214
	4.5.6	Drehzahlverstellung von Asynchronmotoren	214
		4.5.6.1 Polumschaltung	214
		4.5.6.2 Frequenzumrichter	215
	4.5.7	Generatorischer Betrieb der Asynchronmaschine	216
	4.5.8	Bremsen der Drehstromasynchronmaschine	217
		4.5.8.1 Generatorisches Bremsen	217
		4.5.8.2 Gleichstrombremsen	217
	4.5.9	Linearmotor	217
	4.5.10	Einphasig gespeister Drehstromasynchronmotor	218
4.6	Kleinmotoren		219
	4.6.1	Kondensatormotor	219
	4.6.2	Spaltpolmotor	219
	4.6.3	Schrittmotor	220
4.7	Formelzeichen		221
4.8	Weiterführende Literatur		221

5 Messung von Strom, Spannung, Leistung — 223

5.1	Elektrische Meßwerke		223
	5.1.1	Drehspulmeßwerk	223
	5.1.2	Kreuzspulmeßwerk	224
	5.1.3	Elektrodynamisches Meßwerk	224
	5.1.4	Dreheisenmeßwerk	225
	5.1.5	Weitere Meßwerke	225
	5.1.6	Übersicht: Elektrische Meßwerke	227

5.2	Messung von Gleichstrom und Gleichspannung		228
	5.2.1	Drehspulinstrument	228
	5.2.2	Meßbereichserweiterung für Strommessungen	228
	5.2.3	Meßbereichserweiterung für Spannungsmessungen	230
	5.2.4	Überlastschutz	230
	5.2.5	Systematische Meßabweichungen	230
5.3	Messung von Wechselspannung und Wechselstrom		231
	5.3.1	Drehspulinstrument mit Gleichrichter	231
	5.3.2	Dreheiseninstrument	233
	5.3.3	Meßbereichserweiterung durch Meßwandler	233
	5.3.4	Effektivwertmessung	234
5.4	Berührungslose Messung von Gleich- und Wechselströmen		235
5.5	Leistungsmessung		237
	5.5.1	Leistungsmessung im Gleichstromkreis	237
	5.5.2	Leistungsmessung im Wechselstromkreis	238
		5.5.2.1 Drei-Voltmeter-Methode	239
		5.5.2.2 Leistungsfaktormessung	240
	5.5.3	Leistungsmessung im Drehstromkreis	241
		5.5.3.1 Messung der Wirkleistung im Drehstromnetz	241
		5.5.3.2 Messung der Blindleistung im Drehstromnetz	242
		5.5.3.3 Leistungsmeßkoffer	243
5.6	Digitale Messung von Gleichspannung		245
	5.6.1	Parallel-Umsetzer (Flashconverter)	245
	5.6.2	Kompensationsverfahren	246
	5.6.3	Nachlauf-Umsetzer	247
	5.6.4	Sukzessive Approximation	247
	5.6.5	Einrampenverfahren	248
	5.6.6	Zweirampenverfahren	249
	5.6.7	Abtast-Halte-Kreis	250
	5.6.8	Übersicht: Verfahren zur Analog-Digital-Umsetzung	251
	5.6.9	Schaltzeichen für Analog-Digital-Umsetzer	251
5.7	Digital-Analog-Umsetzung		251
	5.7.1	Schaltzeichen für Digital-Analog-Umsetzer	251
	5.7.2	Parallelverfahren	251
	5.7.3	Wägeverfahren	252
	5.7.4	Deglitching	253
	5.7.5	Pulsweitenmodulation	253
	5.7.6	Übersicht: Auflösung und Codierung bei ADU und DAU	254
5.8	Meßfehler		255
	5.8.1	Systematische und zufällige Fehler	255
	5.8.2	Garantie-Fehlergrenzen	255
5.9	Übersicht: Hinweiszeichen auf Meßinstrumenten		256
5.10	Übersicht: Meßverfahren		257
5.11	Formelzeichen		258
5.12	Weiterführende Literatur		259
6	**Netzwerke bei veränderlicher Frequenz**		**260**
6.1	Lineare Systeme		260
	6.1.1	Übertragungsfunktion, Amplituden- und Phasengang	261
6.2	Filter		263
	6.2.1	Tiefpaß	263

	6.2.2	Hochpaß	264
	6.2.3	Bandpaß	264
	6.2.4	Bandsperre	265
	6.2.5	Allpaß	265
6.3	Einfache Filter		266
	6.3.1	Tiefpaß	266
		6.3.1.1 Anstiegszeit	267
	6.3.2	Frequenznormierung	268
		6.3.2.1 Verstärkungsmaß in der Näherung	269
	6.3.3	Hochpaß	269
		6.3.3.1 Verstärkungsmaß in der Näherung	271
	6.3.4	Filter höherer Ordnung	271
	6.3.5	Bandpaß	273
	6.3.6	Realisierungen von Filtern	275
6.4	Formelzeichen		275
6.5	Weiterführende Literatur		276

7 Signale und Systeme — 277

7.1	Signale		277
	7.1.1	Definitionen	277
	7.1.2	Symmetrie-Eigenschaften von Signalen	278
7.2	FOURIER-Reihe		279
	7.2.1	Trigonometrische Form	279
		7.2.1.1 Symmetrie-Eigenschaften	281
	7.2.2	Amplituden-Phasen-Form	281
	7.2.3	Exponential-Form	281
		7.2.3.1 Symmetrie-Eigenschaften	282
	7.2.4	Übersicht: FOURIER-Reihendarstellung	283
	7.2.5	Nützliche Integrale bei der Berechnung von FOURIER-Koeffizienten	284
	7.2.6	Tabelle: FOURIER-Reihen	285
	7.2.7	Anwendung der FOURIER-Reihen	287
		7.2.7.1 Spektrum eines Rechtecksignals	287
		7.2.7.2 Spektrum eines Sägezahnsignals	288
		7.2.7.3 Spektrum eines zusammengesetzten Signals	289
7.3	Systeme		290
	7.3.1	System-Eigenschaften	290
		7.3.1.1 Lineare Systeme	290
		7.3.1.2 Kausale Systeme	291
		7.3.1.3 Zeitinvariante Systeme	291
		7.3.1.4 Stabile Systeme	292
		7.3.1.5 LTI-Systeme	292
	7.3.2	Elementarsignale	292
		7.3.2.1 Die Sprungfunktion	292
		7.3.2.2 Die Rechteckfunktion	293
		7.3.2.3 Der Dreieckimpuls	293
		7.3.2.4 Der Gaußimpuls	293
		7.3.2.5 Die Stoßfunktion (DIRAC-Funktion)	294
	7.3.3	Verschiebung und Dehnung eines Zeitsignals	295
	7.3.4	Systemreaktionen	296
		7.3.4.1 Impulsantwort	297
		7.3.4.2 Sprungantwort	297

		7.3.4.3	Systemantwort bei beliebigem Eingangssignal	298

       7.3.4.4   Rechenregeln der Faltung 299
       7.3.4.5   Übertragungsfunktion 300
       7.3.4.6   Berechnung der Systemantwort im Frequenzbereich 301
   7.3.5   Berechnung der Impuls- und Sprungantwort 302
       7.3.5.1   Normierung von Schaltkreisen 302
       7.3.5.2   Impuls/Sprungantwort von Systemen erster Ordnung 303
       7.3.5.3   Impuls-/Sprungantwort von Systemen zweiter Ordnung 304
   7.3.6   Ideale Systeme 307
       7.3.6.1   Das verzerrungsfreie System 307
       7.3.6.2   Der ideale Tiefpaß 308
       7.3.6.3   Der ideale Bandpaß 311

7.4   FOURIER-Transformation 312
   7.4.1   Prinzip 312
   7.4.2   Definition 313
   7.4.3   Darstellung der FOURIER-Transformierten 314
       7.4.3.1   Symmetrie-Eigenschaften 314
   7.4.4   Übersicht: Eigenschaften der FOURIER-Transformation 315
   7.4.5   FOURIER-Transformierte von Elementarsignalen 316
       7.4.5.1   Spektrum der DIRAC-Funktion 316
       7.4.5.2   Spektrum der Signum- und Sprungfunktion 317
       7.4.5.3   Spektrum des Rechteckimpulses 318
       7.4.5.4   Spektrum des Dreieckimpulses 319
       7.4.5.5   Spektrum des Gaußimpulses 319
       7.4.5.6   Spektrum harmonischer Zeitfunktionen 320
   7.4.6   Tabelle: FOURIER-Transformierte 321

7.5   Nichtlineare Systeme 324
   7.5.1   Definition 324
   7.5.2   Charakterisierung nichtlinearer Systeme 324
       7.5.2.1   Kennliniengleichung 325
       7.5.2.2   Klirrfaktor 325
       7.5.2.3   Intermodulationsabstand 327

7.6   Formelzeichen 329
7.7   Weiterführende Literatur 331

8   Analoge Schaltungstechnik   332

8.1   Berechnungsverfahren 332
   8.1.1   Linearisierung im Arbeitspunkt 332
   8.1.2   Wechselstromersatzschaltung 333
   8.1.3   Ein- und Ausgangsimpedanz 334
       8.1.3.1   Bestimmung der Eingangsimpedanz 334
       8.1.3.2   Bestimmung der Ausgangsimpedanz 334
       8.1.3.3   Zusammenschaltung von Zweipolen 335
   8.1.4   Vierpolverfahren 336
       8.1.4.1   Vierpolgleichungen 336
       8.1.4.2 h-Parameter (Hybrid-Parameter*) 337
       8.1.4.3 y-Parameter (Leitwertparameter*) 337
   8.1.5   Blockschaltbilder 338
       8.1.5.1   Rechenregeln für Blockschaltbilder 339
   8.1.6   Bode-Diagramm 340

8.2	Silizium- und Germaniumdioden		341
	8.2.1	Strom-Spannungsverhalten von Si- und Ge-Dioden	341
	8.2.2	Temperaturabhängigkeit der Schleusenspannung	342
	8.2.3	Differentieller Widerstand (dynamischer Widerstand)	342
8.3	Kleinsignalverstärker mit Bipolartransistoren		342
	8.3.1	Transistorkenngrößen	343
		8.3.1.1 Schaltbilder und Zählpfeilrichtungen für Bipolartransistoren	343
		8.3.1.2 Ausgangskennlinien	343
		8.3.1.3 Steuerkennlinie (Übertragungskennlinie)	344
		8.3.1.4 Eingangskennlinie	344
		8.3.1.5 Statische Stromverstärkung B	345
		8.3.1.6 Differentielle Stromverstärkung β	345
		8.3.1.7 Steilheit S	345
		8.3.1.8 Temperaturdrift	346
		8.3.1.9 Differentieller Eingangswiderstand r_{BE}	346
		8.3.1.10 Differentieller Ausgangswiderstand r_{CE}	346
		8.3.1.11 Spannungsrückwirkung A_r	347
		8.3.1.12 Transitfrequenz f_T	347
	8.3.2	Ersatzschaltbilder	347
		8.3.2.1 Statisches Ersatzschaltbild	347
		8.3.2.2 Wechselstromersatzschaltbild	348
		8.3.2.3 Ersatzschaltbild nach GIACOLETTO	348
	8.3.3	Darlingtonschaltung	349
		8.3.3.1 Quasidarlingtonschaltung	350
	8.3.4	Grundschaltungen mit Bipolartransistoren	351
	8.3.5	Emitterschaltung	351
		8.3.5.1 Vierpolgleichungen der Emitterschaltung	352
		8.3.5.2 Wechselstromersatzschaltbild der Emitterschaltung	353
		8.3.5.3 Eingangswiderstand der Emitterschaltung	354
		8.3.5.4 Ausgangswiderstand der Emitterschaltung	355
		8.3.5.5 Wechselspannungsverstärkung der Emitterschaltung	356
		8.3.5.6 Arbeitspunkteinstellung	357
		8.3.5.7 Arbeitspunktstabilisierung	359
		8.3.5.8 Arbeitsgerade	361
		8.3.5.9 Emitterschaltung bei hohen Frequenzen	362
	8.3.6	Kollektorschaltung (Emitterfolger)	362
		8.3.6.1 Wechselstromersatzschaltbild der Kollektorschaltung	363
		8.3.6.2 Eingangswiderstand der Kollektorschaltung	363
		8.3.6.3 Ausgangswiderstand der Kollektorschaltung	364
		8.3.6.4 Wechselstromverstärkung der Kollektorschaltung	364
		8.3.6.5 Kollektorschaltung bei hohen Frequenzen	364
	8.3.7	Basisschaltung	365
		8.3.7.1 Wechselstromersatzschaltbild der Basisschaltung	365
		8.3.7.2 Eingangswiderstand der Basisschaltung	366
		8.3.7.3 Ausgangswiderstand der Basisschaltung	366
		8.3.7.4 Wechselspannungsverstärkung der Basisschaltung	366
		8.3.7.5 Basisschaltung bei hohen Frequenzen	367
	8.3.8	Übersicht: Bipolartransistor-Grundschaltungen	367
	8.3.9	Stromquellen mit Bipolartransistoren	368
	8.3.10	Differenzverstärker mit Bipolartransistoren	369
		8.3.10.1 Differenzverstärkung (Gegentaktverstärkung)	371

		8.3.10.2	Gleichtaktverstärkung	371
		8.3.10.3	Gleichtaktunterdrückung	372
		8.3.10.4	Eingangswiderstand des Differenzverstärkers	372
		8.3.10.5	Ausgangswiderstand des Differenzverstärkers	373
		8.3.10.6	Offsetspannung des Differenzverstärkers	373
		8.3.10.7	Offsetstrom des Differenzverstärkers	373
		8.3.10.8	Offsetspannungsdrift	373
		8.3.10.9	Beispiele für Differenzverstärker	374
	8.3.11	Übersicht: Differenzverstärker mit Bipolartransistoren		375
	8.3.12	Stromspiegelschaltung		375
		8.3.12.1	Varianten der Stromspiegelschaltung	376
8.4	Kleinsignalverstärker mit Feldeffekttransistoren			376
	8.4.1	Transistorkenngrößen		376
		8.4.1.1	Schaltbilder und Zählpfeilrichtungen für Feldeffekttransistoren	376
		8.4.1.2	Übertragungskennlinien und Ausgangskennlinienfeld von JFETs	378
		8.4.1.3	Übertragungskennlinie und Ausgangskennlinienfeld von IGFETs	379
		8.4.1.4	Steilheit	379
		8.4.1.5	Differentieller Ausgangswiderstand	380
		8.4.1.6	Eingangsimpedanz	380
	8.4.2	Ersatzschaltbilder		380
		8.4.2.1	Ersatzschaltbild für niedrige Frequenzen	380
		8.4.2.2	Ersatzschaltbild für hohe Frequenzen	381
		8.4.2.3	Grenzfrequenz der Vorwärtssteilheit	381
	8.4.3	Grundschaltungen mit Feldeffekttransistoren		381
	8.4.4	Sourceschaltung		382
		8.4.4.1	Vierpolgleichungen der Sourceschaltung	383
		8.4.4.2	Wechselstromersatzschaltbild der Sourceschaltung	383
		8.4.4.3	Eingangsimpedanz der Sourceschaltung	384
		8.4.4.4	Ausgangsimpedanz der Sourceschaltung	384
		8.4.4.5	Wechselspannungsverstärkung	385
		8.4.4.6	Arbeitspunkteinstellung	385
		8.4.4.7	Drainschaltung, Sourcefolger	387
		8.4.4.8	Wechselstromersatzschaltbild der Drainschaltung	387
		8.4.4.9	Eingangswiderstand der Drainschaltung	387
		8.4.4.10	Ausgangswiderstand der Drainschaltung	388
		8.4.4.11	Spannungsverstärkung der Drainschaltung	388
		8.4.4.12	Drainschaltung bei hohen Frequenzen	388
	8.4.5	Gateschaltung		388
		8.4.5.1	Eingangswiderstand der Gateschaltung	389
		8.4.5.2	Ausgangswiderstand der Gateschaltung	389
		8.4.5.3	Spannungsverstärkung der Gateschaltung	389
	8.4.6	Übersicht: Grundschaltungen mit Feldeffekttransistoren		389
	8.4.7	Stromquelle mit FETs		390
	8.4.8	Differenzverstärker mit Feldeffekttransistoren		390
		8.4.8.1	Differenzverstärkung (Gegentaktverstärkung)	391
		8.4.8.2	Gleichtaktverstärkung	391
		8.4.8.3	Gleichtaktunterdrückung	391
		8.4.8.4	Eingangsimpedanz	392
		8.4.8.5	Ausgangswiderstand	392
	8.4.9	Übersicht: Differenzverstärker mit Feldeffekttransistoren		392
	8.4.10	Der FET als steuerbarer Widerstand		392

8.5	Gegenkopplung		393
	8.5.1	Gegenkopplungsarten	395
	8.5.2	Einfluß der Gegenkopplung auf die Ein- und Ausgangsimpedanz	397
		8.5.2.1 Ein- und Ausgangsimpedanz der vier Gegenkopplungsarten	398
	8.5.3	Einfluß der Gegenkopplung auf den Frequenzgang	398
	8.5.4	Stabilität gegengekoppelter Systeme	399
8.6	Operationsverstärker		400
	8.6.1	Kennwerte des Operationsverstärkers	401
		8.6.1.1 Ausgangsaussteuerbereich	401
		8.6.1.2 Offsetspannung	401
		8.6.1.3 Offsetspannungsdrift	401
		8.6.1.4 Gleichtaktaussteuerbereich	401
		8.6.1.5 Differenzverstärkung	402
		8.6.1.6 Gleichtaktverstärkung	402
		8.6.1.7 Gleichtaktunterdrückung	402
		8.6.1.8 Betriebsspannungsdurchgriff	402
		8.6.1.9 Eingangswiderstand	403
		8.6.1.10 Ausgangswiderstand*	403
		8.6.1.11 Eingangsruhestrom*	403
		8.6.1.12 Verstärkungsbandbreiteprodukt* (Transitfrequenz)	403
		8.6.1.13 Grenzfrequenz	404
		8.6.1.14 Anstiegssteilheit der Ausgangsspannung (Slew Rate)	404
		8.6.1.15 Ersatzschaltbild des Operationsverstärkers	404
	8.6.2	Frequenzgangkorrektur	405
	8.6.3	Komparatoren	406
	8.6.4	Operationsverstärkerschaltungen	406
		8.6.4.1 Impedanzwandler	407
		8.6.4.2 Nichtinvertierender Verstärker (Elektrometerverstärker)	407
		8.6.4.3 Invertierender Verstärker	408
		8.6.4.4 Addierer	410
		8.6.4.5 Subtrahierer	410
		8.6.4.6 Instrumentenverstärker	411
		8.6.4.7 Spannungsgesteuerte Stromquellen	412
		8.6.4.8 Integrator	413
		8.6.4.9 Differenzierer (Differentiator)	414
		8.6.4.10 Wechselspannungsverstärker mit einer Betriebsspannung	414
		8.6.4.11 Spannungseinsteller mit definierter Änderungsgeschwindigkeit	415
		8.6.4.12 Schmitt-Trigger	415
		8.6.4.13 Dreieck-Rechteck-Generator	416
		8.6.4.14 Multivibrator	417
		8.6.4.15 Sägezahn-Generator	417
		8.6.4.16 Pulsweitenmodulator	418
8.7	Aktive Filter		419
	8.7.1	Tiefpässe	420
		8.7.1.1 Theorie der Tiefpässe	420
		8.7.1.2 Berechnung von Tiefpässen	426
		8.7.1.3 Tiefpaß-Schaltungen	428
	8.7.2	Hochpässe	430
		8.7.2.1 Theorie der Hochpässe	430
		8.7.2.2 Hochpaß-Schaltungen	430

	8.7.3	Bandpässe	431
		8.7.3.1 Bandpässe 2. Ordnung	431
		8.7.3.2 Bandpaß-Schaltung 2. Ordnung	432
		8.7.3.3 Bandpässe 4. und höherer Ordnung	433
	8.7.4	Universalfilter	433
	8.7.5	Filter mit geschalteten Kapazitäten	434
8.8	Oszillatoren		435
	8.8.1	RC-Oszillatoren	436
		8.8.1.1 Phasenschieberoszillator	436
		8.8.1.2 Wien-Robinson-Oszillator, Wienbrückenoszillator	437
	8.8.2	LC-Oszillatoren	437
		8.8.2.1 Meißner-Oszillator	437
		8.8.2.2 Hartley-Oszillator (Induktiver Dreipunkt-Oszillator)	438
		8.8.2.3 Colpitts-Oszillator (kapazitiver Dreipunktoszillator)	439
	8.8.3	Quarz-Oszillatoren*	439
		8.8.3.1 Pierce-Oszillator*	440
		8.8.3.2 Quarzoszillator mit TTL-Gattern	440
	8.8.4	Multivibratoren	441
8.9	Erwärmung und Kühlung		441
	8.9.1	Zuverlässigkeit und Lebensdauer	442
	8.9.2	Temperaturberechnung	443
		8.9.2.1 Wärmewiderstand*	444
		8.9.2.2 Wärmekapazität	445
		8.9.2.3 Der transiente Wärmewiderstand (Pulswärmewiderstand)	446
8.10	Leistungsverstärker		447
	8.10.1	Emitterfolger*	447
	8.10.2	Komplementärer Emitterfolger im B-Betrieb	451
	8.10.3	Komplementärer Emitterfolger im C-Betrieb	453
	8.10.4	Die Betriebsarten im Ausgangskennlinienfeld	454
	8.10.5	Komplementärer Emitterfolger im AB-Betrieb	454
		8.10.5.1 Vorspannungserzeugung für den AB-Betrieb	455
		8.10.5.2 Komplementärer Emitterfolger mit Darlingtontransistoren	456
		8.10.5.3 Strombegrenzung beim komplementären Emitterfolger	457
	8.10.6	Ansteuerung von Leistungsverstärkern	458
		8.10.6.1 Ansteuerung über Differenzverstärker	458
		8.10.6.2 Ansteuerung über Operationsverstärker	459
	8.10.7	Taktverstärker	459
8.11	Formelzeichen		460
	8.11.1	Weiterführende Literatur	462

9 Digitaltechnik — 463

9.1	Schaltalgebra (Boolesche Algebra)		463
	9.1.1	Logische Variablen und logische Grundfunktionen	463
		9.1.1.1 Negation	463
		9.1.1.2 UND-Funktion (Konjunktion)	464
		9.1.1.3 ODER-Funktion (Disjunktion)	464
	9.1.2	Logische Funktionen und ihre Symbole	464
		9.1.2.1 Inverter (NOT)	465
		9.1.2.2 UND-Verknüpfung (AND)	465
		9.1.2.3 ODER-Verknüpfung (OR)	465
		9.1.2.4 NAND-Verknüpfung	466

		9.1.2.5 NOR-Verknüpfung	466
		9.1.2.6 EXOR-Verknüpfung (Antivalenz, exklusives ODER)	467
	9.1.3	Termumformungen	468
		9.1.3.1 Kommutativ-Gesetze	468
		9.1.3.2 Assoziativ-Gesetze	468
		9.1.3.3 Distributiv-Gesetze	468
		9.1.3.4 Inversions-Gesetze (De Morgansche Regeln)	468
	9.1.4	Übersicht: Termumformungen	469
	9.1.5	Analyse von logischen Schaltungen	470
	9.1.6	Normalformen	470
		9.1.6.1 Disjunktive Normalform	471
		9.1.6.2 Konjunktive Normalform	472
	9.1.7	Systematische Reduktion einer logischen Funktion	472
		9.1.7.1 Karnaugh-Diagramm	473
		9.1.7.2 Das Verfahren nach Quine und McCluskey	476
	9.1.8	Synthese von Schaltnetzen	478
		9.1.8.1 Typisierung auf NAND-Glieder	479
		9.1.8.2 Typisierung auf NOR-Glieder	479
9.2	Elektronische Realisierung von Schaltfunktionen		480
	9.2.1	Elektrische Kenndaten	480
		9.2.1.1 Pegel	480
		9.2.1.2 Übertragungskennlinie	480
		9.2.1.3 Lastfaktoren	481
		9.2.1.4 Störabstand	481
		9.2.1.5 Verzögerungszeit	482
		9.2.1.6 Anstiegszeiten	482
		9.2.1.7 Verlustleistung	483
		9.2.1.8 Mindeststeilheit	483
		9.2.1.9 Integration	483
	9.2.2	Übersicht: Bezeichnungen in Datenblättern	484
	9.2.3	TTL-Familie	485
		9.2.3.1 TTL-Baureihen	486
		9.2.3.2 Grundschaltung von TTL-Gattern	487
	9.2.4	CMOS-Familie	488
	9.2.5	Vergleich TTL vs. CMOS	489
		9.2.5.1 Weitere Logik-Familien	490
	9.2.6	Spezielle Schaltungsvarianten	490
		9.2.6.1 Ausgänge mit offenem Kollektor	490
		9.2.6.2 Phantom UND/ODER Verknüpfung	491
		9.2.6.3 Tristate-Ausgänge	492
		9.2.6.4 Schmitt-Trigger-Eingänge	493
9.3	Schaltnetze, Schaltwerke		494
	9.3.1	Abhängigkeitsnotation	494
		9.3.1.1 Übersicht: Abhängigkeitsnotation	496
	9.3.2	Schaltsymbole für Schaltnetze und Schaltwerke	496
9.4	Beispiele für Schaltnetze		497
	9.4.1	1-aus-n-Dekoder	497
	9.4.2	Multiplexer und Demultiplexer	498
		9.4.2.1 Typenübersicht	499
9.5	Flip-Flops		499
	9.5.1	Anwendungen von Flip-Flops	499

9.5.2		RS-Flip-Flop	500
	9.5.2.1	RS-Flip-Flop mit Takteingang	501
9.5.3		D-Flip-Flop	501
9.5.4		Master-Slave-Flip-Flop	502
9.5.5		JK-Flip-Flop	503
9.5.6		Steuerung (*Triggerung*) von Flip-Flops	503
9.5.7		Bezeichnungen an Flip-Flop-Schaltsymbolen	504
9.5.8		Übersicht: Flip-Flops	505
9.5.9		Übersicht: Flankengetriggerte Flip-Flops	505
9.5.10		Synthese von flankengesteuerten Flip-Flops	507
9.5.11		Übersicht: Flip-Flop Schaltkreise	509

9.6 Speicher ... 510
    9.6.1 Prinzipieller Aufbau ... 510
    9.6.2 Speicherzugriff ... 511
    9.6.3 Statische und dynamische RAMs ... 512
        9.6.3.1 Erweiterungen und Varianten von RAM Speichern ... 513
    9.6.4 Festwertspeicher ... 514
    9.6.5 Programmierbare Funktionsspeicher ... 515
        9.6.5.1 Prinzip ... 515
        9.6.5.2 PLD Typen ... 516
        9.6.5.3 Ausgangsschaltungen ... 517
9.7 Register und Schieberegister ... 519
9.8 Zähler ... 520
    9.8.1 Asynchron-Zähler ... 520
        9.8.1.1 Dualzähler ... 520
        9.8.1.2 Dezimalzähler ... 522
        9.8.1.3 Rückwärtszähler ... 524
        9.8.1.4 Vorwärts-Rückwärtszähler ... 525
        9.8.1.5 Programmierbare Zähler ... 525
    9.8.2 Synchronzähler ... 526
        9.8.2.1 Kaskadierung von Synchron-Zählern ... 527
    9.8.3 Übersicht: TTL- und CMOS Zähler ... 529
        9.8.3.1 TTL-Zähler ... 530
        9.8.3.2 CMOS-Zähler ... 531
9.9 Entwurf und Synthese von Schaltwerken ... 531
9.10 Weiterführende Literatur ... 538

10 Stromversorgungen   540

10.1 Netztransformatoren ... 540
10.2 Gleichrichtung und Siebung ... 542
    10.2.1 Verschiedene Gleichrichterschaltungen ... 543
    10.2.2 Spannungsvervielfacher ... 545
        10.2.2.1 Delon-Schaltung ... 545
    10.2.3 Villard-Schaltung ... 546
    10.2.4 Ladungspumpen ... 546
10.3 Phasenanschnittsteuerung ... 547
10.4 Analoge Spannungsstabilisierungen ... 549
    10.4.1 Spannungsstabilisierung mit Zenerdiode ... 549
    10.4.2 Stabilisierung mit Längstransistor ... 549
    10.4.3 Spannungsregelung ... 550
        10.4.3.1 Integrierte Spannungsregler ... 551

10.5 Schaltnetzteile ... 551
10.5.1 Sekundärgetaktete Schaltnetzteile (Drosselwandler) ... 552
10.5.1.1 Abwärtswandler ... 552
10.5.1.2 Aufwärtswandler ... 554
10.5.1.3 Invertierender Wandler ... 556
10.5.2 Primärgetaktete Schaltnetzteile ... 557
10.5.2.1 Sperrwandler ... 557
10.5.2.2 Eintaktdurchflußwandler ... 561
10.5.2.3 Gegentaktwandler ... 563
10.5.2.4 Resonanzwandler ... 565
10.5.3 Übersicht: Schaltnetzteile ... 568
10.5.4 Regelung von Schaltnetzteilen ... 570
10.5.4.1 Voltage-mode-Regelung ... 570
10.5.4.2 Current-mode-Regelung ... 570
10.5.4.3 Vergleich: voltage-mode vs. current-mode-Regelung ... 571
10.5.4.4 Dimensionierung des PI-Reglers ... 572
10.5.5 Wickelgüter ... 572
10.5.5.1 Berechnung von Speicherdrosseln ... 572
10.5.5.2 Berechnung von Hochfrequenztransformatoren ... 574
10.5.6 Leistungfaktor-Vorregelung ... 577
10.5.6.1 Ströme, Spannungen und Leistung im Leistungsfaktor-Vorregler ... 578
10.5.6.2 Die Regelung des Leistungsfaktor-Vorreglers ... 579
10.5.7 Funkentstörung von Schaltnetzteilen ... 580
10.5.7.1 Funkstörstrahlung ... 581
10.5.7.2 Leitungsgebundene Störungen ... 581
10.5.7.3 Verminderung der asymmetrischen Funkstörspannungen ... 582
10.5.7.4 Verminderung der symmetrischen Funkstörspannungen ... 583
10.5.7.5 Vollständiges Funkentstörfilter ... 584
10.6 Formelzeichen ... 584
10.7 Weiterführende Literatur ... 585

A Mathematische Grundlagen ... 587
A.1 Trigonometrische Funktionen ... 587
A.1.1 Eigenschaften ... 587
A.1.2 Summen und Differenzen von Winkelfunktionen ... 588
A.1.3 Summen und Differenzen im Argument ... 589
A.1.4 Vielfache des Arguments ... 589
A.1.5 Gewichtete Summe von Winkelfunktionen ... 590
A.1.6 Produkte von Winkelfunktionen ... 590
A.1.7 Dreifachprodukte ... 590
A.1.8 Potenzen von Winkelfunktionen ... 591
A.1.9 Winkelfunktionen mit komplexem Argument ... 591
A.2 Inverse Winkelfunktionen (Arkusfunktionen) ... 591
A.3 Hyperbelfunktionen ... 592
A.4 Differentialrechnung ... 592
A.4.1 Differentiationsregeln ... 592
A.4.2 Ableitungen einfacher Funktionen ... 593
A.5 Integralrechnung ... 593
A.5.1 Integrationsregeln ... 593
A.5.1.1 Integrale einfacher Funktionen ... 594
A.5.2 Integrale mit Winkelfunktionen ... 595

		A.5.3	Integrale mit Exponentialfunktionen	597

	A.5.3 Integrale mit Exponentialfunktionen	597
	A.5.4 Integrale mit inversen Winkelfunktionen	598
	A.5.5 Bestimmte Integrale	598
A.6	Das Integral der Standard-Normalverteilung	601

B	**Tabellen**	**604**
B.1	Das SI-System	604
	B.1.1 Dezimalvorsätze	605
	B.1.2 SI-Einheiten der Elektrotechnik	606
B.2	Naturkonstanten	607
B.3	Formelzeichen des griechischen Alphabets	607
B.4	Einheiten und Definitionen technisch-physikalischer Größen	608
B.5	Englisch/Amerikanische Einheiten	609
B.6	Sonstige Einheiten	611
B.7	Lade- und Entladekurven	614
B.8	IEC-Normreihe	615
B.9	Farbcode zur Kennzeichnung von Widerständen	616
B.10	Parallelschaltung von Widerständen	617
B.11	Strombelastbarkeit von Leiterbahnen	618
B.12	Amerikanische Drahtstärken	619
B.13	Trockenbatterien	621
B.14	Bezeichnung der Radiofrequenzbereiche	622
B.15	Pegel	623
	B.15.1 Absolute Pegel	623
	B.15.1.1 Umrechnung von Leistungs- und Spannungspegeln	624
	B.15.2 Relative Pegel	625
B.16	Kontaktbelegung ausgewählter Steckverbinder	626
	B.16.1 VGA (9-polig)	626
	B.16.2 VGA (15-polig)	626
	B.16.3 9-zu-15-Stift-VGA-Kabel	627
	B.16.4 SCART	627
	B.16.5 SCART-Verbindungskabel	628
	B.16.6 S-Video	628
	B.16.7 Serielle Schnittstelle (9-polig)	629
	B.16.8 Serielle Schnittstelle (25-polig)	629
	B.16.9 Verbindungsschema serielle Schnittstelle	630
	B.16.10 Cisco Console Port	631
	B.16.11 Cisco Console Kabel (9-polig)	631
	B.16.12 Cisco Console Kabel (25-polig)	632
	B.16.13 Universal Serial Bus (USB)	632
	B.16.14 Diodenstecker (3-polig)	633
	B.16.15 Diodenstecker (5-polig)	633
	B.16.16 Klinkenstecker mono	634
	B.16.17 Klinkenstecker stereo	634
B.17	Telefontechnik	635
	B.17.1 Mehrfrequenzwahl	635
	B.17.2 TAE-Dosen Anschlußschema	635
	B.17.3 ISDN-Dosen Anschlußschema	636
B.18	ASCII-Codierung	637
B.19	Chemische Elemente	638
B.20	Werkstoffe	641

C	**Elemente der Installationstechnik**	**643**
C.1	Schmelzsicherungen	643
C.2	Bezeichnung von Leitern	643
C.3	Schutzklassen	644
C.4	Farbkurzzeichen nach DIN IEC 757	644
C.5	Adernfarben in mehradrigen Leitungen	645
C.6	Typen-Kennzeichnung bei isolierten Leitungen	646
C.7	Leitungsausführungen	647
C.8	Schutzarten	649
C.9	Installationen in Feuchträumen	650
C.10	Spannungsabfall	650
C.11	Wechselschaltung, Kreuzschaltung	650
C.12	Übersicht: Bildzeichen der Installationstechnik	651
C.13	Schutzmaßnahmen	652
D	**Abkürzungsverzeichnis**	**653**
E	**Schaltzeichen**	**720**
Sachwortverzeichnis deutsch		**725**
Sachwortverzeichnis englisch		**745**

1 Gleichstrom

1.1 Grundgrößen, Grundgesetze

1.1.1 Elektrische Ladung, Elementarladung

SI-Einheit: C = As (Coulomb)

Elektrizität beruht auf dem Vorhandensein elektrischer **Ladungen**[*]. Man unterscheidet zwischen positiven und negativen Ladungen. Zwischen elektrischen Ladungen besteht eine Kraftwirkung (Coulombsches Gesetz). Ladungen gleichen Vorzeichens stoßen sich ab. Ladungen ungleichen Vorzeichens ziehen sich an. Physikalisch gesehen ist jede Ladung ein ganzzahliges Vielfaches der **Elementarladung**[*] e.
Elementarladung $e = \pm 1{,}602 \cdot 10^{-19}$ As
Elektronen tragen die negative Elementarladung, Protonen die positive. Ein Mangel an Elektronen auf einem Körper bewirkt eine positive Ladung des Körpers, ihr Überschuß eine negative.

1.1.2 Elektrischer Strom

SI-Einheit: A (Ampere)

Die gerichtete Bewegung der elektrischen Ladungsträger bezeichnet man als **elektrischen Strom**[*].

$$i = \frac{dQ}{dt} \tag{1.1}$$

Der elektrische Strom I in einem Leiter ist die Ladungsmenge dQ, die im Zeitabschnitt dt den Leiterquerschnitt durchfließt. Von Gleichstrom spricht man, wenn die pro Zeiteinheit durchtretende Ladungsmenge konstant ist.

$$\text{Gleichstrom:} \quad I = \frac{dQ}{dt} = \text{konst.} \tag{1.2}$$

Technische Stromrichtung:

Die **positive Stromrichtung** ist die Bewegungsrichtung der positiven Ladungen. Dies ist gleichbedeutend mit der entgegengesetzten Bewegungsrichtung negativer Ladungen. In metallischen Leitern sind die Elektronen die Ladungsträger. Physikalisch bewegen sich die Elektronen demnach entgegen der als positiv definierten Stromrichtung (siehe Abb. 1.1).

Die Ladungen bewegen sich grundsätzlich in einem Kreislauf. Das heißt:

● Der Strom fließt immer in einem geschlossenen Umlauf.

---

[*] LADUNG: *charge*
[*] ELEMENTARLADUNG: *elementary charge*
[*] ELEKTRISCHER STROM: *current*

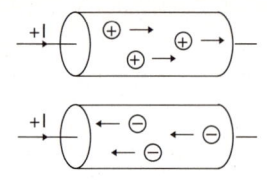

Abbildung 1.1: Definition der positiven Stromrichtung

1.1.3 Spannung und Potential

SI-Einheit: V (Volt)

Die elektrische **Spannung*** ist die treibende Kraft, die die Ladungsbewegung verursacht.

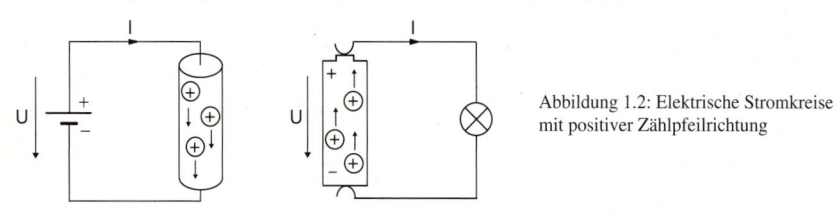

Abbildung 1.2: Elektrische Stromkreise mit positiver Zählpfeilrichtung

Der Strom fließt immer vom Pluspol zum Minuspol der Spannungsquelle. Da der Strom in einem geschlossenen Umlauf fließt, bedeutet dies, daß der Strom *innerhalb* der Spannungsquelle (z. B. innerhalb einer Batterie) vom Minuspol zum Pluspol fließt (siehe Abb. 1.2).

Das **Potential*** φ gibt die Spannung gegenüber einem bestimmten Raumpunkt an. Ordnet man einem Raumpunkt das Potential $\varphi = 0$ zu, so kann man allen anderen Raumpunkten ein absolutes Potential zuordnen. Dieses ergibt sich aus der aufgewendeten Arbeit, die erforderlich ist, um die Einheitsladung vom Punkt mit dem Potential Null zum gegebenen Punkt zu bringen. Die Spannung U ergibt sich in diesem physikalischen Modell als Differenz zweier Potentiale (siehe Abb. 1.3).

$$U_{21} = \varphi_2 - \varphi_1 \tag{1.3}$$

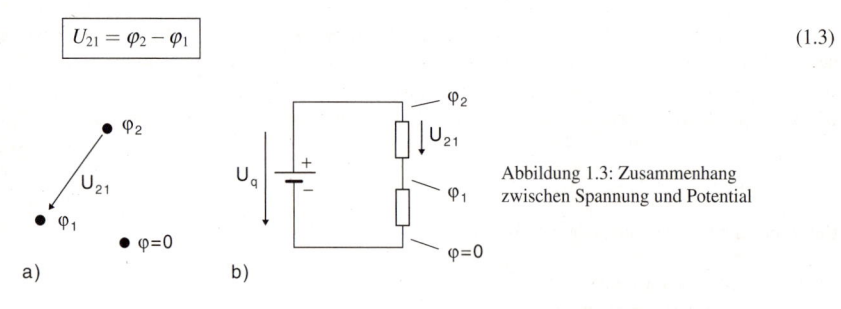

Abbildung 1.3: Zusammenhang zwischen Spannung und Potential

a)   b)

---

* SPANNUNG: *voltage*
* POTENTIAL: *potential*

1.1.4 Ohmsches Gesetz

Der Strom in einem Verbraucher ist abhängig von der Größe der treibenden Spannung. Sind die Eigenschaften des Verbrauchers unabhängig vom durch ihn fließenden Strom und der anliegenden Spannung, so gilt das **Ohmsche Gesetz**[*]:

$$\boxed{U \sim I \quad \text{oder} \quad U = R \cdot I} \tag{1.4}$$

Der Strom ändert sich proportional zur Spannung. Den Proportionalitätsfaktor R nennt man **elektrischen Widerstand**.

1.1.5 Widerstand und Leitwert

SI-Einheit Widerstand: Ω (Ohm); $1\,\Omega = 1\,\dfrac{\text{V}}{\text{A}}$

SI-Einheit Leitwert: S (Siemens); $1\,\text{S} = 1\,\dfrac{\text{A}}{\text{V}}$

Der **Widerstand**[*] und der **Leitwert**[*] beschreiben quantitativ den Zusammenhang zwischen Strom und Spannung (siehe Abb. 1.4).

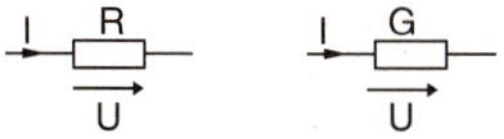

Abbildung 1.4: Widerstand und Leitwert als elektrische Schaltzeichen mit Zählpfeilrichtungen

$$\boxed{\begin{array}{lll} U = R \cdot I & \text{bzw.} & R = \dfrac{U}{I} \\[1ex] I = G \cdot U & \text{bzw.} & G = \dfrac{I}{U} \end{array}} \tag{1.5}$$

1.1.6 Temperaturabhängigkeit des Widerstandes

Reale Widerstände ändern ihren Widerstandswert in Abhängigkeit von der Temperatur. Dieser Zusammenhang ist in erster Näherung linear. Man beschreibt ihn durch den **Temperaturkoeffizienten**[*] α (K^{-1}).

Erwärmt man den Widerstand R_1 von der Temperatur ϑ_1 auf die Temperatur ϑ_2, so beträgt die Widerstandsänderung:

$$\boxed{\Delta R = R_1 \alpha (\vartheta_2 - \vartheta_1)} \tag{1.6}$$

Der Widerstand bei der Temperatur ϑ_2 beträgt:

$$\boxed{R_2 = R_1 (1 + \alpha (\vartheta_2 - \vartheta_1))} \tag{1.7}$$

---

[*] OHMSCHES GESETZ: *Ohm's law*
[*] WIDERSTAND: *resistance R*, als Bauteil: *resistor*
[*] LEITWERT: *conductance G*, als Bauteil: *conductance element*
[*] TEMPERATURKOEFFIZIENT: *temperature coefficient*

Der Temperaturkoeffizient α wird oft für die Temperatur $\vartheta = 20\,°C$ angegeben. Mit diesem Wert kann man in einem Temperaturbereich bis ca. $200\,°C$ hinreichend genau rechnen.

α ist für die meisten Widerstandsmaterialien positiv, d. h., der Widerstand erhöht sich mit der Temperatur.

BEISPIEL: Für Kupfer und Aluminium beträgt $\alpha = 0{,}004\,\text{K}^{-1}$. Für eine Temperaturänderung von $\Delta\vartheta = 100\,\text{K}$ beträgt die Widerstandsänderung eines Kupfer- oder Aluminiumdrahtes damit 40 %.

Für größere Temperaturbereiche kann die Nichtlinearität der Funktion $R = f(\vartheta)$ durch ein quadratisches Glied mit dem Koeffizienten β berücksichtigt werden. $R = f(\vartheta)$ lautet dann:

$$R_2 = R_1 (1 + \alpha(\vartheta_2 - \vartheta_1) + \beta(\vartheta_2 - \vartheta_1)^2) \tag{1.8}$$

1.1.7 Induktivität

SI-Einheit: H (Henry); $1\,\text{H} = 1\,\dfrac{\text{Vs}}{\text{A}}$

Abbildung 1.5: Induktivität als elektrisches Schaltzeichen mit Zählpfeilrichtungen

- An der **Induktivität*** ist die Spannung u proportional zur zeitlichen Änderung des Stromes i.

$$u = L\frac{di}{dt}; \quad i = \frac{1}{L}\int_{t_0}^{t_1} u\,dt + I_0; \quad L = \frac{u\,dt}{di} \tag{1.9}$$

Der Strom I_0 ist der Strom, der zu Beginn des Integrationsintervalles bereits floß. Legt man eine konstante Spannung an eine Induktivität, so steigt der Strom linear an (siehe Abb. 1.6).

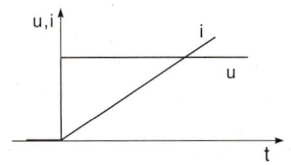

Abbildung 1.6: Zeitlicher Verlauf des Stromes in einer Induktivität bei konstanter Spannung

- In einer Induktivität verläuft der Strom immer stetig, die Spannung kann unstetig sein.

- Der Strom in einer Induktivität ist proportional zur angelegten Spannungszeitfläche.

Das der Induktivität entsprechende elektrotechnische Bauteil heißt **Drossel**, **Speicherdrossel** oder **Spule***.

---

* INDUKTIVITÄT: *inductance*
* SPULE: *coil, inductor, choking coil*

1.1.8 Kapazität

SI-Einheit: F (Farad); $1\,\text{F} = 1\,\dfrac{\text{As}}{\text{V}}$

- In der **Kapazität*** ist der Strom i proportional zur zeitlichen Änderung der Spannung u.

$$i = C\frac{du}{dt}; \qquad u = \frac{1}{C}\int_{t_0}^{t_1} i\,dt + U_0; \qquad C = \frac{i\,dt}{du} \tag{1.10}$$

Abbildung 1.7: Kapazität als elektrisches Schaltzeichen mit Zählpfeilrichtungen

Die Spannung U_0 ist die Spannung, die zu Beginn des Integrationsintervalles bereits an der Kapazität lag. Speist man eine Kapazität mit einem konstanten Strom, so steigt die Spannung linear an (siehe Abb. 1.8).

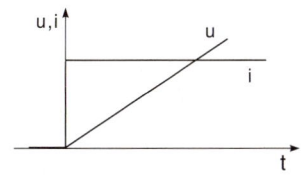

Abbildung 1.8: Zeitlicher Verlauf der Spannung an einer Kapazität bei Speisung mit konstantem Strom

- An der Kapazität verläuft die Spannung immer stetig, der Strom kann unstetig sein.

Das der Kapazität entsprechende elektrotechnische Bauteil heißt **Kondensator***. Wenn Strom in eine Kapazität fließt, sagt man auch: Der Kondensator wird geladen.

1.1.9 Ideale Spannungsquelle

Eine **Spannungsquelle*** treibt den elektrischen Strom.

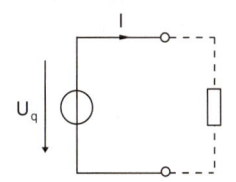

Abbildung 1.9: Ideale Spannungsquelle

- Die ideale Spannungsquelle hat eine eingeprägte Spannung U_q, die unabhängig vom Strom I ist.

---

* KAPAZITÄT: *capacitance*
* KONDENSATOR: *capacitor*
* SPANNUNGSQUELLE: *voltage source, power source*

1.1.10 Ideale Stromquelle

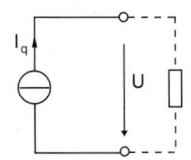

Abbildung 1.10: Ideale Stromquelle

- Die ideale **Stromquelle*** hat einen eingeprägten Strom I_q, der unabhängig von der anliegenden Spannung U ist.

1.1.11 Kirchhoffsches Gesetz

Die Kirchhoffschen Gesetze* beschreiben die Strom- und Spannungsverhältnisse in elektrischen Schaltungen. Eine elektrische Schaltung wird allgemein als **Netzwerk*** bezeichnet. Das Netzwerk wird dargestellt durch ein **Ersatzschaltbild***. Ein Netzwerk besteht aus **Zweigen***, **Knoten*** und **Maschen***. Der Zweig ist ein Leitungszug, der zwischen zwei Verbindungspunkten liegt. Die Verbindungspunkte nennt man Knoten. Jeder geschlossene Umlauf über mehrere Zweige heißt Masche.

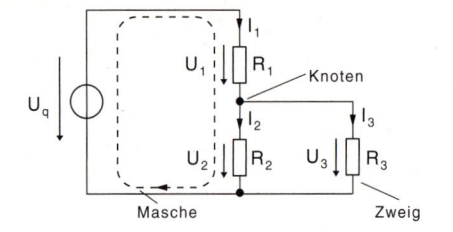

Abbildung 1.11: Ersatzschaltbild eines Netzwerkes

1.1.11.1 1. Kirchhoffscher Satz (Knotenpunktregel)

- Die Summe aller in einem Knotenpunkt zusammenlaufenden Ströme ist Null.

$$\sum_n I_n = 0 \tag{1.11}$$

Anders ausgedrückt: Die Summe der zum Knoten hinfließenden Ströme ist gleich der Summe der abfließenden Ströme.

---

* STROMQUELLE: *current source*
* KIRCHHOFFSCHE GESETZE: *Kirchhoff's law*
* NETZWERK: *electric network*
* ERSATZSCHALTBILD: *equivalent circuit diagram*
* ZWEIGE: *branch*
* KNOTEN: *branch point*
* MASCHEN: *mesh*

Für das in Abbildung 1.11 angegebene Netzwerk heißt das:

$$I_1 - I_2 - I_3 = 0$$

Der 1. Kirchhoffsche Satz wird anschaulich deutlich, wenn man bedenkt, daß der Strom grundsätzlich in einem geschlossenen Umlauf fließt, d. h., an keiner Stelle kann Strom „hinzukommen".

1.1.11.2 2. Kirchhoffscher Satz (Maschenregel)

● Die Summe aller Spannungen in einer Masche ist Null.

$$\boxed{\sum_m U_m = 0} \tag{1.12}$$

Für das in Abbildung 1.11 angegebene Netzwerk heißt das:

$$\begin{aligned} & -U_q + U_1 + U_2 &= 0 \\ \text{und} \quad & -U_q + U_1 \quad\quad + U_3 &= 0 \\ \text{und} \quad & \quad\quad U_2 - U_3 &= 0 \end{aligned}$$

1.1.12 Leistung und Energie

SI-Einheit Leistung: W (Watt); $1\,\text{W} = 1\,\text{VA}$

SI-Einheit Energie: Ws (Wattsekunde); J (Joule)

Die **Augenblicksleistung**[*] ist definiert als:

$$\boxed{p(t) = i(t) \cdot u(t)} \tag{1.13}$$

In den meisten technischen Anwendungen ist die **mittlere Leistung**[*] von Bedeutung. Spricht man beispielsweise von der Verlustleistung einer Diode, so meint man die mittlere Leistung, denn sie bestimmt die Erwärmung der Diode.

$$\boxed{P = \frac{1}{T} \int_0^T i(t)\, u(t)\, \mathrm{d}t} \tag{1.14}$$

Für Gleichgrößen vereinfacht sich dies zu:

$$\boxed{P = U \cdot I} \tag{1.15}$$

---

[*] AUGENBLICKSLEISTUNG: *instantaneous power*
[*] MITTLERE LEISTUNG: *average power*

Die **Energie*** ist das Integral über die Leistung:

$$W = \int_{t_1}^{t_2} p(t)\,dt = \int_{t_1}^{t_2} i(t)\,u(t)\,dt \tag{1.16}$$

Für Gleichgrößen vereinfacht sich dies zu:

$$W = P \cdot (t_2 - t_1) = U \cdot I \cdot (t_2 - t_1) \tag{1.17}$$

HINWEIS: Über die Leistung bzw. die Energie sind die elektrischen SI-Größen mit den mechanischen und thermodynamischen SI-Einheiten verbunden. Alle Umrechnungen in Systemen mit mechanischen und thermodynamischen Größen einerseits und elektrischen Größen andererseits erfolgen über diese Schnittstelle.

BEISPIEL: Welcher elektrische Strom ist erforderlich, um einen Liter Wasser in 10 Minuten von 0 °C auf 100 °C am 230 V-Netz zu erhitzen? (Beachte: $1\,J/s = 1\,V \cdot A$).

$W = 100\,\text{kcal} = 418,7\,\text{kJ} = 0,116\,\text{kWh}$

$W = UIt$

$I = \dfrac{W}{Ut} = \dfrac{418,7\,\text{kJ}}{230\,\text{V} \cdot 600\,\text{s}} = 3,0\,\text{A}$

1.1.12.1 Energie und Leistung am ohmschen Widerstand

Im ohmschen Widerstand wird die elektrische Energie in Wärmeenergie gewandelt.
Am ohmschen Widerstand gilt $u \sim i$, daher wird:

$$p(t) = u(t)\,i(t) = i(t)^2 R = \frac{u(t)^2}{R} \tag{1.18}$$

Die Eigenerwärmung des Widerstandes und die damit verbundene Änderung seines Widerstandswertes bleiben hier unberücksichtigt.

Die mittlere Leistung ist:

$$P = \frac{1}{T}\int_0^T u(t)\,i(t)\,dt = \frac{1}{T}\int_0^T i(t)^2 R\,dt = \frac{1}{T}\int_0^T \frac{u(t)^2}{R}\,dt \tag{1.19}$$

Für Gleichgrößen vereinfacht sich dies zu

$$P = U \cdot I = I^2 \cdot R = \frac{U^2}{R} \tag{1.20}$$

---

* ENERGIE: *electric energy*

BEISPIEL: Ein Motor gibt die mechanische Leistung $P = 500\,\text{W}$ ab. Welchem Ersatzwiderstand entspricht dies am 230-V-Netz, wenn der Motor vereinfachend als verlustlos angenommen wird?

$$P = \frac{U^2}{R} \quad \Rightarrow \quad R = \frac{(230\,\text{V})^2}{500\,\text{W}} = 106\,\Omega$$

Die Energie W, die in einem Zeitintervall am Widerstand in Wärme umgesetzt wird, beträgt:

$$\boxed{W = \int_{t_1}^{t_2} p(t)\,\mathrm{d}t} \tag{1.21}$$

Für Gleichstrom gilt:

$$\boxed{W = U \cdot I \cdot (t_2 - t_1) = I^2 \cdot R \cdot (t_2 - t_1) = \frac{U^2}{R}(t_2 - t_1)} \tag{1.22}$$

1.1.12.2 Energie in einer Induktivität

Die ideale Induktivität nimmt elektrische Energie auf und gibt diese als elektrische Energie wieder ab. Sie setzt keine Energie in Wärme um. Die Energie wird im magnetischen Feld gespeichert (siehe 2.3.16).

Die gespeicherte Energie einer Induktivität beträgt allgemein:

$$W = \int_{t_0}^{t_1} u(t)\,i(t)\,\mathrm{d}t + W_0$$

Die Anfangsenergie des betrachteten Zeitintervalls ist dabei W_0. Mit $u = L\,\mathrm{d}i/\mathrm{d}t$ und $W_0 = 0$ folgt daraus:

$$W = \int L\frac{\mathrm{d}i}{\mathrm{d}t}i\,\mathrm{d}t = L\int i\,\mathrm{d}i = \frac{1}{2}Li^2$$

Für einen Gleichstrom I gilt dann:

$$\boxed{W = \frac{1}{2}LI^2} \tag{1.23}$$

- Die gespeicherte Energie einer Induktivität ist proportional dem Induktivitätswert und proportional zum Quadrat des Stromes, der durch sie fließt.

1.1.12.3 Energie in der Kapazität

Die ideale Kapazität nimmt elektrische Energie auf und gibt diese als elektrische Energie ab. Sie setzt keine Energie in Wärme um. Die Energie wird im elektrischen Feld gespeichert (siehe 2.1.12).

Die gespeicherte Energie einer Kapazität beträgt allgemein:

$$W = \int_{t_0}^{t_1} u(t)\,i(t)\,\mathrm{d}t + W_0$$

Die Anfangsenergie des betrachteten Zeitintervalls ist dabei W_0. Mit $i = C\,\mathrm{d}u/\mathrm{d}t$ und $W_0 = 0$ folgt daraus:

$$W = \int C \frac{\mathrm{d}u}{\mathrm{d}t} u\, \mathrm{d}t = C \int u\, \mathrm{d}u = \frac{1}{2} C u^2$$

Für eine Gleichspannung U gilt dann:

$$\boxed{W = \frac{1}{2} C U^2} \tag{1.24}$$

- Die gespeicherte Energie einer Kapazität ist proportional dem Kapazitätswert und proportional zum Quadrat der anliegenden Spannung.

1.1.13 Wirkungsgrad

Der **Wirkungsgrad*** ist definiert als Quotient der Nutzleistung zur aufgebrachten Gesamtleistung.

$$\boxed{\eta = \frac{P_{\text{Nutz}}}{P_{\text{ges}}} = \frac{P_{\text{Nutz}}}{P_{\text{Nutz}} + P_{\text{Verlust}}}} \tag{1.25}$$

BEISPIEL: Ein Motor nimmt die Leistung $P = 230\,\text{V} \cdot 5\,\text{A}$ auf und gibt bei $n = 3000\,\text{Umin}^{-1}$ das Drehmoment $M = 2,5\,\text{Nm}$ ab.

Der Wirkungsgrad beträgt:

$$\eta = \frac{P_{\text{Nutz}}}{P_{\text{ges}}} = \frac{M\omega}{UI} = \frac{M \frac{2\pi}{60} n}{UI} = 0{,}68 = 68\,\%$$

Wirkungsgradberechnung für eine reale Spannungsquelle mit Lastwiderstand:

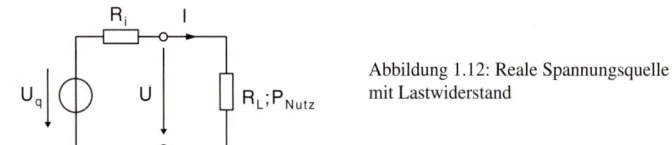

Abbildung 1.12: Reale Spannungsquelle mit Lastwiderstand

$$P_{\text{Nutz}} = U \cdot I; \qquad P_{\text{ges}} = U_q \cdot I; \qquad P_{\text{Verlust}} = I^2 \cdot R_i$$

$$\eta = \frac{UI}{U_q I} = \frac{U_q \dfrac{R_L}{R_i + R_L} \dfrac{U_q}{R_i + R_L}}{U_q \dfrac{U_q}{R_i + R_L}} = \frac{R_L}{R_i + R_L}$$

- Je geringer der Innenwiderstand ist, um so höher ist der Wirkungsgrad! Wenn der Innenwiderstand der Spannungsquelle Null wird, ist der Wirkungsgrad Eins.

---

* WIRKUNGSGRAD: *efficiency*

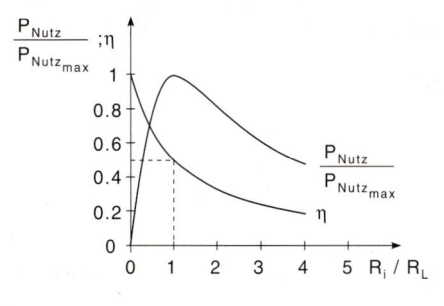

Abbildung 1.13: Wirkungsgrad und abgegebene Leistung für eine reale Spannungsquelle

1.1.14 Leistungsanpassung

Manchmal ist nicht der Wirkungsgrad von Bedeutung, sondern lediglich, daß man einer Spannungsquelle ein Maximum an Leistung entnimmt. Das gilt beispielsweise bei vielen Sensoren und im Audiobereich, also dort, wo die Verlustleistung unbedeutend und die Signalleistung sehr gering ist.

Die Nutzleistung, die einer Spannungsquelle mit Innenwiderstand entnommen wird, beträgt:

$$P_{\text{Nutz}} = UI = U_q \frac{R_L}{R_i + R_L} \frac{U_q}{R_i + R_L} = U_q^2 \frac{R_L}{(R_i + R_L)^2}$$

Mit der Bedingung $dP_{\text{Nutz}}/dR_L = 0$ kann der Lastwiderstand R_L ermittelt werden, bei dem die Nutzleistung P_{Nutz} ein Maximum hat:

$$\frac{dP_{\text{Nutz}}}{dR_L} = 0 = U_q^2 \frac{(R_i + R_L)^2 - 2R_L(R_i + R_L)}{(R_i + R_L)^4}$$

Daraus folgt:

$$\boxed{R_L = R_i} \tag{1.26}$$

Diesen Fall bezeichnet man als **Leistungsanpassung***.

Der Wirkungsgrad* beträgt in diesem Fall:

$$\boxed{\eta = \frac{R_L}{R_i + R_L} = \frac{1}{2} = 50\,\%} \tag{1.27}$$

- Bei Belastung einer Spannungsquelle mit $R_L = R_i$ gibt die Spannungsquelle die maximale Leistung ab. Der Wirkungsgrad beträgt dann 50 %.

---

* WIDERSTANDSANPASSUNG: *impedance matching*
* WIRKUNGSGRAD: *available power efficiency*

1.2 Grundschaltungen

1.2.1 Reale Spannungs- und Stromquellen

1.2.1.1 Reale Spannungsquelle

Die Spannung einer realen Spannungsquelle (z. B. einer Batterie) ist abhängig von dem abgegebenen Strom. Die Spannung sinkt mit zunehmendem Strom. Man sagt auch: Die Spannung bricht etwas zusammen, wenn man sie belastet.

Man beschreibt die reale Spannungsquelle durch ein Ersatzschaltbild. Dieses besteht aus einer idealen Spannungsquelle (in Abbildung 1.14 U_q genannt) und einem Innenwiderstand (in Abbildung 1.14 R_i genannt).

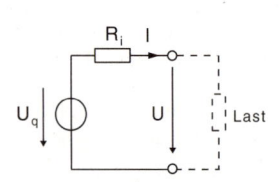

Abbildung 1.14: Ersatzschaltbild einer realen Spannungsquelle

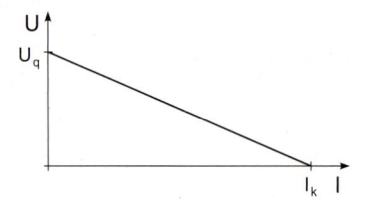

Abbildung 1.15: Strom-Spannungskennlinie einer Spannungsquelle mit Innenwiderstand

Berechnung der Strom-Spannungskennlinie:

Die Anwendung der Maschenregel führt zu:

$$-U_q + I \cdot R_i + U = 0$$

$$\boxed{U = U_q - I \cdot R_i} \tag{1.28}$$

Dies ist eine Geradengleichung. Die Spannung U fällt mit zunehmendem Strom I linear ab. Nichtlinearitäten einer realen Spannungsquelle bleiben in diesem Ersatzschaltbild unberücksichtigt. Dennoch gibt dieses Ersatzschaltbild in den meisten Fällen die reale Spannungsquelle hinreichend genau wieder.

- Im **Leerlauf** (d. h. $I = 0$) liegt an den Klemmen der Ersatzspannungsquelle die Spannung $U = U_q$.

- Im Kurzschluß (d. h. $U = 0$) fließt der Strom:

$$I = I_k = \frac{U_q}{R_i}$$

I_k bezeichnet man als **Kurzschlußstrom**.

- Die reale Spannungsquelle kommt der idealen Spannungsquelle um so näher, je *niederohmiger* R_i ist.

1.2.1.2 Reale Stromquelle

Der Strom einer realen Stromquelle ist abhängig von der anliegenden Spannung. Der Strom sinkt ab, wenn man die Stromquelle hochohmig belastet.

Beispielsweise ist eine Fotodiode eine Stromquelle. Auftreffendes Licht erzeugt einen Strom, der näherungsweise unabhängig von der anliegenden Spannung ist.

Man beschreibt die reale Stromquelle durch ein Ersatzschaltbild. Es besteht aus einer idealen Stromquelle (in Abbildung 1.16 I_q genannt) und einem Innenwiderstand (in Abbildung 1.16 R_i genannt).

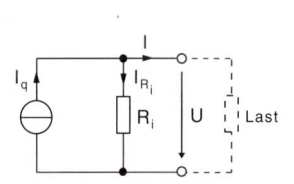

Abbildung 1.16: Ersatzschaltbild einer realen Stromquelle

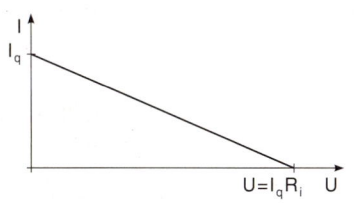

Abbildung 1.17: Spannungs-Stromkennlinie einer Stromquelle mit Innenwiderstand

Ist die Last sehr hochohmig, so wird an den Ausgangsklemmen eine hohe Spannung entstehen. Je größer U wird, desto größer wird der Strom, der durch R_i abfließt und somit an den Ausgangsklemmen nicht zur Verfügung steht.

Berechnung der Spannungs-Strom-Kennlinie:

Anwendung der Knotenregel führt zu:

$$-I_q + \frac{U}{R_i} + I = 0$$

$$\boxed{I = I_q - \frac{U}{R_i}} \tag{1.29}$$

Dies ist eine Geradengleichung. Der Strom I wird mit zunehmender Spannung U linear kleiner. Nichtlinearitäten einer realen Stromquelle bleiben in diesem Ersatzschaltbild unberücksichtigt. Dennoch gibt dieses Ersatzschaltbild in den meisten Fällen die reale Stromquelle hinreichend genau wieder.

- Im Kurzschluß ($U = 0$) fließt der Strom $I = I_q$.

- Im Leerlauf fließt der gesamte Strom I_q über den Innenwiderstand. Dann beträgt die Spannung

  $$U = U_l = I_q R_i$$

  U_l bezeichnet man als Leerlaufspannung.

- Die reale Stromquelle kommt der idealen Stromquelle um so näher, je *hochohmiger* R_i ist.

1.2.1.3 Umrechnung von Spannungs- in Stromquellen und umgekehrt

Strom- und Spannungsquellen zeigen qualitativ das gleiche lineare Spannungs-Strom-Verhalten, nämlich die fallende, gerade Kennlinie im U-I-Koordinatensystem.
Man kann daher eine reale Stromquelle als Spannungsquelle mit hochohmigem Innenwiderstand auffassen und eine reale Spannungsquelle als niederohmige Stromquelle (siehe Abb. 1.18).

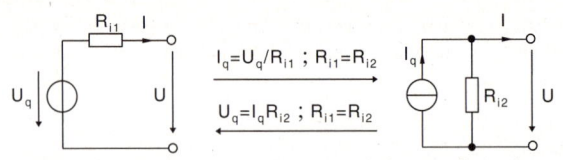

Abbildung 1.18: Umrechnung von Spannungs- in Stromquellen und umgekehrt

1.2.2 Reihen- und Parallelschaltung von Bauelementen

- **Reihenschaltung**[*]: In Reihe geschaltete Bauelemente sind vom *selben* Strom durchflossen.

- **Parallelschaltung**[*]: Parallel geschaltete Bauelemente liegen an *derselben* Spannung.

1.2.2.1 Reihenschaltung von Widerständen

Abbildung 1.19: Reihenschaltung von Widerständen

Anwendung der Maschenregel führt zu:

$$U = IR_1 + IR_2 + \cdots + IR_n = I(R_1 + R_2 + \cdots + R_n) = I \cdot R_{\text{ges}}$$

$$\boxed{R_{\text{ges}} = R_1 + R_2 + \cdots + R_n} \quad (1.30)$$

1.2.2.2 Parallelschaltung von Widerständen

Abbildung 1.20: Parallelschaltung von Widerständen

Anwendung der Knotenregel führt zu:

$$I = \frac{U}{R_1} + \frac{U}{R_2} + \cdots + \frac{U}{R_n} = U\left(\frac{1}{R_1} + \frac{1}{R_2} + \cdots + \frac{1}{R_n}\right) = U\frac{1}{R_{\text{ges}}}$$

---

[*] REIHENSCHALTUNG: *series connection*
[*] PARALLELSCHALTUNG: *parallel connection*

$$\boxed{\frac{1}{R_{\text{ges}}} = \frac{1}{R_1} + \frac{1}{R_2} + \cdots + \frac{1}{R_n}} \tag{1.31}$$

Für die Parallelschaltung *zweier* Widerstände gilt:

$$\boxed{\frac{1}{R_{\text{ges}}} = \frac{1}{R_1} + \frac{1}{R_2}; \quad R_{\text{ges}} = \frac{R_1 R_2}{R_1 + R_2}} \tag{1.32}$$

- Der Gesamtwiderstandswert einer Parallelschaltung ist kleiner als jeder der einzelnen Widerstände.

1.2.2.3 Reihenschaltung von Leitwerten

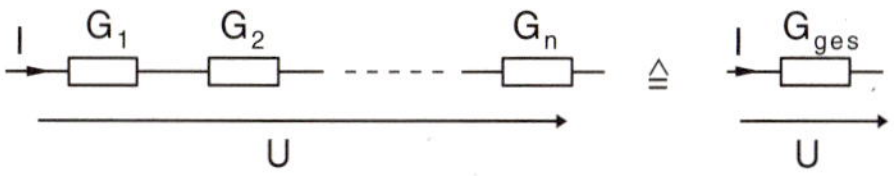

Abbildung 1.21: Reihenschaltung von Leitwerten

Anwendung der Maschenregel führt zu:

$$U = \frac{I}{G_1} + \frac{I}{G_2} + \cdots + \frac{I}{G_n} = I\left(\frac{1}{G_1} + \frac{1}{G_2} + \cdots + \frac{1}{G_n}\right) = I\frac{1}{G_{\text{ges}}}$$

$$\boxed{\frac{1}{G_{\text{ges}}} = \frac{1}{G_1} + \frac{1}{G_2} + \cdots + \frac{1}{G_n}} \tag{1.33}$$

Für die Reihenschaltung *zweier* Leitwerte gilt:

$$\boxed{\frac{1}{G_{\text{ges}}} = \frac{1}{G_1} + \frac{1}{G_2}; \quad G_{\text{ges}} = \frac{G_1 G_2}{G_1 + G_2}} \tag{1.34}$$

- Der Gesamtleitwert einer Reihenschaltung ist kleiner als jeder der einzelnen Leitwerte.

1.2.2.4 Parallelschaltung von Leitwerten

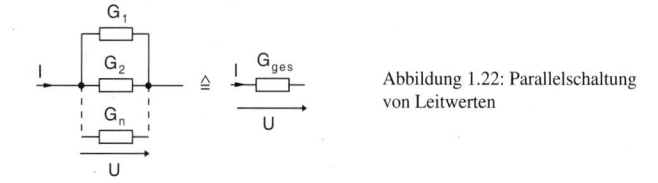

Abbildung 1.22: Parallelschaltung von Leitwerten

Anwendung der Knotenregel führt zu:

$$I = UG_1 + UG_2 + \cdots + UG_n = U(G_1 + G_2 + \cdots + G_n) = U \cdot G_{\text{ges}}$$

$$\boxed{G_{\text{ges}} = G_1 + G_2 + \cdots + G_n} \tag{1.35}$$

1.2.2.5 Reihenschaltung von Induktivitäten

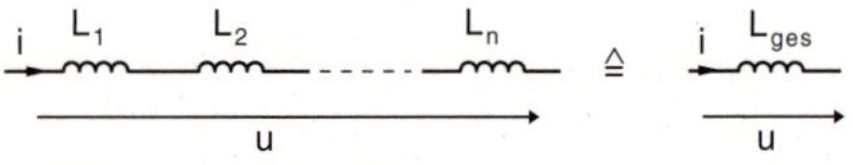

Abbildung 1.23: Reihenschaltung von Induktivitäten

Anwendung der Maschenregel führt zu:

$$u = L_1 \frac{\mathrm{d}i}{\mathrm{d}t} + L_2 \frac{\mathrm{d}i}{\mathrm{d}t} + \cdots + L_n \frac{\mathrm{d}i}{\mathrm{d}t} = (L_1 + L_2 + \cdots + L_n) \frac{\mathrm{d}i}{\mathrm{d}t} = L_{\text{ges}} \frac{\mathrm{d}i}{\mathrm{d}t}$$

$$\boxed{L_{\text{ges}} = L_1 + L_2 + \cdots + L_n} \tag{1.36}$$

1.2.2.6 Parallelschaltung von Induktivitäten

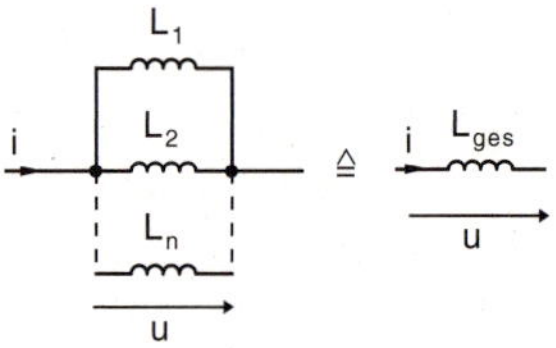

Abbildung 1.24: Parallelschaltung von Induktivitäten

Anwendung der Knotenregel führt zu:

$$i = \frac{1}{L_1} \int u \, \mathrm{d}t + \frac{1}{L_2} \int u \, \mathrm{d}t + \cdots + \frac{1}{L_n} \int u \, \mathrm{d}t + I_{01} + I_{02} + \cdots + I_{0n}$$

$$= \left(\frac{1}{L_1} + \frac{1}{L_2} + \cdots + \frac{1}{L_n}\right) \int u \, \mathrm{d}t + I_{01} + I_{02} + \cdots + I_{0n}$$

$$= \frac{1}{L_{\text{ges}}} \int u \, \mathrm{d}t + I_0$$

$$\boxed{\frac{1}{L_{\text{ges}}} = \frac{1}{L_1} + \frac{1}{L_2} + \cdots + \frac{1}{L_n}} \tag{1.37}$$

Für die Parallelschaltung *zweier* Induktivitäten gilt:

$$\boxed{\frac{1}{L_{\text{ges}}} = \frac{1}{L_1} + \frac{1}{L_2}; \qquad L_{\text{ges}} = \frac{L_1 L_2}{L_1 + L_2}} \tag{1.38}$$

- Der Gesamtinduktivitätswert einer Parallelschaltung ist kleiner als jeder der einzelnen Induktivitätswerte.

1.2.2.7 Reihenschaltung von Kapazitäten

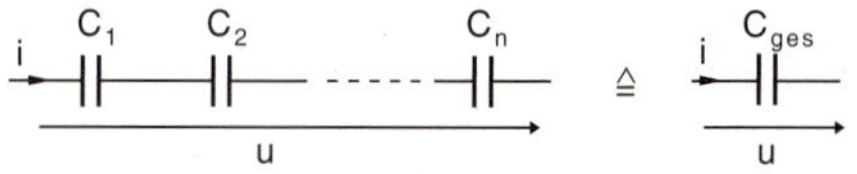

Abbildung 1.25: Reihenschaltung von Kapazitäten

Anwendung der Maschenregel führt zu:

$$\begin{aligned}
u &= \frac{1}{C_1}\int i\,\mathrm{d}t + U_{01} + \frac{1}{C_2}\int i\,\mathrm{d}t + U_{02} + \cdots + \frac{1}{C_n}\int i\,\mathrm{d}t + U_{0n} \\
&= \left(\frac{1}{C_1} + \frac{1}{C_2} + \cdots + \frac{1}{C_n}\right)\int i\,\mathrm{d}t + U_{01} + U_{02} + \cdots + U_{0n} \\
&= \frac{1}{C_{\text{ges}}}\int i\,\mathrm{d}t + U_0
\end{aligned}$$

$$\boxed{\frac{1}{C_{\text{ges}}} = \frac{1}{C_1} + \frac{1}{C_2} + \cdots + \frac{1}{C_n}} \tag{1.39}$$

Für die Reihenschaltung *zweier* Kapazitäten gilt:

$$\boxed{\frac{1}{C_{\text{ges}}} = \frac{1}{C_1} + \frac{1}{C_2}\,; \quad C_{\text{ges}} = \frac{C_1 C_2}{C_1 + C_2}} \tag{1.40}$$

- Der Gesamtkapazitätswert einer Reihenschaltung ist kleiner als jeder der einzelnen Kapazitätswerte.

1.2.2.8 Parallelschaltung von Kapazitäten

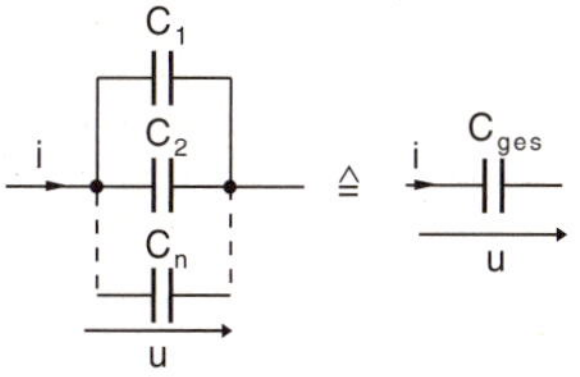

Abbildung 1.26: Parallelschaltung von Kapazitäten

Anwendung der Knotenregel führt zu:

$$i = C_1 \frac{\mathrm{d}u}{\mathrm{d}t} + C_2 \frac{\mathrm{d}u}{\mathrm{d}t} + \cdots + C_n \frac{\mathrm{d}u}{\mathrm{d}t} = (C_1 + C_2 + \cdots + C_n)\frac{\mathrm{d}u}{\mathrm{d}t}$$

$$\boxed{C_{\text{ges}} = C_1 + C_2 + \cdots + C_n} \tag{1.41}$$

1.2.3 Stern-Dreieck-Umrechnung

Eine **Sternschaltung*** kann in eine äquivalente **Dreieckschaltung*** umgerechnet werden und umgekehrt. Die Berechnung komplexer Widerstandnetzwerke erfordert bisweilen diese Umrechnung, um die Netzwerkberechnung danach auf Reihen- und Parallelschaltungen zurückführen zu können.

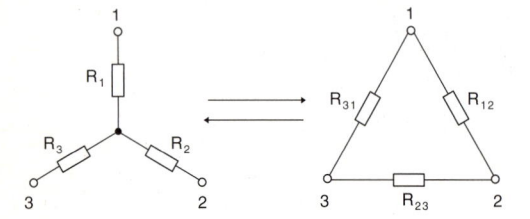

Abbildung 1.27: Stern-Dreieck-Umrechnung

Stern-Dreieck-Umrechnung:

$$R_{23} = R_2 + R_3 + \frac{R_2 R_3}{R_1}; \quad R_{31} = R_1 + R_3 + \frac{R_1 R_3}{R_2}; \quad R_{12} = R_1 + R_2 + \frac{R_1 R_2}{R_3} \tag{1.42}$$

Dreieck-Stern-Umrechnung:

$$R_1 = \frac{R_{31} R_{12}}{R_{12} + R_{23} + R_{31}}; \quad R_2 = \frac{R_{23} R_{12}}{R_{12} + R_{23} + R_{31}}; \quad R_3 = \frac{R_{23} R_{31}}{R_{12} + R_{23} + R_{31}} \tag{1.43}$$

1.2.4 Spannungs- und Stromteilerregel

1.2.4.1 Spannungsteilerregel

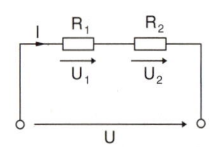

Abbildung 1.28: Spannungsteiler

Werden zwei Widerstände vom selben Strom durchflossen, so gilt:

$$I = \frac{U_1}{R_1} = \frac{U_2}{R_2} = \frac{U}{R_1 + R_2}$$

Daraus folgt die **Spannungsteilerregel***:

$$\frac{U_1}{U_2} = \frac{R_1}{R_2}; \quad \frac{U_1}{U} = \frac{R_1}{R_1 + R_2}; \quad \frac{U_2}{U} = \frac{R_2}{R_1 + R_2} \tag{1.44}$$

● In einer Reihenschaltung sind die Spannungsabfälle proportional zu den Widerstandswerten, an denen sie abfallen. Dies gilt sinngemäß auch für Reihenschaltungen von mehr als zwei Widerständen.

---
* STERNSCHALTUNG: *Y-connection*
* DREIECKSCHALTUNG: *delta-connection*, *Δ-connection*
* SPANNUNGSTEILER: *voltage divider*, *attenuator*

1.2.4.2 Stromteilerregel

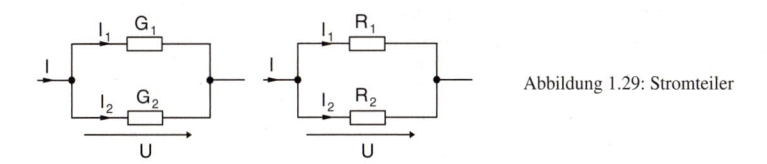

Abbildung 1.29: Stromteiler

Liegen zwei Leitwerte bzw. Widerstände an derselben Spannung, so gilt:

$$U = \frac{I_1}{G_1} = \frac{I_2}{G_2} = \frac{I}{G_1+G_2}$$

Daraus folgt die **Stromteilerregel**:

$$\frac{I_1}{I_2} = \frac{G_1}{G_2}; \quad \frac{I_1}{I} = \frac{G_1}{G_1+G_2}; \quad \frac{I_2}{I} = \frac{G_2}{G_1+G_2} \qquad (1.45)$$

- In einer Parallelschaltung sind die Ströme proportional zu den Leitwerten, durch die sie fließen. Dies gilt sinngemäß auch für Parallelschaltungen von mehr als zwei Leitwerten.

Ersetzt man die Leitwerte durch Widerstände, so lautet die Stromteilerregel:

$$\frac{I_1}{I_2} = \frac{R_2}{R_1}; \quad \frac{I_1}{I} = \frac{R_2}{R_1+R_2}; \quad \frac{I_2}{I} = \frac{R_1}{R_1+R_2} \qquad (1.46)$$

- Die Teilströme verhalten sich reziprok zu den Widerstandswerten. Ein Teilstrom verhält sich zum Gesamtstrom wie der von diesem Teilstrom *nicht* durchflossene Widerstand zu der Summe der Widerstände.

1.2.4.3 Kapazitive und induktive Teiler

$$\frac{u_1}{u_2} = \frac{C_2}{C_1} \qquad \frac{i_1}{i_2} = \frac{C_1}{C_2}$$

$$\frac{u_1}{u} = \frac{C_2}{C_1+C_2} \qquad \frac{i_1}{i} = \frac{C_1}{C_1+C_2}$$

$$\frac{u_1}{u_2} = \frac{L_1}{L_2} \qquad \frac{i_1}{i_2} = \frac{L_2}{L_1}$$

$$\frac{u_1}{u} = \frac{L_1}{L_1+L_2} \qquad \frac{i_1}{i} = \frac{L_2}{L_1+L_2}$$

Abbildung 1.30: Kapazitive und induktive Teiler

Die Angaben in Abbildung 1.30 gelten für den Fall, daß *vor* Anlegen der Spannung u bzw. *vor* Einspeisung des Stromes i die Bauelemente energielos waren; d. h. $u_n(t=0)=0$ und $i_n(t=0)=0$.

1.2.5 *RC*- und *RL*-Kombinationen

Betrachtet werden in diesem Abschnitt Ausgleichsvorgänge, die entstehen, wenn man eine Gleichspannung bzw. einen Gleichstrom an ein Netzwerk schaltet, das neben einem Widerstand eine Induktivität oder eine Kapazität enthält. Vorgänge dieser Art lassen sich durch lineare Differentialgleichungen 1. Ordnung beschreiben.

Grundlagen aus der Mathematik:

Eine **lineare, inhomogene Differentialgleichung 1. Ordnung**[*] hat die Form:

$$q(t) = \tau \cdot \frac{dy}{dt} + y \qquad (1.47)$$

Die Lösung der inhomogenen Differentialgleichung setzt sich zusammen aus der Lösung der homogenen Differentialgleichung $\left(0 = \tau \cdot \frac{dy}{dt} + y\right)$ und einer beliebigen speziellen Lösung (bei der Berechnung der Sprungantwort nimmt man am einfachsten $y(t \to \infty)$).

Die Lösung der inhomogenen Differentialgleichung lautet dann:

$$y(t) = y(t)_{\text{homogen}} + y(t)_{\text{speziell}} \qquad (1.48)$$

Den Koeffizienten τ bezeichnet man als **Zeitkonstante**.

Die Lösung der homogenen Differentialgleichung 1. Ordnung lautet

$$y(t)_{\text{homogen}} = K_1 \cdot e^{-\frac{t}{\tau}} \qquad (1.49)$$

Die Konstante K_1 wird aus der Anfangsbedingung des Systems, nämlich aus $y(t=0)$ ermittelt.

BEISPIEL: Berechnung der Sprungantwort eines RC-Tiefpasses:

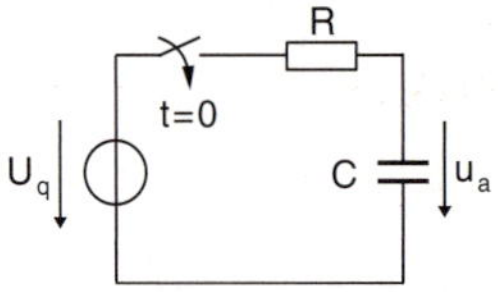

Abbildung 1.31: Reihenschaltung aus R und C als Tiefpaß

Die Maschengleichung lautet: $U_q = iR + u_a$ mit $i = C \dfrac{du_a}{dt}$.

Daraus folgt die inhomogene Differentialgleichung:

$$U_q = \underbrace{RC}_{\tau} \frac{du_a}{dt} + u_a$$

---

[*] LINEARE DIFFERENTIALGLEICHUNG 1. ORDNUNG: *linear differential equation first order*

Die Lösung der inhomogenen Differentialgleichung lautet:

$$u_a(t) = u_a(t)_{\text{homogen}} + u_a(t)_{\text{speziell}} = K_1 \cdot e^{-\frac{t}{RC}} + U_q$$

Mit der Anfangsbedingung $u_a(0) = 0$ kann K_1 berechnet werden:

$$0 = K_1 + U_q \quad \Rightarrow \quad K_1 = -U_q$$

Die Lösung der inhomogenen Differentialgleichung lautet damit

$$u_a(t) = -U_q \cdot e^{-\frac{t}{RC}} + U_q = U_q \left(1 - e^{-\frac{t}{RC}}\right)$$

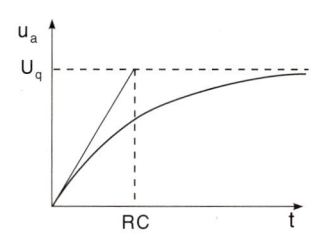

Abbildung 1.32: Zeitlicher Verlauf der Spannung $u_a(t)$

- τ bezeichnet man als Zeitkonstante. Zum Zeitpunkt τ hat die Funktion 63 % ihres Endwertes erreicht. Nach 5τ hat sich die Funktion bis auf weniger als 1 % ihrem Endwert genähert (Abb. 1.32).

1.2.5.1 Reihenschaltung von *R* und *C* an einer Spannungsquelle

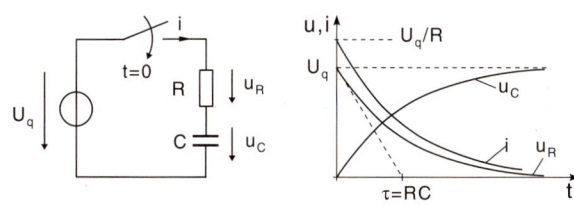

Abbildung 1.33: Reihenschaltung von *R* und *C* an einer Spannungsquelle

Zum Zeitpunkt $t = 0$ werde der Schalter geschlossen. Der Kondensator sei zu diesem Zeitpunkt spannungslos.

Die Anwendung des Maschensatzes führt zur Differentialgleichung:

$$U_q = iR + \frac{1}{C} \int i \, dt$$

Lösung der Differentialgleichung:

$$i(t) = \frac{U_q}{R} \cdot e^{-\frac{t}{RC}}; \qquad u_C(t) = U_q \left(1 - e^{-\frac{t}{RC}}\right); \qquad u_R(t) = U_q \cdot e^{-\frac{t}{RC}}; \qquad \tau = RC \qquad (1.50)$$

Der Kondensator wird über den Widerstand geladen. Da die Spannung über dem Kondensator bei diesem Vorgang steigt, wird die Spannung über dem Widerstand währenddessen kleiner. Der Strom ist proportional zur Spannung u_R, wird demnach ebenfalls stetig kleiner (siehe Abb. 1.33).

1.2.5.2 Reihenschaltung von *R* und *C* an einer Stromquelle

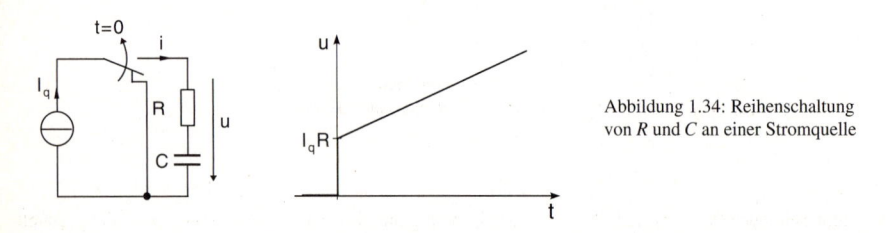

Abbildung 1.34: Reihenschaltung von *R* und *C* an einer Stromquelle

Zum Zeitpunkt $t = 0$ werde der Schalter umgelegt. Der Kondensator sei zu diesem Zeitpunkt spannungslos.

Anwendung der Maschenregel führt zu:

$$u = I_q R + \frac{1}{C}\int I_q \, dt$$

Lösung:

$$u(t) = I_q R + \frac{1}{C} I_q t \qquad (1.51)$$

1.2.5.3 Parallelschaltung von *R* und *C* an einer Stromquelle

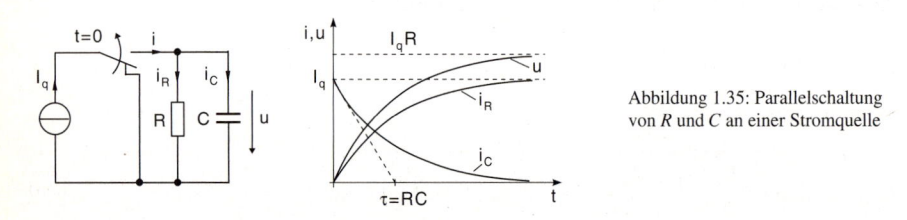

Abbildung 1.35: Parallelschaltung von *R* und *C* an einer Stromquelle

Zum Zeitpunkt $t = 0$ wird der Schalter umgelegt. Der Kondensator sei zu diesem Zeitpunkt spannungslos.

Anwendung der Knotenregel führt zur Differentialgleichung:

$$I_q = \frac{u}{R} + C\frac{du}{dt}$$

Lösung der Differentialgleichung:

$$u(t) = I_q R\left(1 - e^{-\frac{t}{RC}}\right); \quad i_R(t) = I_q\left(1 - e^{-\frac{t}{RC}}\right); \quad i_C(t) = I_q \cdot e^{-\frac{t}{RC}}; \quad \tau = RC \qquad (1.52)$$

1.2.5.4 Parallelschaltung von R und C an einer Spannungsquelle

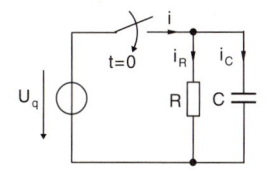

Abbildung 1.36: Parallelschaltung von R und C an einer Spannungsquelle

Mit dem Schließen des Schalters muß sich die Spannung am Kondensator theoretisch unendlich schnell ändern. Dadurch würde der Strom $i_C = C \cdot du/dt$ einen unendlich hohen Wert annehmen. Solche Schaltungen führen in der Praxis zur Zerstörung des Schalters (siehe Abb. 1.36).

1.2.5.5 Reihenschaltung von R und L an einer Spannungsquelle

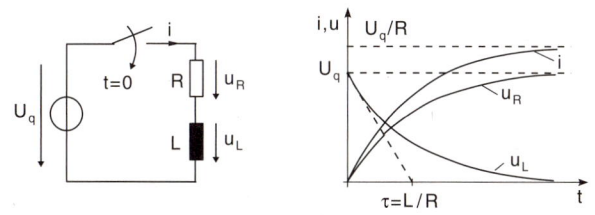

Abbildung 1.37: Reihenschaltung von R und L an einer Spannungsquelle

Die Anwendung der Maschenregel führt zur Differentialgleichung:

$$U_q = iR + L\frac{di}{dt}$$

Lösung der Differentialgleichung:

$$i(t) = \frac{U_q}{R}\left(1 - e^{-\frac{t}{L/R}}\right); \quad u_R(t) = U_q\left(1 - e^{-\frac{t}{L/R}}\right); \quad u_L(t) = U_q \cdot e^{-\frac{t}{L/R}}; \quad \tau = \frac{L}{R} \quad (1.53)$$

Zum Zeitpunkt $t = 0$ liegt die Spannung $u_L = U_q$ an der Induktivität. Der Strom i ist zu diesem Zeitpunkt noch Null. Der Strom i beginnt mit der Steigung $di/dt = U_q/L$ größer zu werden. Dadurch wird der Spannungsabfall über R zunehmend größer und u_L und di/dt zunehmend kleiner (siehe Abb. 1.37).

1.2.5.6 Reihenschaltung von R und L an einer Stromquelle

Durch das Umlegen des Schalters in Abbildung 1.38 versucht man das di/dt in der Reihenschaltung unendlich groß werden zu lassen. Dadurch würde die Spannung an L theoretisch unendlich hohe Werte annehmen. Dieser Fall ist nicht praxisnah.

Realistisch ist ein sehr hohes di/dt aber beim Abschalten einer ohmsch-induktiven Last (siehe Abb. 1.39).

Zum Zeitpunkt $t=0$ fließt der Strom U_q/R. Wird der Schalter nun geöffnet, so wird die Stromänderung $di/dt \to -\infty$. Damit wird $u_L \to -\infty$. Die Aufstellung der Maschengleichung $U_q = u_S + u_R + u_L$ zeigt, daß in diesem Fall nicht nur u_L, sondern auch die Spannung u_S am Schalter über alle Maßen wächst (u_R und U_q haben endliche Werte). Die Zerstörung des Schalters ist in der Praxis das Ergebnis. Praktische Abhilfe schafft hier das Einfügen einer Diode in die Schaltung, eine sogenannte Freilaufdiode.

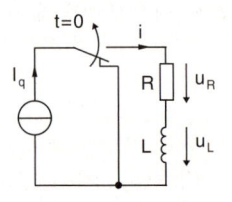

Abbildung 1.38: Reihenschaltung von R und L an einer Stromquelle

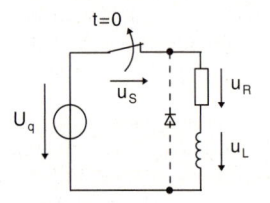

Abbildung 1.39: Abschalten einer ohmsch-induktiven Last

1.2.5.7 Parallelschaltung von R und L an einer Spannungsquelle

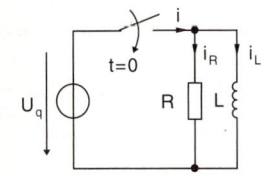

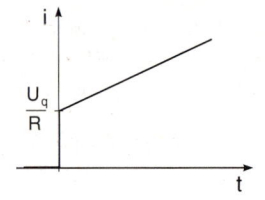

Abbildung 1.40: Parallelschaltung von R und L an einer Spannungsquelle

Die Anwendung der Knotenregel führt zu:

$$i(t) = \frac{U_q}{R} + \frac{1}{L}\int U_q \, dt$$

Lösung:

$$\boxed{i(t) = \frac{U_q}{R} + \frac{U_q t}{L}} \qquad (1.54)$$

1.2.5.8 Parallelschaltung von R und L an einer Stromquelle

Zum Zeitpunkt $t=0$ werde der Schalter geschlossen. Der Strom i_L sei zu diesem Zeitpunkt Null.

Die Anwendung der Knotenregel führt zur Differentialgleichung:

$$I_q = \frac{u}{R} + \frac{1}{L}\int u \, dt$$

1.2 Grundschaltungen

Lösung der Differentialgleichung:

$$u(t) = I_q R \cdot e^{-\frac{t}{L/R}}; \qquad i_L(t) = I_q \left(1 - e^{-\frac{t}{L/R}}\right); \qquad i_R(t) = I_q \cdot e^{-\frac{t}{L/R}}; \qquad \tau = \frac{L}{R} \quad (1.55)$$

Der Strom I_q fließt nach dem Umlegen des Schalters zunächst durch R. Der Strom i_L beginnt mit der Steigung $\mathrm{d}i/\mathrm{d}t = I_q R/L$. Während der Strom i_L steigt, verkleinert sich der Strom i_R, bis die Induktivität den gesamten Strom I_q übernommen hat. Dann ist $u = 0$ wegen $i_R = 0$ (siehe Abb. 1.41).

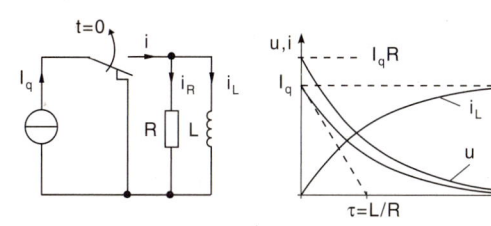

Abbildung 1.41: Parallelschaltung von R und L an einer Stromquelle

1.2.6 RLC-Kombinationen

Betrachtet werden in diesem Kapitel Ausgleichsvorgänge, die entstehen, wenn man eine Gleichspannung bzw. Gleichstrom an ein Netzwerk schaltet, das Induktivitäten *und* Kapazitäten enthält.

Systeme, die zwei voneinander unabhängige Energiespeicher beinhalten, sind, je nach Dämpfungsgrad, schwingungsfähig. Induktivität und Kapazität sind in diesem Sinne voneinander unabhängige Energiespeicher. Vorgänge dieser Art werden durch Differentialgleichungen 2. Ordnung beschrieben.

Grundlagen aus der Mathematik:

Eine lineare Differentialgleichung 2. Ordnung mit konstanten Koeffizienten hat die Form:

$$q(t) = \frac{1}{\omega_0^2} \frac{\mathrm{d}^2 y}{\mathrm{d}t^2} + \frac{2D}{\omega_0} \frac{\mathrm{d}y}{\mathrm{d}t} + y \quad (1.56)$$

Die Lösung der inhomogenen Differentialgleichung setzt sich zusammen aus der Lösung der homogenen Differentialgleichung

$$\frac{1}{\omega_0^2} \frac{\mathrm{d}^2 y}{\mathrm{d}t^2} + \frac{2D}{\omega_0} \frac{\mathrm{d}y}{\mathrm{d}t} + y = 0$$

und einer beliebigen speziellen Lösung (bei der Berechnung der Sprungantwort nimmt man am einfachsten $y(t \to \infty)$).

Die Lösung der inhomogenen Differentialgleichung lautet dann:

$$y(t) = y(t)_{\text{homogen}} + y(t)_{\text{speziell}} \quad (1.57)$$

Den Koeffizienten D bezeichnet man als **Dämpfungsgrad***, den Koeffizienten ω_0 als **Resonanzkreisfrequenz***: $\omega_0 = 2\pi f_0$. Für die Lösung der homogenen Differentialgleichung 2. Ordnung sind drei Fälle zu unterscheiden:

---

* DÄMPFUNGSGRAD: *damping ratio*
* RESONANZFREQUENZ: *resonant frequency*

1. **Aperiodischer Fall*** (überkritische Dämpfung)
   D > 1:

$$y(t) = K_1 e^{\lambda_1 t} + K_2 e^{\lambda_2 t}; \qquad \lambda_{1,2} = -D\omega_0 \pm \omega_0 \sqrt{D^2 - 1} \tag{1.58}$$

2. **Aperiodischer Grenzfall*** (kritische Dämpfung)
   D = 1:

$$y(t) = (K_1 t + K_2) e^{-D\omega_0 t} \tag{1.59}$$

3. **Periodischer Fall*** (geringe Dämpfung)
   D < 1:

$$y(t) = e^{-D\omega_0 t}(K_1 \cos \omega t + K_2 \sin \omega t); \qquad \omega = \omega_0 \sqrt{1 - D^2} \tag{1.60}$$

Die Konstanten K_1 und K_2 werden aus den Anfangsbedingungen, nämlich aus $y(0)$ und $y'(0)$, ermittelt.

Die Kreisfrequenz ω bezeichnet man als **Eigenfrequenz**. Die abklingende Schwingung eines bedämpften Systems schwingt auf der Eigenfrequenz. Sie liegt geringfügig (je nach Dämpfungsgrad) unterhalb der Resonanzfrequenz.

HINWEIS: Ein Oszillator, der als frequenzbestimmendes Glied einen Schwingkreis besitzt, schwingt auf der Resonanzfrequenz, weil er mit einem aktiven Bauteil (z. B. einem Transistor) entdämpft ist, so daß $D = 0$.

HINWEIS: Im Zusammenhang mit Schwingkreisen sind weitere Abkürzungen üblich:

- Verlustfaktor: $d = 2D$
- Güte(faktor): $Q = \dfrac{1}{2D}$
- Bandbreite: $B = \dfrac{\omega_0}{2\pi} \cdot 2D$

1.2.6.1 Reihenschaltung aus R, L, und C

Am Beispiel der Reihenschaltung aus R, L und C wird hier der vollständige Weg zur Lösung der Differentialgleichung erläutert. Die Reihenschaltung bildet in diesem Fall einen Tiefpaß (siehe Abb. 1.42). Berechnet wird die Sprungantwort $u_a(t)$.

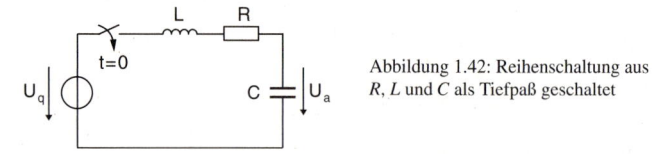

Abbildung 1.42: Reihenschaltung aus R, L und C als Tiefpaß geschaltet

---

* ÜBERKRITISCHE DÄMPFUNG: *overdamped*
* KRITISCHE DÄMPFUNG: *critically damped*
* GERINGE DÄMPFUNG: *underdamped*

Die Anwendung der Maschenregel führt zu: $U_q = L\dfrac{di}{dt} + R\cdot i + u_a$. Mit $i = C\dfrac{du_a}{dt}$ lautet die inhomogene Differentialgleichung:

$$U_q = \underbrace{LC}_{\frac{1}{\omega_0^2}}\frac{d^2 u_a}{dt^2} + \underbrace{RC}_{\frac{2D}{\omega_0}}\frac{du_a}{dt} + u_a; \qquad \omega_0 = \frac{1}{\sqrt{LC}}; \qquad D = \frac{R}{2}\sqrt{\frac{C}{L}} \tag{1.61}$$

Die homogene Differentialgleichung lautet:

$$0 = LC\frac{d^2 u_a}{dt^2} + RC\frac{du_a}{dt} + u_a \tag{1.62}$$

Eine spezielle Lösung der Differentialgleichung lautet z. B.:

$$u_{a\,\text{speziell}} = u_a(t \to \infty) = U_q \tag{1.63}$$

Für die Berechnung der Koeffizienten K_1 und K_2 in der allgemeinen Lösung der inhomogenen Differentialgleichung werden zwei konkrete Werte für $u_a(t)$ gebraucht. Üblicherweise nimmt man hier die Anfangsbedingungen. Sie lauten:

$$u_a(t=0) = 0 \quad \text{und} \quad \left.\frac{du_a}{dt}\right|_{t=0} = 0 \tag{1.64}$$

Lösungen der inhomogenen Differentialgleichung:

1. **Aperiodischer Fall** $D > 1$:

$$\begin{aligned}u_a(t) &= u_a(t)_{\text{hom}} + u_{a\,\text{spez}} \\ &= K_1 e^{\lambda_1 t} + K_2 e^{\lambda_2 t} + U_q; \qquad \lambda_{1,2} = -D\omega_0 \pm \omega_0\sqrt{D^2 - 1}\end{aligned}$$

Mit den Anfangsbedingungen können K_1 und K_2 berechnet werden: Zunächst wird die Ableitung $du_a(t)/dt$ gebildet, danach wird $t = 0$ in $u_a(t)$ und in $du_a(t)/dt$ eingesetzt. Dies ergibt 2 Gleichungen mit den beiden Unbekannten K_1 und K_2.

$$\begin{aligned}\frac{du_a(t)}{dt} &= \lambda_1 K_1 e^{\lambda_1 t} + \lambda_2 K_2 e^{\lambda_2 t} \\ u_a(t=0) = 0 &\implies K_1 + K_2 + U_q = 0 \\ \left.\frac{du_a}{dt}\right|_{t=0} = 0 &\implies \lambda_1 K_1 + \lambda_2 K_2 = 0 \\ \implies K_1 &= \frac{\lambda_2 U_q}{\lambda_1 - \lambda_2} \quad \text{und} \quad K_2 = \frac{\lambda_1 U_q}{\lambda_2 - \lambda_1}\end{aligned}$$

● Die Lösung der Differentialgleichung lautet:

$$u_a(t) = \frac{U_q}{(\lambda_1 - \lambda_2)}(\lambda_2 e^{\lambda_1 t} - \lambda_1 e^{\lambda_2 t}) + U_q \tag{1.65}$$

2. Aperiodischer Grenzfall $D = 1$:

$$u_\mathrm{a}(t) = u_\mathrm{a}(t)_\mathrm{hom} + u_\mathrm{a\,spez} = (K_1 t + K_2)\mathrm{e}^{-\omega_0 t} + U_\mathrm{q}; \qquad D\omega_0 = \omega$$

Mit den Anfangsbedingungen können K_1 und K_2 berechnet werden. Zunächst wird die Ableitung $\mathrm{d}u_\mathrm{a}/\mathrm{d}t$ gebildet, danach wird $t = 0$ in $u_\mathrm{a}(t)$ und $\mathrm{d}u_\mathrm{a}/\mathrm{d}t$ eingesetzt. Dies ergibt zwei Gleichungen mit den beiden Unbekannten K_1 und K_2.

$$\frac{\mathrm{d}u_\mathrm{a}}{\mathrm{d}t} = K_1 \mathrm{e}^{-\omega_0 t} \quad - \quad (K_1 t + K_2)\omega_0 \mathrm{e}^{-\omega_0 t}$$

$$u_\mathrm{a}(t=0) = 0 \quad \Longrightarrow \quad K_2 + U_\mathrm{q} = 0$$

$$\left.\frac{\mathrm{d}u_\mathrm{a}}{\mathrm{d}t}\right|_{t=0} = 0 \quad \Longrightarrow \quad K_1 - \omega_0 K_2 = 0$$

$$\longrightarrow \quad K_1 = -\omega_0 U_\mathrm{q} \quad \text{und} \quad K_2 = -U_\mathrm{q}$$

● Die Lösung der Differentialgleichung für den aperiodischen Grenzfall lautet

$$\boxed{u_\mathrm{a}(t) = -(\omega_0 U_\mathrm{q} t + U_\mathrm{q})\mathrm{e}^{-\omega_0 t} + U_\mathrm{q}} \qquad (1.66)$$

3. Periodischer Fall $D < 1$:

$$u_\mathrm{a}(t) = u_\mathrm{a}(t)_\mathrm{hom} + u_\mathrm{a\,spez}$$
$$= \mathrm{e}^{-D\omega_0 t}(K_1 \cos\omega t + K_2 \sin\omega t) + U_\mathrm{q}; \qquad \omega = \omega_0\sqrt{1-D^2}$$

Mit den Anfangsbedingungen können K_1 und K_2 berechnet werden: Zunächst wird wieder die Ableitung $\mathrm{d}u_\mathrm{a}/\mathrm{d}t$ gebildet, danach wird $t = 0$ in $u_\mathrm{a}(t)$ und $\mathrm{d}u_\mathrm{a}/\mathrm{d}t$ eingesetzt. Dies ergibt zwei Gleichungen mit den beiden Unbekannten K_1 und K_2.

$$\frac{\mathrm{d}u_\mathrm{a}}{\mathrm{d}t} = -D\omega_0 \mathrm{e}^{-D\omega_0 t}(K_1 \cos\omega t + K_2 \sin\omega t) + \mathrm{e}^{-D\omega_0 t}(-K_1 \omega \sin\omega t + K_2 \omega \cos\omega t)$$

$$u_\mathrm{a}(t=0) = 0 \quad \longrightarrow \quad K_1 + U_\mathrm{q} = 0$$

$$\left.\frac{\mathrm{d}u_\mathrm{a}}{\mathrm{d}t}\right|_{t=0} = 0 \quad \longrightarrow \quad -D\omega_0 K_1 + \omega K_2 = 0$$

$$\longrightarrow \quad K_1 = -U_\mathrm{q} \quad \text{und} \quad K_2 = -\frac{D}{\sqrt{1-D^2}} U_\mathrm{q}$$

● Die Lösung der Differentialgleichung für den periodischen Fall lautet:

$$\boxed{u_\mathrm{a}(t) = -U_\mathrm{q}\mathrm{e}^{-D\omega_0 t}\left(\cos\omega t + \frac{D}{\sqrt{1-D^2}}\sin\omega t\right) + U_\mathrm{q}} \qquad (1.67)$$

Abbildung 1.43 zeigt die Sprungantwort $u_\mathrm{a}(t)$ für verschiedenen Dämpfungen des Systems.

Die Sprunghöhe beträgt in diesem Beispiel $U_\mathrm{q} = 1\,\mathrm{V}$, die Resonanzkreisfrequenz $\omega_0 = 1\,\mathrm{s}^{-1}$. Für sehr kleine Dämpfungswerte (periodischer Fall) ergibt sich ein stark überschwingendes Verhalten. Für $D = 1$ ergibt sich ein schnelles Erreichen des Endwertes ohne Überschwingen (aperiodischer Grenzfall). Für $D > 1$ ergibt sich ein schleichendes Annähern an den Endwert (aperiodischer Fall, auch Kriechfall genannt). Alle Funktionen streben dem Wert $u_\mathrm{a}(t \to \infty) = U_\mathrm{q}$ zu.

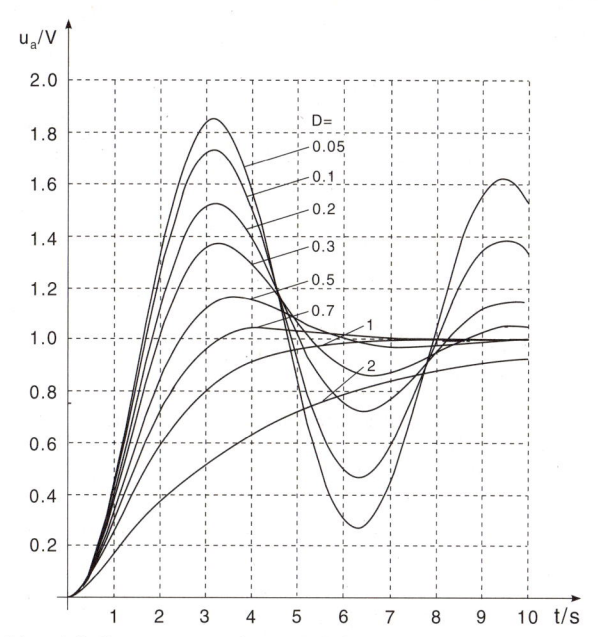

Abbildung 1.43: Sprungantworten eines *LRC*-Tiefpasses mit der Dämpfung *D* als Parameter

HINWEIS: In elektronischen Systemen wählt man oft $D = 1/\sqrt{2}$. In diesem Fall erreicht die Ausgangsgröße ihren Endwert deutlich schneller als im aperiodischen Grenzfall und hat ein Überschwingen von nur 4 %.

1.3 Berechnungsverfahren für lineare Netzwerke

1.3.1 Zählpfeile und Vorzeichenregeln

Ein unbekannter Zweig (Zweig wird im weiteren auch **Zweipol**[*] genannt) kann sowohl ein **Erzeuger**[*] als auch ein **Verbraucher**[*] sein.
Als Erzeuger bezeichnet man Zweipole, die Energie abgeben. Das können Spannungs- und Stromquellen sein.
Als Verbraucher bezeichnet man Zweipole, die Energie aufnehmen. Das sind in der Regel Widerstände, Induktivitäten und Kapazitäten. Das können aber auch Zweipole sein, die im normalen Betrieb Erzeuger sind. Ein Akku kann beispielsweise zum Verbraucher werden, nämlich dann, wenn er geladen wird.

Erzeuger und Verbraucher unterscheidet man in einem Netzwerk durch die Zuordnung der Spannungs- und Stromrichtungen. Die Angabe von Strom- und Spannungsrichtung wird mit sogenannten *Zählpfeilen* bzw. *Bezugspfeilen* angegeben. Im Erzeuger sind die Zählpfeile für Strom und Spannung ungleich gerichtet (Erzeugerpfeilsystem).

---

[*] ZWEIPOL: *two terminal network*
[*] ERZEUGER: *generator*
[*] VERBRAUCHER: *load*

Im Verbraucher sind die Zählpfeile für Strom und Spannung gleich gerichtet (Verbraucherpfeilsystem). Ein Zählpfeilsystem besteht immer aus zwei Zählpfeilen, einem für den Strom und einem für die Spannung.

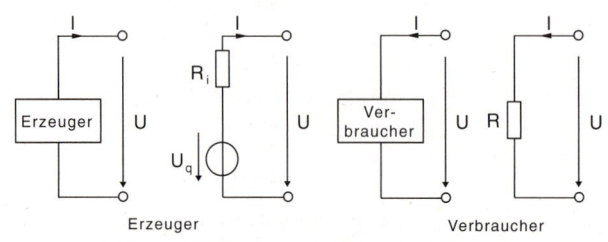

Abbildung 1.44: Erzeuger- und Verbraucherzählpfeilsystem

HINWEIS: Diese Zählpfeilvereinbarung (Verbraucherzählpfeilsystem und Erzeugerzählpfeilsystem genannt) ist eine von mehreren möglichen und üblichen Zählpfeilvereinbarungen, die in der Literatur genannt werden. Diese Zählpfeilvereinbarung wird in diesem Buch ausschließlich benutzt. Wenn keine Zählpfeile angegeben sind, gilt das Verbraucherzählpfeilsystem.

Für eine Netzwerkberechnung bedeutet diese Zählpfeilvereinbarung, daß man den einzelnen Zweigen durch die Zählpfeilrichtungen zuordnet, ob sie Erzeuger oder Verbraucher sind. Sollte der Charakter eines Zweipols unbekannt sein, kann dieser willkürlich angenommen werden. Das Ergebnis der Stromberechnung (bzw. der Spannungsberechnung) wird durch das Vorzeichen zeigen, ob diese willkürliche Annahme richtig oder falsch war.

1.3.2 Netzwerkberechnung mit Maschen- und Knotenpunktregel

Die Kirchhoffschen Sätze liefern für ein bekanntes Netzwerk (d. h. alle Zweipole sind bekannt) so viele unabhängige Gleichungen, wie zur Berechnung aller Ströme notwendig sind.
Sind ein oder mehrere Zweipole unbekannt, müssen statt dessen eine gleiche Anzahl von Strömen oder Spannungen bekannt sein.
Ein Netzwerk, daß aus n Knoten und m Maschen besteht, liefert
$(n-1)$ voneinander unabhängige Knotengleichungen und
$m-(n-1)$ voneinander unabhängige Maschengleichungen.
Dies sind insgesamt m voneinander unabhängige Gleichungen.
Gleichungen sind voneinander unabhängig, wenn keine Gleichung durch Linearkombination anderer Gleichungen erzeugt werden kann.

Maschengleichungen über ideale Stromquellen liefern keine zusätzlichen Gleichungen, weil die Spannung, die über der Stromquelle abfällt, unabhängig von der jeweiligen Stromquelle ist. Zweige, die Stromquellen enthalten, bleiben daher in der Zweigzahl m unberücksichtigt.

Lösungsverfahren nach Gauß:

Die Lösung eines Gleichungssystems von m Gleichungen mit m Unbekannten erfolgt durch schrittweise Elimination der Unbekannten, bis nur noch eine Unbekannte vorhanden ist. Die Elimination erfolgt jeweils durch Erweiterung und anschließender Addition zweier Gleichungen. Ist eine Unbekannte bestimmt, kann diese in eine Gleichung mit einer weiteren Unbekannten eingesetzt werden, um so die nächste Unbekannte zu bestimmen, usw. Auf diese Weise können schrittweise alle Unbekannten bestimmt werden. Der Übersichtlichkeit halber erfolgt die Berechnung in einem Schema (siehe Tabelle 1.1).

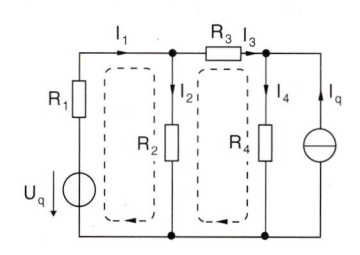

Knoten: $n = 3$
Zweige: $m = 4$

Knotengleichungen: $(n-1) = 2$

$I_1 - I_2 - I_3 = 0;$
$I_3 + I_q - I_4 = 0$

Maschengleichungen:

$m - (n-1) = 2$

$-U_q + I_1 R_1 + I_2 R_2 = 0;$
$-I_2 R_2 + I_3 R_3 + I_4 R_4 = 0$

Abbildung 1.45: Beispiel für Maschen- und Knotengleichungen

BEISPIEL: Berechnung des Stromes I_4 aus Abb 1.45 mit dem Lösungsverfahren nach Gauß:

Tabelle 1.1: Lösung nach dem Gaußschen Verfahren

I_1	I_2	I_3	I_4	rechte Seite	Operation	eliminiert
1	-1	-1	0	0	$+ 2.$ Zeile	
0	0	1	-1	$-I_q$	$\times(-R_3) + 4.$ Zeile	I_3
R_1	R_2	0	0	U_q		
0	$-R_2$	R_3	R_4	0		
1	-1	0	-1	$-I_q$	$\times(-R_1) + 3.$Zeile	
0	$-R_2$	0	$R_3 + R_4$	$I_q R_3$		I_1
R_1	R_2	0	0	U_q		
0	$R_1 + R_2$	0	R_1	$I_q R_1 + U_q$	$\times R_2$	I_2
0	$-R_2$	0	$R_3 + R_4$	$I_q R_3$	$\times (R_1 + R_2)$	
0	0	0	$R_2 R_1 +$ $(R_1+R_2)(R_3+R_4)$	$R_2(I_q R_1 + U_q) +$ $+(R_1+R_2)I_q R_3$		

Lösung:

$$I_4 = \frac{R_2(I_q R_1 + U_q) + (R_1 + R_2)I_q R_3}{R_2 R_1 + (R_1 + R_2)(R_3 + R_4)}$$

1.3.3 Überlagerungssatz (Superposition)

Nach dem **Superpositionsgesetz**[*] der Physik kann in linearen Systemen (Ursache und Wirkung[*] sind proportional) die Wirkung *einer* Ursache unabhängig von allen anderen Ursachen und Wirkungen berechnet werden. Die resultierende Wirkung ist dann die Summe aller Einzelwirkungen. Das Superpositionsgesetz bezeichnet man in der Netzwerkberechnung als **Überlagerungssatz**.

Für die Berechnung linearer Netzwerke bedeutet dies, daß zunächst alle Ströme (Teilströme) einzeln als Wirkung der einzelnen Spannungs- und Stromquellen berechnet werden. Danach werden die so ermittelten Teilströme vorzeichenrichtig addiert, um den resultierenden Strom zu bestimmen. Bei der Berechnung der Teilströme werden die jeweils *nicht* betrachteten Spannungsquellen durch Kurzschlüsse ersetzt und die jeweils *nicht* betrachteten Stromquellen herausgenommen.

[*] SUPERPOSITIONSGESETZ: *principle of superposition*
[*] URSACHE UND WIRKUNG: *cause and effect*

BEISPIEL: Berechnung des Stromes I_4 aus Abb. 1.46 mit Hilfe des Überlagerungssatzes:

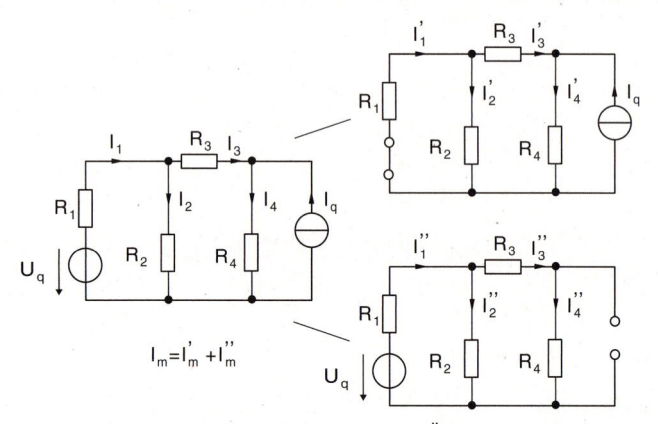

Abbildung 1.46: Lösungsverfahren nach dem Überlagerungssatz

Kurzschluß der Spannungsquelle U_q und die Anwendung der Stromteilerregel führt zu:

$$I'_4 = I_q \frac{R_3 + \dfrac{R_1 R_2}{R_1 + R_2}}{R_4 + R_3 + \dfrac{R_1 R_2}{R_1 + R_2}}$$

Herausnahme der Stromquelle I_q und die Anwendung der Stromteilerregel führt zu:

$$I''_4 = I''_1 \frac{R_2}{R_2 + R_3 + R_4} = \frac{U_q}{R_1 + \dfrac{R_2(R_3 + R_4)}{R_2 + R_3 + R_4}} \cdot \frac{R_2}{R_2 + R_3 + R_4}$$

Der Strom I_4 berechnet sich dann:

$$I_4 = I'_4 + I''_4$$

1.3.4 Maschenstromanalyse

In der Maschenstromanalyse führt man für jede unabhängige Masche einen Ringstrom ein und stellt mit diesem die Maschengleichung auf. Dies ergibt ein Gleichungssystem mit so vielen Gleichungen, wie unabhängige Maschen vorhanden sind. Die Zweigströme ergeben sich dann aus der vorzeichenrichtigen Addition der Ringströme.

In Maschen, die Stromquellen enthalten, kann der Quellenstrom direkt als Maschenstrom eingesetzt werden.

- Das Verfahren eignet sich besonders, um Ströme in einem Netzwerk zu berechnen.

- Das Gleichungssystem wird besonders einfach, wenn das Netzwerk viele Stromquellen enthält.

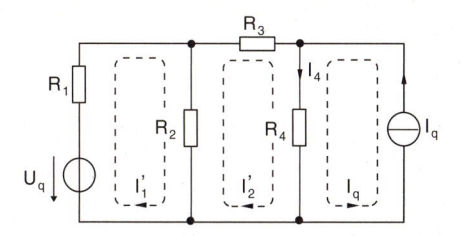

Abbildung 1.47: Lösungsverfahren mit Hilfe der Maschenstromanalyse

BEISPIEL: Berechnung des Stromes I_4 durch R_4 in dem Netzwerk nach Abbildung 1.47:

Gleichungssystem:

$$-U_q + I'_1(R_1 + R_2) - I'_2 R_2 = 0$$
$$-I'_1 R_2 + I'_2(R_2 + R_3 + R_4) + I_q R_4 = 0$$

Daraus folgt für I'_2:

$$I'_2 = \frac{U_q R_2 - I_q R_4 (R_1 + R_2)}{(R_1 + R_2)(R_2 + R_3 + R_4) - R_2^2}$$

Der Strom I_4 beträgt dann. $I_4 = I'_2 + I_q$.

1.3.5 Knotenpotentialanalyse

In der Knotenpotentialanalyse ordnet man jedem Knoten ein Potential zu, wobei *ein* Knoten das Bezugspotential $\varphi = 0$ bekommt. Danach stellt man die voneinander unabhängigen Knotengleichungen auf, indem man die Ströme mittels der Potentialdifferenzen, geteilt durch die Widerstände, ausdrückt ($I_n = \Delta\varphi/R_m$). Dies ergibt ein Gleichungssystem mit so vielen Gleichungen, wie unbekannte Potentiale vorhanden sind.

- Das Verfahren eignet sich besonders, um Spannungen in einem Netzwerk zu berechnen.

- Das Gleichungssystem wird besonders einfach, wenn das Netzwerk viele Spannungsquellen enthält.

BEISPIEL: Berechnung der Spannung U_4 an R_4 in dem Netzwerk nach Abbildung 1.48:

Gleichungssystem:

$$I_1 - I_2 - I_3 = 0 \implies \frac{U_q - (\varphi_1 - \varphi_0)}{R_1} - \frac{\varphi_1 - \varphi_0}{R_2} - \frac{\varphi_1 - \varphi_2}{R_3} = 0$$

$$I_3 + I_q - I_4 = 0 \implies \frac{\varphi_1 - \varphi_2}{R_3} + I_q - \frac{\varphi_2 - \varphi_0}{R_4} = 0$$

mit $\varphi_0 = 0$ folgt daraus:

$$\frac{U_q - \varphi_1}{R_1} - \frac{\varphi_1}{R_2} - \frac{\varphi_1 - \varphi_2}{R_3} = 0$$

$$\frac{\varphi_1 - \varphi_2}{R_3} + I_q - \frac{\varphi_2}{R_4} = 0$$

Daraus folgt für $\varphi_2 = U_4$:

$$\varphi_2 = U_4 = \frac{R_4[U_q R_2 + I_q(R_1 R_2 + R_2 R_3 + R_1 R_3)]}{R_1 R_2 + R_2 R_3 + R_1 R_3 + R_1 R_4 + R_2 R_4}$$

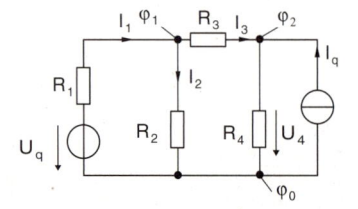

Abbildung 1.48: Lösungsverfahren mit Hilfe der Knotenpotentialanalyse

1.3.6 Aktive und passive Zweipole

Ein **passiver Zweipol**[*] ist ein Zweipol, der keine Energie abgeben kann. Wenn die Spannung an ihm Null ist, ist auch der Strom Null. Dies ist bei ohmschen Widerständen grundsätzlich der Fall. Kapazitäten und Induktivitäten sind in den meisten Betriebsfällen ebenfalls passive Zweipole, können aber bei kurzzeitigen Betrachtungen aktive Zweipole sein, nämlich dann, wenn sie gespeicherte Energie abgeben. (Eine Kapazität wird dann zur Spannungsquelle, eine Induktivität zur Stromquelle.)

Ein **aktiver Zweipol**[*] kann Energie abgeben. Ein aktiver Zweipol enthält daher immer Spannungsquellen und/oder Stromquellen. Der aktive Zweipol hat eine linear fallende Spannungs-Strom-Kennlinie, die die Achsen in der Leerlaufspannung U_l und im Kurzschlußstrom I_k schneiden. Der Innenwiderstand beträgt $R_i = U_l / I_k$ (siehe Abb. 1.51).

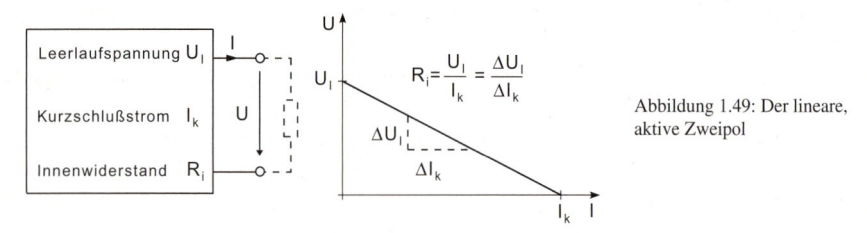

Abbildung 1.49: Der lineare, aktive Zweipol

1.3.7 Zweipolverfahren

Im einfachsten Fall besteht ein Stromkreis aus der Zusammenschaltung eines aktiven und eines passiven Zweipols, auch **Grundstromkreis** genannt.

Man unterscheidet 3 besondere Betriebszustände:

Leerlauf[*]: $I = 0$ $U = U_l$

Kurzschluß[*]: $U = 0$ $I = I_k$

Leistungsanpassung[*]: $R_a = R_i$ $U = U_l/2$ $I = I_k/2$

---

[*] PASSIVER ZWEIPOL: *passive two terminal network*
[*] AKTIVER ZWEIPOL: *active two terminal network*

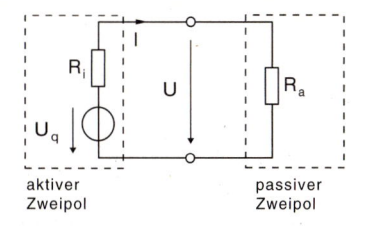

1.3 Berechnungsverfahren für lineare Netzwerke

Abbildung 1.50: Grundstromkreis

Die Spannung U und der Strom I berechnen sich im Grundstromkreis:

$$U = U_q \frac{R_a}{R_i + R_a} = U_l \frac{R_a}{R_i + R_a}; \qquad I = U_q \frac{1}{R_i + R_a} = I_k \frac{R_i}{R_i + R_a} \qquad (1.68)$$

Im Zweipolverfahren zur Berechnung elektrischer Netzwerke führt man diese auf den Grundstromkreis zurück.
Jeder lineare, aktive Zweipol kann beschrieben werden durch seine Leerlaufspannung und seinen Kurzschlußstrom. Er kann durch eine Spannungsquelle mit Innenwiderstand (oder auch Stromquelle mit Innenwiderstand) als Ersatzschaltung dargestellt werden.

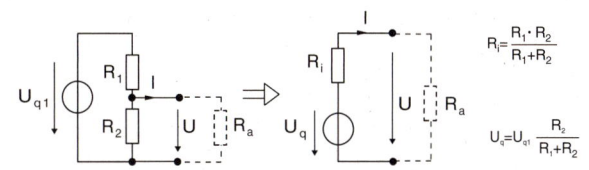

Abbildung 1.51: Umwandlung eines aktiven Zweipols in seine äquivalente Ersatzspannungsquelle

BEISPIEL: Umwandlung eines aktiven Zweipols in seine Ersatzschaltung am Beispiel eines Spannungsteilers (Abbildung 1.51):

Die Quellenspannung U_q ist gleich der Leerlaufspannung U_l des Spannungsteilers:

$$U_q = U_l = U_{q1} \frac{R_2}{R_1 + R_2}$$

Der Kurzschlußstrom I_k beträgt:

$$I_k = \frac{U_{q1}}{R_1}$$

Der Innenwiderstand R_i beträgt:

$$R_i = \frac{U_q}{I_k} = U_{q1} \frac{R_2}{R_1 + R_2} \frac{R_1}{U_{q1}} = \frac{R_2 R_1}{R_1 + R_2}$$

Ein komplexes, passives Netzwerk, das aus mehreren Widerständen besteht, kann durch einen Ersatzwiderstand (hier R_a genannt) dargestellt werden (Abb. 1.52).

---

* LEERLAUF: *no load operation*
* KURZSCHLUSS: *short circuit*
* LEISTUNGSANPASSUNG: *matching efficiency*

BEISPIEL: Umwandlung eines passiven Zweipols in seine Ersatzschaltung:

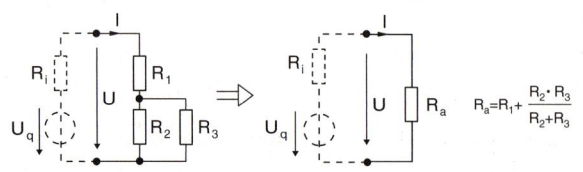

Abbildung 1.52: Umwandlung eines passiven Zweipols in seinen äquivalenten Ersatzwiderstand

Die Ersatzgrößen können durch Messung oder, wenn die Netzwerke bekannt sind, durch Rechnung ermittelt werden. Von den drei Ersatzgrößen U_l, I_k und R_i müssen nur zwei bestimmt werden, die dritte ergibt sich aus den beiden ersten. Da der Kurzschluß zur Messung des Kurzschlußstromes in vielen Netzwerken ein unzulässiger Betrieb ist, kann durch zwei verschiedene Lastmessungen $R_i = -\Delta U/\Delta I$ bestimmt werden. Ist das Netzwerk bekannt, kann R_i berechnet werden, in dem man in dem Netzwerk alle Spannungsquellen durch Kurzschlüsse ersetzt und alle Stromquellen herausnimmt. R_i ist dann der Widerstand zwischen den Anschlußklemmen.

BEISPIEL: Berechnung des Innenwiderstandes des aktiven Zweipols nach Abbildung 1.53.

$$R_i = \frac{R_4\left(R_3 + \frac{R_1 R_2}{R_1 + R_2}\right)}{R_4 + R_3 + \frac{R_1 R_2}{R_1 + R_2}}$$

Abbildung 1.53: Bestimmung des Innenwiderstandes

BEISPIEL: Belasteter Spannungsteiler

Berechnung des Stromes I_3 in Abbildung 1.54 mit Hilfe des Zweipolverfahrens

Das Netzwerk wird zunächst an den Punkten a und b aufgeschnitten. Dann wird der linke Teil in eine Ersatzspannungsquelle umgewandelt und der rechte Teil in einen Ersatzwiderstand:

$$U_q = U_{q1}\frac{R_2}{R_1 + R_2}; \qquad R_i = \frac{R_1 R_2}{R_1 + R_2}; \qquad R_a = R_3 + \frac{R_4 R_5}{R_4 + R_5}$$

I_3 ist dann:

$$I_3 = \frac{U_q}{R_i + R_a} = \frac{U_{q1}\dfrac{R_2}{R_1 + R_2}}{\dfrac{R_1 R_2}{R_1 + R_2} + R_3 + \dfrac{R_4 R_5}{R_4 + R_5}}$$

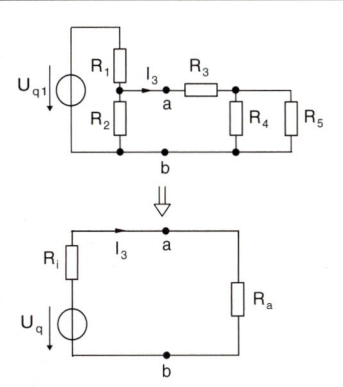

Abbildung 1.54: Belasteter Spannungsteiler

1.4 Formelzeichen

C	Kapazität (F = As/V)
D	Dämpfung
e	Elementarladung ($e = \pm 1,602 \cdot 10^{-19}$ As)
f	Frequenz (Hz)
G	Leitwert (S = A/V)
i	zeitabhängiger Strom (A)
I	Gleichstrom
I_k	Kurzschlußstrom (A)
I_q	Quellenstrom (A)
L	Induktivität (H = Vs/A)
n	Drehzahl (min^{-1})
M	Drehmoment (Nm)
P	Leistung (W = VA)
Q	Ladung (As)
R	Widerstand (Ω = V/A)
R_i	Innenwiderstand (Ω = V/A)
R_L	Lastwiderstand (Ω = V/A)
t	Zeit (s)
T	Periodendauer (s)
u	zeitabhängige Spannung (V)
U	Gleichspannung (V)
U_q	Quellenspannung (V)
U_l	Leerlaufspannung (V)
W	Energie (Ws = VAs)
α	Temperaturkoeffizient (K^{-1})
β	Temperaturkoeffizient (K^{-2})

η Wirkungsgrad
ϑ Temperatur (°C)
τ Zeitkonstante (s)
φ Potential (V)
ω Kreisfrequenz (s^{-1})
ω_0 Resonanzkreisfrequenz (s^{-1})

1.5 Weiterführende Literatur

CLAUSERT, H.; WIESEMANN, G.: *Grundgebiete der Elektrotechnik, Bd. 1 u. 2*
Oldenbourg Verlag 1993

FRICKE, H.; FROHNE, H.; VASKE, P.: *Grundlagen der Elektrotechnik*
Teubner Verlag 1986

FROHNE, H.: *Grundlagen und Netzwerke*
Teubner Verlag 1982

FÜHRER, A.; HEIDEMANN, K.; NERRETER, W.: *Grundgebiete der Elektrotechnik Bd. 1*
Hanser Verlag 1990

KÜPFMÜLLER, K.; KOHN, G.: *Theoretische Elektrotechnik und Elektronik*
Springer Verlag 1993

PHILIPPOW, E.: *Grundlagen der Elektrotechnik*
Hüthig Verlag 1989

SIMONYI, K.: *Theoretische Elektrotechnik*
Deutscher Verlag der Wissenschaften 1989

WEISSGERBER, W.: *Elektrotechnik für Ingenieure, Bd. 1*
Vieweg Verlag 1992

2 Elektrische Felder

Elektrische Felder* werden durch elektrische Ladungen verursacht. Dabei spielt der Bewegungszustand der Ladungen eine entscheidende Rolle. Man unterscheidet daher zwischen den physikalischen Phänonenen, die durch *ruhende* Ladungen verursacht werden und solchen, die durch *bewegte* Ladungen verursacht werden. Erstere werden unter dem Abschnitt **elektrostatisches Feld*** beschrieben, letztere in den Abschnitten **elektrisches Strömungsfeld***und **magnetisches Feld***.

Grundsätzlich verursachen bewegte Ladungen elektrische *und* magnetische Felder. Das elektrostatische Feld stellt somit einen Sonderfall dar, nämlich den, daß die Ladungen sich *nicht* bewegen.

2.1 Elektrostatisches Feld

Die Elektrostatik beschreibt die Wirkungen zwischen *ruhenden* elektrischen Ladungen. Das elektrische Feld, das durch *ruhende* elektrische Ladungen verursacht wird, nennt man das elektrostatische Feld.

2.1.1 Coulombsches Gesetz

Elektrischen Ladungen üben Kräfte aufeinander aus. Ladungen gleichen Vorzeichens stoßen sich ab. Ladungen ungleichen Vorzeichens ziehen sich an.

Die Kraftwirkung zwischen zwei ruhenden Punktladungen Q_1 und Q_2 wird durch das **Coulombsche Gesetz*** (Punktladungen sind Ladungen ohne räumliche Ausdehnung) beschrieben:

$$|F| = \frac{1}{4\pi\varepsilon} \cdot \frac{Q_1 \cdot Q_2}{r^2} \quad \text{mit} \quad \varepsilon = \varepsilon_0 \cdot \varepsilon_r \tag{2.1}$$

ε_0: elektrische Feldkonstante, $\varepsilon_0 = 8.86 \cdot 10^{-12} \frac{\text{As}}{\text{Vm}}$.

ε_r: relative Dielektrizitätskonstante, Permittivitätszahl

r: Abstand zwischen den Ladungen

Der Raum zwischen den Ladungen ist ein Isolator, dessen Eigenschaften an allen Orten gleich und richtungsunabhängig (isotrop) sind. Im Vakuum ist $\varepsilon_r = 1$, dies gilt näherungsweise auch für Luft.

In vektorieller Darstellung ist die Kraft F_2 auf die Punktladung Q_2:

$$\vec{F}_2 = \frac{1}{4\pi\varepsilon} \cdot \frac{Q_1 \cdot Q_2}{r^2} \cdot \vec{e}_r \tag{2.2}$$

---

* ELEKTRISCHES FELD: *electric field*
* ELEKTROSTATISCHES FELD: *electrostatic field*
* ELEKTRISCHES STRÖMUNGSFELD: *electric flow field*
* MAGNETISCHES FELD: *magnetic field*
* COULOMBSCHES GESETZ: *Coulomb's law*

Die Gleichung ist in Kugelkoordinaten angegeben, die Punktladung Q_1 befindet sich im Zentrum des Koordinatensystems. $\vec{e}_r$ ist der Einheitsvektor $\frac{\vec{r}}{|\vec{r}|}$, er zeigt vom Ort der Ladung Q_1 zum Ort von Q_2.

- Das Coulombsche Gesetz gilt in guter Näherung auch für Kugeln, deren Durchmesser klein gegenüber ihrem Abstand ist. r ist dann der Mittelpunktsabstand.

2.1.2 Definition der elektrischen Feldstärke

Der Begriff der **elektrischen Feldstärke**[*] leitet sich aus dem Coulombschen Gesetz ab.
Man definiert:

$$\vec{F}_2 = Q_2 \cdot \underbrace{\frac{Q_1}{4\pi\varepsilon r^2} \cdot \vec{e}_r}_{\vec{E}} = Q_2 \cdot \vec{E} \tag{2.3}$$

Dies ordnet der Punktladung Q_1 demnach ein Feld zu, das radial von der Punktladung ausgeht und mit dem Quadrat der Entfernung abnimmt. So erreicht man eine Beschreibung der Kraftwirkung auf Q_2, die durch ein im Raum existierendes elektrisches Feld verursacht wird, ohne dabei dessen Quelle (die Ladung Q_1 am Ort $r = 0$) explizit anzugeben.

- Die SI-Einheit der elektrischen Feldstärke ist **Volt pro Meter**, $\frac{V}{m}$.

- Wirkt auf eine elektrische Ladung eine Kraft, so sagt man: Die Ladung befindet sich in einem elektrischen Feld.

Die Kraft auf eine Punktladung im elektrischen Feld beträgt:

$$\vec{F} = Q \cdot \vec{E} \tag{2.4}$$

Diese Gleichung gilt ganz allgemein, unabhängig davon, wie die Feldstärke $\vec{E}$ verursacht wurde.

HINWEIS: Das Feld der Punktladung Q, für die man die Kraft berechnen möchte, ist in diesem Modell ohne Bedeutung. Es weist radial von ihr weg (bzw. zu ihr hin) und übt selbst keine Kraft auf sie aus.

HINWEIS: Zur Berechnung der Kraft auf eine räumlich ausgedehnte Ladung zerlegt man diese zweckmäßigerweise in infinitesimale Punktladungen, um über ein Integral die resultierende Kraft zu berechnen. Im kartesischen Koordinatensystem lautet die Rechenvorschrift dann:

$$\vec{F} = \int_Q \vec{E}(x,y,z) \cdot dQ(x,y,z)$$

Man wählt selbstverständlich das Koordinatensystem, welches das geeignete für das jeweilige Problem ist.

Felder werden mittels **Feldlinien**[*] visualisiert. Zur Darstellung eines Feldes zeichnet man Linien, deren Richtung in jedem Punkt der Kraftrichtung entspricht, die auf eine Punktladung ausgeübt würde. Die Dichte der Feldlinien ist dabei ein Maß für den Betrag der Feldstärke.

---

[*] ELEKTRISCHE FELDSTÄRKE: *electric field strength*
[*] ELEKTRISCHE FELDLINIE: *electric flux line*

2.1 Elektrostatisches Feld 41

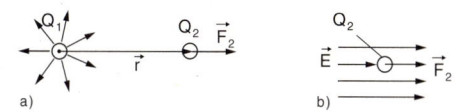

Abbildung 2.1: Darstellung der Kraftwirkung auf eine Ladung Q_2
a) mittels des Coulombschen Gesetzes, b) mittels des elektrischen Feldes

- Das elektrostatische Feld ist ein **Quellenfeld**. Elektrische Feldlinien beginnen und enden immer auf elektrischen Ladungen.

- Die **positive Richtung** der Feldlinien ist so definiert, daß sie von positiven Ladungen ausgehen und auf negativen Ladungen enden.

HINWEIS: Ordnet man einer einzelnen Ladung ein elektrisches Feld zu (wie es in der Definition der elektrischen Feldstärke geschehen ist), so impliziert dies automatisch, daß die Gegenladung sich im Unendlichen befindet. Diese Sichtweise vereinfacht die mathematische Berechnung elektrischer Felder. Hat man mehrere Ladungen, so kann das resultierende elektrische Feld durch Superposition der Einzelfelder in jedem Raumpunkt konstruiert werden (siehe Abb. 2.2).

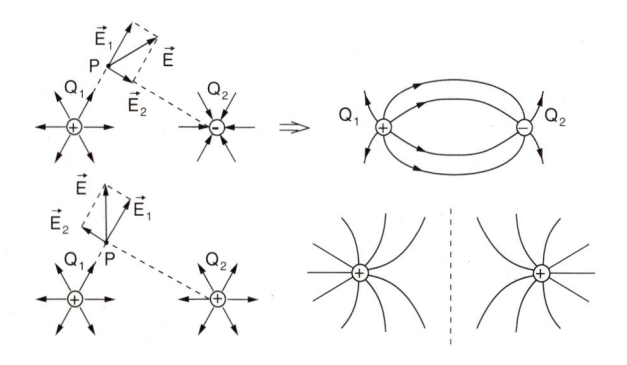

Abbildung 2.2: Resultierendes elektrisches Feld zweier
a) gegenpoliger Ladungen,
b) gleicher Ladungen

2.1.3 Spannung und Potential

Die **elektrische Spannung**[*] ist ein Maß für die Arbeit, die aufgewendet werden muß, um eine Ladung in einem elektrischen Feld von einem Ort zu einem anderen zu bewegen.

$$W = \int \vec{F} \cdot d\vec{s} = \int Q \cdot \underbrace{\vec{E} \cdot d\vec{s}}_{U} = Q \cdot U$$

- Die **elektrische Spannung** zwischen zwei Raumpunkten ist gleich dem Wegintegral der elektrischen Feldstärke zwischen den Raumpunkten. Dabei ist es gleichgültig, über *welchen* Weg integriert wird.

$$U_{12} = \int_s \vec{E} \cdot d\vec{s} \qquad (2.5)$$

---

[*] SPANNUNG: *voltage*

Das **Potential**[*] φ ist eine absolute skalare Größe. Ordnet man einem Raumpunkt das Potential $\varphi = 0$ (Bezugspotential) zu, so kann man allen anderen Raumpunkten ein absolutes Potential zuordnen. Das Potential $\varphi = 0$ ordnet man üblicherweise der Erde zu oder legt es – in abstrakten, physikalischen Modellen – in die Unendlichkeit. Die Spannung U ergibt sich in diesem physikalischen Modell als Differenz zweier Potentiale (siehe Abb. 2.3 a)).

$$U_{12} = \varphi_1 - \varphi_2 \tag{2.6}$$

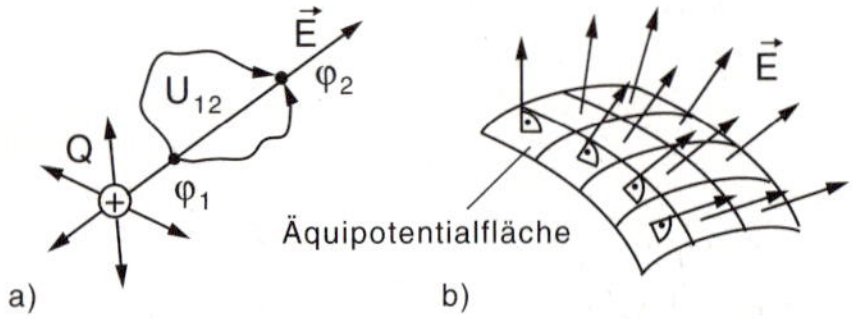

Abbildung 2.3: Die Spannung U und das Potential φ im elektrostatischen Feld

Flächen gleichen Potentials heißen **Äquipotentialflächen**[*]. Auf ihnen stehen die Vektoren der elektrischen Feldstärke und der Verschiebungsdichte senkrecht. Ein infinitesimales Flächenelement der Äquipotentialfläche $d\vec{A}$ ist ein Vektor, der senkrecht auf der Äquipotentialfläche steht. Die Richtung des Vektors $d\vec{A}$ ist gleich der Richtung der elektrischen Feldstärke (siehe Abb. 2.3 b).

2.1.4 Influenz

Influenz[*] ist die Verschiebung der beweglichen Ladungen in einem Leiter, der in ein elektrisches Feld eingebracht wird. Die Ladungen verschieben sich in der Weise, daß die elektrische Feldstärke in dem elektrisch leitenden Material Null bleibt. Diesen Vorgang bezeichnet man mitunter auch als **elektrische Induktion**.

- Ein elektrischer Leiter ist in seinem Inneren immer feldfrei. (Dies gilt streng genommen nur im elektrostatischen Feld, näherungsweise aber auch bei niedrigfrequenten Wechselfeldern.)

Maxwellsche Doppelplatte: Mit der Maxwellsche Doppelplatte kann die elektrische Feldstärke experimentell nachgewiesen werden. Das Experiment ist in Abbildung 2.4 dargestellt. Eine elektrisch leitende Doppelplatte wird in ein elektrisches Feld gebracht. Die beweglichen Ladungen in dem leitenden Material verschieben sich an die Oberfläche, die negativen Ladungen nach links, die positiven nach rechts. Der Raum im Inneren der Doppelplatte ist feldfrei. Zieht man nun die Platten auseinander, verbleiben die Ladungen auf den Platten und heben die Feldstärke zwischen den Platten weiterhin auf. Entfernt man die Doppelplatte aus dem Feld (siehe Abb. 2.4c), so bilden die Ladungen auf der Doppelplatte ein neues elektrisches Feld, das beispielsweise über den Entladestrom nachgewiesen werden kann.

Auf Influenz kann die **elektrostatische Abschirmung**[*] gegen ein äußeres Feld zurückgeführt werden. Ein elektrisch leitender Hohlkörper ist in seinem Inneren stets feldfrei, weil sich die Ladungen auf seiner Oberfläche gerade so verschieben, daß sich die elektrische Feldstärke in seinem Inneren aufhebt. Dies gilt näherungsweise auch, wenn der Hohlkörper keine geschlossene Oberfläche hat, sondern eine Gitterstruktur aufweist. Einen solchen abschirmenden Käfig nennt man nach seinem Erfinder **Faradayschen Käfig**[*] (siehe Abb. 2.5 a).

---

[*] ELEKTRISCHES POTENTIAL: *electric potential*
[*] ÄQUIPOTENTIALFLÄCHE: *equipotential surface*
[*] INFLUENZ: *electrostatic induction*
[*] ABSCHIRMUNG: *shielding*
[*] FARADAYSCHER KÄFIG: *Faraday's cage*

Abbildung 2.4: Maxwellsche Doppelplatte zum Nachweis elektrischer Felder

Abbildung 2.5: Faradayscher Käfig

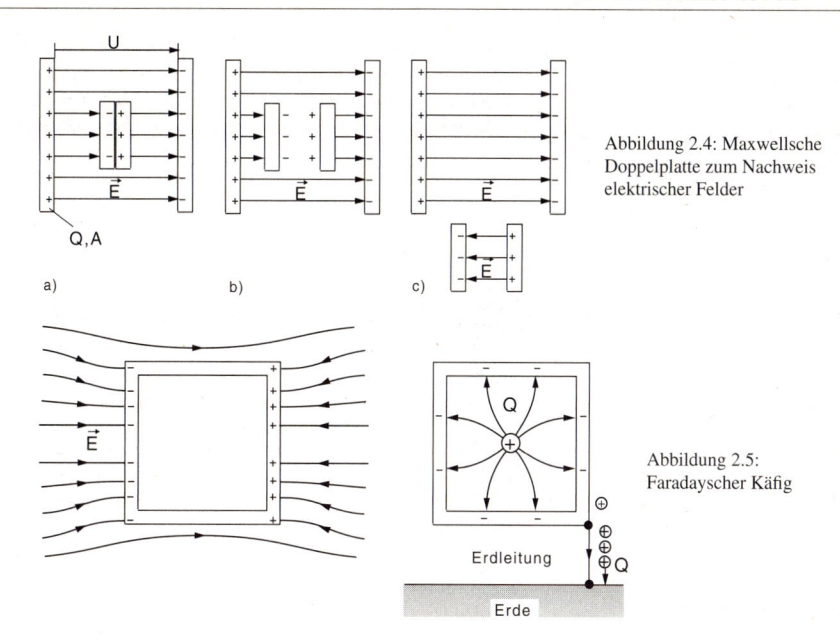

Man kann aber auch eine Ladung mit einem elektrisch leitendem Material umhüllen, um den äußeren Raum feldfrei zu halten (siehe Abb. 2.5 b). Die Gegenladung zur inneren Ladung sammelt sich auf der Hohlkörperinnenseite. Die Ladung auf der äußeren Oberfläche des Hohlkörpers fließt gegen Erde ab. Dadurch wird der äußere Raum feldfrei.

HINWEIS: Befindet sich im Inneren des Hohlkörpers ein Wechselfeld, so fließt auf der Erdleitung ein Wechselstrom, weil sich die Ladungsmenge auf der Oberfläche des Hohlkörpers in diesem Falle laufend ändern muß. Daß dieser Wechselstrom seinerseits ein magnetisches Feld verursacht, welches wiederum Spannungen induziert, kann bei niedrigen Frequenzen unberücksichtigt bleiben. (Eine Frequenzangabe ist hier recht unsicher. Bei guter, kurzer Erdung sei hier 1 bis 10 MHz genannt).

2.1.5 Verschiebungsdichte (elektrische Erregung)

Die **Verschiebungsdichte**[*] ist ein Maß für die durch Influenz verschobene Ladungsmenge. Sie ist eine vektorielle Feldgröße. Die Verschiebungsdichte wird auch als **elektrische Erregung** bezeichnet.

$$\vec{D} = \frac{dQ}{dA_\perp} \cdot \vec{e}_{A_\perp}$$ (2.7)

$dA_\perp$ ist dabei das Flächenelement einer Äquipotentialfläche. Der Einheitsvektor $\vec{e}_{A_\perp}$ zeigt in Richtung der elektrischen Feldstärke.

---

[*] VERSCHIEBUNGSDICHTE: *electric displacement*

- Die SI-Einheit der Verschiebungsdichte ist $\dfrac{As}{m^2}$.

- Die Verschiebungsdichte ist gleich der Ladungsdichte auf einer leitenden Oberfläche. Im elektrostatischen Feld ist sie gleich der gedachten Ladungsdichte auf einer Äquipotentialfläche, wenn man auf diese eine elektrisch leitende Folie aufbringen würde.

- Die Verschiebungsdichte durchtritt die Äquipotentialflächen senkrecht, ebenso wie die elektrische Feldstärke.

BEISPIEL: Eine punktförmige Ladung Q_+ befinde sich im Zentrum einer leitfähigen Hohlkugel (siehe Abbildung 2.6 b). Die Verschiebungsdichte beträgt auf der Innenfläche der Hohlkugel $\vec{D} = \dfrac{Q}{4\pi R^2} \cdot \vec{e}_r$. Dabei ist offensichtlich, daß sich die Gegenladung Q_- gleichmäßig auf der Oberfläche der Kugelinnenseite verteilt. Im Innenraum der Hohlkugel sind die Äquipotentialflächen konzentrische Hüllen um die Punktladung Q_+. Die Verschiebungsdichte kann im gesamten Innenraum der Kugel beschrieben werden mit

$$\vec{D}_{(r)} = \dfrac{Q}{4\pi r^2} \cdot \vec{e}_r.$$

Im Zentrum dieser Darstellung mit Kugelkoordinaten befindet sich die Ladung Q_+.

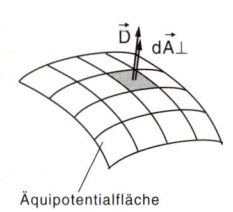

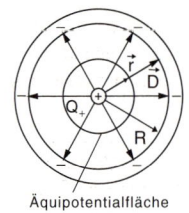

Abbildung 2.6: Die Verschiebungsdichte a) allgemeine Definition, b) in einer Hohlkugel

2.1.6 Dielektrikum

Den Raum, in dem sich das elektrostatische Feld ausbreitet, bezeichnet man als Dielektrikum*. Die Feldgrößen des Dielektrikums sind die elektrische Feldstärke $\vec{E}$ und die Verschiebungdichte $\vec{D}$.

Im elektrostatischen Feld gilt:

$$\boxed{\vec{D} = \varepsilon \cdot \vec{E}} \qquad (2.8)$$

ε ist die **Dielektrizitätskonstante**

Für isotrope Dielektrika gilt:

- $\vec{E}$ und $\vec{D}$ zeigen in die gleiche Richtung. Sie stehen senkrecht auf den Äquipotentialflächen.

- Der Proportionalitätsfaktor zwischen der Verschiebungsdichte und der elektrischen Feldstärke ist die Dielektrizitätskonstante ε:

---

* DIELEKTRIKUM: *dielectric*

Die Dielektrizitätskonstante setzt sich zusammen aus der **elektrischen Feldkonstanten**[*] ε_0 (absolute Dielektrizitätskonstante) und der **Permittivitätszahl**[*] $\varepsilon_r \geq 1$ (relative Dielektrizitätskonstante).

$$\varepsilon = \varepsilon_0 \cdot \varepsilon_r \qquad (2.9)$$

Die elektrische Feldkonstante hat den Wert:

$$\varepsilon_0 = 8{,}85419 \cdot 10^{-12} \frac{\text{As}}{\text{Vm}} \qquad (2.10)$$

Die Permittivitätszahl ε_r ist abhängig von dem Material, in dem sich das Feld ausbreitet. ε_r liegt in den meisten Dielektrika zwischen 1 und 100. Es gibt Dielektrika mit ε_r bis zu 10000.

- Die Permittivitätszahl ist immer $\varepsilon_r \geq 1$
- Die Permittivitätszahl des Vakuums ist $\varepsilon_r = 1$
- Die Permittivitätszahl von Luft ist $\varepsilon_r \approx 1$
- Die Permittivitätszahl von Isolatoren liegt in der Regel zwischen $\varepsilon_r = 2\ldots 3$

2.1.7 Coulombintegral

Die elektrische Feldstärke in einem beliebigen Raumpunkt kann mit Hilfe des Superpositionsprinzips berechnet werden. Die resultierende Feldstärke ist gleich der vektoriellen Summe der von den Einzelladungen jeweils herrührenden Einzelfeldstärken.

$$\vec{D} = \sum_i \frac{Q_i}{4\pi r_i^2} \cdot \vec{e}_{ri} \qquad \text{bzw.} \qquad \vec{E} = \sum_i \frac{Q_i}{4\pi \varepsilon\, r_i^2} \cdot \vec{e}_{ri} \qquad (2.11)$$

Eine räumlich verteilte Ladung wird als räumlich verteilte Punktladungen dQ_i aufgefaßt. Die resultierende Feldstärke ist dann gleich dem Integral der Einzelfeldstärken, die jeweils von den einzelne Punktladungen dQ_i herrühren.

$$\vec{D} = \int_Q \frac{dQ_i}{4\pi r^2} \cdot \vec{e}_{ri} \qquad \text{bzw.} \qquad \vec{E} = \int_Q \frac{dQ_i}{4\pi \varepsilon\, r^2} \cdot \vec{e}_{ri} \qquad (2.12)$$

Dieses Integral heißt **Coulombintegral**

BEISPIEL: Berechnung der elektrischen Feldstärke um eine gerade Linienladung $\lambda \left(\dfrac{\text{As}}{\text{m}}\right)$ mit Hilfe des Coulombintegrals:

Es ist zu erwarten, daß das Feld radialsymmetrisch von der Linienladung fort weist. Wenn die Linienladung um ihre Längsachse gedreht wird, wird sich das Feld in einem festen Raumpunkt aus Symmetriegründen nicht verändern. Die Berechnung kann daher auf ein ebenes Problem zurückgeführt werden.

---

[*] PERMITTIVITÄTSZAHL: *relative permittivity*
[*] ELEKTRISCHE FELDKONSTANTE: *permittivity, dielectric constant*

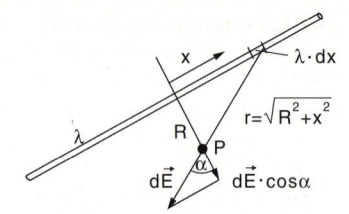

Abbildung 2.7: Berechnung der Feldstärke mit Hilfe des Coulombintegrals

Die räumlich verteilten Punktladungen können als $dQ = \lambda \cdot dx$ aufgefaßt werden. Der Abstand der Ladung dQ vom Raumpunkt P beträgt $r = \sqrt{R^2 + x^2}$. Der Cosinus des Winkels α beträgt in kartesischen Koordinaten ausgedrückt: $\dfrac{R}{\sqrt{R^2 + x^2}}$ (siehe Abbildung 2.7).

Berechnung der Feldstärke E im Raumpunkt P:

$$E = \frac{D}{\varepsilon} = \int_{-\infty}^{+\infty} \frac{\lambda}{4\pi\varepsilon} \cdot \frac{dx}{R^2 + x^2} \cdot \underbrace{\frac{R}{\sqrt{R^2 + x^2}}}_{\cos\alpha} = 2 \cdot \frac{\lambda R}{4\pi\varepsilon} \int_{0}^{+\infty} \frac{dx}{(R^2 + x^2)^{3/2}} = \frac{\lambda}{2\pi\varepsilon R}$$

Die Feldkomponenten in x-Richtung heben sich auf. Die resultierende Feldstärke weist radial von der Linienladung weg.

2.1.8 Gaußscher Satz der Elektrostatik

Der **Gaußsche Satz** der Elektrostatik besagt, daß das Hüllenintegral der Verschiebungsdichte über eine geschlossene Fäche gleich der umschlossenen Ladung ist.

$$\oint_A \vec{D}\, d\vec{A} = Q \tag{2.13}$$

Der Vektor $d\vec{A}$ weist aus der Hüllfläche heraus.

BEISPIEL: Berechnung der elektrischen Feldstärke um eine gerade Linienladung λ mit Hilfe des Gaußschen Satzes:

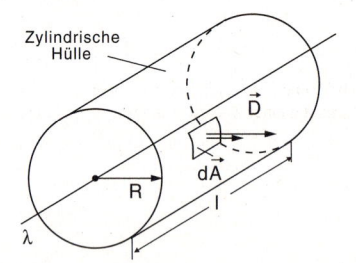

Abbildung 2.8: Feldberechnung für eine Linienladung

Eine einfache Feldberechnung mittels des GAUSSschen Satzes hängt wesentlich von einer günstigen Wahl des Koordinatensystems ab. In diesem Fall sind dies Zylinderkoordinaten, weil das Feld aus Symmetriegründen radial von der Linienladung fort weist.

Um die Linienladung aus Abbildung 2.8 wird daher eine zylindrische Hüllfläche gelegt. Der Gaußsche Satz lautet dann:

$$\oint_A \vec{D}\,d\vec{A} = \vec{D}\cdot 2\pi\vec{R}\cdot l = \lambda\, l \quad\Rightarrow\quad \vec{D}(R) = \frac{\lambda}{2\pi R}\cdot\vec{e}_r \quad\Rightarrow\quad \vec{E}(R) = \frac{\lambda}{2\pi\varepsilon R}\cdot\vec{e}_r$$

2.1.9 Kapazität

- In einer Anordnung von zwei Elektroden ist der Quotient zwischen der auf den Elektroden befindlichen Ladung und der Spannung zwischen den Elektroden konstant und nur von der Geometrie der Anordnung und der Dielektrizitätskonstanten des Raumes zwischen den Elektroden abhängig.

- Der Quotient von Ladung und Spannung heißt **Kapazität**[*].

$$\boxed{C = \frac{Q}{U}} \tag{2.14}$$

Die SI-Einheit der Kapazität heißt **Farad**. $1\,\text{F} = 1\,\dfrac{\text{As}}{\text{V}}$

Beschreibt man die integralen Größen Q und U durch die Feldgrößen, so berechnet sich C:

$$\boxed{C = \frac{Q}{U} = \frac{\oint_A \vec{D}\,d\vec{A}}{\int_s \vec{E}\,d\vec{s}}} \quad \text{mit} \quad \vec{e}_A \parallel \vec{e}_s \tag{2.15}$$

Gleichung (2.15) gilt für den Fall, daß das Wegelement ds senkrecht auf dem Flächenelement dA steht. Um dieses Integral auswerten zu können, muß daher der Feldverlauf qualitativ bekannt sein, d. h. die Richtung der Feldstärke und der Verschiebungsdichte müssen bekannt sein.

BEISPIEL: Berechnung der Kapazität einer Koaxialleitung der Länge l:

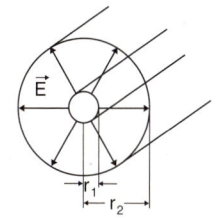

Abbildung 2.9: Zur Berechnung der Kapazität einer Koaxialleitung

---

[*] KAPAZITÄT: *capacity*

Zur Berechnung der Kapazität ist die Kenntnis des elektrischen Feldes notwendig. Gleichung (2.15) wird ausgewertet, indem gedanklich entweder eine Spannung U an die Elektroden gelegt oder eine Ladung Q auf die Elektroden gebracht wird. In diesem Fall wird eine Ladung Q auf die Elektroden gebracht und das Feld $\vec{E}(r)$ als Funktion dieser Ladung ausgedrückt. Die Ladung Q kürzt sich in jedem Fall heraus, so daß eine Bestimmungsgleichung für C entsteht, die nur von der Geometrie der Anordnung und den Matrialeigenschaften des Dielektrikums abhängt.

$$C = \frac{Q}{U} = \frac{\oint_A \vec{D}\,d\vec{A}}{\int_s \vec{E}\,d\vec{s}} = \frac{Q}{\int_{r_1}^{r_2} \frac{Q/l}{2\pi\varepsilon r}\,dr} = \frac{2\pi\varepsilon l}{\ln\frac{r_2}{r_1}} \quad \text{mit} \quad \vec{E} = \frac{Q/l}{2\pi\varepsilon r}\vec{e}_r$$

2.1.10 Elektrostatisches Feld an Grenzflächen

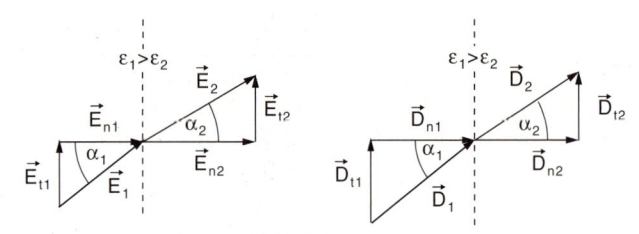

Abbildung 2.10: Feldgrößen an einer Grenzfläche

An der Grenzfläche[*] gilt:

$$\boxed{\vec{E}_{t2} = \vec{E}_{t1} \quad \text{und} \quad \vec{E}_{n2} = \frac{\varepsilon_1}{\varepsilon_2} \cdot \vec{E}_{n1}} \tag{2.16}$$

$$\boxed{\vec{D}_{n2} = \vec{D}_{n1} \quad \text{und} \quad \vec{D}_{t2} = \frac{\varepsilon_2}{\varepsilon_1} \cdot \vec{D}_{t1}} \tag{2.17}$$

$$\boxed{\tan\alpha_2 = \frac{\varepsilon_2}{\varepsilon_1} \cdot \tan\alpha_1} \tag{2.18}$$

- Die Tangentialkomponente der elektrischen Feldstärke ist stetig.
- Die Normalkomponente der elektrischen Feldstärke ist umgekehrt proportional zur Dielektrizitätskonstanten.
- Die Tangentialkomponente der Verschiebungsdichte ist proportional zur Dielektrizitätskonstanten.
- Die Normalkomponente der Verschiebungsdichte ist stetig.

---

[*] GRENZFLÄCHE: *boundary surface*

2.1.11 Übersicht: Felder und Kapazitäten verschiedener geometrischer Anordnungen

Platten-Kondensator	$C = \varepsilon \cdot \dfrac{A}{d}$	$E = \dfrac{U}{d}$
Platten-Kondensator	$C = \dfrac{A}{\dfrac{d_1}{\varepsilon_1} + \dfrac{d_2}{\varepsilon_2}}$	$E_{1(2)} = \dfrac{U}{\varepsilon_{1(2)}\left(\dfrac{d_1}{\varepsilon_1} + \dfrac{d_2}{\varepsilon_2}\right)}$
Zylinder-Kondensator	$C = \dfrac{2\pi\varepsilon \cdot l}{\ln \dfrac{r_2}{r_1}}$	$E = \dfrac{U}{r \cdot \ln \dfrac{r_2}{r_1}}$
Zylinder-Kondensator	$C = \dfrac{2\pi l}{\dfrac{1}{\varepsilon_1}\ln\dfrac{r_2}{r_1} + \dfrac{1}{\varepsilon_2}\ln\dfrac{r_3}{r_2}}$	$E_{1(2)} = \dfrac{U}{\varepsilon_{1(2)} \cdot r} \times$ $\times \dfrac{1}{\dfrac{1}{\varepsilon_1}\ln\dfrac{r_2}{r_1} + \dfrac{1}{\varepsilon_2}\ln\dfrac{r_3}{r_2}}$
Kugel-Kondensator	$C = 4\pi\varepsilon \cdot \dfrac{r_1 r_2}{r_2 - r_1}$	$E = \dfrac{U}{r^2} \cdot \dfrac{r_1 r_2}{r_2 - r_1}$
Parallele Leiter	$C = \dfrac{\pi\varepsilon l}{\ln\left[\dfrac{a}{r_1} + \sqrt{\left(\dfrac{a}{r_1}\right)^2 - 1}\right]}$ $\approx \dfrac{\pi\varepsilon l}{\ln\dfrac{2a}{r_1}}$ für $a \gg r_1$	$E = \dfrac{U\dfrac{\sqrt{a^2 - r_1^2}}{a^2 - r_1^2 - x^2}}{\ln\left[\dfrac{a}{r_1} + \sqrt{\left(\dfrac{a}{r_1}\right)^2 - 1}\right]}$

Einzelleiter–Erde	$C = \dfrac{2\pi\varepsilon l}{\ln\left[\dfrac{a}{r_1} + \sqrt{\left(\dfrac{a}{r_1}\right)^2 - 1}\right]}$ $\approx \dfrac{2\pi\varepsilon l}{\ln\dfrac{2a}{r_1}}$ für $a \gg r_1$	$E = \dfrac{2U\dfrac{\sqrt{a^2 - r_1^2}}{a^2 - r_1^2 - x^2}}{\ln\left[\dfrac{a}{r_1} + \sqrt{\left(\dfrac{a}{r_1}\right)^2 - 1}\right]}$
Kugel–Kugel	$C \approx \dfrac{2\pi\varepsilon}{\dfrac{1}{r_1} - \dfrac{1}{2a}}$	$E \approx \dfrac{U\left(\dfrac{1}{x^2} + \dfrac{1}{(2a-x)^2}\right)}{\dfrac{2}{r_1} - \dfrac{1}{a}}$
Kugel–unendlich	$C = 4\pi\varepsilon r_1$	$E = U \cdot \dfrac{r_1}{r^2}$

2.1.12 Energie im elektrostatischen Feld

Um ein elektrisches Feld aufzubauen, benötigt man Energie, denn es müssen positve und negative Ladungen getrennt werden. Legt man an einen Kondensator eine Spannung, um diesen aufzuladen, fließt ein Ladestrom. Man führt dem Kondensator Energie zu, die in dem elektrischen Feld gespeichert wird und nicht, wie im ohmschen Widerstand, in Wärme umgesetzt wird.

Die Energie beträgt:

$$W = \int_0^{t_1} u(t) \cdot \underbrace{i(t)\,\mathrm{d}t}_{\mathrm{d}Q} = \int_0^{Q_1} u(t)\,\underbrace{\mathrm{d}Q}_{C\,\mathrm{d}U} = C\int_0^{U_C} u\,\mathrm{d}u = \frac{1}{2} C \cdot U_C^2$$

Allgemein:

$$W = \frac{1}{2} CU^2 = \frac{1}{2} QU = \frac{1}{2}\frac{Q^2}{C} \tag{2.19}$$

Ersetzt man die integralen Größen Q und U durch die vektoriellen Größen $\vec{D}$ und $\vec{E}$, erhält man:

$$W = \frac{1}{2} \oint_A \vec{D}\,\mathrm{d}\vec{A} \cdot \int_s \vec{E}\,\mathrm{d}\vec{s} = \frac{1}{2} \int_V \vec{D} \cdot \vec{E}\,\mathrm{d}V \quad \text{mit} \quad \vec{e}_s \| \vec{e}_A \tag{2.20}$$

Der Einheitsvektor $\vec{e}_s$ zeigt dabei in die gleiche Richtung wie der Einheitsvektor der Flächennormalen $\vec{e}_A$, so daß das Integral $\int \mathrm{d}s \cdot \mathrm{d}A$ das Volumenelement $\mathrm{d}V$ ergibt.

Für die **Energiedichte*** des elektrostatischen Feldes erhält man:

$$\frac{\mathrm{d}W}{\mathrm{d}V} = \frac{1}{2}\vec{D}\cdot\vec{E}$$ (2.21)

2.1.13 Kräfte im elektrostatischen Feld

2.1.13.1 Kraft auf eine Ladung

Die Kraft auf eine Punktladung im elektrischen Feld beträgt:

$$\vec{F} = Q\cdot\vec{E}$$ (2.22)

BEISPIEL: Ablenkung eines Elektrons nach Durchlaufen eines elektrischen Feldes:

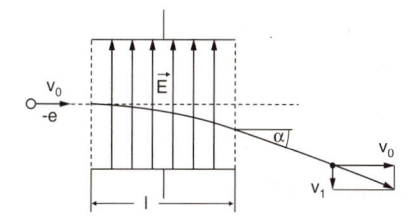

Abbildung 2.11: Ablenkung eines Elektrons beim Durchlaufen eines elektrischen Feldes

Während des Durchlaufens des elektrischen Feldes wird eine Kraft auf das Elektron ausgeübt. Die Kraftrichtung zeigt auf Grund der negativen Ladung des Elektrons dem elektrischen Feld entgegen. Die Geschwindigkeit $\vec{v}_0$ des Elektrons quer zur Feldrichtung bleibt beim Durchlaufen des Feldes unbeeinflußt. Die Zeit, die das Elektron benötigt, um das Feld zu durchqueren, beträgt $t = l/v_0$.

$F = m\cdot a$ (Kraft = Masse ∗ Beschleunigung)

$v = \int a\,\mathrm{d}t$ (Geschwindigkeit = Zeitintegral der Beschleunigung)

$$v_1 = \int_0^{l/v_0} \frac{e\cdot E}{m}\,\mathrm{d}t = \frac{e}{mv_0}\cdot E\cdot l; \quad \tan\alpha = \frac{v_1}{v_0} = \frac{e\cdot E\cdot l}{m\cdot v_0^2}$$

2.1.13.2 Kraft auf Grenzflächen

Sowohl an den Grenzflächen zwischen einem Dielektrikum und der leitenden Oberfläche der Elektroden als auch an den Grenzflächen zwischen verschiedenen Dielektrika entstehen Kräfte.

Die Berechnung dieser Kräfte erfolgt am einfachsten über eine Energiebilanz zwischen der mechanischen, der elektrischen und der Feldenergie. Dazu verschiebt man gedanklich die Grenzfläche geringfügig (infinitesimal) und berechnet die sich daraus ergebende Änderung der potentiellen Energien. Man nennt dieses Verfahren auch **Prinzip der virtuellen Verschiebung**.

---

* ENERGIEDICHTE: *energy density*

Die Summe der Energieänderungen muß Null sein:

$$\boxed{dW_{\text{mech}} + dW_{\text{Feld}} + dW_{\text{elektr}} = 0} \qquad (2.23)$$

Um diese Energiebilanz auswerten zu können, muß bekannt sein, welche dieser Energieänderungen positiv und welche negativ ist, d. h., welche Energie sich erhöht und welche sich verkleinert.

Dazu ein Gedankenexperiment:

Ein Plattenkondensator liegt an einer Spannungsquelle. Die Platten des Kondensators ziehen sich an, weil sie mit ungleichnamigen Ladungen geladen sind. Zieht man die Platten auseinander, so steckt man mechanische Energie hinein. Gleichzeitig wird die Kapazität sich verringern, d. h., die gespeicherte Feldenergie $\frac{1}{2}CU^2$ wird sich verringern. Die Energien, die mechanische und die Änderung der Feldenergie, werden von der angeschlossenen Spannungquelle aufgenommen. Die obige Energiebilanz lautet also konkret:

$$F \cdot ds + d\left(\frac{1}{2}CU^2\right) = dQ \cdot U$$

Mit $Q = C \cdot U$ folgt daraus für die Kraft:

$$\boxed{F = \frac{1}{2}U^2 \frac{dC}{ds}} \qquad (2.24)$$

● Die Kraft auf die Elektroden eines Kondensators ist proportional zur Änderung der Kapazität in Abhängigkeit von einer virtuellen Verschiebung der Elektroden.

Für Grenzflächen bedeutet dies ganz allgemein:

● Die Kraft auf eine Grenzfläche ist proportional zur Änderung der Kapazität in Abhängigkeit von der virtuellen Grenzflächenverschiebung.

● Die Kraft auf eine Grenzfläche ist so gerichtet, daß sie die Kapazität zu vergrößern sucht.

HINWEIS: Wenn die Kondensatorplatten im obigen Gedankenexperiment nicht an einer Spannungsquelle angeschlossen sind, sondern die feste Ladung Q tragen, sieht die Energiebilanz für die virtuelle Verschiebung anders aus. Dann lautet sie:

$$F \cdot ds + d\left(\frac{1}{2}\frac{Q^2}{C}\right) = 0$$

Daraus folgt für die Kraft:

$$\boxed{F = -\frac{1}{2}Q^2 \frac{d}{ds}\left(\frac{1}{C}\right)} \qquad (2.25)$$

Die mechanisch hineingesteckte Energie erhöht in diesem Fall die Feldenergie (Im ersten Fall mit angeschlossener Spannungsquelle hatte sie sich verkleinert!).

Beide Ansätze, $F = \frac{1}{2}U^2 \frac{dC}{ds}$ und $F = -\frac{1}{2}Q^2 \frac{d}{ds}\left(\frac{1}{C}\right)$, führen bei der Berechnung der Kraft selbstverständlich zum gleichen Ergebnis.

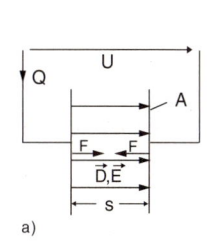

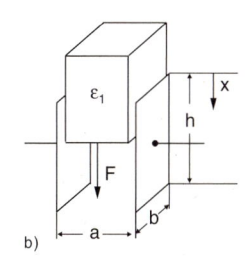

Abbildung 2.12: Kräfte an Grenzflächen
a) parallel zu den Feldlinien, b) vertikal zu den Feldlinien

BEISPIEL: Berechnung der Kraft auf die Elektroden eines Plattenkondensators (siehe Abbildung 2.12 a)):

$$F = \frac{1}{2}U^2 \frac{dC}{ds}; \qquad C = \frac{\varepsilon A}{s}; \qquad \frac{dC}{ds} = -\frac{\varepsilon A}{s^2} \qquad \Rightarrow F = -\frac{1}{2}U^2 \cdot \frac{\varepsilon A}{s^2}$$

Ein anderer Ansatz:

$$F = -\frac{1}{2}Q^2 \frac{d}{ds}\left(\frac{1}{C}\right); \qquad \frac{1}{C} = \frac{s}{\varepsilon A}; \qquad \frac{d}{ds}\left(\frac{1}{C}\right) = \frac{1}{\varepsilon A} \qquad \Rightarrow F = -\frac{1}{2}Q^2 \frac{1}{\varepsilon A} = -\frac{1}{2}U^2 \cdot \frac{\varepsilon A}{s^2}$$

Beide Ergebnisse sind, wie zu erwarten war, gleich. Das Minuszeichen im Ergebnis zeigt, daß die Kraft entgegen der virtuellen Verschiebung wirkt, wenn die Platten auseinandergezogen werden.

BEISPIEL: Berechnung der Kraft, mit der ein Dielektrikum zwischen zwei Kondensatorplatten gezogen wird (siehe Abbildung 2.12 b):

$$F = \frac{U^2}{2} \cdot \frac{dC}{dx}; \quad C = \frac{\varepsilon_1 \varepsilon_0 b}{a}x + \frac{\varepsilon_0 b}{a}(h-x); \quad \frac{dC}{dx} = (\varepsilon_1 - 1)\frac{\varepsilon_0 b}{a} \quad \Rightarrow F = \frac{U^2}{2} \cdot (\varepsilon_1 - 1)\frac{\varepsilon_0 b}{a}$$

2.1.14 Übersicht: Eigenschaften des elektrostatischen Feldes

- Leitende Medien sind feldfrei.
- Die Verschiebungsdichte (elektrische Erregung) und die elektrische Feldstärke zeigen in isotropen Materialien in die gleiche Richtung.

$$\boxed{\vec{D} = \varepsilon \cdot \vec{E}}$$

- Das elektrische Feld ist ein **Quellenfeld**. Elektrische Feldlinien beginnen und enden immer auf elektrischen Ladungen. Ihre positive Richtung ist so definiert, daß sie von positiven Ladungen ausgehen und auf negativen Ladungen enden.
- Das Hüllenintegral der Verschiebungsdichte (elektrischen Erregung) über eine geschlossene Fäche ist gleich der umschlossenen Ladung. Im quellenfreien Raum ist dieses Hüllenintegral Null.

$$\oint_A \vec{D} \, d\vec{A} = Q$$

- Ein Feldraum ist quellenfrei, wenn die Divergenz (Quelle) des betrachteten Feldes in diesem Raum Null ist.

$$\boxed{\operatorname{div} \vec{E} = 0} \qquad \text{im quellenfreien Feldraum}$$

- Wenn der betrachtete Feldraum die Raumladungsdichte ρ enthält, ist die Divergenz von $\vec{D}$ (dritte Maxwell-Gleichung):

$$\operatorname{div} \vec{D} = \rho$$

- Das elektrostatische Feld ist **wirbelfrei**. Bildet man das Integral der elektrischen Feldstärke über einen geschlossenen Umlauf, so ist der Wert unabhängig vom gewählten Weg stets Null.

$$\oint \vec{E}\, d\vec{s} = 0; \qquad \operatorname{rot} \vec{E} = 0$$

- Das elektrostatische Feld ist ein **Potentialfeld**. Das Wegintegral über die elektrische Feldstärke ist gleich der Spannung (Potentialdifferenz) zwischen dem Anfangs- und dem Endpunkt des Weges. Dabei ist es gleichgültig, über *welchen* Weg integriert wird.

$$\int_1^2 \vec{E}\cdot d\vec{s} = U_{12} = \varphi_1 - \varphi_2$$

- Die Feldlinien durchtreten die Äquipotentialflächen vertikal. Die elektrische Feldstärke zeigt in Richtung der größten Spannungsänderung. Der Feldvektor zeigt vom höheren zum niedrigeren Spannungsniveau (in Richtung des niedrigeren Potentials).

$$\vec{E} = -\operatorname{grad} U$$

- Das elektrostatische Feld enthält Energie:

$$W = \frac{1}{2}\int_V \vec{D}\cdot\vec{E}\, dV$$

2.1.15 Zusammenhang der elektrostatischen Feldgrößen

$$\begin{array}{ccccc}
Q & \Leftarrow & Q = \oint_A \vec{D}\, d\vec{A} & \Rightarrow & \vec{D} \\
\Uparrow & & & & \Uparrow \\
Q = C\cdot U & & & & \vec{D} = \varepsilon\cdot\vec{E} \\
\Downarrow & & & & \Downarrow \\
U & \Leftarrow & U = \int_S \vec{E}\, d\vec{s} & \Rightarrow & \vec{E}
\end{array}$$

2.2 Stationäres elektrisches Strömungsfeld

Das **stationäre elektrische Strömungsfeld** beschreibt die Ladungsbewegung und deren Wirkungen im elektrischen Leiter für den Fall, daß sich die elektrischen Größen *nicht* zeitlich ändern. Vorraussetzung für den nachfolgenden Abschnitt ist, daß $\frac{di}{dt} = 0$ ist. Es entstehen damit *keine* induzierten Spannungen!

2.2.1 Spannung und Potential

Die **elektrische Spannung** verursacht die gerichtete Ladungsbewegung in einem elektrischen Leiter. Legt man an einen elektrischen Leiter eine Spannung, so fließt ein Strom *I*.

Bei fließendem Strom kann man an jedem Ort auf der Oberfläche des elektrischen Leiters eine Spannung messen. Auch im Inneren des elektrischen Leiters ist jedem Raumpunkt eine Spannung zugeordnet, die allerdings nicht so einfach zu messen ist.

- Die Spannung fällt *stetig* über den elektrischen Leiter ab.

Ordnet man einem Raumpunkt das Potential $\varphi = 0$ zu, so kann man jedem anderen Raumpunkt im elektrischen Leiter ein bestimmtes Potential φ zuordnen.

Die Spannung zwischen zwei Raumpunkten ist gleich der Potentialdifferenz dieser Raumpunkte:

$$\boxed{U_{12} = \varphi_1 - \varphi_2} \qquad (2.26)$$

Flächen gleicher Spannung bzw. gleichen Potentials nennt man wie im elektrostatischen Feld **Äquipotentialflächen**.

2.2.2 Strom

Der **elektrische Strom** ist die Summe aller Ladungen, die pro Zeiteinheit einen definierten Querschnitt durchströmen:

$$\boxed{I = \frac{dQ}{dt}} \qquad (2.27)$$

- Die **positive Stromrichtung** ist die Bewegungsrichtung der positven Ladungen. Dies ist gleichbedeutend mit der entgegengesetzten Bewegungsrichtung negativer Ladungen.

- Der Strom fließt immer in einem geschlossenen Umlauf.

(Siehe hierzu auch 1.1)

2.2.3 Elektrische Feldstärke

Die **elektrische Feldstärke** gibt die Änderung der elektrischen Spannung über den Weg an. Sie ist ein Vektor, der in Richtung der *größten* Änderung weist. Da die größte Änderung der Spannung senkrecht zu den

Äquipotentialflächen verläuft, steht der Vektor der elektrischen Feldstärke senkrecht auf den Äquipotentialflächen.

$$\vec{E} = \frac{dU}{ds_\perp} \cdot \vec{e}_{A\perp} \tag{2.28}$$

Der Einheitsvektor $\vec{e}_{A\perp}$ steht senkrecht auf einer Äquipotentialfläche, das Wegelement $ds_\perp$ durchläuft die Äquipotentialfläche senkrecht.

Man schreibt auch:

$$\vec{E} = -\operatorname{grad} U \tag{2.29}$$

- Die **Richtung** der elektrischen Feldstärke weist in Richtung der größten Spannungsänderung.

- Der **Betrag** der elektrischen Feldstärke gibt die Änderung der Spannung über den Weg an.

Die Einheit der elektrischen Feldstärke ist **Volt pro Meter**, $\frac{V}{m}$.

Die elektrische Spannung U ist das Wegintegral über die elektrische Feldstärke.

$$U_{12} = \int_1^2 \vec{E} \cdot d\vec{s} \tag{2.30}$$

- Die **elektrische Spannung** zwischen zwei Raumpunkten ist gleich dem Wegintegral der elektrischen Feldstärke zwischen den Raumpunkten. Dabei ist es gleichgültig, über *welchen* Weg integriert wird.

Homogenes Feld: Ein Feld heißt homogen, wenn an allen Orten des Feldes die gleiche Feldstärke herrscht, d. h., Betrag und Richtung stimmen an allen Orten überein.

Im homogenen Feld ist die Spannung:

$$U_{12} = \vec{E} \cdot \vec{s}_{12} \tag{2.31}$$

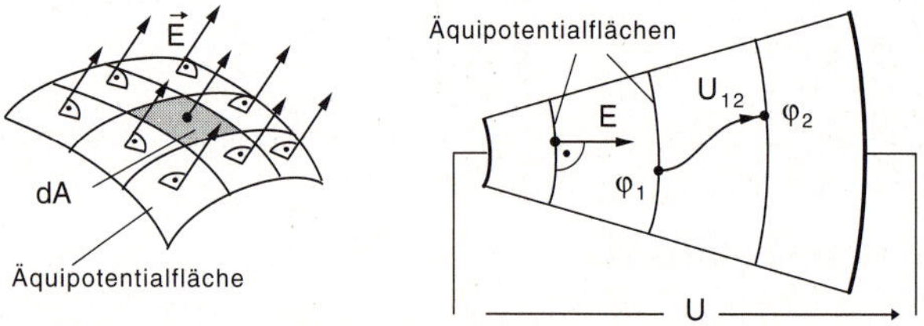

Abbildung 2.13: Elektrische Feldstärke, Äquipotentialflächen und elektrische Spannung

2.2.4 Stromdichte

Der Strom I verteilt sich im Leiter. Man definiert daher die **Stromdichte*** $\vec{S}$:

$$\vec{S} = \frac{dI}{dA_\perp} \cdot \vec{e}_{A_\perp} \qquad (2.32)$$

$dA_\perp$ ist dabei das Flächenelement einer Äquipotentialfläche. Der Einheitsvektor $\vec{e}_{A_\perp}$ steht senkrecht auf der Äquipotentialfläche.

- Die **Richtung** der Stromdichte weist in Richtung der größten Spannungsänderung. Der Stromdichtevektor steht senkrecht auf den Äquipotentialflächen.

- Der **Betrag** der Stromdichte gibt an, welche Ladungsmenge pro Querschnitt und Zeiteinheit eine Äquipotentialfläche durchtritt.

- Die Stromdichte weist in die gleiche Richtung wie die elektrische Feldstärke.

Die Einheit der Stromdichte ist **Ampere pro Quadratmeter** $\frac{A}{m^2}$.

Der Strom I ist das Integral über das Skalarprodukt aus Stromdichte und einer beliebigen Fläche, für die der durch sie hindurchtretende Strom berechnet werden soll.

$$I = \int_A \vec{S} \cdot d\vec{A} \qquad (2.33)$$

Im homogenen Feld lautet die Auswertung dieses Integrals:

$$I = S \cdot A \cdot \cos \alpha \qquad (2.34)$$

mit α: Winkel zwischen Flächennormalen und Stromdichte

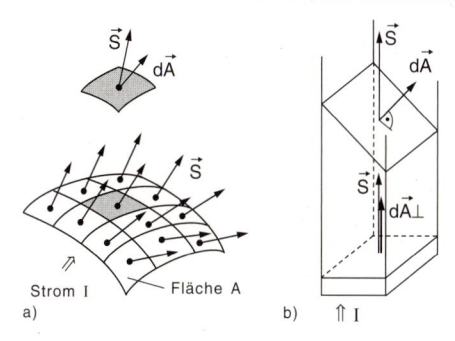

$$I = \int \vec{S} \, d\vec{A}$$
$$= S \cdot \underbrace{A \cdot \cos \alpha}_{A_\perp}$$

Abbildung 2.14: Stromdichte
a) allgemein, b) im homogenen Feld

---

* STROMDICHTE: *current density*

2.2.5 Spezifischer Widerstand, spezifischer Leitwert

Der Proportionalitätsfaktor zwischen der elektrischen Feldstärke und der Stromdichte ist der **spezifische Widerstand** ρ^* (Resistivität) und der **spezifische Leitwert** $\varkappa^*$ (Konduktivität).

$$\vec{E} = \rho \cdot \vec{S} \quad \text{und} \quad \vec{S} = \varkappa \cdot \vec{E} \tag{2.35}$$

$$\varkappa = \frac{1}{\rho} \tag{2.36}$$

- Die spezifische Leitfähigkeit ist der Kehrwert des spezifischen Widerstandes.

- Die Einheit des spezifischen Widerstandes ist **Ohm · Meter**, $\Omega \cdot m$.

HINWEIS: Die Einheit des spezifischen Widerstandes wird oft in $\frac{\Omega \cdot mm^2}{m}$ angegeben, weil die Länge von elektrischen Leitern oft in m und der Querschnitt in mm^2 angegeben wird. Der elektrische Widerstand homogener Leiter berechnet sich dann:

$$R = \rho \cdot \frac{\text{Länge}}{\text{Querschnitt}}$$

Die Einheit des spezifischen Leitwertes ist **Siemens pro Meter***, S/m.

- Der spezifische Widerstand und der spezifische Leitwert sind Materialeigenschaften des elektrischen Leiters (siehe Tabelle 2.1 und Anhang).

Tabelle 2.1: Spezifische Widerstände von elektrischen Leitern

Material	spez. Leitfähigkeit $\varkappa (S/m \cdot 10^{-6})$	spez. Widerstand $\rho (\Omega \cdot mm^2/m)$
Aluminium	37	0,027
Gold	45,5	0,022
Eisen	10…2,5	0,1…0,4
Kupfer	59	0,017
Messing	14,3…12,5	0,07…0,08
Silber	62,5	0,016

- Der spezifische Widerstand und der spezifische Leitwert sind **temperaturabhängig**.

HINWEIS: Die temperaturabhängige Änderung des spezifischen Widerstandes wird mittels des Temperaturkoeffizienten α angegeben. Die Änderung des spezifischen Widerstandes in Abhängigkeit von der Temperatur berechnet sich dann:

$$\rho(\vartheta_2) = \rho(\vartheta_1) \cdot [1 + \alpha \cdot (\vartheta_2 - \vartheta_1)]$$

---

* SPEZIFISCHER WIDERSTAND: *resistivity, specific resistance*
* SPEZIFISCHER LEITWERT: *conductivity, specific conductance*
* SIEMENS PRO METER: *mho* $\frac{mho}{m}$

HINWEIS: Der Temperaturkoeffizient α ist selbst temperaturabhängig. Er wird oft für die Temperatur $\vartheta = 20\,°C$ angegeben und dann als α_{20} bezeichnet.

Der Temperaturkoeffizient von Kupfer und Aluminium ist $\alpha = 0{,}004\,\text{K}^{-1}$. Kupfer und Aluminium ändern ihren spezifischen Widerstand bei einer Temperaturänderung von 100 K um 40 %.

2.2.6 Widerstand und Leitwert

Die Proportionalitätsfaktoren zwischen Strom und Spannung sind der **elektrische Widerstand** R^* und der **elektrische Leitwert** G^*. Der elektrische Widerstand wird auch als **ohmscher Widerstand** bezeichnet.

$$\boxed{U = R \cdot I \quad \text{und} \quad I = G \cdot U} \tag{2.37}$$

Der Widerstand R hat die Einheit **Ohm**, $1\,\Omega = \dfrac{1\,\text{V}}{1\,\text{A}}$, der Leitwert G hat die Einheit **Siemens**, $1\,\text{S} = \dfrac{1\,\text{A}}{1\,\text{V}}$.

Beschreibt man die integralen Größen U und I durch die vektoriellen Größen, so berechnen sich R und G:

$$\boxed{R = \frac{U}{I} = \frac{\int_s \vec{E}\,\mathrm{d}\vec{s}}{\int_A \vec{S}\,\mathrm{d}\vec{A}} \quad \text{und} \quad G = \frac{I}{U} = \frac{\int_A \vec{S}\,\mathrm{d}\vec{A}}{\int_s \vec{E}\,\mathrm{d}\vec{s}} \quad \text{mit} \quad \vec{e}_A = \vec{e}_s} \tag{2.38}$$

Gleichung (2.38) gilt für den Fall, daß das Wegelement $\mathrm{d}s$ senkrecht auf dem Flächenelement $\mathrm{d}A$ steht. Um dieses Integral auswerten zu können, muß daher der Feldverlauf qualitativ bekannt sein, d. h., die Richtung der Feldstärke und der Stromdichte müssen bekannt sein.

Hat man ein isotropes Leitermaterial mit homogener Feldverteilung, so ergibt sich mit der Leiterlänge l und dem Leiterquerschnitt A

der **Widerstand**: $\boxed{R = \rho \cdot \dfrac{l}{A}}$ und der **Leitwert**: $\boxed{G = \varkappa \cdot \dfrac{A}{l}}$.

BEISPIEL: Berechnung des Widerstandes eines viertelkreisförmigen Bogens.

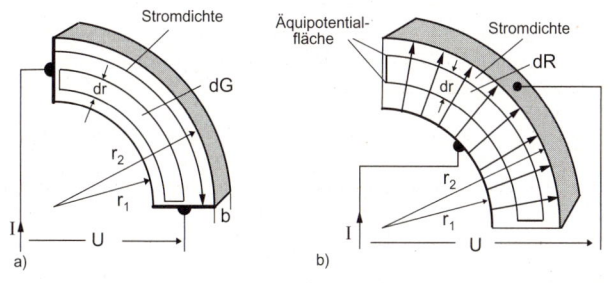

Abbildung 2.15: Viertelkreisförmiger Widerstandsbogen
a) mit tangentialer und b) mit radialer Stromeinspeisung

---

[*] LEITWERT: *conductance*, als Bauteil: *conductance element*
[*] WIDERSTAND: *resistance*, als Bauteil: *resistor*

Die Kontaktierungen seien ideal leitfähig, das Widerstandsmaterial sei isotrop.

a) Abbildung 2.15 a: Der Strom wird tangential eingespeist.

Die Stromdichtelinien verlaufen tangential zum Zentrum des Kreisbogens. Der Strom wird sich in jedem Leiterquerschnitt gleich verteilen. Die einzelnen Stromdichtelinien kann man als „Stromfäden" dI auffassen. Die Integration (Addition) dieser „Stromfäden" ergibt dann den Gesamtstrom $I = \int dI$. Jeder Stromfaden dI wird bestimmt durch den differentiellen Leitwert dG:

$$dI = U \cdot dG = U \cdot \varkappa \frac{dA}{l} = U \cdot \varkappa \frac{b}{\pi/2} \cdot \frac{dr}{r}$$

$$G = \frac{I}{U} = \int \frac{dI}{U} = \int \frac{U}{U} \cdot dG = \int \varkappa \frac{dA}{l} = \varkappa \frac{b}{\pi/2} \cdot \int_{r_1}^{r_2} \frac{dr}{r} = \varkappa \cdot \frac{b}{\pi/2} \cdot \ln \frac{r_2}{r_1}$$

Der Widerstand R beträgt:

$$R = \frac{1}{G} = \frac{1}{\varkappa} \cdot \frac{\pi/2}{b} \cdot \frac{1}{\ln(r_2/r_1)} \tag{2.39}$$

Ein anderer Berechnungsweg läuft direkt über die Geometrie der Anordnung:

Der Gesamtwiderstand kann als Parallelschaltung von Widerständen der Länge $\frac{\pi}{2}r$ und der Querschnittsfläche $b \cdot dr$ aufgefaßt werden. dG beträgt $\varkappa \cdot \frac{b}{\pi/2} \cdot \frac{dr}{r}$. Die Integration (Summation) dieser Teilleitwerte ergibt den Gesamtleitwert G.

$$G = \int_{r_1}^{r_2} \varkappa \cdot \frac{b}{\pi/2} \cdot \frac{dr}{r} = \varkappa \cdot \frac{b}{\pi/2} \cdot \ln \frac{r_2}{r_1}$$

Man beachte: Auch für diesen Berechnungsweg muß die Richtung des Feldes bekannt sein.

b) Abbildung 2.15 b: Der Strom wird radial eingespeist.

Der Strom verteilt sich radial von innen nach außen. Die Stromdichte wird von innen nach außen kleiner werden, sie wird sternförmig von der inneren Kontaktierung wegweisen. Der Gesamtstrom muß „Widerstandsscheiben" dR des Querschnitts $\frac{\pi}{2}r \cdot b$ und der Länge dr durchlaufen. Der Gesamtwiderstand R kann als Reihenschaltung dieser einzelnen Widerstandsscheiben dR aufgefaßt werden. Der Gesamtwiderstand ist somit die Integration (Summation) der Einzelwiderstände dR:

$$R = \int dR = \int \rho \cdot \frac{dl}{A} = \int_{r_1}^{r_2} \rho \cdot \frac{dr}{b \cdot (\pi/2) \cdot r} = \rho \cdot \frac{\ln(r_2/r_1)}{b \cdot (\pi/2)}$$

2.2.7 Kirchhoffsches Gesetz

2.2.7.1 1. Kirchhoffscher Satz (Knotenpunktregel)

Der elektrische Strom fließt immer in einem geschlossenen Umlauf. Für die Stromdichte heißt das, daß die Feldlinien der Stromdichte immer einen geschlossenen Weg beschreiben.

Der 1. Kirchhoffsche Satz* lautet daher für das stationäre elektrische Stömungsfeld:

$$\oint_A \vec{S}\, d\vec{A} = 0 \qquad (2.40)$$

Man schreibt auch:

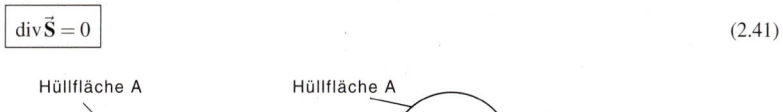

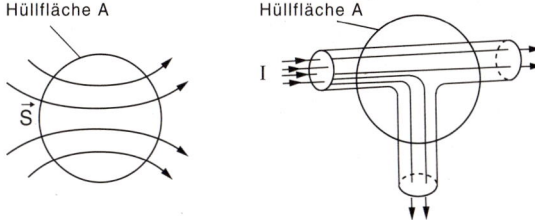

$$\text{div}\,\vec{S} = 0 \qquad (2.41)$$

Abbildung 2.16: Veranschaulichung des 1. Kirchhoffschen Satztes (Knotenpunktregel)

- Das Hüllenintegral der Stromdichte über eine geschlossene Fläche ist stets Null.
- Die Stromdichte $\vec{S}$ ist **quellenfrei***.

2.2.7.2 2. Kirchhoffscher Satz (Maschenregel)

Das Wegintegral der elektrischen Feldstärke zwischen zwei Raumpunkten ist gleich der Spannung zwischen diese Raumpunkten, gleichgültig, über welchen Weg man integriert. Ist der Anfangspunkt derselbe wie der Endpunkt, so ist das Ergebnis offensichtlich Null.

$$\oint_s \vec{E}\, d\vec{s} = 0 \qquad (2.42)$$

Man schreibt auch:

$$\text{rot}\,\vec{E} = 0 \qquad (2.43)$$

- Das Wegintegral der elektrischen Feldstärke über einen geschlossenen Umlauf ist stets Null.
- Das elektrische Stömungsfeld ist **wirbelfrei**.*

---

* KIRCHHOFFSCHES GESETZ: *Kirchhoff's law*
* QUELLENFREIES FELD: *solenoid field*
* WIRBELFREI: *non-vortical, eddy-free*

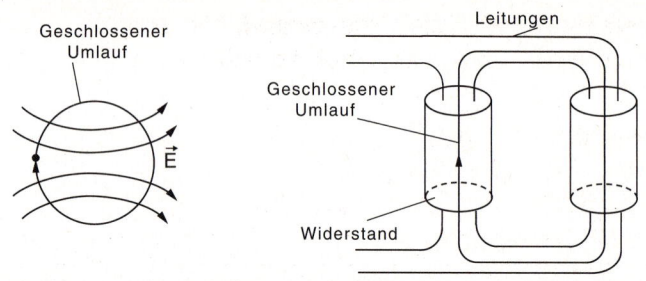

Abbildung 2.17: Veranschaulichung des 2. Kirchhoffschen Gesetzes (Maschenregel)

2.2.8 Das Strömungsfeld an Grenzflächen

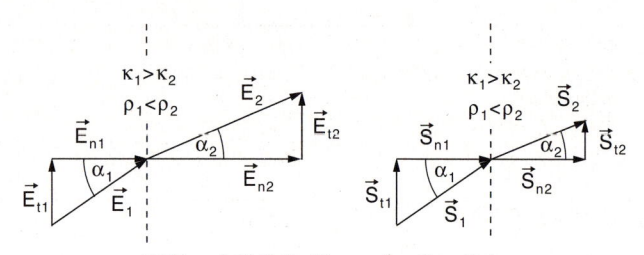

Abbildung 2.18: Feldgrößen an einer Grenzfläche

$$\vec{S}_{n2} = \vec{S}_{n1} \quad \text{und} \quad \vec{S}_{t2} = \frac{\rho_1}{\rho_2} \cdot \vec{S}_{t1} = \frac{\varkappa_2}{\varkappa_1} \cdot \vec{S}_{t1} \tag{2.44}$$

$$\vec{E}_{t2} = \vec{E}_{t1} \quad \text{und} \quad \vec{E}_{n2} = \frac{\rho_2}{\rho_1} \cdot \vec{E}_{n1} = \frac{\varkappa_1}{\varkappa_2} \cdot \vec{E}_{n1} \tag{2.45}$$

$$\tan \alpha_2 = \frac{\rho_1}{\rho_2} \tan \alpha_1 = \frac{\varkappa_2}{\varkappa_1} \tan \alpha_1 \tag{2.46}$$

An der Grenzfläche gilt:
- Die Normalkomponente der Stromdichte ist stetig.
- Die Tangentialkomponente der Stromdichte ändert sich proportional zum spezifischen Leitwert.
- Die Tangentialkomponente der elektrischen Feldstärke ist stetig.
- Die Normalkomponente der elektrischen Feldstärke ist proportional zum spezifischen Widerstand.

2.2.9 Übersicht: Felder und Widerstände verschiedener geometrischer Anordnungen

Platte–Platte

$$R = \frac{1}{\varkappa} \cdot \frac{d}{A}$$

$$E = \frac{U}{d}$$
$$S = \frac{I}{A}$$

Platte–Platte

$$R = \frac{1}{A} \cdot \left(\frac{d_1}{\varkappa_1} + \frac{d_2}{\varkappa_2}\right)$$

$$E_{1(2)} = \frac{U}{\varkappa_{1(2)} \left(\dfrac{d_1}{\varkappa_1} + \dfrac{d_2}{\varkappa_2}\right)}$$

$$S = \frac{I}{A}$$

Zylinder–Zylinder

$$R = \frac{\ln \dfrac{r_2}{r_1}}{2\pi \varkappa l}$$

$$E = \frac{U}{r \cdot \ln \dfrac{r_2}{r_1}}$$

$$S = \frac{I}{2\pi r l}$$

Viertelkreisbogen

$$R = \frac{\pi}{2\varkappa b} \frac{1}{\ln(r_2/r_1)}$$

$$E = \frac{U}{(\pi/2) r}$$

$$S = \frac{I}{b r \ln(r_2/r_1)}$$

Kugel–Kugel

$$R = \frac{1}{4\pi\varkappa} \cdot \left(\frac{1}{r_1} - \frac{1}{r_2}\right)$$

$$E = \frac{U}{r^2} \cdot \frac{r_1 r_2}{r_2 - r_1}$$

$$S = \frac{I}{4\pi r^2}$$

Parallele Leiter

$$R = \frac{\ln\left[\dfrac{a}{r_1} + \sqrt{\left(\dfrac{a}{r_1}\right)^2 - 1}\right]}{\pi \varkappa l}$$

$$\approx \frac{\ln \dfrac{2a}{r_1}}{\pi \varkappa l} \quad \text{für } a \gg r_1$$

$$E = \frac{U \dfrac{\sqrt{a^2 - r_1^2}}{a^2 - r_1^2 - x^2}}{\ln\left[\dfrac{a}{r_1} + \sqrt{\left(\dfrac{a}{r_1}\right)^2 - 1}\right]}$$

$$S = \frac{I\sqrt{a^2 - r_1^2}}{\pi l \left(a^2 - r_1^2 - x^2\right)}$$

Kugel–Kugel		$R = \dfrac{1}{2\pi\varkappa}\left(\dfrac{1}{r_1} - \dfrac{1}{2a}\right)$	$E \approx \dfrac{U\left(\dfrac{1}{x^2} + \dfrac{1}{(2a-x)^2}\right)}{\dfrac{2}{r_1} - \dfrac{1}{a}}$ $S \approx \dfrac{I\left(\dfrac{1}{x^2} + \dfrac{1}{(2a-x)^2}\right)}{4\pi}$
Kugel–unendlich		$R = \dfrac{1}{4\pi\varkappa r_1}$	$E = U \cdot \dfrac{r_1}{r^2}$ $S = \dfrac{I}{4\pi r^2}$

2.2.10 Leistung und Energie im stationären elektrischen Strömungsfeld

Im stationären elektrischen Strömungsfeld wird elektrische Energie in Wärme umgesetzt.

Die elektrische Leistung ist:

$$\boxed{P = U \cdot I} \tag{2.47}$$

Mit dem ohmschen Widerstand R bzw. mit dem Leitwert G ergibt sich daraus:

$$\boxed{P = U \cdot I = \dfrac{U^2}{R} = I^2 \cdot R \quad \text{bzw.} \quad P = U \cdot I = \dfrac{I^2}{G} = U^2 \cdot G} \tag{2.48}$$

Dies gilt auch für jedes infinitesimale Volumenelement:

$$\boxed{dP = \underbrace{\dfrac{dU}{ds_\perp}}_{\vec{E}} ds_\perp \cdot \underbrace{\dfrac{dI}{dA_\perp}}_{\vec{S}} dA_\perp = \vec{E} \cdot \vec{S} \cdot dV} \tag{2.49}$$

$ds_\perp$ und $dA_\perp$ stehen dabei senkrecht auf den Äquipotentialflächen.

Aus Gleichung (2.49) definiert man die

Leistungsdichte[*] des stationären elektrischen Strömungsfeldes:

$$\boxed{\dfrac{dP}{dV} = \vec{S} \cdot \vec{E}} \tag{2.50}$$

---

[*] LEISTUNGSDICHTE: *power density*

Für die Leistung P ergibt sich dann:

$$P = \int_V \vec{S} \cdot \vec{E} \, dV \tag{2.51}$$

Die **Arbeit (Energie)** ist das Integral der Leistung über die Zeit:

$$W = \int_{t_1}^{t_2} P(t) \, dt \tag{2.52}$$

HINWEIS: Das stationäre elektrische Strömungsfeld behandelt den Voraussetzungen nach nur zeitlich *nicht* veränderliche Größen. Danach widerspräche die Angabe $P(t)$ den oben getroffenen Vereinbarungen. Dennoch: Bei zeitlich langsamer Änderung der elektrischen Größen können die magnetischen Einflüsse vernachlässigt werden (Stromverdrängung, Skineffekt).

HINWEIS: Wenn die Leistung einen zeitlichen, periodisch wiederkehrenden Verlauf hat, so meint man, wenn man von der *Verlustleistung* spricht, die mittlere Leistung. Diese wird berechnet, indem der arithmetische Mittelwert der Arbeit berechnet wird und dieser durch die Periodendauer geteilt wird.

$$\bar{P} = \frac{1}{T} \cdot W(T) = \frac{1}{T} \int_0^T P(t) \, dt \tag{2.53}$$

2.2.11 Übersicht: Eigenschaften des stationären elektrischen Strömungsfeldes

- Das stationäre elektrische Strömungsfeld ist ein **Potentialfeld**. Das Wegintegral über die elektrische Feldstärke ist gleich der Spannung (Potentialdifferenz) zwischen dem Anfangs- und dem Endpunkt des Weges. Dabei ist es gleichgültig, über *welchen* Weg intergriert wird. Die Feldlinien durchtreten die Äquipotentialflächen senkrecht.

$$\int_1^2 \vec{E} \cdot d\vec{s} = U_{12} = \varphi_1 - \varphi_2 \quad \text{bzw.} \quad \vec{E} = -\operatorname{grad} U \tag{2.54}$$

- Das stationäre elektrische Strömungsfeld ist **wirbelfrei**. Das Wegintegral der elektrischen Feldstärke über einen geschlossenen Umlauf ist stets Null (2.Kirchhhoffscher Satz, $\sum U = 0$).

$$\oint \vec{E} \cdot d\vec{s} = 0 \quad \text{bzw.} \quad \operatorname{rot} \vec{E} = 0 \tag{2.55}$$

- Das stationäre elektrische Strömungsfeld ist **quellenfrei**. Der Strom fließt immer in einem geschlossenen Umlauf. Die Strömungslinien sind in sich geschlossen. Das Hüllenintegral über eine geschlossene Fläche ist stets Null (1. Kirchhoffscher Satz, $\sum I = 0$).

$$\oint_A \vec{S} \cdot d\vec{A} = 0 \quad \text{bzw.} \quad \operatorname{div} \vec{S} = 0 \tag{2.56}$$

- Im stationären elektrischen Strömungsfeld wird elektrische Leistung in Wärmeleistung umgesetzt.

$$P = \int_V \vec{S} \cdot \vec{E}\, dV \tag{2.57}$$

2.2.12 Zusammenhang der Größen im stationären elektrischen Strömungsfeld

$$
\begin{array}{ccc}
I & \Leftarrow\; I = \int_A \vec{S}\, d\vec{A} \;\Rightarrow & \vec{S} \\
\Uparrow & & \Uparrow \\
U = R \cdot I & & \vec{S} = \varkappa \cdot \vec{E} \\
\Downarrow & & \Downarrow \\
U & \Leftarrow\; U = \int_s \vec{E}\, d\vec{s} \;\Rightarrow & \vec{E}
\end{array}
$$

2.3 Magnetisches Feld

Das **magnetische Feld**[*] beschreibt die Wirkungen stationärer und zeitlich veränderlicher Ströme innerhalb und außerhalb elektrischer Leiter.

Zwischen bewegten elektrischen Ladungen wirken neben den COULOMBschen Kräften weitere Kräfte, die ihre Ursache im magnetischen Feld haben. So ist beispielsweise die Einheit der elektrischen Stromstärke über die Kräfte im magnetischen Feld definiert:

- Die Stromstärke I hat den Wert 1 A, wenn zwei im Abstand $r = 1$ m parallel angeordnete, geradlinige, unendlich lange Leiter mit vernachlässigbar kleinem Drahtdurchmesser, die vom gleichen zeitlich unveränderlichen Strom I durchflossen werden, je 1 m Leiterlänge die Kraft $F = 2 \cdot 10^{-7}$ N aufeinander ausüben.

Die Wirkung *zeitlich veränderlicher* Ströme und *zeitlich veränderlicher* Magnetfelder wird durch das Induktionsgesetz beschrieben. Das Induktionsgesetz ist die Grundlage vielfältigster technischer Anwendungen, wie beispielsweise elektrische Motoren, Transformatoren, Relais und die elektrische Energieversorgung durch rotierende Generatoren.

---

[*] MAGNETISCHES FELD: *magnetic field*

Zählpfeilvereinbarungen

In der Lehre vom magnetischen Feld ist es oft notwendig, dreidimensionale physikalische Zusammenhänge zu veranschaulichen. Um dies in der Zeichenebene zu ermöglichen, ist folgende Vereinbarung für Zählpfeile und Vektoren üblich:

⊗: Zählpfeil oder Vektor, der in die Zeichenebene hineinzeigt.

⊙: Zählpfeil oder Vektor, der aus der Zeichenebene heraus dem Betrachter entgegenzeigt.

Zählpfeil[*]: Richtungsvereinbarung für skalare Größen, wie Strom, Spannung oder magnetischer Fluß.

Vektor[*]: Mathematisch vereinbarte Richtungszuweisung für Feldgrößen, hier: Induktion und magnetische Feldstärke.

Kreuzprodukt, Vektorprodukt: Beispiel: $\vec{F} = (\vec{v} \times \vec{B})$, man sagt: „F gleich v kreuz B".

Der **Betrag** von $\vec{F}$ ist gleich

$$|\vec{F}| = |\vec{v}| \cdot |\vec{B}| \cdot \sin\alpha$$

mit α als Winkel zwischen den Vektoren $\vec{v}$ und $\vec{B}$.

Der Vektor $\vec{F}$ steht *senkrecht* auf der von $\vec{v}$ und $\vec{B}$ aufgespannten Ebene. Die **Richtung** von $\vec{F}$ kann mit der **Korkenzieher-Regel** bestimmt werden. Man dreht den Korkenzieher von $\vec{v}$ nach $\vec{B}$, und zwar auf dem kürzesten Weg. In die Richtung, in die man den Korkenzieher zu diesem Zweck drehen muß, zeigt der Vektor $\vec{F}$ (siehe Abb. 2.19). Statt des Korkenziehers kann man auch eine Schraube nehmen, dann heißt die Regel allerdings **Schrauben-Regel**!

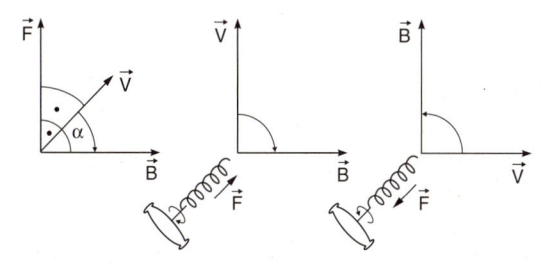

Abbildung 2.19: Korkenzieher-Regel für ein Kreuzprodukt, hier: $\vec{F} = \vec{v} \times \vec{B}$

Erzeugerzählpfeilsystem: Die Zählpfeile für U und I an einem Zweipol weisen in entgegengesetzte Richtungen. Man nimmt an, daß es sich bei dem betreffenden Zweipol um einen Erzeuger handelt, daß er also Energie abgibt. Das heißt nicht unbedingt, daß es sich wirklich um einen Erzeuger handelt, dies ist vor einer Netzwerkberechnung oft gar nicht bekannt. Erst die Berechnung nach den Kirchhoffschen Gesetzen zeigt bei positivem Ergebnis für Strom und Spannung, daß es sich tatsächlich um einen Erzeuger handelt. Kommt für eine der beiden Größen ein negatives Ergebnis heraus, so war die Annahme, daß es sich um einen Erzeuger handelt, falsch, tatsächlich ist es dann ein Verbraucher.

Verbraucherzählpfeilsystem: Die Zählpfeile für U und I an einem Zweipol weisen in die gleiche Richtung. Man nimmt an, daß es sich bei dem betreffenden Zweipol um einen Verbraucher handelt, daß er also Energie aufnimmt.

---

[*] ZÄHLPFEIL: *indication of direction*
[*] VEKTOR: *vector*

2.3.1 Kraft auf die bewegte Ladung

Bewegte elektrische Ladungen üben Kräfte aufeinander aus, deren Ursache *nicht* in dem COULOMBschen Gesetz liegt.

Die magnetische Kraft auf zwei Punktladungen, die sich gleichförmig* auf parallelen Geraden bewegen, beträgt in dem Augenblick, in dem sie auf gleicher Höhe sind:

$$\boxed{F = \frac{\mu}{4\pi} \cdot \frac{(Q_1 v_1) \cdot (Q_2 v_2)}{r^2}} \quad \text{mit} \quad \mu = \mu_0 \cdot \mu_r \tag{2.58}$$

μ: Permeabilität
μ_0: Magnetische Feldkonstante, $\mu_0 = 4\pi \cdot 10^{-7} \, \frac{\text{Vs}}{\text{Am}} = 1{,}257 \cdot 10^{-6} \, \frac{\text{Vs}}{\text{Am}}$
μ_r: Relative Permeabilität
r: Abstand zwischen den Bewegungslinien

Die Permeabilität ist eine Konstante, die von dem Medium abhängt, in dem sich die Ladungen bewegen. Im Vakuum und in Luft ist die relative Permeabilität $\mu_r = 1$.

- Bei gleichen Vorzeichen der Produkte $(Q_1 \cdot v_1)$ und $(Q_2 \cdot v_2)$ ziehen sich die Ladungen an, bei ungleichen Vorzeichen stoßen sie sich ab.

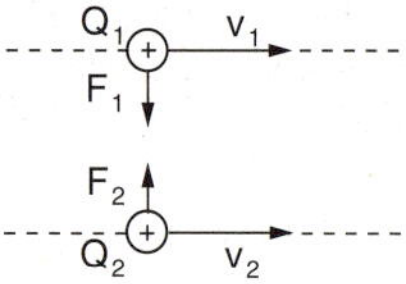

Abbildung 2.20: Kraft auf bewegte Punktladungen

2.3.2 Definition der magnetischen Flußdichte

Die magnetische Flußdichte $\vec{B}$ leitet sich aus der Kraft auf bewegte Ladungen ab.
Man definiert:

$$F = (Q_1 v_1) \cdot \underbrace{\frac{\mu}{4\pi} \frac{(Q_2 v_2)}{r^2}}_{B} = Q_1 v_1 \cdot B$$

B ist die **magnetische Flußdichte***. Die magnetische Flußdichte ist eine gerichtete Feldgröße, also ein Vektor.

Die SI-Einheit der magnetischen Flußdichte ist **Tesla**, $1\,\text{T} = \frac{\text{Vs}}{\text{m}^2}$.

Die magnetische Flußdichte heißt auch **magnetische Induktion**.

Die **Richtung** der magnetischen Flußdichte kann man mit einem magnetischen Dipol* (z. B. einer Kompaßnadel) feststellen. Die positive Richtung der magnetischen Flußdichte ist die Richtung, in die der Nordpol des magnetischen Dipols zeigt.

---

* GLEICHFÖRMIG BEWEGT: *uniform motion*
* MAGNETISCHE FLUSSDICHTE: *magnetic flux density*
* MAGNETISCHER DIPOL: *magnetic dipole*

HINWEIS: Die Kompaßnadel ist ein magnetischer Dipol. Der Nordpol der Kompaßnadel zeigt nach Norden. Das bedeutet, daß der geographische Nordpol der magnetische Südpol der Erde ist.

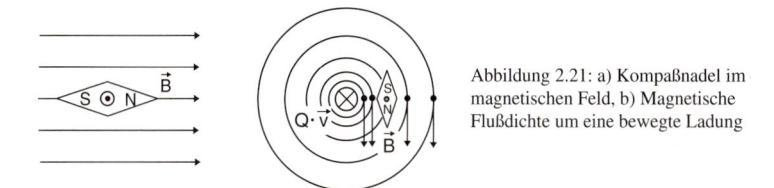

Abbildung 2.21: a) Kompaßnadel im magnetischen Feld, b) Magnetische Flußdichte um eine bewegte Ladung

Magnetische Felder werden mittels **Feldlinien***visualisiert. Zur Darstellung des Feldes zeichnet man Linien, deren Tangente in jedem Punkt der Richtung entspricht, in die ein infinitesimal kleiner magnetischer Dipol zeigen würde. Die Dichte der Feldlinien ist dabei ein Maß für den Betrag der Feldstärke.

- Man kann experimentell feststellen, daß die magnetischen Kraftlinien (Feldlinien) tangential im **Uhrzeigersinn** um die Bewegungsrichtung der Ladung verlaufen (siehe Abbildung 2.21).

- Die Feldlinien der magnetischen Induktion haben keinen Ursprung und kein Ende, sie sind in sich geschlossen.

Rechte-Hand-Regel*: Mit der Rechte-Hand-Regel kann die Richtung des magnetischen Feldes um eine bewegte Ladung oder um einen elektrischen Strom bestimmt werden. Zeigt der Daumen der rechten Hand in Richtung der bewegten Ladung (in Richtung des Stromes), so zeigen die gekrümmten Finger den Drehsinn des Feldes an.

Schraubenregel: Mit der Schraubenregel kann ebenfalls die Richtung des magnetischen Feldes um eine bewegte Ladung oder um einen elektrischen Strom bestimmt werden. Dreht man eine Schraube in Richtung der bewegten Ladung (in Richtung des Stromes), so muß man sie rechtsherum drehen. Den gleichen Drehsinn hat das dazugehörige magnetische Feld.

Mit der so ermittelten Feldrichtung ergibt sich die Kraft auf eine bewegte Ladung:

$$\boxed{\vec{F} = Q \cdot \left(\vec{v} \times \vec{B} \right)} \tag{2.59}$$

- Die Kraft auf die bewegte Ladung heißt **Lorentzkraft***.

LORENTZkraft im stromdurchflossenen Leiter

Der Strom I ist nichts anderes, als eine gerichtete Ladungsbewegung. Bewegt sich eine Ladungsmenge ΔQ in einem elektrischen Leiter, so kann man sie beschreiben als $\Delta Q = I \cdot \Delta t$. Die Geschwindigkeit der Ladungsmenge kann als $v = \dfrac{\Delta l}{\Delta t}$ dargestellt werden.

---

* FELDLINIE: *flux line*
* RECHTE-HAND-REGEL: *right-hand-thread rule*
* LORENTZKRAFT: *Lorentz force*

70 2 Elektrische Felder

Damit wird:

$$\Delta Q \cdot v = \Delta Q \cdot \frac{\Delta l}{\Delta t} = \frac{\Delta Q}{\Delta t} \cdot \Delta l = I \cdot \Delta l$$

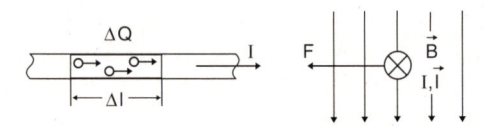

Die LORENTZkraft auf einen geraden stromdurchflossenen Leiter beträgt dann:

$$\vec{F} = I \cdot \left(\vec{l} \times \vec{B} \right) \tag{2.60}$$

Der Vektor $\vec{l}$ zeigt dabei in Richtung des Stromes I.

BEISPIEL: Berechnet werden soll die Drehrichtung und das Drehmoment eines elektrischen Motors:

In dem permanenterregten Elektromotor herrscht im Luftspalt die Flußdichte von $B = 0,5$ T (permanent erregt: Das magnetische Feld wird durch Dauermagnete aufgebaut). Der Anker des Motors hat eine aktive Länge von $l = 10$ cm (die Leiterlänge verläuft über 10 cm im magnetischen Feld) und einen Durchmesser von $d = 10$ cm. Auf jeder Seite liegen jeweils 4 stromdurchflossene Leiter im Magnetfeld (siehe Abb. 2.22 a)). Der Strom beträgt 1 A pro Leiter.

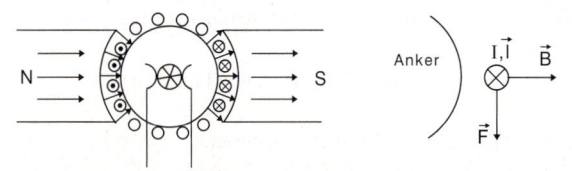

Abbildung 2.22: a) Vereinfachte Darstellung eines elektrischen Motors,
b) Rechtssystem zur Ermittlung der Drehrichtung

Lösung:

Der Motor dreht im Uhrzeigersinn (Abbildung 2.22 b). Die Kraftrichtung aller stromdurchflossenen Leiter zeigt in Richtung des Uhrzeigersinns.

Das Drehmoment beträgt:

$$M = F_{\text{ges}} \cdot \frac{d}{2} = 8 \cdot I \cdot s \cdot B \cdot \frac{d}{2} = 8 \cdot 1\,\text{A} \cdot 0,1\,\text{m} \cdot 0,5\,\frac{\text{Vs}}{\text{m}^2} \cdot \frac{0,1\,\text{m}}{2} = 20 \cdot 10^{-3}\,\text{VAs} = 20 \cdot 10^{-3}\,\text{Nm}$$

Beachte: Die Umrechnung von elektrischen in mechanische Einheiten erfolgt über die Energie:
$1\,\text{VAs} = 1\,\text{Ws} = 1\,\text{J} = 1\,\text{Nm}$.

2.3.3 Gesetz von BIOT-SAVART

Das Gesetz von BIOT-SAVART* gibt die magnetische Flußdichte nach Betrag und Richtung, die durch eine bewegte Punktladung entsteht, für jeden Raumpunkt an.

$$\vec{B} = \frac{\mu}{4\pi} \cdot \frac{Q}{r^2} (\vec{v} \times \vec{e}_r) \tag{2.61}$$

$\vec{e}_r$: Einheitsvektor in Richtung $\vec{r}$.

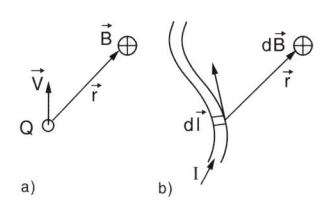

Abbildung 2.23: Gesetz von Biot-Savart
a) für die bewegte Ladung, b) für den stromdurchflossenen Leiter

Um die magnetische Flußdichte zu berechnen, die ein beliebig geformter, aber sehr dünner, stromdurchflossener Leiter verursacht, faßt man jedes infinitesimale, stromdurchflossene Leiterelement $dI \cdot \vec{l}$ als bewegte Ladung $Q \cdot \vec{v}$ auf (siehe auch vorherigen Abschnitt). Jedes Leiterelement verursacht in diesem Fall einen infinitesimalen Flußdichteanteil $d\vec{B}$ in dem betrachteten Raumpunkt.

Für den stromdurchflossenen Leiter lautet das Gesetz von BIOT-SAVART dann:

$$d\vec{B} = \frac{\mu}{4\pi} \cdot \frac{I}{r^2} \cdot \left(d\vec{l} \times \vec{e}_r\right) \tag{2.62}$$

Die magnetische Flußdichte $\vec{B}$ kann auf Grund des Superpositionsgesetzes durch Integration $\vec{B} = \int d\vec{B}$ bestimmt werden.

BEISPIEL: Berechnung des magnetischen Feldes einer unendlich langen, stromdurchflossenen Leitung mit vernachlässigbar kleinem Durchmesser:

Da das Feld aus Symmetriegründen radialsymmetrisch um den Linienleiter herumläuft, kann die Auswertung des BIOT-SAVARTschen Gesetzes als ebenes Problem behandelt werden.

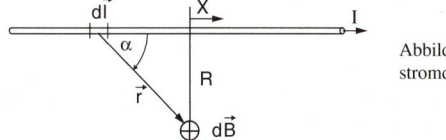

Abbildung 2.24: Feld des geraden stromdurchflossenen Leiters

Das BIOT-SAVARTsche Gesetz kann in diesem Fall vereinfacht geschrieben werden (Beachte aus der Vektoralgebra: $|\vec{a} \times \vec{b}| = |\vec{a}| \cdot |\vec{b}| \cdot \sin \angle \vec{a}, \vec{b}$):

$$dB = \frac{\mu}{4\pi} \cdot \frac{I}{r^2} \cdot dl \cdot \sin \alpha$$

---

* GESETZ VON BIOT-SAVART: *Biot and Savart's law*

Mit $r = \sqrt{x^2 + R^2}$ und $\sin\alpha = \dfrac{R}{\sqrt{x^2 + R^2}}$ wird

$$B = \int_{-\infty}^{+\infty} \frac{\mu}{4\pi} \cdot \underbrace{\frac{I}{x^2 + R^2}}_{I/r^2} \cdot \underbrace{\frac{R}{\sqrt{x^2 + R^2}}}_{\sin\alpha} \cdot dx = \frac{\mu \cdot I \cdot R}{2\pi} \cdot \int_{0}^{+\infty} \left(x^2 + R^2\right)^{-3/2} dx = \frac{\mu \cdot I}{2\pi R}$$

Die magnetische Flußdichte verläuft tangential um den Leiter und nimmt proportional zum Abstand ab.

HINWEIS: Das Gesetz vom BIOT-SAVART gilt auch für die magnetische Feldstärke $\vec{H}$. Mit $\vec{B} = \mu \cdot \vec{H}$ ist:

$$\boxed{\vec{H} = \frac{1}{4\pi} \cdot \frac{Q}{r^2} (\vec{v} \times \vec{e}_r)} \tag{2.63}$$

2.3.4 Magnetische Feldstärke

Die **magnetische Feldstärke**[*] $\vec{H}$ ist neben der magnetischen Flußdichte $\vec{B}$ die zweite Feldgröße des magnetischen Feldes.

Die magnetische Flußdichte B wurde oben mit der Kraft auf bewegte Ladungen definiert. Sie war unter anderem abhängig von dem umgebenden Medium mit der Permeabilität μ. Die magnetische Feldstärke H wird *unabhängig* von dem umgebenden Medium definiert:

$$F = (Q_1 v_1) \cdot \underbrace{\mu \cdot \frac{(Q_2 v_2)}{4\pi r^2}}_{B} = (Q_1 v_1) \cdot \mu \cdot \underbrace{\frac{(Q_2 v_2)}{4\pi r^2}}_{H}$$

Daraus folgt:

$$\boxed{\vec{H} = \frac{1}{\mu} \cdot \vec{B} \quad \text{bzw.} \quad \vec{B} = \mu \cdot \vec{H}} \tag{2.64}$$

Die SI-Einheit der magnetischen Feldstärke $\vec{H}$ ist **Ampere pro Meter** $\dfrac{\text{A}}{\text{m}}$.

Für isotrope Medien gilt:

- Die Ursache der magnetischen Feldstärke $\vec{H}$ ist die bewegte Ladung bzw. der elektrische Strom I.

- $\vec{B}$ und $\vec{H}$ zeigen in die gleiche Richtung.

- Der Proportionalitätsfaktor zwischen der magnetischen Flußdichte $\vec{B}$ und der magnetischen Feldstärke $\vec{H}$ ist die **Permeabilität**[*] μ.

- Die magnetische Feldstärke $\vec{H}$ heißt auch **magnetische Erregung**.

---

[*] MAGNETISCHE FELDSTÄRKE: *magnetic field strength*
[*] PERMEABILITÄT: *permeability*

Die Permeabilität setzt sich zusammen aus der magnetischen Feldkonstanten μ_0 und der relativen Permeabilität μ_r:

$$\boxed{\mu = \mu_0 \cdot \mu_r} \tag{2.65}$$

Die **magnetische Feldkonstante** hat den Wert:

$$\boxed{\mu_0 = 4\pi \cdot 10^{-7} \frac{\text{Vs}}{\text{Am}} = 1,257 \cdot 10^{-6} \frac{\text{Vs}}{\text{Am}}} \tag{2.66}$$

Die **relative Permeabilität** kann Werte kleiner Eins (**Diamagnetismus**) und größer Eins (**Paramagnetismus**) annehmen.

● Die relative Permeabilität des Vakuums beträgt $\mu_r = 1$. Dies gilt näherungsweise auch für Luft und alle gängigen technischen Gase.

2.3.5 Magnetischer Fluß

Der **magnetische Fluß** Φ^* ist das Flächenintegral der magnetischen Flußdichte.

$$\boxed{\Phi = \int_A \vec{B} \, d\vec{A}} \tag{2.67}$$

Die SI-Einheit des magnetischen Flusses ist **Weber = Volt · Sekunde**, 1 Wb = 1 Vs.

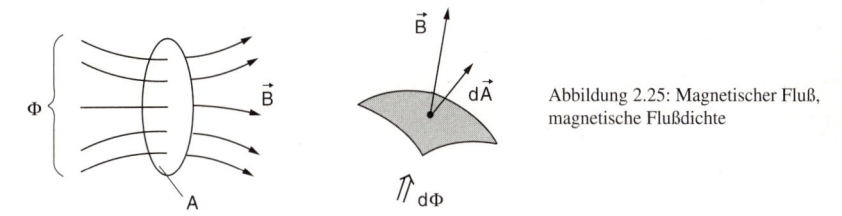

Abbildung 2.25: Magnetischer Fluß, magnetische Flußdichte

HINWEIS: Die magnetische Flußdichte heißt **magnetische Flußdichte**, weil sie den magnetischen Fluß pro Flächeneinheit angibt.

Der magnetische Fluß bildet immer einen geschlossenen Umlauf. Das Hüllenintegral der magnetischen Flußdichte ist stets Null.

$$\boxed{\oint_A \vec{B} \, d\vec{A} = 0} \tag{2.68}$$

Man schreibt auch:

$$\boxed{\text{div}\, \vec{B} = 0} \tag{2.69}$$

---

[*] MAGNETISCHER FLUSS: *magnetic flux*

- Die magnetische Flußdichte ist **quellenfrei**.
- Der magnetische Fluß bildet immer einen geschlossenen Kreis.

Verketteter Fluß

Der **verkettete Fluß** Ψ ist der Fluß, der von einer Leiterschleife umfaßt wird, die mehrere Umläufe aufweist. Von technisch besonderer Bedeutung ist hier der Sonderfall, daß eine Wicklung mit N Windungen N-mal den*selben* Fluß umfaßt. Dann gilt:

$$\Psi = N \cdot \Phi \tag{2.70}$$

Die Einheit des verketteten Flusses ist **Volt·Sekunde**, Vs.

Der verkettete Fluß ist der wirksame Fluß für die Anwendung des Induktionsgesetzes. Er wird vornehmlich bei der Berechnung von Transformatoren und elektrischen Maschinen gebraucht.

2.3.6 Magnetische Spannung und Durchflutungssatz

Die **magnetische Spannung** V ist das Wegintegral der magnetischen Feldstärke.

$$V_{12} = \int_{1}^{2} \vec{H}\, d\vec{s} \tag{2.71}$$

- Die magnetische Spannung zwischen zwei Raumpunkten ist gleich dem Wegintegral der magnetischen Feldstärke zwischen den Raumpunkten. Dabei ist es *nicht* gleichgültig über *welchen* Weg integriert wird. Das Ergebnis kann, je nachdem, wie oft ein Strom I umfahren wurde, um $n \cdot I$; $n = \pm 1, 2, \ldots, i$ verschieden sein (siehe Abb. 2.26).

Die SI-Einheit der magnetischen Spannung ist das **Ampere** A.

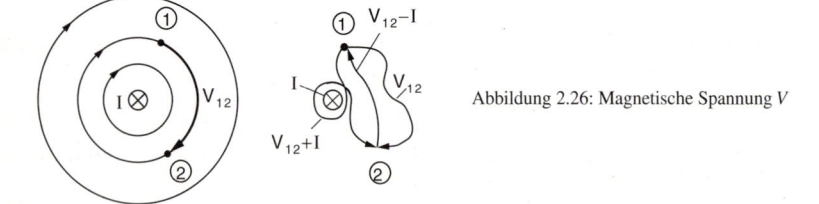

Abbildung 2.26: Magnetische Spannung V

Durchflutungssatz

Berechnet man die magnetische Spannung über einen *geschlossenen* Umlauf, so ist das Ergebnis für die magnetische Spannung gleich dem umfahrenen Strom.

Der **Durchflutungssatz**[*] lautet:

$$\oint \vec{H}\,d\vec{s} = \sum I = \Theta \quad (2.72)$$

- Die magnetische Feldstärke $\vec{H}$ ist unmittelbar mit dem Strom I verknüpft.

- Das Kreisintegral der magnetischen Feldstärke ist gleich dem umfahrenen Strom. Wird ein Strom I n-mal umfahren, so lautet das Ergebnis des Kreisintegrals $\sum I = n \cdot I$ (siehe Abb. 2.27 a).

- Fließt der Strom durch eine Spule mit N Windungen und wird das Wegintegral durch alle Windungen gebildet, so lautet das Ergebnis des Kreisintegrals $I \cdot N$ (siehe Abb. 2.27 b).

- Die Summe der umfahrenen Ströme heißt auch **elektrische Durchflutung** Θ[*].

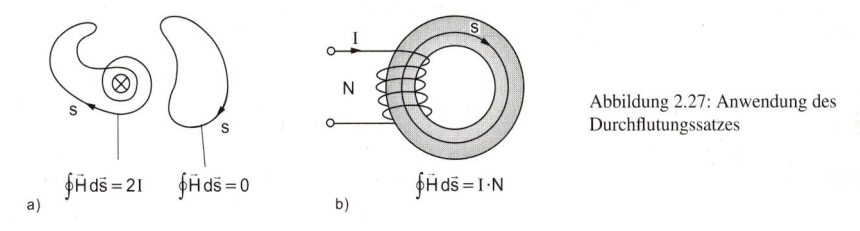

Abbildung 2.27: Anwendung des Durchflutungssatzes

a) $\oint \vec{H}\,d\vec{s} = 2I$ $\oint \vec{H}\,d\vec{s} = 0$

b) $\oint \vec{H}\,d\vec{s} = I \cdot N$

Beschreibt man den Strom $\sum I$ allgemein durch die Stromdichte und die Verschiebungsdichte, so lautet der Durchflutungssatz:

$$\oint_s \vec{H}\,d\vec{s} = \int_A \left(\vec{S} + \frac{d\vec{D}}{dt}\right) d\vec{A} \quad (2.73)$$

In dieser Form ist der Durchflutungssatz die 1. MAXWELLsche Gleichung.

Man schreibt auch:

$$\text{rot}\,\vec{H} = \vec{S} + \frac{d\vec{D}}{dt} \quad (2.74)$$

- Das magnetische Feld ist ein **Wirbelfeld**.

Der Durchflutungssatz erlaubt die Berechnung der magnetischen Feldstärke in einfachen geometrischen Anordnungen, nämlich dann, wenn die Feldlinien in ihrer Richtung bekannt sind.

BEISPIEL: Berechnung der magnetischen Feldstärke eines unendlich langen, geraden, stromdurchflossenen Leiters mit kreisförmigem Querschnitt (siehe Abb. 2.28):

Die Stromdichte im Leiter sei homogen.

---

[*] DURCHFLUTUNGSSATZ: *Ampere's Law*
[*] ELEKTRISCHE DURCHFLUTUNG: *magnetomotive Force (MMF) or Ampere-Turns*

Die magnetische Feldstärke wird aus Symmetriegründen tangential (kreisförmig) um das Zentrum des Leiters verlaufen. Die Berechnung erfolgt in zwei Abschnitten: a) innerhalb und b) außerhalb des Leiters:

a) $\oint \vec{H}\,d\vec{s} = \int \vec{S}\,d\vec{A}; \quad S = \dfrac{I}{\pi r_1^2} \quad \Rightarrow H \cdot 2\pi r = \dfrac{I}{\pi r_1^2}\pi r^2 \Rightarrow H(r) = \dfrac{I}{2\pi r_1^2}\cdot r \quad$ für $r \leq r_1$

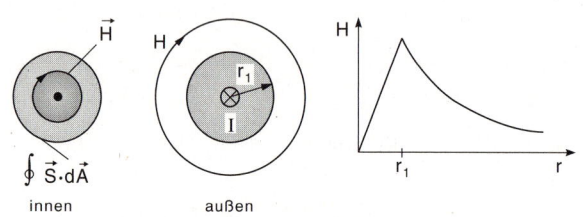

b) $\oint \vec{H}\,d\vec{s} = I \quad\quad\quad\quad\quad\quad\quad \Rightarrow H \cdot 2\pi r = I \quad\quad \Rightarrow H(r) = \dfrac{I}{2\pi r} \quad\quad$ für $r \geq r_1$

Abbildung 2.28: Magnetfeld eines runden Leiters

2.3.7 Magnetischer Widerstand, magnetischer Leitwert, Induktivität

Der **magnetische Widerstand** R_m ist definiert als:

$$R_m = \frac{V}{\Phi} \tag{2.75}$$

- Er ist nur von der geometrischen Anordnung und der Permeabilität abhängig.

Die Einheit des magnetischen Widerstandes ist **Eins durch Henry**, $\dfrac{1}{H} = \dfrac{A}{Vs}$.

Ersetzt man die Größen V und Φ durch die vektoriellen Feldgrößen, so berechnet sich R_m:

$$R_m = \frac{V}{\Phi} = \frac{\int \vec{H}\,d\vec{s}}{\int \vec{B}\,d\vec{A}} \quad \text{mit} \quad \vec{e}_A \parallel \vec{e}_s \tag{2.76}$$

Gleichung (2.76) gilt für den Fall, daß das Wegelement $d\vec{s}$ senkrecht auf dem Flächenelement $d\vec{A}$ steht ($\vec{e}_A = \vec{e}_s$). Um dieses Integral auswerten zu können, muß daher der Feldverlauf qualitativ bekannt sein, d. h., die Richtung der magnetischen Flußdichte und der magnetischen Feldstärke müssen bekannt sein.

Hat man ein homogenes Magnetmaterial mit homogener Feldverteilung, so ergibt sich mit der Ausdehnung l in Feldrichtung und dem Querschnitt A senkrecht dazu:

$$R_m = \frac{1}{\mu}\cdot\frac{l}{A} = \frac{1}{\mu_0 \mu_r}\cdot\frac{l}{A} \tag{2.77}$$

- Der magnetische Widerstand ist proportional zur magnetischen Weglänge und umgekehrt proportional zum Querschnitt des magnetischen Widerstandes.

Der **magnetische Leitwert** G_m ist der Kehrwert des magnetischen Widerstandes.

$$G_\mathrm{m} = \frac{1}{R_\mathrm{m}} \qquad (2.78)$$

Der **gesamte magnetische Widerstand** eines *geschlossenen* Kreises ist (siehe auch den nächsten Abschnitt):

$$R_\mathrm{ges} = \frac{I \cdot N}{\Phi} \qquad (2.79)$$

Der Kehrwert dieses Widerstandes R_ges ist der magnetische Leitwert A_L, kurz A_L-**Wert** genannt:

$$A_\mathrm{L} = \frac{\Phi}{I \cdot N} \qquad (2.80)$$

Die Einheit des A_L-Wertes ist **Henry**, $1\,\mathrm{H} = 1\,\frac{\mathrm{Vs}}{\mathrm{A}}$.

- Der A_L-Wert ist nur von den geometrischen Abmessungen und den Materialeigenschaften der Anordnung (des magnetischen Kreises) abhängig.

- Die Sättigung von ferromagnetischen Materialien wirkt sich dahingehend aus, daß der A_L-Wert mit zunehmender Sättigung kleiner wird (der magnetische Widerstand größer).

HINWEIS: Der A_L-Wert ist in Datenbüchern für Kerne zum Bau von Speicherdrosseln in Abhängigkeit des Luftspalts angegeben, meist in nH. Je größer der Luftspalt ist, desto kleiner ist der A_L-Wert. Es sei hier schon darauf hingewiesen, daß die Energie einer Induktivität im wesentlichen im Luftspalt gespeichert ist, d. h., der Luftspalt ist in Speicherdrosseln praktisch zwingend erforderlich (siehe Abschnitt 2.3.16).

Induktivität

Die **Induktivität** L^* stellt die Beziehung zwischen Strom und Spannung her (siehe Abschnitt 1.1.7):

Mit dem Induktionsgesetz $u = N \cdot \dfrac{\mathrm{d}\Phi}{\mathrm{d}t}$ (siehe Abschnitt 2.3.13.2), der Beziehung zwischen Strom und Spannung $u = L \cdot \dfrac{\mathrm{d}i}{\mathrm{d}t}$ und dem A_L-Wert $A_\mathrm{L} = \dfrac{\Phi}{i \cdot N}$ folgt:

$$L = N^2 \cdot A_\mathrm{L} \qquad (2.81)$$

Die Einheit der Induktivität ist **Henry**, $1\,\mathrm{H} = 1\,\dfrac{\mathrm{Vs}}{\mathrm{A}}$.

- Die Induktivität L ist das Produkt aus dem A_L-Wert und dem Quadrat der Windungszahl.

---
* INDUKTIVITÄT: *inductance*

- Die Induktivität ist nur von den geometrischen Abmessungen und den Materialeigenschaften des Kerns sowie der Windungszahl abhängig.

Der Zusammenhang zwischen der Induktivität L, dem Strom I und dem magnetischen Fluß Φ ergibt sich aus dem A_L-Wert:

Mit $\quad A_\text{L} = \dfrac{\Phi}{I \cdot N} \quad$ und $\quad L = N^2 \cdot A_\text{L} \quad$ folgt $\quad L = \dfrac{N \cdot \Phi}{I}$

oder:

$$\boxed{L \cdot I = N \cdot \Phi} \tag{2.82}$$

HINWEIS: Die Sättigung bei ferromagnetischen Materialien verkleinert den Induktivitätswert mit zunehmender Sättigung.

2.3.8 Materie im Magnetfeld

Die **Permeabilität** μ setzt sich zusammen aus der magnetischen Feldkonstanten μ_0 und der relativen Permeabilität μ_r.

$$\boxed{\mu = \mu_0 \cdot \mu_\text{r}} \tag{2.83}$$

$$\boxed{\mu_0 = 4\pi \cdot 10^{-7} \,\frac{\text{Vs}}{\text{Am}} = 1{,}257 \cdot 10^{-6} \,\frac{\text{Vs}}{\text{Am}}} \tag{2.84}$$

Die **relative Permeabilität** μ_r kann Werte kleiner Eins (**Diamagnetismus**[*]) und größer Eins (**Paramagnetismus**[*]) annehmen.

- Die relative Permeabilität des Vakuums beträgt $\mu_\text{r} = 1$. Dies gilt näherungsweise auch für Luft.

- Paramagnetische Materialien bündeln den magnetischen Fluß, diamagnetische weiten den magnetischen Fluß auf.

Von technisch besonderer Bedeutung sind Materialien mit $\mu_\text{r} \gg 1$, sogenannte **ferromagnetische**[*] Materialien. Die Eigenschaften von Materialien mit sehr großem μ_r sind:

- Sie bündeln einen vorhandenen magnetischen Fluß. Dies wird technisch beispielsweise für Abschirmungszwecke genutzt (siehe Abb. 2.29).

- Mit ihnen realisiert man große Induktivitätswerte.

- Bei eingeprägter Spannung an der Wicklung (und damit eingeprägtem magnetischen Fluß) wird nur ein geringer Wicklungsstrom benötigt (siehe Abb. 2.30).

- Bei eingeprägtem Strom in der Wicklung (und damit eingeprägter magnetischer Feldstärke) können mit ihrer Hilfe große magnetische Flüsse bzw. hohe Flußdichten erzeugt werden (siehe Abb. 2.30).

---

[*] DIAMAGNETISMUS: *diamagnetism*
[*] PARAMAGNETISMUS: *paramagnetism*
[*] FERROMAGNETISMUS: *ferromagnetism*

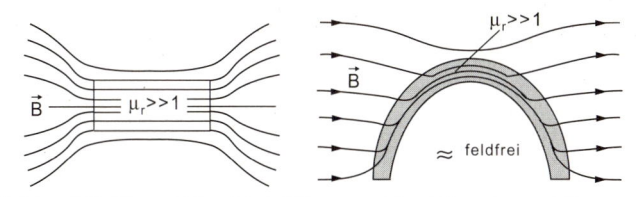

Abbildung 2.29: Magnetfeldbündelnde Wirkung von Materialien mit $\mu_r \gg 1$. Ferromagnetika

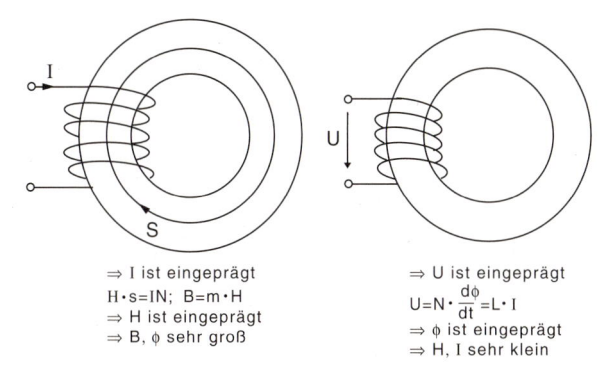

⇒ I ist eingeprägt
H·s=IN; B=m·H
⇒ H ist eingeprägt
⇒ B, φ sehr groß

⇒ U ist eingeprägt
$U = N \cdot \frac{d\phi}{dt} = L \cdot I$
⇒ φ ist eingeprägt
⇒ H, I sehr klein

Abbildung 2.30: Wirkung von Materialien mit $\mu_r \gg 1$ bei eingeprägtem Strom und eingeprägter Spannung

2.3.8.1 Ferromagnetische Materialien

Ferromagnetika: Von technisch besonderer Bedeutung sind die Ferromagnetika. Ihre relative Permeabilität ist zwar abhängig von der magnetischen Feldstärke, im technisch genutzten Bereich ist sie aber sehr viel größer als Eins. Übliche Werte liegen zwischen 1 000 und 100 000.

Weißsche Bezirke[*]: Ferromagnetika enthalten kleinste, kristalline magnetische Dipole, die im unmagnetisierten Zustand hinsichtlich ihrer Ausrichtung statistisch verteilt sind. Diese nennt man WEISSsche Bezirke. Mit zunehmender magnetischer Feldstärke werden die WEISSschen Bezirke ausgerichtet, d. h., der magnetische Weg wird verkürzt, und es entsteht eine hohe magnetische Flußdichte. Bei weiter zunehmender Feldstärke entsteht eine Sättigung, wenn praktisch alle WEISSschen Bezirke ausgerichtet sind. Dann steigt die Flußdichte nicht mehr in gleichem Maße an, sondern näherungsweise mit μ_0.

Hysteresiskurve[*]: Der Zusammenhang zwischen der magnetischen Flußdichte B und der elektrischen Feldstärke H wird für Ferromagnetika durch die Hysteresiskurve dargestellt (siehe Abb. 2.31).

Sättigungsflußdichte[*] (Sättigungsinduktion): Die Sättigungsflußdichte B_S ist die Flußdichte, die nach Ausrichtung aller WEISSschen Bezirke vorhanden ist. Eine weitere Erhöhung der magnetischen Feldstärke führt nur noch zu geringfügiger Erhöhung der Flußdichte. Die Sättigungsflußdichte liegt bei Eisen üblicherweise im Bereich zwischen 1 und 2 Tesla, bei Ferriten zwischen 0,3 und 0,4 Tesla.

---

[*] WEISSSCHER BEZIRK: *Weiss domain*
[*] HYSTERESISKURVE: *hysteresis loop*
[*] MAGNETISCHE SÄTTIGUNG: *magnetic saturation*

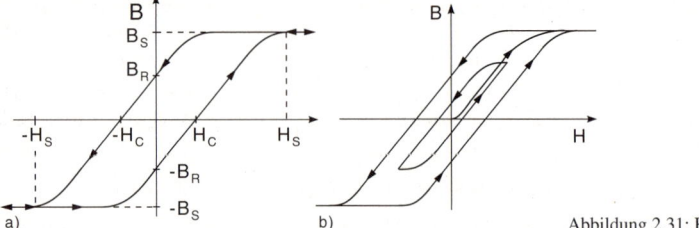

Abbildung 2.31: Hysteresiskurve

Remanenzflußdichte* (Remanenzinduktion): Die Remanenzflußdichte B_R ist die Flußdichte, die nach dem Aufmagnetisieren bis zur Sättigungsflußdichte und nachfolgendem Rückgang auf $H = 0$ bestehen bleibt. Im praktischen Fall tritt sie dann auf, wenn man einen geschlossenen Ring konstanten Querschnitts bis zur Sättigungsflußdichte aufmagnetisiert und dann den Spulenstrom wieder ausschaltet. Fügt man einen Luftspalt in den magnetischen Kreis ein, so stellt sich eine niedrigere verbleibende Flußdichte ein (siehe Abschnitt 2.3.11).

Koerzitivfeldstärke*: Die Koerzitivfeldstärke H_C ist die Feldstärke, die in umgekehrte Richtung nach dem Aufmagnetisieren bis zur Sättigungsflußdichte aufgebracht werden muß, um die Flußdichte zu Null zu machen.

Neukurve: Die Neukurve ist die Kurve innerhalb der Hysteresekurve, die bei erstmaliger Aufmagnetisierung bzw. nach vollständiger Entmagnetisierung durchlaufen wird.

Hystereseverluste*, **Eisenverluste**, **Ummagnetisierungsverluste**: Für die Ummagnetisierung ferromagnetischer Materialien muß Arbeit aufgewendet werden. Die umschlossene Fläche der Hysteresekurve ist ein Maß für diese Arbeit. Die umschlossenen Fläche hat die Dimension einer spezifischen Arbeit $\dfrac{dW}{dV}$. Sie wird bei jedem vollständigen Durchlaufen der Hysteresekurve in Form von Wärme frei. Die entsprechende Arbeit für ein gegebenes Kernvolumen ist dann:

$$\boxed{W = \frac{dW}{dV} \cdot V} \qquad (2.85)$$

und die Verlustleistung bei der Frequenz f:

$$\boxed{P = \frac{dW}{dV} \cdot V \cdot f} \qquad (2.86)$$

Die spezifischen Hysteresisverluste können durch Auszählen der eingeschlossenen Fläche der Hysteresekurve ermittelt werden (falls sie nicht durch andere Informationen, z. B. Datenblattangaben bekannt sind).

Bei hochfrequenter Ummagnetisierung führen die Hysteresisverluste ggf. zu unzulässiger Überhitzung des Materials. In diesem Fall muß die Aussteuerung der Magnetisierung zurückgenommen werden. Die Verluste sinken ungefähr quadratisch mit der Aussteuerung, d. h., bei Halbierung der maximalen Feldstärke gehen die Verluste auf ca. ein Viertel zurück (siehe Abb. 2.31 b).

HINWEIS: Der Begriff **Eisenverluste** beinhaltet neben den Hystereseverlusten auch die Wirbelstromverluste.

---

* REMANENZINDUKTION: *remanent flux density*
* KOERZITIVFELDSTÄRKE: *coercitive magnetic field strength*
* HYSTERESEVERLUST: *hysteretic loss*

Weichmagnetisch[*]: Weichmagnetisch nennt man Ferromagnetika, die eine schmale Hysteresiskurve, d. h. eine kleine eingeschlossene Fläche und damit geringe Hysteresisverluste aufweisen. Weichmagnetische Materialen werden beispielsweise für Transformatoren und elektrische Maschinen gebraucht.

Hartmagnetisch: Hartmagnetisch nennt man Ferromagnetika, die eine Hysteresiskurve mit großer Fläche aufweisen. Sie haben eine hohe Remanenzflußdichte und Koerzitivfeldstärke. Sie eignen sich für Permanentmagnete (Dauermagnete).

Entmagnetisierung: Um Kerne zu entmagnetisieren, gibt es verschiedene Möglichkeiten:

- Überschreiten der Curie-Temperatur. Die Curie-Temperatur ist die Temperatur, bei der die molekulare thermische Bewegung im Material so groß wird, daß die feste Ausrichtung der WEISSschen Bezirke nicht mehr erhalten bleibt und ihre Ausrichtung damit wieder statistisch zerfällt.
- Entmagnetisierung durch hochfrequente Rücknahme der Magnetisierungsaussteuerung. Der Kern wird hochfrequent ausgesteuert, wobei die Aussteuerung langsam zurückgenommen wird. Dadurch läuft die Magnetisierung langsam in den Nullpunkt hinein.
- Durch mechanisches Rütteln. Auch mechanische Bewegung kann die Ausrichtung der WEISSschen Bezirke stören. Fortwährendes Stoßen hebt die Magnetisierung auf. Moderne magnetisch harte Werkstoffe sind teilweise außerordentlich empfindlich gegen mechanische Beanspruchung (allerdings auch außerordentlich empfindlich gegen mechanische Belastung).

2.3.9 Das magnetische Feld an Grenzflächen

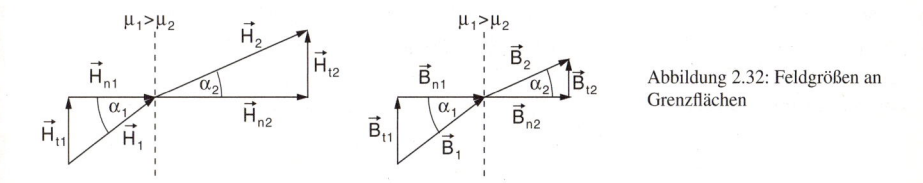

Abbildung 2.32: Feldgrößen an Grenzflächen

$$\vec{H}_{t2} = \vec{H}_{t1} \quad \text{und} \quad \vec{H}_{n2} = \frac{\mu_1}{\mu_2} \cdot \vec{H}_{n1} \tag{2.87}$$

$$\vec{B}_{n2} = \vec{B}_{n1} \quad \text{und} \quad \vec{B}_{t2} = \frac{\mu_2}{\mu_1} \cdot \vec{B}_{t1} \tag{2.88}$$

$$\tan \alpha_2 = \frac{\mu_2}{\mu_1} \cdot \tan \alpha_1 \tag{2.89}$$

An der Grenzfläche gilt:

- Die Tangentialkomponente der magnetischen Feldstärke ist stetig.
- Die Normalkomponente der magnetischen Feldstärke ist umgekehrt proportional zur Permeabilität.
- Die Tangentialkomponente der magnetischen Flußdichte ist proportional zur Permeabilität.
- Die Normalkomponente der magnetischen Flußdichte ist stetig.

---
[*] WEICHEISEN: *soft iron*

2.3.10 Der magnetische Kreis

In Analogie zu den Stromkreisen in elektrischen Netzwerken definiert man für das magnetische Feld den magnetischen Kreis*. Der magnetische Kreis kann, wie in elektrischen Netzwerken, als Ersatzschaltbild dargestellt werden. Anstelle der elektrischen Spannung U setzt man die magnetische Spannung V, anstelle des elektrischen Stromes I setzt man den magnetischen Fluß Φ und anstelle des ohmschen Widerstandes R setzt man den magnetischen Widerstand R_m ein (siehe Abbildung 2.33).

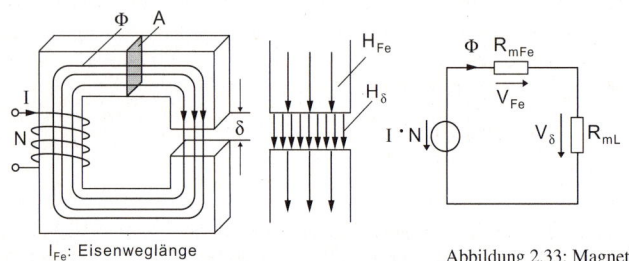

l_{Fe}: Eisenweglänge

Abbildung 2.33: Magnetischer Kreis

Für den in Abbildung 2.33 angegebenen magnetischen Kreis mit Luftspalt lassen sich dann folgende Beziehungen aufstellen:

- Der **magnetische Fluß** Φ ist in sich geschlossen.

- Die **magnetische Flußdichte** $\vec{B}$ ist bei gleichmäßigem Querschnitt A an allen Stellen gleich: $B = \dfrac{\Phi}{A}$, und zwar im Eisen und im Luftspalt: $B_{Fe} = B_\delta$ (Feldaufweitungen im Luftspalt und Feldverzerrungen in den Ecken des Kerns seien vernachlässigt).

- Die **magnetische Feldstärke** $\vec{H}$ ist im Luftspalt um den Faktor μ_r größer als im Eisen.

$$\boxed{B = \mu \cdot H} \quad \Rightarrow \quad B = \mu_0 \mu_r \cdot H_{Fe} = \mu_0 \cdot H_\delta \quad \Rightarrow \quad \mu_r \cdot H_{Fe} = H_\delta \tag{2.90}$$

- Die **magnetischen Spannungsabfälle** V sind gleich dem magnetischen Fluß mal den magnetischen Widerständen:

$$\boxed{V = \Phi \cdot R_m} \tag{2.91}$$

- Die **elektrische Durchflutung** $I \cdot N$ ist gleich der Summe der magnetischen Spannungsabfälle:

$$\boxed{I \cdot N \approx H_{Fe} \cdot l_{Fe} + H_\delta \cdot \delta} \tag{2.92}$$

- Die **magnetischen Widerstände** R_m betragen:

$$\boxed{R_{mFe} \approx \frac{1}{\mu_0 \mu_r} \cdot \frac{l_{Fe}}{A}} \quad \text{und} \quad \boxed{R_{mL} \approx \frac{1}{\mu_0} \cdot \frac{\delta}{A}} \tag{2.93}$$

---

* MAGNETISCHER KREIS: *magnetic circuit*

- Der A_L-**Wert** beträgt:

$$A_L = \frac{\mu_0 \cdot A}{\left(\frac{l_{Fe}}{\mu_r} + \delta\right)} \tag{2.94}$$

- Die **Induktivität** L des Kreises beträgt:

$$L = N^2 \cdot A_L = N^2 \cdot \frac{\mu_0 \cdot A}{\left(\frac{l_{Fe}}{\mu_r} + \delta\right)} \tag{2.95}$$

- Der **verkettete magnetische Fluß** Ψ beträgt:

$$\Psi = N \cdot \Phi = L \cdot I \tag{2.96}$$

HINWEIS: Die Eisenweglänge l_{Fe} geht lediglich durch μ_r geteilt in die Berechnung der Induktivität ein. Unter Berücksichtigung üblicher Werte für $\mu_r \approx 1\,000\ldots 10\,000$ erkennt man, daß die Induktivität im wesentlichen von der Luftspaltlänge abhängt.

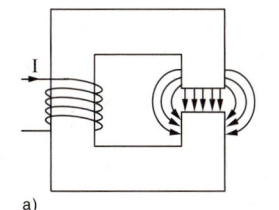

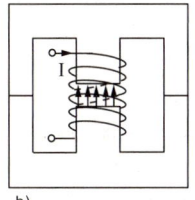

Abbildung 2.34: a) Luftspalt außerhalb der Wicklung: Starke Feldaufweitung, b) Luftspalt innerhalb der Wicklung: Geringe Feldaufweitung

HINWEIS: Die Feldaufweitung im Luftspalt ist nicht unerheblich und in der praktischen Berechnung *nicht* zu vernachlässigen. Durch die Feldaufweitung ergibt sich ein deutlich kleinerer Wert für die Induktivität, als der unter homogener Feldverteilung berechnete. Dies gilt besonders, wenn der Luftspalt *außerhalb* der Wicklung liegt (siehe Abb. 2.34 a). Bei technischen Kernen liegt daher der Luftspalt *innerhalb* der Wicklung (Abb. 2.34 b). Es empfielt sich in jedem Fall, mit dem gemessenen A_L-Wert aus dem Datenblatt des Herstellers zu rechnen und diesen nicht aus der Kerngeometrie zu ermitteln.

BEISPIEL: Für einen Kern liegen folgende Datenblattangaben vor:

A_L-Wert: $A_L = 250\,\text{nH}$, Minimaler Querschnitt: $A_{min} = 280\,\text{mm}^2$, Maximale Flußdichte: $B_{max} = 0,3\,\text{T}$

Frage: Welche maximale Induktivität L kann mit diesem Kern für einen Strom von $I = 2\text{A}$ hergestellt werden und wie viele Windungen braucht man dafür?

Mit $L = N^2 \cdot A_L$ und $L \cdot I = N \cdot \Phi$ ergibt sich:

$$N^2 \cdot A_L \cdot I = N \cdot \Phi$$

Der maximal zulässige Fluß beträgt:

$$\Phi_{max} = B_{max} \cdot A_{min}$$

Damit kann die maximale Windungszahl berechnet werden:

$$N = \frac{\Phi_{max}}{A_L \cdot I} = \frac{B_{max} \cdot A_{min}}{A_L \cdot I} = 168$$

Die maximale Induktivität beträgt:

$$L = N^2 \cdot A_L = 7\,\text{mH}$$

2.3.11 Magnetischer Kreis mit Permanentmagnet

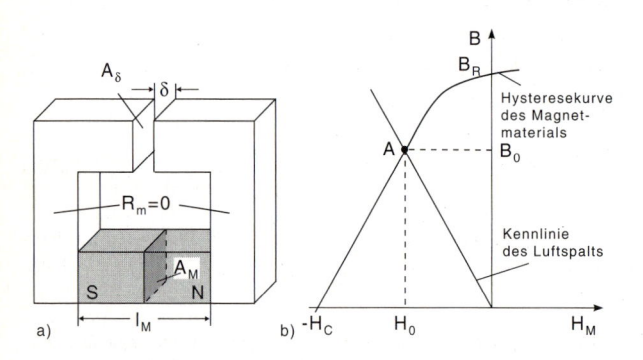

Abbildung 2.35: Magnetischer Kreis mit Permanentmagnet

Die Aufgabe eines magnetischen Kreises mit Permanentmagnet[*] ist in der Regel ein magnetisches Feld in einem Luftspalt zu erzeugen, beispielsweise für permanenterregte elektrische Maschinen, elektrische Meßwerke oder Lautsprecher.

Zur Berechnung eines solchen magnetischen Kreises sei die Anordnung in Abbildung 2.35 gegeben. Ein Permanentmagnet sei durch einen Luftspalt belastet, der magnetische Widerstand des Eisenweges (der Polschuhe) sei vernachlässigbar.

Die Anwendung des Durchflutungssatzes führt zu:

$$\oint \vec{H}\, d\vec{s} = H_M \cdot l_M + H_\delta \cdot \delta = 0$$

Daraus folgt:

$$\boxed{H_M = -H_\delta \cdot \frac{\delta}{l_M}} \qquad (2.97)$$

- Die elektrische Durchflutung ist Null! Dadurch sind die magnetischen Spannungsabfälle über dem Permanentmagneten und dem Luftspalt gleich groß und entgegengesetzt.

Der magnetische Fluß Φ bildet einen geschlossenen Umlauf. Der Fluß Φ im Permanentmagneten ist der gleiche wie im Luftspalt. Daraus folgt:

$$\Phi = \text{konst.} = B_M \cdot A_M = B_\delta \cdot A_\delta$$

---

[*] PERMANENTMAGNET: *permanent magnet*

und:

$$B_\mathrm{M} = B_\delta \cdot \frac{A_\delta}{A_\mathrm{M}}$$ (2.98)

Des weiteren gilt für den Luftspalt:

$$B_\mathrm{L} = \mu_0 \cdot H_\delta$$ (2.99)

Aus Gleichung (2.97) bis (2.99) folgt die **Arbeitsgerade** $B_\mathrm{M}(H_\mathrm{M})$ des Luftspalts:

$$B_\mathrm{M}(H_\mathrm{M}) = B_\delta \cdot \frac{A_\delta}{A_\mathrm{M}} = H_\delta \cdot \mu_0 \frac{A_\delta}{A_\mathrm{M}} = -H_\mathrm{M} \cdot \mu_0 \cdot \frac{A_\delta}{A_\mathrm{M}} \cdot \frac{l_\mathrm{M}}{\delta}$$ (2.100)

$$B_\mathrm{M} = -H_\mathrm{M} \cdot \mu_0 \cdot \frac{A_\delta}{A_\mathrm{M}} \cdot \frac{l_\mathrm{M}}{\delta}$$ (2.101)

Die Zusammenschaltung eines aktiven Zweipols (des Permanentmagneten) und eines passiven Zweipols (des Luftspalts) führt in der graphischen Lösung zu einem Schnittpunkt ihrer Kennlinien. Dieser Schnittpunkt ist der **Arbeitspunkt** (H_0, B_0).

- Der Permanentmagnet wird mit dem Luftspalt *belastet*. Je höher der magnetische Widerstand des Luftspaltes ist, desto kleiner ist die Luftspaltinduktion.

- Bei kleinem magnetischen Widerstand des Luftspaltes wandert der Arbeitspunkt auf der Hysteresekurve des Magnetmaterials in die Nähe der Remanenzflußdichte, bei großem in die Nähe der Koerzitivfeldstärke.

Aus dem Arbeitspunkt können mit den Gleichungen (2.98) und 2.97 die Flußdichte und die magnetische Feldstärke im Luftspalt berechnet werden:

$$B_\delta = B_0 \cdot \frac{A_\mathrm{M}}{A_\delta} \quad \text{und} \quad H_\delta = -H_0 \cdot \frac{l_\mathrm{M}}{\delta}$$ (2.102)

HINWEIS: Das Minuszeichen vor H_0 weist darauf hin, daß im Magneten die magnetische Flußdichte und die magnetische Feldstärke gegensätzliche Richtungen haben.

Dimensionierung eines Permanentmagneten

Fragestellung: Abmessungen eines Permanentmagneten bei vorgegebenen Luftspaltabmessungen A_δ und l_δ und vorgegebener Luftspaltenergie W_δ.

Der Permanentmagnet gibt ein Maximum an Energie ab, wenn das Produkt aus B_0 und H_0 im Arbeitspunkt ein Maximum ist. (Bei geradlinigem Verlauf der Hystereskurve des Permanentmagneten liegt dieses Maximum in $B_0 = B_\mathrm{R}/2$ und $H_0 = H_\mathrm{C}/2$).

Mit dem gewählten Arbeitspunkt $(B_0; H_0)$ kann das notwendige Volumen V_M des Magneten bestimmt werden:

$$W_\delta = \frac{1}{2} \cdot \underbrace{H_\delta}_{B_0 \cdot \frac{A_M}{A_\delta}} \cdot \underbrace{B_\delta}_{H_0 \cdot \frac{l_M}{\delta}} = \frac{1}{2} B_0 H_0 V_M \quad \Rightarrow \quad V_M = \frac{2W_\delta}{B_0 H_0}$$

Das Verhältnis Magnetquerschnitt A_M zu Länge l_M ergibt sich aus Gleichung (2.101):

$$\frac{A_M}{l_M} = \frac{H_0}{B_0} \cdot \mu_0 \frac{A_\delta}{\delta}$$

Für die Magnetabmessungen folgt daraus konkret:

$$A_M = \frac{1}{B_0} \cdot \sqrt{2W_\delta \cdot \mu_0 \frac{A_\delta}{\delta}} \quad \text{und} \quad l_M = \frac{1}{H_0} \cdot \sqrt{2W_\delta \cdot \frac{\delta}{\mu_0 \cdot A_\delta}} \qquad (2.103)$$

HINWEIS: Neben der Maximierung der Luftspaltenergie und Minimierung des Magnetvolumens gibt es weitere (ggf. wichtigere) Gründe für die Wahl des Arbeitspunktes, beispielsweise die Frage der Entmagnetisierung des Permanentmagneten durch den Arbeitsstrom (oder auch durch Kurzschlußströme) in permanenterregten elektrischen Motoren.

2.3.12 Übersicht: Induktivitäten verschiedener geometrischer Anordnungen

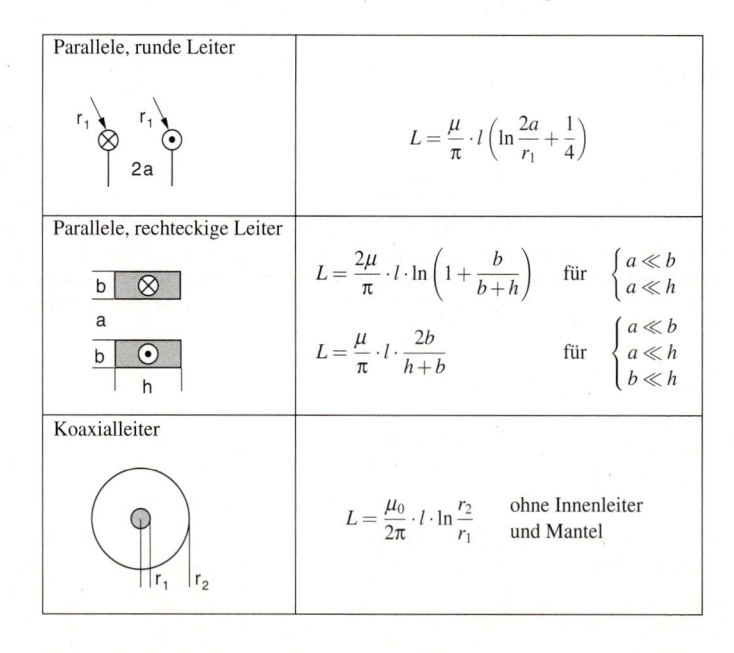

Parallele, runde Leiter r_1, r_1, Abstand $2a$	$L = \dfrac{\mu}{\pi} \cdot l \left(\ln \dfrac{2a}{r_1} + \dfrac{1}{4} \right)$
Parallele, rechteckige Leiter (Breite b, Höhe a, Abstand h)	$L = \dfrac{2\mu}{\pi} \cdot l \cdot \ln \left(1 + \dfrac{b}{b+h}\right)$ für $\begin{cases} a \ll b \\ a \ll h \end{cases}$ $L = \dfrac{\mu}{\pi} \cdot l \cdot \dfrac{2b}{h+b}$ für $\begin{cases} a \ll b \\ a \ll h \\ b \ll h \end{cases}$
Koaxialleiter r_1, r_2	$L = \dfrac{\mu_0}{2\pi} \cdot l \cdot \ln \dfrac{r_2}{r_1}$ ohne Innenleiter und Mantel

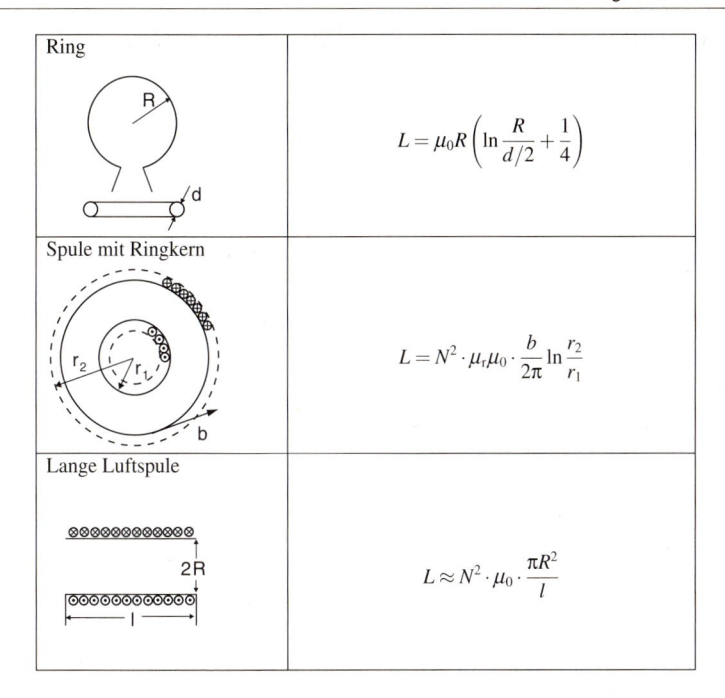

Ring	$L = \mu_0 R \left(\ln \dfrac{R}{d/2} + \dfrac{1}{4} \right)$
Spule mit Ringkern	$L = N^2 \cdot \mu_r \mu_0 \cdot \dfrac{b}{2\pi} \ln \dfrac{r_2}{r_1}$
Lange Luftspule	$L \approx N^2 \cdot \mu_0 \cdot \dfrac{\pi R^2}{l}$

2.3.13 Induktion

2.3.13.1 Induktion im bewegten elektrischen Leiter

Die Induktion sei zunächst über die bewegte Ladung im Magnetfeld, die sogenannte **Bewegungsinduktion**[*], erklärt: Ein elektrischer Leiter werde im Magnetfeld bewegt (siehe Abb. 2.36). Auf die positiven Ladungsträger im elektrischen Leiter wirkt eine Kraft $\vec{F}_M$, die in Abbildung 2.36 nach hinten zeigt, auf die negativen Ladungen wirkt eine Kraft, die nach vorn zeigt: Die positiven und negativen Ladungsträger werden durch die LORENTZkraft getrennt. Zwischen den positiven und negativen Ladungsträgern baut sich gleichzeitig die COULOMBkraft $\vec{F}_E$ auf, die der Trennung der Ladungsträger entgegenwirkt. Im stationären Zustand stellt sich ein Gleichgewicht zwischen diesen Kräften ein.

$$\vec{F}_M = Q \cdot \left(\vec{v} \times \vec{B} \right) = -\vec{F}_E = -Q \cdot \vec{E}$$

Daraus folgt:

$$\boxed{-\left(\vec{v} \times \vec{B} \right) = \vec{E}} \qquad (2.104)$$

● Die elektrische Feldstärke im bewegten Leiter ist gleich dem Kreuzprodukt aus Geschwindigkeit und magnetischer Flußdichte.

---

[*] MAGNETISCHE INDUKTION: *magnetic induction*

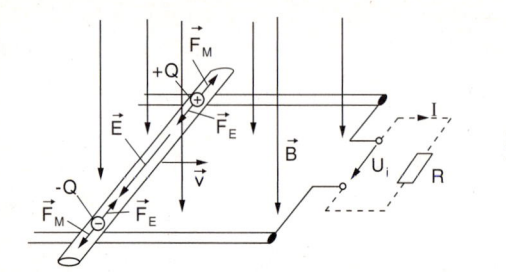

Abbildung 2.36: Bewegter Leiter im Magnetfeld

Die Spannung U_i ist das Wegintegral der elektrischen Feldstärke über die Länge l des bewegten Leiters:

$$u_i = \int_l \vec{E} \, d\vec{l} = \int_l -\left(\vec{v} \times \vec{B}\right) d\vec{l} \tag{2.105}$$

Handelt es sich um einen geraden elektrischen Leiter und stehen die Vektoren $\vec{v}$, $\vec{B}$ und $\vec{s}$ jeweils senkrecht aufeinander, vereinfacht sich die Rechnung:

$$u_i = l \cdot v \cdot B \tag{2.106}$$

Schließt man einen Widerstand R an die Spannung U_i, erkennt man, daß dadurch ein Ladungsausgleich der im bewegten Leiter getrennten Ladungen möglich wird: Es fließt ein Strom I in der in Abbildung 2.36 angegebenen Richtung. Die Leiterschleife mit dem bewegten Leiter wird zum Erzeuger. Die Spannungen in Gleichung (2.105) und (2.106) sind im Erzeugerzählpfeilsystem angegeben.

2.3.13.2 Das allgemeine Induktionsgesetz*

Um ein *zeitlich veränderliches* Magnetfeld herum entsteht eine elektrische Feldstärke.

● Das Wegintegral der elektrischen Feldstärke über einen geschlossenen Umlauf ist gleich der negativen Änderung des von dem Integrationsweg umschlossenen magnetischen Flusses (Abbildung 2.37 a)).

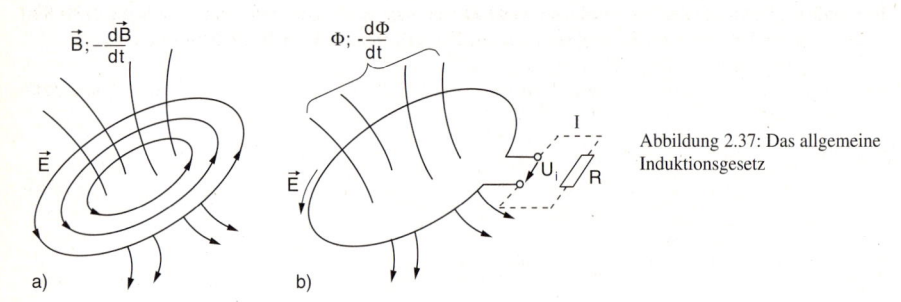

Abbildung 2.37: Das allgemeine Induktionsgesetz

---

* INDUKTIONSGESETZ: *Faraday's Law of induction*

$$\oint_s \vec{E}\,\mathrm{d}\vec{s} = -\frac{\mathrm{d}\Phi}{\mathrm{d}t} = -\frac{\mathrm{d}}{\mathrm{d}t}\int_A \vec{B}\,\mathrm{d}\vec{A} \tag{2.107}$$

Man schreibt auch:

$$\mathrm{rot}\,\vec{E} = -\frac{\mathrm{d}\vec{B}}{\mathrm{d}t} \tag{2.108}$$

Legt man eine Leiterschleife um den sich ändernden magnetischen Fluß Φ, so lautet das **Induktionsgesetz** für die Klemmenspannung U_i (siehe Abb. 2.37 b):

$$u_i = -\frac{\mathrm{d}\Phi}{\mathrm{d}t} \tag{2.109}$$

- Die induzierte Spannung[*] an den Anschlüssen einer Leiterschleife ist proportional zur zeitlichen Änderung des magnetischen Flusses, der die Leiterschleife durchsetzt.

- In Abbildung 2.37 b entsteht die induzierte Spannung u_i in der angegebenen Zählpfeilrichtung, wenn die Änderung des magnetischen Flusses negativ ist, d. h., wenn der magnetische Fluß kleiner wird.

Schließt man einen Widerstand an die Leiterschleife, so fließt der Strom in die auf der Abbildung 2.37 b eingetragene Richtung. Die Leiterschleife ist ein Erzeuger. Die Zählpfeile für Strom und Spannung sind entsprechend im Erzeugerzählpfeilsystem angegeben. Ändert sich die Richtung der Flußänderung (der Fluß wird größer), so dreht sich auch die Richtung von Spannung und Strom um.

Lenzsche Regel[*]: Der durch die induzierte Spannung verursachte Strom ist immer so gerichtet, daß sein Magnetfeld der Änderung des verursachenden Magnetfeldes entgegenwirkt.

HINWEIS: Die LENZsche Regel eignet sich besonders, um die Richtung der induzierten Spannung zu bestimmen. Der Strom, der bei Belastung der Leiterschleife fließen würde, müßte ein magnetisches Feld verursachen, das dem ursprünglichen entgegengesetzt wäre. Daraus läßt sich mit der Rechte-Hand-Regel die Richtung des Stromes bestimmen. Ist die Richtung des Stromes bekannt, ergibt sich auch die Spannung am Lastwiderstand und damit die Richtung von u_i.

- Würde die Leiterschleife kurzgeschlossen und wäre sie ideal leitend (supraleitend), würde der in ihr fließende Strom immer gerade so groß sein, daß die Flußänderung in der Schleife Null wäre.

Wird der Fluß Φ N-mal von der Leiterschleife umschlossen, so beträgt die induzierte Spannung (siehe Abb. 2.37 b):

$$u_i = -N \cdot \frac{\mathrm{d}\Phi}{\mathrm{d}t} \tag{2.110}$$

Eine Leiterschleife mit N Windungen nennt man **Spule**.

---

[*] INDUZIERTE SPANNUNG: *induced voltage*
[*] LENZSCHE REGEL: *Lenz's law*

2 Elektrische Felder

Das Induktionsgesetz ist umkehrbar. Legt man eine Spannung an eine ideal leitende Leiterschleife (mit N-Windungen), so ist die Flußänderung in ihr:

$$N \cdot \frac{d\Phi}{dt} = u(t) \qquad (2.111)$$

In diesem Falle wird die Leiterschleife zum Verbraucher (siehe Abb. 2.39).

HINWEIS: Man unterscheidet üblicherweise zwischen U und U_i als Namen für die Spannung an der Leiterschleife. U_i wird eingesetzt, wenn das Erzeugerzählpfeilsystem und U, wenn das Verbraucherzählpfeilsystem benutzt wird.

Der Fluß Φ ist das Integral der Spannung über die Zeit:

$$N \cdot \Phi(t_1) = \int_0^{t_1} u(t)\, dt + \Phi(0) \qquad (2.112)$$

● Der magnetische Fluß in einer Leiterschleife (in einer Spule, in einer Induktivität) ist *nur* abhängig von der angelegten Spannungszeitfläche $\int u\, dt$.

BEISPIEL: Anwendung des Induktionsgesetzes bei gekoppelten Spulen, die vom gleichen Fluß durchsetzt sind.

Zum Zeitpunkt t_0 wird die Spannung U_0 an die Wicklung 1 gelegt. Zum Zeitpunkt t_1 wird der Schalter B geschlossen, zum Zeitpunkt t_2 wird der Schalter A geöffnet.
Abbildung 2.38 a zeigt den Aufbau und 2.38 b die dazugehörigen Spannungen, Ströme und den magnetischen Fluß. Die Lösung des Problems kann ebenfalls mit Hilfe des Ersatzschaltbildes nach Abbildung 2.38 c erreicht werden.

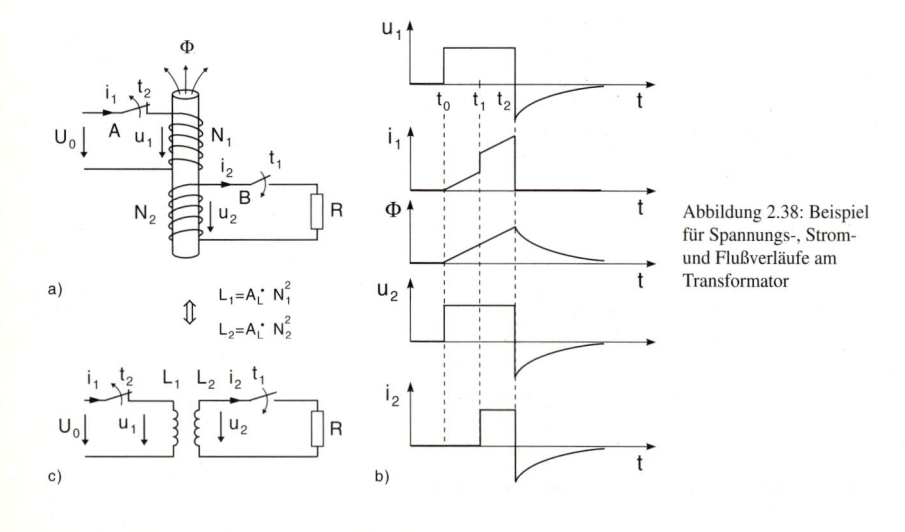

Abbildung 2.38: Beispiel für Spannungs-, Strom- und Flußverläufe am Transformator

Rechnung:

$t_0 < t < t_1$	$t_1 < t < t_2$	$t > t_2$
u_1 ist eingeprägt	u_1 ist eingeprägt	Φ ist stetig, $i_{2(t2)} = -\dfrac{N_2 \cdot \Phi(t_2)}{L_2}$
$u_1 = U_0$	$u_1 = U_0$	$i_2 = i_{2(t2)} \cdot \mathrm{e}^{-\frac{t}{L_2/R}}$
$i_1 = \dfrac{1}{L_1} \cdot \displaystyle\int_{t_0}^{t_1} u_1 \, \mathrm{d}t$	$i_1 = \dfrac{1}{L_1} \cdot \displaystyle\int_{t_1}^{t_2} u_1 \, \mathrm{d}t + i_{1(t1)} + \dfrac{u_2}{R}\dfrac{N_2}{N_1}$	$u_2 = i_2 \cdot R$
$\Phi = \dfrac{1}{N_1} \displaystyle\int_{t_0}^{t_1} u_1 \, \mathrm{d}t$	$\Phi = \dfrac{1}{N_1} \displaystyle\int_{t_1}^{t_2} u_1 \, \mathrm{d}t + \Phi_{(t1)}$	$\Phi = \dfrac{1}{N_2} \displaystyle\int_{t_2}^{t} u_2 \, \mathrm{d}t + \Phi_{(t2)}$
$u_2 = -N_2 \dfrac{\mathrm{d}\Phi}{\mathrm{d}t} = u_1 \dfrac{N_2}{N_1}$	$u_2 = -N_2 \dfrac{\mathrm{d}\Phi}{\mathrm{d}t} = u_1 \dfrac{N_2}{N_1}$	$i_1 = 0$
$i_2 = 0$	$i_2 = \dfrac{u_2}{R}$	$u_1 = u_2 \dfrac{N_1}{N_2}$

Berechnung der induzierten Spannung

Die Änderung des magnetischen Flusses, der eine Leiterschleife durchsetzt, kann in zweierlei Weise erfolgen: Zum einen, indem sich die Flußdichte zeitlich ändert, und zum anderen, indem sich die umschlossene Fläche ändert:

$$u_i = -\frac{\mathrm{d}\Phi}{\mathrm{d}t} = -\frac{\mathrm{d}}{\mathrm{d}t}\left(\vec{B} \cdot \vec{A}\right) = -\left(\vec{B} \cdot \frac{\partial \vec{A}}{\partial t} + \vec{A} \cdot \frac{\partial \vec{B}}{\partial t}\right) \qquad (2.113)$$

Auch die Bewegungsinduktion nach Abbildung 2.36 kann auf Gleichung (2.113) zurückgeführt werden. Der bewegte Leiter bewirkt eine Verkleinerung der eingeschlossenen Fläche, so daß gilt:

$$-\vec{B} \cdot \frac{\mathrm{d}\vec{A}}{\mathrm{d}t} = \int_l \left(\frac{\mathrm{d}\vec{s}}{\mathrm{d}t} \times \vec{B}\right) \cdot \mathrm{d}\vec{l}$$

Das Induktionsgesetz lautet für diesen Fall:

$$u_i = -\left(\int_l \left(\vec{v} \times \vec{B}\right) \cdot \mathrm{d}\vec{l} + \vec{A} \cdot \frac{\partial \vec{B}}{\partial t}\right) \qquad (2.114)$$

BEISPIEL: Eine Leiterschleife mit $N = 200$ Windungen dreht sich mit der Winkelgeschwindigkeit $\omega = 314\,\mathrm{s}^{-1}$ in einem homogenen Magnetfeld mit der magnetischen Flußdichte $B = 50\,\mathrm{mT}$. Die Abmessungen der Leiterschleife betragen $10 \times 10\,\mathrm{cm}$ (siehe Abb. 2.39 a).

Welche Spannung u_i kann an den Klemmen abgenommen werden?

a) Ansatz über Gleichung (2.113)

$$u_i = -N \cdot \left(\vec{B} \cdot \frac{\partial \vec{A}}{\partial t} + \underbrace{\vec{A} \cdot \frac{\partial \vec{B}}{\partial t}}_{=0} \right) = -N \cdot B \cdot \frac{d[A \cdot \cos \omega t]}{dt} = -\underbrace{N \cdot B \cdot A \cdot \omega}_{31,4\,\text{V}} \cdot \underbrace{\sin \omega t}_{50\,\text{Hz}} = -31,4\,\text{V} \cdot \sin \omega t$$

b) Ansatz über Gleichung (2.114) (Bewegungsinduktion)

$$u_i = -N \cdot \left(\int_l (\vec{v} \times \vec{B}) \cdot d\vec{l} + \underbrace{\vec{A} \cdot \frac{\partial \vec{B}}{\partial t}}_{=0} \right) = -N \cdot \underbrace{\omega \cdot \frac{b}{2}}_{v} \cdot B \cdot \sin(\omega t) \cdot 2 \cdot l = -31,4\,\text{V} \cdot \sin \omega t$$

Die Richtung der induzierten Spannung (siehe Abbildung 2.39), läßt sich im bewegten Leiter am besten mit der Gleichung 2.104: $\vec{v} \times \vec{B} = -\vec{E}$ bestimmen. Da $\vec{v} \times \vec{B}$ ein Rechtssystem bilden, ist die Richtung von $\vec{E}$ und damit u_i mit der Korkenzieher-Regel zu bestimmen.

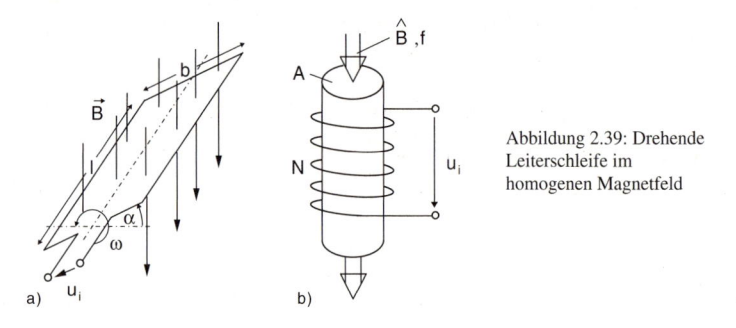

Abbildung 2.39: Drehende Leiterschleife im homogenen Magnetfeld

BEISPIEL: Eine Spule mit $N = 5$ Windungen wird mit $\hat{B} = 1,5\,\text{T}$; 50 Hz durchsetzt. Ihr Querschnitt beträgt 200 mm² (siehe Abb. 2.39 b).

Welchen Scheitelwert hat die Spannung u_i?

$$u_i = -N \cdot \left(\underbrace{\vec{B} \cdot \frac{\partial \vec{A}}{\partial t}}_{=0} + \vec{A} \cdot \frac{\partial \vec{B}}{\partial t} \right) = -N \cdot A \cdot \frac{d(\hat{B} \cdot \sin \omega t)}{dt} = -N \cdot \hat{B} \cdot A \cdot \omega \cos \omega t \Rightarrow \hat{U}_i = 0,47\,\text{V}$$

2.3.13.3 Selbstinduktion

Fließt in einer Leiterschleife ein Strom I, so verursacht dieser einen magnetischen Fluß Φ. Schaltet man den Strom ab, so macht man gleichzeitig den magnetischen Fluß zu Null. Es entsteht daher im Augenblick der Stromabschaltung eine hohe Änderungsgeschwindigkeit des Flusses. Durch diese Flußänderung entsteht an den Klemmen der Leiterschleife eine induzierte Spannung. Diesen Vorgang nennt man **Selbstinduktion**[*].

● Die induzierte Spannung ist nach der LENZschen Regel der ursprünglichen Spannung entgegengesetzt.

---

[*] SELBSTINDUKTION: *self-induction*

Mit $u_i = -N \cdot \dfrac{d\Phi}{dt}$ und $L \cdot I = N \cdot \Phi$ gilt:

$$u_i = -N \cdot \frac{d\Phi}{dt} = -L \cdot \frac{di}{dt} \qquad (2.115)$$

Abbildung 2.40: Die induzierte Spannung an einer Induktivität

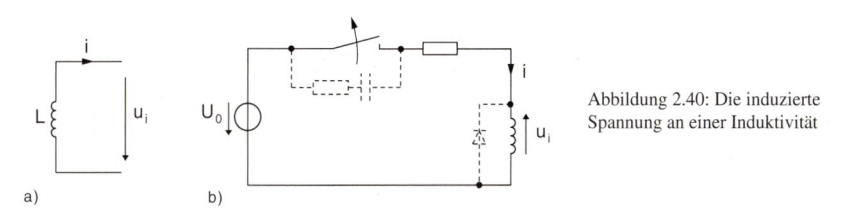

a)   b)

u_i ist in Gleichung (2.115) im Erzeugerzählpfeilsystem angegeben. Im Augenblick des Abschalten des Stromes I ist $\dfrac{di}{dt}$ negativ. Die induzierte Spannung liegt dann entsprechend Abbildung 2.40 a an der Induktivität L.

HINWEIS: Die Abschaltung eines induktiven Stromes kann zu erheblichen induzierten Spannungen führen. Bildet man in dem Schaltkreis nach Abbildung 2.40 b im Augenblick des Abschaltens die Summe der Spannungen, erkennt man, daß die hohe induzierte Spannung praktisch nur über dem Schalter abfallen kann. Dies kann zu einem Lichtbogen im Schalter und damit zu seiner Zerstörung führen.

Die Zerstörung des Schalters kann auch über eine Energiebetrachtung erklärt werden: Das magnetische Feld enthält Energie. Diese wird im Augenblick des Abschaltens erzwungenermaßen aus der Induktivität entfernt. Diese Energie wird im Schalter in Wärme umgesetzt und führt damit zu seiner Zerstörung. Abhilfe schafft eine Freilaufdiode parallel zur Induktivität oder ein RC-Glied über dem Schalter.

2.3.14 Gegeninduktion

Von **magnetischer Kopplung** spricht man, wenn der magnetische Fluß einer Spule, oder ein Teil davon, eine andere Spule durchsetzt.

In Abbildung 2.41 durchsetzt der Teil Φ_{21} des magnetischen Flusses Φ_1 die Spule 2. Zur Beschreibung dieses Sachverhaltes definiert man den

Koppelfaktor k_1:

$$\Phi_{21} = k_1 \cdot \Phi_1 \qquad (2.116)$$

Für die Spule 1 definiert man entsprechend:

$$\Phi_{12} = k_2 \cdot \Phi_2 \qquad (2.117)$$

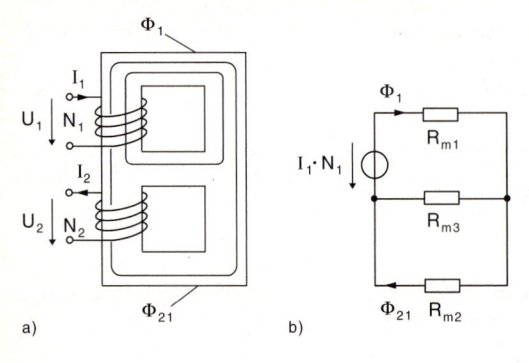

Abbildung 2.41: Magnetisch gekoppelte Spulen: a) geometrische Anordnung, b) Ersatzschaltbild

Bestimmung der Koppelfaktoren:

Die Koppelfaktoren können aus der Geometrie der Anordnung mit Hilfe des Ersatzschaltbildes des magnetischen Kreises bestimmt werden:

$$\frac{\Phi_{21}}{\Phi_1} = k_1 = \frac{R_{m3}}{R_{m2}+R_{m3}} \quad \text{und} \quad k_2 = \frac{R_{m3}}{R_{m1}+R_{m3}}$$

Alternativ ist eine meßtechnische Bestimmung möglich: Man legt eine Wechselspannung U_1' an N_1, mißt die Spannung U_2' bzw. U_2'' an N_2 und mißt U_1''.

Mit $U_2 = N_2 \cdot \dfrac{\mathrm{d}\Phi_{21}}{\mathrm{d}t} = N_2 \cdot \dfrac{k_1\,\mathrm{d}\Phi_1}{\mathrm{d}t}$ und $U_1 = N_1 \cdot \dfrac{\mathrm{d}\Phi_1}{\mathrm{d}t}$ ergibt sich k_1 und entsprechend k_2:

$$k_1 = \frac{U_2'}{U_1'} \cdot \frac{N_1}{N_2} \quad \text{und} \quad k_2 = \frac{U_1''}{U_2''} \cdot \frac{N_2}{N_1}$$

- Die Koppelfaktoren können maximal den Wert Eins annehmen. Bei kleinen Koppelfaktoren spricht man von „loser Kopplung".

Gegeninduktivität

Man definiert ferner die **Gegeninduktivitäten** M_{21} und M_{12}:

$$M_{12} = \frac{N_1 \cdot \Phi_{12}}{I_2} \quad \text{und} \quad M_{21} = \frac{N_2 \cdot \Phi_{21}}{I_1}$$

Bei isotropem Magnetmaterial gilt stets:

$$\boxed{M_{21} = M_{12} = M}$$

Mit den Koppelfaktoren k_1 und k_2 sowie den Einzelinduktivitäten L_1 und L_2 kann die **Gegeninduktivität** M^* berechnet werden:

$$\boxed{M = \sqrt{k_1 \cdot k_2 \cdot L_1 \cdot L_2} = k \cdot \sqrt{L_1 \cdot L_2}} \quad \text{mit} \quad k = \sqrt{k_1 \cdot k_2} \qquad (2.118)$$

k ist der **totale Kopplungsfaktor** oder **totale Kopplungskoeffizient**.

---

[*] GEGENINDUKTIVITÄT: *mutual inductance*

2.3 Magnetisches Feld

Die Gegeninduktivität wird gebraucht, um ein magnetisch gekoppeltes System mittels Maschen- und Knotengleichungen zu beschreiben.

Für zwei magnetisch gekoppelte, widerstandsbehaftete Spulen mit den in Abbildung 2.41 angegebenen Zählpfeilrichtungen gilt dann:

$$u_1 = +L_1 \cdot \frac{di_1}{dt} + i_1 \cdot R_1 - M \cdot \frac{di_2}{dt}; \quad u_2 = -L_2 \cdot \frac{di_2}{dt} - i_2 \cdot R_2 + M \cdot \frac{di_1}{dt} \quad (2.119)$$

Für sinusförmigen Betrieb gilt dann:

$$\underline{U}_1 = +\underline{I}_1 \cdot (j\omega L_1 + R_1) - \underline{I}_2 \cdot j\omega M; \quad \underline{U}_2 = -\underline{I}_2 \cdot (j\omega L_2 + R_2) + \underline{I}_1 \cdot j\omega M \quad (2.120)$$

2.3.15 Transformatorprinzip

Der **Transformator**[*] besteht aus magnetisch gekoppelten Spulen, deren Kopplungsfaktor näherungsweise Eins ist.

Abbildung 2.42: An die Wicklung 1 werde eine Spannung U_1 gelegt. Die magnetische Flußänderung in der Wicklung 1 ist dann $\frac{d\Phi}{dt} = \frac{U_1}{N_1}$. Der Fluß Φ wird in den Eisenkreis geführt und durchsetzt auch die Wicklung 2. Die induzierte Spannung in der Wicklung 2 ist dann $U_2 = -N_2 \cdot \frac{d\Phi}{dt}$.

Abbildung 2.42: Prinzip des Transformators

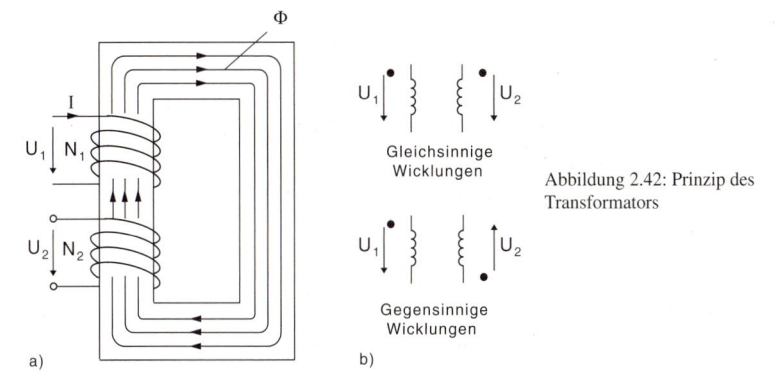

Unter korrekter Beachtung der Flußrichtung durch die Wicklung 2 ist die Spannung U_2 für den in Abbildung 2.42 a angegebenen Wickelsinn:

$$U_2 = U_1 \cdot \frac{N_2}{N_1} \quad (2.121)$$

- Die Spannung U_2 ist nur von der Spannung U_1 und den Windungszahlen abhängig.

- Die Spannungen an einem Transformator verhalten sich wie die Windungszahlen.

---
[*] TRANSFORMATOR: *transformer*

Die schaltungtechnische Darstellung des Wickelsinns ist in Abbildung 2.42 b dargestellt. Der Wickelsinn ist durch Punkte angegeben. Bei gleichsinnigen Wicklungen bezüglich des magnetischen Flusses sind die Punkte auf jeweils der gleichen Anschlußseite der Induktivitäten gezeichnet, bei gegensinnigen Wicklungen auf entgegengesetzten Anschlußseiten.

2.3.16 Energie im magnetischen Feld

Das magnetische Feld enthält wie das elektrostatische Feld Energie. Die Energie einer Induktivität ist im Feld gespeichert. Sie beträgt:

$$W = \frac{1}{2} L \cdot I^2 = \frac{1}{2} \cdot N \cdot I \cdot \Phi \tag{2.122}$$

Diese kann man auch durch die Feldgrößen $\vec{B}$ und $\vec{H}$ ausdrücken:

$$W = \frac{1}{2} \oint_s \vec{H} \, d\vec{s} \cdot \int_A \vec{B} \, d\vec{A} = \frac{1}{2} \int_V \vec{H} \cdot \vec{B} \, dV \quad \text{mit} \quad \vec{e}_s \| \vec{e}_A \tag{2.123}$$

Der Einheitsvektor $\vec{e}_s$ zeigt dabei in die gleiche Richtung wie der Einheitsvektor der Flächennormalen $\vec{e}_A$, so daß das Integral $\int ds \cdot dA$ das Volumenelement dV ergibt.

Die **Energiedichte** des magnetischen Feldes beträgt:

$$\frac{dW}{dV} = \frac{1}{2} \cdot \vec{H} \cdot \vec{B} \tag{2.124}$$

2.3.16.1 Energie im magnetischen Kreis mit Luftspalt

Gegeben sei der magnetische Kreis mit Luftspalt nach Abbildung 2.43.

Magnetische Kreise, die Energie speichern sollen, heißen **Speicherdrosseln**. Die gespeicherte Energie einer Speicherdrossel beträgt:

$$W = \frac{1}{2} \cdot L \cdot I^2 \tag{2.125}$$

Diese Energie ist in Form von magnetischer Feldenergie gespeichert, und zwar sowohl im Eisen als auch im Luftspalt.

$$W = W_{Fe} + W_\delta = \frac{1}{2} B_{Fe} \cdot H_{Fe} \cdot V_{Fe} + \frac{1}{2} B_\delta \cdot H_\delta \cdot V_\delta \tag{2.126}$$

Bei gleichem Querschnitt des gesamten magnetischen Weges ist $B_\delta = B_{Fe}$, die magnetische Feldstärke im Luftspalt ist um den Faktor μ_r größer als im Eisen. Berücksichtigt man, daß die relative Permeabilität üblicherweise im Bereich $\mu_r = 1000\ldots10000$ liegt, so kann man näherungsweise sagen, daß die magnetische Energie maßgeblich im Luftspalt konzentriert ist. Der Eisenweg wird sozusagen gebraucht, um den magne-

Abbildung 2.43: Magnetischer Kreis mit Luftspalt

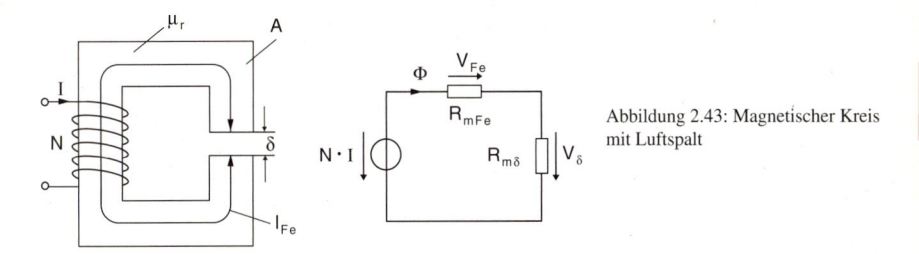

tischen Fluß zu konzentrieren und um dann mit ihm im Luftspalt eine hohe magnetische Feldstärke zu erzeugen. Erst durch diese Konstruktion erreicht man eine große gespeicherte Energie bei kleinen äußeren Abmessungen.

- Die gespeicherte Energie in Speicherdrosseln ist maßgeblich im Luftspalt konzentriert.
- Technische Speicherdrosseln haben praktisch immer einen Luftspalt.

HINWEIS: Der Luftspalt ist in technischen Speicherdrosseln nicht immer in Form eines „echten" Luftspalts realisiert. In sogenannten **Pulverkernen** ist er durch einen losen, vergossenen Verbund des Eisenpulvers innerhalb des Kerns „verteilt".

- Um viel magnetische Energie zu speichern, braucht man einen großen Luftspalt.

Wertet man die Gleichung (2.123) aus, so kann man schreiben:

$$W = \frac{1}{2} \underbrace{\oint_s \vec{H}\,d\vec{s} \cdot \int_A \vec{B}\,d\vec{A}}_{V_{\text{Fe}}+V_\delta} = \frac{1}{2} \cdot (\underbrace{V_{\text{Fe}}}_{\Phi \cdot R_{m\text{Fe}}} + \underbrace{V_{\text{L}}}_{\Phi \cdot R_{m\delta}}) \cdot \Phi$$

Daraus folgt:

- Die magnetische Energie teilt sich proportional zu den magnetischen Widerständen auf.

2.3.17 Kraft im magnetischen Feld

Für alle Kräfte im magnetischen Feld gilt:

- Kräfte im magnetischen Feld sind immer so gerichtet, daß die Feldlinien sich zu verkürzen suchen (Abbildung 2.44).

2.3.17.1 Kraft auf den stromdurchflossenen Leiter

Siehe auch 2.3.2.

Die Kraft auf einen geraden stromdurchflossenen Leiter im homogenen Magnetfeld beträgt:

$$\vec{F} = I \cdot (\vec{l} \times \vec{B}) \qquad (2.127)$$

Abbildung 2.44: Kräfte im magnetischen Feld

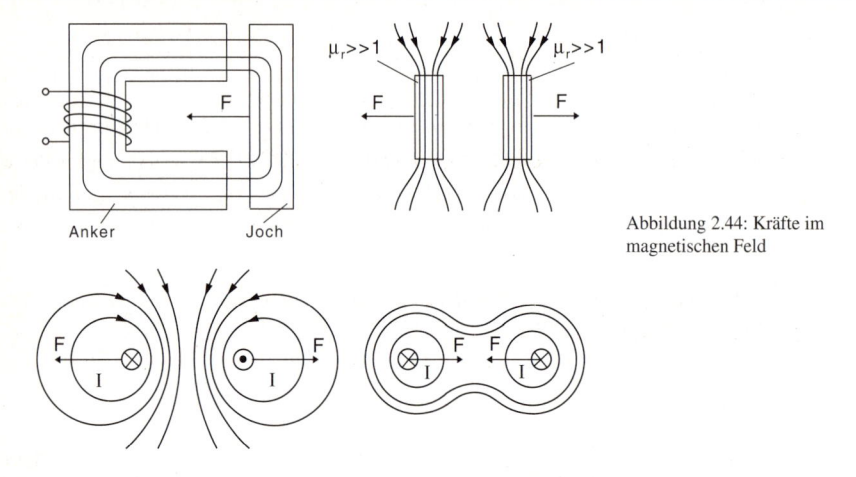

Der Vektor $\vec{l}$ weist dabei in Richtung des Stromes I (Abbildung 2.45).

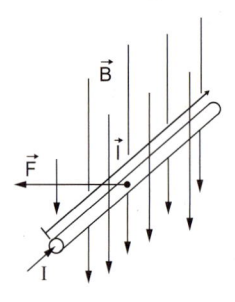

Abbildung 2.45: Kraft auf den stromdurchflossenen Leiter

2.3.17.2 Kraft auf Grenzflächen

An den Grenzflächen zwischen magnetisch durchfluteten Materialien mit unterschiedlicher Permeabilität entstehen Kräfte.

Die Berechnung der Kräfte erfolgt am einfachsten über eine Energiebilanz zwischen der mechanischen, der elektrischen und der Feldenergie. Dazu verschiebt man gedanklich die Grenzfläche geringfügig (infinitesimal) und berechnet die sich daraus ergebene Änderung der potentiellen Energien. Man nennt dieses Verfahren auch **Prinzip der virtuellen Verschiebung**.

Die Summe der Energieänderungen muß Null sein:

$$dW_{mech} + dW_{Feld} + dW_{elektr} = 0 \qquad (2.128)$$

Um diese Energiebilanz auswerten zu können, muß bekannt sein, welche dieser Energieänderungen positiv und welche negativ ist, d. h. welche Energie sich erhöht und welche sich verkleinert.

Dazu ein Gedankenexperiment:

Der magnetische Kreis in Abbildung 2.44 links oben werde mit einem konstanten Strom gespeist, also an eine Konstantstromquelle I_0 geschlossen. Das Joch wird zum Anker hingezogen. Zieht man das Joch vom Anker weg, so steckt man mechanische Energie hinein. Gleichzeitig wird sich die Induktivität verkleinern (der magnetische Leitwert wird kleiner), d. h., die gespeicherte Feldenergie $\frac{1}{2}LI^2$ wird sich verringern. Beide Energien, die mechanische und die Änderung der Feldenergie, werden von der angeschlossenen Stromquelle aufgenommen. Die obige Energiebilanz lautet also konkret mit $N \cdot \Phi = \int U \, dt$ und $L \cdot I = N \cdot \Phi$:

$$\underbrace{F \cdot ds}_{dW_{mech}} + \underbrace{d\left(\frac{1}{2}LI_0^2\right)}_{dW_{Feld}} = \underbrace{d(I_0 \cdot \underbrace{U \cdot t}_{N \cdot \Phi})}_{dW_{elektr}} = d(I_0 \cdot \underbrace{N \cdot \Phi}_{L \cdot I_0}) = d\left(L \cdot I_0^2\right)$$

Daraus folgt:

$$\boxed{F = \frac{1}{2}I^2 \cdot \frac{dL}{ds}} \qquad (2.129)$$

- Die Kraft auf Grenzflächen in einer magnetischen Anordnung ist proportional zur Änderung der Induktivität in Abhängigkeit von einer virtuellen Verschiebung der Grenzflächen.

- Die Kraft auf eine Grenzfläche ist so gerichtet, daß sie die Induktivität zu vergrößern sucht.

2.3.18 Übersicht: Eigenschaften des magnetischen Feldes

- Die magnetische Flußdichte $\vec{B}$ und die magnetische Feldstärke $\vec{H}$ zeigen in isotropen Materialien in die gleiche Richtung.

$$\boxed{\vec{B} = \mu \cdot \vec{H}} \qquad (2.130)$$

- Der magnetische Fluß beschreibt immer einen geschlossenen Umlauf.

- An Grenzflächen mit verschiedener Permeabilität μ ist die Normalkomponente der Induktion stetig und die Normalkomponente der magnetischen Feldstärke unstetig (sie springt auf einen höheren Wert, wenn μ kleiner wird).

- Das magnetische Feld ist **quellenfrei**. Das Hüllenintegral der magnetischen Induktion über eine geschlossene Hüllfläche ist stets Null.

$$\boxed{\oint_A \vec{B} \, d\vec{A} = 0 \quad \text{bzw.} \quad \text{div} \, \vec{B} = 0} \qquad (2.131)$$

- Der magnetische Fluß ist unmittelbar mit der anliegenden Spannungszeitfläche verknüpft.

$$\boxed{N \cdot \Phi = \int_0^{t_1} u \, dt + \Phi(0)} \qquad (2.132)$$

- Die magnetische Feldstärke ist unmittelbar mit dem elektrischen Strom verknüpft. Der Durchflutungssatz gibt den Zusammenhang:

$$\oint \vec{H}\, d\vec{s} = i \cdot N \tag{2.133}$$

- Das magnetische Feld ist ein **Wirbelfeld**. Die vollständige Form des Durchflutungssatzes ist die 1. Maxwellsche Gleichung und lautet:

$$\oint_s \vec{H}\, d\vec{s} = \int_A \left(\vec{S} + \frac{d\vec{D}}{dt}\right) d\vec{A} \quad \text{bzw.} \quad \text{rot}\,\vec{H} = \vec{S} + \frac{d\vec{D}}{dt} \tag{2.134}$$

- Ein zeitlich veränderlicher magnetischer Fluß induziert in einer von ihm durchsetzten Leiterschleife eine Spannung. Umfaßt die Leiterschleife den Fluß N-mal, so ist die induzierte Spannung N-mal so groß.

$$u_i = -N \cdot \frac{d\Phi}{dt} \tag{2.135}$$

- Der Zusammenhang zwischen der elektrischen Größe I und dem Fluß Φ ist:

$$L \cdot I = N \cdot \Phi \tag{2.136}$$

- Das magnetische Feld enthält Energie:

$$W = \frac{1}{2} \int_V \vec{B} \cdot \vec{H}\, dV \tag{2.137}$$

2.3.19 Zusammenhang der magnetischen Feldgrößen

Formeln des magnetischen Kreises:

$$
\begin{array}{ccccc}
\Phi & \Leftarrow & \Phi = \int_A \vec{B}\, d\vec{A} & \Rightarrow & \vec{B} \\
\Uparrow & & & & \Uparrow \\
I \cdot N = R_m \cdot \Phi & & & & \vec{B} = \mu \cdot \vec{H} \\
\Downarrow & & & & \Downarrow \\
I \cdot N & \Leftarrow & I \cdot N = \oint_s \vec{H}\, d\vec{s} & \Rightarrow & \vec{H}
\end{array}
$$

Induktionsgesetz:

$$u_i(t) = -N \cdot \frac{d\Phi}{dt} \quad \text{bzw.} \quad \Phi(t_1) = \frac{1}{N} \int_0^{t_1} u(t)\, dt + \Phi(0) \tag{2.138}$$

2.4 Maxwellsche Gleichungen

Die zahlreichen pysikalischen Erscheinungen, die in den Abschnitten „elektrostatisches Feld", „stationäres elektrisches Strömungsfeld" und „magnetisches Feld" beschrieben wurden, lassen sich durch vier Gleichungen, die Maxwellschen Gleichungen, zusammenfassen.

1. Maxwellsche Gleichung (Durchflutungssatz):

$$\oint_S \vec{H}\, d\vec{s} = \int_A \left(\vec{S} + \frac{d\vec{D}}{dt} \right) d\vec{A} \quad \text{bzw.} \quad \operatorname{rot}\vec{H} = \vec{S} + \frac{d\vec{D}}{dt} \tag{2.139}$$

Der elektrische Strom verursacht die magnetische Feldstärke. Die 1. Maxwellsche Gleichung besagt, daß das Kreisintegral der magnetischen Feldstärke gleich dem umschlossenen Strom ist. Dabei ist es gleichgültig, ob der Strom an Ladungsträger gebunden ist, oder ob es eine zeitlich veränderliche Verschiebungsdichte ist.

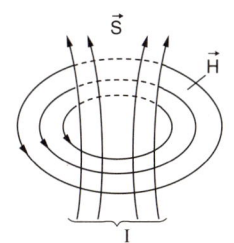

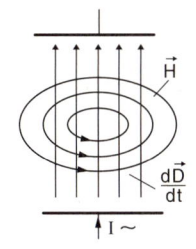

Abbildung 2.46: 1. Maxwellsche Gleichung

2. Maxwellsche Gleichung (Induktionsgesetz):

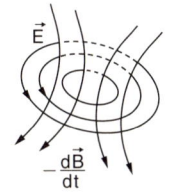

$$\oint_S \vec{E}\, d\vec{s} = -\frac{d}{dt}\int_A \vec{B}\, d\vec{A} \quad \text{bzw.} \quad \operatorname{rot}\vec{E} = -\frac{d\vec{B}}{dt} \tag{2.140}$$

Abbildung 2.47: 2. Maxwellsche Gleichung

Eine zeitlich veränderliche magnetische Induktion verursacht eine elektrische Feldstärke. Die 2. Maxwellsche Gleichung besagt, daß das Kreisintegral der elektrischen Feldstärke gleich der negativen Änderung des umschlossenen magnetischen Flusses ist.

3. Maxwellsche Gleichung:

$$\oint_A \vec{B}\, d\vec{A} = 0 \quad \text{bzw.} \quad \operatorname{div}\vec{B} = 0 \tag{2.141}$$

Die magnetische Induktion ist quellenfrei. Die 3. Maxwellsche Gleichung besagt, daß das Hüllenintegral der magnetischen Induktion über eine geschlossene Hüllfläche stets Null ist.

4. Maxwellsche Gleichung (Gaußscher Satz):

$$\oint_A \vec{D}\, d\vec{A} = \int_V \rho\, dV \quad \text{bzw.} \quad \text{div}\, \vec{D} = \rho \tag{2.142}$$

ρ: Raumladungsdichte

Die elektrische Verschiebungdichte ist ein Quellenfeld. Die 4. Maxwellsche Gleichung besagt, daß das Integral der Verschiebungsdichte über eine geschlossene Hüllfläche gleich der umschlossenen Ladung ist.

2.5 Formelzeichen

a	Beschleunigung (m/s^2)
A	Fläche (m^2)
A_L	A_L-Wert (magnetischer Leitwert des gesamten magnetischen Kreises) (H = Vs/A) üblicherweise in (nH) angegeben
$A_\perp$	Flächenelement einer Äquipotentialfläche (m^2)
$\vec{A}$	Flächenvektor (m^2) (steht senkrecht auf der Fläche)
$\vec{B}$	magnetische Flußdichte, Induktion (T = Vs/m^2)
B_R	Remanenzflußdichte (T = Vs/m^2)
C	Kapazität (F = As/V)
$\vec{D}$	Verschiebungsdichte elektrische Erregung (As/m^2)
d	Abstand (m)
e	Elementarladung, $e = \pm 1{,}602 \cdot 10^{-19}$ As
$\vec{e}$	Einheitsvektor (der Index gibt die Bezugsgröße an, z. B. $\vec{e}_r = \vec{r}/|\vec{r}|$
$\vec{E}$	elektrische Feldstärke (V/m)
f	Frequenz (Hz)
F	Kraft (N)
G	Leitwert (S = A/V)
G_m	magnetischer Leitwert (H = Vs/A)
$\vec{H}$	magnetische Feldstärke (A/m)
H_C	Koerzitivfeldstärke (A/m)
i	zeitabhängiger Strom (A)
I	Strom (A)
k	Koppelfaktor
l	Länge (m)
L	Induktivität (H = Vs/A)
m	Masse (kg)
M	Gegeninduktivität (H = Vs/A)
M	Moment (Nm)
M	als Index: Magnet
N	Windungszahl
N	Nordpol
P	Leistung (W = VA)
Q	Ladung (C = As)

r, R	Radius, Abstand (bei Polarkoordinaten) (m)
R	Widerstand (Ω = V/A)
R_m	magnetischer Widerstand (1/H = A/Vs)
s	Weg, Strecke, Abstand (m)
$\vec{S}$	Stromdichte (A/m^2)
S	Südpol
t	Zeit (s)
T	Periodendauer (s)
u	zeitabhängige Spannung (V)
U	Spannung (V)
u_i	induzierte Spannung (im Erzeugerzählpfeilsystem angegeben) (V)
v	Geschwindigkeit (m/s)
V	Volumen (m^3)
V	magnetische Spannung (A)
W	Energie (Ws = VAs)
δ	Luftspaltlänge (m)
δ	als Index: Luftspalt
ε	Dielektrizitätskonstante (As/Vm)
ε_0	elektrische Feldkonstante, absolute Dielektrizitätskonstante, $8,85 \cdot 10^{-12}$ As/Vm
ε_r	Permittivitätszahl, relative Dielektrizitätskonstante
ϑ	Temperatur (K), (°C)
η	Ladungsträgerkonzentration (As/m^3)
$\varkappa$	spezifischer Leitwert, Konduktivität (S/m)
λ	Linienladungsdichte (As/m)
μ	Permeabilität (Vs/Am)
μ_0	magnetische Feldkonstante, $1,257 \cdot 10^{-6}$ Vs/Am
μ_r	relative Permeabilität
ρ	Raumladungsdichte (As/m^3)
ρ	spezifischer Widerstand, Resistivität (Ωm), (Ωmm^2/m)
σ	Flächenladung (As/m^2)
φ	Potential (V)
Φ	magnetischer Fluß (Wb = Vs)
Ψ	verketteter magnetischer Fluß (Vs)
ω	Kreisfrequenz, Winkelgeschwindigkeit (s^{-1})
Θ	elektrische Durchflutung

2.6 Weiterführende Literatur

FRICKE, H.; FROHNE, H.; VASKE, P.: *Grundlagen der Elektrotechnik*
Teubner Verlag 1986

FROHNE, H.; UECKERT, E.: *Elektrische und magnetische Felder*
Teubner Verlag 1989

KÜPFMÜLLER, K.; KOHN, G.: *Theoretische Elektrotechnik und Elektronik*
Springer Verlag 1993

PHILIPPOW, E.: *Grundlagen der Elektrotechnik*
Hüthig Verlag 1989

SIMONYI, K.: *Theoretische Elektrotechnik*
Deutscher Verlag der Wissenschaften 1989

WEISSGERBER, W.: *Elektrotechnik für Ingenieure, Bd. 1*
Vieweg Verlag 1992

3 Wechselstrom

Die Wechselstromlehre beschreibt Wechselgrößen durch trigonometrische Funktionen, komplexe Zahlen und komplexwertige Funktionen. Zur grafischen Verdeutlichung wird die Darstellung mit Zeigern eingesetzt. Die mathematischen Grundlagen und Zusammenhänge stellt der folgende Abschnitt dar.

3.1 Mathematische Grundlagen der Wechselstromtechnik

3.1.1 Sinus- und Kosinusfunktionen

Die Sinusfunktion lautet

$$u = \hat{u}\sin\varphi$$

$\hat{u}$ heißt **Scheitelwert**[*] oder **Amplitude**. Sehr häufig ist die **Phase** φ zeitabhängig

$$u(t) = \hat{u}\sin(\omega t + \varphi_0)$$

$u(t)$ heißt **Momentanwert**[*], **Augenblickswert** oder **Zeitwert** der Funktion. ω ist die **Kreisfrequenz**[*] und φ_0 der **Nullphasenwinkel**. Die Sinusfunktion ist 2π-periodisch.

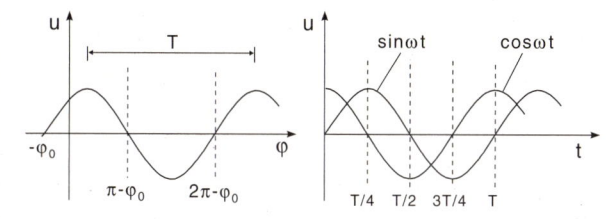

Abbildung 3.1: Periodendauer und Nullphasenwinkel der Sinusfunktion. Sinus- und Kosinusfunktion

Das Zeitintervall zwischen zwei gleichen Funktionswerten heißt **Periodendauer**[*] T. Die **Frequenz**[*] der Sinusgröße ist das Inverse der Periodendauer.

$$T = \frac{2\pi}{\omega} \quad f = \frac{1}{T} \quad \omega = 2\pi f \tag{3.1}$$

Verwandt mit der Sinusfunktion ist die Kosinusfunktion

$$u = \hat{u}\cos\varphi$$

---

[*] SCHEITELWERT: *peak magnitude*
[*] MOMENTANWERT: *instantaneous value*
[*] KREISFREQUENZ: *angular frequency*
[*] PERIODENDAUER: *period*
[*] FREQUENZ: *frequency*

Zwischen beiden Funktionen besteht die Beziehung

$$\sin \varphi = \cos(\pi/2 + \varphi) \tag{3.2}$$

$$\cos \varphi = \sin(\pi/2 - \varphi) \tag{3.3}$$

Sinus- und Kosinusfunktion* bezeichnet man zusammen mit der Exponentialfunktion mit imaginärem Exponenten als **harmonische Funktionen***.

3.1.1.1 Addition von Sinusgrößen

● Die Summe (Differenz) von Sinusgrößen *gleicher Frequenz* ergibt wieder eine Sinusgröße dieser Frequenz.

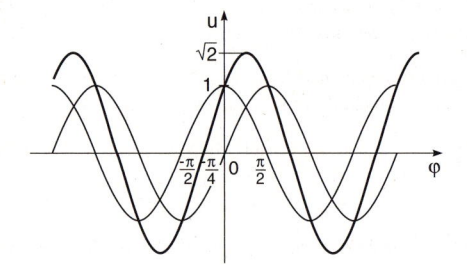

Abbildung 3.2: Die Summe von Sinusgrößen ist wieder eine Sinusgröße

Die Summe der **Kosinusfunktionen**

$$u_1(t) = \hat{u}_1 \cdot \cos(\omega t + \varphi_1); \qquad u_2(t) = \hat{u}_2 \cdot \cos(\omega t + \varphi_2)$$

ergibt das Summensignal $u_s = u_1 + u_2$

$$u_s(t) = \hat{u}_s \cdot \cos(\omega t + \varphi_s)$$

mit den Größen

$$\hat{u}_s = \sqrt{\hat{u}_1^2 + \hat{u}_2^2 + 2\hat{u}_1\hat{u}_2\cos(\varphi_1 - \varphi_2)}; \qquad \tan \varphi_s = \frac{\hat{u}_1 \sin \varphi_1 + \hat{u}_2 \sin \varphi_2}{\hat{u}_1 \cos \varphi_1 + \hat{u}_2 \cos \varphi_2} \tag{3.4}$$

Die Summe der **Sinusfunktionen**

$$u_1 = \hat{u}_1 \sin(\omega t + \varphi_1); \qquad u_2 = \hat{u}_2 \sin(\omega t + \varphi_2)$$

ergibt das Summensignal $u_s = u_1 + u_2$

$$u_s = \hat{u}_s \sin(\omega t + \varphi_s), \tag{3.5}$$

mit den Größen $\hat{u}_s$ und φ_s wie in Gleichung (3.4).

---

* SINUS-, KOSINUS(FUNKTION): *sine, cosine*
* HARMONISCHE FUNKTIONEN: *harmonic functions*

BEISPIEL: Man bilde die Summe der Sinusgrößen $u_1(t) = \sin(\omega t)$ und $u_2(t) = \sin\left(\omega t + \dfrac{\pi}{2}\right)$.

Nach Gleichung (3.4) ist die Apltitude der Sinusschwingung

$$u_s = \sqrt{1 + 1 + 2 \cdot \cos(0 - \pi/2)} = \sqrt{2} \approx 1.41$$

Für den Nullphasenwinkel der Summengröße gilt

$$\tan\varphi_s = \frac{\hat{u}_2}{\hat{u}_1} = 1 \quad \Rightarrow \quad \varphi_s = \frac{\pi}{4}\ (45°)$$

Die Summengröße gehorcht der Gleichung

$$u_s(t) = \sqrt{2} \cdot \sin\left(\omega t + \frac{\pi}{4}\right).$$

Diese Größen sind in Abbildung 3.2 dargestellt.

HINWEIS: Die Berechnung wird wesentlich übersichtlicher, wenn man die Zeitfunktionen als Zeigergrößen auffaßt. Diese symbolische Methode ist im Abschnitt 3.1.7 dargestellt.

HINWEIS: Die Summe von harmonischen Funktionen *ungleicher Frequenz* ist im allgemeinen keine harmonische Funktion mehr. Sie läßt sich nicht mehr durch ruhende Zeiger darstellen.

3.1.2 Komplexe Zahlen

Die reellen Zahlen $\mathbb{R}$ werden durch die imaginären Zahlen zur Menge der komplexen Zahlen erweitert.

Imaginäre Einheit

$$j = \sqrt{-1}; \qquad j^2 = -1$$

HINWEIS: Die mathematische Literatur bezeichnet die imaginäre Einheit mit i. In der elektrotechnischen Literatur wird der Buchstabe j gewählt, um Verwechslungen mit dem Formelzeichen für die Stromstärke zu vermeiden.

Potenzen von j

$$j^1 = j \qquad j^2 = -1 \qquad j^3 = -j \qquad j^4 = 1 \qquad j^5 = j$$

$$j^{-1} = \frac{1}{j} = -j \quad j^{-2} = \frac{1}{j^2} = -1 \quad j^{-3} = \frac{1}{j^3} = j \quad j^{-4} = \frac{1}{j^4} = 1 \quad j^{-5} = \frac{1}{j^5} = -j$$

Imaginäre Zahlen[*]

Produkt einer reellen Zahl mit der imaginären Einheit. Beispiele: 5j, 2πj, j*b*.

● Das Produkt zweier imaginärer Zahlen ist reell (wegen $j \cdot j = -1$).

Komplexe Zahlen[*] lassen sich als Summe einer reellen Zahl x und einer imaginären Zahl jy darstellen.

$$z = x + jy$$

---
[*] IMAGINÄRE ZAHL: *imaginary number*
[*] KOMPLEXE ZAHL: *complex number*

SCHREIBWEISE: Um zu betonen, daß die Zahl z komplex ist, wird sie häufig unterstrichen ($\underline{z}$) dargestellt.

Man bezeichnet
x als **Realteil*** der komplexen Zahl z: $x = \text{Re}(z)$,
y als **Imaginärteil*** der komplexen Zahl z: $y = \text{Im}(z)$.

- Der Imaginärteil ist eine reelle Zahl.
- Zwei komplexe Zahlen sind genau dann gleich, wenn sie in Real- und Imaginärteil übereinstimmen.
- Jede reelle Zahl ist zugleich komplex (mit Imaginärteil Null).

Zur Zahl $z = x + jy$ ist die Zahl $z^* = x - jy$ **konjugiert komplex***.

$$(z^*)^* = z$$

Für eine reelle Zahl $w \in \mathbb{R}$ gilt $w^* = w$.

Das Produkt einer komplexen Zahl mit ihrer konjugiert komplexen heißt **Betragsquadrat**.

$$z \cdot z^* = |z|^2$$

Es ist $\quad z \cdot z^* = x^2 + y^2 = (\text{Re}(z))^2 + (\text{Im}(z))^2$

Man bezeichnet $\sqrt{z \cdot z^*} = \sqrt{x^2 + y^2} = \sqrt{|z|^2} = |z|$ als **Betrag*** der komplexen Zahl z.

● Der Betrag ist eine nicht negative reelle Zahl (positiv oder Null).

3.1.2.1 Arithmetik im Komplexen

Addition und **Subtraktion** komplexer Zahlen wird komponentenweise für Real- und Imaginärteil durchgeführt.

Sei $z_1 = x_1 + jy_1$; $\quad z_2 = x_2 + jy_2$
$z_1 + z_2 = (x_1 + x_2) + j \cdot (y_1 + y_2)$
$z_1 - z_2 = (x_1 - x_2) + j \cdot (y_1 - y_2)$

Die **Multiplikation** erfolgt wie die Berechnung des Produktes zweier Binome unter Berücksichtigung der Eigenschaft $j \cdot j = -1$.

$$z_1 \cdot z_2 = (x_1 + jy_1) \cdot (x_2 + jy_2) = (x_1 x_2 - y_1 y_2) + j \cdot (x_1 y_2 + x_2 \cdot y_1)$$

Die **Division** erfolgt gemäß

$$\frac{z_1}{z_2} = \frac{x_1 x_2 + y_1 y_2}{x_2^2 + y_2^2} + j \cdot \frac{x_2 y_1 - x_1 y_2}{x_2^2 + y_2^2}$$

Die Division läßt sich durch Erweitern mit dem konjugiert Komplexen des Divisors auf die Division einer komplexen durch eine reelle Zahl zurückführen.

$$\frac{z_1}{z_2} = \frac{z_1}{z_2} \cdot \frac{z_2^*}{z_2^*} = \frac{z_1 z_2^*}{|z_2|^2}$$

---

* KONJUGIERT KOMPLEXE ZAHL: *complex conjugate*
* BETRAG: *magnitude*

Die grundlegenden Rechenregeln der Addition und Multiplikation reeller Zahlen gelten auch für die komplexen Zahlen:

$$z + 0 = z$$
$$z \cdot 1 = z$$
$$z \cdot 0 = 0$$
$$z_1 + z_2 = z_2 + z_1 \qquad \text{Kommutativgesetz}$$
$$z_1 \cdot z_2 = z_2 \cdot z_1$$
$$z_1 + z_2 + z_3 = (z_1 + z_2) + z_3 = z_1 + (z_2 + z_3) \qquad \text{Assoziativgesetz}$$
$$z_1 \cdot z_2 \cdot z_3 = (z_1 \cdot z_2) \cdot z_3 = z_1 \cdot (z_2 \cdot z_3)$$
$$z_1 \cdot (z_2 + z_3) = z_1 \cdot z_2 + z_1 \cdot z_3 \qquad \text{Distributivgesetz}$$

Die Division durch Null ist auch im Komplexen nicht definiert.

3.1.2.2 Darstellung komplexer Zahlen

Kartesische Form

Realteil und Imaginärteil der komplexen Zahl z werden als Koordinaten eines Punktes in der Ebene gedeutet. Man bezeichnet sie als **komplexe Ebene**[*] oder **Gaußsche Ebene**. Durch den Punkt $z = (x,y)$ ist ein **Zeiger** definiert.

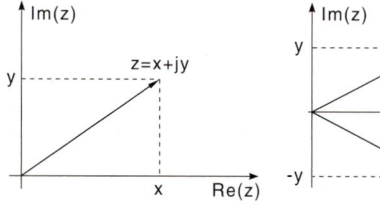

Abbildung 3.3: Komplexe Ebene und zueinander konjugiert komplexe Zahlen

- **Konjugiert komplexe** Zahlen liegen in dieser Darstellung spiegelsymmetrisch bezüglich der reellen Achse.

Trigonometrische Form

Darstellung der komplexen Zahl durch die Länge r ihres Zeigers und den Winkel φ des Zeigers zur reellen Achse.

Polarkoordinatensystem: $(x,y) \rightarrow (r, \varphi)$
Betrag der komplexen Zahl $r = |z|$; **Phase**, Winkel oder **Argument** φ.

- φ ist mehrdeutig. Jede Rotation um 2π ($360°$) führt zu demselben Bildpunkt. Der **Hauptwert** des Arguments ist der im mathematisch positiven Sinne gemessene Winkel von der reellen Achse zum Zeiger.

---

[*] KOMPLEXE EBENE: *complex plane*

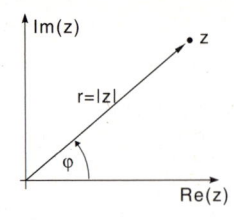

Abbildung 3.4: Trigonometrische Darstellung einer komplexen Zahl

Trigonometrische Form

$$x = r \cdot \cos\varphi; \qquad y = r \cdot \sin\varphi$$
$$z = r(\cos\varphi + j \cdot \sin\varphi) = |z|(\cos\varphi + j \cdot \sin\varphi)$$
$$\text{Re}(z) = |z| \cdot \cos\varphi; \qquad \text{Im}(z) = |z| \cdot \sin\varphi$$

Konjugiert komplexe Zahlen unterscheiden sich wegen ihrer spiegelbildlichen Lage nur im Vorzeichen des Argumentes (siehe Abb. 3.3).

$$z^* = |z| \cdot (\cos\varphi - j \cdot \sin\varphi) = |z| \cdot (\cos(-\varphi) + j \cdot \sin(-\varphi))$$

Der Betrag beider Zahlen ist gleich

$$|z| - |z^*|$$

Exponentialform

Mit der Eulerformel

$$e^{j\varphi} = \cos\varphi + j\sin\varphi$$

ergibt sich eine kompakte Darstellung der komplexen Zahlen

$$z = r \cdot e^{j\varphi} = |z| \cdot e^{j\varphi}$$

Betrag der komplexen Zahl $r = |z|$; **Phase**, Winkel oder **Argument** φ.

- r ist eine reelle Zahl.
- $e^{j\varphi}$ ist eine komplexe Zahl des Betrags Eins.

$$|z| = |z \cdot e^{j\varphi}| = |z| \cdot |e^{j\varphi}| = r \cdot |e^{j\varphi}| = r \cdot 1 = r$$

Die **komplexe Exponentialfunktion** mit imaginärem Exponenten ist 2π-periodisch. Ihre Werte liegen auf einem Einheitskreis in der komplexen Ebene.

Durch Ablesen erhält man:

$$e^{j \cdot 0} = e^{j \cdot 0°} = 1; \qquad e^{j\pi} = e^{j \cdot 180°} = -1; \qquad e^{j\frac{\pi}{2}} = e^{j \cdot 90°} = j; \qquad e^{j\frac{3\pi}{2}} = e^{j \cdot 270°} = -j$$

HINWEIS: In der elektrotechnischen Literatur findet sich auch die Schreibweise mit **Versor**.

$$|z| \cdot e^{j\varphi} = |z| \cdot \underline{/\varphi}$$

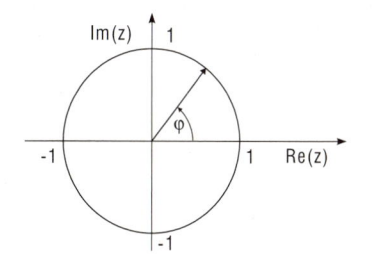

Abbildung 3.5: Funktionswerte der Exponentialfunktion mit imaginärem Exponenten

Lies: z Betrag *Versor* φ. Also: $5\Omega \cdot e^{j\frac{\pi}{2}}$ wird geschrieben $5\Omega / \frac{\pi}{2}$ oder $5\Omega \,/\!\underline{90°}$.

3.1.2.3 Umrechnung zwischen verschiedenen Darstellungen der komplexen Zahlen

Umrechnung von (x, y) nach (r, φ)

$$r = \sqrt{x^2 + y^2}; \qquad \varphi = \arctan\left(\frac{y}{x}\right) \quad \text{für } x \neq 0$$

HINWEIS: Die Arcustangensfunktion ist auf dem Taschenrechner mit $\tan^{-1}$ bezeichnet.

Sonderfälle

Realteil x	Imaginärteil y	Argument φ	z
$x = 0$	$y = 0$	undefiniert	$z = 0$
$x = 0$	$y > 0$	$\varphi = \frac{\pi}{2}$	z positiv imaginär
$x = 0$	$y < 0$	$\varphi = \frac{3\pi}{2}$	z negativ imaginär
$x > 0$	$y = 0$	$\varphi = 0$	z positiv reell
$x < 0$	$y = 0$	$\varphi = \pi$	z negativ reell

Umrechnung von (r, φ) nach (x, y).

$$x = r \cdot \cos \varphi; \qquad y = r \cdot \sin \varphi$$

HINWEIS: Technisch-wissenschaftliche Taschenrechner verfügen häufig über vorprogrammierte Funktionen zur Wandlung von Polarkoordinaten in kartesische und umgekehrt.

3.1.3 Rechenoperationen im Komplexen

3.1.3.1 Addition und Subtraktion im Komplexen

Komplexe Zahlen werden komponentenweise in Real- und Imaginärteil addiert. Deshalb kann die Addition komplexer Zeiger als **vektorielle Addition** der Zeiger durchgeführt werden. Die **Subtraktion** erfolgt geometrisch wie die Addition mit umgekehrter Orientierung des Zeigers.

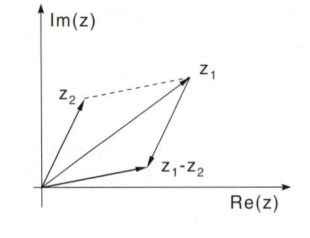

Abbildung 3.6: Geometrische Addition und Subtraktion von komplexen Zahlen

HINWEIS: Die Vektoranalogie gilt für die komplexen Zahlen nur eingeschränkt. Das Produkt zweier komplexer Zahlen entspricht weder dem Skalar- noch dem Vektorprodukt zweier Vektoren. Das Betragsquadrat allerdings entspricht dem Skalarprodukt eines Vektors mit sich selbst.

Bei der Lösung elektrotechnischer Probleme muß häufig der **Betrag der Summe** komplexer Größen bestimmt werden. Aus dem Kosinussatz folgt

$$|z_1 + z_2| = \sqrt{z_1^2 + z_2^2 + 2\cos(\varphi_1 - \varphi_2)}$$

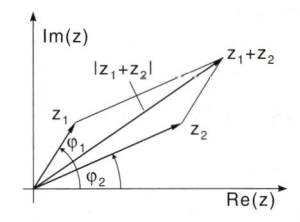

Abbildung 3.7: Betrag der Summe zweier komplexer Zahlen

3.1.3.2 Multiplikation komplexer Zahlen

Die **Multiplikation** einer komplexen Zahl mit einer (positiven) reellen Zahl α entspricht einer Streckung des Zeigers um den Faktor α. Die Richtung des Zeigers wird jedoch beibehalten. Für $\alpha < 1$ wird der Zeiger gestaucht, für $\alpha < 0$ kehrt sich seine Orientierung um.

Multiplikation zweier **komplexer Zahlen** in trigonometrischer und Exponential-Darstellung.

$$z = z_1 \cdot z_2 = |z_1| |z_2| e^{j(\varphi_1 + \varphi_2)}$$

● Der Betrag des Produktes komplexer Zahlen ist das Produkt der Beträge. Das Argument des Produktes ist die Summe der Argumente.

$$r = r_1 \cdot r_2, \quad \varphi = \varphi_1 + \varphi_2.$$

Besondere Bedeutung hat die Multiplikation mit einer komplexen Zahl vom **Betrag Eins** $|z| = 1$. Jede komplexe Zahl mit Betrag Eins kann nämlich geschrieben werden als

$$z = e^{j\varphi}$$

3.1 Mathematische Grundlagen der Wechselstromtechnik

Daraus folgt für das Produkt dieser Zahl mit einer komplexen Zahl z_1

$$z_1 \cdot z = |z_1| \underbrace{|z|}_{=1} \cdot e^{j(\varphi_1 + \varphi)} = |z_1| e^{j(\varphi_1 + \varphi)}$$

Der Betrag des Produktes bleibt also unverändert, nur das Argument ändert sich. Der Zeiger wird um den Winkel φ **gedreht**. Ist das Argument der Zahl $e^{j\varphi}$ eine Funktion der Zeit, insbesondere eine lineare Funktion, dann lautet die Darstellung

$$z_1 = e^{j\omega t}$$

Der Parameter ω heißt **Kreisfrequenz***. Die Multiplikation einer komplexen Größe z mit dem Zeiger $e^{j\omega t}$ entspricht damit einer **Rotation** des komplexen Zeigers z mit der Kreisfrequenz ω. Den rotierenden Zeiger $|z|e^{j\omega t}$ bezeichnet man als **Drehzeiger**.

$$\begin{aligned} \alpha \cdot z &= \alpha x + j\alpha y & \text{kartesische} \\ &= \alpha |z| \cdot (\cos\varphi + j\sin\varphi) & \text{trigonometrische} \\ &= \alpha \cdot |z| \cdot e^{j\varphi} & \text{Exponential-Form} \end{aligned}$$

3.1.4 Übersicht: Rechnen mit komplexen Zahlen

$z_1, z_2 \neq 0$	kartesisch	trigonometrisch	exponentiell
z	$z = x + jy$	$z = |z| \cdot (\cos\varphi + j\sin\varphi)$	$z = |z| \cdot e^{j\varphi}$
$\text{Re}(z)$	x	$|z| \cdot \cos\varphi$	$|z| \cdot \cos\varphi$
$\text{Im}(z)$	y	$|z| \cdot \sin\varphi$	$|z| \cdot \sin\varphi$
z^*	$z = x - jy$	$z = |z| \cdot (\cos\varphi - j\sin\varphi)$	$z = |z| \cdot e^{-j\varphi}$
$z_1 + z_2$	$(x_1 + x_2) + j(y_1 + y_2)$	Umrechnen in kartesische Darstellung	
$z_1 - z_2$	$(x_1 - x_2) + j(y_1 - y_2)$	Umrechnen in kartesische Darstellung	
$|z_1 + z_2|$	$\sqrt{(x_1 + x_2)^2 + (y_1 + y_2)^2}$	$\sqrt{r_1^2 + r_2^2 + 2r_1 r_2 \cos(\varphi_1 - \varphi_2)}$	
$z_1 \cdot z_2$	$(x_1 x_2 - y_1 y_2) + j(x_1 y_2 + x_2 y_1)$	$|z_1||z_2|(\cos(\varphi_1 + \varphi_2) + j\sin(\varphi_1 + \varphi_2))$	$|z_1||z_2| e^{j(\varphi_1 + \varphi_2)}$
$\dfrac{z_1}{z_2}$	$\dfrac{z_1 z_2^*}{|z_2|^2}$	$\dfrac{|z_1|}{|z_2|}(\cos(\varphi_1 - \varphi_2) + j\sin(\varphi_1 - \varphi_2))$	$\dfrac{|z_1|}{|z_2|} e^{j(\varphi_1 - \varphi_2)}$
$1/z$	$\dfrac{z^*}{|z|^2}$	$\dfrac{1}{|z|}(\cos\varphi - j\sin\varphi)$	$\dfrac{1}{|z|} e^{-j\varphi}$
z^n	Umrechnen in Exponential-Darst.	$|z|^n (\cos n\varphi + j\sin n\varphi)$	$|z|^n e^{jn\varphi}$
$\sqrt[n]{z}$	Umrechnen in Exponential-Darst.	$\sqrt[n]{|z|} \left(\cos\left(\dfrac{\varphi}{n}\right) + \sin\left(\dfrac{\varphi}{n}\right) \right)$	$\sqrt[n]{|z|} e^{j\frac{\varphi}{n}}$

---

* KREISFREQUENZ: *angular frequency*

3.1.5 Die komplexe Exponentialfunktion

Die Exponentialfunktion* läßt sich im Reellen durch eine Potenzreihe definieren

$$e^x = \sum_{n=0}^{\infty} \frac{x^n}{n!} = 1 + \frac{x}{1!} + \frac{x^2}{2!} + \frac{x^3}{3!} + \dots$$

Diese Reihe konvergiert für jede reelle Zahl und definiert damit eine Funktion $f : \mathbb{R} \to \mathbb{R}$. Die Erweiterung erfolgt dadurch, daß man komplexe Argumente z für e^z zuläßt. Die Potenzreihe konvergiert für jede beliebige komplexe Zahl. Sie ist im allgemeinen komplexwertig, also $f : \mathbb{C} \to \mathbb{C}$.

HINWEIS: Für die Exponentialfunktion e^z findet sich mitunter auch die Schreibweise $\exp(z)$. Sie wird vorzugsweise dann angewendet, wenn der Exponent ein zusammengesetzter Term ist.

3.1.5.1 Exponentialfunktion mit imaginärem Exponenten

Von besonderer Bedeutung in der Elektrotechnik ist die Exponentialfunktion mit rein imaginärem Exponenten. Durch die Beziehung

$$e^{j\omega t} = \cos \omega t + j \sin \omega t$$

sind der Real- und der Imaginärteil des Funktionswertes erklärt. Die Funktion ist 2π-periodisch. Für ihre **Ableitungen** gilt

$$\frac{d}{dt} e^{j\omega t} = j\omega \cdot e^{j\omega t}; \qquad \frac{d^2}{dt^2} e^{j\omega t} = -\omega^2 \cdot e^{j\omega t}$$

Wegen der zweiten Eigenschaft ist die Exponentialfunktion mit imaginärem Exponenten wie die Sinus- und Kosinusfunktion eine **harmonische Funktion***. Für die Stammfunktionen gilt entsprechend

$$\int e^{j\omega t} \, dt = \frac{1}{j\omega} \cdot e^{j\omega t}; \qquad \int \left(\int e^{j\omega t} \, dt \right) dt = \frac{-1}{\omega^2} \cdot e^{j\omega t}$$

Die **Multiplikation** einer Zeigergröße z mit dem Term $e^{j\varphi}$ bewirkt eine **Drehung** des Zeigers um den Winkel φ.

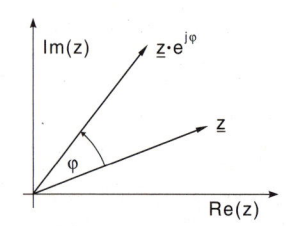

Abbildung 3.8: Drehung eines Zeigers durch Multiplikation mit $e^{j\varphi}$

---

* EXPONENTIALFUNKTION: *exponential function*
* HARMONISCHE FUNKTIONEN: *harmonic functions*

3.1.5.2 Exponentialfunktion mit komplexem Exponenten

Die Exponentialfunktion mit komplexem Exponenten $s = \sigma + j\omega$ läßt sich in einen Anteil mit reellem und einen mit rein imaginärem Exponenten zerlegen.

$$e^s = e^{\sigma + j\omega} = e^{\sigma} \cdot e^{j\omega}$$

Der Term $e^{j\omega}$ ist eine harmonische Funktion, der Term e^{σ} kann als Amplitudenfaktor aufgefaßt werden. Besonders deutlich wird das, wenn man die Funktion e^{st} betrachtet

$$f(t) = e^{st} = e^{\sigma t} \cdot e^{j\omega t}$$

Für $\sigma = 0$ ist der Term $e^{\sigma t} = 1$, es handelt sich um ein komplexes harmonisches Zeitsignal. Für $\sigma < 0$ bewirkt der Term $e^{\sigma t}$ eine **abklingende Schwingung**, für $\sigma > 0$ eine exponentiell **aufklingende Schwingung**.

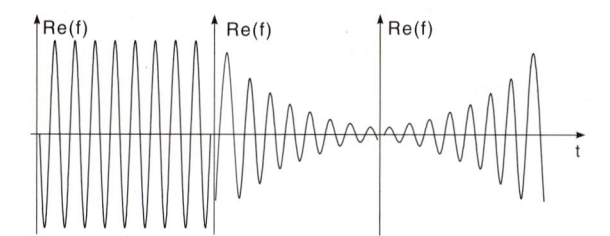

Abbildung 3.9: Realteil der Funktion $e^{\sigma t} \cdot e^{j\omega t}$ für $\sigma = 0$, $\sigma < 0$ und $\sigma > 0$

3.1.6 Trigonometrische Funktionen mit komplexem Argument

Sinus- und **Kosinusfunktionen*** lassen sich wie die Exponentialfunktion auf **komplexe Argumente** erweitern. Es ergeben sich folgende Beziehungen zur Exponentialfunktion.

$$\cos z = \frac{1}{2}\left(e^{jz} + e^{-jz}\right) \quad (3.6)$$

$$\sin z = \frac{1}{2j}\left(e^{jz} - e^{-jz}\right) \quad (3.7)$$

Durch Addition von Gleichung (3.6) zum j-fachen von Gleichung (3.7) ergibt sich die **Euler-Formel**

$$e^{jz} = \cos z + j \sin z$$

Weiterhin gilt

$$\cos^2 z + \sin^2 z = 1$$

wie im Reellen.

HINWEIS: **Additiontheoreme** entnehme man dem Anhang. Bei Rechnungen mit trigonometrischen Funktionen ist es häufig günstig, die Umformungen nach Gleichungen (3.6) und (3.7) zu verwenden. Dann erübrigt sich die Anwendung von Additionsthesoremen. Besonders günstig ist das bei der Berechnung von Integralen, weil dann nur Produkte von Exponentialfunktionen auftreten.

---
* SINUS-, KOSINUS(FUNKTION): *sine, cosine*

3.1.7 Von Sinusgrößen zu Zeigergrößen

Die trigonometrische bzw. die Exponential-Darstellung komplexer Zahlen führt zu einer geometrischen Analogie, die viele Operationen mit komplexen Größen der Elektrotechnik verdeutlicht. Man bezeichnet sie als **symbolische Methode**.

3.1.7.1 Komplexe Amplitude

Eine reelle harmonische Funktion $u(t) = \hat{u} \cdot \cos(\omega t + \varphi)$ kann als Realteil einer komplexwertigen Exponentialfunktion geschrieben werden

$$u(t) = \hat{u} \cdot \text{Re}\{e^{j(\omega t+\varphi)}\} = \text{Re}\{\underbrace{\hat{u} \cdot e^{j(\omega t+\varphi)}}_{\text{komplexe Zeitfunktion}}\}$$

Formal faßt man den letzten Term in Klammern als **komplexe Zeitfunktion** $\underline{u}$ auf.

$$\underline{u}(t) = \hat{u} \cdot e^{j(\omega t+\varphi)} = \underbrace{\hat{u} \cdot e^{j\varphi}}_{\text{komplexe Amplitude}} \cdot e^{j\omega t} = \underline{\hat{u}} \cdot e^{j\omega t}$$

$\underline{\hat{u}}$ als Produkt der Amplitude $\hat{u}$ und des Phasenfaktors $e^{j\varphi}$ bezeichnet man als **komplexe Amplitude**.

● Der Betrag der komplexen Amplitude ist gleich der reellen Amplitude $|\underline{\hat{u}}| = \hat{u}$.

Analog zum Effektivwert U von Sinusgrößen definiert man einen **komplexen Effektivwert** $\underline{U}$. Komplexe Amplitude oder komplexer Effektivwert einer Sinusgröße werden als **Zeiger** in der komplexen Ebene dargestellt.

HINWEIS: Es ist in gleicher Weise möglich, die Zeitfunktion als Imaginärteil einer Exponentialschwingung aufzufassen. Beide Modellvorstellungen sind gleichberechtigt. Sie dürfen aber keinesfalls gemeinsam verwendet werden.

Zeitfunktion als Realteil		Zeitfunktion als Imaginärteil	
Sinusgröße $\mapsto$	Zeigergröße	Sinusgröße $\mapsto$	Zeigergröße
$\hat{u}\cos(\omega t+\varphi)$ $\mapsto$	$\hat{u} \cdot e^{j\varphi}$	$\hat{u}\sin(\omega t+\varphi)$ $\mapsto$	$\hat{u} \cdot e^{j\varphi}$
$\hat{u}\sin(\omega t+\varphi)$ $\mapsto$	$\hat{u} \cdot e^{j(\varphi-\pi/2)}$	$\hat{u}\cos(\omega t+\varphi)$ $\mapsto$	$\hat{u} \cdot e^{j(\varphi+\pi/2)}$
Zeigergröße $\mapsto$	Sinusgröße	Zeigergröße $\mapsto$	Sinusgröße
$\hat{u} \cdot e^{j\varphi}$ $\mapsto$	$\hat{u}\cos(\omega t+\varphi)$	$\hat{u} \cdot e^{j\varphi}$ $\mapsto$	$\hat{u}\sin(\omega t+\varphi)$

Anstelle der Amplitude $\hat{u}$ kann auch der Effektivwert U stehen.
Zeitunabhängige komplexe Zeigergrößen heißen **Operatoren** (z. B. der komplexe Widerstandsoperator).

Symbol	Beispiel	Bezeichnung
$u(t) =$	$\hat{u} \cdot \cos(\omega t+\varphi)$	zeitabhängige Spannung
$\hat{u} =$		Amplitude
$\underline{u}(t) =$	$\hat{u} \cdot e^{j(\omega t+\varphi)}$	komplexe zeitabhängige Spannung
$\underline{\hat{u}} =$	$\hat{u} \cdot e^{j\varphi}$	komplexe Amplitude
$U =$	$\dfrac{\hat{u}}{\sqrt{2}}$	Effektivwert
$\underline{U} =$	$\dfrac{\underline{\hat{u}}}{\sqrt{2}}$	komplexer Effektivwert

3.1.7.2 Anschauliche Beziehung zwischen Sinusgrößen und Zeigern

Die Sinusfunktion kann man sich als Projektion der vertikalen Auslenkung eines **umlaufenden Zeigers** entstanden denken.

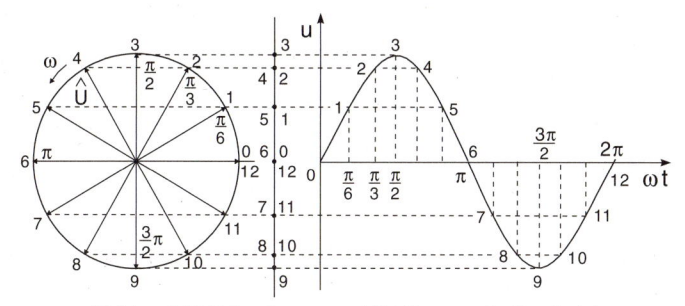

Abbildung 3.10: Zeigerdiagramm und Zeitdiagramm der Sinusfunktion

Der Zeiger läuft mit konstanter Winkelgeschwindigkeit ω im mathematisch positiven Sinn, also gegen den Uhrzeigersinn, im **Zeigerdiagramm** um. Auf der Zeitachse werden nebeneinander die vertikalen Auslenkungen des Zeigers aufgetragen. Ein Zeiger ist durch vier Kenngrößen bestimmt:

- Die physikalische Sinusgröße, die der Zeiger darstellt. Meistens ist das die Spannung $\underline{u}$, der Strom $\underline{i}$, aber auch der Fluß $\underline{\Phi}$ oder andere. Das Formelzeichen wird neben den Zeiger geschrieben.

- Der Betrag der Größe drückt sich in der Länge des Zeigers aus. Man wählt eine Darstellung in Amplituden oder Effektivwerten.

- Der Nullphasenwinkel φ_0 wird durch die Orientierung des Zeigers gegen die (meist horizontale) Nullinie dargestellt.

- Die Winkelgeschwindigkeit des Zeigers ist gleich der Kreisfrequenz der dargestellten Größe. Meistens ist sie durch die Problemstellung klar vorgegeben und wird nicht gesondert notiert.

Bei gleicher Winkelgeschwindigkeit aller beteiligten Zeiger (entspechend gleicher Frequenz aller Sinusgrößen) ist nur die relative Phasenlage der Zeiger gegeneinander von Bedeutung. Deshalb wählt man die Darstellung mit ruhenden Zeigern.

HINWEIS: Die Kosinusfunktion läßt sich entsprechend als Projektion des Zeigers auf die Horizontale auffassen.

HINWEIS: Zeigergrößen werden unterstrichen dargestellt. Das macht einerseits ihren symbolischen Charakter deutlich, andererseits zeigt es die Analogie zu komplexen Größen.

3.1.7.3 Addition und Subtraktion von Zeigergrößen

● Die Summe (Differenz) von Sinusgrößen *gleicher Frequenz* ergibt wieder eine Sinusgröße dieser Frequenz.

Summe und Differenz von Sinusgrößen lassen sich aus dem Zeigerdiagramm gewinnen.

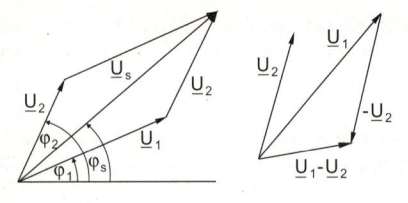

Abbildung 3.11: Summe und Differenz von Sinusgrößen im Zeigerdiagramm

Die Summe der Kosinusspannungen

$$u_1 = \hat{u}_1 \cos(\omega t + \varphi_1); \qquad u_2 = \hat{u}_2 \cos(\omega t + \varphi_2)$$

ergibt das Summensignal $u_s = u_1 + u_2$

$$u_s = \hat{u}_s \cos(\omega t + \varphi_s) \qquad (3.8)$$

Zur Berechnung wandelt man in Zeigergrößen um.

$$u_1 \mapsto \underline{u}_1 = \hat{u}_1 \cdot e^{j(\omega+\varphi_1)} \mapsto \underline{\hat{u}}_1 \cdot e^{j\varphi_1}; \qquad u_2 \mapsto \underline{u}_2 = \hat{u}_2 \cdot e^{j(\omega+\varphi_2)} \mapsto \underline{\hat{u}}_2 \cdot e^{j\varphi_2}$$

Die Addition erfolgt im Komplexen $\underline{u}_s = \underline{u}_1 + \underline{u}_2$. Die Amplitude des Summensignals $u_s(t)$ ergibt sich als Betrag der komplexen Summenamplitude

$$\hat{u}_s = |\underline{u}_1 + \underline{u}_2| = \sqrt{\text{Re}^2\{\underline{u}_s\} + \text{Im}^2\{\underline{u}_s\}}; \qquad \tan \varphi_s = \frac{\text{Im}\{\underline{u}_1 + \underline{u}_2\}}{\text{Re}\{\underline{u}_1 + \underline{u}_2\}}$$

Daraus ergeben sich die Größen

$$\hat{u}_s = \sqrt{\hat{u}_1^2 + \hat{u}_2^2 + 2\hat{u}_1\hat{u}_2 \cos(\varphi_1 - \varphi_2)}; \qquad \tan \varphi_s = \frac{\hat{u}_1 \sin \varphi_1 + \hat{u}_2 \sin \varphi_2}{\hat{u}_1 \cos \varphi_1 + \hat{u}_2 \cos \varphi_2} \qquad (3.9)$$

HINWEIS: Die Summe von Sinusgrößen *ungleicher Frequenz* ist im allgemeinen keine harmonische Funktion mehr. Sie läßt sich nicht mehr durch ruhende Zeiger darstellen.

3.2 Sinusförmige Wechselgrößen

Bei Spannungen und Strömen unterscheidet man

Gleichgröße: Größe, die zeitlich konstant ist, $u(t) = \text{const}$.

BEISPIEL: Gleichstrom, Gleichspannung, magnetischer Fluß eines Dauermagneten.

Pulsierende Gleichgröße: Größe, deren Augenblickswert sich ändert, deren Vorzeichen aber gleichbleibt.

BEISPIEL: Zerhackter Gleichstrom, „verbrummte" Gleichspannung.

Wechselgröße: zeitlich nicht konstante Größe, deren über längere Zeit gebildeter Mittelwert (Gleichwert) verschwindet.

BEISPIEL: Telefonsignale, Wechselspannung aus 230 V-Netz.

3.2 Sinusförmige Wechselgrößen

Mischgröße: eine Größe, deren Augenblickswert und Betrag sich zeitlich ändert, die aber nicht notwendigerweise einen verschwindenden Gleichwert besitzen muß. Daher rührt die Bezeichnung **allgemeine Wechselgröße**.

Periodische Größe: eine Größe, deren zeitlicher Verlauf sich nach einem Zeitintervall T wiederholt.
DEFINITION: Eine Zeitfunktion ist periodisch, wenn es ein T gibt mit $s(t) = s(t+T)$ für alle t. T heißt **Periodendauer** des Signals $s(t)$.

Sinusgröße: Eine Wechselgröße mit sinusförmigem (**harmonisch**em) Verlauf. Sinusgrößen[*] sind elementare Signale in der Wechselstromtechnik. Alle periodischen Wechselsignale (und mit Erweiterungen auch die nichtperiodischen) lassen sich auf Sinusgrößen zurückführen (FOURIER-Analyse und Synthese).

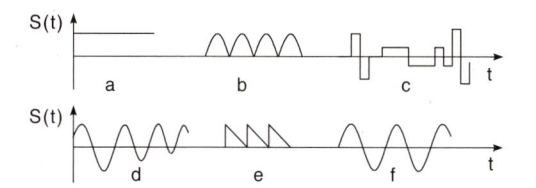

Abbildung 3.12: Verschiedene Zeitfunktionen im Vergleich: (a) Gleichgröße, (b) pulsierende Gleichgröße, (c) Wechselgröße (nicht periodisch), (d) Mischgröße, (e) periodische Größe (nicht harmonisch), (f) Sinusgröße

3.2.1 Kenngrößen sinusförmiger Wechselgrößen

Sinusförmige Ströme bzw. Spannungen lassen sich darstellen als

$$u(t) = \hat{u} \cdot \sin \omega t \quad \text{bzw.} \quad u(t) = \hat{u} \cdot \cos \omega t$$

Abbildung 3.13: Harmonische Signale

Die beiden Signalverläufe sehen identisch aus, der Augenblickswert zum Zeitpunkt $t = 0$ ist im einen Fall Null, im anderen maximal. Der **Augenblickswert**[*] des Zeitsignals $u(t)$ schwankt zwischen den Werten $\hat{u}$ und $-\hat{u}$. Die positive extreme Auslenkung heißt **Amplitude** oder **Scheitelwert**[*]. Der Parameter ω heißt **Kreisfrequenz**[*] oder **Winkelfrequenz**.

Frequenz des Signals

$$f = \frac{\omega}{2\pi}; \quad \omega = 2\pi f$$

---

[*] SINUSGRÖSSE: *sinusoidal quantity*
[*] AUGENBLICKSWERT: *instantaneous value*
[*] SCHEITELWERT: *peak value*
[*] KREISFREQUENZ: *angular frequency*

Einheit der Frequenz ist Hz [Hertz], Einheit der Winkelfrequenz s^{-1}. Die **Periodendauer**[*] des Signals

$$T = \frac{1}{f} = \frac{2\pi}{\omega}$$

ist der Abstand der Maxima (Minima) des Signals.

BEISPIEL: Eine sinusförmige Wechselspannung mit Amplitude 300 V und Frequenz 50 Hz wird mit einem Oszilloskop dargestellt. Welchen Augenblickswert hat das Signal 12 ms nach dem Nulldurchgang?

$$u(t) = \hat{u} \cdot \sin \omega t; \qquad \hat{u} = 300\,\text{V}; \qquad \omega = 2\pi \cdot 50\,\text{s}^{-1} \approx 314{,}16\,\text{s}^{-1}$$

Das Signal hat zum Zeitpunkt $t = 0$ einen Nulldurchgang.

$$u(12\,\text{ms}) = \hat{u} \cdot \sin(\omega \cdot 12 \cdot 10^{-3}\,\text{s}) = 300\,\text{V} \cdot \sin(3{,}770) = -176\,\text{V}$$

Die Festlegung der Zeitachse mit $t = 0$ ist für ein einzelnes Signal willkürlich. In der gegenseitigen Beziehung von harmonischen Signalen ist die Angabe einer **Phasenverschiebung**[*] notwendig.

$$u(t) = \hat{u} \cdot \sin(\omega t + \varphi_0)$$

Zum Zeitpunkt $t = 0$ liegt der **Nullphasenwinkel**[*] φ_0 an.

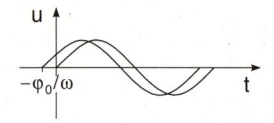

Abbildung 3.14: Phasenverschobene harmonische Signale

Bei der **relativen Phasenlage** zweier harmonischer Signale spricht man von **Voreilen**, wenn der Nullphasenwinkel φ_0 positiv ist, andernfalls von **Nacheilen**.

HINWEIS: In der Regel bezieht man die Phase der Spannung auf den Strom, also $\varphi = \varphi_U - \varphi_I$. Die Phase des komplexen Widerstandes und der komplexen Leistung ist genauso definiert. Eine Ausnahme macht der komplexe Leitwert, seine Phase bezieht sich auf die Spannung.

BEISPIEL: Zwei Sinusströme i_1 und i_2 mit gleicher Amplitude sind um $30°$ phasenverschoben. i_2 eilt i_1 vor. Welchen Augenblickswert hat i_2 zum Zeitpunkt des Nulldurchgangs von i_1?

$$i_1 = \hat{\imath} \cdot \sin \omega t; \qquad i_2 = \hat{\imath} \cdot \sin(\omega t + 30°); \qquad i_2(t = 0) = \hat{\imath} \cdot \sin(30°) = 0{,}5\,\hat{\imath}$$

Zur Beschreibung von Wechselgrößen benutzt man weitere Kenngrößen. Der **Gleichwert** oder **arithmetische Mittelwert** ist definiert als

$$\bar{u} = \frac{1}{T} \int_{t_0}^{t_0+T} u(\tau)\,d\tau = \frac{1}{T} \int_{0}^{T} u(\tau)\,d\tau \qquad (3.10)$$

Dieser Wert entspricht der Fläche unter der Zeitfunktion über *eine Periodendauer*. Wegen der Periodizität der Größe ist der Wert $\bar{u}$ unabhängig vom Anfangszeitpunkt t_0. Speziell bei sinusförmigen Größen ist diese Größe Null.

---

[*] PERIODENDAUER: *period*
[*] PHASENVERSCHIEBUNG: *phase shift*
[*] NULLPHASENWINKEL: Je nach Vorzeichen spricht man von *phase lead* (+) oder *phase lag. to lead, to lag*: Vor- bzw. Nacheilen

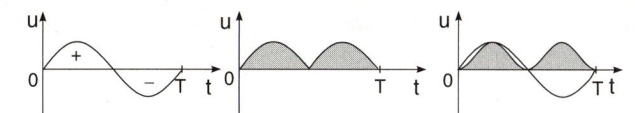

Abbildung 3.15: Zur Verdeutlichung von Gleichwert, Gleichrichtwert und Effektivwert von Sinusgrößen

Der **Gleichrichtwert** wird bestimmt durch Mittelung über den Betrag des Signals

$$\overline{|u|} = \frac{1}{T} \int_0^T |u(\tau)|\, d\tau \tag{3.11}$$

HINWEIS: Der Gleichrichtwert ist zu berücksichtigen bei der Berechnung der Ladungsmenge in Kondensatoren nach der Gleichrichtung oder bei elektrolytischen Vorgängen. Die Dimensionierung von Gleichrichterdioden ist wegen der annähernd konstanten Flußspannung ebenfalls auf den Gleichrichtwert des Stromes zu beziehen.

Speziell für sinusförmige Spannungen (und Ströme) gilt

$$\overline{|u|} = \frac{1}{T}\int_0^T \hat{u}\cdot|\sin\omega t|\,dt = \frac{2}{T}\hat{u}\cdot\int_0^{T/2}\sin\omega t\,dt = \frac{1}{\pi}\hat{u}\left[-\cos\omega t\right]_{\omega t=0}^{\omega t=\pi} = \frac{2}{\pi}\hat{u} \approx 0{,}637\hat{u}$$

Der **Effektivwert** einer Wechselspannung orientiert sich an der Leistung. In Abbildung 3.16 setzt eine Gleichspannungsquelle mit 1 V Klemmenspannung im Widerstand R die Leistung P um. Eine Wechselspannungsquelle, die in demselben Widerstand die gleiche mittlere Leistung umsetzt, also zur gleichen Erwärmung führt, hat eine Klemmenspannung mit Effektivwert 1 V. Diese Definition ist unabhängig von der Kurvenform der Wechselspannung.

Die Definition des Effektivwertes einer Größe lautet

$$U = \sqrt{\frac{1}{T}\int_0^T u^2(t)\,dt} \tag{3.12}$$

Man bezeichnet den Effektivwert* auch als **quadratischen Mittelwert**. Für den Spezialfall sinusförmiger Spannungen und Ströme ergibt sich

$$U = \sqrt{\frac{1}{T}\int_0^T(\hat{u}\sin\omega t)^2\,dt} = \sqrt{\frac{1}{T}\hat{u}^2\int_0^T\sin^2\omega t\,dt} = \frac{\hat{u}}{\sqrt{2}} \approx 0{,}707\hat{u}$$

Abbildung 3.16: Zur Definition des Effektivwertes

Für das Quadrat des Effektivwertes gilt

$$U^2 = \frac{\hat{u}^2}{2} \quad\Rightarrow\quad \frac{U^2}{R} = \frac{1}{2}\frac{\hat{u}^2}{R} \quad \text{für Sinusgrößen}$$

---

* EFFEKTIVWERT *rms-value* von *root-mean-square*

d. h., die von einer Wechselspannungsquelle umgesetzte mittlere Leistung ist gerade halb so groß wie die Leistung einer Gleichspannungsquelle mit einer Quellenspannung, die so groß ist wie der Scheitelwert der Wechselspannung.

Für beliebige Kurvenformen von Wechselgrößen gilt:

● Der Effektivwert ist stets kleiner oder gleich dem Scheitelwert.

HINWEIS: Für die Dimensionierung von ohmschen Bauelementen nach der Wärmebelastung ist der **Effektivwert** der Spannung oder des Stroms zu berücksichtigen. Bei der Auswahl der Durchschlagsspannung von Kondensatoren oder der Sperrspannung von Halbleitern muß der **Scheitelwert** berücksichtigt werden.

3.2.2 Kenngrößen nicht sinusförmiger Wechselgrößen

Der **Scheitelfaktor**[*] ist das Verhältnis zwischen Scheitelwert $\hat{u}$ und Effektivwert U einer Wechselgröße beliebiger Kurvenform.

$$k_s = \frac{\hat{u}}{U}$$

Der **Formfaktor**[*] bezieht den Effektivwert auf den Gleichrichtwert.

$$k_f = \frac{U}{|\overline{u}|}$$

Scheitel- und Formfaktor sind Kennwerte zur groben Beschreibung der Kurvenform einer Wechselgröße. Je „stumpfer" die Kurvenform ist, desto mehr nähert sich der Formfaktor (von oben) dem Wert 1. Die Tabelle zeigt einige Scheitel- und Formfaktoren.

Kurvenform	k_s	k_f
Sinus	1,414	1,111
Dreieck	1,732	1,155
Rechteck 1:1 gleichspannungsfrei	1,000	1,000
Sägezahnschwingung	1,732	1,155
Einweggleichrichtung	2,000	1,571
Doppelweggleichrichtung	1,414	1,111
Dreiphasengleichrichtung	1,190	1,017

ANWENDUNG: Der Ausschlag von **Drehspul**-Meßinstrumenten mit Gleichrichterbrücke ist dem Gleichrichtwert des Wechselstroms proportional. **Dreheisen**-Instrumente zeigen dagegen den Effektivwert an. Die Skalen der Instrumente werden in beiden Fällen auf den Effektivwert des sinusförmigen Stroms kalibriert. Bei nichtsinusförmigen Spannungen oder Strömen kommt es bei Drehspulinstrumenten daher zu einer Mißweisung, die durch den Formfaktor (bei bekannter Kurvenform) korrigiert werden kann.

BEISPIEL: Eine Rechteckspannung mit dem Scheitelwert ±1 V wird mit einem Drehspulinstrument gemessen. Der Effektivwert und der Gleichrichtwert betragen bei dieser Kurvenform 1 V. Der Ausschlag des Instruments ist proportional zum Gleichrichtwert.

---

[*] SCHEITELFAKTOR: *crest factor*
[*] FORMFAKTOR: *form factor*

Eine Sinusspannung mit Gleichrichtwert 1 V hat dagegen einen Effektivwert von $k_f \cdot |\bar{u}| \approx 1{,}11$ V. Für die Rechteckspannung zeigt ein Drehspulinstrument also eine effektive Spannung von 1,11 V an, es ergibt sich somit ein systematischer Meßfehler von 11 %.

HINWEIS: In der Nachrichtentechnik sind weitere Größen zur Charakterisierung der Abweichung von der Sinusform üblich, insbesondere der Klirrfaktor k.

3.3 Komplexer Widerstands- und Leitwertoperator

3.3.1 Widerstandsoperator

Analog zur Definition des Gleichstromwiderstandes definiert man einen **komplexen Widerstand***

$$\underline{Z} = \frac{\underline{u}}{\underline{i}} = \frac{\hat{u} \cdot e^{j\varphi_U}}{\hat{\imath} \cdot e^{j\varphi_I}} = \frac{\hat{u}}{\hat{\imath}} \cdot e^{j(\varphi_U - \varphi_I)} \tag{3.13}$$

Als komplexe Größe ist $\underline{Z}$ in Exponentialform darstellbar

$$\underline{Z} = Z \cdot e^{j\varphi_Z} \tag{3.14}$$

Der Phasenwinkel φ_Z gibt die **Phasenverschiebung** der **Spannung gegen** den durch den Wechselstromwiderstand fließenden **Strom** an. Solange klar ist, daß sich der Phasenwinkel auf den Strom bezieht, wird der Index auch weggelassen. Man bezeichnet $\underline{Z}$ auch als **Widerstandsoperator**. In kartesischer Form lautet er

$$\underline{Z} = R + jX \tag{3.15}$$

Dabei ist

$$Z = \sqrt{R^2 + X^2}; \qquad \varphi_Z = \arctan\left(\frac{\mathrm{Im}(\underline{Z})}{\mathrm{Re}(\underline{Z})}\right) = \arctan\left(\frac{X}{R}\right) \tag{3.16}$$

Man bezeichnet R als **Wirkwiderstand***, selten als **Resistanz***
X als **Blindwiderstand***, mitunter als **Reaktanz***
Z als **Scheinwiderstand***, häufiger als **Impedanz***

Häufig wird die Bezeichnung Impedanz auch für den komplexen Widerstand verwendet. Die Einheit des komplexen Widerstandes ist das Ohm, Ω.

● Der **komplexe Widerstand** bestimmt das Verhältnis der Spannungs- zur Stromamplitude (oder der Effektivwerte) *und* die Phasenverschiebung der Spannung gegenüber dem durch den Zweipol fließenden Strom.

---

* KOMPLEXER WIDERSTAND: *complex impedance*
* WIRKWIDERSTAND: *resistive part of impedance*
* BLINDWIDERSTAND: *reactive part of impedance*
* SCHEINWIDERSTAND: *apparent resistance* meist *impedance*
* RESISTANZ: *resistance*
* REAKTANZ: *reactance*
* IMPEDANZ: *impedance*

● Der **Scheinwiderstand** ist das Verhältnis der Spannungs- zur Stromamplitude (oder der Effektivwerte), *ohne* die Phasenlage zu berücksichtigen.

Es gelten folgende Zusammenhänge

$$Z = \frac{U}{I} \tag{3.17}$$

$$R = Z \cdot \cos\varphi_Z; \qquad X = Z \cdot \sin\varphi_Z \tag{3.18}$$

Die Darstellung des komplexen Widerstandes nach Gleichung (3.14) legt eine Zeigeranalogie nahe.

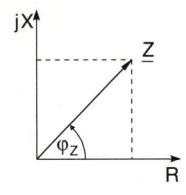

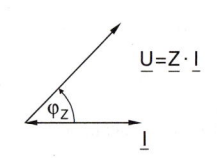

Abbildung 3.17: Zeigerbild des Widerstandsoperators und von Strom und Spannung am Wechselstromwiderstand

Der Zeiger des Widerstandsoperators wird in der **komplexen Widerstandsebene** dargestellt. Gemäß der Beziehung $\underline{U} = \underline{Z} \cdot \underline{I}$ läßt sich der Zusammenhang zwischen Spannung und Strom am Widerstand in einem Zeigerdiagramm* darstellen. Der Widerstandsoperator dreht die Spannung um den Winkel φ_Z gegenüber dem Stromzeiger. Das Verhältnis der Zeigerlängen von Spannung und Strom ist Z.

BEISPIEL: Durch einen Zweipol mit dem komplexen Widerstand $\underline{Z}$ fließt ein Strom $i(t) = \hat{\imath}\cos(\omega t + \varphi_\mathrm{I})$. Wie lautet die Zeitfunktion der Spannung?

Man geht über zur Zeigerdarstellung $i(t) \mapsto \underline{I}$

$$\underline{U} = \underline{Z} \cdot \underline{I} = Z \cdot e^{j\varphi_Z} \cdot \underline{I} = Z \cdot \underline{I} \cdot e^{j\varphi_Z}$$

$$\implies \underline{u}(t) = Z \cdot \hat{\imath} \cdot e^{j(\varphi_Z + \varphi_\mathrm{I})} \implies u(t) = \mathrm{Re}(\underline{u}) = Z \cdot \hat{\imath} \cdot \cos(\omega t + \varphi_Z + \varphi_\mathrm{I})$$

BEISPIEL: An einem Wechselstromwiderstand von $(4+\mathrm{j}3)\,\Omega$ liegt eine Sinusspannung von 1 V Amplitude. Welcher Strom fließt nach Betrag und Phase?

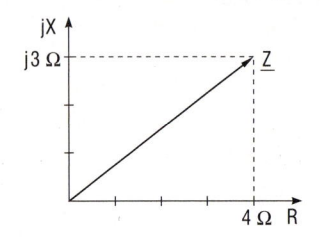

Abbildung 3.18: Widerstandszeiger

Der Scheinwiderstand beträgt $Z = \sqrt{4^2 + 3^2}\,\Omega = 5\,\Omega$. Der Strom durch den Widerstand hat die Amplitude $\hat{\imath} = \hat{u}/Z = 200\,\mathrm{mA}$. Sein Effektivwert ist $I = \hat{\imath}/\sqrt{2} = 141\,\mathrm{mA}$. Die Phasenverschiebung der Spannung gegen den Strom ist $\varphi_Z = \arctan(3/4) = 0.64$ (37°). Der Strom eilt also der Spannung um 37° nach ($\varphi_\mathrm{I} = -37°$).

---

* WIDERSTANDSDREIECK: *impedance triangle*

3.3.2 Komplexe Widerstände der Grundzweipole

Ausführlicher, aber mit stärkerer Betonung auf die Zeitsignale, ist dieser Zusammenhang im Abschnitt 3.4 beschrieben.

3.3.2.1 Widerstand

Am Widerstand R ergibt sich Strom und Spannung aus der OHMschen Beziehung

$$u(t) = R \cdot i(t) \quad \text{am Widerstand}$$

Für einen komplexen Strom $\underline{i}$ ist dann

$$\boxed{\underline{Z} = \frac{\underline{u}}{\underline{i}} = \frac{R \cdot \underline{i}}{\underline{i}} = R} \tag{3.19}$$

- Der komplexe Widerstandsoperator des ohmschen Widerstandes ist rein reell und gleich R.

3.3.2.2 Induktivität

An der Induktivität ist die induzierte Spannung proportional zur Stromänderung $\mathrm{d}i/\mathrm{d}t$.

$$u(t) = L \cdot \frac{\mathrm{d}i}{\mathrm{d}t}$$

Für $\underline{i}(t) = \hat{\imath} \cdot \mathrm{e}^{\mathrm{j}\omega t}$ ist dann

$$\underline{u}(t) = L \cdot \hat{\imath} \frac{\mathrm{d}}{\mathrm{d}t} \mathrm{e}^{\mathrm{j}\omega t} = \mathrm{j}\omega L \cdot \hat{\imath} \cdot \mathrm{e}^{\mathrm{j}\omega t}$$

$$\boxed{\underline{Z} = \frac{\underline{u}}{\underline{i}} = \mathrm{j}\omega L} \tag{3.20}$$

- Der komplexe Widerstandsoperator der Induktivität ist rein positiv imaginär. Er ist proportional zur Induktivität und zur (Kreis-)Frequenz.

3.3.2.3 Kapazität

An der Kapazität ergibt sich die Spannung aus dem Integral des in die Kapazität fließenden Stromes

$$u(t) = \frac{1}{C} \int i(t)\, \mathrm{d}t$$

Für $\underline{i}(t) = \hat{\imath} \cdot \mathrm{e}^{\mathrm{j}\omega t}$ ist dann

$$\underline{u}(t) = \frac{1}{C} \int \hat{\imath} \cdot \mathrm{e}^{\mathrm{j}\omega t}\, \mathrm{d}t = \frac{1}{C} \frac{1}{\mathrm{j}\omega} \cdot \hat{\imath} \cdot \mathrm{e}^{\mathrm{j}\omega t}$$

$$\boxed{\underline{Z} = \frac{\underline{u}}{\underline{i}} = -\mathrm{j}\frac{1}{\omega C} = \frac{1}{\mathrm{j}\omega C}} \tag{3.21}$$

- Der komplexe Widerstandsoperator der Kapazität ist rein negativ imaginär. Er ist umgekehrt proportional zur Kapazität und zur (Kreis-)Frequenz.

3.3.3 Leitwertoperator

Analog zur Definition des Gleichstromleitwertes definiert man den **komplexen Leitwert**[*]

$$\underline{Y} = \frac{\underline{i}}{\underline{u}} = \frac{\hat{i} \cdot e^{j(\omega t + \varphi_I)}}{\hat{u} \cdot e^{j(\omega t + \varphi_U)}} = \frac{\hat{i}}{\hat{u}} \cdot e^{j(\varphi_I - \varphi_U)} \tag{3.22}$$

Als komplexe Größe ist $\underline{Y}$ in Exponentialform darstellbar

$$\underline{Y} = Y \cdot e^{j\varphi_Y} \tag{3.23}$$

Der Phasenwinkel φ_Y gibt beim komplexen Leitwert die **Phasenverschiebung** des **Stromes gegen** die am Wechselstromwiderstand anliegende **Spannung** an. Man bezeichnet $\underline{Y}$ auch als **Leitwertoperator**. In kartesischer Form lautet er

$$\underline{Y} = G + jB \tag{3.24}$$

Dabei ist

$$Y = \sqrt{G^2 + B^2}; \qquad \varphi_Y = \arctan\left(\frac{\operatorname{Im}(\underline{Y})}{\operatorname{Re}(\underline{Y})}\right) = \arctan\left(\frac{B}{G}\right) \tag{3.25}$$

Man bezeichnet G als **Wirkleitwert**[*],   selten als   **Konduktanz**[*]
                 B als **Blindleitwert**[*],   selten als   **Suszeptanz**[*]
                 Y als **Scheinleitwert**[*],   mitunter als   **Admittanz**[*]

Mitunter wird die Bezeichnung Admittanz auch für den komplexen Leitwert verwendet. Die Einheit des komplexen Leitwerts ist das Siemens (S).

- Der **komplexe Leitwert** bestimmt das Verhältnis der Strom- zur Spannungsamplitude (oder der Effektivwerte) *und* die Phasenverschiebung des Stromes gegenüber der am Zweipol anliegenden Spannung.

- Der **Scheinleitwert** ist das Verhältnis der Strom- zur Spannungsamplitude (oder der Effektivwerte), *ohne* die Phasenlage zu berücksichtigen.

Es gelten folgende Zusammenhänge

$$Y = \frac{I}{U} \tag{3.26}$$

$$G = Y \cdot \cos\varphi_Y; \qquad B = Y \cdot \sin\varphi_Y \tag{3.27}$$

---

[*] KOMPLEXER LEITWERT: *complex conductance*
[*] WIRKLEITWERT: *conductive part of admittance*
[*] BLINDLEITWERT: *susceptive part of admittance*
[*] SCHEINLEITWERT, ADMITTANZ: *admittance*
[*] KONDUKTANZ: *conductance*
[*] SUSZEPTANZ: *susceptance*
[*] Generische Bezeichnung für WIDERSTAND und LEITWERT ist *immittance*

Die Darstellung des komplexen Leitwertes nach Gleichung 3.23 legt eine Zeigeranalogie nahe.

Der Zeiger des Leitwertoperators wird in der **komplexen Leitwertebene** dargestellt. Gemäß der Beziehung $\underline{I} = \underline{Y} \cdot \underline{U}$ läßt sich der Zusammenhang zwischen Spannung und Strom am Widerstand in einem Zeigerdiagramm darstellen. Der Leitwertoperator dreht den Strom um den Winkel φ_Y gegenüber dem Spannungszeiger. Das Verhältnis der Zeigerlängen von Strom und Spannung ist Y.

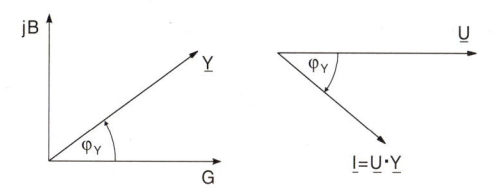

Abbildung 3.19: Zeigerbild des Leitwertoperators und von Strom und Spannung am Wechselstromwiderstand

Zwischen Widerstands- und Leitwertoperator besteht der Zusammenhang

$$\underline{Y} = \frac{1}{\underline{Z}} \tag{3.28}$$

Also

$$\underline{Y} = \frac{1}{R + jX} = \frac{R}{R^2 + X^2} - j\frac{X}{R^2 + X^2} = \underbrace{\frac{R}{Z^2}}_{=G} - j\underbrace{\frac{X}{Z^2}}_{=jB} \tag{3.29}$$

Daraus folgt unmittelbar für Wirk- und Blindleitwert

$$G = \frac{R}{Z^2}; \qquad B = -\frac{X}{Z^2} \tag{3.30}$$

● Ein positiver Blindleitwert entspricht einem negativen Blindwiderstand und umgekehrt.

Weiter ergibt sich aus (3.28)

$$Y = \frac{1}{Z} \quad \text{und} \quad \varphi_Y = -\varphi_Z \tag{3.31}$$

● Die Phase des komplexen Leitwertoperators ist gleich der negativen des Widerstandsoperators.

3.3.4 Komplexe Leitwerte der Grundzweipole

Aus der Beziehung 3.28 ergeben sich unmittelbar die Leitwertoperatoren der Grundzweipole Widerstand, Induktivität und Kapazität.

Widerstand $\underline{Y} = G = 1/R$

Induktivität $\underline{Y} = -j\dfrac{1}{\omega L}$

Kapazität $\underline{Y} = j\omega C$

3.3.5 Übersicht: Komplexe Widerstände

Begriffe

Formelzeichen	Bezeichnung	
$\underline{Z} = R + \mathrm{j}X$	komplexer Widerstand	Impedanz
Z	Scheinwiderstand	Impedanz
X	Blindwiderstand	Reaktanz
R	Wirkwiderstand	Resistanz[†]
$\underline{Y} = G + \mathrm{j}B$	komplexer Leitwert	Admittanz
Y	Scheinleitwert	Admittanz
B	Blindleitwert	Suszeptanz[†]
G	Wirkleitwert	Konduktanz[†]

Die mit [†] gekennzeichneten Begriffe sind weniger üblich.

Komplexe Widerstände und Leitwerte der Grundzweipole

	Widerstand R	Induktivität L	Kapazität C
$\underline{Z} = R + \mathrm{j}X$	R	$\mathrm{j}\omega L$	$-\mathrm{j}\dfrac{1}{\omega C}$
R	R	0	0
X	0	ωL	$-\dfrac{1}{\omega C}$
$Z = \sqrt{R^2 + X^2}$	R	ωL	$\dfrac{1}{\omega C}$
$\varphi_Z = \arctan(X/R)$	0	$+\pi/2$	$-\pi/2$
$\underline{Y} = G + \mathrm{j}B$	$1/R$	$-\mathrm{j}\dfrac{1}{\omega L}$	$\mathrm{j}\omega C$
G	$1/R$	0	0
B	0	$-\dfrac{1}{\omega L}$	ωC
$Y = \sqrt{G^2 + B^2}$	$1/R$	$\dfrac{1}{\omega L}$	ωC
$\varphi_Y = \arctan(B/G)$	0	$-\pi/2$	$+\pi/2$

3.3.5.1 Widerstands- und Leitwertoperator

$$\underline{Y} = \frac{1}{\underline{Z}}; \qquad Y = \frac{1}{Z}; \qquad \varphi_Y = -\varphi_Z$$

$$\underline{Y} = G + \mathrm{j}B; \qquad G = \frac{R}{Z^2}; \qquad B = \frac{-X}{Z^2}$$

3.4 Wechselstromwiderstände der Grundzweipole

Passive lineare elektrische Netzwerke sind aus den Zweipolen* ohmscher Widerstand, Induktivität und Kapazität aufgebaut. In diesem Abschnitt wird das Verhalten der Grundzweipole bei sinusförmigen Strömen und Spannungen betrachtet.

Am **ohmschen Widerstand** sind Strom und Spannung in Phase. Der Wirkwiderstand ergibt sich als

$$Z = |\underline{Z}| = \left|\frac{\underline{u}}{\underline{i}}\right| = R$$

Für den **Leitwert** ergibt sich folglich

$$Y = \frac{1}{Z} = \frac{1}{R} = G$$

An einer **Induktivität** L ist die induzierte Spannung proportional der Stromänderung $\mathrm{d}i/\mathrm{d}t$

$$u(t) = L \cdot \frac{\mathrm{d}i}{\mathrm{d}t}$$

Für sinusförmigen **Strom** ergibt sich

$$u(t) = L \cdot \frac{\mathrm{d}}{\mathrm{d}t}(\hat{\imath}\sin\omega t) = \hat{\imath}\,\omega L\cos\omega t = \hat{\imath}\,\omega L\sin\left(\omega t + \frac{\pi}{2}\right)$$

● Die an einer Induktivität anliegende Spannung eilt dem Strom um 90° oder $\pi/2$ voraus.

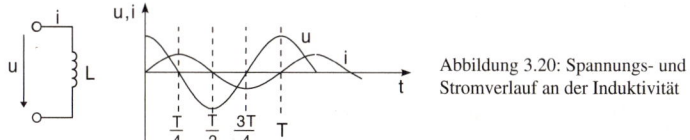

Abbildung 3.20: Spannungs- und Stromverlauf an der Induktivität

Der **induktive Blindwiderstand*** X_L ist

$$X_L = \omega L$$

Bei Gleichspannung ist der Widerstand einer reinen Induktivität Null. Er wächst linear mit der Frequenz. Für den komplexen Widerstandsoperator ergibt sich

$$\underline{Z} = \mathrm{j}X_L = \mathrm{j}\omega L \qquad (3.32)$$

Für den Leitwertoperator

$$\underline{Y} = \frac{1}{\underline{Z}} = \frac{1}{\mathrm{j}\omega L} = -\mathrm{j}\frac{1}{\omega L} \qquad (3.33)$$

An einer **Kapazität** C ergibt sich die Spannung aus dem Integral des in die Kapazität fließenden Stromes

$$u(t) = \frac{1}{C}\int i(t)\,\mathrm{d}t$$

---

* ZWEIPOL: *two-terminal network*
* INDUKTIVER BLINDWIDERSTAND: *inductive part of resistance*

Durch Differenzieren beider Seiten der Gleichung folgt

$$\frac{du}{dt} = \frac{1}{C} \cdot i(t) \quad \Rightarrow \quad i(t) = C \cdot \frac{du}{dt}$$

Für sinusförmige **Spannung** ergibt sich

$$i(t) = C \cdot \frac{d}{dt}(\hat{u} \sin \omega t) = \hat{u} \omega C \cos \omega t = \hat{u} \omega C \sin\left(\omega t + \frac{\pi}{2}\right)$$

- Die Spannung an der Kapazität eilt dem Strom um 90° oder $\pi/2$ nach ($\varphi_U = -90°$).

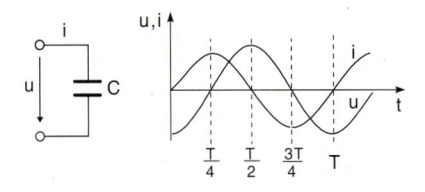

Abbildung 3.21: Spannungs- und Stromverlauf an der Kapazität

Der **kapazitive Blindwiderstand** X_C ist

$$X_C = -\frac{1}{\omega C}$$

Bei Gleichspannung ist der Widerstand einer reinen Kapazität unendlich groß. Er nimmt umgekehrt proportional zur Frequenz ab. Für den komplexen Widerstandsoperator ergibt sich

$$\underline{Z} = jX_C = -j\frac{1}{\omega C} \tag{3.34}$$

Für den Leitwertoperator

$$\underline{Y} = \frac{1}{\underline{Z}} = jB_C = j\omega C \tag{3.35}$$

3.5 Kombinationen von Zweipolen

3.5.1 Reihenschaltungen

3.5.1.1 Allgemeiner Fall

Abbildung 3.22: Reihenschaltung von passiven Zweipolen

Abbildung 3.22 stellt den allgemeinen Fall der Reihenschaltung von Wechselstrom-Zweipolen dar. Es gilt für Wechselstrom und Wechselspannungen analog zum Gleichstromfall

$$\underline{U} = \underline{I} \cdot \underline{Z}$$

Die Schreibweise betont ausdrücklich, daß es sich um *komplexe* Größen handelt. Alle Schaltelemente werden vom gleichen Strom durchflossen. Daraus folgt für die Gesamtimpedanz $\underline{Z}$

$$\underline{Z} = \underline{Z}_1 + \underline{Z}_2 + \cdots + \underline{Z}_n$$

Komplexe Größen werden komponentenweise durch Summation der Real- und Imaginärteile addiert, d. h., man kann Wirk- und Blindwiderstände getrennt addieren

$$\underline{Z} = \sum_{i=1}^{n} \mathrm{Re}(Z_i) + j \sum_{i=1}^{n} \mathrm{Im}(Z_i) = \sum_{i=1}^{n} R_i + j \sum_{i=1}^{n} X_i$$

3.5.1.2 Widerstand und Induktivität in Reihe

Durch beide Bauelemente fließt der gleiche Strom. Am Widerstand sind Strom und Spannung in Phase, an der Induktivität eilt die Spannung dem Strom um $90°$ oder $\pi/2$ voraus. Die Spannung an den Klemmen des zusammengesetzten Zweipols ist die Summe der beiden Teilspannungen.

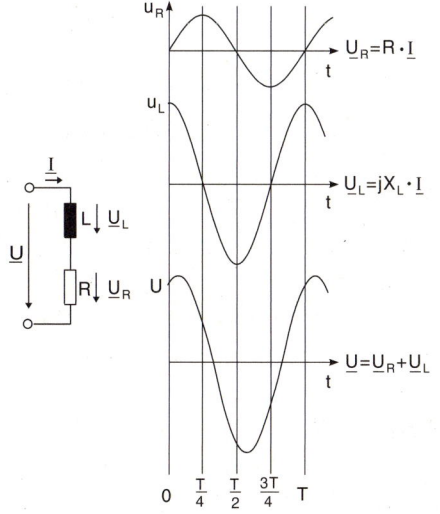

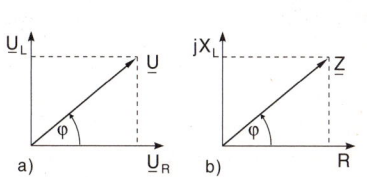

Abbildung 3.24: (a) Effektivwertzeiger der Spannungen, (b) Zeiger in der komplexen Widerstandsebene

Abbildung 3.23: Reihenschaltung von ohmschen Widerstand und Induktivität

Aus dem Zeigerbild ergibt sich (PYTHAGORAS)

$$U = \sqrt{U_R^2 + U_L^2} = \sqrt{I^2 R^2 + I^2 X_L^2} = I \cdot \sqrt{R^2 + X_L^2}$$

X_L ist der induktive Blindwiderstand.

$$\frac{U}{I} = \sqrt{R^2 + X_L^2}$$

Der Quotient U/I heißt **Scheinwiderstand** Z

$$Z = |\underline{Z}| = \sqrt{R^2 + X_L^2}$$

Dieses Ergebnis läßt sich direkt aus den Widerstandszeigern in der komplexen Widerstandsebene erhalten (siehe Abb. 3.24 (b)).

- Der Phasenwinkel der Gesamtspannung gegenüber dem Strom liegt zwischen 0° und 90° ($\pi/2$). Er ist um so geringer, je größer der ohmsche Anteil der Reihenschaltung ist.

Der Phasenwinkel ergibt sich aus dem Zeigerdreieck

$$\tan\varphi = \frac{U_L}{U_R} = \frac{X_L}{R} = \frac{\omega L}{R}$$

In komplexer Schreibweise lassen sich die komplexen Widerstände einfach addieren.

$$\underline{Z} = R + jX_L = R + j\omega L \tag{3.36}$$

mit

$$\boxed{\begin{aligned}\underline{Z} &= |\underline{Z}|e^{j\varphi} \\ Z &= |\underline{Z}| = \sqrt{R^2 + X_L^2} = \sqrt{R^2 + (\omega L)^2} \\ \varphi &= \arctan\left(\frac{X_L}{R}\right) = \arctan\left(\frac{\omega L}{R}\right)\end{aligned}} \tag{3.37}$$

3.5.1.3 Widerstand und Kapazität in Reihe

Durch beide Bauelemente fließt der gleiche Strom. Am Widerstand sind Strom und Spannung in Phase, an der Kapazität eilt die Spannung dem Strom um 90° oder $\pi/2$ nach. Die Spannung an den Klemmen des zusammengesetzten Zweipols ist die Summe der beiden Teilspannungen.

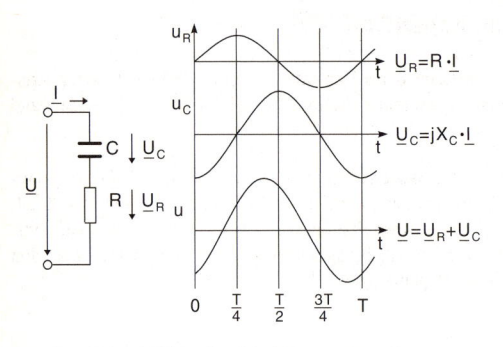

Abbildung 3.25: Reihenschaltung von ohmschem Widerstand und Kapazität

Aus dem Zeigerbild ergibt sich (PYTHAGORAS)

$$U = \sqrt{U_R^2 + U_C^2} = \sqrt{I^2 R^2 + I^2 X_C^2} = I \cdot \sqrt{R^2 + X_C^2}$$

X_C ist der kapazitive Blindwiderstand. Der Scheinwiderstand Z ergibt sich als

$$Z = |\underline{Z}| = \sqrt{R^2 + X_C^2}$$

Dieses Ergebnis läßt sich direkt aus den Widerstandszeigern in der komplexen Widerstandsebene erhalten (siehe Abb. 3.26 (b)).

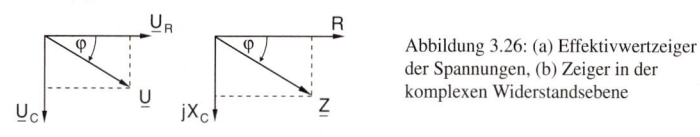

Abbildung 3.26: (a) Effektivwertzeiger der Spannungen, (b) Zeiger in der komplexen Widerstandsebene

- Der Phasenwinkel der Gesamtspannung gegenüber dem Strom liegt zwischen $0°$ und $-90°$ ($-\pi/2$). Er ist betragsmäßig um so geringer, je größer der ohmsche Anteil der Reihenschaltung ist.

Der Phasenwinkel ergibt sich aus dem Zeigerdreieck

$$\tan\varphi = \frac{U_C}{U_R} = \frac{X_C}{R} = -\frac{1}{\omega RC}$$

In komplexer Schreibweise lassen sich die komplexen Widerstände einfach addieren.

$$\underline{Z} = R + jX_C = R - j\frac{1}{\omega C} \tag{3.38}$$

mit

$$\begin{aligned} \underline{Z} &= |\underline{Z}|e^{j\varphi} \\ Z &= |\underline{Z}| = \sqrt{R^2 + X_C^2} = \sqrt{R^2 + \left(\frac{1}{\omega C}\right)^2} \\ \varphi &= \arctan\left(\frac{X_C}{R}\right) = -\arctan\left(\frac{1}{\omega RC}\right) \end{aligned} \tag{3.39}$$

3.5.1.4 Widerstand, Induktivität und Kapazität in Reihe

HINWEIS: Eine Reihenschaltung, ausschließlich bestehend aus Kapazität und Induktivität, ist nicht praxisnah. Reale Spulen und Kondensatoren weisen immer Verluste auf, die sich als Serienwiderstand modellieren lassen.

Die in Abbildung 3.27 gezeigte Anordnung wird als **Reihenschwingkreis**[*] bezeichnet. Durch alle drei Bauelemente fließt derselbe Strom. Am Widerstand sind Spannung und Strom in Phase. An der Induktivität eilt die Spannung dem Strom um $+90°$ ($\pi/2$) voraus, an der Kapazität eilt die Spannung dem Strom um $-90°$ ($-\pi/2$) nach. Die Spannungen an L und C sind folglich entgegengesetzt gerichtet. Die Spannung an den Klemmen des Schwingkreises ist die Summe aller Teilspannungen.

Aus dem Zeigerbild ergibt sich

$$U = \sqrt{U_R^2 + (U_L + U_C)^2} = \sqrt{I^2R^2 + I^2(X_L + X_C)^2}$$

---

[*] REIHENSCHWINGKREIS: *series-resonant circuit*

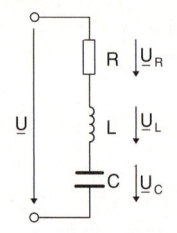

Abbildung 3.27: Reihenschaltung aus Widerstand, Induktivität und Kapazität

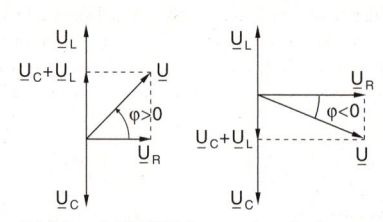

Abbildung 3.28: Effektivwertzeiger der Spannungen am Reihenschwingkreis

X_L ist der induktive Blindwiderstand, X_C ist der kapazitive Blindwiderstand. Der Scheinwiderstand Z ergibt sich als

$$Z = |\underline{Z}| = \sqrt{R^2 + (X_L + X_C)^2}; \qquad X_L = \omega L; \qquad X_C = -\frac{1}{\omega C}$$

Die Blindwiderstände X_L und X_C haben entgegengesetztes Vorzeichen. Je nach der Größe der Kapazität und Induktivität kann also der induktive oder kapazitive Blindwiderstand überwiegen, wie in Abbildung 3.29 ersichtlich.

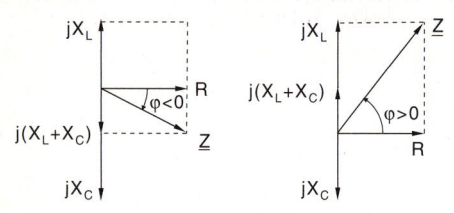

Abbildung 3.29: Zeigerbilder für verschieden große Blindwiderstände X_L, X_C

- Der Phasenwinkel der Spannung am Reihenschwingkreis gegenüber dem Strom liegt zwischen $-90°$ und $+90°$ ($\pm \pi/2$). Überwiegt der kapazitive Widerstand, so wirkt der Schwingkreis wie ein RC-Zweipol, überwiegt der induktive Widerstand, wirkt er wie ein RL-Zweipol.

Der Phasenwinkel φ ergibt sich aus dem Zeigerdiagramm zu

$$\tan \varphi = \frac{U_L + U_C}{U_R} = \frac{X_L + X_C}{R} = \frac{\omega L - \dfrac{1}{\omega C}}{R} = \frac{\omega^2 LC - 1}{\omega RC}$$

In komplexer Schreibweise

$$\underline{Z} = \underline{Z}_R + \underline{Z}_L + \underline{Z}_C = R + j(X_L + X_C) = R + j\left(\omega L - \frac{1}{\omega C}\right) \tag{3.40}$$

mit

$$\boxed{\begin{aligned}
\underline{Z} &= |\underline{Z}| \cdot e^{j\varphi} \\
Z &= \sqrt{R^2 + (X_L + X_C)^2} = \sqrt{R^2 + \left(\omega L - \frac{1}{\omega C}\right)^2} \\
\varphi &= \arctan\left(\frac{X_L + X_C}{R}\right) = \arctan\left(\frac{\omega L - \dfrac{1}{\omega C}}{R}\right)
\end{aligned}} \tag{3.41}$$

Die Blindwiderstände sind frequenzabhängig. Der induktive nimmt linear mit der Frequenz zu, der kapazitive umgekehrt proportional zur Frequenz ab. Bei der **Resonanzfrequenz**[*] sind beide Blindwiderstände entgegengesetzt gleich groß. Sie kompensieren sich bei dieser Frequenz, und nur noch die ohmsche Komponente des Zweipols erscheint an den Klemmen. Bei **Resonanz**[*] sind die Spannungen an L und C betragsmäßig gleich groß.

$$|U_L| = |U_C| \quad |X_L| = |X_C| \quad X_L + X_C = 0 \quad \Rightarrow \quad \omega_r L = \frac{1}{\omega_r C}$$

Für die Resonanzfrequenz folgt aus der betragsmäßigen Gleichheit der Blindwiderstände

$$\omega_r = \frac{1}{\sqrt{LC}} \quad \Rightarrow \quad f_r = \frac{1}{2\pi} \frac{1}{\sqrt{LC}}$$

- Unterhalb der Resonanzfrequenz verhält sich der Reihenschwingkreis ohmsch-kapazitiv, oberhalb der Resonanzfrequenz ohmsch-induktiv.

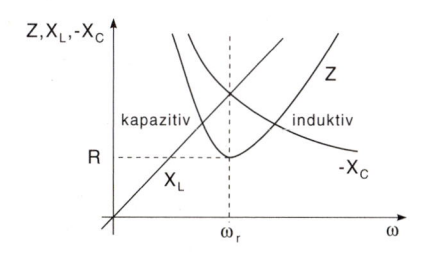

Abbildung 3.30: Verlauf der Blindwiderstände und der Impedanz am Reihenschwingkreis

3.5.2 Parallelschaltungen

3.5.2.1 Allgemeiner Fall

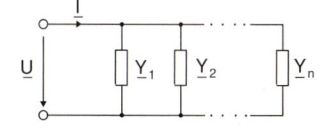

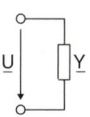

Abbildung 3.31: Parallelschaltung von passiven Zweipolen

Abbildung 3.31 stellt den allgemeinen Fall der Parallelschaltung von Wechselstrom-Zweipolen dar. Es gilt für Wechselstrom und Wechselspannungen analog zum Gleichstromfall unter Verwendung des Leitwerts

$$\underline{I} = \underline{U} \cdot \underline{Y}$$

Die Schreibweise betont ausdrücklich, daß es sich um *komplexe* Größen handelt. Alle Schaltelemente liegen an derselben Spannung. Daraus folgt für den Gesamtleitwert $\underline{Y}$

$$\underline{Y} = \underline{Y}_1 + \underline{Y}_2 + \cdots + \underline{Y}_n$$

Komplexe Größen werden komponentenweise durch Summation der Real- und Imaginärteile addiert, d. h., man kann die Wirkleitwerte G_i und die Blindleitwerte B_i getrennt addieren

---

[*] RESONANZFREQUENZ: *resonant frequency*
[*] RESONANZ: *resonance*

$$\underline{Y} = \sum_{i=1}^{n} G_i + \mathrm{j} \cdot \sum_{i=1}^{n} B_i$$

Für den komplexen Wechselstromwiderstand $\underline{Z}$ der Parallelschaltung ergibt sich

$$\underline{Y} = \frac{1}{\underline{Z}} = \frac{1}{\underline{Z}_1} + \frac{1}{\underline{Z}_2} + \cdots \frac{1}{\underline{Z}_n}$$

Speziell für die Parallelschaltung von zwei komplexen Widerständen gilt in Analogie zur Gleichstromlehre

$$\underline{Z} = \frac{\underline{Z}_1 \cdot \underline{Z}_2}{\underline{Z}_1 + \underline{Z}_2} \tag{3.42}$$

und in der Darstellung mit Wirk- und Blindwiderständen mit der Bezeichnung $\underline{Z}_i = R_i + \mathrm{j} \cdot X_i$

$$\underline{Z} = \frac{R_1(R_2^2 + X_2^2) + R_2(R_1^2 + X_1^2)}{(R_1 + R_2)^2 + (X_1 + X_2)^2} + \mathrm{j} \frac{X_1(R_2^2 + X_2^2) + X_2(R_1^2 + X_1^2)}{(R_1 + R_2)^2 + (X_1 + X_2)^2}$$

3.5.2.2 Widerstand und Induktivität parallel

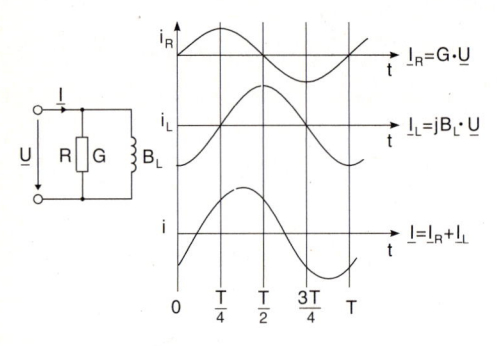

Abbildung 3.32: Parallelschaltung von ohmschem Widerstand und Induktivität

Beide Bauelemente liegen an derselben Spannung. Am Widerstand sind Strom und Spannung in Phase, an der Induktivität eilt der Strom der Spannung um $90°$ oder $\pi/2$ nach. Der Gesamtstrom durch den Zweipol ist die Summe der Ströme in den einzelnen Zweigen.

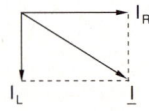

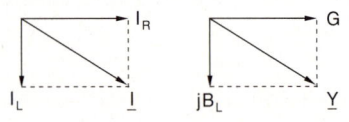

Abbildung 3.33: (a) Effektivwertzeiger der Ströme, (b) Zeiger in der komplexen Leitwertebene

Aus dem Zeigerbild ergibt sich (PYTHAGORAS)

$$I = \sqrt{I_R^2 + I_L^2} = \sqrt{U^2 G^2 + U^2 B_L^2} = U \cdot \sqrt{G^2 + B_L^2}$$

B_L ist der induktive Blindleitwert.

$$\frac{I}{U} = \sqrt{G^2 + B_L^2}$$

Der Quotient I/U heißt **Scheinleitwert** Y

$$Y = |\underline{Y}| = \sqrt{G^2 + B_L^2} \tag{3.43}$$

Dieses Ergebnis läßt sich direkt aus den Zeigern in der komplexen Leitwertebene erhalten (siehe Abb. 3.33 (b)).

- Der Phasenwinkel des Gesamtstroms gegenüber der anliegenden Spannung liegt zwischen $0°$ und $-90°$ ($-\pi/2$). Er ist betragsmäßig um so geringer, je größer die Induktivität ist.

Der Phasenwinkel des Leitwertes ergibt sich aus dem Zeigerdreieck

$$\tan\varphi_Y = \frac{I_L}{I_R} = \frac{B_L}{G} = -\frac{R}{\omega L}$$

In komplexer Schreibweise lassen sich die komplexen Leitwerte einfach addieren.

mit
$$\underline{Y} = G + jB_L = \frac{1}{R} - j\frac{1}{\omega L} \tag{3.44}$$

$$\boxed{\begin{aligned} \underline{Y} &= |\underline{Y}|e^{j\varphi_Y} \\ Y &= |\underline{Y}| = \sqrt{G^2 + B_L^2} = \sqrt{\left(\frac{1}{R}\right)^2 + \left(\frac{1}{\omega L}\right)^2} \\ \varphi_Y &= \arctan\left(\frac{B_L}{G}\right) = \arctan\left(\frac{R}{\omega L}\right) \end{aligned}} \tag{3.45}$$

3.5.2.3 Widerstand und Kapazität parallel

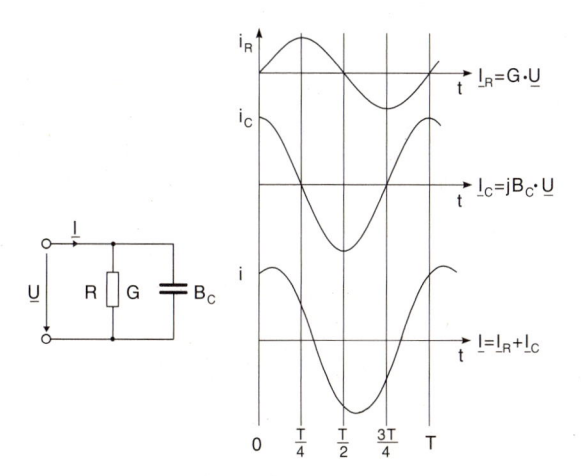

Abbildung 3.34: Parallelschaltung von ohmschem Widerstand und Kapazität

Beide Bauelemente liegen an derselben Spannung. Am Widerstand sind Strom und Spannung in Phase, an der Kapazität eilt der Strom der Spannung um $90°$ oder $\pi/2$ vor. Der Gesamtstrom durch den Zweipol ist die Summe der Ströme in den einzelnen Zweigen.

Aus dem Zeigerbild ergibt sich (PYTHAGORAS)

$$I = \sqrt{I_R^2 + I_C^2} = \sqrt{U^2 G^2 + U^2 B_C^2} = U \cdot \sqrt{G^2 + B_C^2}$$

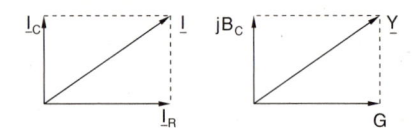

Abbildung 3.35: (a) Effektivwertzeiger der Ströme, (b) Zeiger in der komplexen Leitwertebene

B_C ist der kapazitive Blindleitwert.

$$\frac{I}{U} = \sqrt{G^2 + B_C^2}$$

Der Quotient I/U heißt **Scheinleitwert** Y

$$Y = |\underline{Y}| = \sqrt{G^2 + B_C^2}$$

Dieses Ergebnis läßt sich direkt aus den Zeigern in der komplexen Leitwertebene erhalten (siehe Abb. 3.35 (b)).

• Der Phasenwinkel des Gesamtsstroms gegenüber der anliegenden Spannung liegt zwischen 0° und 90° ($\pi/2$). Er ist um so geringer, je kleiner die Kapazität ist.

Der Phasenwinkel des Leitwertes ergibt sich aus dem Zeigerdreieck

$$\tan \varphi_Y = \frac{I_C}{I_R} = \frac{B_C}{G} = \omega RC$$

In komplexer Schreibweise lassen sich die komplexen Leitwerte einfach addieren.

mit

$$\underline{Y} = G + jB_C = \frac{1}{R} + j\omega C \qquad (3.46)$$

$$\begin{aligned}
\underline{Y} &= |\underline{Y}|e^{j\varphi_Y} \\
Y &= |\underline{Y}| = \sqrt{G^2 + B_C^2} = \sqrt{\left(\frac{1}{R}\right)^2 + (\omega C)^2} \\
\varphi_Y &= \arctan\left(\frac{B_C}{G}\right) = \arctan(\omega RC)
\end{aligned} \qquad (3.47)$$

HINWEIS: Man beachte, daß der Phasenwinkel φ_Y in bezug auf die Spannung gemessen wird. $\varphi_Y = -\varphi_u$

3.5.2.4 Widerstand, Induktivität und Kapazität parallel

HINWEIS: Eine Parallelschaltung, ausschließlich bestehend aus Kapazität und Induktivität, ist nicht praxisnah. Reale Spulen und Kondensatoren weisen immer Verluste auf, die sich als Parallelwiderstand modellieren lassen.

Die in Abbildung 3.36 gezeigte Anordnung wird als **Parallelschwingkreis*** bezeichnet. An allen drei Bauelementen liegt dieselbe Spannung an. Am Widerstand sind Spannung und Strom in Phase. An der Induktivität eilt der Strom der Spannung um 90° nach ($\varphi_Y = -\pi/2$), an der Kapazität eilt der Strom der Spannung

---

* PARALLELSCHWINGKREIS: *parallel-resonant circuit*

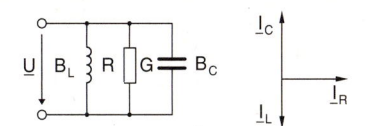

3.5 Kombinationen von Zweipolen

Abbildung 3.36: Parallelschaltung von Widerstand, Induktivität und Kapazität

um $90°$ vor ($\varphi_Y = \pi/2$). Die Ströme durch L und C sind folglich entgegengesetzt gerichtet. Der Gesamtstrom durch den Zweipol ist die Summe der Ströme in den einzelnen Zweigen.

Aus dem Zeigerbild ergibt sich

$$I = \sqrt{I_R^2 + (I_L + I_C)^2} = \sqrt{U^2 G^2 + U^2 (B_L + B_C)^2} = U\sqrt{G^2 + (B_L + B_C)^2}$$

B_L ist der induktive Blindleitwert, B_C ist der kapazitive Blindleitwert. Der Scheinleitwert Y ergibt sich als

$$Y = |\underline{Y}| = \sqrt{G^2 + (B_L + B_C)^2}; \qquad B_L = -\frac{1}{\omega L}; \qquad B_C = \omega C$$

Die Blindleitwerte B_L und B_C haben entgegengesetztes Vorzeichen. Je nach der Größe der Kapazität und Induktivität kann also der induktive oder kapazitive Blindleitwert überwiegen, wie in Abbildung 3.37 ersichtlich.

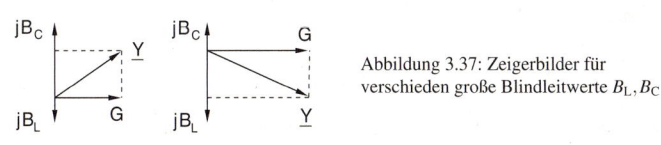

Abbildung 3.37: Zeigerbilder für verschieden große Blindleitwerte B_L, B_C

• Der Phasenwinkel φ_Y des Stroms durch den Parallelschwingkreis gegenüber der Spannung beträgt zwischen $-90°$ und $+90°$ ($\pm\pi/2$). Überwiegt der kapazitive Leitwert, so wirkt der Schwingkreis wie ein RC-Zweipol, überwiegt der induktive Leitwert, wirkt er wie ein RL-Zweipol.

Der Phasenwinkel φ_Y des Leitwerts ergibt sich aus dem Zeigerdiagramm zu

$$\tan\varphi_Y = \frac{I_L + I_C}{I_R} = \frac{B_L + B_C}{G} = \frac{\omega C - \dfrac{1}{\omega L}}{G} = R\left(\omega C - \frac{1}{\omega L}\right)$$

In komplexer Schreibweise

$$\underline{Y} = \underline{Y}_R + \underline{Y}_L + \underline{Y}_C = G + \mathrm{j}(B_L + B_C) = \frac{1}{R} + \mathrm{j}\left(\omega C - \frac{1}{\omega L}\right) \tag{3.48}$$

mit

$$\begin{aligned}
\underline{Y} &= |\underline{Y}| \cdot \mathrm{e}^{\mathrm{j}\varphi_Y} \\
Y &= \sqrt{G^2 + (B_L + B_C)^2} = \sqrt{\left(\frac{1}{R^2}\right) + \left(\omega C - \frac{1}{\omega L}\right)^2} \\
\varphi_Y &= \arctan\left(\frac{B_L + B_C}{G}\right) = \arctan\left(R\left(\omega C - \frac{1}{\omega L}\right)\right)
\end{aligned} \tag{3.49}$$

Die Blindleitwerte sind frequenzabhängig. Der induktive nimmt mit der Frequenz ab, der kapazitive proportional zur Frequenz zu. Bei der **Resonanzfrequenz**[*] sind beide Blindleitwerte entgegengesetzt gleich groß.

---

[*] RESONANZFREQUENZ: *resonant frequency*

Sie kompensieren sich bei dieser Frequenz, und nur noch die ohmsche Komponente des Zweipols erscheint an den Klemmen. Bei **Resonanz**∗ sind die Ströme durch L und C betragsmäßig gleich groß.

$$|I_L| = |I_C|; \quad |B_L| = |B_C|; \quad B_L + B_C = 0 \quad \Rightarrow \quad \frac{1}{\omega_r L} = \omega_r C$$

Für die Resonanzfrequenz folgt aus der betragsmäßigen Gleichheit der Blindwiderstände

$$\omega_r = \frac{1}{\sqrt{LC}} \quad \Rightarrow \quad f_r = \frac{1}{2\pi} \frac{1}{\sqrt{LC}}$$

- Unterhalb der Resonanzfrequenz verhält sich der Parallelschwingkreis ohmsch-induktiv, oberhalb der Resonanzfrequenz ohmsch-kapazitiv.

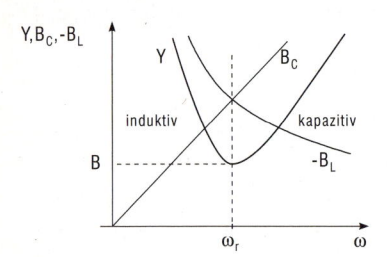

Abbildung 3.38: Verlauf der Blindleitwerte und der Admittanz am Parallelschwingkreis

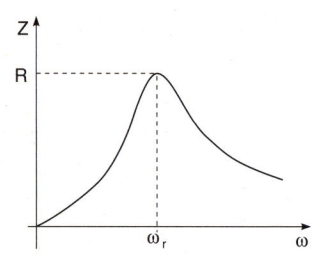

Abbildung 3.39: Verlauf der Impedanz am Parallelschwingkreis

3.5.3 Übersicht: Reihen- und Parallelschaltung

	Reihenschaltung		
	Zeigerdiagramm	Z	$\tan \varphi_Z = \dfrac{X}{R}$
RL	$X_L = \omega L$	$\sqrt{R^2 + (\omega L)^2}$	$\dfrac{\omega L}{R}$
RC	$X_C = -\dfrac{1}{\omega C}$	$\sqrt{R^2 + \left(\dfrac{1}{\omega C}\right)^2}$	$-\dfrac{1}{\omega RC}$
LC∗	X_L, X_C	$\left\|\omega L - \dfrac{1}{\omega C}\right\|$	$\pm\infty$
RLC	s. Reihenschwingkreis	$\sqrt{R^2 + \left(\omega L - \dfrac{1}{\omega C}\right)^2}$	$\dfrac{\omega^2 LC - 1}{\omega RC}$
Bezugsgröße: gemeinsamer Strom			

∗Idealisiert ist $R = 0$. Für Frequenzen unterhalb der Resonanzfrequenz ist $\varphi = -90°$, oberhalb davon ist $\varphi = 90°$.

∗ RESONANZ: *resonance*

Reihenschwingkreis

Frequenz	Zeigerdiagramm	$\underline{Z}$	φ_Z
$f < f_r$		ohmsch-kapazitiv	$-90° \ldots 0°$
$f = f_r$		rein-ohmsch	$0°$
$f > f_r$		ohmsch-induktiv	$0° \ldots 90°$

$$\text{Resonanzfrequenz } f_r = \frac{1}{2\pi}\sqrt{\frac{1}{LC}}$$

Parallelschaltung

	Zeigerdiagramm	Y	$\tan\varphi_Y = \dfrac{B}{G}$
RL	$B_L = -\dfrac{1}{\omega L}$	$\dfrac{\sqrt{R^2 + (\omega L)^2}}{\omega RL}$	$\dfrac{-R}{\omega L}$
RC	$B_C = \omega C$	$\dfrac{\sqrt{(\omega RC)^2 + 1}}{R}$	ωRC
LC^*		$\left|\dfrac{\omega^2 LC - 1}{\omega L}\right|$	$\pm\infty^*$
RLC	s. Parallelschwingkreis	$\dfrac{\sqrt{R^2(\omega^2 LC - 1)^2 + (\omega L)^2}}{\omega RL}$	$\dfrac{R(\omega^2 LC - 1)}{\omega L}$

Bezugsgröße: gemeinsame Spannung

Beachte: $Z = 1/Y$, $R = 1/G$, $\varphi_Z = -\varphi_Y$. (*Idealisiert $R = \infty$.)

Parallelschwingkreis			
Frequenz	Zeigerdiagramm	$\underline{Z}$	φ_Z
$f < f_r$	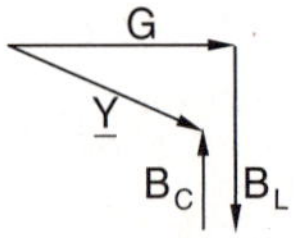	ohmsch-induktiv	$90° \ldots 0°$
$f = f_r$	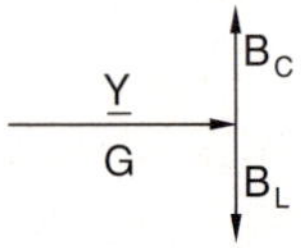	rein-ohmsch	$0°$
$f > f_r$	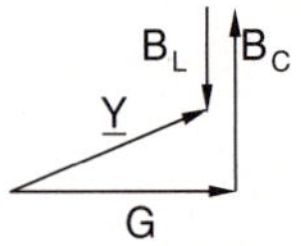	ohmsch-kapazitiv	$0° \ldots -90°$
	Resonanzfrequenz $f_r = \dfrac{1}{2\pi}\sqrt{\dfrac{1}{LC}}$			

3.6 Netzwerkumformungen

3.6.1 Umwandlung von Parallel- in Reihenschaltung und umgekehrt

Ein Zweipol, bestehend aus der Reihenschaltung mit einem ohmschen und einem Blindwiderstand, läßt sich durch eine Parallelschaltung aus Wirk- und Blindwiderstand nachbilden. Die beiden Zweipole heißen **äquivalente Zweipole***, wenn sie bei der gleichen Wechselspannung einen nach Betrag und Phase identischen Strom fließen lassen.

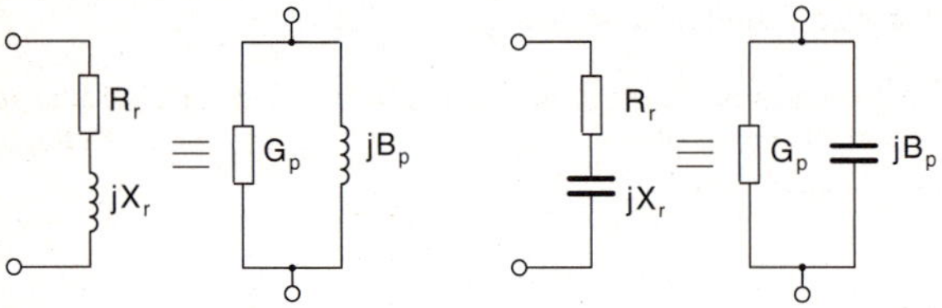

Abbildung 3.40: Umwandlung einer Reihenschaltung in eine äquivalente Parallelschaltung und umgekehrt

Die Äquivalenz der Zweipole erfordert Gleichheit der komplexen Wechselstromwiderstände.

$$R_r + jX_r = \underline{Z} = \frac{1}{G_p + jB_p}$$

---

* ÄQUIVALENTE ZWEIPOLE: *equivalent circuits*

nach Erweiterung mit dem konjugiert komplexen Nenner

$$R_\mathrm{r} + \mathrm{j}X_\mathrm{r} = \underline{Z} = \frac{G_\mathrm{p} - \mathrm{j}B_\mathrm{p}}{G_\mathrm{p}^2 + B_\mathrm{p}^2} = \frac{G_\mathrm{p}}{G_\mathrm{p}^2 + B_\mathrm{p}^2} - \mathrm{j}\frac{B_\mathrm{p}}{G_\mathrm{p}^2 + B_\mathrm{p}^2}$$

Daraus folgt für die Wirk- und Blindkomponente bei der Umwandlung einer **Parallel- in die äquivalente Reihenschaltung**[*]

$$R_\mathrm{r} = \frac{G_\mathrm{p}}{G_\mathrm{p}^2 + B_\mathrm{p}^2}; \qquad X_\mathrm{r} = -\frac{B_\mathrm{p}}{G_\mathrm{p}^2 + B_\mathrm{p}^2} \tag{3.50}$$

Für die Umwandlung einer Reihenschaltung in die äquivalente Parallelschaltung fordert man die Gleichheit der komplexen Leitwerte.

$$G_\mathrm{p} + \mathrm{j}B_\mathrm{p} = \underline{Y} = \frac{1}{R_\mathrm{r} + \mathrm{j}X_\mathrm{r}}$$

nach Erweiterung mit dem konjugiert komplexen Nenner

$$G_\mathrm{p} + \mathrm{j}B_\mathrm{p} = \underline{Y} = \frac{R_\mathrm{r} - \mathrm{j}X_\mathrm{r}}{R_\mathrm{r}^2 + X_\mathrm{r}^2} = \frac{R_\mathrm{r}}{G_\mathrm{r}^2 + X_\mathrm{r}^2} - \mathrm{j}\frac{X_\mathrm{r}}{R_\mathrm{r}^2 + X_\mathrm{r}^2}$$

Daraus folgt für die Wirk- und Blindkomponente bei der Umwandlung einer **Reihen- in die äquivalente Parallelschaltung**[*]

$$G_\mathrm{p} = \frac{R_\mathrm{r}}{R_\mathrm{r}^2 + X_\mathrm{r}^2}; \qquad B_\mathrm{p} = -\frac{X_\mathrm{r}}{R_\mathrm{r}^2 + X_\mathrm{r}^2} \tag{3.51}$$

oder, ausgedrückt in Widerständen,

$$R_\mathrm{p} = \frac{R_\mathrm{r}^2 + X_\mathrm{r}^2}{R_\mathrm{r}} = \frac{Z^2}{R_\mathrm{r}}; \qquad X_\mathrm{p} = \frac{Z^2}{X_\mathrm{r}}$$

- Diese Umwandlungen gelten **nur für eine feste Kreisfrequenz** ω. Alle Blindwiderstände sind frequenzabhängig, deshalb ergeben sich bei anderen Frequenzen andere Werte für die Größen in der Ersatzschaltung.

- Die Äquivalenz der Zweipole gilt nur für sinusförmige Spannungen und Ströme.

HINWEIS: Für die Berechnung von Netzwerken ist die Umwandlung von Reihen- in Parallelschaltungen unnötig, wenn man grundsätzlich mit komplexen Wechselstromwiderständen nach den Regeln der Reihen- und Parallelschaltung rechnet.

3.6.2 Stern-Dreieck-Wandlung und umgekehrt

Bei sehr komplizierten Netzwerken wird man zur Lösung das Maschenstrom- bzw. das Knotenspannungsverfahren anwenden. Je nach Vorgehensweise wird dabei eine Umwandlung von Dreieck- in Sternschaltungen bzw. umgekehrt notwendig.

---

[*] ÄQUIVALENTE REIHENSCHALTUNG: *Thevenin equivalent circuit*
[*] ÄQUIVALENTE PARALLELSCHALTUNG: *Norton equivalent circuit*

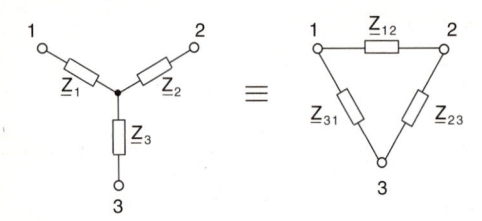

Abbildung 3.41: Umwandlung einer Stern- in eine Dreieckschaltung und umgekehrt

Für die Umwandlung einer **Dreieck- in eine Sternschaltung**[*] gilt mit den Bezeichnungen der Abbildung 3.41

$$\underline{Z}_1 = \frac{\underline{Z}_{12} \cdot \underline{Z}_{31}}{\underline{Z}_{12} + \underline{Z}_{23} + \underline{Z}_{31}}; \quad \underline{Z}_2 = \frac{\underline{Z}_{12} \cdot \underline{Z}_{23}}{\underline{Z}_{12} + \underline{Z}_{23} + \underline{Z}_{31}}; \quad \underline{Z}_3 = \frac{\underline{Z}_{23} \cdot \underline{Z}_{31}}{\underline{Z}_{12} + \underline{Z}_{23} + \underline{Z}_{31}} \quad (3.52)$$

In der Schreibweise mit Wirk- und Blindwiderständen mit den offensichtlichen Bezeichnungen $\underline{Z}_i = R_i + j \cdot X_i$

$$R_1 = \frac{(R_{12}R_{31} - X_{12}X_{31})R + (R_{12}X_{31} + R_{31}X_{12})X}{R^2 + X^2}$$

$$X_1 = \frac{(R_{12}X_{31} + R_{31}X_{12})R - (R_{12}R_{31} - X_{12}X_{31})X}{R^2 + X^2}$$

$$R_2 = \frac{(R_{12}R_{23} - X_{12}X_{23})R + (R_{23}X_{12} + R_{12}X_{23})X}{R^2 + X^2}$$

$$X_2 = \frac{(R_{23}X_{12} + R_{12}X_{23})R - (R_{12}R_{23} - X_{12}X_{23})X}{R^2 + X^2}$$

$$R_3 = \frac{(R_{23}R_{31} - X_{23}X_{31})R + (R_{31}X_{23} + R_{23}X_{31})X}{R^2 + X^2}$$

$$X_3 = \frac{(R_{31}X_{23} + R_{23}X_{31})R - (R_{23}R_{31} - X_{23}X_{31})X}{R^2 + X^2}$$

mit $R = R_{12} + R_{23} + R_{31}$ und $X = X_{12} + X_{23} + X_{31}$

Für die Umwandlung einer **Stern- in eine Dreieckschaltung**[*] gilt mit den Bezeichnungen der Abbildung 3.41

$$\underline{Z}_{12} = \underline{Z}_1 + \underline{Z}_2 + \frac{\underline{Z}_1 \cdot \underline{Z}_2}{\underline{Z}_3}; \quad \underline{Z}_{23} = \underline{Z}_2 + \underline{Z}_3 + \frac{\underline{Z}_2 \cdot \underline{Z}_3}{\underline{Z}_1}; \quad \underline{Z}_{31} = \underline{Z}_1 + \underline{Z}_3 + \frac{\underline{Z}_3 \cdot \underline{Z}_1}{\underline{Z}_2} \quad (3.53)$$

In der Schreibweise mit Wirk- und Blindwiderständen mit den offensichtlichen Bezeichnungen $\underline{Z}_i = R_i + j \cdot X_i$ gilt

$$R_{12} = R_1 + R_2 + \frac{(R_1R_2 - X_1X_2)R_3 + (R_1X_2 + R_2X_1)X_3}{R_3^2 + X_3^2}$$

$$X_{12} = X_1 + X_2 + \frac{(R_1X_2 + R_2X_1)R_3 - (R_1R_2 - X_1X_2)X_3}{R_3^2 + X_3^2}$$

---

[*] STERNSCHALTUNG: *wye-connected network*
[*] DREIECKSCHALTUNG: *delta-connected network*

$$R_{23} = R_2 + R_3 + \frac{(R_2R_3 - X_2X_3)R_1 + (R_2X_3 + R_3X_2)X_1}{R_1^2 + X_1^2}$$

$$X_{23} = X_2 + X_3 + \frac{(R_2X_3 + R_3X_2)R_1 - (R_2R_3 - X_2X_3)X_1}{R_1^2 + X_1^2}$$

$$R_{31} = R_1 + R_3 + \frac{(R_1R_3 - X_1X_3)R_2 + (R_3X_1 + R_1X_3)X_2}{R_2^2 + X_2^2}$$

$$X_{31} = X_1 + X_3 + \frac{(R_1X_3 + R_1X_3)R_2 - (R_1R_3 - X_1X_3)X_2}{R_2^2 + X_2^2}$$

BEISPIEL: Das sogenannte überbrückte T-Glied, das bei Filtern zum Einsatz kommt, kann mit einer Umwandlung von der Stern- zur Dreieckschaltung analysiert werden.

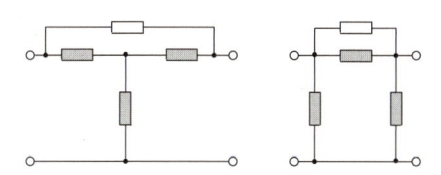

Abbildung 3.42: Anwendung der Stern-Dreieck-Umwandlung

- Diese Umwandlungen gelten **nur für eine feste Kreisfrequenz** ω. Alle Blindwiderstände sind frequenzabhängig, deshalb ergeben sich bei anderen Frequenzen andere Werte für die Größen in der Ersatzschaltung.

- Die Äquivalenz der Stern- und Dreieckschaltungen gilt, mit Ausnahme bei reinen Wirkwiderständen, nur für sinusförmige Spannungen und Ströme.

3.6.3 Duale Schaltungen

Zwei passive Zweipole heißen **dual**[*] oder **widerstandsreziprok**, wenn der Wechselstromwiderstand des einen Zweipols für *alle Frequenzen* proportional zum Leitwert des anderen ist. Formal heißt das

$$\underline{Z}_2 = R_D^2 \cdot \underline{Y}_2 \iff \underline{Y}_2 = G_D^2 \cdot \underline{Z}_2 \tag{3.54}$$

R_D^2 und G_D^2 sind reelle Konstanten und heißen **Dualitätskonstante** oder **Dualitätsinvariante**. Für die elementaren Wechselstromzweipole ergeben sich daraus folgende Dualitätsbeziehungen

Zweipol	Dualer Zweipol
Widerstand R	Widerstand R_D^2/R
Induktivität L	Kapazität $C = L/R_D^2$
Kapazität C	Induktivität $L = R_D^2 C$
Spannungsquelle U_Q, R_i	Stromquelle $I_Q = U_Q/R_i$, $G_i = 1/R_i$
Stromquelle I_Q, G_i	Spannungsquelle $U_Q = I_Q G_i$, $R_i = 1/G_i$
Kurzschluß	Leerlauf

---
[*] DUALE SCHALTUNGEN: *dual circuits*

Auch für aktive Zweipole gibt es die Dualitätsbeziehung. Eine Spannungsquelle mit Quellenspannung U_Q und Innenwiderstand R_i geht über in eine Stromquelle mit dem Quellenstrom $I_Q = U_Q/R_i$. Der der Stromquelle parallel liegende innere Leitwert beträgt $G_i = 1/R_i$.

Folgende Größen sind zueinander dual: Spannung zum Strom, Widerstand zum Leitwert. Werden Zweipole in einem Netzwerk vom gleichen Strom durchflossen, so liegen sie im dualen Netzwerk an der gleichen Spannung und umgekehrt. Demnach sind folgende Netzwerke zueinander dual

Netzwerk	Duales Netzwerk
Reihenschaltung	Parallelschaltung
Reihenschwingkreis	Parallelschwingkreis
Längswiderstand	Querwiderstand
Längsinduktivität	Querkapazität
Längskapazität	Querinduktivität
T-Glied	Π-Glied
Masche	Knoten
Dreieckschaltung	Sternschaltung
Spannungsgesteuerte Stromquelle	Stromgesteuerte Spannungsquelle

● Bei einem Netzwerk, das aus einer Spannungsquelle mit Innenwiderstand R_i mit einer Last R_L betrieben wird, ist die Dualitätskonstante $R_D = R_i \cdot R_L$. Innere Spannungs- oder Stromquellen werden in ihre dualen Zweipole übergeführt. Für Netzwerke, die für Leerlauf- oder Kurzschlußbetrieb dimensioniert werden, kann R_D beliebig reell gewählt werden.

HINWEIS: Die Dualitätskonstante sollte man so wählen, daß einfach zu realisierende Werte für die Bauelemente entstehen.

BEISPIEL: Das in Abbildung 3.42 gezeigte Netzwerk wird bei 1 MHz an einer Quelle mit $50\,\Omega$ Innenwiderstand und einer $50\,\Omega$ Last betrieben. Das Netzwerk ist in eine spulenarme, funktionsgleiche Schaltung umzuwandeln.

Im dualen Netzwerk werden die beiden Spulen durch querliegende Kondensatoren ersetzt. Der Kondensator geht in eine längsliegende Induktivität über. Die Dualitätskonstante ist $R_D^2 = R_i \cdot R_L = 2500\,\Omega^2$. Die dualen Größen sind

$$C_D = \frac{L}{R_D^2} = \frac{8{,}2\,\mu H}{2500\,\Omega^2} = 3{,}3\,nF; \qquad L_D = C \cdot R_D^2 = 2{,}2\,nF \cdot 2500\,\Omega^2 = 5{,}5\,\mu H.$$

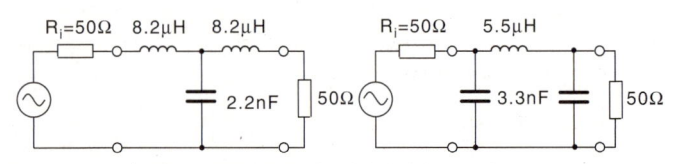

Abbildung 3.43: Netzwerk und duale Schaltung dazu

3.7 Einfache Netzwerke

3.7.1 Komplexe Strom- und Spannungsteiler

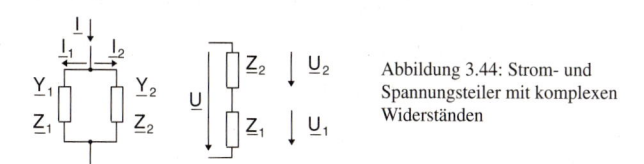

Abbildung 3.44: Strom- und Spannungsteiler mit komplexen Widerständen

Beim **Stromteiler*** liegen beide Widerstände an derselben Wechselspannung. Deshalb gilt

$$\boxed{\frac{\underline{I}_1}{\underline{I}_2} = \frac{\underline{Y}_1}{\underline{Y}_2} = \frac{\underline{Z}_2}{\underline{Z}_1}} \qquad (3.55)$$

- Die Ströme teilen sich proportional zu den Leitwerten auf.

Beim **Spannungsteiler*** werden beide Widerstände vom gleichen Wechselstrom durchflossen. Deshalb gilt

$$\boxed{\frac{\underline{U}_1}{\underline{U}_2} = \frac{\underline{Z}_1}{\underline{Z}_2}} \qquad (3.56)$$

- Die Spannungen teilen sich proportional zu den Widerständen auf.

Bei einer Spannung $\underline{U}$ am Spannungsteiler ergibt sich für die Ausgangsspannung $\underline{U}_2$

$$\underline{U}_2 = \underline{U} \cdot \frac{\underline{Z}_2}{\underline{Z}_1 + \underline{Z}_2} \qquad (3.57)$$

HINWEIS: Für den Spezialfall, daß alle Widerstände rein ohmsch sind, ergibt sich die für Gleichstrom entwickelte Stromteiler- bzw. Spannungsteiler- Regel.

HINWEIS: Das **Spannungsteilerverhältnis** ist im allgemeinen **frequenzabhängig**, weil die Blindkomponenten der Wechselstromwiderstände frequenzabhängig sind. Schaltungen mit frequenzabhängigem Verhältnis von Ausgangs- zu Eingangsspannung bezeichnet man als **Siebschaltungen** oder allgemeiner als **Filter**.

Für meßtechnische Aufgaben möchte man Spannungsteiler häufig breitbandig auslegen, d. h., das Teilerverhältnis soll unabängig von der Frequenz sein. Nach Gleichung (3.56) ist

$$\frac{\underline{U}_1}{\underline{U}_2} = \frac{\underline{Z}_1}{\underline{Z}_2} = \frac{Z_1 \cdot e^{j\varphi_1}}{Z_2 \cdot e^{j\varphi_2}} = \frac{Z_1}{Z_2} \cdot e^{j(\varphi_1 - \varphi_2)}$$

Dieses Verhältnis ist nur dann frequenzunhabhängig, wenn es reell ist, das heißt der Exponentialausdruck muß reell sein. Für Phasenwinkel φ zwischen $-90°$ und $+90°$ heißt das $\varphi_1 = \varphi_2$. Das wiederum bedeutet

$$\frac{X_1}{R_1} = \frac{X_2}{R_2} \quad \Rightarrow \quad \frac{R_1}{R_2} = \frac{X_1}{X_2} \qquad (3.58)$$

---
* STROMTEILER: *current divider*
* SPANNUNGSTEILER: *voltage divider*

- Das Spannungsverhältnis ist dann frequenzunabhängig, wenn die Wirk- und Blindkomponenten der Teilerwiderstände im selben Verhältnis stehen. Anders formuliert: Die Zeitkonstanten $\tau = R \cdot C$ bzw. L/R der komplexen Teilwiderstände müssen gleich sein.

ANWENDUNG: In der Oszilloskop-Meßtechnik ist man an einer möglichst signalgetreuen Darstellung interessiert.

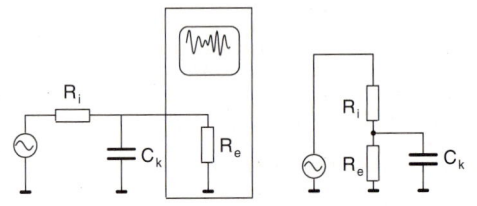

Abbildung 3.45: Oszilloskop an Spannungsquelle mit Innenwiderstand und Ersatzschaltbild

Die Wechselspannungsquelle mit dem Innenwiderstand R_i wird durch den Eingangswiderstand R_e des Oszilloskops belastet. Parallel zu ihm liegt die unvermeidbare Kapazität des Verbindungskabels. Dadurch sinkt bei hochohmigen Quellen das Spannungsteilerverhältnis bei hohen Frequenzen ab, wie aus dem Ersatzschaltbild in Abbildung 3.45 zu ersehen ist. Abhilfe schafft ein **Tastkopf*** mit **kompensiertem Spannungsteiler**.

Durch Abgleich der Kapazität im Tastkopf erreicht man gleiche Zeitkonstanten (Phasenwinkel) $R_1 C_1 = R_2 C_2$ der beiden RC-Parallelschaltungen und dadurch ein frequenzunabhängiges Spannungsteilerverhältnis. Das erhöhte Teilerverhältnis (meist 10 : 1) mit Tastkopf wird im Oszilloskop durch höhere Verstärkung ausgeglichen. Gleichzeitig erhöht der Tastkopf den Eingangswiderstand der Meßanordnung um das Teilerverhältnis.

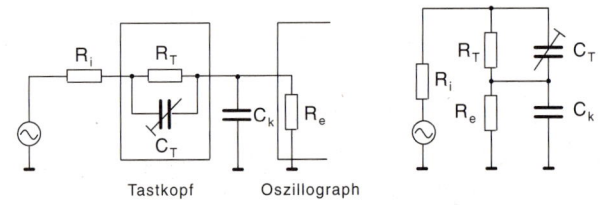

Tastkopf Oszillograph

Abbildung 3.46: Oszilloskop-Tastkopf und Ersatzschaltbild

3.7.2 Belasteter komplexer Spannungsteiler

Die Beziehungen in Gleichung (3.56) gelten für den unbelasteten Spannungsteiler, also im Leerlauf.

In einer realen Anwendung wird ein Spannungsteiler aus einer Spannungsquelle mit Innenwiderstand R_i gespeist und durch eine Last Z_L belastet. Die Spannungsquelle wird belastet mit der **Eingangsimpedanz*** des aus Spannungsteiler und Last gebildeten Netzwerks. Die Last sieht eine Spannungsquelle mit einem komplexen Innenwiderstand, der der **Ausgangsimpedanz*** des Spannungsteilers entspricht.

---

* TASTKOPF: *probe*
* EINGANGSIMPEDANZ: *input impedance*
* AUSGANGSIMPEDANZ: *output impedance*

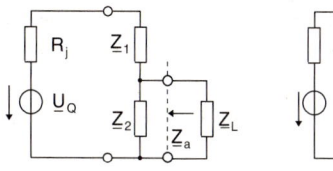

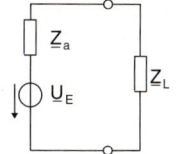

Abbildung 3.47: Belasteter Spannungsteiler an Spannungsquelle mit Innenwiderstand und Ersatzschaltbild

Die Eingangsimpedanz ist

$$\underline{Z}_e = \underline{Z}_1 + \underline{Z}_2 || \underline{Z}_L = \underline{Z}_1 + \frac{\underline{Z}_2 \cdot \underline{Z}_L}{\underline{Z}_2 + \underline{Z}_L}$$

Die Ausgangsimpedanz $\underline{Z}_a$ des Spannungsteilers ergibt sich zu

$$\underline{Z}_a = \underline{Z}_2 || (\underline{Z}_1 + R_i) = \frac{\underline{Z}_2 \cdot (\underline{Z}_1 + R_i)}{\underline{Z}_1 + \underline{Z}_2 + R_i}$$

Die Leerlaufspannung des Spannungsteilers, also im unbelasteten Zustand, beträgt bei der Quellenspannung $\underline{U}_Q$

$$\underline{U}_\infty = \underline{U}_Q \cdot \frac{\underline{Z}_2}{\underline{Z}_1 + \underline{Z}_2 + R_i}$$

Der Kurzschlußstrom wird

$$\underline{I}_0 = \frac{\underline{U}_Q}{\underline{Z}_1 + R_i}$$

Die Ausgangsimpedanz $\underline{Z}_a$ ergibt sich also als

$$\underline{Z}_a = \frac{\text{Leerlaufspannung}}{\text{Kurzschlußstrom}} = \frac{\underline{U}_\infty}{\underline{I}_0} \qquad (3.59)$$

Die Quellenspannung der Ersatzspannungsquelle, die die Last „sieht", beträgt

$$\underline{U}_E = \underline{U}_Q \cdot \frac{\underline{Z}_2 || \underline{Z}_L}{\underline{Z}_2 || \underline{Z}_L + \underline{Z}_1 + R_i}$$

3.7.3 Widerstandsanpassung

In der Nachrichtentechnik wird vor allem bei hohen Frequenzen angestrebt, daß Signalquelle und Verbraucher die gleiche Impedanz aufweisen, um Reflexionen auf der Verbindungsleitung zu vermeiden.

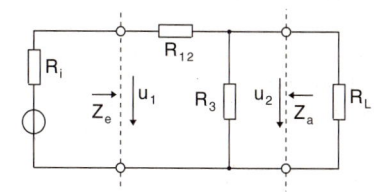

Abbildung 3.48: Widerstandsanpassung für $R_i > R_L$

Dazu kann das Netzwerk in Abbildung 3.48 dienen. Es eignet sich für *den* Fall, wo der **Innenwiderstand***
der Quelle **höher als** der **Lastwiderstand*** ist. Die Widerstände müssen so dimensioniert sein, daß die Eingangsimpedanz des Netzwerks mit angeschlossener Last gleich dem Innenwiderstand der Spannungsquelle wird. Andererseits muß die Ausgangsimpedanz des Netzwerkes gleich der der Last sein. Für den häufigen Fall reellen Last- und Innenwiderstands ergibt das

$$Z_e = R_{12} + R_3 || R_L = R_{12} + \frac{R_3 \cdot R_L}{R_3 + R_L}; \qquad Z_a = \frac{R_3(R_{12} + R_i)}{R_3 + R_{12} + R_i}$$

Für Widerstandsanpassung muß gelten

$$Z_e \stackrel{!}{=} R_i \qquad \text{und} \qquad Z_a \stackrel{!}{=} R_L$$

Aus diesen Bedingungen ergibt sich für die Widerstände

$$R_{12} = R_i \cdot \sqrt{1 - \frac{R_L}{R_i}} \qquad \text{und} \qquad R_3 = \frac{R_L}{\sqrt{1 - \frac{R_L}{R_i}}} \qquad \text{für } R_i > R_L \tag{3.60}$$

Das Spannungsverhältnis

$$\frac{U_1}{U_2} = \frac{R_i}{R_L}\left(1 + \sqrt{1 - \frac{R_L}{R_i}}\right) = \frac{1}{1 - \sqrt{1 - \frac{R_L}{R_i}}} \tag{3.61}$$

ist unter der Randbedingung $R_i > R_L$ immer größer als Eins, damit dämpft das Netzwerk das Signal. Ohne die Funktion des Netzwerks zu ändern, kann der Widerstand R_{12} auf die symmetrisch liegenden Widerstände R_1 und R_2 aufgeteilt werden. Abbildung 3.50 gibt dafür ein dimensioniertes Beispiel.

Für den Fall, daß der **Lastwiderstand höher als** der **Innenwiderstand** der Spannungsquelle ist, eignet sich das Netzwerk in Abbildung 3.49. Hier liegt der Querwiderstand parallel zu den Eingangsklemmen des Netzwerks.

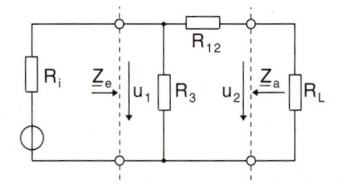

Abbildung 3.49: Widerstandsanpassung für $R_L > R_i$

Eingangsimpedanz und Ausgangsimpedanz des Netzwerks ergeben sich zu

$$Z_e = R_3 ||(R_{12} + R_L) = \frac{R_3 \cdot (R_{12} + R_L)}{R_3 + R_{12} + R_L}; \qquad Z_a = R_{12} + (R_3 || R_i) = R_{12} + \frac{R_3 \cdot R_i}{R_3 + R_i}$$

---

* INNENWIDERSTAND: *internal resistance*
* LASTWIDERSTAND: *load (resistance)*

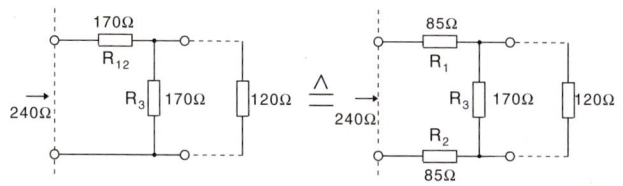

Abbildung 3.50: Widerstandsnetzwerk zur Anpassung einer Quelle mit Innenwiderstand $240\,\Omega$ an eine Last von $120\,\Omega$

Aus den Bedingungen zur Widerstandsanpassung $Z_e \stackrel{!}{=} R_i$ und $Z_a \stackrel{!}{=} R_L$ ergibt sich für die Widerstände

$$R_{12} = R_L \cdot \sqrt{1 - \frac{R_i}{R_L}} \quad \text{und} \quad R_3 = \frac{R_i}{\sqrt{1 - \frac{R_i}{R_L}}} \quad \text{für } R_L > R_i \quad (3.62)$$

Das Spannungsverhältnis

$$\frac{U_1}{U_2} = 1 + \frac{R_{12}}{R_L} = 1 + \sqrt{1 - \frac{R_i}{R_L}} \quad (3.63)$$

ist immer größer als Eins, damit dämpft das Netzwerk das Signal. Ohne die Funktion des Netzwerks zu ändern, kann der Widerstand R_{12} auf die symmetrisch liegenden Widerstände R_1 und R_2 aufgeteilt werden. Abbildung 3.51 gibt dafür ein dimensioniertes Beispiel.

Abbildung 3.51: Widerstandsnetzwerk zur Anpassung einer Quelle mit Innenwiderstand $60\,\Omega$ an eine Last mit $240\,\Omega$

HINWEIS: Zur Widerstandstransformation mit deutlich geringeren Verlusten setzt man Übertrager ein.

3.7.4 Spannungsteiler mit definierten Eingangs- und Ausgangswiderständen

Mit **T-Glied**ern oder **Π-Glied**ern lassen sich Spannungsteiler realisieren, die die Quelle mit einer Eingangsimpedanz belasten, die gleich dem definierten Lastwiderstand R_L ist, andererseits aber für die Last eine Spannungsquelle mit diesem Innenwiderstand darstellen. In der Meßtechnik bezeichnet man ein solches (i.allg. komplexes) Netzwerk als **Eichleitung**.

Für ein vorgegebenes Spannungsverhältnis von $a = \dfrac{U_1}{U_2} > 1$ (Dämpfung) ergibt sich für die Dimensionierung des **T-Glieds**[*]

---

[*] T-GLIED: *T-network*

$$R_1 = R_2 = R_L \cdot \frac{a-1}{a+1} \quad \text{für } a > 1 \quad \text{und } R_i = R_L$$

$$R_3 = R_L \cdot \frac{2a}{a^2 - 1}$$

(3.64)

Für ein **Π-Glied**[*] ergibt sich

$$R_1 = R_2 = R_L \cdot \frac{a+1}{a-1} \quad \text{für } a > 1 \quad \text{und } R_i = R_L$$

$$R_3 = R_L \cdot \frac{a^2 - 1}{2a}$$

(3.65)

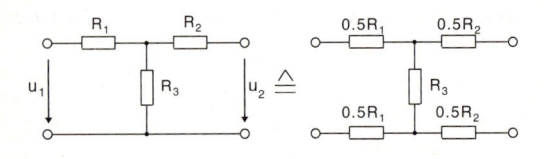

Abbildung 3.52: T-Glieder und Π-Glieder und ihre symmetrischen Varianten

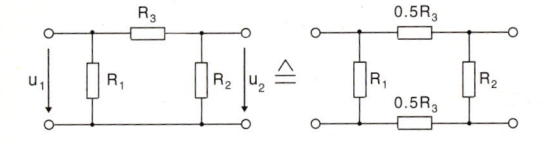

HINWEIS: Die beiden Netzwerktypen sind dual zueinander mit der Dualitätskonstanten $R_i R_L$.

BEISPIEL: Gefordert ist ein T-Glied und ein Π-Glied, die die Klemmenspannung um einen Faktor von $a = 5$ teilen, für eine Quelle mit 600 Ω Innenwiderstand und eine Last von 600 Ω.

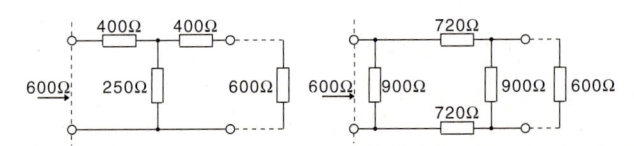

Abbildung 3.53: T- und Π-Glied als Spannungsteiler 1 : 5 für eine 600 Ω-Quelle und eine 600 Ω-Last

3.7.5 Netzwerke zur Phasenverschiebung

Eine definierte Phasenverschiebung zwischen Sinusgrößen stellt man nach der Bedingung

$$\tan \varphi = \frac{\text{Imaginärteil}}{\text{Realteil}}$$

ein. Bedingungsgleichungen für die Dimensionierung von Netzwerken, die Sinusgrößen um 45°, 90° oder 180° gegeneinander verschieben sollen, sind verhältnismäßig einfach zu formulieren.

---

[*] PI-GLIED: *Pi-network*

Phasenverschiebung		Bedingung		
45°	= +π/4	Re($\underline{U}_2$)	=	Im($\underline{U}_2$)
−45°	= −π/4	Re($\underline{U}_2$)	=	−Im($\underline{U}_2$)
90°	= +π/2	$\underline{U}_2$	=	$j\underline{U}_1 \cdot k$
−90°	= −π/2	$\underline{U}_2$	=	$-j\underline{U}_1 \cdot k$
180°	= +π	$\underline{U}_2$	=	$-\underline{U}_1 \cdot k$

k ist dabei eine positive reelle Konstante, in der die zu dimensionierenden Größen (R, L, C) auftauchen.

3.7.5.1 RC-Phasenschieber

Um eine Phasenverschiebung von 45° zwischen Eingangs- und Ausgangsspannung zu erzielen, kann man ein RC-Glied einsetzen.

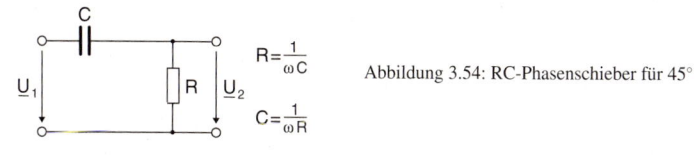

Abbildung 3.54: RC-Phasenschieber für 45°

$R = \frac{1}{\omega C}$

$C = \frac{1}{\omega R}$

Für die Ausgangsspannung $\underline{U}_2$ ergibt sich

$$\underline{U}_2 = \underline{U}_1 \cdot \frac{R}{R - j\frac{1}{\omega C}} = \underline{U}_1 \cdot \frac{\omega RC}{\omega RC - j}$$

Zerlegt in Real- und Imaginärteil

$$\underline{U}_2 = \underline{U}_1 \cdot \frac{\omega RC(\omega RC + j)}{(\omega RC)^2 + 1} = \underline{U}_1 \cdot \frac{\omega^2 R^2 C^2 + j\omega RC}{\omega^2 R^2 C^2 + 1}$$

Für eine Phasenverschiebung von 45° soll Re($\underline{U}_2$) = Im($\underline{U}_2$) sein.

$$\omega^2 R_{45}^2 C^2 \stackrel{!}{=} \omega R_{45} C \quad \Rightarrow \quad R_{45} = \frac{1}{\omega C} \tag{3.66}$$

Das Spannungsverhältnis ist mit dieser Dimensionierung

$$\frac{|\underline{U}_2|}{|\underline{U}_1|} = \left|\frac{R_{45}}{R_{45} - j\frac{1}{\omega C}}\right| = \left|\frac{1}{1-j}\right| = \frac{1}{\sqrt{2}} \approx 0{,}707$$

HINWEIS: Die Größe $\omega = \frac{1}{RC}$ wird als **Grenzkreisfrequenz** bezeichnet. $R \cdot C$ heißt **Zeitkonstante**[*] des RC-Glieds.

Eine Phasenverschiebung von 90° läßt sich mit einem einfachen RC-Glied nicht erreichen, dazu müßte der Widerstand $R = 0$ sein. Zwei kaskadierte RC-Glieder können das Problem lösen.

---

[*] ZEITKONSTANTE: *time constant*

Betrachtet man das Netzwerk als Spannungsteiler, so ergibt sich nach etwas umfangreicherer Rechnung mit der Impedanz $\underline{Z}_C$ für den Kondensator

$$\underline{U}_2 = \underline{U}_1 \cdot \frac{R^2}{\underline{Z}_C^2 + 3R\underline{Z}_C + R^2} \tag{3.67}$$

Die Bedingung, daß $\underline{U}_2$ gegenüber $\underline{U}_1$ um 90° verschoben sein soll, erfordert $\underline{U}_1 = \mathrm{j}k\underline{U}_2$. Durch Erweitern mit j wird Gleichung (3.67) in diese Form gebracht.

$$\underline{U}_2 = \mathrm{j}\underline{U}_1 \frac{R^2}{\mathrm{j}\underbrace{(\underline{Z}_C^2 + R^2)}_{\text{reell}} + \mathrm{j}3 \underbrace{R\underline{Z}_C}_{\text{imaginär}}}$$

Der Klammerausdruck im Nenner muß verschwinden, wenn der Bruch insgesamt reell sein soll.

$$\underline{Z}_C^2 + R^2 \stackrel{!}{=} 0 \quad \Rightarrow \quad \text{mit} \quad \underline{Z}_C = -\mathrm{j}\frac{1}{\omega C} : R_{90} = \frac{1}{\omega C} \tag{3.68}$$

Das Spannungsverhältnis ergibt sich mit dieser Dimensionierung

$$\boxed{\frac{|\underline{U}_1|}{|\underline{U}_2|} = \frac{\omega RC}{3} = \frac{1}{3}} \tag{3.69}$$

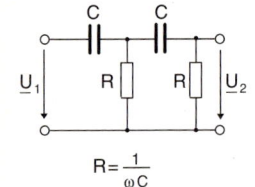

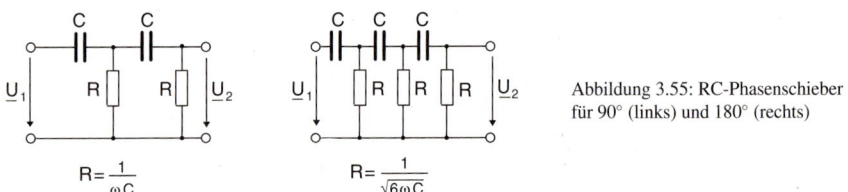

Abbildung 3.55: RC-Phasenschieber für 90° (links) und 180° (rechts)

Eine Phasendrehung von 180° läßt sich mit einem dreistufigen RC-Glied erreichen. Die etwas kompliziertere Auswertung des Netzwerks führt unter der Bedingung $\underline{U}_2 = -k\underline{U}_1$ auf das Ergebnis

$$R_{180} = \frac{1}{\sqrt{6}\,\omega C}$$

Das Spannungsverhältnis ist bei diesem Netzwerk

$$\boxed{\frac{|\underline{U}_2|}{|\underline{U}_1|} = \frac{1}{29}} \tag{3.70}$$

HINWEIS: Zur Erzielung definierter Phasenverschiebungen setzt man Allpässe oder Wechselstrombrücken ein.

3.7.5.2 Sonstige Schaltungen zur Phasenverschiebung

Die in Abbildung 3.55 gezeigte **Hummelschaltung** verursacht bei geeigneter Dimensionierung eine Phasenverschiebung des Stromes I_2 um 90° gegenüber der Spannung am Netzwerk.

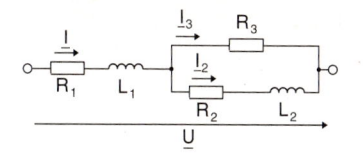

Abbildung 3.56: Hummelschaltung zur Phasenverschiebung des Stroms I_2

Die Gesamtspannung am Netzwerk ist

$$\underline{U} = \underline{U}_1 + \underline{U}_2 = (\underline{I}_2 + \underline{I}_3)(R_1 + j\omega L_1) + \underline{I}_2(R_2 + j\omega L_2)$$

Am Widerstand R_3 liegt dieselbe Spannung wie an $R_2 L_2$, deshalb läßt sich $\underline{I}_3$ mit

$$\underline{I}_3 \cdot R_3 = \underline{I}_2(R_2 + j\omega L_2) \quad \Rightarrow \quad \underline{I}_3 = \underline{I}_2 \frac{R_2 + j\omega L_2}{R_3}$$

substituieren.

$$\underline{U} = \underline{I}_2 \left(R_1 + \frac{R_1 R_2}{R_3} + j\frac{\omega R_1 L_2}{R_3} + j\omega L_1 + j\frac{\omega R_2 L_1}{R_3} - \frac{\omega^2 L_1 L_2}{R_3} + R_2 + j\omega L_2 \right)$$

Der Klammerausdruck muß rein imaginär sein, wenn der Strom um 90° nacheilen soll. Alle reellen Anteile müssen demnach verschwinden.

$$R_1 R_3 + R_1 R_2 - \omega^2 L_1 L_2 + R_2 R_3 \stackrel{!}{=} 0$$

Für

$$R_3 = \frac{\omega^2 L_1 L_2 - R_1 R_2}{R_1 + R_2} \qquad (3.71)$$

wird ein Nacheilen des Zweigstroms um 90° ($\pi/2$) erreicht.

Die sogenannte **Polekschaltung** erreicht ebenso eine Phasenverschiebung des Stroms durch L_2, indem der Parallelwiderstand der Hummelschaltung durch eine verlustarme Kapazität ersetzt wird. 90° Phasenverschiebung des Spulenstroms gegenüber der Gesamtspannung wird erzielt für

$$C = \frac{R_1 + R_2}{\omega^2 (L_1 R_2 + L_2 R_1)} \qquad (3.72)$$

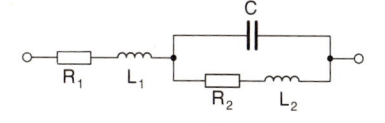

Abbildung 3.57: Polekschaltung zur 90°-Phasenverschiebung des Spulenstroms gegenüber der Gesamtspannung

Ein Kuriosum der Wechselstromtechnik ist das sogenannte **Wechselstrom-Paradoxon**. Das Netzwerk liegt an Sinusspannung. Der Widerstand R_2 soll so dimensioniert werden, daß sich der Ausschlag des Amperemeters beim Umlegen des Schalters nicht ändert.

Konstanter Ausschlag des Meßgerätes heißt, daß der *Betrag* des Wechselstroms in beiden Fällen gleich ist. Die Impedanz des Kreises bei offenem Schalter ist

$$\underline{Z}_\infty = R_1 + j\omega L \quad \Rightarrow \quad Z_\infty^2 = R_1^2 + (\omega L)^2$$

Abbildung 3.58: Zum Wechselstrom-Paradoxon

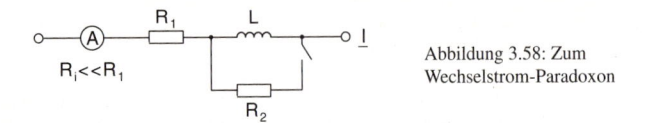

Bei geschlossenem Schalter

$$\underline{Z}_0 = R_1 + \frac{j\omega L \cdot R_2}{j\omega L + R_2} = \frac{R_1 R_2 + j\omega L(R_1 + R_2)}{j\omega L + R_2} \quad \Rightarrow \quad Z_0^2 = \frac{R_1^2 R_2^2 + \omega^2 L^2 (R_1 + R_2)^2}{\omega^2 L^2 + R_2^2}$$

Durch Gleichsetzen der beiden Betragsquadrate der Impedanzen ergibt sich als Bedingung für den zugeschalteten Widerstand R_2

$$R_2 = \frac{(\omega L)^2}{2R_1} \tag{3.73}$$

Der Betrag des Stromes ändert sich beim Umlegen des Schalters nicht, wohl aber seine Phase.

3.7.6 Wechselstrombrücken

3.7.6.1 Abgleichbedingung

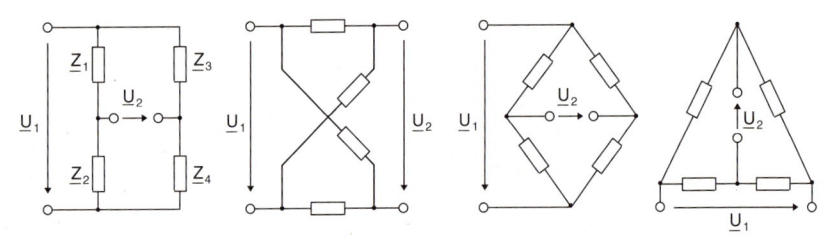

Abbildung 3.59: Brückenschaltungen in verschiedenen Darstellungen

Die Impedanzen $\underline{Z}_1$ und $\underline{Z}_2$ werden bei unbelasteter Brücke vom selben Wechselstrom durchflossen. Die beiden Wechselstromwiderstände wirken als Spannungsteiler. Gleiches gilt für $\underline{Z}_3$ und $\underline{Z}_4$. Die Ausgangsspannung $\underline{U}_2$ ist die Differenz der Spannungen an den Klemmen der Spannungsteiler. Daraus folgt

$$\underline{U}_2 = 0 \quad \Longleftrightarrow \quad \boxed{\frac{\underline{Z}_1}{\underline{Z}_2} = \frac{\underline{Z}_3}{\underline{Z}_4}} \tag{3.74}$$

Unter diesen Bedingungen heißt die **Brücke abgeglichen*** oder im **Gleichgewicht**.

Die Impedanzverhältnisse in Gleichung (3.74) sind komplex. Es müssen also gleichzeitig die beiden Bedingungen gelten

$$\frac{Z_1}{Z_2} = \frac{Z_3}{Z_4} \quad \text{und} \quad \varphi_1 - \varphi_2 = \varphi_3 - \varphi_4$$

---
* ABGEGLICHENE BRÜCKE: *balanced bridge*

● Eine Wechselstrombrücke muß im Gleichgewicht zwei Abgleichbedingungen erfüllen, eine für die Beträge, eine für die Phase der komplexen Wechselstromwiderstände.

HINWEIS: Die Abgleichbedingung gilt im allgemeinen bei Wechselstrombrücken nur für eine Frequenz. Meßbrücken werden deshalb an Sinusspannung betrieben. Frequenzunabhängigkeit wird nur mit speziellen Brückenschaltungen erzielt.

3.7.6.2 Anwendung: Meßtechnik

Die Abgleichbedingung nach Gleichung (3.74) kann genutzt werden, um eine unbekannte Impedanz im Brückenzweig zu bestimmen.

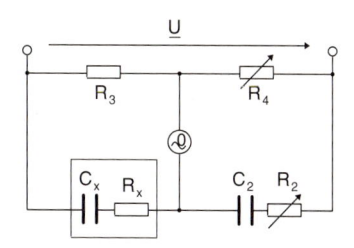

Abbildung 3.60: Wien-Brücke zur Messung der Kapazität C_x und des Verlustwiderstandes R_x eines Kondensators

Die Abbildung zeigt eine **Wien-Brücke*** zur Bestimmung der Ersatzschaltbildgrößen eines Kondensators. Im Diagonalzweig befindet sich ein Nullinstrument (das kann auch ein Kopfhörer sein), mit dem der Minimum-Abgleich erfolgt. Zuerst erfolgt der Abgleich des Imaginärteils der Impedanz des Meßobjektes durch Variation von R_4 bis zum Minimum. Es gilt dann

$$\frac{X_{C_x}}{X_{C_2}} = \frac{\frac{1}{\omega C_x}}{\frac{1}{\omega C_2}} = \frac{C_2}{C_x} = \frac{R_3}{R_4} \qquad \text{1. Abgleich}$$

Dann wird der Realteil der Impedanzen mit R_2 abgeglichen.

$$\frac{R_x}{R_2} = \frac{R_3}{R_4} \qquad \text{2. Abgleich}$$

Die Größe rechts vom Gleichheitszeichen ändert sich bei diesem Abgleich nicht mehr. Die Ersatzschaltbildgrößen des Kondensators sind dann

$$C_x = C_2 \cdot \frac{R_4}{R_3}; \qquad R_x = R_2 \cdot \frac{R_3}{R_4}$$

---

* WIEN-BRÜCKE: *Wien bridge*

3.8 Leistung im Wechselstromkreis

3.8.1 Augenblickleistung

Die **Augenblicksleistung** oder **Momentanleistung*** einer Wechselgröße ist definiert als

$$p(t) = u(t) \cdot i(t)$$

3.8.1.1 Leistung am Wirkwiderstand

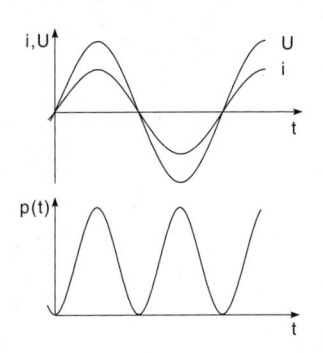

Abbildung 3.61: Strom, Spannung und Augenblicksleistung am Wirkwiderstand

Am Widerstand sind Strom und Spannung in Phase. Für sinusförmige Spannung ist die Momentanleistung

$$p(t) = \hat{u}\sin\omega t \cdot \hat{i}\sin\omega t = \hat{u}\hat{i}\sin^2\omega t = UI(1 - \cos 2\omega t)$$

U und I sind die Effektivwerte der Spannung und des Stroms. φ ist der Phasenwinkel der Spannung, bezogen auf den Strom. Die Augenblicksleistung ist eine periodische Größe. Sie nimmt am Widerstand nur positive Werte an. Die Leistungsabgabe an den Verbraucher pulsiert mit der doppelten Frequenz der Spannung.

3.8.1.2 Leistung am Blindwiderstand

An einer Kapazität eilt die Spannung dem Strom um 90° ($\varphi = -\pi/2$) nach. Das Produkt $p(t) = u(t)i(t)$ weist dabei positive und negative Werte auf.

Die positiven und negativen Anteile unter der Leistungskurve sind gleich groß (siehe Abb. 3.62 links). Die Kapazität nimmt nur vorübergehend Energie auf und gibt sie in der folgenden Viertelperiode wieder an den Generator zurück. Ein Mischfall liegt bei ohmsch-kapazitiver Last vor (siehe Abb. 3.62, rechts). Ein Teil der Leistung wird in der ohmschen Komponente der Last umgesetzt, ein Teil fließt zum Generator zurück. Analoges gilt für die Leistung an Induktivität und an ohmsch-induktiver Last.

Bei sinusförmigen Strömen läßt sich die Augenblicksleistung schreiben als

$$p(t) = \underbrace{UI \cdot \cos\varphi}_{\text{konstant}} - \underbrace{UI \cdot \cos(2\omega t - \varphi)}_{\text{pulsierend}}$$

φ ist dabei der Phasenunterschied der Spannung, bezogen auf den Strom.

---

* MOMENTANLEISTUNG: *instantaneous power*

3.8 Leistung im Wechselstromkreis

● Die Momentanleistung hat einen zeitlich konstanten Anteil und einen Anteil, der mit doppelter Netzfrequenz pulsiert.

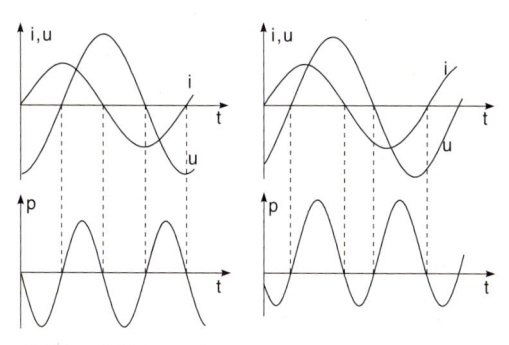

Abbildung 3.62: Strom, Spannung und Augenblicksleistung an einer Kapazität und an einer ohmsch-kapazitiven Last

Abbildung 3.63: Zerlegung der Momentanleistung in einen Wirk- und einen Blindanteil

Alternativ läßt sich die Momentanleistung darstellen

$$p(t) = \underbrace{UI\cos\varphi\,[1-\cos 2\omega t]}_{\text{Wirkanteil}} - \underbrace{UI\sin\varphi\,\sin 2\omega t}_{\text{Blindanteil}} \tag{3.75}$$

Der erste Term ist immer positiv, man bezeichnet ihn als **Wirkanteil**. Der zweite Term wechselt das Vorzeichen und heißt **Blindanteil**.

3.8.2 Mittlere Leistung

Die **mittlere Leistung**[*] ist definiert als

$$P = \bar{p} = \frac{1}{T}\int_{t}^{t+T} p(t)\,\mathrm{d}t \tag{3.76}$$

Wenn in der Elektrotechnik von *Leistung* gesprochen wird, ist fast immer die mittlere Leistung gemeint.

3.8.2.1 Wirkleistung

Für die **Wirkleistung**[*] bei sinusförmigen Strömen und Spannungen ergibt sich

$$\boxed{P = U \cdot I \cdot \cos\varphi} \tag{3.77}$$

U und I sind die Effektivwerte der Spannung und des Stroms. Der Faktor $\cos\varphi$ heißt **Leistungsfaktor**[*] oder **Wirkfaktor**. Die Einheit der Wirkleistung ist das **Watt** (W).

---

[*] MITTLERE LEISTUNG: *average power*
[*] WIRKLEISTUNG: *real power*
[*] LEISTUNGSFAKTOR: *power factor PF*

- Bei reinen Wirkwiderständen ($\varphi = 0$) ist $\cos\varphi = 1$ und die Wirkleistung $P = UI$.
- Bei reinen Blindwiderständen ($\varphi = \pm 90°$) ist $\cos\varphi = 0$ und die Wirkleistung verschwindet.
- Bei ohmsch-kapazitiven und ohmsch-induktiven Lasten ($-90° < \varphi < 90°$) ist die Wirkleistung positiv.
- Wirkleistung läßt sich in andere Formen der Leistung (Wärme, mechanische Leistung usw.) überführen.

Bei der Darstellung eines komplexen Zweipols als Parallel-Ersatzschaltung eines Wirk- und eines Blindwiderstandes kann man den Leistungsfaktor $\cos\varphi$ modellhaft dem Strom zuordnen. Man spricht dann vom **Wirkstrom**.

$$I_w = I \cdot \cos\varphi \tag{3.78}$$

$$P = I_w \cdot U; \qquad P = \frac{U^2}{R_p} \tag{3.79}$$

- Die Wirkleistung ergibt sich als Produkt aus Wirkstrom und Effektivspannung. Diese Betrachtung ist nur sinnvoll bei Parallelschaltungen, wo alle Bauelemente an der gleichen Spannung liegen.

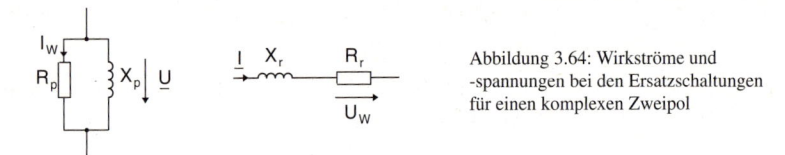

Abbildung 3.64: Wirkströme und -spannungen bei den Ersatzschaltungen für einen komplexen Zweipol

Bei der Darstellung eines komplexen Zweipols als Reihen-Ersatzschaltung eines Wirk- und eines Blindwiderstandes kann man den Leistungsfaktor $\cos\varphi$ modellhaft der Spannung zuordnen. Man spricht dann von **Wirkspannung**.

$$U_w = U \cdot \cos\varphi \tag{3.80}$$

$$P = U_w \cdot I; \qquad P = I^2 \cdot R_r \tag{3.81}$$

- Die Wirkleistung ergibt sich als Produkt aus Wirkspannung und Effektivstrom. Diese Betrachtung ist nur sinnvoll bei Reihenschaltungen, wo alle Bauelemente von demselben Strom durchflossen werden.

VORSICHT: Die Wirkleistung ist *nicht* das Produkt aus Wirkstrom und Wirkspannung. Die beiden Größen stammen aus unterschiedlichen Ersatzschaltbildern.

3.8.2.2 Blindleistung

Die **Blindleistung**[*] ist definiert als

$$\boxed{Q = U \cdot I \cdot \sin\varphi} \tag{3.82}$$

---

[*] BLINDLEISTUNG: *reactive power*

U und I sind die Effektivwerte der Spannung und des Stroms. φ ist der Phasenwinkel der Spannung, bezogen auf den Strom. Der Faktor $\sin\varphi$ wird als **Blindfaktor**[†] bezeichnet. Die Einheit für die Blindleistung ist das **Volt-Ampere-reaktiv**, var.

- Bei rein ohmschen Widerständen ($\varphi = 0$) ist die Blindleistung gleich Null.

- Blindleistung an induktiv-ohmscher Last ist positiv, an kapazitiv-ohmscher Last negativ.

- Blindleistung läßt sich *nicht* in andere Formen der Leistung umwandeln.

Bei der Darstellung eines komplexen Zweipols als Parallel-Ersatzschaltung eines Wirk- und eines Blindwiderstandes kann man den Faktor $\sin\varphi$ modellhaft dem Strom zuordnen. Man spricht dann vom **Blindstrom**.

$$I_b = -I \cdot \sin\varphi_Y \tag{3.83}$$

$$Q = -I_b \cdot U; \quad Q = \frac{U^2}{X_p} \tag{3.84}$$

- Die Blindleistung ergibt sich als Produkt aus negativem Blindstrom und Effektivspannung. Diese Betrachtung ist nur sinnvoll bei Parallelschaltungen, wo alle Bauelemente an der gleichen Spannung liegen.

HINWEIS: Das negative Vorzeichen beim Blindstrom ergibt sich daraus, daß man bei der Parallel-Ersatzschaltung die Phase auf die Spannung bezieht ($\varphi_Y = -\varphi_Z$).

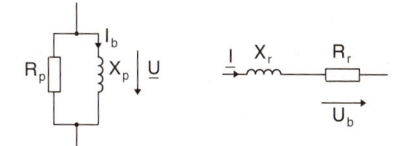

Abbildung 3.65: Blindströme und -spannungen bei den Ersatzschaltungen für einen komplexen Zweipol

Bei der Darstellung eines komplexen Zweipols als Reihen-Ersatzschaltung eines Wirk- und eines Blindwiderstandes kann man den Faktor $\sin\varphi$ modellhaft der Spannung zuordnen. Man spricht dann von **Blindspannung**.

$$U_b = U \cdot \sin\varphi \tag{3.85}$$

$$Q = U_b \cdot I; \quad Q = I^2 \cdot X_r \tag{3.86}$$

- Die Blindleistung ergibt sich als Produkt aus Blindspannung und Effektivstrom. Diese Betrachtung ist nur sinnvoll bei Reihenschaltungen, wo alle Bauelemente von demselben Strom durchflossen werden.

VORSICHT: Die Blindleistung ist *nicht* das Produkt aus Blindstrom und Blindspannung. Die beiden Größen stammen aus unterschiedlichen Ersatzschaltbildern.

[†] Im Englischen spricht man bei induktiven Lasten von *lagging power factor*, bei kapazitiven Lasten von *leading power factor*. *Lagging* und *leading* bezeichnen dabei das Nach- bzw. Voreilen des Stroms gegenüber der Spannung.

3.8.2.3 Scheinleistung

Die **Scheinleistung*** ist definiert als

$$S = U \cdot I \tag{3.87}$$

U und I sind die Effektivwerte der Spannung und des Stroms. φ ist der Phasenwinkel der Spannung, bezogen auf den Strom. Die Einheit der Scheinleistung ist das **Volt-Ampere** (VA). Es gilt

$$\boxed{P = S \cdot \cos\varphi\,; \qquad Q = S \cdot \sin\varphi} \tag{3.88}$$

Dieser Zusammenhang legt eine geometrische Analogie nahe.

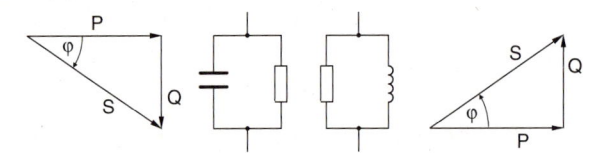

Abbildung 3.66: Zeigerdreieck aus Wirk-, Blind- und Scheinleistung bei ohmsch-kapazitiver und ohmsch-induktiver Last

Aus dem Zeigerbild ist ablesbar

$$\boxed{S = \sqrt{P^2 + Q^2}} \tag{3.89}$$

- Scheinleistungen von Verbrauchern mit **unterschiedlichen Leistungsfaktoren** können nicht addiert werden. Vielmehr sind Wirk- und Blindleistungen getrennt zu addieren. Daraus ergibt sich die gesamte Scheinleistung.

3.8.3 Komplexe Leistung

Man definiert die **komplexe Leistung***

$$\boxed{\underline{S} = \underline{U} \cdot \underline{I}^*} \tag{3.90}$$

- Die komplexe Leistung ist das Produkt aus Spannung und konjugiert komplexem Strom.

$$\underline{S} = U e^{j\varphi_U} \cdot I e^{-j\varphi_I} = UI e^{j(\varphi_U - \varphi_I)} = UI e^{j\varphi}$$

φ stellt die Phasenverschiebung der Spannung gegenüber dem Strom dar. Daraus folgt

$$\underline{S} = \underbrace{UI\cos\varphi}_{P} + j\underbrace{UI\sin\varphi}_{Q}$$

---

* SCHEINLEISTUNG: *apparent power*, meistens aber umschrieben als *product of rms values of voltage and current*
* KOMPLEXE LEISTUNG: *complex power*

und somit

$$\underline{S} = P + jQ; \quad S = |\underline{S}| = \sqrt{P^2 + Q^2} \tag{3.91}$$

- Die **Wirkleistung*** ist der **Realteil** der komplexen Leistung.
- Die **Blindleistung*** ist der **Imaginärteil** der komplexen Leistung.
- Die **Scheinleistung*** ist der **Betrag** der komplexen Leistung.

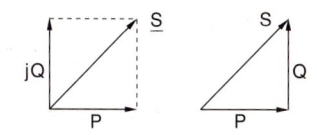

Abbildung 3.67: Die komplexe Leistung im Zeigerdiagramm

In Analogie zu anderen komplexen Größen wird die komplexe Leistung in einem Zeigerdiagramm dargestellt.

3.8.4 Übersicht: Wechselstromleistung

Last	$P = S\cos\varphi$	$Q = S\sin\varphi$	S	$\cos\varphi$
rein induktiv	0	positiv	Q	0
ohmsch-induktiv	positiv	positiv	$\sqrt{P^2+Q^2}$	0...1
rein ohmsch	positiv	0	P	1
ohmsch-kapazitiv	positiv	negativ	$\sqrt{P^2+Q^2}$	0...1
rein kapazitiv	0	negativ	Q	0

$$S = \sqrt{P^2 + Q^2} \tag{3.92}$$

$$P = S \cdot \cos\varphi \tag{3.93}$$

$$Q = S \cdot \sin\varphi \tag{3.94}$$

$$Q = P \cdot \tan\varphi \tag{3.95}$$

$$P = Q \cdot \cot\varphi \tag{3.96}$$

$$\tan\varphi = \frac{Q}{P} \tag{3.97}$$

---

* WIRKLEISTUNG: *real power*
* BLINDLEISTUNG: *reactive power*
* SCHEINLEISTUNG: *apparent power*, siehe dazu die Bemerkungen in der Fußnote auf Seite 162

	Parallel-Ersatzschaltung	Reihen-Ersatzschaltung
Schaltbild	(siehe Bild)	(siehe Bild)
komplexer Widerstand / komplexer Leitwert	$\underline{Y} = G + jB$	$\underline{Z} = R + jX$
Scheinwiderstand / Scheinleitwert	$Y = \sqrt{G^2 + B^2}$	$Z = \sqrt{R^2 + X^2}$
Wirkwiderstand / Wirkleitwert	$G = Y\cos\varphi_Y = I_w/U$	$R = Z\cos\varphi = U_w/I$
Blindwiderstand / Blindleitwert	$B = -Y\sin\varphi_Y = -I_b/U$	$X = Z\sin\varphi = U_b/I$
komplexe Leistung	$\underline{S} = \underline{Y}^* U^2 = (G - jB)U^2$	$\underline{S} = \underline{Z}I^2 = (R + jX)I^2$
Wirkleistung	$P = I_w U = I_w^2/G = U^2 G$	$P = U_w I = U_w^2/R = I^2 R$
Blindleistung	$Q = -I_b U = -I_b^2/B = -U^2 B$	$Q = U_b I = U_b^2/X = I^2 X$
Scheinleistung	$S = UI = U\sqrt{I_w^2 + I_b^2}$	$S = UI = I\sqrt{U_w^2 + U_b^2}$
Wirkfaktor	$\cos\varphi = G/Y$	$\cos\varphi = R/Z$
Blindfaktor	$\sin\varphi = B/Y$	$\sin\varphi = X/Z$
Wirkstrom / Wirkspannung	$I_w = I\cos\varphi_Y = GU$	$U_w = U\cos\varphi = RI$
Blindstrom / Blindspannung	$I_b = -I\sin\varphi_Y = -BU$	$U_b = U\sin\varphi = XI$

3.8.5 Blindstromkompensation

Der **Leistungsfaktor*** oder **Wirkfaktor** gibt an, wie hoch der Wirkleistungsanteil P in der Scheinleistung S ist.

Obwohl Blindstrom nichts zur umsetzbaren Leistung beiträgt, muß er doch auf den Zuleitungen vom Generator zur Last transportiert werden. Um eine wirtschaftliche Ausnutzung von Leitungswegen zu ermöglichen, ist man bestrebt, den vom Generator aufzubringenden Blindstromanteil möglichst klein zu halten. Diese Maßnahme heißt **Blindstromkompensation***.

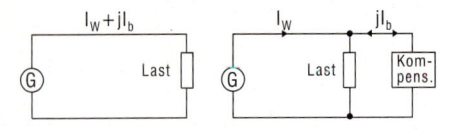

Abbildung 3.68: Prinzip der Blindstromkompensation

---

* LEISTUNGSFAKTOR, WIRKFAKTOR: *power factor PF*
* BLINDSTROMKOMPENSATION: *power factor correction*

Man legt parallel zur Last einen Blindwiderstand, der ihren Blindstrom aufnimmt. Bei den meist vorliegenden ohmsch-induktiven Lasten ist das ein Kondensator. Sein Blindstrom muß betragsmäßig gleich groß dem der Last sein. Der Effekt ist, daß Blindströme nur noch zwischen Last und Kompensationsglied ausgetauscht werden und damit der Generator und seine Zuleitung nicht mehr belastet werden. Übersteigt der Blindstrom des Kompensationselementes den der Last, spricht man von **Überkompensation**. In der Praxis stellt man durch Kompensation einen Wirkfaktor von etwa $\cos\varphi = 0{,}9$ ein.

BEISPIEL: Ein Motor mit 230 V/16 A/$\cos\varphi = 0{,}8$ soll mit einem Kondensator kompensiert werden.

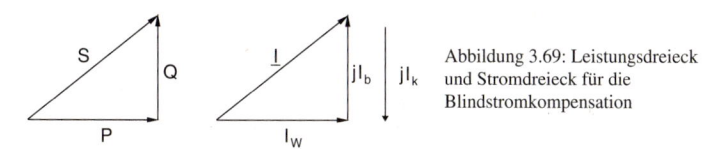

Abbildung 3.69: Leistungsdreieck und Stromdreieck für die Blindstromkompensation

Durch den Motor fließt ein Wirkstrom von $16\,\text{A}\cdot\cos\varphi = 12{.}8\,\text{A}$. Der Blindstrom beträgt $I_b = \sqrt{I^2 - I_W^2} = \sqrt{16^2 - 12{.}8^2} = 9{.}6\,\text{A}$. Der Blindstrom muß von dem Kondensator aufgenommen werden. Sein Blindwiderstand beträgt $X_C = 230\,\text{V}/9{.}6\,\text{A} = 24\,\Omega$. Daraus folgt bei 50 Hz eine Kapazität von $C = 1/X_C \cdot \omega = (24\,\Omega \cdot 2\pi \cdot 50\,\text{s}^{-1})^{-1} = 133\,\mu\text{F}$. Bei Kompensation auf einen Wirkfaktor $\cos\varphi = 0{,}9$ muß nur ein Blindstrom von 6,2 A kompensiert werden (warum?), wozu eine Kapazität von 86 µF genügt.

HINWEIS: Der Leistungsfaktor von Transformatoren und Motoren verringert sich, wenn sie unbelastet bleiben. Die Blindströme kommen durch Auf- und Abbau der Magnetfelder zustande.

3.9 Drehstrom
3.9.1 Mehrphasensysteme

Abbildung 3.70 zeigt eine kreisförmige Anordnung von mehreren Spulen, in deren Zentrum ein Dauermagnet mit konstanter Winkelgeschwindigkeit rotiert. In den einzelnen Spulen werden Wechselspannungen gleicher Frequenz mit konstanter Phasenverschiebung zueinander induziert.

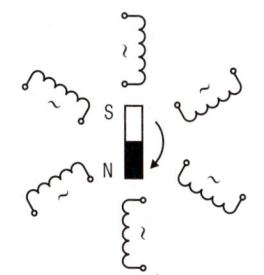

Abbildung 3.70: Prinzipielle Anordnung zur Erzeugung gleichfrequenter Wechselspannungen in einem Mehrphasensystem

Solche Anordnungen von Wechselspannungsgeneratoren, die damit verbundenen Leiter und Verbraucher bezeichnet man als **Mehrphasensysteme**[*]. Bei n Spannungen ergibt sich ein **n-Phasensystem**. Besteht

---
[*] MEHRPHASENSTROM: *polyphase current*

eine galvanische Verbindung zwischen den Generatoren, so bezeichnet man das Mehrphasensystem als **verkettet**.

Die Erzeugung solcher verketteter Spannungen erfolgt durch Generatoren mit versetzten Wicklungen (der rotierende Magnet ist dabei durch einen gleichstromerregten Rotor ersetzt) oder durch Wechselrichter. Sind die Spannungen betragsmäßig gleich, spricht man von einem **symmetrischen Mehrphasensystem**. Verbindet man die Spulenklemmen mit einer weiteren Spulenanordnung wie in Abbildung 3.70, so fließen Wechselströme, die im Inneren ein rotierendes Magnetfeld, das **Drehfeld*** erzeugen.

Von besonderer Bedeutung für die Verteilung elektrischer Energie ist das **Dreiphasensystem*** oder **Drehstromsystem***. Vorteile des Drehstromsystems sind

- weniger Leitungen als bei drei einphasigen Systemen (drei, vier oder fünf Leitungen gegenüber sechs)
- konstante Leistungsabgabe des Generators bei symmetrischer Last
- dem Verbraucher stehen mehrere Spannungen zur Verfügung
- einfache Bauweise von Motoren

3.9.2 Dreiphasensystem

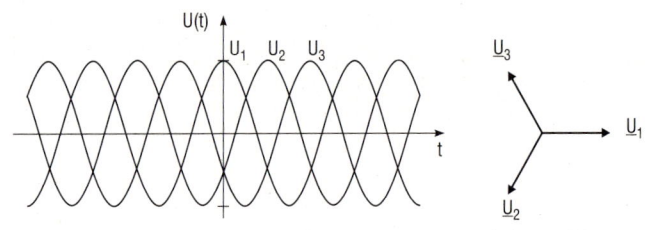

Abbildung 3.71: Zeitlicher Verlauf der Spannungen in einem symmetrischen Dreiphasensystem und deren Effektivwerte im Zeigerdiagramm

Im Drehstromnetz führt man nicht sechs Leiter zum Verbraucher sondern nur drei bzw. vier. Abbildung 3.72 zeigt die Bezeichnungen der Leiter und deren Spannungen.

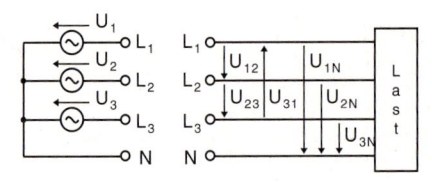

Abbildung 3.72: Bezeichnungen der Leiter und Spannungen im Drehstromnetz

Die Spannungen U_{12} usw. zwischen den **Außenleitern*** L_1, L_2 und L_3 bezeichnet man als **Außenleiterspannungen*** (alte Bezeichnung: Leiterspannungen) oder **verkettete Spannungen**, die Spannungen bezogen auf

---

* MAGNETISCHES DREHFELD: *rotating magnetic field*
* DREIPHASENSTROM: *three-phase current*
* DREHSTROM: *rotary current*
* AUSSENLEITER: *phase (conductor)*
* AUSSENLEITERSPANNUNG: *phase voltage*

den **Neutralleiter**[*] N als **Sternspannungen**[*]. Die Klemmenspannungen U_1, U_2, U_3 der Generatorwicklungen[*] werden als **Strangspannungen**[*] (früher Phasenspannungen) bezeichnet. **Außenleiterströme**[*] sind die Ströme in den Außenleitern, **Strangströme** (alte Bezeichnung: Phasenströme) sind die durch die Generatorwicklungen fließenden Ströme.

HINWEIS: Das in Deutschland und Europa meist verbreitete Dreiphasennetz führt die Spannungen 230 V/400 V.

HINWEIS: Man findet noch häufig die veralteten Leiterbezeichnungen R, S und T, sowie die Bezeichnung Mp oder O für den sogenannten Mittelpunktleiter (heute N).

Im symmetrischen Dreiphasennetz lauten die Strangspannungen in zeitlicher Darstellung

$$u_1(t) = \hat{u}\cdot \cos\omega t; \qquad u_2(t) = \hat{u}\cdot \cos\left(\omega t - \frac{2\pi}{3}\right); \qquad u_3(t) = \hat{u}\cdot \cos\left(\omega t + \frac{2\pi}{3}\right) \qquad (3.98)$$

Sie sind paarweise um 120° (2π/3) gegeneinander verschoben. Die dazugehörigen komplexen Effektivwerte der Spannungen lauten

$$\underline{U}_1 = \frac{\hat{u}}{\sqrt{2}}; \qquad \underline{U}_2 = \frac{\hat{u}}{\sqrt{2}}\cdot e^{-j2\pi/3}; \qquad \underline{U}_3 = \frac{\hat{u}}{\sqrt{2}}\cdot e^{+j2\pi/3} \qquad (3.99)$$

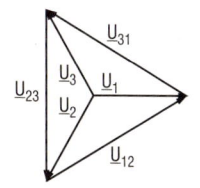

Abbildung 3.73: Zeigerbild der Strangspannungen und Außenleiterspannungen entsprechend der Anordnung in Abbildung 3.72

3.9.2.1 Eigenschaften des Drehoperators $\underline{a}$

Den komplexen Operator $e^{j2\pi/3}$ bezeichnet man kompakter als $\underline{a}$. Er bewirkt bei Multiplikation mit einer Zeigergröße deren Drehung um $2\pi/3$ (120°) in der komplexen Ebene.

$$\underline{a} = e^{j2\pi/3} = \frac{1}{2}\left(-1+j\sqrt{3}\right) = -\frac{1}{2}+j\frac{\sqrt{3}}{2} \qquad (3.100)$$

$$\underline{a}^2 = e^{j4\pi/3} = e^{-j2\pi/3} = \frac{1}{2}\cdot\left(-1-j\sqrt{3}\right) = \underline{a}^*$$

$$\underline{a}^3 = e^{j2\pi} = 1$$

Unter Verwendung des Drehoperators lassen sich die komplexen Drehspannungszeiger beschreiben

$$\underline{U}_1 = \underline{U}_1; \qquad \underline{U}_2 = \underline{U}_1 \cdot \underline{a}^2; \qquad \underline{U}_3 = \underline{U}_1 \cdot \underline{a} \qquad (3.101)$$

---
[*] NEUTRALLEITER: *neutral*
[*] STERNSPANNUNG: *voltage to neutral*
[*] STRANG, GENERATORWICKLUNG: *phase winding*
[*] STRANGSPANNUNG: *phase voltage*
[*] AUSSENLEITERSTROM: *phase current*. Achtung, Verwechslungsgefahr zwischen Strang- und Außenleitergrößen!

- Einmalige Anwendung des Drehoperators $\underline{a}$ dreht um $2\pi/3$ ($120°$), zweimalige um $4\pi/3$ ($240°$), dreimalige um 2π ($360°$).

$$1 + \underline{a} + \underline{a}^2 = 0 \tag{3.102}$$

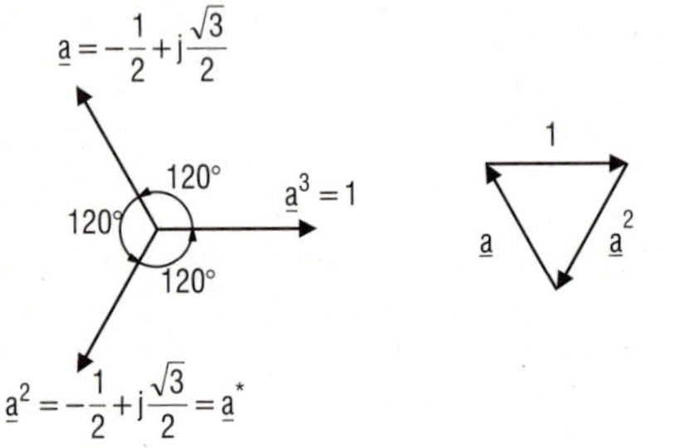

$$\underline{a} = -\frac{1}{2} + j\frac{\sqrt{3}}{2}$$

$$\underline{a}^2 = -\frac{1}{2} + j\frac{\sqrt{3}}{2} = \underline{a}^*$$

Abbildung 3.74: Die Drehoperatoren $\underline{a}$, $\underline{a}^2$ und $\underline{a}^3$

Weitere Rechenregeln liest man aus Abbildung 3.75 ab.

$$1 - \underline{a}^2 = \frac{3}{2} + j\frac{\sqrt{3}}{2} = -j\sqrt{3} \cdot \underline{a} \tag{3.103}$$

$$\underline{a}^2 - \underline{a} = -j\sqrt{3}$$

$$\underline{a} - 1 = -\frac{3}{2} + j\frac{\sqrt{3}}{2} = -j\sqrt{3} \cdot \underline{a}^2$$

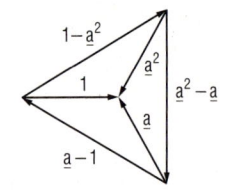

Abbildung 3.75: Summen und Differenzen der Drehoperatoren

3.9.3 Generator-Dreieckschaltung

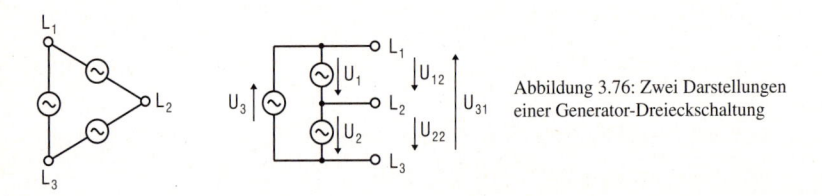

Abbildung 3.76: Zwei Darstellungen einer Generator-Dreieckschaltung

Bei der **Generator-Dreieckschaltung** werden die drei Generatorwicklungen (Stränge) hintereinandergeschaltet, und die Reihenschaltung kurzgeschlossen. Die Anschlüsse der Stränge sind bei Generatoren auf ein Klemmbrett mit standardisierten Bezeichnungen herausgeführt. Die Stränge und das Klemmbrett eines Dreiphasengenerators in Dreieckschaltung zeigt die Abbildung 3.77.

$U_{12} = U_1$; $U_{23} = U_2$; $U_{31} = U_3$

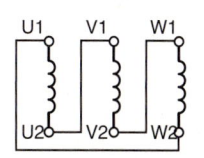

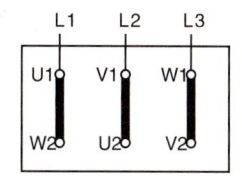

- Bei der **Generator-Dreieckschaltung*** sind die **Außenleiterspannungen** gleich den **Strangspannungen** (Generatorklemmenspannungen).

Die Summenspannung der drei Strangpannungen ergibt sich (siehe Abbildung 3.78)

$$U_s = U_1 + U_2 + U_3 = U_1 \cdot \underbrace{(1 + \underline{a}^2 + \underline{a})}_{=0} = 0$$

Nach Gleichung (3.102) verschwindet die Summe der Drehoperatoren in der Klammer.

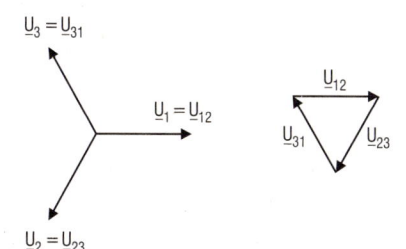

Abbildung 3.78: Zeigerdiagramm der komplexen Spannungseffektivwerte bei der symmetrischen Generator-Dreieckschaltung

- Bei (ideal symmetrischen) Generatorspannungen ist die Summe der Spannungen gleich Null. Bei Kurzschluß (Dreieckschaltung) der Reihenschaltung der Generatorstränge fließt deshalb auch kein Strom.

HINWEIS: Die Zusammenschaltung der Stränge in n-Phasensystemen analog zur Dreieckschaltung bezeichnet man als **Polygonschaltung**.

3.9.4 Generator-Sternschaltung

Bei der **Generator-Sternschaltung*** werden alle Generatorwicklungen (Stränge) mit einem Pol auf den **Generator-Sternpunkt** geführt.
Für die **Außenleiterspannungen** U_{12} usw. gilt (siehe Abbildung 3.81)

$$\begin{aligned}
U_{12} &= U_1 - U_2 = U_1 \cdot (1 - \underline{a}^2) = -j\sqrt{3}\underline{a}U_1 = -j\sqrt{3}U_3 \\
U_{23} &= U_2 - U_3 = U_1 \cdot (\underline{a}^2 - \underline{a}) = -j\sqrt{3}U_1 \\
U_{31} &= U_3 - U_1 = U_1 \cdot (\underline{a} - 1) = -j\sqrt{3}\underline{a}^2 U_1 = -j\sqrt{3}U_2
\end{aligned} \quad (3.104)$$

---

* GENERATOR-DREIECKSCHALTUNG: *delta-connected generators*
* GENERATOR-STERNSCHALTUNG: *wye-connected generators*

Zur Auflösung der obigen Gleichungen wurden der Reihe nach die Gleichungen (3.101), (3.103) und (3.101) berücksichtigt.

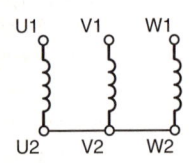

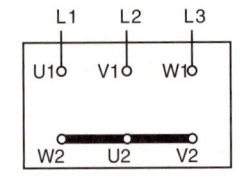

Abbildung 3.79: Verschaltung der Generatorstränge und Klemmbrett bei der Generator-Sternschaltung

$\underline{U}_{1N} = \underline{U}_1$
$\underline{U}_{2N} = \underline{U}_2$
$\underline{U}_{3N} = \underline{U}_3$

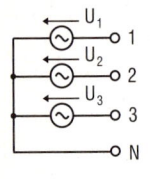

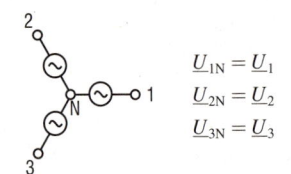

Abbildung 3.80: Zwei Darstellungen für eine Generator-Sternschaltung

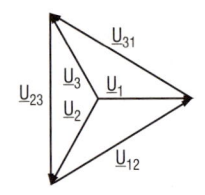

Abbildung 3.81: Zeigerdiagramm der Außenleiter- und Strangspannungen bei der symmetrischen Generator-Sternschaltung

- Die **Außenleiterspannungen** sind bei der symmetrischen **Generator-Sternschaltung** um den Faktor $\sqrt{3}$ größer als die Strangspannungen.

$$U_{1N} = U_{2N} = U_{3N}$$
$$U_{12} = U_{21} = U_{31} = \sqrt{3} \cdot U_{1N} = \sqrt{3} \cdot U_{2N} = \sqrt{3} \cdot U_{3N}$$

- Die Außenleiterspannungen sind wie die Strangspannungen **gegeneinander** um $2\pi/3$ (120°) **phasenverschoben**.

$$\underline{U}_{23} = \underline{a}^2 \cdot \underline{U}_{12}; \qquad \underline{U}_{31} = \underline{a} \cdot \underline{U}_{12}$$

- Die Außenleiterspannungen sind gegenüber den **gegenüberliegenden** Strangspannungen um $\pi/2$ (90°) **phasenverschoben**.

$$\underline{U}_{12} = -j\sqrt{3}\underline{U}_3; \qquad \underline{U}_{23} = -j\sqrt{3}\underline{U}_1; \qquad \underline{U}_{31} = -j\sqrt{3}\underline{U}_2$$

HINWEIS: Diese Eigenschaft wird bei der Messung der Blindleistung in Drehstromnetzen ausgenutzt. Man kann so ohne Netzwerk zur Phasendrehung eine um 90° verschobene Spannung abgreifen.

3.10 Übersicht: Symmetrische Drehstromsysteme

In der Abbildung 3.82 sind Drehstromsysteme mit symmetrischen Generatoren und symmetrischer Last dargestellt. Durch Kombination von Stern- und Dreieckschaltungen ergeben sich vier Varianten. In allen Fällen seien die Außenleiterspannungen dem Betrag nach gleich U, alle Lastimpedanzen haben den gleichen Wert $\underline{Z}$.

Generator-Lastschaltung	Symmetrische Drehstromsysteme, siehe dazu Abbildung 3.82			
	Stern-Stern	Stern-Dreieck	Dreieck-Stern	Dreieck-Dreieck
Strangspannungen	$\dfrac{U}{\sqrt{3}}$	$\dfrac{U}{\sqrt{3}}$	U	U
Spannung an der Last $\underline{Z}$	U_{1N}, U_{2N}, U_{3N} $\dfrac{U}{\sqrt{3}}$	U_{12}, U_{23}, U_{31} U	U_{1N}, U_{2N}, U_{3N} $\dfrac{U}{\sqrt{3}}$	U_{12}, U_{23}, U_{31} U
Ströme durch die Last $\underline{Z}$	I_{1N}, I_{2N}, I_{3N} $\dfrac{1}{\sqrt{3}} \cdot \dfrac{U}{\underline{Z}}$	I_{12}, I_{23}, I_{31} $\dfrac{U}{\underline{Z}}$	I_{1N}, I_{2N}, I_{3N} $\dfrac{1}{\sqrt{3}} \cdot \dfrac{U}{\underline{Z}}$	I_{12}, I_{23}, I_{31} $\dfrac{U}{\underline{Z}}$
Außenleiterströme	I_1, I_2, I_3 $\dfrac{1}{\sqrt{3}} \cdot \dfrac{U}{\underline{Z}}$	I_1, I_2, I_3 $\sqrt{3} \cdot \dfrac{U}{\underline{Z}}$	I_1, I_2, I_3 $\dfrac{1}{\sqrt{3}} \cdot \dfrac{U}{\underline{Z}}$	I_1, I_2, I_3 $\sqrt{3} \cdot \dfrac{U}{\underline{Z}}$
Gesamtwirkleistung	$\dfrac{U^2}{Z} \cdot \cos\varphi$	$3 \cdot \dfrac{U^2}{Z} \cdot \cos\varphi$	$\dfrac{U^2}{Z} \cdot \cos\varphi$	$3 \cdot \dfrac{U^2}{Z} \cdot \cos\varphi$
	Außenleiterpannungen $U_{12} = U_{23} = U_{31} = U$			

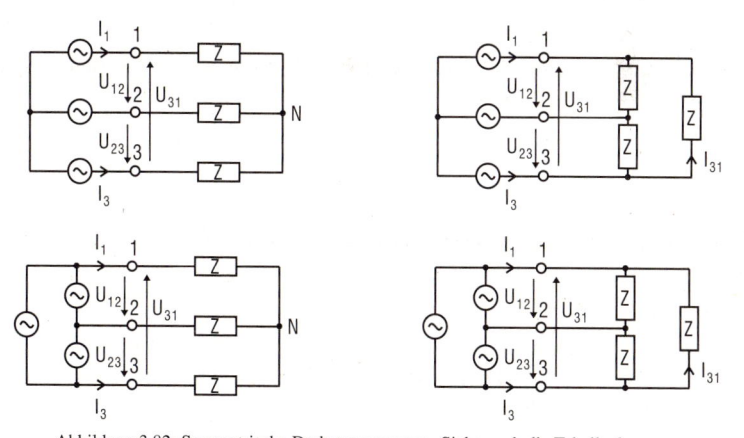

Abbildung 3.82: Symmetrische Drehstromsysteme. Siehe auch die Tabelle dazu

- Bei der Verbraucher-Dreieckschaltung wird in den Wirkwiderständen dreimal mehr Leistung umgesetzt als in deren Sternschaltung.

HINWEIS: Man macht sich diese Tatsache beim sogenannten **Stern-Dreieck-Anlauf** von Drehstrom-Motoren zunutze. Man läßt sie in Sternschaltung anlaufen und schaltet dann die Motorwicklungen auf Dreieckschaltung um. So werden unnötig hohe Anlaufströme vermieden.

- Bei Verwendung der verketteten (Außenleiter-) Ströme I_1, I_2, I_3 und Spannungen U_{12}, U_{23}, U_{31} ist die Art der Generatorschaltung für die Ermittlung der abgegebenen Leistung unerheblich.

3.10.1 Leistung im Dreiphasensystem

Zur Leistungsmessung in Drehstromsystemen siehe den Abschnitt 5.5.3.1

Die von einem symmetrischen Drehstromsystem abgegebene mittlere Wirkleistung (meist nur einfach Wirkleistung genannt) ist

$$P = U \cdot I \cdot \sqrt{3} \tag{3.105}$$

Die **momentane** Wirkleistung ist dagegen

$$p(t) = \frac{u_1^2(t)}{R_1} + \frac{u_2^2(t)}{R_2} + \frac{u_3^2(t)}{R_3}$$

Dabei ist R die Wirkkomponente der Lastimpedanz. Bei symmetrischer Last $R_1 = R_2 = R_3 = R$ ergibt sich

$$\begin{aligned} p(t) &= \frac{\hat{U}^2}{R} \cdot \left[\cos^2 \omega t + \cos^2 \left(\omega t - \frac{2}{3}\pi \right) + \cos^2 \left(\omega t + \frac{2}{3}\pi \right) \right] \\ &= \frac{\hat{U}^2}{2R} \cdot \left[1 + \cos 2\omega t + 1 + \cos \left(2\omega t - \frac{4}{3}\pi \right) + 1 + \cos \left(2\omega t + \frac{4}{3}\pi \right) \right] \\ &= \frac{3\hat{U}^2}{2R} \end{aligned} \tag{3.106}$$

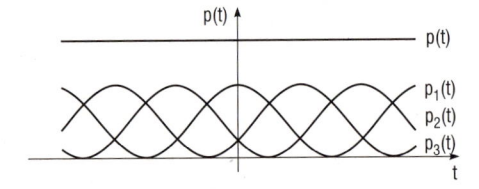

Abbildung 3.83: Von jedem einzelnen Strang abgegebene momentane Leistung $p_i(t)$ des Drehstromsystems und Gesamtleistung $p(t)$

- Die **gesamte** vom Generator abgegebene **Wirkleistung** ist **zeitlich konstant**, obwohl in jedem einzelnen Strang die Leistung pulsiert.

Diese Eigenschaft bringt große Vorteile für die Konstruktion von elektrischen Maschinen, weil deshalb die mechanische Belastung über den Drehwinkel konstant ist, was zu geringeren Vibrationen führt.

Mehrphasensysteme mit konstanter Leistungsabgabe heißen **balanciert**, ansonsten unbalanciert.

HINWEIS: Die Eigenschaft konstanter Leistungsabgabe läßt sich auch bei n-Phasensystemen erreichen.

3.11 Formelzeichen

a	Spannungsverhältnis
$\underline{a}$	Drehoperator $e^{j2\pi/3}$
B	Blindleitwert (S)
B	Bandbreite (Frequenzdifferenz) (Hz)
C	Kapazität (F)
f	Frequenz (Hz)
f_r	Resonanzfrequenz
φ	Phasenwinkel (rad)
φ_0	Nullphasenwinkel
φ_I	Phase des Stroms
φ_U	Phase der Spannung
φ_S	Phase des Summensignals
φ_Y	Phasenwinkel des Leitwertes
φ_Z	Phasenwinkel der Impedanz
G	(Wirk)-Leitwert
G_i	innerer Leitwert
i	zeitabhängiger Strom
$\hat{\imath}$	Scheitelwert des Stroms
I	Effektivwert des Stromes
I_b	Blindstrom
I_k	Kompensationsstrom
I_w	Wirkstrom
$\text{Im}()$	Imaginärteil
k_F	Formfaktor
k_S	Scheitelfaktor
L_1, L_2, L_3	Außenleiter
N	Neutralleiter
ω	Kreisfrequenz (s^{-1})
ω_r	Resonanzkreisfrequenz (s^{-1})
p	als Index: Parallelschaltung
p	Momentanleistung (W)
P	mittlere Leistung (W)
Q	Blindleistung (var)
r	als Index: Reihenschaltung, Resonanz-
r	Betrag der komplexen Zahl in Polarkoordinaten
R	Widerstand, Wirkwiderstand
R_D^2	Dualitätskonstante (Ω^2)
R_i	Innenwiderstand
R_L	Lastwiderstand
R_{45}, R_{90}	Widerstand zur Phasenverschiebung von 45° bzw. 90°

$R \| C$	R parallel zu C
$\mathrm{Re}()$	Realteil
S	Scheinleistung (VA)
$\underline{S}$	komplexe Leistung
T	Periodendauer
u	zeitabhängige Spannung
$\hat{u}$	Scheitelwert der Spannung
$\bar{u}$	Gleichwert, arithmetischer Mittelwert
$\overline{|u|}$	Gleichrichtwert
U	Effektivwert der Spannung
$\underline{U}$	komplexer Effektivwert der Spannung
$\underline{u}$	komplexe zeitabhängige Spannung
$\underline{\hat{u}}$	komplexe Amplitude
U_1	Eingangsspannung
U_2	Ausgangsspannung
U_{12}, U_{23}, U_{31}	Außenleiterspannungen
$U_{1\mathrm{N}}, U_{2\mathrm{N}}, U_{3\mathrm{N}}$	Sternspannungen
U_b	Blindspannung
U_C	Spannung an der Kapazität
U_L	Spannung an der Induktivität
U_Q	Quellenspannung
U_R	Spannung am Widerstand
U_w	Wirkspannung
X	Blindwiderstand
X_C	kapazitiver Blindwiderstand
X_L	induktiver Blindwiderstand
Y	Scheinleitwert
$\underline{Y}$	komplexer Leitwert, Admittanz
z^*	konjugiert komplexe Zahl
Z	Scheinwiderstand
Z_a	Ausgangsimpedanz
Z_e	Eingangsimpedanz
$\underline{Z}$	komplexer Widerstand, Impedanz

3.12 Weiterführende Literatur

CLAUSERT, WIESEMANN: *Grundgebiete der Elektrotechnik 2, 5. Auflage*
R. Oldenbourg Verlag 1992

CZICHOS (HRSG.) HÜTTE: *Die Grundlagen der Ingenieurwissenschaften, 29. Aufl. Teil G Elektrotechnik*
Springer Verlag 1991

DEUTSCHES INSTITUT FÜR NORMUNG (HRSG.): *Normen über graphische Symbole für die Elektrotechnik, 1. Auflage*
Beuth Verlag 1989

DORF (HRSG.): *The Electrical Engineering Handbook Section I*
CRC press 1993

FRICKE, VASKE: *Elektrische Netzwerke, Grundlagen der Elektrotechnik Teil 1, 17. Auflage*
Teubner Verlag 1982

GRAFE, LOOSE, KÜHN: *Grundlagen der Elektrotechnik, Band II: Wechselspannungstechnik, 8. Auflage*
Hüthig Verlag 1981

HERING, BRESSLER, GUTEKUNST: *Elektronik für Ingenieure*
VDI Verlag 1992

KLEIN (HRSG.): *Einführung in die DIN-Normen, 11. Auflage*
Teubner Verlag, Beuth Verlag 1993

MOELLER, FRICKE, FROHNE, VASKE: *Grundlagen der Elektrotechnik, 17. Auflage*
Teubner 1986

PHILIPPOW: *Grundlagen der Elektrotechnik, 9. Auflage*
Verlag Technik 1992

SEIFERT: *Elektrotechnik für Informatiker*
Springer Verlag, Wien 1988

WEISSGEBER: *Elektrotechnik für Ingenieure, 2. Auflage*
Friedrich Vieweg, Braunschweig/Wiesbaden 1993

4 Elektrische Maschinen

Elektrische Maschinen* sind elektromechanische Wandler. Man unterscheidet elektrische Motoren* und elektrische Generatoren*. Erstere wandeln elektrische in mechanische Leistung, letztere mechanische in elektrische. Neben den elektromechanischen Wandlern zählt man die Transformatoren zu den elektrischen Maschinen. Sie werden als *ruhende* elektrische Maschinen bezeichnet. Der Grund liegt in der ähnlichen Technik. Sie bestehen, wie die elektrischen Maschinen, aus einem Blechpaket mit Wicklungen, und ihre physikalische Grundlage ist das magnetische Feld.

4.1 Grundlagen des magnetischen Feldes

Die folgenden Anmerkungen zum magnetischen Feld sollen das Verständnis für die elektrischen Maschinen erleichtern. Sie beschränken sich auf einige wenige Eigenschaften des magnetischen Feldes. Sie sind keine Wiederholung der umfassenden Darstellung des magnetischen Feldes in Kapitel 2.

4.1.1 Erzeugung eines magnetischen Feldes

1. Ein stromdurchflossener Leiter bildet ein magnetisches Feld

Ein stromdurchflossener Leiter in einem homogenen Medium wird tangential von der magnetischen Flußdichte $\vec{B}$ umschlossen (Abbildung 4.1a). Die Flußdichte $\vec{B}$ ist ein Vektor, ihre Einheit ist Tesla $\left(1\,\text{T} = 1\,\text{Vs}/\text{m}^2\right)$. Die magnetischen Flußdichtelinien (Feldlinien) sind in sich geschlossen, sie haben keinen Anfang und kein Ende. Die Summe aller Flußdichtelinien bezeichnet man als magnetischen Fluß Φ (Vs).

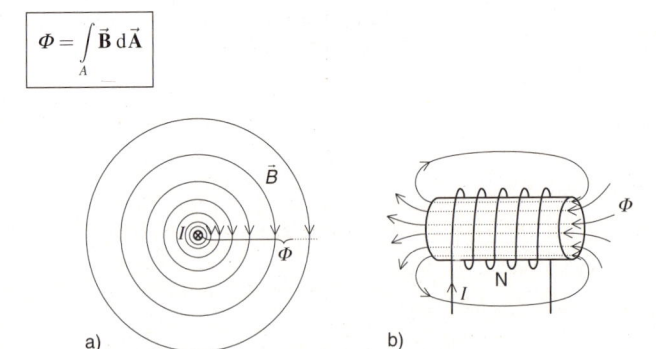

$$\Phi = \int_A \vec{B}\,d\vec{A}$$

Abbildung 4.1: a) stromdurchflossener Leiter mit Magnetfeld; b) Spule

Wickelt man mehrere Windungen eines stromdurchflossenen Leiters zu einer Spule, so addieren sich die jeweiligen Einzelmagnetfelder zu einem axialen Magnetfeld innerhalb der Wicklung (Abbildung 4.1b).

---

* ELEKTRISCHE ANTRIEBE: *electrical drives*
* MOTOR: *motor*
* GENERATOR: *generator*

2. Erzeugung eines magnetischen Feldes mittels Permanentmagneten

Permanentmagneten bestehen aus hartmagnetischen Werkstoffen, die durch Remanenz ihr Magnetfeld erhalten (siehe die Abschnitte 2.3.8.1 und 2.3.11).

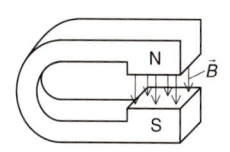

Abbildung 4.2:
Permanent erregtes Magnetfeld

4.1.2 Motorprinzip

Ein stromdurchflossener Leiter im Magnetfeld erfährt eine Kraft (Motorprinzip, siehe Abbildung 4.3).

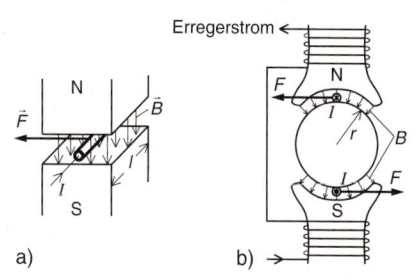

Abbildung 4.3: Ein stromdurchflossener Leiter im Magnetfeld erfährt eine Kraft (Motorprinzip)

Sie beträgt: $\vec{F} = I\,(\vec{l} \times \vec{B})$. Wenn alle Größen senkrecht aufeinander stehen, beträgt sie (Abbildung 4.3a):

$$F = I \cdot l \cdot B \qquad (4.1)$$

In elektrischen Motoren wird der stromführende Leiter N-mal axial um den zylinderförmigen Rotor gewickelt, so daß die Kraft $F = NI \cdot l \cdot B$ beträgt. Diese Kraft tritt einmal je Pol auf, d. h. in Abbildung 4.3b zweimal. Das resultierende Drehmoment beträgt:

$$M = 2 \cdot NI \cdot l \cdot B \cdot r \qquad (4.2)$$

4.1.3 Generatorprinzip

In einem bewegten Leiter im Magnetfeld wird eine Spannung induziert (Generatorprinzip, siehe Abbildung 4.4).

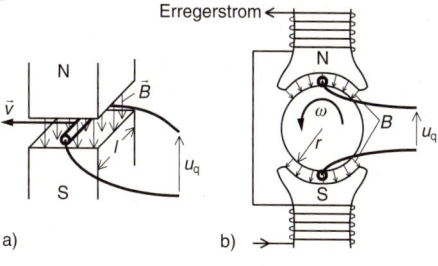

Abbildung 4.4: In einem bewegten Leiter im Magnetfeld wird eine Spannung induziert (Generatorprinzip)

Sie beträgt: $u_q = \vec{l}(\vec{v} \times \vec{B})$. Wenn alle Größen senkrecht aufeinander stehen, beträgt sie (Abbildung 4.4a):

$$u_q = l \cdot v \cdot B \tag{4.3}$$

In elektrischen Generatoren ist der bewegte Leiter N-mal axial um den rotierenden Rotor gewickelt, so daß die induzierte Spannung $u_q = N l \cdot v \cdot B$ beträgt. Diese Spannung tritt einmal je Pol auf, d. h. in Abbildung 4.4b zweimal. Mit der Winkelgeschwindigkeit ω beträgt die resultierende Spannung:

$$u_q = 2 \cdot N l \cdot \omega r \cdot B \tag{4.4}$$

4.1.4 Allgemeines Induktionsgesetz

Die induzierte Spannung u_q in einer Leiterschleife ist proportional der Änderung des magnetischen Flusses, der die Leiterschleife durchtritt (Abbildung 4.5a):

$$u_q = N \cdot \frac{d\Phi}{dt} \quad bzw. \quad \Phi = \frac{1}{N} \int u_q \, dt + Konst. \tag{4.5}$$

Dabei ist es gleichgültig, ob sich die magnetische Flußdichte zeitlich ändert oder ob sich die Fläche des umfaßten Flusses zeitlich ändert (siehe auch Abschnitt 2.3.13).

$$u_q = N \cdot \frac{d\Phi}{dt} = N \cdot \frac{d(B \cdot A)}{dt} = N \cdot A \frac{dB}{dt} = N \cdot B \frac{dA}{dt} \tag{4.6}$$

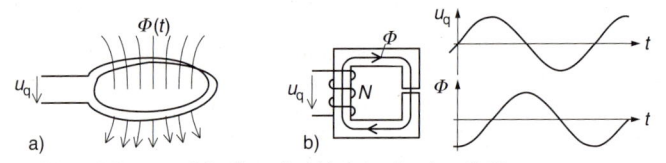

Abbildung 4.5: a) u_q und Φ allgemein; b) bei sinusförmigen Größen

Bei sinusförmiger Spannung u_q ergibt sich ein um 90° nacheilender, sinusförmiger magnetischer Fluß Φ (Abbildung 4.5b):

$$\Phi = \frac{1}{N} \int u_q \, dt = \frac{1}{N} \int \hat{U} \sin \omega t \, dt = -\frac{1}{\omega N} \cos \omega t \tag{4.7}$$

HINWEIS: Auf die Angabe einer Integrationskonstanten wurde verzichtet, weil sich im stationären Zustand in jedem Fall ein mittlerer magnetischer Fluß gleich Null einstellt.

Umgekehrt wird in einer Leiterschleife, die einen zeitlich veränderlichen Fluß umfaßt, eine Spannung induziert:

$$u_q = N \cdot \frac{d\Phi}{dt} = N \cdot \frac{d(\hat{\Phi} \sin \omega t)}{dt} = N \omega \cos \omega t \tag{4.8}$$

HINWEIS: Der magnetische Fluß ist nur abhängig von dem zeitlichen Verlauf der Spannung und der Windungszahl. Er wird durch das Eisen nicht beeinflußt. Der Eisenkreis wird benutzt, um den Fluß zum Luftspalt zu leiten.

4.1.5 Ferromagnetische Werkstoffe

Der wichtigste ferromagnetische Werkstoff für elektrische Maschinen ist Eisen. Es bündelt das magnetische Feld. Diese Eigenschaft wird mittels der relativen Permeabilität μ_r quantifiziert. Der Wert von μ_r liegt bei Eisen bei einigen tausend bis zehntausend. Anschaulich kann man sagen, daß Eisen den magnetischen Fluß um den Faktor μ_r besser leitet als Luft. Mittels Eisen kann der magnetische Fluß in der elektrischen Maschine dorthin gelenkt werden, wo er gebraucht wird. Dies ist in der Regel der Luftspalt zwischen Stator und Rotor, denn dort befindet sich die stromdurchflossene Wicklung, die im Betrieb des Motors die momentenbildende Kraft erfährt. Der magnetische Fluß fließt in einem geschlossenen Umlauf. Der Eisenweg muß daher ebenfalls einen geschlossenen Umlauf bilden. Man bezeichnet den Weg des magnetischen Flusses deswegen als Eisenkreis. In Abbildung 4.6b verläuft der Eisenkreis vom Nordpol über den oberen Luftspalt, durch den Rotor, über den unteren Luftspalt, durch den Südpol und durch den Eisenrückschluß zurück zum Nordpol.

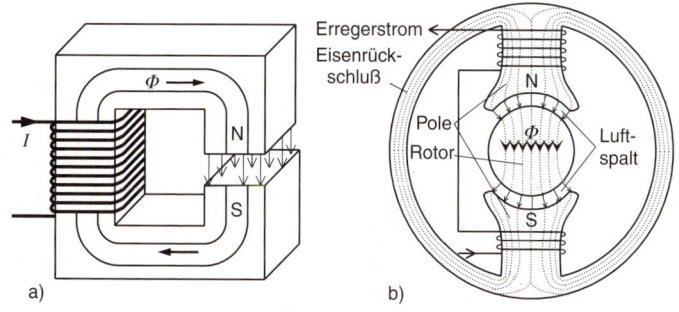

Abbildung 4.6: a) Eisenkreis mit Luftspalt; b) Eisenkreis eines Motors

Eisen behält jedoch nur bis zu seiner Sättigungsgrenze die guten magnetfeldleitenden Eigenschaften. Oberhalb der Sättigungsgrenze verliert es zunehmend diese Eigenschaft, bis es sich bei sehr hohen magnetischen Flußdichten wie Luft verhält. Deswegen kann man Eisen zur Leitung des magnetischen Flusses nur unterhalb seiner Sättigungsgrenze nutzen. Die Sättigungsgrenze liegt üblicherweise zwischen $0,3\,\mathrm{T}$ (Ferrit) und $2\,\mathrm{T}$ (warmgewalzte Elektrobleche). Da der magnetische Fluß Φ das Flächenintegral über die Flußdichte $\vec{B}$ ist, benötigt man zur Leitung eines bestimmten Flusses Φ einen bestimmten Eisenquerschnitt. Das heißt, die Menge des benötigten Eisens hängt von der Größe des magnetischen Flusses ab.

4.1.6 Streuung

Das magnetische Feld verläuft nicht vollständig in dem gewünschten, durch das Eisen vorgegebenen, Weg. Ein Teil der Feldlinien schließt sich über die Luft. Dieser Effekt ist umso stärker, je stärker das Eisen in die Sättigung gefahren wird. Die Summe dieser unerwünschten Feldlinien nennt man Streuung[*] oder Streufeld.

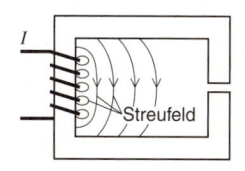

Abbildung 4.7: Streuung

---

[*] STREUUNG: *leakage*

4.1.7 Eisenverluste

Eisen wird bei einer Wechseldurchflutung warm, d. h. es entstehen Verluste. Diese setzen sich aus den Hystereseverlusten und den Wirbelstromverlusten zusammen.

4.1.7.1 Hystereseverluste

Sie entstehen bei dem Durchlaufen der Magnetisierungskurve (Hysteresekurve). Die in Abbildung 4.8a umschlossene Fläche hat die Dimension Wattsekunde pro Kubikmeter ($B \cdot H$ (Vs/m^2 · A/m = Ws/m^3)). Diese Fläche ist proportional zum Quadrat der Aussteuerung B. Die entstehende Verlustleistung ist außerdem proportional zur Frequenz.

Daraus ergibt sich für die Hystereseverluste:

$$P_{\text{Hysteresis}} \sim f \cdot B^2 \tag{4.9}$$

4.1.7.2 Wirbelstromverluste

Ein magnetischer Wechselfluß erzeugt im Eisen nach dem Induktionsgesetz Spannungen ($u_q \sim d\Phi/dt \sim f \cdot B$). Diese verursachen innerhalb des Eisens einen Strom. Dieser Strom wird als **Wirbelstrom*** bezeichnet (Abbildung 4.8b). Er verursacht Verluste, die proportional zum Quadrat der Stromstärke sind. Zur Reduzierung dieser Ströme wird das Eisen geblecht. Je höher die Frequenz des Wechselflusses ist, desto feiner wird das Eisen geblecht, wobei die Bleche gegeneinander isoliert sind. Für Hochfrequenzanwendungen wird das Eisen aus einem Pulver zusammengepreßt, das durch seinen Kleber in sich isoliert ist (Eisenpulverkerne, Ferrite). Für die Wirbelstromverluste folgt aus diesen Betrachtungen:

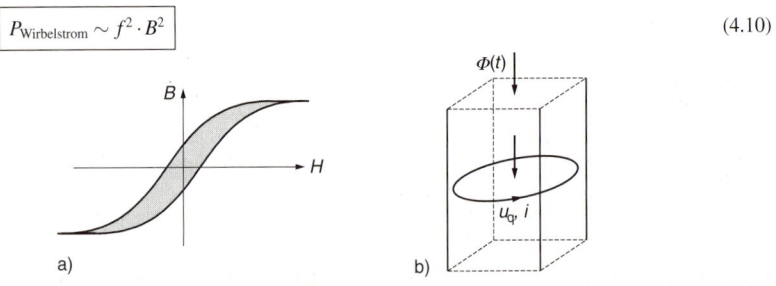

$$P_{\text{Wirbelstrom}} \sim f^2 \cdot B^2 \tag{4.10}$$

Abbildung 4.8: a) Hysteresekurve; b) Wirbelstrom

4.2 Drehmoment, mechanische Leistung und Beschleunigung

Elektrische Maschinen wandeln elektrische in mechanische Leistung und umgekehrt (Abbildung 4.9). Ein elektrischer Motor nimmt die elektrische Leistung $P_{\text{el}} = U \cdot I$ auf und gibt die mechanische Leistung $P_{\text{mech}} = M \cdot \omega$ ab. Ein Generator nimmt die mechanische Leistung $P_{\text{mech}} = M \cdot \omega$ auf und gibt die elektrische Leistung $P_{\text{el}} = U \cdot I$ ab. In beiden Fällen geht bei der Wandlung die Verlustleistung P_v als Wärmeleistung verloren.

---

* WIRBELSTROM: *eddy current*

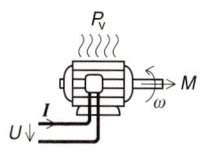

Abbildung 4.9: Leistungsbilanz eines elektrischen Motors

Es gilt für den Motor: $\quad P_{\text{mech}} = M \cdot \omega = P_{\text{el}} - P_{\text{v}} = U \cdot I - P_{\text{v}}$

und für den Generator: $\quad P_{\text{el}} = U \cdot I = P_{\text{mech}} - P_{\text{v}} = M \cdot \omega - P_{\text{v}}$

Der Wirkungsgrad der Leistungswandlung ist dann

für den Motor: $\quad \eta_{\text{Mot}} = \dfrac{P_{\text{mech}}}{P_{\text{el}}} = \dfrac{M \cdot \omega}{U \cdot I}$

und für den Generator: $\quad \eta_{\text{Gen}} = \dfrac{P_{\text{el}}}{P_{\text{mech}}} = \dfrac{U \cdot I}{M \cdot \omega}$

Statt der Winkelgeschwindigkeit ω (s^{-1}) wird bei elektrischen Maschinen die Drehzahl* n in Umdrehungen pro Minute ($\min^{-1}$) angegeben. Die mechanische Leistung beträgt dann:

$$P_{\text{mech}} = M \cdot \omega = M \cdot 2\pi f = M \cdot 2\pi \dfrac{n}{60 \dfrac{s}{\min}} \qquad (4.11)$$

HINWEIS: Zur eindeutigen Handhabung der Winkelgeschwindigkeit ω und der Frequenz f wird ω stets in s^{-1} und f in Hz angegeben (obwohl s^{-1} statt Hz physikalisch ebenso richtig wäre).

4.2.1 Typenschildangaben

Die Typenschildangaben* eines Motors beschreiben den Motor in *einem* Betriebspunkt, dem sogenannten Bezugspunkt oder Nennpunkt. Dieser Punkt wird mittels der Eingangsgrößen Spannung U_{N} und Strom I_{N} und der mechanischen Ausgangsgrößen Drehzahl n_{N} und mechanischen Leistung an der Welle P_{N} angegeben. Dazu kommen ggf. weitere, für den Bezugspunkt notwendige Angaben, wie beispielsweise der Erregerstrom oder der $\cos\varphi$ bei Wechselstrommotoren.

● Die Leistungsangabe eines Motors betrifft immer die mechanische Wellenleistung.

Ist das prinzipielle Drehzahldrehmomentverhalten des Motors (z. B. Reihenschluß-, Nebenschlußverhalten) bekannt, so kann mittels der Typenschildangaben näherungsweise auf alle anderen Betriebspunkte geschlossen werden.

4.2.2 Baugröße, Drehmoment, Leistung

Nach dem Motorprinzip gilt: $M = l \cdot B \cdot I$. Geht man davon aus, daß die Flußdichte im Nennbetrieb knapp unter der Sättigungsgrenze gefahren wird und der Strom durch die Dicke des Kupferdrahtes begrenzt ist, so muß zur Drehmomenterhöhung die Länge l des Motors, d. h. die Länge des Blechpaketes, wachsen. Eine Verdopplung des Drehmomentes* erfordert somit näherungsweise eine Verdopplung des Motorgewichtes.

---

* DREHZAHL: *speed (of rotation)*
* TYPENSCHILD: *name plate*
* DREHMOMENT: *torque*

- Die Baugröße eines Motors wächst näherungsweise mit dem Drehmoment.

Die Leistung eines Motors beträgt $P = M \cdot \omega$. Bei einer bestimmten Baugröße wächst die abgegebene Leistung mit der Drehzahl. Natürlich muß mit einer Leistungserhöhung auch der zugeführte Strom wachsen, d. h. die Wicklung muß einen größeren Kupferquerschnitt bekommen und die Belüftung des Motors muß verbessert werden, damit die erhöhte Verlustleistung abgeführt werden kann. Dennoch gilt:

- Die Leistung des Motors wächst *näherungsweise* mit der Drehzahl.

Wünscht man eine bestimmte Antriebsleistung, so wählt man gerne eine hohe Drehzahl bei kleinem Drehmoment. Das führt zu einer kleinen Baugröße, geringem Gewicht und damit zu einer kostengünstigen Antriebslösung. Oft ist es günstiger, einen hochdrehenden Motor mit vorgesetztem Getriebe einzusetzen, als einen langsam drehenden Motor ohne Getriebe (Beispiel: Heimwerkerbohrmaschinen, Scheibenwischermotoren). Ein wesentlicher Nachteil bei hochdrehenden Antrieben ist der hohe Geräuschpegel.

4.2.3 Rechtslauf/Linkslauf

Als Rechtslauf einer elektrischen Maschine bezeichnet man die Drehrichtung auf die Welle gesehen im Uhrzeigersinn.

4.2.4 Drehzahl-Drehmoment-Arbeitspunkt

Ein Antrieb besteht aus Motor und Last. Das Antriebsmoment M_{Mot} eines Motors wird durch die anzutreibende Last mit dem Lastmoment M_{Last} belastet. Als stabiler Arbeitspunkt stellt sich genau die Drehzahl n_1 ein, in der das Lastmoment gleich dem Antriebsmoment ist und die Lastkennlinie im Arbeitspunkt eine größere Steigung als das Antriebsmoment hat (Abbildung 4.10). Verhalten sich die Steigungen anders herum, so ist der Arbeitspunkt instabil.

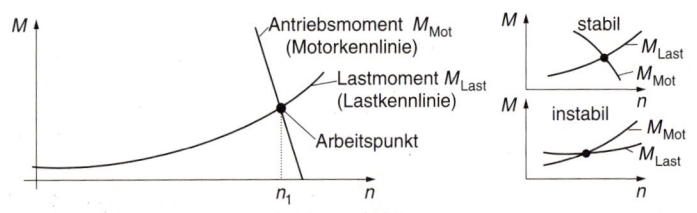

Abbildung 4.10: Arbeitspunkt zwischen Motor und Last

4.2.5 Beschleunigung und Hochlaufzeiten

Während des Hochlaufs eines Antriebs ist das Antriebsmoment M_{Mot} größer als das stationäre Lastmoment M_{Last}. Die Differenz $M_{Mot} - M_{Last}$ treibt den Antrieb an, bis er seinen stabilen Arbeitspunkt erreicht hat. Für die Beschleunigung* einer Drehmasse gilt allgemein:

$$M = J \frac{d\omega}{dt} \tag{4.12}$$

J: Massenträgheitsmoment, ω: Winkelgeschwindigkeit.

---

* BESCHLEUNIGUNG: *acceleration*, VERZÖGERUNG: *deceleration*

Für den Antrieb wird daraus: $M_{Mot} - M_{Last} = J \, d\omega/dt$, wobei J das gesamte Massenträgheitsmoment des Antriebs ist (Motor und Last). Rechnet man die Winkelgeschwindigkeit ω in die Drehzahl n um, ergibt sich:

$$M_{Mot} - M_{Last} = J \frac{d\omega}{dt} = J \frac{2\pi}{60 \frac{s}{min}} \frac{dn}{dt} \tag{4.13}$$

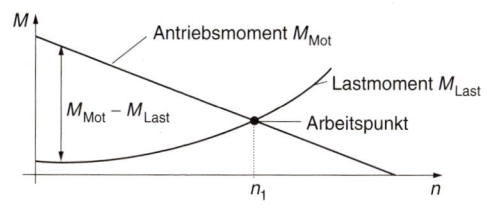

Abbildung 4.11: Darstellung des resultierenden Beschleunigungsmomentes $M_{Mot} - M_{Last}$

4.2.5.1 Beschleunigung

Die Beschleunigung beträgt:

$$\frac{d\omega}{dt} = \frac{M_{Mot} - M_{Last}}{J} \quad \text{bzw.} \quad \frac{dn}{dt} = \frac{M_{Mot} - M_{Last}}{J} \cdot \frac{60 \frac{s}{min}}{2\pi} \tag{4.14}$$

4.2.5.2 Hochlaufzeit

Aus $M_{Mot} - M_{Last} = J \frac{2\pi}{60 \frac{s}{min}} \frac{dn}{dt}$ folgt die Hochlaufzeit:

$$t_{Hoch} = J \cdot \frac{2\pi}{60 \frac{s}{min}} \cdot \int_0^{n_1} \frac{1}{M_{Mot} - M_{Last}} dn \tag{4.15}$$

Theoretisch erreicht der Antrieb natürlich nie seinen Arbeitspunkt, weil das antreibende Drehmoment umso kleiner wird, je näher die Drehzahl an den Arbeitspunkt kommt. Sofern die Motor- und Lastkennlinie analytisch vorliegen, kann man bis 1 oder 2 % an den Arbeitspunkt heranrechnen, um ein endliches Ergebnis zu erhalten. In der Praxis liegen die Motor- und Lastkennlinie in der Regel nicht analytisch vor, sondern als gemessene Graphen. Dann kann man die Hochlaufzeit abschnittsweise bestimmen, indem man den Hochlauf in i Abschnitte unterteilt und für jeden Abschnitt die Abschnittshochlaufzeit Δt_m mittels des Differenzenquotienten berechnet (Abbildung 4.12):

$$M = J \frac{2\pi}{60 \frac{s}{min}} \frac{dn}{dt} \approx J \frac{2\pi}{60 \frac{s}{min}} \frac{\Delta n}{\Delta t} \tag{4.16}$$

Daraus folgt für jeden Abschnitt:

$$\Delta M_m \approx J \frac{2\pi}{60 \frac{s}{min}} \frac{\Delta n_m}{\Delta t_m} \quad \rightarrow \quad \Delta t_m \approx J \frac{2\pi}{60 \frac{s}{min}} \frac{\Delta n_m}{\Delta M_m} \qquad (4.17)$$

m: Zähler für die Berechnungsabschnitte

Die Hochlaufzeit beträgt dann:

$$t_{Hoch} \approx \sum \Delta t_m \qquad (4.18)$$

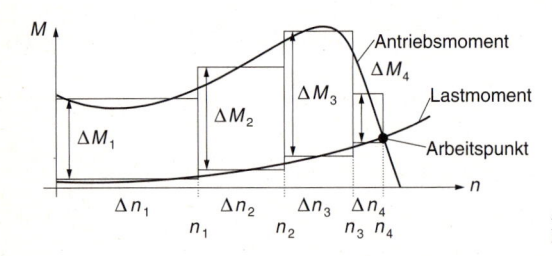

Abbildung 4.12: Zur abschnittsweisen Berechnung der Hochlaufzeit

Die abschnittsweise Berechnung der Hochlaufzeit führt bereits bei sehr grober Abschnittswahl zu sehr kleinen Fehlern, insbesondere dann, wenn für den letzten Abschnitt ein kleines Drehzahlintervall gewählt wird.

4.2.5.3 Beschleunigungsweg

Der Hochlauf eines Antriebes führt zu einem Beschleunigungsweg bzw. bei negativer Beschleunigung zu einem Bremsweg. Bei rotierenden Systemen beschreibt man den Beschleunigungsweg zweckmäßigerweise durch den zurückgelegten Winkel oder durch die Angabe der Umdrehungen, die der Antrieb während der Beschleunigungsphase ausgeführt hat.

Der zurückgelegte Winkel $\Delta\varphi$ während der Beschleunigung von einer beliebigen Drehzahl n_1 zur Drehzahl n_2 kann mittels der Beschleunigungszeiten berechnet werden.

Allgemein gilt:

$$\omega = \frac{d\varphi}{dt} \quad \text{und} \quad \Delta\varphi_{1,2} = \int_{t_1}^{t_2} \omega(t)\, dt \qquad (4.19)$$

Mit $\omega = d\varphi/dt$ gilt für die Winkeländerung $\Delta\varphi$ im Zeitintervall Δt näherungsweise $\Delta\varphi = \omega \cdot \Delta t$. Für die Winkelgeschwindigkeit ω wird die mittlere Winkelgeschwindigkeit $\overline{\omega}$ des jeweiligen Zeitinkrements (Berechnungsabschnitts) eingesetzt.

Setzt man anstatt der Winkelgeschwindigkeit die Drehzahl n (min^{-1}) ein, so berechnet sich $\Delta\varphi$ zu:

$$\Delta\varphi_m = \overline{\omega}_m \cdot \Delta t_m = \frac{n_m + n_{(m-1)}}{2} \cdot \frac{2\pi}{60 \frac{s}{min}} \cdot \Delta t_m; \quad \Delta\varphi_m \text{ im Bogenmaß} \qquad (4.20)$$

4.2 Drehmoment, mechanische Leistung und Beschleunigung

Der während der Beschleunigung zurückgelegte Winkel $\Delta\varphi$ ist gleich der Summe der Einzelwinkel $\Delta\varphi_m$:

$$\boxed{\Delta\varphi = \sum \Delta\varphi_m} \qquad (4.21)$$

Die Anzahl der Umdrehungen Z im Zeitinkrement Δt berechnet sich:

$$\boxed{Z_m = \frac{\Delta\varphi_m}{2\pi} = \frac{n_m + n_{(m-1)}}{2} \cdot \frac{\Delta t_m}{60\,\frac{\text{s}}{\text{min}}}} \qquad (4.22)$$

Die während der Beschleunigung zurückgelegten Umdrehungen Z betragen dann:

$$\boxed{Z = \sum Z_m} \qquad (4.23)$$

BEISPIEL: entsprechend Abbildung 4.12:

Hochlaufzeit t_{hoch} :

$$\frac{J}{M_1} \cdot \Delta\omega_1 = \frac{J}{M_1} \cdot \frac{2\pi}{60\,\frac{\text{s}}{\text{min}}} \Delta n_1 = \frac{J}{M_1} \cdot \frac{2\pi}{60\,\frac{\text{s}}{\text{min}}} \cdot n_1 = \Delta t_1$$

$$\frac{J}{M_2} \cdot \Delta\omega_2 = \frac{J}{M_2} \cdot \frac{2\pi}{60\,\frac{\text{s}}{\text{min}}} \Delta n_2 = \frac{J}{M_2} \cdot \frac{2\pi}{60\,\frac{\text{s}}{\text{min}}} \cdot (n_2 - n_1) = \Delta t_2$$

$$\frac{J}{M_3} \cdot \Delta\omega_3 = \frac{J}{M_3} \cdot \frac{2\pi}{60\,\frac{\text{s}}{\text{min}}} \Delta n_3 = \frac{J}{M_3} \cdot \frac{2\pi}{60\,\frac{\text{s}}{\text{min}}} \cdot (n_3 - n_2) = \Delta t_3$$

$$\frac{J}{M_4} \cdot \Delta\omega_4 = \frac{J}{M_4} \cdot \frac{2\pi}{60\,\frac{\text{s}}{\text{min}}} \Delta n_4 = \frac{J}{M_4} \cdot \frac{2\pi}{60\,\frac{\text{s}}{\text{min}}} \cdot (n_4 - n_3) = \Delta t_4$$

Hochlaufzeit: $\Delta t_1 + \Delta t_2 + \Delta t_3 + \Delta t_4 = t_{\text{hoch}}$

Beschleunigungswinkel $\Delta\varphi$ und Anzahl der Umdrehungen Z:

$$\bar\omega_1 \cdot \Delta t_1 = \frac{n_1}{2} \cdot \frac{2\pi}{60\,\text{s}/\text{min}} \cdot \Delta t_1 = \Delta\varphi_1$$

$$\bar\omega_2 \cdot \Delta t_2 = \frac{n_2 + n_1}{2} \cdot \frac{2\pi}{60\,\text{s}/\text{min}} \cdot \Delta t_2 = \Delta\varphi_2$$

$$\bar\omega_3 \cdot \Delta t_3 = \frac{n_2 + n_1}{2} \cdot \frac{2\pi}{60\,\text{s}/\text{min}} \cdot \Delta t_2 = \Delta\varphi_2$$

$$\bar\omega_3 \cdot \Delta t_3 = \frac{n_3 + n_2}{2} \cdot \frac{2\pi}{60\,\text{s}/\text{min}} \cdot \Delta t_3 = \Delta\varphi_3$$

Beschleunigungswinkel: $\Delta\varphi_1 + \Delta\varphi_2 + \Delta\varphi_3 + \Delta\varphi_4 = \Delta\varphi$

Anzahl der Umdrehungen: $\dfrac{\Delta\varphi}{2\pi} = Z$

4.3 Transformatoren

Transformatoren[*] formen elektrische Leistung auf andere Spannungen und Ströme um. In der Energieübertragung wird die elektrische Leistung mittels Transformatoren auf hohe Spannungen und entsprechend kleine Ströme transformiert, um die Leitungsverluste in wirtschaftlich vertretbaren Grenzen zu halten. In der Elektronik wird die Netzspannung auf kleine, für den Benutzer ungefährliche und für die Elektronik verträgliche Werte heruntertransformiert. Außerdem wird mittels des Transformators eine galvanische Trennung zwischen berührbaren Teilen und der Netzspannung erreicht.

Schaltzeichen:

allgemein	gleichsinnig	gegensinnig	alt	einpoliges Schaltzeichen

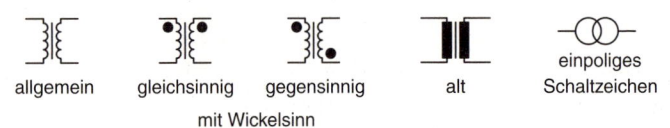

mit Wickelsinn

Abbildung 4.13: Schaltzeichen nach EN 60 617

Auf dem **Typenschild**[*] eines einphasigen Transformators sind die primärseitige **Bemessungsspannung** (**Nennspannung**) U_{1N}, die sekundärseitige **Bemessungsspannung (Nennspannung)**[*] U_{2N} bei sekundärseitigem Nennstrom I_{2N} und die **Bemessungsscheinleistung (Typenleistung)** S_N angegeben. Die Angaben gelten üblicherweise für Dauerbetrieb bei 40° Umgebungstemperatur. Die Nennströme können aus der Scheinleistung berechnet werden ($I_{2N} = S_N/U_{2N}$; $I_{1N} \approx S_N/U_{1N}$). Alle Spannungen und Ströme werden als Effektivwerte angegeben.

4.3.1 Der ideale Transformator

Ein Eisenschenkel trägt zwei Spulen, die magetisch ideal gekoppelt sind, d. h., beide Wicklungen werden von demselben magnetischen Fluß durchsetzt. Die relative Permeabilität des Eisens sei unendlich. Die Spulen seien gleichsinnig gewickelt (Abbildung 4.14).

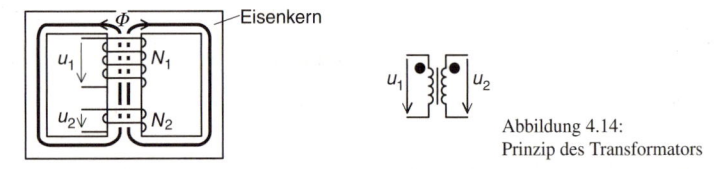

Abbildung 4.14: Prinzip des Transformators

An der Primärwicklung (Windungszahl N_1) werde die Spannung u_1 gelegt. Diese erzeugt nach dem Induktionsgesetz eine magnetische Flußänderung $d\Phi/dt = u_1(t)/N_1$. Der Fluß Φ, und damit auch die Flußänderung, durchsetzt die Sekundärwicklung (N_2) und induziert dort die Spannung $u_2 = N_2 \cdot d\Phi/dt = N_2 \cdot u_1(t)/N_1$.

Für das Verhältnis der Primär- zur Sekundärspannung gilt:

$$\boxed{\frac{u_1}{u_2} = \frac{N_1}{N_2}} \qquad (4.24)$$

---

[*] TRANSFORMATOR: *transformer*
[*] TYPENSCHILD: *nameplate*
[*] NENNSPANNUNG: *nominal voltage*

4.3 Transformatoren

- Die Spannungen an der Primär- und Sekundärwicklung verhalten sich wie ihre Windungszahlen.
- Die Spannungen u_1 und u_2 haben zeitlich den gleichen Verlauf. Bei sinusförmiger Spannung u_1 ist u_2 ebenfalls sinusförmig und hat die gleiche Phasenlage (bei gleichem Wickelsinn, wie in Abbildung 4.14).
- Der ideale Transformator ist verlustlos, d. h., genau die Leistung, die sekundär abgenommen wird, wird primär aufgenommen. Dies gilt ebenso für die Scheinleistung. Dies bedeutet auch, daß der ideale Transformator im Leerlauf ($I_2 = 0$) keinen primärseitigen Strom aufnimmt und daß die Primärwicklung eine gegen unendlich gehende Induktivität besitzt (siehe Abbildung 4.15a).

$$\boxed{S_1 = U_1 \cdot I_1 = S_2 = U_2 \cdot I_2} \tag{4.25}$$

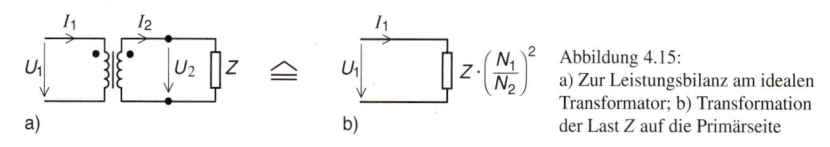

Abbildung 4.15:
a) Zur Leistungsbilanz am idealen Transformator; b) Transformation der Last Z auf die Primärseite

Dies führt zu:

$$\boxed{\frac{I_2}{I_1} = \frac{U_1}{U_2} = \frac{N_1}{N_2}} \tag{4.26}$$

- Die Ströme auf der Primär- und Sekundärseite verhalten sich umgekehrt zu den Windungszahlen.
- Die Ströme auf der Primär- und Sekundärseite verhalten sich umgekehrt proportional zu den Spannungen.

Die sekundär angeschlossene Last Z bestimmt den Sekundärstrom $I_2 = U_2/Z$. Mit $I_2 = I_1 \cdot N_1/N_2$ und $U_2 = U_1 \cdot N_2/N_1$ folgt $I_1 = N_2/N_1 \cdot I_2 = N_2/N_1 \cdot U_2/Z = (N_2/N_1)^2 \cdot U_1/Z$ und

$$\boxed{\frac{U_1}{I_1} = \left(\frac{N_1}{N_2}\right)^2 \cdot Z} \tag{4.27}$$

- Die Last Z auf der Sekundärseite erscheint im Quadrat der Windungszahlen auf der Primärseite (Abbildung 4.15b).

4.3.2 Der reale Transformator

Der reale Transformator wird im Betrieb warm, d. h., er hat Verluste. Außerdem sind die Wicklungen nicht ideal gekoppelt und die primäre Induktivität nicht unendlich groß. Diese Abweichungen gegenüber dem idealen Transformator berücksichtigt man in einem Ersatzschaltbild mittels zusätzlicher Schaltungselemente.

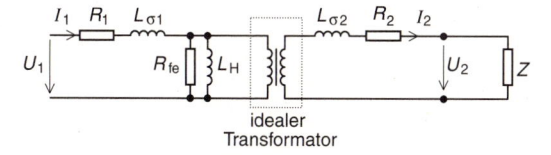

Abbildung 4.16: Ersatzschaltbild des realen Transformators

- Der reale Transformator nimmt auch im Leerlauf ($I_2 = 0$) einen geringen Primärstrom auf, den sogenannten Magnetisierungsstrom. Er wird mittels L_H berücksichtigt (idealer Transformator: $L_H \to \infty$).
- Die Hysterese- und Wirbelstromverluste werden durch R_{fe} berücksichtigt. R_{fe} ist sehr hochohmig (idealer Transformator: $R_{fe} \to \infty$).
- Die Stromwärmeverluste in den Kupferwicklungen werden durch die Widerstände R_1 und R_2 berücksichtigt. R_1 und R_2 sind sehr niederohmig (idealer Transformator: R_1 und R_2 gleich Null).
- Der magnetische Fluß durchsetzt nicht vollständig beide Wicklungen. Der Streufluß wird durch die Streuinduktivitäten $L\sigma_1$ und $L\sigma_2$ berücksichtigt (idealer Transformator: $L\sigma_1$ und $L\sigma_2$ gleich Null).

Man vereinfacht dieses Ersatzschaltbild des realen Transformators weiter, indem man den idealen Transformator wegläßt und alle sekundären Elemente mit dem Quadrat des Windungszahlenverhältnisses umrechnet (Abbildung 4.17).

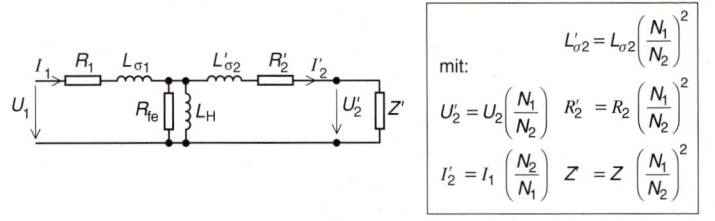

mit:
$$L'_{\sigma 2} = L_{\sigma 2}\left(\frac{N_1}{N_2}\right)^2$$
$$U'_2 = U_2\left(\frac{N_1}{N_2}\right) \quad R'_2 = R_2\left(\frac{N_1}{N_2}\right)^2$$
$$I'_2 = I_1\left(\frac{N_2}{N_1}\right) \quad Z' = Z\left(\frac{N_1}{N_2}\right)^2$$

Abbildung 4.17: Vereinfachtes Ersatzschaltbild des realen Transformators ohne galvanische Trennung

4.3.2.1 Messung der Leerlaufverluste P_0

Die Leerlaufverluste entstehen immer, wenn der Transformator an das Versorgungsnetz angeschlossen ist, gleichgültig, wie er sekundärseitig belastet wird. Sie werden mit primärseitiger Nennspannung und sekundärseitigem Leerlauf gemessen (Abbildung 4.18). Die Kupferverluste in der Primärwicklung sind im Leerlauf vernachlässigbar klein.

$$P_0 = \frac{U_{1N}^2}{R_{fe}}$$

Abbildung 4.18: Messung der Leerlaufverluste

Mittels der Leerlaufmessung können R_{fe} und L_H bestimmt werden:

$$R_{fe} = \frac{U_{1N}^2}{P_0} \quad \text{und} \quad \omega L_H = \frac{U_{1N}^2}{Q_0} = \frac{U_{1N}^2}{\sqrt{(U_{1N} \cdot I_1)^2 - P_0^2}}$$

4.3.2.2 Messung der Stromwärmeverluste

Die Stromwärmeverluste in den Wicklungen werden im sogenannten **Kurzschlußversuch** bestimmt. Der Transformator wird sekundärseitig kurzgeschlossen und die Primärspannung so eingestellt, daß primärseitig der Nennstrom fließt (Abbildung 4.19). Die gemessenen Verluste sind näherungsweise die Stromwärmeverluste im Nennbetrieb. Die Eisenverluste sind in diesem Betriebsfall wegen der kleinen Primärspannung vernachlässigbar.

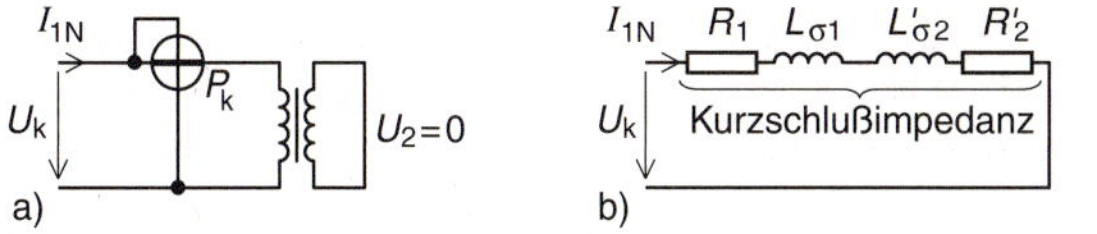

Abbildung 4.19:
a) Messung der Stromwärmeverluste mittels Kurzschlußversuch;
b) Ersatzschaltbild

Die Stromwärmeverluste betragen für den Bemessungsstrom:

$$P_k = I_{1N}^2 (R_1 + R_2') \tag{4.28}$$

Mittels der Kurzschlußmessung können die Wicklungswiderstände $(R_1 + R_2')$ und die Streureaktanzen $\omega(L_{\sigma 1} + L_{\sigma 2}')$ bestimmt werden:

$$R_1 + R_2' = \frac{P_k}{I_{1N}^2} \quad \text{und} \quad \omega(L_{\sigma 1} + L_{\sigma 2}') = \frac{\sqrt{(U_k \cdot I_{1N})^2 - P_k^2}}{I_{1N}^2}$$

Die im Kurzschlußversuch primär anliegende Spannung nennt man **Kurzschlußspannung**. Sie wird üblicherweise in % der primären Nennspannung angegeben und dann mit klein u_k (%) bezeichnet.

$$u_k (\%) = \frac{U_k}{U_{1N}} \cdot 100\% \tag{4.29}$$

Die Kurzschlußspannung ist ein Maß für die sekundärseitige Spannungskonstanz bei verschiedenen Belastungsfällen. Die Sekundärspannung wird im Leerlauffall maximal um die Kurzschlußspannung u_k (%) gegenüber dem Nennlastfall größer (worst case Schätzung, ohne die Phasenlagen zu berücksichtigen).

Im Kurzschlußfall bestimmt die **Kurzschlußimpedanz** (Abbildung 4.19) den Dauerkurzschlußstrom. Der Dauerkurzschlußstrom beträgt:

$$I_{1kN} = I_{1N} \cdot \frac{100\%}{u_k}; \quad I_{2kN} = I_{2N} \cdot \frac{100\%}{u_k} \tag{4.30}$$

4.3.2.3 Betriebsverluste

Die Betriebsverluste setzen sich aus den Leerlaufverlusten und den Stromwärmeverlusten in den Wicklungen (Wicklungsverluste) zusammen. Die Leerlaufverluste sind immer vorhanden, solange die Primärwicklung am Netz liegt. Die Stromwärmeverluste sind von der Belastung abhängig und sind proportional zur Ausgangsscheinleistung bzw. proportional zum Quadrat des Ausgangsstromes:

$$P_v = P_0 + P_k \cdot \frac{S_2}{S_N} = P_0 + P_k \cdot \left(\frac{I_2}{I_{2N}}\right)^2 \tag{4.31}$$

4.3.3 Parallelschalten von Transformatoren

Beim Parallelschalten von Transformatoren muß sichergestellt werden, daß sich die Gesamtleistung entsprechend der Bemessungsscheinleistungen S_N (Typenleistung) auf die parallelgeschalteten Transformatoren verteilt. Die Verteilung der Leistung hängt von den Kurzschlußimpedanzen $(R_1 + R_2') + j\omega(L_{\sigma 1} + L_{\sigma 2}')$ ab. Damit sich die Scheinleistungen entsprechend den Bemessungsscheinleistungen auf die Transformatoren verteilen, müssen sich die Kurzschlußimpedanzen in Real- und Imaginärteil umgekehrt verhalten, wie die Bemessungsscheinleistungen S_N (siehe Abbildung 4.20).

$$\frac{R_{11} + R_{21}'}{R_{12} + R_{22}'} = \frac{S_{2N}}{S_{1N}} \quad \text{und} \quad \frac{L_{\sigma 11} + L_{\sigma 21}'}{L_{\sigma 12} + L_{\sigma 22}'} = \frac{S_{2N}}{S_{1N}} \tag{4.32}$$

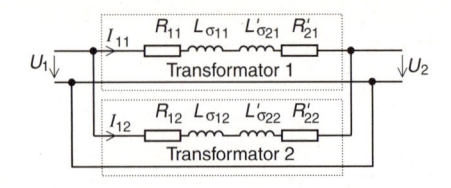

Abbildung 4.20: Parallelschaltung von Transformatoren

4.3.4 Spartransformatoren

Spartransformatoren[*] sind angezapfte Spulen (Abbildung 4.21). Sie bieten keine galvanische Trennung zwischen Primär- und Sekundärseite. Teile der Wicklung dienen sowohl als Primär- als auch als Sekundärwicklung. Als transformatorische Leistung wird lediglich der Teil $(U_2 - U_1) \cdot I_2$ (Abbildung 4.21a) bzw. $(U_1 - U_2) \cdot I_1$ (Abbildung 4.21b) übertragen. Dies führt zum Teil zu erheblichen Einsparungen in der Baugröße sowie in den Herstellungskosten.

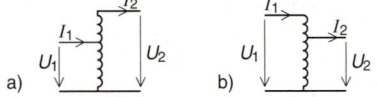

Abbildung 4.21: Spartransformatoren

4.3.5 Trenntransformatoren

Trenntransformatoren[*] haben ein Übersetzungsverhältnis von 1 : 1 und sorgen für eine galvanische Trennung zwischen Primär- und Sekundärseite. Die Sekundärseite ist üblicherweise direkt als Netzanschlußdose ausgeführt, jedoch *ohne* Schutzleiteranschlußspangen. Die Sekundärseite hat *keinen* Schutzleiteranschluß! Die Sekundärseite hat *keinen* Potentialbezug zur Erde.

Die galvanische Trennung zwischen Primär- (Netz-) und Sekundärseite hat zur Folge, daß auf der Sekundärseite der Erdbezug beliebig gewählt werden kann. Dies ist für Meßzwecke sehr hilfreich. So kann beispielsweise auf der Sekundärseite bzw. in einer angeschlossenen elektrischen Schaltung mit einem Oszillographen mit geerdeter Masse gemessen werden (Abbildung 4.22).

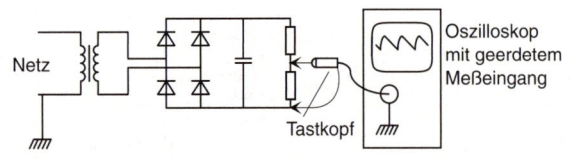

Abbildung 4.22: Beispiel für die Anwendung eines Trenntransformators. Der Minuspol der Gleichspannung ist über das Oszilloskop geerdet.

4.3.6 Drehstromtransformatoren

Drehstromtransformatoren[*] transformieren dreiphasige Spannungssysteme. Sie haben im einfachsten Fall drei Primär- und drei Sekundärwicklungen, die jeweils in Stern- oder Dreieck geschaltet sein können. Daneben gibt es sogenannte Zick-Zack-Wicklungen, bei denen die Primär- und/oder die Sekundärwicklung auf mehrere Schenkel verteilt sind. Primär- und Sekundärseite werden bei Drehstromtransformatoren als Ober- und Unterspannungsseite bezeichnet.

---

[*] SPARTRANSFORMATOR: *auto transformer*
[*] TRENNTRANSFORMATOR: *isolating transformer*
[*] DREHSTROMTRANSFORMATOR: *three-phase transformer*

Abbildung 4.23:
Drehstromtransformator
a) Wicklungsanordnung;
b) Schaltzeichen mit Klemmenbezeichnungen;
c) einpoliges Schaltzeichen

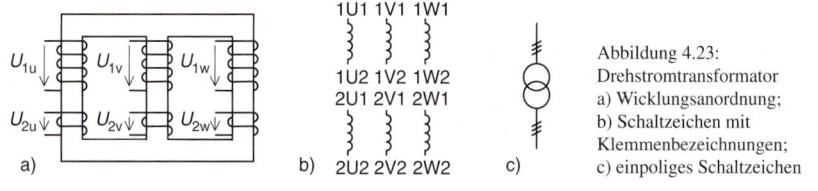

Das Typenschild des Drehstromtransformators weist die Typenleistung S_N (Bemessungsscheinleistung), die Bemessungsspannungen der Ober- und Unterspannungsseite und die Schaltgruppe auf. Bei den Spannungsangaben handelt es sich um die Außenleiterspannungen. Die zugehörigen Bemessungsströme berechnen sich:

$$I_{2N} = \frac{S_N}{\sqrt{3}U_{2N}} \quad \text{bzw.} \quad I_{1N} \approx \frac{S_N}{\sqrt{3}U_{1N}} \tag{4.33}$$

In I_{1N} bleiben die Transformatorverluste in dieser Berechnung unberücksichtigt.

$$S_N = \sqrt{3}\,U_{2N}I_{2N}$$

Abbildung 4.24: Interpretation der Typenschildangaben

4.3.6.1 Schaltgruppen und Kennzeichnung

Die sogenannte **Schaltgruppe*** kennzeichnet die Verschaltung von Ober- und Unterspannungsseite. Außerdem gibt sie die Phasenlage zwischen Ober- und Unterspannungsseite an. Stern-, Dreieck- oder Zick-Zackschaltung werden auf der Oberspannungsseite mit Y, D und Z und auf der Unterspannungsseite mit y, d und z bezeichnet. Ein zugänglicher Sternpunkt wird mit N oder n angegeben. Ein Zahlenwert gibt die Phasenlage der Oberspannung gegenüber der Unterspannung als Vielfache von 30° an. Tabelle 4.1. zeigt besonders übliche Schaltgruppen.

Tabelle 4.1: Schaltgruppen von Drehstromtransformatoren (Beispiele)

Schaltgruppe	Schaltung	Zeigerdarstellung	Schaltgruppe	Schaltung	Zeigerdarstellung
Yy0	1U 1V 1W / 2U 2V 2W	1U; 1W-2U-1V; 2W-2V	Dyn5	1U 1V 1W / 2U 2V 2W 2N	1V; 1U-1W; 2W-2N-2V
Yd5	1U 1V 1W / 2U 2V 2W	1U; 1W-1V; 2W-2U-2V	Yz5	1U 1V 1W / 2U 2V 2W	1U; 1W-1V; 2W-2U-2V

---

* SCHALTGRUPPE: *vector group*

4.4 Gleichstrommaschinen

Gleichstrommaschinen[*] sind die ältesten elektrischen Maschinen und wurden in den Anfängen der elektrischen Energienutzung bis zu höchsten Leistungen gebaut. Hauptanwendung waren die Energieerzeugung, der Antrieb industrieller Produktionsanlagen sowie die Traktion, beispielsweise in Straßenbahnen. Heute werden Gleichstrommaschinen nur noch selten für große Leistungen gebaut. Statt dessen haben Gleichstrommaschinen eine große Bedeutung im kleinen Leistungsbereich. Im Automobil sind praktisch alle Motoren permanenterregte Gleichstrommotoren, allein dort werden täglich hunderttausende gebraucht. Auch im Haushalt- und Heimwerkerbereich werden fast ausnahmslos Gleichstrommotoren, sogenannte Universalmotoren, eingesetzt. Es handelt sich dabei um Gleichstromreihenschlußmotoren. Diese können mit Wechsel- als auch mit Gleichstrom betrieben werden.

Gleichstrommotoren[*] kleiner Leistung sind wegen ihrer sehr hohen Produktionsstückzahlen billig, haben jedoch einige gravierende Nachteile. Fast alle Gleichstrommotoren haben einen Kommutator und Bürsten, über die dem Rotor der Strom zugeführt wird. Der Kommutator mit den Bürsten ist im Betrieb laut und begrenzt die Lebensdauer der Motoren in der Regel auf wenige hundert Stunden. Außerdem sind die Bürsten aus Graphit und ihr Abrieb verschmutzt im Laufe der Zeit den Motor und seine nähere Umgebung erheblich. Ein besonderer Vorteil des Gleichstrommotors ist seine hervorragende Drehzahlsteuerbarkeit und Dynamik. Er hat deswegen, neben der obengenannten Massenanwendung, Bedeutung als Positionierantrieb (Servoantrieb), dort als bürstenloser, d. h. elektronisch kommutierter Motor.

4.4.1 Aufbau von Gleichstrommaschinen

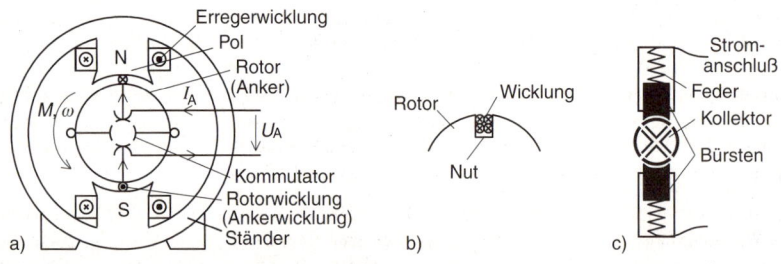

Abbildung 4.25: Prinzipieller Aufbau der Gleichstrommaschine
a) Gesamtaufbau, b) Rotornut, c) Bürstenkonstruktion

Ein Motor besteht aus einem stehenden Teil, dem **Ständer**[*], und einem rotierenden Teil, dem **Rotor**[*] (Abbildung 4.25). Den Rotor bezeichnet man im obenliegenden Fall auch als **Anker**[*]. Allgemein ist der Anker der Teil einer elektrischen Maschine, der den Arbeitsstrom führt, d. h. den drehmomentbildenden Strom.

Zwei Magnetpole erzeugen einen magnetischen Fluß im Luftspalt zwischen Pol und Rotor. Das Magnetfeld kann mittels einer stromdurchflossenen **Erregerwicklung**[*] oder mittels eines Permanentmagneten erzeugt werden. Mehrere Rotorwicklungen sind axial auf der zylindrischen Rotoroberfläche aufgebracht. Die stromdurchflossene Rotorwicklung im Magnetfeld erzeugt das Drehmoment. Für einen guten Kraftschluß

---
[*] GLEICHSTROMMASCHINE: *DC-drive*
[*] GLEICHSTROMMOTOR: *DC-motor*
[*] STÄNDER: *stator*
[*] ROTOR: *rotor*
[*] ANKER: *armature*
[*] ERREGERWICKLUNG: *exciting winding*, ERREGUNG: *excitation*

zwischen Wicklung und Rotor ist die Wicklung in **Nuten*** verlegt (Abbildung 4.25b). Der **Kommutator*** polt die Rotorwicklung um. Dreht sich der Rotor, so wandert die drehmomenterzeugende Wicklung aus dem Magnetfeld heraus. Die nächste Wicklung tritt nun in das Magnetfeld ein und muß mit Strom versorgt werden, während die erste keinen Strom mehr braucht. Dieses Umschalten übernimmt der Kommutator. Er besteht aus kupfernen Lamellen, die mit den Wicklungen verbunden sind, dem sogenannten **Kollektor***, und Schleifkontakten, die den Strom der rotierenden Rotorwicklung zuführen, den sogenannten **Bürsten*** (Abbildung 4.25c).

4.4.1.1 Ankerquerfeld

Die Erregerwicklung verursacht ein näherungsweise homogenes Luftspaltfeld vom Nord- zum Südpol. In diesem Feld wird mittels des Ankerstromes das Drehmoment aufgebaut. Leider erzeugt der Ankerstrom seinerseits ein magnetisches Feld, das sich dem Erregerfeld überlagert. Auf der einen Seite jedes Polschuhs wird dadurch das Erregerfeld geschwächt und auf der anderen Seite theoretisch verstärkt, praktisch wird das Eisen dort jedoch in die Sättigung gefahren.

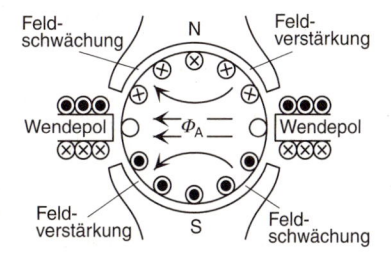

Abbildung 4.26: Ankerquerfeld*: Der Ankerstrom erzeugt ein magnetisches Feld, das sich dem Erregerfeld überlagert

Das Luftspaltfeld wird durch den Ankerstrom verändert; im Resultat geschwächt, weil die Feldschwächung auf der einen Seite nicht durch eine Feldverstärkung auf der anderen Seite infolge der magnetischen Sättigung kompensiert wird. Die Folge ist, daß das Drehmoment nicht proportional zum Ankerstrom steigt, sondern etwas geringer. Diesen Zusammenhang bezeichnet man auch als **Ankerrückwirkung***.

Die Ankerrückwirkung verursacht ein weiteres Problem: Die Bürsten werden mechanisch so angeordnet, daß die Wicklungsumschaltung eine möglichst geringe Funkenbildung am Kollektor verursacht. Dieser günstigste Punkt verschiebt sich durch die Ankerrückwirkung. Ein erhöhtes Bürstenfeuer bei Belastung ist die Folge.

4.4.1.2 Kompensationswicklung

In manchen Gleichstrommaschinen haben die Polschuhe ebenfalls Nuten, in denen der Ankerstrom entgegengesetzt zur Ankerwicklung fließt. Diese Wicklung* kompensiert unter den Polschuhen das Ankerquerfeld. Diese Technik findet Anwendung bei großen Gleichstrommaschinen sowie bei Gleichstrommaschinen, deren Drehzahl unter anderem durch Feldschwächung verändert wird.

---

* NUT: *slot*
* KOMMUTATOR: *commutator*
* KOLLEKTOR: *collector*
* BÜRSTEN: *brushes*
* ANKERRÜCKWIRKUNG: *armature reaction*
* KOMPENSATIONSWICKLUNG: *compensation winding*

4.4.1.3 Wendepolwicklung

Die Ankerwicklung wird in der **neutralen Zone**, nämlich dort, wo das Erregerfeld Null ist, umgeschaltet. Die neutrale Zone verschiebt sich mit zunehmendem Ankerquerfeld (beim Gleichstrommotor entgegen der Drehrichtung). Die Wendepolwicklung* hebt im Bereich der neutralen Zone das Ankerquerfeld auf. Außerdem erzeugt es eine **Wendepolspannung** in der Ankerwicklung, die der Ankerspannung entgegengesetzt ist und so das funkenlose Umschalten der Ankerwicklung unterstützt. Die Wendepolwicklung ist vom Ankerstrom durchflossen (siehe Abbildung 4.26).

4.4.2 Der drehende Rotor und sein Ersatzschaltbild

Wird eine Spannung U_A an die Rotorwicklung gelegt, so fließt zunächst ein Strom $I_A = \frac{U_A}{R_A}$ (R_A: ohmscher Widerstand der Rotorwicklung). Der Strom und das magnetische Feld bewirken das Drehmoment, wodurch der Rotor anläuft (siehe Motorprinzip). Das Drehmoment beschleunigt den Rotor. Die Drehung des Rotors bewirkt ihrerseits eine induzierte Spannung U_q in der Rotorwicklung (siehe Generatorprinzip). Diese induzierte Spannung wirkt der treibenden Spannung U_A entgegen. Die für den Ankerstrom wirksame Spannung ist $U_A - U_q$. Die induzierte Spannung U_q ist neben den konstruktiven Daten der Maschine abhängig von der Drehzahl und von der magnetischen Flußdichte B. Die induzierte Spannung wächst mit der Drehzahl, so daß die wirksame Ankerspannung mit steigender Drehzahl kleiner wird und dementsprechend der Ankerstrom ebenfalls.

Der Ankerstrom beträgt $I_A = (U_A - U_q)/R_A$. Diese Gleichung führt zur allgemeinen Spannungsgleichung der Gleichstrommaschine:

$$\boxed{U_A = I_A R_A + U_q} \qquad (4.34)$$

Die Spannungsgleichung führt zum Ersatzschaltbild der Gleichstrommaschine (Abbildung 4.27):

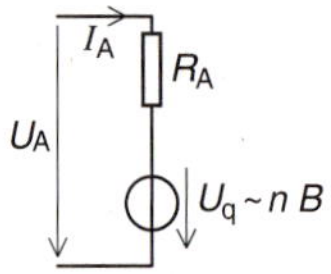

Abbildung 4.27: Ersatzschaltbild der Gleichstrommaschine

Abbildung 4.28 gibt die Leistungsbilanz des Ersatzschaltbildes an. Dies ist eine vereinfachte Leistungsbilanz der Gleichstrommaschine. Die zugeführte elektrische Leistung $P_e = U_A \cdot I_A$ teilt sich auf in die mechanische Leistung an der Welle $P_{mech} = U_q \cdot I_A$ und die Verlustleistung $P_v = R_A \cdot I_A^2$ im ohmschen Widerstand der Ankerwicklung.

$$\boxed{P_e = U_A \cdot I_A = P_{mech} + P_v = U_q \cdot I_A + R_A \cdot I_A^2 \quad \text{und} \quad P_{mech} = M \cdot \omega = M \cdot \frac{2\pi n}{60 \frac{s}{min}}} \qquad (4.35)$$

Vernachlässigt werden die elektrischen Verluste in der Erregerwicklung (sofern die Maschine nicht permanenterregt ist) und die Spannungsabfälle an den Bürsten (die Spannungsabfälle an den Bürsten liegen in der Regel zwischen 0,5 V und 1 V). Die mechanische Leistung teilt sich auf in die Reibungsverluste innerhalb der Maschine, die Leistungsaufnahme des Lüfterrades und die an der Welle abgebene mechanische Leistung.

$$\boxed{P_{mech} = U_q \cdot I_A} \qquad \boxed{P_V = I_A^2 \cdot R_A} \qquad (4.36)$$

---

* WENDEPOL: *interpole, commutation pole*

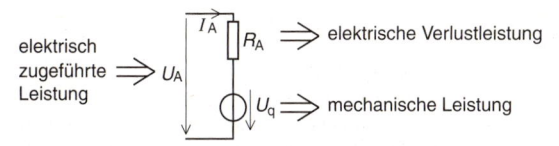

Abbildung 4.28: Vereinfachte Leistungsbilanz der Gleichstrommaschine

- Die induzierte Spannung U_q repräsentiert die Energiewandlung von elektrischer in mechanische Energie bzw. Leistung.

4.4.3 Nebenschluß- und Reihenschlußmaschinen

Die **Nebenschlußmaschine*** arbeitet in allen Betriebspunkten mit konstantem magnetischem Fluß, d. h., das Erregerfeld bleibt im gesamten Drehzahl- und Lastbereich konstant. Dies kann entweder erreicht werden, indem das Erregerfeld mittels eines Permanentmagneten erzeugt wird oder indem die Erregerwicklung an einer konstanten Spannung liegt und daher mit konstantem Strom versorgt wird. Der Begriff „Nebenschluß" ist historisch bedingt. Die Erregerwicklung war neben dem Ankerkreis an die Gleichspannungsquelle angeschlossen, d. h. dem Ankerkreis parallelgeschaltet und so mit konstantem Strom versorgt. Praktisch alle Motoren im Kfz-Bereich sind permanenterregte Gleichstrommotoren, d. h. Nebenschlußmotoren. Im Gegensatz dazu ist bei der **Reihenschlußmaschine*** die Erregerwicklung mit dem Ankerkreis in Reihe geschaltet. Dadurch ist der magnetische Fluß proportional zum Ankerstrom, was bei großem Laststrom zu einem sehr hohen Drehmoment führt. Außerdem hat die Reihenschaltung von Erreger- und Ankerwicklung zur Folge, daß der Motor mit Wechselstrom betrieben werden kann. Der Reihenschlußmotor hat in diesem Falle die Bezeichnung **Universalmotor*** und wird in großen Stückzahlen im Haushalt und Heimwerkerbereich eingesetzt.

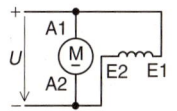

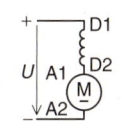

Abbildung 4.29: Schaltbild des Nebenschluß- und Reihenschlußmotors mit Klemmenbezeichnungen

Die nachfolgenden theoretischen Überlegungen und Berechnungen für den Nebenschluß- und Reihenschlußmotor vernachlässigen insbesondere die magnetischen Sättigungserscheinungen und die mechanische Reibung innerhalb des Motors. Die Berechnungen beschränken sich im wesentlichen auf den Umgang mit den Typenschildangaben des Motors. Die Typenschildangaben beschreiben einen Betriebspunkt des Motors, den sogenannten Bezugspunkt bzw. Nennpunkt. Er gibt für diesen Betriebspunkt die Eingangsgrößen U_N und I_N sowie die mechanischen Ausgangsgrößen n_N und P_N an. Bei der angegebenen Leistung P_N handelt es sich immer um die mechanische Wellenleistung.

4.4.4 Nebenschlußmaschinen

Die **Nebenschlußmaschine** arbeitet in allen Betriebspunkten mit konstantem magnetischen Fluß, d. h., das Erregerfeld bleibt im gesamten Drehzahl- und Lastbereich konstant. Dies kann entweder erreicht werden, indem das Erregerfeld mittels eines Permanentmagneten erzeugt wird (permanenterregte Gleichstrommoto-

---
* NEBENSCHLUSSMOTOR: *shunt motor*
* REIHENSCHLUSSMOTOR: *series motor*
* UNIVERSALMOTOR: *A.C.-D.C. motor*

ren sind *immer* Nebenschlußmotoren) oder indem die Erregerwicklung mit konstantem Strom versorgt wird. Entsprechend dem Ersatzschaltbild in Abbildung 4.27 ist die induzierte Spannung U_q nur abhängig von der Drehzahl n, sie steigt linear mit der Drehzahl (Abbildung 4.30).

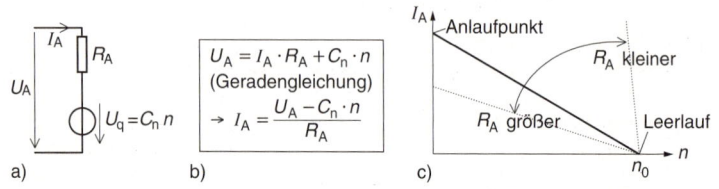

Abbildung 4.30: Nebenschlußmotor: a) Ersatzschaltbild; b) Spannungsgleichung; c) Kennlinie $I_A(n)$

Mit steigender Drehzahl n wird die wirksame Ankerspannung $(U_A - U_q)$ linear kleiner und der drehmomentbildende Strom I_A ebenfalls. Wenn die Drehzahl so hoch ist, daß $U_q = U_A$ ist, wird $I_A = 0$ und das Drehmoment wird ebenfalls Null (Abbildung 4.31). Im Leerlauf, d. h., der Motor wird nicht belastet, beschleunigt der Motor theoretisch genau bis zu der Leerlaufdrehzahl, in der U_q gleich U_A und das Beschleunigungsmoment gleich Null wird. Das Drehmoment ist proportional zum Strom. Die Drehzahl-Drehmoment-Kennlinie ist deswegen ebenfalls eine Gerade (Abbildung 4.31).

- Bei dem Gleichstromnebenschlußmotor ist das Drehmoment proportional zum Ankerstrom.

$$M \sim I_A \qquad (4.37)$$

- Das Drehzahl-Drehmoment-Verhalten ist eine Gerade.

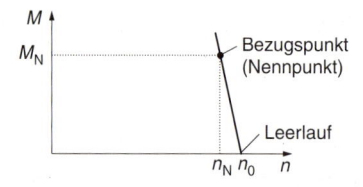

Abbildung 4.31: Drehzahl-Drehmoment-Kennlinie des Nebenschlußmotors

Der Ankerwiderstand R_A ist in der Regel sehr klein, so daß ein sehr hoher Anlaufstrom fließt und ein sehr hohes Anlaufmoment entsteht. Mittels einer Strombegrenzung kann der hohe Anlaufstrom begrenzt werden. Infolge des kleinen Ankerwiderstandes verläuft die Drehzahl-Drehmoment-Kennlinie sehr steil, d. h., die Drehzahl ändert sich bei Belastung des Motors kaum gegenüber der Leerlaufdrehzahl. Man bezeichnet eine solche Kennlinie als „hart". Allgemein bezeichnet man eine harte, lineare Motorkennlinie als „Nebenschlußverhalten".

Aus den vorangegangenen theoretischen Überlegungen können näherungsweise alle Betriebspunkte eines Nebenschlußmotors berechnet werden, wenn ein Betriebspunkt, in der Regel der Nennpunkt (Typenschildangaben), bekannt ist.

BEISPIEL: Die Nenndaten eines permanenterregten Gleichstrommotors seien:
$U_N = 24\,\text{V}$, $I_N = 8\,\text{A}$, $P_N = 160\,\text{W}$, $n_N = 2000\,\text{min}^{-1}$.

In der nachfolgenden Rechnung werden alle Verluste, auch die inneren Reibungsverluste, als elektrische Verluste $P_V = I_A^2 \cdot R_A$ aufgefaßt. Die mechanisch abgegebene Leistung beträgt dann $u_q \cdot I_A$.

Zunächst zwei Hilfsrechnungen zum Ersatzschaltbild: Die induzierte Spannung U_{qN} im Nennbetrieb beträgt:

$$P_N = U_{qN} \cdot I_N \quad \rightarrow \quad U_{qN} = \frac{P_N}{I_N} = \frac{160\,W}{8\,A} = 20\,V$$

Der Ankerwiderstand R_A beträgt:

$$U_N = I_N \cdot R_A + U_{qN} \quad \rightarrow \quad R_A = \frac{U_N - U_{qN}}{I_N} = \frac{24\,V - 20\,V}{8\,A} = 0,5\,\Omega$$

Berechnung des Nennmomentes M_N:

$$P_N = M_N \cdot \omega_N = M_N \cdot \frac{2\pi}{60\,\frac{s}{min}} \cdot n_N \quad \rightarrow \quad M_N = \frac{P_N}{n_N} \cdot \frac{60\,\frac{s}{min}}{2\pi} = 0,764\,Nm$$

Berechnung der theoretischen Leerlaufdrehzahl n_0 (im Leerlauf ist $U_q = U_A$):

$$n \sim U_q \quad \rightarrow \quad \frac{n_0}{n_N} = \frac{U_N}{U_{qN}} \quad \rightarrow \quad n_0 = n_N \cdot \frac{U_N}{U_{qN}} = 2000\,\frac{1}{min} \cdot \frac{24\,V}{20\,V} = 2400\,\frac{1}{min}$$

Berechnung des Anlaufstromes I_{An}, sofern keine Strombegrenzung den Anlaufstrom begrenzt (im Anlauf ist $U_q = 0$):

$$I_{An} = \frac{U_N}{R_A} = \frac{24\,V}{0,5\,\Omega} = 48\,A$$

Berechnung des theoretischen Anlaufmomentes (das Drehmoment ist proportional zum Strom):

$$M \sim I_A \quad \rightarrow \quad \frac{M_{An}}{M_N} = \frac{I_{An}}{I_N} \quad \rightarrow \quad M_{An} = M_N \cdot \frac{I_{An}}{I_N} = 0,764\,Nm \cdot \frac{48\,A}{8\,A} = 4,58\,Nm$$

Jeder andere Betriebspunkt kann berechnet werden, wenn zwei Parameter von U_A, I_A, n oder M bekannt sind:

$$n \sim U_q; \quad M \sim I_A; \quad U_A = I_A \cdot R_A + U_q; \quad P_{mech} = M \cdot \omega = M \cdot \frac{2\pi}{60\,\frac{s}{min}} \cdot n = U_q \cdot I_A$$

4.4.5 Drehzahlverstellung beim Gleichstromnebenschlußmotor

4.4.5.1 Drehzahlverstellung durch Veränderung der Ankerspannung

Das übliche und beste Verfahren, die Drehzahl eines Nebenschlußmotors zu verändern, ist, die Ankerspannung zu verändern. Die Veränderung der Ankerspannung bewirkt eine Parallelverschiebung der Drehzahl-Drehmoment-Kennlinie (siehe Abbildung 4.32). Die Kennlinie verschiebt sich mit kleiner werdender Ankerspannung zu kleineren Drehzahlwerten. Der Leerlaufpunkt $U_q = U_A$ verschiebt sich proportional zur Ankerspannung. Die Steigung der Kennlinie verändert sich nicht, weil sie vom Ankerwiderstand bestimmt wird.

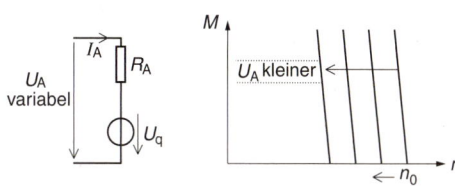

Abbildung 4.32:
Änderung der Drehzahl-Drehmoment-Kennlinie durch Änderung der Ankerspannung

BEISPIEL: Spannungs- und Stromberechnung U_1, I_1 für einen bestimmten Drehzahl/Drehmomentpunkt M_1, n_1 (siehe Abbildung 4.33).

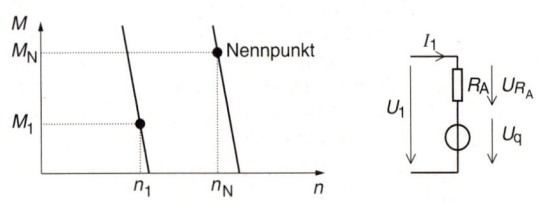

Abbildung 4.33: Drehzahl-Drehmoment-Änderung bei der Gleichstromnebenschlußmaschine

R_A und U_{qN} im Nennpunkt sind bekannt (Berechnung siehe Beispiel Seite 196).

$$M \sim I \quad \Rightarrow \quad I_1 = I_N \cdot \frac{M_1}{M_N}$$

$$U_q \sim n \quad \Rightarrow \quad U_1 = U_{R_A} + U_{q1} = I_1 R_A + U_{qN} \cdot \frac{n_1}{n_N}$$

BEISPIEL: Drehzahl- und Drehmomentberechnung M_1, n_1, wenn im Betrieb eine bestimmte Spannung U_1 und ein bestimmter Strom I_1 gemessen wurden.
R_A und U_{qN} im Nennpunkt sind bekannt (Berechnung siehe Beispiel Seite 196).

$$M \sim I \quad \Rightarrow \quad M_1 = M_N \cdot \frac{I_1}{I_N}$$

$$U_q \sim n \quad \Rightarrow \quad n_1 = n_N \cdot \frac{U_{q1}}{U_{qN}} = n_N \cdot \frac{(U_1 - I_1 R_A)}{U_{qN}}$$

Die Veränderung der Ankerspannung wird in der Regel mit sogenannten **Choppern (Gleichstromstellern**[*]**)** durchgeführt. Dies sind Transistorschaltungen, in denen ein Leistungstransistor mit einem variablen Tastverhältnis t_1/T ein- und ausgeschaltet wird (Abbildung 4.34). Dies Verfahren ist auch als **Pulsweitenmodulation**[*] bekannt. Die Schaltfrequenz liegt üblicherweise im Bereich einiger 10 kHz (zumindest außerhalb des Hörbereiches). Mittels des Tastverhältnisses kann die mittlere, wirksame Ankerspannung verstellt werden. Die Wicklungsinduktivität des Motors glättet den Ankerstrom, so daß dieser praktisch ein Gleichstrom ohne Pulsation ist (Abbildung 4.34). Der Chopper kann auf einfache Weise in einen Regelkreis eingebunden werden, um beispielsweise eine Drehzahl- oder eine Positioniersteuerung zu realisieren.

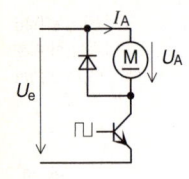

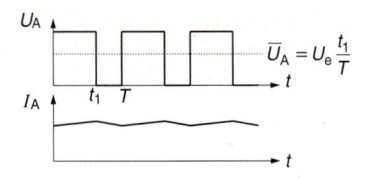

Abbildung 4.34: Prinzip eines Choppers (Gleichstromsteller)

---

[*] GLEICHSTROMSTELLER: *chopper*
[*] PULSWEITENMODULATION: *pulse-width-modulation*

4.4.5.2 Drehzahlverstellung mittels Feldschwächung

In Nebenschlußmotoren, die mittels eines Erregerstromes magnetisiert werden, kann durch Änderung des Erregerstromes die Drehzahl verändert werden (Abbildung 4.35). Die Leerlaufdrehzahl läuft bei Feldschwächung nach oben zu höheren Drehzahlen, weil der Leerlaufpunkt $U_q = U_A$ wegen $U_q \sim n \cdot B$ (siehe Generatorprinzip) erst bei höheren Drehzahlen erreicht wird. Wird das Feld zu stark zurückgefahren (oder gar abgeschaltet, so daß nur die Remanenz verbleibt), kann dies infolge der hohen Drehzahl zur mechanischen Zerstörung des Motors führen. Auf der anderen Seite wird der Motor weicher. Der Anlaufstrom des Motors bleibt konstant, das Anlaufmoment geht jedoch zurück wegen $M \sim I \cdot B$ (siehe Motorprinzip). Dadurch wird die Drehzahl-Drehmoment-Kennlinie flacher.

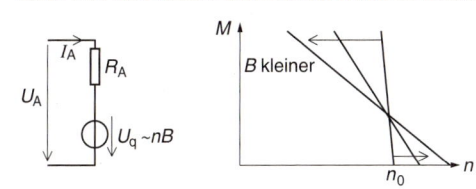

Abbildung 4.35: Änderung der Drehzahl-Drehmoment-Kennlinie mittels Feldschwächung

4.4.5.3 Drehzahlverstellung mittels Vorwiderstand

Der Vorwiderstand R_V vermindert den Ankerstrom und damit die Drehzahl bei einem bestimmten Drehmoment. Die Leerlaufdrehzahl bleibt näherungsweise konstant. Die Drehzahl-Drehmoment-Kennlinie wird weicher (Abbildung 4.36).

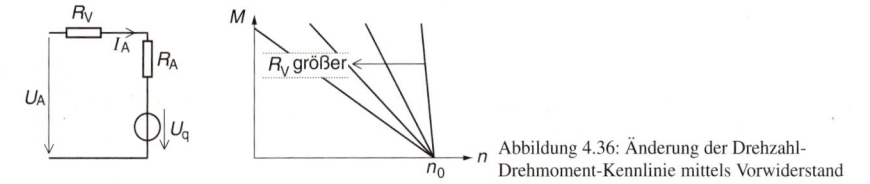

Abbildung 4.36: Änderung der Drehzahl-Drehmoment-Kennlinie mittels Vorwiderstand

4.4.6 Reihenschlußmaschinen

In der **Reihenschlußmaschine** ist die Anker- und die Erregerwicklung in Reihe geschaltet. Das Erregerfeld ist proportional zum Ankerstrom. Die induzierte Spannung U_q ist proportional zur Drehzahl n und zum Ankerstrom I_A ($U_q \sim n \cdot I_A$). Mit dem „Motorprinzip" $F = l \cdot B \cdot I$ folgt daraus, daß das Drehmoment proportional zum Quadrat des Ankerstromes ist.

$$M \sim I_A^2 \quad \rightarrow \quad \frac{M}{M_N} = \left(\frac{I_A}{I_N}\right)^2 \qquad (4.38)$$

Index N: Bezugsdaten (Typenschildangaben)

● Das Drehmoment des Reihenschlußmotors wächst mit dem Quadrat des Stromes.

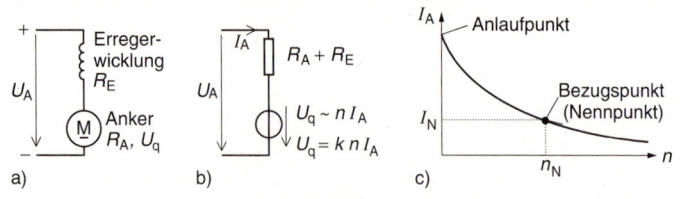

Abbildung 4.37: Reihenschlußmotor: a) Schaltbild; b) Ersatzschaltbild; c) Kennlinie $I_A(n)$

Aus dem Ersatzschaltbild in Abbildung 4.37b folgt für den Strom I_A als Funktion von n:

$$U_A = I_A \cdot (R_A + R_E) + U_q = I_A \cdot (R_A + R_E) + k \cdot n \cdot I_A \quad \rightarrow \quad I_A = \frac{U_A}{k \cdot n + (R_A + R_E)} \quad (4.39)$$

Die Konstante k kann aus den Nenndaten des Motors berechnet werden. Die induzierte Spannung U_q repräsentiert die mechanische Leistung: $P_{mech} = U_q \cdot I_A = M \cdot \omega$. Außerdem gilt: $M \sim I_A^2$. Daraus folgt:

$$U_q = \frac{M \cdot \omega}{I_A} = M_N \frac{I_A^2}{I_N^2} \cdot \frac{\omega}{I_A} = \underbrace{\frac{M_N}{I_N^2} \cdot \frac{2\pi}{60 \frac{s}{min}}}_{k} \cdot n \cdot I_A \quad \Rightarrow \quad k = \frac{M_N}{I_N^2} \cdot \frac{2\pi}{60 \frac{s}{min}} \quad (4.40)$$

- Mit den Bezugsdaten des Reihenschlußmotors und der Proportionalität $M \sim I_A^2$ kann jeder andere Betriebspunkt berechnet werden. Mechanische Verluste sowie Sättigungserscheinungen werden dabei vernachlässigt.

Vernachlässigt man die Spannungsabfälle an den Wicklungswiderständen, so ergibt sich:

$$\boxed{I_A \sim \frac{1}{n} \quad \rightarrow \quad \frac{I_A}{I_N} \approx \frac{n_N}{n}; \quad (R_A + R_E) \text{ vernachlässigt}} \quad (4.41)$$

- In der Reihenschlußmaschine ist der Strom näherungsweise umgekehrt proportional zur Drehzahl.

Mit der oben genannten Beziehung $M \sim I_A^2$ ergibt sich für die Drehzahl-Drehmoment-Kennlinie:

$$I_A = \frac{U_q}{k \cdot n + (R_A + R_E)} \quad \rightarrow \quad M \sim \left(\frac{U_q}{k \cdot n + (R_A + R_E)}\right)^2 \quad (4.42)$$

und bei Vernachlässigung der Wicklungswiderstände $(R_A + R_E)$ ergibt sich:

$$\boxed{M \sim \left(\frac{1}{n}\right)^2 \quad \rightarrow \quad \frac{M}{M_N} \approx \left(\frac{n_N}{n}\right)^2 \quad \text{bzw.} \quad \frac{n}{n_N} \approx \sqrt{\frac{M_N}{M}}; \quad (R_A + R_E) \text{ vernachlässigt}} \quad (4.43)$$

Der Reihenschlußmotor hat eine hyperbolische Drehzahl-Drehmoment-Kennlinie. Er hat ein sehr hohes Anlaufmoment, jedoch nicht so hoch, wie die oben gezeigte Berechnung vermuten lässt. Sättigung und Ankerquerfeld verringern das theoretische Anlaufmoment (Abbildung 4.38). Im Leerlauf erreicht die Reihenschlußmaschine sehr hohe Drehzahlen. Große Motoren können im Leerlauf über die mechanisch zulässigen Grenzen laufen und dadurch zerstört werden. Bei kleinen Motoren begrenzen Reibung und Lüfterleistung die Leerlaufdrehzahl auf ungefährliche Werte.

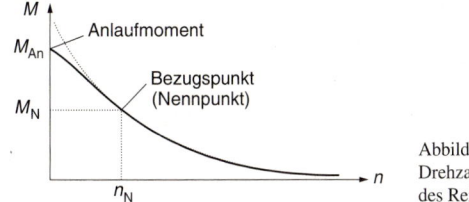

Abbildung 4.38: Drehzahl-Drehmoment-Kennlinie des Reihenschlußmotors

BEISPIEL: Spannungs- und Stromberechnung U_1, I_1 für einen bestimmten Drehzahl/Drehmomentpunkt M_1, n_1 (siehe Abbildung 4.39).

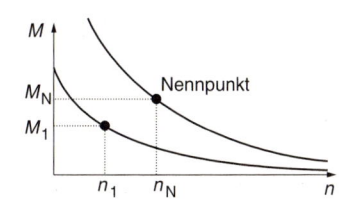

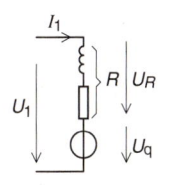

Abbildung 4.39: Drehzahl-Drehmoment-Änderung bei der Reihenschlußmaschine

R und U_{qN} im Nennpunkt sind bekannt (Berechnung siehe Beispiel Seite 196).

$$M \sim I^2 \quad \Rightarrow \quad I_1 = I_N \cdot \sqrt{\frac{M_1}{M_N}}$$

$$U_q \sim n \cdot I \quad \Rightarrow \quad U_1 = U_R + U_{q1} = I_1 R + U_{qN} \cdot \frac{n_1 I_1}{n_N I_N}$$

BEISPIEL: Drehzahl- und Drehmomentberechnung M_1, n_1, wenn im Betrieb eine bestimmte Spannung U_1 und ein bestimmter Strom I_1 gemessen wurden.
R und U_{qN} im Nennpunkt sind bekannt (Berechnung siehe Beispiel Seite 196)

$$M \sim I^2 \quad \Rightarrow \quad M_1 = M_N \cdot \left(\frac{I_1}{I_N}\right)^2$$

$$U_q \sim n \cdot I \quad \Rightarrow \quad n_1 = n_N \cdot \frac{U_{q1}}{U_{qN}} \cdot \frac{I_N}{I_1} = n_N \cdot \frac{(U_1 - I_1 R_A)}{U_{qN}} \cdot \frac{I_N}{I_1}$$

4.4.6.1 Reihenschlußmaschinen am Wechselstromnetz

Reihenschlußmotoren können am Wechselstromnetz betrieben werden. Es ist sogar so, daß Reihenschlußmotoren heute fast ausnahmslos am Wechselstromnetz betrieben werden. Sie heißen deshalb **Universalmotoren**, weil sie an Gleich- und Wechselspannung betrieben werden können. Sie werden in großer Stückzahl für Heimwerker- und Haushaltsmaschinen, beispielsweise Handbohrmaschinen und Staubsauger, produziert.

Da sowohl die Stromrichtung als auch die Richtung des magnetischen Flusses mit jeder Halbperiode des Wechselstromes ihr Vorzeichen wechseln, bleibt die Richtung des Drehmomentes konstant (siehe „Motorprinzip"). Der Motor hat näherungsweise ohmsches Verhalten, weil der Strom maßgeblich durch die mechanisch abgegebene Leistung bestimmt wird und diese von der Netzseite gesehen elektrisch „ohmsch" ist. Die Leistungsaufnahme am Wechselstromnetz pulsiert. Sie beträgt in jedem Nulldurchgang Null und hat im Scheitelwert von Strom und Spannung ihr Maximum. Bei konstanter Drehzahl hat dies zur Folge, daß das Drehmoment mit der Leistung pulsiert (Abbildung 4.40).

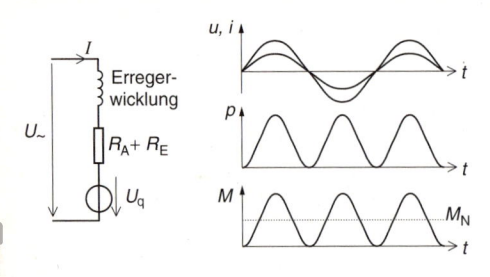

Abbildung 4.40: Drehmomentpulsation bei Wechselspannungsbetrieb (Erregerinduktivität vernachlässigt)

- Der Universalmotor gibt an 50 Hz ein mit 100 Hz pulsierendes Drehmoment ab.

4.4.7 Drehzahlsteuerung von Universalmotoren

Reihenschlußmotoren werden in ihrer Drehzahl gesteuert, indem die Spannung verändert wird. Eine Verkleinerung der speisenden Spannung hat zur Folge, daß die Drehzahl-Drehmoment-Kennlinie verschoben wird. Leider wird die Kennlinie mit kleinerer Spannung zunehmend weicher, d. h., bei Belastung bleibt sie fast stehen (Abbildung 4.41a).

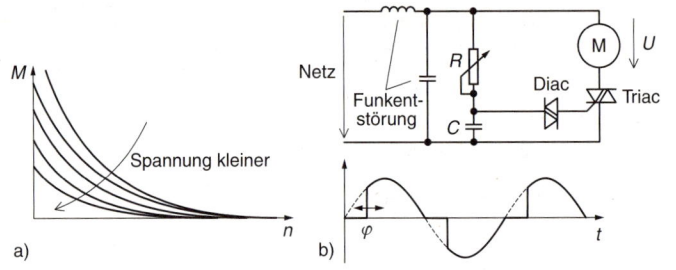

Abbildung 4.41: Drehzahlsteuerung von Universalmotoren; a) Spannungsabhängigkeit der Drehzahl-Drehmoment-Kennlinie, b) Spannungsänderung mittels Phasenanschnittsteuerung

Die Drehzahländerung von Gleichstromreihenschlußmotoren wird am Wechselstromnetz mittels Phasenanschnittsteuerung (Dimmer) erreicht (Abbildung 4.41b). Für eine Drehzahlregelung gibt es spannungsgesteuerte Dimmer, die in einen geschlossenen Drehzahlregelkreis eingebaut werden können.

4.4.8 Nebenschluß- und Reihenschlußverhalten

Nebenschluß- und Reihenschlußmaschinen haben beide ein charakteristisches Drehzahl-Drehmomentverhalten. Die Nebenschlußmaschine ist sehr hart, d. h., ihre Drehzahl gibt bei Belastung nur wenig nach. Ihr Drehzahl-Drehmomentverhalten ist linear. Die Reihenschlußmaschine ist sehr weich, d. h., die Drehzahl geht bei Belastung stark zurück. Ihr Drehzahl-Drehmomentverhalten ist hyperbolisch.

Diese beiden Charakteristika verallgemeinert man und unterscheidet unterschiedlichste Motoren nach diesen beiden Verhaltensweisen. So sagt man beispielsweise, daß eine Drehstromasynchronmaschine im Bereich des Nennpunktes Nebenschlußverhalten hat, obwohl sie von ihrer Konstruktion her eine völlig andere Maschine als die beschriebenen Nebenschlußmaschinen ist. Man spricht bei ihr von Nebenschlußverhalten, weil sie im Nennpunkt sehr hartes und lineares Verhalten aufweist.

Nebenschlußverhalten   Reihenschlußverhalten

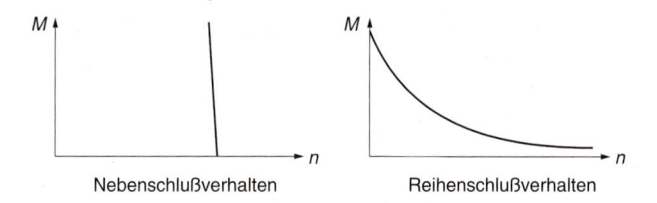

4.5 Drehstrommotoren

Drehstrommotoren[*] werden an einem Drehspannungssystem, üblicherweise dreiphasig, betrieben. Das Drehspannungssystem erzeugt ein **Drehfeld**[*], welches sich mit konstanter Amplitude und konstanter Winkelgeschwindigkeit im Ständer (Stator) der Maschine dreht. Das Drehfeld zieht den Läufer (Rotor) mit.

Dreiphasige Antriebssysteme haben den großen Vorteil, daß sie ein zeitlich konstantes Drehmoment abgeben. Dies gilt für Drehstrommotoren ebenso wie für die stromerzeugenden Generatoren. Im Gegensatz dazu geben Motoren, die am Wechselstromnetz betrieben werden (z. B. Universalmotoren), ein mit doppelter Netzfrequenz pulsierendes Drehmoment ab. Der physikalische Grund dafür liegt darin, daß das symmetrisch belastete Drehstromnetz eine Gleichleistung abgibt, während das Wechselstromnetz eine mit doppelter Netzfrequenz pulsierende Leistung abgibt.

Es sei schon hier vermerkt, daß moderne Steuer- und Regelverfahren den Ständerfluß mittels Frequenzumrichtern zeitlich und örtlich verändern, um eine hohe Dynamik in geregelten Antrieben zu erreichen.

Der folgende Abschnitt beschränkt sich im wesentlichen auf dreiphasig gespeiste Antriebe.

4.5.1 Erzeugung des Drehfeldes

Die dreisträngige Ständerwicklung ist in Nuten längs der zylindrischen Innenwandung des Ständers verlegt. Die drei Strangwicklungen sind im Winkel von 120° (oder geradzahlige Teiler davon) auf den Ständerumfang verteilt. Die Wicklungen sind sogenannte Durchmesserwicklungen, d. h., sie laufen längs des Ständers und umfassen eine Polteilung.

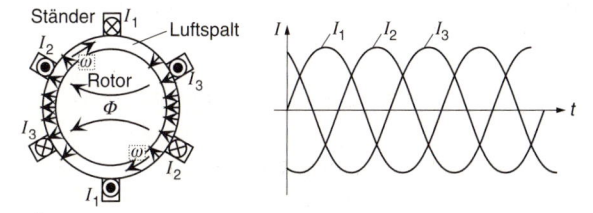

Abbildung 4.42: Drehstromwicklung und Drehfeld. Der magnetische Fluß Φ ist für den Zeitpunkt $t = 0$ dargestellt.

Abbildung 4.42 zeigt die Ständerwicklung für ein **Polpaar**[*], d. h., ein Nord- und ein Südpol drehen sich mit der Winkelgeschwindigkeit ω im Luftspalt. Der magnetische Fluß rotiert mit konstanter Amplitude und Winkelgeschwindigkeit. Bei 50 Hz Netzfrequenz rotiert das Feld mit 3000 Umdrehungen pro Minute.

---

[*] DREHSTROMMOTOR: *three-phase motor*
[*] DREHFELD: *rotating field*
[*] POLPAAR: *pair of poles*

Neben der oben gezeigten **Polpaarzahl** $p = 1$ können auch höhere Polpaarzahlen konstruktiv vorgesehen werden (Abbildung 4.43). Umfaßt jede Wicklung nur 90° räumlich, so entstehen vier Pole, zwei Nord- und zwei Südpole, $p = 2$ (siehe Abbildung 4.43). In diesem Fall dreht sich das Feld pro Periode des Wechselstromes nur um 180°, d. h., das Feld rotiert mit der Drehzahl $n = 1500\,\text{min}^{-1}$.

Allgemein gilt für die Drehfelddrehzahl, sie wird als **synchrone Drehzahl** n_S bezeichnet:

$$n_S = \frac{f}{p} \cdot 60\,\frac{\text{s}}{\text{min}}; \quad f\text{: Netzfrequenz, } p\text{: Polpaarzahl} \tag{4.44}$$

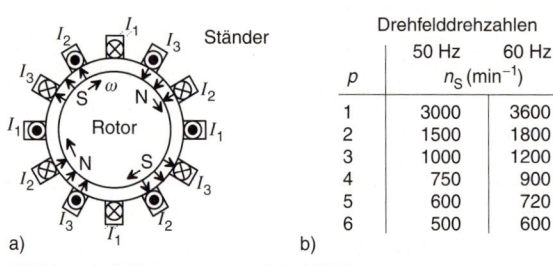

	Drehfelddrehzahlen	
	50 Hz	60 Hz
p	n_S (min^{-1})	
1	3000	3600
2	1500	1800
3	1000	1200
4	750	900
5	600	720
6	500	600

Abbildung 4.43: Polpaarzahlen und Drehfelddrehzahlen
a) Polpaarzahl 2 (vierpolige Wicklung), b) Polpaarzahlen und zugehörige Drehfelddrehzahlen

● Die Drehfelddrehzahl (synchrone Drehzahl) eines Drehstrommotors ist fest an die elektrische Frequenz und die konstruktiv vorgegebene Polpaarzahl gebunden.

HINWEIS: Anstatt der Polpaarzahl p gibt man oft die Anzahl der Pole an. Eine Maschine mit der Polpaarzahl p hat $2p$ Pole. So bezeichnet man beispielsweise eine Maschine mit der Polpaarzahl $p = 2$ als 4-polige Maschine.

4.5.2 Synchronmaschinen

Die **Synchronmaschine**[*] ist eine Drehstrommaschine. Sie hat einen permanent- oder elektrisch erregten Rotor mit der gleichen Polpaarzahl wie die Ständerwicklung. Als Motor wird der Rotor vom Ständerdrehfeld „mitgezogen". Der Rotor dreht sich synchron mit dem Ständerdrehfeld. Als Generator induziert der drehende Rotor in der Ständerwicklung ein dreiphasiges Drehspannungssystem. Praktisch alle stromerzeugenden Generatoren bis zu höchsten Kraftwerksleistungen sind Synchrongeneratoren.

● Die Drehzahl des Synchronmotors ist gleich der Drehfelddrehzahl.

Motorbetrieb: Im Leerlauf stehen die Rotorpole unter den gegennamigen Ständerpolen. Bei Belastung verschieben sich die Rotorpole gegenüber den Ständerpolen, so daß eine tangentiale Kraft zwischen Ständer und Rotor entsteht, d. h., es entsteht ein Drehmoment (Abbildung 4.44a).

Der Winkel φ zwischen Rotor- und Ständerpol steigt mit wachsendem Drehmoment bis zu einem Maximalwert. Wird dieser Maximalwert überschritten, so fällt der Motor „außer Tritt", d. h., er hält an (Abbildung 4.44b).

---

[*] SYNCHRONMASCHINE: *synchronous machine*

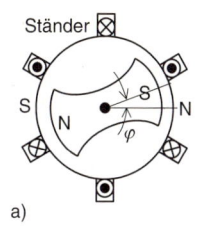

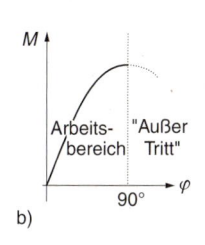

Abbildung 4.44: Synchronmaschine
a) Konstruktionsprinzip, b) Drehmoment über dem Verschiebungswinkel zwischen Rotor- und Ständerpol

An einer festen Netzfrequenz läuft der Synchronmotor nicht bzw. sehr schlecht an. Als Motor war die Synchronmaschine deswegen bis zur Einführung des Frequenzumrichters ohne Bedeutung. Heute ermöglicht die elektronische Erzeugung eines Drehstromsystems mit variabler Frequenz und Amplitude (Frequenzumrichter) den Betrieb von Synchronmaschinen. Der Synchronmotor kann an der variablen Frequenz hochlaufen. Es ist von Vorteil, daß die Synchronmaschine mit ihrer Rotorposition direkt an der speisenden Spannung hängt. Selbst ohne Rotorpositionssensor kann die Rotorposition mittels der Elektronik verfolgt werden. Mit Rotorpositionserkennung werden Synchronmotoren in hochdynamischen Positionierantrieben (Servoantrieben) in den Regelkreis eingebunden. Ihre Dynamik ist dabei geregelten Gleichstrommotoren und Asynchronmotoren deutlich überlegen.

Synchronmaschinen haben oft eine zusätzliche Käfigwicklung (siehe „Asynchronmaschinen") auf dem Rotor. Die Rotormasse und die tangentiale „magnetische Feder" zwischen Rotor und Ständer bilden ein Feder-Masse-System. Dieses wird durch die Käfigwicklung gedämpft, um keine Drehschwingungen entstehen zu lassen.

4.5.3 Asynchronmotoren

Asynchronmotoren[*] sind Drehstrommotoren. Sie werden jedoch in abgewandelter Form auch für Einphasenbetrieb gebaut. Sie haben eine sehr einfache und robuste Konstruktion. Als Käfigläufermotor hat der Rotor (Läufer) keine Bürsten. Seine Lebensdauer ist nur durch die Lagerstandzeit begrenzt. Während kleine Gleichstrommotoren Lebensdauern von nur wenigen hundert Stunden haben, erreichen Asynchronmotoren Standzeiten von durchaus hunderttausend Stunden. Mit Wasser- oder Luftlagern ist ihre Lebensdauer praktisch unbegrenzt.

Ein Nachteil von Asynchronmotoren ist, daß bei Netzbetrieb ihre Drehzahl näherungsweise festgelegt ist; bei 50-Hz-Betrieb beträgt sie je nach Polpaarzahl $3000\,\text{min}^{-1}$, $1500\,\text{min}^{-1}$, $1000\,\text{min}^{-1}$ usw.

Asynchronmotoren haben im Bereich des Nennbetriebs Nebenschlußverhalten, d. h., ihre Drehzahl-Drehmoment-Kennlinie ist sehr hart, die Drehzahl gibt bei Belastung nur wenig nach.

4.5.3.1 Funktionsprinzip

Der Ständer der Asynchronmaschine trägt eine Drehstromwicklung. Diese erzeugt im Betrieb ein Drehfeld, das je nach Polpaarzahl bei 50 Hz mit $3000\,\text{min}^{-1}$, $1500\,\text{min}^{-1}$, $1000\,\text{min}^{-1}$ rotiert. Der Rotor sei für die folgenden Überlegungen ein sogenannter **Schleifringläufer**[*]. Beim Schleifringläufer trägt der Rotor (Läufer) ebenfalls eine Drehstromwicklung gleicher Polpaarzahl. Im Betrieb induziert das Ständerdrehfeld im Läufer eine Spannung, die einen Strom in der Rotorwicklung treibt, sofern der Rotorstromkreis geschlossen ist. Die magnetische Kopplung zwischen Ständer- und Rotorwicklung entspricht dem Transformatorprinzip.

---
[*] DREHSTROMASYNCHRONMOTOR: *three-phase induction motor*
[*] SCHLEIFRINGLÄUFER: *slip-ring motor*

Die Frequenz und die Amplitude der Rotorspannung hängen von der Relativgeschwindigkeit zwischen Ständerdrehfeld und Rotor ab. Sie nimmt entsprechend dem Induktionsgesetz $u = N \cdot \mathrm{d}\Phi/\mathrm{d}t$ mit der Rotordrehzahl ab. Im Anlauf (Stillstand des Rotors) wird in der Rotorwicklung eine Spannung induziert, die die gleiche Frequenz hat wie die Ständerfrequenz. Läuft der Rotor hoch, so wird die Frequenz als auch die Amplitude der Rotorspannung kleiner. Wenn der Rotor die gleiche Drehzahl hat wie das Ständerdrehfeld (synchrone Drehzahl), so wird keine Spannung mehr in der Rotorwicklung induziert und die Frequenz ist theoretisch Null.

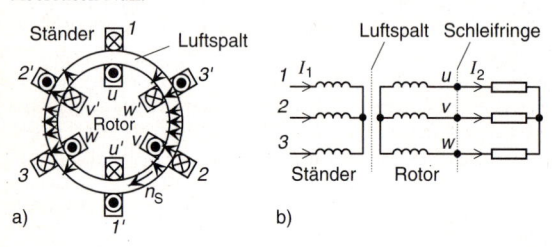

Abbildung 4.45: Asynchronmotor, hier: Schleifringläufer; a) Ständer und Rotorwicklung, b) Ersatzschaltbild

Damit auf der Rotorseite ein Strom I_2 fließen kann (denn erst dadurch entsteht ein Drehmoment), muß der Rotorstromkreis geschlossen werden. Dies kann über Widerstände geschehen (siehe Abbildung 4.45b) oder indem die Rotorwicklung ohne Widerstände kurzgeschlossen wird. Der Rotorstrom und das Ständerdrehfeld erzeugen das Drehmoment (siehe Motorprinzip: $F = l \cdot B \cdot I$). Dieses Drehmoment ist drehzahlabhängig und bei synchroner Drehzahl Null.

Der größte Rotorstrom kann bei kurzgeschlossener Rotorwicklung entstehen. Deswegen schließt man meistens die Rotorwicklung direkt auf dem Rotor kurz und braucht so keine Schleifringe und Bürsten. Solche Motoren heißen **Kurzschlußläufer** oder **Käfigläufer**[*]. Beim Käfigläufer wird die Rotorwicklung, in der Regel aus Aluminium, direkt in die Rotornuten gegossen und durch Kurzschlußringe auf den Stirnseiten verbunden. Betrachtet man nur die Wicklung, so sieht sie aus wie ein Käfig.

Damit ein Drehmoment entsteht, muß der Rotor langsamer laufen als das Ständerdrehfeld. Der Rotor läuft „asynchron" zum Drehfeld, d. h. zur synchronen Drehzahl. Der Unterschied zwischen synchroner Drehzahl n_S und der Rotordrehzahl n heißt **Schlupf**[*] s. Der Schlupf ist ein relatives Maß:

$$s = \frac{n_S - n}{n_S} \tag{4.45}$$

Stillstand, Anlauf, Blockierfall: $n = 0 \;\Rightarrow\; s = 1$
synchrone Drehzahl, näherungsweise Leerlauf: $n = n_S \;\Rightarrow\; s = 0$

Für die Drehzahl n gilt:

$$n = n_S \cdot (1 - s) \tag{4.46}$$

Für die Läuferfrequenz f_2 gilt:

$$f_2 = f_1 \cdot s; \quad f_1: \text{Ständerfrequenz} \tag{4.47}$$

---

[*] KURZSCHLUSSLÄUFER, KÄFIGLÄUFER: *squirrel-cage induction motor*
[*] SCHLUPF: *slip*

Bei Vernachlässigung der Stromwärmeverluste im Ständer und der Eisenverluste gilt: Je kleiner der Schlupf ist, desto besser ist der Wirkungsgrad. Hierzu ein Plausibilitätsvergleich mit der mechanischen Kupplung (Abbildung 4.46). Schlupf erzeugt Verluste. Für die mechanische Kupplung gilt ebenso wie für die Asynchronmaschine:

Eingangsleistung: $P_{ein} = M \cdot \omega_S = M \cdot \dfrac{2\pi}{60\frac{s}{min}} \cdot n_S$

Ausgangsleistung: $P_{aus} = M \cdot \omega = M \cdot \dfrac{2\pi}{60\frac{s}{min}} \cdot n$

Verluste: $P_{Verluste} = M \cdot (\omega_S - \omega) = M \cdot \dfrac{2\pi}{60\frac{s}{min}} \cdot (n_S - n)$

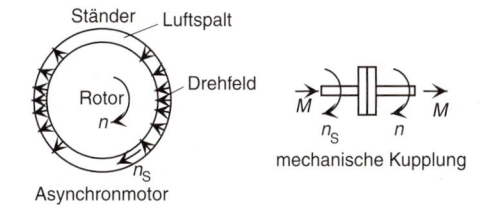

Abbildung 4.46: Schlupf im Vergleich Asynchronmotor mit mechanischer Kupplung

Der Asynchronmotor wird deswegen mit kleinem Schlupf betrieben. Die Nenndrehzahl liegt knapp unterhalb der synchronen Drehzahl.

4.5.3.2 Bemessungsdaten (Nenndaten) der Asynchronmaschine

Das Typenschild einer Asynchronmaschine umfaßt folgende Angaben:

Größen	Beispiel
Nennspannung U_N:	400 V Y / 230V Δ / 50 Hz
Nennstrom I_N:	2,4 A Y/ 4,2 A Δ
Leistungsfaktor $\cos \varphi_N$:	0,87
Nennleistung P_N:	1,1 kW
Nenndrehzahl n_N:	2845 min^{-1}

Nennspannung und Nennstrom werden für Stern- und Dreieckschaltung der Ständerwicklung angegeben. Die Verschaltung kann am **Klemmblock**[*] gewählt bzw. verdrahtet werden. Dort sind die Wicklungsenden der Primärwicklung herausgeführt und können mittels Kontaktplättchen in Stern oder Dreieck geschaltet werden (Abbildung 4.47). Als Nennleistung P_N ist die mechanische Leistung an der Welle angegeben. Hierbei handelt es sich um die zulässige Dauerleistung. EN 60 034 gibt Auskunft über die genauen Betriebsparameter, insbesondere über Temperaturangaben, Wicklungen und Isolierungen. Die Nenndrehzahl liegt knapp unterhalb der synchronen Drehzahl. Von der Nenndrehzahl kann unmittelbar auf die Polpaarzahl bzw. die synchrone Drehzahl geschlossen werden. Im oben beispielhaft angegebenen Typenschild handelt es sich um eine 2-polige Maschine mit der synchronen Drehzahl $n_S = 3000$ min^{-1}.

Neben den Typenschildangaben auf dem Motor sind im Datenblatt weitere Angaben zu finden, wie Wirkungsgrad, Anlaufmoment, Anlaufstrom, Kippmoment und das Massenträgheitsmoment des Rotors.

---

[*] KLEMMBLOCK: *terminal board*

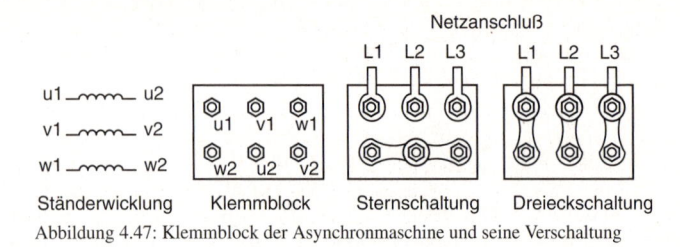

Netzanschluß

```
u1 ⌇ u2        ⊙ ⊙ ⊙
v1 ⌇ v2        u1 v1 w1
w1 ⌇ w2        ⊙ ⊙ ⊙
               w2 u2 v2
```

Ständerwicklung   Klemmblock   Sternschaltung   Dreieckschaltung

Abbildung 4.47: Klemmblock der Asynchronmaschine und seine Verschaltung

4.5.3.3 Elektrisches Ersatzschaltbild der Asynchronmaschine

Die Drehstromasynchronmaschine ist elektrisch einem Transformator ähnlich. Das einsträngige Ersatzschaltbild enthält, wie beim Transformator, Ersatzelemente für die Stromwärmeverluste in den Wicklungen (R_1, R'_2), für die Eisenverluste (R_{Fe}), für die magnetischen Streuflüsse ($L_{1\sigma}$, $L'_{2\sigma}$) und für den magnetischen Hauptfluß (L_H). Die mechanische abgegebene Leistung wird durch den Widerstand R'_{mech} repräsentiert (siehe Abbildung 4.48). Alle Läufergrößen sind auf die Ständerseite umgerechnet. Die galvanische Trennung zwischen Ständer und Läufer entfällt daher und die Läufergrößen sind wegen der Umrechnung mit ′ gekennzeichnet (siehe Abschnitt 4.3).

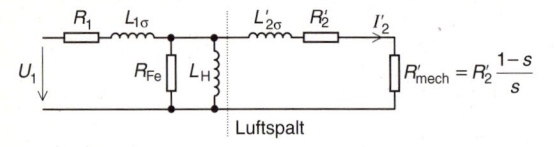

Abbildung 4.48: Einsträngiges Ersatzschaltbild der Asynchronmaschine

Der Widerstand R'_{mech} kann mit den oben gemachten Berechnungen zur Kupplung wie folgt umgerechnet werden:

Die Luftspaltleistung beträgt:

$$P_{ein} = P_{Luftspalt} = M \cdot \omega_S = M \cdot \frac{2\pi}{60 \frac{s}{min}} \cdot n_S = I'^2_2 \cdot (R'_2 + R'_{mech}) \quad (4.48)$$

Die Läuferleistung beträgt:

$$P_{aus} = P_{mech} = M \cdot \omega = M \cdot \frac{2\pi}{60 \frac{s}{min}} \cdot n = I'^2_2 \cdot R'_{mech} \quad (4.49)$$

Daraus folgt:

$$\frac{R'_2 + R'_{mech}}{R'_{mech}} = \frac{\omega_S}{\omega} = \frac{n_S}{n} \quad \text{und} \quad R'_{mech} = R'_2 \cdot \frac{1-s}{s} \quad (4.50)$$

und für den gesamten Läuferwiderstand folgt:

$$\boxed{R'_2 + R'_{mech} = \frac{R'_2}{s}} \quad (4.51)$$

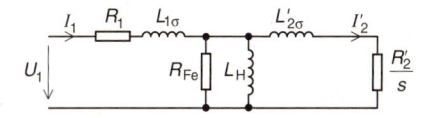

Abbildung 4.49: Einsträngiges Ersatzschaltbild der Asynchronmaschine

Im Anlauf oder Blockierfall, d. h. wenn der Läufer still steht, wird in ihm die höchste Spannung induziert, wodurch der größte Läuferstrom I'_2 und entsprechend auch I_1 entsteht. Leider ist im Anlauf das Drehmoment trotz des großen Läuferstromes gering, weil durch die Streuinduktivitäten zwischen Luftspaltfeld (repräsentiert durch L_H) und Läuferstrom I'_2 eine Phasenverschiebung entsteht. Erst mit wachsender Drehzahl, d. h. mit niedriger werdender Läuferfrequenz, geht der Einfluß der Streuinduktivitäten zurück und das Drehmoment steigt. Kommt die Läuferdrehzahl in die Nähe der synchronen Drehzahl, so werden die induzierte Spannung und folglich auch der Läuferstrom und das Drehmoment sehr klein.

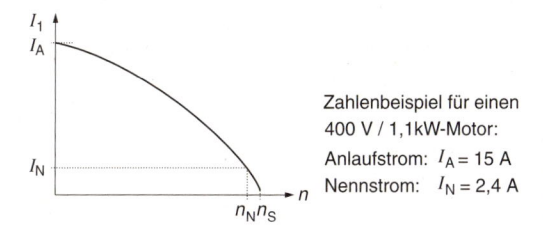

Zahlenbeispiel für einen
400 V / 1,1kW-Motor:
Anlaufstrom: I_A = 15 A
Nennstrom: I_N = 2,4 A

Abbildung 4.50: Ständerstrom einer Asynchronmaschine als Funktion der Drehzahl

4.5.3.4 Drehzahl-Drehmomentverlauf

Mittels des Ersatzschaltbildes nach Abbildung 4.48 kann das Drehmoment über den Schlupf berechnet werden (siehe weiterführende Literatur, *Rolf Fischer*: Elektrische Maschinen). Es ergibt sich der Drehzahl-Drehmomentverlauf nach Abbildung 4.51. Das Drehmoment nimmt zunächst mit der Drehzahl hyperbolisch zu, erreicht ein maximales Drehmoment, das sogenannte **Kippmoment**, und verläuft dann näherungsweise mit Nebenschlußverhalten zum Leerlaufpunkt. Aus dem Ersatzschaltbild kann die **Kloßsche Gleichung** gewonnen werden:

$$\frac{M}{M_K} \approx \frac{2}{\frac{s}{s_K} + \frac{s_K}{s}} \tag{4.52}$$

Für kleine Schlupfwerte ergibt sich die Näherung (siehe auch Abbildung 4.51): $M/M_K \approx 2 \cdot s/s_K$. Mit dieser Beziehung kann aus den Datenblattangaben, in denen Nennmoment, Nenndrehzahl und Kippmoment angegeben sind, auf den Kippschlupf und die Kippdrehzahl geschlossen werden. Nun kann der Drehzahl-Drehmomentverlauf zwischen Kipppunkt und Leerlauf recht genau angegeben bzw. skizziert werden.

Im Anlaufbereich ist der Drehzahl-Drehmomentverlauf in der Praxis deutlich von der Kloßschen Gleichung verschieden. Infolge der Stromverdrängung im Läuferstromkreis wird der Läuferwiderstand R'_2 im Anlauf deutlich erhöht gegenüber seinem Gleichstromwert, was ein deutlich höheres Anlaufmoment zur Folge hat, als die Kloßsche Gleichung erwarten läßt. Diese günstige Auswirkung der Stromverdrängung wird durch geeignete Formgebung der Läufernuten noch verstärkt. Bei einem handelsüblichen Industriemotor liegt das Anlaufmoment nur unwesentlich unterhalb des Kippmomentes. Allerdings verläuft das Drehmoment nach dem Anlauf etwas herunter zum Sattelmoment, um dann zum Kippmoment wieder anzusteigen (Abbildung 4.52).

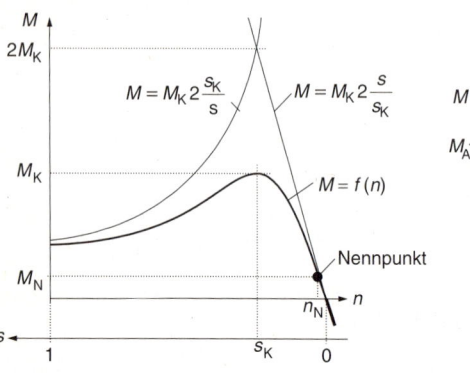

Abbildung 4.51: Drehzahl-Drehmoment-Verlauf der Asynchronmaschine nach der Kloßschen Gleichung

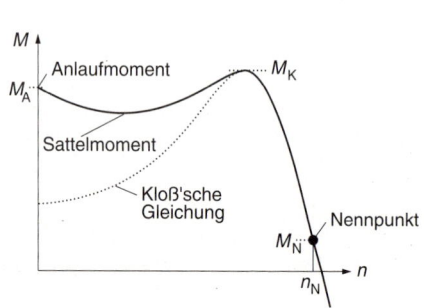

Abbildung 4.52: Drehstromasynchronmotor: Drehzahl-Drehmoment-Verlauf eines Industriemotors

4.5.3.5 Einfluß des Läuferwiderstandes

Der Läuferwiderstand hat einen sehr großen Einfluß auf das Drehzahl-Drehmoment-Verhalten. Ein großer Läuferwiderstand erhöht das Anlaufmoment, macht jedoch den Motor im Nennbereich weich. Für den Anlauf wünscht man sich deswegen einen hohen Läuferwiderstand, im Nennbereich einen kleinen, um eine harte Arbeitskennlinie zu erreichen. Beim Schleifringläufer macht man sich diesen Umstand zunutze, indem man den Läuferwiderstand einstellbar macht (Abbildung 4.53). Man schaltet zusätzliche, einstellbare Widerstände in den Läuferkreis. Das hat allerdings den Nachteil, daß der Motor Schleifringe benötigt, was ihn deutlich teurer und wartungsintensiver macht. Der Schleifringläufer hat heute keine Bedeutung mehr, weil handelsübliche Industriemotoren in Verbindung mit Frequenzumrichtern ihn verdrängt haben.

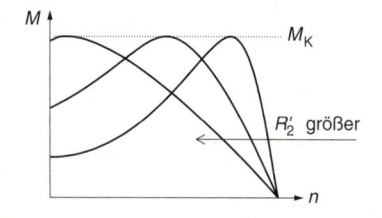

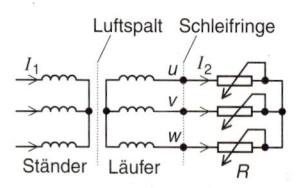

Abbildung 4.53: Der Schleifringläufer

4.5.3.6 Stromverdrängung

Der Strom in den Läufernuten erzeugt ein **Nutquerfeld**. Dieses Nutquerfeld drückt den Strom nach außen, so daß der wirksame Leiterquerschnitt verkleinert wird. Dieser Effekt ist frequenzabhängig und umso stärker, je höher die Frequenz ist. Im Asynchronmotor ist die Läuferfrequenz im Anlauf am größten, deswegen wirkt sich die Stromverdrängung[*] im Anlauf besonders stark aus. Handelsübliche Industriemotoren sind heute alle **Stromverdrängungsläufer**, deren Anzugsmoment näherungsweise gleich dem Kippmoment ist.

BEISPIEL: Drehstromasynchronmotor 400 V / 1,1 kW / 2-poliger Motor: Nennmoment 3,7 Nm, Kippmoment 10 Nm, Anzugsmoment 9,6 Nm, Nenndrehzahl 2845 min^{-1}, Kippdrehzahl 2160 min^{-1}.

---

[*] STROMVERDRÄNGUNG: *current displacement*

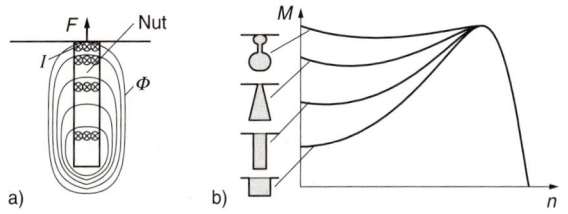

Abbildung 4.54: Stromverdrängung; a) Feldverlauf in der Läufernut, b) Drehzahl-Drehmomentverläufe von verschiedenen Läufernutformen bei gleichen Nutquerschnitten

4.5.3.7 Einfluß der Speisespannung auf das Drehmoment

Eine Verringerung der Ständerspannung bei konstantem Schlupf wird eine proportionale Verringerung des Ständer- und Läuferstromes als auch des Luftspaltfeldes zur Folge haben. Das Drehmoment wird vom Luftspaltfeld und dem Läuferstrom gebildet. Es verändert sich deswegen quadratisch mit der Ständerspannung, sofern man die Sättigung des Eisens vernachlässigt. Bei einer Absenkung der Speisespannung beispielsweise um 10 % (entsprechend unserer Netztoleranz) folgt daraus eine Absenkung des Kippmomentes um fast 20 %.

Allgemein gilt (siehe Abbildung 4.55b):

für konstante Drehzahl: $\quad \dfrac{M_1}{M_2} = \left(\dfrac{U_1}{U_2}\right)^2 \quad$ für $\quad n = n_1 = \text{konst}$

und

für konstantes Drehmoment: $\quad \dfrac{n_s - n_2}{n_s - n_1} = \left(\dfrac{U_1}{U_2}\right)^2 \quad$ für $\quad M = M_1 = \text{konst}$

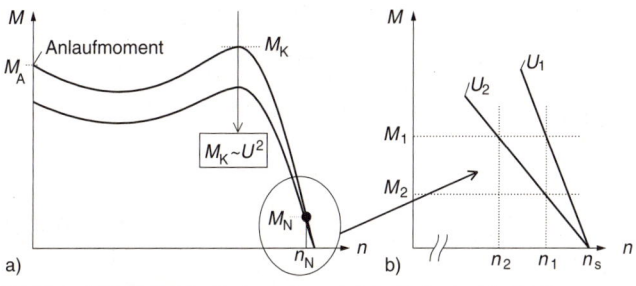

Abbildung 4.55: Einfluß der Speisespannung auf den Drehmomentverlauf; a) Absenkung des Drehmomentverlaufs mit dem Quadrat der Spannung, b) Detail im Nennpunkt

4.5.4 Die Stromortskurve der Drehstromasynchronmaschine

Der Strom I_1 des Ersatzschaltbildes (Abbildung 4.56) in Abhängigkeit des Schlupfes s beschreibt in der Gaußschen Darstellungsebene einen Kreis. Die Spannung U_1 ist der Bezugszeiger und liegt daher auf der reellen Achse. Diese Ortskurve[*] heißt **Kreisdiagramm** der Drehstromasynchronmaschine bzw. **Heyland-Kreis** oder **Osanna-Kreis**[*] nach den Entwicklern dieser Darstellung.

---

[*] ORTSKURVE: *locus diagramm*
[*] OSANNA-KREIS: *Osanna circle*

Abbildung 4.56: Ersatzschaltbild der Drehstromasynchronmaschine

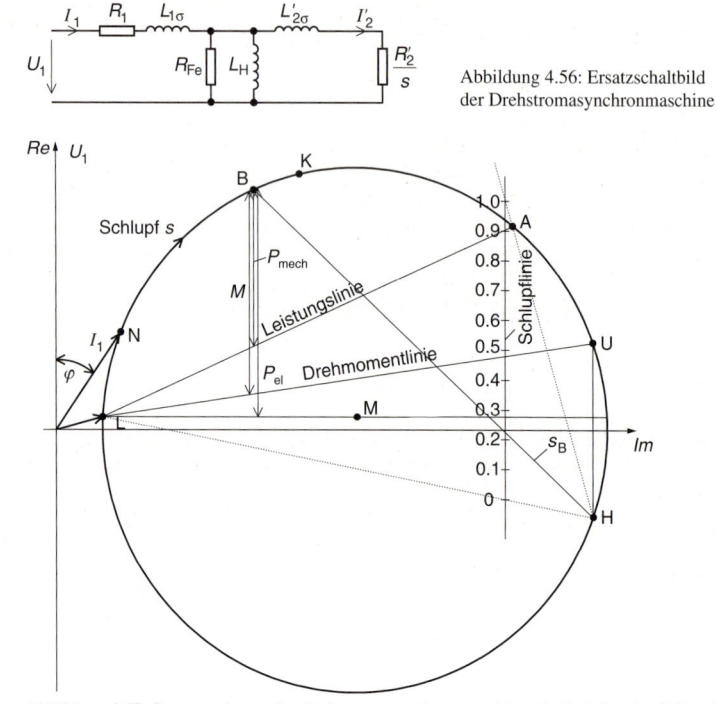

Abbildung 4.57: Stromortskurve der Drehstromasynchronmaschine als Funktion des Schlupfes

Die einzelnen Betriebspunkte bedeuten:

Leerlaufpunkt L: Der Schlupf beträgt $s = 0$. Der Motor nimmt nur den Magnetisierungsstrom auf. Der Magnetisierungsstrom beträgt näherungsweise $I_0 = \dfrac{U_1}{R_{Fe}} + \dfrac{U_1}{j\omega L_H}$.

Nennpunkt N, Betriebspunkt B: Der Nennpunkt und jeder andere Betriebspunkt liegt auf der Stromortskurve. Die Länge des Zeigers I_1 gibt den Stromeffektivwert an. Der Phasenwinkel des Stromes gegenüber Spannung U_1 ist φ.

Kipppunkt K: Der Kipppunkt ist der Betriebspunkt mit dem maximalen Drehmoment. Es ist der Berührungspunkt der nach oben parallelverschobenen Drehmomentlinie mit der Stromortskurve. Die Drehmomentlinie wird so weit nach oben verschoben, bis sie eine Tangente an die Stromortskurve bildet.

Anlaufpunkt A: Der Schlupf beträgt $s = 1$. Der Widerstand R'_2/s wird zu R'_2.

Unendlichkeitspunkt U: Dies ist ein theoretischer Punkt. Der Rotor wird unendlich schnell gegen seine Laufrichtung gedreht. Der Widerstand R'_2/s wird in diesem Punkt Null.

Hilfspunkt H: Die ist ein beliebig wählbarer Hilfspunkt auf der Stromortskurve, um die Schlupflinie zu konstruieren.

Leistungslinie: Die **Leistungslinie** ist die Verbindungslinie zwischen dem Leerlaufpunkt L und dem Anlaufpunkt A. Der senkrechte Abstand (Abstand in Richtung U_1) zwischen der Leistungslinie und der Stromortskurve ist ein Maß für die mechanisch abgegebene Leistung der Drehstromasynchronmaschine, der Abstand von der Stromortskurve zur imaginären Achse spiegelt die elektrisch aufgenommene Leistung wider und der Abstand zwischen der Leistungslinie und der imaginären Achse die Verlustleistung.

Drehmomentlinie: Der senkrechte Abstand (Abstand in Richtung U_1) zwischen **Drehmomentlinie** und der Stromortskurve ist ein Maß für das Drehmoment der Drehstromasynchronmaschine.

Schlupflinie: Die **Schlupflinie** ist eine Gerade, auf der in einer linearen Skalierung der Schlupf abgelesen werden kann. Dafür wird ein beliebiger Hilfspunkt H auf der Stromortskurve eingetragen. Die Schlupflinie wird parallel zur Strecke U–H gezeichnet. Nun werden zwei Linien, von H nach L und von H nach A, eingetragen. Auf der Schlupflinie wird im Schnittpunkt mit der Linie H–L der Schlupfwert 0 eingetragen und im Schnittpunkt mit H–A der Wert 1. Zwischen den Schlupfwerten 0 und 1 wird die Schlupflinie linear skaliert. Zieht man nun eine Linie von H zu einem beliebigen Betriebspunkt B, so kann im Schnittpunkt dieser Linie mit der Schlupflinie der Schlupf s_B für den Betriebspunkt B abgelesen werden.

4.5.4.1 Konstruktion der Stromortskurve

Für die Konstruktion der Stromortskurve benötigt man drei Betriebspunkte, beispielsweise L: $R_2'/s = \infty$, A: $R_2'/s = R_2'$ und U: $R_2'/s = 0$. Mit den drei Betriebspunkten kann mittels Geometrie der Mittelpunkt des Kreises konstruiert werden. Eine Konstruktion der Stromortskurve aus meßtechnisch ermittelten Betriebspunkten ist in der Regel sehr ungenau, weil der Anlaufpunkt A infolge der Stromverdrängung deutlich von dem theoretischen Kreis abweicht. So ist das Kreisdiagramm mehr eine akademische Konstruktion als eine praxisrelevante Darstellung.

4.5.4.2 Die reale Stromortskurve

Die Stromverdrängung ändert die Stromortskurve deutlich gegenüber der Kreisform. Mit zunehmendem Schlupf wird der Läuferwiderstand größer gegenüber seinem Gleichstromwert R_2'. Dadurch verschiebt sich der Motorstrom zu kleineren Werten mit größerem Realteil (siehe Abbildung 4.58).

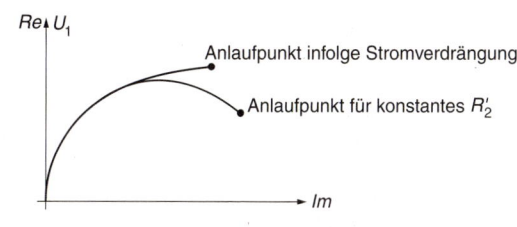

Abbildung 4.58:
Veränderung der Stromortskurve infolge der Stromverdrängung

4.5.5 Reduzierung des Anlaufstromes

4.5.5.1 Stern-Dreieck-Umschaltung

Der Motor wird im Nennbetrieb in Dreieck geschaltet. Im Anlauf wird der Motor in Stern geschaltet. Dadurch ist die Strangspannung im Anlauf um den Faktor $\sqrt{3}$ und ebenso der Strangstrom reduziert. Der Leiterstrom und das Drehmoment gehen um den Faktor 3 zurück. Praktisch läßt man den Motor in Sternschaltung bis in die Nähe der Nenndrehzahl hochlaufen und schaltet dann mit einem sogenannten

Stern-Dreieckumschalter auf Dreieck (Abbildung 4.59). Dieser Hochlauf eignet sich nicht für Schweranlauf, sondern nur für Lasten, die im Anlauf ein geringes Drehmoment benötigen (Lüfter, Pumpen). Für das europäische Netz muß der Motor die Spannungsangabe 690 V Y / 400 V D haben.

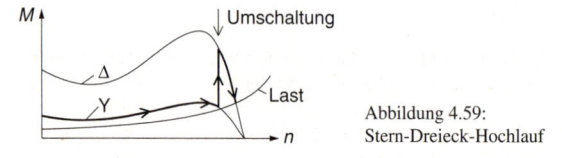

Abbildung 4.59: Stern-Dreieck-Hochlauf

4.5.5.2 Sanftanlaufgeräte

Sanftanlaufgeräte* reduzieren das Anlaufmoment ebenso wie den Anlaufstrom. Sanftanlaufgeräte vermindern die Netzspannung für den Hochlauf elektronisch mittels Phasenanschnitt (Abbildung 4.60). Der Anschnittwinkel wird rampenförmig hochgefahren, so daß sich ein langsamer Momentanstieg und dementsprechend auch ein reduzierter Anlaufstrom ergeben. Die Rampenzeit kann am Sanftanlaufgerät eingestellt werden. Der quadratische Zusammenhang zwischen Motorspannung und Drehmoment gilt natürlich auch hier. Eine etwas reduzierte Motorspannung reduziert das Drehmoment deutlich. Sanftanlaufgeräte sind deswegen nicht für Schweranlauf geeignet.

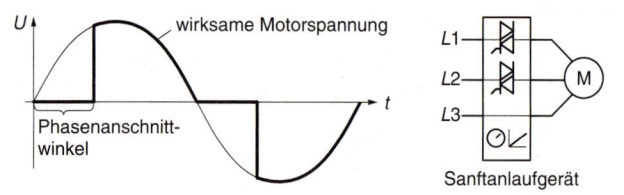

Abbildung 4.60: Sanftanlaufgeräte, Phasenanschnitt und Schaltung

4.5.6 Drehzahlverstellung von Asynchronmotoren

4.5.6.1 Polumschaltung

Bei der **Polumschaltung*** wird die Motordrehzahl verändert, indem die Polpaarzahl umgeschaltet wird. Dadurch ist natürlich nur eine stufenweise Veränderung der Drehzahl möglich. Eine Umschaltung der Polpaarzahl von $p = 1$ auf $p = 6$ beispielsweise verändert die synchrone Drehzahl am 50-Hz-Netz von $3000 \, \text{min}^{-1}$ auf $500 \, \text{min}^{-1}$. Die Polpaarzahl wird mittels eines Schalters verändert, mit dem die Wicklung umgeschaltet wird. Das Drehmoment ändert sich bei der Umschaltung nicht, weil weder der magnetische Fluß noch der Motorstrom dadurch verändert wird ($M \sim \Phi \cdot I$). Die Leistung des Motors sinkt mit der Polpaarzahl, weil die Drehzahl sinkt ($P = M \cdot \omega$). Ein Anwendungsbeispiel für die Polumschaltung sind Waschmaschinen, deren Drehzahl zwischen Wasch- und Schleudergang umgeschaltet wird.

---

* SANFTANLAUFGERÄT: *smooth start device*
* POLUMSCHALTUNG: *pole changing*

4.5.6.2 Frequenzumrichter

Frequenzumrichter[*] verändern die Frequenz und die Amplitude der Motorspannung. Mit der Frequenz ändert sich auch die Drehzahl des Motors.

Frequenzumrichter sind elektronische Geräte, die eine dreiphasige Wechselspannung mit variabler Frequenz und Amplitude liefern. Ein Frequenzumrichter besteht in der Regel aus drei Transistorzweigpaaren, die je eine Phasenspannung des Dreiphasensystems erzeugen. Jedes Zweigpaar besteht aus zwei elektrisch übereinander angeordneten Transistoren, die an einer Gleichspannung liegen (Abbildung 4.61a). Die Transistoren arbeiten im Schaltbetrieb und erzeugen eine pulsweitenmodulierte Spannung (Abbildung 4.61b). Die pulsmodulierten Spannungen enthalten zum einen die um 120° versetzten Unterschwingungen und zum anderen hochfrequente Oberschwingungen. Die Unterschwingungen bilden die wirksame Motorspannung. Sie ist in ihrer Frequenz und Amplitude veränderbar. Die hochfrequenten Oberschwingungen bilden wegen der Wicklungsinduktivitäten keinen nennenswerten Strom aus und sind deswegen für die Drehmomentbildung näherungsweise bedeutungslos.

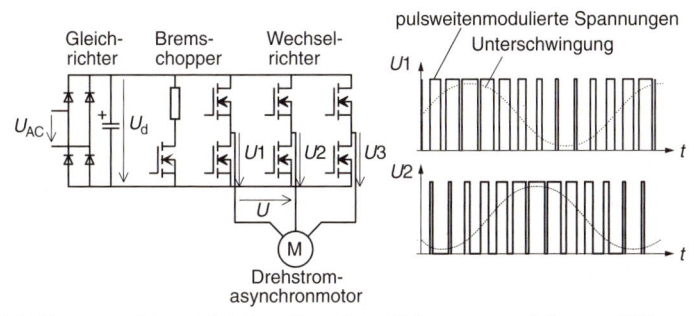

Abbildung 4.61: Frequenzumrichter; a) Schaltung, b) zwei Anschlußspannungen mit ihren um 120° versetzten Unterschwingungen

Ein Frequenzumrichter kann Leistung an den Motor abgeben und aufnehmen. Im letzteren Fall muß zusätzlich ein Bremschopper vorhanden sein (siehe Abbildung 4.61), der die aufgenommene Leistung (beispielsweise im generatorischen Bremsbetrieb) als Wärmeleistung umsetzen kann.

Der Asynchronmotor benötigt für den frequenzgesteuerten Betrieb eine Spannung, die sich proportional zur Frequenz ändert, damit der magnetische Fluß des Drehfeldes konstant bleibt. Der Frequenzumrichter verändert daher die Amplitude der Ausgangsspannung mit der Frequenz. In diesem Falle führt eine Frequenzänderung zu einer Verschiebung der Drehzahl-Drehmoment-Kennlinie (Abbildung 4.62). Die Spannungsamplitude kann natürlich nicht grenzenlos mit der Frequenz steigen, sie ist begrenzt durch die Zwischenkreisspannung U_d des Frequenzumrichters. In diesem Falle fällt das Drehmoment mit steigender Frequenz ab. Bei sehr niedrigen Frequenzen muß die Spannungsamplitude gegenüber der oben genannten Proportionalität etwas angehoben werden, um die Spannungsabfälle über den Wicklungswiderständen der Ständerwicklung auszugleichen. Mit einem Frequenzumrichter kann praktisch jeder Drehzahl-Drehmoment-Punkt unterhalb der punktierten Linie in Abbildung 4.62 angefahren werden.

---

[*] FREQUENZUMRICHTER: *frequency converter*

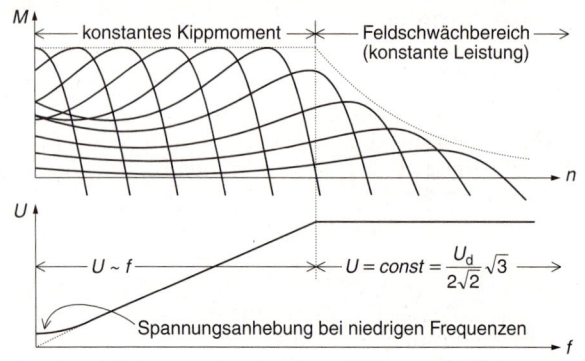

Abbildung 4.62: Frequenzabhängiges Drehzahl-Drehmoment-Verhalten der Asynchronmaschine

4.5.7 Generatorischer Betrieb der Asynchronmaschine

Wird die Asynchronmaschine schneller gedreht als die synchrone Drehzahl, so gibt sie Leistung an das Netz ab (Abbildung 4.63). Die Drehzahl-Drehmoment-Kennlinie ist näherungsweise punktsymmetrisch um den synchronen Drehzahlpunkt. Ein Beispiel für einen derartigen Betrieb sind manche Windkraftanlagen.

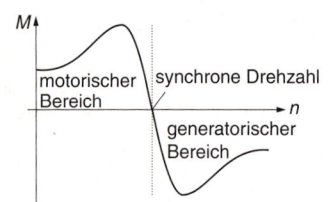

Abbildung 4.63: Motorischer und generatorischer Bereich der Drehstromsynchronmaschine

Soll die Drehstromasynchronmaschine im Inselbetrieb als Generator arbeiten, d. h., sie ist nicht ans Drehstromnetz angeschlossen, so muß die induktive Blindleistung, die sie benötigt, von Kondensatoren geliefert werden. Beispiele für diesen Betrieb sind Stromerzeugeraggregate. Die Kondensatoren werden parallel zur Asynchronmaschine angeschlossen. Sie werden näherungsweise so bemessen, daß ihre Blindleistung der Blindleistungsaufnahme im motorischen Nennbetrieb entspricht. Dreht sich der Motor, so baut sich das Drehfeld auf Grund der Remanenz auf.

$$C \approx \frac{I_N}{U_N} \cdot \frac{\sin \varphi}{2\pi f} \tag{4.53}$$

U_N: Nennspannung, I_N: Nennstrom, $\cos \varphi$: Leistungsfaktor, f: Frequenz

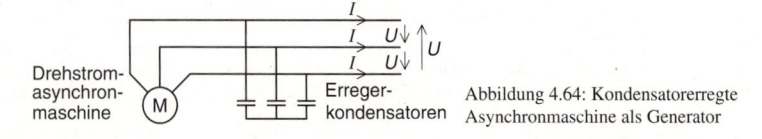

Abbildung 4.64: Kondensatorerregte Asynchronmaschine als Generator

4.5.8 Bremsen der Drehstromasynchronmaschine

4.5.8.1 Generatorisches Bremsen

Der Asynchronmotor wird mittels eines Frequenzumrichters an der Frequenz heruntergefahren[*]. Dabei speist der Motor ggf. Energie zurück, die vom Frequenzumrichter aufgenommen werden muß (Abbildung 4.65). Bei einer plötzlichen Frequenzänderung von f_1 auf f_2 bleibt die Antriebsdrehzahl zunächst erhalten und läuft dann an der Kennlinie (f_2) auf eine niedrigere Drehzahl (Abbildung 4.65b).

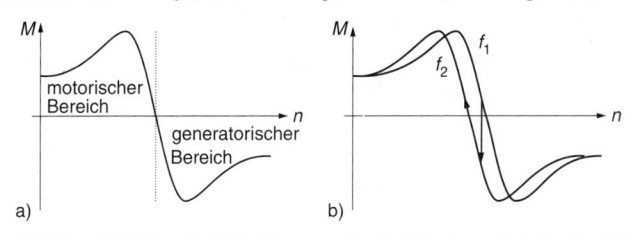

Abbildung 4.65: Generatorisches Bremsen; a) motorischer/generatorischer Bereich, b) Bremsvorgang bei sprunghafter Frequenzänderung

Jeder Antrieb hat ein Massenträgheitsmoment (Schwungmasse), d. h., er hat im Betrieb kinetische Energie gespeichert. Verringert man die Drehzahl, indem man die Frequenz herunterfährt, so läuft der Motor in den generatorischen Bereich, d. h., der Motor gibt die kinetische Energie als elektrische Energie an seinen Klemmen ab. Die generatorische Leistung fließt durch den Wechselrichter zurück in den Zwischenkreis. Hier muß die Energie mittels eines Bremschoppers in einem ohmschen Widerstand in Wärme umgesetzt werden (siehe Abbildung 4.61).

HINWEIS: Bei großen Anlagen kann die kinetische Energie zurück ins Netz gespeist werden. In diesem Falle braucht man einen zweiten Wechselrichter anstatt des netzseitigen Gleichrichters wie in Abbildung 4.61.

4.5.8.2 Gleichstrombremsen

Speist man den Asynchronmotor mit Gleichstrom, so bremst er ab bis zum Stillstand (siehe Abbildung 4.66). Das Bremsmoment bleibt im Stillstand erhalten. Die Gleichspannung kann dabei ca. 10 bis 15 % der Nennwechselspannung betragen, so daß ca. der 1,5-fache Nennstrom fließt. Beim Gleichstrombremsen wird die Schwungmassenenergie als auch die zugeführte elektrische Leistung im Rotor in Wärme umgesetzt. Der Motor wird deswegen beim Gleichstrombremsen recht heiß. Das Gleichstrombremsen eignet sich deswegen nicht zum Bremsen großer Schwungmassen und zum Bremsen in kurzen Zeitabständen (periodischem Bremsen).

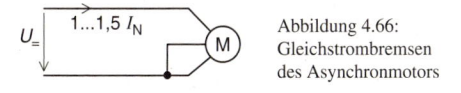

Abbildung 4.66:
Gleichstrombremsen
des Asynchronmotors

4.5.9 Linearmotor

Der **Linearmotor** ist ein Asynchronmotor. Sein Läufer bewegt sich translatorisch, nicht rotatorisch. Man kann sich den Linearmotor als aufgeschnittenen und abgewickelten Drehstrommotor vorstellen (Abbildung

---
[*] BREMSEN (VERZÖGERUNG): *deceleration*

4.67). Dadurch wird es notwendig, die Drehstromwicklung entlang des Fahrweges zu wiederholen. Das Drehfeld wird zum Wanderfeld. Der Läufer wird vom Wanderfeld mitgezogen. Der Schlupf ist größer als beim Drehfeldmotor, weil der Luftspalt konstruktionsbedingt größer ist. Man unterscheidet zwischen dem einseitigen und doppelseitigen Linearmotor. Beim doppelseitigen Linearmotor sind beide Ständerseiten mit Wicklung belegt.

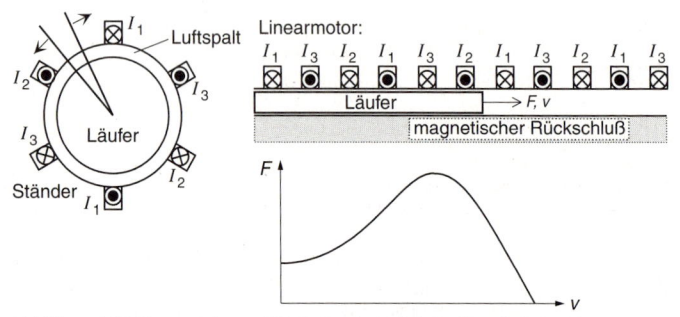

Abbildung 4.67: Konstruktion und Kraft-Geschwindigkeits-Kennlinie des Linearmotors

4.5.10 Einphasig gespeister Drehstromasynchronmotor

Bei Speisung lediglich eines Stranges der Drehstromasynchronmaschine entsteht im Motor ein magnetisches Wechselfeld (Abbildung 4.68a). Dieses Wechselfeld kann man sich als Addition zweier gegenläufiger Drehfelder (Φ_r, Φ_l) vorstellen (Abbildung 4.68b). Die Drehmomentbildung der Drehfelder ist bekannt und in Abbildung 4.68c als links- und rechtsdrehende Kennlinien M_l und M_r dargestellt. Die Summe der Drehmomente M_l und M_r bilden das resultierende Drehmoment M der einphasig gespeisten Asynchronmaschine. Die resultierende Drehzahl-Drehmoment-Kennlinie verläuft durch den Nullpunkt, d. h., es wird kein Anlaufmoment gebildet. In der Nähe der synchronen Drehzahl bildet das mitlaufende Drehfeld ein großes Drehmoment, während das gegenläufige Drehfeld nur noch ein geringes Drehmoment ausbildet. In der Nähe der synchronen Drehzahl hat der Motor Nebenschlußverhalten.

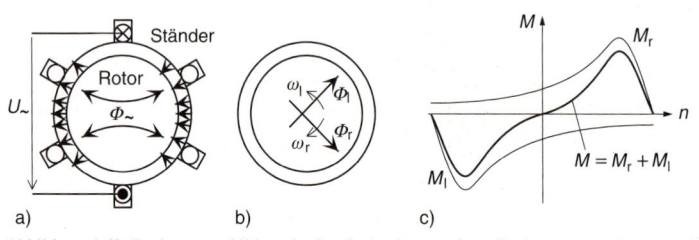

Abbildung 4.68: Drehmomentbildung in der einphasig gespeisten Drehstromasynchronmaschine

Den Anlauf des Motors kann man durch Hinzuschalten eines Kondensators erreichen. Der übliche 400 V/230 V-Drehstromasynchronmotor wird dafür in Dreieck geschaltet und ein Kondensator zwischen dem freien Anschluß und einem Netzanschluß geschaltet (Abbildung 4.69). Auf diese Weise sind mit- und gegenläufiges Drehfeld nicht mehr gleich und es ergibt sich ein verbleibendes Anlaufmoment. Bei Nenndrehzahl ergibt sich ein Drehmoment von ca. 60 bis 70 % des Nennmomentes des Drehstrombetriebes. Den Kondensator wählt man mit ca. 75 µF/kW. Die Drehrichtung kann gewählt werden, indem man den netzseitigen Anschluß des Kondensators auf den einen oder den anderen Netzpol legt.

U~ 230V — ca. 75 μF/kW

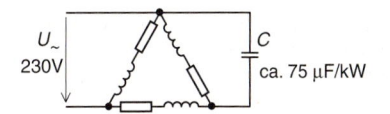

Abbildung 4.69: Verschaltung des Drehstromasynchronmotors für den einphasigen Betrieb

4.6 Kleinmotoren

4.6.1 Kondensatormotor

Kondensatormotoren[*] sind Asynchronmotoren, die ausschließlich für den einphasig gespeisten Betrieb vorgesehen sind. Sie werden als zweisträngige Motoren ausgeführt. Die Wicklungsstränge, Haupt- und Hilfsstrang, sind um 90° versetzt. Der Hauptstrang führt den drehmomentbildenden Arbeitstrom, der Hilfsstrang wird für den Anlauf benötigt. An den Hilfsstrang wird der Anlaufkondensator angeschlossen (Abbildung 4.70). Kondensatormotoren werden immer dann eingesetzt, wenn hohe Betriebsdauer bei einphasiger Speisung gefordert ist. Beispiele dafür sind Lüfter, Kühlschränke und Gartenpumpen.

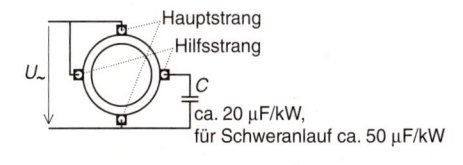

Hauptstrang
Hilfsstrang
$U_\sim$
C
ca. 20 μF/kW,
für Schweranlauf ca. 50 μF/kW

Abbildung 4.70: Zweisträngiger Kondensatormotor

4.6.2 Spaltpolmotor

Der **Spaltpolmotor**[*] ist ein Asynchronmotor, der einphasig betrieben wird. Die Hauptwicklung erzeugt einen Wechselfluß. Der für den Anlauf erforderliche, phasen- und räumlich versetzte Hilfsfluß wird induktiv mittels Kupferringen (Spaltpolwicklung) erzeugt.

Hilfsfluß Hauptfluß Blechpaket M
Rotor   Hauptwicklung
$U_\sim$
→ n
Kupferringe
(Spaltpolwicklung)

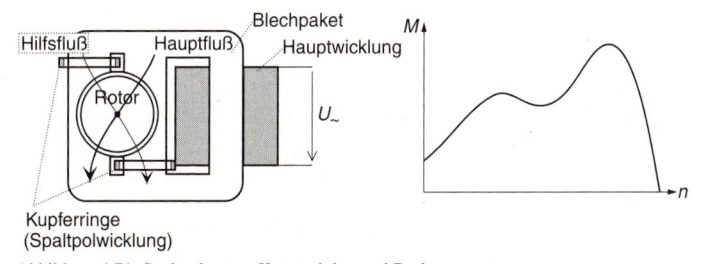

Abbildung 4.71: Spaltpolmotor; Konstruktion und Drehmoment

Der Spaltpolmotor ist mechanisch sehr einfach aufgebaut und dadurch sehr preiswert. Er ist bürstenlos, deswegen leise und für hohe Betriebsdauern geeignet. Sein sehr schlechter Wirkungsgrad von 10 bis 20 % begrenzt seinen Einsatz auf kleine Leistungen. Beispiele sind Heizlüfter und Laugenpumpen.

---

[*] KONDENSATORMOTOR: *single phase capacitor motor*
[*] SPALTPOLMOTOR: *split-pole motor*

4.6.3 Schrittmotor

Der **Schrittmotor*** dreht sich schrittweise von einer stabilen magnetischen Lage zur nächsten. Er benötigt dafür eine Steuerelektronik.

Der Schrittmotor hat einen Permanentmagnetläufer und sternförmig angeordnete Ständerwicklungen. Die Ständerwicklungen werden in Folge magnetisiert, so daß der Läufer schrittweise mitgezogen wird. Die Ständerwicklungen werden mittels einer digitalen Elektronik angesteuert.

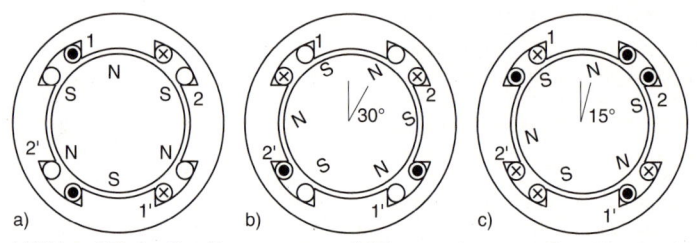

Abbildung 4.72: 6-poliger Permanentmagnet-Schrittmotor: Ausgangsstellung (a) und nach Drehung um den Schrittwinkel im Vollschrittbetrieb (b) und im Halbschrittbetrieb (c)

Die Wicklungen benötigen eine Elektronik, die den Stromfluß in beide Richtungen ermöglicht (Abbildung 4.73a).

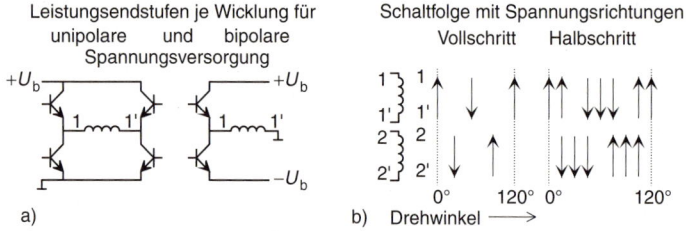

Abbildung 4.73: a) Leistungselektronik, b) Schaltsequenz für einen 6-poligen Schrittmotor, Vollschrittbetrieb: 12 Schritte pro Umdrehung, Halbschrittbetrieb: 24 Schritte pro Umdrehung

Man unterscheidet Voll- und Halbschrittbetrieb. Im Halbschrittbetrieb hat der Motor doppelt soviele Positionen wie im Vollschrittbetrieb. Er erfordert jedoch eine aufwendigere Elektronik. Die Leistungsendstufen für beide Wicklungen sind für beide Betriebsarten gleich.

Schrittmotoren haben als Positionierantrieb den großen Vorteil, keine Positionserkennung zu benötigen. Die Position kann durch Mitzählen der Ansteuersignale jederzeit verfolgt werden. Nach einem Netzaus oder einer Störung muß jedoch eine Initialisierungsposition angelaufen werden. Ein Anwendungsbeispiel für Schrittmotoren sind Drucker.

---

* SCHRITTMOTOR: *stepping motor*

4.7 Formelzeichen

0	als Index: Leerlauf
A	als Index: Anker
B	magnetische Flußdichte
f	Frequenz (Hz)
F	Kraft
K	Strom
k	als Index: Kurzschluß, Anlaufpunkt
J	Massenträgheitsmoment
l	Länge
M	Drehmoment
n	Drehzahl ($\min^{-1}$)
n_0	theoretische Leerlaufdrehzahl, näherungsweise die reale Leerlaufdrehzahl
n_s	synchrone Drehzahl
N	als Index: Nennpunkt, Bezugspunkt
N	Windungszahl
N_1	primäre Windungszahl
N_2	sekundäre Windungszahl
p	Polpaarzahl
P	Leistung
r	Radius
s	Schlupf
s_K	Kippschlupf
t	Zeit
U	Spannung
U_q	induzierte Spannung
v	Geschwindigkeit
η	Wirkungsgrad
φ	Winkel
ω	Winkelgeschwindigkeit, Kreisfrequenz (s^{-1})
Φ	magnetischer Fluß
$'$	z. B. Z': von der Sekundärseite mit $\left(\dfrac{N_1}{N_2}\right)^2$ bzw. mit $\dfrac{N_1}{N_2}$ auf die Primärseite umgerechnete Größen

4.8 Weiterführende Literatur

FISCHER, R.: *Elektrische Maschinen*
Hanser Verlag 2003

VOGEL, J.: *Elektrische Antriebstechnik*
Hüthig Verlag 1998

SEINSCH, H. O.: *Grundlagen elektrischer Maschinen und Antriebe*
Teubner Verlag 1993

KREMSER, A.: *Grundzüge elektrischer Maschinen und Antriebe*
Teubner Verlag 2004

BÖHM, W.: *Elektrische Antriebe*
Vogel Verlag 2002

MERZ, H.: *Elektrische Maschinen und Antriebe*
VDE Verlag 2001

SCHRÖDER, D.: *Elektrische Antriebe*
Springer Verlag 2000

BROSCH, P. F.: *Moderne Stromrichterantriebe*
Vogel Verlag 2001

FUEST, K.; DÖRING, P.: *Elektrische Maschinen und Antriebe*
Vieweg Verlag 2000

5 Messung von Strom, Spannung und Leistung

Dieses Kapitel beschränkt sich auf die Darstellung der wichtigsten Meßverfahren für elektrische Größen mit elektrischen Meßwerken.

5.1 Elektrische Meßwerke

Elektrische Meßwerke* nutzen einen elektrisch/mechanischen Effekt, um die Stärke der elektrischen Größe durch einen (häufig proportionalen) Zeigerausschlag* darzustellen.

5.1.1 Drehspulmeßwerk

Beim **Drehspulmeßwerk*** ist eine Spule drehbar im Feld eines Dauermagneten angebracht. Der durch die Spule fließende Strom verursacht ein Drehmoment, das durch eine Rückstellfeder kompensiert wird. Die Drehung der Spule wird auf einen Zeiger übertragen. Siehe dazu auch den Abschnitt 2.3.17.1 im Kapitel 2 zur Kraft auf einen stromdurchflossenen Leiter im magnetischen Feld.

Abbildung 5.1: Prinzip des Drehspulmeßwerks und sein Schaltzeichen

- Die Skala des Drehspulinstruments ist linear (bei Gleichstrom).

- Das Drehspulinstrument zeigt den **arithmetischen Mittelwert** des Stroms an. Bei reinem Wechselstrom verbleibt die Anzeige auf Null.

- Drehspulinstrumente mit Gleichrichter zeigen den **Gleichrichtwert** an.

- Das Drehspulinstrument ist das empfindlichste Analoginstrument.

HINWEIS: Besonders empfindliche Drehspulinstrumente heißen **Galvanometer**.

---

* MESSWERK: *movement, measuring system*
* ZEIGER: *pointer*
* DREHSPULINSTRUMENT: *moving-coil instrument*

5.1.2 Kreuzspulmeßwerk

Das **Kreuzspulmeßwerk*** arbeitet nach dem Drehspulprinzip, wobei zwei im Winkel von 30...60 Grad gekreuzte Spulen fest verbunden auf einer Achse sitzen. Die Spulen werden so geschaltet, daß die sie durchfließenden Ströme entgegengesetzte Drehmomente ausüben. Die Drehlage, in der beide Momente im Gleichgewicht sind, hängt vom *Quotienten* der beiden Spulenströme ab. Das Meßwerk wird deshalb auch als **Quotientenmeßwerk** bezeichnet.

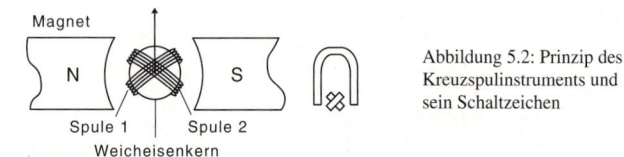

Abbildung 5.2: Prinzip des Kreuzspulinstruments und sein Schaltzeichen

- Das Kreuzspulinstrument zeigt den **Quotienten** zweier Spulenströme an.

- Die Skala ist nichtlinear, aber mit einem weitgehend linearen Bereich um die Skalenmitte.

5.1.3 Elektrodynamisches Meßwerk

Das **Elektrodynamische Meßwerk*** ist dem Drehspulmeßwerk prinzipiell ähnlich, das Magnetfeld wird allerdings durch eine weitere, vom Meßstrom durchflossene Spule erzeugt. Ältere Bezeichnung: **Dynamometer**.

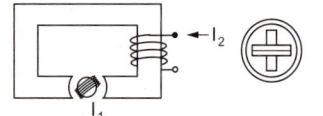

Abbildung 5.3: Prinzip des elektrodynamischen Meßwerks und das Schaltzeichen für die eisengeschirmte Ausführung

- Der Ausschlag des elektrodynamischen Meßwerks ist dem **Produkt** der beiden Spulenströme proportional.

- Werden beide Spulen vom Sinusstrom (gleicher Frequenz) durchflosssen, ist die Anzeige proportional dem Produkt der Ströme und abhängig von der gegenseitigen Phasenverschiebung. Maximaler Ausschlag bei $\Delta\varphi = 0°$, kein Ausschlag bei $\Delta\varphi = 90°$.

Schaltet man beide Meßspulen in Reihe, so werden beide vom selben Strom durchflossen.

- Das elektrodynamische Meßwerk zeigt (in Reihenschaltung) den **Effektivwert** des Meßstroms an. Dabei ist die Anzeige weitgehend unabhängig von der Kurvenform des Stroms. In dieser Betriebsart ist die Skala quadratisch.

Hauptanwendung des elektrodynamischen Meßwerks ist die **Leistungsmessung**. Eine Spule wird vom Meßstrom, die andere von einem der Spannung proportionalen Strom durchflossen.

---

* KREUZSPULINSTRUMENT/MESSWERK: *ratio-meter type moving-coil instrument, cross-coil movement*
* ELEKTRODYNAMISCHES MESSWERK: *electrodynamic movement*

• Das elektrodynamische Meßwerk dient als Leistungsmesser bei Gleich- und Wechselstrom, bei weitgehender Unabhängigkeit von der Kurvenform.

5.1.4 Dreheisenmeßwerk

Das **Dreheisenmeßwerk**[*] (**Weicheisenmeßwerk**) nutzt die gegenseitige Abstoßung gleichsinnig magnetisierter Weicheisenbleche im Magnetfeld einer vom Meßstrom durchflossenen Spule. Durch Formgebung der Bleche läßt sich der Skalenverlauf weitgehend beeinflussen.

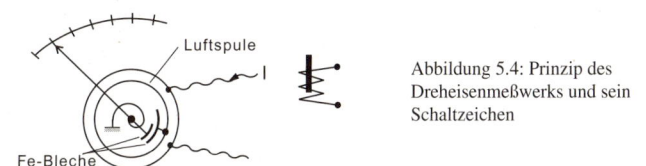

Abbildung 5.4: Prinzip des Dreheisenmeßwerks und sein Schaltzeichen

HINWEIS: Häufige Skalenteilungen sind entweder im oberen Bereich gedehnt (Betriebsinstrumente) oder gestaucht, um Überlastungen noch quantitativ bestimmen zu können.

• Der Ausschlag des Dreheiseninstruments ist von der Stromrichtung unabhängig. Es ist daher für Gleich- und Wechselstrom (technischer Frequenz) gleichermaßen geeignet.

• Das Dreheiseninstrument ist ein **Effektivwert**messer.

• Das Dreheiseninstrument hat einen **hohen Eigenverbrauch**.

• Das Dreheiseninstrument ist in hohem Maße **überlastfest**.

HINWEIS: Bei der Verwendung des Dreheiseninstruments als Strommesser ist die Anzeige von der Kurvenform des Stromverlaufs unabhängig. Bei nichtsinusförmigem Spannungsverlauf ist bei der Verwendung als Spannungsmesser Vorsicht angebracht. Der hohe induktive Anteil dämpft die höheren Frequenzen. Aus diesem Grund nutzt man für die Bereichserweiterung bei der Strommessung ungern Nebenschlußwiderstände, sondern man zapft die Stromspule an oder verwendet Stromwandler.

5.1.5 Weitere Meßwerke

Drehmagnetmeßwerk: Hier dreht sich ein kleiner Dauermagnet im Feld einer vom Meßstrom durchflossenen Spule. Die Rückstellkraft wird durch einen Hilfsmagneten aufgebracht. Das Drehmagnetmeßwerk[*] ist sehr robust, es benötigt, anders als das Drehspulmeßwerk, keine Stromzuführung zu bewegten Teilen.

Elektrostatisches Meßwerk: Es nutzt die elektrostatische Anziehungskraft zweier Kondensatorelektroden aus. Es ist ein reiner Spannungsmesser bei niedrigstem Eigenverbrauch. Anwendung für Gleich- und Wechselspannungsmessung (bis in den HF-Bereich). Das elektrostatische Meßwerk[*] mißt den Effektivwert der Spannung.

---
[*] DREHEISENMESSWERK: *moving-iron movement*
[*] DREHMAGNETMESSWERK: *rotary magnet movement*
[*] ELEKTROSTATISCHES MESSWERK: *electrostatic movement*

226 5 Messung von Strom, Spannung, Leistung

Thermische Meßwerke: Sie nutzen die thermische Ausdehnung eines stromdurchflossenen Leiters. Ausführung als **Hitzdrahtmeßwerk*** oder als **Bimetallmeßwerk**. Kennzeichen sind hoher Eigenverbrauch und lange Einstellzeiten. Thermische Meßwerke sind Effektivwertmesser.

Induktionsmeßwerk: Zwei um $90°$ versetzte Spulen werden von gleichfrequentem Wechselstrom durchflossen und induzieren in einer Aluminiumtrommel Wirbelströme, die ein Drehmoment gegen eine Feder erzeugen. Induktionsmeßgeräte sind produktbildende Instrumente (nur für Wechselströme). Bei der Verwendung einer Aluminiumscheibe, die sich im Bremsfeld eines Dauermagneten drehen kann, erhält man ein Arbeitsmeßgerät, das die Grundform der Elektrizitätszähler darstellt.

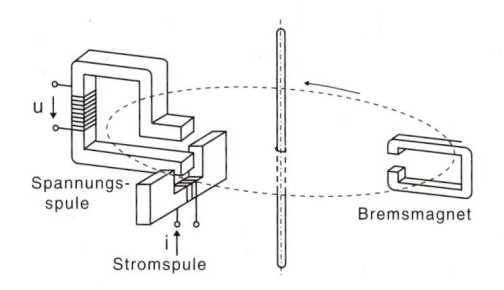

Abbildung 5.5: Aufbau eines Induktionsmeßwerks für die Messung der elektrischen Arbeit

Elektrodynamisches Quotientenmeßwerk: Dieses Meßwerk geht aus dem Kreuzspulmeßwerk hervor, indem das Feld des äußeren Magneten durch eine weitere Stromspule aufgebracht wird. Der Zeigerausschlag ist abhängig vom **Quotienten** der Drehspulenströme und von deren **Phase**nlage zum Erregerstrom. Das elektrodynamische Quotientenmeßwerk* dient vorwiegend als Leistungsfaktormeßgerät. Das **Kreuzfeldmeßwerk** ersetzt die Kreuzspule durch zwei rechtwinklig angeordnete Erregerspulen, in deren Drehfeld sich eine Drehspule frei in allen vier Quadranten einstellen kann ($360°$-Skala).

Vibrationsmeßwerk: Mehrere abgestimmte Stahlzungen* sind federnd im magnetischen Wechselfeld einer stromdurchflossenen Spule angebracht. Die Zunge, deren Resonanzfrequenz der Stromfrequenz entspricht, schwingt mit der größten Amplitude.

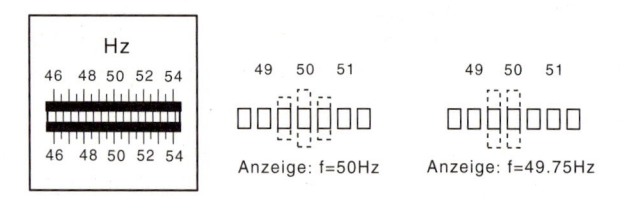

Abbildung 5.6: Skala eines Zungenfrequenzmessers

---

* HITZDRAHTMESSWERK: *hot-wire measuring system*
* ELEKTRODYNAMISCHES QUOTIENTENMESSWERK: *electrodynamic cross-coil movement*
* ZUNGEN-FREQUENZMESSER: *reed frequency meter*

5.1.6 Übersicht: Elektrische Meßwerke

Schaltzeichen	Meßwerk	Meßgröße		Skalenfunktion
	Drehspul-	I, U	—	$\alpha = k \cdot \bar{i}$ arith. Mittelwert
	Drehspul- mit Gleichrichter	I, U	$\simeq$	$\alpha = k \cdot \overline{|i|}$ Gleichrichtwert
	Drehspul- mit Thermoumformer	I	$\simeq$	$\alpha = k \cdot I^2$ Effektivwert
	Dreheisen-	$I, (U)$	$\simeq$	$\alpha = f(I^2)$ Effektivwert
	Drehmagnet-	I, U	—	$\alpha = k \cdot \bar{I}$ arith. Mittelwert
	Kreuzspul-	R	—	$\alpha = f\left(\dfrac{I_1}{I_2}\right)$
	Elektro-dynamisches-	P	$\simeq$	$\alpha = f(I_1 \cdot I_2 \cdot \cos\varphi_{12})$
	Elektro-statisches-	U	$\simeq$	$\alpha = f(U^2)$ Effektivwert
	Hitzdraht-Bimetall-	I	$\simeq$	$\alpha = f(I^2)$ Effektivwert
	Induktions-	W	$\sim$	$\sigma = k \cdot \int I_1 \cdot I_2 \cdot \cos\varphi_{12} \, \mathrm{d}t$
	elektrodynamisches Quotienten-	$\cos\varphi$	$\sim$	$\alpha = f\left(\dfrac{I_1}{I_2}, \varphi_{13}, \varphi_{23}\right)$

Die Skalenfunktion α stellt den Zusammenhang zwischen Meßgröße und Zeigerausschlag dar. k ist jeweils eine Gerätekonstante.

5.2 Messung von Gleichstrom und Gleichspannung

5.2.1 Drehspulinstrument

Wegen seines vergleichsweise niedrigen Eigenverbrauchs und der hohen erreichbaren Genauigkeit ist das Drehspulinstrument das verbreitetste Gleichstrom-Meßinstrument. Der Meßstrom fließt durch die Meßwerkspule. Übliche Meßströme, bei denen das Meßwerk Vollausschlag zeigt, liegen zwischen 10 µA und 10 mA. Der Innenwiderstand eines unbeschalteten Drehspulmeßwerks ist relativ hoch. Diese Eigenschaft erlaubt, das Drehspulmeßwerk auch als Spannungsmesser einzusetzen. Der Strom durch die Meßspule ist der angelegten Spannung proportional, die Skala wird in Volt kalibriert.

$$U_M = I_M \cdot R_M \tag{5.1}$$

U_M: Spannung am Meßwerk bei Vollauschlag, I_M: Meßstrom bei Vollausschlag, R_M: Innenwiderstand des Meßwerks

5.2.2 Meßbereichserweiterung für Strommessungen

Zur Erweiterung des Meßbereichs teilt man den Meßstrom auf zwischen der Meßwerkspule und einem ihr parallel geschalteten **Nebenschlußwiderstand**[*] R_N. Durch Umschaltung der Nebenschlußwiderstände erzielt man verschiedene Meßbereiche.

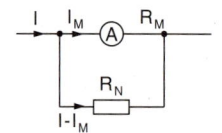

Abbildung 5.7: Meßbereichserweiterung durch einen Nebenschlußwiderstand

BEISPIEL: Ein Meßwerk mit $I_M = 50\,\mu A$ Vollausschlag und Innenwiderstand $R_M = 2\,k\Omega$ soll auf einen Meßbereich von 10 mA erweitert werden.

Der Spannungsabfall am Meßwerk beträgt bei Vollausschlag 100 mV. Damit beträgt der Wert des Nebenschlußwiderstandes $R_N = 100\,mV/9950\,\mu A = 10{,}05\,\Omega$.

Allgemein gilt

$$R_N = \frac{I_M \cdot R_M}{I - I_M} \tag{5.2}$$

I ist dabei der Strom bei Vollausschlag im gewünschten Meßbereich.

Für große Ströme nimmt der Nebenschlußwiderstand R_N sehr kleine Werte an. Der Übergangswiderstand des Meßbereichsumschalters, der in Serie zum Nebenschlußwiderstand liegt, kann dann den Meßwert verfälschen. Die Schaltung in Abbildung 5.8 verhindert diesen Einfluß.

---

[*] NEBENSCHLUSSWIDERSTAND: *shunt*

5.2 Messung von Gleichstrom und Gleichspannung

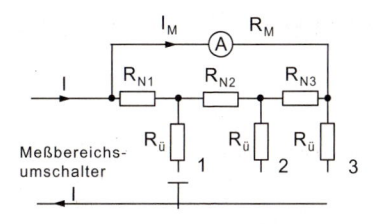

Abbildung 5.8: Meßbereichserweiterung bei der Strommessung, wobei der Übergangswiderstand $R_ü$ des Schalters die Messung nicht beeinflußt

Je nach Schalterstellung wirken die Widerstände R_{N1}, $R_{N1} + R_{N2}$ oder $R_{N1} + R_{N2} + R_{N3}$ als Nebenschlußwiderstand. Ihm parallel liegt das Meßwerk mit den jeweils verbleibenden Widerständen in Serie. Die Summe aller Meßwiderstände und der Innenwiderstand des Meßwerks

$$R_S = R_{N1} + R_{N2} + R_{N3} + R_M$$

heißt **Schließungswiderstand**. Zur Dimensionierung der einzelnen Widerstände bestimmt man vorab R_S nach folgender Überlegung.

Schalter in Stellung 3: Der Spannungsabfall am Meßwerk ist gleich dem über alle Nebenschlußwiderstände. I_3 ist der Strom bei Vollauschlag im Meßbereich 3.

$$I_M \cdot R_M = U_M = (I_3 - I_M) \cdot (R_{N1} + R_{N2} + R_{N3})$$
$$\Rightarrow R_S = \frac{I_M \cdot R_M}{I_3 - I_M} + R_M$$

Schalter in Stellung 1: Erneuter Vergleich der Spannungsabfälle ergibt

$$(I_1 - I_M) \cdot R_{N1} = I_M \cdot (R_{N2} + R_{N3} + R_M) = I_M \cdot (R_S - R_{N1})$$
$$\Rightarrow R_{N1} = \frac{I_M}{I_1} \cdot R_S$$

Schalter in Stellung 2:

$$R_{N2} = \frac{I_M}{I_2} \cdot R_S - R_{N1}$$

Schalter in Stellung 3:

$$R_{N3} = \frac{I_M}{I_3} \cdot R_S - (R_{N1} + R_{N2})$$

BEISPIEL: Ein Meßwerk mit $I_M = 500\,\mu A$ und einem Innenwiderstand $R_M = 1\,k\Omega$ soll zu einem Amperemeter mit den Meßbereichen $I_1 = 100\,mA$, $I_2 = 30\,mA$ und $I_3 = 10\,mA$ erweitert werden. Der Schließungswiderstand beträgt $R_S = 1052,63\,\Omega$. Für die Nebenschlußwiderstände ergeben sich folgende Werte. $R_{N1} = 5,26\,\Omega$, $R_{N2} = 12,28\,\Omega$ und $R_{N3} = 35,09\,\Omega$. Ausnahmsweise ist das Mitführen von mehreren Kommastellen beim Wert des Schließungswiderstandes sinnvoll, weil in den Gleichungen etwa gleich große Größen voneinander subtrahiert werden (Stellenauslöschung).

5.2.3 Meßbereichserweiterung für Spannungsmessungen

Für die Messung von größeren Spannungen schaltet man das Drehspulmeßwerk mit Vorwiderständen in Serie. Für die Spannung U bei Vollausschlag ergibt sich der Vorwiderstand R_V als

$$R_V = \frac{U}{I_M} - R_M \tag{5.3}$$

I_M ist der Strom durch das Meßwerk bei Vollausschlag, R_M sein Innenwiderstand.

Den Innenwiderstand des Spannungsmessers (Meßwerk und Vorwiderstand) bezieht man häufig auf die Spannung bei Vollausschlag.

- Der **spannungsbezogene Innenwiderstand** ist der Kehrwert des Meßwerkstroms bei Vollausschlag.

BEISPIEL: Ein Voltmeter für die Meßbereiche 10 V, 30 V und 100 V ist mit einem Drehspulmeßwerk mit $I_M = 50\,\mu\text{A}$ und $R_M = 1\,\text{k}\Omega$ zu konstruieren. Der spannungsbezogene Innenwiderstand des Meßwerks beträgt $20\,\text{k}\Omega/\text{V}$. Der Gesamtwiderstand beträgt also in den Meßbereichen 10 V 200 kΩ, 30 V 600 kΩ und bei 100 V 2 MΩ. Die Dimensionierung der Meßwiderstände ist in der untenstehenden Abbildung gegeben.

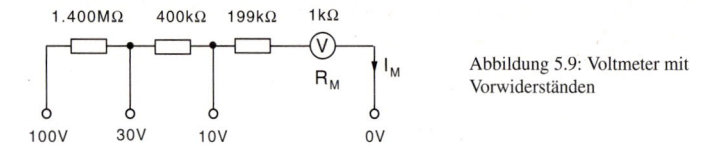

Abbildung 5.9: Voltmeter mit Vorwiderständen

5.2.4 Überlastschutz

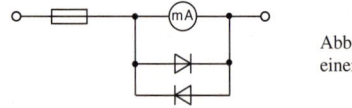

Abbildung 5.10: Überlastschutz in einem Drehspulinstrument

Um eine Überlastung des Drehspulmeßwerks zu vermeiden, überbrückt man es mit zwei antiparallel geschalteten Dioden. Übersteigt die Spannung am Meßwerk etwa 0,7 V, leiten sie Überströme daran vorbei. Eine flinke Feinsicherung im Stromkreis löst bei länger anhaltender Überlastung aus.

5.2.5 Systematische Meßabweichungen bei der Strom- und Spannungsmessung

Ohne Meßinstrument beträgt der Strom im Kreis $I = U/R$. Bei eingefügtem Amperemeter mit dem Innenwiderstand R_A reduziert sich der Strom auf den Wert $I = U/(R + R_A)$.

- Bei der **Strommessung** wird der Strom prinzipiell zu klein gemessen. Die Meßabweichung ist (betragsmäßig) um so geringer, je kleiner der Innenwiderstand des Amperemeters ist.

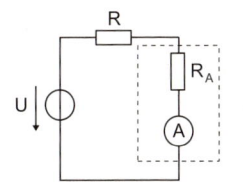

Abbildung 5.11: Zum systematischen Meßabweichung bei der Strommessung

Die **systematische** relative **Meßabweichung** beträgt

$$\frac{\Delta I}{I} = -\frac{R_A}{R_A + R} \approx -\frac{R_A}{R}; \qquad R_A \ll R \tag{5.4}$$

BEISPIEL: Eine systematische Meßabweichung kleiner 1 % wird erreicht, wenn der Innenwiderstand des Amperemeters mindestens 100 mal kleiner als der Widerstand im Stromkreis ist.

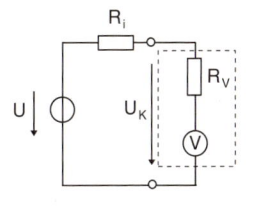

Abbildung 5.12: Zur systematischen Meßabweichung bei der Spannungsmessung

Bei der Belastung der Spannungsquelle mit dem Innenwiderstand R_i durch den Widerstand des Voltmeters (Vorwiderstand und Meßwerkwiderstand) sinkt die Klemmenspannung etwas ab. Gemessen wird die Spannung U_K.

- Bei der **Spannungsmessung** wird die Spannung prinzipiell zu klein gemessen. Die Meßabweichung ist (betragsmäßig) um so kleiner, je größer der Innenwiderstand des Voltmeters ist.

Die **systematische** relative **Meßabweichung** beträgt

$$\frac{U_K - U}{U} = \frac{R_V}{R_i + R_V} - 1 = \frac{-R_i}{R_i + R_V} \approx -\frac{R_i}{R_V}; \qquad R_V \gg R_i \tag{5.5}$$

BEISPIEL: Eine systematische Meßabweichung kleiner 1 % wird erreicht, wenn der Innenwiderstand des Voltmeters mindestens 100 mal größer als der Innenwiderstand der Spannungsquelle ist.

5.3 Messung von Wechselspannung und Wechselstrom

5.3.1 Drehspulinstrument mit Gleichrichter

Die am häufigsten anzutreffende Anordnung zur Messung von Wechselspannungen ist ein Drehspulmeßwerk mit Gleichrichter.

Die Dioden richten den Meßstrom gleich. Bei kleinen Meßspannungen machen sich die Schwellspannungen der Dioden bemerkbar. Dieser Einfluß ist in der Schaltung in Abbildung 5.13 rechts geringer. Hier liegt nur eine Diode mit dem Meßwerk in Serie. Die Nachbildung der Meßstrecke durch den Widerstand R_M und die Diode D_2 sorgt dafür, daß Wechselstrom durch die Meßanordnung fließt.

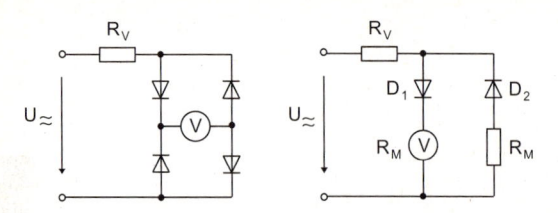

Abbildung 5.13: Drehspulmeßwerk mit Gleichrichter. Links mit Brücke, rechts mit Einweggleichrichter

- Drehspulinstrumente mit Mittelwert-Gleichrichter zeigen den **Gleichrichtwert** an.

HINWEIS: Die Skalen von Instrumenten sind üblicherweise so kalibriert, daß sie für Sinusspannungen den Effektivwert anzeigen. Bei der Messung von Spannungen anderer Kurvenform muß dies durch Berücksichtigung des **Formfaktors** korrigiert werden.

BEISPIEL: Eine Rechteckspannung mit dem Scheitelwert ±1 V wird mit einem Drehspulinstrument gemessen. Der Effektivwert und der Gleichrichtwert betragen bei dieser Kurvenform 1 V. Der Ausschlag des Instruments ist proportional zum Gleichrichtwert.

Eine Sinusspannung mit Gleichrichtwert 1 V hat dagegen einen Effektivwert von $k_f \cdot \overline{|u|} \approx 1{,}11$ V. Für die Rechteckspannung zeigt ein Drehspulinstrument also eine effektive Spannung von 1,11 V an, es ergibt sich somit eine systematische Meßabweichung von 11 %.

- Für kleine Wechselspannungen weist die Skala deutliche Nichtlinearität auf.

HINWEIS: Die zu messende Wechselspannung läßt sich durch Transformatoren hochtransformieren. Dadurch wird der Einfluß der Diodenkennlinie geringer. Der Übertrager beschränkt den Frequenzbereich nach unten (ca. 30 Hz) und nach oben (ca. 10 kHz).

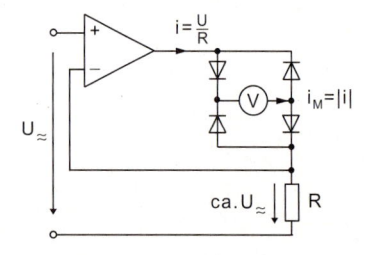

Abbildung 5.14: Spannungs-Strom-Wandlung für die Messung kleiner Wechselspannungen

Die Schaltung in Abbildung 5.14 setzt die Eingangswechselspannung in einen proportionalen Wechselstrom durch den Widerstand R um. Der Ausgangsstrom des Operationsverstärkers stellt sich so ein, daß die Spannungen am invertierenden und nicht invertierenden Eingang gleich sind. Durch die Stromeinprägung wird die Anzeige unabhängig von den Nichtlinearitäten der Dioden. Durch geeignete Dimensionierung von R können auch sehr kleine Wechselspannungen (1 mV) noch gemessen werden.

$$i_M = \frac{|u_\approx|}{R} \quad \Rightarrow \quad \text{Dimensionierung:} \quad R = \frac{U_\approx}{I_M} \tag{5.6}$$

$U_\approx$: Wechselspannung bei Vollausschlag. I_M: Meßwerkstrom bei Vollausschlag. Meßbereichserweiterungen erzielt man durch Vorschalten eines Spannungsteilers.

5.3 Messung von Wechselspannung und Wechselstrom

Bei der Messung von hochfrequenten Wechselspannungen vermeidet man, daß Wechselströme durch das Meßwerk fließen. Man ordnet einen Spitzenwertgleichrichter abseits vom Meßwerk in einem Tastkopf[*] an und führt dem Meßwerk nur noch Gleichspannung zu. Die Anzeige ist proportional dem Spitze-Spitze-Wert und wird geeignet kalibriert.

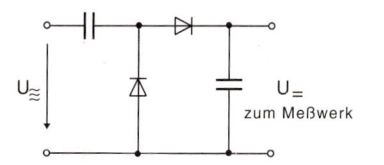

Abbildung 5.15: Spitzenwert-Gleichrichter für die Messung hochfrequenter Spannungen

5.3.2 Dreheiseninstrument

Das einfachste Instrument zur Messung von Wechselspannungen und -strömen ist das Dreheiseninstrument[*]. Es ist ein Effektivwertmesser, zeigt also auch bei nichtsinusförmigen Strömen korrekte Werte an. Bei der Verwendung als Spannungsmesser ist Vorsicht angebracht, weil die hohe Induktivität des Meßwerks Oberschwingungen dämpft. Dazu muß das Instrument frequenzkompensiert sein.

Das Dreheiseninstrument findet sich häufig als fest installiertes Betriebsinstrument, mitunter in Verbindung mit Strom- oder Spannungswandlern.

5.3.3 Meßbereichserweiterung durch Meßwandler

Neben der Meßbereichserweiterung durch Vor- und Nebenwiderstände bietet die Verwendung von Strom- und Spannungswandlern[*] für Wechselgrößen die Möglichkeit, den Meßbereich der Instrumente an die Meßgrößen anzupassen. Wandler sind Übertrager mit eng toleriertem Übersetzungsverhältnis. Sie bieten den weiteren Vorteil, das Meßgerät vom Netz elektrisch zu isolieren.

Spannungswandler[*] untersetzen (übersetzen) die Meßspannung im Verhältnis der Windungszahlen. Übliche sekundärseitige Nennspannungen sind 100 V oder $100/\sqrt{3}$ V (für Drehstromanwendungen). Angabe auf dem Typenschild z. B. 380 V/100 V. Die Klemmen von Spannungswandlern sind primärseitig mit U und V, sekundärseitig mit u und v bezeichnet. Primärseitig beschaltete, für die Messung unbenutzte Spannungswandler werden im Leerlauf betrieben. Die Primärwicklung besteht üblicherweise aus vielen Windungen dünnen Kupferdrahtes (hohe Spannung, geringster Strom).

Stromwandler[*] untersetzen den Meßstrom im inversen Verhältnis der Windungszahlen. Übliche sekundärseitige Nennströme sind 5 A, mitunter 1 A. Angabe auf dem Typenschild z. B. 25 A/5 A. Die Klemmen von Stromwandlern sind primärseitig mit K und L, sekundärseitig mit k und l bezeichnet. Primärseitig beschaltete, für die Messung unbenutzte, Stromwandler müssen sekundärseitg kurzgeschlossen werden. Die Primärwicklung besteht üblicherweise aus wenigen Windungen dicken Kupferdrahtes, mitunter wird der Primärleiter ein oder mehrfach durch den Ringkern der Sekundärspule durchgesteckt. Eine Sonderkonstruktion ist eine aufklappbare Version des Stromwandlers, der sich um den Leiter legen läßt. In konstruktiver Einheit mit einem Strommesser ergibt sich daraus das **Zangenamperemeter**[*].

---

[*] HF-TASTKOPF: *RF probe*
[*] DREHEISENINSTRUMENT: *moving-iron instrument*
[*] MESSWANDLER (ÜBERTRAGER): *instrument transformer*
[*] SPANNUNGSWANDLER: *voltage transformer*
[*] STROMWANDLER: *current transformer, series transformer*
[*] ZANGENAMPEREMETER: *clip-on ammeter*

HINWEIS: Bei der Verwendung von Meßwandlern ergibt sich die Möglichkeit, die Ströme (Spannungen) mehrerer Stränge in der Anzeige zu addieren. Dazu werden die Wandler sekundärseitig polrichtig parallel (in Reihe) geschaltet. Bei unterschiedlichem Übersetzungsverhältnis werden die Meßströme den Primärwindungen von geeignet dimensionierten Summenwandlern zugeführt. Die an der Sekundärwicklung abgegriffene Größe ist der gewichteten Summe der Primärgrößen proportional.

Für Meßwandler wird ein **Strom-** bzw. **Spannungsfehler** spezifiziert. Das ist die garantierte Obergrenze der Abweichung des sekundärseitigen Stroms (Spannung) vom Sollwert. Wegen der (geringfügigen) Verluste im Übertrager besteht zwischen der Eingangssinusgröße und der Ausgangsgröße eine geringe Phasenverschiebung in der Größenordnung von Winkelminuten. Diese wird als **Winkelfehler** spezifiziert. Bedeutsam wird der Winkelfehler dann, wenn zwei Meßgrößen miteinander verknüpft werden, also beispielsweise bei der Leistungsmessung. Meßwandler müssen zur Einhaltung der spezifizierten Fehlergrenze mit ihrer **Nennbürde** belastet werden. Die **Bürde** eines **Spannungswandlers** ist der durch den Betrag in Siemens und den Bürdenleistungsfaktor cos φ charakterisierte Scheinleitwert der sekundären Last. Die **Bürde** eines **Stromwandlers** ist der durch den Betrag in Ohm und den Bürdenleistungsfaktor cos φ charakterisierte Scheinwiderstand der sekundären Last.

Häufig wird die **Bürde** eines Meßwandlers auch als die maximal abgebbare **Scheinleistung** in VA angegeben. (Bei Stromwandlern 1...60 VA, bei Spannungswandlern 10...300 VA). Stromwandler wirken sekundär wie eine Stromquelle, die Nennbürde begrenzt den maximalen Widerstand des Meßwerks und der Zuleitung nach oben. Bei Spannungswandlern begrenzt die Nennbürde den sekundärseitigen Leitwert nach oben, also den sekundärseitigen Lastwiderstand nach unten.

5.3.4 Effektivwertmessung

Für die Messung von Wechselgrößen werden die Skalen der Meßinstrumente in aller Regel in Effektivwerten[*] kalibriert. Wenn das Meßgerät aber kein eigentlicher Effektivwertmesser ist, ist die Anzeige nur für die vorgesehene Kurvenform exakt (in der Regel die Sinusform).

Für die Messung von Effektivwerten (sogenannte echte Effektivwertmessung) gibt es verschieden Möglichkeiten.

Effektivwertmesser sind Meßinstrumente, die vom Wirkungsprinzip her den Effektivwert messen. Dazu gehören

- Dreheiseninstrumente
- Thermische Meßwerke
- Elektrodynamische Meßwerke mit beiden Spulen in Reihenschaltung
- Elektrostatische Meßwerke (für Spannungen)

Drehspulmeßwerk mit Thermoumformer. Der zu messende Strom heizt einen Widerstand auf, dessen Temperatur ein Thermoelement mißt. Ein angeschlossenes Drehspulmeßwerk wird in Effektivwerten des Stroms kalibriert.

Meßwerk mit Analogrechenschaltung. Die Schaltung ist die elektronische (analoge) Umsetzung der Definitionsgleichung des Effektivwertes.

---

[*] EFFEKTIVWERT: *rms value* von *root-mean-square*

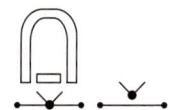

Abbildung 5.16: Symbol für ein Drehspulmeßwerk mit Thermoumformer zur Effektivwertmessung. Bei der Ausführung rechts ist das Thermoelement vom Meßkreis isoliert.

Digital arbeitende Meßgeräte. Die zu messende Größe wird abgetastet und die Abtastwerte gemäß der Definitionsgleichung von einem Rechenwerk (Mikroprozessor) verarbeitet und zur Anzeige gebracht.

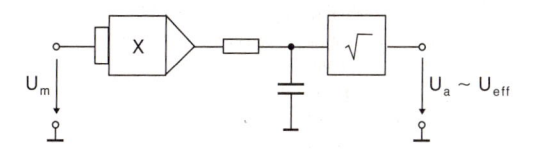

Abbildung 5.17: Prinzipschaltung zur Effektivwertbildung der Meßgröße. Anwendungsreife Schaltungen werden anders ausgeführt.

HINWEIS: Die Messung von Effektivspannungen ist häufig problematisch. Spannungsmesser werden im Nebenschluß betrieben und stellen eine frequenzabhängige Last dar. Anteile unterschiedlicher Frequenzen werden ggf. unterschiedlich stark gewichtet. Das Instrument muß dazu frequenzkompensiert sein.

5.4 Berührungslose Messung von Gleich- und Wechselströmen

In der Praxis sehr verbreitet ist ein Meßverfahren, das den Hall-Effekt nutzt. Eine Hallsonde* produziert eine (Hall-)Spannung U_H proportional zum eingeprägten Strom und der sie durchsetzenden magnetischen Flußdichte. Diese Eigenschaft nutzt man zur potentialfreien Messung von Gleich- und Wechselströmen.

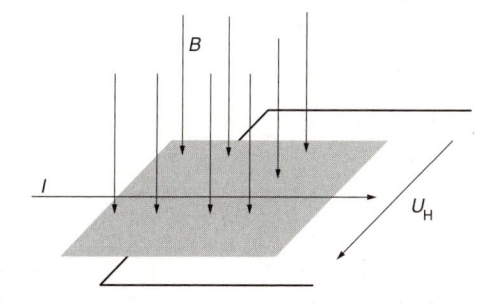

Abbildung 5.18: Hallsonde

In einer Hallsonde (Abbildung 5.18) werden die Ladungsträger des Stromes I durch die magnetische Flußdichte so abgelenkt, daß sich senkrecht zur Stromrichtung eine zu B proportionale Hallspannung U_H abgreifen läßt.

---

* HALLSONDE: *Hall generator*

Meßprinzip: Der zu messende Strom erregt in dem Ring aus permeablem Material (z. B. Ferrit) ein Magnetfeld, dessen Stärke die Hallsonde mißt. Die Spannung U_H ist dem Meßstrom proportional, soweit das Material des Ringkerns linear ist, also insbesondere weit unterhalb der Sättigung betrieben wird.

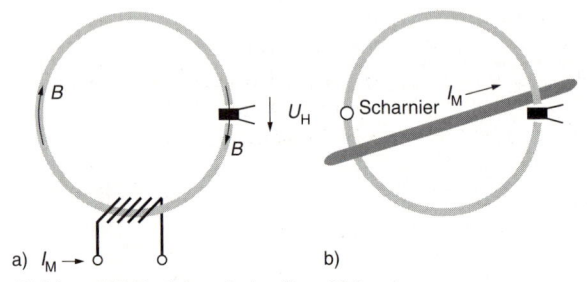

Abbildung 5.19: Ferritring mit eingefügter Hallsonde

In Abbildung 5.19a fließt der zu messende Strom durch die Spule. Die Hallsonde gibt eine Spannung U_H proportional zum Magnetfeld ab. In Abbildung 5.19b fließt der Meßstrom durch einen Leiter, der von dem aufklappbaren Ring umschlossen wird (Stromzange).

Erweiterung: Bei großen Strömen genügt schon eine einzige Windung, um ein messbares Feld im Ring zu erregen. Den Ring konstruiert man aufklappbar, so dass er bequem einen Leiter umschließen kann. Aus dieser Bauform resultiert der Name **Stromzange**[*] oder **Zangenamperemeter**[*] für diese Anordnung. Die hohe Permeabilität des Ringkerns hat zur Folge, dass der Winkel des stromdurchflossenen Leiters zum Ring so gut wie keinen Einfluss auf das Messergebnis hat (Abbildung 5.19b).

Kompensationsverfahren: Durch die Wicklung auf dem Ringkern sendet man einen Strom dessen Magnetfeld das des Messstroms reduziert. Man nutzt die Spannung der Hallsonde zur Regelung des Kompensationsstromes, sodass der resultierende magnetische Fluss verschwindet. Der geregelte Strom ist damit dem Messstrom proportional. Der Kompensationsstrom wird dann der eigentlichen Messung zugeführt.

Durch die Kompensation gerät der Kern nie in die magnetische Sättigung, die Eigenschaften des magnetischen Materials des Rings und die Luftspalte des Klappmechanismus beeinflussen das Messergebnis nicht.

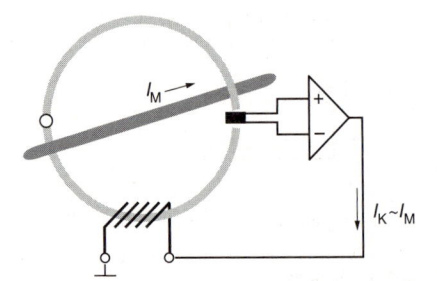

Abbildung 5.20: Kompensationsverfahren

Der Messstrom I_M im Leiter erzeugt im Ferritring ein Magnetfeld. Der Regler stellt den Kompensationsstrom I_K so ein, dass der magnetische Fluss zu Null wird (Abbildung 5.20).

---

[*] STROMZANGE: *clamp-on ammeter*
[*] ZANGENAMPEREMETER: *pliers ammeter, clamp ammeter*

Dieses Verfahren hat viele Vorteile:
- Es arbeitet berührungslos und damit potentialfrei.
- Es arbeitet unterbrechungsfrei, insbesondere gibt es keine Einfügeverluste durch Messwiderstände und damit keine systematische Messabweichung.
- Aufgrund der Kompensation ist das Verfahren hoch linear.
- Hallsonde und Regler erlauben Messungen bis zu einigen hundert Kilohertz. Das Verfahren eignet sich somit gut zur Messung von oberwellenreichen Strömen (genaue Effektivwertmessung).
- Das Verfahren eignet sich gleichermaßen für die Messung von Gleich- und Wechselströmen. Gleichströme werden vorzeichenrichtig erfasst.

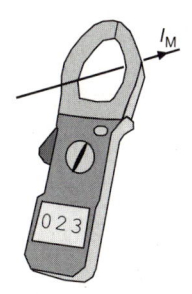

Abbildung 5.21: Ausführung einer Stromzange als Digital-Instrument

5.5 Leistungsmessung

5.5.1 Leistungsmessung im Gleichstromkreis

Die Leistungsaufnahme eines Verbrauchers kann durch Messung des Stroms und der an der Last abfallenden Spannung bestimmt werden.

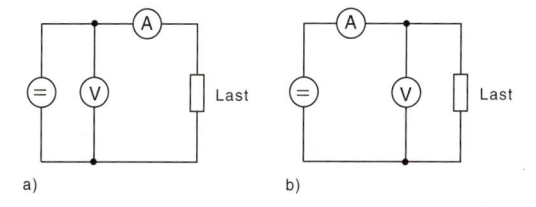

a)   b)

Abbildung 5.22: Leistungsbestimmung im Gleichstromkreis

Die **Spannungsfehlerschaltung** oder **stromrichtige Messung** zeigt die Abbildung 5.22 (a). Die gemessene Spannung ist um den Spannungsabfall am Amperemeter höher als die an der Last.

Die **Stromfehlerschaltung** oder **spannungsrichtige Messung** zeigt die Abbildung 5.22 (b). Der gemessene Strom ist um den durch das Voltmeter fließenden Anteil höher als der tatsächlich durch die Last fließende.

HINWEIS: Soll nicht die im Verbraucher umgesetzte Leistung, sondern die abgegebene Generatorleistung präzise gemessen werden, tauschen die Schaltungen in Abbildung 5.22 (a) und (b) ihre Rollen.

Meßgröße	Last	günstigere Schaltung
Verbraucherleistung	hochohmig	stromrichtig (a)
	niederohmig	spannungsrichtig (b)
Generatorleistung	hochohmig	stromrichtig (b)
	niederohmig	spannungsrichtig (a)

Für die **direkt anzeigende Messung** werden elektrodynamische Meßinstrumente als Wattmeter* eingesetzt. Eine seiner Spulen dient als **Strompfad**, die andere als **Spannungspfad**. Die Grundschaltungen und ihre systematischen Fehler sind analog der Messung mit zwei Instrumenten.

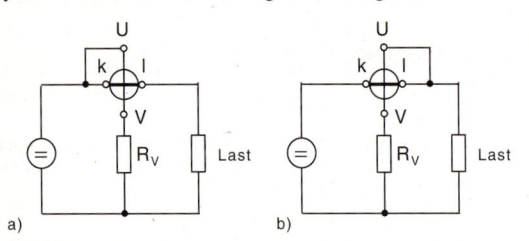

Abbildung 5.23: Leistungsbestimmung im Gleichstromkreis mit Wattmeter

a) b)

Die Abbildung zeigt in (a) die **stromrichtige** in (b) die **spannungsrichtige** Meßanordnung. Die Hinweise zur Messung mit zwei Instrumenten gelten auch hier.

HINWEIS: Die Anzeige von Wattmetern ergibt sich aus dem **Produkt** der **Ströme** im Strom- und Spannungspfad. Eine **Überlastung** eines einzelnen Pfades ist anhand der Anzeige möglicherweise nicht ersichtlich. Deswegen muß man sich gegebenenfalls durch Messung überzeugen, daß weder Strom noch Spannung die zulässigen Werte überschreiten.

HINWEIS: Bei Anwendungen, bei denen sich der Stromfluß umkehren kann (z. B. an Akkumulatoren mit Ladegerät), setzt man Wattmeter mit zentraler Nullage oder solche mit Umschalter in einem Pfad ein.

5.5.2 Leistungsmessung im Wechselstromkreis

Im Wechselstromkreis mit sinusförmigen Strömen und Spannungen müssen bei der Leistungsmessung unterschieden werden (siehe auch den Abschnitt 3.8 im Kapitel 3)

- Scheinleistung $S = U \cdot I$ angegeben in VA
- Wirkleistung $P = U \cdot I \cdot \cos\varphi$ angegeben in W
- Blindleistung $Q = U \cdot I \cdot \sin\varphi$ angegeben in var

I und U sind die Effektivwerte von Strom bzw. Spannung (Sinusgrößen!). Die **Scheinleistung** wird wie die Gleichstromleistung mit Volt- und Amperemeter bestimmt. Siehe dazu die Abbildung 5.22 und die dazugehörigen Hinweise.

Die **Wirkleistung** wird mit elektrodynamischen oder Induktionsmeßwerken gemessen, die konstruktionsbedingt die gegenseitige Phasenverschiebung von Strom und Spannung berücksichtigen. Wie bei der Gleichstrommessung gibt es hier eine stromrichtige und spannungsrichtige Meßanordnung (siehe dazu die Abbildung 5.23).

---

* LEISTUNGSMESSER: *power meter*

Die **Blindleistung** mißt man mit einem Wattmeter, in dessen Spannungspfad der Strom durch ein Phasenschiebernetzwerk (Hummelschaltung) um 90° verschoben wird.

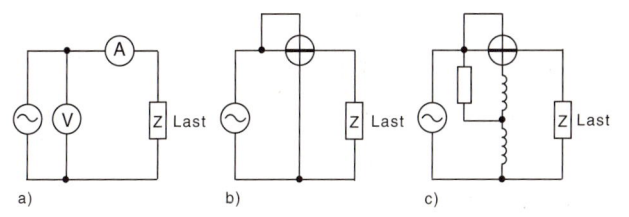

Abbildung 5.24: Meßanordnungen zur Bestimmung der (a) Scheinleistung, (b) Wirkleistung und der (c) Blindleistung

HINWEIS: In Stromkreisen mit hohem Blindleistungsanteil kann ein Wattmeter bereits überlastet sein, ohne daß eine bemerkenswerte Anzeige erfolgt. In solchen Fällen ist der Strom im Strompfad durch ein Amperemeter zu kontrollieren.

HINWEIS: Vorsicht bei nichtsinusförmigen Spannungen und/oder Strömen! Die Leistungsmessung kann grob verfälscht werden, weil

- ein evtl. vorhandenes Netzwerk zur Phasenverschiebung nur für *eine* Frequenz dimensioniert ist
- im Spannungspfad die Oberschwingungen nur stark gedämpft wirksam werden

Das ist regelmäßig der Fall bei Verbrauchern, die mit Phasenanschnittsteuerungen, Stromrichtern o. ä. arbeiten. Auch eine Leistungsfaktormessung ist dann in der Regel verfälscht bzw. sinnlos.

5.5.2.1 Drei-Voltmeter-Methode

Einer komplexen Last wird ein bekannter reeller Widerstand vorgeschaltet.

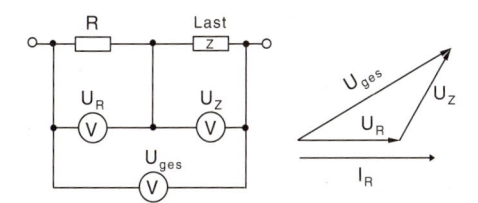

Abbildung 5.25: Drei-Voltmeter-Methode zur Leistungsbestimmung und das Zeigerbild dazu

Die **Wirkleistung** ergibt sich rechnerisch aus den drei gemessenen Spannungen

$$P = \frac{U_{\text{ges}}^2 - U_R^2 - U_Z^2}{2R} \tag{5.7}$$

Analog dazu arbeitet die **Drei-Amperemeter-Methode**. Der komplexen Last wird ein bekannter reeller Widerstand parallel geschaltet.

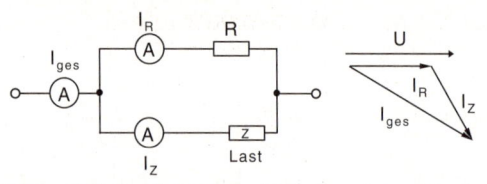

Abbildung 5.26: Drei-Amperemeter-Methode zur Leistungsbestimmung und das Zeigerbild dazu

Die Wirkleistung ergibt sich rechnerisch aus den drei gemessenen Strömen

$$P = \frac{R}{2} \cdot \left(I_{\text{ges}}^2 - I_R^2 - I_Z^2 \right) \tag{5.8}$$

Die **Blindleistung** Q läßt sich ebenfalls aus den Ergebnissen der Drei-Voltmeter-Methode berechnen. Unter Verwendungen der Beziehungen

$$\cos\varphi = \frac{U_{\text{ges}^2} - U_R^2 - U_Z^2}{2 \cdot U_R \cdot U_Z}; \quad \sin\varphi = \sqrt{1 - \cos^2\varphi}; \quad S = U_Z \cdot \frac{U_R}{R}$$

ergibt sich

$$Q = \sqrt{1 - \cos^2\varphi} \cdot U_Z \cdot \frac{U_R}{R}$$

5.5.2.2 Leistungsfaktormessung

Der Leistungsfaktor[*] ergibt sich rechnerisch aus der Scheinleistung (gemessen mit Volt- und Amperemeter) und der Wirkleistung (gemessen mit dem Wattmeter).

Eine **direkt anzeigende Messung** erfolgt mit dem elektrodynamischen Quotientenmeßinstrument, wie in Abbildung 5.27 dargestellt.

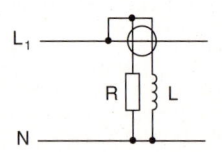

Abbildung 5.27: Leistungsfaktormessung mit elektrodynamischem Quotientenmeßwerk

Wegen der zur Phasendrehung notwendigen Induktivität ist die Anwendung auf einen eng tolerierten Frequenzbereich beschränkt (typ. 49,5...50,5 Hz).

Die Anzeige ist in etwa proportional zum Tangens des Phasenwinkels φ. Die Skala wird allerdings meistens in Werten des $\cos\varphi$ kalibriert, z. B. (+0,4 kapazitiv...+0,4 induktiv). Das Meßwerk besitzt keine Rückstellorgane, deshalb ist die Anzeige im stromlosen Zustand undefiniert. Sonderbauformen haben eine 360°-Skala.

---

[*] LEISTUNGSFAKTOR: *power factor PF*

5.5.3 Leistungsmessung im Drehstromkreis

Messung der

- **Scheinleistung** mit je drei Volt- und Amperemetern
- **Wirkleistung** durch ein, zwei oder drei Wattmeter
- **Blindleistung** durch geeignete Phasenverschiebung der Spannung. Dazu ist im Drehstromnetz kein Phasendrehungsnetzwerk erforderlich, weil die um 90° verschobene Spannung im Netz zur Verfügung steht.

5.5.3.1 Messung der Wirkleistung im Drehstromnetz

Bei **unsymmetrischer Belastung** im **Vierleiternetz** benötigt man drei Wattmeter. Die gesamte Wirkleistung ist die Summe der aus jedem Außenleiter aufgenommenen Leistungen

$$P = P_1 + P_2 + P_3 = U_{1N} \cdot I_1 \cdot \cos\varphi_1 + U_{2N} \cdot I_2 \cdot \cos\varphi_2 + U_{3N} \cdot I_3 \cdot \cos\varphi_3$$

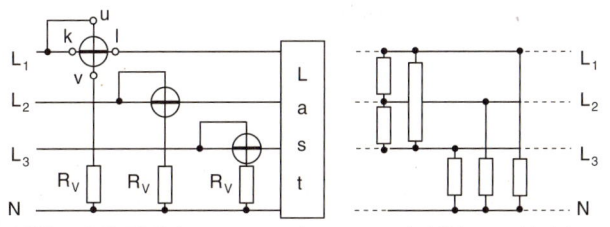

Abbildung 5.28: Wirkleistungsmessung im unsymmetrisch belasteten Vierleiternetz

HINWEIS: Die Leistungen P_1 bis P_3 können auch mit einem einzelnen Wattmeter nacheinander bestimmt werden.

Bei symmetrischer Belastung gilt $U_{1N} = U_{2N} = U_{3N}$, $I_1 = I_2 = I_3$ und $\cos\varphi_1 = \cos\varphi_2 = \cos\varphi_3$. Bei **symmetrischer Belastung** im **Vierleiternetz** genügt deshalb *ein* Wattmeter, dessen Skala ggf. geeignet kalibriert ist. Die vom Meßwerk erfaßte Leistung ist P_M. Die Gesamtleistung ist dann

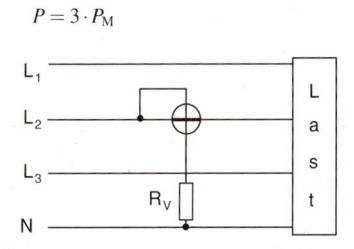

$$P = 3 \cdot P_M$$

Abbildung 5.29: Wirkleistungsmessung im symmetrisch belasteten Vierleiternetz

Beim **Dreileiternetz** fehlt der Neutralleiter. Zur Leistungsmessung kann ein **künstlicher Nullpunkt** (künstl. Sternpunkt) gebildet werden. Der Widerstand $R_V + R_M$ entspricht dem Gesamtwiderstand des Spannungspfades des Wattmeters.

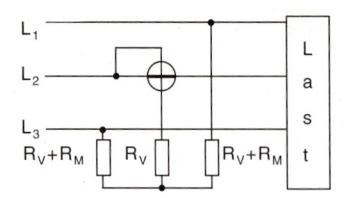

Abbildung 5.30: Wirkleistungsmessung im symmetrisch belasteten Dreileiternetz mit künstlichem Nullpunkt

Bei **unsymmetrischer Belastung** im **Dreileiternetz** wird die Schaltung in Abbildung 5.28 um einen künstlichen Nullpunkt erweitert.

Zum gleichen Ziel mit geringerem Instrumentenaufwand kommt die **Zwei-Wattmetermethode** (ARON-Schaltung).

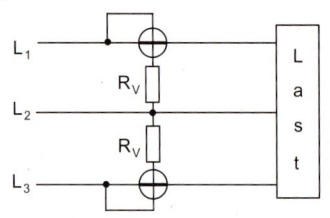

Abbildung 5.31: Wirkleistungsmessung im unsymmetrisch belasteten Dreileiternetz mit der Zwei-Wattmeter-Methode

Bei dieser Anordnung ist die Spannung am Spannungspfad der Instrumente um den Faktor $\sqrt{3}$ höher als bei der Messung gegenüber dem Neutralleiter. Die in der Last umgesetzte Wirkleistung ist gleich der Summe der angezeigten Werte der beiden Wattmeter.

$$P = P_{M1} + P_{M3}$$

HINWEIS: Bei großen Phasenverschiebungen kann eine Anzeige negativ werden und muß auch vorzeichenrichtig berücksichtigt werden. Daher ist sorgfältig auf die korrekte Polung zu achten. Verwendung von Wattmetern mit zentraler Nullage oder Umschalter.

5.5.3.2 Messung der Blindleistung im Drehstromnetz

Die **Blindleistungsmessung** ist im Drehstromnetz ohne Verwendung eines Phasendrehnetzwerks möglich, weil die um 90° verschobene Spannung an den gegenüberliegenden Außenleitern anliegt.

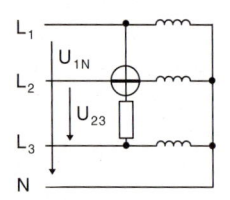

Abbildung 5.32: Blindleistungsmessung im symmetrisch belasteten Vierleiternetz

Als Beispiel ist die Messung der **Blindleistung** bei **symmetrischer Belastung** dargestellt. Die Spannung U_{23} zwischen den Außenleitern L_2 und L_3 ist um 90° gegen die Spannung U_{1N} verschoben. Ihr Betrag ist allerdings um den Faktor $\sqrt{3}$ größer. Die gesamte (symmetrisch) aufgenommene Blindleistung ist also

$$Q_{ges} = 3 \cdot \frac{Q}{\sqrt{3}} = \sqrt{3} \cdot Q$$

5.5 Leistungsmessung

Durch geeignete Wahl der Vorwiderstände oder durch einen Meßwandler mit geeignetem Übersetzungsverhältnis läßt sich die korrekte Anzeige erreichen.

Die **Blindleistungsmessung** bei **unsymmetrischer Belastung** ermöglicht eine **Drei-Wattmeter-Schaltung**, bei der die Spannungspfade jeweils mit um 90° gegenüber der Wirkleistungsmessung verschobenen Spannungen versorgt werden. Voraussetzung dafür ist, daß sich das Spannungsdreieck durch die Belastung nicht verschoben hat.

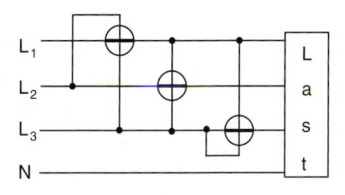

Abbildung 5.33: Blindleistungsmessung im unsymmetrisch belasteten Dreileiternetz (Vorwiderstände sind nicht gezeichnet)

Betragsmäßig müssen die Spannungen um den Faktor $\sqrt{3}$ korrigiert werden.

$$Q = \frac{1}{\sqrt{3}} \cdot (Q_1 + Q_2 + Q_3)$$

5.5.3.3 Leistungsmeßkoffer

In einem sogenannten **Leistungsmeßkoffer** sind für die Leistungsmessung alle Wattmeter, Vorwiderstände, Umschalter und ggf. Meßwandler für eine schnelle und betriebssichere Messung enthalten. Die genormten Klemmenbezeichnungen sind in der Tabelle aufgeführt. Die Abbildung zeigt die Drei-Wattmeter-Schaltung für die Wirkleistungsmessung (entsprechend Abbildung 5.28) mit den Klemmenbezeichnungen.

Leiterbezeichnung	Strom ein	Spannung	Strom aus
L_1	1	2	3
L_2	4	5	6
L_3	7	8	9
N	10	11	12

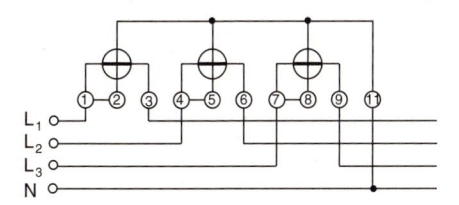

Abbildung 5.34: Genormte Klemmenbezeichnungen am Beispiel der Drei-Wattmeter-Schaltung zur Wirkleistungsmessung

Die Abbildung 5.34 zeigt Beispiele für den Einsatz des Meßkoffers bei der Leistungsmessung.

a) Wirkleistungsmessung mit Strom- und Spannungswandler. Zu Abschnitt 5.5.2 auf Seite 239.

b) Wirkleistungsmessung mit einem Wattmeter im Drehstromnetz bei symmetrischer Belastung. Zu Abschnitt 5.5.3.1 auf Seite 241.

c) Wirkleistungsmessung im Dreileiternetz. Zwei-Wattmeter-Schaltung erweitert durch Strom- und Spannungswandler. Zu Abschnitt 5.5.3.1 auf Seite 242.
d) Blindleistungsmessung mit der Zwei-Wattmeter-Schaltung. Zu Abschnitt 5.5.3.2 auf Seite 242.
e) Wirkleistungsmessung im Drehstromnetz mit drei Wattmetern bei beliebiger Belastung. Zu Abschnitt 5.5.3.1 auf Seite 241.

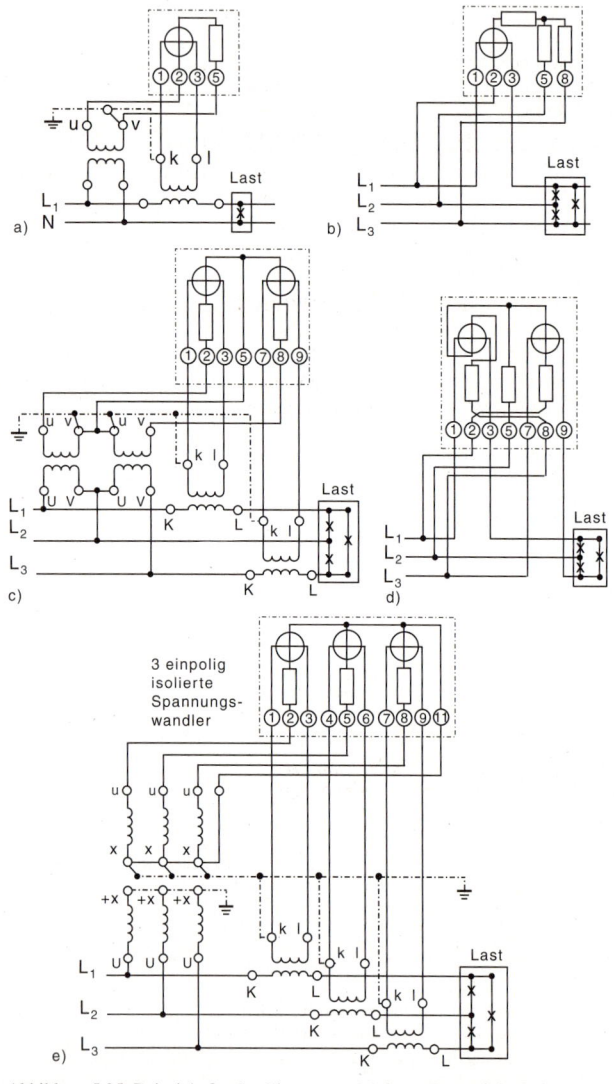

Abbildung 5.35: Beispiele für den Einsatz von Meßwandlern bei der Leistungsmessung

5.6 Digitale Messung von Gleichspannung

Kernelement der digitalen Messung von elektrischen Größen ist der Analog-Digital-Umsetzer* (ADU). Er setzt eine wert- und zeitkontinuierliche Größe (z. B. eine Gleichspannung) in eine zeit- und wertdiskrete Zahlenfolge um. Ein ADU ordnet einer Meßspannung U_M eine Zahl Z zu mit der Eigenschaft

$$Z = \left\lfloor \frac{U_M}{U_{LSB}} \right\rfloor$$

Die eckige Klammer stellt eine Rechenoperation dar, die so genannte Gaußklammer*. Sie wählt die größte Ganzzahl, die kleiner oder gleich dem Bruch ist. Z gibt an, wieviele der kleinsten vom ADU auflösbare Spannungsstufen U_{LSB} bis zum Erreichen der Meßspannung benötigt werden.

Dieser Zahlenwert wird in einem Meßinstrument zur Anzeige gebracht oder durch Rechner registriert. In den folgenden Abschnitten werden die wichtigsten Prinzipien der Analog-Digital-Umsetzung dargestellt. Die Schaltungstechnik spielt dabei eine untergeordnete Rolle.

5.6.1 Parallel-Umsetzer (Flashconverter)

Ein Komparator ist ein Differenzverstärker mit sehr hoher Verstärkung. Er ist geeignet, eine Spannung mit einer Referenzspannung zu vergleichen. Sein Ausgang kann zwei Zustände einnehmen, die anzeigen, ob die Meßspannung größer oder kleiner als die Referenzspannung ist. Man kann das als einen 1 Bit ADU auffassen.

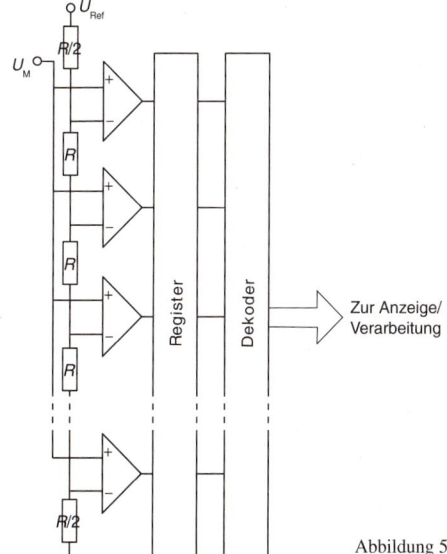

Abbildung 5.36: Parallel-Umsetzer (Das unterste Spannungsintervall ist halb so breit wie die anderen.)

---

* ANALOG-DIGITAL-UMSETZER: *analog to digital converter*
* GAUSSKLAMMER: *floor function*

Dieses Prinzip läßt sich auf mehrere Komparatoren erweitern. Die Referenzspannung wird durch eine Reihe von Widerständen geteilt. Eine Reihe von Komparatoren vergleicht die Meßspannung mit jeder dieser Spannungen. Die Ausgangswerte der Komparatoren werden in einem Register (z. B. D-Flip-Flop) zwischengespeichert und durch einen Dekoder in Binärdarstellung für die weitere rechnerische Verarbeitung oder BCD-Code für die Anzeige umgesetzt.

Jeder Zahlenwert repräsentiert den mittleren Wert eines Spannungsintervalls, in dem die Meßspannung liegen kann. Die Schaltschwellen liegen an den Grenzen der Intervalle.

Tabelle 5.1: Spannungen bei einem 2-Bit ADU (Alle Werte der Meßspannung U_M werden dem repräsentativen Spannungswert zugerechnet.)

Intervall der Meßspannung	Komparator Ausgänge			Repräsentativer Spannungswert	Digitaler Meßwert
$U_M < U_{ref}/8$	0	0	0	0	0
$U_{ref}/8 \leq U_M < 3U_{ref}/8$	0	0	1	$U_{ref}/4$	1
$3U_{ref}/8 \leq U_M < 5U_{ref}/8$	0	1	1	$2U_{ref}/4$	2
$5U_{ref}/8 \leq U_M$	1	1	1	$3\,U_{ref}/4$	3

Die Meßgenauigkeit hängt von der Güte der Darstellung der Referenzspannung ab. Die Auflösung ist proportional der Anzahl der Widerstände und Komparatoren. Jede weitere Binärstelle erfordert die doppelte Anzahl an Bauelementen. Für die Breite der Spannungsintervalle ist nicht der absolute Widerstandswert entscheidend, sondern das Teilerverhältnis. Deshalb realisiert man die Widerstände vom Wert R/2 als Parallelschaltung zweier Widerstände. Dann sind alle Widerstände der Teilerkette identisch. Fertigungstechnisch kann man die Toleranz der Widerstandsverhältnisse wesentlich kleiner halten als die Toleranz der Absolutwerte.

Das beschriebene Umsetzverfahren arbeitet sehr schnell. Nach diesem Prinzip arbeitende ADU werden deshalb auch **Flashconverter** genannt.

5.6.2 Kompensationsverfahren

Den folgenden Verfahren liegt die Idee zugrunde, die Meßspannung durch eine Spannung zu kompensieren, die man sich mit einem Digital-Analog-Umsetzer[*] erzeugt.

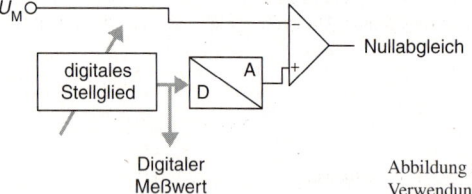

Abbildung 5.37: Kompensationsprinzip unter Verwendung eines Digital-Analog-Umsetzers

Als digitales Stellglied könnte ein Zähler dienen, der schrittweise nach oben zählt. Der aktuelle Zählerstand wird von dem DAU in eine dazu proportionale Spannung umgesetzt. Ein Komparator stellt fest, wann seine Ausgangsspannung die Meßspannung überschreitet. Dann wird der Zähler gestoppt. Der aktuelle Zählerstand wird in ein Register übernommen. Die Messung kann erneut anlaufen.

---

[*] DIGITAL-ANALOG-UMSETZER: *digital to analog converter*

Dieses Meßverfahren ist unpraktikabel langwierig. Zwei Ansätze verkürzen die Zeit, bis ein gültiger Meßwert vorliegt:

- Das Nachlaufverfahren zählt ausgehend vom vorherigen Meßwert den Zähler auf- oder abwärts.
- Das sukzessive Approximationsverfahren beginnt mit großen Zählschritten und reduziert die Schrittweite exponentiell.

5.6.3 Nachlauf-Umsetzer

Die zu messende Spannung wird mit der Ausgangsspannung eines DAU verglichen. Je nach Vorzeichen der Spannungsdifferenz wird ein Zähler auf- bzw. abwärts gezählt. Der Zähler steuert den DAU. Im eingeschwungenen Zustand liegt die Spannung des DAU dicht bei der Meßspannung und der Zählerstand repräsentiert den digitalen Meßwert.

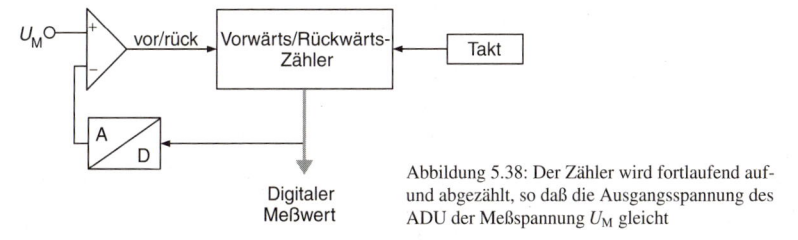

Abbildung 5.38: Der Zähler wird fortlaufend auf- und abgezählt, so daß die Ausgangsspannung des ADU der Meßspannung U_M gleicht

Dieses Verfahren eignet sich für die fortlaufende Meßwerterfassung. Man findet es auf PC-Meßkarten und in Mikrocontrollern implementiert.

5.6.4 Sukzessive Approximation

Das Verfahren der schrittweisen Näherung zeichnet sich gegenüber den vorherigen durch die raffiniertere Vorgehensweise bei der Annäherung an den Meßwert aus. Der Zähler wird ersetzt durch das *successive approximation register* SAR. Zuerst wird sein höchstwertiges Bit (MSB)[*] gesetzt. Der DAU generiert dadurch eine Spannung in der Höhe der halben Vollaussteuerung. Der Komparator vergleicht, ob die Meßspannung über oder unter diesem Wert liegt. Sollte die Vergleichsspannung niedriger sein als die Meßspannung, bleibt dieses Bit gesetzt, andernfalls wird es rückgesetzt. Daraufhin erfolgt der gleiche Ablauf mit dem Bit zweithöchster Wertigkeit usw.

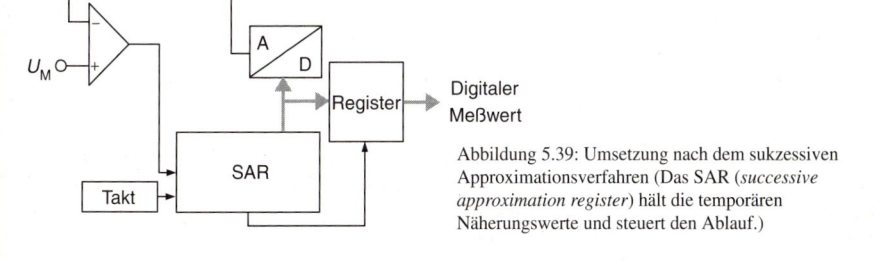

Abbildung 5.39: Umsetzung nach dem sukzessiven Approximationsverfahren (Das SAR (*successive approximation register*) hält die temporären Näherungswerte und steuert den Ablauf.)

---

[*] HÖCHSTWERTIGES BIT: *most significant bit (MSB)*

Mit immer kleiner werdenden Schritten nähert sich die Spannung des DAU der Meßspannung. Nach Abschluß des letzten Vergleichs mit dem LSB* stellt der Inhalt des SAR den digitalen Meßwert dar. Dieser wird in ein Register übernommen, das den Meßwert zur Verfügung stellt, während der Meßablauf erneut gestartet werden kann.

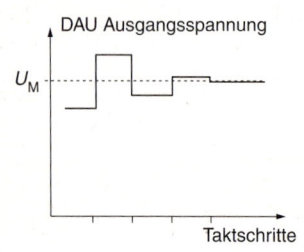

Abbildung 5.40: Ausgangsspannung des Digital-Analog-Wandlers während der schrittweisen Approximation der Meßspannung U_M

Die Vorgehensweise ähnelt der beim Wiegen eines unbekannten Gewichts auf der Balkenwaage, wobei je nach Stellung des Zeigers Vergleichsgewichte aufgelegt oder heruntergenommen werden. Daher wird das Verfahren auch als **Wägeverfahren** bezeichnet.

Die Präzision des Verfahrens wird durch die Eigenschaften des Digital-Analog-Umsetzers bestimmt. Je höher die Auflösung ist, desto mehr Schritte zum Abgleich müssen durchlaufen werden, desto länger dauert also die Umsetzung. Das Verfahren eignet sich gut für eine Realisierung in Mikrocontrollern.

5.6.5 Einrampenverfahren

Die folgenden beiden Verfahren setzen die Meßspannung in eine proportionale Zeitspanne um und messen diese. Zeitintervalle kann man mit wenig Aufwand sehr genau und mit hoher Auflösung messen.

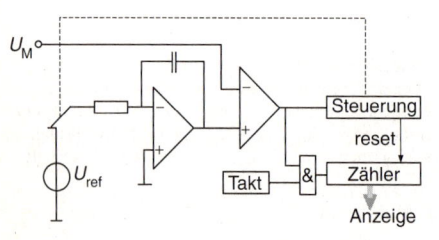

Abbildung 5.41: Die Referenzspannung wird solange integriert, bis die Ausgangsspannung des Integrators die Referenzspannung überschreitet

Die Referenzspannung wird durch einen Integrator integriert. Dabei entsteht ein Signal in Form einer linear ansteigenden Rampe. Die Ausgangsspannung des Integrators wird mit der zu messenden Spannung verglichen. Beim Überschreiten stoppt die Integration. Die Zeit vom Start bis zum Stopp der Integration wird mit einem Taktgenerator und einem Zähler bestimmt und als digitaler Meßwert ausgegeben. Die Steuerung setzt Integrator und Zähler zurück und steuert den Schalter vor dem Integrator.

Der Zusammenhang zwischen dem gemessenen Zeitintervall und der Spannung wird wesentlich durch die Kapazität des Integrationskondensators bestimmt. Zu der vergleichsweise hohen Toleranz bei der Fertigung von Kondensatoren kommt als Unsicherheitsfaktor noch die Temperaturabhängigkeit der Kapazität. Beide Unsicherheiten werden durch die Erweiterung des Verfahrens zur Zwei-Rampen-Umsetzung eliminiert.

---

* NIEDRIGSTWERTIGES BIT: *least significant bit (LSB)*

5.6.6 Zweirampenverfahren

Bei diesem Verfahren* wird im Unterschied zum vorhergehenden die zu messende Spannung integriert. Die Integration wird für ein fest vorgegebenes Zeitintervall durchgeführt. Danach stellt die Ausgangsspannung des Integrators das zeitliche Integral der Eingangsspannung dar. Es handelt sich also um ein mittelndes Verfahren. Anschließend wird der Integrator mit einer negativen Referenzspannung verbunden. Er wird also entladen. Die Entladedauer hängt nur davon ab, wie hoch die integrierte Meßspannung ist. Dieses Zeitintervall wird gemessen unter Verwendung desselben Taktgenerators, mit dem das Integrationsintervall bestimmt wurde.

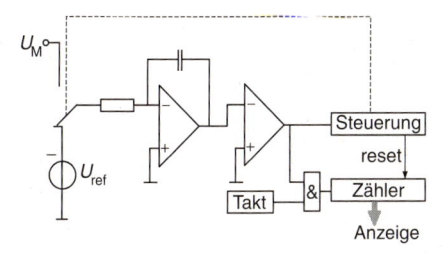

Abbildung 5.42: Der Integrator integriert abwechselnd die Meßspannung U_M und die negative Referenzspannung

Die Ausgangsspannung des Integrators verläuft in der Ladephase für konstante Dauer wie eine ansteigende und während der Entladung wie eine absteigende Rampe. Daraus folgt die Bezeichnung für das Verfahren.

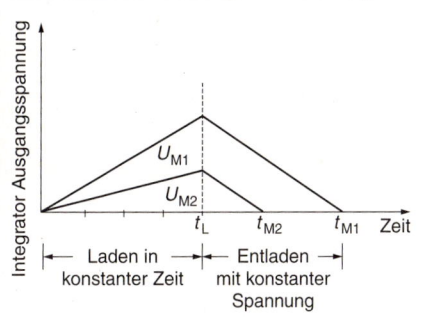

Abbildung 5.43: Verlauf der Spannung am Integrator während des Lade- und des Entladezyklus für zwei verschiedene Meßspannungen U_M (Die Ladung erfolgt in konstanter Zeit, die Entladung mit konstanter Steigung. Im Diagramm ist der Betrag der Spannungen dargestellt.)

Die Spannung am Ausgang des Integrators am Ende der Aufladezeit t_L ist

$$-\frac{1}{RC}\int_0^{t_L} U_M(t)\,dt = -\frac{1}{RC}\overline{U_M}\cdot t_L$$

$\overline{U_M}$ ist dabei die über die Meßzeit gemittelte Meßspannung. Danach folgt die Entladephase mit der Referenzspannung (beachte $U_{ref} < 0$) während der Phase $t_M - t_L$ (siehe Abbildung 5.43). Zum Zeitpunkt t_L sind die Spannungen der Lade- und der Entladephase gleich.

$$\overline{U_M}\cdot t_L = U_{ref}\cdot(t_M - t_L)$$

---

* ZWEI-RAMPEN-UMSETZUNG: *dual slope conversion*

Der Faktor $-1/(RC)$ wurde auf beiden Seiten der Gleichung gekürzt. Daraus ergibt sich

$$\overline{U_M} = U_{\text{ref}} \cdot \frac{t_M - t_L}{t_L} = U_{\text{ref}} \cdot \frac{N_M \cdot f}{N_L \cdot f} = U_{\text{ref}} \cdot \frac{N_M}{N_L}$$

N_M und N_L sind die Zählerstände am Ende der Phasen. Die in beiden Phasen identische Taktfrequenz ist f. Diese Formel läßt erkennen:

- Das Meßergebnis ist ein Verhältnis von Zählerständen. Durch geschickte Wahl der Taktfrequenz f kann man U_{ref}/N_L zu einer Zehnerpotenz machen und damit die Division sehr vereinfachen.

- Die Werte der Zeitkonstanten RC und der Taktfrequenz kürzen sich heraus. Solange sie für die kurze Meßdauer konstant sind, spielen Toleranzen dieser Größen keine Rolle.

- Gemessen wird die gemittelte Spannung. Alle Störspannungen, deren zeitlicher Mittelwert Null ist, wirken sich auf das Meßergebnis nicht aus. Das gilt insbesondere für periodische Signale, deren Periodendauer ein ganzzahliger Bruchteil der Integrationsdauer ist.

Wählt man diese Zeit als ein Vielfaches von 20ms, werden vom 50 Hz Netz ausgehende Störungen gut unterdrückt. Aufgrund seiner günstigen Eigenschaften ist das Zweirampenverfahren das verbreitetste für Laborinstrumente und Digital-Multimeter.

5.6.7 Abtast-Halte-Kreis

Bei der Beschreibung der verschiedenen Verfahren zur Analog-Digital-Umsetzung wurde bisher stillschweigend vorausgesetzt, daß sich die zu messende Spannung während des Meßvorgangs nicht verändert. Das ist oft aber nicht gegeben.

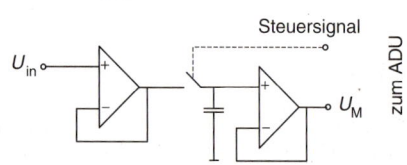

Abbildung 5.44: Abtast-Halte-Kreis folgt der Eingangsspannung und speichert sie beim Öffnen des Schalters kurzzeitig im Kondensator

Aus diesem Grund schaltet man dem ADU ein Abtast-Halte-Glied* vor. Es hat die Aufgabe, den aktuellen Meßwert kurzzeitig zu speichern. Ein Spannungsfolger lädt bei geschlossenem Schalter den Speicherkondensator kurzzeitig auf die Meßspannung auf (*sample mode*). Ein zweiter Spannungsfolger überträgt die Kondensatorspannung weiter zum ADU. Sobald der Schalter geöffnet wird, ist der Haltekreis vom Eingangssignal entkoppelt. Der Kondensator speichert die Spannung bis zum nächsten Abtastsignal (*hold mode*). Damit sich der Kondensator möglichst wenig entlädt, wird die Eingangsimpedanz des zweiten Spannungsfolgers möglichst hochohmig gewählt. Die Ausgangsimpedanz des ersten Verstärkers wählt man möglichst niedrig, damit sich der Kondensator sehr schnell aufladen läßt.

Die Steuerung des elektronischen Schalters ist mit der Ablaufsteuerung der Analog-Digital-Umsetzung synchronisiert.

---

* ABTAST-HALTE-GLIED: *sample and hold, S/H*

5.6.8 Übersicht: Verfahren zur Analog-Digital-Umsetzung

Parallelumsetzer (*flash converter*): sehr schnell. Aufwand steigt exponentiell mit der Auflösung (ein Bit mehr verdoppelt die Anzahl der Bauelemente). Ein direkt vergleichendes Verfahren.

Nachlaufumsetzer: liefert schnelles Meßresultat, wenn die Eingangsspannung sich nur langsam ändert. Kompensationsverfahren.

Wägeverfahren (sukzessive Approximation): hohe Auflösung möglich, mäßig schnell, Meßzeit wächst linear mit der Auflösung. Das Verfahren ist gut in Mikrocontrollern zu implementieren. Kompensationsverfahren.

Zweirampenumsetzung (*dual slope conversion*): sehr genau, mittelndes Verfahren, gute Störunterdrückung, indirekte Umsetzung als Spannungs-Zeit-Umsetzer, langsam, kein Abtast-Halte-Glied nötig.

5.6.9 Schaltzeichen für Analog-Digital-Umsetzer

Die Abbildung 5.45 zeigt geläufige Schaltzeichen für Analog- Digital-Umsetzer. Das Zeichen ganz rechts entspricht der DIN 40 900 Teil 13. Bei allen dargestellten Symbolen liegt der Digital-Ausgangs rechts.

Abbildung 5.45: Analog-Digital-Umsetzer

5.7 Digital-Analog-Umsetzung

Die Digital-Analog-Umsetzung ist kein originäres Thema der Meßtechnik. Da aber einige Verfahren der Analog-Digital-Umsetzung Digital-Analog-Umsetzer* verwenden, werden sie an dieser Stelle erklärt.

5.7.1 Schaltzeichen für Digital-Analog-Umsetzer

Die Abbildung 5.46 zeigt geläufige Schaltzeichen für Digital-Analog-Umsetzer. Das Zeichen ganz rechts entspricht der DIN 40 900 Teil 13. Bei allen dargestellten Symbolen liegt der Analog-Ausgang rechts.

Abbildung 5.46: Digital-Analog-Umsetzer

5.7.2 Parallelverfahren

Einfache Digital-Analog-Umsetzer (DAU) kann man nach dem in Abbildung 5.47 dargestellten Schema aufbauen.

Eine Widerstandsleiter stellt eine Reihe von fein gestaffelten Spannungen zur Verfügung. Ein Dekoder setzt den Digitalcode so um, daß genau ein Schalter eingeschaltet ist und damit die gewünschte Spannung an den

---

* DIGITAL-ANALOG-UMSETZER: *digital to analog converter*

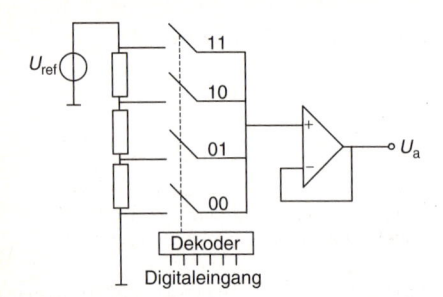

Abbildung 5.47: Digital-Analog-Umsetzer nach dem Parallelverfahren (Je nach digitalem Eingangssignal wird genau ein Schalter geschlossen.)

Ausgang weitergibt. Das Verfahren stößt schnell an Grenzen, weil sich der Bauteilaufwand verdoppelt, wenn man die Auflösung um ein Bit erhöhen möchte.

5.7.3 Wägeverfahren

Dieses Verfahren basiert auf einem Strom-Spannungswandler. Der Strom wird durch geschaltete Stromquellen bereitgestellt. Der invertierende Eingang des OPV dient als virtuelle Masse. Der Strom, der in diesen Knoten aus der Stromquelle fließt, muß über den Gegenkopplungswiderstand R_G abfließen. Die Ausgangsspannung ist demnach

$$U_a = -R_G \cdot I_{ref}$$

Abbildung 5.48: Schaltbare Stromquelle mit OPV als Strom-Spannungswandler

Das Widerstandsnetzwerk in Abbildung 5.49 dient zur Erzeugung binär abgestufter Ströme. Es benötigt nur zwei verschiedene Widerstandswerte, die sich monolithisch hochpräzise fertigen lassen. Durch Analyse der Reihenparallelschaltung von rechts nach links wird erkennbar, daß der Widerstand der gesamten Kette R beträgt. Das gilt unabhängig von der Länge der Kette.

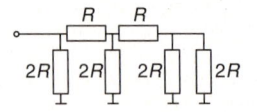

Abbildung 5.49: R-$2R$-Netzwerk

Die Kombination dieses Netzwerks mit einem Strom-Spannungswandler ergibt die Grundstruktur der meist verwendeten Digital-Analog-Umsetzer (Abbildung 5.50).

Die Referenzspannungsquelle „sieht" die gesamte Widerstandskette mit dem Ersatzwiderstand R. Das gilt unabhängig von der Stellung der Schalter. Bei einer Referenzspannung von $U_{ref} = 10\,\text{V}$ und $R = 1\,\text{k}\Omega$ fließt ein Strom von 10 mA. Bei einem Gegenkopplungswiderstand von 500 Ω ergibt das eine Ausgangsspannung von 5 V.

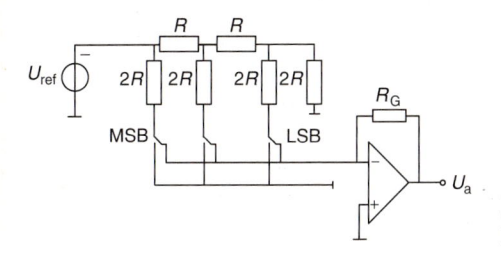

Abbildung 5.50: Digital-Analog-Umsetzer nach dem Prinzip der gewichteten Ströme (MSB: höchstwertiges Bit, LSB: niedrigstwertiges Bit)

Wird der durch das MSB gesteuerte Schalter geöffnet, fließen $U_\text{ref}/2\,\text{k}\Omega = 5\,\text{mA}$ zur Masse ab. Zum Eingang des OPV fließen dann nur noch die verbleibenden 5 mA. Die Ausgangsspannung halbiert sich. Dies gilt für jeden Schalter analog. Die Ströme sind also binär gewichtet. Die Auflösung des DAU wird durch die Anzahl der Schalter bestimmt.

5.7.4 Deglitching

Wenn sich das digitale Eingangsmuster bei einem DAU ändert, wechseln verschiedene Schalter ihre Stellung. Dieser Vorgang vollzieht sich nicht für alle Schalter exakt gleichzeitig. So kann es vorkommen, daß kurzzeitig unbeabsichtigte Ausgangssignale entstehen, so genannte *glitches*. Beim Wechsel des Eingangssignals eines DAU von 0111 auf 1000 müssen alle Schalter umgeschaltet werden. Wenn der Schalter für das MSB am schnellsten schaltet, kann kurzfristig die Schalterstellung 1111 vorliegen. Am Ausgang erscheint dann für die Dauer des Umschaltvorgangs ein Impuls in der Höhe der vollen Ausgangsspannung.

Zur Vermeidung dieses Effekts schaltet man hinter einen DAU ein Abtast-Halte-Glied, das vor dem Wechsel des Bitmusters in den *hold-mode* geschaltet wird. Das speichert den bisherigen Spannungspegel, bis sich der DAU zuverlässig auf das neue Bitmuster eingeschwungen hat. Danach schaltet der Abtast-Halte-Kreis wieder in den *sample mode*.

5.7.5 Pulsweitenmodulation

Siehe auch Abschnitt 8.6.4.16 (Operationsverstärker).

Sehr einfach zu realisieren ist eine Digital-Analog-Umsetzung mithilfe einer pulsweitenmodulierten Rechteckschwingung, deren zeitlichen Mittelwert ein Tiefpaß bildet.

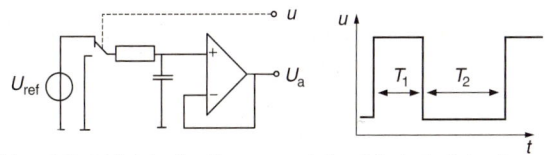

Abbildung 5.51: Digital-Analog-Umsetzer nach dem Prinzip der Pulsweitenmodulation (Der Kondensator speichert den zeitlichen Mittelwert der Pulsfolge.)

Der Gleichanteil dieser Schwingung ist

$$U_\text{a} = U_\text{ref} \cdot \frac{T_1}{T_1 + T_2}$$

Eine solche Pulsfolge läßt sich leicht durch zwei programmierte Zähler realisieren, wie sie in Mikrocontrollern und Peripheriebausteinen von Mikroprozessoren zur Verfügung stehen.

5.7.6 Übersicht: Auflösung und Codierung bei ADU und DAU

\multicolumn{4}{c}{Auflösung}			
Bits n	Stufenzahl 2^n	Auflösung bei 10 V	Dynamik (dB)
1	2	5 V	6,02
2	4	2,5 V	12,04
4	16	625 mV	24,08
6	64	156 mV	36,12
8	256	39 mV	48,16
10	1 024	9,77 mV	60,21
12	4 096	2,441 mV	72,25
14	16 384	610,352 µV	84,29
16	65 536	152,588 µV	96,33
18	262 144	38,1470 µV	108,37
20	1 048 576	9,53674 µV	120,41

Die Auflösung ist für einen Eingangssignalbereich von 10 V angegeben. Der Dynamikbereich bezeichnet das logarithmische Verhältnis zwischen dem größten und dem kleinsten darstellbaren Signal.

	\multicolumn{4}{c}{Codierung}			
Wert	Offset Binär	Zweier Komplement	Einer Komplement	Sign-Magnitude
+FS-1 LSB	1111…1111	0111…1111	0111…1111	1111…1111
+1/2 FS	1100…0000	0100…0000	0100…0000	1100…0000
+0	1000…0000	0000…0000	0000…0000	1000…0000
–0			1111…1111	0000…0000
–1/2 FS	0100…0000	1100…0000	1011…1111	0100…0000
–FS+1 LSB	0000…0001	1000…0001	1000…0000	0111…1111
–FS	0000…0000	1000…0000	—	—

LSB: *least significant bit*, niedrigstwertiges Bit.

FS: *full scale*, maximale Aussteuerung, für die der Wandler spezifiziert ist. Der maximale Ausgangswert wird erzielt bei der Eingangsspannung $(2^n - 1) \cdot FS$.

Das Einerkomplement entsteht durch bitweises Invertieren des positiven Wertes. Die Darstellung als *Sign magnitude* (Vorzeichen-Betrag) nutzt das höchstwertige Bit zur Anzeige des positiven Vorzeichens. Beide Darstellungen haben für die Null jeweils zwei Codes.

5.8 Meßfehler

5.8.1 Systematische und zufällige Fehler

Jeder Meßvorgang ist fehlerbehaftet. Ursachen für Fehler können im Meßgerät oder im Meßverfahren liegen, in Einflußgrößen wie Temperatur oder Fremdfeldern, sowie in der Ablesung der Geräte. Man unterscheidet

Systematische Fehler sind bedingt durch Unvollkommenheiten der Meßgeräte oder prinzipiellen Nachteilen des angewendeten Meßverfahrens. Solche Fehler sind reproduzierbar und prinzipiell auch korrigierbar. Wird auf eine Korrektur aus Aufwandsgründen verzichtet, heißt das Meßergebnis **unrichtig**.

Zufällige Fehler haben nicht determinierte Ursachen, sie sind in der Regel bei einer Wiederholung der Messung nicht konstant und auch nicht korrigierbar. Mit zufälligen Fehlern behaftete Meßergebnisse heißen **unsicher**.

- Der **Anzeigefehler** ist in der Regel der auf den Skalenendwert bezogene relative Fehler des Instruments. Die Angabe erfolgt in Prozent. Bei Skalen, deren Nullpunkt nicht an der Skalengrenze liegt, wird die Betragssumme der beiden Skalenendwerte als Bezugswert genommen.

HINWEIS: Von dieser Definition wird abgewichen bei Instrumenten mit stark nichtlinearer Skala, bei solchen ohne Nullage oder bei Zungenfrequenzmessern. Der Bezugswert ist dann der wahre Wert oder die Skalenlänge (am Meßgerät bezeichnet).

5.8.2 Garantie-Fehlergrenzen

Hersteller von Meßgeräten garantieren, daß die Anzeigefehler ihrer Instrumente bei Einhaltung verschiedener Betriebs- und Umgebungsbedingungen gewisse Grenzen nicht überschreiten. Für Meßinstrumente sind **Genauigkeitsklassen** festgelegt.

Genauigkeitsklassen nach VDE 0410
Angaben in Prozent
0,1 0,2 0,5 1 1,5 2,5 5

Die Klassengenauigkeit eines Instrumentes wird durch das sogenannte **Klassenzeichen** angegeben.

BEISPIEL: Ein Instrument der Genauigkeitsklasse 1,5 mit einem Endwert von 100 V zeigt einen Meßwert von 20 V an. Wie groß kann der relative Fehler der Anzeige sein?
Der absolute Meßfehler kann bis zu 1,5 V betragen. Bei einem Anzeigewert von 20 V ergibt das
$$\frac{1,5\,V}{20\,V} = 7,5\,\%$$

5.9 Übersicht: Hinweiszeichen auf Meßinstrumenten

Siehe auch Meßwerksymbole im Abschnitt 5.1.6.

—	Gleichstrominstrument
∼	Wechselstrominstrument
≂	Gleich- und Wechselstrom
≈	Drehstrominstrument mit einem Meßwerk
≈	Drehstrominstrument mit zwei Meßwerken
≈	Drehstrominstrument mit drei Meßwerken
☆	Isolations-Prüfspannung 500 V
☆2	Isolations-Prüfspannung höher als 500 V, hier 2 kV
☆0	keine Spannungsprüfung
⊥	Senkrechte Nennlage
⊓	Waagerechte Nennlage
/60°	Schräge Nennlage, Angabe des Neigungswinkels
1.5	Klassenzeichen für Anzeigefehler, bezogen auf den Meßbereichendwert
\1.5/	dto., bezogen auf die Skalenlänge
(1.5)	dto., bezogen auf den wahren Wert

⟶▶︎⊢	Gleichrichter im Gerät (Zusatz zum Meßwerksymbol)
⟨K⟩	elektronische Funktionsgruppen im Gerät
⊣▢⊢	Hinweis auf separaten Nebenwiderstand
⊣R⊢	Hinweis auf separaten Vorwiderstand
⟨ ⟩	Elektrostatische Abschirmung
◯	magnetische Abschirmung
ast	astatisches Meßwerk
5	maximal zulässige Größe eines Fremdfeldes, hier 5 mT
⊥	Schutzleiteranschluß
◯	Zeigernullstellung
⚠	Achtung! Gebrauchsanweisung beachten
⚡	Prüfspannung entspricht nicht VDE
Ⓥ⚡	Vorsicht, Hochspannung auch am Instrument

5.10 Übersicht: Meßverfahren

Meßgröße	Abschnitt	auf Seite
Gleichstrom	5.2.2	228
	5.4	235
Gleichspannung	5.2.3	230
Wechselstrom	5.3.2	233
	5.4	235
Wechselspannung	5.3.1	231
Effektivwert	5.3.4	234
Leistung im Gleichstromkreis	5.5.1	237
Wirkleistung	5.5.2	239
Blindleistung	5.5.2	239
Leistungsfaktor	5.5.2.2	240
Leistung im Drehstromkreis	5.5.3.1	241
Blindleistung	5.5.3.1	241
Impedanz	3.7.6.2	157

5.11 Formelzeichen

B	magnetische Flussdichte
f	Taktfrequenz
φ_{13}	Phasenwinkel zwischen I_1 und I_3
$\bar{I}$	arithmetischer Mittelwert des Stroms
$\cos\varphi$	Leistungsfaktor
ΔI	systematischer Strom-Meßfehler
I_1, I_2, I_3	Außenleiterströme
I_M	Strom durch Meßwerk bei Vollausschlag
I_M	zu messender Strom
I_R	Strom durch Widerstand
I_Z	Strom durch unbekannte Impedanz $\underline{Z}$
k	Gerätekonstante
k_f	Formfaktor
N_M, N_L	Zählerstände
P	Wirkleistung
P_{M1}, P_{M2}	angezeigte Leistung
Q	Blindleistung
R_A	Innenwiderstand des Amperemeters
R_i	Innenwiderstand der Spannungsquelle
R_M	Meßwerk-Innenwiderstand
R_N	Nebenschlußwiderstand
R_S	Schließungswiderstand
R_V	Vorwiderstand
S	Scheinleistung
σ	Skalenfunktion
t_L	Aufladezeit
$\overline{\lvert u \rvert}$	Gleichrichtwert
U_{1N}, U_{2N}, U_{3N}	Sternspannungen
U_H	Hallspannung
U_K	Klemmenspannung
U_{LSB}	kleinste auflösbare Spannungsstufe
U_M	Spannung am Meßwerk bei Vollausschlag
U_M	zu messende Spannung
$\overline{U}_M$	über Aufladezeit gemittelte Spannung
U_R	Spannung am Widerstand
U_{Ref}	Referenzspannung
U_Z	Spannung an unbekannter Impedanz $\underline{Z}$

5.12 Weiterführende Literatur

CZICHOS, HENNECKE (HRSG.), HÜTTE: *Das Ingenieurwissen, 32. Auflage Teil H Meßtechnik*
Springer Verlag 2004

DEUTSCHES INSTITUT FÜR NORMUNG (HRSG.): *Normen über graphische Symbole für die Elektrotechnik, 2. Auflage*
Beuth Verlag 1995

KLEIN (HRSG.): *Einführung in die DIN-Normen, 13. Auflage*
Teubner Verlag, Beuth Verlag 2001

PROFOS (HRSG.): *Handbuch der industriellen Meßtechnik, 5. Auflage*
Oldenbourg Verlag 1992

SCHMUSCH: *Elektronische Meßtechnik, 5. Auflage*
Vogel Buchverlag 2005

SCHRÜFER: *Elektrische Messtechnik, 8. Auflage*
Carl Hanser Verlag 2004

6 Netzwerke bei veränderlicher Frequenz

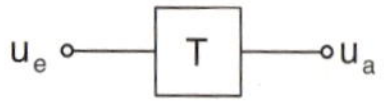

$u_e \circ\!\!-\!\!\boxed{T}\!\!-\!\!\circ u_a$ Abbildung 6.1: Ein System mit Ein- und Ausgangssignalen

Häufig abstrahiert man in der Nachrichtentechnik vom inneren Aufbau eines Netzwerkes und betrachtet nur Eingangs- und Ausgangsgrößen (in den meisten Fällen sind das Spannungen). Man spricht dann von einem **System**. Die Funktion des Systems beschreibt man symbolisch durch eine Transformation des Eingangssignals in ein Ausgangssignal.

$$u_a = T(u_e)$$

6.1 Lineare Systeme

Viele Systeme lassen sich in guter Näherung als **lineare Systeme** beschreiben. Für diese gilt

$$T(\alpha \cdot u_e) = \alpha \cdot T(u_e) \tag{6.1}$$

- Das Ausgangssignal ist dem Eingangssignal proportional.

$$T(u_1 + u_2) = T(u_1) + T(u_2) \tag{6.2}$$

- Jedes der beiden Eingangssignale kann gedanklich getrennt durch das System geführt werden, als ob das jeweils andere nicht vorhanden wäre (siehe Abb. 6.2).

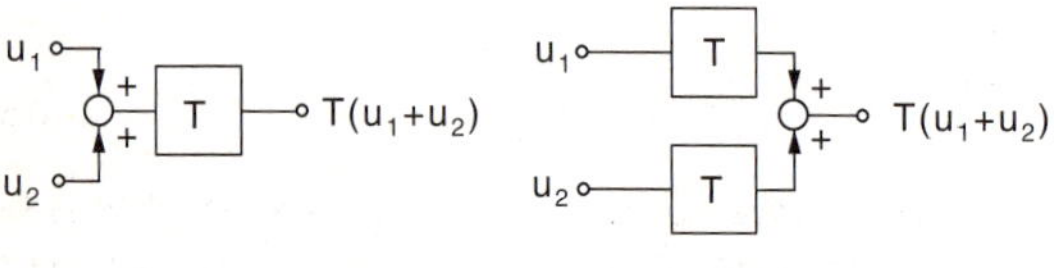

Abbildung 6.2: Superpositionsprinzip bei linearen Systemen

Die in Gleichung (6.2) und Abbildung 6.2 dargestellte Vorgehensweise bezeichnet man als **Superpositionsprinzip** oder als den **Überlagerungssatz**.

- Lineare Systeme reagieren auf ein harmonisches Eingangssignal mit einem harmonischen Ausgangssignal **gleicher Frequenz**, in der Regel mit anderer Amplitude und Phasenlage.

HINWEIS: Systeme, die auf harmonische Eingangssignale mit nichtharmonischen Ausgangssignalen reagieren, bezeichnet man als **nichtlineare Systeme**. Am Ausgang erscheinen also Signalanteile anderer Frequenz als der des Eingangssignals.

6.1.1 Übertragungsfunktion, Amplituden- und Phasengang

Das Verhalten eines linearen Systems bei harmonischen Eingangssignalen verschiedener Frequenz beschreibt die **Übertragungsfunktion**[*] $G(\omega)$.

$$\text{Übertragungsfunktion} = \frac{\text{Ausgangsgröße}}{\text{Eingangsgröße}}$$

Unabhängige Variable der Übertragungsfunktion ist die (Kreis-)Frequenz der harmonischen Eingangssignale.

$$G(\omega) = \frac{u_a}{u_e} \qquad \text{nur für harmonische Signale} \tag{6.3}$$

Diese Gleichung ist problematisch für Signale mit Nullstellen, deshalb ist die folgende geeigneter

$$\boxed{u_a(\omega) = G(\omega) \cdot u_e(\omega)} \tag{6.4}$$

Die Übertragungsfunktion ist im allgemeinen komplexwertig. Darin drückt sich aus, daß sie außer der Amplitude auch die Phase des Eingangssignals beeinflußt.

BEISPIEL: Die Abbildung zeigt einen Tiefpaß.

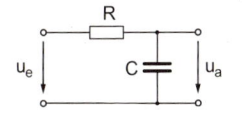

Abbildung 6.3: Tiefpaß als Spannungsteiler

Seine Übertragungsfunktion lautet

$$G(\omega) = \frac{u_a}{u_e} = \frac{1/j\omega C}{1/j\omega C + R} = \frac{1}{1 + j\omega RC}$$

Die Übertragungsfunktion wird auch als (komplexer) **Frequenzgang**[*] bezeichnet. Sie läßt sich nach Betrag und Phase zerlegen.

$$G(\omega) = |G(\omega)| \cdot e^{j\varphi(\omega)} \tag{6.5}$$

Man bezeichnet $|G(\omega)|$ bzw. $|G(f)|$ als **Amplituden-Frequenzgang** oder nur **Amplitudengang**[*] eines Systems. $\varphi(\omega)$ heißt **Phasen-Frequenzgang** oder nur **Phasengang**[*]. Häufig wählt man für $G(\omega)$ eine Darstellung in logarithmischer Form. Man definiert das **Verstärkungsmaß**

$$A(\omega) = 20\log_{10}|G(\omega)| \qquad \text{(dB)} \tag{6.6}$$

Zur Kennzeichnung, daß es sich um ein Verhältnis von Größen handelt, verwendet man die Verhältniseinheit **Dezibel**, dB.

---

[*] ÜBERTRAGUNGSFUNKTION: *transfer function, transfer factor*
[*] FREQUENZGANG: *frequency response*
[*] AMPLITUDENGANG: *amplitude/frequency characteristic*
[*] PHASENGANG: *phase response, phase/frequency characteristic*

Typische Werte	
Verstärkung $v = \|G(\omega)\|$	Verstärkungsmaß $A(\omega)$
1	0 dB
$\sqrt{2}$	≈ 3 dB
$1/\sqrt{2}$	≈ -3 dB
2	≈ 6 dB
4	≈ 12 dB
10	20 dB
0,1	-20 dB

BEISPIEL: Welche Verstärkung hat ein System mit 14 dB?

$A(\omega) = 20 \log_{10} |G(\omega)|$. Aus der Tabelle entnimmt man

$$14\,\text{dB} = 20\,\text{dB} - 6\,\text{dB} \Rightarrow v = \frac{10}{2} = 5; \qquad G(\omega) = 10^{\frac{A(\omega)}{20}} = 10^{\frac{14}{20}} = 5$$

HINWEIS: Mitunter findet man auch die Bezeichnungen **Betrags-Charakteristik** für $|G(\omega)|$, **Verstärkungs-Charakteristik** für $A(\omega)$ und **Phasen-Charakteristik** für $\varphi(\omega)$.

HINWEIS: In der Nachrichtentechnik findet sich mitunter die Darstellung

$$G(\omega) = e^{-(\tilde{A}(\omega) + jB(\omega))} = e^{-\tilde{A}(\omega)} \cdot e^{-jB(\omega)} \tag{6.7}$$

$\tilde{A}(\omega)$ heißt **Dämpfungsmaß**[*], $B(\omega)$ **Phasenmaß**[*] eines Systems.

Die Übertragungsfunktion wird häufig als **Bode-Diagramm** dargestellt. Man trägt dabei das Verstärkungsmaß über den Logarithmus der Frequenz auf. Die Phase wird separat dargestellt.

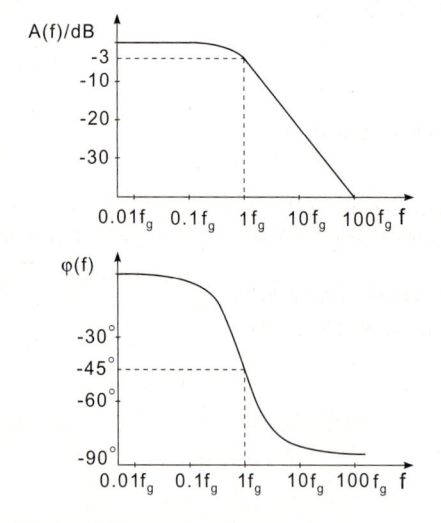

Abbildung 6.4: BODE-Diagramm zur Übertragungsfunktion des Tiefpasses aus dem vorhergehenden Beispiel

---

[*] DÄMPFUNGSMASS: *attenuation factor*
[*] PHASENMASS: *phase factor*

6.2 Filter

Filter- oder **Siebschaltungen** sind Netzwerke mit geeigneten Übertragungsfunktionen, um Anteile eines Signalgemisches frequenzabhängig zu behandeln. Man unterscheidet

- Tiefpaßfilter* (TP)
- Hochpaßfilter* (HP)
- Bandpaßfilter* (BP)
- Bandsperren* (BS)
- Allpässe* (AP)

Signale im **Durchlaßbereich** sollen das Filter weitgehend unverfälscht passieren. Signale im **Sperrbereich** sollen weitgehend unterdrückt werden.

6.2.1 Tiefpaß

Abbildung 6.5: Symbole in Blockschaltbildern für Tiefpässe

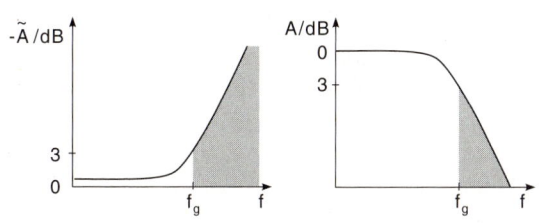

Abbildung 6.6: Prinzipieller Dämpfungsverlauf und Amplituden-Frequenzgang beim Tiefpaß*. Der Sperrbereich ist schraffiert

- Bei der **Grenzfrequenz*** f_g ist die Amplitude des Signals um den Faktor $1/\sqrt{2} = 0,707$ kleiner als bei Gleichspannung. Das bedeutet, das Verstärkungsmaß ist auf -3 dB gefallen, oder das Dämpfungsmaß hat den Wert 3 dB.
- Der **Durchlaßbereich*** reicht von Gleichspannung bis zur Grenzfrequenz.
- Der **Sperrbereich*** beginnt für Frequenzen oberhalb der Grenzfrequenz.

---

* TIEFPASSFILTER: *low-pass filter*
* HOCHPASSFILTER: *high-pass filter*
* BANDPASSFILTER: *band-pass filter*
* BANDSPERRE: *band-stop filter*
* ALLPASS: *all-pass filter*
* TIEFPASS: *low-pass filter*
* GRENZFREQUENZ: *critical frequency*
* DURCHLASSBEREICH: *pass-band*
* SPERRBEREICH: *stop-band*

6.2.2 Hochpaß

Abbildung 6.7: Symbole in Blockschaltbildern für Hochpässe

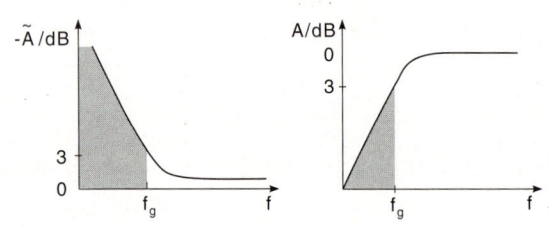

Abbildung 6.8: Prinzipieller Dämpfungsverlauf und Amplituden-Frequenzgang beim Hochpaß. Der Sperrbereich ist schraffiert

- Bei der **Grenzfrequenz**[*] f_g ist die Amplitude des Signals um den Faktor $1/\sqrt{2} = 0,707$ kleiner als bei sehr hohen Frequenzen. Das bedeutet, das Verstärkungsmaß ist auf -3 dB gefallen, oder das Dämpfungsmaß hat den Wert 3 dB.
- Der **Durchlaßbereich**[*] beginnt für Frequenzen oberhalb der Grenzfrequenz.
- Der **Sperrbereich**[*] reicht von Gleichspannung bis zur Grenzfrequenz.

6.2.3 Bandpaß

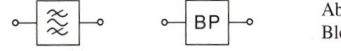

Abbildung 6.9: Symbole in Blockschaltbildern für Bandpässe

- Der Bandpaß hat eine **untere Grenzfrequenz** f_{gu} und eine **obere Grenzfrequenz** f_{go}.
- Die **Mittenfrequenz**[*] f_0 ist das arithmetische Mittel zwischen beiden Grenzfrequenzen.

$$f_0 = \frac{f_{gu} + f_{go}}{2}$$

- Die **Bandbreite**[*] B ist die Differenz der beiden Grenzfrequenzen.
- Die **relative Bandbreite** bezieht die Bandbreite auf die Mittenfrequenz.

$$B_{rel} = \frac{B}{f_0} \cdot 100\%$$

---

[*] GRENZFREQUENZ: *critical frequency*
[*] DURCHLASSBEREICH: *pass-band*
[*] SPERRBEREICH: *stop-band*
[*] MITTENFREQUENZ: *centre frequency*, im Amerikanischen: *center frequency*
[*] BANDBREITE: *bandwidth*

- Die **Güte**[*] Q bezieht die Mittenfrequenz auf die Bandbreite

$$Q = \frac{f_0}{B}$$

- Der **Formfaktor**[*] F ist eine Maßzahl für die Steilheit der Bandfilterflanken. Er vergleicht die 3 dB- und die 20 dB-Bandbreite

$$F = \frac{B_{3dB}}{B_{20dB}}$$

Je dichter dieser Wert bei Eins liegt, desto steiler sind die Filterflanken.

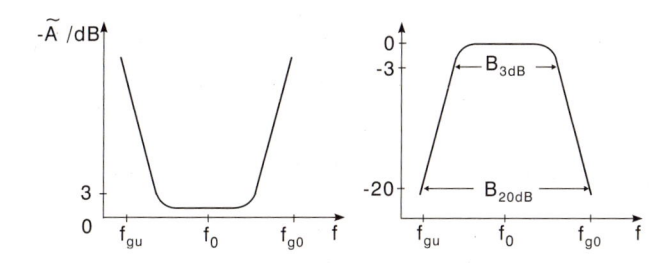

Abbildung 6.10: Prinzipieller Dämpfungsverlauf und Amplituden-Frequenzgang beim Bandpaß

HINWEIS: Als Mittenfrequenz wird auch das harmonische Mittel beider Grenzfrequenzen bezeichnet.

$$f_0 = \sqrt{f_{gu} \cdot f_{go}}$$

6.2.4 Bandsperre

Abbildung 6.11: Symbole in Blockschaltbildern für Bandsperren

Bandsperren[*] verhalten sich umgekehrt wie Bandpässe. Bandsperren werden auch eingesetzt, um genau eine (Stör-) Frequenz stark zu dämpfen. Solche Filter heißen *notch filter*.

6.2.5 Allpaß

Allpässe weisen einen konstanten Amplituden-Frequenzgang auf. Die Dämpfung ist für jede Frequenz gleich. Allerdings wird die Phase frequenzabhängig gedreht.

---

[*] GÜTE: *quality factor*
[*] FORMFAKTOR: *shape factor*. Nicht verwechseln mit dem Formfaktor von Wechselgrößen!
[*] BANDSPERRE: *stop-band filter*

6.3 Einfache Filter

6.3.1 Tiefpaß

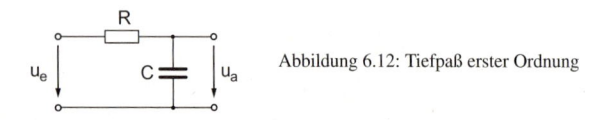

Abbildung 6.12: Tiefpaß erster Ordnung

Die Abbildung stellt einen Tiefpaß erster Ordnung dar. Die (komplexwertige) **Übertragungsfunktion*** lautet

$$G(\omega) = \frac{1/j\omega C}{1/j\omega C + R} = \frac{1}{1 + j\omega RC} \tag{6.8}$$

HINWEIS: Zur Bestimmung der Übertragungsfunktion betrachtet man das Netzwerk als Spannungsteiler.

Der **Amplituden-Frequenzgang** ist der Betrag der Übertragungsfunktion

$$|G(\omega)| = \frac{1}{\sqrt{1 + (\omega RC)^2}} \tag{6.9}$$

Der **Phasen-Frequenzgang** ist die Phasendifferenz zwischen Ausgangsspannung und Eingangsspannung $\varphi(\omega) = \varphi_{ua} - \varphi_{ue}$

$$\varphi(\omega) = \arctan\left(\frac{\text{Im}\{G(\omega)\}}{\text{Re}\{G(\omega)\}}\right) = -\arctan(\omega RC) \tag{6.10}$$

Amplituden- und Phasengang sind als BODE-Diagramm in Abbildung 6.13 dargestellt.
Für die spezielle Kreisfrequenz $\omega_g = 1/RC$ gilt

$$|G(\omega_g)| = \frac{1}{\sqrt{2}} \mathrel{\hat=} -3\,\text{dB}$$

$f_g = \omega_g/2\pi$ heißt **Grenzfrequenz*** oder **Eckfrequenz** des Tiefpasses. Die Phase bei der Grenzkreisfrequenz

$$\varphi(\omega_g) = \arctan(-1) = -\frac{\pi}{4} \quad \text{bzw.} \quad (-45°)$$

- Bei der Grenzfrequenz ω_g ist die Verstärkung des Tiefpasses um 3 dB geringer gegenüber der Gleichspannungsverstärkung. Die Phasenverschiebung zwischen Ein- und Ausgangssignal beträgt dann $\frac{\pi}{4}$ bzw. (45°).

---

* ÜBERTRAGUNGSFUNKTION: *transfer function*
* GRENZFREQUENZ: *critical frequency*

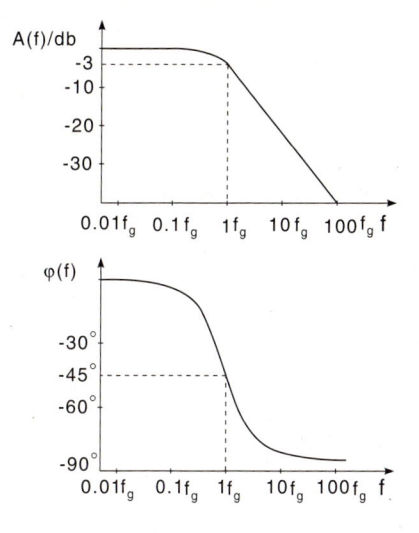

Abbildung 6.13: BODE-Diagramm des Tiefpaßfilters

6.3.1.1 Anstiegszeit

Aus der Grenzfrequenz f_g eines Tiefpaßfilters läßt sich seine Reaktion im Zeitbereich auf einen Spannungssprung abschätzen.

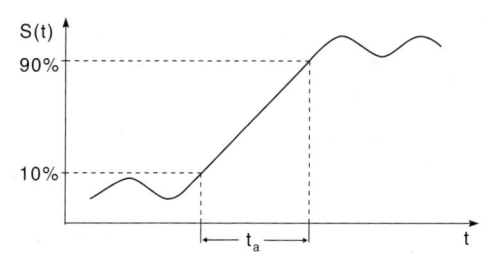

Abbildung 6.14: Zur Definition der Anstiegszeit

Die **Anstiegszeit**[*] ist das Zeitintervall, in dem ein Signal von 10 % auf 90 % des Wertes im eingeschwungenen Zustand steigt. Zwischen Anstiegszeit t_a und Grenzfrequenz f_g besteht folgende Beziehung

$$t_a \approx \frac{1}{3f_g} \approx \frac{2}{\omega_g} \tag{6.11}$$

BEISPIEL: Ein Oszillograph mit einer Grenzfrequenz von 30 MHz hat eine Anstiegszeit t_a von etwa $1/(3 \cdot 30 \cdot 10^6)\,\text{s} \approx 10\,\text{ns}$.

---

[*] ANSTIEGSZEIT: *rise time*

6.3.2 Frequenznormierung

Alle Tiefpässe, die die Struktur in Abbildung 6.12 aufweisen, haben Übertragungsfunktionen, die bis auf den Parameter ω_g in der Form übereinstimmen. Um alle Tiefpässe dieser Art gemeinsam beschreiben zu können, führt man eine **Frequenznormierung**[*] auf die Grenzfrequenz durch.

Normierung: $$\Omega := \frac{\omega}{\omega_g} = \frac{f}{f_g} \tag{6.12}$$

Entnormierung: $$\omega = \Omega \cdot \omega_g; \quad f = \Omega \cdot f_g \tag{6.13}$$

Ω bezeichnet man als **normierte Frequenz**. Sie ist ohne Einheit. Damit ist die normierte Grenzfrequenz jedes Tiefpasses $\Omega = 1$.

Die Übertragungsfunktion des Tiefpasses lautet damit in normierter Form

$$G(\Omega) = \frac{1}{1 + j\Omega}$$

Der normierte Amplituden-Frequenzgang

$$|G(\Omega)| = \frac{1}{\sqrt{1 + \Omega^2}}$$

Die Abbildung 6.15 zeigt den Frequenzgang in normierter Darstellung.

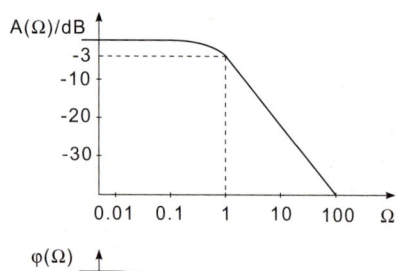

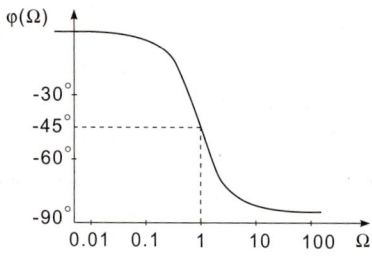

Abbildung 6.15: BODE-Diagramm des Tiefpasses in frequenznormierter Darstellung

---

[*] FREQUENZNORMIERUNG: *frequency normalization*

6.3.2.1 Verstärkungsmaß in der Näherung

Betrachtet man das Verstärkungsmaß des Tiefpaßfilters in normierter Form

$$A(\Omega) = 20\log_{10}\frac{1}{\sqrt{1+\Omega^2}} = 20\log_{10}\frac{1}{\sqrt{1+\left(\dfrac{\omega}{\omega_g}\right)^2}}$$

für Kreisfrequenzen, die groß gegen die Grenzfrequenz sind, dann ist Ω deutlich größer als 1. Somit ergibt sich in der Näherung

$$A(\Omega) \approx 20\log_{10}\frac{1}{\Omega} = -20\log_{10}\Omega \qquad \text{für } \Omega \gg 1$$

- Unterhalb der Grenzfrequenz ist das Verstärkungsmaß in guter Näherung konstant.

- Bei einer Verzehnfachung der Frequenz sinkt das Verstärkungsmaß um 20 dB ab. Man spricht von einer Steilheit von -20 dB/Dekade oder von -6 dB/Oktave.

- Bei der Grenzfrequenz $\Omega_g = 1$ beträgt das Verstärkungsmaß -3 dB.

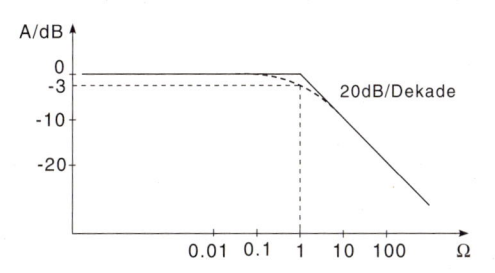

Abbildung 6.16: Verstärkungsmaß des Tiefpasses in der Näherung

6.3.3 Hochpaß

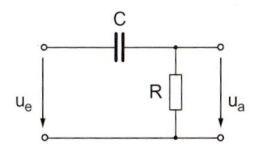

Abbildung 6.17: Hochpaß erster Ordnung

Die Abbildung zeigt einen Hochpaß erster Ordnung. Die (komplexwertige) **Übertragungsfunktion** lautet

$$\boxed{G(\omega) = \frac{R}{1/\mathrm{j}\omega C + R} = \frac{\mathrm{j}\omega RC}{1 + \mathrm{j}\omega RC}} \qquad (6.14)$$

HINWEIS: Zur Bestimmung der Übertragungsfunktion betrachtet man das Netzwerk als Spannungsteiler.

Der **Amplituden-Frequenzgang** ist der Betrag der Übertragungsfunktion

$$|G(\omega)| = \frac{(\omega RC)}{\sqrt{1+(\omega RC)^2}} \tag{6.15}$$

In **normierter** Darstellung lauten die Übertragungsfunktion und der Amplituden-Frequenzgang

$$G(\Omega) = \frac{j\Omega}{1+j\Omega}; \qquad |G(\Omega)| = \left|\frac{\Omega}{\sqrt{1+\Omega^2}}\right| \tag{6.16}$$

Der **Phasen-Frequenzgang** des Hochpasses ist

$$\varphi(\omega) = \arctan\left(\frac{\mathrm{Im}\{G(\omega)\}}{\mathrm{Re}\{G(\omega)\}}\right) = \arctan\left(\frac{1}{\omega RC}\right) = \arctan\left(\frac{\omega_g}{\omega}\right) \tag{6.17}$$

In normierter Darstellung

$$\varphi(\Omega) = \arctan\left(\frac{1}{\Omega}\right) \tag{6.18}$$

Amplituden- und Phasengang sind als BODE-Diagramm in Abbildung 6.18 dargestellt.

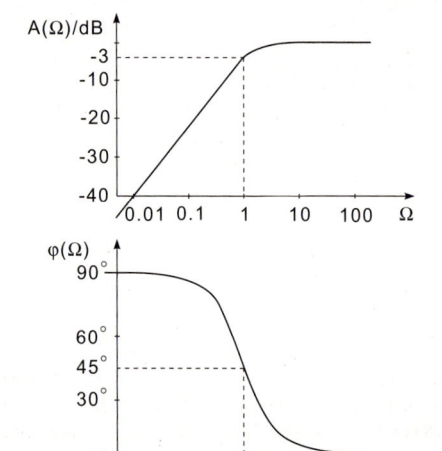

Abbildung 6.18: BODE-Diagramm für den Hochpaß

Für die spezielle Kreisfrequenz $\omega_g = 1/RC$ gilt

$$|G(\omega_g)| = \frac{1}{\sqrt{2}} \mathrel{\widehat{=}} -3\,\mathrm{dB}$$

$f_g = \omega_g/2\pi$ heißt **Grenzfrequenz**[*] oder **Eckfrequenz** des Hochpasses. Die Phase bei der Grenzkreisfrequenz

$$\varphi(\omega_g) = \arctan(1) = \frac{\pi}{4} \quad \text{bzw.} \quad 45°$$

---
[*] GRENZFREQUENZ: *critical frequency*

- Bei der Grenzfrequenz ω_g ist die Verstärkung des Hochpaß um 3 dB niedriger als die Verstärkung bei sehr hohen Frequenzen ($\omega \gg \omega_g$). Die Phasenverschiebung zwischen Ein- und Ausgangssignal beträgt dann $\frac{\pi}{4}$ bzw. $45°$.

6.3.3.1 Verstärkungsmaß in der Näherung

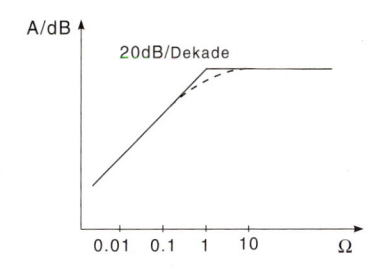

Abbildung 6.19: Verstärkungsmaß des Hochpaßfilters in der Näherung

- Die normierte Grenzfrequenz des Hochpaßfilters ist $\Omega_g = 1$.

- Bei einer Verzehnfachung der Frequenz steigt das Verstärkungsmaß um 20 dB an. Oberhalb der Grenzfrequenz ist es annähernd konstant.

6.3.4 Filter höherer Ordnung

Abbildung 6.20: Tiefpaßfilter zweiter Ordnung in Kettenschaltung

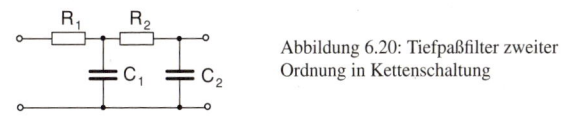

Schaltet man zwei Filter so zusammen, daß das Ausgangssignal des ersten das Eingangssignal des folgenden Filters ist (**Kettenschaltung**), so erhält man ein Filter höherer Ordnung. Die **Filter-Ordnung** ergibt sich aus der Zahl der unabhängigen Energiespeicher (Kapazitäten, Induktivitäten). Mit Filtern höherer Ordnung lassen sich steilere Filterflanken erzielen.

Abbildung 6.21: LRC-Tiefpaßfilter zweiter Ordnung

Das LRC-Filter in Abbildung 6.21 stellt ein Tiefpaßfilter 2. Ordnung dar. Die Übertragungsfunktion lautet

$$G(\omega) = \frac{\frac{1}{j\omega C}}{\frac{1}{j\omega C} + R + j\omega L} = \frac{1}{1 + j\omega RC - \omega^2 LC} \tag{6.19}$$

Wie beim Reihen-Schwingkreis läßt sich eine Resonanzfrequenz ω_r definieren. Darauf wird die Übertragungsfunktion frequenznormiert.

$$\omega_r = \frac{1}{\sqrt{L \cdot C}}; \quad \Omega = \frac{\omega}{\omega_r}$$

In normierter Form lautet die Übertragungsfunktion

$$G(\Omega) = \frac{1}{1 + jR\sqrt{\frac{C}{L}}\Omega - \Omega^2} \qquad (6.20)$$

Die Größe

$$D = \frac{R}{2}\sqrt{\frac{C}{L}}$$

bezeichnet man als **Dämpfungsgrad*** (siehe auch 1.2.6). Unter Verwendung dieser Größe lautet die normierte Übertragungsfunktion

$$G(\Omega) = \frac{1}{1 + 2jD\Omega - \Omega^2} \qquad (6.21)$$

Die Form des Amplituden-Frequenzgangs und des Phasengangs wird wesentlich durch den Dämpfungsgrad D bestimmt. Die Abbildung 6.22 zeigt das BODE-Diagramm des LRC-Filters mit dem Dämpfungsgrad als Parameter.

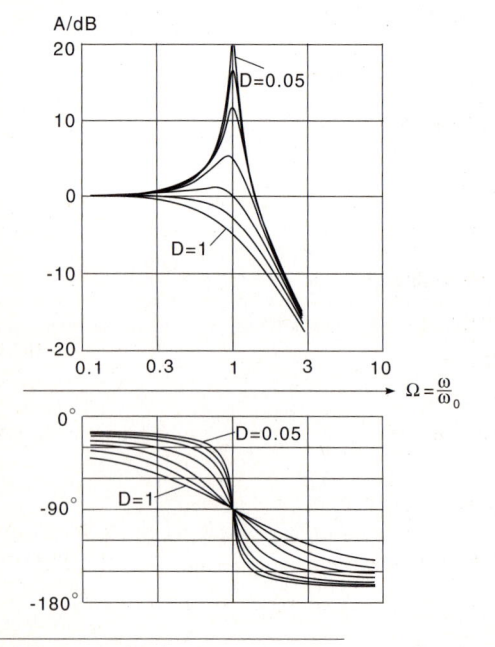

Abbildung 6.22: BODE-Diagramm des LRC-Filters in der vorherigen Abbildung bei verschiedenen Dämpfungsgraden

---

* DÄMPFUNGSGRAD: *damping ratio*

Bei niedrigen Dämpfungsgraden zeigt das Tiefpaßfilter ausgeprägtes Resonanzverhalten und gleicht eher einem Bandpaßfilter. Der Verlauf der Phase ist um so steiler, je niedriger die Dämpfung ist.

6.3.5 Bandpaß

Die Abbildung 6.23 stellt einen Serienresonanzkreis geschaltet als Bandpaß dar.

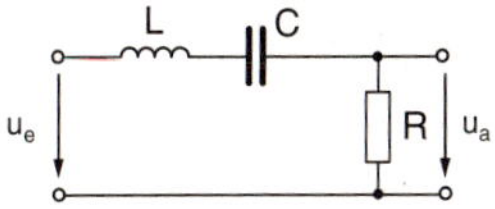

Abbildung 6.23: Beispiel für einen RLC-Bandpaß

Bei der Betrachtung als komplexer Spannungsteiler ergibt sich die Übertragungsfunktion

$$G(\omega) = \frac{R}{R + j\omega L + \frac{1}{j\omega C}} = \frac{j\omega RC}{j\omega RC - \omega^2 LC + 1}$$

Zweckmäßigerweise normiert man die Frequenz auf die Resonanzfrequenz $\omega_0 = 1/\sqrt{LC}$ des Schwingkreises

$$G(\Omega) = \frac{j\Omega RC \frac{1}{\sqrt{LC}}}{j\Omega RC \frac{1}{\sqrt{LC}} - \Omega^2 + 1} \quad \text{mit } \Omega = \frac{\omega}{\omega_0}$$

Unter Verwendung der Größe $D = \frac{R}{2}\sqrt{\frac{C}{L}}$ wird die normierte **Übertragungsfunktion**

$$\boxed{G(\Omega) = \frac{2jD\Omega}{2jD\Omega - \Omega^2 + 1}} \tag{6.22}$$

D ist dabei der **Dämpfungsgrad**. Der normierte **Amplituden-Frequenzgang** ist

$$\boxed{|G(\Omega)| = \frac{2D\Omega}{\sqrt{4D^2\Omega^2 + (1-\Omega^2)^2}}} \tag{6.23}$$

Bei der Resonanzfrequenz ω_0 des Schwingkreises, die zugleich die Mittenfrequenz des Bandpasses ist, wird die Übertragungsfunktion

$$G(\Omega = 1) = 1 \quad \Rightarrow \quad |G(\omega = \omega_0)| = 1$$

Bei der unteren und der oberen Grenzfrequenz des Bandpasses ist das Ausgangssignal um 3 dB niedriger als bei der Mittenfrequenz.

$$\frac{|G(\Omega_{3dB})|}{|G(\Omega = 1)|} \stackrel{!}{=} \frac{1}{\sqrt{2}} \quad \Rightarrow \quad |G(\Omega_{3dB})| \stackrel{!}{=} \frac{1}{\sqrt{2}}$$

Im weiteren sind die Indizes für die Grenzfrequenzen weggelassen.

$$|G(\Omega)| = \frac{2D\Omega}{\sqrt{4D^2\Omega^2 + (1-\Omega^2)^2}} \stackrel{!}{=} \frac{1}{\sqrt{2}}$$

Diese Forderung führt auf die Gleichung

$$4D^2\Omega^2 = (1-\Omega^2)^2$$

Die Gleichung hat vier Lösungen, von denen nur zwei auf positive Frequenzwerte führen

$$\omega_u = \sqrt{D^2+1} - D; \qquad \omega_o = \sqrt{D^2+1} + D$$

Die **normierte Bandbreite** des Filters beträgt offenbar $2D$.

$$D = \frac{R}{2}\sqrt{\frac{C}{L}}; \qquad B = \frac{R}{2\pi L}; \qquad Q = \frac{1}{R}\sqrt{\frac{L}{C}} \qquad (6.24)$$

Je kleiner der Widerstand R, desto schmalbandiger ist das Filter. Der normierte **Phasen-Frequenzgang** ist

$$\boxed{\varphi(\Omega) = \arctan\left(\frac{\text{Im}(G(\Omega))}{\text{Re}(G(\Omega))}\right) = \arctan\left(\frac{1-\Omega^2}{2D\Omega}\right)} \qquad (6.25)$$

Die Abbildung 6.24 zeigt das BODE-Diagramm des Bandpaßfilters für verschiedene Dämpfungsfaktoren.

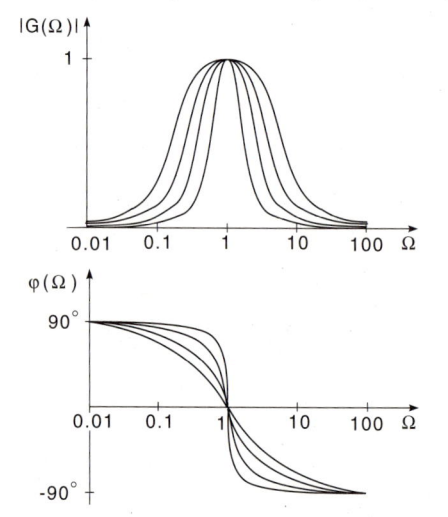

Abbildung 6.24: BODE-Diagramm des Bandpaßfilters für verschiedene Dämpfungsfaktoren D

HINWEIS: Bei diesem Filter ist die Mittenfrequenz w_0 das harmonische Mitel der unteren und der oberen Grenzfrequenzen ω_u und ω_o. In normierter Schreibweise:

$$\sqrt{\Omega_u \cdot \Omega_o} = \sqrt{(\sqrt{D^2+1} - D) \cdot (\sqrt{D^2+1} + D)} = 1$$

6.3.6 Realisierungen von Filtern

Elektrische Filter können sehr unterschiedlich realisiert werden. Einige Möglichkeiten zeigt die folgende Aufzählung.

RC-Filter sind nur aus Widerständen und Kondensatoren aufgebaut. Ihr Nachteil ist die hohe Dämpfung.

LRC-Filter realisieren durch zusätzliche Induktivitäten resonanzfähige Netzwerke mit steileren Filterflanken als reine RC-Filter.

Reaktanz-Filter bestehen ausschließlich aus Induktivitäten und Kapazitäten. Bis auf die unvermeidlichen Verluste in Spulen und Kondensatoren treten keine ohmschen Komponenten auf. Die Folge sind hohe Güten bzw. Filtersteilheiten. Einsatz hauptsächlich in der HF-Technik.

aktive Filter kompensieren die Verluste von Filtern durch (Operations-) Verstärker. Durch geeignete Schaltungen lassen sich Induktivitäten gänzlich vermeiden. Der Einsatz aktiver Filter bei hohen Frequenzen ist durch die Grenzfrequenz der Verstärker begrenzt.

SC-Filter (*switched-capacitor filters*) sind eine Abart aktiver Filter. Widerstände werden durch hochfrequentes Laden und Entladen eines Kondensators simuliert. Der Vorteil liegt in der Möglichkeit, die Filterparameter durch die Frequenz des Schaltsignals zu beinflussen.

Quarz- und Keramik-Filter sind verlustarme mechanische Resonatoren. Güte und Stabilität ist bei Quarzfiltern sehr hoch.

mechanische Filter waren in der Vergangenheit das einzige Mittel, sehr steile Filter aufzubauen. Sie fanden in der Telefontechnik weite Verbreitung.

SAW-Filter (*surface acoustic wave filters*) wandeln elektrische Signale in akustische Oberflächenwellen eines Subtrats um. Durch geeignete Abgriffe auf der Kristalloberfläche lassen sich Filtereigenschaften nach Belieben einstellen. Nutzbar auch bei hohen Frequenzen.

Digitale Filter arbeiten numerisch auf abgetasteten Signalen. Sie unterliegen keinerlei Alterungs-, Fertigungs- oder Temperaturtoleranzen. Durch Fortschritte bei der Fertigung von Digitalschaltkreisen verschieben sich der nutzbare Frequenzbereich kontinuierlich nach oben und die Preise nach unten.

6.4 Formelzeichen

$A(\omega)$	Verstärkungsmaß (dB)
$\tilde{A}(\omega)$	Dämpfungsmaß (dB)
B	Bandbreite (Hz)
B_{rel}	relative Bandbreite ( )
$B_{3\,\text{dB}}$	3 dB Bandbreite (Hz)
$B(\omega)$	Phasenmaß
D	Dämpfungsgrad ( )
F	Formfaktor (Filter)
f_0	Mittenfrequenz, Resonanzfrequenz
f_g	Grenzfrequenz
f_{go}	obere Grenzfrequenz
f_{gu}	untere Grenzfrequenz
$\varphi(\omega)$	Phasenfrequenzgang
$G(\Omega)$	frequenznormierte Übertragungsfunktion

$G(\omega)$	Übertragungsfunktion
$\lvert G(\omega)\rvert$	Amplituden-Frequenzgang
$\mathrm{Im}()$	Imaginärteil
Ω	normierte Frequenz ( )
$\Omega_{3\mathrm{dB}}$	normierte Frequenz, bei der der Betrag der Übertragungsfunktion um 3 dB gesunken ist
Ω_o	obere normierte Grenzfrequenz
Ω_u	untere normierte Grenzfrequenz
ω_0	Resonanz-Kreisfrequenz (s^{-1})
ω_g	Grenzkreisfrequenz
ω_o	obere Grenzkreisfrequenz
ω_u	untere Grenzkreisfrequenz
Q	Güte ( )
$\mathrm{Re}()$	Realteil
T	Transformation durch ein System
t_a	Anstiegszeit
u_a	Ausgangsspannung
u_e	Eingangsspannung
v	Spannungsverstärkung

6.5 Weiterführende Literatur

CZICHOS (HRSG.) HÜTTE: *Die Grundlagen der Ingenieurwissenschaften, 29. Auflage Teil G Elektrotechnik*
Springer Verlag 1991

DORF (HRSG.): *The Electrical Engineering Handbook, Sections I & II*
CRC press 1993

FRICKE, VASKE: *Elektrische Netzwerke, 17. Auflage*
Teubner Verlag 1982

HERING, BRESSLER, GUTEKUNST: *Elektronik für Ingenieure*
VDI Verlag 1992

LÜKE: *Signalübertragung Grundlagen der digitalen und analogen Nachrichtenübertragungssysteme, 5. Auflage*
Springer Verlag 1992

PHILIPPOW: *Grundlagen der Elektrotechnik, 9. Auflage*
Verlag Technik 1992

SEIFERT: *Elektrotechnik für Informatiker*
Springer Verlag Wien 1988

SIMONYI: *Theoretische Elektrotechnik, 9. Auflage*
Deutscher Verlag der Wissenschaften 1989

7 Signale und Systeme

7.1 Signale

7.1.1 Definitionen

In der Elektrotechnik und Nachrichtentechnik unterscheidet man verschiedene Signalklassen.

Periodische Signale* sind Signale, die sich abschnittsweise wiederholen.
Definition: Es gibt ein T, so daß für alle Zeitpunkte t gilt
$$f(t) = f(t+T)$$
T heißt **Periodendauer*** oder **Periode** des Signals $f(t)$.

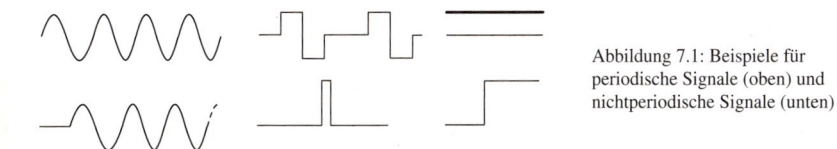

Abbildung 7.1: Beispiele für periodische Signale (oben) und nichtperiodische Signale (unten)

Nichtperiodische Signale sind alle Signale, die nicht periodisch nach obiger Definition sind.
Kausale Signale sind Signale, die frühestens zum Zeitpunkt $t=0$ von Null verschiedene Werte annehmen. Ihre Bezeichnung beruht auf der Definition kausaler Systeme.

Man definiert die (normierte) **Leistung** eines Signals als

$$P = \lim_{T \to \infty} \frac{1}{2T} \int_{-T}^{T} |f(t)|^2 \, dt \tag{7.1}$$

Analog ist die (normierte) **Energie** eines Signals definiert:

$$E = \lim_{T \to \infty} \int_{-T}^{T} |f(t)|^2 \, dt = \int_{-\infty}^{\infty} |f(t)|^2 \, dt \tag{7.2}$$

Leistungssignale* haben eine endliche (normierte) Leistung P nach Gleichung (7.1). Für Leistungssignale ist $E = \infty$.
Energiesignale* haben eine endliche (normierte) Energie E. Für Energiesignale ist die (normierte) Leistung $P = 0$.

---

* PERIODISCHE SIGNALE: *periodic signals*
* PERIODENDAUER: *period*
* LEISTUNGSSIGNAL: *power signal*
* ENERGIESIGNAL: *energy signal*

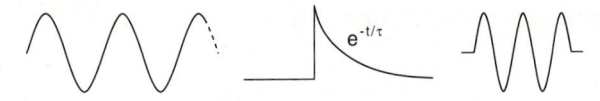

Abbildung 7.2: Ein Leistungssignal und zwei Energiesignale

- Alle periodischen Signale sind Leistungssignale, aber nicht alle Leistungssignale sind periodisch.

BEISPIEL: Das folgende Signal ist ein Energiesignal. (siehe Abb. 7.2 Mitte)

$$f(t) = \begin{cases} 0 & \text{für } t < 0 \\ e^{-t/\tau} & \text{für } t \geqq 0 \end{cases}$$

$$E = \int_{-\infty}^{\infty} |f(t)|^2 \, dt = \int_{0}^{\infty} e^{-2t/\tau} \, dt = \left[-\frac{\tau}{2} e^{-2t/\tau} \right]_{0}^{\infty} = \frac{\tau}{2} < \infty$$

7.1.2 Symmetrie-Eigenschaften von Signalen

Eine Zeitfunktion ist eine **gerade Funktion***, wenn für alle t gilt

$$f(t) = f(-t)$$

Diese Funktionen zeigen bezüglich der Ordinate (y-Achse) eine **Achsensymmetrie**. Sie heißen auch **symmetrische Funktionen**.

Eine Zeitfunktion ist eine **ungerade Funktion***, wenn für alle t gilt

$$f(t) = -f(-t)$$

Diese Funktionen zeigen bezüglich des Ursprungs eine **Punktsymmetrie**. Sie heißen auch **antisymmetrische Funktionen**.

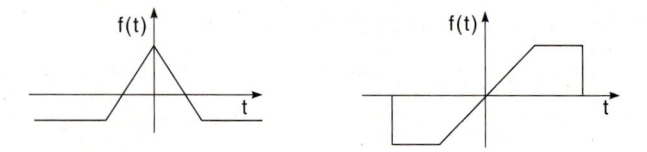

Abbildung 7.3: Beispiele für gerade und ungerade Funktionen

---

* GERADE FUNKTION: *even function*
* UNGERADE FUNKTION: *odd function*

BEISPIEL: Die Kosinusfunktion ist eine gerade Funktion. Die Sinusfunktion ist eine ungerade Funktion.

HINWEIS: Die Eigenschaften *gerade* und *ungerade* schließen sich gegenseitig aus (abgesehen von der Nullfunktion). Es gibt aber Funktionen, die weder gerade noch ungerade sind.

Ein Signal weist **Vollwellensymmetrie** auf, wenn für alle t gilt

$$f\left(t+\frac{T}{2}\right) = f(t),$$

das heißt, das Signal hat eigentlich die kürzere Periodendauer $T/2$.

Ein Signal weist **Halbwellensymmetrie** auf, wenn für alle t gilt

$$f\left(t+\frac{T}{2}\right) = -f(t),$$

das heißt, die Halbwellen wären übereinandergeschoben achsensymmetrisch zur Zeitachse.

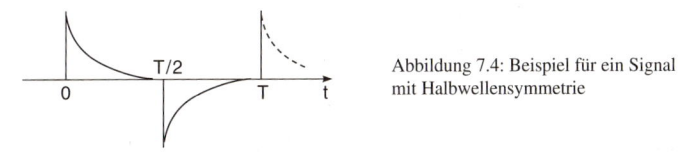

Abbildung 7.4: Beispiel für ein Signal mit Halbwellensymmetrie

BEISPIEL: Eine gleichanteilfreie Dreieckschwingung besitzt Halbwellensymmetrie.

7.2 FOURIER-Reihe

- Jedes periodische Signal mit der Periodendauer T kann als Summe harmonischer Signale dargestellt werden. Die niedrigste Frequenz ist $1/T$, alle anderen sind ganzzahlige Vielfache der Grundfrequenz. Diese Signalanteile heißen **Harmonische*** oder **Oberschwingungen**.

7.2.1 Trigonometrische Form

Das Signal $f(t)$ sei periodisch mit der Periode T. Dann kann es dargestellt werden durch eine FOURIER-Reihe*:

$$f(t) = \frac{a_0}{2} + \sum_{n=1}^{\infty}\left(a_n \cdot \cos(n\omega t) + b_n \cdot \sin(n\omega t)\right) \tag{7.3}$$

---

* HARMONISCHE: *harmonics*
* FOURIER-REIHE: *Fourier series*

Dabei ist ω die **Grund**(kreis)-**Frequenz** des Signals.

$$\omega = \frac{2\pi}{T} = 2\pi f$$

Die **FOURIER-Koeffizienten** a_n und b_n sind

$$\boxed{\begin{aligned} a_n &= \frac{2}{T} \int_0^T f(t) \cdot \cos(n\omega t) \, dt \\ &\qquad\qquad\qquad\qquad \text{für } n = 0, 1, 2 \ldots \\ b_n &= \frac{2}{T} \int_0^T f(t) \cdot \sin(n\omega t) \, dt \end{aligned}} \qquad (7.4)$$

Gleichung (7.3) heißt auch **reelle Normalform** der FOURIER-Reihe.

- $\dfrac{a_0}{2} = \dfrac{1}{T} \int_0^T f(t) \, dt$ ist der zeitliche Mittelwert des Signals über eine Periode, also der **Gleichanteil**. b_0 ist immer Null.

- Die trigonometrische Darstellung der FOURIER-Reihe ist von der Wahl des Anfangszeitpunktes $t = 0$ des Signals abhängig.

HINWEIS: Wegen der Periodizität des Signals $f(t)$ ist es gleichgültig, ob die Integration von 0 bis T erfolgt, oder von $-T/2$ bis $+T/2$.

HINWEIS: In der Literatur findet sich auch die äquivalente FOURIER-Darstellung

$$f(t) = \sum_{n=0}^{\infty} \Big(a_n \cdot \cos(n\omega t) + b_n \cdot \sin(n\omega t) \Big)$$

Dann muß a_0 separat definiert werden als

$$a_0 = \frac{1}{T} \int_0^T f(t) \, dt$$

HINWEIS: Die mathematischen Voraussetzungen dafür, daß die FOURIER-Reihe konvergiert, also das Gleichheitszeichen in 7.3 gilt, sind:
- Das Signal hat nur endlich viele Unstetigkeitsstellen.
- Der Mittelwert über eine Periode ist endlich.
- Das Signal hat nur endlich viele Maxima und Minima.

Für physikalisch erzeugbare Signale sind diese Bedingungen immer erfüllt.

7.2.1.1 Symmetrie-Eigenschaften

- Für reine Wechselsignale ist $a_0 = 0$.
- Gerade Zeitfunktionen enthalten keine Sinusanteile, d. h. alle $b_n = 0$.
- Ungerade Zeitfunktionen enthalten keine Kosinusanteile, d. h. alle $a_n = 0$.
- Zeitfunktionen mit Vollwellensymmetrie haben nur geradzahlige Harmonische mit den Frequenzen $0, 2\omega, 4\omega \dots$
- Zeitfunktionen mit Halbwellensymmetrie haben nur ungeradzahlige Harmonische mit den Frequenzen $\omega, 3\omega, 5\omega \dots$

7.2.2 Amplituden-Phasen-Form

Die Überlagerung von gleichfrequenten Sinus- und Kosinusfunktionen ergibt wieder eine harmonische Schwingung gleicher Frequenz.

$$a_n \cdot \cos(n\omega t) + b_n \sin(n\omega t) = A_n \cdot \cos(n\omega t + \varphi_n)$$

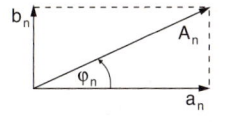

Abbildung 7.5: Kombination der FOURIER-Koeffizienten a_n und b_n für die Amplituden-Phasen-Form

Daraus ergibt sich die **Amplituden-Phasen-Form** der FOURIER-Reihe.

$$f(t) = \frac{a_0}{2} + \sum_{n=1}^{\infty} A_n \cdot \cos(n\omega t + \varphi_n) \qquad (7.5)$$

mit

$$A_n = \sqrt{a_n^2 + b_n^2}; \qquad \varphi_n = -\arctan\left(\frac{b_n}{a_n}\right) \qquad \text{für } n = 1, 2, 3 \dots \qquad (7.6)$$

Die a_n und b_n sind die FOURIER-Koeffizienten nach Gleichung (7.4). Man bezeichnet die Menge der A_n als **Amplitudenspektrum**, die der φ_n als **Phasenspektrum**.

● Das Amplitudenspektrum ist von der Wahl des Anfangszeitpunktes $t = 0$ eines Signals unabhängig, nicht aber das Phasenspektrum.

7.2.3 Exponential-Form

Unter Anwendung der Beziehungen

$$\cos(n\omega t) = \frac{1}{2}\left(e^{jn\omega t} + e^{-jn\omega t}\right); \qquad \sin(n\omega t) = \frac{1}{2j}\left(e^{jn\omega t} - e^{-jn\omega t}\right) \qquad (7.7)$$

läßt sich die trigonometrische Form der FOURIER-Reihe überführen in die **komplexe Normalform** oder **Exponentialdarstellung**

$$f(t) = \sum_{n=-\infty}^{\infty} c_n \cdot e^{jn\omega t} \qquad (7.8)$$

Die **komplexen FOURIER-Koeffizienten** c_n berechnen sich zu

$$c_n = \frac{1}{T} \int_0^T f(t) \cdot e^{-jn\omega t}\, dt \qquad (7.9)$$

Die Menge der c_n heißt **komplexes Spektrum**. Formal tauchen in dieser Darstellung der FOURIER-Reihe positive und negative Frequenzparameter $n\omega$ und $-n\omega$ auf. Daher rührt die Bezeichnung **zweiseitiges Spektrum**.

- Der Koeffizient c_0 stellt den Gleichanteil dar. Er entspricht also $a_0/2$.
- Der spektrale Anteil einer Harmonischen mit der Kreisfrequenz $n\omega$ ist

$$c_n \cdot e^{jn\omega t} + c_{-n} \cdot e^{-jn\omega t}$$

- Die Spektralkoeffizienten c_n und c_{-n} sind (für reellwertige Zeitsignale) konjugiert komplex, also $c_n^* = c_{-n}$.
- Die komplexen FOURIER-Koeffizienten sind betragsmäßig gerade halb so groß wie die zugehörigen Amplitudenfaktoren aus der Amplituden-Phasenform: $2|c_n| = A_n$.

BEISPIEL: Die Abbildung 5.6 zeigt das zweiseitige Spektrum der Kosinus- und der Sinusfunktion. Unter Verwendung der Beziehung 7.7 lassen sich die beiden Funktionen schreiben als

$$\cos \omega_0 t = +\underbrace{\frac{1}{2} e^{j\omega_0 t}}_{c_1} + \underbrace{\frac{1}{2} e^{-j\omega_0 t}}_{c_{-1}}; \qquad \sin \omega_0 t = -\underbrace{\frac{j}{2} e^{j\omega_0 t}}_{c_1} + \underbrace{\frac{j}{2} e^{-j\omega_0 t}}_{c_{-1}}$$

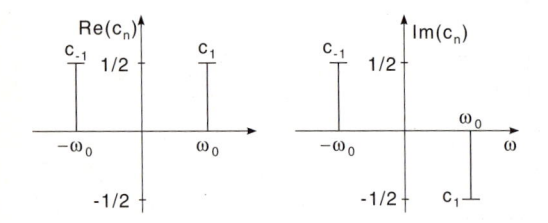

Abbildung 7.6: Zweiseitiges Spektrum der Kosinus- und der Sinusfunktion

7.2.3.1 Symmetrie-Eigenschaften

- Gerade Zeitfunktionen haben rein reelle Spektralkoeffizienten c_n.
- Ungerade Zeitfunktionen haben rein imaginäre Spektralkoeffizienten c_n.

7.2.4 Übersicht: FOURIER-Reihendarstellung

Reihendarstellungen	mit den Koeffizienten
Reelle Normalform $$f(t) = \frac{a_0}{2} + \sum_{n=1}^{\infty}\left(a_n \cdot \cos(n\omega t) + b_n \cdot \sin(n\omega t)\right)$$	$a_n = \dfrac{2}{T}\displaystyle\int_0^T f(t)\cdot\cos(n\omega t)\,\mathrm{d}t$ $b_n = \dfrac{2}{T}\displaystyle\int_0^T f(t)\cdot\sin(n\omega t)\,\mathrm{d}t$ für $n = 0, 1, 2\ldots$
Amplituden-Phasen-Form $$f(t) = \frac{a_0}{2} + \sum_{n=1}^{\infty} A_n \cdot \cos(n\omega t + \varphi_n)$$	$A_n = \sqrt{a_n^2 + b_n^2}$ $\varphi_n = -\arctan\left(\dfrac{b_n}{a_n}\right)$ für $n = 1, 2, 3\ldots$
Komplexe Normalform $$f(t) = \sum_{n=-\infty}^{\infty} c_n \cdot \mathrm{e}^{\mathrm{j}n\omega t}$$	$c_n = \dfrac{1}{T}\displaystyle\int_0^T f(t)\cdot\mathrm{e}^{-\mathrm{j}n\omega t}\,\mathrm{d}t$

	Umrechnung der Koeffizienten ineinander		
		aus	
	FOURIER-Koeffizienten	Spektral-Koeffizienten	komplexen FOURIER-Koeffizienten
$a_n =$	a_n	$A_n \cdot \cos\varphi_n$	$c_n + c_n^* = 2\cdot\mathrm{Re}(c_n)$
$b_n =$	b_n	$A_n \cdot \sin\varphi_n$	$\mathrm{j}(c_n - c_n^*) = -2\cdot\mathrm{Im}(c_n)$
$A_n =$	$\sqrt{a_n^2 + b_n^2}$	A_n	$2\cdot\lvert c_n\rvert$
$\varphi_n =$	$-\arctan\left(\dfrac{b_n}{a_n}\right)$	φ_n	$-\arg(c_n)$
$c_n =$	$\begin{cases}\dfrac{a_0}{2} & n=0 \\ \dfrac{a_n}{2} - \mathrm{j}\dfrac{b_n}{2} & n>0 \\ \dfrac{a_n}{2} + \mathrm{j}\dfrac{b_n}{2} & n<0\end{cases}$	$\dfrac{A_n}{2}\cdot\mathrm{e}^{-\mathrm{j}\varphi_n}$	c_n

7.2.5 Nützliche Integrale bei der Berechnung von FOURIER-Koeffizienten

Der Mittelwert der Sinus- und Kosinusfunktion über eine Periode ist Null.

$$\int_0^T \cos n\omega t \, dt = 0 \tag{7.10}$$

$$\int_0^T \sin n\omega t \, dt = 0 \tag{7.11}$$

Sinus- und Kosinusfunktionen sind zueinander **orthogonal**.

$$\int_0^T \sin n\omega t \cdot \sin k\omega t \, dt = 0 \qquad \text{für } n \neq k \tag{7.12}$$

$$\int_0^T \sin n\omega t \cdot \cos k\omega t \, dt = 0 \tag{7.13}$$

$$\int_0^T \cos n\omega t \cdot \cos k\omega t \, dt = 0 \qquad \text{für } n \neq k \tag{7.14}$$

Für die Integrale über die Produkte von Sinus- bzw. Kosinusfunktionen gleicher Frequenz gilt

$$\int_0^T \sin^2 n\omega t \, dt = \frac{T}{2} \tag{7.15}$$

$$\int_0^T \cos^2 n\omega t \, dt = \frac{T}{2} \tag{7.16}$$

Zusammenfassend schreibt man die Orthogonalitätsbedingungen als

$$\int_0^T \cos n\omega t \cdot \cos k\omega t \, dt = \delta_{nk} \cdot \frac{T}{2}$$

Gleiches gilt für Sinusfunktionen. δ_{nk} ist das **Kronecker-Symbol**. Es ist Eins, wenn $n = k$, sonst Null.

7.2.6 Tabelle: FOURIER-Reihen

In den folgenden Tabellen sind FOURIER-Reihen einiger Funktionen dargestellt.

$$\omega = \frac{2\pi}{T}$$

(1) antisymmetrische Rechteckfunktion, Tastgrad 0.5, gleichanteilfrei

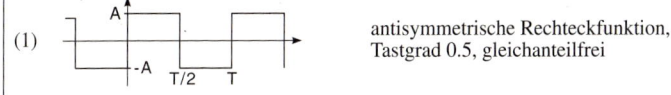

$$f(t) = A \cdot \frac{4}{\pi} \left(\sin \omega t + \frac{1}{3} \sin 3\omega t + \frac{1}{5} \sin 5\omega t \ldots \right)$$

(2) symmetrische Rechteckfunktion, Tastgrad 0.5, gleichanteilfrei

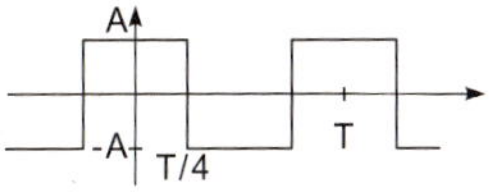

$$f(t) = A \cdot \frac{4}{\pi} \left(\cos \omega t - \frac{1}{3} \cos 3\omega t + \frac{1}{5} \cos 5\omega t - \ldots \right)$$

(3) Rechteckimpulse, Tastgrad τ/T

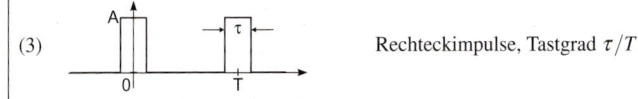

$$f(t) = A \cdot \frac{\tau}{T} + A \cdot \frac{2}{\pi} \cdot \left(\sin \pi \frac{\tau}{T} \cdot \cos \omega t + \frac{1}{2} \sin \pi \frac{2\tau}{T} \cdot \cos 2\omega t + \ldots \right)$$

(4) Bipolarer Rechteckimpuls, Halbwellensymmetrie, Hilfsgröße $\varphi = 2\pi\tau/T$.

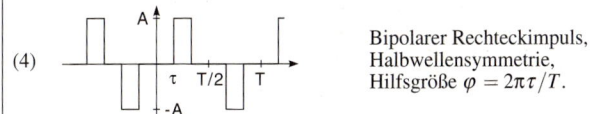

$$f(t) = A \cdot \frac{4}{\pi} \left(\frac{\cos \varphi}{1} \sin \omega t + \frac{\cos 3\varphi}{3} \sin 3\omega t + \frac{\cos 5\varphi}{5} \sin 5\omega t + \ldots \right)$$

(5) Trapezschwingung, Anstiegszeit = Abfallzeit = τ. Hilfsgröße $a = 2\pi\tau/T$.

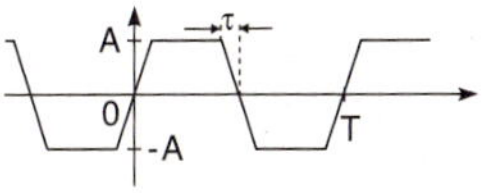

$$f(t) = \frac{A}{a} \cdot \frac{4}{\pi} \left(\frac{\sin a}{1^2} \sin \omega t + \frac{\sin 3a}{3^2} \sin 3\omega t + \frac{\sin 5a}{5^2} \sin 5\omega t + \ldots \right)$$

(6) antisymmetrische Dreieckschwingung mit Halbwellensymmetrie, gleichanteilfrei

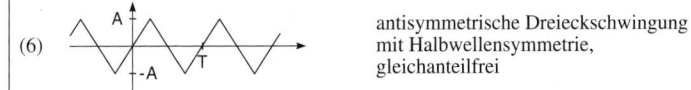

$$f(t) = A \cdot \frac{8}{\pi^2} \left(\sin \omega t - \frac{1}{3^2} \sin 3\omega t + \frac{1}{5^2} \sin 5\omega t - \ldots \right)$$

(7)	symmetrische Dreieckschwingung mit Halbwellensymmetrie, gleichanteilfrei	

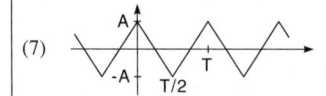

$$f(t) = A \cdot \frac{8}{\pi^2} \left(\cos \omega t + \frac{1}{3^2} \cos 3\omega t + \frac{1}{5^2} \cos 5\omega t + \ldots \right)$$

(8)	Sägezahnschwingung, gleichanteilfrei, Antisymmetrie

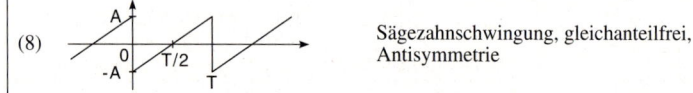

$$f(t) = A \cdot \frac{2}{\pi} \left(\sin \omega t + \frac{1}{2} \sin 2\omega t + \frac{1}{3} \sin 3\omega t + \ldots \right)$$

(9)	Sägezahnschwingung, gleichanteilfrei, Antisymmetrie

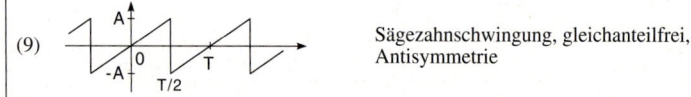

$$f(t) = A \cdot \frac{2}{\pi} \left(\sin \omega t - \frac{1}{2} \sin 2\omega t + \frac{1}{3} \sin 3\omega t - \ldots \right)$$

(10)	Sinusschwingung nach Doppelweg-Gleichrichtung, Vollwellensymmetrie, T: Periode der Netzfrequenz

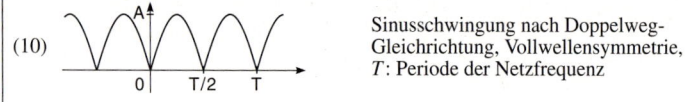

$$f(t) = A \cdot \frac{2}{\pi} - A \cdot \frac{4}{\pi} \cdot \left(\frac{1}{1 \cdot 3} \cos 2\omega t + \frac{1}{3 \cdot 5} \cos 4\omega t + \frac{1}{5 \cdot 7} \cos 6\omega t + \ldots \right)$$

(11)	Kosinusschwingung nach Doppelweg-Gleichrichtung, Vollwellensymmetrie, T: Periode der Netzfrequenz

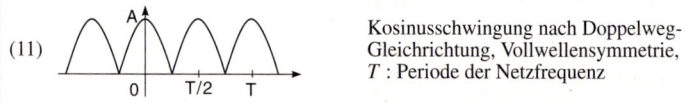

$$f(t) = A \cdot \frac{2}{\pi} + A \cdot \frac{4}{\pi} \cdot \left(\frac{1}{1 \cdot 3} \cos 2\omega t - \frac{1}{3 \cdot 5} \cos 4\omega t + \frac{1}{5 \cdot 7} \cos 6\omega t - \ldots \right)$$

(12)	Kosinusschwingung nach Einweggleichrichtung

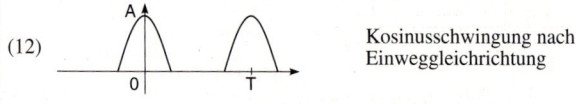

$$f(t) = A \cdot \frac{1}{\pi} + A \cdot \frac{2}{\pi} \cdot \left(\frac{\pi}{4} \cos \omega t + \frac{1}{1 \cdot 3} \cos 2\omega t - \frac{1}{3 \cdot 5} \cos 4\omega t + \frac{1}{5 \cdot 7} \cos 6\omega t - \ldots \right)$$

(13)	Gleichgerichteter Drehstrom, T: Periode der Netzfrequenz.

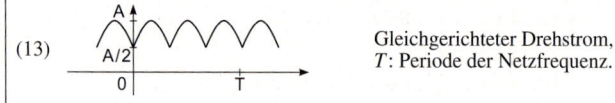

$$f(t) = A \cdot \frac{3\sqrt{3}}{\pi} \cdot \left(\frac{1}{2} - \frac{1}{2 \cdot 4} \cos 3\omega t - \frac{1}{5 \cdot 7} \cos 6\omega t - \frac{1}{8 \cdot 10} \cos 9\omega t - \ldots \right)$$

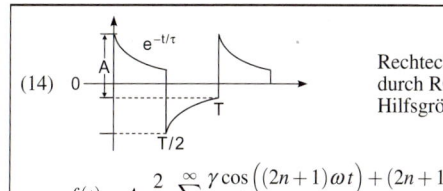

(14) Rechteckschwingung differenziert durch RC-Glied, Zeitkonstante τ, Hilfsgröße $\gamma = T/2\pi\tau$

$$f(t) = A \cdot \frac{2}{\pi} \sum_{n=0}^{\infty} \frac{\gamma \cos\big((2n+1)\omega t\big) + (2n+1)\sin\big((2n+1)\omega t\big)}{\gamma^2 + (2n+1)^2}$$

Amplitudenspektren A_n der Signale

Signal Nummer	Faktor $A\cdot$	\multicolumn{9}{c}{Harmonische}								
		1	2	3	4	5	6	7	8	9
1 und 2	$4/\pi$	1	0	1/3	0	1/5	0	1/7	0	1/9
3($\tau/T = 1/3$)	$2/\pi$	.87	.43	0	.22	.17	0	.12	.11	0
3($\tau/T = 1/5$)	$2/\pi$	.59	.48	.32	.15	0	.098	.14	.12	.065
6 und 7	$8/\pi^2$	1	0	1/9	0	1/25	0	1/49	0	1/81
8 und 9	$2/\pi$	1	1/2	1/3	1/4	1/5	1/6	1/7	1/8	1/9
10 und 11	$4/\pi$	0	1/3	0	1/15	0	1/35	0	1/63	0
12	$2/\pi$	π	1/3	0	1/15	0	1/35	0	1/63	0
13	$3\sqrt{3}/\pi$	0	0	1/8	0	0	1/35	0	0	1/80

7.2.7 Anwendung der FOURIER-Reihen

7.2.7.1 Spektrum eines Rechtecksignals

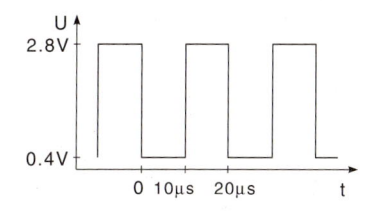

Abbildung 7.7: Rechteckimpulse aus einer TTL-Schaltung

Ein TTL-Gatter liefert das oben dargestellte Rechtecksignal. Puls und Pause des Signals sind gleich lang. Das Amplitudenspektrum ist zu bestimmen.

Die Signale (1) oder (2) aus der Tabelle sind dem gesuchten am ähnlichsten. In der Wahl des zeitlichen Nullpunktes ist man bei diesem Beispiel frei. Die Spitze-Spitze-Amplitude des Digitalsignals beträgt 2,4 V, also ist $A = 1,2$ V. Der Gleichanteil beträgt 1,6 V.

Die Periodendauer ist $T = 20\mu s$, somit ist $\omega = 2\pi \cdot 50\,\text{kHz}$. Die FOURIER-Reihe für das gesuchte Signal lautet nach Signal (2) aus der Tabelle

$$g(t) = 1,6\,\text{V} + 1,2\,\text{V} \cdot \frac{4}{\pi} \cdot \left(\cos\omega t - \frac{1}{3}\cos 3\omega t + \ldots\right)$$

Die Amplituden der einzelnen Spektralanteile sind

f/kHz	0	50	100	150	200	250	300	350	400	450
A_n	1,6 V	1,53 V	0	0,51 V	0	0,31 V	0	0,22 V	0	0,17 V

In Abbildung 7.8 ist das Amplitudenspektrum graphisch dargestellt. Die kleinen Kreise verdeutlichen, daß die Spektralanteile, obwohl Harmonische, die Amplitude Null haben. Von dieser Darstellung leitet sich die Bezeichnung **Linienspektrum** ab.

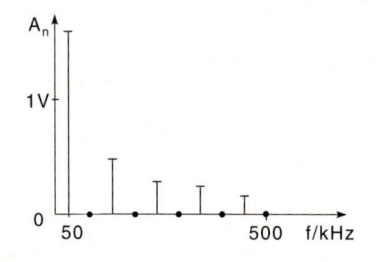

Abbildung 7.8: Amplitudenspektrum des Rechtecksignals aus der vorherigen Abbildung ohne Gleichanteil

Die Abbildung 7.9 zeigt die Überlagerung der Harmonischen mit den Kreisfrequenzen ω, 3ω und 5ω zu einer Rechteckschwingung. Wie schon aus der Tabelle ersichtlich, ist die Amplitude der Grundschwingung höher als die Amplitude der resultierenden Rechteckschwingung.

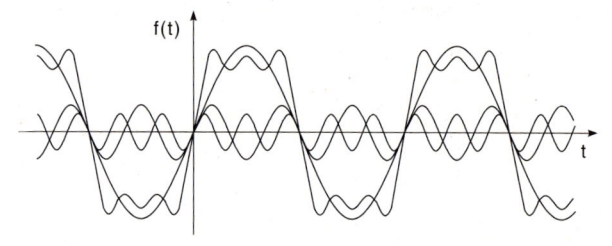

Abbildung 7.9: Überlagerung der Spektralanteile bis zur fünften Harmonischen zu einer Rechteckschwingung

7.2.7.2 Spektrum eines Sägezahnsignals

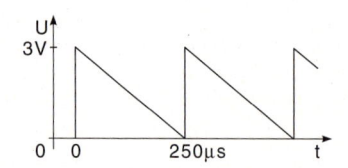

Abbildung 7.10: Sägezahnsignal mit fallenden Flanken und Gleichanteil

Die Abbildung oben zeigt eine Sägezahnschwingung mit fallenden Flanken. Sie geht aus dem Signal (8) der Tabelle durch Invertierung und Addition eines Gleichanteils von 1,5 V hervor. Ihre Amplitude beträgt $A = 1,5\,\text{V}$. Die Grundfrequenz der Schwingung beträgt $f = 1/T = 4\,\text{kHz}$.

Die FOURIER-Reihe für diese Sägezahnschwingung lautet

$$g(t) = 1.5\,\text{V} - 1.5\,\text{V} \cdot \frac{2}{\pi} \cdot \left(\sin\omega t + \frac{1}{2}\sin 2\omega t + \frac{1}{3}\sin 3\omega t + \ldots\right)$$

f/kHz	0	4	8	12	16	20	24	28	32	36
A_n	1,5 V	0,95 V	0,48 V	0,32 V	0,24 V	0,19 V	0,16 V	0,14 V	0,12 V	0,11 V

Das Amplitudenspektrum des Signals zeigt die untenstehende Abbildung. Im Gegensatz zur Rechteckschwingung treten hier auch geradzahlige Harmonische im Spektrum auf.

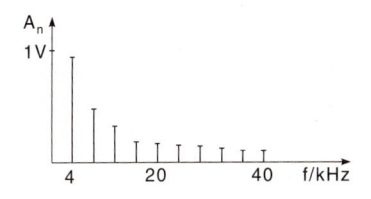

Abbildung 7.11: Amplitudenspektrum des Sägezahnsignals aus der vorherigen Abbildung

7.2.7.3 Spektrum eines zusammengesetzten Signals

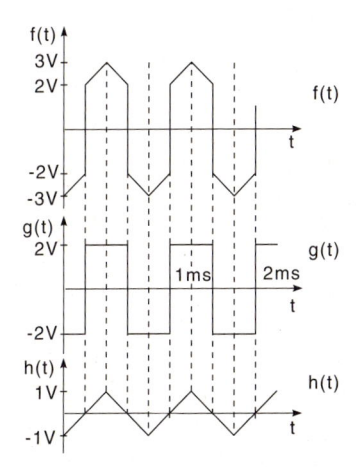

Abbildung 7.12: Überlagerung eines Rechteck- und eines Dreiecksignals

Das komplizierte Signal in der Abbildung 7.12 entsteht durch Überlagerung eines Rechtecksignals mit der Amplitude 2 V und eines Dreiecksignals mit einer Amplitude von 1 V. Die beiden Signale entsprechen entweder den Signalen (1) und (6) oder (2) und (7) aus der Tabelle.

$$g(t) = 2\,\text{V} \cdot \frac{4}{\pi} \left(\cos\omega t + \frac{1}{3}\cos 3\omega t + \frac{1}{5}\cos 5\omega t + \ldots \right)$$

$$h(t) = 1\,\text{V} \cdot \frac{8}{\pi^2} \left(\cos\omega t + \frac{1}{3^2}\cos 3\omega t + \frac{1}{5^2}\cos 5\omega t + \ldots \right)$$

$$f(t) = \frac{8}{\pi}\text{V} \left(\left(1 + \frac{1}{\pi}\right)\cos\omega t + \left(\frac{1}{3} + \frac{1}{3^2\pi}\right)\cos 3\omega t + \left(\frac{1}{5} + \frac{1}{5^2\pi}\right)\cos 5\omega t + \ldots \right)$$

Die FOURIER-Koeffizienten werden für jede Frequenz vorzeichenrichtig addiert. Die Grundfrequenz des Signals beträgt 1 kHz. Das Amplitudenspektrum lautet also

f/kHz	1	2	3	4	5	6	7	8	9
A_n	2,55 V	0	0,92 V	0	0,54 V	0	0,38 V	0	0,29 V

7.3 Systeme

7.3.1 System-Eigenschaften

Abbildung 7.13: Ein System mit Ein- und Ausgangssignalen

Häufig abstrahiert man in der Nachrichtentechnik vom inneren Aufbau eines Netzwerkes und betrachtet nur Eingangs- und Ausgangsgrößen (in den meisten Fällen sind das Spannungen). Man spricht dann von einem **System**. Die Funktion des Systems beschreibt man symbolisch durch eine Transformation des Eingangssignals in ein Ausgangssignal.

$$u_a = T(u_e)$$

7.3.1.1 Lineare Systeme

Viele Systeme lassen sich in guter Näherung als **lineare Systeme*** beschreiben. Für diese gilt

$$T(\alpha \cdot u_e) = \alpha \cdot T(u_e) \qquad (7.17)$$

● Das Ausgangssignal ist dem Eingangssignal proportional.

$$T(u_1 + u_2) = T(u_1) + T(u_2) \qquad (7.18)$$

● Jedes der beiden Eingangssignale kann gedanklich getrennt durch das System geführt werden als ob das jeweils andere nicht vorhanden wäre, (siehe Abb. 7.14).

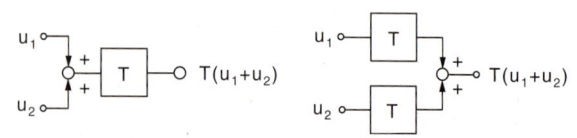

Abbildung 7.14: Superpositionsprinzip bei linearen Systemen

Die in Gleichung (7.18) und Abbildung 7.14 dargestellte Vorgehensweise bezeichnet man als **Superpositionsprinzip** oder als den **Überlagerungssatz**.

---

* LINEARE SYSTEME: *linear systems*

7.3.1.2 Kausale Systeme

Kausale Systeme zeigen keine Systemantwort *vor* der Systemanregung.

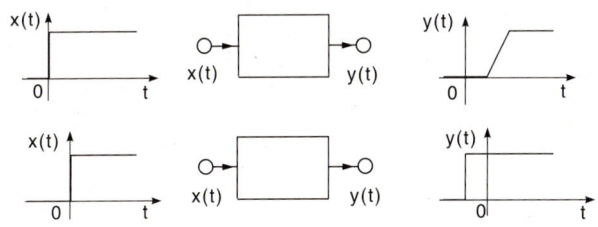

Abbildung 7.15: Ein kausales (oben) und ein nicht-kausales System (unten)

Diese Eigenschaft lautet mathematisch formuliert

$$\text{Aus} \quad x(t) = 0 \quad \text{für } t < t_0 \quad \text{folgt} \quad T(x(t)) = 0 \quad \text{für } t < t_0 \tag{7.19}$$

HINWEIS: Der Definition kausaler Systeme entsprechend definiert man **kausale Signale**. Sie nehmen frühestens zum Zeitpunkt $t = 0$ nicht verschwindende Werte an.

7.3.1.3 Zeitinvariante Systeme

Zeitinvariante Systeme[*] ändern ihre inneren Eigenschaften nicht. Sie reagieren deshalb auf ein Eingangssignal immer wieder gleich, unabhängig vom Zeitpunkt seines Eintreffens.

Mathematisch formuliert lautet diese Eigenschaft

$$\text{Aus} \quad y(t) = T(x(t)) \quad \text{folgt} \quad T(x(t - t_0)) = y(t - t_0) \tag{7.20}$$

Abbildung 7.16: Systemantwort eines zeitinvarianten Systems

Wird das Eingangssignal zeitlich verschoben, so verschiebt sich das dazu gehörige Ausgangssignal um den gleichen Betrag.

---

[*] ZEITINVARIANTE SYSTEME: *time-invariant systems*

7.3.1.4 Stabile Systeme

Systeme sind dann **stabil**, wenn sie auf Signale mit endlicher Amplitude mit Signalen antworten, die nicht über alle Grenzen wachsen. Mathematisch formuliert

$$|x(t)| < M < \infty \Rightarrow |T(x(t))| < N < \infty \quad \text{für alle } t \tag{7.21}$$

7.3.1.5 LTI-Systeme

Von besonderem Interesse sind **lineare, zeitinvariante Systeme**. Solche Systeme bezeichnet man als **LTI-Systeme** in Anlehnung an die englische Bezeichnung *linear time-invariant*.

Häufig stellt man zusätzlich die Forderung nach Kausalität der Systeme, weil nicht-kausale Systeme im Zeitbereich nicht realisierbar sind.

- Systeme, die aus Widerständen, Induktivitäten, Kapazitäten, Übertragern und linearen gesteuerten Quellen (Transistoren im Kleinsignalbetrieb) bestehen, sind in guter Näherung als LTI-Systeme beschreibbar. (Vorsicht bei Mitkopplungen!)

7.3.2 Elementarsignale

Für die Beschreibung von Systemen ermittelt man ihre Reaktion auf typische Testsignale. Die wichtigsten sind hier aufgeführt. Die Verwendung der zugehörigen Formelzeichen ist in der Literatur sehr uneinheitlich.

7.3.2.1 Die Sprungfunktion

Die **Sprungfunktion**[*] $s(t)$ hat bis zum Zeitpunkt $t = 0$ den Wert Null und springt dann auf den Wert Eins.

$$s(t) = \begin{cases} 0 & \text{für } t < 0 \\ 1 & \text{sonst} \end{cases} \tag{7.22}$$

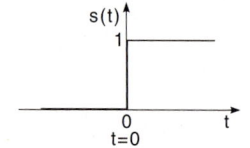

Abbildung 7.17: Die Sprungfunktion

- Die **Sprungfunktion** ist ein **Leistungssignal**.

---

[*] SPRUNGFUNKTION: *(unit) step function*

7.3.2.2 Die Rechteckfunktion

Die **Rechteckfunktion*** rect(t) ist ein zum Zeitpunkt $t = 0$ symmetrischer Rechteckimpuls mit der Fläche Eins.

$$\text{rect}(t) = \begin{cases} 1 & \text{für } |t| < 1/2 \\ 0 & \text{sonst} \end{cases} \tag{7.23}$$

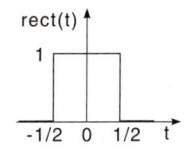

Abbildung 7.18: Die Rechteckfunktion

- Die **Rechteckfunktion** ist ein **Energiesignal**.

7.3.2.3 Der Dreieckimpuls

Der **Dreieckimpuls*** $\Lambda(t)$ ist ein zum Zeitpunkt $t = 0$ symmetrischer Dreieckimpuls mit der Fläche Eins.

$$\Lambda(t) = \begin{cases} 1 - |t| & \text{für } |t| < 1 \\ 0 & \text{sonst} \end{cases} \tag{7.24}$$

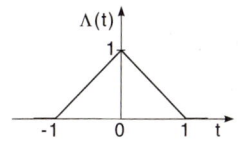

Abbildung 7.19: Der Dreieckimpuls

- Der **Dreieckimpuls** ist ein **Energiesignal**.

7.3.2.4 Der Gaußimpuls

Der **Gaußimpuls*** $\Gamma(t)$ ist ein zum Zeitpunkt $t = 0$ symmetrischer Impuls mit der Fläche Eins.

$$\Gamma(t) = e^{-\pi t^2} \tag{7.25}$$

- Der **Gaußimpuls** ist ein **Energiesignal**.

---

* RECHTECKFUNKTION: *rectangular pulse*
* DREIECKIMPULS: *triangular pulse*
* GAUSSIMPULS: *Gaussian pulse*

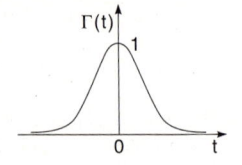

Abbildung 7.20: Der Gaußimpuls

7.3.2.5 Die Stoßfunktion (DIRAC-Funktion)

Die **Stoßfunktion** ist der Grenzwert einer Familie von realisierbaren Signalen. Betrachtet man die Familie der Rechteckimpulse

$$\text{rect}_n = n \cdot \text{rect}(n \cdot t)$$

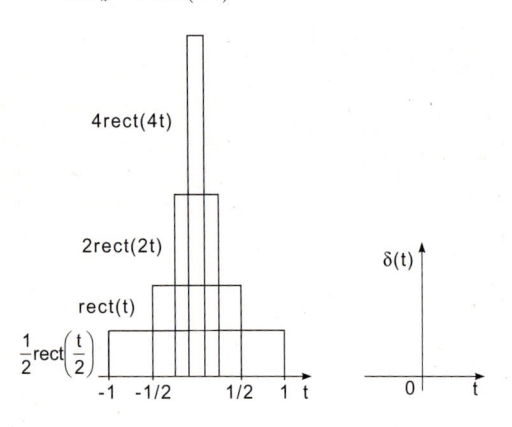

Abbildung 7.21: Die Stoßfunktion als Grenzwert einer Familie von Rechteckimpulsen

Die Fläche aller dieser Impulse ist Eins. Die Folge dieser Impulse strebt bei $n \to \infty$ gegen einen Grenzwert $\delta(t)$ mit folgenden Eigenschaften

$$\delta(t) = 0 \quad \text{für } t \neq 0; \qquad \int_{-\infty}^{\infty} \delta(t)\,\mathrm{d}t = 1$$

Der Wert für $t = 0$ ist nicht definiert. Wegen dieser besonderen Eigenschaften ist $\delta(t)$ keine Funktion im eigentlichen Sinne. Man bezeichnet sie in der Technik als **DIRAC-Stoß**, **DIRAC-Funktion**, **Delta-Funktion**, **Impulsfunktion**[*] oder **DIRAC-Impuls**. Sie ist durch folgende Eigenschaften charakterisiert.

$$\int_{-\infty}^{\infty} \delta(t)\,\mathrm{d}t = 1; \qquad \int_{-\infty}^{\infty} f(t)\delta(t - t_0)\,\mathrm{d}t = f(t_0); \qquad \delta(t) = \delta(-t) \qquad (7.26)$$

Diese Eigenschaften bedeuten
- Die Fläche der DIRAC-Funktion ist Eins.

---

[*] IMPULSFUNKTION: *impulse function*

- Die DIRAC-Funktion blendet aus einer Funktion unter dem Integral den Funktionswert aus, bei dem das Argument der DIRAC-Funktion Null ist.
- Die DIRAC-Funktion ist eine gerade Funktion.

HINWEIS: Die DIRAC-Funktion kann auch als Grenzwert einer Folge von Gaußfunktionen dargestellt werden. Die Funktionen werden immer schmaler und immer höher, so daß die Fläche unter den Funktionen stets Eins ist.

Die **Ableitung** (im verallgemeinerten Sinne) der **Sprungfunktion** ist die DIRAC-Funktion

$$\bigl(s(t)\bigr)' = \delta(t); \qquad \int_{-\infty}^{t} \delta(\tau)\,d\tau = s(t) \tag{7.27}$$

BEISPIEL: Die Abbildung 7.22 zeigt links oben die Funktion

$$f(t) = s(t-1) + s(t-2) - 2 \cdot s(t-3)$$

Ihre verallgemeinerte Ableitung lautet

$$f'(t) = \delta(t-1) + \delta(t-2) - 2 \cdot \delta(t-3)$$

Das Signal ist unmittelbar darunter dargestellt.

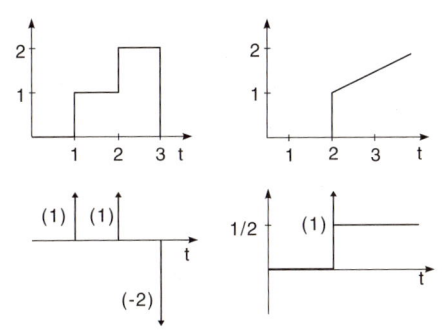

Abbildung 7.22: Zwei Signale und darunter ihre Ableitungen

Rechts ist die Funktion $f(t) = s(t-2) \cdot \dfrac{t}{2}$ dargestellt. Ihre Ableitung berechnet sich (Produktregel)

$$f'(t) = \left(s(t-2) \cdot \frac{t}{2}\right)' = \delta(t-2) \cdot \frac{t}{2} + s(t-2) \cdot \frac{1}{2} = \delta(t-2) + \frac{1}{2} \cdot s(t-2)$$

7.3.3 Verschiebung und Dehnung eines Zeitsignals

Die Funktion

$$f(t) = s(t - t_0)$$

stellt die **zeitverschobene** Sprungfunktion dar. Der Sprung tritt um das Zeitintervall t_0 verzögert ein.

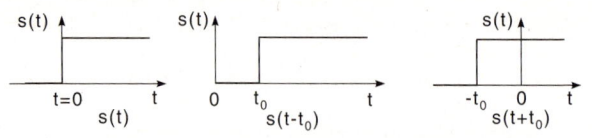

Abbildung 7.23: Zeitverschobene Sprungfunktion

Das Signal

$$f(t) = \text{rect}\left(\frac{t}{a}\right) \qquad a > 0$$

stellt einen **zeitgedehnten** Rechteckimpuls dar. a ist der Zeitdehnungsfaktor. Für $a > 1$ wird der Impuls breiter, für $a < 1$ wird er schmaler.

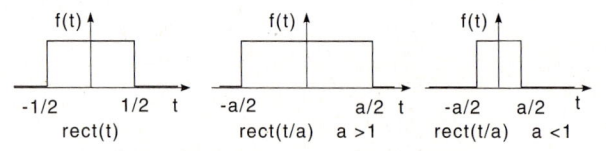

Abbildung 7.24: Zeitgedehnter Rechteckimpuls

BEISPIEL: Das Signal

$$f(t) = \frac{3}{2} \cdot \Lambda \left(\frac{t}{2} - 1\right) = \frac{3}{2} \cdot \Lambda \left(\frac{t-2}{2}\right)$$

stellt einen zeitgedehnten und zeitverschobenen Dreieckimpuls dar.

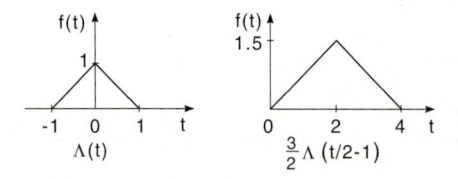

Abbildung 7.25: Zeitgedehnter und zeitverschobener Dreieckimpuls

7.3.4 Systemreaktionen

● LTI-Systeme reagieren auf ein harmonisches Eingangssignal mit einem harmonischen Ausgangssignal **gleicher Frequenz**, in der Regel mit anderer Amplitude und Phasenlage.

HINWEIS: Stabile zeitinvariante Systeme, die auf harmonische Eingangssignale mit nichtharmonischen Ausgangssignalen reagieren, bezeichnet man als **nichtlineare Systeme**. Am Ausgang erscheinen also Signalanteile anderer Frequenz als der des Eingangssignals.

Systeme können dadurch beschrieben werden, daß man ihre Ausgangssignale auf definierte Eingangssignale angibt.

7.3.4.1 Impulsantwort

Die **Impulsantwort**[*] oder **Stoßantwort** ist das Ausgangssignal eines Systems, das mit einem DIRAC-Stoß angeregt wird.

Abbildung 7.26: Impulsantwort eines LTI-Systems

$$g(t) = T\{\delta(t)\}$$

Man bezeichnet $g(t)$ auch als **Gewichtsfunktion** des Systems.

BEISPIEL: Die Impulsantwort des dargestellten RC-Gliedes ist die abklingende e-Funktion.

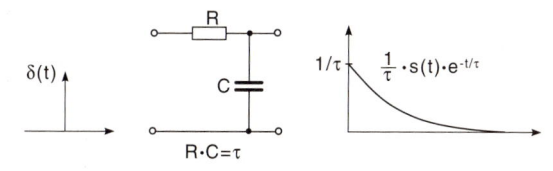

Abbildung 7.27: Impulsantwort eines RC-Tiefpasses

Der Kondensator wird schlagartig durch den DIRAC-Stoß aufgeladen und entlädt sich dann über den Widerstand mit der Zeitkonstanten $\tau = RC$. Die Multiplikation mit der Stufenfunktion $s(t)$ drückt aus, daß die Systemantwort erst zum Zeitpunkt $t = 0$ beginnt.

HINWEIS: Zur Ermittlung der Impulsantwort eines realen Systems regt man es durch schmale Rechteckimpulse an. DIRAC-Stöße lassen sich physikalisch nicht realisieren. Jedoch: je schmaler die Impulse, desto geringer ihr Energiegehalt. Die Impulsamplitude kann bei realen Systemen nicht beliebig erhöht werden, weil sonst die Systeme übersteuert werden. Man wählt deshalb häufig den Weg über die Sprungantwort.

7.3.4.2 Sprungantwort

Die **Sprungantwort**[*] ist das Ausgangssignal eines Systems, das mit der Sprungfunktion angeregt wird.

Abbildung 7.28: Sprungantwort eines LTI-Systems

$$h(t) = T\{s(t)\}$$

---

[*] IMPULSANTWORT: *impulse response*
[*] SPRUNGANTWORT: *step response*

- Die Sprungantwort ist das Integral der Impulsantwort.

$$h(t) = \int_{-\infty}^{t} g(\tau)\,d\tau$$

HINWEIS: Zur Bestimmung der Impulsantwort eines Systems bestimmt man häufig die Sprungantwort und differenziert.

BEISPIEL: Das RC-Glied in der Abbildung reagiert auf die Sprungfunktion mit

$$h(t) = s(t) \cdot (1 - e^{-t/\tau})$$

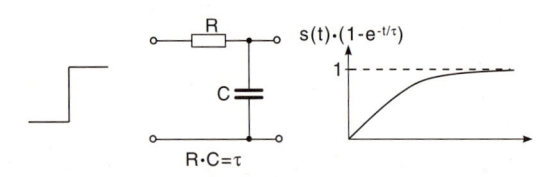

Abbildung 7.29: Sprungantwort des RC-Tiefpasses

Durch Ableiten der Sprungantwort sollte man die Impulsanwort erhalten

$$g(t) = h'(t) = s'(t) \cdot (1 - e^{-t/\tau}) + s(t) \cdot (1 - e^{-t/\tau})' \quad \text{Produktregel}$$
$$= \underbrace{\delta(t) \cdot (1 - e^{-t/\tau})}_{(1-1)} + s(t) \cdot \frac{1}{\tau} e^{-t/\tau} = s(t) \cdot \frac{1}{\tau} e^{-t/\tau} = g(t) \quad \text{s. oben}$$

Durch die Ausblendeigenschaft der Deltafunktion wird der erste Summand nur für $t = 0$ ausgewertet.

7.3.4.3 Systemantwort bei beliebigem Eingangssignal

Abbildung 7.30: Eingangs- und Ausgangssignal bei einem System mit Impulsantwort $g(t)$.

Ein System mit der Impulsantwort $g(t)$ reagiert auf ein Eingangssignal $x(t)$ mit dem Ausgangssignal

$$y(t) = \int_{-\infty}^{\infty} x(\tau) \cdot g(t - \tau)\,d\tau \tag{7.28}$$

Dieses Integral bezeichnet man als **Faltung**sintegral oder auch DUHAMEL-Integral. Die durch Gleichung (7.28) definierte Verknüpfung der beiden Funktionen $x(t)$ und $g(t)$ bezeichnet man als **Faltung**[*]. Man schreibt symbolisch

$$y(t) = x(t) * g(t)$$

Sprich: x gefaltet g.

---

[*] FALTUNG: *convolution*

HINWEIS: Für das spezielle Eingangssignal $x(t) = \delta(t)$ ergibt sich die Systemantwort zu

$$y(t) = \int_{-\infty}^{\infty} \delta(\tau) \cdot g(t-\tau) \, d\tau = g(t)$$

also gerade die Impulsantwort.

HINWEIS: In der Praxis berechnet man die Systemantwort in den seltensten Fällen über die Faltung, zweckmäßiger ist es, im Spektralbereich zu rechnen. Bei zeitdiskreten Systemen allerdings (digitale Filter) wird das Faltungsintegral zur Faltungssumme, die explizit durch (Signal-)Prozessoren berechnet wird.

7.3.4.4 Rechenregeln der Faltung

$f(t)$, $g(t)$ und $h(t)$ stellen beliebige Zeitfunktionen dar.

Es gilt

$$0 * f(t) = 0; \qquad \delta(t) * f(t) = f(t) \tag{7.29}$$

Die DIRAC-Funktion spielt bei der Faltung von Funktionen die gleiche Rolle wie die Eins bei der Multiplikation von Zahlen. Aufgrund dieser Eigenschaft und der Gültigkeit des Kommutativ-, Assoziativ- und Distributiv-Gesetzes spricht man auch vom **Faltungsprodukt**.

Kommutativgesetz

$$f(t) * g(t) = g(t) * f(t) \tag{7.30}$$

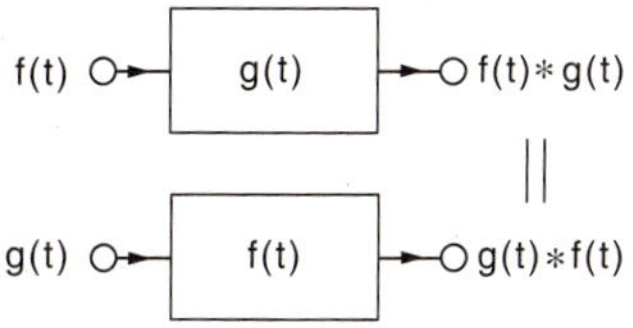

Abbildung 7.31: Kommutativgesetz der Faltung

● Eingangssignal und Impulsantwort sind bei stabilen Systemen vertauschbar.

Assoziativgesetz

$$f(t) * g(t) * h(t) = f(t) * \big(g(t) * h(t)\big) \tag{7.31}$$

● Zwei Systeme in Kettenschaltung lassen sich zu einem System zusammenfassen. Seine Impulsantwort ist dann die Faltung der Impulsantworten der beiden einzelnen Systeme.

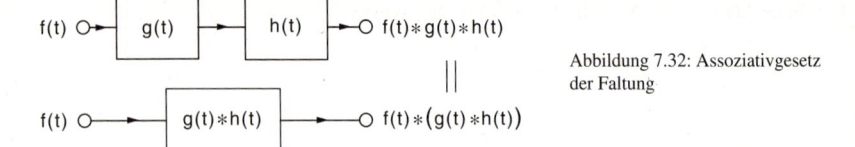

Abbildung 7.32: Assoziativgesetz der Faltung

Distributivgesetz

$$\bigl(f(t)+g(t)\bigr)*h(t) = f(t)*h(t) + g(t)*h(t) \tag{7.32}$$

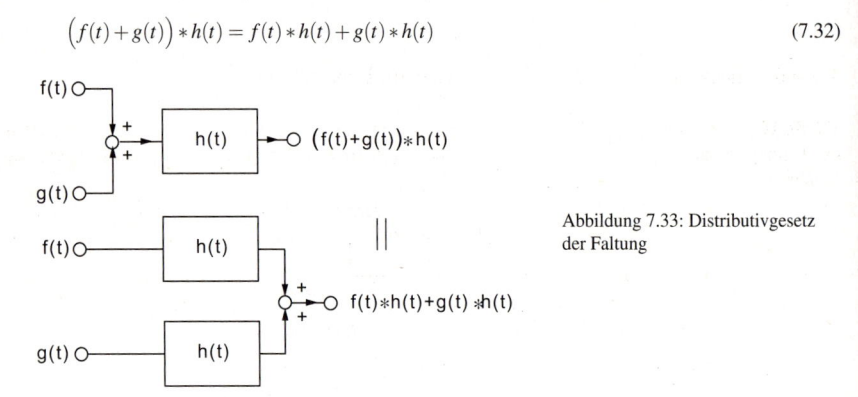

Abbildung 7.33: Distributivgesetz der Faltung

- Jedes Signal kann gedanklich getrennt durch das System geführt und erst danach addiert werden (Überlagerungssatz, Superpositionsprinzip).

7.3.4.5 Übertragungsfunktion

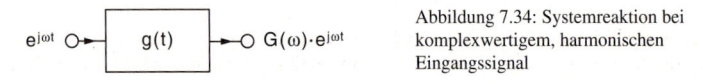

Abbildung 7.34: Systemreaktion bei komplexwertigem, harmonischen Eingangssignal

Ein stabiles LTI-System mit der Impulsantwort $g(t)$ reagiert nach Gleichung (7.28) auf das spezielle Eingangssignal $x(t) = e^{j\omega t}$ mit

$$y(t) = \int_{-\infty}^{\infty} e^{j\omega(t-\tau)} \cdot g(\tau)\, d\tau = e^{j\omega t} \cdot \underbrace{\int_{-\infty}^{\infty} g(\tau) \cdot e^{-j\omega \tau}\, d\tau}_{G(\omega)}$$

Das Eingangssignal $e^{j\omega t}$ erscheint also wieder am Ausgang gewichtet mit einem komplexen Faktor $G(\omega)$.

$$y(t) = G(\omega) \cdot x(t) \qquad \text{für } x(t) = e^{j\omega t}$$

Der Faktor $G(\omega)$ heißt **Übertragungsfunktion*** des Systems.

$$G(\omega) = \int_{-\infty}^{\infty} g(t) \cdot e^{-j\omega t} \, dt \qquad (7.33)$$

- Die **Übertragungsfunktion** ist die FOURIER-**Transformierte** der **Impulsantwort**. Beide sind also gleichwertig zur Beschreibung eines Systems.

HINWEIS: Bei LTI-Systemen, deren innerer Aufbau aus Bauelementen bekannt ist, läßt sich die Übertragungsfunktion mit Hilfe der komplexen Rechnung ermitteln.

7.3.4.6 Berechnung der Systemantwort im Frequenzbereich

Häufig ist es zweckmäßiger, die Reaktion eines Systems auf ein beliebiges Eingangssignal nicht durch die Faltung gemäß Gleichung (7.28) zu bestimmen, sondern die Berechnung im Frequenzbereich durchzuführen.

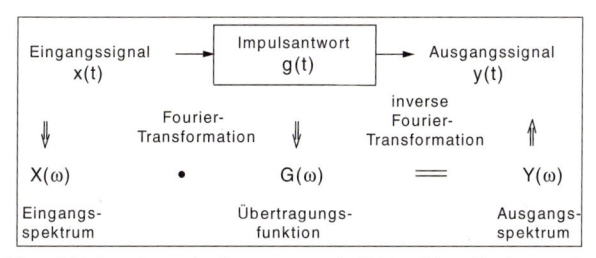

Abbildung 7.35: Berechnung der Systemantwort im Zeitbereich und im Frequenzbereich

Aufgrund des Spektralsatzes kann die Faltung im Zeitbereich durch eine Multiplikation im Frequenzbereich ersetzt werden.

$$y(t) = x(t) * g(t); \qquad Y(\omega) = X(\omega) \cdot G(\omega) \qquad (7.34)$$

$X(\omega)$ und $Y(\omega)$ sind dabei die Spektren des Eingangs- bzw. des Ausgangssignals. $G(\omega)$ ist die Übertragungsfunktion des Systems. Die Berechnung der Systemreaktion geschieht in folgenden Schritten:

- Berechne das **Eingangsspektrum** $X(\omega)$ durch FOURIER-Transformation des Eingangssignals $x(t)$.
- Berechne die **Übertragungsfunktion** $G(\omega)$ aus komplexer Rechnung.
- Berechne das **Ausgangsspektrum** $Y(\omega)$ durch Multiplikation des Eingangsspektrums mit der Übertragungsfunktion.
- Berechne das **Ausgangssignal** $y(t)$ durch inverse FOURIER-Transformation des Ausgangsspektrums $Y(\omega)$.

HINWEIS: Obwohl die Vorgehensweise sehr viel komplizierter erscheint als die Faltung, ist sie für nachrichtentechnische Fragestellungen häufig die geeignete.

---

* ÜBERTRAGUNGSFUNKTION: *transfer function*

7.3.5 Berechnung der Impuls- und Sprungantwort

7.3.5.1 Normierung von Schaltkreisen

Aus Gründen der einfacheren Handhabung werden in der Systemtheorie sämtliche Signale als einheitenlos betrachtet. Probleme ergeben sich, wenn für konkrete Systeme die Impuls- und Sprungantworten zu berechnen sind. Hier hilft die **Normierung**.

Impedanznormierung: Man bezieht alle Widerstände auf den Bezugswiderstand R_B. Die normierten Widerstandswerte R_n ergeben sich als $R_n = R/R_B$. Als Bezugswiderstand wählt man einen beliebigen Wert, so daß möglichst viele Widerstände in der Schaltung dicht bei Eins liegen. Mitunter ist es zweckmäßig, als Bezugswiderstand den Innenwiderstand der Signalquelle oder den Lastwiderstand zu wählen.

Frequenznormierung: Alle (Kreis-)Frequenzen bezieht man auf eine Bezugs(kreis)frequenz. Häufig wählt man eine „natürliche" Frequenz des Netzwerks, z. B. eine Grenz- oder Resonanzfrequenz.

Durch diese beiden, voneinander unabhängigen Normierungen sind die Normierungen für alle anderen Größen festgelegt.

Größe	normierte Größe	Entnormierung
R	$R_n = \dfrac{R}{R_B}$	$R = R_n \cdot R_B$
ω	$\omega_n = \dfrac{\omega}{\omega_B}$	$\omega = \omega_n \cdot \omega_B$
t	$t_n = t \cdot \omega_B$	$t = \dfrac{t_n}{\omega_B}$
C	$C_n = C \cdot \omega_B \cdot R_B$	$C = \dfrac{C_n}{\omega_B \cdot R_B}$
L	$L_n = L \cdot \dfrac{\omega_B}{R_B}$	$L = L_n \cdot \dfrac{R_B}{\omega_B}$
R_B : Bezugswiderstand		ω_B : Bezugskreisfrequenz

Die komplexen Impedanzen für Induktivität und Kapazität sind $j\omega L_n$ bzw. $1/j\omega C_n$.

BEISPIEL: Die Schaltung in Abbildung 7.36 ist zu normieren.

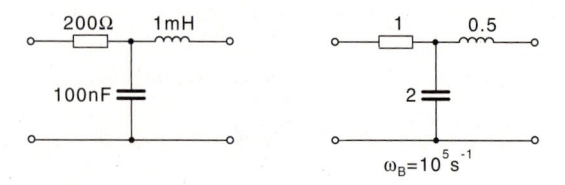

Abbildung 7.36: Schaltkreis und normierte Schaltung dazu

Als Bezugswiderstand wählt man $R_B = 200\,\Omega$. Als Bezugskreisfrequenz $\omega_B = 1/\sqrt{LC} = 10^5\,\text{s}^{-1}$. Es ergeben sich $R_n = 1$, $C_n = 2$ und $L_n = 0.5$.

7.3.5.2 Impuls- und Sprungantwort von Systemen erster Ordnung

Lineare Systeme erster Ordnung sind RC- oder RL-Schaltungen mit *einem* unabhängigen Energiespeicher (Kapazität oder Induktivität). Allgemein haben solche Systeme eine Übertragungsfunktion der Form

$$G(\omega) = \frac{a_0 + a_1 j\omega}{b_0 + j\omega} \qquad a_i, b_0 \text{ reell} \tag{7.35}$$

Dabei sind alle Koeffizienten a_i, b_0 reell. Für stabile Systeme muß zusätzlich $b_0 > 0$ erfüllt sein. $G(\omega)$ ist eine gebrochen rationale Funktion von ω. Sie läßt sich umformen in

$$G(\omega) = a_1 + (a_0 - a_1 b_0) \cdot \frac{1}{b_0 + j\omega}$$

Jeder Term kann einzeln transformiert werden (siehe Tabelle)

$$a_1 \circ\!\!-\!\!\bullet\, a_1 \cdot \delta(t) \quad \text{und} \quad \frac{1}{b_0 + j\omega} \bullet\!\!-\!\!\circ s(t) \cdot e^{-b_0 t}$$

Die **Impulsantwort** eines Systems erster Ordnung lautet damit

$$\boxed{g(t) = a_1 \cdot \delta(t) + s(t) \cdot (a_0 - a_1 b_0) \cdot e^{-b_0 t}} \tag{7.36}$$

mit den Koeffizienten a_0, a_1, b_0 aus Gleichung (7.35).

Die **Sprungantwort** ergibt sich als das Integral der Impulsantwort und lautet

$$\boxed{h(t) = s(t) \cdot \left(\frac{a_0}{b_0} - \frac{a_0 - a_1 b_0}{b_0} \cdot e^{-b_0 t} \right)} \tag{7.37}$$

BEISPIEL: Die Übertragungsfunktion des Netzwerks in Abbildung 7.37 lautet

$$G(\omega) = \frac{R}{R + j\omega L} = \frac{R/L}{R/L + j\omega}$$

Koeffizientenvergleich liefert $a_0 = R/L$, $a_1 = 0$ und $b_0 = R/L$.

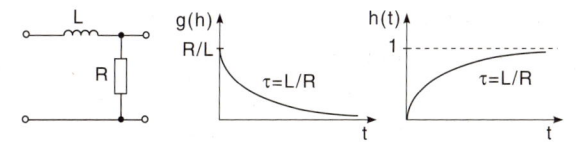

Abbildung 7.37: System und seine Impuls- und Sprungantwort

Durch Einsetzen in Gleichung (7.36) erhält man die Impulsantwort

$$g(t) = s(t) \cdot \frac{R}{L} \cdot e^{-\frac{R}{L} t}$$

Einsetzen in Gleichung (7.37) liefert die Sprungantwort

$$h(t) = s(t) \cdot \left(1 - e^{-\frac{R}{L} t} \right)$$

BEISPIEL: Von der Schaltung in Abbildung 7.38 sind Impuls- und Sprungantwort zu bestimmen.

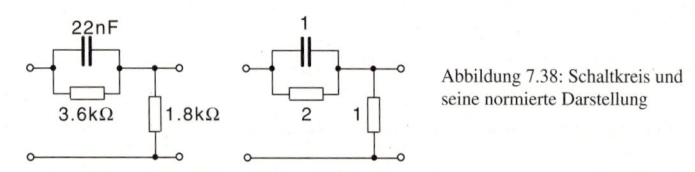

Abbildung 7.38: Schaltkreis und seine normierte Darstellung

Als Bezugsgrößen wählt man $R_B = 1,8\,\text{k}\Omega$ und $\omega_B = 1/R_B C = (1,8\,\text{k}\Omega \cdot 22\,\text{nF})^{-1} = 25\,252\,\text{s}^{-1}$.
Es ergeben sich die normierten Größen in der Abbildung rechts. Die normierte Übertragungsfunktion lautet

$$G_n(\omega) = \frac{1}{1 + 2\|\frac{1}{j\omega}} = \frac{1/2 + j\omega}{3/2 + j\omega}$$

Daraus ergeben sich die Koeffizienten $a_0 = 1/2$, $a_1 = 1$, $b_0 = 3/2$. Nach Gleichung (7.36) ergibt sich die Impulsantwort zu

$$g_n(t_n) = \delta(t_n) - s(t_n) \cdot e^{-\frac{3}{2} t_n}$$

Die Sprungantwort ist dann nach Gleichung (7.37)

$$h(t_n) = s(t_n) \cdot \left(\frac{1}{3} + \frac{2}{3} \cdot e^{-\frac{3}{2} t_n} \right)$$

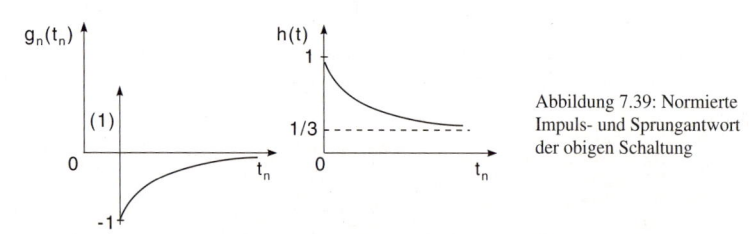

Abbildung 7.39: Normierte Impuls- und Sprungantwort der obigen Schaltung

Die Zeitachse der Impulsantwort ist in Einheiten der normierten Zeit t_n aufgetragen. Entnormierung liefert $t = t_n/\omega_B = t_n R_B C = 39,6\,\mu\text{s}$. Die Zeitkonstante des Exponentialsignals ist somit $\frac{2}{3} R_B C = 26,4\,\mu\text{s}$.

7.3.5.3 Impuls- und Sprungantwort von Systemen zweiter Ordnung

Systeme zweiter Ordnung sind RLC-Schaltungen mit zwei unabhängigen Energiespeichern (Kapazitäten und/oder Induktivitäten). Ihre Übertragungsfunktion hat die Form

$$G(\omega) = \frac{a_0 + a_1 j\omega - a_2 \omega^2}{b_0 + b_1 j\omega - \omega^2} \qquad a_i, b_i \text{ reell} \tag{7.38}$$

Dabei sind alle Koeffizienten a_i, b_i reell. Für stabile Systeme muß zusätzlich $b_0 > 0$ und $b_1 > 0$ erfüllt sein. Die Übertragungsfunktion läßt sich schreiben als

$$G(\omega) = a_2 + \frac{c_0 + c_1 j\omega}{b_0 + b_1 j\omega - \omega^2} \quad \text{mit} \quad c_0 = a_0 - a_2 b_0 \quad \text{und} \quad c_1 = a_1 - a_2 b_1$$

Es ist zweckmäßig, das Nennerpolynom so darzustellen, daß seine Nullstellen explizit auftreten, nämlich

$$b_0 + b_1 j\omega - \omega^2 = (j\omega - p_1) \cdot (j\omega - p_2)$$

$$p_{1/2} = -\frac{b_1}{2} \pm \sqrt{\frac{b_1^2}{4} - b_0}$$

HINWEIS: Die Nullstellen p_1, p_2 sind entweder beide reell oder konjugiert komplex.

An den Nullstellen des Nennerpolynoms hat die Übertragungsfunktion gerade Polstellen. Daher rührt die Bezeichnung p_1, p_2.

HINWEIS: Der Sonderfall, daß beide Nullstellen zusammenfallen, also $p_1 = p_2$, wird bei der weiteren Betrachtung ausgeschlossen (doppelte Polstelle).

Die Übertragungsfunktion läßt sich als Summe mit zwei Partialbrüchen darstellen. Dann läßt sich jeder Summand einzeln transformieren. Die **Impulsantwort** ist somit

$$\boxed{\begin{array}{l} G(\omega) = \quad a_2 \quad + \quad \dfrac{Z_1}{(j\omega - p_1)} \quad + \quad \dfrac{Z_2}{(j\omega - p_2)} \\[2mm] \qquad\; \updownarrow \qquad\quad\; \updownarrow \qquad\qquad \updownarrow \qquad\qquad\quad \updownarrow \\[1mm] g(t) \;\; = a_2 \delta(t) + Z_1 \cdot s(t) \cdot e^{p_1 t} + Z_2 \cdot s(t) \cdot e^{p_2 t} \end{array}} \qquad (7.39)$$

Dabei sind

$$Z_1 = \frac{c_0 + c_1 p_1}{p_1 - p_2}; \qquad Z_2 = \frac{c_0 + c_1 p_2}{p_2 - p_1}; \qquad p_1 \neq p_2 \qquad \text{mit } c_0 = a_0 - a_2 b_0 \text{ und } c_1 = a_1 - a_2 b_1$$

$$p_1 = -\frac{b_1}{2} + \sqrt{\frac{b_1^2}{4} - b_0}; \qquad p_2 = -\frac{b_1}{2} - \sqrt{\frac{b_1^2}{4} - b_0}$$

Die **Sprungantwort** lautet

$$\boxed{h(t_n) = a_2 \cdot s(t_n) + \frac{Z_1}{p_1} \cdot s(t_n) \cdot \left[(e^{p_1 t_n} - 1) + \frac{Z_2}{p_2} \cdot (e^{p_2 t_n} - 1) \right]} \qquad (7.40)$$

mit den Koeffizienten a_i, b_i aus Gleichung (7.38).

BEISPIEL: Die Impulsantwort des abgebildeten Netzwerkes ist zu bestimmen. Als Bezugsgrößen wählt man $R_B = 680\,\Omega$ und $\omega_B = 1/\sqrt{LC} \approx 45\,000\,\text{s}^{-1}$. Daraus ergeben sich (mit leichten Rundungsfehlern) die in der Abbildung rechts eingetragenen normierten Größen.

7 Signale und Systeme

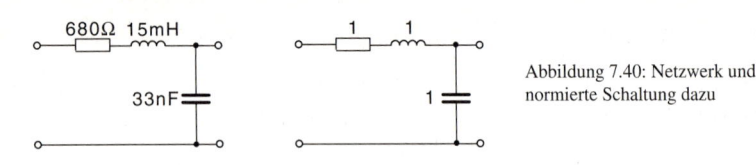

680Ω 15mH
33nF

$\dfrac{1}{1}$ | 1

Abbildung 7.40: Netzwerk und normierte Schaltung dazu

Die normierte Übertragungsfunktion lautet

$$G_n(\omega) = \dfrac{\dfrac{1}{j\omega}}{\dfrac{1}{j\omega}+1+j\omega} = \dfrac{1}{1+j\omega-\omega^2}$$

Also sind $a_0 = 1, a_1 = 0, a_2 = 0, b_0 = 1, b_1 = 1$. Daraus ergeben sich $c_0 = 1, c_1 = 0$ und

$$p_{1/2} = -\dfrac{1}{2} \pm j\dfrac{\sqrt{3}}{2}, \text{ sowie } Z_1 = \dfrac{1}{j\sqrt{3}}, Z_2 = -Z_1.$$

Durch Einsetzen in Gleichung (7.39) ergibt sich die Sprungantwort

$$g_n(t) = s(t) \cdot \left(\dfrac{1}{j\sqrt{3}} \cdot e^{p_1 t} - \dfrac{1}{j\sqrt{3}} \cdot e^{p_2 t}\right)$$

Von den Exponentialfunktionen läßt sich der Realteil des Exponenten ausklammern

$$g_n(t) = s(t) \cdot e^{-1/2\,t} \cdot \dfrac{1}{\sqrt{3}} \underbrace{\dfrac{1}{j} \left(e^{j\sqrt{3}/2\,t} - e^{-j\sqrt{3}/2\,t}\right)}_{2\cdot\sin(\sqrt{3}/2\,t)}$$

Die Variable t stellt die normierte Zeit dar. Die Impulsantwort des Netzwerkes stellt eine exponentiell abklingende Schwingung dar.

$$g_n(t_n) = s(t_n) \cdot \dfrac{2}{\sqrt{3}} \cdot e^{-1/2\,t_n} \cdot \sin\left(\dfrac{\sqrt{3}}{2} t_n\right)$$

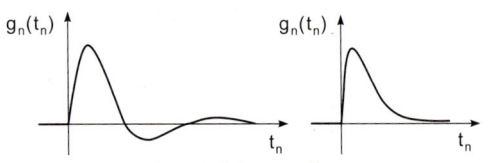

Abbildung 7.41: Normierte Impulsantwort des obigen Netzwerks und normierte Impulsantwort eines Netzwerkes mit höherer Dämpfung

Bei genügend großer Dämpfung bildet sich keine periodische Schwingung mehr aus. Für die normierten Größen $R_n = 4$, $L_n = 1$ und $C_n = 1/3$ lautet die normierte Übertragungsfunktion

$$G_n(\omega) = \dfrac{3}{3+4j\omega-\omega^2}$$

Die Nullstellen des Nennerpolynoms sind rein reell: $p_{1/2} = -2 \pm 1$. Bei der Berechnung der Impulsantwort läßt sich kein Exponentialterm mit imaginärem Exponenten ausklammern, d. h. es erscheint *kein* periodischer Signalanteil mehr. Die Impulsantwort ist die Differenz zweier abklingender Exponentialfunktionen (siehe Abbildung 7.41 rechts).

$$g_n(t_n) = s(t_n) \cdot Z_1 \cdot (e^{p_1 t_n} - e^{p_2 t_n}) = s(t_n) \cdot \dfrac{3}{2} \cdot \left(e^{-t_n} - e^{-3t_n}\right)$$

7.3.6 Ideale Systeme

Ideale Systeme sind Systeme mit idealisierten Eigenschaften, die sich mit realen Systemen häufig nur annähern lassen. Ideale Systeme dienen als Modell, um grundsätzliche Eigenschaften realer Systeme zu diskutieren.

7.3.6.1 Das verzerrungsfreie System

Das **verzerrungsfreie System** überträgt ein Signal ohne Änderung seiner Form. Änderungen der Amplitude und Zeitverschiebungen sind zugelassen. Für ein beliebiges Eingangssignal $x(t)$ gilt

$$y(t) = k \cdot x(t - t_0) \qquad \text{für kausale Systeme } t_0 \geqq 0$$

k ist ein beliebiger reeller Amplitudenfaktor, t_0 eine beliebige reelle **Verzögerungszeit**.

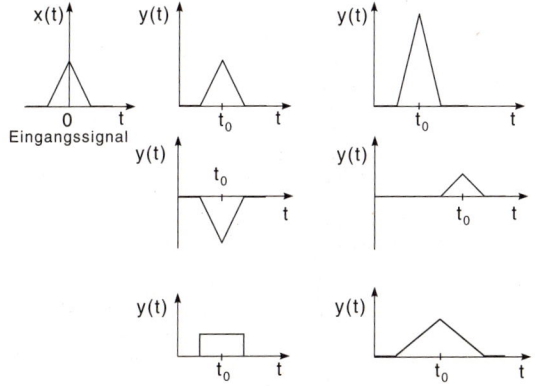

Abbildung 7.42: Beispiele für Ausgangssignale verzerrungsfreier Systeme, die mit einem Dreieckpuls angeregt werden. Die Signale in der letzten Zeile stammen nicht von verzerrungsfreien Systemen

Die **Übertragungsfunktion** des **verzerrungsfreien Systems** lautet

$$G(\omega) = k \cdot e^{-j\omega t_0}$$

Daraus folgt für Betrag und Phase der Übertragungsfunktion

$$|G(\omega)| = k; \qquad \varphi(\omega) = -\omega \cdot t_0 \tag{7.41}$$

- Ein **verzerrungsfreies System** weist **konstante Dämpfung** (oder Verstärkung) auf.

- Ein verzerrungsfreies System zeigt **linearen Phasen**verlauf.

HINWEIS: Ein System mit konstanter Verstärkung bezeichnet man als **Allpaß**.

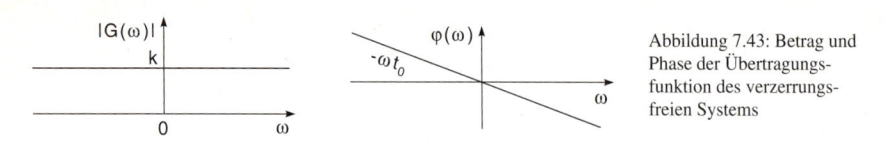

Abbildung 7.43: Betrag und Phase der Übertragungsfunktion des verzerrungsfreien Systems

Zur Beschreibung von Systemen werden weitere, von der Übertragungsfunktion abgeleitete Größen verwendet.

Dämpfungsmaß

$$a(\omega) = -20\log_{10}|G(\omega)| \quad (\text{dB}) \tag{7.42}$$

Phasenmaß

$$b(\omega) = -\varphi(\omega) \tag{7.43}$$

Phasenlaufzeit

$$\tau_p = \frac{b(\omega)}{\omega} \tag{7.44}$$

Gruppenlaufzeit

$$\tau_g = \frac{d\,b(\omega)}{d\,\omega} \tag{7.45}$$

Ein **verzerrungsfreies System** weist somit **konstante Dämpfung** und **konstante Gruppenlaufzeit** für alle Frequenzen auf. Das bedeutet, daß alle Frequenzanteile eines Signals um die gleiche Zeit verzögert werden und deshalb phasenrichtig am Ausgang des Systems erscheinen. Ist das nicht der Fall, spricht man von linearen **Laufzeitverzerrungen** (Phasenverzerrungen). Verläuft das Dämpfungsmaß nicht konstant, spricht man von linearen **Dämpfungsverzerrungen**.

HINWEIS: Von den **linearen Verzerrungen** sind die **nichtlinearen Verzerrungen** zu unterscheiden. Solche können Frequenzanteile erzeugen, die ursprünglich nicht im Signal enthalten waren.

7.3.6.2 Der ideale Tiefpaß

Der **ideale Tiefpaß** läßt im Durchlaßbereich bis zur Grenzfrequenz f_g (ω_g) Signale unverzerrt passieren. Signalanteile oberhalb der Grenzfrequenz werden vollständig unterdrückt. Seine **Übertragungsfunktion** lautet

$$G(\omega) = \begin{cases} k \cdot e^{-j\omega t_0} & \text{für } |\omega| \leq \omega_g \\ 0 & \text{sonst} \end{cases} \tag{7.46}$$

k ist ein reeller Amplitudenfaktor, t_0 ist die Gruppenlaufzeit (Signallaufzeit) des Tiefpaßsystems.
Die **Impulsantwort** des idealen Tiefpasses lautet

$$g(t) = k \cdot \frac{\omega_g}{\pi} \cdot \text{si}(\omega_g(t-t_0)) = 2kf_g \cdot \text{si}(2\pi f_g(t-t_0)) \tag{7.47}$$

7.3 Systeme

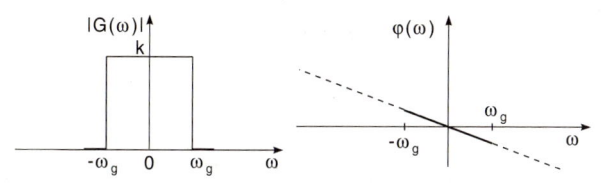

Abbildung 7.44: Übertragungsfunktion des idealen Tiefpasses

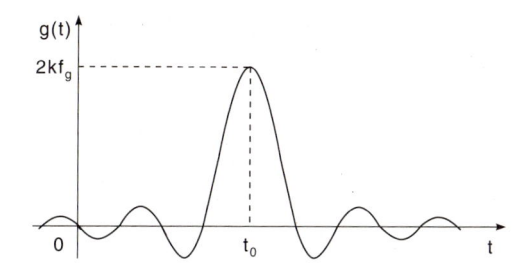

Abbildung 7.45: Impulsantwort des idealen Tiefpasses

HINWEIS: Die si-Funktion ist definiert als

$$\mathrm{si}(x) = \begin{cases} 1 & \text{für } x = 0 \\ \frac{\sin x}{x} & \text{sonst} \end{cases} \tag{7.48}$$

- Der ideale Tiefpaß ist ein **nichtkausales System**. Seine Impulsantwort setzt bereits ein, *bevor* das Eingangssignal eintrifft.

Die Impulsantwort nimmt ihren maximalen Wert zum Zeitpunkt $t = t_0$ an. $g(t_0) = k\omega_g/\pi = 2kf_g$. t_0 stellt also die Signallaufzeit dar.

Die **Sprungantwort** des idealen Tiefpasses ist

$$h(t) = \frac{k}{2} + \frac{k}{\pi} \cdot \mathrm{Si}(\omega_g(t - t_0)) \tag{7.49}$$

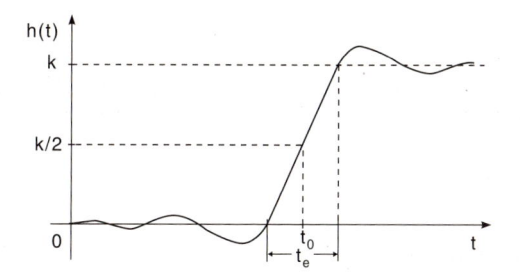

Abbildung 7.46: Sprungantwort des idealen Tiefpasses

HINWEIS: Die Sprungantwort ist auch vor dem Zeitpunkt $t = 0$ von Null verschieden.

HINWEIS: Die Si-Funktion (Integral-Sinus-Funktion) ist definiert als

$$\text{Si}(x) = \int_0^x \frac{\sin \tau}{\tau} \, d\tau \tag{7.50}$$

Die Si-Funktion ist analytisch nicht darstellbar. Eine Approximation in einer Potenzreihe lautet

$$\text{Si}(x) = x - \frac{x^3}{18} + \frac{x^5}{600} - \frac{x^7}{35280} \ldots = x - \frac{x^3}{3 \cdot 3!} + \frac{x^5}{5 \cdot 5!} - \frac{x^7}{7 \cdot 7!} \ldots + \frac{(-1)^i x^{2i+1}}{(2i+1) \cdot (2i+1)!} \ldots$$

Charakteristisch ist das **Überschwingen**, das unabhängig von der Bandbreite 8,9 % des Endwertes beträgt. Die Erscheinung des Überschwingens bei bandbegrenzten Systemen wird als **Gibbssches Phänomen** bezeichnet.

Die Sprungantwort strebt gegen den Endwert $h_\infty = k$. Zum Zeitpunkt $t = t_0$ durchläuft sie mit maximaler Steigung den halben Endwert $k/2$.

Die **Einschwingzeit** ist das Zeitintervall, das durch die Schnittpunkte der Tangente im Wendepunkt der Sprungantwort mit dem Anfangs- und Endwert definiert ist. Die Einschwingzeit t_e des idealen Tiefpasses beträgt

$$\boxed{t_e = \frac{\pi}{\omega_g} = \frac{1}{2f_g}} \tag{7.51}$$

- Die Sprungantwort des idealen Tiefpasses durchläuft den Endwert um so rascher, je höher seine Grenzfrequenz liegt.

Zeit-Bandbreite-Produkt

Die Impulsantwort $g(t)$ des idealen Tiefpasses ist unendlich lang. Dennoch kann man sie durch eine Impulsbreite charakterisieren. Dazu konstruiert man einen zu $g(t)$ flächengleichen Rechteckimpuls mit der Höhe der Maximalamplitude der Impulsantwort. Seine Breite definiert man als **Impulsbreite** Δt_p.

$$\Delta t_p = \frac{1}{g_{max}} \cdot \int_{-\infty}^{\infty} g(t) \, dt$$

Für den idealen Tiefpaß führt diese Definition auf die Impulsbreite der Impulsantwort

$$\Delta t_p = \frac{1}{2f_g} \tag{7.52}$$

Einschwingzeit und Breite der Impulsantwort sind beim idealen Tiefpaß gerade gleich groß.

- Die Breite der Impulsantwort ist umgekehrt proportional zur Bandbreite des Tiefpasses.

Das **Zeit-Bandbreite-Produkt**

$$f_g \cdot \Delta t_p = \frac{1}{2}$$

ist **konstant**.

Dieser Zusammenhang läßt sich verallgemeinern. Mit der Definition für die **Bandbreite**

$$B = \sqrt{\int_{-\infty}^{\infty} \omega^2 |G(\omega)|^2 \, d\omega}$$

und für die **Impulsbreite**

$$\Delta T = \sqrt{\int_{-\infty}^{\infty} t^2 |g(t)|^2 \, dt}$$

ergibt sich mit der Normierungsbedingung

$$\int_{-\infty}^{\infty} |g(t)|^2 \, dt = 1$$

die sogenannte **Unschärferelation**

$$\boxed{B \cdot \Delta T \geqq \sqrt{\frac{\pi}{2}}} \tag{7.53}$$

Dieser Zusammenhang gilt für alle Arten von Tiefpaßfiltern. Das kleinste Zeit-Bandbreite-Produkt ergibt sich für Filter mit gaußförmigen Impulsantworten.

● Bandbreite und Impulsbreite der Impulsantwort sind bei einem gegebenen Filtertyp umgekehrt proportional zueinander.

7.3.6.3 Der ideale Bandpaß

Der **ideale Bandpaß** läßt Signale innerhalb eines Frequenzbereichs Δf ($\Delta \omega$) verzerrungsfrei passieren. Im Sperrbereich werden alle Signalanteile vollständig unterdrückt. Seine **Übertragungsfunktion** lautet

$$G(\omega) = \begin{cases} k \cdot e^{-j\omega t_0} & \text{für } |\omega - \omega_0| < \dfrac{\Delta \omega}{2} \\ 0 & \text{sonst} \end{cases} \tag{7.54}$$

ω_0 ist dabei die Mitten(kreis)frequenz des Bandpasses, $\Delta \omega$ seine Bandbreite. Die Gleichung ist nur sinnvoll, wenn die Mittenfrequenz mindestens doppelt so groß ist wie die Bandbreite ($\omega_0 > \Delta \omega /2$).

Die **Impulsantwort** des idealen Bandpasses lautet

$$\begin{aligned} g(t) &= k \cdot \Delta f \cdot \operatorname{si}(\pi \Delta f (t-t_0)) \cdot 2 \cos(2\pi f_0 (t-t_0)) \\ &= k \cdot \frac{\Delta \omega}{2\pi} \cdot \operatorname{si}(\Delta \omega (t-t_0)) \cdot 2 \cos(2\omega_0 (t-t_0)) \end{aligned} \tag{7.55}$$

Die Impulsantwort gleicht einem Signal mit der Frequenz f_0, mit einer Hüllkurve, die der Impulsantwort eines Tiefpasses mit der Grenzfrequenz $\Delta f/2$ entspricht.

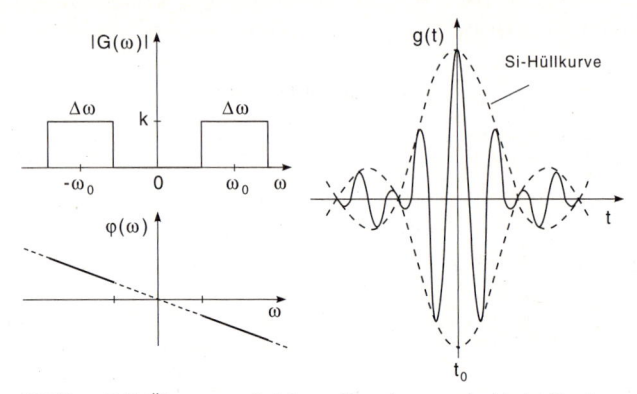

Abbildung 7.47: Übertragungsfunktion und Impulsantwort des idealen Bandpasses

- Der ideale Bandpaß ist ein **nichtkausales System**. Seine Impulsantwort setzt bereits ein, *bevor* das Eingangssignal eintrifft.

7.4 FOURIER-Transformation

7.4.1 Prinzip

Die Idee der FOURIER-Transformation besteht darin, ein Zeitsignal $f(t)$ in ein Signal $F(\omega)$ im Frequenzbereich umkehrbar eindeutig abzubilden.

Die FOURIER-Transformation stellt eine Zeitfunktion als Überlagerung von unendlich vielen harmonischen Exponentialfunktionen dar. So wie die FOURIER-Reihe eine periodische Funktion als *Summe* unendlich vieler diskreter Schwingungen darstellt, ist die FOURIER-Transformierte das *Integral* überabzählbar vieler Schwingungen. Mit der Erweiterung auf kontinuierliche Spektren sind auch nichtperiodische Funktionen im Frequenzbereich beschreibbar.

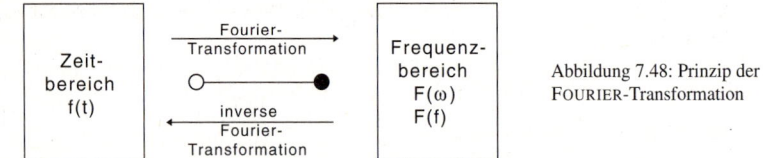

Abbildung 7.48: Prinzip der FOURIER-Transformation

Der Einfluß von Filtern und Übertragungssystemen läßt sich häufig einfacher im Frequenzbereich behandeln. Probleme, die im Zeitbereich die Lösung einer linearen Differential-Gleichung erfordern, können durch eine algebraische Gleichung im Frequenzbereich gelöst werden.

Durch die sogenannte inverse FORIER-Transformation erhält man wieder das korrespondierende Zeitsignal.

7.4.2 Definition

Zu einer Zeitfunktion $f(t)$ ist die **FOURIER-Transformierte** definiert als

$$F(f) = \int_{-\infty}^{\infty} f(t) \cdot e^{-j 2\pi f t}\, dt \tag{7.56}$$

Die **inverse FOURIER-Transformierte** lautet

$$f(t) = \int_{-\infty}^{\infty} F(f) \cdot e^{j 2\pi f t}\, df \tag{7.57}$$

Man schreibt diesen Zusammenhang auch

$$F(f) = \mathcal{F}\{f(t)\}; \quad f(t) = \mathcal{F}^{-1}\{F(f)\}$$

oder mit Hilfe des Korrespondenzsymbols ○—●

$$f(t) \circ\!\!-\!\!\bullet F(f) \quad \text{bzw.} \quad f(t) \circ\!\!-\!\!\bullet F(\omega)$$

Dieses Symbol kann in beide Richtungen gelesen werden und verdeutlicht damit die Umkehrbarkeit der Transformation. Der gefüllte Teil der Hantel zeigt zum **Frequenzbereich**, **Spektralbereich** oder zum mitunter als **Bildbereich** bezeichneten Funktionenraum.

HINWEIS: Mitunter findet sich eine Darstellung der Spektralfunktion in Abhängigkeit von der *Kreisfrequenz* ω als $F(\omega)$. In Gleichung (7.56) wird $2\pi f$ durch ω ersetzt. Die **FOURIER-Transformierte** lautet dann

$$F(\omega) = \int_{-\infty}^{\infty} f(t) \cdot e^{-j\omega t}\, dt \tag{7.58}$$

Vorsicht: Mitunter taucht zusätzlich ein Faktor 2π auf. Die **inverse FOURIER-Transformierte** lautet nämlich

$$f(t) = \frac{1}{2\pi} \cdot \int_{-\infty}^{\infty} F(\omega) \cdot e^{j\omega t}\, d\omega \tag{7.59}$$

In diesem Kapitel werden jeweils beide Schreibweisen angegeben, soweit sie sich unterscheiden.

HINWEIS: Häufig findet man in der Literatur die Darstellung $F(j\omega)$. Sie entspricht vollständig der Darstellung mit $F(\omega)$. Man findet sie insbesondere dort, wo der Zusammenhang zur LAPLACE-Transformierten aufgezeigt werden soll.

7.4.3 Darstellung der FOURIER-Transformierten

Die FOURIER-Transformierte $S(f)$ eines reellen Zeitsignals ist eine komplexwertige Funktion und kann deshalb als Summe eines **Real-** und **Imaginärteils** dargestellt werden.

$$S(f) = R(f) + \mathrm{j} \cdot X(f)$$

Für **reellwertige Zeitfunktionen** ist

$$R(f) = \mathrm{Re}\{S(f)\} = \int_{-\infty}^{\infty} f(t) \cdot \cos(2\pi f t)\, \mathrm{d}t \tag{7.60}$$

$$X(f) = \mathrm{Im}\{S(f)\} = -\int_{-\infty}^{\infty} f(t) \cdot \sin(2\pi f t)\, \mathrm{d}t \tag{7.61}$$

Außerdem gilt

$$R(f) = R(-f); \qquad X(f) = -X(-f)$$

Für die FOURIER-Transformierte **reeller Zeitfunktionen** gilt

- Der **Realteil** ist eine **gerade Funktion**.
- Der **Imaginärteil** ist eine **ungerade Funktion**.

Wie jede komplexwertige Funktion läßt sich auch die FOURIER-Transformierte in einer Polardarstellung notieren

$$S(f) = |S(f)| \cdot \mathrm{e}^{\mathrm{j}\varphi(f)}$$

mit

$$|S(f)| = \sqrt{R^2(f) + X^2(f)} \quad \text{und} \quad \varphi(f) = \arctan\left(\frac{X(f)}{R(f)}\right)$$

Für **reellwertige Zeitfunktionen** gilt

- Der **Betrag** der FOURIER-Transformierten ist eine **gerade Funktion**.
- Die **Phase** der FOURIER-Transformierten ist eine **ungerade Funktion**.

HINWEIS: Beim Umgang mit der FOURIER-Transformation ist es mitunter nützlich, auch mit *komplexwertigen* Zeitfunktionen zu arbeiten, beispielsweise $f(t) = \mathrm{e}^{\mathrm{j}\omega t}$. Die obigen Aussagen zu Symmetrien gelten nur für reellwertige Zeitfunktionen.

7.4.3.1 Symmetrie-Eigenschaften

Für reellwertige Zeitfunktionen gilt

- Die FOURIER-Transformierte **gerader** Zeitfunktionen ist **rein reell**.
- Die FOURIER-Transformierte **ungerader** Zeitfunktionen ist **rein imaginär**.

BEISPIEL: Die Kosinus-Funktion ist eine gerade Funktion. Ihre FOURIER-Transformierte lautet $\frac{1}{2}\delta(f+f_0) + \frac{1}{2}\delta(f-f_0)$. Sie ist rein reell.

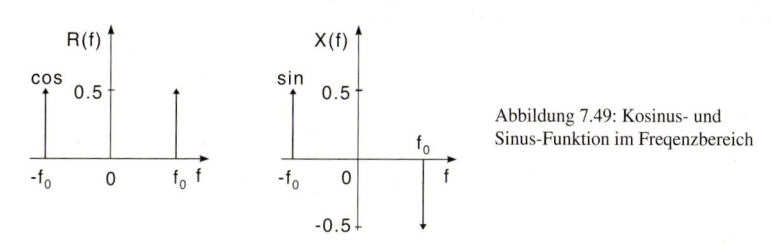

Abbildung 7.49: Kosinus- und Sinus-Funktion im Freqenzbereich

Die Sinus-Funktion ist eine ungerade Funktion. Ihre FOURIER-Transformierte lautet $-\frac{j}{2}\delta(f-f_0) + \frac{j}{2}\delta(f+f_0)$. Sie ist rein imaginär.

7.4.4 Übersicht: Eigenschaften der FOURIER-Transformation

$s(t)$ und $r(t)$ seien beliebige Zeitfunktionen, $S(f)$ und $R(f)$ bzw. $S(\omega)$ und $R(\omega)$ die zugehörigen FOURIER-Transformierten. Dort wo die beiden Notationen unterschiedlich erscheinen, sind die Spektren auch mit ω formuliert.

$s(t)$	∘—•	$S(f)$
		$S(\omega)$
FOURIER-Transformierte		
$s(t)$	∘—•	$S(f) = \int\limits_{-\infty}^{\infty} s(t) \cdot e^{-j2\pi ft}\, dt$
inverse FOURIER-Transformierte		
$s(t) = \int\limits_{-\infty}^{\infty} S(f) \cdot e^{j2\pi ft}\, df$	∘—•	$S(f)$
$s(t) = \frac{1}{2\pi}\int\limits_{-\infty}^{\infty} S(\omega) \cdot e^{j\omega t}\, d\omega$	∘—•	$S(\omega)$
Konjugiert Komplexe		
$s^*(t)$	∘—•	$S^*(-f)$
Dualität		
$S(t)$	∘—•	$s(-f)$
	∘—•	$2\pi \cdot s(-\omega)$
Multiplikation		
$r(t) \cdot s(t)$	∘—•	$R(f) * S(f)$
	∘—•	$\frac{1}{2\pi} R(\omega) * S(\omega)$

Faltung		
$r(t) * s(t)$	∘—•	$R(f) \cdot S(f)$
Superposition		
$a \cdot r(t) + b \cdot s(t)$	∘—•	$a \cdot R(f) + b \cdot S(f)$
Zeitverschiebung		
$s(t - t_0)$	∘—•	$S(f) \cdot e^{-j2\pi f t_0}$
	∘—•	$S(\omega) \cdot e^{-j\omega t_0}$
Frequenzverschiebung		
$s(t) \cdot e^{j2\pi f_0 t}$	∘—•	$S(f - f_0)$
$s(t) \cdot e^{j\omega_0 t}$	∘—•	$S(\omega - \omega_0)$
Zeitdehnung		
$s\left(\dfrac{t}{a}\right)$	∘—•	$\|a\| \cdot S(a \cdot f)$
Differentiation		
$\dfrac{d}{dt} s(t)$	∘—•	$j2\pi f \cdot S(f)$
	∘—•	$j\omega \cdot S(\omega)$
Integration		
$\displaystyle\int_{-\infty}^{t} s(\tau)\, d\tau$	∘—•	$\dfrac{1}{j2\pi f} \cdot S(f) + \dfrac{1}{2} \cdot S(0) \cdot \delta(f)$
	∘—•	$\dfrac{1}{j\omega} \cdot S(\omega) + \pi \cdot S(0) \cdot \delta(\omega)$
Bei gleichanteilfreien Signalen entfallen die Terme mit den Delta-Funktionen		

7.4.5 FOURIER-Transformierte von Elementarsignalen

7.4.5.1 Spektrum der DIRAC-Funktion

Die FOURIER-Transformierte der DIRAC-Funktion ist

$$S(f) = \int_{-\infty}^{\infty} f(t) \cdot e^{-j\omega t}\, dt = \int_{-\infty}^{\infty} \delta(t) \cdot e^{-j\omega t}\, dt = e^0 = 1;$$

$$\delta(t) \circ\!\!-\!\!\bullet 1 \tag{7.62}$$

Abbildung 7.50: DIRAC-Impuls und Realteil seiner FOURIER-Transformierten

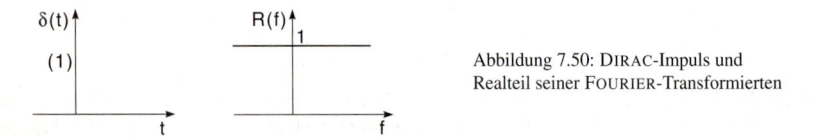

● In einem DIRAC-Puls sind alle Frequenzen mit gleicher Amplitude enthalten.

Aufgrund der Dualität von Zeit und Frequenz gilt andererseits, daß ein konstantes Zeitsignal (Gleichsignal) einen DIRAC-Stoß im Spektrum bedeutet

$$1 \circ\!\!-\!\!\bullet \delta(f) \qquad \text{bzw.} \qquad 1 \circ\!\!-\!\!\bullet 2\pi\delta(\omega) \tag{7.63}$$

7.4.5.2 Spektrum der Signum- und Sprungfunktion

Mit der Sprungfunktion verwandt ist die **Signumfunktion**

$$\text{sgn}(t) = \begin{cases} 1 & t > 0 \\ 0 & t = 0 \\ -1 & t < 0 \end{cases}$$

Ihre FOURIER-Transmierte ist

$$\text{sgn}(t) \circ\!\!-\!\!\bullet -j\frac{1}{\pi f} \qquad \text{bzw.} \qquad \text{sgn}(t) \circ\!\!-\!\!\bullet \frac{2}{j\omega} \tag{7.64}$$

Die Signum-Funktion ist eine ungerade Funktion, folglich ist ihr Spektrum rein imaginär.

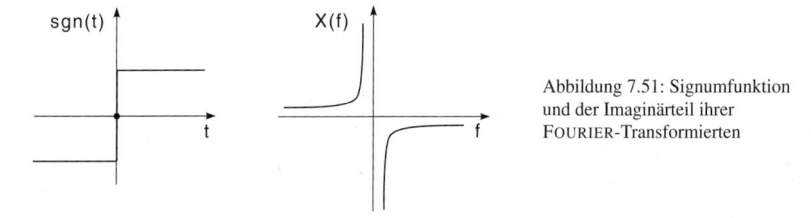

Abbildung 7.51: Signumfunktion und der Imaginärteil ihrer FOURIER-Transformierten

Im Gegensatz zur Signumfunktion besitzt die **Sprungfunktion** einen Gleichanteil, was sich auch im Spektrum ausdrückt. Die Sprungfunktion läßt sich mit Hilfe der Signumfunktion schreiben als

$$\begin{aligned}
s(t) &= \tfrac{1}{2}\cdot \text{sgn}(t) + \tfrac{1}{2} \\
&\qquad \circ\!\!\!\!\!\bullet \qquad \circ\!\!\!\!\!\bullet \\
&\qquad \frac{-j}{2\pi f} + \tfrac{1}{2}\delta(f) \\
\text{bzw.} \quad &\qquad \frac{1}{j\omega} + \pi\delta(\omega)
\end{aligned}$$

HINWEIS: Die Darstellung der Sprungfunktion durch die Signumfunktion ist im Punkt $t = 0$ nicht exakt. Generell ergibt die inverse FOURIER-Transformation der Spektren von unstetigen Zeitfunktionen an den Unstetigkeitsstellen den Mittelwert aus rechts- und linksseitigem Grenzwert (in diesem Fall 0).

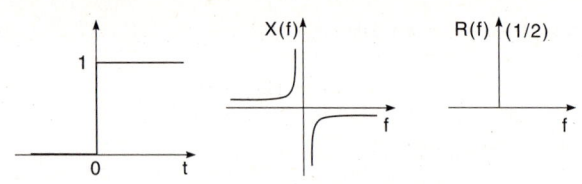

Abbildung 7.52: Sprungfunktion und der Imaginärteil bzw. der Realteil ihrer FOURIER-Transformierten

7.4.5.3 Spektrum des Rechteckimpulses

Das Spektrum des Rechteckimpulses ist

$$S(f) = \int_{-\infty}^{\infty} \text{rect}(t) \cdot e^{-j\omega t} \, dt = \int_{-1/2}^{1/2} e^{-j2\pi f t} \, dt = \frac{-1}{j2\pi f} \left(e^{-j\pi f} - e^{j\pi f} \right) \tag{7.65}$$

Unter Verwendung der Darstellung der Sinusfunktion

$$\sin x = \frac{1}{2j} \left(e^{jx} - e^{-jx} \right)$$

ergibt die Gleichung (7.65)

$$S(f) = \frac{\sin \pi f}{\pi f} = \text{si}(\pi f) \tag{7.66}$$

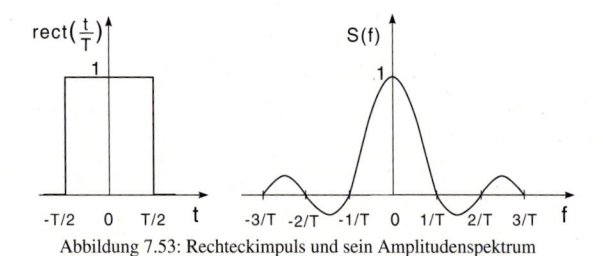

Abbildung 7.53: Rechteckimpuls und sein Amplitudenspektrum

Für Impulse beliebiger Breite gilt unter Anwendung des Ähnlichkeitstheorems

$$\text{rect}(t) \; \circ\!\!-\!\!\bullet \; \text{si}(\pi f)$$

$$\text{rect}\left(\frac{t}{T}\right) \; \circ\!\!-\!\!\bullet \; T \cdot \text{si}(\pi T f) \tag{7.67}$$

bzw. $\text{rect}\left(\dfrac{t}{T}\right) \; \circ\!\!-\!\!\bullet \; T \cdot \text{si}\left(\dfrac{T\omega}{2}\right)$

7.4.5.4 Spektrum des Dreieckimpulses

Der Dreieckimpuls $\Lambda(t)$ läßt sich als Faltung des Rechteckimpulses mit sich selbst darstellen.

$$\Lambda(t) = \text{rect}(t) * \text{rect}(t)$$

Eine Faltung im Zeitbereich entspricht einer Multiplikation im Frequenzbereich

$$\Lambda(t) = \text{rect}(t) * \text{rect}(t)$$
$$\downarrow \qquad \downarrow \qquad\qquad\qquad (7.68)$$
$$\text{si}(\pi f) \;\cdot\; \text{si}(\pi f)$$

Somit gilt die Beziehung

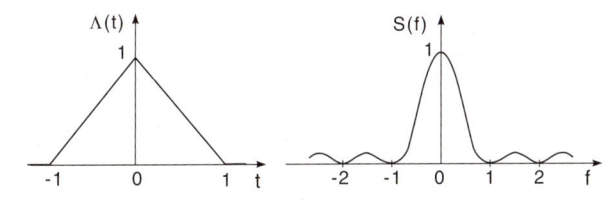

$$\Lambda(t) \circ\!\!-\!\!\bullet \text{si}^2(\pi f) \qquad\qquad (7.69)$$

Abbildung 7.54: Dreieckimpuls und sein Amplitudenspektrum

7.4.5.5 Spektrum des Gaußimpulses

Der Gaußimpuls

$$\Gamma(t) = e^{-\pi t^2}$$

hat ein wiederum gaußförmiges Amplitudenspektrum.

$$S(f) = \int_{-\infty}^{\infty} e^{-\pi t^2} \cdot e^{-j\omega t}\, dt$$

Unter Verwendung der Euler-Formel für $e^{j\omega t}$ ergibt sich daraus

$$\int_{-\infty}^{\infty} e^{-\pi t^2} \cdot e^{-j\omega t}\, dt = \int_{-\infty}^{\infty} e^{-\pi t^2} \cdot \cos\omega t\, dt - \underbrace{\int_{-\infty}^{\infty} e^{-\pi t^2} \cdot \sin\omega t\, dt}_{=0}$$

Der zweite Integrand stellt als Produkt einer geraden (Gauß-) mit einer ungeraden (Sinus-) Funktion insgesamt eine ungerade Funktion dar. Daher verschwindet das Integral. Der erste Integrand ist eine gerade

Funktion. Das Integral von $[-\infty \ldots 0]$ ist daher gleich dem Integral von $[0 \ldots \infty]$.

$$S(f) = 2 \cdot \int_0^\infty e^{-\pi t^2} \cdot \cos(2\pi f t) \, dt$$

Einer Integraltabelle entnimmt man das bestimmte Integral

$$\int_0^\infty e^{-a^2 t^2} \cdot \cos b t \, dt = \frac{\sqrt{\pi}}{2a} \cdot e^{-b^2/4a^2}$$

Mit $a^2 = \pi$ und $b = 2\pi f$ ergibt sich das Spektrum des Gaußpulses

$$\Gamma(t) = e^{-\pi t^2} \circ\!\!-\!\!\bullet \; e^{-\pi f^2} = \Gamma(f) \tag{7.70}$$

Die Funktion geht offenbar in ihr Spektrum über durch Vertauschen der Zeit- und der Frequenzvariablen. Funktionen mit dieser Eigenschaft heißen **selbstreziprok**.

7.4.5.6 Spektrum harmonischer Zeitfunktionen

Die FOURIER-Transformierte der (komplexwertigen) harmonischen Zeitfunktion $e^{j2\pi f_0 t}$ ist

$$e^{j2\pi f_0 t} \circ\!\!-\!\!\bullet \int_{-\infty}^{\infty} e^{j2\pi f_0 t} \cdot e^{-j2\pi f t} \, dt = \delta(f - f_0) \quad \text{bzw.} \quad 2\pi \delta(\omega - \omega_0)$$

Die reellwertigen harmonischen Zeitfunktionen Sinus und Kosinus lassen sich aus je zwei periodischen Exponentialfunktionen zusammensetzen.

$$\cos 2\pi f_0 t = \frac{1}{2} \cdot e^{j2\pi f_0 t} + \frac{1}{2} \cdot e^{-j2\pi f_0 t}$$

$$\downarrow \qquad\qquad \downarrow$$

$$\frac{1}{2} \cdot \delta(f - f_0) + \frac{1}{2} \cdot \delta(f + f_0)$$

$$\text{bzw.} \quad \pi \cdot \delta(\omega - \omega_0) + \pi \cdot \delta(\omega + \omega_0)$$

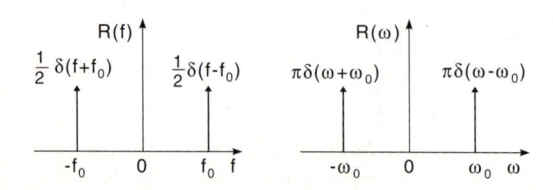

Abbildung 7.55: FOURIER-Transformierte der Kosinus-Funktion

$$\sin 2\pi f_0 t = \frac{1}{2j} \cdot e^{j2\pi f_0 t} - \frac{1}{2j} \cdot e^{-j2\pi f_0 t}$$

$$\frac{-j}{2} \cdot \delta(f - f_0) + \frac{j}{2} \cdot \delta(f + f_0)$$

bzw. $-j\pi\delta(\omega - \omega_0) + j\pi\delta(\omega + \omega_0)$

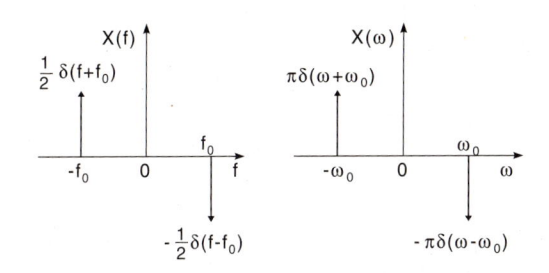

Abbildung 7.56: FOURIER-Transformierte der Sinus-Funktion

Sobald ein Paar von DIRAC-Pulsen im Spektrum auftaucht, ist das ein Hinweis auf eine periodische Komponente im Signal. Alle periodischen Funktionen können bekanntlich in einer FOURIER-Reihe als Summe von Sinus- und Kosinus-Funktionen dargestellt werden. Ihr Spektrum ist demnach immer ein diskretes Linienspektrum, besteht also aus DIRAC-Stößen im Frequenzbereich.

7.4.6 Tabelle: FOURIER-Transformierte

In den Grafiken sind die Zeitfunktion $s(t)$ und der Betrag ihrer FOURIER-Transformierten $|S(f)|$ dargestellt.

	Signal $s(t)$	**Spektrum** $S(f), S(\omega)$
DIRAC-Impuls	$\delta(t)$	1
Gleichsignal	1	$\delta(f)$, $2\pi\delta(\omega)$
Rechteckimpuls	$\text{rect}\left(\dfrac{t}{T}\right)$	$T \cdot \text{si}(\pi T f)$ $T \cdot \text{si}(\omega T/2)$

	Signal		**Spektrum**
	$s(t)$	∘—•	$S(f), S(\omega)$ |≠

Si-Impuls			
	$\mathrm{si}(t)$	∘—•	$\mathrm{rect}(f)$
	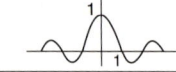		$\mathrm{rect}(\omega/2\pi)$ 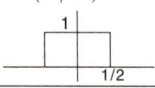
Dreieckimpuls			
	$\Lambda(t)$	∘—•	$\mathrm{si}^2(\pi f) = \dfrac{\sin^2(\pi f)}{(\pi f)^2}$
	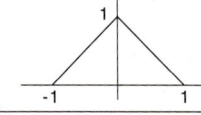		$\mathrm{si}^2\left(\dfrac{\omega}{2}\right) = \dfrac{4\sin^2(\omega/2)}{\omega^2}$ 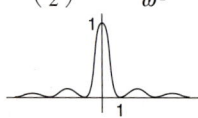
Gaußimpuls			
	$\mathrm{e}^{-\pi t^2}$	∘—•	$\mathrm{e}^{-\pi f^2}$
	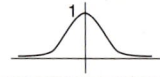		$\mathrm{e}^{-\omega^2/4\pi}$ 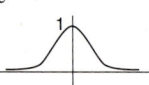
DIRAC-Impulsfolge			
	$\displaystyle\sum_{n=-\infty}^{\infty} \delta(t-nT)$	∘—•	$\displaystyle\sum_{n=-\infty}^{\infty} \delta\left(f - \dfrac{n}{T}\right)$
	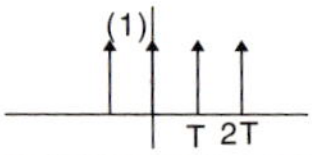		$2\pi \displaystyle\sum_{n=-\infty}^{\infty} \delta\left(\omega - \dfrac{2\pi n}{T}\right)$ 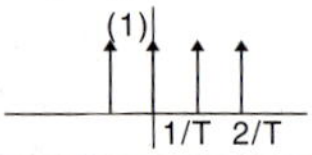
Sprungfunktion			
	$s(t)$	∘—•	$\dfrac{1}{2}\delta(f) - \mathrm{j}\dfrac{1}{2\pi f}$
	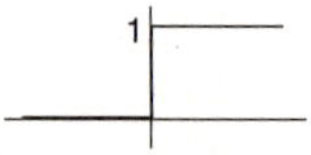		$\pi\delta(\omega) + \dfrac{1}{\mathrm{j}\omega}$

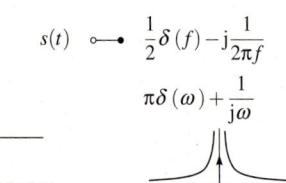

7.4 FOURIER-Transformation

	Signal $s(t)$	Spektrum $S(f), S(\omega)$

Signumfunktion

$$\operatorname{sgn}(t) \quad \circ\!\!\!-\!\!\!\bullet \quad -j\frac{1}{\pi f}$$

$$\frac{2}{j\omega}$$

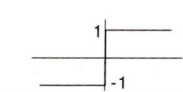

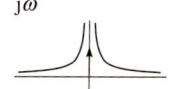

Kosinusschwingung

$$\cos(2\pi f_0 t) \quad \circ\!\!\!-\!\!\!\bullet \quad \frac{1}{2}\delta(f+f_0) + \frac{1}{2}\delta(f-f_0)$$

$$\cos\omega_0 t \quad \circ\!\!\!-\!\!\!\bullet \quad \pi\delta(\omega+\omega_0) + \pi\delta(\omega-\omega_0)$$

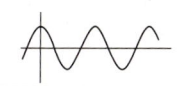

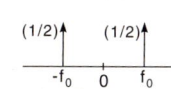

Sinusschwingung

$$\sin(2\pi f_0 t) \quad \circ\!\!\!-\!\!\!\bullet \quad \frac{j}{2}\delta(f+f_0) - \frac{j}{2}\delta(f-f_0)$$

$$\sin\omega_0 t \quad \circ\!\!\!-\!\!\!\bullet \quad j\pi\delta(\omega+\omega_0) - j\pi\delta(\omega-\omega_0)$$

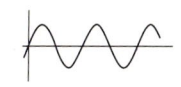

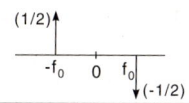

Eingeschalteter Kosinus

$$s(t)\cdot\cos(2\pi f_0 t) \quad \circ\!\!\!-\!\!\!\bullet \quad \frac{1}{4}\delta(f-f_0) + \frac{1}{4}\delta(f+f_0) + \frac{j}{2\pi}\frac{f}{f_0^2 - f^2}$$

$$s(t)\cdot\cos\omega_0 t \quad \circ\!\!\!-\!\!\!\bullet \quad \frac{\pi}{2}\delta(\omega-\omega_0) + \frac{\pi}{2}\delta(\omega+\omega_0) + j\frac{\omega}{\omega_0^2 - \omega^2}$$

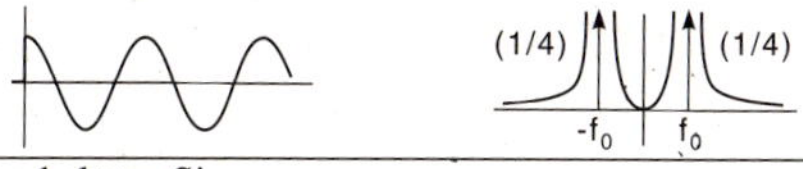

Eingeschalteter Sinus

$$s(t)\cdot\sin(2\pi f_0 t) \quad \circ\!\!\!-\!\!\!\bullet \quad \frac{j}{4}\delta(f+f_0) - \frac{j}{4}\delta(f-f_0) + \frac{1}{2\pi}\frac{f_0}{f_0^2 - f^2}$$

$$s(t)\cdot\sin(\omega_0 t) \quad \circ\!\!\!-\!\!\!\bullet \quad \frac{\pi}{2j}\delta(\omega+\omega_0) - \frac{\pi}{2j}\delta(\omega-\omega_0) + \frac{\omega_0}{\omega_0^2 - \omega^2}$$

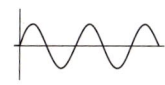

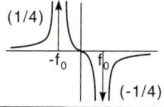

Einseitiger Exponentialimpuls

$$s(t)\cdot e^{-at} \quad \circ\!\!\!-\!\!\!\bullet \quad \frac{1}{a+j\omega} \quad \text{für } \operatorname{Re}\{a\} > 0$$

Signal $s(t)$	Spektrum $S(f), S(\omega)$
Zweiseitiger Exponentialimpuls $s(t) \cdot e^{-a\vert t \vert}$	$\dfrac{2a}{a^2 + \omega^2}$ für $\text{Re}\{a\} > 0$
Abklingende Kosinusschwingung $s(t) \cdot e^{-at} \cdot \cos \omega_0 t$	$\dfrac{j\omega + a}{(j\omega + a)^2 + \omega_0^2}$ für $\text{Re}\{a\} > 0$
Abklingende Sinusschwingung $s(t) \cdot e^{-at} \cdot \sin \omega_0 t$	$\dfrac{\omega_0}{(j\omega + a)^2 + \omega_0^2}$ für $\text{Re}\{a\} > 0$ $\approx \dfrac{1}{2\pi f_0}$

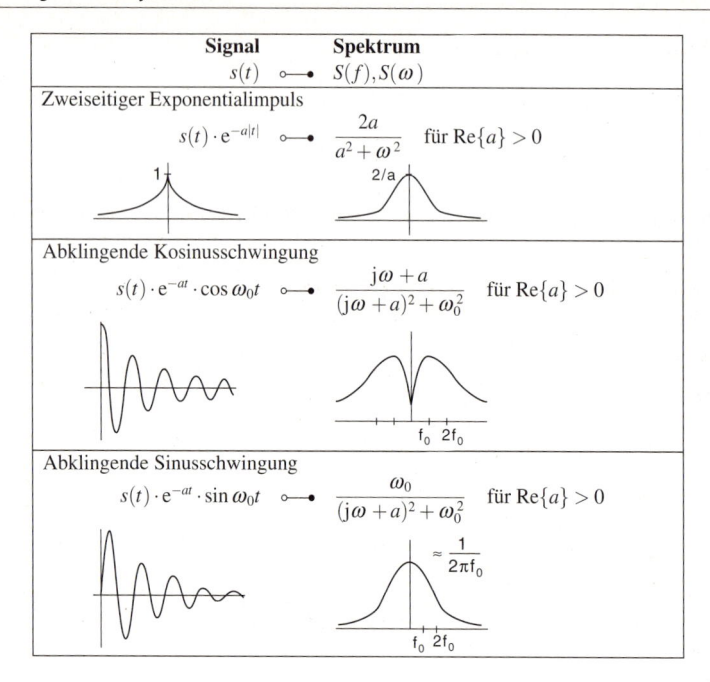

7.5 Nichtlineare Systeme

7.5.1 Definition

Systeme, deren Ausgangsgröße nicht linear von der Eingangsgröße abhängt, heißen **nichtlineare Systeme**.

HINWEIS: Praktisch gibt es keine linearen Systeme, schon deswegen, weil jedes reale System Aussteuerungsgrenzen hat. Lineare Systeme stellen in vielen Fällen eine gute Näherung von realen Systemen dar.

Besser für die praktische Umsetzung geeignet ist die folgende Charakterisierung nichtlinearer Systeme:

- Ein System, das auf ein harmonisches Eingangssignal mit einem nicht harmonischen Ausgangssignal reagiert, heißt **nichtlineares System**.

7.5.2 Charakterisierung nichtlinearer Systeme

Bauelemente mit ausgeprägt nichtlinearer $I(U)$-Kennlinie sind beispielsweise Gleichrichterdioden, Zenerdioden, Tunneldioden, Varistoren (spannungsabhängige Widerstände). Unter Berücksichtigung ihres thermischen Zeitverhaltens gilt das auch für Heiß- und Kaltleiter, unter anderem Glühlampen.

Häufig (nicht immer) ist man daran interessiert, Systeme mit weitgehend linearem Verhalten zu realisieren. Man nimmt dann die Nichtlinearitäten als störend in Kauf. Die Abweichung von der angestrebten Linearität versucht man durch Kenngrößen zu charakterisieren.

7.5.2.1 Kennliniengleichung

Eine Möglichkeit, Nichtlinearitäten zu beschreiben, besteht in der Darstellung der Kennlinie als Polynomgleichung

$$u_2 = a \cdot u_1 + b \cdot u_1^2 + c \cdot u_1^3 + \ldots \tag{7.71}$$

Den Grad des Polynoms der Kennliniengleichung bezeichnet man als die **Ordnung des nichtlinearen Systems**.

BEISPIEL: Bei harmonische Eingangsspannung $u_1 = \hat{u}_1 \cdot \cos \omega t$ ergibt sich als Ausgangsspannung an einem nichtlinearen System zweiter Ordnung

$$u_2 = a \cdot \hat{u}_1 \cdot \cos \omega t + b \cdot \hat{u}_1^2 \cdot \cos^2 \omega t$$

Das Quadrat der Kosinusfunktion läßt sich nach dem Additionstheorem auflösen

$$\cos^2 \omega t = \frac{1}{2} \cdot (1 + \cos 2\omega t) \tag{7.72}$$

Also ist die Ausgangsspannung

$$u_2 = \frac{b}{2} \cdot \hat{u}_1^2 + a \cdot \hat{u}_1 \cdot \cos \omega t + \frac{b}{2} \cdot \hat{u}_1^2 \cdot \cos 2\omega t$$

Im Ausgangssignal tauchen Anteile mit der doppelten Frequenz des Eingangssignals auf. Man bezeichnet diese Anteile als **Harmonische** oder **Oberschwingungen**.

Allgemein gilt

- Ein nichtlineares System n-ter Ordnung erzeugt Harmonische bis zur n-fachen Frequenz des Eingangssignals. Die Amplituden der einzelnen Harmonischen hängen von den Koeffizienten der Kennliniengleichung ab.

HINWEIS: Zur Zählweise: Die erste Harmonische hat die Kreisfrequenz ω, entspricht also der Grundschwingung. Unter der ersten Oberschwingung versteht man jedoch eine Schwingung mit der Kreisfrequenz 2ω. Sie ist also die zweite Harmonische.

Die Beschreibung eines nichtlinearen Systems durch die Koeffizienten seiner Kennlinie ist wenig praxisnah. Stärker ist man interessiert an der Auswirkung auf die Verzerrungsprodukte. Dazu dient der Klirrfaktor.

7.5.2.2 Klirrfaktor

Der **Klirrfaktor** eines Signals ist definiert als

$$k = \frac{\text{Effektivwert der Oberschwingungen}}{\text{Effektivwert des Gesamtsignals}} = \frac{\sqrt{\sum_{n=2}^{\infty} A_n^2}}{\sqrt{\sum_{n=1}^{\infty} A_n^2}} \tag{7.73}$$

Die A_n sind dabei die FOURIER-Koeffizienten des Amplitudenspektrums des betreffenden Signals. Der Faktor $\sqrt{2}$ zwischen Amplitude und Effektivwert jeder Schwingung kürzt sich heraus.

BEISPIEL: Das Signal $u(t) = 2\,\text{V} \cdot \cos\omega t + 0.2\,\text{V} \cdot \sin 3\omega t - 0.4\,\text{V} \cdot \sin 4\omega t$ hat den Klirrfaktor

$$k^2 = \frac{0.2^2 + 0.4^2}{2^2 + 0.2^2 + 0.4^2} = 0.0476 \Rightarrow k = 0.218 \approx 22\,\%$$

HINWEIS: Es ist in der Regel einfacher, k^2 zu berechnen und dann zu radizieren, als die Definition des Klirrfaktors unmittelbar anzuwenden.

● Der Klirrfaktor eines rein harmonischen (sinusförmigen) Signals ist Null.

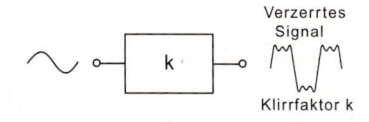

Abbildung 7.57: Zur Definition des Klirrfaktors eines Übertragungssystems

Wenn ein System bei einem rein harmonischen Eingangssignal ein Ausgangssignal mit Klirrfaktor k produziert, ordnet man die Verzerrung dem System zu und spricht von einem System mit Klirrfaktor k.

HINWEIS: Wenn das Eingangssignal bereits oberschwingungshaltig ist, ist eine Bestimmung des Klirrfaktors nicht möglich.

● Der Klirrfaktor des Ausgangssignals ist aussteuerungsabhängig. Die Angabe des Klirrfaktors eines Übertragungssystems ist nur sinnvoll, wenn die Meßbedingungen angegeben werden.

Typische Klirrfaktoren	
k	Beispiel
33 %	Klirrfaktor einer Rechteckschwingung
10 %	Sprache noch verständlich
1 %	maximaler Klirrfaktor eines HiFi-Verstärkers
	Verzerrungen gerade noch hörbar
0,1 %	Klirrfaktor eines guten HiFi-Verstärkers
	Verzerrungen nicht mehr wahrnehmbar

Mitunter ist man nur an der Amplitude einzelner Harmonischer (Oberschwingungen) interessiert. Dazu dient der **Klirrfaktor n-ter Ordnung**.

$$k_n = \frac{\text{Effektivwert der } n\text{-ten Harmonischen}}{\text{Effektivwert des Gesamtsignals}} \tag{7.74}$$

Man definiert die **Klirrdämpfung** als

$$a_k = -20\log k \tag{7.75}$$

bzw. die **Klirrdämpfung n-ter Ordnung** als

$$a_{kn} = -20\log k_n \tag{7.76}$$

Klirrfaktor	Klirrdämpfung
10 %	20 dB
1 %	40 dB
0,1 %	60 dB

Sinusgeneratoren, aber auch Spektrumanalysatoren und selektive Pegelmesser müssen eine möglichst große Klirrdämpfung aufweisen (d. h. klirrarm sein).

7.5.2.3 Intermodulationsabstand

Eine weitere unangenehme Begleiterscheinung von Nichtlinearitäten sind **Intermodulationsverzerrungen**.

BEISPIEL: Ein nichtlineares System zweiter Ordnung mit der Kennline $u_2 = a \cdot u_1 + b \cdot u_1^2$ wird mit einem **Zweiton-Signal** $u_1(t) = \cos \omega_1 t + \cos \omega_2 t$ angeregt. Das Ausgangssignal lautet

$u_2 = \dfrac{b}{2}$ \hspace{2em} Gleichanteil

$+ a(\cos \omega_1 t + \cos \omega_2 t)$ \hspace{2em} Nutzsignal

$+ \dfrac{b}{2}(\cos 2\omega_1 t + \cos 2\omega_2 t)$ \hspace{2em} Anteile doppelter Frequenz

$+ b \cdot \cos(\omega_1 + \omega_2)t$ \hspace{2em} Summen-

$+ b \cdot \cos(\omega_1 - \omega_2)t$ \hspace{2em} und Differenzfrequenzen

Allgemein entstehen bei einem nichtlinearen System n-ter Ordnung Signalkomponenten mit den Frequenzen

$$|p \cdot f_1 \pm q \cdot f_2| \quad \text{mit} \quad p, q = 0, 1 \ldots n \quad \text{und} \quad p + q \leqq n \tag{7.77}$$

BEISPIEL: Ein nichtlineares System dritter Ordnung wird mit einem Zweitonsignal mit den Frequenzen 5 kHz und 7 kHz gespeist. Am Ausgang erscheinen Signalanteile mit folgenden Frequenzen:

p	0	0	0	0	1	1	1	2	2	3	5 kHz
q	0	1	2	3	0	1	2	0	1	0	7 kHz
$p \cdot f_1 + q \cdot f_2$	0	7	14	21	5	12	19	10	17	21	(kHz)
$\lvert p \cdot f_1 - q \cdot f_2 \rvert$						2	9		3		(kHz)

In der Abbildung 7.58 sind für dieses System die Verzerrungsprodukte in logarithmischem Maßstab dargestellt.

Intermodulation tritt auch bei schmalbandigen Systemen auf, die Oberschwingungen ihrer Bandbreite wegen gar nicht übertragen würden. Besonders störend bei der Übertragung der Nutzsignale sind die Verzerrungsprodukte dritter Ordnung mit den Frequenzen $2f_1 - f_2$ und $2f_2 - f_1$ (im Beispiel 3 und 9 kHz), weil sie am dichtesten beim Nutzsignal liegen und deshalb am schwierigsten zu unterdrücken sind. Bei Systemen mit nur geringen nichtlinearen Verzerrungen gilt annähernd für die Verzerrungsprodukte zweiter und dritter Ordnung

$$u_2^{(2)} = const \cdot u_1^2 \quad \text{und} \quad u_2^{(3)} = const \cdot u_1^3 \tag{7.78}$$

Die (unterschiedlichen) Konstanten ergeben sich aus den Koeffizienten der Kennliniengleichung.

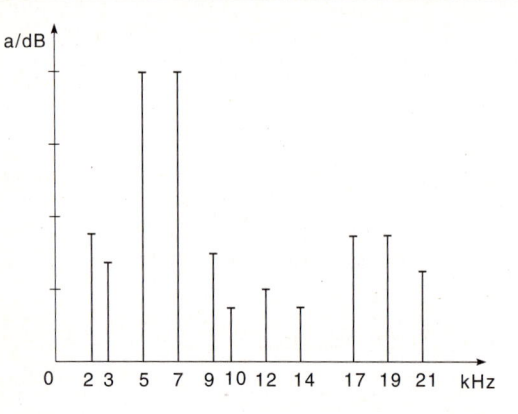

Abbildung 7.58: Verzerrungsprodukte eines nichtlinearen Systems bei Anregung mit Zweitonsignal 5 kHz und 7 kHz in einfachlogarithmischer Darstellung

- Die Amplitude der Verzerrungsprodukte zweiter Ordnung wächst (näherungsweise) quadratisch mit dem Eingangssignal. Für Intermodulationsprodukte dritter Ordnung ist die Abhängigkeit kubisch.

Durch beidseitiges Logarithmieren der Gleichung (7.78) erhält man

$$\underbrace{20\log_{10} u_2^{(2)}}_{L_2^{(2)}} = const + 2 \cdot \underbrace{20\log_{10} u_1}_{L_1}$$

L_1 ist der Eingangspegel, $L_2^{(n)}$ der Ausgangspegel des Intermodulationsproduktes n-ter Ordnung.

$$L_2^{(1)} = const + L_1; \qquad L_2^{(2)} = const + 2 \cdot L_1; \qquad L_2^{(3)} = const + 3 \cdot L_1$$

In logarithmischer Darstellung hängt der Ausgangspegel aller Signalanteile linear vom Eingangspegel ab. Unterschiedlich ist nur ihre Steigung.

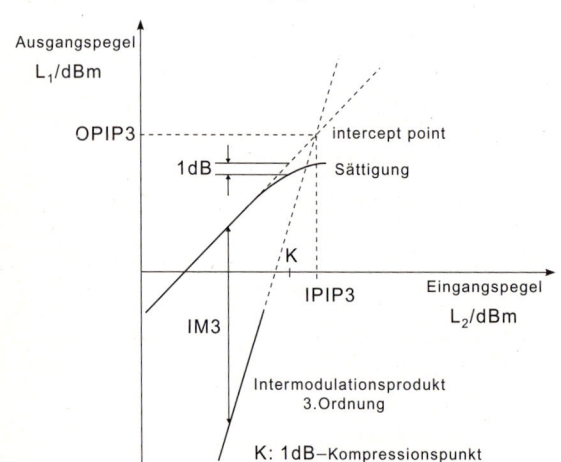

Abbildung 7.59: Zur Definition von Intermodulationsabstand, *intercept point* und 1 dB-Kompressionspunkt (gekennzeichnet durch K)

Der **Intermodulationsabstand** ist der (logarithmische) Abstand zwischen dem Nutzsignal und dem Intermodulationsprodukt. Man kennzeichnet ihn durch $IM2$ bzw. $IM3$. Der Intermodulationsabstand verringert sich mit zunehmender Aussteuerung. Die Eingangsleistung, bei der der Intermodulationsabstand zu Null wird, wird als *intercept point* (etwa: Schnittpunkt) bezeichnet. Bei Kenntnis des *intercept point* IP läßt sich der Intermodulationsabstand IM bei der Eingangsleistung L_1 bestimmen. Es gilt

$$IM3(L_1) = 2 \cdot (IP3 - L_1) \tag{7.79}$$

BEISPIEL: Ein Mikrowellenverstärker weist bei einem Eingangspegel von -15 dBm einen Intermodulationsabstand $IM3$ von 34 dB auf. Wie weit muß der Eingangspegel gesenkt werden, um einen Intermodulationsabstand von 40 dB zu erreichen?

Der *intercept point* des Systems liegt nach obiger Gleichung bei 2 dBm. Eine Absenkung des Eingangspegels auf -18 dBm, also um 3 dB, erzielt den geforderten Intermodulationsabstand.

HINWEIS: Abhängig davon, ob man beim *intercept point* die Eingangs- oder die Ausgangsleistung angibt, unterscheidet man *input intercept point IPIP* und *output intercept point OPIP*.

Bei praktisch ausgeführten Systemen läßt sich der *intercept point* gar nicht erreichen, weil vorher das Ausgangssignal in die Sättigung geht. Zur Charakterisierung der Aussteuergrenze dient der **1 dB-Kompressionspunkt**, das ist die Eingangsleistung, bei der die tatsächliche Ausgangsleistung 1 dB unter der theoretisch zu erwartenden bleibt.

7.6 Formelzeichen

a	Zeitdehnungsfaktor
a_0, a_1, a_2	Koeffizienten des Zählerpolynoms
$a(\omega)$	Dämpfungsmaß (dB)
$\dfrac{a_0}{2}$	Gleichanteil eines Signals
a_k	Klirrdämpfung (dB)
a_{kn}	Klirrdämpfung n-ter Ordnung (dB)
a_n	FOURIER-Koeffizienten
A_n	FOURIER-Koeffizienten des Amplitudenspektrums
B	Bandbreite
b_0, b_1	Koeffizienten des Nennerpolynoms
b_n	FOURIER-Koeffizienten
$b(\omega)$	Phasenmaß
c_n	komplexe FOURIER-Koeffizienten
C_n	normierter Kapazitätswert
$\delta(t)$	Stoßfunktion, DIRAC-Impuls (s^{-1})
E	Energie eines Signals
Δf	Bandbreite des idealen TP
f_g	Grenzfrequenz
$f(t)$	Zeitfunktion
$F(f), F(\omega)$	FOURIER-Transformierte

$\mathcal{F}\{\}$	FOURIER-Transformation
$\mathcal{F}^{-1}\{\}$	inverse FOURIER-Transformation
$\varphi(f)$	Phasenanteil der FOURIER-Transformierten
φ_n	FOURIER-Koeffizienten des Phasenspektrums
$\varphi(\omega)$	Phasen-Frequenzgang
$G(\omega)$	Übertragungsfunktion
G_n	normierte Übertragungsfunktion
$g(t)$	Impulsantwort, Gewichtsfunktion eines Systems
$g_n(t)$	normierte Impulsantwort
$\Gamma(t)$	Gaußimpuls
$h(t)$	Sprungantwort eines Systems
IM	Intermodulationsabstand (dB)
k	Klirrfaktor
k_n	Klirrfaktor n-ter Ordnung
L_1	Eingangspegel (dBm)
$L_2^{(n)}$	Ausgangspegel des Intermodulationsproduktes n-ter Ordnung
L_n	normierter Induktivitätswert ( )
$\Lambda(t)$	Dreieckimpuls
M, N	obere Schranken für den Betrag eines Signals
$\Delta\omega$	Bandbreite des idealen TP
ω_0	Mittenkreisfrequenz (s^{-1})
ω_B	Bezugskreisfrequenz für die Frequenznormierung (s^{-1})
ω_g	Grenzkreisfrequenz
ω_n	normierte Frequenz ( )
P	Leistung eines Signals
p_1, p_2	Nullstellen des Nennerpolynoms, Pole
$R(f)$	Realteil der FOURIER-Transformierten
R_B	Bezugswiderstand für die Impedanznormierung (Ω)
R_n	normierter Widerstandswert ( )
$\text{rect}(t)$	Rechteckfunktion, Rechteckimpuls
$s(t)$	Sprungfunktion
$\|S(f)\|$	Betrag der FOURIER-Transformierten
$\text{sgn}(t)$	Signumfunktion
si	si-Funktion
Si	Integralsinus-Funktion
T	Periodendauer eines periodischen Signals
T	Transformation durch ein System
ΔT	Pulsbreite
t_0	Verzögerungszeit
t_e	Einschwingzeit
t_n	normierte Zeit ( )

Δt_p	Pulsbreite (idealer TP)
τ	Integrationsvariable
τ_g	Gruppenlaufzeit
τ_p	Phasenlaufzeit
$\hat{u}$	Amplitude der Spannung
u_1	Eingangsspannung
u_2	Ausgangsspannung
u_a	Ausgangsspannung
u_e	Eingangsspannung
$X(f)$	Imaginärteil der FOURIER-Transformierten
$X(\omega)$	FOURIER-Transformierte des Eingangssignals
$Y(\omega)$	FOURIER-Transformierte des Ausgangssignals

7.7 Weiterführende Literatur

CZICHOS (HRSG.) HÜTTE: *Die Grundlagen der Ingenieurwissenschaften, 29. Auflage Teil G Elektrotechnik*
Springer Verlag 1991

DORF (HRSG.): *The Electrical Engineering Handbook, Section II*
CRC press 1993

LÜKE: *Signalübertragung, Grundlagen der digitalen und analogen Nachrichtenübertragungssysteme, 5. Auflage*
Springer Verlag 1992

MILDENBERGER: *Entwurf analoger und digitaler Filter*
Vieweg Verlag 1992

MILDENBERGER: *System- und Signaltheorie*
Vieweg Verlag 1988

SIMONYI: *Theoretische Elektrotechnik, 9. Auflage*
Deutscher Verlag der Wissenschaften 1989

8 Analoge Schaltungstechnik

Die **analoge Schaltungstechnik** befaßt sich mit elektrischen Schaltkreisen (Schaltungen), die der Verarbeitung analoger Signale dienen. **Analoge Signale** sind Größen, die einen stetigen Verlauf haben und innerhalb festgelegter Grenzen jeden beliebigen Wert annehmen können.

8.1 Berechnungsverfahren

Berechnungen in der analogen Schaltungstechnik sollen die wesentlichen Zusammenhänge klären und die Bauteilwerte ergeben. Die Berechnung ist nur unter vielen vereinfachenden Annahmen sinnvoll möglich. Die daher stark vereinfachten Ersatzschaltbilder geben nur die für die Funktion wesentlichen Merkmale wieder. Die Schaltungsberechnung beschreibt die wahren Schaltungszustände mit ca. $10\ldots20\,\%$ Genauigkeit. In Hinblick darauf, daß Halbleiterparameter durchaus um den Faktor 2 streuen, Widerstände und Kondensatoren um $5\ldots20\,\%$, gilt es in der analogen Schaltungstechnik, Schaltungen zu entwerfen, die unabhängig von der großen Toleranz der Bauteilwerte sind. Dies gelingt mit regelungstechnischen Maßnahmen, insbesondere der Gegenkopplung.

8.1.1 Linearisierung* im Arbeitspunkt

Der Zusammenhang zwischen Strom und Spannung in Halbleiterbauelementen ist in der Regel nichtlinear.

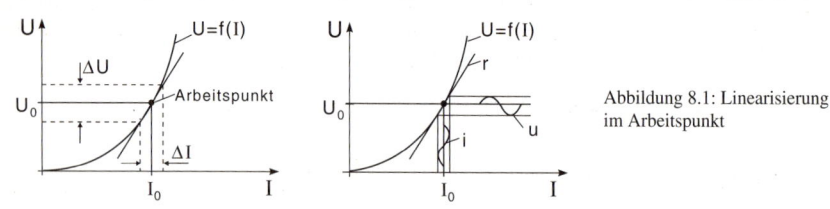

Abbildung 8.1: Linearisierung im Arbeitspunkt

Unter der Voraussetzung, daß man sich um ein Wertepaar U_0, I_0 (Arbeitspunkt*) nur geringfügig bewegt, in Abbildung 8.1 durch den Bereich ΔU, ΔI gekennzeichnet, ist eine Linearisierung der Funktion $U = f(I)$ im Wertepaar U_0, I_0 möglich. Die Linearisierung ersetzt den wahren Zusammenhang um so besser, je kleiner das Nutzsignal gegenüber den Arbeitspunktgrößen ist. Dies findet besonders Anwendung in der Kleinsignalverstärkertechnik. Das Nutzsignal wird hier Kleinsignal genannt, weil es klein gegenüber den Arbeitspunktgrößen U_0, I_0 ist. Die Aussteuerung mit dem Kleinsignal erfolgt um den Arbeitspunkt.

Berechnung:

Die Funktion $U = f(I)$ wird ersetzt durch ihre Steigung im Arbeitspunkt. Für eine kleine Änderung ΔI des Stromes I um den Arbeitspunkt gilt dann:

---

* LINEARISIERUNG: *linearization*
* ARBEITSPUNKT: *operating point*

$$\Delta U = \left.\frac{\mathrm{d}U}{\mathrm{d}I}\right|_{I_0} \cdot \Delta I \tag{8.1}$$

bzw. für das Kleinsignal u, i gilt:

$$u = \left.\frac{\mathrm{d}U}{\mathrm{d}I}\right|_{I_0} \cdot i \quad \text{oder} \quad u = r \cdot i \tag{8.2}$$

Den Widerstand r bezeichnet man als **differentiellen Widerstand**[*] (**dynamischer Widerstand**). Er ist abhängig von den Arbeitspunktgrößen. Die Darstellung $u = r \cdot i$ bedeutet demnach, daß für die Kleinsignalgrößen deren Koordinatenursprung $u = 0$, $i = 0$ in den Arbeitspunkt U_0, I_0 gelegt wurde.

HINWEIS: Selbstverständlich kann die Linearisierung im Arbeitspunkt auch auf andere nichtlineare, physikalische Zusammenhänge angewandt werden.

8.1.2 Wechselstromersatzschaltung

Schaltungen in der Kleinsignalverstärkertechnik haben normalerweise eine Gleichspannungsversorgung, während das Nutzsignal eine Wechselspannung ist. Zur Vereinfachung der Berechnung möchte man nur die für das Nutzsignal relevanten Größen betrachten.

Nach dem Superpositionsgesetz (Überlagerungssatz) kann in linearen Netzen die Wirkung einer Spannung berechnet werden, indem alle anderen Spannungs- und Stromquellen eliminiert werden. Hat man ein reales Netzwerk mit Halbleitern im Arbeitspunkt linearisiert, so ist die Voraussetzung für das Superpositionsgesetz, nämlich lineares Verhalten zwischen Ursache und Wirkung, erfüllt. Ersetzt man nun alle Versorgungsspannungen durch einen Kurzschluß, so daß man nur noch die Kleinsignalspannungsquelle hat, so bezeichnet man dieses Netzwerk als **Wechselstromersatzschaltbild**[*].

BEISPIEL: Bestimmung des Wechselanteils u_2 der Spannung U_2: U_0 wird durch einen Kurzschluß ersetzt und $u_2 = f(u_1)$ berechnet.

$$u_2 = \frac{R_2 \| R_3}{R_1 + (R_2 \| R_3)} \cdot u_1$$

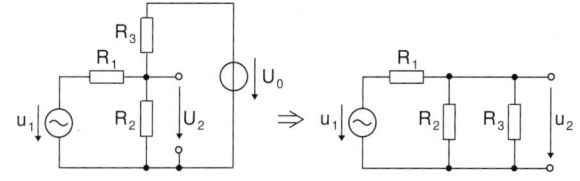

Abbildung 8.2: Erzeugung eines Wechselstromersatzschaltbildes

---

[*] DIFFERENTIELLER WIDERSTAND: *incremental resistance, small-signal resistance*
[*] WECHSELSTROMERSATZSCHALTUNG: *small-signal equivalent circuit*

8.1.3 Ein- und Ausgangsimpedanz

8.1.3.1 Bestimmung der Eingangsimpedanz

Die **Eingangsimpedanz**[*] $\underline{Z}_e$ einer Kleinsignalschaltung ist die Impedanz zwischen den Eingangsklemmen für ein kleines Wechselspannungssignal.

$$\underline{Z}_e = \frac{\underline{u}_e}{\underline{i}_e}$$

Abbildung 8.3: Definition der Eingangsimpedanz $\underline{Z}_e$

- Für **passive Schaltungen** ist $\underline{Z}_e$ die resultierende Impedanz, die sich durch Zusammenfassung aller in der Schaltung befindlichen Impedanzen ergibt.

- Bei **aktiven Schaltungen mit ungesteuerten Quellen** ist $\underline{Z}_e$ die Impedanz, die sich an den Eingangsklemmen ergibt, wenn alle internen Spannungs- und Stromquellen kurzgeschlossen bzw. unterbrochen werden.

- Für **aktive Schaltungen mit gesteuerten Quellen** wird $\underline{Z}_e$ bestimmt, indem $\underline{u}_e$ an die Eingangsklemmen gelegt und $\underline{i}_e$ gemessen bzw. mittels Knoten- und Maschengleichungen berechnet wird. Gesteuerte Quellen sind solche Quellen, deren Größe durch eine andere elektrische Größe bestimmt wird.

BEISPIEL: Berechnung der Eingangsimpedanz einer Schaltung mit gesteuerter Stromquelle:

$$u_e = i_e \cdot r_{BE} + (i_e + i_e \cdot \beta) \cdot R_E$$
$$= i_e \cdot [r_{BE} + (1+\beta) \cdot R_E]$$
$$Z_e = \frac{u_e}{i_e} = r_{BE} + (1+\beta) \cdot R_E$$

Abbildung 8.4: Berechnung der Eingangsimpedanz $\underline{Z}_i$

8.1.3.2 Bestimmung der Ausgangsimpedanz

Die Bestimmung einer **Ausgangsimpedanz**[*] $\underline{Z}_a$ basiert darauf, daß die aktive Schaltung als Spannungsquelle bzw. als Stromquelle mit Innenwiderstand aufgefaßt wird:

Die Ausgangsimpedanz $\underline{Z}_a$ berechnet sich:

$$\underline{Z}_a = \frac{\text{Leerlaufspannung}}{\text{Kurzschlußstrom}} = \frac{\underline{u}_q}{\underline{i}_k} \tag{8.3}$$

---

[*] EINGANGSIMPEDANZ: *input impedance*
[*] AUSGANGSIMPEDANZ: *output impedance, equivalent source resistance*

Meßtechnisch kann die Ausgangsimpedanz einer Schaltung durch zwei verschiedene Lastfälle bestimmt werden:

$$\underline{Z}_a = \frac{\underline{u}_1 - \underline{u}_2}{\underline{i}_2 - \underline{i}_1} \tag{8.4}$$

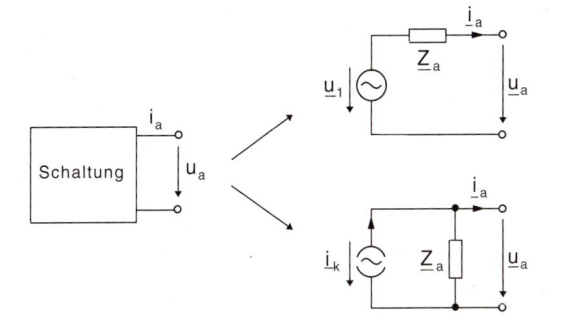

Abbildung 8.5: Berechnung der Ausgangsimpedanz $\underline{Z}_a$

8.1.3.3 Zusammenschaltung von Zweipolen

Verbindet man Zweipole* (Schaltungen) zu einem Stromkreis, so ist der Strom abhängig von der Ausgangsimpedanz des einen Zweipoles und der Eingangsimpedanz des anderen Zweipoles.

$$\underline{i} = \frac{\underline{u}_q}{\underline{Z}_a + \underline{Z}_e}$$

$$\underline{u} = \underline{u}_q \cdot \frac{\underline{Z}_e}{\underline{Z}_a + \underline{Z}_e}$$

Abbildung 8.6: Zusamenschaltung zweier Schaltungen

In der Praxis der analogen Schaltungstechnik unterscheidet man drei Fälle:

1. $\underline{Z}_a = \underline{Z}_e^*$ ($\underline{Z}_e$ ist konjugiert komplex zu $\underline{Z}_a$)

   Leistungsanpassung; $u = \dfrac{u_q}{2}$

2. $Z_a \ll Z_e$
   Die Impedanz der Spannungsquelle ist niederohmig gegenüber der Lastimpedanz. Die Eingangsspannung der Lastimpedanz ist infolge der niederohmigen Ausgangsimpedanz näherungsweise gleich der Leerlaufspannung der Spannungsquelle. Man sagt auch, die Spannung u ist *eingeprägt*, weil sie sich bei Änderung der Lastimpedanz praktisch nicht ändert.

3. $Z_a \gg Z_e$
   Die Impedanz der Spannungsquelle ist groß gegenüber der Lastimpedanz. Der Strom ist maßgeblich bestimmt durch die Ausgangsimpedanz der Spannungsquelle und ist näherungsweise unabhängig von der Lastimpedanz. Man sagt auch, der Strom i ist *eingeprägt*, weil er sich bei Änderung der Lastimpedanz praktisch nicht ändert.

---

* ZWEIPOL: *two-terminal network*

8.1.4 Vierpolverfahren

Vierpole[*] (**Zweitore**) sind Schaltungen mit 4 von außen zugänglichen Anschlüssen, wobei 2 Anschlüsse den Eingang und 2 Anschlüsse den Ausgang bilden.

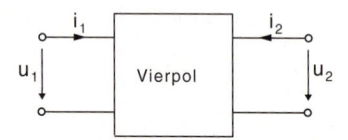

Abbildung 8.7: Vierpol mit Zählpfeilrichtungen

Klassifizierung:

- Vierpole heißen **aktiv**[*], wenn sie Quellen enthalten (auch gesteuerte Quellen, die beispielsweise vom Eingangsstrom gesteuert sind), sonst **passiv**[*].

- Vierpole heißen **symmetrisch**[*], wenn die Eingangs- und Ausgangsklemmen austauschbar sind, sonst **unsymmetrisch**[*].

- Vierpole sind **linear**, wenn Ströme und Spannungen linear voneinander abhängen, sonst **nichtlinear**.

- Vierpole heißen **umkehrbar**[*], wenn das Verhältnis von Eingangsspannung zu Ausgangsstrom unabhängig von der Vertauschung von Eingangsklemmen und Ausgangsklemmen ist, sonst **nicht umkehrbar**[*]. Alle linearen, passiven Vierpole sind umkehrbar.

- Vierpole sind **rückwirkungsfrei**[*], wenn sie die relevante Ausgangsgröße des vorhergehenden und die relevante Eingangsgröße des nachfolgenden Vierpols *nicht* verändern. Dies ist beispielsweise der Fall, wenn Vierpole in Kette geschaltet werden, die einen hochohmigen Eingang und einen niederohmigen Ausgang haben.

8.1.4.1 Vierpolgleichungen

Das elektrische Verhalten eines linearen Vierpols an seinen Anschlußklemmen kann mittels der **Vierpolgleichungen** vollständig beschrieben werden. Die Koeffizienten der elektrischen Größen nennt man **Vierpolparameter**. In bezug auf die analogen Schaltungen wird mittels der Vierpolgleichungen das Kleinsignalverhalten elektronischer Schaltungen, insbesondere Transistorgrundschaltungen, beschrieben (Kleinsignal: kleine Wechselstromaussteuerungen um einen Gleichstromarbeitspunkt). Besondere Bedeutung hat die Hybrid- und die Leitwertform der Vierpolgleichungen.

---

[*] VIERPOL: *four-terminal network, two-port network*
[*] AKTIV: *active*
[*] PASSIV: *passive*
[*] SYMMETRISCH: *symmetrical*
[*] UNSYMMETRISCH: *asymmetrical*
[*] UMKEHRBAR: *reciprocal*
[*] NICHT UMKEHRBAR: *irreversible, nonreciprocal*
[*] RÜCKWIRKUNGSFREI: *non-reactive*

8.1.4.2 h-Parameter (Hybrid-Parameter*)

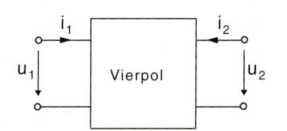

$$u_1 = h_{11} \cdot i_1 + h_{12} \cdot u_2$$
$$i_2 = h_{21} \cdot i_1 + h_{22} \cdot u_2$$

Abbildung 8.8: Die Vierpolgleichungen in Hybridform

Die Parameter haben folgende Bedeutung:

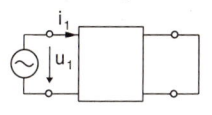

Kurzschluß-Eingangswiderstand*
$$h_{11} = \frac{u_1}{i_1} \quad \text{für} \quad u_2 = 0$$

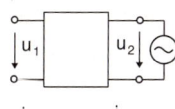

Leerlauf-Spannungsrückwirkung*
$$h_{12} = \frac{u_1}{u_2} \quad \text{für} \quad i_1 = 0$$

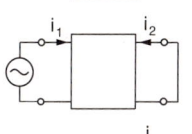

Kurzschluß-Vorwärtsstromverstärkung*
$$h_{21} = \frac{i_2}{i_1} \quad \text{für} \quad u_2 = 0$$

Leerlauf-Ausgangsleitwert*
$$h_{22} = \frac{i_2}{u_2} \quad \text{für} \quad i_1 = 0$$

Die Parameter werden bei Kurzschluß am Ausgang bzw. Leerlauf am Eingang gemessen oder berechnet. Die formalen Zusammenhänge der Vierpolgleichungen lassen sich in einem Ersatzschaltbild gemäß Abbildung 8.9 veranschaulichen.

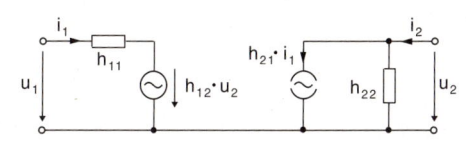

Abbildung 8.9: Vierpolersatzschaltbild für h-Parameter

8.1.4.3 y-Parameter (Leitwertparameter*)

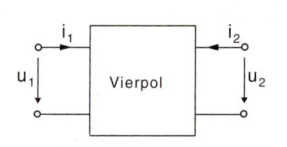

$$i_1 = y_{11} \cdot u_1 + y_{12} \cdot u_2$$
$$i_2 = y_{21} \cdot u_1 + y_{22} \cdot u_2$$

Abbildung 8.10: Die Vierpolgleichungen in Leitwertform

---

* HYBRID-PARAMETER: *hybrid parameter*
* KURZSCHLUSS-EINGANGSWIDERSTAND: *input resistance, output shorted*
* LEERLAUF-SPANNUNGSRÜCKWIRKUNG: *reverse voltage transfer ratio*
* KURZSCHLUSS-VORWÄRTSSTROMVERSTÄRKUNG: *forward current amplification, output shorted*
* LEERLAUF-AUSGANGSLEITWERT: *output admittance*
* LEITWERTPARAMETER: *admittance parameter*

Die Parameter haben folgende Bedeutung:

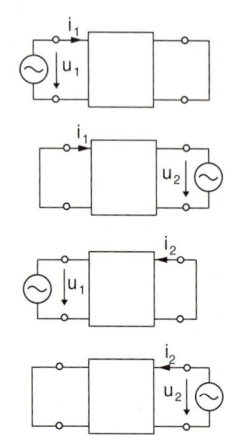

Kurzschluß-Eingangsleitwert

$$y_{11} = \frac{i_1}{u_1} \quad \text{für} \quad u_2 = 0$$

Kurzschluß-Rückwärtssteilheit

$$y_{12} = \frac{i_1}{u_2} \quad \text{für} \quad u_1 = 0$$

Kurzschluß-Vorwärtssteilheit

$$y_{21} = \frac{i_2}{u_1} \quad \text{für} \quad u_2 = 0$$

Kurzschluß-Ausgangsleitwert

$$y_{22} = \frac{i_2}{u_2} \quad \text{für} \quad u_1 = 0$$

Die Parameter werden bei Kurzschluß am Eingang und am Ausgang gemessen oder berechnet.

Die formalen Zusammenhänge der Vierpolgleichungen lassen sich in einem Ersatzschaltbild gemäß Abbildung 8.11 veranschaulichen.

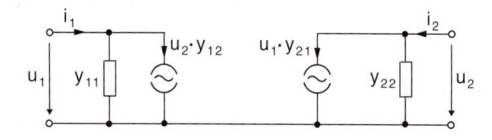

Abbildung 8.11: Vierpolersatzschaltbild für y-Parameter

8.1.5 Blockschaltbilder*

Zur Darstellung und Berechnung komplexer, analoger Schaltungen benutzt man eine Darstellung mittels **Blockschaltbildern**. Hierbei werden einzelne Schaltungsteile, deren Übertragungsverhalten zwischen Ausgangsgröße $X_a(s)$ und Eingangsgröße $X_e(s)$ eindeutig durch eine Übertragungsfunktion $F(s)$ beschreibbar sind, durch einen **Block** dargestellt.

$$X_a(s) = F(s) \cdot X_e(s)$$

Abbildung 8.12: Darstellung eines Blockes

Eingangs- und Ausgangsgrößen sowie die **Übertragungsfunktion*** werden im Bildbereich angegeben, also als Funktion der komplexen Frequenz s. In den Block wird die Übertragungsfunktion eingetragen. $X_a(s)$ und $X_e(s)$ dürfen von unterschiedlicher physikalischer Einheit sein. Die Verknüpfung mehrerer Schaltungsteile wird durch entsprechende Verbindungen zwischen den Blöcken dargestellt. Die Signalrichtung wird durch Pfeile auf den Verbindungslinien gekennzeichnet. Addition und Subtraktion von Signalen werden durch **Additionsstellen** dargestellt.

---

* BLOCKSCHALTBILD: *block diagram*
* ÜBERTRAGUNGSFUNKTION: *transfer function*

HINWEIS: Besonders übersichtlich ist diese Darstellung dann, wenn die einzelnen Blöcke rückwirkungsfrei sind, d. h., wenn der nachfolgende Block den vorherigen nicht beeinflußt (z. B. nicht belastet).

Dies erreicht man, wenn die einzelnen Schaltungsteile jeweils hochohmige Eingänge und niederohmige Ausgänge besitzen oder wenn die Schaltungsteile durch Trennverstärker voneinander entkoppelt sind.

8.1.5.1 Rechenregeln für Blockschaltbilder

Die Gesamtübertragungsfunktion einer komplexen Schaltung kann mit nachfolgenden (siehe Abb. 8.13) Rechenregeln ermittelt werden:

Zusammenfassung zweier in Reihe geschalteter Blöcke

Zusammenfassung zweier paralleler Blöcke

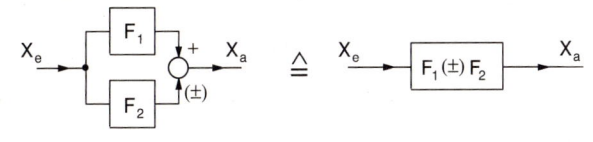

Elimination einer Rückführschleife

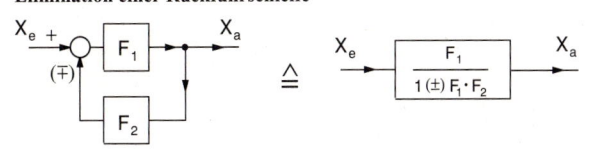

Verlegung einer Additionsstelle

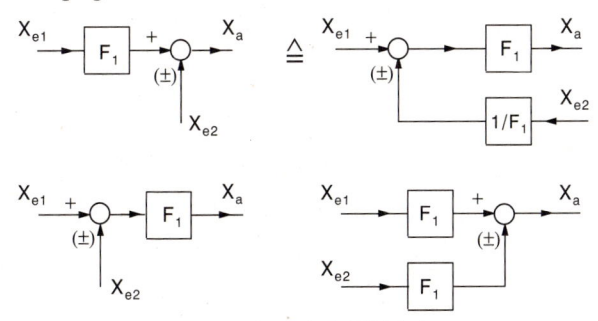

Abbildung 8.13: Blockschaltbildalgebra

BEISPIEL: Berechnung einer Übertragungsfunktion mittels Blockschaltbildalgebra:

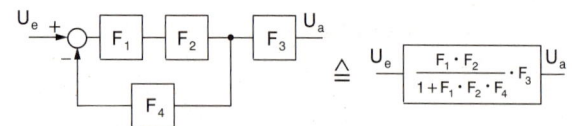

$$U_e \rightarrow [F_1] \rightarrow [F_2] \rightarrow [F_3] \rightarrow U_a \quad \hat{=} \quad U_e \boxed{\frac{F_1 \cdot F_2}{1 + F_1 \cdot F_2 \cdot F_4} \cdot F_3} U_a$$

Abbildung 8.14: Beispiel für Blockschaltbildalgebra

8.1.6 Bode-Diagramm

Im **Bode-Diagramm** wird das Übertragungsverhalten von Vierpolen dargestellt, die eingangs- und ausgangsseitig die gleiche physikalische Größe aufweisen (z. B. Verstärker, Dämpfungsglieder). Man unterscheidet zwischen dem **Amplitudengang**[*] und dem **Phasengang**[*]. Im Amplitudengang wird die Verstärkung als Funktion der Kreisfrequenz in doppellogarithmischer Darstellung angegeben. Im Phasengang wird die Phasendifferenz zwischen Ausgang und Eingang als Funktion der Kreisfrequenz in halblogarithmischer Darstellung angegeben. Das Bode-Diagramm wird auch als **Frequenzgang**[*] bezeichnet.

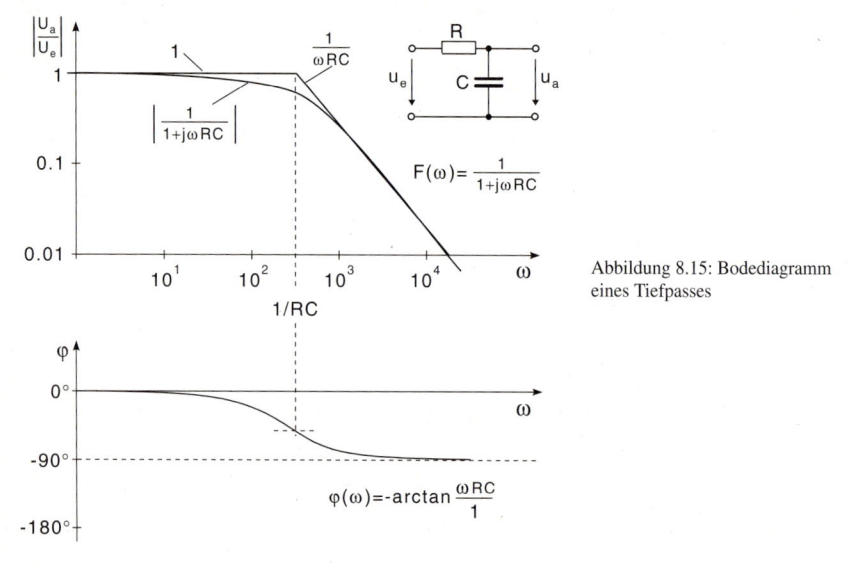

$$F(\omega) = \frac{1}{1 + j\omega RC}$$

$$\varphi(\omega) = -\arctan \frac{\omega RC}{1}$$

Abbildung 8.15: Bodediagramm eines Tiefpasses

HINWEIS: Die Darstellung ist insbesondere für rückwirkungsfreie, in Kette geschaltete Schaltungsteile günstig. Eine Kettenschaltung bedeutet die Multiplikation ihrer Übertragungsfunktionen (siehe Blockschaltbilder), d. h., die Beträge ihrer Verstärkungen werden multipliziert und die Phasendrehungen addiert. Im Bodediagramm kann diese Multiplikation durch lineare, geometrische Addition graphisch durchgeführt werden.

---

[*] AMPLITUDENGANG: *frequency response*
[*] PHASENGANG: *phase response*
[*] FREQUENZGANG: *frequency response*

8.2 Silizium- und Germaniumdioden[*]

8.2.1 Strom-Spannungsverhalten von Si- und Ge-Dioden

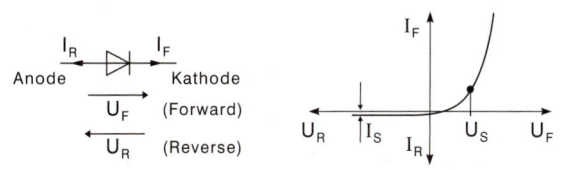

Abbildung 8.16: Schaltbild und Kennlinie von Si- und Ge-Dioden

Der **Sperrstrom**[*] I_S liegt bei Siliziumdioden bei ca. 10 pA, bei Germaniumdioden bei ca. 100 nA. Die **Schleusenspannung**[*] ist definiert als die Durchlaßspannung, die anliegt, wenn der Durchlaßstrom 10 % des zulässigen Dauergleichstromes beträgt. Die Schleusenspannung U_S liegt bei Siliziumdioden näherungsweise bei 0,7 V, bei Germaniumdioden bei 0,3 V. Auf Grund der in U_S scharf geknickten Kennlinie geht man in überschlägigen Rechnungen davon aus, daß im Durchlaßbereich an Si-Dioden 0,7 V und an Ge-Dioden 0,3 V abfallen.

Die analytische Funktion der Kennlinie lautet:

$$I_F = I_S \cdot \left(e^{\frac{U_F}{U_T}} - 1 \right) \tag{8.5}$$

mit: I_S : Sperrstrom

$U_T = \dfrac{kT}{e}$: Temperaturspannung[*]

k : Boltzmannkonstante $1,38 \cdot 10^{-23} \dfrac{\text{J}}{\text{K}}$

T : absolute Temperatur

e : Elementarladung

Die Temperaturspannung U_T beträgt bei $T = 300$ K (Raumtemperatur) ca. 25 mV.

Näherungen:

Im **Durchlaßbereich** ist $e^{\frac{U_F}{U_T}} \gg 1$. Die Diodenkennlinie im Durchlaßbereich $I_F = f(U_F)$ vereinfacht sich zu

$$I_F \approx I_S \cdot e^{\frac{U_F}{U_T}}. \tag{8.6}$$

Im **Sperrbereich** ist $e^{\frac{U_F}{U_T}} \ll 1$. Daher fließt im gesamten Sperrbereich näherungsweise der Sperrstrom I_S.

---

[*] DIODE: *rectifier, diode*
[*] SPERRSTROM: *reverse current*
[*] SCHLEUSENSPANNUNG: *threshold voltage*
[*] TEMPERATURSPANNUNG: *thermal voltage*

8.2.2 Temperaturabhängigkeit der Schleusenspannung

Die **Durchlaßspannung** eines pn-Übergangs sinkt mit wachsender Temperatur. Die Änderung beträgt 2 bis 2,5 mV/K.

HINWEIS: Der negative Temperaturkoeffizient hat zur Folge, daß man Dioden zur Erhöhung des zulässigen Gleichrichtstromes *nicht* parallelschalten darf. Die zufällig wärmere Diode einer Parallelschaltung würde auf Grund ihrer niedrigeren Flußspannung einen höheren Strom übernehmen als die kühlere. Dadurch würde sich die Temperatur der wärmeren Diode weiter erhöhen, wodurch diese einen wiederum erhöhten Teil des Gesamtstromes übernehmen würde. Dies führt soweit, daß die heißere Diode den gesamten Strom übernimmt.

8.2.3 Differentieller Widerstand (dynamischer Widerstand)

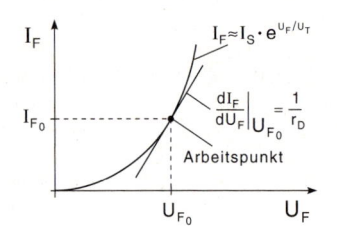

Abbildung 8.17: Differentieller Widerstand r_D von Si- und Ge-Dioden

Der **differentielle Widerstand** r_D der Diode entspricht der Steigung der Kennlinie im Arbeitspunkt.

$$r_D = \left.\frac{dU_F}{dI_F}\right|_{U_{F0}} \tag{8.7}$$

$$\frac{1}{r_D} = \left.\frac{dI_F}{dU_F}\right|_{I_{F0}} = \frac{1}{U_T} \cdot \underbrace{I_S \cdot e^{\frac{U_F}{U_T}}}_{I_{F0}} = \frac{I_{F0}}{U_T} \tag{8.8}$$

- Der differentielle Widerstand der Diode ist gleich der Temperaturspannung U_T, geteilt durch den Durchlaßstrom I_{F0} im Arbeitspunkt. Der differentielle Widerstand r_D ist demnach umgekehrt proportional zum Durchlaßstrom I_F.

$$\boxed{r_D = \frac{U_T}{I_{F0}}} \tag{8.9}$$

8.3 Kleinsignalverstärker mit Bipolartransistoren

Kleinsignalverstärker sind Schaltkreise, die der Verstärkung kleiner Wechselsignale dienen, wobei die Signalamplitude sehr viel kleiner als die Arbeitspunktgrößen (die an den Bauelementen anliegenden Gleichgrößen) sind. Die Betriebsfrequenzen sollen niedrig sein, so daß Laufzeiten und Phasendrehungen durch parasitäre Elemente unberücksichtigt bleiben können (andernfalls wird extra auf besondere Betriebsbedingungen hingewiesen).

8.3.1 Transistorkenngrößen

8.3.1.1 Schaltbilder und Zählpfeilrichtungen für Bipolartransistoren

Man unterscheidet zwischen npn- und pnp-Transistoren

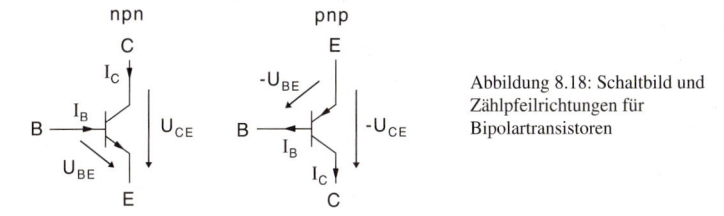

Abbildung 8.18: Schaltbild und Zählpfeilrichtungen für Bipolartransistoren

Die Anschlüsse bezeichnet man als **Basis (B)**, **Kollektor (C)** und **Emitter (E)**. Die Basis-Emitter-Strecke und die Basis-Kollektor-Strecke sind jeweils pn-Übergänge, wobei im Normalbetrieb die Basis-Emitter-Strecke im Durchlaß und die Basis-Kollektor-Strecke im Sperrbereich betrieben wird. Die Basis-Emitterstrecke verhält sich daher wie eine Diode in Durchlaßrichtung. Die Pfeilrichtung im Schaltbild gibt die Diodenrichtung an. Der positive Basisstrom fließt beim npn-Transistor in die Basis hinein, beim pnp-Transistor heraus. Fließt ein Basisstrom, so fallen über der Basis-Emitter-Strecke ca. 0,7 V ab. Der Basisstrom ist der Steuerstrom. Mit ihm steuert man den Kollektorstrom, sofern eine, entsprechend der Zählpfeilangabe, positive Kollektor-Emitterspannung anliegt. Der Kollektorstrom ist dann näherungsweise proportional zum Basisstrom.

HINWEIS: Bei einem unbekannten Transistor kann der Typ bestimmt werden, indem man mit einem Durchgangsprüfer die Richtung der Basis-Emitter- und der Basis-Kollektor-Diode feststellt.

HINWEIS: Ob ein Transistor defekt ist oder nicht, kann festgestellt werden, indem

a) die Diodenstrecken überprüft werden und

b) indem gemessen wird, ob die Kollektor-Emitter-Strecke bei offener Basis hochohmig (nicht leitend) ist.

8.3.1.2 Ausgangskennlinien

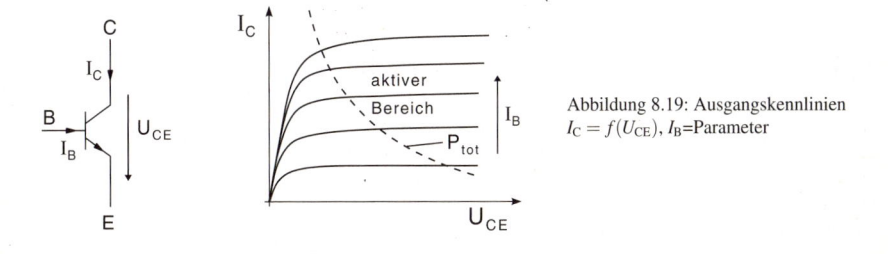

Abbildung 8.19: Ausgangskennlinien $I_C = f(U_{CE})$, I_B=Parameter

Die **Ausgangskennlinien**[*] geben den Kollektorstrom in Abhängigkeit von der Kollektor-Emitterspannung mit dem Basisstrom als Parameter an. Das Ausgangskennlinienfeld enthält alle wesentlichen Angaben, die für die Dimensionierung einer Schaltung notwendig sind. In dem sogenannten aktiven Bereich verlaufen die Parameterlinien nahezu waagerecht. In diesem Bereich ist der Kollektorstrom nährungsweise proportional zum Basisstrom. Hier wird der Transistor in Kleinsignal-Verstärkerschaltungen betrieben. Oft ist in diesem Kennlinienfeld die Verlustleistungshyperbel P_{tot} eingezeichnet, die angibt, welche Strom-Spannungswerte unter Berücksichtigung der zulässigen Erwärmung des Transistors zulässig sind.

8.3.1.3 Steuerkennlinie (Übertragungskennlinie)

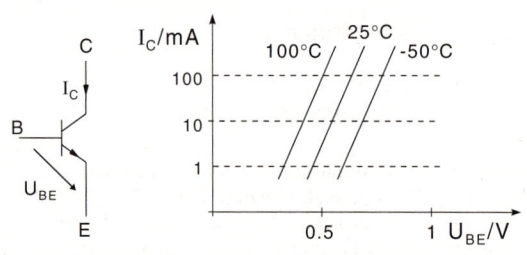

Abbildung 8.20: Steuerkennlinie $I_C = f(U_{BE})$

Die **Steuerkennlinie**[*] gibt den Kollektorstrom in Abhängigkeit von der Basis-Emitterspannung an. Die Dioden-Charakteristik der Basis-Emitter-Strecke bewirkt, daß $I_C = f(U_{BE})$ wegen $I_C \sim I_B$ ebenfalls eine Exponentialfunktion ist. Diese erscheint durch die logarithmisch aufgetragene Ordinate linear. Oft sind mehrere Kennlinien mit der Temperatur als Parameter angegeben.

8.3.1.4 Eingangskennlinie

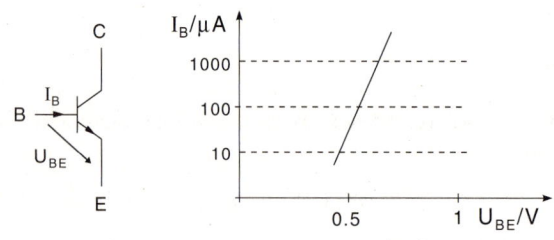

Abbildung 8.21: Eingangskennlinie $I_B = f(U_{BE})$

Die **Eingangskennlinie**[*] ist die Diodencharakteristik der Basis-Emitterstrecke.

---

[*] AUSGANGSKENNLINIEN: *output characteristics*
[*] STEUERKENNLINIE: *transfer characteristic*
[*] EINGANGSKENNLINIE: *input characteristic*

8.3.1.5 Statische Stromverstärkung B

Die statische **Stromverstärkung**[*] B gibt das Verhältnis zwischen Kollektorstrom und Basisstrom im aktiven Bereich an:

$$B = \frac{I_C}{I_B} \tag{8.10}$$

Übliche Werte liegen zwischen 100 und 1000 für Kleinsignaltransistoren und zwischen 10 und 200 für Leistungstransistoren.

8.3.1.6 Differentielle Stromverstärkung β

Die **differentielle Stromverstärkung** β gibt die Änderung des Kollektorstromes in Abhängigkeit von der Änderung des Basisstromes an. Die differentielle Stromverstärkung wird auch **Wechselstromverstärkung** genannt.

Man unterscheidet zwischen β und β_0. Während β eine allgemeine Bezeichnung für die differentielle Stromverstärkung ist, bezeichnet β_0 die sogenannte **Kurzschlußstromverstärkung**. Sie wird angegeben für niedrige Frequenzen (Laufzeiten und Phasendrehungen durch parasitäre Elemente können unberücksichtigt bleiben) und wechselstrommäßigen Kurzschluß der Kollektor-Emitter-Strecke (U_{CE} = konst).

$$\beta_0 = \left.\frac{dI_C}{dI_B}\right|_{U_{CE}=\text{konst}} \approx \left.\frac{\Delta I_C}{\Delta I_B}\right|_{U_{CE}=\text{konst}} \tag{8.11}$$

Abbildung 8.22: Bestimmung der Kurzschlußstromverstärkung β_0 aus den Ausgangskennlinien

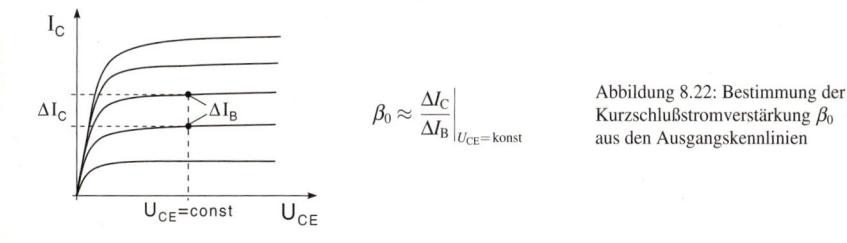

$$\beta_0 \approx \left.\frac{\Delta I_C}{\Delta I_B}\right|_{U_{CE}=\text{konst}}$$

Übliche Werte für β_0 liegen zwischen 100 und 1000 bei Kleinsignaltransistoren und zwischen 10 und 200 bei Leistungstransistoren.

HINWEIS: Sollte kein Datenblatt zu Verfügung stehen, empfiehlt es sich, mit $\beta_0 = 100$ zu rechnen.

8.3.1.7 Steilheit S

Die **Steilheit**[*] S gibt die Änderung des Kollektorstromes I_C in Abhängigkeit zur Änderung der Basis-Emitterspannung U_{BE} an. Sie ist die Steigung der Steuerkennlinie.

---

[*] STROMVERSTÄRKUNG: *current gain*
[*] STEILHEIT: *transconductance*

$$S = \left.\frac{dI_C}{dU_{BE}}\right|_{U_{CE}=\text{konst}} \approx \left.\frac{\Delta I_C}{\Delta U_{BE}}\right|_{U_{CE}=\text{konst}} \tag{8.12}$$

HINWEIS: Die Angabe der Steilheit S ist bei Bipolartransistoren unüblich, da Bipolartransistoren *stromgesteuerte* Bauelemente sind. Anders verhält sich dies bei Feldeffekttransistoren, dort ist die Angabe der Steilheit üblich, weil Feldeffekttransistoren *spannungsgesteuerte* Bauelemente sind. Bisweilen spricht man allerdings von der *sehr großen Steilheit von Bipolartransistoren*, weil sich I_C, wegen der Diodencharakteristik der Basis-Emitter-Strecke, bereits bei sehr kleinen Änderungen von U_{BE} stark ändert.

8.3.1.8 Temperaturdrift

Als **Temperaturdrift**[*] ΔU_{BE} bezeichnet man die Änderung der Basis-Emitterspannung in Abhängigkeit von der Sperrschichttemperatur. Die Basis-Emitterspannung wird mit wachsender Temperatur kleiner, die Änderung beträgt $|\Delta U_{BE}| = 2\ldots2,5\,\text{mV/K}$.

8.3.1.9 Differentieller Eingangswiderstand r_{BE}

Der **differentielle Eingangswiderstand**[*] ist die Steigung der Eingangskennlinie im Arbeitspunkt. Der differentielle Eingangswiderstand ist der differentielle Widerstand von der Basis-Emmitterdiode (siehe 8.2.3).

$$r_{BE} = \frac{dU_{BE}}{dI_B} \approx \frac{\Delta U_{BE}}{\Delta I_B} \approx \frac{U_T}{I_B} \tag{8.13}$$

U_T: Temperaturspannung (ca. $25\,\text{mV}$ bei $T = 300\,\text{K}$)

8.3.1.10 Differentieller Ausgangswiderstand r_{CE}

Der **differentielle Ausgangswiderstand**[*] gibt die Änderung des Kollektorstromes in Abhängigkeit von der Kollektor-Emitter-Spannung bei konstantem Basisstrom an. Der differentielle Ausgangswiderstand kann aus den Ausgangskennlinien bestimmt werden.

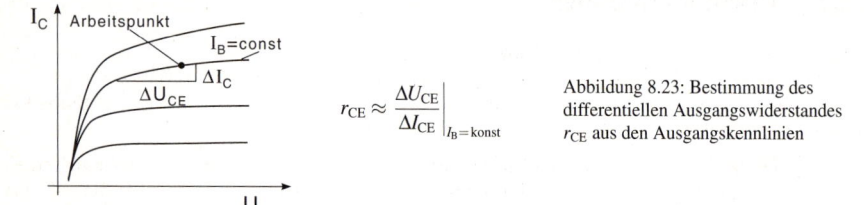

$$r_{CE} \approx \left.\frac{\Delta U_{CE}}{\Delta I_{CE}}\right|_{I_B=\text{konst}}$$

Abbildung 8.23: Bestimmung des differentiellen Ausgangswiderstandes r_{CE} aus den Ausgangskennlinien

---

[*] TEMPERATURDRIFT: *thermal runaway*
[*] DIFFERENTIELLER EINGANGSWIDERSTAND: *small-signal input resistance*
[*] DIFFERENTIELLER AUSGANGSWIDERSTAND: *small-signal source resistance*

$$r_{CE} = \left.\frac{dU_{CE}}{dI_C}\right|_{I_B=\text{konst}} \approx \left.\frac{\Delta U_{CE}}{\Delta I_C}\right|_{I_B=\text{konst}} \tag{8.14}$$

- Ein waagerechter Verlauf der Ausgangskennlinien bedeutet, daß $r_{CE} \to \infty$.

8.3.1.11 Spannungsrückwirkung A_r

Die **Spannungsrückwirkung**[*] gibt die Änderung der Eingangsspannung in Abhängigkeit von der Ausgangsspannung bei konstantem Basisstrom an.

$$A_r = \left.\frac{dU_{BE}}{dU_{CE}}\right|_{I_B=\text{konst}} \approx \left.\frac{\Delta U_{BE}}{\Delta U_{CE}}\right|_{I_B=\text{konst}} \tag{8.15}$$

Die Spannungsrückwirkung ist im unteren Frequenzbereich vernachlässigbar. Im höheren Frequenzbereich kann sie durch entsprechende Datenblattangaben oder durch Hinzufügen einer Kapazität zwischen Kollektor und Emitter (MILLER-Kapazität) berücksichtigt werden. Auf diese Weise muß sie im Wechselstromersatzschaltbild des Transistors selbst nicht berücksichtigt werden.

8.3.1.12 Transitfrequenz f_T

Die **Transitfrequenz**[*] ist die Frequenz, in der die Stromverstärkung β den Wert 1 annimmt.

Die **Grenzfrequenz** f_β ist die Frequenz, in der β um 3 dB gegenüber β_0 abgefallen ist. Für Transistoren, deren Kurzschlußstromverstärkung wesentlich größer als eins ist ($\beta_0 \gg 1$), gilt näherungsweise:

$$f_\beta = \frac{f_T}{\beta_0} \tag{8.16}$$

HINWEIS: In nicht gegengekoppelten Schaltungen liegt der nutzbare Frequenzbereich in $0 < f < f_\beta$. Eine Gegenkopplung bewirkt die Anhebung des Frequenzbereiches etwa um den Gegenkopplungsfaktor.

8.3.2 Ersatzschaltbilder

8.3.2.1 Statisches Ersatzschaltbild

Um elektronische Schaltkreise zu entwerfen oder vorhandene zu verstehen, ist das folgende, **statische Ersatzschaltbild** hilfreich.

Der Bipolartransistor besteht aus zwei pn-Übergängen, wobei die Basis-Kollektordiode im Normalbetrieb in Sperrichtung gepolt ist und die Basis-Emitterdiode in Durchlaßrichtung. Die Kollektor-Basis-Diode kann man sich als Stromquelle vorstellen, deren Strom proportional zum Basisstrom ist. An der Basis-Emitterstrecke fallen wegen ihrer Diodencharakteristik ca. $0{,}7\,\text{V}$ ab.

---

[*] SPANNUNGSRÜCKWIRKUNG: *backward voltage ratio with input open*
[*] TRANSITFREQUENZ: *transition frequency, unity gain frequency*

Der Unterschied zwischen npn- und pnp-Transistor liegt darin, daß Ströme und Spannungen in gegensätzlichen Richtungen anliegen.

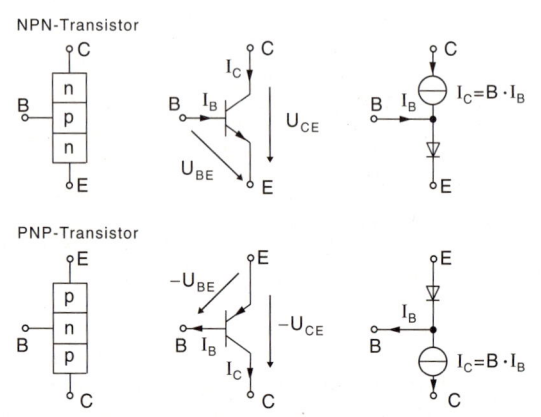

Abbildung 8.24: Topologie, Schaltbild und statisches Ersatzschaltbild des Bipolartransistors

8.3.2.2 Wechselstromersatzschaltbild

Das **Wechselstromersatzschaltbild** berücksichtigt nur die Wechselgrößen. Diese müssen klein gegenüber den Arbeitspunktgrößen sein. Der Arbeitspunkt des Transistors muß im aktiven Breich des Ausgangskennlinienfeldes liegen.

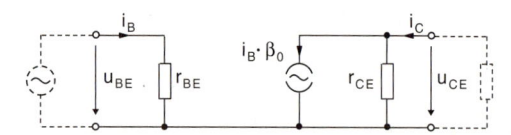

Abbildung 8.25: Wechselstromersatzschaltbild des Bipolartransistors

Der Basisstrom steuert den Kollektorstrom. Der Basiswiderstand r_{BE} ist gleich dem dynamischen Widerstand der Basis-Emitter-Diode. Der Basisstrom i_B steuert den inneren Kollektorstrom $i_B \cdot \beta_0$. Ein kleiner Teil des Stromes $i_B \cdot \beta_0$ fließt über r_{CE} ab, erscheint also nicht am Kollektoranschluß. Der Widerstand r_{CE} ist hochohmig (siehe Ausgangskennlinien, ein horizontaler Verlauf der $i_B =$ konst.-Parameterlinien heißt $r_{CE} \to \infty$). Er kann für überschlägige Berechnungen vernachlässigt werden.

8.3.2.3 Ersatzschaltbild nach GIACOLETTO

Das **Erschatzschaltbild nach Giacoletto** ist ein Wechselstromersatzschaltbild. Es gibt das Wechselstromverhalten des Transistors bis ca. zur halben Transitfrequenz wieder.

Physikalische Wirkungsweise:

Der innere Kollektorstrom $u_{B'E} \cdot g_{mB'E}$ ist proportional zur inneren Basisspannung $u_{B'E}$. Über die Rückwirkungskapazität $C_{B'C}$ wird die Ausgangsspannung u_{CE} gegenphasig auf die innere Basisspannung $u_{B'E}$ rückgekoppelt. Der Gegenkopplungseffekt über $C_{B'C}$ wird mit wachsender Frequenz größer, weil die Rückwirkungsimpedanz $1/\omega C_{B'C}$ kleiner wird. Dementsprechend wird die Verstärkung des Transistors i_C/i_B mit wachsender Frequenz kleiner.

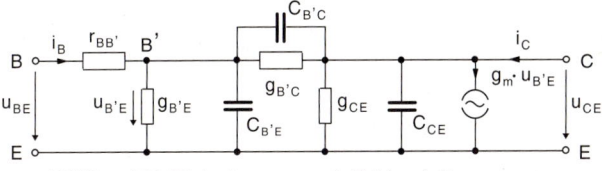

Abbildung 8.26: Wechselstromersatzschaltbild nach GIACOLETTO

8.3.3 Darlingtonschaltung

Die **Darlingtonschaltung*** verhält sich an den Klemmen im niederfrequenten Bereich wie ein Bipolartransistor, dessen Stromverstärkung näherungsweise gleich dem Produkt der Einzelstromverstärkungen ist.

Statische Stromverstärkung* B der Darlingtonschaltung:

$$I_C = I_{C1} + I_{C2} = I_{B1}B_1 + I_{B2}B_2 = I_{B1}B_1 + I_{B1}(1+B_1)B_2$$
$$= I_{B1}(B_1 + B_2 + B_1 B_2)$$

Für $B_1 \gg 1$ und $B_2 \gg 1$ gilt:

$$\boxed{B \approx B_1 \cdot B_2} \tag{8.17}$$

Abbildung 8.27: Darlingtonschaltung

Dynamische Stromverstärkung* β_0 der Darlingtonschaltung:

Das Schaltbild Abbildung 8.28 führt, bei Vernachlässigung der Kollektor-Emitterwiderstände, zu:

$$i_C = i_{B1}\beta_{01} + i_{B2}\beta_{02} = i_{B1}\beta_{01} + i_{B1}(1+\beta_{01})\beta_{02}$$
$$= i_{B1}(\beta_{01} + \beta_{02} + \beta_{01}\beta_{02})$$

---

* DARLINGTONSCHALTUNG: *Darlington circuit*
* STATISCHE STROMVERSTÄRKUNG: *static current gain, DC current gain*
* DYNAMISCHE STROMVERSTÄRKUNG: *dynamic current gain, small-signal current gain*

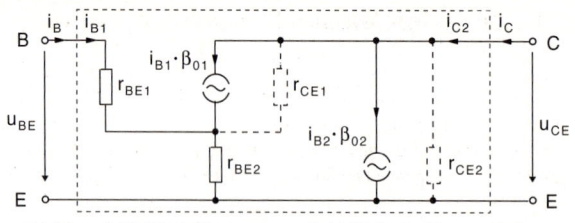

Abbildung 8.28: Wechselstromersatzschaltbild der Darlingtonschaltung

Für $\beta_{01} \gg 1$ und $\beta_{02} \gg 1$ gilt:

$$\beta_0 \approx \beta_{01} \cdot \beta_{02} \tag{8.18}$$

Der differentielle Eingangswiderstand r_{BE}:
Es gilt:

$$r_{BE} = \frac{u_{BE}}{i_B} = r_{BE1} + \beta_{01} \cdot r_{BE2} \approx r_{BE1} + \frac{\beta_{01}}{B_1} \cdot r_{BE1} \quad \text{mit} \quad r_{BE2} = \frac{r_{BE1}}{B_1}$$

Mit der Näherung $\beta_{01} \approx B_1$ folgt:

$$r_{BE} \approx 2 \cdot r_{BE1} \approx 2\frac{U_T}{I_{B1}} \tag{8.19}$$

- Die Eingangsimpedanz der Darlingtonschaltung beträgt ungefähr zwei mal die Temperaturspannung U_T geteilt durch den Eingangsruhestrom I_B

Die Darlingtonkonfiguration wird dort eingesetzt, wo eine hohe Ausgangsleistung durch eine geringe Steuerleistung gesteuert werden soll. Die große Stromverstärkung der Darlingtonschaltung bewirkt in Verstärkern eine hohe Eingangsimpedanz. In der Leistungselektronik werden für den Schaltbetrieb großer Ströme auch drei- und vierfache Darlingtons eingesetzt.

8.3.3.1 Quasidarlingtonschaltung

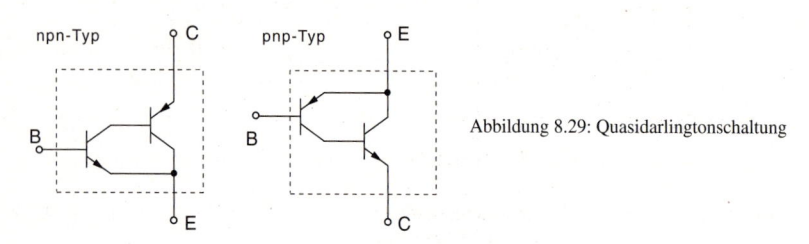

Abbildung 8.29: Quasidarlingtonschaltung

Stromverstärkung und Eingangsimpedanz der Quasidarlingtonschaltung:

$$B \approx B_1 \cdot B_2; \qquad \beta_0 \approx \beta_{01} \cdot \beta_{02}; \qquad r_{BE} \approx r_{BE1} \approx \frac{U_T}{I_B} \tag{8.20}$$

8.3.4 Grundschaltungen mit Bipolartransistoren

Man unterscheidet zwischen drei Kleinsignalbetriebsarten des Transistors, nämlich der **Emitter-, Kollektor- und Basisschaltung**. Diese Schaltungen haben jeweils verschiedene Anschlußbelegungen für die Eingangs- und Ausgangsspannungen. Das Anschlußpotential, gegenüber dem die Eingangsspannung und die Ausgangsspannung gemessen wird, nennt man Bezugspotential. Dieser Anschluß gibt der Schaltung den Namen, z. B. Emitterschaltung. Die Schaltungen haben hinsichtlich ihrer Verstärkungen und Impedanzen unterschiedliches Verhalten.

	Emitterschaltung	Kollektorschaltung	Basisschaltung
Spannungsverstärkung V_u	> 1	≈ 1	> 1
Stromverstärkung V_i	> 1	> 1	≈ 1
Eingangswiderstand r_e	mittel	sehr hoch	sehr klein
Ausgangswiderstand r_a	hoch	sehr klein	hoch

Abbildung 8.30: Transistorgrundschaltungen

8.3.5 Emitterschaltung

Die **Emitterschaltung**[*] hat eine hohe Leistungs-, Strom- und Spannungsverstärkung. Die Ausgangsspannung ist gegenphasig zur Eingangsspannung.

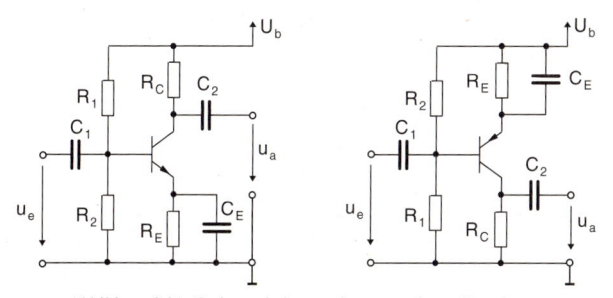

Abbildung 8.31: Emitterschaltung mit npn- und pnp-Transistor

Der Arbeitspunkt des Transistors in der Schaltung Abbildung 8.31 wird über die Widerstände R_1, R_2, R_C und R_E so eingestellt, daß er im aktiven Bereich des Ausgangskennlinienfeldes liegt.

Das Wechselspannungssignal wird über C_1 in die Schaltung eingekoppelt und über C_2 ausgekoppelt. C_1 und C_2 sind so bemessen, daß sie im relevanten Frequenzbereich näherungsweise einen Kurzschluß darstellen.

---

[*] EMITTER: *common-emitter circuit*

Der Kondensator C_E stellt im relevanten Frequenzbereich ebenfalls näherungsweise einen Kurzschluß dar, so daß das Emitterpotential wechselspannungsmäßig auf Masse liegt. Bisweilen verzichtet man auf die Kapazität C_E, so daß in diesem Fall das Emitterpotential *nicht* mehr auf Masse liegt. In diesem Fall handelt es sich entsprechend der Definition *nicht* um eine Emitterschaltung, wird aber gemeinhin als solche bezeichnet.

Durch die Gegenphasigkeit der Ausgangsspannung gegenüber der Eingangsspannung tritt bei hohen Frequenzen über die parasitäre Kapazität zwischen Kollektor und Basis (**MILLER-Kapazität**) eine Gegenkopplung auf, die den Einsatz der Emitterschaltung auf niedrige bis mittlere Frequenzen begrenzt.

8.3.5.1 Vierpolgleichungen der Emitterschaltung

Die Vierpolparameter der Emitterschaltung werden üblicherweise als h-Parameter angegeben.

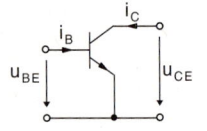

$$u_{BE} = h_{11E} \cdot i_B + h_{12E} \cdot u_{CE} \tag{8.21}$$
$$i_C = h_{21E} \cdot i_B + h_{22E} \cdot u_{CE} \tag{8.22}$$

Abbildung 8.32: h-Parameter für Emitterschaltung

Kurzschluß-Eingangswiderstand:

$$h_{11E} = r_{BE} = \left.\frac{dU_{BE}}{dI_B}\right|_{U_{CE}=\text{konst}} = \left.\frac{u_{BE}}{i_B}\right|_{u_{CE}=0} \approx \frac{U_T}{I_B} \tag{8.23}$$

h_{11E} wird als Kurzschluß-Eingangswiderstand bezeichnet. Er ist gleich der Eingangswechselspannung u_{BE}, geteilt durch den Eingangswechselstrom i_B (siehe auch 8.2.3).
Die Bedingung $U_{CE} = $ konst. ist bei der Berechnung oder Messung der Eingangsimpedanz im unteren Frequenzbereich praktisch bedeutungslos, da die Ausgangsspannung nahezu keine Rückwirkung auf die Eingangsspannung hat (siehe h_{12E}).

Leerlauf-Spannungsrückwirkung:

$$h_{12E} = \left.\frac{dU_{CE}}{dU_{BE}}\right|_{I_B=\text{konst}} \approx 0 \tag{8.24}$$

h_{12E} wird als Leerlauf-Spannungsrückwirkung bezeichnet. Sie ist bei Bipolartransistoren im unteren Frequenzbereich nahezu Null. Im höheren Frequenzbereich kann die Spannungsrückwirkung durch eine Ersatzkapazität C_{CB} berücksichtigt werden, so daß sie im Wechselstromersatzschaltbild des Transistors nicht auftaucht (siehe auch 8.3.1).

Kurzschluß-Vorwärtsstromverstärkung:

$$h_{21E} = \beta_0 = \left.\frac{dI_C}{dI_B}\right|_{U_{CE}=\text{konst}} = \left.\frac{i_C}{i_B}\right|_{u_{CE}=0} \approx \left.\frac{\Delta I_C}{\Delta I_B}\right|_{U_{CE}=\text{konst}} \tag{8.25}$$

h_{21E} wird als Kurzschluß-Vorwärtsstromverstärkung bezeichnet. Sie ist die Wechselstromverstärkung β_0. Sie gibt das Verhältnis zwischen Kollektorwechselstrom zu Basiswechselstrom bei wechselstrommäßig kurzgeschlossener Kollektor-Emitterstrecke an.
Zur Messung von h_{21E} wird der Kurzschluß der Kollektor-Emitterstrecke mittels eines Kondensators realisiert. Die graphische Bestimmung von h_{21E} erfolgt aus dem Ausgangskennlinienfeld (siehe Abb. 8.22).

Leerlauf-Ausgangsleitwert:

$$h_{22E} = \frac{1}{r_{CE}} = \left.\frac{dI_C}{dU_{CE}}\right|_{I_B=\text{konst}} = \left.\frac{i_C}{u_{CE}}\right|_{i_B=0} \approx \left.\frac{\Delta I_C}{\Delta U_{CE}}\right|_{I_B=\text{konst}} \qquad (8.26)$$

h_{22E} wird als Leerlauf-Ausgangsleitwert bezeichnet. Er entspricht der Ausgangsimpedanz r_{CE}. Die Bestimmung erfolgt aus dem Ausgangskennlinienfeld (siehe Abb. 8.23).

8.3.5.2 Wechselstromersatzschaltbild der Emitterschaltung

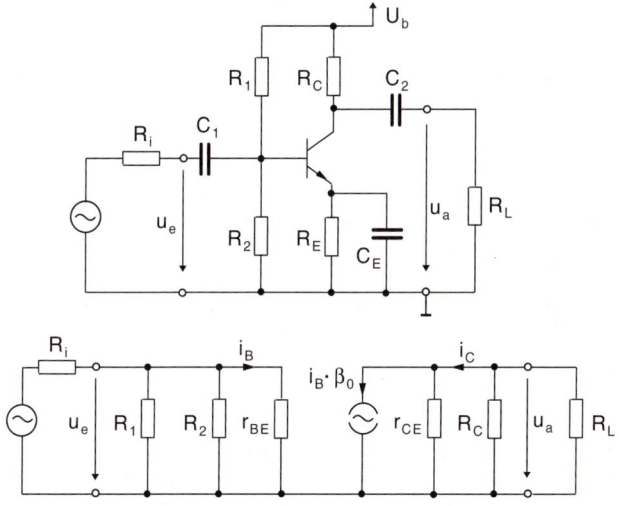

Abbildung 8.33: Emitterschaltung und Ersatzschaltbild

Die Abbildungen 8.33 und 8.34 zeigen die Emitterschaltung einmal *mit* Emitterkondensator C_E (d. h. der Emitter liegt wechselstrommäßig auf Masse) und einmal ohne.

Alle Kondensatoren sind so dimensioniert, daß sie im relevanten Frequenzbereich einen Kurzschluß darstellen. U_b ist die Gleichspannungsversorgung. R_i ist der Innenwiderstand der Eingangswechselspannung. R_L ist der Lastwiderstand (beispielsweise der Eingangswiderstand der Folgeschaltung). Der Widerstand r_{CE} ist in dem Ersatzschaltbild in Abbildung 8.34 wegen seiner Hochohmigkeit nicht angegeben. Er wird in den nachfolgenden Berechnungen übersichtlichkeitshalber vernachlässigt.

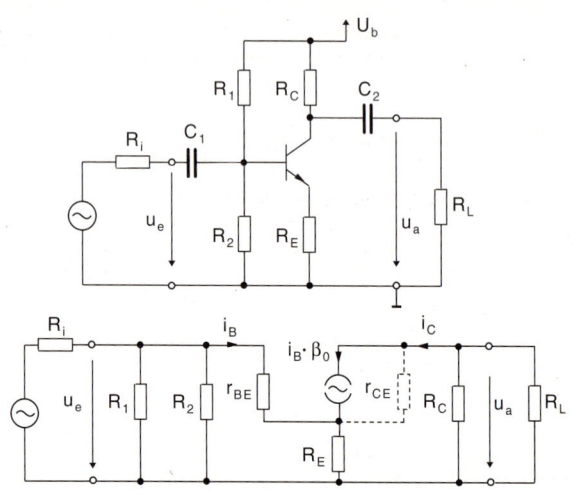

Abbildung 8.34: Emitterschaltung ohne Emitterkondensator und Ersatzschaltbild

8.3.5.3 Eingangswiderstand der Emitterschaltung

Der Eingangswiderstand ist für Abbildung 8.33 und Abbildung 8.34 (mit und ohne Emitterkondensator) unterschiedlich:

Zu Abbildung 8.33:

$$r_e = \frac{u_e}{i_e} = R_1 \| R_2 \| r_{BE} \tag{8.27}$$

Sind R_1 und R_2 hochohmig gegenüber r_{BE}, so vereinfacht sich der Eingangswiderstand zu:

$$\boxed{r_e \approx r_{BE}} \tag{8.28}$$

Zu Abbildung 8.34:

$$u_e = i_B(r_{BE} + (1+\beta_0)R_E)$$

$$\frac{u_e}{i_B} = r_{BE} + (1+\beta_0)R_E \approx r_{BE} + \beta_0 R_E$$

Der Eingangswiderstand beträgt:

$$\boxed{r_e \approx R_1 \| R_2 \| (r_{BE} + \beta_0 R_E)} \tag{8.29}$$

● Wird die Schaltung *ohne* den Emitterkondensator C_E ausgeführt, so erhöht sich der Eingangswiderstand erheblich. Der Widerstand R_E geht, mit dem Faktor β_0 multipliziert, in die Berechnung ein!

8.3.5.4 Ausgangswiderstand der Emitterschaltung

Der Ausgangswiderstand r_a wird berechnet, indem die Schaltung an ihren Ausgangsklemmen als Spannungsquelle mit Innenwiderstand oder als Stromquelle mit Innenwiderstand aufgefaßt wird (beide Ansätze liefern selbstverständlich das gleiche Ergebnis). Siehe auch 8.1.3.2.

Der Ausgangswiderstand ist dann

$$r_a = \frac{\text{Leerlaufwechselspannung}}{\text{Kurzschlußwechselstrom}} = \frac{u_l}{i_k} \tag{8.30}$$

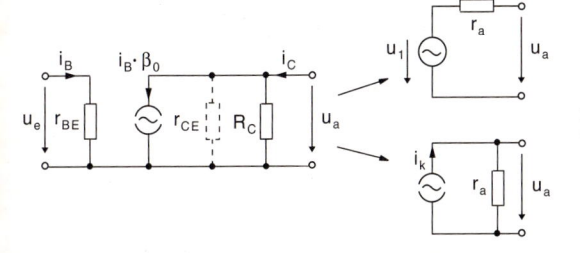

Abbildung 8.35: Emitterschaltung: Berechnung des Ausgangswiderstandes

Die Steuerspannung u_e in Abbildung 8.35 sei vorgegeben. Dann ist

$$r_a = \frac{u_l}{i_k} = \frac{-\dfrac{u_e}{r_{BE}}\beta_0(r_{CE}\|R_C)}{-\dfrac{u_e}{r_{BE}}\cdot\beta_0} = r_{CE}\|R_C \tag{8.31}$$

r_{CE} kann wegen seiner Hochohmigkeit i. d. R. vernachlässigt werden. Dann ist

$$\boxed{r_a \approx R_C} \tag{8.32}$$

Abbildung 8.36: Emitterschaltung ohne Emitterkondensator C_E

Für die Emitterschaltung *ohne* Emitterkondensator C_E (siehe Abb. 8.36) gilt unter Vernachlässigung von r_{CE}:

$$r_a = \frac{u_l}{i_k} \approx \frac{-\dfrac{u_e}{r_{BE}+(1+\beta_0)R_E}\beta_0 R_C}{-\dfrac{u_e}{r_{BE}+(1+\beta_0)R_E}\beta_0} = R_C \tag{8.33}$$

Den Ausgang der Emitterschaltung stellt man sich – physikalisch richtig – als Stromquelle vor. Der Wirkungsgrad der Schaltung ist um so besser, je hochohmiger R_C ist. Leider ist man nicht frei in der Wahl von R_C, weil der Arbeitspunkt von R_C mitbestimmt wird.

Eine Möglichkeit, den Wechselanteil des Kollektorstromes hochohmig auszukoppeln, besteht in dem Einsatz eines (idealen) Transformators im Kollektorkreis (siehe Abb. 8.37). In diesem Fall fließt der gesamte Wechselanteil des Kollektorstromes durch R_L. Die Ausgangsimpedanz ist dann sehr hochohmig und beträgt: $r_a = r_{CE}$.

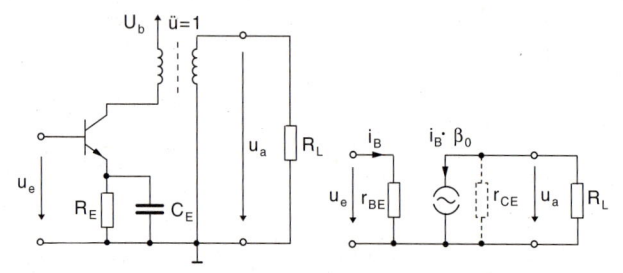

Abbildung 8.37: Emitterschaltung mit Transformatorauskopplung des Ausgangsstromes und das entsprechende Wechselstromersatzschaltbild

8.3.5.5 Wechselspannungsverstärkung der Emitterschaltung

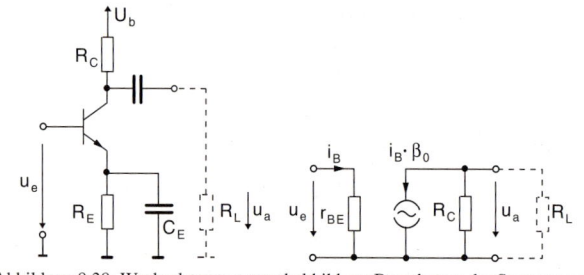

Abbildung 8.38: Wechselstromersatzschaltbild zur Berechnung der Spannungsverstärkung

Berechnung der Wechselspannungsverstärkung* V_u:

$$V_u = \frac{u_a}{u_e} = \frac{-\frac{u_e}{r_{BE}}\beta_0 R_C}{u_e} = -\frac{\beta_0 R_C}{r_{BE}} \qquad (8.34)$$

Die Spannungsverstärkung ist negativ, d. h. Ausgangsspannung und Eingangsspannung sind gegenphasig. Durch Belastung des Ausganges mit einem Lastwiderstand R_L sinkt die Spannungsverstärkung, da der Strom $i_B \cdot \beta_0$ sich auf R_C und R_L verteilt. Dann ist

$$\boxed{V_u = -\frac{\beta_0}{r_{BE}}(R_C \| R_L)} \qquad (8.35)$$

---

* WECHSELSPANNUNGSVERSTÄRKUNG: *small-signal voltage gain*

Emitterschaltung ohne C_E (siehe Abb. 8.39):

$$V_u = \frac{u_a}{u_e} = \frac{-\frac{u_e}{r_{BE} + (1+\beta_0)R_E}\beta_0 R_C}{u_e} = -\frac{\beta_0 R_C}{r_{BE} + (1+\beta_0)R_E} \approx -\frac{R_C}{\frac{r_{BE}}{\beta_0} + R_E} \quad (8.36)$$

Wenn $\frac{r_{BE}}{\beta_0} \ll R_E$, dann ist die Verstärkung V_u gleich dem Quotienten $\frac{R_C}{R_E}$. Wenn die Schaltung zudem mit R_L belastet wird, ist

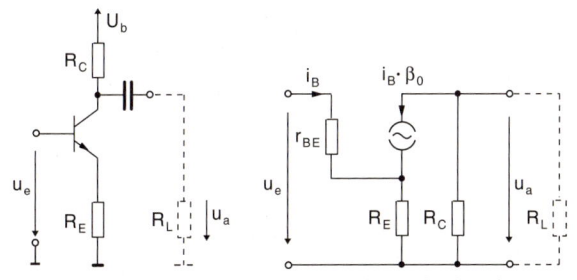

$$V_u \approx \frac{-R_C \| R_L}{\frac{r_{BE}}{\beta_0} + R_E} \approx -\frac{R_C \| R_L}{R_E} \quad (8.37)$$

Abbildung 8.39: Emitterschaltung ohne Emitterkapazität

Den Widerstand R_E bezeichnet man als **Stromgegenkopplungswiderstand**. Durch ihn wird eine i_C-proportionale Spannung von der Eingangsspannung abgezogen, d. h. gegengekoppelt.

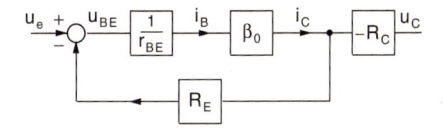

Abbildung 8.40: Blockschaltbild der Emitterschaltung ohne Emitterkapazität

Das Blockschaltbild der Emitterschaltung (siehe Abb. 8.40) führt zum gleichen Ergebnis (Gleichung (8.36)).

8.3.5.6 Arbeitspunkteinstellung

Der Arbeitspunkt*, d. h. die mittleren am Transistor anliegenden Gleichgrößen U_{CE} und I_C, sollen im aktiven Bereich des Ausgangskennlinienfeldes und unterhalb der Verlustleistungshyperbel liegen. Der Arbeitspunkt soll stabil gegen die Temperaturdrift ΔU_{BE} und gegen die Exemplarstreuung der Stromverstärkung B sein.

Ausgehend von der Schaltung in Abbildung 8.41 wird der Arbeitspunkt folgendermaßen eingestellt:

1. Zunächst wird U_{CE} und I_C gewählt. Die Spannung U_{CE} wird etwas kleiner als die halbe Betriebsspannung U_b gewählt. Die Wahl des Kollektorstromes I_C hat seine obere Grenze in der zulässigen Transistorverlustleistung P_{tot}.

---

* ARBEITSPUNKT: *operating point*

$U_{CE} \approx 0,3\ldots 0,5\, U_b; \qquad I_C : P_{tot} < U_{CE} \cdot I_C$

2. Der Widerstand R_E dient der Stabilisierung des Arbeitspunktes. Er wird so gewählt, daß an ihm ca. $1\ldots 2\,\text{V}$ abfallen.

3. Am Widerstand R_C fällt die Spannung $U_{RC} = U_b - U_{CE} - U_{RE}$ ab. Damit wird

$$R_C \approx \frac{U_b - U_{CE} - U_{RE}}{I_C} \qquad (8.38)$$

4. Die Widerstände R_1 und R_2 legen das Basispotential fest. Sie werden auch Basisspannungsteiler genannt. Das Basispotential ist infolge der Wahl von R_E und I_C nicht mehr frei wählbar.

$$U_{B0} = U_{RE} + U_{BE} = U_{RE} + 0.7\,\text{V} \qquad (8.39)$$

Der Querstrom I_q wird so gewählt, daß ca. der 10-fache Wert des Basisstromes fließt. Dadurch ist gewährleistet, daß der Basisstrom den Spannungsteiler nur gering belastet und so die Exemplarstreuung der Stromverstärkung B den Arbeitspunkt nicht verändert.

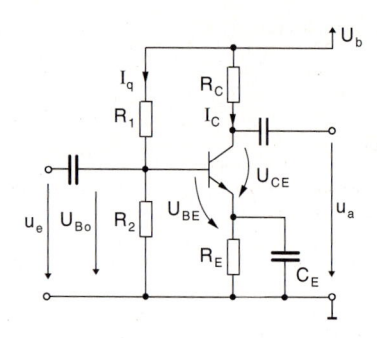

Abbildung 8.41:

BEISPIEL: Arbeitspunkteinstellung einer Emitterschaltung:

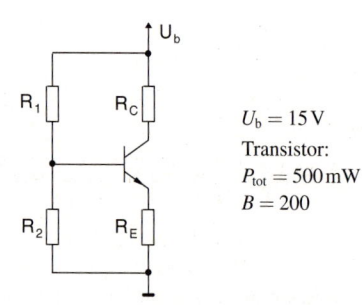

$U_b = 15\,\text{V}$
Transistor:
$P_{tot} = 500\,\text{mW}$
$B = 200$

zu 1.: Wahl von U_{CE}: $U_{CE} = 4,5\ldots 7,5\,\text{V}$; gewählt: $U_{CE} = 6\,\text{V}$
Wahl von I_C: $I_{C\,max} = 500\,\text{mW}/6\,\text{V} = 83\,\text{mA}$
gewählt: $I_C = 50\,\text{mA}$

zu 2.: $R_E = 1\,\text{V}/50\,\text{mA} = 20\,\Omega$;
gewählt: $R_E = 22\,\Omega$; daraus folgt: $U_{RE} = 1,1\,\text{V}$

zu 3.: $R_C = (U_b - U_{CE} - U_{R_E})/I_C = 7,9\,\text{V}/50\,\text{mA} = 158\,\Omega$
gewählt: $R_C = 150\,\Omega$

zu 4.: $I_q \approx 10 \cdot I_B \approx 10 \cdot I_C/B = 10 \cdot 50\,\text{mA}/200 = 2,5\,\text{mA}$
$\Longrightarrow R_2 \approx (U_{R_E} + U_{BE})/I_q = (1,1\,\text{V} + 0,7\,\text{V})/2,5\,\text{mA} = 720\,\Omega$
$\Longrightarrow R_1 \approx (U_b - (U_{RE} + U_{BE}))/I_q = (15\,\text{V} - 1,9\,\text{V})/2.5\,\text{mA} = 5,2\,\text{k}\Omega$
gewählt: $R_1 = 5,6\,\text{k}\Omega$; $R_2 = 820\,\Omega$

Die hier beschriebene Berechnung liefert sinnvolle Bauteilwerte. Sie ist aber keinesfalls zwingend. So kann es sinnvoll sein, den Basisspannungsteiler hochohmiger auszulegen, um die Eingangsimpedanz zu erhöhen, oder R_C hochohmiger zu wählen, um eine höhere Leerlaufspannungsverstärkung (siehe Bild) zu erreichen. Auch der Rechenweg ist nicht zwingend: Soll die Ausgangsimpedanz R_C beispielsweise gleich der Lastimpedanz R_L sein, so beginnt man mit $R_C = R_L$
$\rightarrow I_C \approx (U_b/2)/R_C \rightarrow R_E \approx (1 \cdots 2\,\text{V})/I_C \rightarrow U_{B0} \approx U_{BE} + U_{RE}$; $I_q \approx 10 \cdot I_C/B \rightarrow R_2 = U_{B0}/I_q$ und $R_1 = (U_b - U_{B0})/I_q$.

Allgemein gilt:

- Der Basisspannungsteiler und R_E bestimmen den Kollektorstrom. Der Kollektorwiderstand R_C bestimmt die Kollektor-Emitterspannung.

8.3.5.7 Arbeitspunktstabilisierung

Änderungen der Transistorkennwerte führen zur Verschiebung des Arbeitspunktes. Von Bedeutung sind hier die Temperaturdrift ΔU_{BE} und die Exemplarstreuung der Stromverstärkung B.

- Alle Maßnahmen zur Arbeitspunktstabilisierung müssen darauf gerichtet sein, den Kollektorstrom konstant zu halten.

Arbeitspunktstabilisierung durch Stromgegenkopplung:

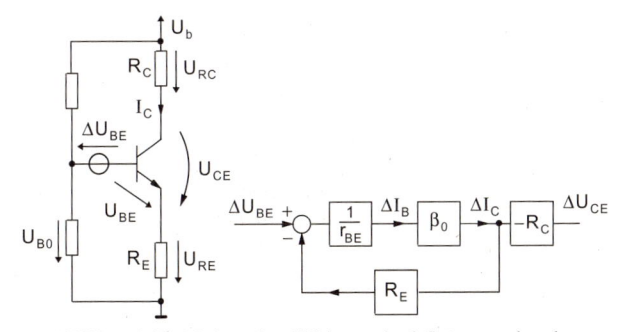

Abbildung 8.42: Arbeitspunktstabilisierung durch Stromgegenkopplung

Den Widerstand R_E bezeichnet man als Gegenkopplungswiderstand.

Gegenkopplungsmechanismus: Sinkt die Basis-Emitterspannung U_{BE} um einen Betrag ΔU_{BE} infolge einer Temperaturerhöhung, so steigt die Spannung U_{RE} (für U_{B0} =konst). Die Differenz dieser beiden Änderungen wirkt auf den differentiellen Eingangswiderstand r_{BE} und erzeugt die Basisstromänderung ΔI_B. Diese multipliziert mit der Stromverstärkung β_0, ergibt die Kollektorstromänderung ΔI_C. Diese wirkt wiederum auf den

Spannungsabfall an R_E zurück. Neben dieser Rückwirkung (Gegenkopplung) kann mit ΔI_C die Änderung der Spannung U_{RC} und damit die Änderung von U_{CE} berechnet werden: $\Delta U_{CE} = -\Delta U_{RC} = -\Delta I_C \cdot R_C$.

Die Abhängigkeit $\Delta I_C = f(\Delta U_{BE})$ kann aus dem Blockschaltbild in Abbildung 8.42 mit Hilfe der Blockschaltbildalgebra ermittelt werden.

$$\frac{\Delta I_C}{\Delta U_{BE}} = \frac{-1}{\frac{r_{BE}}{\beta_0} + R_E} \tag{8.40}$$

Die Störgröße ΔU_{BE} wird dabei als eine zusätzliche Spannungsquelle in der Basisleitung aufgefaßt.
Das Verhältnis

$$\frac{\Delta U_{CE}}{\Delta U_{BE}} = V_{DR} = +\frac{1}{\frac{r_{BE}}{\beta_0} + R_E} \cdot R_C \approx +\frac{R_C}{R_E} \tag{8.41}$$

nennt man **Driftverstärkung**. Sie gibt an, wie stark sich das Kollektorpotential infolge der Temperaturdrift ändert. Sie ist um so geringer, je größer R_E ist. Übliche Werte für V_{DR} liegen bei $V_{DR} = 5\ldots 10$.

● Der Stabilisierungseffekt ist um so besser, je größer R_E ist.

HINWEIS: Die in 8.3.5.6 gemachten Vorschläge zur Bemessung von R_E hängen ursächlich mit der Driftverstärkung zusammen. Bei üblichen Versorgungsspannungen von wenigen 10 V liegen die Spannungsabfälle über R_E dadurch bei $1\ldots 2$ V.

Die Stabilität gegen unterschiedliche Stromverstärkungen wird durch den, gegenüber $(r_{BE} + \beta_0 \cdot R_E)$ niederohmigen, Basisspannungsteiler erreicht. Er prägt die Spannung U_{B0} unabhängig vom Basisstrom ein.

Arbeitspunktstabilisierung durch Spannungsgegenkopplung:

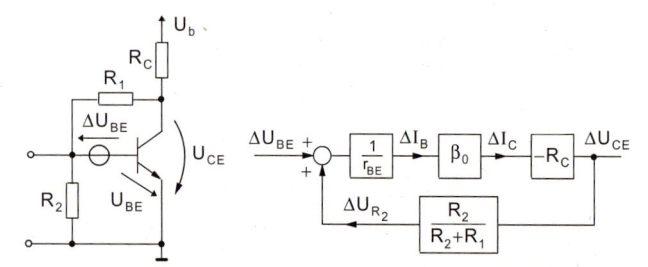

Abbildung 8.43: Arbeitspunktstabilisierung durch Spannungsgegenkopplung

Gegenkopplungsmechanismus: Sinkt die Spannung U_{BE} um einen Betrag ΔU_{BE} infolge einer Temperaturerhöhung, so steigt der Basisstrom I_B. Ebenfalls mit I_B steigt der Kollektorstrom I_C, wodurch das Kollektorpotential sinkt. Mittels des Spannungsteilers R_1, R_2 wird dadurch des Basispotential ebenfalls gesenkt und der Basisstrom (der durch die Temperaturerhöhung zunächst vergrößert wurde) wieder verkleinert. Diese Überlegung ergibt das Blockschaltbild nach Abbildung 8.43.

$$\frac{\Delta U_{CE}}{\Delta U_{BE}} = \frac{\frac{\beta_0}{r_{BE}} \cdot R_C}{1 + \frac{\beta_0 R_C}{r_{BE}} \frac{R_2}{R_1 + R_2}} = \frac{1}{\frac{r_{BE}}{\beta_0 R_C} + \frac{R_2}{R_1 + R_2}} \approx \frac{R_1 + R_2}{R_2} \tag{8.42}$$

HINWEIS: Die Spannungsgegenkopplung hat den Nachteil, daß das Wechselstromsignal ebenfalls gegengekoppelt wird. Dadurch ist die Wechselstromverstärkung gleich der Driftverstärkung. Demgegenüber können bei der Stromgegenkopplung Wechselspannungsverstärkung und Driftverstärkung unterschiedlich gewählt werden, weil der Gegenkopplungswiderstand R_E durch einen Kondensator C_E wechselstrommäßig kurzgeschlossen werden kann.

Nichtlineare Arbeitspunktstabilisierung:

Die Stabilisierung des Arbeitspunktes kann gegenüber der üblichen Stromgegenkopplung weiter verbessert werden, wenn man in den Basisspannungsteiler einen pn-Übergang einfügt, der thermisch mit dem Transistor T_1 gekoppelt ist (siehe Abb. 8.26). Dadurch wird die Temperaturdrift des Transistors T_1 direkt im Basisspannungsteiler kompensiert.

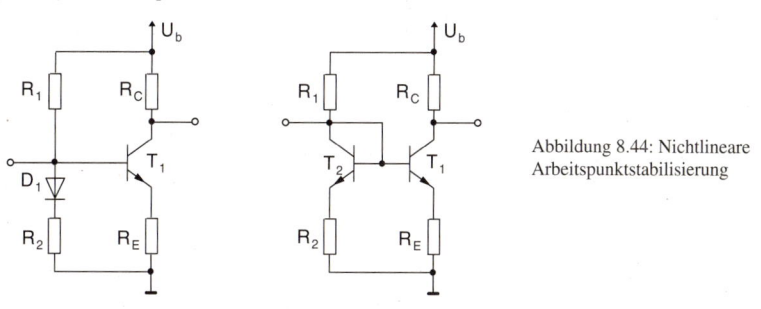

Abbildung 8.44: Nichtlineare Arbeitspunktstabilisierung

8.3.5.8 Arbeitsgerade

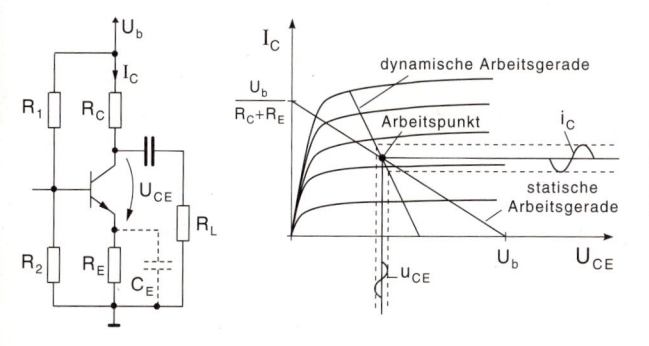

Abbildung 8.45: Statische und dynamische Arbeitsgerade im Ausgangskennlinienfeld

Die Maschengleichung $U_b = I_C \cdot (R_C + R_E) + U_{CE}$ ist eine Geradengleichung.

$$I_C = \frac{U_b - U_{CE}}{R_C + R_E} = \underbrace{-\frac{1}{R_C + R_E}}_{\text{Steigung}} \cdot U_{CE} + \underbrace{\frac{U_b}{R_C + R_E}}_{\text{Konstante}} \qquad (8.43)$$

Die Gleichung (8.43) heißt **statische Arbeitsgerade**. U_{CE} und I_C können nur Werte annehmen, die auf der statischen Arbeitsgeraden liegen. Mit Hilfe der Arbeitsgeraden kann der Arbeitspunkt so gewählt werden, daß sich ein maximaler Aussteuerbereich ergibt, unter Ausnutzung des ganzen aktiven Bereichs des Transistors.

Die wechselstrommäßige Überbrückung von R_E durch einen Kondensator C_E führt zu **dynamischen Arbeitsgeraden**. Sie hat die Steigung $\dfrac{dI_C}{dU_{CE}} = -\dfrac{1}{R_C}$, bzw. unter Einbeziehung des Lastwiderstandes $\dfrac{dI_C}{dU_{CE}} = -\dfrac{1}{R_C \| R_L}$. Sie stellt den Zusammenhang zwischen den Wechselstromgrößen u_{CE} und i_C dar.

8.3.5.9 Emitterschaltung bei hohen Frequenzen

Die Kollektorwechselspannung ist gegenphasig zur Basisspannung. Über die parasitäre Kollektor-Basis-Kapazität (MILLER-Kapazität) ergibt sich dadurch eine frequenzabhängige Gegenkopplung, die um so stärker wird, je höher die Frequenz ist. Der Grad der Gegenkopplung hängt ferner von dem Innenwiderstand der Eingangsspannungsquelle ab. Je niedriger der Innenwiderstand, um so geringer wird der Gegenkopplungsgrad.

Die Stromgegenkopplung erhöht die Grenzfrequenz der Schaltung. Zum einen, weil die Spannungsverstärkung vermindert wird und so die Spannungsrückwirkung geringer wird, zum anderen, weil die ebenfalls frequenzabhängige Stromverstärkung β in die Wechselspannungsverstärkung geringer eingeht.

Ein Wert für die Grenzfrequenz kann meßtechnisch oder mit einem geeigneten Simulationssystem ermittelt werden.

● Eine hohe Grenzfrequenz kann durch Stromgegenkopplung und einen kleinen Innenwiderstand der Eingangsspannungsquelle erreicht werden.

8.3.6 Kollektorschaltung* (Emitterfolger*)

Die Kollektorschaltung hat eine Spannungsverstärkung von nahezu 1. Der Aussteuerbereich beträgt $0{,}7\,\text{V} \leq U_B \leq U_b$, d. h. der Aussteuerbereich umfaßt praktisch die Betriebsspannung.

Das Emitterpotential liegt immer um ca. $0{,}7\,\text{V}$ unterhalb des Basispotentials. Daher der Name **Emitterfolger**, das Emitterpotential folgt dem Basispotential, und zwar im Abstand von $0{,}7\,\text{V}$.

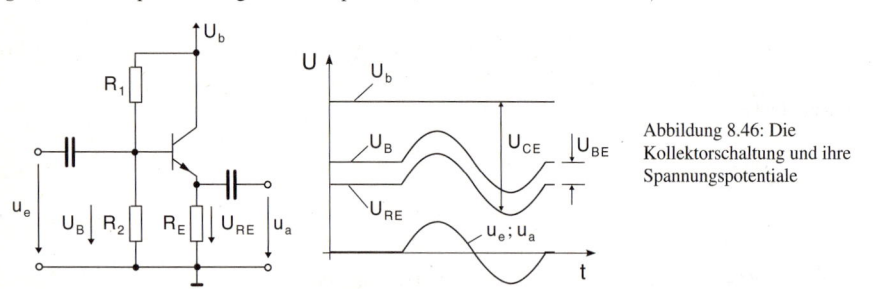

Abbildung 8.46: Die Kollektorschaltung und ihre Spannungspotentiale

Die Kollektorschaltung hat einen sehr hohen Eingangswiderstand und einen kleinen Ausgangswiderstand. Sie wird daher als **Impedanzwandler** benutzt, beispielsweise in Verbindung mit einer Emitterschaltung (siehe Abb. 8.47).

---

* KOLLEKTORSCHALTUNG: *commom-collector circuit*
* EMITTERFOLGER: *emitter-follower*

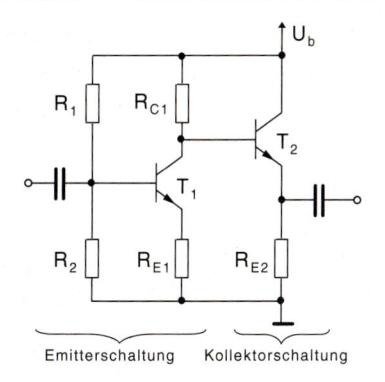

8.3 Kleinsignalverstärker mit Bipolartransistoren 363

Abbildung 8.47: Kollektorschaltung als nachgeschalteter Impedanzwandler für eine Emitterschaltung

8.3.6.1 Wechselstromersatzschaltbild der Kollektorschaltung

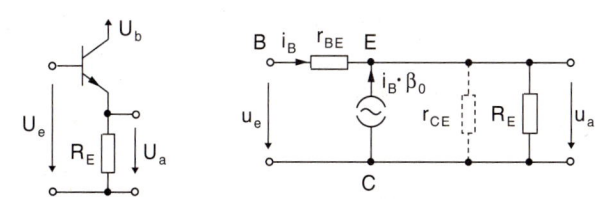

Abbildung 8.48: Kollektorschaltung und ihre Wechselstromersatzschaltung

8.3.6.2 Eingangswiderstand der Kollektorschaltung

$$r_\mathrm{e} = \frac{u_\mathrm{e}}{i_\mathrm{B}} = \frac{i_\mathrm{B} \cdot r_\mathrm{BE} + i_\mathrm{B} \cdot (1+\beta_0) \cdot R_\mathrm{E}}{i_\mathrm{B}} = r_\mathrm{BE} + (1+\beta_0) \cdot R_\mathrm{E} \approx \beta_0 \cdot R_\mathrm{E} \tag{8.44}$$

und unter Einbeziehung des Lastwiderstandes R_L:

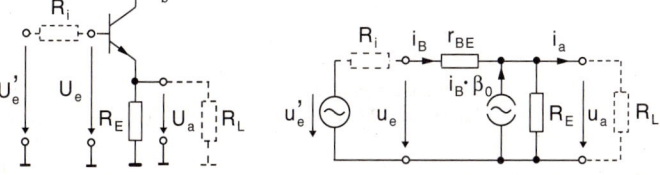

$$\boxed{r_\mathrm{e} \approx \beta_0 \cdot (R_\mathrm{E} \| R_\mathrm{L})} \tag{8.45}$$

Abbildung 8.49: Wechselstromersatzschaltbild zur Berechnung des Eingangs- und Ausgangswiderstandes

8.3.6.3 Ausgangswiderstand der Kollektorschaltung

Der Ausgangswiderstand wird berechnet:

$$r_\mathrm{a} = \frac{\text{Leerlauf-Wechselspannung}}{\text{Kurzschluß-Wechselstrom}} = \frac{u_\mathrm{l}}{i_\mathrm{k}} \tag{8.46}$$

Die Eingangswechselspannung u_e sei eingeprägt.

Daraus folgt (siehe Abb. 8.49):

$$u_\mathrm{l} = i_\mathrm{B} \cdot (1+\beta_0) \cdot R_\mathrm{E} = \frac{u_\mathrm{e}}{r_\mathrm{BE}+(1+\beta_0)R_\mathrm{E}}(1+\beta_0)R_\mathrm{E} \approx u_\mathrm{e} \tag{8.47}$$

$$i_\mathrm{k} = i_\mathrm{B} \cdot \beta_0 = \frac{u_\mathrm{e}}{r_\mathrm{BE}}\beta_0 \tag{8.48}$$

Daraus folgt weiter:

$$r_\mathrm{a} \approx \frac{r_\mathrm{BE}}{\beta_0} \tag{8.49}$$

Wird die Kollektorschaltung von einer Spannungsquelle mit dem Innenwiderstand R_i gespeist (z. B. von einer Emitterschaltung mit $R_\mathrm{i} = R_\mathrm{C}$), so erscheint dieser Innenwiderstand, um den Faktor β_0 verkleinert, ebenfalls in der Ausgangsimpedanz.

$$\boxed{r_\mathrm{a} \approx \frac{r_\mathrm{BE}+R_\mathrm{i}}{\beta_0}} \tag{8.50}$$

HINWEIS: Die Ausgangsimpedanz einer Emitterstufe läßt sich durch Hinzufügen eines Emitterfolgers (nur 2 Bauelemente!) um den Faktor β_0 verkleinern! (siehe Abb. 8.47).

8.3.6.4 Wechselstromverstärkung der Kollektorschaltung

Die Wechselstomverstärkung beträgt (siehe Abb. 8.49):

$$V_\mathrm{i} = \frac{i_\mathrm{a}}{i_\mathrm{e}} = \beta_0 \cdot \frac{R_\mathrm{E}}{R_\mathrm{E}+R_\mathrm{L}} \tag{8.51}$$

Die Wechselstromverstärkung des Emitterfolgers ist für die analoge Schaltungstechnik unbedeutend. Der Emitterfolger wird auf Grund seiner hohen Eingangsimpedanz mit eingeprägter Eingangsspannung betrieben, die dann niederohmig am Emitter ausgekoppelt werden kann.

8.3.6.5 Kollektorschaltung bei hohen Frequenzen

Die Kollektorschaltung hat ihre Grenzfrequenz f_g etwa bei der Grenzfrequenz der Stromverstärkung f_β (siehe auch 8.3.1.12).

$$f_\mathrm{g} \approx f_\beta \approx \frac{f_\mathrm{T}}{\beta_0} \tag{8.52}$$

8.3.7 Basisschaltung

Die **Basisschaltung*** hat eine Stromverstärkung von 1 und eine Spannungsverstärkung ähnlich der Emitterschaltung. Die Ausgangsspannung ist gleichphasig mit der Eingangsspannung. Die Eingangsimpedanz ist sehr niederohmig, daher wird oft eine Transformatoreinkopplung gewählt, die, je nach Wicklungsauslegung, sehr niederohmig sein kann und einen hohen Strom bei kleiner Spannung liefern kann.

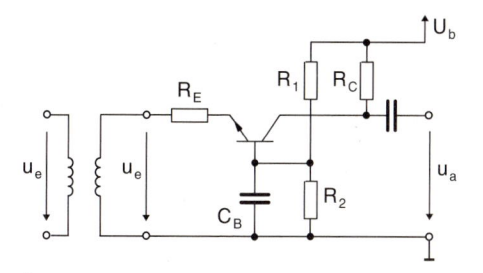

Abbildung 8.50: Basisschaltung mit Transformatoreinkopplung

Die Basisschaltung ist geeignet für sehr hohe Frequenzen. Da sie die Stromverstärkung $V_i = 1$ hat und die Ausgangsspannung gleichphasig zur Eingangsspannung ist, kann sie bis ca. zur Transitfrequenz f_T betrieben werden.

HINWEIS: Die Bedeutung der Basisschaltung hat mit der Einführung von Feldeffekttransistoren stark nachgelassen, weil Sourceschaltungen (vergleichbar mit Emitterschaltungen) bis zu Frequenzen geeignet sind, die mit Bipolartransistoren nur mit der Basisschaltung erreichbar sind.

Funktionsweise der Basisschaltung: Die Basis-Emitterspannung ist die Steuerspannung. Da die Basis wechselstrommäßig auf Masse liegt, muß die Eingangsspannung das Emitterpotential steuern, mit dem Nachteil, daß die Eingangsspannungsquelle dabei den Emitterstrom aufbringen muß und nicht nur, wie in der Emitterschaltung, den Basisstrom. Bei positiver Änderung der Eingangsspannung verringert sich die Basis-Emitterspannung. Der Kollektorstrom wird kleiner, und das Kollektorpotential wird höher (siehe Abb. 8.50).

8.3.7.1 Wechselstromersatzschaltbild der Basisschaltung

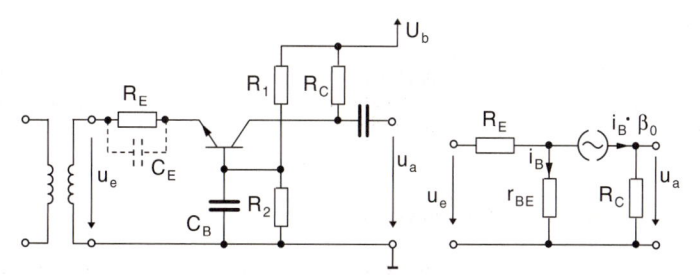

Abbildung 8.51: Basisschaltung und ihre Wechselstromersatzschaltung

---

* BASISSCHALTUNG: *common-base cicuit*

8.3.7.2 Eingangswiderstand der Basisschaltung

Der Eingangswiderstand beträgt:

$$r_e = \frac{u_e}{i_e}; \qquad u_e = i_e \cdot R_E + i_B \cdot r_{BE} = i_e \left(R_E + \frac{r_{BE}}{1+\beta_0} \right)$$

$$\Longrightarrow \boxed{r_e = R_E + \frac{r_{BE}}{1+\beta_0} \approx R_E + \frac{r_{BE}}{\beta_0}} \tag{8.53}$$

Wenn R_E durch einen Kondensator überbrückt wird, reduziert sich der Eingangswiderstand auf

$$r_e \approx \frac{r_{BE}}{\beta_0} \tag{8.54}$$

8.3.7.3 Ausgangswiderstand der Basisschaltung

Der Ausgangswiderstand wird berechnet:

$$r_a = \frac{\text{Leerlauf-Wechselspannung}}{\text{Kurzschluß-Wechselstrom}} = \frac{u_l}{i_k} \tag{8.55}$$

$$u_l \approx i_B \cdot \beta_0 \cdot R_C = u_e \frac{\beta_0 R_C}{r_{BE}}; \qquad i_k \approx i_B \cdot \beta_0 = \frac{u_e}{r_{BE}} \beta_0 \tag{8.56}$$

$$\Longrightarrow \boxed{r_a = \frac{u_l}{i_k} \approx R_C} \tag{8.57}$$

- Der Ausgangswiderstand der Basisschaltung ist der gleiche wie der der Emitterschaltung.

8.3.7.4 Wechselspannungsverstärkung der Basisschaltung

Die Wechselspannungsverstärkung der Basisschaltung beträgt:

$$V_u = \frac{u_a}{u_e}; \qquad u_a = i_B \beta_0 R_C; \qquad u_e = i_B(1+\beta_0)R_E + i_B \cdot r_{BE}$$

$$\Longrightarrow \boxed{V_u = \frac{u_a}{u_e} \approx \frac{R_C}{\frac{r_{BE}}{\beta_0} + R_E}} \tag{8.58}$$

Wenn R_E durch einen Kondensator überbrückt wird, erhöht sich die Verstärkung auf:

$$V_u = \frac{u_a}{u_e} = \frac{\beta_0 \cdot R_C}{r_{BE}} \tag{8.59}$$

- Die Wechselspannungsverstärkung der Basisschaltung ist die gleiche wie die der Emitterschaltung.

8.3.7.5 Basisschaltung bei hohen Frequenzen

Die Stromverstärkung der Basisschaltung ist 1. Daher tritt hinsichtlich der Stomverstärkung keine ungewünschte Gegenkoplung auf.

Die Ausgangsspannung ist gleichphasig mit der Eingangsspannung, so daß auch hier keine Gegenkopplung über parasitäre Kapazitäten auftreten kann.

Aus diesen Gründen kann die Basisschaltung bis ca. zur Transitfrequenz f_T betrieben werden.

8.3.8 Übersicht: Bipolartransistor-Grundschaltungen

	Emitter-schaltung	Kollektor-schaltung (Emitterfolger)	Basis-schaltung
	(Schaltung)	(Schaltung)	(Schaltung)
	(Kleinsignalersatzschaltbild)	(Kleinsignalersatzschaltbild)	(Kleinsignalersatzschaltbild)
$V_u = \dfrac{u_a}{u_e}$	$\dfrac{-\beta_0 R_C}{r_{BE} + (1+\beta_0)R_E}$ $\approx \dfrac{-R_C}{\dfrac{r_{BE}}{\beta_0} + R_E}$	$\dfrac{1}{1 + \dfrac{r_{BE}}{(1+\beta_0)R_E}}$ ≈ 1	$\dfrac{\beta_0 R_C}{r_{BE} + (1+\beta_0)R_E}$ $\approx \dfrac{R_C}{\dfrac{r_{BE}}{\beta_0} + R_E}$
$r_e =$	$r_{BE} + (1+\beta_0)R_E$	$r_{BE} + (1+\beta_0)R_E$	$R_E + \dfrac{r_{BE}}{(1+\beta_0)}$
$r_a =$	R_C	$\dfrac{R_i + r_{BE}}{(1+\beta_0)}$	R_C

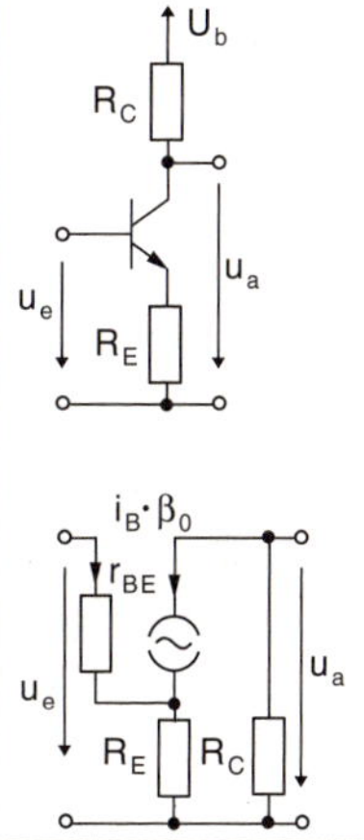

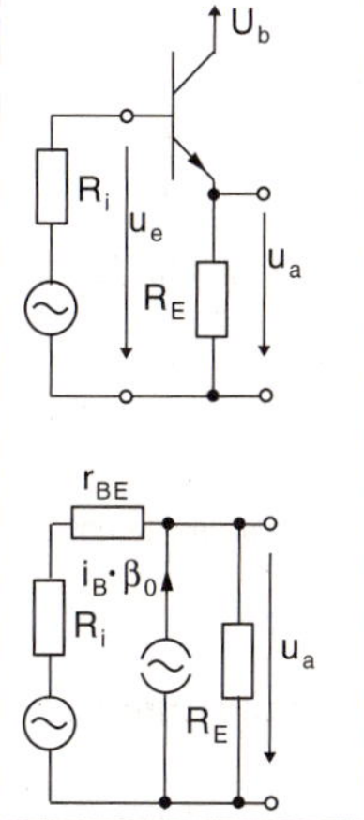

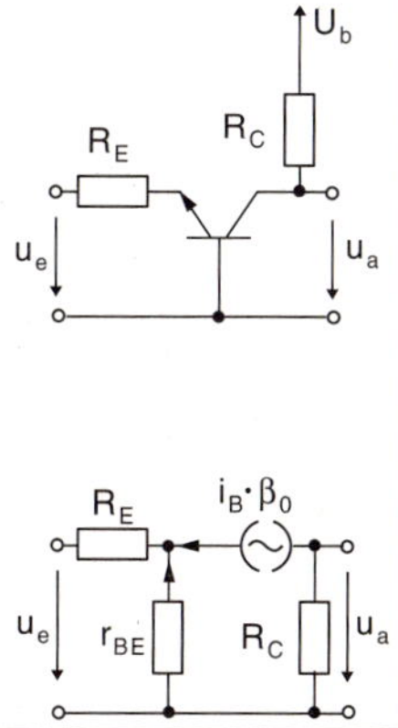

Abbildung 8.52: Vergleich der Bipolartransistor-Grundschaltungen

8.3.9 Stromquellen mit Bipolartransistoren

Reale Stromquellen* können durch ein Ersatzschaltbild, bestehend aus einer idealen Stromquelle I_q und einem Innenwiderstand R_i, dargestellt werden (siehe Abb. 8.53).

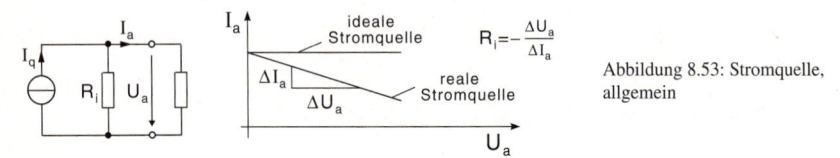

Abbildung 8.53: Stromquelle, allgemein

Stromquellen in der analogen Schaltungstechnik haben die Aufgabe, einen eingeprägten Strom

- unabhängig von der anliegenden Spannung U_a und
- unabhängig von der Betriebsspannung U_b (hier vornehmlich zur Brummunterdrückung)

zu liefern.

Stromquelle mit Bipolartransistor:

Abbildung 8.54: Stromquelle mit Bipolartransistor

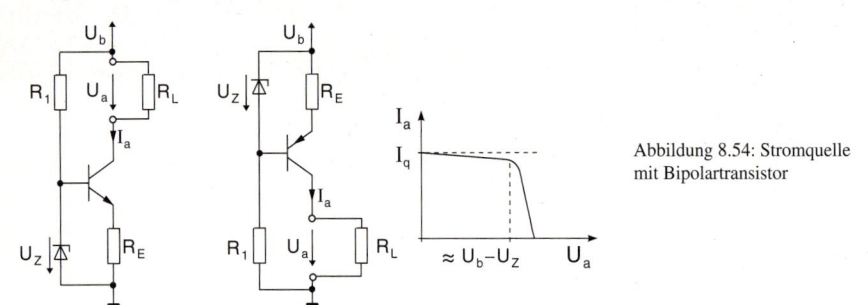

Die Maschengleichung $-U_z + U_{BE} + I_q \cdot R_E = 0$ ergibt den eingeprägten Strom I_q:

$$I_q \approx \frac{U_z - 0{,}7\,\text{V}}{R_E} \quad \text{für} \quad 0 < U_a < (U_b - U_z) \tag{8.60}$$

Der Strom I_q wird unabhängig von der Ausgangsspannung U_a durch die Wahl der Zenerspannung U_z und den Emitterwiderstand R_E eingeprägt. Die Zenerdiode fungiert als Konstantspannungsquelle. An Stelle der Zenerdiode können auch andere Spannungsquellen, wie Referenzelemente, Leuchtdioden oder in Reihe geschaltete Siliziumdioden Verwendung finden.

Der **Innenwiderstand der Stromquelle** läßt sich aus dem **Wechselstromersatzschaltbild** (siehe Abb. 8.55) berechnen.

$$r_i = -\frac{u_a}{i_a} = \frac{R_E(r_{BE} + \beta_0 r_{CE}) + r_{CE}(R_E + r_{BE})}{R_E + r_{BE}} \tag{8.61}$$

---

* STROMQUELLE: *current source*

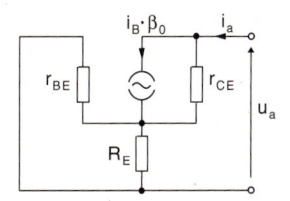

Abbildung 8.55: Wechselstromersatzschaltbild für Bipolarstromquelle

- Der Innenwiderstand liegt, je nach Schaltungsauslegung, zwischen r_{CE} und $\beta_0 \cdot r_{CE}$.

$$r_{CE} < r_i < \beta_0 \cdot r_{CE} \qquad (8.62)$$

Bei üblicher Spannungswahl von U_z (U_z = wenige Volt) liegt er etwa bei $10 \ldots 20 \cdot r_{CE}$.

- Allgemein gilt: r_i ist um so größer, je größer man U_z und R_E wählt.

Die **Stabilisierung des Quellenstromes gegen Betriebsspannungsschwankungen** hängt nur zum Teil vom Innenwiderstand ab. Einen ähnlichen Einfluß hat der Innenwiderstand der Spannungsquelle U_z. Durch ihn ändert sich U_z mit der Betriebsspannung U_b und damit auch der Strom I_q.

Zur **Brummunterdrückung** kann U_z durch einen Tiefpaß stabilisiert werden (siehe Abb. 8.56).

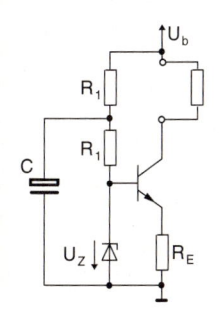

$$C = 10 \ldots 100 \cdot \frac{10\,\text{ms}}{R_1/2}$$

für 100 Hz Brummunterdrückung

Abbildung 8.56: Stromquelle mit verbesserter Brummunterdrückung

8.3.10 Differenzverstärker mit Bipolartransistoren

Der **Differenzverstärker*** verstärkt die Differenz der Eingangsspannungen:

$$-u_{a1} = u_{a2} = (u_{e1} - u_{e2}) \cdot V_d = u_d \cdot V_d \qquad (8.63)$$

Differenzverstärker werden vornehmlich als Summationspunkt einer Gegenkopplungsschleife benutzt.

Differenzverstärker werden in der Regel an einer symmetrischen ±-Spannungsversorgung betrieben. Das Eingangsruhepotential liegt auf Masse. Das Kollektorruhepotential (Arbeitspunkt) wird bei $U_b/2$ bei npn-Transistoren bzw. bei $-U_b/2$ bei pnp-Transistoren gewählt. Der Kollektorruhestrom ist gleich dem *halben* Quellenstrom I_q ($I_C = I_q/2$). Der Emitterwiderstand R_E (**Stromgegenkopplung**) kann sehr klein gewählt werden, weil sich die Temperaturdrift beider Transistoren in ihrer Wirkung aufhebt. Bei ausgewählten Transistoren, die sich in ihren Parametern nur sehr gering unterscheiden (gepaarte Transistoren) kann

---

* DIFFERENZVERSTÄRKER: *differential amplifier*

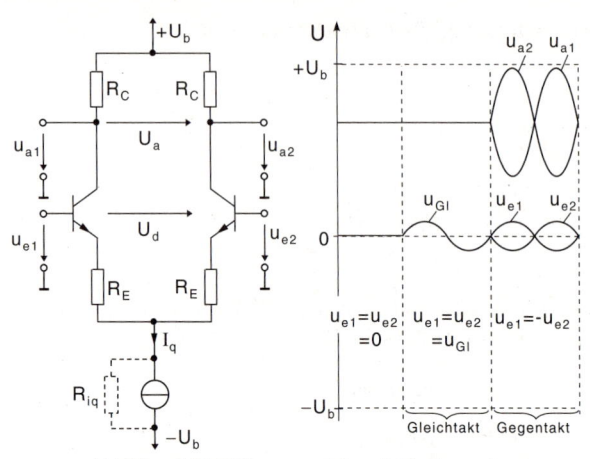

Abbildung 8.57: Differenzverstärker mit Bipolartransistoren

auf R_E verzichtet werden. Nimmt man die Ausgangsspannung zwischen den Kollektoranschlüssen ab, so gilt $U_a \sim U_d$ auch gleichspannungsmäßig.

Man unterscheidet zwischen **Gleichtakt***- und **Gegentaktsignalen***. Sind die Eingangsspannungen von *gleicher Amplitude und Phase*, so sind sie im *Gleichtakt*. Sind die Eingangsspannungen von *gleicher Amplitude und in Gegenphase*, so sind sie im *Gegentakt*. Sind u_{e1} und u_{e2} *ungleich*, so lassen sie sich in jedem Falle in ein Gleichtakt- und ein Gegentaktsignal zerlegen.

Ein Gleichtaktsignal $u_{e1} = u_{e2} = u_{Gl}$ erzeugt theoretisch kein Ausgangssignal, weil der Strom I_q eingeprägt ist und sich bei Symmetrie der Eingangsspannungen gleichmäßig auf die beiden Transistorzweige verteilt. Ein Gleichtaktsignal erzeugt nur ein Ausgangssignal infolge des endlichen Innenwiderstandes der Stromquelle I_q.

Den Quotienten

$$\frac{\text{Gleichtaktausgangsspannung}}{\text{Gleichtakteingangsspannung}} = \frac{u_{a1}}{u_{Gl}} = \frac{dU_{a1}}{dU_{Gl}} = V_{Gl} \tag{8.64}$$

bezeichnet man als **Gleichtaktverstärkung***. Sie beträgt im idealen Falle Null.

Ein Gegentaktsignal $u_{e1} = -u_{e2} = u_d/2$ erzeugt ein Ausgangssignal $u_{a1} = -u_{a2}$, weil es den Strom I_q im Gegentakt auf die beiden Transistorzweige verteilt.

Den Quotienten

$$\frac{\text{Gegentaktausgangsspannung}}{\text{Gegentakteingangsspannung}} = \frac{u_{a1}}{u_{e1} - u_{e2}} = \frac{u_{a1}}{u_d} = \frac{dU_{a1}}{d(U_{e1} - U_{e2})} = V_d \tag{8.65}$$

bezeichnet man als **Differenzverstärkung*** oder als **Gegentaktverstärkung**.

---

* GLEICHTAKT: *common mode, push-push*
* GEGENTAKT: *push-pull*
* GLEICHTAKTVERSTÄRKUNG: *commom mode gain*
* DIFFERENZVERSTÄRKUNG: *differential gain*

8.3.10.1 Differenzverstärkung (Gegentaktverstärkung)

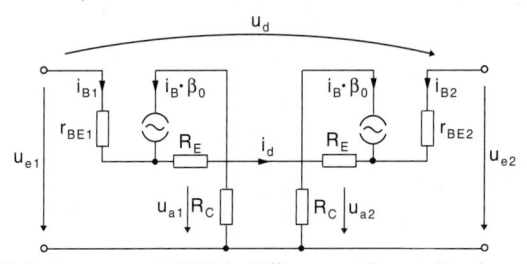

Abbildung 8.58: Wechselstromersatzschaltbild des Differenzverstärkers zur Berechnung der Differenzverstärkung

Aus dem Wechselstromersatzschaltbild ergibt sich:

$$u_d = i_{B1} \cdot r_{BE1} + i_d \cdot 2R_E - i_{B2} \cdot r_{BE2} \tag{8.66}$$

$$u_{a1} = -i_{B1} \cdot \beta_0 \cdot R_C \tag{8.67}$$

$$i_d = i_{B1} \cdot (1+\beta_0) = -i_{B2} \cdot (1+\beta_0) \tag{8.68}$$

Daraus folgt:

$$V_d = \frac{u_{a1}}{u_d} = -\frac{u_{a2}}{u_d} = -\frac{1}{2} \frac{\beta_0 \cdot R_C}{r_{BE} + (1+\beta_0)R_E} \tag{8.69}$$

bzw:

$$\boxed{V_d = \frac{u_{a1}}{u_d} = -\frac{u_{a2}}{u_d} \approx -\frac{1}{2} \frac{R_C}{\frac{r_{BE}}{\beta_0} + R_E}} \tag{8.70}$$

● Je niederohmiger R_E ist, desto höher ist die Differenzverstärkung V_d.

HINWEIS: Um den Gegenkopplungswiderstand R_E klein wählen zu können, müssen die Transistoren möglichst gleich sein und sich auf gleichem Temperaturniveau befinden. Aus diesem Grund gibt es monolithische Transistoren (Doppeltransistoren in einem Gehäuse). Diese sind im selben Prozeß hergestellt (auf einem Chip) und dadurch weitgehend gleich, und sie befinden sich auf gleicher Temperatur auf Grund des gemeinsamen Gehäuses. In diesem Fall kann auf die Widerstände R_E verzichtet werden.

8.3.10.2 Gleichtaktverstärkung

Berechnung der Gleichtaktverstärkung unter Einbeziehung des Innenwiderstandes r_{iq} der Stromquelle I_q:
Aus dem Wechselstromersatzschaltbild ergibt sich:

$$u_{Gl} = i_{B1} \cdot r_{BE1} + i_{B1} \cdot (1+\beta_0)R_E + i_q \cdot r_{iq} \tag{8.71}$$

$$u_{a1} = -i_{B1} \cdot \beta_0 \cdot R_C \tag{8.72}$$

$$i_q = (i_{B1} + i_{B2}) \cdot (1+\beta_0) = 2 \cdot (1+\beta_0) \cdot i_{B1} \tag{8.73}$$

Daraus folgt:

$$V_{Gl} = \frac{u_{a1}}{u_{Gl}} = -\frac{\beta_0 R_C}{r_{BE} + (1+\beta_0)R_E + (1+\beta_0)\cdot 2r_{iq}} \qquad (8.74)$$

Mit $2r_{iq} \gg R_E$ folgt:

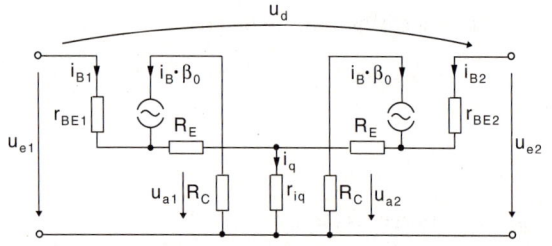

$$\boxed{V_{Gl} = \frac{u_{a1}}{u_{Gl}} = -\frac{u_{a2}}{u_{Gl}} \approx -\frac{R_C}{2r_{iq}}} \qquad (8.75)$$

Abbildung 8.59: Wechselstromersatzschaltbild des Differenzverstärkers zur Berechnung der Gleichtaktverstärkung

● Je hochohmiger der Innenwiderstand der Stromquelle, desto kleiner ist die Gleichtaktverstärkung.

8.3.10.3 Gleichtaktunterdrückung*

Die Gleichtaktunterdrückung G ist der Quotient von Differenzverstärkung und Gleichtaktverstärkung.

$$\boxed{G = \frac{V_d}{V_{Gl}}} \qquad (8.76)$$

Sie wird üblicherweise in dB angegeben. Die Gleichtaktunterdrückung wird im englischen als CMRR (Common mode rejection ratio) bezeichnet. Die Gleichtaktunterdrückung beträgt:

$$\boxed{G = \frac{V_d}{V_{Gl}} = \frac{r_{iq}}{\frac{r_{BE}}{\beta_0} + R_E}} \qquad (8.77)$$

8.3.10.4 Eingangswiderstand des Differenzverstärkers

Differenz-Eingangswiderstand r_d (siehe Abb. 8.58):

$$r_d = \frac{u_d}{i_{B1}} = 2r_{BE} + (1+\beta_0)2R_E \qquad (8.78)$$

---

* GLEICHTAKTUNTERDRÜCKUNG: *common-mode rejection ratio*

$$\boxed{r_\text{d} \approx 2(r_\text{BE} + \beta_0 R_\text{E})} \tag{8.79}$$

Gleichtakt-Eingangswiderstand r_Gl (siehe Abb. 8.59):

$$r_\text{Gl} = \frac{u_\text{Gl}}{i_\text{B1}} = r_\text{BE} + (1+\beta_0) \cdot R_\text{E} + 2 \cdot (1+\beta_0) \cdot r_\text{iq} \tag{8.80}$$

$$\boxed{r_\text{Gl} \approx 2\beta_0 \cdot r_\text{iq}} \tag{8.81}$$

8.3.10.5 Ausgangswiderstand des Differenzverstärkers

Der Ausgangswiderstand r_a beträgt wie bei der Emitterschaltung:

$$\boxed{r_\text{a} = R_\text{C}} \tag{8.82}$$

8.3.10.6 Offsetspannung des Differenzverstärkers

Die Offsetspannung U_0 (**Eingangsoffsetspannung***, **Eingangsfehlspannung**) ist die Differenz-Eingangsspannung, die man anlegen muß, damit die Ausgangsspannungen U_a1 und U_a2 gleich sind.

$$\boxed{U_0 = (U_\text{e1} - U_\text{e2})|_{U_\text{a1}=U_\text{a2}}} \tag{8.83}$$

Die Offsetspannung ist ein Toleranzwert. Er gibt im Datenblatt den ungünstigsten Wert an.

8.3.10.7 Offsetstrom* des Differenzverstärkers

Der Offsetstrom I_0 (**Eingangsoffsetstrom**, **Eingangsfehlstrom**) ist der Differenz-Eingangsstrom, den man einspeisen muß, damit U_a1 und U_a2 gleich sind.

$$\boxed{I_0 = (I_\text{e1} - I_\text{e2})|_{U_\text{a1}=U_\text{a2}}} \tag{8.84}$$

8.3.10.8 Offsetspannungsdrift*

Die **Temperaturdrift** der beiden Transistoren eines Differenzverstärkers hebt sich wegen des symmetrischen Aufbaus in ihrer Wirkung weitgehend auf. Lediglich die toleranzbedingten Unterschiede in der Temperaturdrift wirken sich aus. Die **Offsetspannungsdrift** (auch als **Temperaturkoeffizient der Eingangsfehlspannung** bezeichnet), ist die Änderung der Offsetspannung durch das unterschiedliche Temperaturverhalten der Transistoren. Sie liegt einige Zehnerpotenzen unter der Temperaturdrift ΔU_BE. Die Temperaturdrift wird in $\frac{\mu V}{K}$ angegeben.

---

* OFFSETSPANNUNG: *input offset voltage*
* OFFSETSTROM: *input offset current*
* OFFSETSPANNUNGSDRIFT: *offset voltage drift*

8.3.10.9 Beispiele für Differenzverstärker

Zu Abbildung 8.60:

a) Differenzverstärker mit Stromquelle, guter Brummunterdrückung und Stromgegenkopplung mit Trimmwiderstand zur Symmetrierung.
b) Differenzverstärker mit einer Ausgangsspannung. Dadurch kann ein Kollektorwiderstand entfallen. Nachteil: Die Verlustleistung in den Transistoren ist unterschiedlich, wodurch die thermische Symmetrie der Transistoren verlorengeht.
c) Differenzverstärker ohne Stromgegenkopplung. Der Typ BCY87 ist ein Doppeltransistor in einem Gehäuse mit besonderer Eignung als Differenzverstärker.
d) Symmetrische, analoge Signalübertragung. Elektromagnetisch eingekoppelte Störungen auf der Übertragungsleitung heben sich in der Empfängerschaltung auf.
e) Differenzschaltung mit Stromspiegel zur Auskopplung des Ausgangsstromes. $i_a = (u_{e1} - u_{e2}) \dfrac{\beta_0}{r_{BE}}$. Wegen der notwendigen guten thermischen Kopplung und den notwendigen geringen Abweichungen in den Transistorparametern hat diese Schaltung vornehmlich in der integrierten Schaltungstechnik Bedeutung.

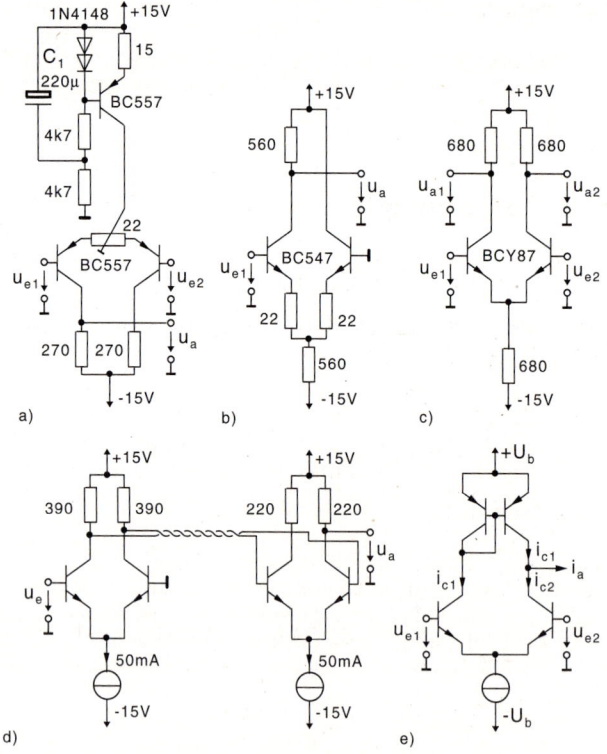

Abbildung 8.60: Beispiele für Differenzverstärker

8.3.11 Übersicht: Differenzverstärker mit Bipolartransistoren

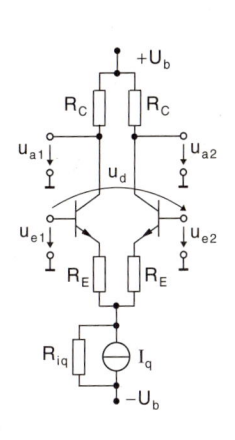

Gegentaktverstärkung:

$$V_d = \frac{u_{a1}}{u_d} = -\frac{u_{a2}}{u_d} \approx -\frac{1}{2}\frac{R_C}{\frac{r_{BE}}{\beta_0}+R_E}$$

mit $u_{e1} - u_{e2} = u_d$

Gleichtaktverstärkung:

$$V_{Gl} = \frac{u_{a1}}{u_{Gl}} = \frac{u_{a2}}{u_{Gl}} \approx -\frac{R_C}{2r_{iq}}$$

mit $u_{e1} = u_{e2} = u_{Gl}$

Gleichtaktunterdrückung:

$$G = \frac{V_d}{V_{Gl}} = \frac{r_{iq}}{\frac{r_{BE}}{\beta_0}+R_E}$$

Differenzeingangsimpedanz:

$$r_d \approx 2(r_{BE}+\beta_0 R_E)$$

Ausgangsimpedanz:

$$r_a = R_C$$

8.3.12 Stromspiegelschaltung[*]

Die Stromspiegelschaltung[*] erzeugt einen Strom I_a, der gleich dem Eingangsstrom I_1 ist. Der Ausgang der Schaltung hat die Eigenschaft einer Stromquelle, d. h., sie hat einen sehr hochohmigen Innenwiderstand.

Zu Abbildung 8.61: Der Strom I_1 ist die Eingangsgröße. Die Transistoren T_1 und T_2 sind gleich und befinden sich auf gleicher Temperatur. Dann gilt:

$$I_1 = I_{C1} + I_B; \qquad I_{B1} = I_{B2} = \frac{I_B}{2}; \qquad I_{C1} = B \cdot I_{B1} \tag{8.85}$$

$$\left.\begin{array}{l} I_1 = B \cdot I_{B1} + 2I_{B1} = (2+B) \cdot I_{B1} \\ I_a = B \cdot I_{B2} = B \cdot I_{B1} \end{array}\right\} \quad \boxed{I_a \approx I_1} \tag{8.86}$$

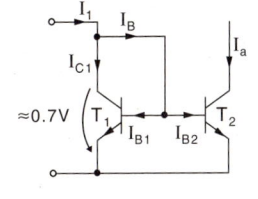

Abbildung 8.61: Stromspiegelschaltung

---

[*] STROMSPIEGEL: *current mirror*

8.3.12.1 Varianten der Stromspiegelschaltung

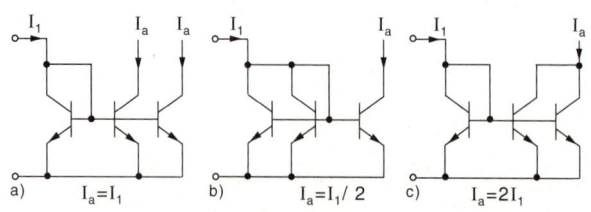

Abbildung 8.62: Varianten der Stromspiegelschaltung

8.4 Kleinsignalverstärker mit Feldeffekttransistoren*

Kleinsignalverstärker sind Schaltkreise, die der Verstärkung kleiner Wechselsignale* dienen, wobei die Signalamplitude sehr viel kleiner als die Arbeitspunktgrößen (die an den Bauelementen anliegenden Gleichgrößen) sind. Die Betriebsfrequenzen sollen niedrig sein, so daß Laufzeiten und Phasendrehungen durch parasitäre Elemente unberücksichtigt bleiben können (andernfalls wird ausdrücklich auf besondere Betriebsbedingungen hingewiesen).

8.4.1 Transistorkenngrößen*

8.4.1.1 Schaltbilder und Zählpfeilrichtungen für Feldeffekttransistoren

Die Transistoranschlüsse werden als **Drain** (Senke), **Source** (Quelle) und **Gate** (Gatter, Tor) bezeichnet. Feldeffekttransistoren sind spannungsgesteuerte Bauelemente. Der Drain-Source-Strom wird durch die Gate-Source-Spannung gesteuert. Die Steuerung erfolgt im unteren Frequenzbereich praktisch leistungslos, d. h., der Gate-Strom ist vernachlässigbar gering.

Man unterscheidet zwischen **Sperrschicht-Feldeffekttransistoren*** (**JFET**; Junction-FET) und **Isolierschicht-Feldeffekttransistoren*** (**IGFET**; Insulated-Gate FET, MOSFET). JFETs sind immer selbstleitend, IGFETs können selbstleitend (Verarmungstyp*) oder selbstsperrend (Anreicherungstyp*) sein. **Selbstleitend** heißt, daß die Drain-Source-Strecke leitend ist bei $U_{GS} = 0$. **Selbstsperrend** heißt, daß die Drain-Source-Strecke sperrend ist bei $U_{GS} = 0$.

Man unterscheidet ferner zwischen **n-Kanal*** und **p-Kanal**-Typen. In n-Kanaltypen fließt der Drain-Strom in den Drain-Anschluß hinein. Der Drainstrom nimmt zu, wenn die Gate-Source-Spannung in positive Richtung verändert wird. In p-Kanal-Typen fließt der Drain-Strom aus dem Drain-Anschluß heraus. Dieser nimmt zu, wenn die Gate-Source-Spannung in negativer Richtung verändert wird.

---

* FELDEFFEKTTRANSISTOR: *field effect transistor*
* KLEINSIGNAL: *small signal*
* KENNGRÖSSEN: *ratings*
* KENNLINIEN: *characteristics*
* SPERRSCHICHT-FET: *junction fet*
* ISOLIERSCHICHT-FET: *insulated-gate fet*
* VERARMUNG, SELBSTLEITEND: *depletion*
* ANREICHERUNG, SELBSTSPERREND: *enhancement*
* KANAL: *channel*

8.4 Kleinsignalverstärker mit Feldeffekttransistoren

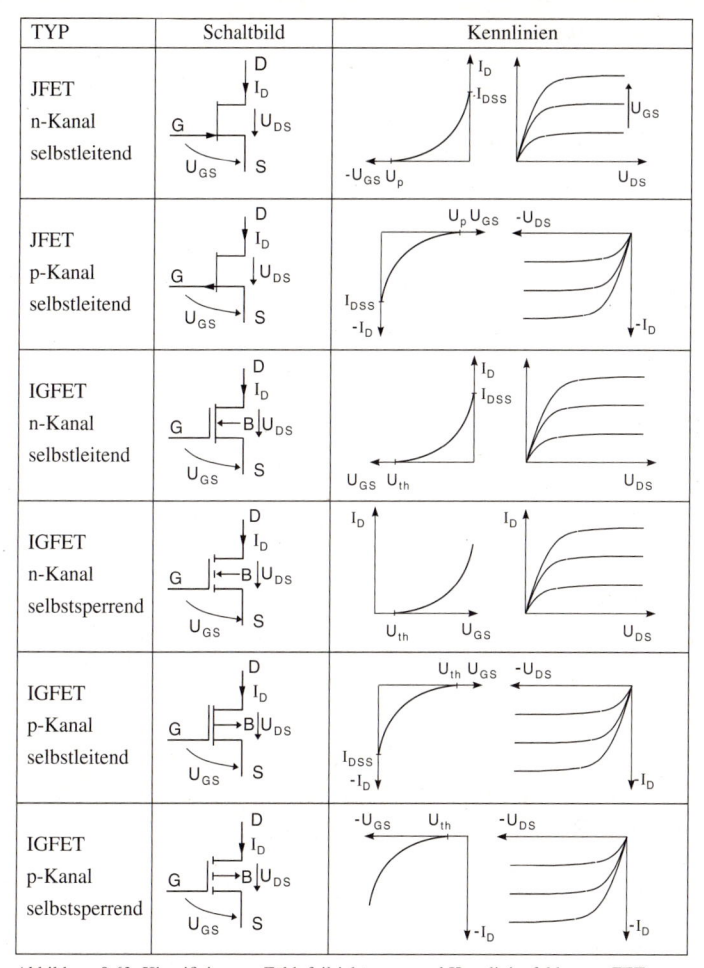

TYP	Schaltbild	Kennlinien
JFET n-Kanal selbstleitend		
JFET p-Kanal selbstleitend		
IGFET n-Kanal selbstleitend		
IGFET n-Kanal selbstsperrend		
IGFET p-Kanal selbstleitend		
IGFET p-Kanal selbstsperrend		

Abbildung 8.63: Klassifizierung, Zählpfeilrichtungen und Kennlinienfelder von FETs

Bei **JFETs** ist die Gate-Source-Strecke eine SI-Diode, die im Normalbetrieb in Sperrichtung gepolt ist. Wird sie in Durchlaßrichtung gepolt, kann dies leicht zur Zerstörung des JFETs führen, weil der Strom in diesem Fall entsprechend der Dioden-Charakteristik zunimmt.

Bei **IGFETs** bzw. MOSFETs ist das Gate gegenüber Drain und Source isoliert. Die zulässige Gate-Source-Spannung liegt im Bereich ± 20 V.

HINWEIS: Von den Strom- und Spannungsrichtungen her entspricht ein n-Kanal FET einem npn-Transistor und ein p-Kanal-FET einem pnp-Transistor.

MOSFETs werden oft als „elektronische Schalter" eingesetzt. Daher wird der kleinste verbleibende **Drain-Source-Widerstand** $R_{DS(ON)}$ (Einschaltwiderstand) im eingeschalteten Zustand ($U_{GS} > 10$ V) angegeben.

MOSFETs besitzen technologiebedingt eine antiparallele Silizium-Diode (Rückstromdiode). Im gesperrten Zustand verhält sich daher die Source-Drain-Strecke wie eine in Durchlaß betriebene Silizium-Diode. Diese Diode kann für Anwendungen in Frequenzumrichtern und in Gegentaktwandlern als schnelle Diode[*] ausgeführt sein.

In **MOSFETs** ist der Substratanschluß bisweilen herausgeführt. Er wird mit **BULK** (B) bezeichnet. Er hat eine ähnlich steuernde Wirkung wie der Gate-Anschluß.

HINWEIS: Ob ein IGFET (MOSFET) defekt ist oder nicht, kann festgestellt werden, in dem mit einem Durchgangsprüfer die Drain-Source-Strecke gemessen wird und mit einer Spannungsquelle (ca. 10 V) die Gate-Source-Strecke gesteuert wird. Der Zustand der Drain-Source-Strecke muß ihren Zustand (leitend oder nicht leitend) halten, auch wenn die Steuerspannung U_{GS} abgeklemmt wird.

8.4.1.2 Übertragungskennlinien und Ausgangskennlinienfeld von JFETs

Die **Übertragungskennlinie**[*] $I_D = f(U_{GS})$ und das **Ausgangskennlinienfeld**[*] $I_D = f(U_{DS})$ mit U_{GS} als Parameter stellen den Zusammenhang aller Spannungen und Ströme des Feldeffekttransistors her.

U_P ist die **Abschnürspannung**[*]. In $U_{GS} = U_P$ wird der Drainstrom I_D praktisch Null. U_P unterliegt einer großen Exemplarstreuung und Temperaturabhängigkeit.

Der **Steuerbereich** der Gate-Source-Strecke liegt beim JFET im Bereich $U_P < U_{GS} < 0$ V. Für $U_{GS} > 0$ V geht die Hochohmigkeit des Gates verloren.

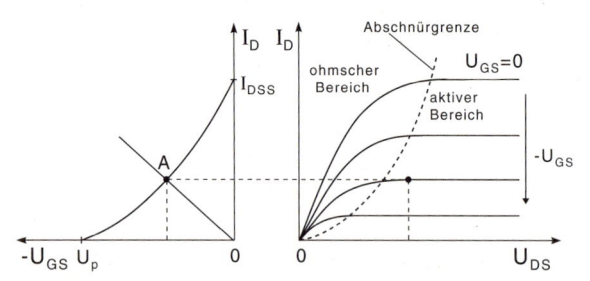

Abbildung 8.64: Übertragungskennlinie und Ausgangskennlinienfeld des JFETs. Hier: n-Kanal-JFET

Die Übertragungskennlinie hat die analytische Form

$$I_D = I_{DSS} \left(1 - \frac{U_{GS}}{U_P}\right)^2 \tag{8.87}$$

Das Ausgangskennlinienfeld unterteilt man in 2 charakteristische Bereiche, den **aktiven Bereich (Abschnürbereich)** und den **ohmschen Bereich**. Der aktive Bereich ist dadurch gekennzeichnet, daß die Kennlinien praktisch horizontal verlaufen, der Drainstrom ist nur abhängig von der Gate-Source-Spannung und

---

[*] SCHNELLE DIODE: *fast rectifier*
[*] ÜBERTRAGUNGSKENNLINIE: *transfer characteristics*
[*] AUSGANGSKENNLINIENFELD: *output characteristics*
[*] ABSCHNÜRSPANNUNG: *pinch-off voltage*

näherungsweise unabhängig von der anliegenden Drain-Source-Spannung. Im ohmschen Bereich steigt der Drainstrom näherungsweise proportional zur Drain-Source-Spannung an. Die Steigung ist abhängig von U_{GS}. Die beiden Bereiche sind durch die Abschnürgrenze getrennt

$$U_k = (U_{GS} - U_P) \tag{8.88}$$

8.4.1.3 Übertragungskennlinie und Ausgangskennlinienfeld von IGFETs

Die **Schwellenspannung*** U_{th} liegt bei selbstsperrenden Fets im positiven Spannungsbereich der Gate-Source-Spannung und bei selbstleitenden im negativen Bereich. Die Schwellenspannung unterliegt, wie U_P beim JFET, einer großen Exemplarstreuung. Die Isolation des Gates gegenüber dem Kanal läßt relativ hohe Gate-Source-Spannungen zu. Üblich sind $\pm 20\,\text{V}$.

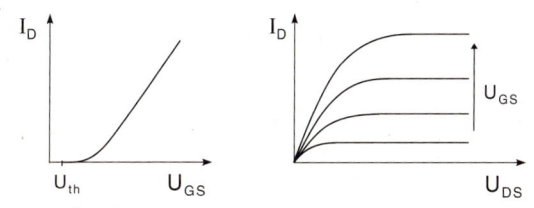

Abbildung 8.65: Übertragungskennlinie und Ausgangskennlinienfeld des IGFETs (MOSFET)
Hier: selbstsperrender n-Kanal-IGFET

Die Übertragungskennlinie hat, wie beim JFET, die analytische Form:

$$I_D = I_{DSS}\left(1 - \frac{U_{GS}}{U_P}\right)^2 \tag{8.89}$$

Für selbstsperrende FETs wird für I_{DSS} der Strom $I_D = I_D(U_{GS} = 2U_{th})$ eingesetzt.

8.4.1.4 Steilheit

Die **Steilheit*** S (auch als Vorwärtssteilheit oder Übertragungssteilheit bezeichnet) ist die Steigung der Übertragungskennlinie $I_D = f(U_{GS})$.

$$\boxed{S = \left.\frac{dI_D}{dU_{GS}}\right|_{U_{DS}=\text{konst.}} \approx \left.\frac{\Delta I_D}{\Delta U_{GS}}\right|_{U_{DS}=\text{konst.}}} \tag{8.90}$$

Die Rückwirkung der Drain-Source-Spannung auf das Gate ist bei niedrigen Frequenzen gering, daher ist die Meßbedingung $U_{DS} = \text{konst.}$ praktisch unbedeutend.

Die Steilheit S wird in Siemens oder Millisiemens angegeben.

---

* SCHWELLENSPANNUNG: *threshold voltage*
* STEILHEIT: *forward transconductance*

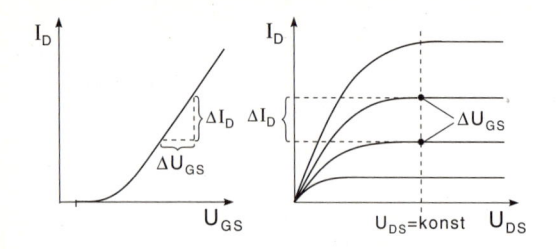

Abbildung 8.66: Definition der Steilheit in der Übertragungskennlinie und im Ausgangskennlinienfeld

8.4.1.5 Differentieller Ausgangswiderstand

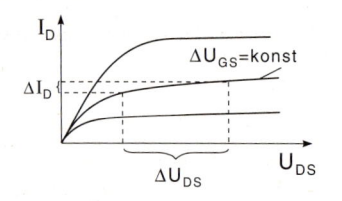

Abbildung 8.67: Definition des differentiellen Ausgangswiderstandes

Der **differentielle Ausgangswiderstand*** gibt die Änderung des Drainstromes in Abhängigkeit von der Drain-Source-Spannung bei konstanter Gate-Source-Spannung an.

$$r_{\mathrm{DS}} = \left.\frac{\mathrm{d}U_{\mathrm{DS}}}{\mathrm{d}I_{\mathrm{D}}}\right|_{U_{\mathrm{GS}}=\mathrm{konst}} \approx \left.\frac{\Delta U_{\mathrm{DS}}}{\Delta I_{\mathrm{D}}}\right|_{U_{\mathrm{GS}}=\mathrm{konst}} \tag{8.91}$$

- r_{DS} ist insbesondere bei MOSFETs extrem hochohmig (annähernd waagerechter Verlauf der Ausgangskennlinien).

8.4.1.6 Eingangsimpedanz

Die **Eingangsimpedanz*** von Feldeffekttransistoren ist die Impedanz der Gate-Source-Strecke, sie ist kapazitiv. Sie ist in Datenblättern entweder unter der Bezeichnung C_{iss} oder mit ihrem Vierpolparameter C_{11S} angegeben. Sie liegt im Bereich weniger pF bis einiger nF.

8.4.2 Ersatzschaltbilder

8.4.2.1 Ersatzschaltbild für niedrige Frequenzen

Die Gate-Source-Spannung steuert den Drain-Strom. r_{DS} ist in der Regel so hochohmig, daß er vernachlässigt werden kann.
Dann gilt:

$$i_{\mathrm{D}} \approx u_{\mathrm{GS}} \cdot S \qquad \text{bzw.} \qquad \triangle I_{\mathrm{D}} \approx \triangle U_{\mathrm{GS}} \cdot S \tag{8.92}$$

---

* DIFFERENTIELLER AUSGANGSWIDERSTAND: *dynamic output impedance*
* EINGANGSIMPEDANZ: *input impedance*

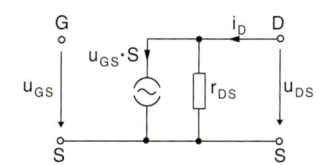

Abbildung 8.68: FET-Wechselstromersatzschaltbild für niedrige Frequenzen

8.4.2.2 Ersatzschaltbild für hohe Frequenzen

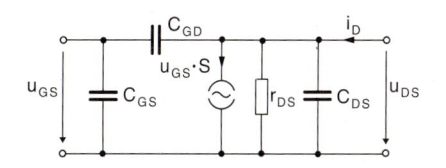

Abbildung 8.69: FET-Wechselstromersatzschaltbild für hohe Frequenzen

Bei höheren Frequenzen wirken sich die parasitären Kapazitäten zwischen den Anschlüssen aus. Die Gate-Source-Kapazität führt zu einer Belastung der Eingangsspannungsquelle. Die Gate-Drain-Kapazität führt in der Source-Schaltung zu einer Gegenkopplung, deren Grad vom Innenwiderstand der Eingangsspannungsquelle abhängt. Je niederohmiger der Innenwiderstand der Eingangsspannungsquelle ist, desto geringer ist die frequenzabhängige Gegenkopplung.

Zwischen den Datenblattangaben C_{iss}, C_{rss} und C_{oss} (auch als C_{11S}, C_{12S} und C_{22S} bezeichnet) und den Ersatzschaltbildgrößen besteht folgender Zusammenhang:

Eingangskapazität: $\quad C_{iss} = C_{11S} \approx C_{GS} + C_{GD}$

Rückwirkungskapazität[*]: $\quad C_{rss} = C_{12S} \approx C_{GD}$

Ausgangskapazität: $\quad C_{oss} = C_{22S} \approx C_{DS} + C_{GD}$

8.4.2.3 Grenzfrequenz der Vorwärtssteilheit

Die **Grenzfrequenz der Vorwärtssteilheit** (auch **Steilheitsgrenzfrequenz** genannt) liegt bei Feldeffekttransistoren sehr hoch (beim BF 245, ein besonders gängiger JFET, bei 700 MHz). Der FET eignet sich daher besonders als Hochfrequenzverstärker.

Die Grenzfrequenz der Vorwärtssteilheit wird allerdings nur für solche FETs angegeben, die vornehmlich für den analogen Betrieb gedacht sind. So fehlt diese Angabe bei den meisten MOSFETs, die für den schnellen Schaltbetrieb gedacht sind.

8.4.3 Grundschaltungen mit Feldeffekttransistoren

Man unterscheidet, wie beim Bipolartransistor, zwischen drei Kleinsignalbetriebsarten, nämlich der Source-, Drain- und Gateschaltung (siehe auch Abschnitt 8.3.4).

---

[*] RÜCKWIRKUNGSKAPAZITÄT: *reverse transfer capacitance*

	Source-schaltung	Drain-schaltung	Gate-schaltung
Schaltung			
Spannungsverstärkung	> 1	< 1	> 1
Stromverstärkung	→ ∞	→ ∞	1
Eingangsimpedanz	sehr groß	sehr groß	klein
Ausgangsimpedanz	mittel	klein	mittel

Abbildung 8.70: FET-Grundschaltungen

8.4.4 Sourceschaltung

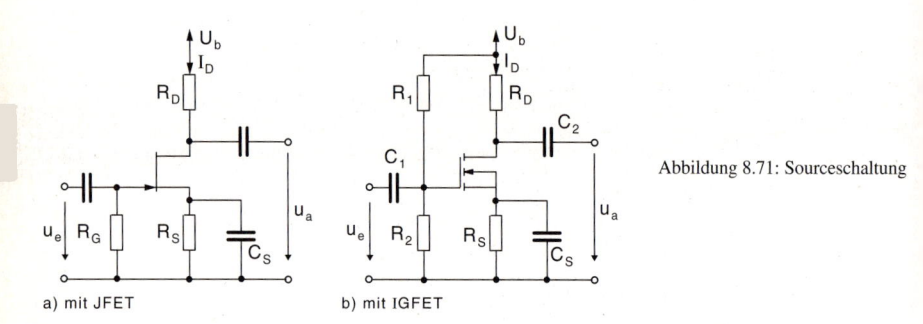

Abbildung 8.71: Sourceschaltung

a) mit JFET

b) mit IGFET

Sourceschaltung mit JFET

Abbildung 8.71 a):

Der Arbeitspunkt des Transistors wird so eingestellt, daß er im aktiven Bereich des Ausgangskennlinienfeldes liegt. U_{GS} muß bei selbstleitenden n-Kanal-Fets dafür negativ sein. R_G legt das Gate sehr hochohmig auf Masse, während der Drainstrom das Source-Potential über R_S in den positiven Bereich hebt. Wechselspannungsmäßig ist das Sourcepotential über C_S an Masse gelegt. R_D stellt die mittlere Drain-Source-Spannung ein. An ihm kann die Ausgangsspannung abgenommen werden. Die Ausgangsspannung u_a ist gegenphasig zur Eingangsspannung u_e (siehe 8.4.4.8).

Sourceschaltung mit IGFET

Abbildung 8.71 b):

Dargestellt ist die Sourceschaltung für einen selbstsperrenden IGFET. Die Beschaltung ist ähnlich der, der Emitterschaltung. Das Gatepotential muß positiv gegenüber dem Sourcepotential sein. Die Stabilisierung des Arbeitspunktes erfolgt über R_S (siehe auch Arbeitspunkteinstellung beim IGFET).

8.4.4.1 Vierpolgleichungen der Sourceschaltung

Die Vierpolparameter der Sourceschaltung werden üblicherweise als y-Parameter angegeben.

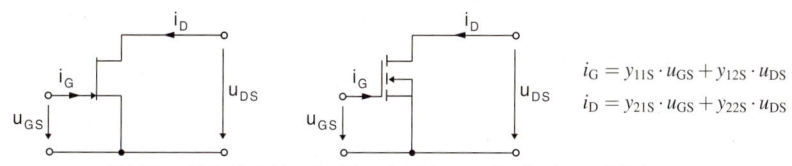

$$i_G = y_{11S} \cdot u_{GS} + y_{12S} \cdot u_{DS}$$
$$i_D = y_{21S} \cdot u_{GS} + y_{22S} \cdot u_{DS}$$

Abbildung 8.72: Definition der Vierpolgleichungen für die Source-Schaltung

	niedrige Frequenzen	hohe Frequenzen
Kurzschluß-Eingangsleitwert: $Y_{11S} = \left.\dfrac{dI_G}{dU_{GS}}\right|_{U_{DS}=\text{konst}} = \left.\dfrac{i_G}{u_{GS}}\right|_{u_{DS}=0} \approx$	0	ωC_{11S}
Kurzschluß-Rückwärtssteilheit: $Y_{12S} = \left.\dfrac{dI_G}{dU_{DS}}\right|_{U_{GS}=\text{konst}} = \left.\dfrac{i_G}{u_{DS}}\right|_{u_{GS}=0} \approx$	0	ωC_{12S}
Kurzschluß-Vorwärtssteilheit: $Y_{21S} = \left.\dfrac{dI_D}{dU_{GS}}\right|_{U_{DS}=\text{konst}} = \left.\dfrac{i_D}{u_{GS}}\right|_{u_{DS}=0} \approx$	S	S
Kurzschluß-Ausgangsleitwert: $Y_{22S} = \left.\dfrac{dI_D}{dU_{DS}}\right|_{U_{GS}=\text{konst}} = \left.\dfrac{i_D}{u_{DS}}\right|_{u_{GS}=0} \approx$	0	ωC_{22S}

8.4.4.2 Wechselstromersatzschaltbild der Sourceschaltung

Der Widerstand R_G wird in der Regel sehr hochohmig gewählt, er wird in den Ersatzschaltbildern daher nicht berücksichtigt.

Das Ersatzschaltbild für niedrige Frequenzen kann in den meisten Fällen zur Schaltungsberechnung mit Feldeffekttransistoren verwendet werden.

Das Ersatzschaltbild für hohe Frequenzen gilt dann, wenn die parasitären Blindwiderstände $1/\omega C_{GD}$, $1/\omega C_{GS}$ und $1/\omega C_{DS}$ gegenüber R_D, dem Innenwiderstand der speisenden Spannungsquelle R_i oder der Last nicht vernachlässigbar sind. Dies kann bereits im unteren Frequenzbereich der Fall sein, nämlich dann, wenn der Innenwiderstand R_i sehr hochohmig ist, so daß sich die Gegenkopplung über die Rückwirkungskapazität C_{GD} (Miller-Effekt) auswirkt.

Das Ersatzschaltbild in Abbildung 8.73 c) gilt, wenn R_S *nicht* wechselstrommäßig durch den Kondensator C_S überbrückt ist.

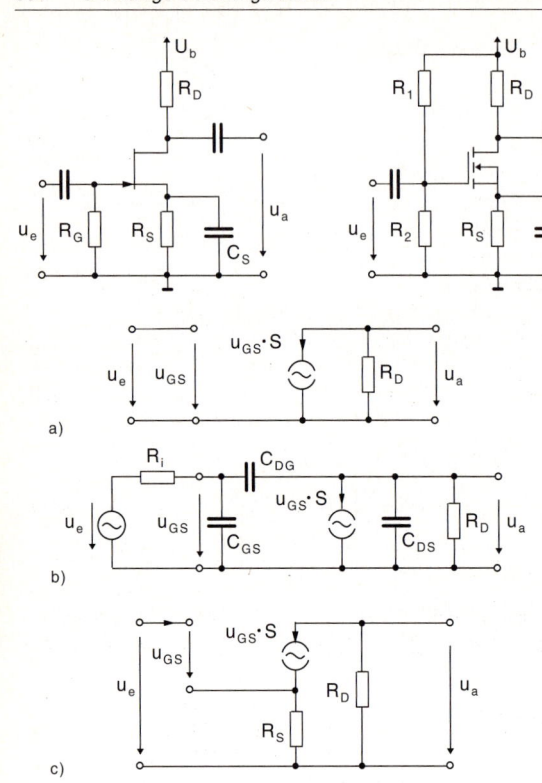

Abbildung 8.73: Ersatzschaltbilder der Source-Schaltung a) für niedrige Frequenzen, b) für hohe Frequenzen, c) für niedrige Frequenzen und ohne C_S

8.4.4.3 Eingangsimpedanz der Sourceschaltung

Die Eingangsimpedanz ist

$$z_e = \frac{1}{Y_{11S}} \approx \begin{cases} \infty & \text{für niedrige Frequenzen} \\ \omega C_{11S} = \omega C_{iss} & \text{für hohe Frequenzen} \end{cases} \quad (8.93)$$

8.4.4.4 Ausgangsimpedanz der Sourceschaltung

Die Ausgangsimpedanz ist

$$z_a = \frac{\text{Leerlaufwechselspannung}}{\text{Kurzschlußwechselstrom}} = \frac{u_l}{i_k} = \frac{u_l S R_D}{u_l S}$$

daraus folgt

$$z_a = \begin{cases} \dfrac{u_1 S R_D}{u_1 S} = R_D & \text{für niedrige Frequenzen} \\ \dfrac{u_1 S (R_D || \dfrac{1}{j\omega C_{22S}})}{u_1 S} = R_D || \dfrac{1}{j\omega C_{22S}} & \text{für hohe Frequenzen} \end{cases}$$ (8.94)

8.4.4.5 Wechselspannungsverstärkung

Die Kleinsignalwechselspannungsverstärkung V_u nach Abb. 8.73 a) beträgt:

$$V_u = \frac{u_a}{u_e} = -\frac{u_{GS} \cdot S \cdot R_D}{u_{GS}} = -S \cdot R_D$$ (8.95)

Berücksichtigt man einen Lastwiderstand R_L am Ausgang der Schaltung, so ergibt sich:

$$\boxed{V_u = -S \cdot (R_D || R_L)}$$ (8.96)

- Die Ausgangsspannung ist gegenphasig zur Eingangsspannung.

- Die Spannungsverstärkung der Sourceschaltung ist deutlich geringer, als die der Emitterschaltung. Dies hat seine Ursache in der deutlich geringeren Vorwärtssteilheit des FETs gegenüber der des Bipolartransistors.

Die Kleinsignalwechselspannungsverstärkung V_u nach Abb. 8.73 c) beträgt:

$$\boxed{V_u = -\frac{S \cdot R_D}{1 + S \cdot R_S}}$$ (8.97)

Bei hohen Frequenzen ergibt sich eine Rückkopplung der gegenphasigen Ausgangsspannung auf die Gate-Source-Spannung über die **Rückwirkungskapazität** C_{GD}. Sie vermindert die Verstärkung um so stärker, je hochohmiger R_i ist. Ferner kommt die Impedanz der Ausgangskapazität bei hohen Frequenzen in die Größenordnung des Drainwiderstandes, was eine weitere Verminderung der Verstärkung zur Folge hat. Die genaue Analyse der Verstärkung für hohe Frequenzen sollte in der Praxis meßtechnisch oder mit einem geeigneten Simulationssystem erfolgen.

8.4.4.6 Arbeitspunkteinstellung

Arbeitspunkteinstellung bei selbstleitenden FETs

Zur Wahl der Widerstandswerte für R_D, R_S und R_G benutzt man zweckmäßigerweise die Übertragungskennlinie und das Ausgangskennlinienfeld. Der Arbeitspunkt U_{DS0}, I_{D0} wird gewählt

- in $I_{D0} = 0,3\ldots0,5 \cdot I_{DSS}$ und $U_{DS0} \approx 0,3\ldots0,5 U_b$
- im aktiven Bereich unter Berücksichtigung der Aussteuerung
- unterhalb der Verlustleistungshyperbel.

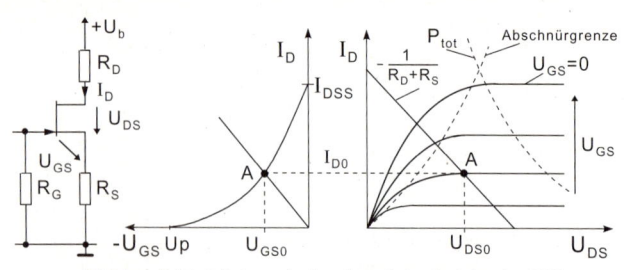

Abbildung 8.74: Arbeitspunkteinstellung bei selbstleitenden FETs

R_S und R_D sind dann:

$$R_S = \frac{-U_{GS0}}{I_{D0}} \quad \text{und} \quad R_D = \frac{U_b - U_{DS0}}{I_{D0}} \tag{8.98}$$

R_D bestimmt maßgeblich die Spannungsverstärkung der Schaltung. Um eine hohe Spannungsverstärkung zu erhalten, sollte I_{D0} klein und U_b groß gewählt werden.

R_G hat die Aufgabe, das Gate auf Massepotential zu legen. Aufgrund der Hochohmigkeit des Gates kann R_G im Megaohmbereich gewählt werden.

Die Temperaturabhängigkeit von U_P und ihre Exemplarstreuung wirkt sich dahingehend aus, daß sich der Arbeitspunkt in der Übertragungskennlinie auf der Geraden $-1/R_S$ verschiebt. Dadurch ergibt sich in einem weiten Toleranzbereich ein sinnvoller Arbeitspunkt.

Arbeitspunkteinstellung bei selbstsperrenden FETs:

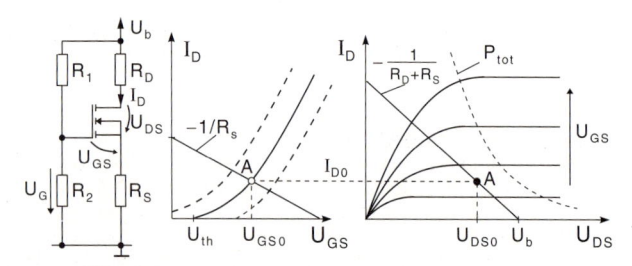

Abbildung 8.75: Arbeitspunkteinstellung bei selbstsperrenden FETs

Der Arbeitspunkt U_{DS0} und I_{D0} wird im Ausgangskennlinienfeld gewählt:

- $U_{DS0} \approx 0,3 \ldots 0,5 U_b$
- im aktiven Bereich
- unterhalb der Verlustleistungshyperbel.

Der Drainstrom wird mittels des Gatespannungsteilers R_1, R_2 und dem Sourcewiderstand R_S eingestellt. Für die Bestimmung dieser drei Widerstände trägt man die Streubreite der Übertragungskennlinie in $I_D = f(U_{GS})$ ein und wählt die Arbeitsgerade $-1/R_S$ so, daß der Arbeitspunkt trotz Streuung von U_{th} im sinnvollen Bereich des Ausgangskennlinienfeldes bleibt. Die Wahl von R_S und U_G erfolgt graphisch an der Übertragungskennlinie.

Die Widerstandswerte berechnen sich dann:

$$R_D = \frac{U_b - U_{DS0}}{I_{D0}} - R_S; \quad R_S = \frac{U_G - U_{GS0}}{I_{D0}}; \quad \frac{R_1}{R_2} = \frac{U_b - U_G}{U_G} \tag{8.99}$$

Der Spannungsteiler R_1/R_2 kann hochohmig im Megaohmbereich gewählt werden.

8.4.4.7 Drainschaltung, Sourcefolger

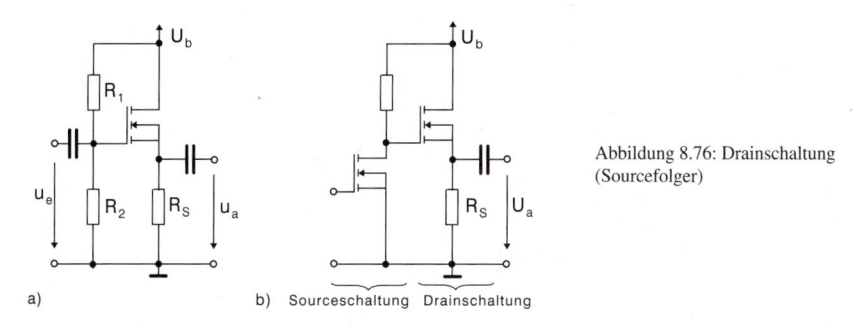

Abbildung 8.76: Drainschaltung (Sourcefolger)

Die Drainschaltung ist dem Emitterfolger ähnlich, hat aber wegen der geringeren Steilheit des FETs gegenüber der des Bipolartransistors eine Spannungsverstärkung $V_u < 1$. Der Gatespannungsteiler R_1, R_2 kann entfallen, wenn die Drainschaltung als Folgestufe für eine Sourceschaltung eingesetzt wird (siehe Abbildung 8.76).

Der Eingang der Drainschaltung ist extrem hochohmig. Die Ausgangsimpedanz ist klein, so daß sich die Drainschaltung besonders als Impedanzwandler eignet.

8.4.4.8 Wechselstromersatzschaltbild der Drainschaltung

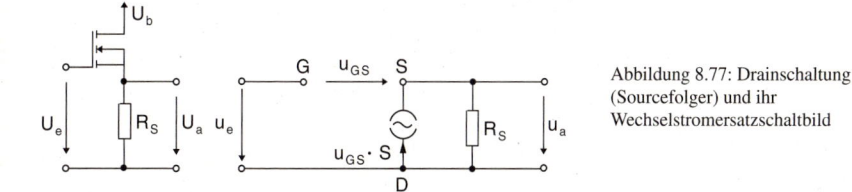

Abbildung 8.77: Drainschaltung (Sourcefolger) und ihr Wechselstromersatzschaltbild

8.4.4.9 Eingangswiderstand der Drainschaltung

Die Eingangsimpedanz der Drainschaltung ist extrem hochohmig:

$$\boxed{r_e \rightarrow \infty} \tag{8.100}$$

8.4.4.10 Ausgangswiderstand der Drainschaltung

$$r_\mathrm{a} = \frac{\text{Leerlaufwechselspannung}}{\text{Kurzschlußwechselstrom}} = \frac{u_\mathrm{l}}{i_\mathrm{k}}$$

nach Abbildung 8.77 gilt:

Leerlauf: $u_\mathrm{e} = u_\mathrm{GS} + u_\mathrm{GS} \cdot S \cdot R_\mathrm{S}$; $u_\mathrm{l} = u_\mathrm{GS} \cdot S \cdot R_\mathrm{S}$; $u_\mathrm{l} = \dfrac{S \cdot R_\mathrm{S}}{1 + S \cdot R_\mathrm{S}} u_\mathrm{e}$

Kurzschluß: $i_\mathrm{k} = u_\mathrm{e} \cdot S$

Daraus folgt:

$$\boxed{r_\mathrm{a} = \frac{R_\mathrm{S}}{1 + S \cdot R_\mathrm{S}}} \tag{8.101}$$

8.4.4.11 Spannungsverstärkung der Drainschaltung

Nach Abbildung 8.77 gilt:

$$u_\mathrm{e} = u_\mathrm{GS} + u_\mathrm{GS} \cdot S \cdot R_\mathrm{S}; \qquad u_\mathrm{a} = u_\mathrm{GS} \cdot S \cdot R_\mathrm{S}$$

Daraus folgt:

$$\boxed{V_\mathrm{u} = \frac{u_\mathrm{a}}{u_\mathrm{e}} = \frac{S \cdot R_\mathrm{S}}{1 + S \cdot R_\mathrm{S}}} \tag{8.102}$$

8.4.4.12 Drainschaltung bei hohen Frequenzen

Die Drainschaltung ist geeignet für den Betrieb bis zur Grenzfrequenz der Vorwärtssteilheit f_y21S.

8.4.5 Gateschaltung

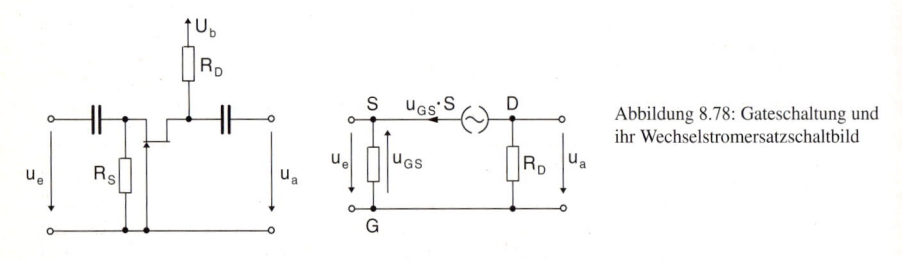

Abbildung 8.78: Gateschaltung und ihr Wechselstromersatzschaltbild

Die Gateschaltung ist vergleichbar mit der Basisschaltung des Bipolartransistors. Die Stromverstärkung der Schaltung ist 1, die Spannungsverstärkung entspricht der der Sourceschaltung. Der Eingangswiderstand ist niedrig, der Ausgangswiderstand ist R_D. Die Schaltung ist als Spannungsverstärker für höchste Frequenzen geeignet, da die Ausgangsspannung gleichphasig zur Eingangsspannung ist, und so keine unerwünschte frequenzabhängige Gegenkopplung entstehen kann. Über R_S wird der Arbeitspunkt eingestellt und stabilisiert.

8.4.5.1 Eingangswiderstand der Gateschaltung

Der Eingangswiderstand beträgt

$$r_\text{e} = \frac{1}{S} \| R_\text{S} \approx \frac{1}{S} \tag{8.103}$$

8.4.5.2 Ausgangswiderstand der Gateschaltung

Der Ausgangswiderstand beträgt

$$r_\text{a} = R_\text{D} \tag{8.104}$$

8.4.5.3 Spannungsverstärkung der Gateschaltung

Die Spannungsverstärkung beträgt

$$V_\text{u} = S \cdot R_\text{D} \tag{8.105}$$

8.4.6 Übersicht: Grundschaltungen mit Feldeffekttransistoren

	Sourceschaltung	Drainschaltung (Sourcefolger)	Gateschaltung
Schaltung	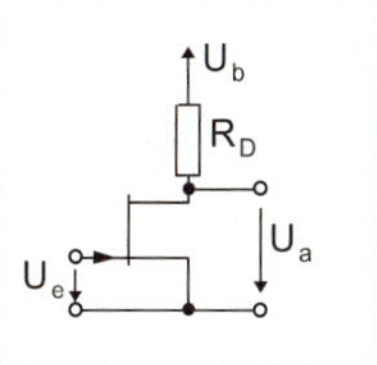	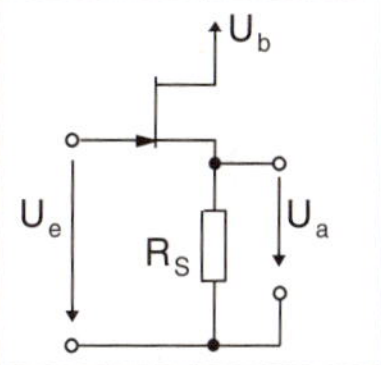	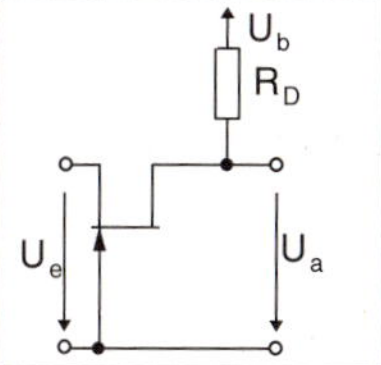
Wechselstromersatzschaltung			
V_u	$-SR_\text{D}$	$\dfrac{SR_\text{S}}{1+SR_\text{S}}$	SR_D
V_i	$\to \infty$	$\to -\infty$	-1
r_e	$\to \infty$	$\to \infty$	$1/S$
r_a	R_D	$\dfrac{R_\text{S}}{1+SR_\text{S}}$	R_D

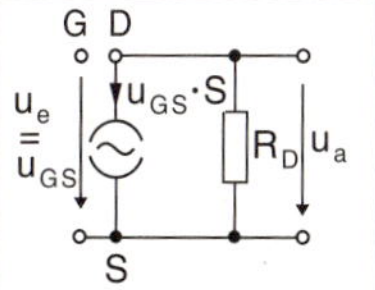

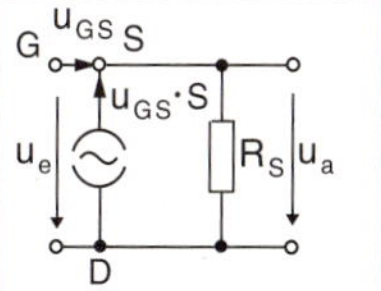

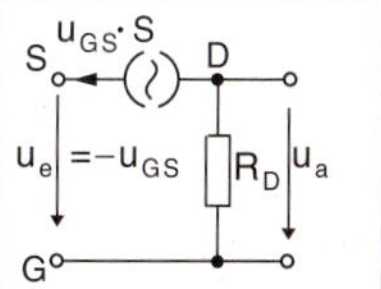

Abbildung 8.79: Vergleich der FET-Grundschaltungen

8.4.7 Stromquelle mit FETs

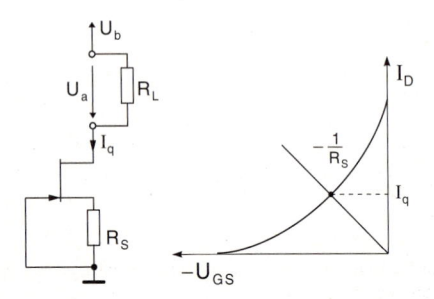

Abbildung 8.80: Stromquelle mit JFET

Stromquellen mit FETs werden vornehmlich mit selbstleitenden FETs realisiert. Sie haben gegenüber der Stromquelle mit Bipolartransistor den Vorteil, daß sie

- aus nur 2 Bauelementen bestehen und
- eine besonders hohe Brummunterdrückung haben, weil sie keine Referenzspannung benötigen, die aus der „verbrummten" Betriebsspannung gespeist wird.

Sie haben den Nachteil, daß der Quellenstrom I_q einer großen Exemplarstreuung unterworfen ist.

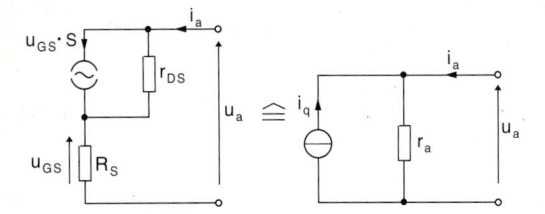

Abbildung 8.81: Wechselstromersatzschaltbild der Stromquelle (Ersatzschaltbild für kleine Änderungen i_a des Quellenstromes I_q)

Der differentielle Innenwiderstand r_a beträgt (siehe Abb. 8.81):

$$r_a = -\frac{dU_a}{dI_a} = -\frac{u_a}{i_a} = r_{DS}(1 + S \cdot R_S) + R_S \approx r_{DS}(1 + S \cdot R_S) \tag{8.106}$$

- Ein waagerechter Verlauf der Ausgangskennlinien bedeutet, daß r_{DS} sehr hochohmig und damit die Stromquelle sehr hochohmig ist.

8.4.8 Differenzverstärker mit Feldeffekttransistoren

Der Differenzverstärker mit Feldeffekttransistoren arbeitet ebenso wie die in Abschnitt 8.3.10 beschriebenen Differenzverstärker mit Bipolartransistoren. Der eingeprägte Strom I_q verteilt sich bei Symmetrie der Eingangsspannungen gleichmäßig auf die beiden Transistorzweige. Das Sourcepotential und damit die Gate-Source-Spannung stellt sich dabei genau so ein, daß, entsprechend der Übertragungskennlinie, die Drainströme $I_D = I_q/2$ fließen. Um die dafür erforderliche Symmetrie der Transistorparameter zu gewährleisten, sollten hierfür monolithische Doppel-FETs benutzt werden. Differenzverstärker mit Feldeffekttransistoren werden dort eingesetzt, wo ein extrem hoher Eingangswiderstand benötigt wird.

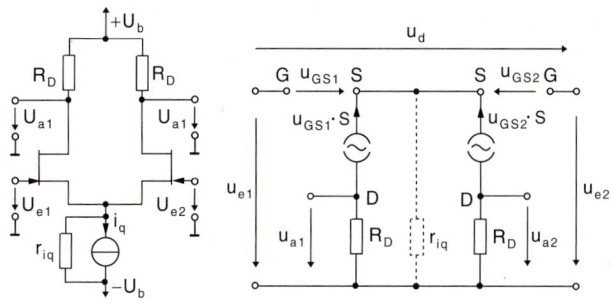

Abbildung 8.82: Differenzverstärker mit FETs und sein Wechselstromersatzschaltbild, r_{iq} ist der differentielle Widerstand der Stromquelle I_q

8.4.8.1 Differenzverstärkung (Gegentaktverstärkung)

Die Differenzverstärkung ist die Verstärkung, die sich bei Gegenphasigkeit und gleicher Amplitude der Eingangsspannungen ergibt.

Aus dem Wechselstromersatzschaltbild in Abbildung 8.82 ergibt sich:

$$u_d = u_{GS1} - u_{GS2}; \quad u_{a1} = -u_{GS1} \cdot S \cdot R_D; \quad u_{GS1} = -u_{GS2}; \quad V_d = \frac{u_{a1}}{u_d} = -\frac{u_{a2}}{u_d}$$

$$\boxed{V_d = \frac{u_{a1}}{u_d} = -\frac{1}{2} S \cdot R_D} \tag{8.107}$$

8.4.8.2 Gleichtaktverstärkung

Die Gleichtaktverstärkung ist die Verstärkung, die sich bei gleicher Phase und gleicher Amplitude der Eingangsspannungen ergibt.

Der Innenwiderstand der Stromquelle r_{iq} wird nun einbezogen (siehe Abbildung 8.82):

$$u_{e1} = u_{e2}; \quad u_{e1} = u_{GS1} + i_q \cdot r_{iq}; \quad u_{a1} = -u_{GS1} \cdot S \cdot R_D; \quad i_q = u_{GS1} \cdot S + u_{GS2} \cdot S$$

$$\boxed{V_{Gl} = \frac{u_{a1}}{u_{e1}} = \frac{u_{a2}}{u_{e1}} = -\frac{R_D}{2 r_{iq}}} \tag{8.108}$$

8.4.8.3 Gleichtaktunterdrückung

Die Gleichtaktunterdrückung beträgt:

$$\boxed{G = \frac{V_d}{V_{Gl}} \approx S \cdot r_{iq}} \tag{8.109}$$

8.4.8.4 Eingangsimpedanz

Differenzeingangsimpedanz:

$$z_\mathrm{d} = \begin{cases} \to \infty & \text{für niedrige Frequenzen} \\ 2\dfrac{1}{\mathrm{j}\omega C_\mathrm{11S}} & \text{für hohe Frequenzen} \end{cases} \tag{8.110}$$

Gleichtakteingangswiderstand:

$$r_\mathrm{Gl} \to \infty \tag{8.111}$$

8.4.8.5 Ausgangswiderstand

$$\boxed{r_\mathrm{a} = R_\mathrm{D}} \tag{8.112}$$

8.4.9 Übersicht: Differenzverstärker mit Feldeffekttransistoren

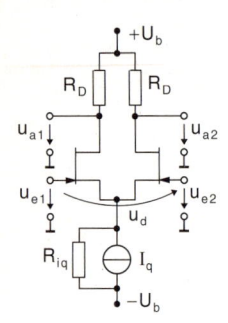

Gegentaktverstärkung:

$$V_\mathrm{d} = \frac{u_\mathrm{a1}}{u_\mathrm{d}} = -\frac{u_\mathrm{a2}}{u_\mathrm{d}} \approx -\frac{1}{2} S \cdot R_\mathrm{D}$$

mit $u_\mathrm{e1} - u_\mathrm{e2} = u_\mathrm{d}$

Gleichtaktverstärkung:

$$V_\mathrm{Gl} = \frac{u_\mathrm{a1}}{u_\mathrm{Gl}} = -\frac{u_\mathrm{a2}}{u_\mathrm{Gl}} \approx -\frac{R_\mathrm{D}}{2 r_\mathrm{iq}}$$

mit $u_\mathrm{e1} = u_\mathrm{e2} = u_\mathrm{Gl}$

Gleichtaktunterdrückung:

$$G = \frac{V_\mathrm{d}}{V_\mathrm{Gl}} \approx S \cdot r_\mathrm{iq}$$

Differenz-Eingangsimpedanz:

$$z_\mathrm{d} \approx 2 \cdot \frac{1}{\mathrm{j}\omega C_\mathrm{11S}}$$

Ausgangsimpedanz:

$$r_\mathrm{a} = R_\mathrm{D}$$

8.4.10 Der FET als steuerbarer Widerstand

Der FET als steuerbarer Widerstand wird im ohmschen Bereich des Ausgangskennlinienfeldes betrieben. Das bedeutet, daß der FET in diesem Fall mit sehr kleiner Drain-Source-Spannung betrieben wird ($U_\mathrm{DS} < U_\mathrm{k}$) (siehe Abbildung 8.83).

Der ohmsche Widerstand von Kleinsignal-FETs liegt zwischen wenigen zehn und einigen hundert Ohm.

Eine Linearisierung der gekrümmten Kennlinien erreicht man mit der Schaltung für den einstellbaren Spannungsteiler in Abbildung 8.84. Die Linearisierung ergibt sich dadurch, daß bei größer werdender Ausgangsspannung die Gate-Source-Spannung angehoben wird und dadurch der gekrümmten Kennlinie entgegengewirkt wird. Man wählt $R_2 = R_3 \gg R_\mathrm{DS}$.

Dann wird:

$$\boxed{\frac{U_\mathrm{a}}{U_\mathrm{e}} = \frac{R_\mathrm{DS}}{R_1 + R_\mathrm{DS}}} \tag{8.113}$$

Abbildung 8.83: Der ohmsche Bereich der Ausgangskennlinien

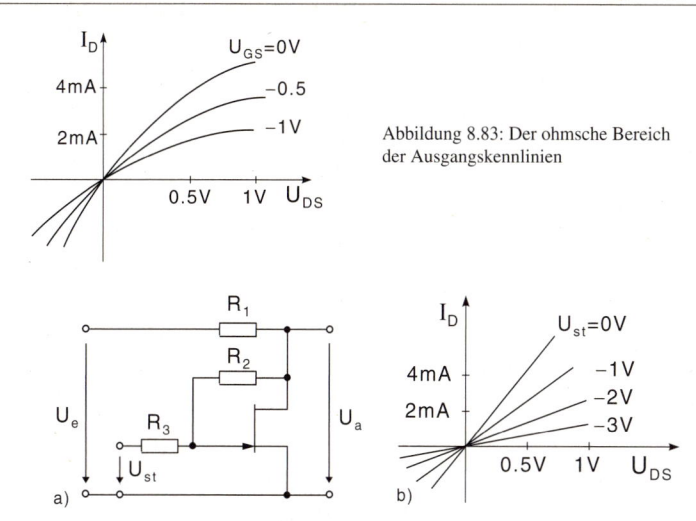

Abbildung 8.84: Linearisierter, einstellbarer Spannungsteiler

Der FET als steuerbarer Widerstand findet beispielsweise Verwendung in

- automatischen Pegeleinstellern
- einstellbaren Spannungsteilern
- Amplitudenstabilisierung von Oszillatoren
- Schaltungen mit veränderbarer Verstärkung

8.5   Gegenkopplung[*]

Allgemein spricht man von **Rückkopplung**[*], wenn das Ausgangssignal einer Schaltung auf den Eingang zurückgeführt wird. Von **Gegenkopplung** spricht man, wenn ein Teil des Ausgangssignals vom Eingangssignal abgezogen wird, von **Mitkopplung**[*], wenn ein Teil des Ausgangssignals zum Eingangssignal addiert wird. Bei Wechselspannungssignalen heißt Gegenkopplung, daß ein Teil des Ausgangssignals *gegenphasig* zum Eingangssignal addiert wird und Mitkopplung, daß ein Teil des Ausgangssignals *gleichphasig* zum Eingangssignal addiert wird.

Mitgekoppelte Systeme sind in der Regel instabil, d. h., es entsteht eine eigenständige Schwingung (oszillatorische Instabilität) oder die Ausgangsspannung läuft an die positive oder negative Aussteuerungsgrenze (monotone Instabilität). Die Mitkopplung hat Bedeutung im Bereich der Oszillatoren.

---

[*] GEGENKOPPLUNG: *inverse feedback*
[*] RÜCKKOPPLUNG: *feedback*
[*] MITKOPPLUNG: *positive feedback*

Gegengekoppelte Systeme sind stabil. Instabilitäten entstehen nur, wenn durch Phasendrehung des Ausgangssignals gegenüber dem Eingangssignal in bestimmten Frequenzbereichen eine ungewollte Mitkopplung entsteht.

Die Gegenkopplung hat die Aufgabe,
- die Linearität eines Verstärkers zu verbessern
- die Verstärkung unabhängig von den Halbleiterparametern zu machen
- die Ausgangsgröße gegen Lastschwankungen zu stabilisieren
- die speisende Quelle geringer zu belasten
- den Frequenzgang eines Verstärkers zu verbessern.

Allgemein kann die Gegenkopplung durch ein Blockschaltbid dargestellt werden (siehe Abb. 8.85). Das Ausgangssignal wird von dem Eingangssignal, um den **Rückkopplungsfaktor*** k abgeschwächt, abgezogen. Die Differenz wird mit V_d verstärkt. Ein so rückgekoppeltes System bezeichnet man auch als **Regelkreis**.

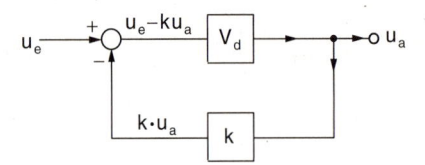

Abbildung 8.85: Gegengekoppeltes System

Die **Verstärkung** $V = u_a/u_e$ des gegengekoppelten Systems mit

$$u_a = (u_e - k \cdot u_a) \cdot V_d \qquad (8.114)$$

ist:

$$\boxed{V = \frac{V_d}{1 + k \cdot V_d}} \qquad (8.115)$$

$1 + kV_d$ bezeichnet man als **Gegenkopplungsgrad** g. Je größer der Gegenkopplungsgrad ist, desto kleiner ist die Verstärkung V.

Die Verstärkung V_d bezeichnet man in diesem Zusammenhang als **offene Verstärkung***. Es ist die wirksame Verstärkung, wenn der Rückkopplungsweg aufgetrennt wird, dieser also unwirksam ist.

Formt man Gleichung (8.115) um, so erhält man:

$$V = \frac{1}{\frac{1}{V_d} + k} \qquad (8.116)$$

---
* RÜCKKOPPLUNGSFAKTOR: *feedback factor*
* OFFENE VERSTÄRKUNG: *open loop gain*

Man erkennt, daß die Verstärkung des gegengekoppelten Systems näherungsweise unabhängig von V_d wird, wenn V_d sehr groß ist.

$$\text{Für} \quad V_d \gg \frac{1}{k} \quad \text{wird} \quad V \approx \frac{1}{k}.$$

- Wenn die offene Verstärkung sehr groß ist, wird die Verstärkung des gegengekoppelten Systems näherungsweise gleich $1/k$.

- Das Rückkopplungsnetzwerk besteht in der Regel aus einem linearen Widerstandsnetzwerk. Wenn kV_d sehr groß wird, ist der gegengekoppelte Verstärker praktisch unabhängig von den Nichtlinearitäten und Streuungen der Halbleiterparameter des Verstärkers V_d und nur noch abhängig vom Rückkopplungsnetzwerk.

Den Ausdruck kV_d bezeichnet man als **Schleifenverstärkung** [*].

8.5.1 Gegenkopplungsarten

Man unterscheidet, je nachdem, ob die Eingangs- und Ausgangsgröße „Strom" oder „Spannung" sind, vier Gegenkopplungsarten (siehe Abb. 8.86).

Die Bezeichnung der verschiedenen Gegenkopplungsarten setzt sich aus der Ausgangsgröße und der Eingangsgröße zusammen. Der erste Term betrifft die Ausgangsgröße, der zweite die Eingangsgröße. So hat beispielsweise bei der Strom-Spannungs-Gegenkopplung der Ausgang der entsprechenden Schaltung den Charakter einer Stromquelle, während die speisende Quelle als Spannungsquelle aufgefaßt wird.

a) **Spannungs-Spannungs-Gegenkopplung (Serienspannungs-G., Parallel-Serie-G.)**
Eingangsgröße: Spannung
stabilisierte Ausgangsgröße: Spannung
Verstärkertyp: Spannungsverstärker

b) **Spannungs-Strom-Gegenkopplung (Parallelspannungs-G., Parallel-Parallel-G.)**
Eingangsgröße: Strom
stabilisierte Ausgangsgröße: Spannung
Verstärkertyp: Transimpedanzverstärker, Strom-Spannungs-Wandler

c) **Strom-Spannungs-Gegenkopplung (Serienstrom-G., Serie-Serie-G.)**
Eingangsgröße: Spannung
stabilisierte Ausgangsgröße: Strom
Verstärkertyp: Steilheitsverstärker, Spannungs-Strom-Wandler

d) **Strom-Strom-Gegenkopplung, (Parallelstrom-G., Serie-Parallel-G.)**
Eingangsgröße: Strom
stabilisierte Ausgangsgröße: Strom
Verstärkertyp: Stromverstärker

---

[*] SCHLEIFENVERSTÄRKUNG: *loop gain*

8 Analoge Schaltungstechnik

Spannungs-Spannungs-Gegenkopplung

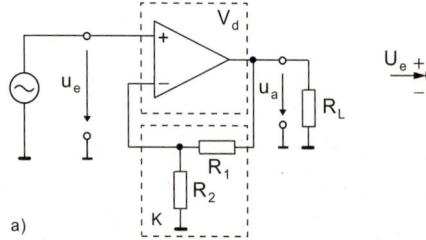

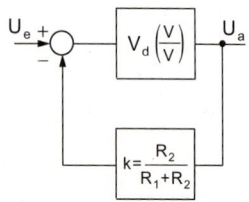

a)

Spannungs-Strom-Gegenkopplung

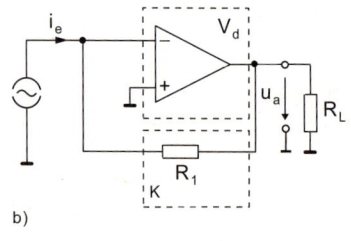

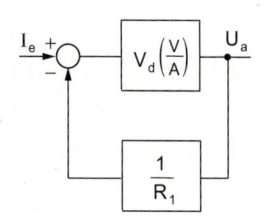

b)

Strom-Spannungs-Gegenkopplung

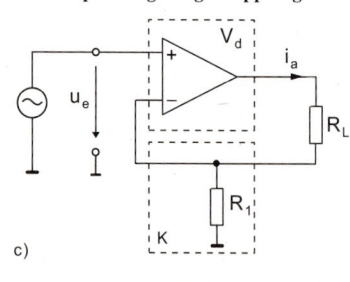

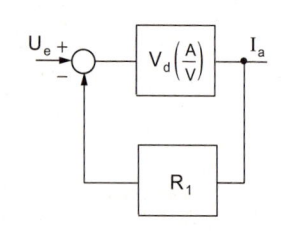

c)

Strom-Strom-Gegenkopplung

d)

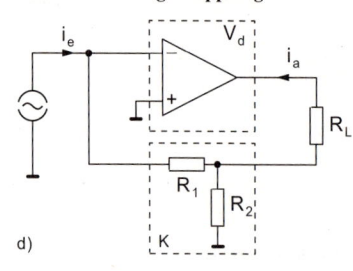

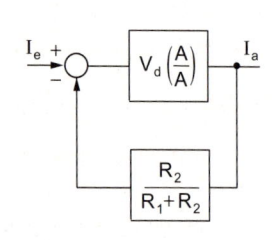

Abbildung 8.86: Gegenkopplungsarten

8.5 Gegenkopplung

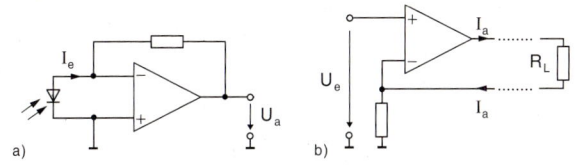

Abbildung 8.87: Beispiele für a) Spannungs-Strom-Gegenkopplung und b) Strom-Spannungs-Gegenkopplung

BEISPIEL: Der Strom einer Fotodiode soll in eine Spannung gewandelt werden. Die Fotodiode verhält sich näherungsweise wie eine Stromquelle. Um diesen Strom in eine Spannung zu wandeln, benötigt man einen Transimpedanz-Verstärker (Spannungs-Strom-Gegenkopplung). Siehe Abb. 8.87 a).

BEISPIEL: Die empfindliche Meßspannung an einem Dehnungsmeßstreifen soll in einen Strom gewandelt werden, um den Meßwert analog über eine größere Distanz zu übertragen. In diesem Fall findet die Strom-Spannungs-Gegenkopplung Anwendung (siehe Abb. 8.87 b).

8.5.2 Einfluß der Gegenkopplung auf die Ein- und Ausgangsimpedanz

Der Einfluß der Gegenkopplung auf die Ein- und Ausgangsimpedanz wird am Beispiel der Spannungs-Spannungs-Gegenkopplung berechnet.

Eingangsimpedanz

Die Eingangsimpedanz des nicht rückgekoppelten Verstärkers sei r'_e.

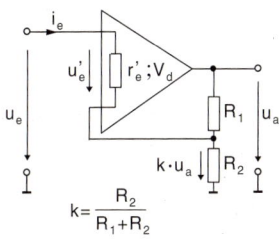

$$r_e = \frac{u_e}{i_e}; \quad u_a = V_d \cdot u'_e; \quad r_e = \frac{u'_e + k \cdot u_a}{i_e} = \frac{u'_e + u'_e \cdot k \cdot V_d}{i_e}$$

$$\boxed{r_e = r'_e(1 + k \cdot V_d)} \tag{8.117}$$

Abbildung 8.88: Eingangskonfiguration des gegengekoppelten Systems (Spannungs-Spannungs-Gegenkopplung)

- Die Eingangsimpedanz erhöht sich bei Spannungs-Spannungs-Gegenkopplung um den Gegenkopplungsgrad.

Ausgangsimpedanz

Die Ausgangsimpedanz des nicht gegengekoppelten Verstärkers sei r'_a.

$$r_a = \frac{\text{Leerlaufspannung}}{\text{Kurzschlußstrom}} = \frac{u_l}{i_k} = \frac{u_a}{i_k}; \quad u_a = u_e \frac{V_d}{1 + k \cdot V_d}; \quad i_k = \frac{u_e \cdot V_d}{r'_a}$$

(im Kurzschluß ist $u_a = 0$ und $u_e = u'_e$)

$$r_\mathrm{a} = \frac{r'_\mathrm{a}}{1 + k \cdot V_\mathrm{d}} \tag{8.118}$$

- Die Ausgangsimpedanz verkleinert sich bei Spannungs-Spannungs-Gegenkopplung um den Gegenkopplungsgrad.

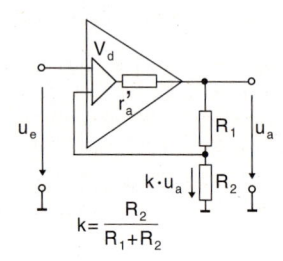

Abbildung 8.89: Ausgangskonfiguration des gegengekoppelten Systems (Spannungs-Spannungs-Gegenkopplung)

8.5.2.1 Ein- und Ausgangsimpedanz der vier Gegenkopplungsarten

	$\dfrac{r_\mathrm{e}}{r'_\mathrm{e}}$	$\dfrac{r_\mathrm{a}}{r'_\mathrm{a}}$
a) Spannungs-Spannungs-Gegenkopplung	$1 + k \cdot V_\mathrm{d}$	$\dfrac{1}{1 + k \cdot V_\mathrm{d}}$
b) Spannungs-Strom-Gegenkopplung	$\dfrac{1}{1 + k \cdot V_\mathrm{d}}$	$\dfrac{1}{1 + k \cdot V_\mathrm{d}}$
c) Strom-Spannungs-Gegenkopplung	$1 + k \cdot V_\mathrm{d}$	$1 + k \cdot V_\mathrm{d}$
d) Strom-Strom-Gegenkopplung	$\dfrac{1}{1 + k \cdot V_\mathrm{d}}$	$1 + k \cdot V_\mathrm{d}$

- Die Gegenkopplung wirkt sich auf die Ein- und Ausgangsimpedanz immer günstig aus: Spannungsausgänge werden niederohmiger, Stromausgänge hochohmiger; spannungsgespeiste Eingänge werden hochohmiger, stromgespeiste Eingänge niederohmiger.

8.5.3 Einfluß der Gegenkopplung auf den Frequenzgang

Der Verstärker V_d möge Tiefpaßverhalten haben:

$$V_\mathrm{d}(f) = \frac{V_\mathrm{d0}}{1 + \mathrm{j} f / f'_\mathrm{g}}$$

V_d0: Gleichstromverstärkung

f'_g: Grenzfrequenz

Die Übertragungsfunktion des gegengekoppelten Systems lautet dann:

$$V(f) = \frac{V_d(f)}{1+k \cdot V_d(f)} = \underbrace{\frac{V_{d0}}{1+k \cdot V_{d0}}}_{\text{Verstärkung}} \cdot \underbrace{\frac{1}{1+j\frac{f}{f'_g}\frac{1}{1+k \cdot V_{d0}}}}_{\text{Frequenzgang}} \qquad (8.119)$$

- Die **Grenzfrequenz** des gegengekoppelten Systems erhöht sich gegenüber der Grenzfrequenz des Verstärkers V_d um den Gegenkopplungsgrad $(1+kV_{d0})$.
- Die **Verstärkung** wird um den Gegenkopplungsgrad kleiner.

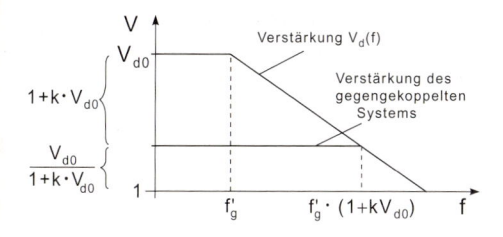

Abbildung 8.90: Frequenzgang des Verstärkers V_d und des gegengekoppelten Systems

8.5.4 Stabilität gegengekoppelter Systeme

Gegengekoppelte Systeme sind theoretisch immer stabil. Reale Verstärker V_d zeigen jedoch Tiefpaßverhalten, d. h., die Verstärkung nimmt mit zunehmender Frequenz ab und die Phase zwischen Ein- und Ausgangssignal wird gedreht. Jeder Pol dreht um 90°. Bereits bei der Frequenz, in der die Phase das erste Mal um 180° gedreht ist, wird aus der Gegenkopplung eine Mitkopplung, das Ausgangssignal wird phasengleich zum Eingangssignal addiert. Ist bei dieser Frequenz die Schleifenverstärkung $k \cdot V_d$ größer als 1, verstärkt sich das Signal selbst, das System wird instabil, es entsteht eine Schwingung (siehe auch 8.6.2).

Allgemein gilt für rückgekoppelte Systeme die **Schwingbedingung**:

Amplitudenbedingung: $k \cdot V_d \geq 1$ und
Phasenbedingung: $\varphi = n \cdot 360°; n = 0, 1, 2, \ldots$

● In einem geschlossenen Umlauf entsteht eine Schwingung, wenn die Phasendrehung 0° oder Mehrfache von 360° beträgt und eine Schleifenverstärkung größer als Eins ist.

Die Stabilität eines gegengekoppelten Systems kann im Bode-Diagramm überprüft werden: Bei der Frequenz f_{krit}, bei der der Verstärker die Phase um 180° gedreht hat, wird aus der Gegenkopplung eine Mitkopplung (siehe Abb. 8.91, Phasengang). Den Amplitudengang $V_d(f)$ teilt man auf in die Schleifenverstärkung $k \cdot V_d(f)$ und $1/k$. Wenn die Schleifenverstärkung bei der Frequenz f_{krit} größer als Eins ist, ist der rückgekoppelte Verstärker instabil. Ist die Schleifenverstärkung in f_{krit} kleiner als Eins, so ist die Schaltung stabil.

HINWEIS: In einem gegengekoppelten System entsteht die kritische Phasendrehung (360°), wenn der Verstärker V_d die Phase um 180° dreht. Weitere 180° werden durch die gegenphasige Addition bewirkt.

HINWEIS: Je kleiner k ist, desto kleiner ist der rückgekoppelte Teil des Ausgangssignales, desto kleiner ist aber auch die Schleifenverstärkung und damit die Schwingneigung. Ein System mit großem V_d und starker Rückkopplung, d. h. mit geringer Gesamtverstärkung V, führt am ehesten zu Schwingungsproblemen.

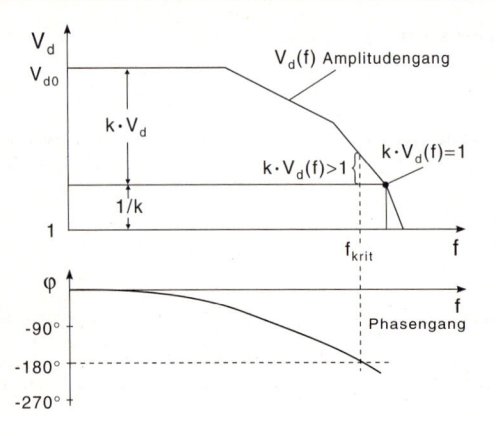

Abbildung 8.91: Schwingbedingung im Bodediagramm: Bei der Frequenz $f(\varphi = -180°)$ ist die Schleifenverstärkung $k \cdot V_d > 1$, das System schwingt auf (ist instabil)

8.6 Operationsverstärker[*]

Ein Operationsverstärker ist ein Verstärker mit sehr großer Verstärkung. Er wird in der Regel gegengekoppelt betrieben, so daß auf Grund seiner großen Verstärkung die Verstärkung des gegengekoppelten Systems praktisch nur vom Rückkopplungsnetzwerk abhängt (siehe 8.5).

Den Eingang des Operationsverstärkers bildet ein Differenzverstärker. Ein Eingang heißt **Invertierender Eingang**[*] (U_n), der andere **Nichtinvertierender Eingang**[*] (U_p). Die Differenzspannung U_d wird mit der Verstärkung V_d verstärkt. Die Ausgangsspannung beträgt $U_a = V_d U_d$. Die Verstärkung V_d liegt im Bereich $10^4 \ldots 10^5$. Die Ausgangsspannung kann in einem großen Bereich alle Werte zwischen der positiven und negativen Versorgungsspannung annehmen. Damit positive und negative Ausgangsspannungen möglich sind, benötigt der Operationsverstärker eine positive und negative Versorgungsspannung (üblich: $\pm 15\,\mathrm{V}$).

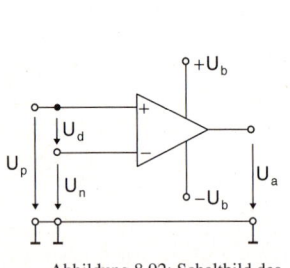

Abbildung 8.92: Schaltbild des Operationsverstärkers

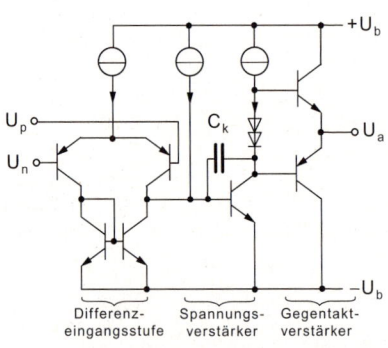

Abbildung 8.93: Vereinfachte Schaltung eines Operationsverstärkers

---

[*] OPERATIONSVERSTÄRKER: *operational amplifier*
[*] INVERTIERENDER EINGANG: *inverting input*
[*] NICHTINVERTIERENDER EINGANG: *non-inverting input*

8.6.1 Kennwerte des Operationsverstärkers

8.6.1.1 Ausgangsaussteuerbereich

Den Wertebereich, den die Ausgangsspannung annehmen kann, nennt man **Ausgangsaussteuerbereich***.
Die **Aussteuergrenzen** liegen betragsmäßig ca. 1...3 V unter den Versorgungsspannungen (siehe Abb. 8.94).

8.6.1.2 Offsetspannung

Die **Offsetspannung*** U_0 (Eingangsoffsetspannung) ist die Eingangsdifferenzspannung U_d, bei der die Ausgangsspannung 0 V beträgt.

Die Übertragungskennlinie $U_a = f(U_d)$ läuft beim idealen Operationsverstärker durch den Nullpunkt. Beim realen Operationsverstärker liegt der Schnittpunkt in U_0 (siehe Abb. 8.94).

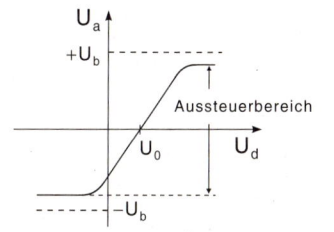

Abbildung 8.94: Übertragungskennlinie des Operationsverstärkers

8.6.1.3 Offsetspannungsdrift

Die Offsetspannung U_0 ist temperaturabhängig. Die Änderung der Offsetspannung mit der Temperatur $\Delta U_{Gl}/\Delta \vartheta$ nennt man Offsetspannungsdrift*. Sie liegt bei 3...10 µV/K.

8.6.1.4 Gleichtaktaussteuerbereich

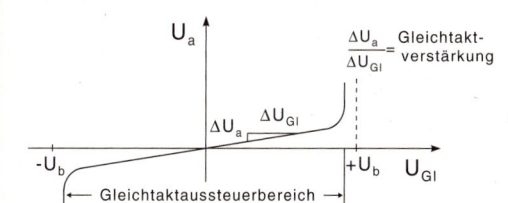

Abbildung 8.95: Gleichtaktaussteuerbereich

Als **Gleichtaktaussteuerung** bezeichnet man den Fall, daß $U_n = U_p = U_{Gl}$ ist. In diesem Fall ist $U_d = 0$ V.

---

* AUSGANGSAUSSTEUERBEREICH: *output voltage swing*
* EINGANGSOFFSETSPANNUNG: *input offset voltage*
* OFFSETSPANNUNGSDRIFT: *input offset voltage drift*

Beim idealen Operationsverstärker ist die Ausgangsspannung dann ebenfalls 0 V, gleichgültig auf welchem Potential die Eingangsspannung gegenüber Masse liegt. Beim realen Operationsverstärker gibt man den Wertebereich für U_{Gl} an, in welchem $U_a \approx 0\,\text{V}$ bleibt, diesen nennt man Gleichtaktaussteuerbereich*.

8.6.1.5 Differenzverstärkung

Die Differenzverstärkung (Gegentaktverstärkung) ist

$$V_d = \frac{U_a}{U_d} \qquad (8.120)$$

Die Differenzverstärkung liegt üblicherweise bei 10^5.

8.6.1.6 Gleichtaktverstärkung

Die Gleichtaktverstärkung* ist

$$V_{Gl} = \frac{U_a}{U_{Gl}} \qquad (8.121)$$

8.6.1.7 Gleichtaktunterdrückung

Die Gleichtaktunterdrückung* ist

$$G = \frac{V_d}{V_{Gl}} \qquad (8.122)$$

Sie wird häufig in dB angegeben. Sie liegt im Bereich $10^4 \ldots 10^5$ bzw. zwischen 80 und 100 dB.

8.6.1.8 Betriebsspannungsdurchgriff

Der Betriebsspannungsdurchgriff* ist ein Maß für den Einfluß der Betriebsspannung auf die Ausgangsspannung. Er wird definiert über die Offsetspannung U_0. Er gibt an, um welchen Wert die Offsetspannung, bei Änderung einer der Betriebsspannungen, korrigiert werden muß, um die Ausgangsspannung auf 0 V zu halten. Der Betriebsspannungsdurchgriff liegt zwischen $10 \ldots 100\,\mu\text{V/V}$. Er wird auch in dB angegeben.

---
* GLEICHTAKTAUSSTEUERBEREICH: *common mode input swing*
* GLEICHTAKTVERSTÄRKUNG: *common mode gain*
* GLEICHTAKTUNTERDRÜCKUNG: *common mode rejection ratio*(CMRR)
* BETRIEBSSPANNUNGSDURCHGRIFF: *line regulation, power supply rejection ratio*

8.6.1.9 Eingangswiderstand

Man unterscheidet zwischen dem Differenzeingangswiderstand* r_d und dem Gleichtakteingangswiderstand r_Gl.

Der Differenzeingangswiderstand r_d liegt bei bipolaren Operationsverstärkern im MΩ-Bereich, bei Operationsverstärkern mit FET-Eingangsstufen bei $10^{12}\,\Omega$. Der Gleichtakteingangswiderstand liegt bei $10^9\,\Omega$ bzw. $10^{12}\,\Omega$.

HINWEIS: Die Eingangsimpedanz wird im gegengekoppelten Fall um den Gegenkopplungfaktor verändert (siehe 8.5.2):

$$r_\mathrm{e} = r_\mathrm{d}(1 + kV_\mathrm{d}) \qquad \text{bzw.} \qquad \frac{r_\mathrm{d}}{(1 + kV_\mathrm{d})}$$

8.6.1.10 Ausgangswiderstand*

Der Ausgangswiderstand von Operationsverstärkern liegt bei einigen 100Ω bis wenigen kΩ.

● Dieser wird durch die Gegenkopplung stark verändert, so daß man den Ausgang entsprechend der Gegenkopplungsart näherungsweise als ideale Spannungsquelle oder als ideale Stromquelle auffassen kann (siehe 8.5.2).

8.6.1.11 Eingangsruhestrom*

Die Eingangsruheströme sind die Basisgleichströme, die der Differenzverstärker aufnimmt. Sie liegen im Bereich einiger 10 bis weniger 100 nA. In FET-Eingangsstufen sind die Eingangsruheströme praktisch Null.

HINWEIS: Die Gegenkopplung hat keinen Einfluß auf den Eingangsruhestrom.

Kompensation des Eingangsruhestromes: siehe Abschnitt 8.6.4.3

8.6.1.12 Verstärkungsbandbreiteprodukt* (Transitfrequenz)

Die Differenzverstärkung V_d hat Tiefpaßverhalten (siehe Abb. 8.96):

$$V_\mathrm{d} = \frac{V_\mathrm{d0}}{1 + \mathrm{j}f/f_\mathrm{g}}$$

Oberhalb der Grenzfrequenz gilt näherungsweise:

$$V_\mathrm{d} \approx \frac{V_\mathrm{d0}}{\mathrm{j}f/f_\mathrm{g}}$$

---

* DIFFERENZEINGANGSWIDERSTAND: *differential input impedance*
* AUSGANGSWIDERSTAND: *output impedance*
* EINGANGSRUHESTROM: *input bias current*
* VERSTÄRKUNGSBANDBREITEPRODUKT: *gain bandwidth product*

Daraus folgt:

$$\boxed{V_d \cdot f = V_{d0} \cdot f_g = f_T}$$ (8.123)

- Bei der Transitfrequenz* f_T ist die Differenzverstärkung des Operationsverstärkers 1. Die Transitfrequenz wird bei Operationsverstärkern auf Grund des Zusammenhangs $f_T = V_{d0} \cdot f_g$ meist als **Verstärkungsbandbreiteprodukt** bezeichnet.

8.6.1.13 Grenzfrequenz

Die Grenzfrequenz* von frequenzgangkorrigierten Operationsverstärkern (siehe 8.6.2) liegt zwischen einigen Hz und einigen 100 Hz. Im gegengekoppelten Fall erhöht sich diese um den Gegenkopplungsgrad (siehe 8.5.3).

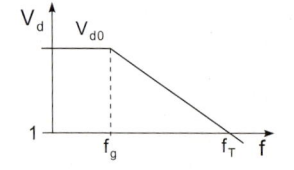

Abbildung 8.96: Frequenzgang des Operationsverstärkers

8.6.1.14 Anstiegssteilheit der Ausgangsspannung (Slew Rate)

Die Slew Rate gibt die maximale Anstiegssteilheit der Ausgangsspannung an. Sie wird in V/µs angegeben.

8.6.1.15 Ersatzschaltbild des Operationsverstärkers

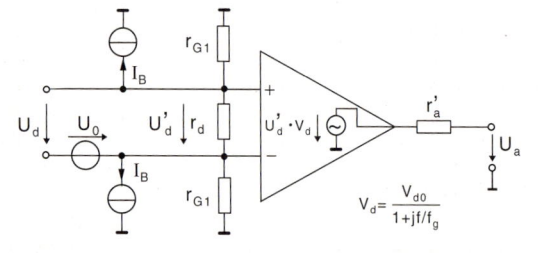

Abbildung 8.97: Ersatzschaltbild eines Operationsverstärkers

$$V_d = \frac{V_{d0}}{1 + jf/f_g}$$

Die Abbildung 8.97 zeigt ein Ersatzschaltbild für den realen Operationsverstärker. Bei üblichen, frequenzgangkorrigierten Operationsverstärkern kann man näherungsweise von folgenden Werten ausgehen:

---

* TRANSITFREQUENZ: *unity gain frequency*
* GRENZFREQUENZ: *critical frequency*

- Basisruheströme I_B: Bei Bipolar-Operationsverstärkern im nA-Bereich, bei FET-Operationsverstärkern vernachlässigbar.
- Differenzwiderstand r_d: Bei Bipolar-Operationsverstärkern im MΩ-Bereich, bei FET-Operationsverstärkern vernachlässigbar hochohmig.
- Gleichtakteingangswiderstände r_{Gl}: Praktisch immer vernachlässigbar hochohmig.
- Differenzverstärkung V_d: Sie hat Tiefpaßverhalten. Die Gleichspannungsverstärkung V_{d0} liegt bei 10^5 (100 dB), die Grenzfrequenz f_g zwischen 10 und 100 Hz.
- Ausgangswiderstand r'_a: Er liegt zwischen 100...1000 Ω.
- Offsetspannung U_0: Sie liegt im Bereich ein bis wenige mV.
- Gleichtaktunterdrückung G (nicht im Ersatzschaltbild berücksichtigt): Sie liegt für Gleichspannung bei ca. 80 dB und geht mit zunehmender Frequenz stark zurück.

HINWEIS: Die Grenzfrequenz und die Ausgangsimpedanz des *gegengekoppelten* Operationsverstärkers sind abhängig vom Gegenkopplungsgrad $(1 + kV_d)$ mit k als Rückkopplungsfaktor. Die Grenzfrequenz erhöht sich um den Gegenkopplungsgrad, die Ausgangsimpedanz verkleinert sich um den Gegenkopplungsgrad. Bei einer Verstärkung des rückgekoppelten Operationsverstärkers von beispielsweise $V = 100$ läge die Grenzfrequenz bei 10...100 kHz und die Ausgangsimpedanz bei 0,1...1 Ω! (siehe 8.5.2).

HINWEIS: Neben den hier angegebenen Eigenschaften von Operationsverstärkern gibt es zahlreiche Ausführungen mit speziellen Eigenschaften, wie beispielsweise Offsetspannung im μV-Bereich, Ruheeingangsstrom im pA-Bereich oder Grenzfrequenz im MHz-Bereich.

8.6.2 Frequenzgangkorrektur*

Der Operationsverstärker wird aus Stabilitätsgründen **frequenzgangkorrigiert**. Das Tiefpaßverhalten wird dahingehend geändert, daß die niedrigste Grenzfrequenz zu tieferen Frequenzen verschoben wird. Dies wird dadurch erreicht, daß die Kollektor-Emitterstrecke der spannungsverstärkenden Emitterstufe über eine Kapazität C_k rückgekoppelt wird (siehe Abb. 8.93). Die Verstärkung V_d wird dadurch bei hohen Frequenzen stark zurückgenommen, und zwar soweit, bis im rückgekoppelten System die Schleifenverstärkung $kV_d < 1$ bei der Phasenverschiebung $\varphi = 180°$ ist (siehe 8.5.4).

Man unterscheidet zwischen frequenzgangkorrigierten Operationsverstärkern (**intern kompensiert***) und solchen, die es nicht sind (**unkompensiert**). Unkompensierte Operationsverstärker haben Anschlüsse, an die von außen eine Korrekturkapazität C_k angeschlossen werden kann. Die Wahl dieser Kapazität ist stark von der gewählten Gegenkopplung abhängig. Sie kann um so kleiner gewählt werden, je geringer die Gegenkopplung ist, d. h. je größer die Verstärkung des gegengekoppelten Systems ist. Die Festlegung von C_k erfolgt iterativ. Am besten, indem eine rechteckförmige Eingangsspannung an das System gelegt und die Sprungantwort mit einem Oszillographen gemessen wird. Ein zu groß gewähltes C_k führt zu einem Verschleifen der rechteckförmigen Spannung, ein zu klein gewähltes C_k führt zum Überschwingen bis zur Instabilität der Schaltung.

Den Winkel $\alpha = 180° - \varphi_{(kV_d=1)}$ bezeichnet man als **Phasenreserve***. Er ist ein Maß für die Stabilität der Schaltung. Ist die Phasenreserve klein, so reagiert der gegengekoppelte Verstärker bei jeder Änderung der

---

* FREQUENZGANGKORREKTUR, KOMPENSATION: *frequency compensation*
* INTERN KOMPENSIERT: *internally compensated*
* PHASENRESERVE: *phase margin*

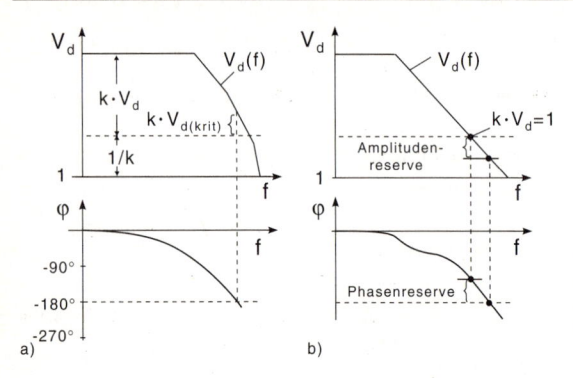

Abbildung 8.98: Bodediagramm zur Frequenzgangkorrektur a) nicht korrigiert: $kV_d > 1$ bei $f(\varphi = -180°)$, die Schaltung ist instabil, b) korrigiert: Bei $kV_d = 1$ ist $\varphi = -180°$ noch nicht erreicht, die Schaltung ist stabil

Eingangsspannung mit gedämpften Schwingungen. Bei $\alpha = 90°$ liegt der aperiodische Grenzfall vor, bei $\alpha = 65°$ hat man ein Überschwingen von 4 %, dies wird in der Praxis häufig angestrebt.

Neben der Phasenreserve als Maß für die Stabilität eines rückgekoppelten Systems ist auch die **Amplitudenreserve**[*] gebräuchlich (siehe Abb. 8.98).

Intern frequenzgangkorrigierte Operationsverstärker (intern kompensiert) haben eine Frequenzgangkorrektur, die für ein Rückkopplungsnetzwerk mit $k = 1$ noch eine Phasenreserve von 65° aufweist. Diese sorgt dafür, daß der gegengekoppelte Verstärker in jedem Fall stabil ist, hat aber den Nachteil, daß er bei geringer Gegenkopplung ($k \ll 1; V \gg 1$) sehr langsam wird.

8.6.3 Komparatoren

Komparatoren[*] sind Operationsverstärker, die nicht rückgekoppelt betrieben werden. Sie dienen zum Spannungsvergleich. Die Ausgangsspannung nimmt daher nur zwei Zustände an, high oder low, je nachdem welches Vorzeichen die Eingangsspannung U_d hat. Der Ausgang ist in der Regel ein offener Kollektor, der mit einem pull-up-Widerstand beschaltet wird.

8.6.4 Operationsverstärkerschaltungen

Es gibt mitgekoppelte und gegengekoppelte Operationsverstärkerschaltungen. Mitgekoppelte Schaltungen haben Zweipunkt-Verhalten (z. B. Schmitt-Trigger) oder sie sind schwingungsfähig (Wien-Robinson-Oszillator). Gegengekoppelte Schaltungen sind stabil, die Ausgangsspannung ist bei linearer Rückkopplung proportional zur Eingangsspannung. Auf Grund der hohen Verstärkung des Operationsverstärkers liegt zwischen den Eingangsklemmen im gegengekoppelten Fall praktisch 0 Volt. Auf eine Schaltungsberechnung nach Kirchhoff wurde im folgenden verzichtet. Zur Veranschaulichung des Schaltungsprinzips wird teilweise das Blockschaltbild verwandt.

---

[*] AMPLITUDENRESERVE: *gain margin*
[*] KOMPARATOR: *comparator*

8.6.4.1 Impedanzwandler

Der Impedanzwandler* ist ein Operationsverstärker, der in Spannungs-Spannungs-Gegenkopplung mit $k = 1$ betrieben wird.

Der Gegenkopplungsgrad beträgt $(1 + kV_d) \approx V_d$. Die Übertragungsfunktion lautet:

$$\frac{U_a}{U_e} = \frac{V_d}{1 + kV_d} \approx 1;$$

für die Praxis:

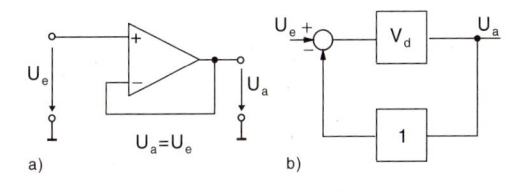

$$\boxed{U_a = U_e} \qquad (8.124)$$

Abbildung 8.99: Impedanzwandler: a) Schaltbild, b) Blockschaltbild

Der Eingang ist extrem hochohmig:

$$\boxed{r_e = r_d(1 + V_d) \approx \to \infty} \qquad (8.125)$$

mit r_d als Differenzeingangswiderstand des Operationsverstärkers.

HINWEIS: Der Eingangsruhestrom bleibt von dieser Betrachtung unberührt! Er belastet die Eingangsspannungsquelle unabhängig vom Gegenkopplungsgrad. Abhilfe schafft ein Operationsverstärker mit FET-Eingang.

Der Ausgang ist extrem niederohmig:

$$\boxed{r_a = \frac{r'_a}{1 + V_d} \approx 0} \qquad (8.126)$$

mit r'_a als Ausgangswiderstand des Operationsverstärkers.

8.6.4.2 Nichtinvertierender Verstärker (Elektrometerverstärker)

Der Nichtinvertierende Verstärker* ist ein Operationsverstärker, der in Spannungs-Spannungs-Gegenkopplung mit $k = \dfrac{R_2}{R_1 + R_2}$ betrieben wird. Der Gegenkopplungsgrad beträgt

$$g = 1 + \frac{R_2}{R_1 + R_2} V_d$$

---

* IMPEDANZWANDLER: *impedance transformer*
* NICHTINVERTIERENDER VERSTÄRKER: *non-inverting amplifier*

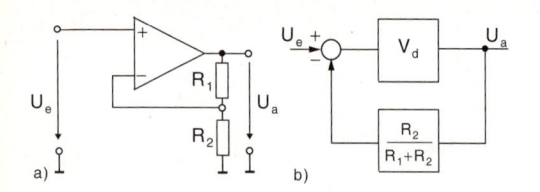

Abbildung 8.100: Nichtinvertierender Verstärker: a) Schaltbild, b) Blockschaltbild

Die Übertragungsfunktion lautet:

$$\frac{U_a}{U_e} = \frac{V_d}{1 + kV_d} \approx 1 + \frac{R_1}{R_2}$$

für die Praxis:

$$\boxed{\frac{U_a}{U_e} = 1 + \frac{R_1}{R_2}} \tag{8.127}$$

Der Eingang ist extrem hochohmig:

$$\boxed{r_e = r_d \left(1 + \frac{R_2}{R_1 + R_2} V_d\right) \approx \to \infty} \tag{8.128}$$

mit r_d als Differenzeingangswiderstand des Operationsverstärkers.

HINWEIS: Der Eingangsruhestrom bleibt von dieser Betrachtung unberührt! Er belastet die Eingangsspannungsquelle unabhängig vom Gegenkopplungsgrad. Abhilfe schafft ein Operationsverstärker mit FET-Eingang.

Der Ausgang ist extrem niederohmig:

$$\boxed{r_a = r_a' \frac{1}{1 + \frac{R_2}{R_1 + R_2} V_d} \approx 0} \tag{8.129}$$

mit r_a' als Ausgangswiderstand des Operationsverstärkers.

8.6.4.3 Invertierender Verstärker

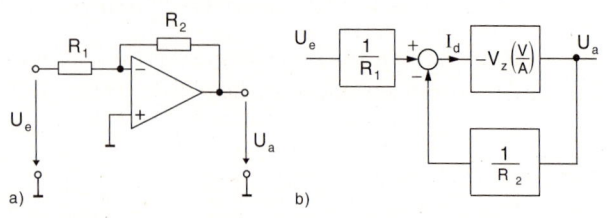

Abbildung 8.101: Invertierender Verstärker: a) Schaltbild, b) Blockschaltbild

Der **Invertierende Verstärker**[*] ist ein Operationsverstärker, der in Spannungs-Strom-Gegenkopplung mit $k = 1/R_2$ betrieben wird. Der Gegenkopplungsgrad beträgt

$$g = 1 + \frac{1}{R_2}V_z$$

Der Eingangsstrom der gegengekoppelten Schaltung wird durch R_1 eingeprägt. Die Übertragungsfunktion lautet:

$$\frac{U_a}{U_e} = \frac{1}{R_1} \frac{-V_z}{1 + \frac{1}{R_2}(-V_z)} \approx -\frac{R_2}{R_1};$$

für die Praxis:

$$\boxed{\frac{U_a}{U_e} = -\frac{R_2}{R_1}} \qquad (8.130)$$

Der Eingangswiderstand beträgt:

$$\boxed{r_e = R_1}$$

Der Ausgang ist extrem niederohmig:

$$\boxed{r_a = \frac{r'_a}{1 + \frac{1}{R_2}V_z} \approx 0} \qquad (8.131)$$

mit r'_a als Ausgangswiderstand des Operationsverstärkers.

HINWEIS: Der Operationsverstärker wurde hier als Transimpedanzverstärker aufgefaßt, d. h., die Übertragungsfunktion V_z des Operationsverstärkers hat die Dimension einer Impedanz. Geht man auf das Ersatzschaltbild in Abschnitt 8.6.1.15 zurück, so ergibt sich:

HINWEIS: Der **Eingangsruhestrom** I_{B-} bewirkt eine Offsetspannung. Sie beträgt $I_{B-} \cdot R_1$. Sie kann kompensiert werden, indem ein Widerstand $R = (R_1 \| R_2)$ in die Masseverbindung des nicht invertierenden Eingangs geschaltet wird (siehe Abb. 8.102).

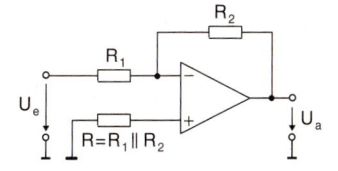

Abbildung 8.102: Kompensation des Eingangsruhestroms

---

[*] INVERTIERENDER VERSTÄRKER: *inverting amplifier*

8.6.4.4 Addierer

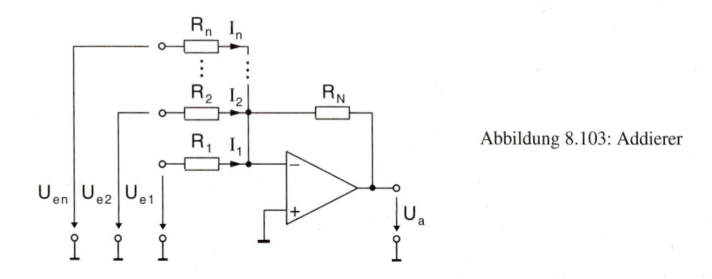

Abbildung 8.103: Addierer

Der Addierer* arbeitet, wie der invertierende Verstärker, nach dem Spannungs-Strom-Gegenkopplungs-Prinzip. Die Eingangsströme U_{ei}/R_i werden am invertierenden Eingang des Operationsverstärkers addiert. Die Ausgangsspannung beträgt:

$$U_a = -\sum_{i=1}^{n} I_i \cdot R_N \qquad (8.132)$$

bzw. mit U_a als Funktion der Eingangsspannungen U_{en}:

$$U_a = -\left(U_{e1}\frac{R_N}{R_1} + U_{e2}\frac{R_N}{R_2} + \cdots + U_{en}\frac{R_N}{R_n}\right) \qquad (8.133)$$

Werden alle Widerstände gleich gewählt, ist:

$$U_a = -\sum_{i=1}^{n} U_{ei} \qquad (8.134)$$

8.6.4.5 Subtrahierer

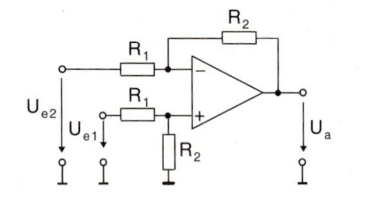

Abbildung 8.104: Subtrahierer

Der Subtrahierer* (auch Differenzverstärker genannt) bildet die Differenz zweier Eingangsspannungen. Sei-

---

* ADDIERER: *summing amplifier*
* SUBTRAHIERER: *subtractor*

ne Verstärkung beträgt R_2/R_1.

$$U_a = (U_{e1} - U_{e2})\frac{R_2}{R_1}$$ (8.135)

Der Differenzeingangswiderstand beträgt $r_e = 2R_1$.

Wählt man $U_{e1} = 0$, so ist die Schaltung identisch mit dem invertierenden Verstärker mit Eingangsruhestromkompensation. Im Subtrahierer ist die Eingangsruhestromkompensation konstruktionsbedingt enthalten.

Abbildung 8.105 zeigt einen Subtrahierverstärker mit hoher Eingangsimpedanz*.

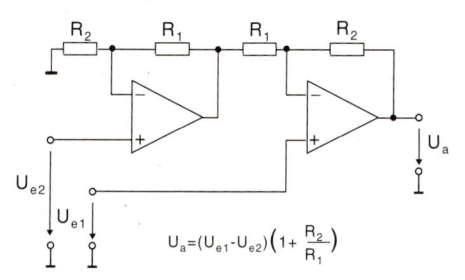

Abbildung 8.105: Subtrahierverstärker mit hoher Eingangsimpedanz

Seine Übertragungsfunktion lautet:

$$U_a = (U_{e1} - U_{e2})\left(1 + \frac{R_2}{R_1}\right)$$ (8.136)

8.6.4.6 Instrumentenverstärker

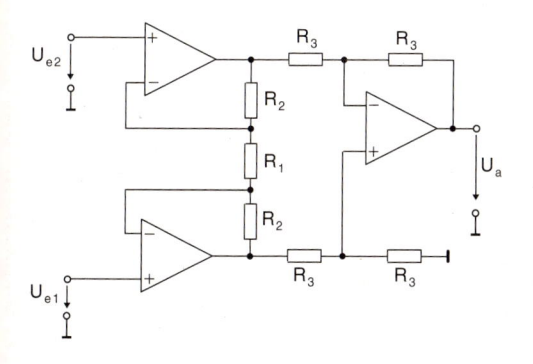

Abbildung 8.106: Instrumentenverstärker (Elektrometer-Subtrahierer)

Der Instrumentenverstärker* mißt die Differenz der Eingangsspannungen U_{e1} und U_{e2}. Seine Verstärkung

---

* SUBTRAHIERVERSTÄRKER MIT HOHER EINGANGSIMPEDANZ: *high input impedance subtractor*
* INSTRUMENTENVERSTÄRKER: *high impedance amplifier, instrumentation amplifier*

beträgt:

$$U_\mathrm{a} = (U_{\mathrm{e}1} - U_{\mathrm{e}2}) \cdot \left(1 + 2\frac{R_2}{R_1}\right) \qquad (8.137)$$

Die Eingangsimpedanz ist extrem hoch (siehe 8.6.4.2). Der Eingangsgleichtaktbereich ist gleich dem der Eingangsoperationsverstärker.

8.6.4.7 Spannungsgesteuerte Stromquellen

Die spannungsgesteuerten Stromquellen* nach Abbildung 8.107 arbeiten nach dem Prinzip der Strom-Spannungs-Gegenkopplung. Die Eingangsspannung wird mit dem Spannungsabfall am Strommeßwiderstand R verglichen, so daß

$$U_\mathrm{e} = R I_\mathrm{a} \qquad (8.138)$$

ist. Ein nachgeschalteter Transistor ermöglicht höhere Ausgangsströme und hat durch den offenen Drain (oder offenen Kollektor) den Vorteil, im Anschlußpotential weitgehend frei zu sein.

Für geerdete Verbraucher eignet sich die Stromquelle nach Abbildung 8.108. Die Beziehung $I_\mathrm{a} = U_\mathrm{e}/R$ gilt um so genauer, je hochohmiger R_1 gegenüber R ist.

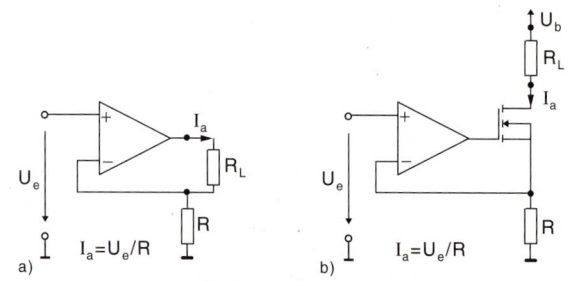

Abbildung 8.107: Spannungsgesteuerte Stromquellen nach dem Serienstrom-Gegenkopplungs-Prinzip

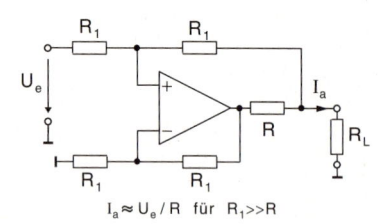

Abbildung 8.108: Spannungsgesteuerte Stromquelle für geerdete Verbraucher

---

* SPANNUNGSGESTEUERTE STROMQUELLE: *voltage controlled current source*

8.6.4.8 Integrator

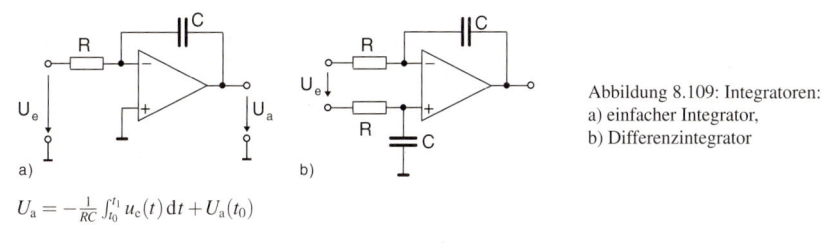

Abbildung 8.109: Integratoren:
a) einfacher Integrator,
b) Differenzintegrator

$$U_a = -\frac{1}{RC} \int_{t_0}^{t_1} u_e(t)\,\mathrm{d}t + U_a(t_0)$$

Der Integrator* arbeitet wie der invertierende Verstärker. Der Eingangsstrom $I_e = U_e/R$ ist eingeprägt und lädt den Kondensator C um. Die Ausgangsspannung ist daher das Integral der Eingangsspannung:

$$U_a = -\frac{1}{RC} \int U_e\,\mathrm{d}t \tag{8.139}$$

Bei Sinusspannungseinspeisung beträgt die Spannungsverstärkung:

$$V_u = -\frac{1}{\mathrm{j}\omega RC} \tag{8.140}$$

Bei großen Zeitkonstanten ist oft der Eingangsruhestrom nicht mehr vernachlässigbar. Abhilfe schafft entweder eine Eingangsruhestromkompensation oder – einfacher – der Einsatz eines Operationsverstärkers mit FET-Eingangsstufe. Die Eingangsruhestromkompensation erfolgt in gleicher Weise wie beim Invertierenden Verstärker, indem in den Masseanschluß des nichtinvertierenden Eingangs die Parallelschaltung von R und C geschaltet wird (siehe 8.6.4.3).

Integratoren haben vornehmlich Bedeutung in rückgekoppelten Systemen als I-Regler.

In nicht rückgekoppelten Systemen läuft die Ausgangsspannung an die positive oder negative Aussteuergrenze, weil Offsetspannung und Eingangsruhestrom ebenso integriert werden wie die Eingangsspannung U_e. Integratoren müssen daher in geeigneten Zeitabständen auf Null gesetzt werden, um einen definierten Anfangszustand für die Integration zu schaffen. Dies kann durch ein dem Kondensator parallelgeschaltetes Relais oder durch einen parallelgeschalteten FET erreicht werden (siehe Abb. 8.110). Bei Einsatz eines MOSFETs schränkt die interne Rückstromdiode den Ausgangsaussteuerbereich auf positive Ausgangsspannungen ein.

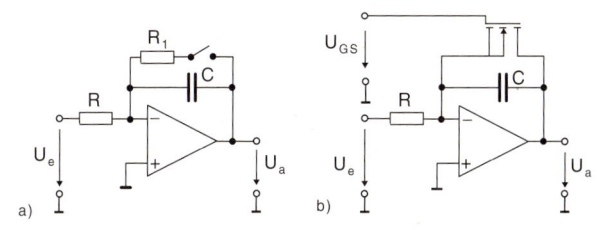

Abbildung 8.110: Integratoren: Rücksetzschaltungen für $U_{a(t0)} = 0$

---

* INTEGRATOR: *integrator*

8.6.4.9 Differenzierer (Differentiator)

Der Eingangsstrom des Differenzierers* nach Abbildung 8.111 ist

$$I_e = C \frac{dU_e}{dt}.$$

Dieser eingeprägte Strom fließt durch R, so daß die Ausgangsspannung

$$\boxed{U_a = -RC \frac{dU_e}{dt}} \qquad (8.141)$$

beträgt. Bei Sinusspannungseinspeisung beträgt die Spannungsverstärkung:

$$\boxed{V_u = -j\omega RC} \qquad (8.142)$$

Der Differenzierer wird vornehmlich als D-Glied in PID-Reglern eingesetzt.

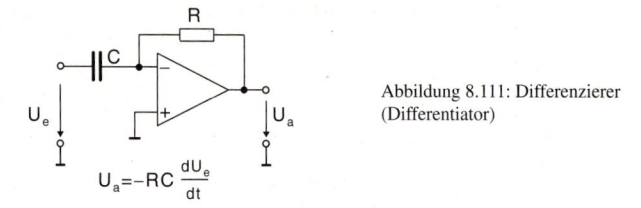

Abbildung 8.111: Differenzierer (Differentiator)

8.6.4.10 Wechselspannungsverstärker mit einer Betriebsspannung

Bisweilen werden Verstärkerschaltungen an nur einer Versorgungsspannung betrieben. In diesem Fall wird das Bezugspotential am nichtinvertierenden Eingang durch einen Spannungsteiler auf $U_b/2$ gehoben (siehe Abb. 8.112).

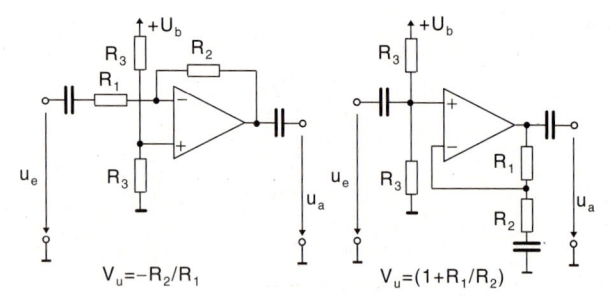

Abbildung 8.112: Wechselspannungsverstärker mit einer Betriebsspannung

---

* DIFFERENZIERER: *differentiator*

8.6.4.11 Spannungseinsteller mit definierter Änderungsgeschwindigkeit

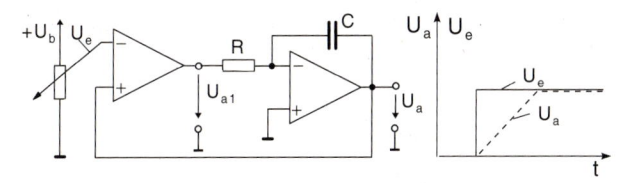

Abbildung 8.113: Spannungseinsteller mit definierter Änderungsgeschwindigkeit

Die Ausgangsspannung der Schaltung nach Abbildung 8.113 kann sich nur mit der Änderungsgeschwindigkeit

$$\frac{dU_a}{dt} = \pm U_{a1\,max}\frac{1}{RC} \approx \pm U_b \frac{1}{RC}$$

ändern. Bei $U_a \neq U_e$ springt die Ausgangsspannung U_{a1} des ersten Operationsverstärkers an eine ihrer Aussteuergrenzen auf $\pm U_{a1\,max}$. Dadurch läuft die Ausgangsspannung U_a mit definierter Änderungsgeschwindigkeit auf den Wert $U_a = U_e$.

8.6.4.12 Schmitt-Trigger

Schmitt-Trigger[*] sind bistabile Schaltungen. Die Rückkopplung ist eine Mitkopplung. Dadurch kann die Ausgangsspannung nur zwischen den Aussteuergrenzen $\pm U_{a\,max}$ springen. Durch die Rückkopplung entstehen für die Eingangsspannung zwei Schwellen, die ein Umschalten der Ausgangsspannung bewirken. Nach dem Durchlaufen einer Schwelle muß erst die andere Schwelle durchlaufen werden, um ein erneutes Umschalten zu erreichen.

Schmitt-Trigger werden zum einen in Zweipunkt-Reglern eingesetzt, zum anderen anstelle von Komparatoren, um ein Mehrfachumschalten bei gestörten Eingangssignalen zu vermeiden.

Invertierender Schmitt-Trigger

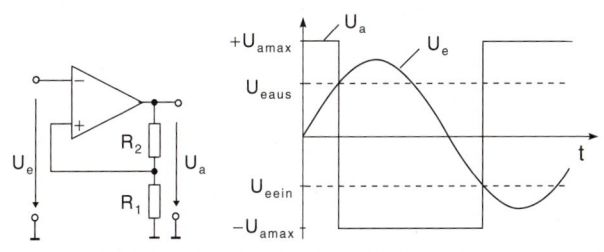

Abbildung 8.114: Invertierender Schmitt-Trigger

---

[*] SCHMITT-TRIGGER: *Schmitt trigger, comparator with hysteresis*

Die Schaltschwellen des Invertierenden Schmitt-Triggers (siehe Abb. 8.114) liegen bei:

$$U_{e\,ein} = -\frac{R_1}{R_1+R_2}U_{a\,max} \quad \text{und} \quad U_{e\,aus} = +\frac{R_1}{R_1+R_2}U_{a\,max} \tag{8.143}$$

Nichtinvertierender Schmitt-Trigger

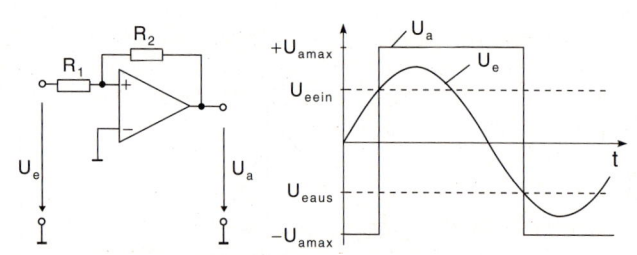

Abbildung 8.115: Nichtinvertierender Schmitt-Trigger

Die Schaltschwellen des Nichtinvertierenden Schmitt-Triggers (siehe Abb.8.115) liegen bei:

$$U_{e\,ein} = +\frac{R_1}{R_2}U_{a\,max} \quad \text{und} \quad U_{e\,aus} = -\frac{R_1}{R_2}U_{a\,max} \tag{8.144}$$

8.6.4.13 Dreieck-Rechteck-Generator

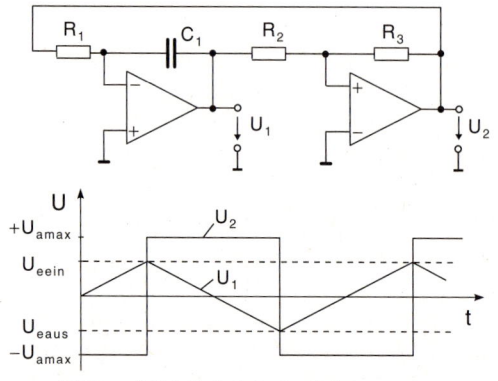

Abbildung 8.116: Dreieck-Rechteck-Generator

Der Dreieck-Rechteck-Generator[*] ist eine freischwingende Schaltung, bestehend aus einem Integrator und einem Nichtinvertierenden Schmitt-Trigger. Die Amplitude der Dreieckfunktion ist gleich dem Wert der

---
[*] DREIECK-RECHTECK-GENERATOR: *triangle-square-pulse generator*

Schaltschwellen. Die Frequenz der Ausgangsspannungen beträgt:

$$f = \frac{R_3}{R_2} \frac{1}{4R_1C_1} \tag{8.145}$$

bei symmetrischen Aussteuergrenzen von U_2.

8.6.4.14 Multivibrator

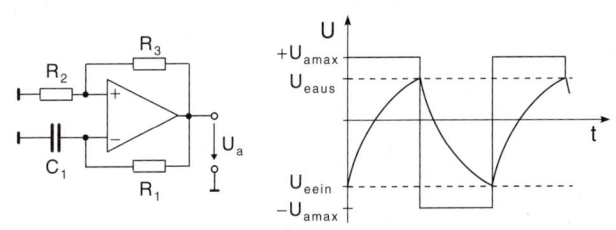

Abbildung 8.117: Multivibrator

Der Multivibrator* ist eine selbstschwingende Schaltung (siehe Abbildung 8.117).
Die Schaltfrequenz beträgt:

$$f = \frac{1}{2R_1C_1 \ln\left(1 + \dfrac{2R_2}{R_3}\right)} \tag{8.146}$$

Für eine kleine Hysterese, d. h. $R_2 \ll R_3$, gilt:

$$f \approx \frac{1}{2R_1C_1} \frac{R_3}{2R_2} \tag{8.147}$$

8.6.4.15 Sägezahn-Generator

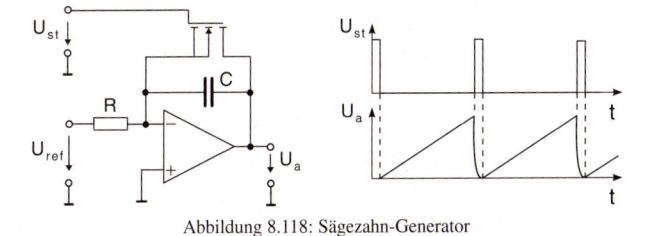

Abbildung 8.118: Sägezahn-Generator

---

* MULTIVIBRATOR: *multivibrator, square wave generator*

Eine **Sägezahn-Spannung**[*] ist eine rampenförmige Funktion. Sie wird erzeugt, indem ein Kondensator mit einem konstanten Strom geladen und in sehr kurzer Zeit entladen wird. Die Entladung erfolgt mit einem festen Zeittakt, der extern oder intern erzeugt werden kann.

8.6.4.16 Pulsweitenmodulator

Pulsweitenmodulatoren[*] werden vornehmlich in der Meßtechnik und in der Schaltnetzteiltechnik eingesetzt. Sie wandeln ein analoges in ein digitales Signal, dessen Tastverhältnis t_1/T (Einschaltdauer/Periodendauer) proportional zur analogen Eingangsspannung ist. Pulsweitenmodulatoren stellen eine einfache Möglichkeit dar, analoge Signale für digitale Systeme aufzubereiten.

HINWEIS: Das **Tastverhältnis** t_1/T wird auch als **Tastgrad** bezeichnet.

Pulsweitenmodulator mit fester Pulsfrequenz:

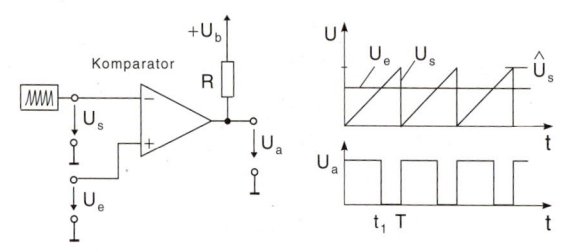

Abbildung 8.119: Pulsweitenmodulator mit fester Pulsfrequenz

Das Tastverhältnis beträgt:

$$\frac{t_1}{T} = \frac{U_e}{\hat{U}_S}$$

Durch Vergleich einer sägezahnförmigen Spannung mit einer analogen Spannung kann eine pulsweitenmodulierte Spannung erzeugt werden (siehe Abb. 8.119). Für Meßzwecke kann die Sägezahnspannung durch ein digitales System getriggert und die Zeit t_1 gemessen werden. Auf diese Weise erhält man einen einfachen Analog-Digital-Wandler. Das Verfahren hat den Nachteil, daß der Dachwert der Sägezahnspannung bekannt sein muß, d. h. ggf. eingestellt werden muß.

Präzisions-Pulsweitenmodulator

Die Genauigkeit der Pulsweitenmodulation läßt sich durch einen I-Regler deutlich verbessern (Abbildung 8.120). Der Soll-Ist-Wert-Vergleich erfolgt am Integrator. Die Ausgangsspannung U'_e des Integrators stellt sich genau so ein, daß $U_{ref} \cdot \frac{t_1}{T} = U_e$ ist. Die Amplitude der Sägezahnspannung und Nichtlinearitäten gehen nicht in das Ergebnis ein. Nachteil der Schaltung ist, daß die Zeitkonstante des Integrators groß gegenüber der Periodendauer der Sägezahnspannung sein muß.

---

[*] SÄGEZAHN-GENERATOR: *saw-tooth generator*
[*] PULSWEITENMODULATION: *pulse width modulation*, PWM

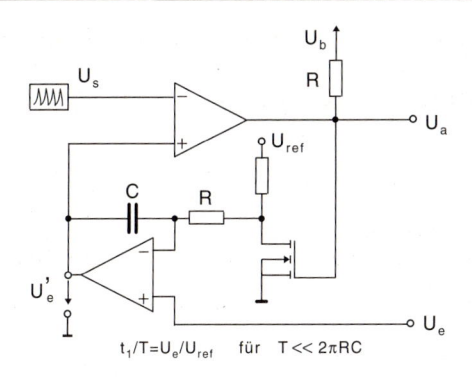

Abbildung 8.120: Präzisions-Pulsweitenmodulator

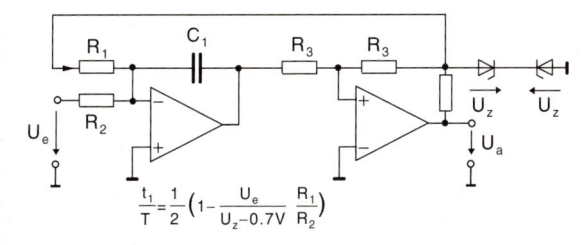

$t_1/T = U_e/U_{ref}$ für $T \ll 2\pi RC$

Abbildung 8.121: Präzisions-Pulsweitenmodulator

$$\frac{t_1}{T} = \frac{1}{2}\left(1 - \frac{U_e}{U_z - 0.7\text{V}} \frac{R_1}{R_2}\right)$$

Abbildung 8.121 zeigt einen selbstschwingenden Pulsweitenmodulator. Das Tastverhältnis der Ausgangsspannung beträgt bei $U_e = 0\,\text{V}$ $t_1/T = 0.5$. Die Genauigkeit des Modulators hängt von der Symmetrie der bidirektionalen Referenzspannungsquelle U_z ab. Ein Nachteil der Schaltung ist, daß die Schaltfrequenz von der Eingangsspannung U_e abhängt. Die Schaltfrequenz beträgt bei $U_e = 0\,\text{V}$:

$$f_{(U_e=0)} = \frac{1}{4R_1C_1}. \tag{8.148}$$

Die Schaltfrequenz wird mit wachsender Eingangsspannung U_e kleiner, für $U_e = U_z$ ist $f = 0$.

8.7 Aktive Filter*

Filterschaltungen sind Schaltungen mit einer frequenzabhängigen Übertragungsfunktion. Man unterscheidet zwischen **Tief-, Hoch- und Bandpässen sowie Sperrfiltern***.

Diesen Filtern ist gemeinsam, daß ihre Übertragungsfunktion in Sperr- und Durchlaßbereiche unterteilt ist. Als Grenze zwischen Sperr- und Durchlaßbereich gibt man die Grenzfrequenz an. Die **Grenzfrequenz*** ist die Frequenz, bei der der Betrag der Übertragungsfunktion um $-3\,\text{dB}$ (Faktor $1/\sqrt{2}$) gegenüber der Durch-

---

* AKTIVE FILTER: *active filters*
* TIEFPASS-FILTER: *low-pass filter*
* HOCHPASS-FILTER: *high-pass filter*
* BANDPASS-FILTER: *band-pass filter*
* SPERRFILTER: *band-stop filter*
* GRENZFREQUENZ: *critical frequency, $-3\,\text{dB}$ point*

laßamplitude abgefallen ist. Die frequenzabhängige Abschwächung des Signales im Sperrbereich hängt von der **Ordnung des Filters**[*] ab. Je höher die Ordnung ist, desto steiler ist der frequenzabhängige Abfall.

Ebenfalls zu den Filtern gehören die **Allpässe**[*]. Sie verändern die Signalamplitude nicht, drehen aber die Phase des Signals in Abhängigkeit von der Frequenz. Sperrfilter und Allpässe werden in diesem Abschnitt nicht näher behandelt.

Man unterscheidet ferner zwischen aktiven und passiven Filtern. **Aktive Filter** sind Filter, die aktive Bauelemente enthalten. Die aktiven Bauelemente werden dabei als Impedanzwandler eingesetzt, so daß Filter höherer Ordnung aus rückwirkungsfreien, in Kette geschalteten Filtern 2. Ordnung zusammengesetzt werden können. Dies vereinfacht den Entwurf und die meßtechnische Prüfung der Filter gegenüber passiven Filtern. Des weiteren kann durch den Einsatz aktiver Bauelemente auf Induktivitäten verzichtet werden. Aktive Filter enthalten in der Regel als frequenzbestimmende Bauelemente nur Widerstände und Kondensatoren. **Passive Filter** sind aus Widerständen, Kondensatoren und Induktivitäten zusammengesetzt. Sie enthalten keine aktiven Bauelemente.

8.7.1 Tiefpässe

8.7.1.1 Theorie der Tiefpässe

Die Übertragungsfunktion eines Tiefpasses sei anhand eines LRC-Tiefpasses 2. Ordnung (siehe Abb. 8.122 a) erläutert:

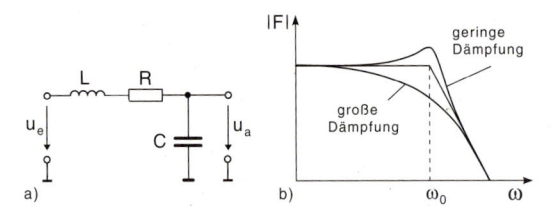

Abbildung 8.122: LRC-Tiefpaß 2. Ordnung a) Schaltung, b) Frequenzgang

$$\frac{u_a}{u_e} = F(j\omega) = \frac{\frac{1}{j\omega C}}{j\omega L + R + \frac{1}{j\omega C}} = \frac{1}{1 + j\omega RC + (j\omega)^2 LC} \quad (8.149)$$

- Für kleine Werte von ω ist der Betrag der Funktion $F(j\omega)$ näherungsweise Eins.
- Für große Werte von ω ist der quadratische Term im Nenner maßgebend: Der Betrag von $F(j\omega)$ fällt mit 40 dB/Dekade ab.
- Im Bereich der Eigenfrequenz bestimmt die Dämpfung (siehe Kap. 1.2.6) den Übergang vom Durchlaßbereich zum Sperrbereich. Bei geringer Dämpfung entsteht eine Resonanzüberhöhung, bei großer Dämpfung fällt der Betrag von $F(j\omega)$ bereits deutlich vor der Eigenfrequenz ab. Auf die Bereiche sehr großer und kleiner ω hat die Dämpfung praktisch keinen Einfluß (Abbildung 8.122 b).

---

[*] ORDNUNG: *order*
[*] ALLPASS-FILTER: *all-pass filter*

Normierung:

Ersetzt man $j\omega$ durch die komplexe Frequenz s und normiert diese auf die Grenzfrequenz ω_g mit $s = \omega_g S$, so ergibt sich:

$$F(s) = \frac{1}{1 + RCs + LCs^2} \quad \text{mit } j\omega = s \tag{8.150}$$

und

$$F(S) = \frac{1}{1 + \omega_g RCS + \omega_g^2 LCS^2} \quad \text{mit } S = s/\omega_g \tag{8.151}$$

Ersetzt man die Koeffizienten von S durch allgemeine reelle Koeffizienten a_1 und b_1, so erhält man eine von der konkreten Schaltung unabhängige, allgemeine Funktion eines Tiefpasses 2. Ordnung:

$$\boxed{F(S) = \frac{1}{1 + a_1 S + b_1 S^2}} \tag{8.152}$$

Einen Tiefpaß höherer Ordnung, d. h. ein Tiefpaß mit steilerem Abfall oberhalb der Grenzfrequenz, realisiert man durch die Kettenschaltung mehrerer rückwirkungsfreier Tiefpässe 1. und 2. Ordnung.

Die allgemeine Übertragungsfunktion eines Tiefpasses $2n$-ter Ordnung lautet dann:

$$\boxed{F(S) = \frac{F_0}{(1 + a_1 S + b_1 S^2) \cdot (1 + a_2 S + b_2 S^2) \cdot \ldots \cdot (1 + a_n S + b_n S^2)}} \tag{8.153}$$

- Der Tiefpaß 2. Ordnung ist der Grundbaustein, aus dem aktive Tiefpaßschaltungen höherer Ordnung zusammengesetzt werden.
- Einen steilen Abfall oberhalb der Grenzfrequenz erhält man, wenn man mehrere Tiefpässe 1. und 2. Ordnung in Kette schaltet. Tiefpässe 1. Ordnung können hierbei als Sonderfall des Tiefpasses 2. Ordnung angesehen werden, bei dem der Koeffizient b gleich Null ist (siehe Gleichung (8.153)). Der Faktor F_0 im Zähler berücksichtigt eine frequenzunabhängige Verstärkung der Tiefpaßschaltung.
- Die höchste Potenz des Nennerpolynoms nennt man die **Ordnung** des Tiefpasses. Sie bestimmt den Abfall der Funktion 8.153 oberhalb der Grenzfrequenz. Je Ordnung ergibt sich ein Abfall von 20 dB/Dekade (siehe 5.3.2).
- Die Nullstellen des Nennerpolynoms nennt man die **Pole** der Funktion $F(S)$. Sie können reell oder konjugiert komplex sein, je nachdem, welchen Wert die Koeffizienten a_i und b_i haben. Konjugiert komplexe Nullstellen bewirken eine Resonanzüberhöhung im Übergang zwischen Sperr- und Durchlaßbereich.
- Die Anzahl der Pole ist gleich der Ordnung des Filters.
- Den Übergang zwischen Durchlaß- und Sperrbereich bestimmen die **Koeffizienten a_i und b_i**. Funktionen mit konjugiert komplexen Polen besitzen eine höhere Grenzfrequenz gegenüber Funktionen mit reellen Polen (siehe Abb. 8.123) und bewirken damit einen steileren Übergang vom Durchlaßbereich zum Sperrbereich. Technische Filter werden aus diesem Grund praktisch ausnahmslos mit konjugiert komplexen Polen ausgeführt.

Man unterscheidet verschiedene Filtercharakteristiken, je nach Wahl der Koeffizienten a_i und b_i:

Butterworth (Potenzfilter): Der Amplitudengang der Funktion $F(S)$ verläuft fast bis zur Grenzfrequenz maximal glatt auf F_0.
Bessel: Das Filter hat unterhalb der Grenzfrequenz ein optimales Rechteck-Übertragungsverhalten.

|F|

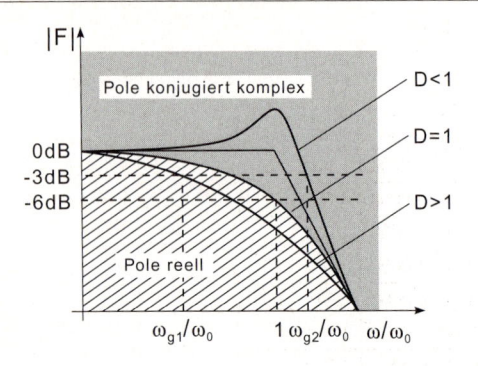

Abbildung 8.123: Frequenzgang eines Tiefpasses 2. Ordnung mit konjugiert komplexen und reellen Polen

Tschebyscheff: Der Amplitudengang hat im Durchlaßbereich eine definierte Welligkeit (Resonanzüberhöhung). Dadurch wird der Abfall oberhalb der Grenzfrequenz besonders steil.
Kritische Dämpfung: Filter mit reellen Polen. Alle Pole haben den gleichen Wert. Das Filter hat keinerlei Resonanzüberhöhung.

• Filter gleicher Ordnung und gleicher Grenzfrequenz, aber mit verschiedenen Charakteristiken unterscheiden sich nur durch ihre Koeffizienten a_i und b_i. Das bedeutet, daß Filter unterschiedlicher Charakteristik sich durch gleiche Schaltungen mit unterschiedlicher Dimensionierung der Bauelemente realisieren lassen.

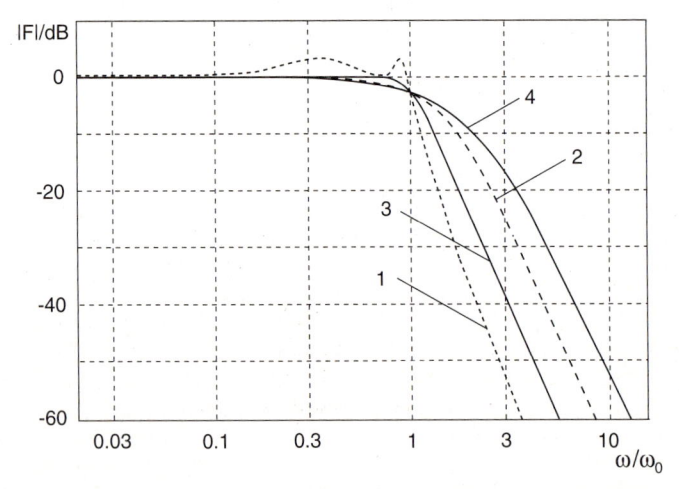

Abbildung 8.124: Tiefpässe 4. Ordnung im Vergleich 1. Tschebyscheff, 2. Butterworth, 3. Bessel, 4. Filter mit kritischer Dämpfung

Die Koeffizienten für verschiedene Filtercharakteristiken sind in den Tabellen 8.1 bis 8.4 bis zur 6. Ordnung wiedergegeben, die Amplitudengänge der entsprechenden Übertragungsfunktionen in den Abbildungen 8.125 bis 8.128. Die fünfte und sechste Tabellenspalte geben die normierte Grenzfrequenz der Einzelfilter und deren Güte wieder. Diese Angaben dienen zur meßtechnischen Kontrolle der Einzelfilter.

Butterworth:

Tabelle 8.1: Butterworth-Filter

Ordnung n	i	a_i	b_i	f_{gi}/f_g	Q_i
1	1	1,0000	0,0000	1,000	–
2	1	1,4142	1,0000	1,000	0,71
3	1	1,0000	0,0000	1,000	–
	2	1,0000	1,0000	1,272	1,00
4	1	1,8478	1,0000	0,719	0,54
	2	0,7654	1,0000	1,390	1,31
5	1	1,0000	0,0000	1,000	–
	2	1,6180	1,0000	0,859	0,62
	3	0,6180	1,0000	1,448	1,62
6	1	1,9319	1,0000	0,676	0,52
	2	1,4142	1,0000	1,000	0,71
	3	0,5176	1,0000	1,479	1,93

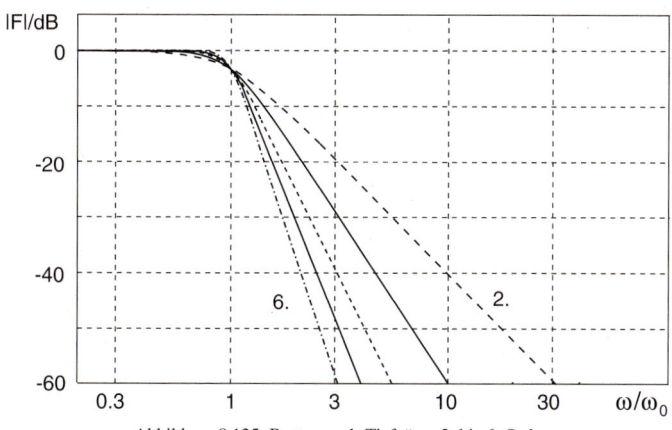

Abbildung 8.125: Butterworth-Tiefpässe 2. bis 6. Ordnung

Bessel:

Tabelle 8.2: Bessel-Filter

Ordnung n	i	a_i	b_i	f_{gi}/f_g	Q_i
1	1	1,0000	0,0000	1,000	–
2	1	1,3617	0,6180	1,000	0,58
3	1	0,7560	0,0000	1,323	–
	2	0,9996	0,4772	1,414	0,69
4	1	1,3397	0,4889	0,978	0,52
	2	0,7743	0,3890	1,797	0,81
5	1	0,6656	0,0000	1,502	–
	2	1,1402	0,4128	1,184	0,56
	3	0,6216	0,3245	2,138	0,92
6	1	1,2217	0,3887	1,063	0,51
	2	0,9686	0,3505	1,431	0,61
	3	0,5131	0,2756	2,447	1,02

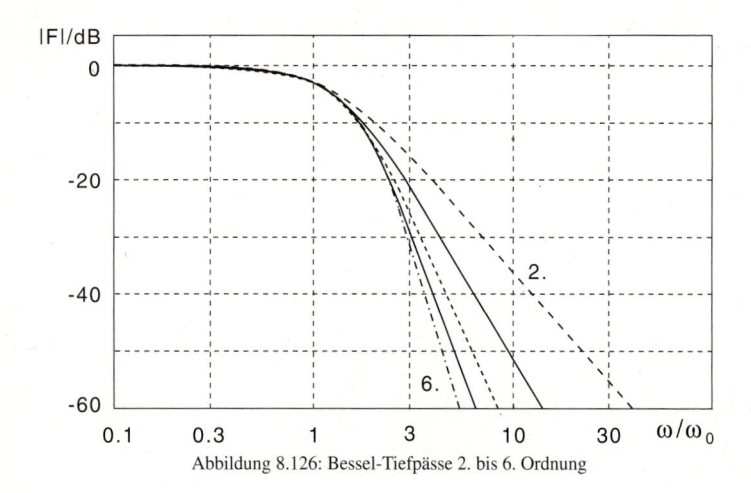

Abbildung 8.126: Bessel-Tiefpässe 2. bis 6. Ordnung

Tschebyscheff mit 0.5 dB Welligkeit:

Tabelle 8.3: Tschebyscheff-Filter mit 0.5 dB Welligkeit

Ordnung n	i	a_i	b_i	f_{gi}/f_g	Q_i
1	1	1,0000	0,0000	1,0000	–
2	1	1,3614	1,3827	1,0000	0,86
3	1	1,8636	0,0000	0,537	–
	2	0,6402	1,1931	1,335	1,71
4	1	2,6282	3,4341	0,538	0,71
	2	0,3648	1,1509	1,419	2,94
5	1	2,9235	0,0000	0,342	–
	2	1,3025	2,3534	0,881	1,18
	3	0,2290	1,0833	1,480	4,54
6	1	3,8645	6,9797	0,366	0,68
	2	0,7528	1,8573	1,078	1,81
	3	0,1589	1,0711	1,495	6,51

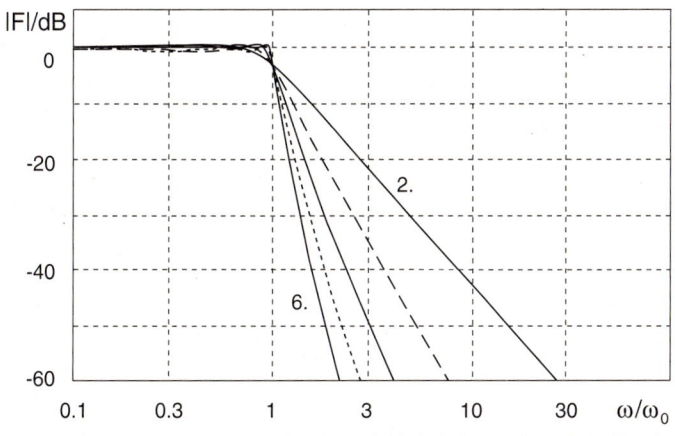

Abbildung 8.127: Tschebyscheff-Tiefpässe 2. bis 6. Ordnung mit 0.5 dB Welligkeit

Tschebyscheff mit 3 dB Welligkeit:

Tabelle 8.4: Tschebyscheff-Filter mit 3 dB Welligkeit

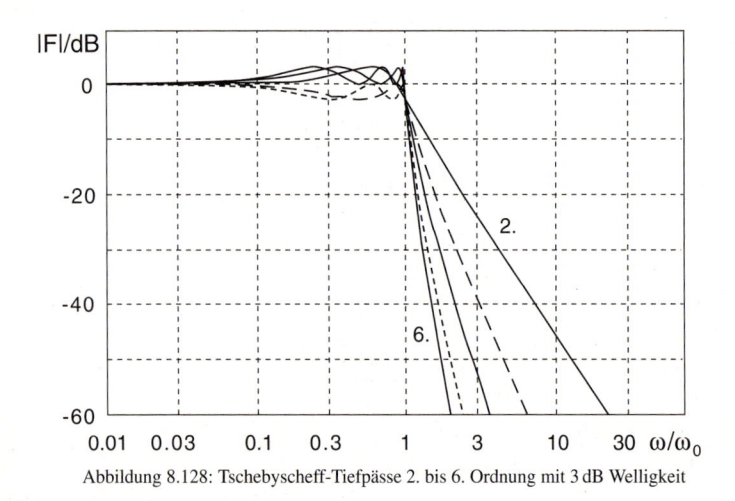

Ordnung n	i	a_i	b_i	f_{gi}/f_g	Q_i
1	1	1,0000	0,0000	1,000	–
2	1	1,0650	1,9305	1,000	1,30
3	1	3,3496	0,0000	0,299	–
	2	0,3559	1,1923	1,396	3,07
4	1	2,1853	5,5339	0,557	1,08
	2	0,1964	1,2009	1,410	5,58
5	1	5,6334	0,0000	0,178	–
	2	0,7620	2,6530	0,917	2,14
	3	0,1172	1,0686	1,500	8,82
6	1	3,2721	11,6773	0,379	1,04
	2	0,4077	1,9873	1,086	3,46
	3	0,0815	1,0861	1,489	12,78

Abbildung 8.128: Tschebyscheff-Tiefpässe 2. bis 6. Ordnung mit 3 dB Welligkeit

8.7.1.2 Berechnung von Tiefpässen

Die Berechnung eines Tiefpasses verläuft in folgenden Schritten:
- Wahl des Filtertyps, der Grenzfrequenz und der Ordnung.
- Wahl einer Filterschaltung (siehe auch 8.7.1.3).

8.7 Aktive Filter

- Berechnung der Übertragungsfunktion $F(s)$ und Normierung mit $S = s/\omega_g$.
- Umformung der normierten Übertragungsfunktion anhand der Gleichung (8.153).
- Bestimmung der Bauteilwerte mittels Koeffizientenvergleich mit den Koeffizienten a_i und b_i (hierdurch wird die Zahl der Gleichungen kleiner als die Zahl der Variablen, so daß einige Bauteile frei wählbar sind).
- Sollten für einige Bauteile ungünstige Werte herauskommen, können die Werte umgerechnet werden, ohne die gesamte Berechnung neu durchzuführen:

Eine Änderung von C in C' ändert R und L in: $R' = R\dfrac{C}{C'}$ und $L' = L\dfrac{C}{C'}$

Eine Änderung von R in R' ändert C und L in: $C' = C\dfrac{R}{R'}$ und $L' = L\dfrac{R'}{R}$

Eine Änderung von L in L' ändert R und C in: $C' = C\dfrac{L}{L'}$ und $R' = R\dfrac{L'}{L}$

- Die fünfte und sechste Tabellenspalte f_{gi}/f_g und Q_i sind eine Hilfe, um die Einzelfilter 2. oder 1. Ordnung meßtechnisch zu überprüfen.

BEISPIEL: Berechnung eines Tschebyscheff-Tiefpaß mit 3 dB Welligkeit 3. Ordnung für die Grenzfrequenz $f_g = 10\,\text{kHz}$.
Zur Realisierung wurde die Schaltung nach Abbildung 8.129 ausgewählt

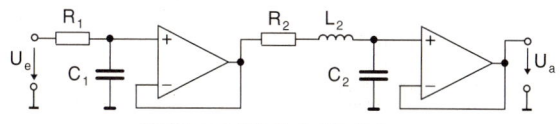

Abbildung 8.129: Tiefpaß 3. Ordnung

Die Übertragungsfunktion der Schaltung lautet:

$$F(s) = \frac{1}{1 + R_1 C_1 s} \cdot \frac{1}{1 + R_2 C_2 s + L_2 C_2 s^2}$$

mit $S = s/w_g$:

$$F(S) = \frac{1}{1 + \underbrace{\omega_g R_1 C_1}_{a_1} S} \cdot \frac{1}{1 + \underbrace{\omega_g R_2 C_2}_{a_2} S + \underbrace{\omega_g^2 L_2 C_2}_{b_2} S^2}$$

Aus der Tabelle 8.4 wird entnommen:
$a_1 = 3,3496, \quad b_1 = 0,0000, \quad a_2 = 0,3559, \quad b_2 = 1,1923$.

C_1 und C_2 werden vorab gewählt: $C_1 = 10\,\text{nF}$ und $C_2 = 10\,\text{nF}$. Daraus folgt für R_1, R_2 und L_2:

$$R_1 = \frac{a_1}{\omega_g \cdot C_1} = \frac{3.3496}{2\pi \cdot 10\,\text{kHz} \cdot 10\,\text{nF}} = 5{,}334\,\text{k}\Omega$$

$$R_2 = \frac{a_2}{\omega_g \cdot C_2} = \frac{0.3559}{2\pi \cdot 10\,\text{kHz} \cdot 10\,\text{nF}} = 567\,\Omega$$

$$L_2 = \frac{b_2}{\omega_g^2 \cdot C_2} = \frac{1.1923}{(2\pi)^2 \cdot 100 \cdot 10^6\,\text{Hz}^2 \cdot 10\,\text{nF}} = 30\,\text{mH}$$

8.7.1.3 Tiefpaß-Schaltungen

Nichtinvertierender Tiefpaß 1. Ordnung

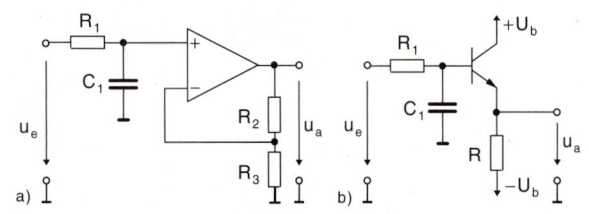

Abbildung 8.130: Nichtinvertierender Tiefpaß 1. Ordnung a) mit Operationsverstärker und b) mit Emitterfolger als Impedanzwandler

Die Übertragungsfunktion lautet:

$$F(S) = \frac{F_0}{1+aS} = \frac{1+R_2/R_3}{1+\underbrace{\omega_g R_1 C_1}_{a} S} \tag{8.154}$$

Invertierender Tiefpaß 1. Ordnung

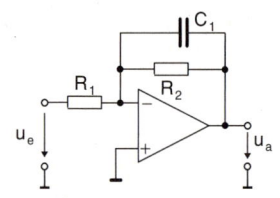

Abbildung 8.131: Invertierender Tiefpaß 1. Ordnung

Die Übertragungsfunktion lautet:

$$F(S) = \frac{F_0}{1+aS} = \frac{-R_2/R_1}{1+\underbrace{\omega_g R_2 C_1}_{a} S} \tag{8.155}$$

Invertierender Tiefpaß 2. Ordnung

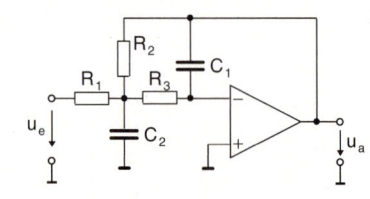

Abbildung 8.132: Invertierender Tiefpaß 2. Ordnung

Die Übertragungsfunktion lautet:

$$F(S) = \frac{F_0}{1+aS+bS^2} = \frac{-R_2/R_1}{1+\underbrace{\omega_g C_1(R_2+R_3+R_2R_3/R_1)}_{a}S+\underbrace{\omega_g^2 C_1 C_2 R_2 R_3}_{b}S^2} \qquad (8.156)$$

Man wählt C_1 und C_2 vorab. Dann wird:

$$R_2 = \frac{aC_2 - \sqrt{a^2 C_2^2 - 4C_1 C_2 b(1-F_0)}}{2\omega_g C_1 C_2}; \qquad R_1 = \frac{-R_2}{F_0}; \qquad R_3 = \frac{b}{\omega_g^2 C_1 C_2 R_2}$$

Damit sich ein reeller Wert für R_2 ergibt, muß gelten:

$$\frac{C_2}{C_1} \geq \frac{4b(1-F_0)}{a^2}$$

Nichtinvertierender Tiefpaß 2. Ordnung

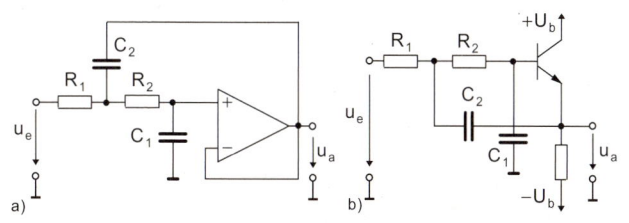

Abbildung 8.133: Nichtinvertierender Tiefpaß 2. Ordnung a) mit Operationsverstärker und b) mit Emitterfolger als Impedanzwandler

Die Übertragungsfunktion lautet:

$$F(S) = \frac{F_0}{1+aS+bS^2} = \frac{1}{1+\underbrace{\omega_g C_1(R_1+R_2)}_{a}S+\underbrace{\omega_g^2 C_1 C_2 R_1 R_2}_{b}S^2} \qquad (8.157)$$

Man wählt C_1 und C_2 vorab. Dann wird:

$$R_2, R_1 = \frac{aC_2 \pm \sqrt{a^2 C_2^2 - 4bC_1 C_2}}{2\omega_g C_1 C_2}$$

Damit sich ein reeller Wert für R_2 ergibt, muß gelten:

$$\frac{C_2}{C_1} \geq \frac{4b}{a^2}$$

8.7.2 Hochpässe

8.7.2.1 Theorie der Hochpässe

Siehe hierzu auch Abschnitt 8.7.1.1: Theorie der Tiefpässe.

Die allgemeine Übertragungsfunktion eines Hochpasses n-ter Ordnung lautet:

$$F(S) = \frac{F_\infty}{\left(1 + \dfrac{a_1}{S} + \dfrac{b_1}{S^2}\right) \cdot \left(1 + \dfrac{a_2}{S} + \dfrac{b_2}{S^2}\right) \cdot \ldots \cdot \left(1 + \dfrac{a_n}{S} + \dfrac{b_n}{S^2}\right)} \qquad (8.158)$$

Man unterscheidet – wie bei den Tiefpässen – im wesentlichen zwischen Tschebyscheff-, Butterworth- und Besselhochpässen. Für die Koeffizienten a_i und b_i gelten ebenfalls die Tabellen 5.1 bis 5.4. Der Wert F_∞ gibt die Verstärkung für sehr hohe Frequenzen ($f \to \infty$) an.

8.7.2.2 Hochpaß-Schaltungen

Nichtinvertierender Hochpaß 1. Ordnung

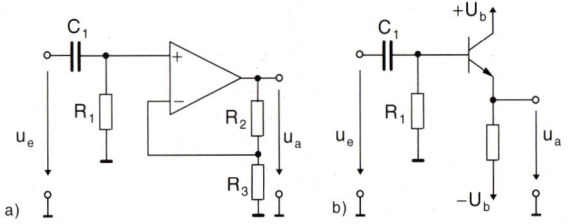

Abbildung 8.134: Nichtinvertierender Hochpaß 1. Ordnung a) mit Operationsverstärker und b) mit Emitterfolger als Impedanzwandler

Die Übertragungsfunktion lautet:

$$F(S) = \frac{F_\infty}{1 + \dfrac{a}{S}} = \frac{1 + \dfrac{R_2}{R_3}}{1 + \dfrac{1}{\omega_g R_1 C_1} \cdot \dfrac{1}{S}}, \qquad a = \frac{1}{\omega_g R_1 C_1} \qquad (8.159)$$

Invertierender Hochpaß 1. Ordnung

Die Übertragungsfunktion lautet:

$$F(S) = \frac{F_\infty}{1 + \dfrac{a}{S}} = \frac{-\dfrac{R_2}{R_1}}{1 + \dfrac{1}{\omega_g R_1 C_1} \cdot \dfrac{1}{S}}, \qquad a = \frac{1}{\omega_g R_1 C_1} \qquad (8.160)$$

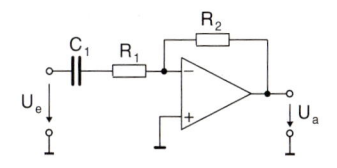

Abbildung 8.135: Invertierender Hochpaß 1. Ordnung

Nichtinvertierender Hochpaß 2. Ordnung

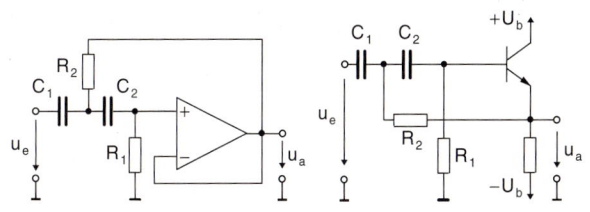

Abbildung 8.136: Nichtinvertierender Hochpaß 2. Ordnung

Die Übertragungsfunktion lautet:

$$F(S) = \frac{F_\infty}{1 + \dfrac{a}{S} + \dfrac{b}{S^2}} = \frac{-\dfrac{R_2}{R_1}}{1 + \dfrac{C_1 + C_2}{\omega_g R_1 C_1 C_2} \cdot \dfrac{1}{S} + \dfrac{1}{\omega_g^2 R_1 R_2 C_1 C_2} \dfrac{1}{S^2}} \quad (8.161)$$

mit $\quad a = \dfrac{1}{\omega_g R_1 C_1 C_2}, \quad b = \dfrac{1}{\omega_g^2 R_1 R_2 C_1 C_2}$

Man wählt $C_1 = C_2 = C$, dann ist:

$$R_1 = \frac{2}{a \cdot \omega_g C} \quad \text{und} \quad R_2 = \frac{a}{2b \cdot \omega_g C}$$

8.7.3 Bandpässe

8.7.3.1 Bandpässe 2. Ordnung

Die Übertragungsfunktion eines Bandpasses 2. Ordnung sei anhand eines LRC-Bandpasses (siehe Abb. 8.137) erläutert:

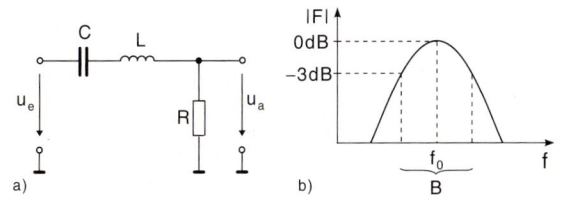

Abbildung 8.137: LRC-Bandpaß 2. Ordnung a) Schaltung, b) Amplitudengang

- Der Amplitudengang $|F(f)|$ hat in der Resonanzfrequenz f_0 den Wert Eins.
- Die **Mittenfrequenz** des Bandpasses ist die Resonanzfrequenz f_0.
- Die **Bandbreite B** ist der Frequenzbereich oberhalb der $-3\,\text{dB}$-Grenze.

Die Übertragungsfunktion des Bandpasses nach Abbildung 8.137 lautet:

$$F(s) = \frac{sRC}{1 + s\underbrace{RC}_{2D/\omega_0} + s^2\underbrace{LC}_{1/\omega_0^2}} \tag{8.162}$$

D ist der Dämpfungsgrad, ω_0 die Resonanzkreisfrequenz, siehe auch Abschnitt 1.2.6.1. Ersetzt man den Dämpfungsgrad D durch die Bandbreite B und die Resonanzkreisfrequenz ω_0 durch die Resonanzfrequenz f_0, so erhält man mit

$$B = 2D\frac{\omega_0}{2\pi} \quad \text{und} \quad f_0 = \frac{\omega_0}{2\pi}$$

eine allgemeine Gleichung für einen Bandpaß 2. Ordnung:

$$F(s) = \frac{F_0 \cdot s\dfrac{B}{2\pi f_0^2}}{1 + sB/2\pi f_0^2 + s^2 1/(2\pi f_0)^2} \tag{8.163}$$

Der Faktor F_0 berücksichtigt in diesem allgemeinen Fall eine frequenzunabhängige Verstärkung, so daß die Übertragungsfunktion in der Resonanzfrequenz nicht zwingend den Wert Eins annehmen muß.

● Die Mittenfrequenz und die Bandbreite eines jeden Bandpasses 2. Ordnung lassen sich mittels Koeffizientenvergleich mit dieser allgemeinen Übertragungsfunktion bestimmen.

BEISPIEL: Für den oben angegebenen LCR-Bandpaß gilt dann:

$$RC = \frac{B}{2\pi f_0^2} \quad \text{und} \quad LC = \frac{1}{(2\pi f_0)^2}$$

und daraus folgt

$$f_0 = \frac{1}{2\pi\sqrt{LC}} \quad \text{und} \quad B = \frac{1}{2\pi} \cdot \frac{R}{L}$$

8.7.3.2 Bandpaß-Schaltung 2. Ordnung

Die Übertragungsfunktion für den Bandpaß in Abbildung 8.138 lautet:

$$F(s) = \frac{s \cdot k \cdot RC}{1 + s\underbrace{RC(3-k)}_{B/2\pi f_0^2} + s^2 \underbrace{R^2 C^2}_{1/(2\pi f_0)^2}} \quad \text{mit} \quad k = 1 + \frac{R_1}{R_2} \tag{8.164}$$

Resonanzfrequenz: $\quad f_0 = \dfrac{1}{2\pi RC}$

Bandbreite: $\quad B = \dfrac{3-k}{2\pi RC}$

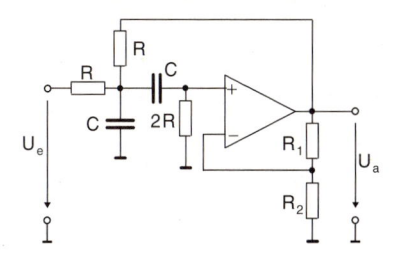

Abbildung 8.138: Bandpaß 2. Ordnung

Die Resonanzfrequenz und die Bandbreite lassen sich unabhängig voneinander wählen. Die Verstärkung ist in der Resonanzfrequenz *nicht* gleich Eins. Sie beträgt $|F(f_0)| = \dfrac{k}{3-k}$.

Um die Verstärkung frei wählen zu können, muß ein entsprechender Verstärker nachgeschaltet werden.

8.7.3.3 Bandpässe 4. und höherer Ordnung

Bandpässe 4. Ordnung

Bandpässe 4. Ordnung haben 40 dB/Dekade Flankensteilheit. Sie können realisiert werden, indem zwei Bandfilter 2. Ordnung, deren Mittenfrequenz gegeneinander verstimmt ist, in Kette geschaltet werden. Die Bandbreite $B = (1/2)\sqrt{2}f_0$ ergibt einen maximal flachen Verlauf des Durchlaßbereiches. Die Verstärkung im Durchlaßbereich sinkt proportional zur Verstimmung der Resonanzfrequenzen.

Bandpässe höherer Ordnung mit großer Bandbreite

Bandpässe höherer Ordnung mit großer Bandbreite können realisiert werden, indem ein Tief- und ein Hochpaß gleicher Charakteristik in Kette geschaltet werden. Die Flankensteilheit des Bandpasses ist gleich der Flankensteilheit des Hoch- und des Tiefpasses. Die angestrebte Filtercharakteristik stimmt um so genauer, je größer die Bandbreite ist. Bei Butterworth und Bessel-Filtern ist dies näherungsweise der Fall, wenn die Grenzfrequenzen von Hoch- und Tiefpaß um eine Zehnerpotenz auseinander liegen. Bei Tschebyscheff-Filtern muß die Bandbreite um so größer sein, je höher die Ordnung gewählt wird (siehe die Abbildungen 8.127 und 8.128).

8.7.4 Universalfilter

Ein Filter kann mittels rückgekoppelter Integratoren realisiert werden (siehe Abb. 8.139).

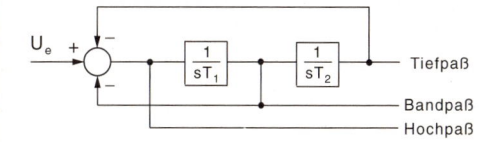

Abbildung 8.139: Blockschaltbild eines Universalfilters

Die Schaltung nach Abbildung 8.139 kann an drei Ausgängen abgegriffen werden, je nachdem, ob Hochpaß-, Tiefpaß- oder Bandpaßverhalten gewünscht ist. Die jeweiligen Übertragungsfunktionen lauten:

Tiefpaß:

$$F_{TP} = \frac{1}{1 + sT_2 + s^2 T_1 T_2} = \frac{1}{1 + \underbrace{\omega_g T_2}_{a} S + \underbrace{\omega_g^2 T_1 T_2}_{b} S^2} \qquad (8.165)$$

Bandpaß:

$$F_{BP} = \frac{sT_2}{1 + s\underbrace{T_2}_{B/2\pi f_0^2} + s^2 \underbrace{T_1 T_2}_{1/(2\pi f_0)^2}}; \qquad f_0 = \frac{1}{2\pi\sqrt{T_1 T_2}}; \qquad B = \frac{1}{2\pi T_1} \qquad (8.166)$$

Hochpaß:

$$F_{HP} = \frac{1}{1 + \frac{1}{T_1} \cdot \frac{1}{s} + \frac{1}{T_1 T_2} \cdot \frac{1}{s^2}} = \frac{1}{1 + \underbrace{\frac{1}{\omega_g T_1}}_{a} \cdot \frac{1}{S} + \underbrace{\frac{1}{\omega_g^2 T_1 T_2}}_{b} \cdot \frac{1}{S^2}} \qquad (8.167)$$

8.7.5 Filter mit geschalteten Kapazitäten[*]

In Abschnitt 8.7.4 wurde gezeigt, daß ein aktives Filter mittels rückgekoppelter Integratoren realisiert werden kann. Abbildung 8.140 zeigt einen Integrator, der mittels einer geschalteten Kapazität aufgebaut ist.

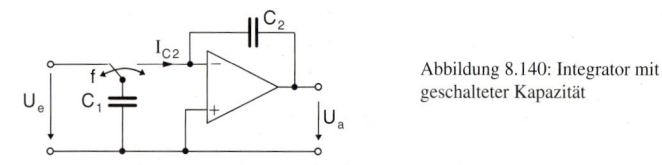

Abbildung 8.140: Integrator mit geschalteter Kapazität

Der Kondensator C_1 wird im Takt der Schaltfrequenz f ge- und entladen. Der mittlere Integrationsstrom ist proportional zur Schaltfrequenz f. Die Integratorzeitkonstante T kann über die Schaltfrequenz f gesteuert werden. Baut man aus derartigen Integratoren ein Universalfilter auf, so kann die Grenzfrequenz als auch die Filtercharakteristik über Frequenzen gesteuert und verändert werden.

Die Ausgangsspannung beträgt:

$$U_a = -\frac{1}{C_2} \int \bar{i}_{C2}\, dt$$

Mit $\bar{i}_{C2} = f \cdot Q = f \cdot U_e \cdot C_1$ wird

$$\boxed{F(s) = -\frac{C_1}{C_2} f \cdot \frac{1}{s}} \qquad (8.168)$$

Die Integratorzeitkonstante beträgt: $T = \dfrac{C_2}{f \cdot C_1}$

---
[*] FILTER MIT GESCHALTETEN KAPAZITÄTEN: *switched-capacity filter*

8.8 Oszillatoren*

Rückgekoppelte Systeme sind schwingungsfähig, wenn die Schleifenverstärkung

$$\underline{k} \cdot \underline{V} \geq 1 \quad \text{(Schwingbedingung)} \tag{8.169}$$

ist (siehe auch 8.5.4). Eine eigenständige Schwingung entsteht genau in der Frequenz, in der die Phasendrehung für einen Schleifenumlauf

$$(\varphi_k + \varphi_V) = 0, 2\pi, 4\pi, \ldots \quad \text{(Phasenbedingung)} \tag{8.170}$$

und der Betrag der Schleifenverstärkung

$$|\underline{k}| \cdot |\underline{V}| \geq 1 \quad \text{(Amplitudenbedingung)} \tag{8.171}$$

ist.

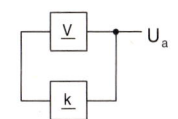

Abbildung 8.141: Rückgekoppeltes System

- In rückgekoppelten Systemen entsteht eine eigenständige Schwingung, wenn die Phasendrehung 0° oder Mehrfache von 360° beträgt und die Schleifenverstärkung größer als Eins ist.

- Oszillatoren schwingen mit exponentiell ansteigender Amplitude an, wenn die Phasenbedingung erfüllt und die Kreisverstärkung *größer* als Eins ist. Die Schwingungsamplitude bleibt konstant, wenn die Kreisverstärkung *gleich* Eins ist.

Um die Schwingbedingung in einer definierten Frequenz zu erfüllen, setzt man frequenzabhängige Netzwerke in das rückgekoppelte System ein. Diese bewirken, daß insbesondere die Phasenbedingung nur in *einer* Frequenz erfüllt ist. Derartige Netzwerke können RC-Glieder, Schwingkreise oder Quarze sein.

BEISPIEL: Die Schleifenverstärkung der Schaltung nach Abbildung 8.142 beträgt:

$$\underline{k} \cdot \underline{V} = \frac{\underline{U}_1}{\underline{U}_a} \frac{\underline{U}_a}{\underline{U}_1} = \underbrace{\frac{R_1}{R_1 + R + j(\omega L - 1/\omega C)}}_{\underline{k}} \cdot V \tag{8.172}$$

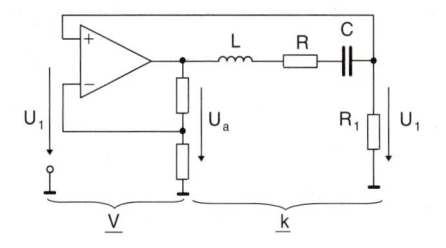

Abbildung 8.142: Einfacher Oszillator mit Serienschwingkreis

---

* OSZILLATOR: *oscillator*

Die *Phasenbedingung* wird erfüllt, wenn der Imaginärteil von $\underline{k}$ gleich Null wird. Dies ist in der Resonanzfrequenz $\omega_0 = \sqrt{1/LC}$ erfüllt. Die *Amplitudenbedingung* wird erfüllt, wenn $VR_1/(R_1+R) \geqq 1$ ist, d. h. die Verstärkung des Elektrometerverstärkers größer als $(R+R_1)/R_1$ gewählt wird.

Abbildung 8.143 zeigt den Oszillator aus Abbildung 8.142 mit Amplitudenstabilisierung. Der pn-FET wird mit wachsender Amplitude hochohmiger und nimmt dadurch die Verstärkung des Elektrometerverstärkers zurück, bis die Kreisverstärkung Eins ist.

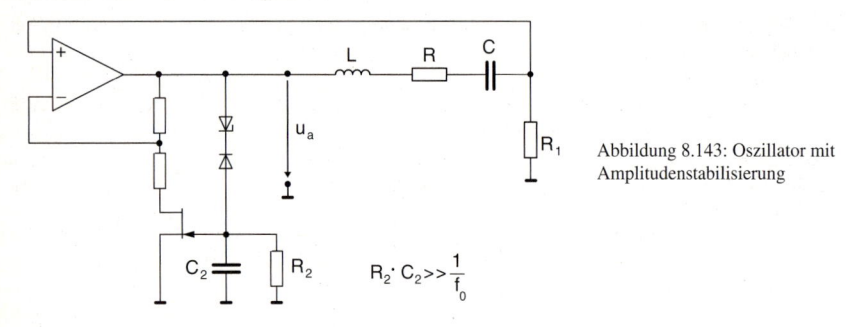

Abbildung 8.143: Oszillator mit Amplitudenstabilisierung

8.8.1 RC-Oszillatoren

8.8.1.1 Phasenschieberoszillator

Das Phasenschiebernetzwerk $\underline{k}$ dreht die Phase maximal um 270°. Bereits bei $\varphi_k = -180°$ ist die Phasenbedingung erfüllt, weil weitere 180° Phasendrehung durch den invertierenden Verstärker entstehen (Abb. 8.144).

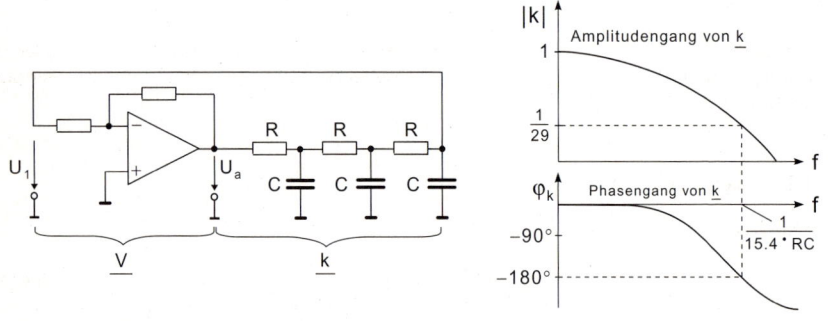

Abbildung 8.144: Phasenschieberoszillator

Die Phasenbedingung ist erfüllt in

$$f_0 = \frac{1}{2\pi RC\sqrt{6}} = \frac{1}{15.4 \cdot RC} \tag{8.173}$$

die Amplitudenbedingung ist erfüllt für

$$|V| \geqq 29 \tag{8.174}$$

(siehe Bode-Diagramm in Abbildung 8.144).

8.8.1.2 Wien-Robinson-Oszillator, Wienbrückenoszillator*

Das Rückkopplungsnetzwerk des Wien-Robinson-Oszillators ist ein Wien-Robinson-Bandpaß. Die Übertragungsfunktion der Schleifenverstärkung lautet:

$$\underline{k} \cdot \underline{V} = \frac{1}{3 + \mathrm{j}(\omega RC - 1/\omega RC)} \cdot V \tag{8.175}$$

Die *Phasenbedingung* ist erfüllt, wenn der Imaginärteil der Schleifenverstärkung Null ist, d. h. in $\omega = 1/RC$. Die Verstärkung des Rückkopplungsnetzwerkes beträgt dann ein Drittel. Die *Amplitudenbedingung* ist erfüllt, wenn $V \geqq 3$ ist.

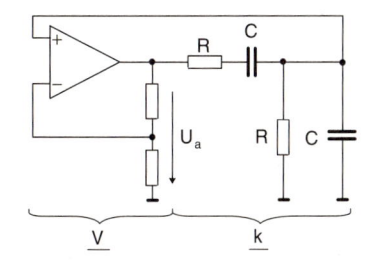

Abbildung 8.145: Wien-Robinson-Oszillator

Eine Amplitudenstabilisierung des Wien-Robinson-Oszillators ist wie in Abb. 8.143 möglich.

8.8.2 LC-Oszillatoren

LC-Oszillatoren haben einen Schwingkreis als frequenzbestimmendes Glied. Dies kann ein Serien- oder Parallelschwingkreis sein. Sie haben eine größere Frequenzstabilität als RC-Oszillatoren, weil die Phasenänderung im Resonanzbereich sehr groß ist.

8.8.2.1 Meißner-Oszillator*

Die Schleifenverstärkung beträgt:

$$\underline{k} \cdot \underline{V} = \frac{1}{1/R_\mathrm{P} + \mathrm{j}(\omega C - 1/\omega L)} \cdot \ddot{u} \frac{\beta}{r_\mathrm{BE}} \tag{8.176}$$

Der Widerstand R_P verkörpert die Schwingkreisdämpfung. Der Ersatzwiderstand r_BE ist die Eingangsimpedanz der Emitterschaltung und kann berechnet werden mit $r_\mathrm{BE} \approx U_\mathrm{T}/I_\mathrm{B} \approx U_\mathrm{T} \cdot (B/I_\mathrm{C})$ (Temperaturspannung geteilt durch den Basisgleichstrom).

---

* WIEN-ROBINSON-OSZILLATOR: *Wien-bridge oscillator*
* MEISSNER-OSZILLATOR: *Meissner oscillator*

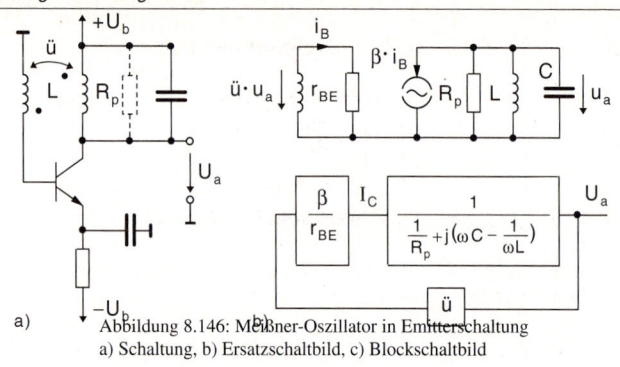

Abbildung 8.146: Meißner-Oszillator in Emitterschaltung
a) Schaltung, b) Ersatzschaltbild, c) Blockschaltbild

Die *Phasenbedingung* ist erfüllt, wenn $\omega = 1/\sqrt{LC}$, d. h. in der Resonanzfrequenz des Schwingkreises.

Die *Amplitudenbedingung* ist erfüllt, wenn $ü \geq \dfrac{r_{BE}}{\beta R_P}$ ist.

- Das Übersetzungsverhältnis kann sehr klein gewählt werden, die Basiswicklung benötigt in der Praxis nur eine oder wenige Windungen.

8.8.2.2 Hartley-Oszillator (Induktiver Dreipunkt-Oszillator)

Der HARTLEY-Oszillator hat eine Rückkopplung über einen induktiven Spannungsteiler. Die *Phasenbedingung* ist in der Resonanzfrequenz des Schwingkreises erfüllt. Die *Amplitudenbedingung* ist für die Schaltung nach Abbildung 8.147a ungefähr erfüllt bei $L_1 \geq \dfrac{Lr_{BE}}{\beta R_P}$ bzw. in Windungen ausgedrückt: $N_1 \geq N\sqrt{\dfrac{r_{BE}}{\beta R_P}}$.

- In der Praxis genügen für N_1 eine oder wenige Windungen (r_{BE} und R_P siehe 8.8.2.1).

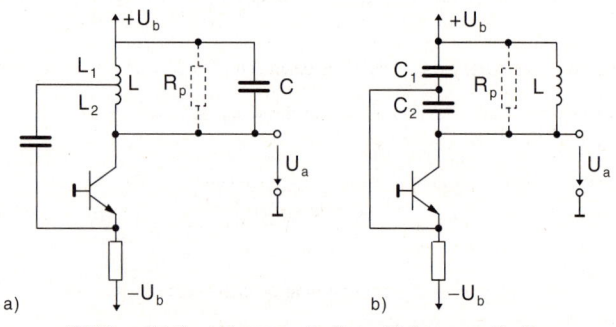

Abbildung 8.147: a) HARTLEY-Oszillator, b) COLPITTS-Oszillator

8.8.2.3 Colpitts-Oszillator (kapazitiver Dreipunktoszillator)

Der COLPITTS-Oszillator hat eine Rückkopplung über einen kapazitiven Spannungsteiler. Die *Phasenbedingung* ist in der Resonanzfrequenz des Schwingkreises erfüllt. Die *Amplitudenbedingung* ist für die Schaltung nach Abbildung 8.147b ungefähr erfüllt bei $C_1 \leqq C_2 \dfrac{\beta R_P}{r_{BE}}$.

- C_1 wird gegenüber C_2 sehr groß gewählt (r_{BE} und R_P siehe 8.8.2.1).

8.8.3 Quarz-Oszillatoren*

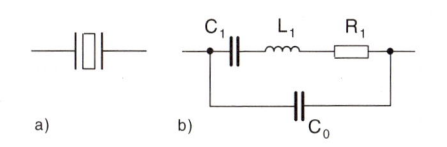

Abbildung 8.148: Quarz
a) Schaltsymbol, b) Ersatzschaltbild

Der Quarz ist ein Kristall. Er ist ein elektrisch anregbares, mechanisch schwingungsfähiges System. Er kann an seinen Anschlüssen durch ein elektrisches Ersatzschaltbild dargestellt werden. Die Größen L_1, C_1 und R_1 sind die elektrischen Ersatzgrößen für den mechanischen Schwinger, die Kapazität C_0 stellt die Kapazität zwischen den elektrischen Anschlüssen des Quarzes dar. Sie hängt wesentlich von den Zuleitungen bzw. vom Schaltungslayout ab. Typische Größen sind beispielsweise für einen 1 MHz-Quarz: $L_1 = 2{,}53\,\mathrm{H}$, $C_1 = 0{,}01\,\mathrm{pF}$, $R_1 = 50\,\Omega$, $C_0 = 5\,\mathrm{pF}$.

Bemerkenswert ist insbesondere, daß die Feder-Masse-Schwinger Güten erreicht, die mit elektrischen Schwingkreisen nicht erreichbar sind. Es werden Güten zwischen 10^6 und 10^{10} erreicht.

Die Ersatzschaltung nach Abbildung 8.148b weist eine Serien- und eine Parallelresonanz auf.

Die **Serienresonanz** liegt in $\quad \omega_{0S} = \dfrac{1}{\sqrt{L_1 C_1}}$

Die **Parallelresonanz** liegt in $\quad \omega_{0P} = \dfrac{1}{\sqrt{L_1 C_1}} \sqrt{1 + \dfrac{C_1}{C_0}}$

- Die Serienresonanz ist nur von den mechanischen Eigenschaften des Quarzes abhängig, diese sind eng tolerierbar, der Quarz ist sehr genau zu fertigen. Die Frequenzstabilität liegt im wesentlichen zwischen $\Delta f / f_0 = 10^{-4} \ldots 10^{-10}$.

- Die Serien- und Parallelresonanz liegen sehr nahe beieinander, da C_0 sehr viel größer ist als C_1.

Schaltet man dem Quarz eine Kapazität C_S in Reihe, ergibt sich eine Resonanzfrequenz, die zwischen der Serienresonanz ω_{0S} und der Parallelresonanz ω_{0P} liegt:

$$\omega_0 = \omega_{0S} \sqrt{1 + \frac{C_1}{C_0 + C_S}} \qquad (8.177)$$

Die Kapazität C_S ermöglicht eine hochpräzise Einstellung der Schwingfrequenz.

---
* QUARZ-OSZILLATOR: *crystal oscillator*

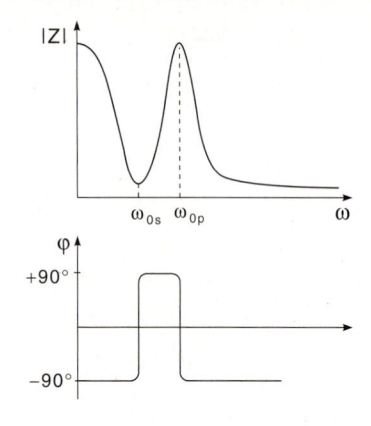

Abbildung 8.149: Frequenzgang der Quarzimpedanz

8.8.3.1 Pierce-Oszillator*

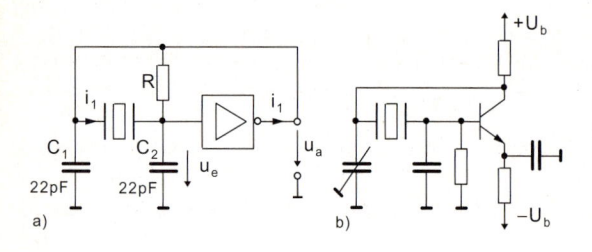

Abbildung 8.150: PIERCE-Oszillator a) mit CMOS-Inverter, b) mit Emitterstufe als Verstärker

Abbildung 8.150 a zeigt einen PIERCE-Oszillator mit einem CMOS-Inverter als Treiber. Diese Schaltung wird üblicherweise zur Takterzeugung von CMOS-Mikroprozessoren verwendet.

Der Oszillator arbeitet ähnlich der kapazitiven Dreipunktschaltung (COLPITTS). Über den Quarz und den Kapazitäten C_1 und C_2 entsteht ein Kreisstrom, wobei die Spannungen an den Kapazitäten gegenphasig sind. Dann gilt $u_a \approx -u_e$. Der Quarz ist in diesem Betrieb hochohmig induktiv und schwingt in der Nähe seiner Parallelresonanz. Die Phasenbedingung ist in diesem Fall erfüllt, denn weitere 180° erzeugt der Inverter. Die Amplitudenbedingung wird durch die sehr große Verstärkung des Inverters erfüllt. Die Schwingamplitude wird durch die Betriebsspannung begrenzt, so daß die Ausgangsspannung näherungsweise eine Rechteckspannung ist. Der Widerstand R stellt das Anschwingen der Schaltung sicher, er kann sehr hochohmig gewählt werden (10 MΩ).

8.8.3.2 Quarzoszillator mit TTL-Gattern

Der Quarz schwingt auf seiner Serienresonanz. Die TTL-Gatter werden als lineare Verstärker genutzt. Die Phasenbedingung ist erfüllt, wenn die Impedanz des Quarzes reell ist. Die Kreisverstärkung ist am größten, wenn der Betrag der Quarzimpedanz ein Minimum aufweist (Amplitudenbedingung).

---
* PIERCE-OSZILLATOR: *Pierce oscillator*

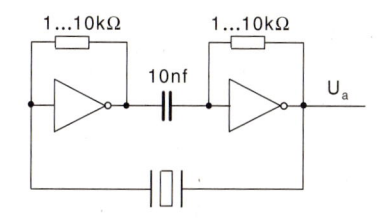

Abbildung 8.151: Quarzoszillator mit TTL-Gattern

8.8.4 Multivibratoren

Multivibratoren sind selbstschwingende, digitale Schaltungen. Der Rückkopplungsweg enthält eine Zeitverzögerung, die die Schwingfrequenz bestimmt. Eine Beschreibung der Multivibratoren mittels der Schwingbedingung ist unüblich.

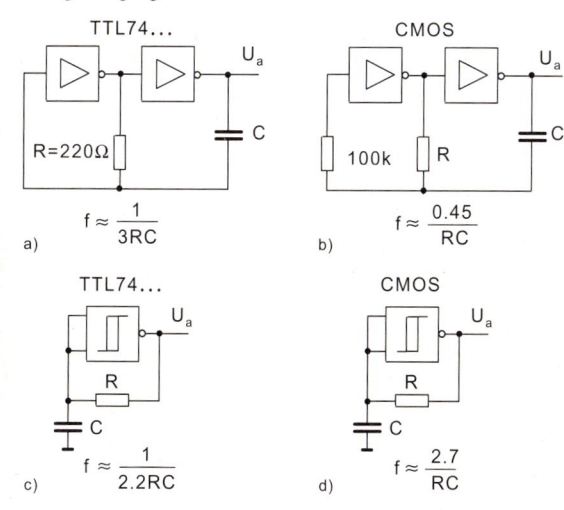

a) $f \approx \dfrac{1}{3RC}$

b) $f \approx \dfrac{0.45}{RC}$

c) $f \approx \dfrac{1}{2.2RC}$

d) $f \approx \dfrac{2.7}{RC}$

Abbildung 8.152: Multivibratoren, a) und b) mit Invertern, c) und d) mit Schmitt-Triggern

8.9 Erwärmung und Kühlung*

In elektronischen Schaltungen entsteht Verlustleistung, die in Form von Wärmeleistung an die Umgebung abgegeben werden muß. Die Verlustleistung ist in der Regel eingeprägt, beispielsweise durch die Wahl des Arbeitspunktes eines Transistors ($P_V = U_{CE}, I_C$). Die am Bauteil entstehende Temperatur hängt von der Geometrie des Aufbaus, von den wärmeleitenden Materialien und der Belüftung ab. Eine große Oberfläche und eine gute Belüftung begünstigt die Wärmeabgabe. Ein Aufbau mit kleiner Oberfläche und schlechter Belüftung führt zu höheren Temperaturen.

---

* ERWÄRMUNG: *heating-up*
* KÜHLUNG: *cooling*

Geeignete Mittel, die Bauteiltemperatur niedrig zu halten, sind **Kühlkörper**[*] und **Lüfter**[*]. Zwischen die Montageflächen von Halbleiter und Kühlkörper wird zur Verbesserung der Wärmeleitfähigkeit **Wärmeleitpaste**[*] aufgetragen.

8.9.1 Zuverlässigkeit[*] und Lebensdauer

Unter Zuverlässigkeit in der Elektronik versteht man die Eigenschaft eines Bauelements, über einen angemessenen Zeitraum fehlerfrei zu arbeiten. Um diese Eigenschaft zu quantifizieren, definiert man die **Ausfallrate**[*] λ:

$$\lambda = \frac{\text{Ausfälle}}{\text{Gesamtzahl} \cdot \text{Zeit}} = \frac{\Delta N}{N \cdot \Delta t}$$

ΔN: Anzahl der Ausfälle
N: Anzahl der Bauelemente
Δt: Testzeit

Die **Ausfallrate** gibt die mittlere Anzahl an Ausfällen pro Anzahl der eingesetzten Bauelemente und der Zeit an.

Die Ausfallrate wird in **fit**[*] angegeben, 1 fit$= 10^{-9} \frac{1}{\text{h}}$.

Neben der Ausfallrate definiert man die **mittlere Lebensdauer**[*], sie ist:

$$T_\text{m} = \frac{1}{\lambda}$$

Die mittlere Lebensdauer gibt die mittlere Zeit an, die vergeht, bis ein Ausfall eintritt. Liegt eine sehr große Anzahl gleicher Testbauelemente vor, so ist nach der Wahrscheinlichkeitsrechnung 63 % der Bauelemente nach Ablauf der Zeit T_m ausgefallen.

Für eine elektronische Baugruppe, die i verschiedene Bauelemente enthält, die jeweils mit der Anzahl n_i vertreten sind, und für die die jeweiligen Ausfallraten λ_i bekannt sind, ergibt sich die Ausfallrate λ_ges und die mittlere Lebensdauer $T_\text{m\,ges}$ der Baugruppe:

$$\lambda_\text{ges} = \sum_i n_i \cdot \lambda_i \quad \text{und} \quad T_\text{m\,ges} = \frac{1}{\lambda_\text{ges}}$$

Die Zuverlässigkeit, d. h., die Ausfallrate und die Lebensdauer von elektronischen Bauelementen hängt maßgeblich von der Temperatur ab.

---

[*] KÜHLKÖRPER: *heatsink*
[*] LÜFTER: *fan*
[*] WÄRMELEITPASTE: *thermal compound*
[*] ZUVERLÄSSIGKEIT: *reliability*
[*] AUSFALLRATE: *failure rate*
[*] FIT: *failure in time*
[*] MITTLERE LEBENSDAUER: *mean time between failure*, MTBF

Das ARRHENIUS-Gesetz stellt diesen Zusammenhang dar. Die **Ausfallrate*** λ beträgt:

$$\lambda = \frac{\text{Ausfälle}}{\text{Gesamtzahl} \cdot \text{Zeit}} = \frac{dN}{N \cdot dt} = e^{-\frac{V_a}{kT}} \tag{8.178}$$

mit N: Anzahl der Bauelemente
V_a: Aktivierungsenergie (eV), $1\,\text{eV} = 1{,}602 \cdot 10^{-19}\,\text{J}$
k: Boltzmann-Konstante, $1{,}38 \cdot 10^{-23}\,\text{J/K}$
T: Absolute Temperatur

● Die **Zuverlässigkeit** und **Lebensdauer** einer elektronischen Schaltung hängt maßgeblich von der Temperatur der Bauteile ab. Die Ausfallrate steigt exponentiell mit der Temperatur.

Die Aktivierungsenergie liegt zwischen 0.3 und 1.3 eV, ein typischer Wert ist 0.5 eV.

Ist für eine Temperatur T_1 die Ausfallrate λ_1 bekannt, so errechnet sich die Ausfallrate für die Temperatur T_2:

$$\lambda_2 = \lambda_1 e^{-\frac{V_a}{k}\left(\frac{1}{T_1} - \frac{1}{T_2}\right)} \tag{8.179}$$

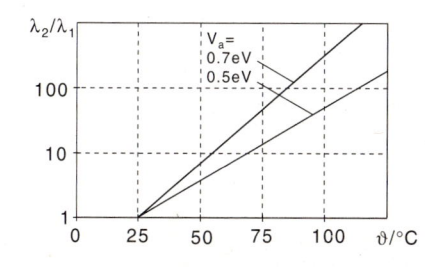

Abbildung 8.153: Typische Erhöhung der Ausfallrate in Abhängigkeit von der Temperatur für zwei verschiedene Aktivierungsenergien v_a

Die Abbildung 8.153 zeigt einen typischen Zusammenhang zwischen der Ausfallrate und der Bauelement-Temperatur. Ziel einer Kühlkörperberechnung kann es daher nicht sein, gerade unterhalb der in den Datenblättern angegebenen Temperaturgrenzwerten zu bleiben, sondern die Temperatur – wirtschaftlich vertretbar – so gering wie möglich zu halten.

● Die Temperatur einer elektronischen Baugruppe sollte – wirtschaftlich vertretbar – so gering wie möglich gehalten werden.

8.9.2 Temperaturberechnung

Der physikalische Vorgang der Wärmeabgabe wird mittels eines elektrischen Ersatzschaltbildes beschrieben und berechnet.

---

* AUSFALLRATE: *failure rate*

8.9.2.1 Wärmewiderstand*

Abbildung 8.154: Der Wärmewiderstand

Eine **Wärmeleistung** P, die einen bestimmten räumlichen Weg durchläuft, verursacht eine **Temperaturdifferenz** $\Delta\vartheta$. So ein Weg ist beispielsweise der Weg vom pn-Übergang, an dem die Wärmeleistung entsteht, bis zur Umgebung, an die die Leistung abgegeben wird. Die Geometrie, Materialeigenschaften und die Belüftung dieses Wärmeüberganges bestimmen dabei die Temperaturdifferenz.

● Man definiert in Analogie zum Ohmschen Gesetz den Wärmewiderstand R_{th} anstelle des ohmschen Widerstandes, die Wärmeleistung P anstelle des Stromes und die Temperaturdifferenz $\Delta\vartheta$ anstelle des Spannungsabfalles.

Das „ohmsche Gesetz" der Wärmeleitung lautet dann:

$$\Delta\vartheta = R_{th} \cdot P \tag{8.180}$$

● Der **Wärmewiderstand** R_{th} wird in $\dfrac{K}{W}$ (Kelvin pro Watt) angegeben.

Die Wärmewiderstände R_{th} sind für die einzelnen Wärmeübergänge in den entsprechenden Datenblättern angegeben, so beispielsweise der Wärmewiderstand R_{thJC} (JC: Junction-Case) im Transistordatenblatt oder der Wärmewiderstand eines Kühlkörpers in den Unterlagen eines Kühlkörperherstellers. Der Wärmewiderstand von Kühlkörpern wird ggf. für Zwangskühlung* und natürliche Konvektion* angegeben. Abbildung 8.155 zeigt die relative Änderung des Wärmewiderstandes bei Zwangskühlung in Abhängigkeit von der Anströmgeschwindigkeit.

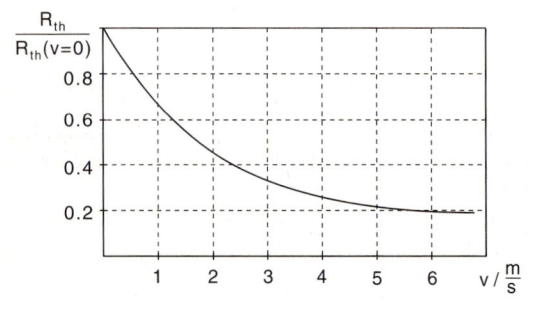

Abbildung 8.155: Relative Änderung des Wärmewiderstandes bei Zwangskühlung als Funktion der Anströmgeschwindigkeit

BEISPIEL: Die im pn-Übergang entstehende Leistung wird von diesem ans Gehäuse des Transistors abgegeben, von dort über die Isolation* (z. B. eine Glimmerscheibe* oder eine Aluminiumoxidscheibe*) an den Kühlkörper und von dort an die Umgebung. Jeder dieser Wärmeübergänge hat

---

* WÄRMEWIDERSTAND: *thermal resistance*
* ZWANGSKÜHLUNG: *forced convection*
* NATÜRLICHE KONVEKTION: *natural convection*
* ISOLATION: *insulation*
* GLIMMERSCHEIBE: *mica wafer*
* ALUMINIUMOXIDSCHEIBE: *aluminium oxyde wafer*

einen Wärmewiderstand. So der Wärmewiderstand zwischen pn-Übergang und Gehäuse R_{thJC} (JC: Junction-Case), der Wärmewiderstand der Isolation R_{thGl} und der Wärmewiderstand zwischen Kühlkörper und Umgebung R_{thK}. Das elektrische Ersatzschaltbild für den stationären Fall dieses Wärmeüberganges ist in Abbildung 8.157 angegeben.

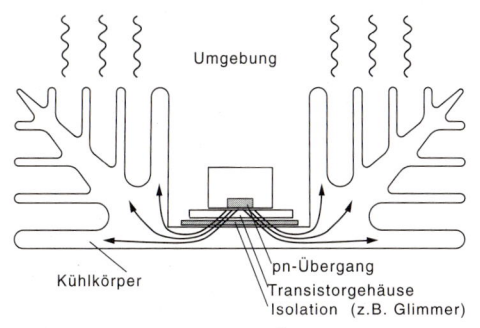

Abbildung 8.156: Wärmeübergang vom pn-Übergang eines Transistors zur Umgebung

Abbildung 8.157: Ersatzschaltbild für den stationären Wärmeübergang für den Aufbau der vorherigen Abbildung

Die Sperrschichttemperatur ϑ_J beträgt :

$$\vartheta_J = \Delta\vartheta_{JC} + \Delta\vartheta_{GL} + \Delta\vartheta_K + \vartheta_U = P(R_{thJC} + R_{thGl} + R_{thK}) + \vartheta_U \tag{8.181}$$

8.9.2.2 Wärmekapazität

Neben der Wärmeleitung hat das Material, über das die Wärmeleitung stattfindet, eine **Wärmekapazität***. Diese kann Wärmeenergie aufnehmen. Daher erwärmt sich ein Bauelement nicht abrupt, sondern langsam, je nach Wärmekapazität und Wärmeleistung.

Abbildung 8.158: Die Wärmekapazität

Der Zusammenhang zwischen Leistung und Temperatur an der Wärmekapazität lautet in Analogie zur elektrischen Kapazität:

$$\boxed{P = C_{th} \cdot \frac{d\vartheta}{dt} \quad \text{bzw.} \quad \Delta\vartheta = \frac{1}{C_{th}} \int P\,dt + \Delta\vartheta_0} \tag{8.182}$$

Die **Wärmekapazität** C_{th} wird in Ws/K (Wattsekunde pro Kelvin) angegeben.

---

* WÄRMEKAPAZITÄT: *thermal capacity*

Man berechnet sie aus der **spezifischen Wärmekapazität*** c_{th} (Ws/kg K) und der Masse m des Materials.

$$\boxed{C_{th} = c_{th} \cdot m} \qquad (8.183)$$

Die spezifische Wärmekapazität beträgt

von Kupfer: $\quad c_{thCu} \approx 400 \dfrac{Ws}{kg \cdot K}$

von Aluminium: $c_{thAl} \approx 900 \dfrac{Ws}{kg \cdot K}$

Der Wärmewiderstand R_{th} und die Wärmekapazität C_{th} bilden zusammen die **thermische Zeitkonstante*** τ_{th}. Sie beträgt: $\tau_{th} = R_{th} \cdot C_{th}$. Sie liegt bei Transistoren zwischen wenigen Hundertstel- und einigen Sekunden, bei Kühlkörpern im Minuten- bis Stundenbereich.

- Bei pulsierend anfallender Leistung kann die Bauelementetemperatur mit der mittleren Leistung berechnet werden, wenn die thermischen Zeitkonstanten groß gegenüber der Periodendauer der Leistungspulsation ist.

BEISPIEL: Berücksichtigt man die Wärmekapazitäten in dem Aufbau aus Abbildung 8.156, so ergibt sich vereinfacht das Ersatzschaltbild in Abbildung 8.159. Das Transistorgehäuse und der Kühlkörper haben je eine Wärmekapazität. Die Wärmekapazität der Isolation wurde in diesen Ersatzschaltbild vernachlässigt. Die Vereinfachung des Ersatzschaltbildes besteht darin, daß die jeweiligen Wärmekapazitäten parallel zum jeweiligen Wärmewiderstand angeschlossen sind und nicht, was korrekt wäre, jeweils gegen Masse (Umgebung). Für den zeitlichen Verlauf der Erwärmung macht das praktisch keinen Unterschied, sofern die Wärmekapazität des Kühlkörpers sehr viel größer ist als die Wärmekapazität des Transistorgehäuses. Die einzelnen Zeitkonstanten können so aber sehr einfach berechnet werden:

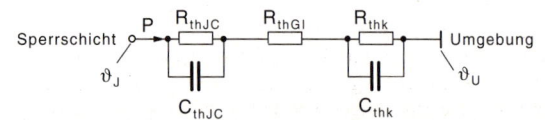

$$\tau_{JC} = R_{thJC} \cdot C_{thJC} \quad \text{und} \quad \tau_{Kü} = R_{thK} \cdot C_{thK}$$

Abbildung 8.159: Ersatzschaltbild für der transienten Wärmeübergang für den Aufbau des Beispiels aus Abb. 7.157

8.9.2.3 Der transiente Wärmewiderstand (Pulswärmewiderstand)

Halbleiter können kurzzeitig mit sehr großer Verlustleistung beaufschlagt werden. Bei Impulsbelastung nehmen die Wärmekapazitäten in unmittelbarer Nähe der Sperrschicht die Verlustenergie auf.

Bei sehr hochfrequenter Leistungspulsation kann mit der mittleren Leistung gerechnet werden. Liegt die Periodendauer der Leistungspulsation jedoch im Bereich der thermischen Zeitkonstanten, können die transienten thermischen Vorgänge bei der Berechnung der Sperrschichttemperatur nicht vernachlässigt werden. Der Halbleiterhersteller gibt daher den transienten Wärmewiderstand Z_{th} an.

---

* SPEZ. WÄRMEKAPAZITÄT: *specific thermal capacity*
* THERMISCHE ZEITKONSTANTE: *thermal time constant*

Abbildung 8.160: transienter Wärmewiderstand

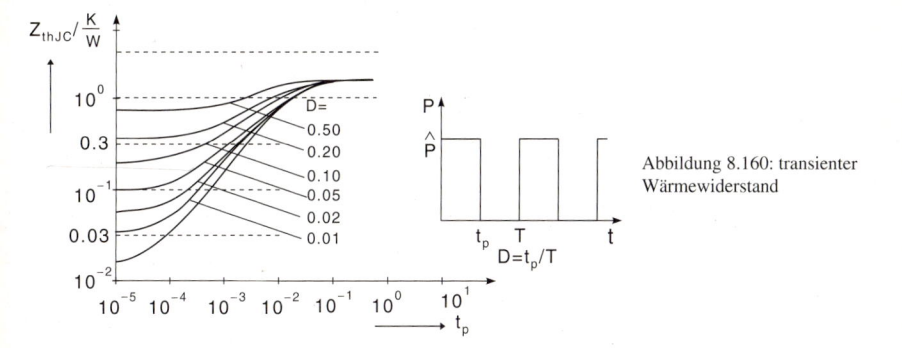

Der **transiente Wärmewiderstand**[*] Z_{th} wird in Abhängigkeit von der Impulsdauer und mit dem Tastverhältnis (Impulsdauer/Impulswiederholzeit) als Parameter angegeben.

Die Temperaturdifferenz zwischen Sperrschicht und Gehäuse berechnet sich dann:

$$\Delta \vartheta_{JC} = \hat{P} \cdot Z_{thJC}(t_P, T) \tag{8.184}$$

- Es wird mit der Amplitude der Verlustleistung gerechnet. Die Leistungspulsation und das Tastverhältnis werden im transienten Wärmewiderstand berücksichtigt.

- Der transiente Wärmewiderstand ist von Bedeutung im Frequenzbereich weniger Hz bis einiger kHz (vornehmlich Gleichrichter und Thyristoren am 50/60 Hz-Netz). Bei höherfrequenter Leistungspulsation kann in der Regel mit der mittleren Leistung gerechnet werden.

8.10 Leistungsverstärker

Leistungsverstärker[*] sind Schaltungen, die eine hohe Ausgangsleistung[*] mit möglichst gutem Wirkungsgrad[*] zur Verfügung stellen. Üblicherweise hat der Ausgang den Charakter einer Spannungsquelle mit niedrigem Innenwiderstand. Die Verstärkung liegt in der Regel nahe bei Eins. Hohe Linearität wird erreicht, indem der Leistungsverstärker in einem rückgekoppelten System mit großer offener Verstärkung betrieben wird.

8.10.1 Emitterfolger[*]

Verstärkung

Die Verstärkung[*] $V = U_a/U_e$ beträgt:

$$\boxed{V \approx 1} \tag{8.185}$$

---

[*] TRANSIENTER WÄRMEWIDERSTAND: *(effective) transient thermal impedance*
[*] LEISTUNGSVERSTÄRKER: *power amplifier*
[*] AUSGANGSLEISTUNG: *power output*
[*] WIRKUNGSGRAD: *efficiency*
[*] EMITTERFOLGER: *emitter follower*
[*] VERSTÄRKUNG: *gain*

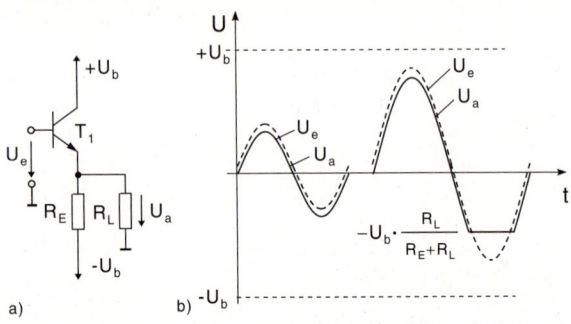

Abbildung 8.161: Der Emitterfolger a) Die Schaltung, b) zeitlicher Verlauf der Spannungen

Eingangs- und Ausgangswiderstand

Der Eingangswiderstand* r_e beträgt:

$$r_e \approx \beta \cdot (R_E \| R_L) \qquad (8.186)$$

Der Ausgangswiderstand* r_a beträgt:

$$r_a \approx \frac{R_i + r_{BE}}{\beta} \qquad (8.187)$$

mit R_i: Innenwiderstand der Eingangsspannungsquelle
r_{BE}: $h_{11E} \approx U_T/I_B$; U_T: Temperaturspannung 25 mV bei $T = 25°C$
I_B: Basisstrom

Aussteuergrenzen

Positive Aussteuergrenze*:

$$\hat{U}_{a\max} \approx U_b$$

Negative Aussteuergrenze:

$$\hat{U}_{a\min} \approx -U_b \cdot \frac{R_L}{R_E + R_L} \qquad (8.188)$$

---

* EINGANGSWIDERSTAND: *input impedance*
* AUSGANGSWIDERSTAND: *output impedance*
* AUSSTEUERGRENZE: *operating limit*

Maximale Ausgangsleistung

Die maximale Ausgangsleistung* wird für den Fall berechnet, daß der Scheitelwert der Ausgangsspannung gleich der negativen Aussteuergrenze ist, d. h., daß gerade noch eine sinusförmige Aussteuerung möglich ist.

$$\hat{U}_a = \hat{U}_{a\min} \approx U_b \cdot \frac{R_L}{(R_E + R_L)}; \qquad P_a = \frac{1}{2} \cdot \frac{\hat{U}_a^2}{R_L} = \frac{1}{2} \cdot U_b^2 \cdot \frac{R_L^2}{(R_E + R_L)^2 R_L}$$

Die Ableitung dP_a/dR_L wird berechnet und gleich Null gesetzt, um zu ermitteln, für welchen Lastwiderstand R_L die maximale Ausgangsleistung abgegeben wird.

$$\frac{dP_a}{dR_L} = \frac{1}{2} \cdot U_b^2 \cdot \frac{(R_E + R_L)^2 - R_L \cdot 2 \cdot (R_E + R_L)}{(R_E + R_L)^4} \stackrel{!}{=} 0$$

Daraus folgt:

$$\boxed{R_L = R_E} \tag{8.189}$$

Die maximale Ausgangsspannung liegt für $R_L = R_E$ bei:

$$\boxed{\hat{U}_a = \frac{U_b}{2}} \tag{8.190}$$

● Die maximale Leistung wird an den Lastwiderstand R_L abgegeben, wenn R_L gleich dem Emitterwiderstand R_E ist und die Amplitude der Ausgangsspannung $U_a = U_b/2$ beträgt.

Die Transistorverlustleistung

Die Transistorverlustleistung* P_{T1} beträgt bei sinusförmiger Ausgangsspannung:

$$P_{T1} = \frac{1}{T} \int_0^T u_{CE}(t) \cdot i_C(t) \cdot dt = \frac{1}{T} \int_0^T (U_b - \hat{U}_a \sin \omega t) \cdot \left(\frac{U_b + \hat{U}_a \sin \omega t}{R_E} + \frac{\hat{U}_a \sin \omega t}{R_L} \right) \cdot dt$$

$$\boxed{P_{T1} = \frac{U_b^2}{R_E} - \frac{1}{2} \frac{\hat{U}_a^2}{R_L} - \frac{1}{2} \frac{\hat{U}_a^2}{R_E}} \tag{8.191}$$

$$\boxed{P_{T1\max} = \frac{U_b^2}{R_E}} \tag{8.192}$$

● Die Transistorverlustleistung ist maximal, wenn die Aussteuerung Null ist.

● Die maximale Transistorverlustleistung beträgt $\frac{U_b^2}{R_E}$

---

* MAXIMALE AUSGANGSLEISTUNG: *maximum available power output*
* VERLUSTLEISTUNG: *leakage power, dissipation*

Die aufgenommene Leistung

Die aufgenommene Leistung* beträgt:

$$P_\text{ges} = P_\text{a} + P_\text{T1} + P_\text{RE} \tag{8.193}$$

P_a: Ausgangsleistung
P_T1: Transistorverlustleistung
P_RE: Verlustleistung im Emitterwiderstand R_E

$$P_\text{a} = \frac{1}{2} \cdot \frac{\hat{U}_\text{a}^2}{R_\text{L}}; \qquad P_\text{RE} = \frac{1}{T}\int_0^T \frac{u_\text{RE}^2}{R_\text{E}}\,dt = \frac{1}{T}\int_0^T \frac{(U_\text{b} + \hat{U}_\text{a}\sin\omega t)^2}{R_\text{E}}\,dt = \frac{U_\text{b}^2}{R_\text{E}} + \frac{1}{2}\frac{\hat{U}_\text{a}^2}{R_\text{E}}$$

$$P_\text{T1} = \frac{U_\text{b}^2}{R_\text{E}} - \frac{1}{2}\frac{\hat{U}_\text{a}^2}{R_\text{L}} - \frac{1}{2}\frac{\hat{U}_\text{a}^2}{R_\text{E}}$$

$$\boxed{P_\text{a} + P_\text{T1} + P_{R_\text{E}} = P_\text{ges} = 2\frac{U_\text{b}^2}{R_\text{E}}} \tag{8.194}$$

- Die insgesamt aufgenommene Leistung P_ges des Emitterfolgers beträgt $2\dfrac{U_\text{b}^2}{R_\text{E}}$ und ist *unabhängig* von der Belastung R_L und *unabhängig* von der Ausgangsspannung U_a.

Wirkungsgrad

Der Wirkungsgrad* beträgt:

$$\eta = \frac{\text{Nutzleistung}}{\text{Gesamtleistung}} = \frac{\text{Ausgangsleistung}}{\text{aufgenommene Leistung}} = \frac{P_\text{a}}{P_\text{ges}}$$

Der Wirkungsgrad η hat sein Maximum, wenn die Ausgangsleistung am größten ist, d. h. wenn $R_\text{E} = R_\text{L}$ und $U_\text{a} = U_\text{b}/2$.

$$\boxed{\eta_\text{max} = \frac{P_\text{a max}}{P_\text{ges}} = \frac{U_\text{b}^2/8R_\text{L}}{2U_\text{b}^2/R_\text{E}} = \frac{1}{16} = 6{,}25\,\%} \tag{8.195}$$

- Der maximale Wirkungsgrad des Emitterfolgers beträgt 6,25 %.

A-Betrieb

Der A-Betrieb* eines Verstärkers ist gekennzeichnet durch:

- Die aufgenommene Leistung ist konstant und unabhängig von der Belastung und der Aussteuerung, und
- der Transistorstrom wird nie Null.

- Der Emitterfolger ist ein Verstärker im A-Betrieb.

---

* AUFGENOMMENE LEISTUNG: *total input power*
* WIRKUNGSGRAD: *efficiency*
* A-BETRIEB: *class-A operation*

8.10.2 Komplementärer Emitterfolger im B-Betrieb

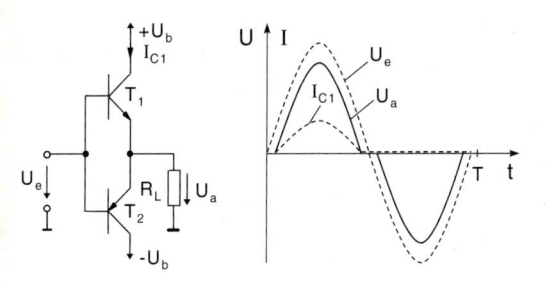

Abbildung 8.162: Komplementärer Emitterfolger a) Schaltung, b) Diagramm der Spannungen und Ströme

Im komplementären Emitterfolger* ist jeweils nur ein Transistor stromführend, bei positiver Eingangsspannung der Transistor T_1, bei negativer Eingangsspannung T_2. Im Nulldurchgang der Eingangsspannung ($-0,7\,\text{V} < U_e < +0,7\,\text{V}$) sind beide Transistoren stromlos, die Verstärkung ist hier näherungsweise Null. Da die Übertragungskennlinie in diesem Bereich nichtlinear ist, spricht man in diesem Zusammenhang von **Übernahmeverzerrungen***.

Verstärkung

Die Verstärkung beträgt:

$$V \approx 1 \tag{8.196}$$

Aussteuergrenzen

Die Aussteuergrenze beträgt:

$$\hat{U}_a \approx \pm U_b \tag{8.197}$$

Eingangs- und Ausgangswiderstand

Der Eingangswiderstand r_e beträgt:

$$r_e = \beta \cdot R_L \tag{8.198}$$

Der Ausgangswiderstand r_a beträgt:

$$r_a \approx \frac{R_i + r_{BE}}{\beta} \tag{8.199}$$

---

* KOMPLEMENTÄRER EMITTERFOLGER: *complementary emitter follower*
* ÜBERNAHMEVERZERRUNG: *transient distortion*

mit R_i: Innenwiderstand der Eingangsspannungsquelle
r_{BE}: $r_{BE} \approx U_T/I_B$; U_T: Temperaturspannung 25 mV bei $T = 25°C$
I_B: Basisstrom

Maximale Ausgangsleistung

Die maximale Ausgangsleistung beträgt:

$$\boxed{P_a = \frac{1}{2}\frac{\hat{U}_a^2}{R_L} \approx \frac{1}{2}\frac{U_b^2}{R_L}} \qquad (8.200)$$

Transistorverlustleistung

Die Transistorverlustleistung bei sinusförmiger Ausgangsspannung beträgt je Transistor:

$$P_{T1} = P_{T2} = \frac{1}{T}\int_0^{T/2} \underbrace{\left(U_b - \hat{U}_a \sin\omega t\right)}_{u_{CE1}} \cdot \underbrace{\left(\frac{\hat{U}_a \sin\omega t}{R_L}\right)}_{i_{C1}} dt = \frac{U_b \cdot \hat{U}_a}{\pi \cdot R_L} - \frac{\hat{U}_a^2}{4R_L}$$

Zur Berechnung der maximalen Transistorverlustleistung wird die Ableitung $\dfrac{dP_T}{d\hat{U}_a}$ gebildet und gleich Null gesetzt, um die Ausgangsspannung zu berechnen, bei der die maximale Transistorverlustleistung entsteht:

$$\frac{dP_T}{d\hat{U}_a} = \frac{U_b}{\pi \cdot R_L} - 2\frac{\hat{U}_a}{4R_L} \stackrel{!}{=} 0 \quad \Rightarrow \quad \hat{U}_a = \frac{2}{\pi}U_b = 0{,}64 \cdot U_b$$

● Die maximale Transistorverlustleistung tritt bei 64 % Aussteuerung auf.

Die maximale Transistorverlustleistung beträgt je Transistor:

$$\boxed{P_{T1\,max} = P_{T2\,max} = \frac{U_b^2}{\pi^2 R_L}} \qquad (8.201)$$

Aufgenommene Leistung

Die aufgenommene Leistung beträgt:

$$P_{ges} = P_a + P_{T1} + P_{T2} \quad \Rightarrow \quad \boxed{P_{ges} = \frac{2U_b\hat{U}_a}{\pi R_L}}$$

Wirkungsgrad

$$\eta = \frac{P_a}{P_{ges}} = \frac{\frac{1}{2}\frac{\hat{U}_a^2}{R_L}}{\frac{2U_b \cdot \hat{U}_a}{\pi \cdot R_L} - \frac{1}{2}\frac{\hat{U}_a^2}{R_L} + \frac{1}{2}\frac{\hat{U}_a^2}{R_L}} = \frac{\hat{U}_a}{U_b} \cdot \frac{\pi}{4} = 0,785 \cdot \frac{\hat{U}_a}{U_b}$$

für $\hat{U}_a = U_b$ wird η maximal:

$$\boxed{\eta_{max} = 78,5\,\%} \tag{8.202}$$

B-Betrieb

Der B-Betrieb* eines Verstärkers ist gekennzeichnet durch:
- Die aufgenommene Leistung wächst proportional zu $\hat{U}_a$ und
- jeder Transistor leitet nur während der halben Periodendauer.

● Der komplementäre Emitterfolger ist ein Verstärker im B-Betrieb

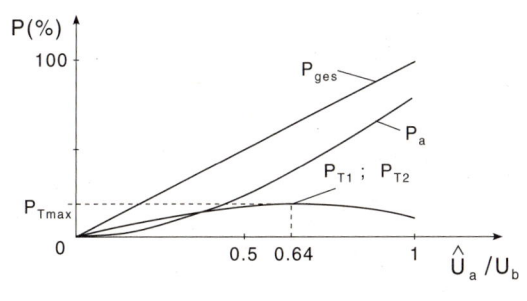

Abbildung 8.163: Ausgangsleistung, Verlustleistung und aufgenommene Leistung als Funktion des Aussteuergrades

8.10.3 Komplementärer Emitterfolger im C-Betrieb

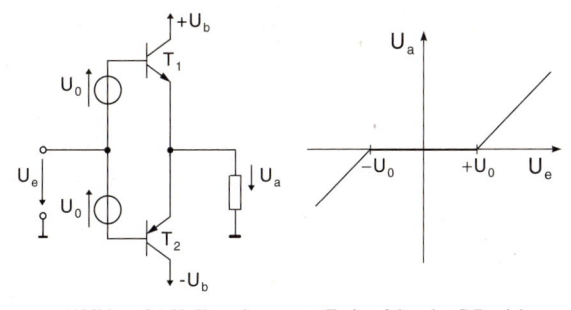

Abbildung 8.164: Komplementärer Emitterfolger im C-Betrieb

---

* B-BETRIEB: *class-B operation*

Im C-Betrieb* sind die komplementären Transistoren im Bereich $-U_0 < U_e < +U_0$ stromlos. Durch diese Maßnahme kann der Wirkungsgrad des Verstärkers gegenüber dem B-Betrieb gesteigert werden. Dies ist von Bedeutung, wenn der Verstärker mit konstanter Amplitude angesteuert wird und die durch die Übernahmeverzerrungen entstehenden Oberschwingungen ohne Bedeutung sind, so z. B. bei Sendeverstärkern.

8.10.4 Die Betriebsarten im Ausgangskennlinienfeld

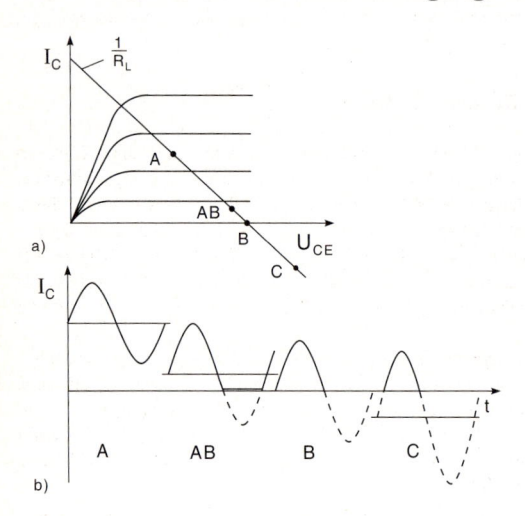

Abbildung 8.165: a) Die Betriebsarten im Ausgangskennlinienfeld (für den Transistor T_1), b) Zeitlicher Verlauf des Kollektorstromes bei sinusförmiger Ansteuerung

8.10.5 Komplementärer Emitterfolger im AB-Betrieb

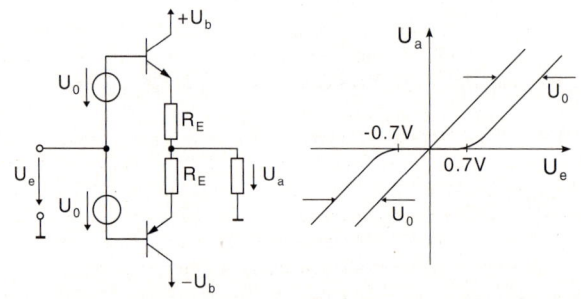

Abbildung 8.166: Komplementärer Emitterfolger in AB-Betrieb

Im AB-Betrieb* erhalten die komplementären Transistoren eine Vorspannung U_0. Die Vorspannung U_0 wird so gewählt, daß im Nulldurchgang der Eingangsspannung ein kleiner Querstrom (Ruhestrom) durch die Transistoren fließt. Dadurch wird die Übertragungskennlinie linearisiert und die Übernahmeverzerrungen

---

* C-BETRIEB: *class-C operation*
* AB-BETRIEB: *class-AB operation*

verringert (siehe Abb. 8.166). Der Ruhestrom wird so bemessen, daß die Erwärmung der Transistoren im Ruhezustand gering bleibt (Ruheverlustleistung beträgt ca. 10…30 % der maximalen Verlustleistung). Der Ruhestrom liegt üblicherweise zwischen 1 und 5 % des Ausgangsspitzenstromes.
Der Ruhestrom wird durch die Gegenkopplungswiderstände R_E begrenzt. Dies ist besonders bei Erwärmung der Transistoren und der damit verbundenen Spannungsverminderung der Basis-Emitterspannung wichtig. Bei zu klein gewählten Widerständen R_E kann es zum thermischen Kollaps kommen: Die Transistoren erwärmen sich, die Basis-Emitterspannung verringert sich, der Ruhestrom sr Ruhestrom steigt an, die Transistorverlustleistung erhöht sich, die Transistoren erwärmen sich weiter, die Basis-Emitterspannung verringert sich weiter usw.

8.10.5.1 Vorspannungserzeugung für den AB-Betrieb

Abbildung 8.167a: Die Vorspannung wird über zwei Diodenstrecken erzeugt. Die Widerstände R_v werden so ausgelegt, daß bei maximaler Aussteuerung gerade noch der Basisstrom für die Leistungstransistoren geliefert werden kann. Gegebenfalls werden bei dieser Auslegung die Widerstände R_v sehr niederohmig, weil bei Vollaussteuerung der Spannungsabfall über ihnen sehr gering ist, der Basisstrombedarf der Leistungstransistoren aber am höchsten ist. Dies führt wiederum dazu, daß im Ruhefall ($U_e = 0\,\text{V}$) die Verlustleistung an den Widerständen R_v sehr groß wird, weil dann ca. $U_b/2$ an ihnen abfällt. Abhilfe schafft die Schaltung nach Abbildung 8.167d, in der anstelle der Widerstände R_v Stromquellen eingesetzt werden.
Die Gegenkopplungswiderstände R_E verhindern, daß der Querstrom (Ruhestrom) bei Erwärmung der Leistungstransistoren unzulässig ansteigt (bei Erwärmung sinkt die Basis-Emitterspannung der Leistungstransistoren!). Die Widerstände R_E werden so bemessen, daß sich ein Ruhestrom von ca. 1…5 % des Ausgangsspitzenstromes einstellt bzw. bei Vollaussteuerung des Verstärkers an ihnen 0,7…2 V abfallen. Die Gegenkopplungswiderstände können mit Dioden überbrückt werden, damit die Verlustleistung an ihnen bei Vollaussteuerung nicht zu hoch wird.

Abbildung 8.167b: Die Vorspannungsdioden sind durch die Transistoren T_3 und T_4 ersetzt. Dadurch wird die Ansteuerleistung des Verstärkers verringert.

Abbildung 8.167c: Die Vorspannungsdioden sind durch eine Transistorschaltung T_3 ersetzt. Die Transistorschaltung hat den Charakter einer Spannungsquelle. Die Vorspannung beträgt: $2U_0 = 0.7\,\text{V}\dfrac{R_1 + R_2}{R_2}$. Die Widerstände R_1 und R_2 können für eine präzise Ruhestromeinstellung als Trimmpotentiometer ausgeführt werden. Dies ist besonders von Bedeutung, wenn die Leistungstransistoren Darlingtons sind. In diesem Fall wird die Vorspannung gewählt zu: $2U_0 \approx 2.8\,\text{V}$.

Abbildung 8.167d: Die Widerstände R_v werden durch Stromquellen ersetzt. Dadurch wird im Ruhefall ($U_e = 0\,\text{V}$) die Verlustleistung deutlich verringert bzw. die Aussteuerbarkeit des Verstärkers erhöht. Der Quellenstrom wird so gewählt, daß bei Vollaussteuerung gerade noch der Basisstrombedarf der Leistungstransistoren gedeckt wird.

Abbildung 8.167e: Die Ansteuerung des Verstärkers erfolgt über eine Emitterstufe. Dadurch wird die Verstärkung wesentlich größer als Eins. Vorraussetzung dafür ist, daß der Verstärker über einen Differenzverstärker angesteuert wird (ein besonders übliches Ansteuerverfahren).

Abbildung 8.167f: Der Widerstand R_v wird durch die Widerstände R_{v1} und R_{v2} ersetzt, mit $R_{v1} \ll R_{v2}$. Am **Bootstrap**-Kondensator C fällt im Ruhezustand ca. U_b ab. Bei Aussteuerung des Verstärkers schiebt der Bootstrap-Kondensator in der positiven Halbschwingung das Potential zwischen R_{v1} und R_{v2} hoch bis deutlich über die Betriebsspannung U_b. Dadurch bleibt an R_{v2} auch bei Vollaussteuerung ausreichend Spannung stehen, um den Basisstrombedarf zu decken. R_{v2} wird so gewählt, daß im Ruhezustand etwas mehr als der maximal benötigte Basisstrom fließt. Der Bootstrap-Kondensator wird so gewählt, daß an ihm näherungsweise eine reine Gleichspannung steht (wechselstrommäßig bildet er einen Kurzschluß). Die Grenzfrequenz der Bootstrap-Schaltung beträgt: $f_g \approx 1/2\pi R_{v1} C$ für $R_{v1} \ll R_{v2}$.

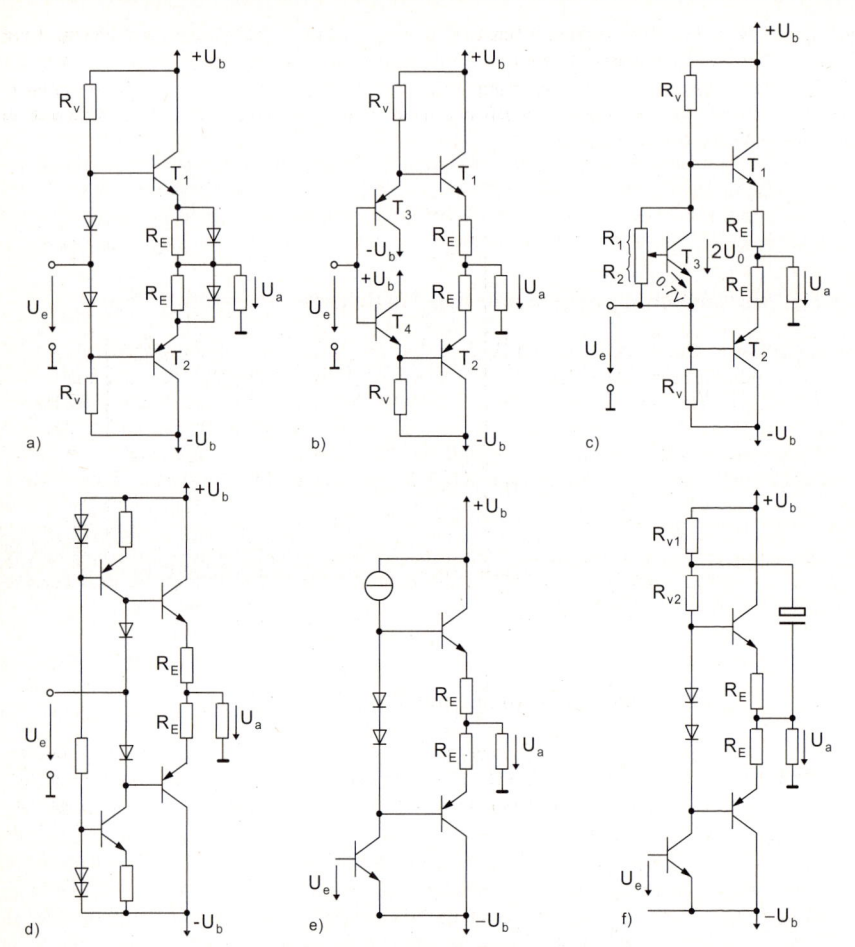

Abbildung 8.167: Vorspannungserzeugung für AB-Verstärker

8.10.5.2 Komplementärer Emitterfolger mit Darlingtontransistoren

Für Verstärker mit großer Ausgangsleistung bzw. großem Ausgangsstrom werden die Leistungstransistoren als Darlingtons oder Quasidarlingtons ausgeführt. Die Transistoren T_1 und T_2 bezeichnet man als Endtransistoren oder Leistungstransistoren. Die Transistoren T_1' und T_2' bezeichnet man als Treibertransistoren.

Abbildung 8.168a: Die Leistungstransistoren T_1 und T_2 sind im Ruhezustand ($U_e = 0\,\text{V}$) stromlos. Die Vorspannung U_0 wird so bemessen, daß an den Gegenkopplungswiderständen R_E im Ruhezustand ca. 0,4 V abfallen (d. h. $U_0 = 2,2\,\text{V}$). Dadurch erreicht man eine gute Linearität im Übernahmebereich. Bei größerer Aussteuerung übernehmen die Leistungstransistoren den Ausgangsstrom.

Abbildung 8.168b: Die Vorspannung wird ca. zu $U_0 = 2,8\,\text{V}$ gewählt. Der Ruhestrom liegt üblicherweise bei 1...5 % des Ausgangsspitzenstromes.

Abbildung 8.168c: Die Quasidarlingtonschaltung hat als Leistungstransistoren gleiche Transistortypen. Die Vorspannung U_0 wird so bemessen, daß an den Gegenkopplungswiderständen R_E im Ruhezustand ca. $0,4\,V$ abfallen (d. h. $U_0 = 1,8\,\text{V}$).

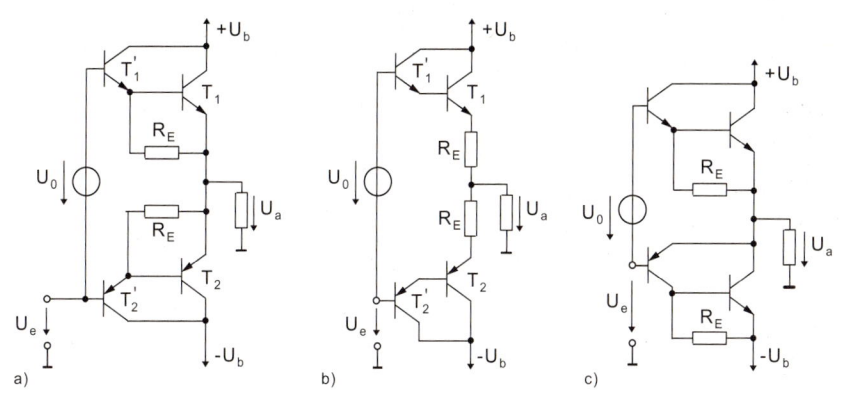

Abbildung 8.168: Komplementärer Emitterfolger in a) und b) Darlingtonschaltung, c) Quasidarlingtonschaltung

8.10.5.3 Strombegrenzung beim komplementären Emitterfolger

Die Strombegrenzungsschaltungen nach Abbildung 8.169 messen den Ausgangsstrom über den Meßwiderstand R_M (dieser kann identisch sein mit dem Gegenkopplungswiderstand R_E). Bei Überschreiten einer kritischen Spannung fließt der Basisstrom über die Strombegrenzungsschaltung ab, d. h., der Ausgangsstrom kann nicht weiter ansteigen.

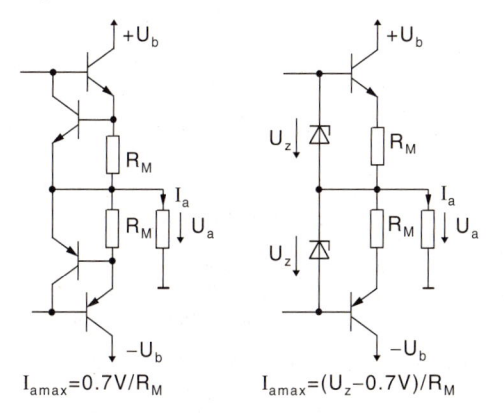

$I_{a\,max} = 0.7\text{V}/R_\text{M}$ $I_{a\,max} = (U_z - 0.7\text{V})/R_\text{M}$

Abbildung 8.169: Strombegrenzung beim komplementären Emitterfolger

8.10.6 Ansteuerung von Leistungsverstärkern

8.10.6.1 Ansteuerung über Differenzverstärker

Hohe Linearität und weitgehende Unabhängigkeit von den Halbleiterparametern wird beim Leistungsverstärker mit Hilfe des Rückkopplungsprinzips erreicht. Der Differenzverstärker bildet die Differenz zwischen dem Ausgangssignal und dem Eingangssignal. Die offene Verstärkung ist gleich dem Produkt aus der Differenzverstärkung V_1 und der Verstärkung der Emitterstufe V_2. Ist die offene Verstärkung sehr groß, so ist die Verstärkung des geschlossenen Kreises nur vom Rückkopplungsnetzwerk abhängig (Abb. 8.170).

Die Eingangsimpedanz des Verstärkers wird durch die Rückkopplung sehr hochohmig, die Ausgangsimpedanz sehr niederohmig.

Die **Wechselspannungsverstärkung** beträgt:

$$V_\sim = \frac{V_1 V_2}{1 + V_1 V_2 \frac{R_2}{R_1 + R_2}} \approx \frac{R_1 + R_2}{R_2} \tag{8.203}$$

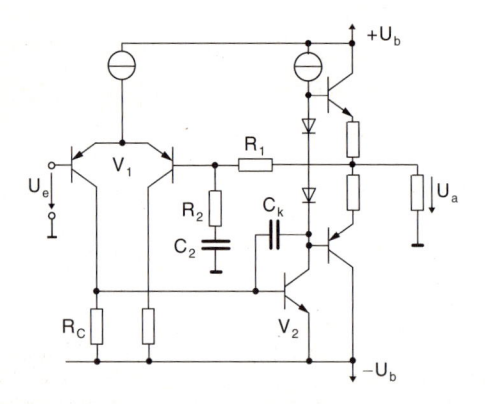

Abbildung 8.170: Ansteuerung eines Leistungsverstärkers durch einen Differenzverstärker

Der **Kondensator** C_2 des Rückkopplungsnetzwerkes bewirkt, daß für Gleichspannungen der Verstärker voll gegengekoppelt ist. Dadurch wird eine besonders gute Nullpunktstabilität* der Ausgangsspannung erreicht. Die Gleichspannungsverstärkung beträgt Eins (siehe Abb. 8.171).

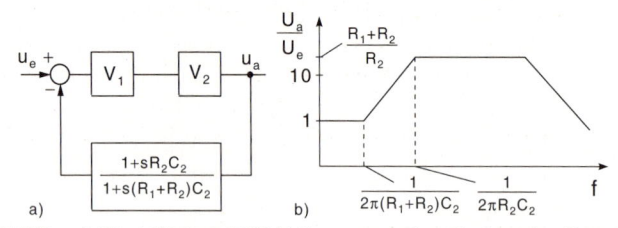

Abbildung 8.171: a) Blockschaltbild, b) Frequenzgang des rückgekoppelten Verstärkers

---

* NULLPUNKTSTABILITÄT: *zero stability*

Die **Korrekturkapazität** C_k senkt für hohe Frequenzen die Kreisverstärkung ab, um die Schwingneigung zu verringern (siehe 8.6.2). C_k sollte experimentell ermittelt werden.

8.10.6.2 Ansteuerung über Operationsverstärker

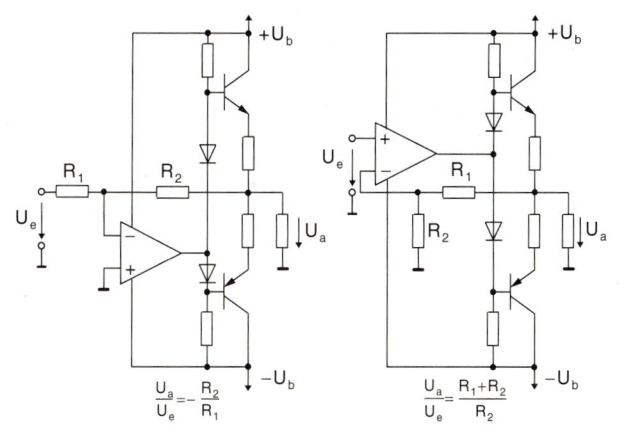

$$\frac{U_a}{U_e} = -\frac{R_2}{R_1} \qquad \frac{U_a}{U_e} = \frac{R_1+R_2}{R_2}$$

Abbildung 8.172: Ansteuerung von Leistungsverstärkern mit Operationsverstärkern

In den Rückkopplungszweig des Operationsverstärkers wird der Leistungsverstärker eingefügt. Dadurch ist die offene Verstärkung des Operationsverstärkers im Rückkopplungskreis wirksam.

8.10.7 Taktverstärker

In Taktverstärkern arbeiten die Transistoren T_1 und T_2 im Schaltbetrieb. Sie werden im Gegentakt geschaltet. Die Ansteuerspannung der Transistoren wird aus einem Pulsweitenmodulator (PWM) gewonnen. Die Ausgangsspannung der Transistorbrücke kann nur die Spannungen $+U_b$ oder $-U_b$ annehmen. Sie enthält zum einen die Taktfrequenz des Pulsweitenmodulators und deren Oberschwingungen und zum anderen die Eingangsspannung als Unterschwingung. Man nennt dieses Modulationsverfahren (siehe Abb. 8.173) daher auch **Unterschwingungsverfahren**. Die Taktfrequenz wird über einen LC-Tiefpaß herausgefiltert (bei induktiven Lasten, wie Motoren oder Lautsprechern kann der Tiefpaß entfallen).

Als Schalttransistoren verwendet man vorzugsweise selbstsperrende MOSFETs, wegen ihrer verlustarmen Ansteuerung und ihrer kurzen Schaltzeiten. Die Schaltfrequenzen liegen üblicherweise im Bereich weniger zehn und einiger hundert Kilohertz.

Der Taktverstärker arbeitet – zumindestens theoretisch – verlustlos. In der Praxis werden Wirkungsgrade zwischen 80 und 95 % erzielt.

Abbildung 8.174:

Der eingesetzte Regler ist abhängig davon, ob ein Tiefpaß am Ausgang eingesetzt ist oder nicht. In dem Fall, daß kein Tiefpaß vorhanden ist (z. B. bei Motorsteuerungen), ist ein PI-Regler geeignet. In dem Fall, daß ein Tiefpaß 2. Ordnung eingesetzt ist, hat die Regelstrecke P_{T2}-Verhalten. Geeignet ist dann ein PID-Regler oder ein Zustandsregler.

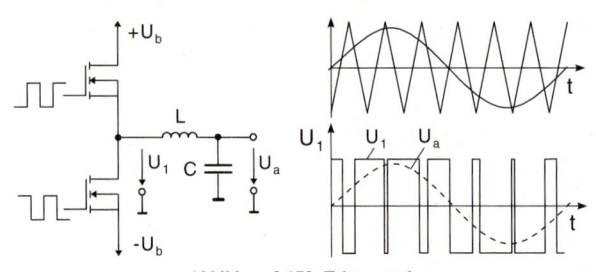

Abbildung 8.173: Taktverstärker

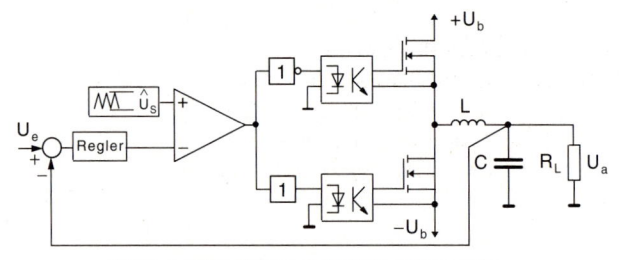

Abbildung 8.174: Prinzipschaltbild des Taktverstärkers

8.11 Formelzeichen

a	als Index: Ausgangsgröße
a, a_i	Filterkoeffizient, siehe Tabellen 6.1 bis 6.4
B	Gleichstromverstärkung von Bipolartransistoren
B	Bandbreite
B	als Index: Basis
b, b_i	Filterkoeffizient, siehe Tabellen 6.1 bis 6.4
C	als Index: Kollektor
C	Kapazität
C_{th}, c_{th}	Wärmekapazität (Ws/K), spezifische Wärmekapazität (Ws/kg K)
D	Dämpfungsgrad
D	als Index: Drain
d	als Index: Differenz
E	als Index: Emitter
e	als Index: Eingangsgröße
F	Übertragungsfunktion (im Bildbereich)
f	Frequenz
f_g	Grenzfrequenz
f_T	Transitfrequenz

8.11 Formelzeichen

G	Gleichtaktunterdrückung
G	als Index: Gate
Gl	als Index: Gleichtakt
I	Gleichstrom, Effektivwert eines Wechselstromes
i	zeitabhängiger Strom, Wechselstrom
I_F	Dioden-Durchlaßstrom (Forward)
i_k	Kurzschlußstrom
k	Rückkopplungsfaktor, Übertragungsfunktion des Rückkopplungsnetzwerkes
L	Induktivität
P	Leistung
R	Widerstand
r	differentieller Widerstand, Wechselstromwiderstand
r_{BE}	differentieller Widerstand der Basis-Emitterstrecke, U_T/I_B
r_{CE}	differentieller Ausgangswiderstand der Kollektorstromquelle
r_{DS}	differentieller Ausgangswiderstand der Drainstromquelle
R_i	Innenwiderstand der speisenden Quelle, Quellenwiderstand
r_{iq}	differentieller Innenwiderstand einer Stromquelle
R_L	Lastwiderstand
R_{th}	Wärmewiderstand (K/W)
S	Steilheit
S	als Index: Source
S	normierte, komplexe Frequenz, $S = s/\omega_g$
s	komplexe Frequenz
T	absolute Temperatur
T	Zeitkonstante
T_m	mittlere Lebensdauer, MTBF
t	Zeit
U	Gleichspannung, Effektivwert einer Wechselspannung
u	zeitabhängige Spannung, Wechselspannung
$\hat{U}$	Scheitelwert einer Wechselspannung
U_0	Offsetspannung
U_0, I_0	Arbeitspunkt
U_b	Betriebsspannung
U_F	Dioden-Durchlaßspannung (Forward)
u_l	Leerlaufspannung
U_T	Temperaturspannung, ca. 25 mV bei Raumtemperatur
V	Verstärkung
V_d	Differenzverstärkung, offene Verstärkung des Operationsverstärkers
$\underline{Z}$	Impedanz
$\underline{z}$	differentielle Impedanz
Z_{th}	transienter Wärmewiderstand (K/W)
β	differentielle Stromverstärkung

β_0 differentielle Kurzschluß-Stromverstärkung
ΔU_{BE} Temperaturdrift der Basis-Emitterstrecke
$\Delta \vartheta$ Temperaturdifferenz
η Wirkungsgrad
ϑ Temperatur
λ Ausfallrate
φ Phasenwinkel zwischen Aus- und Eingang einer Schaltung
ω Kreisfrequenz
ω_0 Resonanzkreisfrequenz, Mittenfrequenz
ω_g Grenzkreisfrequenz

8.11.1 Weiterführende Literatur

BYSTRON, K.; BORGMEYER, J.: *Grundlagen der technischen Elektronik*
Hanser-Verlag 1988

DIN-TASCHENBUCH: *Normen über graphische Symbole für die Elektrotechnik*
Beuth-Verlag 1989

FÖLLINGER, O.: *Regelungstechnik*
Hüthig-Verlag 1992

GISSLER, J.; SCHMID, M.: *Vom Prozeß zur Regelung*
Siemens-Verlag 1990

GROB, B.: *Basic Electronics, Seventh Edition*
McGrawHill 1993

HOROWITZ, P.; HILL, W.: *The Art of Electronics*
Cambridge University Press 1989

HOROWITZ, P.; HAYES, T. C.: *Student Manual for The Art of Electronics*
Cambridge Univercity Press 1989

MEDIEN-INSTITUT: *Handbuch der Elektronik-Analogtechnik*
Medien-Institut Bremen, Herdentorsteinweg 44/45, 28195 Bremen

NÜHRMANN, D.: *Das große Werkbuch Elektronik*
Franzis'Verlag 1989

SEIFART, M.: *Analoge Schaltungen*
Hüthig-Verlag 1987

TIETZE, U.; SCHENK, CH.: *Halbleiterschaltungstechnik*
Springer-Verlag 1991

9 Digitaltechnik

9.1 Schaltalgebra (Boolesche Algebra)

9.1.1 Logische Variablen und logische Grundfunktionen

Bei vielen technischen Signalen ist man nur an zwei wohl unterscheidbaren Signalzuständen interessiert. Beispiele:

Strom fließt,	Strom fließt nicht
Spannung ist positiv,	Spannung ist negativ
Kurzschluß liegt vor,	Leerlauf liegt vor

Ein mathematisches Modell dafür sind **logische Variable**, die nur zwei Werte annehmen können; üblicherweise null oder eins.

$$x = 0 \quad \text{oder} \quad x = 1$$

Logische Funktionen verknüpfen logische Variablen zu neuen logischen Variablen. In der Mathematik bezeichnet man Systeme logischer Variablen, die über logische Funktionen verknüpft sind, als BOOLEsche Algebren.

9.1.1.1 Negation

Die **Negation** einer Variablen x wird mit $\bar{x}$ bezeichnet (Veraltete Form $\neg x$).

$$q = \bar{x}$$

Die logische Variable q nimmt den gegenteiligen Wert von x an. Eine logische Funktion läßt sich in einer **Funktionstabelle** (**Wahrheitstabelle**[*]) darstellen.

x	$\bar{x}$
0	1
1	0

Es gilt

$$\bar{0} = 1; \quad \bar{1} = 0$$

sowie

$$\bar{\bar{x}} = x$$

● Wird eine logische Variable zweimal negiert, so nimmt sie ihren ursprünglichen Wert an.

---

[*] WAHRHEITSTABELLE: *truthtable*

9.1.1.2 UND-Funktion (Konjunktion)

Die UND-Funktion verknüpft *zwei* logische Variablen.

$$q = x \wedge y$$

Sprich: *x und y*. Man schreibt auch $q = x \cdot y$.

Funktionstabelle der UND-Funktion

x	y	$x \wedge y$
0	0	0
0	1	0
1	0	0
1	1	1

Bei zwei logischen Variablen kann jede unabhängig zwei Werte annehmen. Alle vier möglichen Kombinationen sind in der Funktionstabelle aufgeführt.

Es gilt

$$x \wedge 0 = 0; \qquad x \wedge x = x \tag{9.1}$$
$$x \wedge 1 = x; \qquad x \wedge \bar{x} = 0 \tag{9.2}$$

9.1.1.3 ODER-Funktion (Disjunktion)

$$q = x \vee y$$

Sprich: *x oder y*. Man schreibt auch (seltener) $q = x + y$ (nicht zu verwechseln mit dem arithmetischen Plus).

Funktionstabelle der ODER-Funktion

x	y	$x \vee y$
0	0	0
0	1	1
1	0	1
1	1	1

Es gilt

$$x \vee 0 = x; \qquad x \vee x = x \tag{9.3}$$
$$x \vee 1 = 1; \qquad x \vee \bar{x} = 1 \tag{9.4}$$

9.1.2 Logische Funktionen und ihre Symbole

Logische Variablen beschreiben technische Signale, logische Funktionen deren Verknüpfung. Für logische Verknüpfungsschaltungen sind spezielle Symbole standardisiert. Bausteine, die diese Funktionen realisieren, werden auch als **Gatter**[*] bezeichnet. Logische Schaltungen werden häufig mit ihren englischen Bezeichnungen benannt.

---

[*] GATTER: *gate*

9.1.2.1 Inverter (NOT)

$q = \bar{x}$

Der Inverter realisiert die **Negation** des Eingangssignals. Der offene Kreis am Ausgang der Schaltung symbolisiert die Negation.

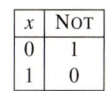

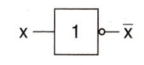

x	NOT
0	1
1	0

Abbildung 9.1: Funktionstabelle und Symbol des Inverters

- Der Ausgang des Inverters ist nur dann eins, wenn die Eingangsvariable den Wert null annimmt.

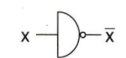

Abbildung 9.2: Amerikanisches Symbol und veraltetes Symbol des Inverters

9.1.2.2 UND-Verknüpfung (AND)

$q = x \wedge y$ oder $q = x \cdot y$

x	y	AND
0	0	0
0	1	0
1	0	0
1	1	1

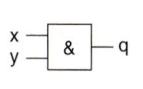

Abbildung 9.3: Funktionstabelle und Symbol der UND-Verknüpfung

- Die UND-Funktion ist nur dann eins, wenn *beide* Variablen den Wert eins annehmen

oder:

- Die UND-Funktion ist null, wenn *mindestens eine* der Variablen den Wert null annimmt.

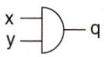

Abbildung 9.4: Amerikanisches Symbol und veraltetes Symbol des UND-Gatters

9.1.2.3 ODER-Verknüpfung (OR)

$q = x \vee y$ oder $q = x + y$

- Die ODER-Funktion ist dann eins, wenn *mindestens eine* der Variablen den Wert eins annimmt.

oder:

- Die ODER-Funktion ist nur dann null, wenn *beide* Variablen den Wert null annehmen.

x	y	OR
0	0	0
0	1	1
1	0	1
1	1	1

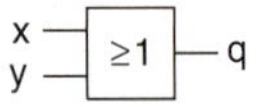

Abbildung 9.5: Funktionstabelle und Symbol der ODER-Verknüpfung

Abbildung 9.6: Amerikanisches Symbol und veraltetes Symbol des ODER-Gatters

9.1.2.4 NAND-Verknüpfung

$$q = \overline{x \wedge y} \quad \text{oder} \quad q = \overline{x \cdot y}$$

x	y	NAND
0	0	1
0	1	1
1	0	1
1	1	0

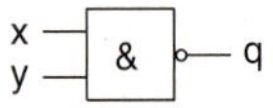

Abbildung 9.7: Funktionstabelle und Symbol der NAND-Verknüpfung

Die NAND-Verknüpfung ist eine UND-Verknüpfung, gefolgt von einer Negation. Daher die Bezeichnung NOT AND. Der offene Kreis am Ausgang steht für die Negation.

● Die NAND-Funktion ist null, wenn *beide* Variablen den Wert eins annehmen.

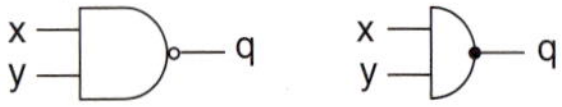

Abbildung 9.8: Amerikanisches Symbol und veraltetes Symbol des NAND-Gatters

9.1.2.5 NOR-Verknüpfung

$$q = \overline{x \vee y} \quad \text{oder} \quad q = \overline{x + y}$$

x	y	NOR
0	0	1
0	1	0
1	0	0
1	1	0

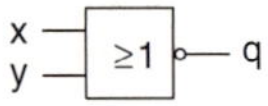

Abbildung 9.9: Funktionstabelle und Symbol der NOR-Verknüpfung

Die NOR-Verknüpfung ist eine ODER-Verknüpfung, gefolgt von einer Negation. Daher die Bezeichnung NOT OR. Der offene Kreis am Ausgang steht für die Negation.

- Die NOR-Funktion ist nur dann eins, wenn *beide* Variablen den Wert null annehmen.

oder:

- Die NOR-Funktion ist null, wenn *mindestens eine* der Variablen den Wert eins annimmt.

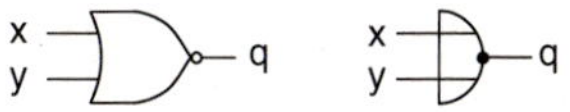

Abbildung 9.10: Amerikanisches Symbol und veraltetes Symbol des NOR-Gatters

9.1.2.6 EXOR-Verknüpfung (Antivalenz, exklusives ODER)

$$q = (x \wedge \bar{y}) \vee (\bar{x} \wedge y) \quad \text{oder} \quad q = x \cdot \bar{y} + \bar{x} \cdot y$$

Genormt, aber wenig gebräuchlich ist die Schreibweise $q = x \leftrightarrow y$, veraltet: $q = x \oplus y$.

x	y	EXOR
0	0	0
0	1	1
1	0	1
1	1	0

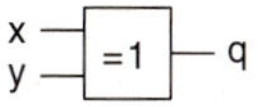

Abbildung 9.11: Funktionstabelle und Symbol der EXOR-Verknüpfung

- Die EXOR-Funktion ist nur dann eins, wenn *entweder* die eine *oder* die andere Variable den Wert eins annimmt.

oder:

- Die EXOR*-Funktion ist nur dann eins, wenn beide Variablen verschiedene Werte annehmen.

oder:

- Die EXOR-Funktion ist null, wenn beide Variablen denselben Wert annehmen.

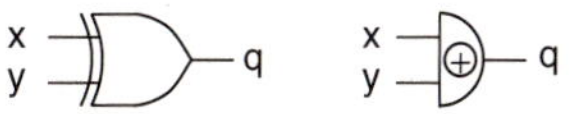

Abbildung 9.12: Amerikanisches Symbol und veraltetes Symbol des EXOR-Gatters

Ein EXOR-Gatter kann auch als **gesteuerter Inverter** betrachtet werden. Nutzt man den zweiten Eingang S als Steuereingang, so läßt sich die Schaltung für $S = 0$ als nichtinvertierendes, für $S = 1$ als invertierendes Gatter betreiben.

S	x	q	
0	0	0	wie x
0	1	1	
1	0	1	wie $\bar{x}$
1	1	0	

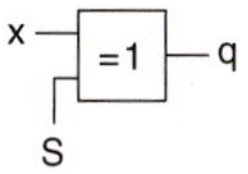

Abbildung 9.13: EXOR-Gatter als gesteuerter Inverter

---

* EXKLUSIVES ODER *exclusive or, Exor, Xor*

9.1.3 Termumformungen

9.1.3.1 Kommutativ-Gesetze

$$x \wedge y = y \wedge x \; ; \; x \vee y = y \vee x \tag{9.5}$$

Variablen sind vertauschbar. Schaltungstechnisch: Die Eingänge von UND-Gattern bzw. ODER-Gattern können vertauscht werden.

9.1.3.2 Assoziativ-Gesetze

$$(x \wedge y) \wedge z = x \wedge (y \wedge z) = x \wedge y \wedge z \tag{9.6}$$
$$(x \vee y) \vee z = x \vee (y \vee z) = x \vee y \vee z \tag{9.7}$$

Reihenfolge der Berechnung ist gleichgültig. Schaltungstechnisch: Die Zusammenfassung zweier Eingänge ist beliebig.

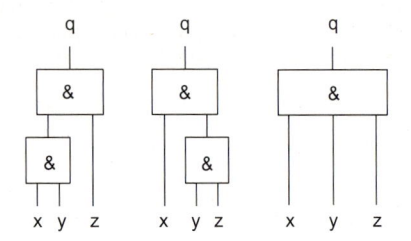

Abbildung 9.14: Alle drei Schaltungen sind nach dem Assoziativ-Gesetz gleichwertig. Gleiches gilt für ODER-Gatter.

9.1.3.3 Distributiv-Gesetze

$$(x \wedge y) \vee (x \wedge z) = x \wedge (y \vee z) \tag{9.8}$$
$$(x \vee y) \wedge (x \vee z) = x \vee (y \wedge z) \tag{9.9}$$

Eine gemeinsame Variable in zwei verknüpften Termen kann ausgeklammert werden. Zur Regel 9.9 gibt es keine Analogie in der gewöhnlichen Algebra.

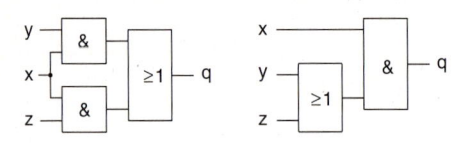

Abbildung 9.15: Die beiden Schaltungen sind nach dem ersten Distributiv-Gesetz identisch. Vertauschen von UND- und ODER-Gattern liefert eine Anwendung des zweiten Distributiv-Gesetzes.

9.1.3.4 Inversions-Gesetze (De Morgansche Regeln)

$$\overline{x} \wedge \overline{y} = \overline{x \vee y} \tag{9.10}$$

$$\overline{x} \vee \overline{y} = \overline{x \wedge y} \tag{9.11}$$

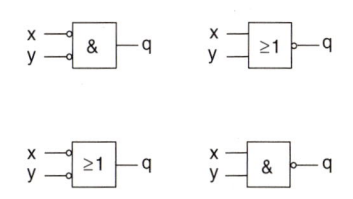

Abbildung 9.16: Die Negation läßt sich vom Eingang zum Ausgang schieben. Die UND-Verknüpfung wird dabei zum NOR.

Abbildung 9.17: Die Negation läßt sich vom Eingang zum Ausgang schieben. Die ODER-Verknüpfung wird dabei zum NAND.

Bindungsregeln

Die Negation einer Variablen wird stets zuerst durchgeführt. Alle anderen Verknüpfungen werden von links nach rechts abgearbeitet. Änderungen in der Reihenfolge müssen durch geeignete Klammerung gekennzeichnet werden.

HINWEIS: Bei der Schreibweise mit +-Zeichen für die ODER-Verknüpfung und „·" für die UND-Verknüpfung orientiert man sich an den Bindungsregeln der üblichen Algebra: UND-Verknüpfung bindet stärker als ODER-Verknüpfung. In dieser Schreibweise können die Punkte entfallen

BEISPIEL: $(x \wedge \bar{y}) \vee (\bar{x} \wedge y) = x \cdot \bar{y} + \bar{x} \cdot y = x\bar{y} + \bar{x}y$

9.1.4 Übersicht: Termumformungen

Eine Variable			
(1)	$\bar{\bar{x}} = x$		
(2)	$x \wedge x = x$	(3)	$x \vee x = x$
(4)	$x \wedge \bar{x} = 0$	(5)	$x \vee \bar{x} = 1$
Eine Variable und Konstante			
(6)	$x \wedge 0 = 0$	(7)	$x \vee 0 = x$
(8)	$x \wedge 1 = x$	(9)	$x \vee 1 = 1$
Zwei Variablen			
(10)	$x \wedge y = y \wedge x$	(11)	$x \vee y = y \vee x$
(12)	$\bar{x} \wedge \bar{y} = \overline{x \vee y}$	(13)	$\bar{x} \vee \bar{y} = \overline{x \wedge y}$
(14)	$\overline{x \wedge y} = \bar{x} \vee \bar{y}$	(15)	$\overline{x \vee y} = \bar{x} \wedge \bar{y}$
(16)	$\overline{\bar{x} \wedge \bar{y}} = x \vee y$	(17)	$\overline{\bar{x} \vee \bar{y}} = x \wedge y$
(18)	$x \wedge (x \vee y) = x$	(19)	$x \vee (x \wedge y) = x$
(20)	$x \wedge (\bar{x} \vee y) = x \wedge y$	(21)	$x \vee (\bar{x} \wedge y) = x \vee y$
(22)	$(x \wedge y) \vee (\bar{x} \wedge y) = y$	(23)	$(x \vee y) \wedge (\bar{x} \vee y) = y$
(24)	$(\bar{x} \wedge y) \vee (x \wedge y) = y$	(25)	$(\bar{x} \vee y) \wedge (x \vee y) = y$
Drei Variablen			
(26)	$x \wedge (y \vee z) = (x \wedge y) \vee (x \wedge z)$	(27)	$x \vee (y \wedge z) = (x \vee y) \wedge (x \vee z)$

BEISPIEL: Der folgende logische Term soll vereinfacht werden:

$$\begin{aligned}
q &= \overline{(x \wedge \overline{y}) \wedge (x \vee y)} && \text{De Morgansche Regel (14)} \\
&= \overline{x \wedge \overline{y}} \vee \overline{x \vee y} && \text{De Morgansche Regeln (14) und (15)} \\
&= (\overline{x} \vee y) \vee (\overline{x} \wedge \overline{y}) && \text{Distributiv-Gesetz (27)} \\
&= \underbrace{[\overline{x} \vee (\overline{x} \wedge \overline{y})]}_{\overline{x}} \vee \underbrace{[y \vee (\overline{x} \wedge \overline{y})]}_{y \vee \overline{x}} && \text{nach Regeln (19) und (21)} \\
&= \overline{x} \vee y \vee \overline{x} = \overline{x} \vee y
\end{aligned}$$

Eine weitergehende Behandlung des Kalküls der Schaltalgebra findet sich im *Taschenbuch mathematischer Formeln und moderner Verfahren. Verlag Harri Deutsch; Frankfurt/Main, Thun.*

9.1.5 Analyse von logischen Schaltungen

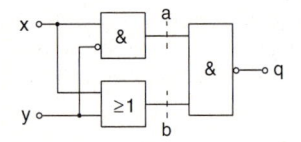

Abbildung 9.18: Zur Analyse logischer Schaltungen dienen Hilfsvariable

Um die Funktionstabelle einer komplexen logischen Schaltung zu gewinnen, schneidet man die Schaltung an geeigneten Stellen auf und führt Hilfsvariablen ein. So ergibt sich im Beipiel in Abbildung 9.18 die Hilfsvariable a zu $x \wedge \overline{y}$. Der offene Kreis am Eingang des UND-Gatters verdeutlicht die Negation. Für die Hilfsvariable b gilt: $b = x \vee y$. Die Ausgangsvariable q wird aus a und b NAND-verknüpft. Für die Teilfunktionen ergibt sich folgende Funktionstabelle:

x	y	$a = x \wedge \overline{y}$	$b = x \vee y$	$q = \overline{a \wedge b}$
0	0	0	0	1
0	1	0	1	1
1	0	1	1	0
1	1	0	1	1

Der letzten Spalte der Tabelle ist zu entnehmen, daß die gesamte Schaltung durch die Verknüpfung $q = \overline{x} \vee y$ ersetzt werden kann.

Bei Schaltungen mit mehreren Ausgangsvariablen wird für jede Variable eine eigene Funktionstabelle aufgestellt.

9.1.6 Normalformen

Eine Aufgabenstellung für digitale Logik resultiert in der Regel in einer Funktionstabelle, die die Verknüpfung von logischen Eingangsgrößen und Ausgangsgrößen darstellt. Daraus ist eine logische Funktion für jede Ausgangsvariable abzuleiten, die zu einem Entwurf einer logischen Schaltung führt. Besonders nützlich sind dabei **Normalformen** logischer Funktionen. In einer **vollständigen Normalform** erscheint jede Eingangsvariable in jedem Teilterm in negierter oder nicht negierter Form.

9.1.6.1 Disjunktive Normalform

Die **vollständige disjunktive Normalform**[*] (auch: kanonisch disjunktive Normalform) erhält man wie folgt.

- Nur Zeilen der Funktionstabelle, in denen die Ausgangsvariable logisch 1 ist, führen zu einem Teilterm.
- In jeder dieser Zeilen werden die Eingangsvariablen UND-verknüpft. Eine Variable tritt im Term negiert auf, wenn sie in der betreffenden Zeile den Wert 0 hat, andernfalls nicht negiert.
- Alle Teilterme werden ODER-verknüpft.

BEISPIEL: Im Beispiel ergeben sich die Ausgangsvariablen Q und R aus den Eingangsvariablen A, B, C.

A	B	C	Q	R
0	0	0	0	1
0	0	1	1	1
0	1	0	0	1
0	1	1	0	1
1	0	0	1	0
1	0	1	0	1
1	1	0	0	1
1	1	1	1	0

Die Ausgangsvariable Q in der nebenstehenden Funktionstabelle nimmt in drei Fällen den Wert 1 an. Es ergeben sich folgende Teilterme:

$\overline{A} \wedge \overline{B} \wedge C$ aus zweiter Zeile,
$A \wedge \overline{B} \wedge \overline{C}$ aus fünfter Zeile
$A \wedge B \wedge C$ aus letzter Zeile

Daraus ergibt sich für die Ausgangsvariable Q:

$$Q = (\overline{A} \wedge \overline{B} \wedge C) \vee (A \wedge \overline{B} \wedge \overline{C}) \vee (A \wedge B \wedge C)$$

Die disjunktive Normalform führt prinzipiell auf ein zweistufiges Schaltnetz wie in Abbildung 9.19.

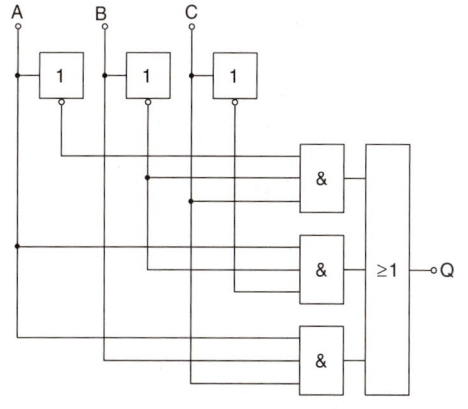

Abbildung 9.19: Zweistufiges Schaltnetz aus disjunktiver Normalform

---

[*] DISJUNKTIVE NORMALFORM: *sum of products*, SOP

9.1.6.2 Konjunktive Normalform

Die **vollständige konjunktive Normalform**[*] (auch: kanonische konjunktive Normalform) erhält man wie folgt.

- Nur Zeilen der Funktionstabelle, in denen die Ausgangsvariable logisch 0 ist, führen zu einem Teilterm.
- In jeder dieser Zeilen werden die Eingangsvariablen ODER-verknüpft. Eine Variable tritt im Term negiert auf, wenn sie in der betreffenden Zeile den Wert 1 hat, andernfalls nicht negiert.
- Alle Teilterme werden UND-verknüpft.

BEISPIEL: Die Ausgangsvariable R in der vorhergehenden Funktionstabelle nimmt in zwei Fällen den Wert 0 an. Es ergeben sich folgende Teilterme:

$\overline{A} \vee B \vee C$ aus fünfter Zeile,

$\overline{A} \vee \overline{B} \vee \overline{C}$ aus letzter Zeile

Daraus ergibt sich für die Ausgangsvariable R:

$R = (\overline{A} \vee B \vee C) \wedge (\overline{A} \vee \overline{B} \vee \overline{C})$

Die konjunktive Normalform führt prinzipiell auf ein zweistufiges Schaltnetz wie in Abbildung 9.20.

● Beide Normalformen sind möglicherweise noch redundant, d. h., sie können vereinfacht werden. Die disjunktive Normalform liefert offenbar kurze Gleichungen für Variablen, die in wenigen Fällen den Wert 1 annehmen. Im anderen Fall führt die konjunktive Normalform auf die kompaktere Form.

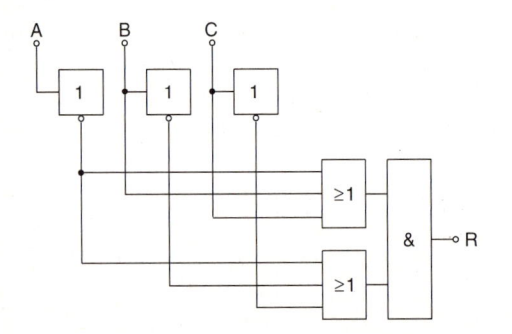

Abbildung 9.20: Zweistufiges Schaltnetz aus konjunktiver Normalform

HINWEIS: Bei der Anwendung der TTL-Technik hat sich eine Bevorzugung der disjunktiven Normalform durchgesetzt. Bei der Realisierung von Logikfunktionen durch programmierbare Funktionsspeicher (PLD) bevorzugt man die konjunktive Normalform.

9.1.7 Systematische Reduktion einer logischen Funktion

Die beiden folgenden Verfahren sind Methoden, möglichst einfache (reduzierte) logische Funktionen zu einer vorgegebenen Funktionstabelle zu finden. Ziel: möglichst wenig Gatter-Bausteine bei der elektronischen Realisierung.

---

[*] KONJUNKTIVE NORMALFORM: *product of sums*, POS

- KARNAUGH-*Diagramm:* Graphisch orientiertes Verfahren, anschaulich, auf wenige Eingangsvariablen beschränkt.
- *Verfahren nach* QUINE-MCCLUSKEY: Beliebige Anzahl von Variablen; aufwendiger, jedoch gut auf Rechnern programmierbar für den rechnerunterstützten Entwurf.

9.1.7.1 Karnaugh-Diagramm

Das KARNAUGH-VEITCH-Diagramm oder KV-Diagramm ist eine Notation der Funktionstabelle in Zeilen und Spalten, so daß sich beim Übergang von einem Feld auf das nächste *genau eine* Eingangsvariable ändert. Bei vier Eingangsvariablen A, B, C und D ergibt sich ein KARNAUGH-Diagramm wie unten dargestellt. Zuerst ist die Anordnung zur Gewinnung der disjunktiven Normalform (DNF) gezeigt, dann für die konjunktive Normalform (KNF). In jedes Feld ist der Zustand der Eingangsvariablen eingetragen. Die hochgestellte Ziffer ist der Dezimalwert der als Dualzahl aufgefaßten Eingangszustände.

DNF	$\overline{A} \wedge \overline{B}$	$\overline{A} \wedge B$	$A \wedge B$	$A \wedge \overline{B}$
$\overline{C} \wedge \overline{D}$	0000 [0]	0100 [4]	1100 [12]	1000 [8]
$\overline{C} \wedge D$	0001 [1]	0101 [5]	1101 [13]	1001 [9]
$C \wedge D$	0011 [3]	0111 [7]	1111 [15]	1011 [11]
$C \wedge \overline{D}$	0010 [2]	0110 [6]	1110 [14]	1010 [10]

KNF	$A \vee B$	$A \vee \overline{B}$	$\overline{A} \vee \overline{B}$	$\overline{A} \vee B$
$C \vee D$	0000 [0]	0100 [4]	1100 [12]	1000 [8]
$C \vee \overline{D}$	0001 [1]	0101 [5]	1101 [13]	1001 [9]
$\overline{C} \vee \overline{D}$	0011 [3]	0111 [7]	1111 [15]	1011 [11]
$\overline{C} \vee D$	0010 [2]	0110 [6]	1110 [14]	1010 [10]

In jedem Feld wird der zu den Eingangsvariablen gehörige Ausgangszustand notiert. Beim Übergang von einem Feld zu einem Nachbarn in horizontaler bzw. vertikaler Richtung ändert sich genau eine Eingangsvariable. Benachbart in diesem Sinne sind auch Felder über den Rand der Tabelle hinweg. Also: das Feld ganz rechts in der ersten Zeile ist Nachbar zum Feld ganz links in derselben Zeile, aber auch zum Feld rechts unten in der letzten Zeile. Die Tabelle hat also die Struktur einer Torusoberfläche. Bei nur drei Eingangsvariablen verkleinert sich die Tabelle um zwei Zeilen. Mehr als vier Variablen sind nicht mehr übersichtlich darstellbar.

Zur Suche einer **reduzierten disjunktiven Normalform** geht man folgendermaßen vor:
- Fasse benachbarte Felder zusammen, die mit Einsen besetzt sind. Dabei sind nur rechteckige Gruppen mit 1, 2, 4 oder 8 Feldern zulässig. Bilde die größtmöglichen Gruppen.
- Alle Felder müssen in mindestens einer Gruppe erfaßt sein. Einzelne Felder dürfen in mehreren Gruppen erfaßt sein.

- Für jede Gruppe stelle einen UND-verknüpften Term auf, in dem *nur die* Variablen enthalten sind, die *allen* Feldern der Gruppe gemeinsam sind. Bei Gruppen mit zwei Feldern entfällt somit eine Variable, bei Gruppen mit vier Feldern zwei usw.
- Die sich ergebenden Terme werden ODER-verknüpft.

BEISPIEL: Gesucht ist die reduzierte disjunktive Normalform einer logischen Funktion Q, die die folgende Funktionstabelle (Tab. 9.1) erfüllt.

Tabelle 9.1: Funktionstabelle

	A	B	C	D	Q
0	0	0	0	0	1
1	0	0	0	1	1
2	0	0	1	0	1
3	0	0	1	1	0
4	0	1	0	0	1
5	0	1	0	1	1
6	0	1	1	0	0
7	0	1	1	1	0
8	1	0	0	0	0
9	1	0	0	1	0
10	1	0	1	0	1
11	1	0	1	1	1
12	1	1	0	0	0
13	1	1	0	1	0
14	1	1	1	0	0
15	1	1	1	1	1

Q	$\overline{A}\wedge\overline{B}$	$\overline{A}\wedge B$	$A\wedge B$	$A\wedge\overline{B}$
$\overline{C}\wedge\overline{D}$	1 ^{0}	1 ^{4}	12	8
$\overline{C}\wedge D$	1 ^{1}	1 ^{5}	13	9
$C\wedge D$	3	7	1 ^{15}	1 ^{11}
$C\wedge\overline{D}$	1 ^{2}	6	14	1 ^{10}

Daraus ergibt sich das obenstehende KARNAUGH-Diagramm. Der Übersichtlichkeit halber sind nur die Felder eingetragen, die Einsen enthalten. Es läßt sich links oben eine Vierer-Gruppe bilden. In der dritten Zeile kann man zwei Felder zusammenfassen. Es ist unzweckmäßig, die Eins in der unteren rechten Ecke in eine Gruppe mit der Eins darüber einzubeziehen. Günstiger ist vielmehr, das Feld unten rechts mit dem in der Ecke unten links zusammenzufassen. Daraus ergeben sich folgende Terme:

Felder (0, 4, 1, 5): $\overline{A}\wedge\overline{C}$
Felder (15, 11): $A\wedge C\wedge D$
Felder (2, 10): $\overline{B}\wedge C\wedge\overline{D}$

Gesamtterm:

$Q = (\overline{A}\wedge\overline{C}) \vee (A\wedge C\wedge D) \vee (\overline{B}\wedge C\wedge\overline{D})$

Anstelle von ursprünglich 8 Termen mit je vier Variablen verbleiben nach der Reduktion 1 Term mit zwei und 2 Terme mit drei Variablen.

Zur Suche einer **reduzierten konjunktiven Normalform** geht man folgendermaßen vor:

- Fasse benachbarte Felder zusammen, die mit Nullen besetzt sind. Dabei sind nur rechteckige Gruppen mit 1, 2, 4 oder 8 Feldern zulässig. Bilde die größtmöglichen Gruppen.
- Alle Felder müssen in mindestens einer Gruppe erfaßt sein. Einzelne Felder dürfen in mehreren Gruppen erfaßt sein.

9.1 Schaltalgebra (Boolesche Algebra)

- Für jede Gruppe stelle einen ODER-verknüpften Term auf, in dem *nur die* Variablen enthalten sind, die *allen* Feldern der Gruppe gemeinsam sind. Bei Gruppen mit zwei Feldern entfällt somit eine Variable, bei Gruppen mit vier Feldern zwei usw.
- Die sich ergebenden Terme werden UND-verknüpft.

BEISPIEL: Gesucht ist die reduzierte konjunktive Normalform einer logischen Funktion R, die die folgende Funktionstabelle (Tab. 9.2) erfüllt.

Tabelle 9.2: Funktionstabelle

	A	B	C	D	R
0	0	0	0	0	0
1	0	0	0	1	1
2	0	0	1	0	0
3	0	0	1	1	1
4	0	1	0	0	1
5	0	1	0	1	0
6	0	1	1	0	1
7	0	1	1	1	1
8	1	0	0	0	0
9	1	0	0	1	1
10	1	0	1	0	0
11	1	0	1	1	1
12	1	1	0	0	1
13	1	1	0	1	0
14	1	1	1	0	1
15	1	1	1	1	0

R	$A \vee B$	$A \vee \overline{B}$	$\overline{A} \vee \overline{B}$	$\overline{A} \vee B$
$C \vee D$	0 0	4	12	0 8
$C \vee \overline{D}$	1	0 5	0 13	9
$\overline{C} \vee \overline{D}$	3	7	0 15	11
$\overline{C} \vee D$	0 2	6	14	0 10

Daraus ergibt sich das obenstehende KARNAUGH-Diagramm. Nur die Felder, die Nullen enthalten, sind eingetragen. Die vier Felder in den Ecken lassen sich über den Rand hinweg zu einer Vierer-Gruppe zusammenfassen. Zwei Felder in der Mitte bilden eine horizontale Gruppe. In der Mitte rechts läßt sich eine weitere, aber vertikale Gruppe bilden. Daraus ergeben sich folgende Terme:

Felder (0, 8, 2, 10): $B \vee D$
Felder (5, 13): $\overline{B} \vee C \vee \overline{D}$
Felder (13, 15): $\overline{A} \vee \overline{B} \vee \overline{D}$

Gesamtterm:

$$R = (B \vee D) \wedge (\overline{B} \vee C \vee \overline{D}) \wedge (\overline{A} \vee \overline{B} \vee \overline{D})$$

Anstelle der ursprünglich sieben Terme mit vier Variablen verbleiben nach der Reduktion 1 Term mit zwei Variablen und 2 Terme mit drei Variablen.

Berücksichtigung von unbestimmten Zuständen

Mitunter ist für eine gewisse Kombination der Eingangsvariablen der Zustand der Ausgangsvariablen nicht vorgeschrieben bzw. gleichgültig. Solche Zustände werden mit einem × gekennzeichnet. Die Zustände nennt man unbestimmt bzw. im Englischen *don't care terms*. Im KARNAUGH-Diagramm kann man unbestimmten

Zuständen nach Belieben einen Wert zuordnen. Die Zuordnung trifft man so, daß sich die günstigste Vereinfachung ergibt.

BEISPIEL: Gesucht ist die reduzierte Normalform einer logischen Funktion S, die die folgende Funktionstabelle (Tab. 9.3) erfüllt.

Tabelle 9.3: Funktionstabelle

	A	B	C	D	S
0	0	0	0	0	1
1	0	0	0	1	1
2	0	0	1	0	0
3	0	0	1	1	×
4	0	1	0	0	×
5	0	1	0	1	×
6	0	1	1	0	×
7	0	1	1	1	×
8	1	0	0	0	0
9	1	0	0	1	0
10	1	0	1	0	0
11	1	0	1	1	×
12	1	1	0	0	1
13	1	1	0	1	0
14	1	1	1	0	1
15	1	1	1	1	×

S	$\overline{A} \wedge \overline{B}$	$\overline{A} \wedge B$	$A \wedge B$	$A \wedge \overline{B}$
$\overline{C} \wedge \overline{D}$	1⁰	×⁴	1¹²	8
$\overline{C} \wedge D$	1¹	×⁵	13	9
$C \wedge D$	×³	×⁷	×¹⁵	×¹¹
$C \wedge \overline{D}$	2	×⁶	1¹⁴	10

S	$A \vee B$	$A \vee \overline{B}$	$\overline{A} \vee \overline{B}$	$\overline{A} \vee B$
$C \vee D$	0	×⁴	12	0⁸
$\overline{C} \vee D$	1	×⁵	0¹³	0⁹
$C \vee D$	×³	×⁷	×¹⁵	×¹¹
$\overline{C} \vee D$	0²	×⁶	14	0¹⁰

Zur Gewinnung der **disjunktiven Normalform** ist es zweckmäßig, die undefinierten Zustände in der ersten und zweiten Zeile als 1 zu definieren. Daraus ergibt sich im linken oberen Quadranten des KARNAUGH-Diagramms eine Vierer-Gruppe. Ebenso können die beiden Einsen in der dritten Spalte über den Rand hinweg zu einer Zweier-Gruppe zusammengefaßt werden. Daraus ergibt sich

$$S_1 = (\overline{A} \wedge \overline{C}) \vee (A \wedge B \wedge \overline{D})$$

Für die **konjunktive Normalform** gruppiert man die Nullen in der letzten Spalte zusammen mit dem unbestimmten Zustand in der dritten Zeile zu einer Vierer-Gruppe.

Die Null in der linken unteren Ecke wird durch die drei unbestimmten Zustände zu einer weiteren Vierer-Gruppe ergänzt. Nicht erfaßt ist bisher die Null in der dritten Spalte. Die unbestimmten Zustände links davon und darunter ergänzen sie zu einer Vierer-Gruppe. Daraus ergibt sich

$$S_2 = (\overline{A} \vee B) \wedge (A \vee D) \wedge (\overline{B} \vee C)$$

Beide Funktionen S_1 und S_2 erfüllen die Vorgaben der Funktionstabelle, realisieren aber *unterschiedliche* logische Verknüpfungen.

9.1.7.2 Das Verfahren nach Quine und McCluskey

Das Minimierungsverfahren von QUINE und MCCLUSKEY geht von der disjunktiven Normalform der zu minimierenden Funktion aus. Bei der disjunktiven Normalform bezeichnet man die Produktterme (Konjunktionsterme), in der *jede* Variable einmal auftritt als **Minterme**.

BEISPIEL: Der erste Term der logischen Funktion $Q = A\overline{B}C\overline{D} + ABD$ ist ein Minterm, der zweite nicht, denn die Variable C ist nicht in ihm enthalten.

HINWEIS: Disjunktionsterme (Summenterme), in denen jede Variable einmal auftritt, heißen **Maxterme**.

Ein Produktterm P heißt **Implikant** von Q, wenn aus $P = 1 \quad Q = 1$ folgt.

BEISPIEL: Der Minterm $A\overline{B}C\overline{D}$ ist ein Implikant von Q, denn wenn $A\overline{B}C\overline{D} = 1$ ist, ist auch $Q = 1$. Dasselbe gilt für den Produktterm ABD.

Ein **Primimplikant** ist ein Term, der nach Weglassen einer Variablen kein Implikant mehr wäre. (Bedeutung: kürzester Implikant).

BEISPIEL: Für $Q = A\overline{B}C\overline{D} + ABC + \overline{A}\,BC\overline{D}$ ist der zweite Term ein Primimplikant. Der erste und dritte Term sind jeweils keine Primimplikanten, denn bereits aus $\overline{B}C\overline{D} = 1$ folgt $Q = 1$.

Das Verfahren von QUINE und MCCLUSKEY arbeitet in zwei Schritten

1. Bestimmung der Primimplikanten
2. Bestimmung der minimalen Überdeckung

Bestimmung der Primimplikanten

Für den Term

$$Q = AB\overline{C}D + ABC\overline{D} + \overline{A}BC\overline{D} + AB\overline{C}\,\overline{D} + \overline{A}B\overline{C}\,\overline{D} + A\overline{B}\,\overline{C}\,\overline{D}$$

seien die Primimplikanten zu bestimmen. Dazu werden alle Produktterme in einer Liste eingetragen. Für jede Variable wird der Wert eingetragen, den sie annehmen muß, damit der Term den Wert Eins annimmt.

ABCD	ABCD	ABCD
(1) 1 1 0 1 *	(14) 1 1 0 -	(2435) - 1 - 0
(2) 1 1 1 0 *	(23) - 1 1 0 *	(2345) - 1 - 0
(3) 0 1 1 0 *	(24) 1 1 - 0 *	
(4) 1 1 0 0 *	(35) 0 1 - 0 *	
(5) 0 1 0 0 *	(45) - 1 0 0 *	
(6) 1 0 0 0 *	(46) 1 - 0 0	

Terme, die sich nur in der Wertigkeit *einer* Variablen unterscheiden, heißen **ähnlich**. Das gilt z. B. für die Terme in der ersten und vierten Zeile 1101 und 1100. Die dazugehörigen Produktterme lauten $AB\overline{C}D$ und $AB\overline{C}\,\overline{D}$. Solche Terme lassen sich um die Variable, die in beiden komplementär auftritt, **verkürzen**.

$$AB\overline{C}D + AB\overline{C}\,\overline{D} = AB\overline{C}(D + \overline{D}) = AB\overline{C}$$

Für jeden Tabelleneintrag werden dazu ähnliche Terme gesucht. Diese werden gekennzeichnet (im Beispiel mit einem Stern) und die verkürzte Form in eine neue Tabelle eingetragen (zweite Spalte). Die Position der weggefallenen Variablen ist mit einem Strich gekennzeichnet. Die Nummern in Klammern verweisen darauf, aus welchen Zeilen der vorhergehenden Tabelle die Verkürzung hervorging.

In der neuen Tabelle wird die Suche nach zueinander ähnlichen Termen wiederholt. Der Vorgang endet, wenn keine weiteren Terme markiert werden können. Identische Terme, wie die beiden letzten in der dritten Spalte der Beispielstabelle, werden grundsätzlich nur einmal berücksichtigt.

Alle Terme, die in irgendeiner Tabelle keine Markierung tragen, konnten nicht verkürzt werden, sind also Primimplikanten. Das sind im Beispiel die Terme (14), (46) und (2435). Die Primimplikanten der Funktion Q sind also

$$AB\overline{C}, \quad A\overline{C}\,\overline{D} \quad \text{und} \quad B\overline{D}$$

Einige der Primimplikanten sind möglicherweise noch redundant. Ihre Anzahl läßt sich minimieren durch

Bestimmung der minimalen Überdeckung

Dazu werden in einer Tabelle alle Konjunktionsterme (Produktterme) der ursprünglich zu minimierenden Funktion eingetragen. Dann werden diejenigen Primimplikanten markiert, zu denen die Produktterme in der Zeile Implikanten sind. (oder: markiert wird, wenn alle Variablen des Primimplikanten vollständig im Produktterm enthalten sind).

	$AB\overline{C}$	$A\overline{C}\,\overline{D}$	$B\overline{D}$
$AB\overline{C}D$	×		
$\overline{A}BC\overline{D}$			×
$ABC\overline{D}$			×
$AB\overline{C}\,\overline{D}$	×	×	×
$\overline{A}B\overline{C}\,\overline{D}$			×
$A\overline{B}\,\overline{C}\,\overline{D}$		×	

Beginnend mit dem längsten Term läßt man Primimplikanten weg, solange noch in *jeder Zeile mindestens ein* Kreuz verbleibt.

Im Beipiel ist kein Primimplikant redundant, so daß sich als minimale Funktion ergibt

$$Q = AB\overline{C} + A\overline{C}\,\overline{D} + B\overline{D}$$

Das Durchsuchen, Ordnen und Markieren von Tabellen läßt sich gut durch Rechnerprogramme realisieren und kann damit auch für unübersichtlich hohe Variablenzahlen durchgeführt werden.

9.1.8 Synthese von Schaltnetzen

Ein **Schaltnetz**[*] ist eine logische Schaltung, deren Ausgangsvariable nur von den am Eingang anliegenden Werten abhängt. Schaltnetze besitzen keine internen Speicher. Gegensatz: Schaltwerke (Abschnitt 9.3).

Die Normalformen legen nahe, Schaltnetze aus UND-, ODER- und Inverter-Schaltungen aufzubauen. UND- und ODER-Glieder sowie Inverter können durch NAND- bzw. NOR-Schaltungen dargestellt werden (siehe Abb. 9.21). Jedes Schaltnetz läßt sich folglich ausschließlich aus NAND- bzw. NOR-Gliedern realisieren. Die Umsetzung eines Schaltnetzes auf nur einen Typ von Verknüpfungsschaltung nennt man **Typisierung**.

---

[*] SCHALTNETZ: *combinatorial circuit, combinatorial logic*

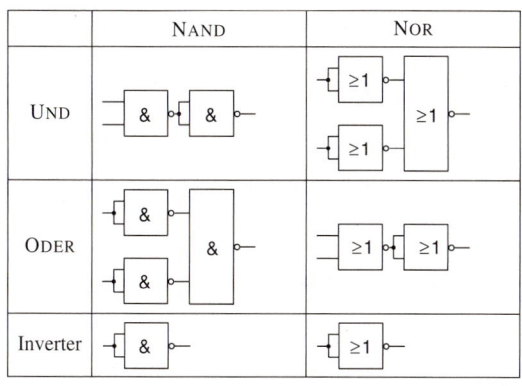

Abbildung 9.21: Darstellung der Grundfunktionen durch NAND- bzw. NOR-Verknüpfungen

9.1.8.1 Typisierung auf NAND-Glieder

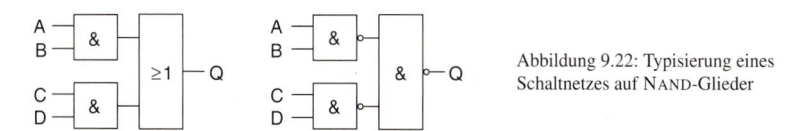

Abbildung 9.22: Typisierung eines Schaltnetzes auf NAND-Glieder

Ausgehend von der *disjunktiven Normalform* werden sowohl UND- als auch ODER-Gatter durch NANDs ersetzt (siehe Abb. 9.22). Die Gleichwertigkeit beider Schaltungen beruht auf der DE MORGANschen Regel

$$(A \wedge B) \vee (C \wedge D) = \overline{\overline{A \wedge B} \wedge \overline{C \wedge D}}$$

9.1.8.2 Typisierung auf NOR-Glieder

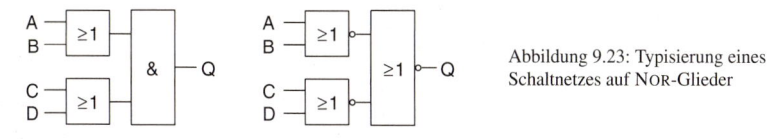

Abbildung 9.23: Typisierung eines Schaltnetzes auf NOR-Glieder

Ausgehend von der *konjunktiven Normalform* werden sowohl UND- als auch ODER-Gatter durch NORs ersetzt (siehe Abb. 9.23). Die Gleichwertigkeit beider Schaltungen beruht auf der DE MORGANschen Regel

$$(A \vee B) \wedge (C \vee D) = \overline{\overline{A \vee B} \vee \overline{C \vee D}}$$

HINWEIS: Zu dieser Vorgehensweise gibt es zwei Alternativen: Die Realisierung mit Multiplexern (Abschnitt 9.4.2) oder mit Funktionsspeichern (Abschnitt 9.6.5).

9.2 Elektronische Realisierung von Schaltfunktionen

9.2.1 Elektrische Kenndaten

9.2.1.1 Pegel

Logische Zustände werden in elektronischen Verknüpfungsschaltungen durch Spannungswerte dargestellt. Für jeden logischen Wert definiert man zulässige Pegelintervalle:

    H-Pegelbereich[*]: Intervall dichter bei $+\infty$
    L-Pegelbereich[*]: Intervall dichter bei $-\infty$

Innerhalb einer Logikfamilie sind die Intervallgrenzen standardisiert. Die tatsächlichen Ausgangsspannungen einer Verknüpfungsschaltung hängen ab von der ausgangsseitigen Belastung, von der Temperatur und von der Speisespannung. Zudem variieren Ausgangspegel bei gleichen Randbedingungen von Baustein zu Baustein (Exemplarstreuungen). **Typische Ausgangspegel** sind Mittelwerte einer Baureihe bei definierten Randbedingungen. Spannungswerte zwischen den Bereichen für H und L treten in Verknüpfungsschaltungen kurzzeitig auf, sind aber **nicht definierte** Zustände.

Die Zuordnung von Pegelbereichen zu logischen Werten ist prinzipiell willkürlich.

    Positive Logik: $H \triangleq 1$, $L \triangleq 0$
    Negative Logik: $L \triangleq 1$, $H \triangleq 0$

Ohne ausdrückliche Angabe der Zuordnung ist positive Logik gemeint. Sie ist am weitaus häufigsten anzutreffen.

9.2.1.2 Übertragungskennlinie

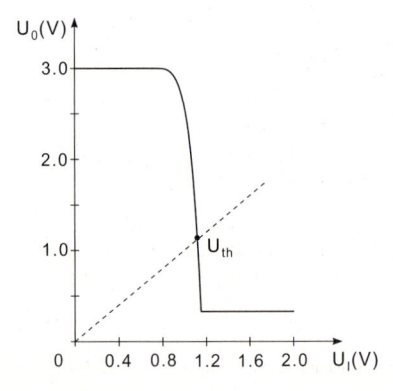

U_O: Ausgangsspannung
U_I: Eingangsspannung
U_{th}: Schwellspannung

Abbildung 9.24: Übertragungskennlinie eines Inverters

Die Übertragungskennlinie stellt die Ausgangsspannung einer Verknüpfungsschaltung in Abhängigkeit von der Eingangsspannung dar. Abbildung 9.24 zeigt die eines Inverters. Man strebt eine möglichst stufenförmige Form an. Der tatsächliche Verlauf der Übertragungskennlinie ist temperaturabhängig.

---

[*] H-PEGEL: *high level*
[*] L-PEGEL: *low level*

Damit die Ausgänge von Verknüpfungsschaltungen unmittelbar mit den Eingängen der nachfolgenden Schaltung verbunden werden können, müssen die Schaltkreise geeignet dimensioniert werden. Innerhalb einer *Logik-Familie* ist das sichergestellt.

Die **Schwellspannung**[*] (auch Umschaltpunkt) ist die Eingangsspannung, bei der Eingang und Ausgang gleiche Spannung aufweisen. Sie ist in der Übertragungskennlinie durch Schnitt mit einer Geraden der Steigung 1 zu finden (unterschiedliche Maßstäbe beachten).

9.2.1.3 Lastfaktoren

Innerhalb einer Logikfamilie erlauben Lastfaktoren die Abschätzung, wie viele Eingänge von nachfolgenden Gattern ein Ausgang einer Logik-Schaltung treiben kann.

Eingangslastfaktor (*fan in*): Gibt an, wieviel mal größer der Eingangsstrom gegenüber einem Standardeingang der Logikfamilie ist.

Ausgangslastfaktor (*fan out*): Gibt an, mit wievielen Standardeingängen der Logikfamilie ein Ausgang belastet werden kann.

- Die Summe der Eingangslastfaktoren der Eingänge von Schaltungen, die gemeinsam von einem Ausgang getrieben werden, darf dessen Ausgangslastfaktor nicht überschreiten.

HINWEIS: Ausgangslastfaktoren können für H- bzw. L-Pegel verschieden sein. Gegebenenfalls muß der kleinere der beiden Werte bei der Abschätzung berücksichtigt werden.

9.2.1.4 Störabstand

Bei in Reihe geschalteten Verknüpfungsschaltungen muß sichergestellt sein, daß das Ausgangssignal des ersten Gatters vom zweiten Gatter richtig gedeutet wird. Die Hersteller geben für ihre Bausteine den sogenannten **garantierten statischen Störabstand** an, der auch unter den ungünstigsten Betriebsbedingungen (Temperatur, Last, Versorgungsspannung) eingehalten wird.

U_O: Ausgangsspannung
U_{OHmin}: minimale Ausgangsspannung im Zustand H
U_{OLmax}: maximale Ausgangsspannung im Zustand L
U_I: Eingangsspannung
U_{IHmin}: minimale Eingangsspannung für Zustand H
U_{ILmax}: maximale Eingangsspannung für Zustand L

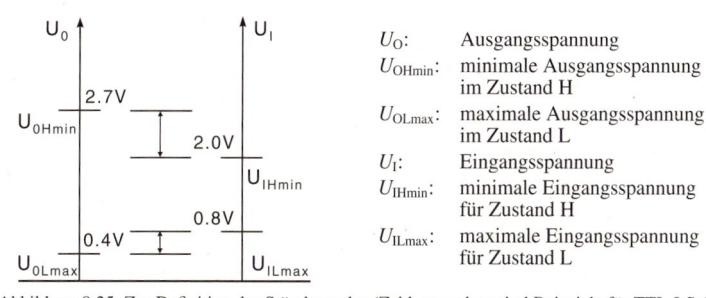

Abbildung 9.25: Zur Definition des Störabstandes (Zahlenangaben sind Beispiele für TTL-LS-Gatter)

- Der **statische Störabstand**[*] des **H**-Zustandes ist die Differenz zwischen der niedrigsten Ausgangsspannung U_{OHmin} und der niedrigsten zulässigen Eingangsspannung U_{IHmin} des nachfolgenden Gatters, die noch als H-Pegel akzeptiert wird.

---
[*] SCHWELLSPANNUNG: *threshold voltage*
[*] STÖRABSTAND: *noise margin*

- Der **statische Störabstand** des L-Zustandes ist die Differenz zwischen der höchsten Ausgangsspannung U_{OLmax} und der höchsten zulässigen Eingangsspannung U_{ILmax} des nachfolgenden Gatters, die noch als L-Pegel akzeptiert wird.

Der Störabstand gibt an, wie groß eine Störspannung maximal sein darf, ohne eine Fehlfunktion des Gatters auszulösen (siehe Abb. 9.25). Im Beispiel sind das im Zustand H 0,7 V und im Zustand L 0,4 V. Das gilt für Störsignale, deren Dauer größer ist als die Gatterlaufzeit (einige 10 ns).

Das Verhalten bei sehr kurzen Störimpulsen wird beschrieben durch den **dynamischen Störabstand**. Er ist von der Pulsdauer abhängig. Für sehr kurze Pulse ist eine höhere Spannung zulässig, bevor eine Fehlfunktion ausgelöst wird.

Der **typische Störabstand** ist die Differenz zwischen typischer Ausgangsspannung und der Schwellspannung U_{th}.

9.2.1.5 Verzögerungszeit

Die Verzögerungszeit ist die Zeitspanne zwischen der Flanke des Eingangssignals und der dadurch bewirkten Änderung des Ausgangssignals. Die Flanke wird dabei häufig eingangs- und ausgangsseitig auf den Durchgang durch die Schwellspannung bezogen.

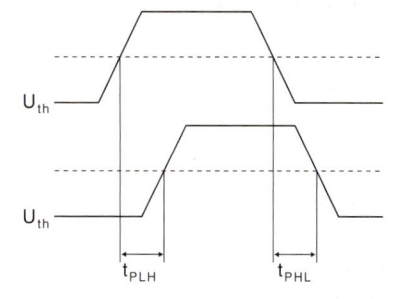

U_{th}: Schwellspannung
t_{PHL}: Verzögerungszeit für negative Flanke
t_{PLH}: Verzögerungszeit für positive Flanke

Abbildung 9.26: Zur Definition der Verzögerungszeit

- Für Zustandswechsel von H nach L gilt die Verzögerungszeit* t_{PHL}.
- Für Zustandswechsel von L nach H gilt die Verzögerungszeit t_{PLH}.

9.2.1.6 Anstiegszeiten

Man unterscheidet:

Anstiegszeit[*]: t_{LH} bei einer (positiven) LH-Flanke

Abfallzeit[*]: t_{HL} bei einer (negativen) HL-Flanke

- Man mißt die Zeit zwischen 10 % und 90 % des Impulsendwertes.

---

[*] VERZÖGERUNGSZEIT: *propagation delay time*
[*] ANSTIEGSZEIT: *rise time*
[*] ABFALLZEIT: *fall time*

HINWEIS: In manchen Datenblättern werden andere Referenzpunkte auf dem Signal zugrundegelegt.

HINWEIS: Anstiegs- und Abfallzeiten können sich bei einem Logik-Baustein beachtlich unterscheiden. Sie liegen bei üblichen Schaltungen im Bereich weniger Nanosekunden. Deshalb darf bei der Messung der Anstiegszeit die Anstiegszeit des Oszilloskops nicht vernachläsigt werden. Die gemessene Zeit ergibt sich als

$$t_{\text{mess}} = \sqrt{t_{\text{LH}}^2 + t_{\text{Oszi}}^2}$$

und muß entsprechend korrigiert werden.

- Anstiegs- und Abfallzeiten sind lastabhängig. Besonders die Kapazität der Last ist entscheidend, weil sie durch den Ausgangsstrom umgeladen werden muß.

9.2.1.7 Verlustleistung

Die Verlustleistung von Logikschaltkreisen setzt sich zusammen aus einem **statischen** Anteil, der durch die Ruheströme zustandekommt, und einem **dynamischen** Anteil, der auf den Umladeströmen der internen und externen Kapazitäten beruht.

Die Verlustleistung ist damit last- und frequenzabhängig. Wesentlich hängt sie zudem von der Fertigungstechnologie ab. Siehe dazu die Abschnitte ab 9.2.3.

9.2.1.8 Mindeststeilheit

Eingänge von Logikschaltungen müssen mit steilflankigen Impulsen angesteuert werden. Andernfalls kommt es zu Instabilitäten des Ausgangssignals. In den Datenblättern ist üblicherweise die mindest notwendige **Flankensteilheit**[*] in V/μs angegeben.

Ausgangssignale von Logikschaltkreisen weisen bei zulässiger Last die Mindeststeilheit immer auf. Problematisch kann die Versorgung mit externen Signalen werden. Im Problemfall hilft der Einsatz eines Schmitt-Triggers (siehe 9.2.6.4).

9.2.1.9 Integration

Logische Verknüpfungsschaltungen werden heute fast ausschließlich mit integrierten Schaltungen realisiert. Die Integration resultiert neben der Platzersparnis auch in einer Reduktion der Schaltzeiten, des Leistungsbedarfs und der Kosten. Andererseits werden integrierte Logikschaltungen für den Normalbedarf nur in standardisierten Funktionseinheiten geliefert. Beim Entwurf von logischen Schaltungen muß stets auch die Verfügbarkeit der gewünschten Schaltkreiskombination berücksichtigt werden.

Integrierte logische Schaltungen werden in zwei gänzlich unterschiedlichen Prozessen realisiert. Das resultiert in zwei *Logik-Familien*, den TTL- und den CMOS-Bausteinen. Die erste basiert auf der Anwendung der Bipolartechnologie, die zweite auf integrierten Feldeffekt-Transistoren.

---

[*] FLANKENSTEILHEIT: *slew rate*

9.2.2 Übersicht: Bezeichnungen in Datenblättern

f_{max} (*maximum clock frequency*): Maximale Taktfrequenz am Eingang eines bistabilen Schaltkreises, bei der noch die sichere Funktion gemäß Datenblatt gewährleistet ist.

> HINWEIS: Betreibt man solche Schaltungen rückgekoppelt, kann die Frequenz niedriger liegen. Hinweise in den Datenblättern beachten.

I_{CC} (*supply current*): Mittlerer Strom, den der Schaltkreis aus der Versorgungsspannungsquelle aufnimmt.

I_{CCPD} (*power down supply current*): Stromaufnahme des Schaltkreises im Ruhebetrieb (ausgelöst durch *power down* Signal).

I_{IH} (*high-level input current*): In den Eingang eines Schaltkreises fließender Strom, bei anliegendem H-Pegel.

I_{IL} (*low-level input current*): In den Eingang eines Schaltkreises fließender Strom, bei anliegendem L-Pegel.

I_{OH} (*high-level output current*): *In* den Ausgang eines Schaltkreises fließender Strom bei Ausgangspegel H.

> HINWEIS: In der Regel ist dieser Wert negativ, weil Strom aus dem Ausgang abfließt.

I_{OL} (*low-level output current*): In den Ausgang eines Schaltkreises fließender Strom bei Ausgangspegel L.

I_{OS} (*short-circuit output current*): In den Ausgang eines Schaltkreises fließender Strom bei Verbinden des Ausgangs mit Masse. In der Regel gilt das bei Ausgangspegel H.

> HINWEIS: Dieser Wert ist negativ.

I_{OZH} (*high-impedance state output current with high-level voltage applied*): In den *three-state*-Ausgang eines Schaltkreises maximal fließender Strom, wobei der Ausgang hochohmig geschaltet ist, und eine externe Quelle H-Pegel an den Ausgang legt.

I_{OZL} (*high-impedance state output current with low-level voltage applied*): In den *three-state*-Ausgang eines Schaltkreises maximal fließender Strom, wobei der Ausgang hochohmig geschaltet ist, und eine externe Quelle L-Pegel an den Ausgang legt.

> HINWEIS: Dieser Wert ist negativ.

V_{IH} (*high-level input voltage*): Eingangsspannung, die dem Pegel H entspricht. Meist als minimal zulässige Spannung angegeben, die der Baustein noch als H-Pegel akzeptiert.

V_{IL} (*low-level input voltage*): Eingangsspannung, die dem Pegel L entspricht. Meist als maximal zulässige Spannung angegeben, die der Baustein noch als L-Pegel akzeptiert.

V_{OH} (*high-level output voltage*): Ausgangsspannung, wenn der Baustein so gesteuert wird, daß am Ausgang H-Pegel anliegt. Meist als minimal garantierter Wert angegeben.

> HINWEIS: V_{OH} ist stark von der Last und der Temperatur abhängig.

V_{OL} (*low-level output voltage*): Ausgangsspannung, wenn der Baustein so gesteuert wird, daß am Ausgang L-Pegel anliegt. Meist als maximal garantierter Wert angegeben.

> HINWEIS: V_{OL} ist stark von der Last und der Temperatur abhängig.

t_{dis} (*disable time*): Gilt für *three-state-Ausgänge*. Verzögerungszeit gemessen zwischen Referenzpunkten des ausgeschalteten Signals und dem Ausgangssignal, wobei der Ausgang von einem definierten Pegel in den hochohmigen Zustand schaltet.

HINWEIS: Mitunter wird je nach aktivem Ausgangspegel unterschieden zwischen t_{PLZ} und t_{PHZ}.

t_h (*hold time*): Minimal notwendige Zeit, die ein Signal anliegen muß, um die spezifizierte Reaktion zu veranlassen.

t_w (*pulse width*): Spanne zwischen definierten Referenzpunkten auf der ersten und der zweiten Flanke eines Impulses.

t_{pd} (*propagation delay time*): Verzögerungszeit eines Bausteins. Zeit zwischen Referenzpunkten eines Eingangssignals und des dadurch veranlaßten Ausgangssignals.

HINWEIS: Mitunter wird je nach Flankenrichtung zwischen t_{pLH} und t_{pHL} unterschieden.

t_r (*rise time*): Zeitspanne zwischen dem Durchlaufen von 10 % und 90 % des Signalendwertes einer ansteigenden Flanke.

t_f (*fall time*): Zeitspanne zwischen dem Durchlaufen von 90 % und 10 % des Signalendwertes einer abfallenden Flanke.

t_{pxz} siehe t_{dis} für beide Pegel H und L.

Signaldarstellung in Datenblättern		
Signalform	Eingang	Ausgang
———	muß konstant sein	ist konstant
＼	kann von H nach L wechseln	wechselt von H nach L
／	kann von L nach H wechseln	wechselt von L nach H
><><><	jede Änderung zulässig	Zustand nicht vorhersagbar
>—<	—	Mittellinie stellt hochohmigen Z-Zustand dar (bei *three-state* Ausgängen

9.2.3 TTL-Familie

Die TTL (Transistor-Transistor-Logik) Bausteine werden in unterschiedlichen Baureihen geliefert. Für alle gilt gemeinsam:

- +5 V-Versorgungsspannung
- beliebige Zusammenschaltbarkeit wegen verträglicher Ein/Ausgangssignale
- Pinkompatibilität gleichbenannter Bausteine auch in unterschiedlichen Baureihen

9.2.3.1 TTL-Baureihen

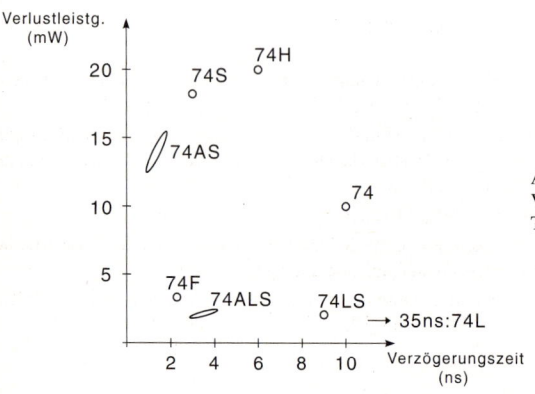

Abbildung 9.27: Schaltzeiten und Verlustleistung verschiedener TTL-Baureihen

$U_{CC} = 5$ V		TTL-Baureihe		
$\vartheta = 25$ °C		74LS00	74ALS00	74F00
Eingangsspannung	U_{ILmax}	0,8 V	0,8 V	0,8 V
	U_{IHmin}	2,0 V	2,0 V	2,0 V
Ausgangsspannung	U_{OLmax}	0,5 V	0,5 V	0,5 V
	U_{OHmin}	2,7 V	2,7 V	2,7 V
Schwellspannung	U_{th}	1,3 V	1,5 V	1,5 V
Ausgangslastfaktor		20	20	33
Ausgangsstrom	I_{OLsink}	8 mA	8 mA	20 mA
Verzögerungszeit typ./max.	t_{PLH}	9/15 ns	4 ns	4/5 ns
	t_{PHL}	10/15 ns	5 ns	3/4 ns
Anstiegszeit	t_{LH}	10 ns	5 ns	3 ns
Abfallzeit	t_{HL}	6 ns	5 ns	3 ns
bei 15 pF Last				
Mindeststeilheit		1V/µs	5V/µs	
(der Eingangsspannung)				
Verlustleistung				
je Gatter		2 mW	1,2 mW	4 mW

Die wesentlichen Eigenschaften der verschieden Baureihen sind (in Klammern ist die Bezeichnung für ein Vierfach-NAND der Baureihe angegeben):

Standard-TTL-Reihe (7400). Historisch erste Baureihe. Sehr preiswert. War Jahrzehnte Industrie-Standard.

High-Speed-TTL-Reihe (74H00). Etwas schneller als Standard-Reihe durch niederohmigere Auslegung. Keine Marktbedeutung mehr.

Low-Power-TTL-Reihe (74L00). Sehr viel langsamer als Standard-Reihe. Niedrigere Verlustleistung. Keine Marktbedeutung mehr.
Schottky-TTL-Reihe (74S00). Durch Einsatz von Schottky-Transistoren und -Dioden werden sehr kurze Schaltzeiten erreicht. Geringe Typenvielfalt.
Low-Power-Schottky-TTL-Reihe (74LS00). Einsatz von Schottky-Transistoren. Geringe Verlustleistung. Baureihe mit zur Zeit größten Typenvielfalt. Industrie-Standard.
Advanced-Low-Power-Schottky-TTL-Reihe (74ALS00). Kürzere Schaltzeiten als LS-Reihe. Niedrigere Verlustleistung. Großes Typenspektrum. Sehr komplexe Schaltungen für Mikroprozessoranwendungen sind teilweise ausschließlich als ALS-Typen erhältlich.
FAST-Reihe (74F00). Schnelle Baureihe. Nur wenige Hersteller.
Advanced-Schottky-TTL-Reihe (74AS00). Extrem kurze Schaltzeiten zwischen 1 und 2 ns. Dennoch mäßige Verlustleistung. Kann ECL-Hochgeschwindigkeits-Schaltungen ersetzen.
High-Speed-CMOS-Reihe (74HC00). Keine TTL-Baureihe, aber pin- und funktionskompatible CMOS-Reihe. Eigenschaften und Vergleich siehe im Abschnitt 9.2.4

9.2.3.2 Grundschaltung von TTL-Gattern

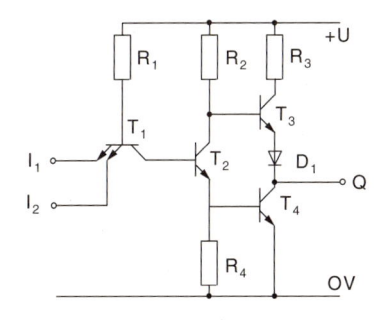

Abbildung 9.28: Innenschaltung eines TTL-NAND-Gatters

Die innere Struktur eines (von vier) NAND-Gattern im Baustein 7400 ist in Abbildung 9.28 dargestellt. Liegt einer der Emitter (I_1 oder I_2) auf Masse, so ist der Transistor T_1 leitend. Dadurch sperrt T_2. T_4 sperrt folglich ebenfalls. Die Basis von T_3 liegt über R_2 an Versorgungsspannung. T_3 ist leitend. Der Ausgang Q liegt über der Strecke R_3, T_3, D_1 auf H-Potential. R_3 ($150\ldots500\,\Omega$) wirkt strombegrenzend.

Bei positiver Eingangsspannung an I_1 und I_2 fließt der Strom durch R_1 nicht mehr über einen Emitter ab, sondern über die Basis-Emitter-Strecke von T_2. T_2 wird leitend und steuert T_4 durch. T_4 überbrückt den Widerstand R_4, der gegenkoppelnd für T_2 wirkte. Damit steigt die Verstärkung der Stufe T_2 rapide an. T_4 ist völlig durchgesteuert und kann Strom über den Ausgang Q aufnehmen.

Die charakteristische Ausgangsstufe mit drei Halbleiterstrukturen T_3, D_1, T_4 übereinander wie die Gesichter eines Totempfahles führt zu der Bezeichnung *totem-pole*.

Der innere Aufbau der TTL-Schaltung hat zur Folge:

- bei L-Pegel am Eingang muß die treibende Schaltung **Strom aufnehmen**,
- bei H-Pegel am Eingang muß die treibende Schaltung nur sehr geringen **Strom abgeben**.

- die Gegentakt-Endstufe (*totem-pole*) ist bei H-Pegel relativ hochohmig. Der Ausgang wirkt als **Stromquelle**[*]. Der Ausgangsstrom wird durch den Widerstand begrenzt. Bei zu hoher Stromabgabe sinkt das H-Potential unter die zulässige Grenze.
- bei L-Potential am Ausgang ist die Ausgangsstufe niederohmig. Sie wirkt als **Stromsenke**[*]. Begrenzend wirkt der Flußwiderstand des unteren Ausgangstransistors und die thermische Belastbarkeit.
- aufgrund der *totem-pole*-Anordnung sind TTL-Ausgänge nicht parallel schaltbar. (andere Ausgangsstufen siehe 9.2.6)

HINWEIS: Einige Hersteller lassen die Parallelschaltung der Ausgänge zweier Gatter bei gleicher logischer Eingangsbelegung im **gleichen Baustein** zu.

Abbildung 9.29: Ein- und Ausgangsströme von TTL-Gattern. Die angegebenen Werte gelten für LS-Gatter.

Aus den Werten ergibt sich ein Ausgangslastfaktor von 20 für H- und L-Pegel.

9.2.4 CMOS-Familie

Die CMOS-Bausteine werden in unterschiedlichen Baureihen geliefert. Für alle gilt gemeinsam:

- $+5\,\text{V} \ldots 15\,\text{V}$ Versorgungsspannung (auch $3\,\text{V} \ldots 18\,\text{V}$)
- extrem niedrige Eingangsströme
- sehr geringe Verlustleistung im statischen Betrieb und bei niedrigen Frequenzen
- Ausgangsströme im H- und L-Zustand gleich groß

Die wesentlichen Eigenschaften der verschiedenen Baureihen sind (in Klammern ist die Bezeichnung für ein Vierfach-NAND der Baureihe angegeben):

CMOS-Reihe A (CD4011A). Historisch erste Baureihe. Ist mittlerweile abgelöst worden.
CMOS-Reihe B (CD4011B). Industrie-Standard. Größtes Typenspektrum. Standardisierte, herstellerunabhängige statische Kennwerte.
LOCMOS-Reihe (HEF4011B). Höhere Schaltgeschwindigkeiten als CMOS-Reihe B. Übertragungskennlinie stufenförmig.
High-Speed-CMOS-Reihe (74HC00). Pin- und funktionskompatibel zu den gleichartig numerierten TTL-Bausteinen. Um eine Zehnerpotenz niedrigere Schaltzeiten und höhere Ausgangsströme als CMOS-Reihe B. Bei Frequenzen unter 20 MHz geringere Verlustleistung als LS-TTL-Reihe. Anders als TTL Versorgungsspannung $2 \ldots 6\,\text{V}$.
High-Speed-CMOS-Reihe (74HCT00). Ableger der HC-Reihe mit eingeschränktem Speisespannungsbereich $4,5\,\text{V} \ldots 5,5\,\text{V}$. Eingangsseitig TTL-Pegel kompatibel.
Advanced-High-Speed-CMOS-Reihe (74AC00 bzw. 74ACT00). Noch schneller als HC-Reihe. Sehr hohe Ausgangsströme von 24 mA im H- und L-Zustand. Eingangsseitig TTL-Pegel kompatibel.

Die elektrischen Kennwerte der CMOS-Reihen sind abhängig von der Versorgungsspannung.

---

[*] STROMQUELLE: *current source*
[*] STROMSENKE: *current sink*

$\vartheta = 25\,°C$		CMOS-Baureihe				
		HEF4011B			74HC00	74AC00
Versorgungsspannung	U_{CC}	5V	10V	15V	4,5V	
Eingangsspannung	U_{ILmax}	1,5 V	3 V	4 V	0,9 V	1,35 V
	U_{IHmin}	3,5 V	7 V	11 V	3,2 V	2,0 V
Ausgangsspannung bei $I_O \leq 1\,\mu A$	U_{OLmax}	50 mV			100 mV	
	U_{OHmin}	$U_{CC} - 50\text{mV}$			4,9 V	
Ausgangsstrom	I_{OLmax}	0,4mA	1,1mA	3,0mA	20mA	24mA
Verzögerungszeit	t_{PLH}	35ns	16ns	13ns	8ns	5ns
	t_{PHL}	16ns	13ns	12ns	8ns	4ns
Anstiegs/Abfallzeit bei 15pF Last	t_{LH}	25ns	15ns	11ns	6ns	1,5ns
Eingangsstrom		$\leq 0,3\,\mu A$			$0,3\,\mu A$	$0,1\,\mu A$

Verzögerungszeiten und ausgangsseitige Anstiegs/Abfallzeiten sind stark von der Lastkapazität abhängig. Bei einer Last von 50 pF sind die Zeiten der HEF-Reihe etwa zu verdoppeln.

9.2.5 Vergleich TTL vs. CMOS

Aufgrund der niedrigen Eingangsströme der 74HC CMOS-Reihe ist die Anzahl der anschaltbaren Gatter nicht durch die ohmsche Last bestimmt. Begrenzend wirkt vielmehr die maximal zulässige Lastkapazität (pro Gattereingang typ. 5 pF).

Ausgangslastfaktoren von TTL- und CMOS-Reihen							
	TTL-Baureihen					CMOS-Baureihen	
↓Eingang	74xx	74LSxx	74Sxx	74ALSxx	74Fxx	74HCxx	74ACxx
74xx	10	5	12	5	12	2	15
74LSxx	20	20	50	20	50	10	60
74Sxx	8	4	10	4	10	2	12
74ALSxx	20	20	50	20	50	20	120
74Fxx	20	13	33	13	33	6	40
74HCxx	> 50						
74ACxx	>50						

TTL- und CMOS- Daten im Vergleich		
	LS-TTL	CMOS
Schaltgeschwindigkeit	10 ns	40ns (5V)...15ns (15V)
Verlustleistung	bis etwa 3 MHz konstant, dann ansteigend	linear mit Frequenz zunehmend, oberhalb von 5 MHz (bei 5 V) höher als LS-TTL
Ausgangslastfaktor	20	> 50
Ausgangsimpedanz	25 Ω (bei L)	250 Ω (H und L)

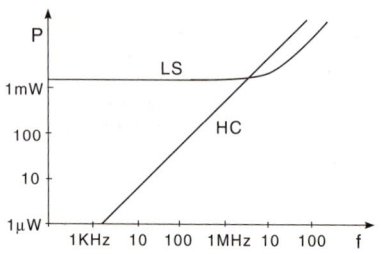

Abbildung 9.30: Verlustleistung von TTL- und CMOS-Bausteinen

9.2.5.1 Weitere Logik-Familien

Neben den weitverbreiteten CMOS- und TTL-Logikfamilien sind noch weitere Familien in Gebrauch:

ECL (*emitter coupled logic*): Erreicht Schaltzeiten unter 1 ns, indem Transistoren nicht als Sättigungsschalter betrieben werden. Kennzeichen: hochohmige Differential-Eingänge, niederohmige Ausgänge. Hohe Verlustleistung von etwa 50 mW pro Gatter. ECL-Schaltungen bieten stets Q und $\overline{Q}$-Ausgänge. Ströme werden nicht abgeschaltet, sondern umgesteuert, daher geringere Störspannung auf Versorgungsleitungen. Betriebsspannung $-5,2$ V, sehr schnelle Schaltungen benötigen eine Hilfsspannung von $-2,0$ V.

ANWENDUNG: Rechnertechnik, Hochgeschwindigkeits-Signalverarbeitung.

LSL (*Langsame störsichere Logik*): Durch hohen Spannungshub und lange Schaltzeiten wird sehr störsichere Schaltung realisiert. Mit externen Kapazitäten lassen sich Schaltzeiten noch erhöhen. Interne Zenerdioden am Eingang heben Schwellspannung auf etwa 6 V an. Bei Versorgungsspannung 12 V beträgt statischer Störabstand 5 V. Schaltzeiten 150 ns und mehr.

ANWENDUNG: Industrielle Steuerungen in störbehafteter Umgebung.

RTL (*Widerstands-Transistor-Logik*): Vorläufer der TTL-Schaltungen, wurde abgelöst von DTL. Einfächerung erfolgt über Widerstände. Starke Einschränkungen durch gegenseitige Beeinflussung der angeschalteten Gatter.

DTL (*Dioden-Transistor-Logik*): Vorläufer von TTL. Einfächerung geschieht durch Dioden.

GaAs Keine einheitliche Logikfamilie sondern neuartige Technologie der Transistor-Herstellung auf der Basis von Gallium-Arsenid. Ultrakurze Schaltzeiten im Bereich 10 ps (=0,01 ns!). In derselben Technologie werden opto-elektronische Bauelemente gefertigt. Man erwartet das Entstehen einer kombinierten opto-elektronischen Logik (Schalten mit Licht oder Strom).

9.2.6 Spezielle Schaltungsvarianten

9.2.6.1 Ausgänge mit offenem Kollektor

Bausteine mit offenem Kollektorausgang (*open collector output*) führen den Kollektor des Ausgangstransistors nach außen, ohne Verbindung zur Versorgungsspannung durch einen Transistor, wie beim *totem-pole*-Ausgang. Bei CMOS-Schaltungen spricht man auch von *open drain* Ausgängen.

Abbildung 9.31: Offener Kollektorausgang und Schaltsymbol

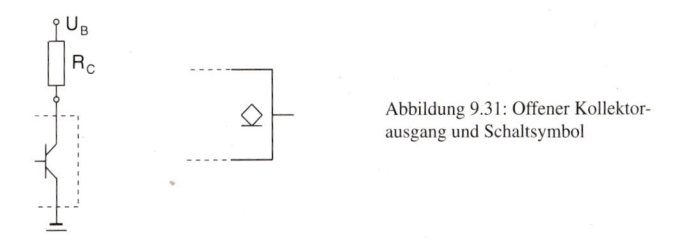

- Ein *open-collector*-Ausgang muß stets mit einem Widerstand zur positiven Versorgungsspannung beschaltet werden.

Vorteile:
- *Open-collector*-Ausgänge können problemlos parallel geschaltet werden (siehe auch den folgenden Abschnitt).
- Die Last kann an einer Spannung liegen, die höher ist als die Versorgungsspannung der Logikbausteine. Begrenzend wirkt die maximal zulässige Sperrspannung des Ausgangstransistors.

9.2.6.2 Phantom UND/ODER Verknüpfung

Eine „Verdrahtete UND"-Schaltung[*] ergibt sich durch Zusammenschalten zweier Ausgänge mit offenem Kollektor (siehe Abb. 9.31). Es genügt, daß *einer* der Ausgangstransistoren leitend wird, um am gemeinsamen Ausgang L-Pegel anliegen zu lassen. In der Pegeltabelle sind die Pegel an den Kollektoren der Transistoren aufgeführt, die anlägen, wenn jeder Transistor nur einzeln vorhanden wäre:

Y	Z	Q
L	L	L
L	H	L
H	L	L
H	H	H

Y	Z	Q
0	0	0
0	1	0
1	0	0
1	1	1

Y	Z	Q
1	1	1
1	0	1
0	1	1
0	0	0

Bei positiver Logik verhält sich die Schaltung wie eine logische UND-Verknüpfung (mittlere Tabelle), bei negativer Logik wie eine ODER-Verknüpfung (rechte Tabelle). Daher die Bezeichnung verdrahtetes UND bzw. ODER.

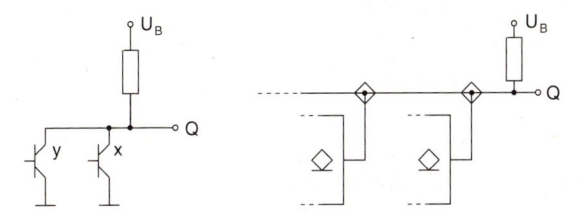

Abbildung 9.32: Prinzip einer Phantom-UND-Verknüpfung und Schaltsymbol dazu

In dieser Weise können mehrere Ausgänge zusammengeschaltet werden. Man erhält damit eine Sammelleitung (Bus).

---

[*] PHANTOM UND/ODER: *wired or*

Damit in jedem Betriebszustand zulässige Logikpegel auftreten, muß der gemeinsame Kollektorwiderstand*
R_C geeignet dimensioniert werden.

Bei H-Pegel fließen die Restströme I_{QH} der Ausgangstransistoren und die Eingangsströme I_{IH} durch den Widerstand. Er muß genügend klein sein, damit der Ausgangspegel nicht unter den zulässigen H-Pegel sinkt.

Bei L-Pegel ist im ungünstigsten Fall nur ein Transistor durchgeschaltet. Der Widerstand muß mindestens so groß sein, daß der maximale Kollektorstrom I_{OLmax} nicht überschritten wird. Zudem fließen durch ihn die Eingangsströme I_{IL} der angeschlossenen Eingänge.

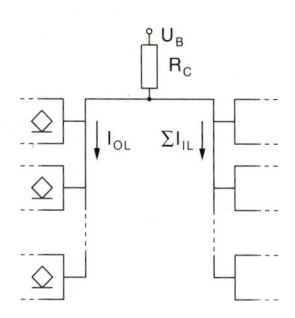

Abbildung 9.33: Zur Dimensionierung des gemeinsamen Kollektorwiderstandes

$$R_{max} = \frac{U_B - 2.4\,\text{V}}{K \cdot I_{QH} + N \cdot I_{IH}}$$

K: Anzahl der parallel geschalteten Ausgänge

$$R_{min} = \frac{U_B - 0.4\,\text{V}}{I_{OLmax} - N \cdot |I_{IL}|}$$

N: Anzahl der parallel geschalteten Eingänge (je fan in = 1)

HINWEIS: In der Praxis wählt man den kleinsten zulässigen Wert, um maximale Schaltgeschwindigkeit zu erzielen.

BEISPIEL: Für die 74LS-TTL-Familie betragen der Ausgangs-Sperrstrom $I_{QH} < 250\,\mu\text{A}$, der Eingangsstrom $|I_{IL}| < 0{,}4\,\text{mA}$ pro Eingang und der maximale Kollektorstrom $I_{OLmax} = 8\,\text{mA}$.

Für LS-TTL: $R_C = \dfrac{5\,\text{V} - 0{,}4\,\text{V}}{8\,\text{mA} - N \cdot 0{,}4\,\text{mA}} = \dfrac{4{,}6\,\text{V}}{(20 - N) \cdot 0{,}4\,\text{mA}}$

9.2.6.3 Tristate-Ausgänge

Ein Schaltkreis mit *Tristate**-Ausgang (etwa: 3-Zustands-Ausgang) kann *beide* Transistoren der Gegentakt-Endstufe über einen Steuereingang* in den hochohmigen Zustand schalten. Solche Bausteine sind geeignet, an Sammelleitungssystemen (Bussystemen) betrieben zu werden. Im hochohmigen Zustand* wirkt der Baustein, als sei er nicht vorhanden.

---

* in dieser Anwendung KOLLEKTORWIDERSTAND: *pull-up resistor*
* Die Bezeichnung Tristate ist ursprünglich ein Handelsname. Sie hat sich aber gegenüber der Bezeichnung *three-state* durchgesetzt
* STEUEREINGANG: hier *enable*
* HOCHOHMIGER ZUSTAND: *high-impedance-state*

- Die drei Ausgangszustände werden mit H, L und Z bezeichnet.

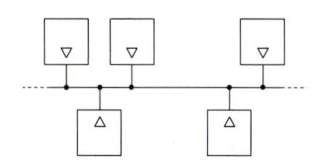

Abbildung 9.34: Zusammenschaltung mehrerer *Tristate*-Schaltkreise an einem Bus

9.2.6.4 Schmitt-Trigger-Eingänge

Bausteine mit Schmitt-Trigger-Eingängen haben *zwei* verschiedene Schwellspannungen, je nachdem, ob der Ausgangszustand H oder L ist. Die Übertragungskennlinie eines Schmitt-Triggers ist deshalb beim Ein- und Ausschalten verschieden.

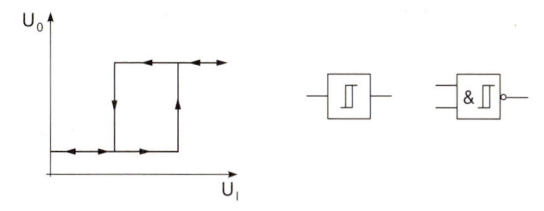

Abbildung 9.35: Übertragungskennlinie eines Schmitt-Triggers. Schaltsymbole von Gattern mit Schmitt-Trigger-Eingängen

Die Differenz zwischen Einschalt- und Ausschaltspannung bezeichnet man als **Hysterese**.[*] Sie beträgt bei TTL-Schaltkreisen typisch 0,8 V, bei CMOS-Schaltkreisen ist sie speisespannungsabhängig:
$U_H = 0,27 \cdot U_B - 0,55\,\text{V}$

Anwendung:

- Schmitt-Trigger-Eingänge können mit sehr langsamen Flanken angesteuert werden. ⟶ Impulsversteilerung.
- In Verbindung mit RC-Gliedern lassen sich Impulse[*] verlängern oder Oszillatoren aufbauen.

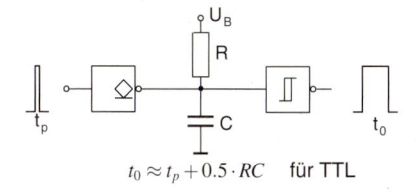

$t_0 \approx t_p + 0,5 \cdot RC$ für TTL

Abbildung 9.36: Impulsverlängerung mit Schmitt-Trigger-Gatter. Die abfallende Flanke wird verzögert

---

[*] Hysterese: *hysteresis*
[*] Impulsverlängerung: *impulse stretching*

9.3 Schaltnetze, Schaltwerke

- Ein **Schaltnetz**[*] ist eine logische Schaltung, deren Ausgangszustände nur von den am Eingang anliegenden Signalzuständen abhängt. Man bezeichnet es auch als **kombinatorische Logik**.
- Ein **Schaltwerk**[*] verfügt über interne Speicher. Die Ausgangszustände hängen sowohl von den momentanen Eingangszuständen als auch von den vergangenen Zuständen ab. Man bezeichnet es auch als **sequentielle Logik**.

9.3.1 Abhängigkeitsnotation

Die Abhängigkeitsnotation ist eine genormte (DIN 40900 Teil 12) Darstellung der gegenseitigen Beeinflussung von externen Signalen in komplexen Digitalschaltungen. Man unterscheidet steuernde und gesteuerte Anschlüsse. Es gelten folgende Regeln:

- Jeder Eingang erhält eine Kennzahl. Sie wird innerhalb des Schaltsymbols notiert.
- Eingänge, die andere Eingänge beeinflussen, werden mit einem Buchstaben gekennzeichnet, der die Art der Beeinflussung bezeichnet. Zusätzlich wird die Kennzahl der dadurch beeinflußten Eingänge dahinter notiert.

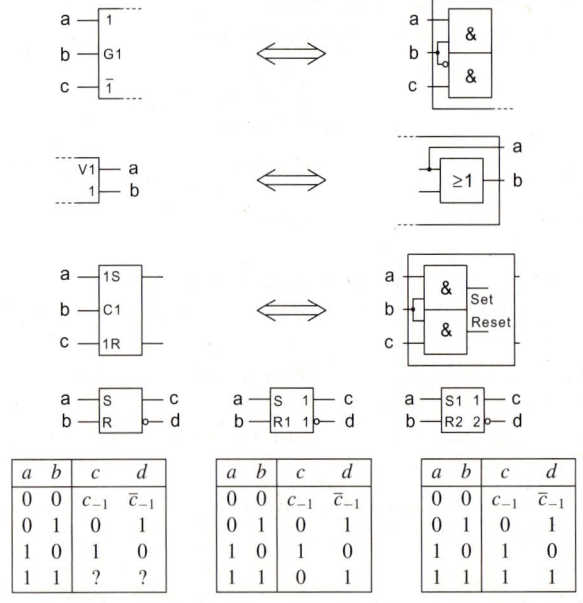

c_{-1}: vorheriger Zustand wird gespeichert.   ?: undefinierter Zustand.

Abbildung 9.37: Verdeutlichung der Abhängigkeitsnotation

---

[*] SCHALTNETZ: *combinatorial logic*
[*] SCHALTWERK: *sequential logic*

Zwischen folgenden Arten der Abhängigkeitsnotation wird unterschieden (zitiert nach der DIN 40900):

G-Abhängigkeit: Sie stellt eine UND-Verknüpfung mit den abhängigen Anschlüssen dar. Ein Gx-Eingang im Zustand 0 steuert die von ihm beeinflußten Anschlüsse intern auf 0, andernfalls behalten sie ihren Zustand bei.

V-Abhängigkeit: Sie stellt eine ODER-Verknüpfung mit den abhängigen Anschlüssen dar. Ein Vx-Eingang in Zustand 1 steuert die von ihm beeinflußten Anschlüsse intern auf 1, andernfalls behalten sie ihren Zustand bei.

N-Abhängigkeit: Sie stellt eine EXOR-Verknüpfung mit den abhängigen Anschlüssen dar. Dadurch wird eine steuerbare Negation realisiert. Ein Nx-Anschluß im Zustand 1 negiert die gesteuerten Anschlüsse. Andernfalls läßt er ihren Zustand unbeeinflußt.

Z-Abhängigkeit: Sie wirkt wie eine interne Verbindung. Die von einem Anschluß Z-abhängigen Anschlüsse nehmen seinen logischen Wert an. Die Z-Abhängigkeit ist häufig mit anderen Abhängigkeiten gekoppelt.

C-Abhängigkeit: Sie realisiert eine Steuerungsfunktion (*control*). Ein Cx-Anschluß im Zustand 0 steuert alle von ihm abhängigen Anschlüsse wirkungslos. Andernfalls können sie ihre vorgesehene Funktion wahrnehmen.

S-Abhängigkeit: Die von einem Sx-Eingang abhängigen Anschlüsse nehmen den Zustand ein, den sie bei der Kombination $S = 1, R = 0$ annehmen würden. Das erfolgt unabhängig vom tatsächlichen Zustand am R-Eingang. Im Zustand 0 ist der steuernde Anschluß wirkungslos.

R-Abhängigkeit: Die von einem Rx-Eingang abhängigen Anschlüsse nehmen den Zustand ein, den sie bei der Kombination $R = 1, S = 0$ annehmen würden. Das erfolgt unabhängig vom tatsächlichen Zustand am S-Eingang. Im Zustand 0 ist der steuernde Anschluß wirkungslos.

EN-Abhängigkeit: Sie beschreibt eine Freigabe-Abhängigkeit (*enable*). Die von einem EN-Eingang gesteuerten Eingänge werden nur wirksam, wenn er den Zustand 1 annimmt. Die EN-Abhängigkeit findet man häufig bei *open-collector-* und *Tristate*-Ausgängen. Diese werden durch den Zustand 0 des steuernden Eingangs in den hochohmigen Zustand versetzt.

A-Abhängigkeit: Sie kennzeichnet die Auswahl einer Adresse, insbesondere bei Speichern. Die steuernden Eingänge werden mit Zweierpotenzen gewichtet. Auf die sich daraus ergebende Adresse wirken die Ax-Eingänge wie ein Freigabe-Signal.

M-Abhängigkeit: Sie kennzeichnet eine Umschaltbarkeit in verschiedene Betriebsarten (Modus), z. B. Vorwärts/Rückwärtszählen.

T-Abhängigkeit: Die von einem Tx-Anschluß gesteuerten Anschlüsse wechseln ihren Zustand, sobald der steuernde Eingang den Wert 1 annimmt.

CT-Abhängigkeit: Kennzeichnet, daß bei einem gewissen Zählerstand oder Registerinhalt (*content*) eine Aktion ausgelöst wird, z. B. ein Übertragssignal.

9.3.1.1 Übersicht: Abhängigkeitsnotation

Symbol	Abhängigkeit	Wirkung bei 1/0
A	Adresse	Adresse angewählt/nicht angewählt
C	Takt, Steuerung	erlaubt/sperrt Aktion
CT	Inhalt	erlaubt Aktion/Eingänge gesperrt
EN	Freigabe	erlaubt Aktion/Ausgänge hochohmig
G	UND	unveränderter Zustand/Zustand = 0
M	Modus	Modus ausgewählt/Modus nicht ausgewählt
N	gesteuerte Negation	negiert Zustand/negiert Zustand nicht
R	Reset	Reaktion wie bei $R = 1$, $S = 0$/keine Reaktion
S	Set	Reaktion wie bei $S = 1$, $R = 0$/keine Reaktion
T	Toggle	Zustand wechseln/Zustand verbleibt
V	ODER	Zustand = 1/unveränderter Zustand
Z	Verbindung	Zustand = 1/Zustand = 0

Die Bezeichnung „Aktion" bedeutet, daß gesteuerte Eingänge ihre normal definierte Wirkung auf die Funktion des Schaltelementes haben und daß gesteuerte Ausgänge den internen Logikzustand annehmen, der durch die Funktion des Schaltelements gegeben ist.

9.3.2 Schaltsymbole für Schaltnetze und Schaltwerke

Die Abbildung 9.38 zeigt einige Beispiele für Schaltsymbole, wobei der Gebrauch der Abhängigkeitsnotation deutlich wird.

Das erste Beispiel zeigt einen Treiber[*], dessen Ausgangssignal wahlweise invertiert werden kann. Mehrere Abhängigkeiten lassen sich auch kombinieren, wie man im zweiten Beispiel sieht. Die Reihenfolge der Verknüpfungen ergibt sich durch die Reihenfolge der Nummern am beeinflußten Anschluß.

Das dritte Beispiel zeigt einen bidirektionalen Treiber, dessen Tristate Ausgänge je nach Zustand des Eingangs c wechselseitig in den hochohmigen Zustand gesteuert werden. Dadurch wird die Richtung der Datenübertragung festgelegt.

Einen 2-zu-1-Multiplexer[*] stellt das nächste Beispiel dar. Die Variable c wird dem Steuerblock zugeführt und wählt über die UND-Verknüpfung aus, welcher der Eingänge zum Ausgang geführt wird. Dies ist ein weiteres Beispiel für die Kennzeichnung, daß das steuernde Signal auf den Anschluß invertiert einwirkt ($\bar{1}$).

Ein ROM mit 32×4bit Speicherkapazität stellt das folgende Beispiel dar. Die fünf Adreßleitungen $a_0 \ldots a_4$ selektieren die Adressen 0 bis 31. Die 4 Ausgänge des ROM werden durch einen Freigabeeingang gesteuert.

Das letzte Beispiel zeigt einen Zähler[*], der von 0 bis 7 zählt. Der flankengesteuerte Takteingang beeinflußt den Zählerstand, dessen binäre Wertigkeit in jeder Stelle in eckigen Klammern eingetragen ist. Der Ausgang oben rechts wird nur beim Zählerstand 7 (CT = 7) synchron zum Takteingang aktiv.

---

[*] TREIBER: *buffer*
[*] MULTIPLEXER: *multiplexer*, manchmal auch *multiplexor*
[*] ZÄHLER: *counter*

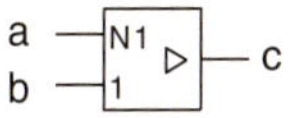

$c = a \nleftrightarrow b$

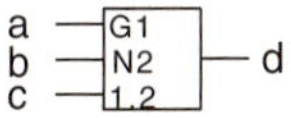

$d = (c \wedge a) \nleftrightarrow b$

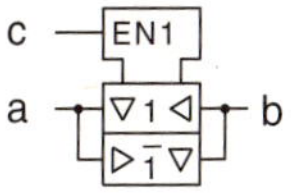

Für $c = 0$ *a*: Eingang *b*: Ausgang
Für $c = 1$ *a*: Ausgang *b*: Eingang

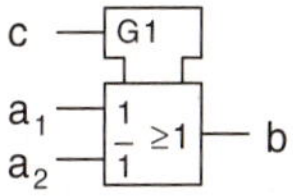

$b = (a_1 \wedge c) \vee (a_2 \wedge \overline{c})$

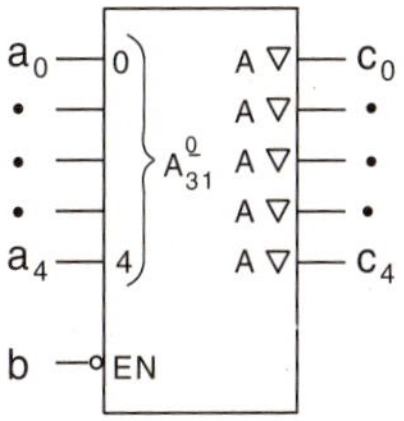

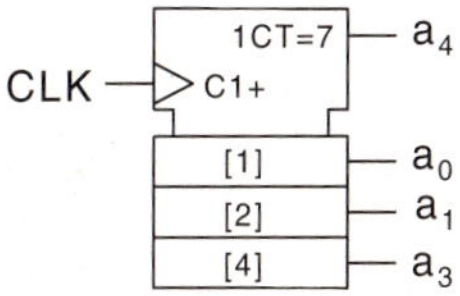

Abbildung 9.38: Beispiele für Schaltsymbole mit Abhängigkeitsnotation

9.4 Beispiele für Schaltnetze

9.4.1 1-aus-n-Dekoder

Ein **Dekoder*** schaltet von n Ausgängen genau *einen* aktiv. Die Auswahl wird durch Steuereingänge getroffen. Der aktive Zustand ist häufig ein L-Zustand. Dekoder sind integriert erhältlich. 1-aus-10-Dekoder werden auch als **BCD-Dezimal-Dekoder** bezeichnet.

BEISPIEL: Funktionstabelle eines 1-aus-4 Dekoders:

ANWENDUNG: Codeumsetzung, Selektion von Speicherbausteinen in Mikroprozessorsystemen.

* DEKODER: *decoder*

A_1	A_0	Y_0	Y_1	Y_2	Y_3
0	0	1	0	0	0
0	1	0	1	0	0
1	0	0	0	1	0
1	1	0	0	0	1

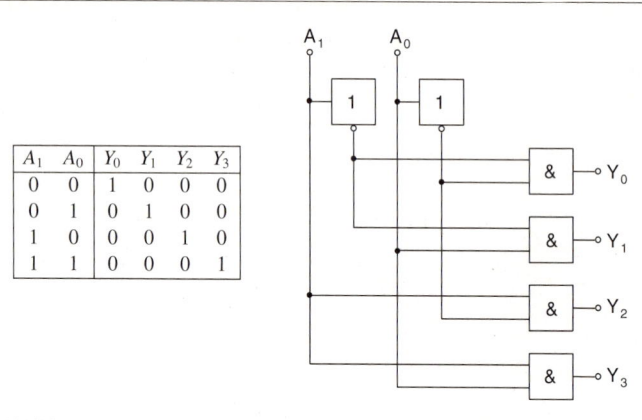

Abbildung 9.39: Funktionstabelle und Schaltung eines 1-aus-4-Dekoders

9.4.2 Multiplexer und Demultiplexer

Multiplexer sind elektronisch gesteuerte Auswahlschalter.

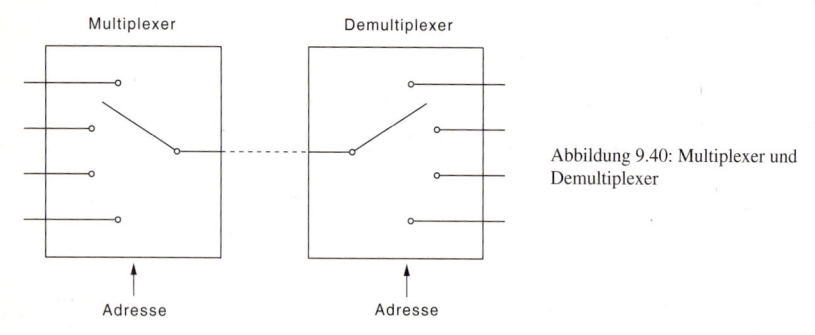

Abbildung 9.40: Multiplexer und Demultiplexer

Ein **Multiplexer*** legt eines von n Eingangssignalen auf *eine* Ausgabeleitung. Die Auswahl erfolgt durch eine anliegende Adresse (siehe Abb. 9.40). Multiplexer werden auch als **Datenselektoren*** bezeichnet.

Den umgekehrten Vorgang vollzieht ein **Demultiplexer**, da er ein Signal von *einem* Eingang auf n Ausgänge adreßgesteuert verteilt.

Der Demultiplexer geht aus dem 1-aus-n-Dekoder hervor. Der adressierte Ausgang geht nicht auf H, sondern gibt den Pegel des Eingangssignals weiter.

Multiplexer und Demultiplexer sind als komplette integrierte Schaltungen erhältlich.

- Multiplexer sind auch geeignet, beliebige logische Verknüpfungen zu realisieren.

BEISPIEL: Gesucht wird die Schaltung einer logischen Verknüpfung von vier Eingangsvariablen. Das Verknüpfungsergebnis ist in einer Funktionstabelle beschrieben. Die vier Adreßleitungen ei-

---

* MULTIPLEXER: *multiplexer*, oder auch *multiplexor*
* DATENSELEKTOR: *data selector*

nes Multiplexers mit 16 Eingängen nehmen die Pegel der Eingangsvariablen auf. Jeder der 16 Eingänge wird fest mit H oder L gemäß der Funktionstabelle belegt. So läßt sich jede logische Funktion mit vier Variablen realisieren.

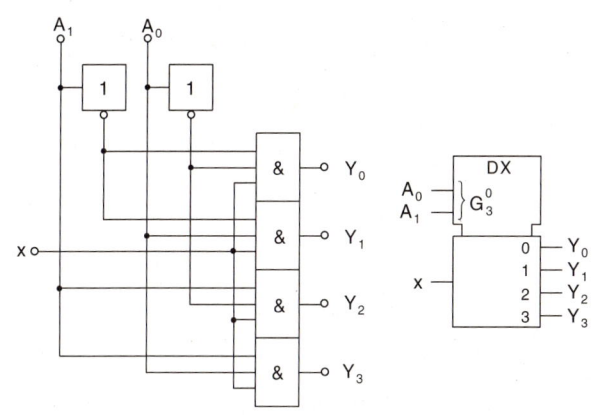

Abbildung 9.41: Schaltung eines Demultiplexers und sein Schaltsymbol

9.4.2.1 Typenübersicht

Multiplexer		
CMOS	TTL	Eingänge
4515	74150	16
4512	74151	8
4539	74153	2×4

Demultiplexer		
Ausgänge	CMOS	TTL
16	4514	74154
8	74 HCT 138	74138
2×4	74 HCT 139	74139

9.5 Flip-Flops

Flip-Flops sind **bistabile** Kippschaltungen. Ein Flip-Flop bezeichnet man als **gesetzt**, wenn sein Ausgang H-Pegel aufweist, andernfalls **rückgesetzt**[*].

9.5.1 Anwendungen von Flip-Flops

Flip-Flops finden Anwendung bei:

- Registern (siehe 9.7)
- Schieberegistern (siehe 9.7)
- Speichern (siehe 9.6)

---

[*] SETZEN, RÜCKSETZEN: *set, reset*

- Zählern (siehe 9.8)
- Frequenzteilern
- Zustandsspeichern (siehe 9.9)

9.5.2 RS-Flip-Flop

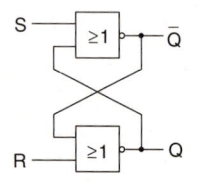

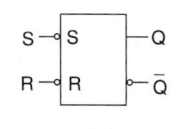

Abbildung 9.42: RS-Flip-Flop und sein Schaltzeichen

Kennzeichen dieses Flip-Flop-Typs sind kreuzgekoppelte invertierende Gatter. In Abbildung 9.42 ist ein RS-Flip-Flop, bestehend aus NOR-Gattern gezeigt. Die Eingänge werden als Setz- (*Set-*) bzw. Rücksetz- (*Reset-*) Eingang bezeichnet. Funktionstabelle:

S	R	Q	$\overline{Q}$
0	0	Q_{-1}	$\overline{Q}_{-1}$
0	1	0	1
1	0	1	0
1	1	0	0

Q_{-1}: vorheriger Zustand

Bei der Eingangskombination $S = 0, R = 0$ bleibt der bestehende Ausgangszustand erhalten. Beim Zustand $S = R = 1$ ergibt sich $Q = \overline{Q} = 0$, ein *logisch* irregulärer Zustand. Beim anschließenden Wechsel beider Eingangssignale auf $S = R = 0$ ist der Ausgangszustand nicht ohne weiteres vorhersagbar. Er sollte deshalb vermieden werden.

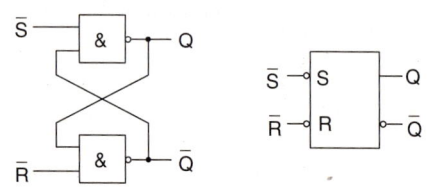

Abbildung 9.43: $\overline{RS}$-Flip-Flop mit NAND-Gattern und Schaltzeichen

Ein Flip-Flop, das durch L-Pegel gesetzt bzw. zurückgesetzt wird, ist in Abbildung 9.43 dargestellt. Funktionstabelle:

$\overline{S}$	$\overline{R}$	Q	$\overline{Q}$
0	0	1	1
0	1	1	0
1	0	0	1
1	1	Q_{-1}	$\overline{Q}_{-1}$

Q_{-1}: vorheriger Zustand

9.5.2.1 RS-Flip-Flop mit Takteingang

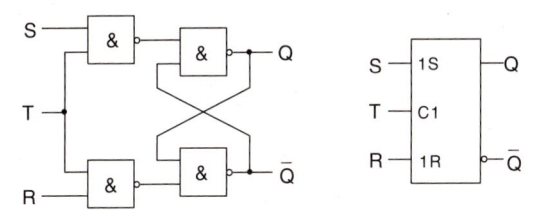

Abbildung 9.44: RS-Flip-Flop mit Takteingang und Schaltsymbol

Erweiterung des RS-Flip-Flop zu einem **statisch getakteten*** RS-Flip-Flop. Nur während T im H-Zustand ist, kann eine Änderung des Ausgangszustandes durch die R/S-Eingänge veranlaßt werden. In Zustand $T = \mathrm{L}$ bleibt der vorherige Zustand unabhängig von den R/S-Eingängen erhalten. Funktionstabelle:

T	S	R	Q	$\overline{Q}$	
1	0	0	Q_{-1}	$\overline{Q}_{-1}$	⎫
1	0	1	0	1	⎬ wie RS-Flip-Flop
1	1	0	1	0	
1	1	1	?	?	⎭
0	X	X	Q_{-1}	$\overline{Q}_{-1}$	speichert Zustand

Der Takteingang T wird häufig auch als C-Eingang (*clock*) bezeichnet.

9.5.3 D-Flip-Flop

Beim D-Flip-Flop wird durch geeignete Beschaltung die irreguläre Eingangskombination vermieden. Funktionstabelle:

T	D	Q	$\overline{Q}$	
0	X	Q_{-1}	$\overline{Q}_{-1}$	speichern
1	0	0	1	⎫ transparent
1	1	1	0	⎭

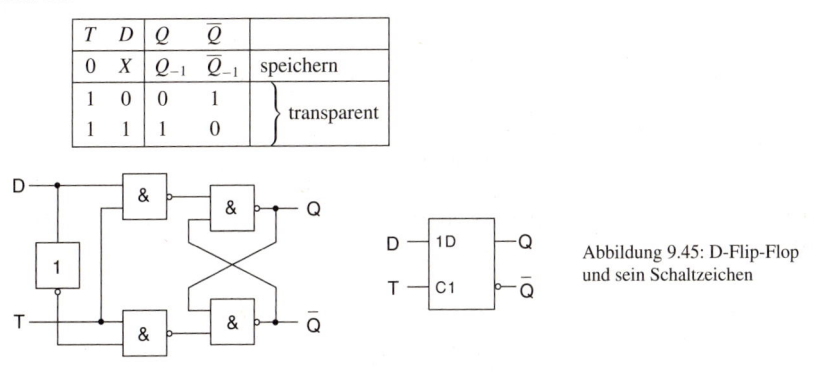

Abbildung 9.45: D-Flip-Flop und sein Schaltzeichen

---

* GETAKTETES FF: *clocked flip flop*

Solange das Taktsignal $T = 1$ ist, ist das Flip-Flop für das Datensignal D **transparent**, d. h., das Ausgangssignal folgt dem Datensignal. Nimmt das Taktsignal den Wert 0 an, so wird der bestehende Zustand an der Datenleitung gespeichert und ist von weiteren Änderungen von D unabhängig.

9.5.4 Master-Slave-Flip-Flop

Die Transparenz des D-Flip-Flops geht verloren, wenn man zwei hintereinanderschaltet. Die beiden Flip-Flops werden mit komplementärem Taktsignal angesteuert.

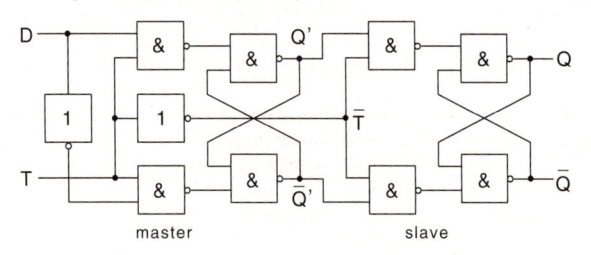

Abbildung 9.46: Einflankengesteuertes D-Flip-Flop

Diese Anordnung bezeichnet man als *master-slave*-Flip-Flop. Der Q'-Ausgang des *master* folgt dem D-Signal, solange $T = 1$ anliegt. Das *slave*-Flip-Flop bleibt solange verriegelt. Geht das Taktsignal auf 0, so verriegelt das *master*-Flip-Flop, und das folgende *slave*-Flip-Flop übernimmt den logischen Zustand des Q-Ausgangs des *master*.

Ein *master-slave*-Flip-Flop, bestehend aus zwei RS-Flip-Flops in Reihenschaltung, zeigt die Abbildung 9.47.

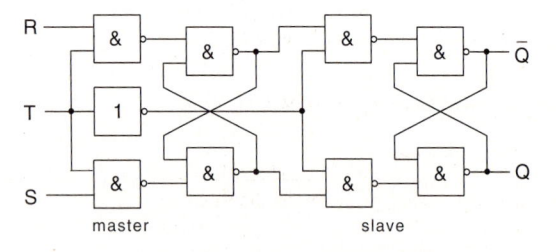

Abbildung 9.47: RS-*master-slave*-Flip-Flop

Die beiden Flip-Flops werden durch ein komplementäres Taktsignal wechselseitig verriegelt. Beim Taktsignal $T = 1$ ergibt sich der Zustand des ersten Flip-Flops aus den R/S-Eingangssignalen. Geht der Takt auf 0, wird das *master*- Flip-Flop verriegelt und speichert somit den Zustand, der vor der negativen Flanke gerade aktuell war. Das *slave*-Flip-Flop erhält das komplementäre Signal $\overline{T} = 1$ und wird deshalb transparent. Am Ausgang erscheint der Zustand des ersten Flip-Flops. Zu keinem Zeitpunkt ist dieses *master-slave*-Flip-Flop transparent. Wie beim einfachen RS-Flip-Flop führt der Eingangszustand $R = S = 1$ zu undefinierten Ergebnissen.

9.5.5 JK-Flip-Flop

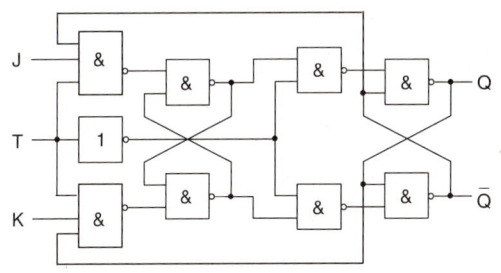

Abbildung 9.48: JK-*master-slave*-Flip-Flop

Das wird beim JK-Flip-Flop durch Rückkopplung der komplementären Ausgangszustände Q und $\overline{Q}$ vermieden. Die Eingänge dieses Flip-Flops heißen **Vorbereitungseingänge** und werden mit J und K bezeichnet. Die bei der positiven Flanke eingelesene Information erscheint erst bei der folgenden negativen Flanke am Ausgang. Man bezeichnet sie als **retardierte (verzögerte) Ausgänge**. Sie werden durch ¬ am Ausgang gekennzeichnet. Funktionstabelle nach Anlegen des Taktsignals $T = 010$.

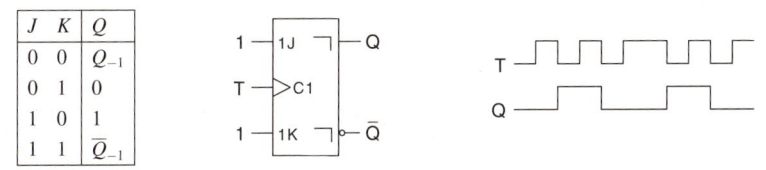

J	K	Q
0	0	Q_{-1}
0	1	0
1	0	1
1	1	$\overline{Q}_{-1}$

Abbildung 9.49: Funktionstabelle des JK-Flip-Flop und Schaltung als Binärteiler

Die Zustände $J/K = 0/1$ und $J/K = 1/0$ setzen das Flip-Flop auf den jeweiligen Zustand des J-Eingangs *synchron* mit der negativen Flanke des Taktsignals.

Besondere Anwendung hat der Fall $J = K = 1$. Hier invertiert das JK-Flip-Flop seinen vorhergehenden Zustand. Das Flip-Flop arbeitet als Frequenzteiler[*] (siehe Abb. 9.49). In dieser Betriebsart bezeichnet man es auch als *toggle*-Flip-Flop.

Meistens besitzen die Flip-Flops noch *asynchrone* Setz- bzw. Rücksetzeingänge. Diese haben Priorität vor den J-K-Eingängen.

HINWEIS: Solange der Takt $T = 1$ ist, darf sich der Zustand an den J-K-Eingängen nicht ändern. Für Flip-Flop mit JK-Sperre (*data lockout*) gilt diese Einschränkung nicht.

9.5.6 Steuerung (*Triggerung*) von Flip-Flops

Bei Flip-Flops unterscheidet man verschiedene Arten der Steuerung (*Triggerung*).

Ungetaktete Flip-Flops: Ihr Zustand wird nur von den Setz/Rücksetz-Eingängen gesteuert.
Getaktete[*] Flip-Flops: Der Zeitpunkt der Informationsübernahme wird durch ein Taktsignal vorgegeben.

---
[*] FREQUENZTEILER: *frequency divider*, oder auch *scaler*
[*] GETAKTETE FLIP-FLOPS: *clocked flip flop*

Zustandsgesteuerte[*] **Flip-Flops:** Die Informationsübernahme wird durch einen Pegel des Steuersignals veranlaßt.

Flankengesteuerte[*] **Flip-Flops:** Die Informationsübernahme wird durch einen Zustandswechsel veranlaßt.

9.5.7 Bezeichnungen an Flip-Flop-Schaltsymbolen

In Schaltsymbolen nach DIN 40900 finden sich folgende Kennzeichnungen (zitiert nach DIN 40900 Teil 12):

Dynamischer Eingang: Der (flüchtige) interne 1-Zustand korrespondiert mit dem Übergang vom externen 0-Zustand zum 1-Zustand. Ansonsten ist der interne Logik-Zustand 0.

Dynamischer Eingang mit Negation: Der (flüchtige) interne 1-Zustand korrespondiert mit dem Übergang vom externen 1-Zustand zum 0-Zustand. Ansonsten ist der interne Logik-Zustand 0.

Dynamischer Eingang mit Polaritätsindikator: Der (flüchtige) interne 1-Zustand korrespondiert mit dem Übergang von externen H-Zustand zum L-Zustand. Ansonsten ist der interne Logik-Zustand 0.

HINWEIS: Dieses Symbol findet sich in internationalen Dokumenten. Für nationalen Gebrauch wird es nicht empfohlen.

Retardierter Ausgang (verzögerter Ausgang): Die Zustandsänderung an diesem Ausgang wird so lange aufgeschoben, bis das die Änderung veranlassende Eingangssignal zum anfänglichen Logik-Zustand zurückkehrt.

HINWEIS: Interne Logik-Zustände von Eingängen, die Auswirkung auf den Ausgangszustand haben, dürfen sich nicht ändern, solange der die Änderung veranlassende Eingang noch im internen 1-Zustand ist.

D-Eingang: Der interne Logik-Zustand des D-Eingangs wird durch das Element gespeichert.

HINWEIS: Der interne Logik-Zustand dieses Eingangs ist immer abhängig von einem steuernden Eingang oder Ausgang.

J-Eingang: Nimmt dieser Eingang den internen Zustand 1 an, wird im Element eine 1 gespeichert. Im internen Zustand 0 hat er keine Wirkung auf das Element.

K-Eingang: Nimmt dieser Eingang den internen Zustand 1 an, wird im Element eine 0 gespeichert. Im internen Zustand 0 hat er keine Wirkung auf das Element.

HINWEIS: Die Kombination $J = K = 1$ verursacht einen Wechsel des internen Logik-Zustandes in den dazu komplementären Zustand.

R-Eingang (*reset*): Nimmt dieser Eingang den internen Zustand 1 an, wird im Element eine 0 gespeichert. Im internen Zustand 0 hat er keine Wirkung auf das Element.

---

[*] ZUSTANDSGESTEUERTE FLIP-FLOPS: *level triggered flip-flops*
[*] FLANKENGESTEUERTE FLIP-FLOPS: *edge triggered flip-flops*

S-Eingang (*set*): Nimmt dieser Eingang den internen Zustand 1 an, wird im Element eine 1 gespeichert. Im internen Zustand 0 hat er keine Wirkung auf das Element.

HINWEIS: Die Wirkung der Kombination $R = S = 1$ ist durch das Symbol nicht definiert.

T-Eingang (*toggle*): Nimmt dieser Eingang den internen Zustand 1 an, wechselt der interne Zustand des Ausgangs in den komplementären Zustand. Im internen Zustand 0 hat der Eingang keine Wirkung auf das Element.

9.5.8 Übersicht: Flip-Flops

In der Tabelle sind die häufigsten Flip-Flop-Typen aufgelistet:

Schaltsymbol	Flip-Flop	Steuerung
T	T-Flip-Flop	getaktet, einflankengesteuert
S, R	RS-Flip-Flop	nicht getaktet, zustandsgesteuert
1S, C1, 1R		getaktet, einzustandsgesteuert
1S, C1, 1R (Flanke)		getaktet, einflankengesteuert
1J, C1, 1K	JK-Flip-Flop	getaktet, zweizustandsgesteuert
1J, C1 (Flanke), 1K		getaktet, zweiflankengesteuert
1D, C1	D-Flip-Flop	getaktet, einzustandsgesteuert
1D, C1 (Flanke)		getaktet, einflankengesteuert

9.5.9 Übersicht: Flankengetriggerte Flip-Flops

Flankengetriggerte[*] Flip-Flops machen den Entwurf von sequentiellen Schaltungen besonders übersichtlich und finden sich deshalb auch in programmierbaren Funktionsspeichern (PLDs). Deshalb werden speziell diese Flip-Flops nochmals im Vergleich betrachtet. Abbildung 9.50 zeigt die Impulsdiagramme der vier flankengetriggerten Flip-Flops. Alle gezeigten Flip-Flops sind **positiv flankengetriggert**.

---
[*] FLANKENGETRIGGERTE FLIP-FLOPS: *edge triggered flip-flops*

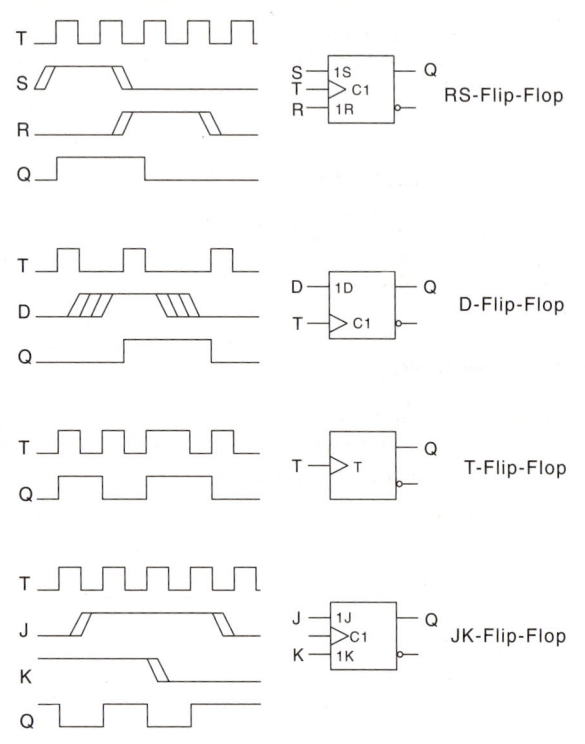

T: Takt   S: Setzen   R: Rücksetzen   J,K: Vorbereitungseingänge

Abbildung 9.50: Impulsdiagramme der vier flankengesteuerten Flip-Flop-Typen

Das **RS-Flip-Flop** wird durch die positive Flanke des Taktsignals gesetzt, wenn der *Set*-Eingang auf H liegt. Wiederholtes Setzen ändert den Zustand *nicht*. Ist das *Reset*-Signal zum Zeitpunkt der positiven Taktflanke H, wird das Flip-Flop rückgesetzt. $R = S = 1$ führt zum Zeitpunkt der Taktflanke zu einem irregulären Zustand. Ansonsten ist die Kombination zulässig.

Das **D-Flip-Flop** übernimmt mit der positiven Taktflanke den Wert am Dateneingang. Die rampenartigen Flanken des D-Signals deuten an, daß der Zeitpunkt des Pegelwechsels innerhalb des gezeichneten Intervalls gleichgültig für die Funktion des Schaltkreises ist.

Das **T-Flip-Flop** teilt die Impulsanzahl des Taktes durch zwei. Bei annähernd konstanter Taktfrequenz spricht man von einem **Frequenzteiler**.

Beim taktflankengesteuerten **JK-Flip-Flop** hängen die Ausgangssignale von den asynchronen Vorbereitungseingängen J und K ab. Bei der Kombination $J = K = 1$ arbeitet das Flip-Flop als T-Flip-Flop, bei der Kombination $J = K = 0$ speichert es den vorherigen Zustand.

Flip-Flops sind **speichernde** Elemente. Bei der Beschreibung durch Funktionstabellen muß deshalb der Zustand vor der auslösenden Taktflanke mit berücksichtigt werden. Er wird mit Q_{-1} bezeichnet. Die Funktionstabelle bezeichnet man bei Schaltwerken als **Zustandsfolgetabelle**. Ein Umsortieren dergestalt, daß die Eingangssignale nach dem Signalübergang von Q_{-1} auf Q geordnet werden, führt zur **Synthesetabelle**.

Der Ausgangszustand *nach* der maßgeblichen Taktflanke kann als Funktion des Zustandes *vor* der Flanke und weiterer Steuersignale angegeben werden. Man bezeichnet sie als **charakteristische Gleichung** für das beschriebene Bauelement.

9.5.10 Synthese von flankengesteuerten Flip-Flops

Bei der Realisierung einer Schaltung mit programmierbaren Funktionsspeichern (PLD) stellt sich mitunter das Problem, ein taktflankengesteuertes Flip-Flop aus einfachen Logik-Elementen aufzubauen. Die folgenden Abschnitte stellen dazu die nötigen Hilfsmittel bereit.

RS-Flip-Flop (taktflankengesteuert)

Da es mehrere Kombinationen der Steuersignale geben kann, die zu demselben Zustandsübergang $Q_{-1} \to Q$ führen, kann die Synthesetabelle in einer Zeile mitunter mehrere Einträge aufweisen.

- charakteristische Gleichung: $Q = S \vee (\overline{R} \wedge Q_{-1}) = S + \overline{R} \cdot Q_{-1}$.
  Dabei muß die Nebenbedingung $S \wedge R = 0$ eingehalten werden, um den irregulären Zustand zu vermeiden.

RS-Flip-Flop			
R	S	Q_{-1}	Q
0	0	0	0
0	0	1	1
0	1	×	1
1	0	×	0
1	1	×	?

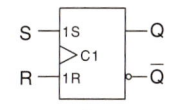

×: bedeutungslos
? : irregulärer Zustand

Synthesetabelle			
Q_{-1}	Q	R	S
0	0	0	0
		1	0
0	1	0	1
1	0	1	0
1	1	0	0
		0	1

Kompakte Form			
Q_{-1}	Q	R	S
0	0	×	0
0	1	0	1
1	0	1	0
1	1	0	×

D-Flip-Flop (taktflankengesteuert)

D-Flip-Flop		
D	Q_{-1}	Q
0	0	0
0	1	0
1	0	1
1	1	1

Synthesetabelle		
Q_{-1}	Q	D
0	0	0
0	1	1
1	0	0
1	1	1

- charakteristische Gleichung: $Q = D$

D-Flip-Flop				
Clear	Preset	D	Q_{-1}	Q
0	0	0	0	0
		0	1	0
		1	0	1
		1	1	1
0	1	×	×	1
1	0	×	×	0
1	1	×	×	?

×: bedeutungslos
?: irregulärer Zustand

Mitunter verfügen diese Flip-Flops über *preset*- und *clear*-Eingänge. Sie haben Priorität vor den Dateneingängen. Asynchrone *preset*- und *clear*-Eingänge wirken sofort auf das Ausgangssignal, synchrone erst bei der nächsten maßgeblichen Taktflanke.

T-Flip-Flop (taktflankengesteuert)

Ein T-Flip-Flop mit *preset*- und *clear*-Eingängen hat folgende Funktionstabelle:

T-Flip-Flop			
Clear	Preset	Q_{-1}	Q
0	0	0	1
0	0	1	0
0	1	×	1
1	0	×	0
1	1	×	?

×: bedeutungslos
?: irregulärer Zustand

Synthesetabelle			
Q_{-1}	Q	Clr	Pre
0	0	1	0
0	1	0	0
		0	1
1	0	0	0
		1	0
1	1	0	1

Kompaktform			
Q_{-1}	Q	Clear	Preset
0	0	1	0
0	1	0	x
1	0	×	0
1	1	0	1

- charakteristische Gleichung:

$$Q = (\overline{Q}_{-1} \wedge \overline{\text{Clear}}) \vee \text{Preset} = \overline{Q}_{-1} \cdot \overline{\text{Clear}} + \text{Preset}$$

mit der Nebenbedingung $\text{Clear} \wedge \text{Preset} = 0$

JK-Flip-Flop (taktflankengesteuert)

JK-Flip-Flop			
J	K	Q_{-1}	Q
0	0	0	0
0	0	1	1
0	1	×	0
1	0	×	1
1	1	0	1
1	1	1	0

×: bedeutungslos

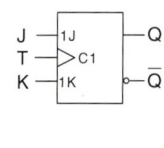

Bei vorhandenen *preset*- und *clear*-Eingängen erweitert sich die Zustandsfolgetabelle zu:

JK-Flip-Flop					
Clear	Preset	J	K	Q_{-1}	Q
0	0	0	0	0	0
		0	0	1	1
		0	1	×	0
		1	0	×	1
		1	1	0	1
		1	1	1	0
0	1	×	×	×	1
1	0	×	×	×	0
1	1	×	×	×	?

Synthesetabelle			
Q_{-1}	Q	J	K
0	0	0	0
		0	1
0	1	1	0
		1	1
1	0	0	1
		1	1
1	1	0	0
		1	0

Kompaktform			
Q_{-1}	Q	J	K
0	0	0	×
0	1	1	×
1	0	×	1
1	1	×	0

×: bedeutungslos
? : irregulärer Zustand

- charakteristische Gleichung:

$$Q = (J \wedge \overline{Q}_{-1}) \vee (\overline{K} \wedge Q_{-1}) = J \cdot \overline{Q}_{-1} + \overline{K} \cdot Q_{-1}$$

9.5.11 Übersicht: Flip-Flop Schaltkreise

Die Verfügbarkeit der Bausteine in den einzelnen TTL- und CMOS-Baureihen muß über Lieferlisten geklärt werden.

TTL	Funktion	CMOS
74118	sechs RS-Flip-Flops	4042[a]
7474[b]	zwei D-Flip-Flops, einflankengesteuert	4013
7475[b]	vier D-Flip-Flops	4042
7473[b]	zwei JK-Flip-Flops	
74107[b]	zwei JK-Flip-Flops	
7476[b]	zwei JK-*master-slave*-Flip-Flops	4027
74111	zwei JK-*master-slave*-Flip-Flops mit Datenverriegelung (*data lockout*)	

[a] nur vier Flip-Flops
[b] auch als 74 HC xxx oder 74 HCT xxx in der *high-speed*-CMOS-Baureihe verfügbar

9.6 Speicher

Halbleiterspeicher[*] werden strenggenommen unterteilt in

- Tabellenspeicher
- Funktionsspeicher

Tabellenspeicher sind Speicher für Daten, Programme etc. Sie sind in der Regel gemeint, wenn man von **Speichern** spricht. Funktionsspeicher speichern logische Verknüpfungen. Sie werden in Abschnitt 9.6.5 behandelt.

Halbleiterspeicher unterteilt man nach dem möglichen Zugriff in

- ROM (*read-only memory*) Festwertspeicher
- RAM (*random access memory*) Schreib-Lese-Speicher

ROM-Speicher sind nicht flüchtig[*], der Speicherinhalt bleibt auch ohne Versorgungsspannung erhalten. Der Speicherinhalt kann nicht verändert werden.

RAM-Speicher sind flüchtige[*] Speicher, der Speicherinhalt geht verloren, wenn keine Versorgungsspannung anliegt. Dieser Speicher kann beschrieben und gelesen werden.

Die Bezeichnung *Random-Access-Memory* (Speicher mit wahlfreiem Zugriff) ist historisch bedingt. Auf beide Speichertypen kann wahlfrei zugegriffen werden. Halbleiterspeicher sind so organisiert, daß sie auf das Anlegen einer **Adresse** den Speicherinhalt freigeben (zum Lesen oder zum Schreiben). Die Adressen sind binär codiert, deshalb sind die Speicherkapazitäten stets Zweierpotenzen.

- **Bitorientierte** Speicher speichern unter einer Adresse ein Bit.
- **Wortorientierte** Speicher speichern unter einer Adresse parallel 4, 8 oder 16 Bit.

9.6.1 Prinzipieller Aufbau

Speicherelemente sind matrixartig angeordnet. Die Adresse ist intern in Zeilen- und Spaltenadresse unterteilt. Jede wird durch einen Zeilen- bzw. Spaltendekoder dekodiert. Das Speicherelement am Kreuzungspunkt zwischen angewählter Zeilen- und Spaltenleitung wird durch UND-Verknüpfung ausgewählt, es wird mit der Datenleitung verbunden. Das $R/\overline{W}$-(*read/write*) Signal wählt aus, ob das Speicherelement beschrieben oder gelesen wird.

Zusätzlich zum Schreibsignal $R/\overline{W}$ wird ein CS-(*chip select*) Signal verknüpft. Es selektiert den gesamten Baustein. Bei $CS = 0$ wird der Datenausgang hochohmig. Das erlaubt den Betrieb von mehreren Speicherbausteinen an einer Sammelleitung (Bus).

Die Verknüpfung von CS- und $R/\overline{W}$-Signal generiert ein Schreibsignal WE (*write enable*). Dieses taktet in dem adressierten Speicherelement das D-Flip-Flop (s. Abb. 9.52). Bei wortorganisierten Speichern liegen mehrere solche Speicherebenen parallel. Unter einer Adresse wird eine gesamte **Speicherzelle** erreicht. Bei Festwertspeichern (ROM) kann die $R/\overline{W}$-Leitung entfallen. Die Datenleitungen D_{in} und D_{out} sind intern zusammengeschaltet, das $R/\overline{W}$-Signal schaltet das Ausgangsgatter beim Schreiben hochohmig.

---

[*] HALBLEITERSPEICHER: *solid state memories*
[*] FLÜCHTIGE, NICHT FLÜCHTIGE SPEICHER: *volatile, non volatile memories*

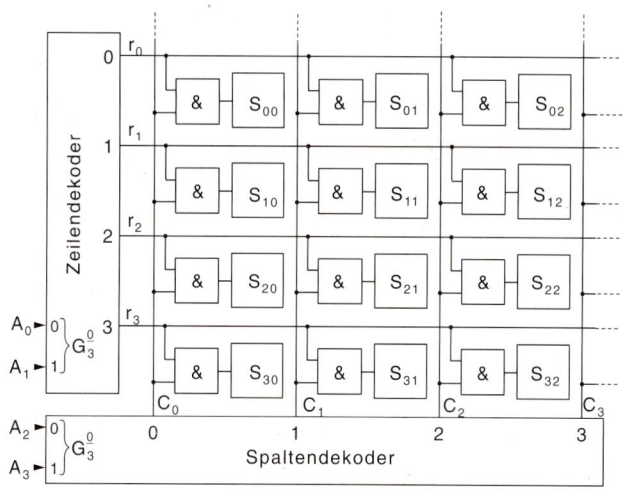

Abbildung 9.51: Prinzipieller Aufbau eines Speicherbausteins

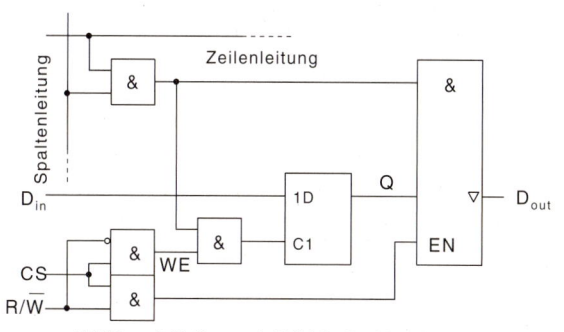

Abbildung 9.52: Ersatzschaltbild für Speicherelement

9.6.2 Speicherzugriff

Beim Speicherzugriff müssen alle Signale gewisse Bedingungen einhalten.

Beim Lesen:

- Nach dem Anlegen der Adresse muß eine gewisse Zeit t_{AA} gewartet werden, bis die Daten aufgrund der internen Schalt- und Laufzeiten am Ausgang gültig sind. **Lese-Zugriffszeit**, *address access time* t_{AA} oder nur **Zugriffszeit**.

Beim Schreiben:

- Nach dem Anlegen der Adresse, muß eine gewisse Zeit t_{AS} gewartet werden, bis das Schreibsignal R/$\overline{W}$ auf L geht (*address setup time*).

- Das Schreibsignal R/$\overline{\text{W}}$ muß eine Mindestdauer t_{Wp} auf L bleiben (*write pulse width*).
- Mit der positiven Flanke des R/$\overline{\text{W}}$-Schreibsignals werden die Daten eingelesen. Dazu müssen die Daten eine Mindestzeit t_{DW} stabil angelegen haben (*data valid to end of write*).
- Nach dem Wechsel des R/$\overline{\text{W}}$-Schreibsignals müssen Daten und Adressen noch eine Mindestzeit t_H anliegen (*hold time*).

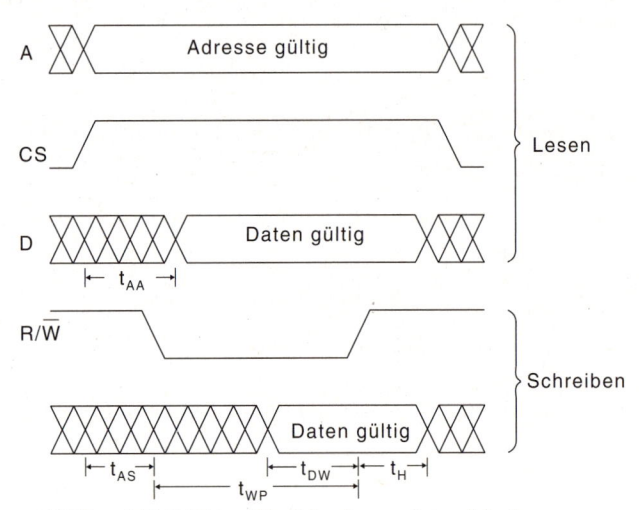

Abbildung 9.53: Zeitlicher Ablauf eines Lese- und eines Schreibvorgangs

Die Gesamtzeit für einen Schreibvorgang beträgt mindestens

$$t_W = t_{AS} + t_{Wp} + t_H$$

t_W **Schreib-Zyklus-Zeit** (*write cycle time*).

9.6.3 Statische und dynamische RAMs

- **Statische RAMs*** bewahren den Speicherinhalt bei anliegender Versorgungsspannung ohne weitere Maßnahmen auf (**SRAMs**).
- **Dynamische RAMs*** müssen periodisch aufgefrischt werden (*refresh*), der Speicherinhalt geht sonst verloren (**DRAMs**).

In statischen RAMs ist jedes Speicherelement durch ein Flip-Flop realisiert. Bei CMOS-RAMs beträgt der Aufwand pro Bit 6 Transistoren.

Im Bestreben, möglichst wenig Chipfläche pro Bit zu belegen, wurden Speicherelemente, bestehend aus einem einzelnen MOSFET-Transistor realisiert. Die Speicherung erfolgt in Form von Ladungspaketen in der Gate-Source-Kapazität des Transistors. Die Lebensdauer der Ladung ist beschränkt, darum muß jede Speicherstelle innerhalb weniger Millisekunden aufgefrischt werden.

---

* STATISCHER RAM: *static RAM*
* DYNAMISCHER RAM: *dynamic RAM*

Beim Lese-Zugriff erfolgt das Auffrischen für die gesamte Zeile im Speicher. Wenn die Anwendung nicht schon einen wiederkehrenden Zugriff auf jede Zeile im Speicher realisiert, muß das durch eine separate Schaltung realisiert werden. Man ist bereit, den zusätzlichen Aufwand zu leisten, weil DRAMs eine etwa 4 fach höhere Integrationsdichte erlauben. Bei Speichern großer Kapazität benötigt der Baustein viele Adreßleitungen. Das erfordert große Gehäuse. Man multiplext deshalb Spalten- und Zeilenadressen wie in Abbildung 9.54 dargestellt. Die Übernahme der Adressen in die internen Zwischenspeicher erfolgt durch die Signale CAS (*column address strobe*) und RAS (*row address strobe*).

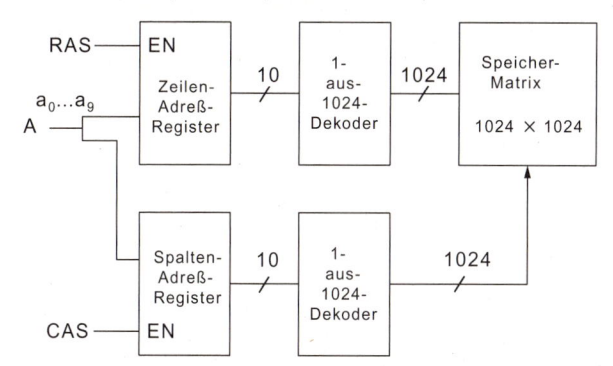

Abbildung 9.54: Adreßmultiplexen und Zwischenspeichern in einem 1 MBit DRAM

9.6.3.1 Erweiterungen und Varianten von RAM Speichern

Dynamic-RAM-controller: Logik, die das selbsttätige Auffrischen des Speicherinhalts von DRAMs besorgt.

Pseudostatische RAMs: Dynamisches RAM, in das die *refresh*-Logik bereits integriert ist.

Multiport RAM: Mehrtor-Speicher. Häufig in der Ausführung, daß an einem Tor geschrieben, am anderen nur gelesen werden kann.

BEISPIEL: Video-Bildspeicher: Jedes Tor verfügt über getrennte Adreß- und Datenleitungen.

Arbiter: Prioritätslogik, die Zugriffskonflikte bei Mehrtor-Speichern löst. Bei kleinen Speichern integriert im Mehrtorspeicherchip.

FIFO: (*first in first out*) Speicher, der eine Warteschlange (Puffer) realisiert (s. Abb. 9.55). Der Speicher verfügt über ein Eingabe- und ein Ausgabetor. Die Adressierung erfolgt selbsttätig intern. Die Daten werden am Ausgang getrennt in der Reihenfolge angeboten, wie sie eingeschrieben wurden. Realisierung durch zwei Adreßregister, die auf Kopf und Ende der Warteschlange zeigen. Die Adressierung erfolgt zyklisch, daher der Name **Ringspeicher**.

ECC-Speicher: (*error correcting code*) Speicher, bei denen zur Fehlersicherung redundante Bits zusätzlich gespeichert werden. Vereinzelte Bitfehler können erkannt und korrigiert werden (EDC *error detection and correction*). Gängig sind Kombinationen aus Nutzbits/Prüfbits von 8/5, 16/6 und 32/7.

EDC-Controller: Logikschaltung, die die Fehlerdetektion und Korrektur bei ECC-Speichern realisiert.

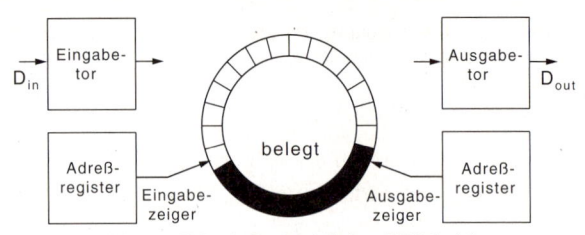

Abbildung 9.55: Logisches Modell eines FIFO Speichers

9.6.4 Festwertspeicher

Festwertspeicher werden im Normalbetrieb nur gelesen. Sie sind nicht flüchtig, d. h. auch bei Wegfall der Versorgungsspannung bleibt der Speicherinhalt erhalten. Ihre Grundstruktur ist die Diodenmatrix. An den Kreuzungsstellen von Zeilen- und Spaltenleitungen sitzen Dioden. Tatsächlich wird der Speicherinhalt nicht durch die Präsenz einer Diode realisiert, sondern durch ihre elektrische Verbindung zur Spaltenleitung (siehe Abb. 9.56).

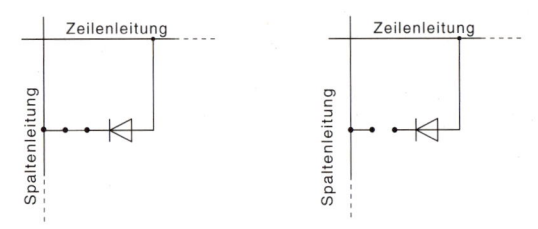

Abbildung 9.56: Prinzipielle Speicherung eines Bits im ROM

Man unterscheidet verschiedene Typen von Festwertspeichern:

- **ROM** (*read-only memory*). Dateninhalt wird beim Hersteller im letzten Fertigungsschritt in Form einer Metallisierungsmaske eingebrannt (**maskenprogrammierte** ROMs). Vorlaufzeit hoch. Nur bei großen Stückzahlen wirtschaftlich.

- **PROM** (*programmable read only memory*). Kann vom Anwender irreversibel programmiert werden. In einer genauen spezifizierten Überstrom/Überspannungs Pulsfolge werden entweder Sollbruchstellen durchgebrannt (*fusible link*) oder Sperrschichten der Koppelemente kurzgeschlossen (*avalanche induced migration*).

- **EPROM** (*erasable programmable read only memory*). Kann vom Anwender in seiner Gesamtheit durch intensive UV-Bestrahlung gelöscht werden. Kennzeichen: Quarzfenster an der Oberseite des Gehäuses. Koppelemente sind FETs mit „schwebendem Gate" (*floating gate*). Es realisiert einen hochisolierten Kondensator, dessen Ladung durch Beeinflussung der Schwellspannung des FET die Informationsspeicherung besorgt. EPROMs sind generell langsamer als PROMs.

- **EEPROM** (*electrically erasable read only memory*), auch **EAROM** (*electrically alterable read only memory*). Speicherzellen können elektrisch selektiv programmiert *und gelöscht* werden. Anzahl der Programmier-/Löschzyklen ist auf etwa 10^4 beschränkt. Die Kostenentwicklung läßt erwarten, daß EEPROMs künftig EPROMs ablösen werden.

Zudem werden EEPROMs mit RAMs kombiniert (meist als *Flash* EEPROMs) in einem Baustein angeboten, um die Vorteile des RAMs (schnelle und häufige Zugriffe) und des EEPROMs (Nichtflüchtigkeit) zu kombinieren.

9.6.5 Programmierbare Funktionsspeicher

Funktionsspeicher speichern logische Verknüpfungen. Ihre Struktur orientiert sich an der Darstellung logischer Verknüpfungen in ihrer Normalform. Sie stellen je ein Feld von **Und**- und **Oder**-Verknüpfungen bereit, die vom Anwender durch gezieltes Aufbrechen oder Herstellen von Verbindungen programmiert, d. h. in den gewünschten Zustand überführt werden können.

9.6.5.1 Prinzip

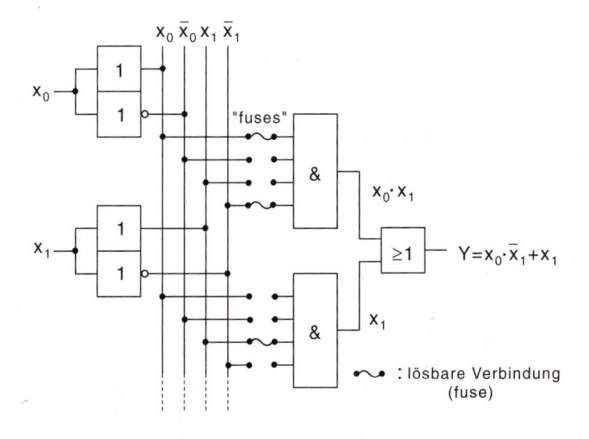

Abbildung 9.57: Prinzip eines programmierbaren Funktionsspeichers

Abbildung 9.57 zeigt das Prinzip eines programmierbaren Funktionsspeichers **PLD** (*programmable logic device*). Zwei Eingangssignale werden invertiert und nichtinvertiert auf Spaltenleitungen eingespeist. Damit verbunden sind Mehrfach-UND-Glieder, deren Ausgänge in einer **Oder**-Schaltung verknüpft werden. Die Programmierbarkeit wird dadurch erreicht, daß die Verbindungen gezielt gelöst werden können. Vereinfachend wird eine in Abbildung 9.57 gezeigte Anordnung wie in Abbildung 9.58 dargestellt. Die Kreuze stellen Verbindungen dar.

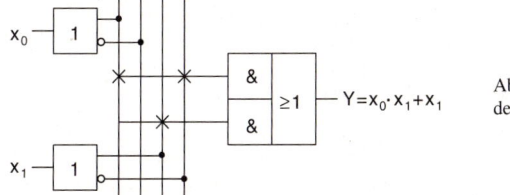

Abbildung 9.58: Kompakte Darstellung des PLD Ausschnitts

PROM   **PAL**   **PLA**

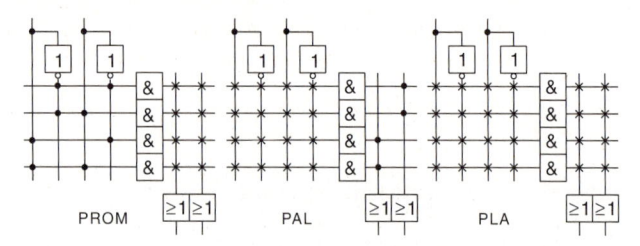

• : feste Verbindung   x : lösbare (programmierbare) Verbindung

Abbildung 9.59: Prinzipielle Struktur von PROM, PAL und PLA Bausteinen

Der Programmiervorgang gleicht also dem eines PROMs. Die Abbildung 9.59 zeigt im Vergleich die Struktur von drei PLD Typen.

- **PROMs** verfügen über eine festvorgegebene UND-Matrix, die der Adreßdekodierung dient. Die ODER-Matrix ist frei programmierbar. Sie nimmt den Speicherinhalt auf.
- **PALs** sind dagegen in der UND-Matrix frei programmierbar, die ODER-Matrix ist fixiert.
- **PLA-Bausteine** lassen die Programmierung sowohl der UND- als auch der ODER-Matrizen zu. Sie sind somit flexibler als PROMs und PALs, die Laufzeit durch beide Matrizen macht sie jedoch langsamer.

9.6.5.2 PLD Typen

Die Grundstruktur der beschriebenen PLD-Architekturen führt zu einer Vielzahl von Typen von programmierbaren Funktionsspeichern. Die Unterschiede liegen in der Art des programmierbaren Koppelelements (Sicherung, Diode, FET); in der Programmierbarkeit der UND- und ODER-Matrizen sowie in der Löschbarkeit.

PROM: Feste UND-Matrix. Sie realisiert die Adreßdekodierung. ODER-Matrix programmierbar. Verbindungselement sind metallische Verbindungen, die durchgeschmolzen werden (*fuses*).

EPROM: (*erasable programmable!read only memory@–, read only memory*) PROM-Version. Feste UND-Matrix. Programmierbare ODER-Matrix. Koppelelemente FETs mit schwebendem Gatter. Die Informationen stehen in Ladungspaketen im Gate-Kondensator. Daraus folgt Löschbarkeit.

PAL: (*programmable array logic*) feste ODER-Matrix. UND-Matrix programmierbar.

HAL: (*hardware array logic*) vom Hersteller maskenprogrammierte Version des PAL.

PLA: (*programmable logic array*). Sowohl UND- als auch ODER-Matrix programmierbar. Daraus folgt höhere Flexibilität, aber auch höherer Entwurfsaufwand. Werden durch LCAs abgelöst.

EPLD: (*erasable programmable logic device*) Struktur wie PAL. Koppelelemente wie EPROMs. Damit sind EPLDs UV-Löschbar und wiederverwendbar.

IFL: (*integrated fuse logic*) Oberbegriff für verschiedene Typen von Funktionsspeichern.

    FPGA: (*field programmable gate array*)
    FPLA: (*field programmable logic array*)
    FPLS: (*field programmable logic sequencer*)

LCA: (*logic cell array*) stellt umkonfigurierbare Logikblöcke zur Verfügung. Die Art der Verbindungen wird in einem nicht flüchtigen Speicher abgelegt. Daraus wird das LCA geladen.

AGA: (*alterable gate array logic*) umprogrammierbares Gate Array.

GAL: (*generic array logic*) elektrisch löschbares Gate Array. PAL-Struktur. Programmierbare Ausgangsmakrozellen, daher sehr flexibel einsetzbar. Kann viele PAL Typen nachbilden.

Die Tabelle zeigt die verschiedenen PLD-Typen in der Übersicht. Zum Vergleich ist das ROM zusätzlich aufgeführt:

PLD Type	PLD-Eigenschaften		
	UND-Matrix	ODER-Matrix	Speicherung
ROM	fest	Maske	Maske
PROM	fest	programmierbar	Sicherung
EPROM	fest	programmierbar	Ladungsträger
PAL	programmierbar	fest	Sicherung
HAL	Maske	fest	Maske
PLA	programmierbar	programmierbar	Sicherung
EPLD	programmierbar	fest	Ladungsträger
LCA	programmierbar	programmierbar	Ladungsträger
AGA	programmierbar	programmierbar	Ladungsträger
GAL	programmierbar	fest	Ladungsträger

Kennzeichen der PLDs ist eine „letzte Sicherung" (*last fuse*). Wird diese durchgebrannt, dann sind die Inhalte der programmierten Matrix elektrisch nicht mehr erreichbar. Damit wird eine gewisse Sicherheit gegen unbefugtes Kopieren der inneren Struktur erreicht.

9.6.5.3 Ausgangsschaltungen

PALs verfügen über unterschiedliche Ausgangsschaltungen. Sie sind in Abbildung 9.60 gezeigt.

Folgende Arten sind realisiert:

High-H-Ausgang: Das Signal steht nach der ODER-Verknüpfung zur Verfügung.
Low-L-Ausgang: Das Signal wird invertiert.
Komplement-C-Ausgang: Signal und Komplement werden beide herausgeführt. Relativ seltene und unwirtschaftliche Lösung, weil viele Ausgangspins benötigt werden.
Programmable-P-Ausgang: Polarität des Ausgangs ist durch EXOR als gesteuerten Inverter wählbar. Steuereingang des EXORs wird durch eine Sicherung mit Masse verbunden.
EXOR-X-Ausgang: Zwei ODER-Ausgänge werden EXOR-Verknüpft. Diese Struktur kommt fast ausschließlich in Rechenwerken zur Anwendung.
Sharing-S-Ausgang: Macht aus einem PAL ein „FPLA des kleinen Mannes". Bei dieser Variante steht eine kleine programmierbare ODER-Matrix zur Verfügung.
Bidirektional-B-Ausgänge: Lassen sich als Eingang oder zur Rückführung eines Zwischenergebnisses programmieren (Mehrfachnutzung eines Teilterms). Die Ausgangsschaltung ist *tristate*-fähig. Das *enable*-Signal selbst läßt sich aus einer logischen Verknüpfung der Eingangssignale ableiten.
Register-R-Ausgänge: Zu definierten Zeitpunkten werden die Ausgangszustände in D-Flip-Flops übernommen. Die Taktleitung ist allen Gattern gemeinsam. Diese Struktur eignet sich zur Synthese von Schaltwerken.

Asynchronously-Registered-AR-Ausgang: Set, Reset und Taktsignal werden als logische Verknüpfungen gewonnen.

Variable-V-Ausgang: Neuere PAL-(bzw. GAL-) Varianten verfügen über Ausgangsmakrozellen (OLMC: *output logic macro cell*), die durch Steuerbits programmiert werden, um eine der Ausgangsversionen H, L oder R zu realisieren.

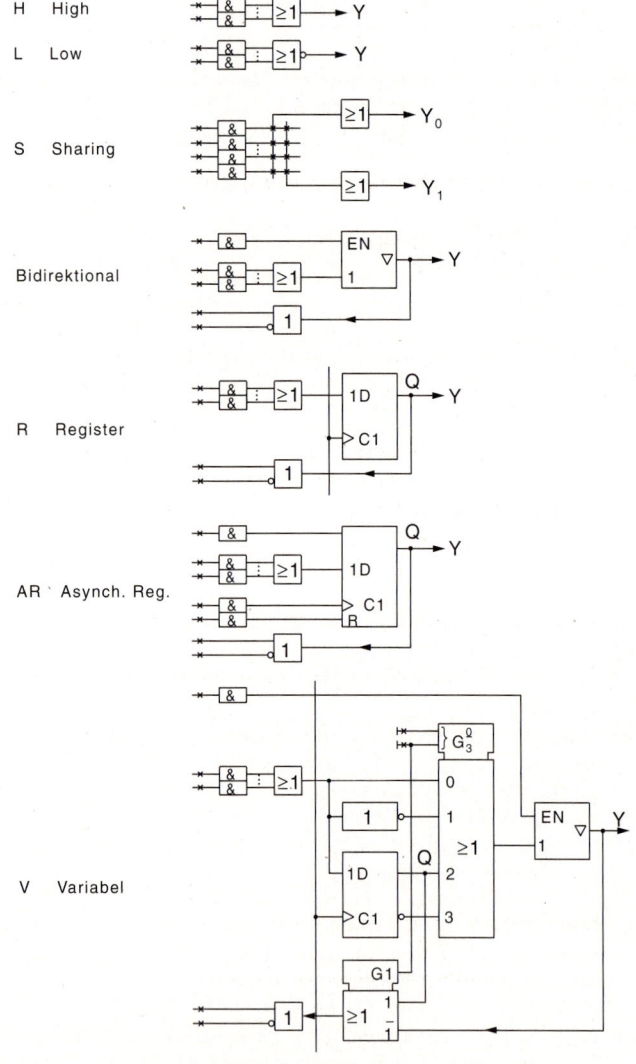

Abbildung 9.60: Ausgangsschaltungen von PALs

9.7 Register und Schieberegister

Register sind Anordnungen von Flip-Flops zur Zwischenspeicherung von Signalzuständen. Die parallele Anordnung von D-Flip-Flops, die mit einem gemeinsamen Takt versorgt werden, führt zu einem 4-, 8- oder 16-Bit-Register (*latch*).

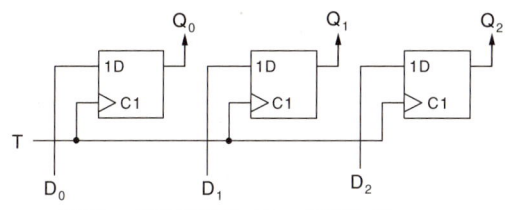

Abbildung 9.61: 3 Bit-Register mit D-Flip-Flops

Schieberegister sind Flip-Flops in Kettenschaltung, d. h., der Ausgang eines Flip-Flops ist mit dem Eingang des folgenden verbunden.

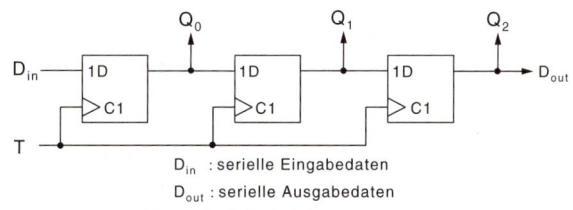

D_{in} : serielle Eingabedaten
D_{out} : serielle Ausgabedaten

Abbildung 9.62: 3 Bit-Schieberegister

Alle Flip-Flops werden gemeinsam mit dem Taktsignal (*clock*) versorgt. Am Ausgang steht das Eingangssignal verzögert zur Verfügung.

Die Verbindung der Ein- und Ausgänge kann man auftrennen und über Multiplexer ein externes Signal einspeisen. Man erhält dann ein **ladbares Schieberegister**[*]. Das Signal *load* steuert die Übernahme der Daten. Ein solches Schieberegister kann als **Parallel-Serien-Wandler**[*] und als **Serien-Parallel-Wandler**[*] dienen.

Schieberegister sind integriert für Längen von 4, 8, 16 und mehr Flip-Flops erhältlich.

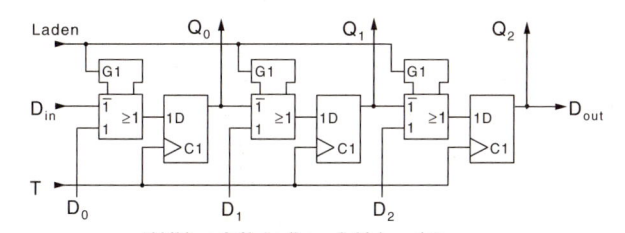

Abbildung 9.63: Ladbares Schieberegister

---

[*] LADBARES SCHIEBEREGISTER: *loadable shift register* oder *shift register with parallel access*
[*] PISO: *parallel in serial out*
[*] SIPO: *serial in parallel out*

9.8 Zähler

Zähler sind Schaltwerke, die eine eindeutige Zuordnung von Zählimpulsen am Eingang und den internen Flip-Flop-Zuständen zulassen. Die internen Zustände müssen dabei nicht unbedingt einer gängigen Zahlendarstellung entsprechen. Man unterscheidet nach der Art der Ansteuerung:

- **Synchronzähler**[*]: Alle Flip-Flops werden parallel (gleichzeitig) mit den Zählimpulsen (*clock*) versorgt.
- **Asynchronzähler**[*]: Mindestens ein Flip-Flop erhält ein Taktsignal, das innerhalb des Schaltwerkes generiert wurde.
- **Semisynchronzähler**: Synchronzählerbausteine werden hintereinandergeschaltet. Solche Zähler arbeiten abschnittsweise synchron, insgesamt asynchron.

Nach der Art der Darstellung des Zählerstandes:

- **Dualzähler**[*]: Der Zählerstand wird dual dargestellt.
- **BCD-Zähler**: Der Zählerstand wird pro Dezimalstelle separat binär dargestellt.
- Und weitere. Der Zählerstand folgt anderen Codes (1 aus 10, Biquinär, etc.).

Nach der Zählrichtung:

- **Vorwärtszähler**
- **Rückwärtszähler**
- umschaltbare **Vor-/Rückwärtszähler**[*]
- Zähler mit **getrennten** Vorwärts- und Rückwärts- Zähl**eingängen**

Nach der Anordnung der Flip-Flops:

- **Ringzähler**[*]: Bestehen aus einem Schieberegister, das den Inhalt zyklisch verschiebt.
- **Johnson-Zähler**[*]: Eine besondere Form des Ringzählers.

Nach der Art der Steuermöglichkeiten:

- **programmierbare Zähler** (Vorwärtszähler): Sie können den Zählerstand parallel einladen und damit von einem definierten Zählerstand weiterzählen.

9.8.1 Asynchron-Zähler

9.8.1.1 Dualzähler

Aus der Funktionstabelle eines Dualzählers läßt sich folgender Zusammenhang ablesen:

- Eine Ausgangsvariable z_i ändert dann ihren Wert, wenn die Variable mit der nächstniederen Wertigkeit z_{i-1} ihren Zustand von 1 auf 0 wechselt. In der nachfolgenden Tabelle ist diese Regel durch die horizontalen Trennlinien verdeutlicht.

---

[*] SYNCHRONZÄHLER: *synchronous counter*
[*] ASYNCHRONZÄHLER: *asynchronous counter*
[*] DUALZÄHLER: *binary counter*
[*] VOR-/RÜCKWÄRTSZÄHLER: *up/down counter*
[*] RINGZÄHLER: *walking-ring counter*
[*] JOHNSON-ZÄHLER: *switch tail ring counter*

Zähler- stand	z_2 2^2	z_1 2^1	z_0 2^0
0	0	0	0
1	0	0	1
2	0	1	0
3	0	1	1
4	1	0	0
5	1	0	1
6	1	1	0
7	1	1	1

Daraus ergibt sich die Realisierung eines asynchronen Dualzählers wie in Abbildung 9.64. Der Komplementär-Ausgang der D-Flip-Flops ist auf ihren Eingang zurückgeführt. Dadurch übernimmt jedes Flip-Flop bei jeder maßgeblichen Taktflanke an seinem D-Eingang ein komplementäres Signal (*Toggle*-Flip-Flop). Jedes Flip-Flop arbeitet als Frequenzteiler 1 : 2. Aus dem Signaldiagramm ist zu ersehen, daß sich aus den Zuständen der Ausgangsvariablen unmittelbar der Zählerstand codieren läßt.

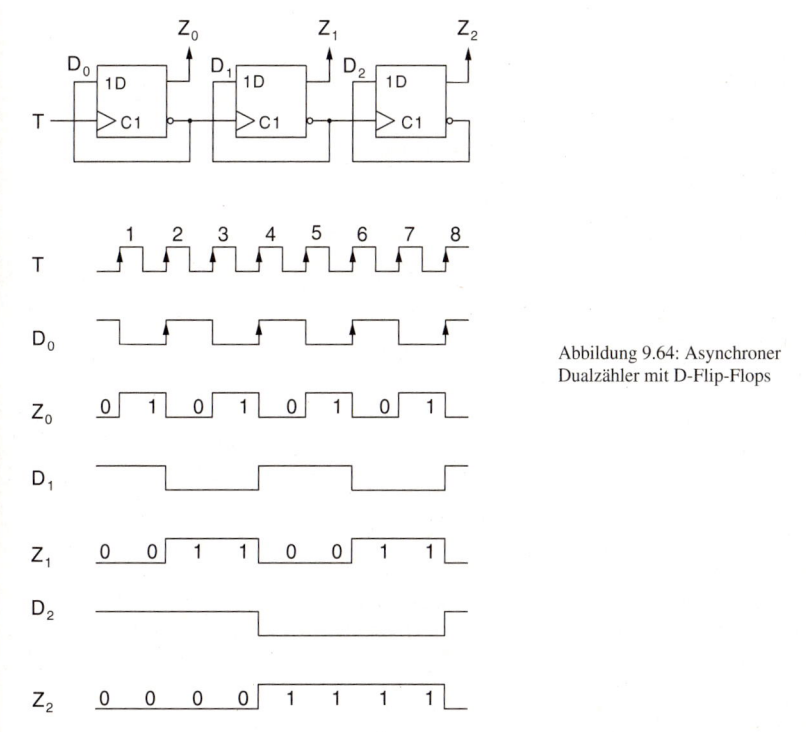

Abbildung 9.64: Asynchroner Dualzähler mit D-Flip-Flops

Der im Bild dargestellte Zähler nimmt nach dem Zählerstand 7 den Anfangszustand 0 an. Insgesamt durchläuft er 8 Zustände. Man nennt diesen Zähler deshalb auch **modulo-8** Zähler. Jedes weitere Flip-Flop erweitert den Zählbereich auf die nächsthöhere Zweierpotenz.

Der Übergang des Zählerzustands 7 auf den Zählerzustand 0 läßt einen wesentlichen Nachteil der Asynchronzähler sichtbar werden: Die positive Flanke des Taktimpulses am Eingang des ersten Flip-Flops läßt es kippen. Dadurch geht der Komplementär-Ausgang von 0 $\to$ 1 und kippt das folgende Flip-Flop und so fort. Jedes Flip-Flop kann jedoch erst kippen, wenn die vorhergehenden Glieder gekippt sind. Die Impulsflanke wird an jedem Flip-Flop um die Verzögerungszeit t_{PH} verzögert. Erst nach Durchlaufen aller Flip-Flops liegt der korrekte Zählerstand an. In der Zwischenzeit liegen nach außen fehlerhafte Ausgangszustände vor. Wegen dieses „Nachlaufens" des Übertrags heißen diese Zähler im Englischen *ripple through counter*.

Die Abbildung 9.65 zeigt einen asynchronen Dualzähler, aufgebaut aus JK-Flip-Flops. Die Flip-Flops sind positiv flankengetriggert.

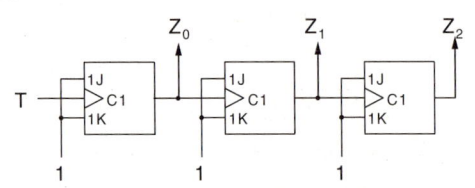

Abbildung 9.65: Asynchroner Dualzähler mit JK-Flip-Flops

Die Abbildung 9.66 zeigt das Schaltsymbol für asynchrone Dualzähler. Der Reseteingang 11 wirkt im Steuerblock auf alle Flip-Flops. Der Eingang 10 ist negativ flankengetriggert. Ausgang 9 wirkt (Z-Abhängigkeit) intern auf den Eingang 1. Beim Übergang von 0 auf 1 wird dessen Zustand gewechselt (T-Abhängigkeit). In entsprechender Weise wirken die anderen Ausgänge. Daneben ist das vereinfachte Schaltsymbol dargestellt, das verwendet wird, wenn nicht ausdrücklich die asynchrone Arbeitsweise dargestellt werden soll.

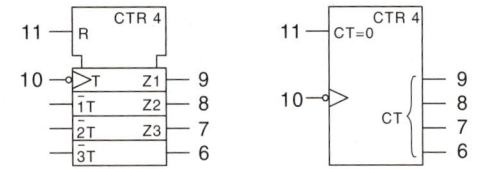

Abbildung 9.66: Schaltsymbole für asynchrone Binärzähler

9.8.1.2 Dezimalzähler

Dezimalzähler finden häufig dort Anwendung, wo der Zählerstand dezimal angezeigt wird. Um den Dekoderaufwand niedrig zu halten, wird für jede Dezimalstelle ein Zähler eingesetzt, der die Zählerstände 0...9 durchläuft. In der Regel werden die Zählerstände binär dargestellt, man spricht von **BCD**-Zählern (*binary coded decimal*).

Die Funktionstabelle auf der folgenden Seite zeigt die interne Darstellung der Zählerstände bei einem BCD-Zähler. Da die Stellen die Gewichte 8, 4, 2 und 1 aufweisen, spricht man auch von **8421-Code**.

Der Dezimalzähler in Abbildung 9.67 geht aus einem 4-Bit-Binär-Zähler hervor. Das NAND-Gatter setzt alle Flip-Flops in dem Moment zurück, wo z_1 und z_3 den Wert 1 annehmen. Das ist beim (irregulären) Zählerstand 10 der Fall. Dieser Zustand hält nur für die Dauer der Signallaufzeiten im Zähler an. Das Resetsignal ist demzufolge ein Nadelimpuls.

Zähler- stand	z_3 2^3	z_2 2^2	z_1 2^1	z_0 2^0
0	0	0	0	0
1	0	0	0	1
2	0	0	1	0
3	0	0	1	1
4	0	1	0	0
5	0	1	0	1
6	0	1	1	0
7	0	1	1	1
8	1	0	0	0
9	1	0	0	1
10^a	1	0	1	0

[a] Kurzzeitiger irregulärer Zustand

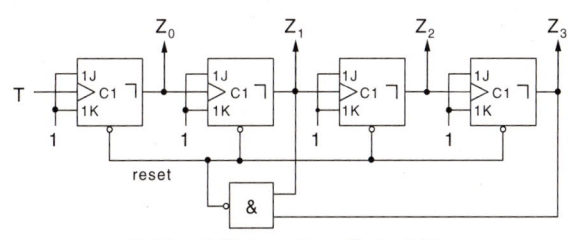

Abbildung 9.67: Asynchroner Dezimalzähler

In der Praxis vermeidet man solche Schaltungen, weil ihre korrekte Funktion kritisch von Signallaufzeiten abhängt. Die Anordung in Abbildung 9.68 vermeidet das Problem durch geeignete Blockierung der Zählstufen über die Vorbereitungseingänge. So wird erreicht, daß der Zähler nach dem Zustand 9 bei der folgenden Taktflanke unmittelbar den Zählerstand 0 annimmt.

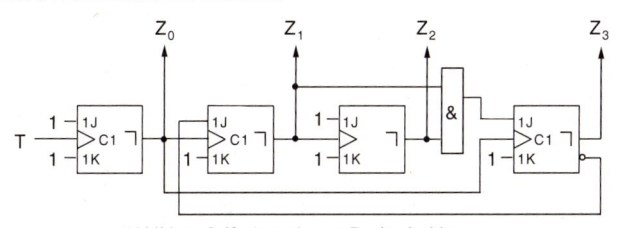

Abbildung 9.68: Asynchroner Dezimalzähler

Abbildung 9.69 zeigt das Schaltsymbol eines Dezimalzählers. Der Eingang 1 ist negativ flankengetriggert und veranlaßt ein Vorwärtszählen (Plus-Zeichen). Der Zähler teilt durch 10 (CTR DIV 10). Der Zählerstand steht an den Anschlüssen 3, 5, 6, 7 binär codiert zur Verfügung. Die geschweifte Klammer faßt die Ausgänge zusammen, ihre Wertigkeit als Potenz zur Basis Zwei ist in Ziffern [0..3] notiert. Eingang 2 veranlaßt einen Rücksetzvorgang, erkennbar am Symbol $CT = 0$. Rücksetzen erfolgt asynchron, denn es ist keine C-Abhängigkeit angegeben.

Abbildung 9.69: Schaltsymbol eines Dezimalzählers

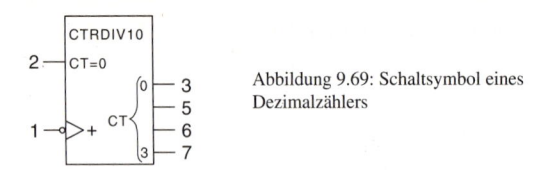

Durch Hintereinanderschalten mehrerer Zähldekaden lassen sich Dezimalzähler beliebigen Zählbereichs realisieren.

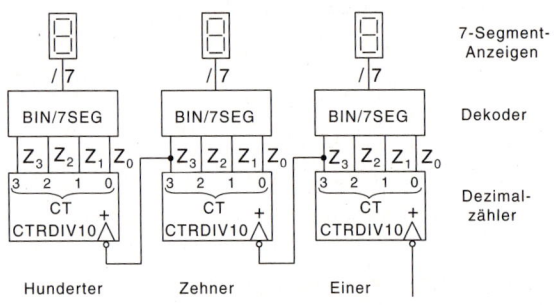

Abbildung 9.70: Dezimalzähler mit drei Dekaden

Der Zählerstand jeder Dekade wird durch einen BCD/7-Segment-Dekoder für die Anzeige umgesetzt. Der Z_3-Ausgang wird als Übertragssignal der nächsthöheren Dekade zugeführt. Das Signal weist nur beim Rücksetzen des Zählers eine negative Flanke auf, die den nachfolgenden Zähler triggert. Das Übertragssignal der höchstwertigen Dekade kann dazu genutzt werden, ein RS-Flip-Flop zu setzen und damit die Überschreitung der Zählkapazität zu signalisieren.

9.8.1.3 Rückwärtszähler

Ein Rückwärtszähler *erniedrigt* bei jedem Zählimpuls den Zählerstand.

Aus der Funktionstabelle eines Rückwärtszählers läßt sich folgender Zusammenhang ablesen:

- Eine Ausgangsvariable Z_i ändert dann ihren Wert, wenn die Variable mit der nächst niedrigeren Wertigkeit Z_{i-1} ihren Zustand von 0 auf 1 wechselt. In der Tabelle ist diese Regel durch die horizontalen Trennlinien verdeutlicht.

Zählerstand	Z_2 2^2	Z_1 2^1	Z_0 2^0
0	0	0	0
7	1	1	1
6	1	1	0
5	1	0	1
4	1	0	0
3	0	1	1
2	0	1	0
1	0	0	1

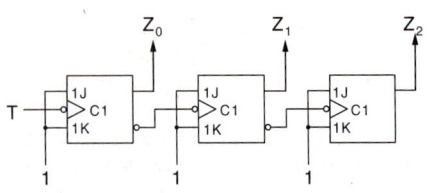

Abbildung 9.71: Asynchroner 3-Bit-Rückwärtszähler

Im Gegensatz zum Vorwärtszähler werden die *komplementären* Ausgänge der Flip-Flops auf die nachfolgenden Takteingänge geschaltet.

9.8.1.4 Vorwärts-Rückwärtszähler

Zu einem in der Zählrichtung umschaltbaren Zähler gelangt man, indem man die Ausgänge der Flip-Flops über EXOR-Gatter führt. Damit kann über eine gemeinsame Steuerleitung die Polarität der Ausgänge umgeschaltet und das Vorwärts-/bzw. Rückwärtszählen veranlaßt werden.

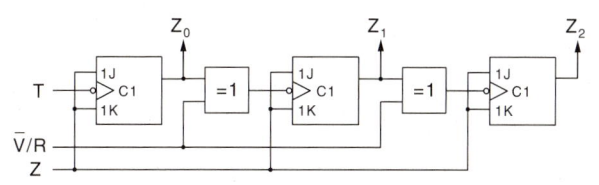

Abbildung 9.72: Asynchroner umschaltbarer Vorwärts-Rückwärtszähler

HINWEIS: Die Umschaltung der Zählrichtung sollte nicht während des Zählvorgangs erfolgen, weil dadurch Polaritätswechsel an den Eingängen der Flip-Flops und unkontrollierte Zählschritte ausgelöst werden. Um das zu vermeiden, werden über den Z-Eingang die *J-K*-Eingänge während des Umschaltens verriegelt.

9.8.1.5 Programmierbare Zähler

Programmierbare Zähler können auf einen Ladebefehl hin einen definierten Zählerstand übernehmen.

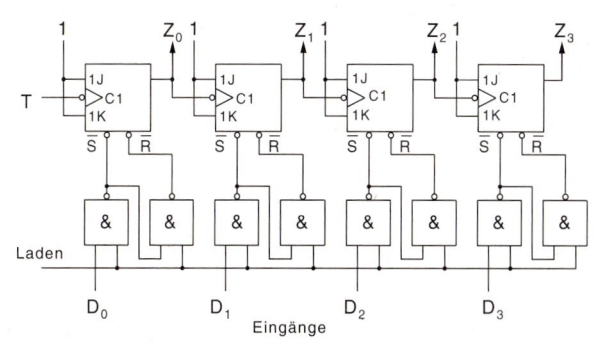

Abbildung 9.73: Programmierbarer Vier-Bit-Zähler

Abbildung 9.73 zeigt einen programmierbaren Vier-Bit-Zähler, der Ladeeingang (*load*) veranlaßt bei H-Pegel, daß jedes Flip-Flop je nach den an den Parallel-Eingängen anliegenden Signalen gesetzt bzw. rückgesetzt wird.

Die Abbildung 9.74 zeigt links das Schaltsymbol für einen programmierbaren Vier-Bit-Zähler. Der Ladevorgang wird durch den mit [load] gekennzeichneten Eingang ausgelöst (C-Abhängigkeit). Die Wertigkeit der einzelnen Stufen ist hier als Kommentar in eckigen Klammern eingetragen. Der Ausgang im Steuerblock rechts nimmt beim Zählerstand 15 ($CT = 15$) den Zustand 1 an. Er liefert das Übertragsignal zur Erweiterung des Zählers.

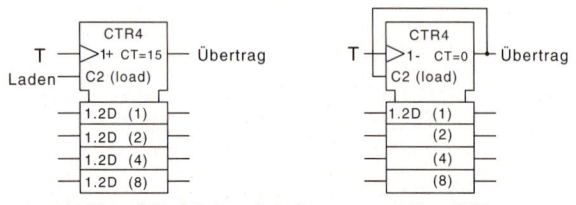

Abbildung 9.74: Schaltsymbole für programmierbare Zähler

Von besonderer Bedeutung, insbesondere in Mikroprozessorsystemen, sind programmierbare Rückwärtszähler, die sich beim Erreichen des Zählerstandes Null selbst sperren, oder einen erneuten Ladevorgang auslösen. Solche Zähler heißen **Vorwahlzähler**. Die Abbildung 9.74 zeigt rechts einen Rückwärtszähler, der beim Erreichen des Zählerstandes Null den Ladevorgang auslöst. Aus der Abhängigkeitsnotation am Lade- und am Takteingang ist zu ersehen, daß das Ladesignal erst bei der darauffolgenden Taktflanke wirksam wird. Wird der Zähler also mit der Zahl m geladen, so durchläuft er $m+1$ Zählzyklen. Er arbeitet als **modulo-$(m+1)$-Zähler**.

ANWENDUNG: Solche Zähler werden bevorzugt als programmierbare Frequenzteiler oder Zeitgeber eingesetzt.

9.8.2 Synchronzähler

Vorwärtszähler				Rückwärtszähler			
Zähler-stand	z_2 2^2	z_1 2^1	z_0 2^0	Zähler-stand	z_2 2^2	z_1 2^1	z_0 2^0
0	0	0	0	7	1	1	1
1	0	0	1	6	1	1	0
2	0	1	0	5	1	0	1
3	0	1	1	4	1	0	0
4	1	0	0	3	0	1	1
5	1	0	1	2	0	1	0
6	1	1	0	1	0	0	1
7	1	1	1	0	0	0	0

Die Tabelle stellt die Zählzustände für einen Dualzähler dar. Aus der Funktionstabelle für einen Vorwärtszähler läßt sich folgender Zusammenhang ablesen:

- Eine Ausgangsvariable z_i ändert dann ihren Wert, wenn alle Variablen mit niedrigerer Wertigkeit den Wert 1 haben *und ein neuer Zählimpuls eintrifft*.

Für Rückwärtszählen lautet diese Regel:

- Eine Ausgangsvariable z_i ändert dann ihren Wert, wenn alle Variablen mit niedrigerer Wertigkeit den Wert 0 haben *und ein neuer Zählimpuls eintrifft*.

Diese Zusammenhänge werden für den Entwurf von Synchronzählern berücksichtigt. Das Kennzeichen von Synchronzählern ist, daß allen Flip-Flops das Taktsignal gleichzeitig (synchron) zugeführt wird. Damit die Flip-Flops nur bei den zulässigen Zuständen kippen, muß durch ein Schaltnetz auf die Vorbereitungseingänge der Flip-Flops eingewirkt werden.

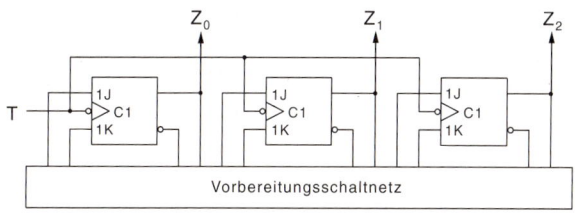

Abbildung 9.75: Prinzip eines Synchronzählers

Die Art des Vorbereitungsschaltnetzes geht unmittelbar aus der notierten Regel hervor. Ein Flip-Flop darf nur dann beim Takt kippen, wenn alle Stufen niedrigerer Wertigkeit den Zustand 1 aufweisen. Daraus ergibt sich:

$$S_0 = 1, \quad S_1 = Z_0, \quad S_2 = Z_0 \cdot Z_1, \quad S_3 = Z_0 \cdot Z_1 \cdot Z_2$$

Diese Verknüpfungen realisieren die UND-Gatter in Abbildung 9.76.

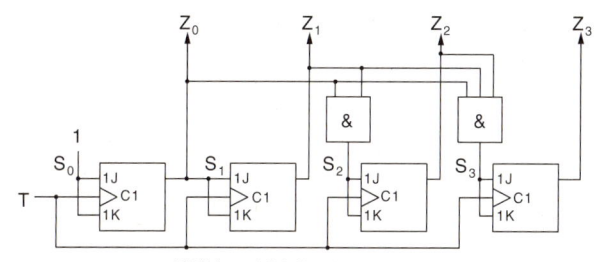

Abbildung 9.76: Synchroner Dualzähler

9.8.2.1 Kaskadierung von Synchron-Zählern

Häufig stellt sich das Problem, synchrone Zähler aufzubauen, deren Zählkapazität die eines einzigen Zählbausteins übersteigt. Das soll am Beispiel des 4-Bit-Synchron-Zähler-Bausteins 71 191 erläutert werden. Der 71 191 ist positiv flankengetriggert und verfügt über zwei für die Zählbereichserweiterung geeignete Ausgänge.

Min/Max: Der Ausgang Min/Max geht auf L-Potential, wenn beim Vorwärtszählen der maximale Zählerstand (15), beim Rückwärtszählen Null erreicht wird.

RCE (*ripple count enable*): Dieser Ausgang ist logisch 0, wenn der *Enable*-Eingang und der Min/Max-Eingang auf L-Potential sind und sich der Zähleingang auf logisch 0 befindet.

Die naheliegende Schaltung zur Zählbereichserweiterung zeigt Abbildung 9.77. Der Übertragsausgang RCE (*ripple count enable*) jeder Zählstufe wird mit dem Takteingang des nachfolgenden Bausteins verbunden.

Diese Betriebsweise bezeichnet man als **semisynchron** oder **teilsynchron**. Der Takt wird nur den Flip-Flops im ersten Zählbaustein parallel zugeführt. Die maximale Zählgeschwindigkeit nimmt mit der Länge der Zählkette ab.

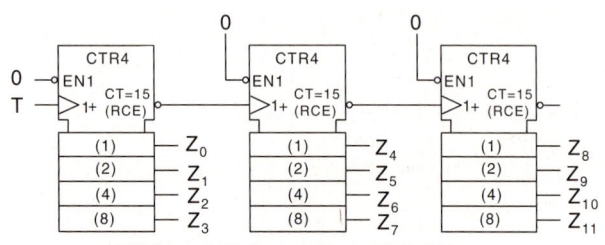

Abbildung 9.77: Semisynchroner Dualzähler

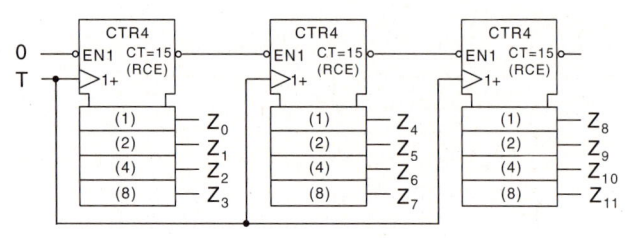

Abbildung 9.78: Synchroner Dualzähler mit seriellem Übertrag

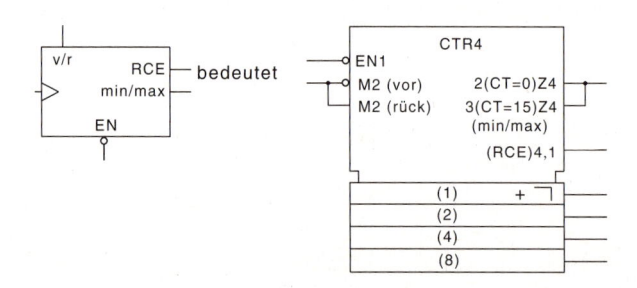

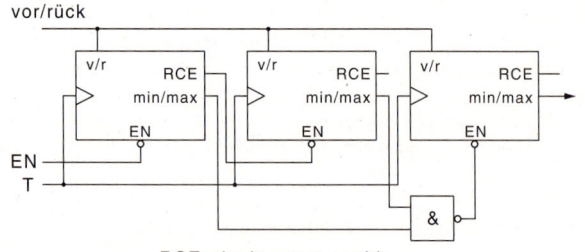

RCE: ripple count enable

Abbildung 9.79: Vollsynchroner Dualzähler mit parallelem Übertrag

In der Schaltung in Abbildung 9.78 arbeitet der gesamte mehrstufige Zähler synchron, aber die Überträge werden seriell erzeugt. Jede Zählstufe verfügt über einen *Enable*-Eingang, der den Zähler und die Übertragserzeugung blockiert. Der erste Zähler wird dauerhaft freigegeben, jede weitere Stufe wird am Freigabe-Eingang durch das Übertragssignal der vorhergehenden Zählstufe versorgt. So kann beispielsweise der zweite Zählerbaustein nur weiterzählen, solange der erste das Übertragssignal anbietet. Das ist genau für eine Taktperiode der Fall.

Die schnellste Betriebsart ermöglicht die Schaltung in Abbildung 9.79, bei der der Übertrag parallel erzeugt wird. Der Ausgang Min/Max geht auf L-Potential, wenn beim Vorwärtszählen der maximale, beim Rückwärtszählen der Zählerstand Null erreicht wird. Alle Zählerstufen werden parallel mit dem Taktsignal versorgt.

HINWEIS: Die Gatter zur Verknüpfung des Übertragssignals sind bei einigen Zählbausteinen bereits integriert (z. B. bei 74 163). Abbildung 9.80 gibt ein Schaltbeispiel (siehe auch Applikationsbeschreibungen der Hersteller).

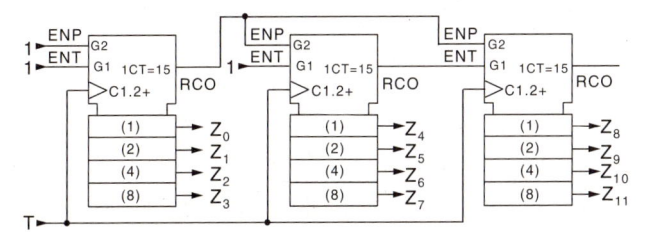

Abbildung 9.80: Vollsynchroner Dualzähler mit parallelem Übertrag ohne externe Gatter

9.8.3 Übersicht: TTL- und CMOS Zähler

Bedeutung der Tabelleneinträge:

A – Asynchronzähler*
S – Synchronzähler
± – Vor/Rückwärtszähler*
↑ – Zähler schaltet bei positiver Flanke*
↓ – Zähler schaltet bei negativer Flanke

BCD – BCD-Zähler
B – Binärcode
1/10 – 1-aus-10-Code
7-Seg – Sieben-Segment-Code
J – Johnson-Zähler

Der Zählumfang ist in der Anzahl der Bits angegeben. Wenn er nicht einer Zweierpotenz entspricht, ist zusätzlich die Anzahl der Zählerzustände angeführt.

---

* ASYNCHRONZÄHLER: *asynchronous counter*
* VOR/RÜCKWÄRTSZÄHLER: *up/down counter*
* POSITIVE FLANKE: *positive going edge triggered*

AC – asynchrones Löschen
   (*asynchronous clear*)
SC – synchrones Löschen
   (*synchronous clear*)
AS – asynchrones Setzen
AL – asynchrones Laden

SL   – synchrones Laden
OC   – open collector
ENT, ENP – Eingänge zur parallelen Übertrags-
           erzeugung ohne externe Gatter
P   – Programmierbarkeit

Die angegebenen Taktfrequenzen sind garantierte Werte. Typische Werte liegen um etwa 50 % höher. Viele der angegebenen TTL-Zähler sind in der ALS-Baureihe mit höheren Taktfrequenzen erhältlich.

9.8.3.1 TTL-Zähler

Typ	A/S	Flanke	Zählumfang [Bit]/Zahl	Code	P	Reset	Zählfrequenz (garantiert) [MHz]	Bemerkungen
LS 90	A	↓	4/10	BCD	AS	AC	32	auf 9 setzbar
LS 92	A	↓	4/12	B	–	AC	32	
LS 93	A	↓	4	B	–	AC	32	Nachfolgetyp LS 293
LS 142	A	↑	4/10	1/10	–	AC	20	mit Latch, Decoder, OC-Treiber 60 V
LS 143	A	↑	4/10	7-Seg	–	AC	12	wie LS 142 mit 7-Segment-Decoder, LED Konstantstromausgänge
LS 144								wie LS 143 mit 15 V OC-Treibern
LS 160	S	↑	4/10	BCD	AL	AC	25	
LS 161	S	↑	4	B	SL	AC	25	wie LS 163 mit AC
LS 162	S	↑	4/10	BCD	SL	SC	25	
LS 163	S	↑	4	B	SL	SC	25	wie LS 161 mit SC
LS 168	S±	↑	4/10	BCD	SL	–	25	ENT, ENP Eingänge
LS 169	S±	↑	4	B	SL	–	25	
LS 176	A	↓	4/10	BCD/5-2	AL	AC	35	je nach Beschaltung BCD oder Biquinärcode
LS 177	A	↓	4	B	AL	AC	35	
LS 190	S±	↑	4/10	BCD	AL	–	20	
LS 191	S±	↑	4	B	AL	–	20	
LS 192	S±	↑	4/10	BCD	AL	AC	25	getrennte Takteingänge für Vor/Rückwärtszählen
LS 193	S±	↑	4	B	AL	AC	25	getrennte Takteingänge für Vor/Rückwärtszählen
LS 196	A	↓	4/10	BCD	AL	AC	30	
LS 197	A	↓	4	B	AL	AC	30	
LS 290	A	↓	4/10	BCD	AS	AC	32	
LS 293	A	↓	4	B	–	AC	32	wie LS 93 mit Versorgungspins an den Ecken
LS 390	A	↓	8/100	BCD	–	AC	25	zwei LS 290 in einem Gehäuse
LS 393	A	↓	8	B	–	AC	25	zwei LS 293 in einem Gehäuse

9.8.3.2 CMOS-Zähler

Die Zählfrequenzen sind für 50 pF Last bei 5/10/15 V angegeben.

Typ	A/S	Flanke	Zählumfang [Bit]/Zahl	Code	P	Reset	Zählfrequenz (garantiert) [MHz]	Bemerkungen
4017	S	↑/↓	5/10	1/10	–	AC	3/8/12	Johnson Zähler
4018	S	↑	5/2..10	J	AL	AC	2/6/8	Johnson Zähler
4020	A	↓	14	B	–	AC	5/13/18	
4022	S	↑	4/8	1/8	–	AC	3/8/12	Johnson Zähler
4024	A	↓	7	B	–	AC	5/13/18	
4029	S±	↑	4 bzw. 4/10	B/BCD	AL	–	4/12/18	umschaltbar Binär/Dez.-Zähler
4040	A	↓	12	B	–	AC	5/13/18	
4060	A	↓	14	B	–	AC	4/10/15	Gatter für Oszillator
4510	S±	↑	4/10	BCD	AL	AC	5/12/17	
4516	S±	↑	4	B	AL	AC	5/12/17	
4518	S	↑/↓	2×4/100	BCD	–	AC	3/7/10	zwei Dez.-Zähler
4520	S	↑/↓	2×4	B	–	AC	3/7/10	zwei Bin.-Zähler
4522	A-	↑/↓	4/10	BCD	AL	AC	6/12/16	Rückwärtszähler
4526	A-	↑/↓	4	B	AL	AC	6/12/16	Rückwärtszähler
4534	A	↑	$20/10^5$	BCD	–	AC	2,5/6/8	BCD-Multiplex-Ausgang
4737	A	↑	16/20000	BCD	AS	AC	3/8/10	Multiplex Ausgang
40160	S	↑	4/10	BCD	SL	AC	5/12/17	
40161	S	↑	4	B	SL	AC	5/12/17	
40162	S	↑	4/10	BCD	SL	SC	5/12/17	
40163	S	↑	4	B	SL	SC	5/12/17	
40192	S±	↑	4/10	BCD	AL	AC	3/9/13	getrennte Takteingänge für Vor/Rückwärtszählen
40193	S±	↑	4	B	AL	AC	3/9/13	getrennte Takteingänge für Vor/Rückwärtszählen

Einige der Bausteine sind auch in der HCT-CMOS-Baureihe mit wesentlich höheren zulässigen Taktfrequenzen lieferbar.

9.9 Entwurf und Synthese von Schaltwerken

Es werden zwei Methoden zum Entwurf von Schaltwerken dargestellt, die auf unterschiedliche Realisierungen zielen, nämlich

- Schaltwerke realisiert mit Funktionsspeichern (PLDs)
- Schaltwerke realisiert mit Tabellenspeichern (ROMs)

Beispiel A

Realisierung eines programmierbaren 3-Bit-Zählers. Alle Angaben erfolgen in positiver Logik.

Steuersignale:
reset: Rücksetzen des Zählerstandes auf Null.
load: Übernehmen der parallel anliegenden Daten in den Zähler.
mode: L vorwärts, H rückwärts zählen.

Eingänge: Ausgänge:
$D_0 \ldots D_2$: Dateneingänge $z_0 \ldots z_2$: Zählerstand binär codiert

carry/borrow: wird der Übersichtlichkeit halber in diesem Beispiel nicht realisiert.

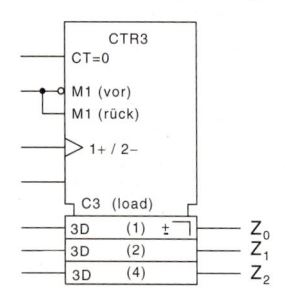

```
          CTR3
───────  CT=0

    ┌──  M1 (vor)
    └──  M1 (rück)

───────  ▷ 1+ / 2−

          C3  (load)
───────  3D   (1)  ± ──── Z₀
───────  3D   (2)  ──── Z₁
───────  3D   (4)  ──── Z₂
```

Abbildung 9.81: Schaltsymbol des zu realisierenden Schaltwerkes

Die Wirkung der Steuersignale *reset*, *load*, *mode* sowie der Dateneingänge D_i ($i = 0 \ldots 2$) und der Ausgänge z_i ($i = 0 \ldots 2$) beschreibt die folgende Zustandsfolgetabelle. Mit z_{-i}^* ist dabei der Zählerstand *vor* der auslösenden Flanke gemeint.

reset	load	D_i	z_i	$\overline{z_i}$
0	0	×	z_i^{*a}	$\overline{z_i^*}$
0	1	0	0	1
0	1	1	1	0
1	×	×	0	1

[a] ist der interne Zustand des Zählers aufgrund des Zählvorganges

Für jeden einzelnen Zählerausgang z_i ergibt sich daraus folgende logische Beziehung:

$$z_i = \overline{reset} \cdot \overline{load} \cdot z_i^* + \overline{reset} \cdot load \cdot D_i \tag{9.12}$$

HINWEIS: Bei PLDs mit invertierenden Ausgängen wird die Gleichung für $\overline{z_i}$ formuliert. Man liest aus der Tabelle ab:

$$\overline{z_i} = \overline{reset} \cdot \overline{load} \cdot \overline{z_i^*} + \overline{reset} \cdot load \cdot \overline{D_i} + reset$$

Analoges gilt für die folgenden Gleichungen.

Für den eigentlichen Zählvorgang muß eine weitere Zustandsfolgetabelle aufgestellt werden. Die Folge der Zählzustände wird durch das Zählrichtungssignal *mode* beinflußt. ZS ist eine Hilfsgröße, die den Zählerstand angibt. Die Größen mit dem Stern (Asterisk) bezeichnen jetzt die neuen Zustände *nach* dem auslösenden Taktsignal.

9.9 Entwurf und Synthese von Schaltwerken

mode	ZS	z_2	z_1	z_0	ZS*	z_2^*	z_1^*	z_0^*
0	0	0	0	0	1	0	0	1
	1	0	0	1	2	0	1	0
	2	0	1	0	3	0	1	1
	3	0	1	1	4	1	0	0
	4	1	0	0	5	1	0	1
	5	1	0	1	6	1	1	0
	6	1	1	0	7	1	1	1
	7	1	1	1	0	0	0	0
1	0	0	0	0	7	1	1	1
	1	0	0	1	0	0	0	0
	2	0	1	0	1	0	0	1
	3	0	1	1	2	0	1	0
	4	1	0	0	3	0	1	1
	5	1	0	1	4	1	0	0
	6	1	1	0	5	1	0	1
	7	1	1	1	6	1	1	0

Daraus läßt sich für jede Zählerstelle eine Funktionstabelle aufstellen, in der nur *die* Signalkombinationen eingetragen sind, die zu $z_i^* = 1$ führen. Daraus ergibt sich eine Synthesetabelle, die die Bedingungen für den Übergang $z_i \rightarrow z_i^*$ beschreibt.

Niedrigstwertige Zählerstelle* (LSB):

z_0	z_0^*	mode	z_2	z_1	z_0
0	0	-	-	-	-
0	1	0	×	×	0
		1	×	×	0
1	0	0	×	×	1
		1	×	×	1
1	1	-	-	-	-

Daraus ergibt sich die Beziehung

$$z_0^* = \overline{z_0} \tag{9.13}$$

Mittlere Zählerstelle:

$z_1^* = 1$ für			
mode	z_2	z_1	z_0
0	0	0	1
0	0	1	0
0	1	0	1
0	1	1	0
1	0	0	0
1	0	1	1
1	1	0	0
1	1	1	1

$z_1^* = 1$ für			
mode	z_2	z_1	z_0
0	×	0	1
0	×	1	0
1	×	0	0
1	×	1	1

---

* NIEDRIGSTWERTIGE ZÄHLERSTELLE: *least significant bit*

Die rechte Tabelle ist eine Zusammenfassung der linken. Daraus ergibt sich für z_1^* der Zusammenhang

$$z_1^* = \overline{mode} \cdot \overline{z_1} \cdot z_0 + \overline{mode} \cdot z_1 \cdot \overline{z_0} + mode \cdot \overline{z_1} \cdot \overline{z_0} + mode \cdot z_1 \cdot z_0 \qquad (9.14)$$

Höchstwertige Zählerstelle* (MSB):

$z_2^* = 1$ für			
mode	z_2	z_1	z_0
0	0	1	1
0	1	0	0
0	1	0	1
0	1	1	0
1	0	0	0
1	1	0	1
1	1	1	0
1	1	1	1

$z_2^* = 1$ für			
mode	z_2	z_1	z_0
0	0	1	1
0	1	0	×
×	1	1	0
1	0	0	0
1	1	×	1

Die rechte Tabelle ist eine Zusammenfassung der linken. Daraus ergibt sich für z_2^* der Zusammenhang

$$z_2^* = \overline{mode} \cdot \overline{z_2} \cdot z_1 \cdot z_0 + \overline{mode} \cdot z_2 \cdot \overline{z_1} + z_2 \cdot z_1 \cdot \overline{z_0} + mode \cdot \overline{z_2} \cdot \overline{z_1} \cdot \overline{z_0} + mode \cdot z_2 \cdot z_0 \qquad (9.15)$$

Insgesamt ergeben sich durch Einsetzen der Gleichungen (9.13) bis (9.15) in die Gleichung (9.12) folgende logische Beziehungen für die einzelnen Zählerstellen:

$$z_0^* = \overline{reset} \cdot load \cdot D_0 + \overline{reset} \cdot \overline{load} \cdot \overline{z_0}$$

$$\begin{aligned} z_1^* = \ & \overline{reset} \cdot load \cdot D_1 \\ & + \overline{reset} \cdot \overline{load} \cdot \overline{mode} \cdot \overline{z_1} \cdot z_0 + \overline{reset} \cdot \overline{load} \cdot \overline{mode} \cdot z_1 \cdot \overline{z_0} \\ & + \overline{reset} \cdot \overline{load} \cdot mode \cdot \overline{z_1} \cdot \overline{z_0} + \overline{reset} \cdot \overline{load} \cdot mode \cdot z_1 \cdot z_0 \end{aligned}$$

$$\begin{aligned} z_2^* = \ & \overline{reset} \cdot load \cdot D_2 \\ & + \overline{reset} \cdot \overline{load} \cdot \overline{mode} \cdot \overline{z_2} \cdot z_1 \cdot z_0 + \overline{reset} \cdot \overline{load} \cdot \overline{mode} \cdot z_2 \cdot \overline{z_1} \\ & + \overline{reset} \cdot \overline{load} \cdot z_2 \cdot z_1 \cdot \overline{z_0} + \overline{reset} \cdot \overline{load} \cdot mode \cdot \overline{z_2} \cdot \overline{z_1} \cdot \overline{z_0} \\ & + \overline{reset} \cdot \overline{load} \cdot mode \cdot z_2 \cdot z_0 \end{aligned}$$

Diese in der Normalform vorliegenden Gleichungen lassen sich unmittelbar in ein geeignetes PLD mit Ausgangsregistern umsetzen. In der Praxis erstellt man die Logik-Gleichungen mit rechnergestützten Hilfsmitteln, die zudem die Programmieranweisungen für die Funktionsspeicher generieren (**PAL-Assembler**).

Eine Methode, die weniger an den Logik-Gleichungen für das Schaltnetz orientiert ist, sondern an den Zuständen des zu entwerfenden Schaltwerkes, zeigt das

Beispiel B

Es soll ein Schaltwerk entworfen werden, das die Steuerung der Ampel eines Fußgängerüberweges wahrnimmt. Die Abfolge der einzelnen Ampelphasen, die Zuständen des Schaltwerks entsprechen sollen, werden

---

* HÖCHSTWERTIGE ZÄHLERSTELLE: *most significant bit*

in einem **Zustandsdiagramm*** dargestellt. Jeder Zustand des Schaltwerks wird durch einen Kreis dargestellt, mögliche Übergänge von einem Zustand in einen anderen durch Pfeile. Kann der Übergang nur unter bestimmten Bedingungen stattfinden, so wird die Bedingung neben die Pfeile geschrieben.

Zustand	KFz	Fuß-gänger	Folge-zustand
0	Gr	r	1
1	Ge	r	2
2	R	r	3
3	R	g	4
4	R	r	5
5	RGe	r	0

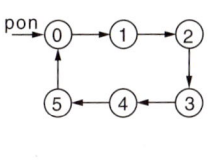

Abbildung 9.82: Zustandsdiagramm der Ampelsteuerung

Bei **synchronen Schaltwerken** erfolgt ein Übergang stets nur zur maßgeblichen Taktflanke. Ein auf den Kreis zurückgeführter Pfeil bedeutet, daß der Zustand beibehalten wird. Systeme, die durch endlich viele Zustände und ihre Übergänge beschrieben werden, bezeichnet man als **endliche Automaten***.

Die Tabelle in Abbildung 9.82 zeigt die einzelnen Zustände der Ampelsteuerung. Die Farben der Ampelsignale sind mit Großbuchstaben für die Fahrzeuge, mit Kleinbuchstaben für die Fußgänger bezeichnet.

Das zur Tabelle gehörende Zustandsdiagramm zeigt die Abbildung 9.82. Beim Einschalten soll das System in den Zustand 1 initialisiert werden. Das zeigt der Pfeil mit der Bezeichnung *pon* (*power on*). Man beachte, daß die Zustände 2 und 4 zwar identische Lichtsignale aktivieren, daß es aber verschiedene Zustände sind, weil sie unterschiedliche Folgezustände haben. Die sechs Zustände werden zyklisch durchlaufen. Das Schaltwerk ließe sich sehr einfach durch einen modulo-6-Zähler realisieren, dessen Ausgänge einen kleinen Tabellenspeicher (ROM) steuern. Dieser setzt den Zählerstand entsprechend der obigen Tabelle in die Lichtsignale um.

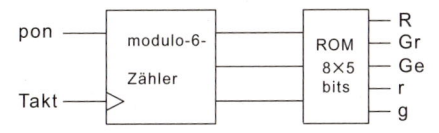

Abbildung 9.83: Realisierung des Schaltwerks mit Zähler und ROM

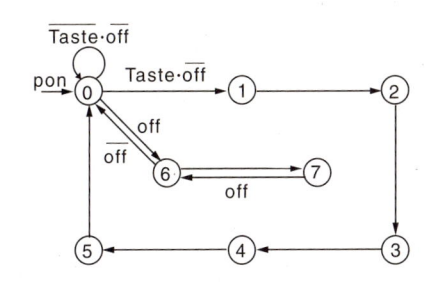

Abbildung 9.84: Zustandsdiagramm der erweiterten Ampelsteuerung

---

* ZUSTANDS-DIAGRAMM: *state diagram*
* ENDLICHE AUTOMATEN: *finite state machines*

Eine reale Fußgängerampel reagiert auf Knopfdruckanforderungen. Dementsprechend soll das Zustandsdiagramm um ein Signal *Taste* erweitert werden. Zudem sollen das gelbe Licht auf ein externes Signal *off* hin blinken und die Signale für die Fußgänger erlöschen.

Die Zustandsfolgetabelle nimmt dann die folgende Gestalt an:

Zustand	KFZ	Fußgänger	Bedingung	Folgezustand
0	Gr	r	Taste $\cdot \overline{\text{off}}$	1
			off	6
			$\overline{\text{Taste}} \cdot \overline{\text{off}}$	0
1	Ge	r		2
2	R	r		3
3	R	g		4
4	R	r		5
5	RGe	r		0
6	Ge	-	off	7
			$\overline{\text{off}}$	0
7	-	-		6

Ein Schaltwerk mit der in Abbildung 9.85 dargestellten Struktur ist geeignet, die beschriebene Steuerung zu realisieren.

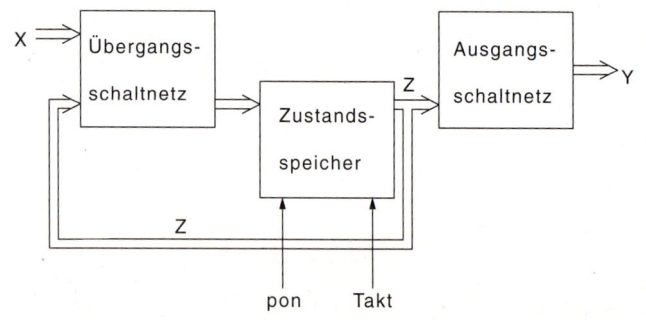

Abbildung 9.85: Schaltwerk mit Zustandsspeicher, Übergangs-Schaltnetz und Ausgangs-Schaltnetz

Der Zähler in Abbildung 9.83 ist ersetzt durch einen sogenannten **Zustandsspeicher**. Er speichert den momentanen Zustand, der in einer Reihe von Binärsignalen, dem **Zustandsvektor**[*] $z(t_n)$ codiert ist. Der nachfolgende Zustand $z(t_{n+1})$ ergibt sich aus dem aktuellen Zustand und möglichen Eingangsgrößen, dem **Eingangsvektor**[*] x (*qualifier*). Die Verknüpfung von Eingangsvektor x und Zustandsvektor z erfolgt im **Übergangs-Schaltnetz**[*] (üblicherweise ein ROM). Der Zustandsvektor z wird im **Ausgangs-Schaltnetz**[*] zum **Ausgangsvektor**[*] y verknüpft. Bei der Ampelsteuerung sind das die Signale für die Ampelleuchten. Auf den Zustandsspeicher wirkt zudem der Takt und das Einschaltsignal *pon* ein.

---

[*] ZUSTANDSVEKTOR: *state vector*
[*] EINGANGSVECTOR: *input vector*
[*] ÜBERGANGS-SCHALTNETZ: *transition logic*
[*] AUSGANGS-SCHALTNETZ: *output logic*
[*] AUSGANGSVEKTOR: *output vector*

Die Ampelsteuerung durchläuft 8 Zustände, zu deren Speicherung sind drei Flip-Flops ausreichend. Die Breite des Zustandsvektors ist also 3. Das Übergangs-Schaltnetz legt man zweckmäßigerweise als (P)ROM an. Der Adreßteil des ROM besteht zum einen aus dem Zustandsvektor, zum anderen aus dem Eingangsvektor. Die Eingangssignale können die Folgezustände bei bedingten Übergängen modifizieren, sie werden deshalb mitunter als *qualifier* bezeichnet. Die Adressen des ROM setzen sich aus den Qualifiern *off* und *Taste*, sowie aus dem Zustandsvektor wie folgt zusammen.

$$\underbrace{\overbrace{x_1 \quad x_0}^{\text{Qualifier}} \quad \overbrace{z_2 \quad z_1 \quad z_0}^{\text{Zustand}}}_{\text{ROM-Adresse}}$$

Mit dieser Vereinbarung ergibt sich folgender ROM Inhalt:

ROM-Adresse	Zustand	off	Taste	Folge-zustand
0	0	0	0	0
1		0	1	1
2		1	0	6
3		1	1	6
4				2
⋮	1	×		⋮
7				2
8				3
⋮	2	×		⋮
11				3
12				4
⋮	3	×		⋮
15				4
16				5
⋮	4	×		⋮
19				5
20				0
⋮	5	×		⋮
23				0
24	6	0	0	0
25		0	1	0
26		1	0	7
27		1	1	7
28				6
⋮	7	×		⋮
31				6

Für die Ampelsteuerung im Beispiel wird für das Übergangs-Schaltnetz ein 32 × 3-Bit ROM benötigt. Das Ausgangs-Schaltnetz benötigt ein 8 × 5-Bit ROM. Bei so kleinen Tabellenspeichern kann es sinnvoll sein, dem Schaltnetz eine Struktur wie in Abbildung 9.86 zu geben.

Das Übergangs-Schaltnetz vereinigt hier beide Funktionen der vorherigen Schaltnetze. Eine Zeile dieses 32 × 8-Bit-Speichers hat den in der folgenden Tabelle dargestellten Inhalt. Die Tabelle zeigt einen Ausschnitt dieses Speichers.

ROM-Adresse	Zustand	*off*	*Taste*	Folge-zustand	Lichtsignale					Inhalt (dez.)
					R	Ge	Gr	r	g	
⋮	⋮			⋮	⋮					⋮
3	0	1	1	6	0	0	1	1	0	198
⋮	⋮			⋮	⋮					⋮

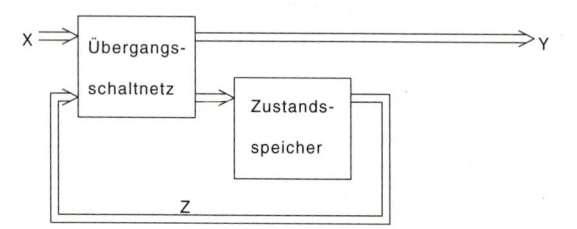

Abbildung 9.86: Schaltwerk mit Zustandsspeicher und Übergangs-Schaltnetz

HINWEIS: Ampelphasen sind tatsächlich unterschiedlich lang. Das läßt sich dadurch erreichen, daß eine Ampelphase auf mehrere Zustände des Schaltwerks verteilt wird oder indem der Taktgenerator durch zusätzliche Ausgangssignale beeinflußt wird.

Zur Kodierung von 9 Zuständen benötigt man 4 Flip-Flops, die insgesamt 16 Zustände annehmen können. Es ist gute Praxis, *alle* 7 **Pseudozustände**[*] auszukodieren, so daß aus jedem Zustand ein Übergang in einen definierten Anfangszustand führt. Damit wird vermieden, daß ein Schaltwerk nach Störimpulsen in unerreichbaren Zuständen „hängenbleibt".

Das Übergangs-Schaltnetz im Schaltwerk nach Abbildung 9.85 enthält die Übergänge von einem Zustand in den folgenden, wobei die Eingangsvariablen das Sprungziel modifizieren können. Bei Rechnern ist das als bedingter Sprung bekannt. Deshalb wird dieser Tabellenspeicher auch als **Programm-ROM** bezeichnet. Das ROM zur Dekodierung der Zustände in Ausgangssignale wird **Ausgabe-ROM** genannt.

Umfangreiche Zustandsdiagramme mit vielen Übergangsbedingungen werden häufig günstiger mit Mikroprozessoren realisiert, die zudem einen weit höheren Grad an Flexibilität erlauben.

9.10 Weiterführende Literatur

CZICHOS (HRSG.) HÜTTE: *Die Grundlagen der Ingenieurwissenschaften, 29. Auflage Teil J Technische Informatik*
Springer Verlag 1991

DEUTSCHES INSTITUT FÜR NORMUNG (HRSG.): *Normen über graphische Symbole für die Elektrotechnik, 1. Auflage*
Beuth Verlag 1989

DORF (HRSG.): *The Electrical Engineering Handbook, Section VIII*
CRC press 1993

---

[*] PSEUDOZUSTÄNDE: *illegal states*

HERING, BRESSLER, GUTEKUNST: *Elektronik für Ingenieure*
VDI Verlag 1992

KLEIN (HRSG.): *Einführung in die DIN-Normen, 11. Auflage*
Teubner Verlag, Beuth Verlag 1993

KÜHN: *Handbuch TTL- und CMOS-Schaltungen, 4. Auflage*
Hüthig Verlag 1993

SCHUMNY, OHL: *Handbuch digitaler Schnittstellen*
Friedrich Vieweg & Sohn 1994

TIETZE, SCHENK: *Halbleiter-Schaltungstechnik, 9. Auflage*
Springer Verlag 1989

10 Stromversorgungen*

Als Stromversorgungen bezeichnet man Schaltungen, die die Aufgabe haben, elektronische Schaltungen oder andere Geräte in geeigneter Weise mit elektrischer Energie zu versorgen. So wandeln sie beispielsweise die Netzwechselspannung in eine stabilisierte Gleichspannung zur Versorgung eines Mikrocontrollers, oder sie wandeln als sogenannte **unterbrechungsfreie Stromversorgung** eine Batteriegleichspannung in eine 230 V/50 Hz-Wechselspannung für die Versorgung eines Rechners.

Häufigste Anwendung ist die Wandlung der Netzspannung in eine kleinere, für die nachfolgende Elektronik verträgliche, Spannung.

Dafür ist in der Regel

- eine galvanische Trennung zwischen Netz und Elektronik zum Schutz des Benutzers notwendig, sowie
- die Bereitstellung einer stabilisierten, d. h. von Last- und Netzspannungsschwankungen unabhängigen, Gleichspannung.

Die galvanische Trennung erfolgt grundsätzlich über Transformatoren. Diese werden entweder mit Netzfrequenz oder, um eine kleinere Baugröße bei gleicher Leistung zu erreichen, in der Schaltnetzteiltechnik mit Hochfrequenz betrieben.

Die Stabilisierung der Spannung erfolgt entweder analog mittels eines Transistors, der im aktiven Bereich geregelt wird, oder getaktet mittels der Schaltnetzteiltechnik, um den Wirkungsgrad der Stromversorgung zu optimieren.

10.1 Netztransformatoren*

Netztransformatoren spannen die Netzspannung herunter und realisieren die **sichere galvanische Trennung*** zwischen Netzspannung und Niederspannung. Netztransformatoren sind sicherheitsrelevante Bauelemente, die nach den jeweiligen nationalen Vorschriften typengeprüft (oder durch Einzelabnahme geprüft) sein müssen. Die jeweiligen **nationalen Prüfzeichen*** sind auf den Transformatoren angegeben (siehe Abb. 10.1).

Anstelle der einzelnen nationalen Prüfzeichen ist in der europäischen Union ein gemeinsames Prüfzeichen getreten, nämlich das **EC-Konformitätszeichen**, kurz: **CE-Zeichen** (siehe Abb. 10.2). Das CE-Zeichen gibt an, daß alle für das Gerät (hier: Transformator) relevanten EC-Bestimmungen bzw. Normen eingehalten sind. Der Hersteller führt alle diesbezüglichen Prüfungen *eigenverantwortlich* aus und bestätigt dies rechtsverbindlich in der sogenannten EC-Konformitätserklärung. Die Prüfungen selbst kann er dabei von zertifizierten Prüfstellen übernehmen lassen. Der Nachweis dieser Prüfungen wird jedoch erst im Streitfalle relevant.

- Die **Primärseite*** des Transformators ist die Netzseite, die **Sekundärseite*** ist die – vom Netz galvanisch getrennte – Niederspannungsseite.

---

* STROMVERSORGUNG: *power supply*
* NETZTRANSFORMATOR: *power transformer*
* GALVANISCHE TRENNUNG: *electrical isolation*
* NATIONALES PRÜFZEICHEN: *national approval (of electric equipment)*
* PRIMÄR: *primary*
* SEKUNDÄR: *secondary*

10.1 Netztransformatoren

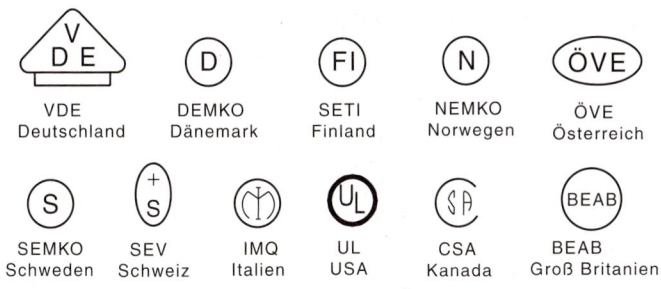

Abbildung 10.1: Nationale Prüfzeichen

Abbildung 10.2: EC-Konformitätszeichen

- Die **Nennleistung*** S_N ist das Produkt der sekundärseitigen Nennspannung und dem Effektivwert des zulässigen sekundärseitigen Stromes. Sie wird in VA angegeben.

- Die **Nennspannung*** U_N ist primärseitig die Netzanschlußspannung und sekundärseitig die Spannung bei Nennstrom I_N, d. h. die Spannung bei Abgabe der Nennleistung.

- Der **Verlustfaktor** ist der Quotient aus Leerlaufspannung und Nennspannung. Er liegt in der Regel zwischen 1,35 und 1,15 für Transformatoren im Leistungsbereich zwischen 3 und 20 VA.

Aus Leerlauf- und Nennspannung kann der Transformator-Innenwiderstand berechnet werden:

$$R_i = \frac{\text{Leerlaufspannung} - \text{Nennspannung}}{\text{Nennstrom}} \quad (10.1)$$

HINWEIS: Kleinsttransformatoren werden zum Teil bewußt *weich*, d. h. mit großem Innenwiderstand ausgeführt, um sie kurzschlußfest zu machen. Dadurch kann die Absicherung durch Schmelzsicherungen entfallen.

- Die **Absicherung** gegen Überlastung wird primärseitig durch eine Schmelzsicherung* realisiert. Verteilt sich die sekundärseitige Last ungleichmäßig auf die Sekundärwicklungen, so müssen diese zusätzlich abgesichert werden.

- **Kurzschlußfestigkeit*** wird bei Netztransformatoren erreicht, indem herstellerseitig ein Kaltleiter oder ein temperaturabhängiger Schalter in die Primärwicklung eingefügt wird. In diesem Falle kann eine Absicherung durch Schmelzsicherungen entfallen.

---

* NENNLEISTUNG: *rated power*
* PRIMÄRE NENNSPANNUNG: *primary rated voltage*
* SICHERUNG: *fuse*
* KURZSCHLUSSFESTIGKEIT: *short circuit protection*
* KURZSCHLUSSFEST: *short circuit proof*

10.2 Gleichrichtung und Siebung[*]

Die Sekundärspannung wird in der Regel gleichgerichtet und gesiebt. Siebung bedeutet, daß die pulsierende Gleichspannung hinter dem Gleichrichter mittels eines Kondensators geglättet wird.

Der Siebkondensator wird pulsierend geladen. Den Winkel φ bezeichnet man als **Stromflußwinkel**[*]. Er ist abhängig vom Innenwiderstand des Transformators und von der Größe des Siebkondensators. Er liegt in der Regel zwischen 30° und 50°.

Der **Ausgangsstrom** I_a ist gleich dem arithmetischen Mittelwert des Diodenstromes I_F. Der Effektivwert des Diodenstromes beträgt bis zum Doppelten des Ausgangsstromes. Der Spitzenwert des Diodenstromes liegt beim 4 bis 6-fachen des Ausgangsstromes (siehe Abb. 10.3).

$$\bar{I}_F = I_a; \qquad I_{F\,\text{eff}} \approx 1{,}5\ldots 2 \cdot I_a; \qquad \hat{I}_F \approx 4\ldots 6 \cdot I_a$$

Der Effektivwert des Diodenstromes ist gleich dem Effektivwert des sekundärseitigen Transformatorstromes. Dies muß bei der Wahl der Transformatorscheinleistung berücksichtigt werden.

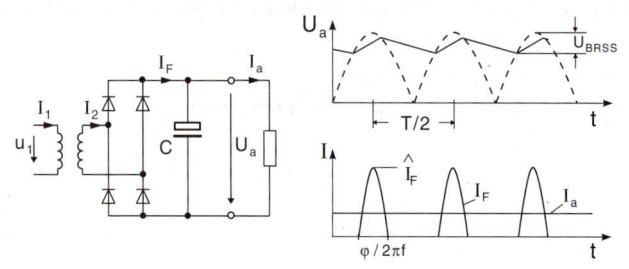

Abbildung 10.3: Gleichrichtung und Siebung

● Die Transformatorscheinleistung S_N muß ungefähr den Wert der doppelten Ausgangsleistung $U_a \cdot I_a$ haben.

Der **Siebkondensator**[*] wird üblicherweise so bemessen, daß die **Brummspannung**[*] U_{BRss} ca. 20 % der Ausgangsspannung U_a beträgt. Unter Vernachlässigung des Stromflußwinkels beträgt die Entladezeit des Kondensators die halbe Periodendauer der Netzfrequenz. Mit der Kondensatorgleichung $i = C\dfrac{du}{dt}$ kann die Kapazität berechnet werden:

$$\boxed{C \approx \frac{I_a \cdot T/2}{U_{BRss}} = \frac{I_a \cdot T/2}{U_a \cdot 0{,}2}} \tag{10.2}$$

---

[*] GLEICHRICHTER: *rectifier*
[*] SIEBUNG: *filtering*
[*] STROMFLUSSWINKEL: *angle of current flow*
[*] SIEBKONDENSATOR: *filter capacitor*
[*] BRUMMSPANNUNG: *ripple voltage*

Für das 50 Hz-Netz wird C gewählt:

$$C\,(\mu F) \approx \frac{I_a\,(mA)}{U_a\,(V)} \cdot 50 \tag{10.3}$$

Die **minimale Ausgangsspannung** $U_{a\min}$ beträgt unter Berücksichtigung von 10 % Netzunterspannung, 20 % Brummspannung und unter Vernachlässigung der Diodenspannungsabfälle:

$$U_{a\min} \approx 0,9 \cdot U_N \cdot \sqrt{2} \cdot 0,8 \tag{10.4}$$

Daraus folgt für die notwendige **Transformator-Nennspannung** U_N:

$$U_N \geqq U_{a\min} \tag{10.5}$$

HINWEIS: In der Mehrzahl der Stromversorgungen ist dem Siebkondensator eine Spannungsstabilisierung nachgeschaltet. Üblicherweise benötigen die Spannungsstabilisierungen einen Mindestspannungsabfall von ca. 3 V. Daher ist die minimale Ausgangsspannung der Siebschaltung von besonderer Bedeutung: Sie muß um ca. 3 V höher liegen als die stabilisierte Spannung.

10.2.1 Verschiedene Gleichrichterschaltungen*

Einweggleichrichtung

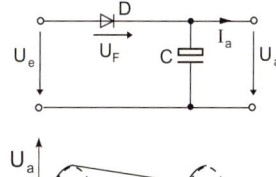

$U_{a\max} = \hat{U}_e - U_F$

$U_{D\,\text{Sperr}} = 2\hat{U}_e$

$P_{VD} \approx I_a \cdot U_F$

$C(\mu F) \approx \dfrac{I_a(mA)}{U_a(V)} \cdot 100$

$U_{a\min} \approx 0,7\hat{U}_e$

Abbildung 10.4: Verschiedene Gleichrichterschaltungen (Angabe für C gilt für 50 Hz-Netzfrequenz)

Brückengleichrichtung

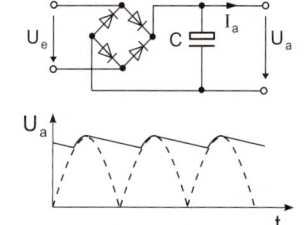

$U_{a\max} = \hat{U}_e - 2U_F$

$U_{D\,\text{Sperr}} = \hat{U}_e$

$P_{VD\,\text{ges}} = 2I_a \cdot U_F$

$C(\mu F) \approx \dfrac{I_a(mA)}{U_a(V)} \cdot 50$

$U_{a\min} \approx 0,7\hat{U}_e$

---

* GLEICHRICHTERSCHALTUNG: *rectifier circuit*

Zweiweggleichrichtung

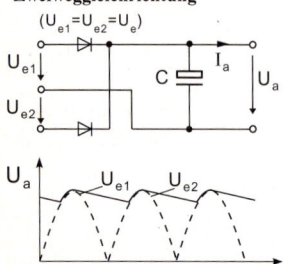

($U_{e1} = U_{e2} = U_e$)

$U_{a\,max} = \hat{U}_e - U_F$

$U_{D\,Sperr} = 2\hat{U}_e$

$P_{VD\,ges} \approx I_a \cdot U_F$

$C(\mu F) \approx \dfrac{I_a(mA)}{U_a(V)} \cdot 50$

$U_{a\,min} \approx 0{,}7\hat{U}_e$

Mittelpunktschaltung

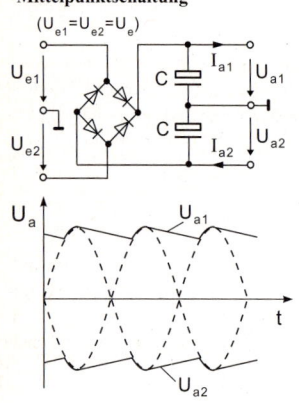

($U_{e1} = U_{e2} = U_e$)

$U_{a\,max} = \hat{U}_e - U_F$

$U_{D\,Sperr} = 2\hat{U}_e$

$P_{VD\,ges} \approx (I_{a1} + I_{a2}) \cdot U_F$

$C(\mu F) \approx \dfrac{I_a(mA)}{U_a(V)} \cdot 50$

$U_{a\,min} \approx 0{,}7\hat{U}_e$

Abbildung 10.177: Verschiedene Gleichrichterschaltungen (Angabe für C gilt für 50 Hz-Netzfrequenz)

$U_{D\,Sperr}$: Diodensperrspannung
$P_{VD\,ges}$: Gesamtverlustleistung

Tabelle 10.1: Vergleich der Gleichrichterschaltungen

	Vorteile	**Nachteile**
Einweggleichrichtung	Einfache Schaltung	Große Kapazität, hoher Stromeffektivwert
Brückengleichrichtung Graetzgleichrichter	Eine Sekundärwicklung, Sperrspannung $U_{D\,Sperr} = \hat{U}_e$	Hohe Diodenverluste
Zweiweggleichrichtung	Niedrige Diodenverluste (geeignet für große Ströme)	Zwei Sekundärwicklungen, Sperrspannung $U_{D\,Sperr} = 2\hat{U}_e$
Mittelpunktschaltung	Ein Brückengleichrichter für zwei Ausgangsspannungen, gleiche Belastung beider Sekundärwicklungen	Sperrspannung $U_{D\,Sperr} = 2\hat{U}_e$

10.2.2 Spannungsvervielfacher

Bisweilen wird eine höhere Spannung benötigt, als sie durch einfache Gleichrichtung erreicht werden kann. Im Folgenden werden Schaltungen vorgestellt, die

- aus einer Wechselspannung höhere Spannungen erzeugen, als der Scheitelwert der Wechselspannung,
- aus einer Gleichspannung eine höhere oder eine negative Spannung erzeugen.

10.2.2.1 Delon-Schaltung

Die Delon-Schaltung ist eine Spannungsverdopplungsschaltung. Sie erzeugt aus einer Wechselspannung eine Gleichspannung, die näherungsweise gleich dem doppelten Scheitelwert der Wechselspannung ist.

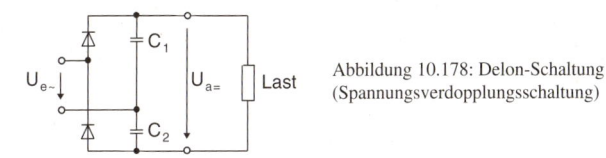

Abbildung 10.178: Delon-Schaltung (Spannungsverdopplungsschaltung)

Die Schaltung arbeitet folgendermaßen:

Während der positiven Halbschwingung wird der Kondensator C_1 über die obere Diode auf den Scheitelwert der Wechselspannung $U_{e\sim}$ geladen (ebenso, wie bei der Einweggleichrichtung). Während der negative Halbschwingung wird der Kondensator C_2 auf den negative Scheitelwert der Wechselspannung geladen. Die Ausgangsspannung ist gleich der Summe der Kondensatorspannungen, d. h. näherungsweise gleich dem doppelten Scheitelwert der Wechselspannung.

$$U_{a=} \approx 2\hat{U}_{e\sim} \tag{10.6}$$

230 V/120 V-Umschaltung:

Die Delon-Schaltung hat eine besondere Bedeutung für Geräte, die am 230 V/50 Hz-Netz sowie am 120 V/60 Hz-Netz betrieben werden sollen. Dafür wird die übliche Brückengleichrichterschaltung für 230 V Eingangsspannung dahingehend verändert, daß der Siebkondensator mittels zweier in Reihe geschalteter Kondensatoren realisiert wird. Die Kondensatoren müssen dann jeder den doppelten Wert des einfachen Kondensators aufweisen. Für den 120 V-Betrieb wird eine Verbindung (Drahtbrücke oder Schalter) zwischen einem Pol der Eingangsspannung und dem Mittelpunkt zwischen den Kondensatoren geschaltet. Durch diese Verbindung entsteht die Delon-Schaltung. Die Ausgangsspannung beträgt bei 230 V-, als auch bei 120 V-Betrieb ca. 320 V Gleichspannung. An dieser Ausgangsspannung übernimmt üblicherweise ein Schaltnetzteil die eigentliche Gerätespannungsversorgung.

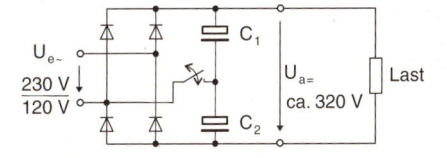

Abbildung 10.179: 230 V/120 V-Umschaltung mittels Kombination aus Brückengleichrichter- und Delon-Schaltung

10.2.3 Villard-Schaltung

Die Villard-Schaltung ist eine Spannungsverdopplungsschaltung. Sie erzeugt aus einer Wechselspannung eine Gleichspannung, die näherungsweise gleich dem doppelten Scheitelwert der Wechselspannung ist.

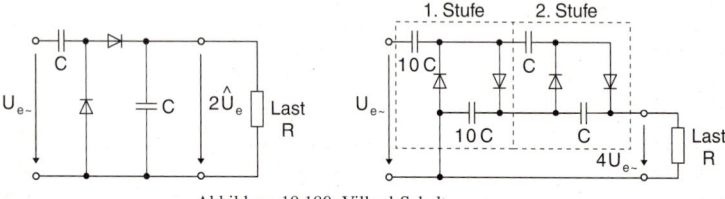

Abbildung 10.180: Villard-Schaltung

Die Villard-Schaltung ist kaskadierbar. Durch Kettenschaltung einzelner Villard-Schaltungen kann der doppelte Scheitelwert der Eingangsspannung pro Villard-Schaltung hinzugewonnen werden. Dabei wird jede Diode nur durch den doppelten Scheitelwert der Eingangsspannung belastet.

Auslegung: Die Zeitkonstante RC sollte wenigstens die 10fache Periodendauer der Eingangsfrequenz haben. Bei Kaskadierung sollten die Kondensatoren der Vorstufe jeweils den 10fachen Wert der Folgestufe haben.

10.2.4 Ladungspumpen

Mit Ladungspumpen kann aus einer Gleichspannung eine Gleichspannung mit doppeltem Spannungswert oder eine negative Spannung mit gleichem Spannungswert gewonnen werden. Ladungspumpen benötigen im Gegensatz zu Schaltnetzteilen keine induktiven Bauelemente. Der Einsatz von Ladungspumpen ist nur für sehr kleine Leistungen sinnvoll.

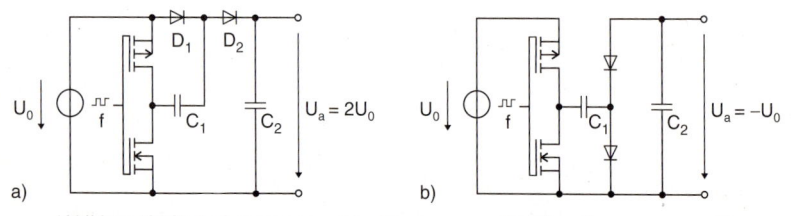

Abbildung 10.181: Ladungspumpen; a) zur Erzeugung von $2U_0$, b) zur Erzeugung von $-U_0$

Funktion der Ladungspumpe Abbildung 10.181a: Die Transistoren (beispielsweise ein CMOS-Gatter) werden mit der Frequenz f angesteuert. Der Ausgangskondensator lädt sich über die Dioden auf ca. U_0. Wenn der untere Transistor leitend ist, wird der Kondensator C_1 über den Transistor und die Diode D_1 auf ca. U_0 geladen. Schaltet nun der obere Transistor ein, wird der linke Anschluß des Kondensators auf U_0 angehoben und der Kondensator entlädt sich über die Diode D_2 auf den Ausgangskondensator. Mit jeder Schaltperiode wird somit elektrische Ladung von C_1 auf den Ausgangskondensator C_2 gepumpt. Im Leerlauf würde dadurch am Ausgang die maximale Spannung $2U_0$ entstehen.

Die Ladungspumpe nach Abbildung 10.181b arbeitet ähnlich: Mit jedem Puls wird dem Ausgangskondensator C_2 elektrische Ladung entzogen. Die Ausgangsspannung nimmt im Leerlauf den Wert $-U_0$ an.

10.3 Phasenanschnittsteuerung

Als **Phasenanschnittsteuerung*** wird die Steuerung einer Wechselspannung, i. d. R. die Netzspannung, bezeichnet, bei der die Wechselspannung nach jedem Nulldurchgang bei einem bestimmten Phasenwinkel eingeschaltet wird. Dadurch steht an der Last nur der nach dem Einschalten verbleibende Schwingungsanteil. Durch Variation des Einschaltwinkels kann auf diese Weise die Spannung an der Last verändert werden. Anwendungsgebiete sind Helligkeitssteuerungen von Lampen (Dimmer*), Drehzahlsteuerungen von Universalmotoren, wie beispielsweise in Heimwerkergeräten, Lüftersteuerungen und die Regelung von elektrischen Heizgeräten.

Als aktives Bauelement wird in der Phasenanschnittsteuerung bei kleinen bis mittleren Leistungen ein **Triac*** eingesetzt (bei großen Leistungen werden Thyristoren eingesetzt, die an dieser Stelle jedoch nicht behandelt werden). Mit dem Triac können elektrische Wechselstrom-Verbraucher ein- und ausgeschaltet, als auch kontinuierlich in ihrer Leistung gesteuert werden.

Abbildung 10.182: Schaltsymbol des Triacs

Der Triac wird leitend, wenn das Gate mit einem Stromimpuls angesteuert wird. Der Stromimpuls darf dabei positiv oder negativ gerichtet sein. Der Triac kann den Arbeitsstrom (den Anodenstrom) in beide Richtungen führen. Einmal eingeschaltet, bleibt er so lange leitend, bis der Strom einmal Null wird. Dann bleibt er sperrend bis zum nächsten Gateimpuls. Diese Eigenschaften machen den Triac besonders geeignet für Wechselstromanwendungen.

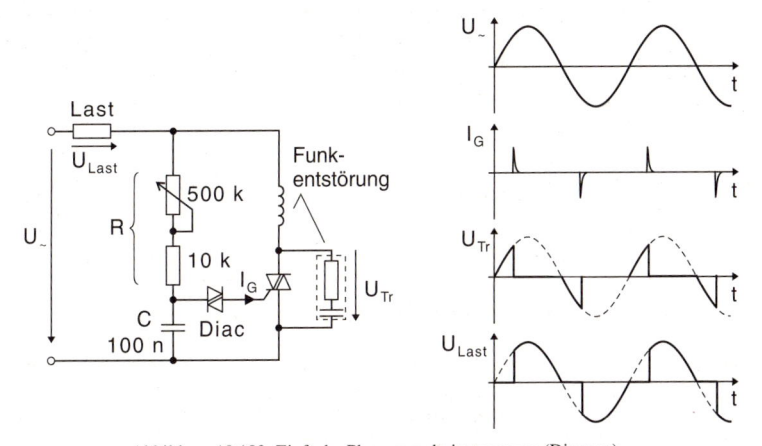

Abbildung 10.183: Einfache Phasenanschnittsteuerung (Dimmer)

---

* PHASENANSCHNITTSTEUERUNG: *phase control*
* DIMMER: *phase control*
* TRIAC: *triac, bidirectional triode thyristor*

Abbildung 10.183 zeigt eine einfache Phasenanschnittsteuerung (Dimmer). Nach jedem Nulldurchgang der Netzwechselspannung wird der Kondensator C entsprechend der Zeitkonstanten RC geladen. Der Kondensator C entlädt sich über den Diac. Der **Diac**[*] ist ein Halbleiterbauelement, das bei Erreichen einer bestimmten Spannung (ca. 30 V) durchbricht. Wenn der Kondensator C die Spannung von ca. 30 V erreicht hat, schaltet der Diac durch, und der Kondensator entlädt sich auf das Gate des Triacs. Die Gate-Anode1-Strecke des Triacs hat lediglich den Spannungsabfall eines PN-Übergangs (0,7 V). Dadurch wird der Triac eingeschaltet und bleibt bis zum nächsten Nulldurchgang des Laststromes (bei ohmscher Last ist das gleich dem Spannungsnulldurchgang) eingeschaltet. Danach sperrt der Triac, bis die Spannung am Kondensator ihn wieder zündet. Die angegebenen Werte für R und C eignen sich für einen Leistungsbereich von einigen 10 bis einigen 100 W.

Die Funkentstörung ist für den einwandfreien Betrieb des Triacs unabdingbar. Neben der Funkentstörung entsprechend den europäischen Normen, begrenzt die L-RC Kombination die Spannungssteilheit du/dt am Triac. Dadurch wird ein unkontrolliertes Zünden des Triacs infolge zu großer Spannungssteilheit (sogenanntes Überkopfzünden) vermieden. Die Induktivitäten gibt es als sogenannte Dimmer-Entstördrosseln im Fachhandel.

Optotriac

Mit dem **Optotriac**[*] können Wechselspannungsgeräte direkt vom Mikrocomputer galvanisch getrennt, ein- und ausgeschaltet werden.

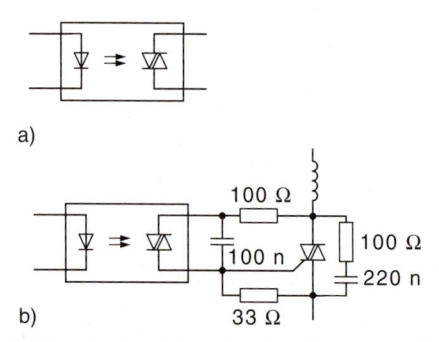

Abbildung 10.184: a) Schaltsymbol des Optotriacs, b) Erweiterung für größere Leistung

Um höhere Leistungen zu schalten, kann der Optotriac mit einem leistungsstärkeren Triac kombiniert werden (Abb. 10.184 b). Diese Schaltungen gibt es auch als fertiges Bauteil und nennt sich dann **Solid State Relais**.

---

[*] Diac: *diac*
[*] Optotriac: *photo triac*

10.4 Analoge Spannungsstabilisierungen

Spannungsstabilisierungen* (bzw. Spannungsregelungen) haben die Aufgabe, eine Spannung unabhängig von **Netzspannungsschwankungen*** und **Laständerungen*** konstant zu halten.

10.4.1 Spannungsstabilisierung mit Zenerdiode

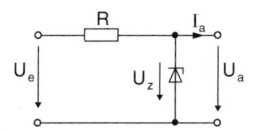

Abbildung 10.185: Spannungsstabilisierung mit Zenerdiode

Die **Ausgangsspannung** ist gleich der Zenerspannung:

$$U_a = U_z \tag{10.7}$$

Die **maximale Verlustleistung** in der Zenerdiode entsteht im Leerlauf ($I_a = 0$) und beträgt:

$$P_{Vz} = \frac{U_{e\,max} - U_z}{R} \cdot U_z \tag{10.8}$$

Der **maximal verfügbare Ausgangsstrom** beträgt:

$$I_{a\,max} = \frac{U_{e\,min} - U_z}{R} \tag{10.9}$$

Wird der Ausgangsstrom größer als $I_{a\,max}$, wird die Zenerdiode stromlos und U_a kleiner als U_z. Der maximale **Kurzschlußstrom** beträgt:

$$I_k = \frac{U_{e\,max}}{R}$$

10.4.2 Stabilisierung mit Längstransistor

Die **Ausgangsspannung** beträgt:

$$U_a = U_z - U_{BE} \approx U_z - 0{,}7\,\text{V} \tag{10.10}$$

Der Transistor T_2 ist als Stromquelle mit dem Quellenstrom $I_q = 0{,}7\,\text{V}/R_1$ geschaltet. Der Quellenstrom wird so bemessen, daß der Längstransistor T_1 bei Nennlast den notwendigen Basisstrom erhält und ein geringer Teil über die Zenerdiode fließt. Dadurch beträgt die Ausgangsspannung in allen Lastfällen zwischen Leerlauf und Nennlast $U_a = U_z - 0{,}7\,\text{V}$. Bei Überlast steuert T_3 durch und reduziert den Basisstrom von T_1 so, daß der **maximale Ausgangsstrom** auf $I_{a\,max} = 0{,}7\,\text{V}/R_M$ begrenzt wird.

---

* SPANNUNGSSTABILISIERUNG: *voltage regulation*
* SPANNUNGSSCHWANKUNG: *voltage variation*
* LASTÄNDERUNG: *load variation*

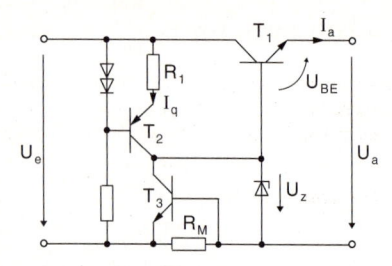

Abbildung 10.186: Stabilisierung mit Längstransistor

10.4.3 Spannungsregelung

Die **Ausgangsspannung** beträgt:

$$U_a = U_{ref} \cdot \frac{R_1 + R_2}{R_2} \tag{10.11}$$

Abbildung 10.187: Spannungsregelung

Der Regelverstärker V verstärkt die Differenz $(U_{ref} - U'_a)$, sprich die Differenz zwischen Soll- und Ist-Wert, und steuert über seinen Open-Collector-Ausgang den Basisstrom von T_1, indem er den Quellenstrom I_q mehr oder weniger übernimmt (wenn beispielsweise U_a zu groß ist, entzieht der Regelverstärker dem Transistor T_1 den Basisstrom, der Transistor sperrt und die Ausgangsspannung sinkt). Der Transistor T_2 übernimmt den Quellenstrom bei Überlast, d. h. wenn $I_a > \frac{U_{BE}}{R_M} \approx \frac{0,7\,\text{V}}{R_M}$. Sollte die Kreisverstärkung zu groß sein, so daß die Schaltung schwingt, kann der Regelverstärker als PI-Regler ausgeführt werden (R_3, C_3).

Eine **variable Ausgangsspannung** erhält man, indem man die Referenzspannung mittels eines Potentiometers abgreift und an den invertierenden Eingang des Regelverstärkers legt. Auf diese Weise ist der Sollwert veränderbar. Den Sollwert zu verändern ist in jedem Falle günstiger, als die Einstellung über den Spannungsteiler R_1, R_2 vorzunehmen, weil auf diese Weise die Regelschleife und damit die Stabilität nicht verändert wird. Eine Einstellung R_1/R_2 ist auf die Feineinstellung der Ausgangsspannung begrenzt.

10.4.3.1 Integrierte Spannungsregler

Eine Vielzahl von integrierten Spannungsreglern ist auf dem Markt erhältlich. Sie sind in der Regel kurzschlußfest, leerlauffest und übertemperaturgeschützt. Besonders verbreitet sind für Festwertspannungen die Reglertypen 78.. für positive Spannungen und 79.. für negative Spannungen. Diese Festspannungsregler sind für unterschiedliche Nennströme erhältlich.

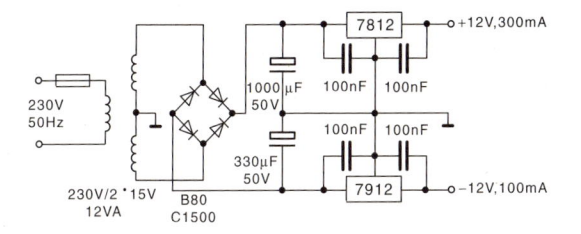

Abbildung 10.188: Beispiel für eine Spannungsversorgung mit Festspannungsreglern

BEISPIEL: Abbildung 10.188 zeigt ein Beispiel für eine ± 12 V-Spannungsversorgung. Zusätzlich zu den bisher beschriebenen Bauteilen sind keramische Kondensatoren (100 nF) in unmittelbarer Nähe der Festspannungsregler angeordnet, die eine ggf. auftretende Schwingneigung verhindern.

10.5 Schaltnetzteile

Schaltnetzteile[*] werden heutzutage in praktisch allen elektronischen Geräten eingesetzt. Jeder Fernseher und jeder Computer wird mit einem Schaltnetzteil versorgt. In Industriegeräten und -anlagen sind sie ebenfalls Stand der Technik. Aber auch batteriegespeiste Geräte besitzen Schaltnetzteile, um die internen Betriebsspannungen unabhängig vom Ladezustand der Batterie konstant zu halten oder um eine gegenüber der Batteriespannung höhere interne Betriebsspannung zu erzeugen, so beispielsweise in Kassettenrecordern, CD-Playern, Notebooks und Mobiltelefonen. In Fotoapparaten werden aus der Spannung weniger Batteriezellen sogar 400 V für den Blitz erzeugt.

Im Vergleich zu analog geregelten Netzteilen haben Schaltnetzteile bemerkenswerte Vorteile. Zum einen arbeiten sie theoretisch verlustlos, praktisch werden Wirkungsgrade von 70 bis 95 % erreicht. Dies führt zu nur geringer Erwärmung und verbunden damit, zu hoher Zuverlässigkeit. Zum anderen führt die hohe Taktfrequenz zu kleiner Bauteilgröße und geringem Gewicht. Daraus resultiert sehr gute Wirtschaftlichkeit in der Herstellung und im Betrieb.

Schaltnetzteile arbeiten grundsätzlich alle nach einem gleichen Prinzip: Mittels eines Schaltgliedes (z. B. Schalttransistor) werden Energieportionen mit einer hohen Taktfrequenz aus der Eingangsspannungsquelle entnommen. Übliche Taktfrequenzen liegen, je nach Leistung, zwischen 20 und 300 kHz. Das Verhältnis zwischen Einschalt- und Ausschaltzeit des Schaltgliedes bestimmt den mittleren Energiefluß. Am Ausgang jeden Schaltnetzteiles befindet sich ein Tiefpaß, der den diskontinuierlichen Energiefluß glättet. Sowohl Schaltglied als auch Tiefpaß arbeiten theoretisch verlustlos. Daraus resultiert der gute Wirkungsgrad von Schaltnetzteilen. Trotz des gleichen Prinzips können Schaltnetzteile jedoch sehr unterschiedlich konstruiert sein.

Man unterscheidet zwischen **sekundär-** und **primär getakteten Schaltnetzteilen**. Sekundär getaktete Schaltnetzteile weisen keine galvanische Trennung zwischen Eingang und Ausgang auf. Sie werden überall

---

[*] SCHALTNETZTEIL: *switch mode power supply*

dort eingesetzt, wo bereits eine galvanische Trennung zur Netzspannung vorhanden ist, oder wo keine galvanische Trennung benötigt wird (beispielsweise bei batterieversorgten Geräten). Primär getaktete Schaltnetzteile haben eine galvanische Trennung zwischen Eingang und Ausgang. Sie haben ihre Schalttransistoren eingangsseitig vor dem galvanisch trennenden Transformator, also auf der Primärseite des Transformators. Die Energie wird mit einer hohen Taktfrequenz über einen Hochfrequenz-Transformator auf die Sekundärseite übertragen. Infolge der hohen Taktfrequenz kann der Transformator dabei sehr klein sein.

Man unterscheidet zwischen **Sperr-**, **Durchfluß-** und **Resonanzwandlern**: Sperrwandler übertragen die Energie von der Primärseite zur Sekundärseite während der Sperrphase der Transistoren, Durchflußwandler während der Leitendphase der Transistoren. Resonanzwandler benutzen einen Schwingkreis, um die Transistoren im Strom- oder Nulldurchgang schalten zu lassen, um auf diese Weise die Belastung der Halbleiter während des Schaltvorganges zu reduzieren.

Ebenfalls zu den Schaltnetzteilen gehören die **Leistungsfaktor-Vorregler**. Sie sorgen dafür, daß der Netzstrom nahezu sinusförmig ist.

10.5.1 Sekundärgetaktete Schaltnetzteile (Drosselwandler)

10.5.1.1 Abwärtswandler

Der **Abwärtswandler*** wandelt eine Eingangsspannung in eine niedrigere Ausgangsspannung. Er wird auch **Tiefsetzsteller** genannt.

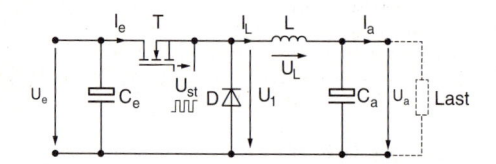

Abbildung 10.189: Abwärtswandler

Abbildung 10.189 zeigt das prinzipielle Schaltbild eines Abwärtswandlers. Der Transistor T arbeitet als Schalter, der mittels der pulsweitenmodulierten Steuerspannung U_{st} mit einer hohen Frequenz ein- und ausgeschaltet wird. Der Quotient zwischen Einschaltzeit zu Periodendauer $\frac{t_1}{T}$ heißt **Tastverhältnis** oder **Tastgrad***.

Für die folgende Funktionsbeschreibung der Schaltung sei vereinfachend angenommen, daß der Transistor und die Diode keinen Spannungsabfall während der jeweiligen Einschaltphasen haben.

Während der Einschaltphase des Transistors ist die Spannung U_1 gleich U_e. Während seiner Sperrphase zieht die Induktivität L ihren Strom durch die Diode und die Spannung U_1 wird somit zu Null. Voraussetzung dafür ist, daß der Strom I_L nie Null wird. Diesen Betriebsfall nennt man **kontinuierlicher Betrieb** bzw. **nicht lückender Betrieb***. U_1 ist demnach eine Spannung, die zwischen U_e und Null Volt entsprechend dem Tastverhältnis von U_{st} springt, siehe Abbildung 10.190. Der nachfolgende Tiefpaß, gebildet aus L und C_a, bildet den Mittelwert von U_1. Damit ist $U_a = \overline{U}_1$, bzw es gilt

---

* ABWÄRTSWANDLER: *buck-converter, step-down-converter*
* TASTVERHÄLTNIS: *duty cycle*
* KONTINUIERLICHER BETRIEB: *continuous mode*

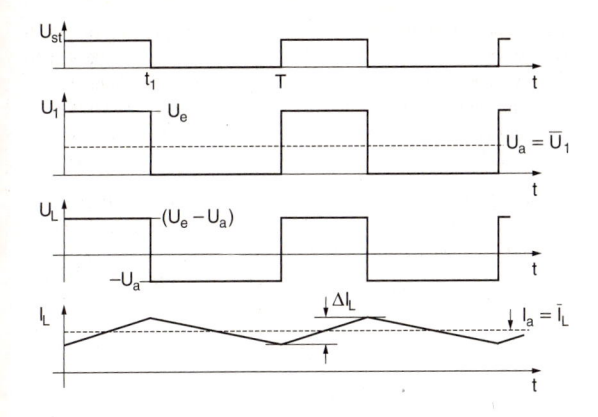

Abbildung 10.190: Spannungen und Ströme beim Abwärtswandler

für den kontinuierlichen Betrieb:

$$U_a = \frac{t_1}{T} U_e \qquad (10.12)$$

- Die Ausgangsspannung ist im kontinuierlichen Betrieb nur vom Tastverhältnis und der Eingangsspannung abhängig, sie ist lastunabhängig.

Der Strom I_L hat dreieckförmigen Verlauf. Sein Mittelwert ist durch die Last bestimmt. Seine Welligkeit ΔI_L ist von L abhängig und kann mit Hilfe des Induktionsgesetzes berechnet werden:

$$u = L \frac{di}{dt} \quad \rightarrow \quad \Delta i = \frac{1}{L} \cdot u \cdot \Delta t \quad \rightarrow \quad \Delta I_L = \frac{1}{L} (U_e - U_a) \cdot t_1 = \frac{1}{L} U_a (T - t_1) \qquad (10.13)$$

Mit $U_a = \frac{t_1}{T} U_e$ und einer gewählten Schaltfrequenz f folgt daraus für den kontinuierlichen Betrieb:

$$\Delta I_L = \frac{1}{L} (U_e - U_a) \cdot \frac{U_a}{U_e} \cdot \frac{1}{f} \qquad (10.14)$$

- Die Stromwelligkeit ΔI_L ist lastunabhängig. Der Mittelwert des Stromes ist gleich dem Ausgangsstrom I_a.

Bei kleinem Laststrom I_a, nämlich wenn $I_a \leq \frac{\Delta I_L}{2}$ wird, wird der Strom I_L in jeder Periode zu Null. Man nennt dies den **lückenden Betrieb** bzw. **diskontinuierlichen Betrieb**[*]. In diesem Falle gelten die oben angegebenen Berechnungen nicht mehr.

Berechnung von L und C_a

Für die Berechnung von L wird zunächst ein sinnvoller Wert für ΔI_L gewählt. Wählt man ΔI_L sehr klein, so führt das zu unverhältnismäßig großen Induktivitätswerten. Wählt man ΔI_L sehr groß, so wird der zum

---
[*] DISKONTINUIERLICHER BETRIEB: *discontinuous mode*

Zeitpunkt t_1 vom Transistor abzuschaltende Strom sehr groß, d. h., der Transistor wird hoch belastet. Üblich ist daher die Wahl: $\Delta I_L = 0,1\ldots 0,2 \cdot I_a$.

Damit folgt für L:

$$L = \frac{1}{\Delta I_L}(U_e - U_a) \cdot \frac{U_a}{U_e} \cdot \frac{1}{f} \qquad (10.15)$$

Den Ausgangskondensator C_a wählt man so, daß die Grenzfrequenz des LC-Tiefpasses um den Faktor 100... 1000 unterhalb der Taktfrequenz liegt. Eine genaue Bestimmung des Kondensators hängt von seiner Wechselstrombelastbarkeit und seinem Serienersatzimpedanz Z_{max} ab (beides kann dem entsprechenden Datenblatt entnommen werden). Die Welligkeit ΔI_L verursacht am Ausgangskondensator eine Spannungswelligkeit ΔU_a. Diese ist bei dem hier relevanten Frequenzbereich maßgeblich bestimmt durch die resultierende Impedanz des Ausgangskondensators:

$$\Delta U_a \approx \Delta I_L \cdot Z_{max} \qquad (10.16)$$

Z_{max} kann dem Datenblatt des Ausgangskondensators entnommen werden.

10.5.1.2 Aufwärtswandler

Der **Aufwärtswandler**[*] wandelt eine Eingangsspannung in eine höhere Ausgangsspannung. Er wird auch **Hochsetzsteller** genannt. Aufwärtswandler werden in vielen batteriegespeisten Geräten eingesetzt, in denen die Elektronik eine, gegenüber der Batteriespannung, höhere Spannung benötigt, so z. B. Notebooks, Mobiltelefone und Fotoblitzgeräte.

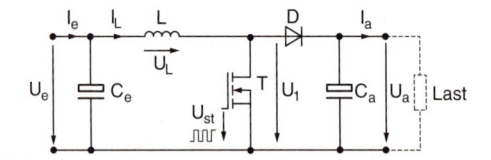

Abbildung 10.191: Aufwärtswandler

Abbildung 10.191 zeigt das prinzipielle Schaltbild eines Aufwärtswandlers. Der Transistor T arbeitet als Schalter, der mittels einer pulsweitenmodulierten Steuerspannung U_{st} ein- und ausgeschaltet wird. Für die folgende Funktionsbeschreibung der Schaltung sei vereinfachend angenommen, daß der Transistor und die Diode keinen Spannungsabfall während der jeweiligen Einschaltphasen haben.

Während der Einschaltphase des Transistors fällt die Spannung U_e an der Induktivität L ab und der Strom I_L steigt linear an. Schaltet der Transistor ab, so fließt der Strom I_L über die Diode weiter und lädt den Ausgangskondensator. Man kann das auch mittels einer Energiebetrachtung beschreiben: Während der Einschaltphase wird Energie in die Induktivität geladen. Diese wird während der Sperrphase an den Ausgangskondensator übertragen.

Wird der Transistor nicht getaktet, so wird der Ausgangskondensator über L und D bereits auf $U_a = U_e$ geladen. Wird der Transistor getaktet, so steigt die Ausgangsspannung auf Werte, die höher sind, als die Eingangsspannung.

---

[*] AUFWÄRTSWANDLER: *boost-converter, step-up-converter*

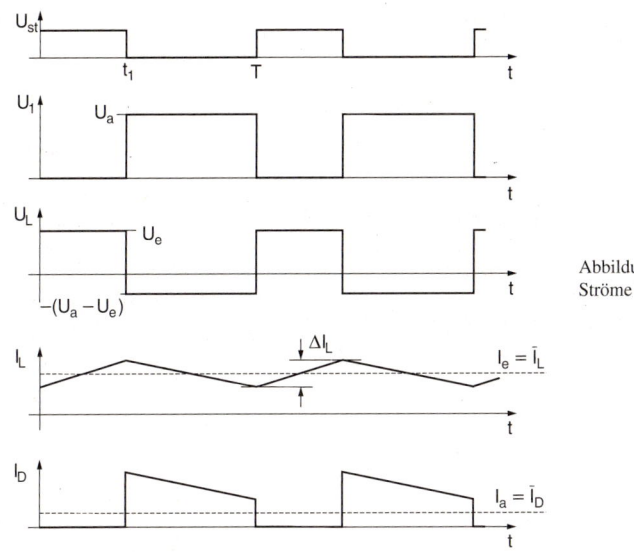

Abbildung 10.192: Spannungen und Ströme beim Aufwärtswandler

Ebenso wie beim Abwärtswandler (siehe Abschn. 10.5.1.1) unterscheidet man zwischen diskontinuierlichem und kontinuierlichem Betrieb, je nachdem, ob der Induktivitätsstrom I_L zwischenzeitlich Null wird oder nicht.

Für den kontinuierlichen und stationären Betrieb gilt mit dem Induktionsgesetz (siehe auch Abbildung 10.192): $\Delta I_L = \frac{1}{L} U_e \cdot t_1 = \frac{1}{L}(U_a - U_e) \cdot (T - t_1)$. Daraus folgt:

$$U_a = U_e \frac{T}{T - t_1} \qquad (10.17)$$

- Die Ausgangsspannung ist im kontinuierlichen Betrieb nur vom Tastverhältnis und der Eingangsspannung abhängig, sie ist lastunabhängig.
- Der Aufwärtswandler ist nicht kurzschlußfest, weil kein abschaltbares Bauelement im Kurzschlußweg ist.

HINWEIS: Im nicht geregelten Betrieb, d. h. bei Ansteuerung mit einem festen Tastverhältnis, ist der Hochsetzsteller nicht leerlauffest. Mit jedem Takt wird Energie von der Induktivität auf den Ausgangskondensator gepumpt. Im Leerlauf steigt die Ausgangsspannung daher kontinuierlich an, bis Bauelemente zerstört werden.

Berechnung von L und C_a

Ebenso wie beim Abwärtswandler wird für die Wahl von L eine Stromwelligkeit von ca. 20 % zu Grunde gelegt. Für den Aufwärtswandler heißt das: $\Delta I_L \approx 0,2 \cdot I_e$. Der Eingangsstrom kann mittels einer Leistungsbilanz bestimmt werden: $U_e \cdot I_e = U_a \cdot I_a \rightarrow I_e = I_a \frac{U_a}{U_e}$.

Damit gilt für L:

$$L = \frac{1}{\Delta I_L}(U_a - U_e)\frac{U_e}{U_a} \cdot \frac{1}{f} \qquad (10.18)$$

Der Maximalwert des Induktivitätsstromes beträgt: $\hat{I}_L = I_e + \frac{1}{2}\Delta I_L$.
Der Effektivwert beträgt näherungsweise: $\qquad I_{L\,\text{eff}} \approx I_e$.

Der Ausgangskondensator wird pulsförmig geladen (siehe Abbildung 10.192). Die Welligkeit ΔU_a, die infolge des pulsierenden Ladestromes I_D entsteht, ist maßgeblich bestimmt durch die resultierende Impedanz $Z_{\max}$ des Ausgangskondensators C_a. Diese kann dem Datenblatt des Kondensators entnommen werden.

$$\Delta U_a \approx I_D \cdot Z_{\max} \qquad (10.19)$$

10.5.1.3 Invertierender Wandler

Der **invertierende Wandler**[*] wandelt eine positive Eingangsspannung in eine negative Ausgangsspannung. Der invertierende Wandler wird auch **Hoch-Tiefsetzsteller** genannt

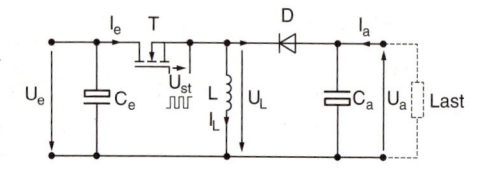

Abbildung 10.193: Invertierender Wandler

Abbildung 10.193 zeigt das prinzipielle Schaltbild eines invertierenden Wandlers. Der Transistor T arbeitet als Schalter, der mittels einer pulsweitenmodulierten Steuerspannung U_{st} ein- und ausgeschaltet wird. Während der Einschaltphase des Transistors steigt der Strom I_L linear an. Während der Sperrphase wird der Ausgangskondensator geladen. Beachte dabei die Strom- und Spannungsrichtungen in Abbildung 10.193.

Die Ausgangsspannung beträgt für den kontinuierlichen Betrieb:

$$U_a = U_e \frac{t_1}{T - t_1} \qquad (10.20)$$

Und für den Induktivitätsstrom I_L gilt:

$$\bar{I}_L = I_a \frac{T}{T - t_1} = I_a\left(\frac{U_a}{U_e} + 1\right) \quad \text{und} \quad \Delta I_L = \frac{1}{L} U_e t_1 = \frac{1}{L} \cdot \frac{U_e U_a}{U_e + U_a} \cdot \frac{1}{f} \qquad (10.21)$$

---

[*] INVERTIERENDER WANDLER: *Buck-Boost-converter*

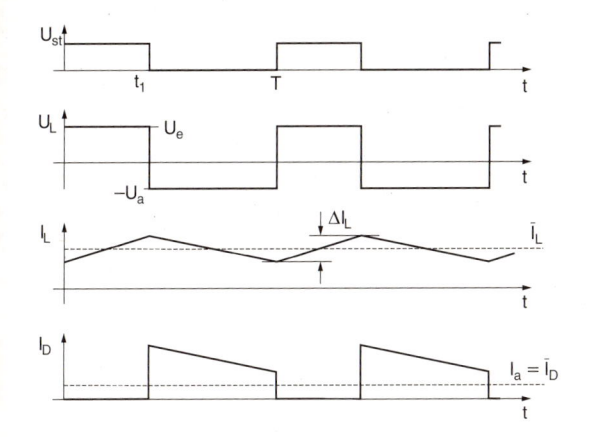

Abbildung 10.194: Spannungen und Ströme beim invertierenden Wandler

10.5.2 Primärgetaktete Schaltnetzteile

10.5.2.1 Sperrwandler

Der **Sperrwandler*** gehört zu den primär getakteten Wandlern, d. h., er besitzt eine galvanische Trennung zwischen Ein- und Ausgang. Sperrwandler werden heute in fast allen netzbetriebenen Elektronikgeräten kleiner bis mittlerer Leistung (wenige Watt bis ca. 500 W) eingesetzt, wie z. B. Fernsehgeräte, Personal-Computer, Drucker, etc.

Sperrwandler zeichnen sich durch geringen Bauteilaufwand aus. Sie haben gegenüber fast allen anderen Schaltnetzteilen den Vorteil, daß man mehrere galvanisch getrennte und geregelte Ausgangsspannungen verwirklichen kann.

Abbildung 10.195: Sperrwandler

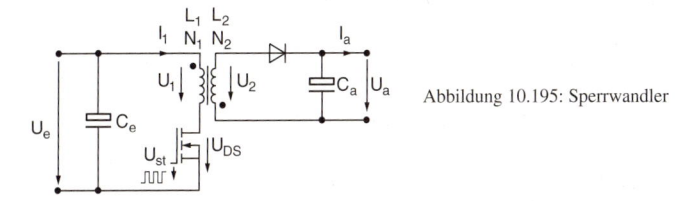

Abbildung 10.195 zeigt das prinzipielle Schaltbild eines Sperrwandlers. Der Transistor arbeitet als Schalter, der mittels einer pulsweitenmodulierten Steuerspannung U_{st} ein- und ausgeschaltet wird. Während der Leitendphase des Transistors ist die Primärspannung des Speichertransformators gleich der Eingangsspannung U_e und der Strom I_1 steigt linear an. Während dieser Phase wird Energie in den sogenannten **Speichertransformator** geladen. Die Sekundärwicklung ist in dieser Phase stromlos, weil die Diode sperrt. Wird der Transistor nun gesperrt, so wird I_1 unterbrochen und die Spannungen am Transformator polen sich wegen des Induktionsgesetzes um. Die Diode wird nun leitend und die Sekundärwicklung gibt die Energie an den Kondensator C_a weiter.

---

* SPERRWANDLER: *Flyback-converter*

Während der Leitendphase des Transistors ist die Drain-Source-Spannung U_{DS} gleich Null. Während der Sperrphase wird die Ausgangsspannung U_a auf die Primärseite rücktransformiert, so daß dann die Drain-Source-Spannung theoretisch den Wert $U_{DS} = U_e + U_a \cdot \dfrac{N_1}{N_2}$ annimmt. Beim Betrieb am 230 V/50 Hz-Netz entstehen so bei üblicher Dimensionierung des Sperrwandlers ca. 700 V. In der Praxis liegt diese Spannung sogar noch höher, weil eine Induktionsspannung infolge der Transformatorstreuinduktivitäten dazukommt. Der Transistor in Sperrwandlern für das 230 V-Netz muß daher mindestens eine Sperrspannung von 800 V haben.

Der Transformator ist kein „normaler" Transformator. Vielmehr hat er die Aufgabe, Energie während der Leitendphase des Transistors zu speichern und diese während der Sperrphase an die Sekundärseite abzugeben. Der Transformator ist demnach eine Speicherdrossel mit Primär- und Sekundärwicklung. Er hat deswegen einen Luftspalt. Transformatoren für Sperrwandler heißen daher **Speichertransformator**. Damit die mit dem Primärstrom eingespeicherte Energie beim Ausschalten des Transistors sekundärseitig wieder abgegeben werden kann, müssen beide Wicklungen sehr gut magnetisch gekoppelt sein.

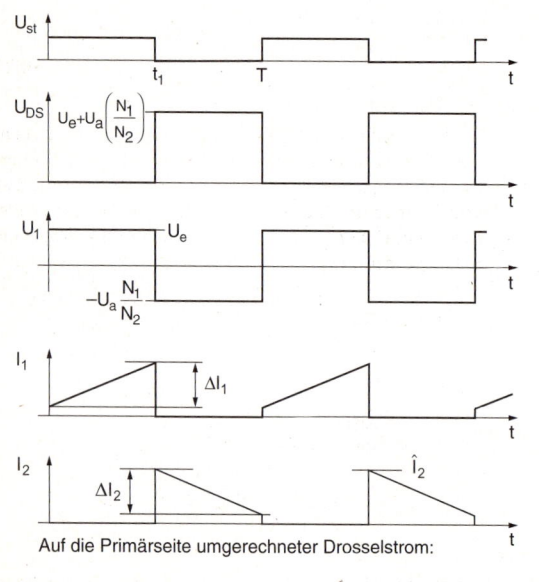

Abbildung 10.196: Spannungen und Ströme beim Sperrwandler

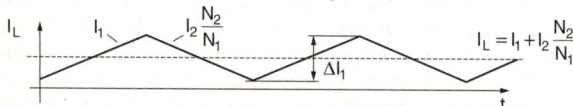

Dimensionierung des Sperrwandlers

Für die Primärspannung am Speichertransformator U_1 muß gelten, daß im stationären Betrieb ihr Mittelwert $\overline{U}_1$ gleich Null sein muß (andernfalls würde der Strom auf unermeßlich hohe Werte ansteigen).

Daraus folgt: $U_e \cdot t_1 = U_a \cdot \dfrac{N_1}{N_2} \cdot (T - t_1)$ und:

$$U_a = U_e \cdot \frac{N_2}{N_1} \cdot \frac{t_1}{T - t_1} \tag{10.22}$$

Man wählt das Übersetzungsverhältnis so, daß im Nennbetrieb die Aufmagnetisierzeit t_1 gleich der Abmagnetisierzeit $(T - t_1)$ ist. Daraus folgt für das Übersetzungsverhältnis:

$$\frac{N_1}{N_2} = \frac{U_e}{U_a} \tag{10.23}$$

Für die notwendigen Sperrspannungen für den Transistor und die Diode folgen daraus

$$\text{Transistor:} \quad U_{DS} = U_e + U_a \cdot \frac{N_1}{N_2} \approx 2 U_e \tag{10.24}$$

$$\text{Diode:} \quad U_R = U_a + U_e \cdot \frac{N_2}{N_1} \approx 2 U_a \tag{10.25}$$

In der Praxis muß die Sperrspannung für den Transistor deutlich höher gewählt werden, da im Abschaltaugenblick die Energie aus der primären Streuinduktivität* L_s nicht von der Sekundärwicklung übernommen wird. Um die damit verbundenen Überspannungen auf akzeptablen Werten zu halten, benötigt man ein **Entlastungsnetzwerk***, siehe Abbildung 10.197. Der Strom in der Streuinduktivität L_s wird beim Abschalten von der Diode D übernommen und lädt den Kondensator C. Der Widerstand R führt die Verlustleistung ab. R und C werden für 230 V-Anwendungen so bemessen, daß über C näherungsweise eine Gleichspannung zwischen 350 V und 400 V steht.

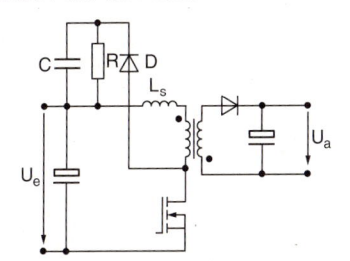

Abbildung 10.197: Entlastungsnetzwerk zur Aufnahme der Streuleistung

Für die Dimensionierung des **Speichertransformators** wird zunächst die Primärinduktivität L_1 berechnet. Diese muß während der Leitendphase jeweils die am Ausgang benötigte Energie speichern. Diese beträgt: $W = P_a \cdot T$, mit T als Periodendauer der Schaltfrequenz. Diese Energie muß im Nennbetrieb während der halben Periodendauer in die Primärinduktivität geladen werden, damit die zweite Hälfte der Periodendauer für den Stromfluß in der Sekundärseite zur Verfügung steht (siehe oben). Des weiteren wird die Primärinduktivität so ausgelegt, daß das Netzteil im Nennbetrieb gerade an der Grenze zwischen diskontinuierlichem und kontinuierlichem Betrieb läuft, d. h., der Primärstrom beginnt in jeder Periode bei Null (siehe Abbildung 10.198). Dadurch erhält der Speichertransformator seine kleinstmögliche Baugröße. Die Energie beträgt dann: $W = U_e \dfrac{\hat{I}_1}{2} \dfrac{T}{2}$. Diese Energie wird in der Primärinduktivität L_1 gespeichert: $W = \dfrac{1}{2} L_1 \hat{I}_1^2$.

---

* ENTLASTUNGSNETZWERK: *snubber circuit*
* STREUINDUKTIVITÄT: *leakage inductance*

Aus diesen Überlegungen ergibt sich die Primärinduktivität zu: $L_1 \approx \dfrac{U_e^2}{8P_a \cdot f}$. Berücksichtigt man zusätzlich den Wirkungsgrad η zwischen in L_1 gespeicherter Energie und der am Ausgang zur Verfügung stehenden Energie, ergibt sich für L_1:

$$L_1 \approx \frac{U_e^2}{8P_a \cdot f} \cdot \eta \qquad (10.26)$$

η muß hier geschätzt werden, weil zu diesem Zeitpunkt der Berechnung noch kein konkreter Wert vorliegt. $\eta \approx 0{,}75$ ist in vielen Fällen angemessen.

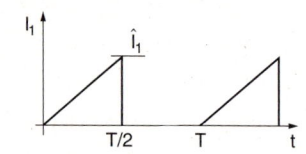

Abbildung 10.198: Verlauf des Eingangsstromes I_1 bei Nennbetrieb

Der Scheitelwert des Stromes I_1 beträgt: $\hat{I}_1 = \dfrac{4 \cdot P_a}{U_e \cdot \eta}$.

Der Effektivwert des Stromes I_1 beträgt: $I_{1\,\text{eff}} = \dfrac{\hat{I}_1}{\sqrt{6}}$.

Der Transformatorkern und die Wickeldaten können nun mittels der Berechnungen in Abschnitt 10.5.5 ermittelt werden.

HINWEIS: Der Kern des Speichertransformators muß einen hinreichend großen Luftspalt enthalten, in dessen Volumen der wesentliche Anteil der Energie im Magnetfeld gespeichert werden kann (siehe auch Abschn. 10.5.5).

Die Wahl von C_a richtet sich nach der Welligkeit ΔU_a der Ausgangsspannung. Sie hängt maßgeblich von der Impedanz Z_{max} des Kondensators C_a ab:

$$\Delta U_a \approx \hat{I}_2 \cdot Z_{\text{max}}$$

Z_{max} kann aus dem Datenblatt des Kondensators entnommen werden.

Für den Eingangskondensator C_e gilt für das 230 V/50 Hz-Netz:

$$C_e \approx 1 \frac{\mu F}{W} \cdot P_e$$

Eine Besonderheit des Sperrwandlers ist die Möglichkeit, mehrere Ausgangsspannungen zu erzeugen und mittels einer Regelung konstant zu halten (Abbildung 10.199).

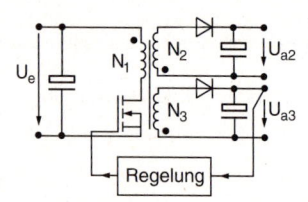

Abbildung 10.199: Sperrwandler mit mehreren Ausgangsspannungen

Wird eine Spannung geregelt (in Abbildung 10.199 U_{a3}), so ist die Spannung U_{a2} über das Windungszahlenverhältnis fest an U_{a3} gekoppelt: $\dfrac{U_{a2}}{U_{a3}} = \dfrac{N_2}{N_3}$. Die in L_1 gespeicherte Energie wird während der Sperrphase immer gerade so aufgeteilt, daß die Spannungen U_{a2} und U_{a3} den Windungszahlen entsprechen.

10.5.2.2 Eintaktdurchflußwandler

Der **Eintaktdurchflußwandler**[*] gehört zu den primärgetakteten Schaltnetzteilen, d. h., er besitzt eine galvanische Trennung zwischen Ein- und Ausgang. Er eignet sich für Leistungen bis ca. 1 kW.

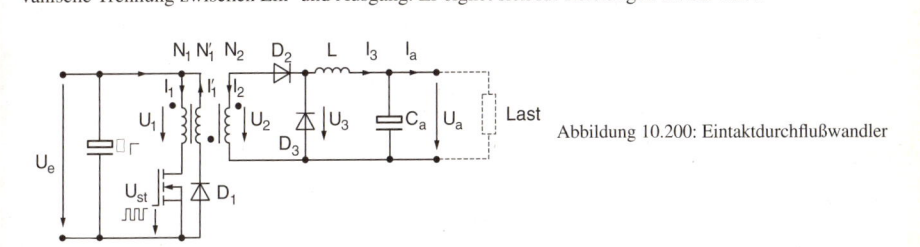

Abbildung 10.200: Eintaktdurchflußwandler

Der Durchflußwandler überträgt die Energie während der Leitendphase des Transistors. In dieser Phase ist die Spannung U_1 gleich der Eingangsspannung. Die Wicklung N_2 ist gleichsinnig mit N_1 gewickelt, so daß in der Leitendphase an N_2 die Spannung $U_2 = U_e \dfrac{N_2}{N_1}$ anliegt. Die Spannung U_2 treibt den Strom I_2 über die Diode D_2 bzw. I_3 über die Speicherdrossel L und lädt somit den Kondensator C_a.

Während der Sperrphase des Transistors sind N_1 und N_2 stromlos. Die Speicherdrossel L zieht ihren Strom durch die Diode D_3. Die Spannung U_3 ist in dieser Zeit Null. Während der Sperrphase muß der magnetische Fluß im Transformator abgebaut werden. Der Transformatorkern wird über N_1' gegen die Eingangsspannung entmagnetisiert. N_1' hat die gleiche Windungszahl wie N_1. Dadurch benötigt die Entmagnetisierung die gleiche Zeit, wie die Aufmagnetisierung. Der Transistor muß daher mindestens ebensolange ausgeschaltet bleiben, wie er vorher eingeschaltet war. Das maximal zulässige Tastverhältnis t_1/T beträgt bei dem Eintaktdurchflußwandler daher 0,5.

Während der Sperrphase liegt an der Entmagnetisierungswicklung N_1' die Spannung U_e. Diese transformiert sich auf N_1 zurück, so daß $U_1 = -U_e$ wird. Dadurch liegt am Transistor die Sperrspannung $U_{DS} = 2U_e$.

Der Transformator ist im Gegensatz zum Speichertransformator beim Sperrwandler ein „normaler" Transformator: Er hat keinen Luftspalt, damit der Magnetisierungsstrom klein bleibt.

- Die Sperrspannung des Transistors muß $U_{DS} > 2U_e$ betragen.

- Die Wicklungen N_1 und N_1' müssen sehr gut gekoppelt sein. Ein Entlastungsnetzwerk, wie in Abbildung 10.197, Abschnitt 10.5.2.1, ist notwendig.

- Der Eintaktdurchflußwandler kann im Gegensatz zum Sperrwandler nur eine geregelte Ausgangsspannung haben.

- Das maximal zulässige Tastverhältnis beträgt $\dfrac{t_1}{T} = 0{,}5$.

---

[*] EINTAKTDURCHFLUSSWANDLER: *single transistor forward converter*

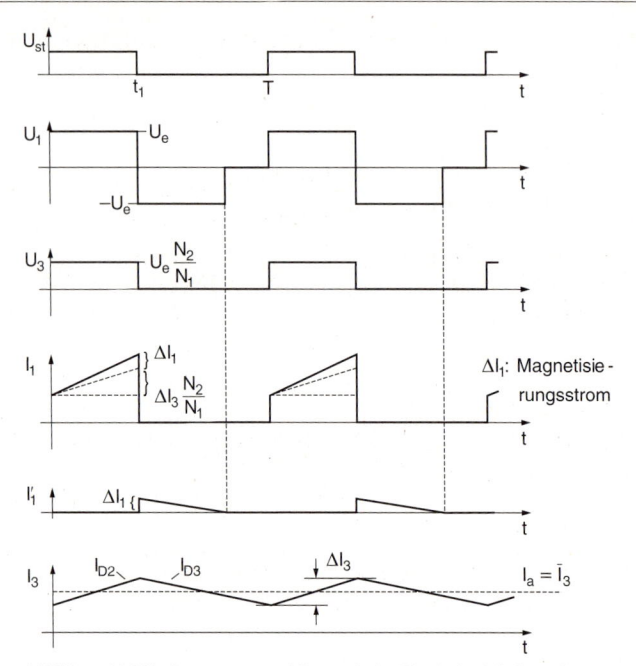

Abbildung 10.201: Spannungen und Ströme beim Eintaktdurchflußwandler

Dimensionierung des Eintaktdurchflußwandlers

Die Ausgangsspannung U_a ist gleich dem Mittelwert der Spannung U_3. Das maximal zulässige Tastverhältnis beträgt 0,5. Damit wird (siehe auch Abschn. 10.5.1.1):

$$U_a = U_e \cdot \frac{N_2}{N_1} \cdot \frac{t_1}{T} \qquad (10.27)$$

Hieraus ergibt sich das Windungszahlenverhältnis für den Transformator:

$$\frac{N_2}{N_1} = 2 \cdot \frac{U_a}{U_e} \quad \text{und} \quad N_1 = N_1' \qquad (10.28)$$

Die weitere Transformatorberechnung siehe Abschnitt 10.5.5.

Für die Berechnung der Induktivität L wird wie beim Abwärtswandler zunächst eine Stromwelligkeit ΔI_3 gewählt. Sie liegt üblicherweise bei 20 % des Ausgangsstromes: $\Delta I_3 \approx 0,2 \cdot I_a$. Mit dem maximalen Tastverhältnis von 0,5 wird:

$$L = \frac{U_a \cdot T/2}{\Delta I_3} \qquad (10.29)$$

Die Wahl von C_a richtet sich nach der Welligkeit ΔU_a der Ausgangsspannung. Sie hängt maßgeblich von der Impedanz Z_{max} des Kondensators C_a ab:

$$\Delta U_a \approx \Delta I_L \cdot Z_{max}$$

Z_{max} kann dem entsprechenden Datenblatt für C_a entnommen werden.
Für den Eingangskondensator C_e gilt für das 230 V/50 Hz-Netz:

$$C_e \approx 1\frac{\mu F}{W} \cdot P_e$$

Halbbrücken-Durchflußwandler

Der **Halbbrücken-Durchflußwandler*** ist eine Variante des Eintaktdurchflußwandlers.

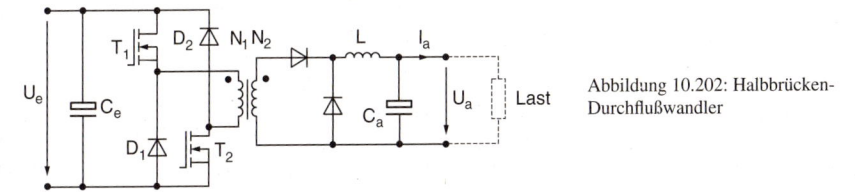

Abbildung 10.202: Halbbrücken-Durchflußwandler

Die Transistoren T_1 und T_2 schalten gleichzeitig. Während der Leitendphase der Transistoren liegt die Eingangsspannung U_e an der Primärwicklung. Nach dem Ausschalten der Transistoren wird der Transformator über die Dioden D_1 und D_2 gegen die Betriebsspannung entmagnetisiert. Im Vergleich zum Eintaktdurchflußwandler hat dieser Wandler den Vorteil, daß die Transistoren nur die Eingangsspannung sperren können müssen, die Wicklung N_1' entfallen kann und daß die Kopplung der Transformatorwicklungen unkritisch ist. Er ist gegenüber dem Eintaktwandler daher für deutlich größere Leistungen geeignet. Die Berechnung der Ausgangsspannung und der Wickelgüter entspricht dem Eintaktdurchflußwandler.

- Beim Halbbrücken-Durchflußwandler muß die Sperrspannung der Transistoren nur $U_{DS} = U_e$ betragen.
- Der Halbbrücken-Durchflußwandler ist für Leistungen bis einige kW geeignet. Er ist im Aufbau und Betrieb sehr unkompliziert.

10.5.2.3 Gegentaktwandler

Der **Gegentaktwandler*** ist für höchste Leistungen geeignet.

Der Gegentaktwandler betreibt den potentialtrennenden Transformator mit einer Wechselspannung, bei der beide Halbschwingungen zur Energieübertragung genutzt werden. Die Transformatorspannung U_1 kann, je nachdem ob die Transistoren T_1, T_4 oder T_2, T_3 oder keiner leitend sind, die Zustände $U_1 = U_e$, $-U_e$ oder Null annehmen. Auf der Sekundärseite wird die Wechselspannung gleichgerichtet und über L und C_a geglättet.

---

* HALBBRÜCKEN-DURCHFLUSSWANDLER: *two transistors forward converter*
* GEGENTAKTWANDLER: *push-pull converter*

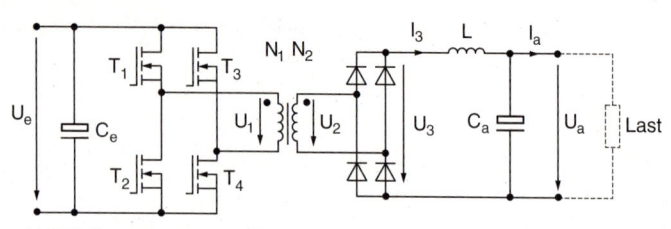

Abbildung 10.203: Gegentaktwandler: Vollbrücken-Gegentaktwandler mit Brückengleichrichtung

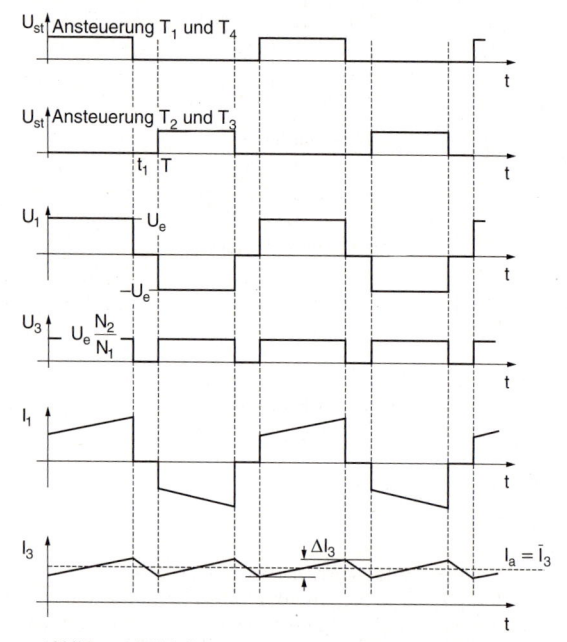

Abbildung 10.204: Spannungen und Ströme beim Gegentaktwandler

Für den kontinuierlichen Betrieb gilt (siehe auch Abschn. 10.5.1.1):

$$U_a = U_e \cdot \frac{N_2}{N_1} \cdot \frac{t_1}{T}$$
(10.30)

Das Tastverhältnis $\frac{t_1}{T}$ darf hier theoretisch bis Eins gewählt werden; in der Praxis jedoch nicht ganz, weil in Reihe liegende Transistoren T_1, T_2 bzw. T_3, T_4 mit einem Zeitversatz geschaltet werden müssen, damit kein Querkurzschluß entsteht. Das Windungsverhältnis wird gewählt:

$$\frac{N_2}{N_1} \geq \frac{U_a}{U_e}$$
(10.31)

10.5 Schaltnetzteile

● Die Transistoren des Gegentaktwandlers können maximal mit dem Tastverhältnis 0,5 angesteuert werden. Das ergibt hinter der Gleichrichtung ein Tastverhältnis von $\frac{t_1}{T} = 1$.

Halbbrücken-Gegentaktwandler

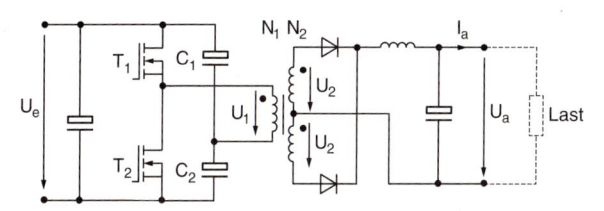

Abbildung 10.205: Halbbrücken-Gegentaktwandler mit Zweiweggleichrichtung

Eine Variante des Gegentaktwandlers ist der **Halbbrücken-Gegentaktwandler***. Die Kondensatoren C_1 und C_2 teilen die Eingangsspannung U_e in zweimal $U_e/2$. Dadurch beträgt die Amplitude der Primärspannung am Transformator $U_e/2$. Gegenüber dem Vollbrücken-Gegentaktwandler muß das Windungsverhältnis $\frac{N_2}{N_1} \geq 2\frac{U_a}{U_e}$ gewählt werden.

In Abbildung 10.205 ist statt des Brückengleichrichters aus Abbildung 10.203 eine Zweiweggleichrichtung gezeichnet worden. Die Wahl zwischen Brücken- und Zweiweggleichrichtung hängt von der Ausgangsstromstärke bzw. von der Ausgangsspannung ab. Bei hohem Ausgangsstrom hat die Zweiweggleichrichtung den Vorteil geringerer Durchlaßverluste an den Gleichrichterdioden, bei hoher Ausgangsspannung hat die Brückengleichrichtung den Vorteil geringerer Sperrspannungsbeanspruchung der Gleichrichterdioden.

10.5.2.4 Resonanzwandler

Bei **Resonanzwandlern*** sorgt ein Resonanzkreis dafür, daß die Transistoren im Strom- oder Spannungsnulldurchgang ausgeschaltet werden können. Dadurch werden die Schaltverluste in den Transistoren als auch die Funkstörungen vermindert. Man unterscheidet zwischen ZVS- und ZCS-Resonanzwandlern (ZVS: **Z**ero **V**oltage **S**witching, ZCS: **Z**ero **C**urrent **S**witching).

Für die Regelung der Ausgangsspannung werden Resonanzwandler in der Regel mit fester Pulslänge und variabler Frequenz angesteuert. Die Pulslänge ist dabei gleich der halben Schwingungsdauer des Resonanzkreises, so daß im Schwingungsnulldurchgang die Transistoren wieder ausgeschaltet werden können.

Es gibt sehr viele verschiedene Variationen der Resonanzwandlertechnik. So kann der Resonanzkreis primärseitig oder sekundärseitig angeordnet sein. Oder es kann im Strom- oder im Spannungsnulldurchgang geschaltet werden, je nachdem, ob ein Serien- oder ein Parallelresonanzkreis eingesetzt ist. Keine Variante hat jedoch die Bedeutung der bisher beschriebenen Schaltnetzteile erreichen können.

Die Resonanzwandlertechnik wird im folgenden am Beispiel eines ZCS-Gegentakt-Resonanzwandlers erläutert.

---

* HALBBRÜCKEN-GEGETAKTWANDLER: *single-ended push-pull converter*
* RESONANZWANDLER: *resonant converter*

ZCS-Gegentakt-Resonanzwandler

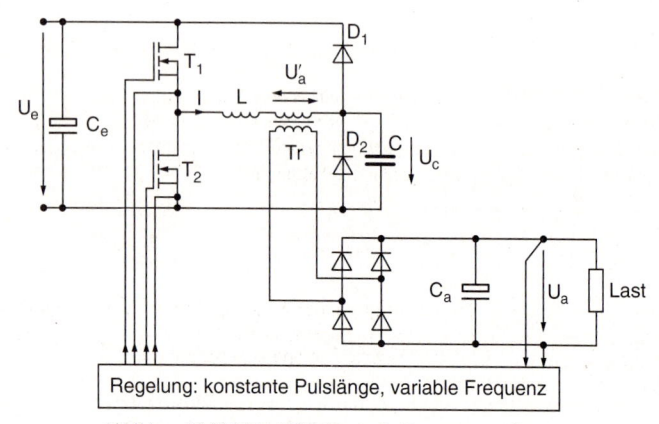

Abbildung 10.206: Der ZCS-Gegentakt-Resonanzwandler

Abbildung 10.206 zeigt den ZCS- Gegentakt-Resonanzwandler.

Der Resonanzkreis wird von L und C gebildet. Die Spannung an C sei zunächst Null Volt. Schaltet nun Transistor T_1 ein, entsteht eine Strom-Sinushalbschwingung über T_1, L, Tr, C und C_e. Der Kondensator C wird während dieser Halbschwingung aufgeladen von Null Volt auf U_e. Wenn diese Halbschwingung abgeschlossen ist, wird T_1 aus- und T_2 etwas später eingeschaltet und es ergibt sich eine Halbschwingung in umgekehrter Richtung, in der Kondensator C wieder zurück von U_e auf Null Volt geladen wird.

Bei jedem Umschwingen wird eine bestimmte Energiemenge von der Primärseite auf die Sekundärseite des Transformators abgegeben. Der Transformator Tr verhält sich dabei primärseitig wie eine Spannungsquelle. Solange die Stromhalbschwingung anhält, wird die Ausgangsspannung U_a auf die Primärseite des Transformators transformiert und wirkt dem Strom entgegen. Die während jeder Halbschwingung an die Sekundärseite abgegebene Energie beträgt $W = U'_a \cdot \int i(t)\,dt$. Diese Energie wird zweimal während jeder Periode abgegeben, so daß sich die Ausgangsleistung $P_a = W \cdot 2 f_{\text{Schalt}}$ ergibt (f_{Schalt}: Schaltfrequenz des Wandlers). Abbildung 10.207 zeigt ein Ersatzschaltbild für eine Halbschwingung.

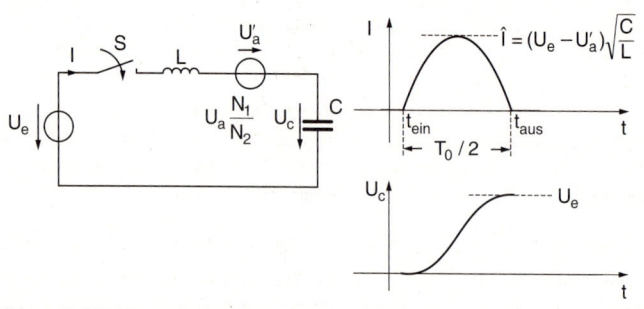

Abbildung 10.207: Ersatzschaltbild für eine Halbschwingung beim ZCS-Resonanzwandler

Die Resonanzfrequenz beträgt:

$$f_0 = \frac{1}{2\pi\sqrt{LC}} \qquad (10.32)$$

Hieraus ergibt sich die notwendige Leitendzeit der Transistoren. Sie muß etwas größer als die halbe Periodendauer sein. Die maximale Energieabgabe vom Primärkreis zum Sekundärkreis erfolgt, wenn die auf die Primärseite rücktransformierte Ausgangsspannung gerade halb so groß ist, wie die Eingangsspannung. Daraus ergibt sich das notwendige Windungszahlenverhältnis für den Transformator:

$$U_a' = \frac{1}{2} U_e \quad \Rightarrow \quad \frac{N_1}{N_2} = \frac{1}{2} \cdot \frac{U_e}{U_a} \qquad (10.33)$$

Die je Halbschwingung übertragene Energie hängt von der Wahl von C und L ab. Je größer C und je kleiner L für eine gewählte Resonanzfrequenz ist, desto größer wird die Energie, die je Halbschwingung übertragen wird (siehe auch den Stromscheitelwert in Abbildung 10.208 und 10.207). Für eine bestimmte Ausgangsleistung P_a und mit $U_a' = U_e/2$ gilt für L und C:

$$\sqrt{\frac{L}{C}} = \frac{\left(\frac{U_e}{2}\right)^2 \cdot \frac{2}{\pi} \cdot \frac{f_{\text{Schalt}}}{f_0}}{P_a} \quad \Rightarrow \quad C = \frac{1}{2\pi \cdot \sqrt{\frac{L}{C}} \cdot f_0} \quad \text{und} \quad L = \left(\sqrt{\frac{L}{C}}\right)^2 \cdot C \qquad (10.34)$$

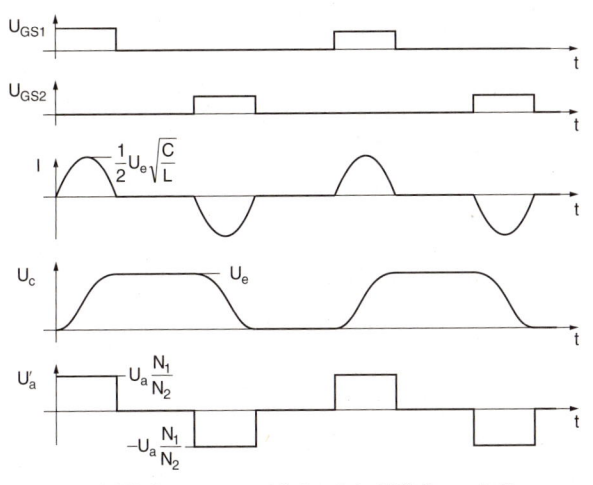

Abbildung 10.208: Spannungen und Ströme beim ZCS-Gegentakt-Resonanzwandler

Insgesamt hat dieser Wandler einige bemerkenswerte Vorteile gegenüber traditionellen Schaltnetzteilen:

- Der ZCS-Gegentakt-Resonanzwandler kann wie der Sperrwandler mehrere Ausgangsspannungen über einen Regler regeln. Da mehrere Ausgangsspannungen auf der Primärseite des Transformators wie parallelgeschaltet erscheinen, fließt die Energie immer in die niedrigste Ausgangsspannung.

- Leerlauf- und Kurzschlußfestigkeit funktionieren ohne elektronische Überwachung.
- Geringe Schaltverluste und Funkstörungen.

10.5.3 Übersicht: Schaltnetzteile

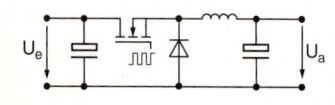

Abwärtswandler

- $U_a \leq U_e$
- Kurzschluß- und Leerlauffestigkeit leicht realisierbar
- Ansteuerung muß „floaten"
- Einsatzgebiet: Ersatz für analoge, längsgeregelte Netzteile

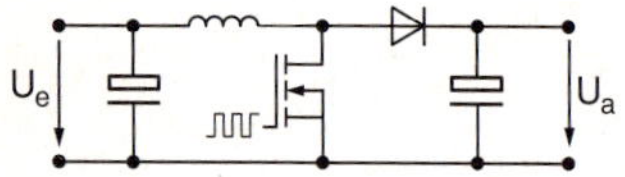

Aufwärtswandler

- $U_a \geq U_e$
- Nicht kurzschlußfest
- Bei ungeregelter Ansteuerung nicht leerlauffest
- Einsatzgebiet: batterieversorgte Geräte wie Notebooks, Mobiltelefone, Fotoblitze

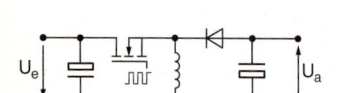

Invertierender Wandler

- $U_a < 0\,\text{V}$
- Kurzschlußfestigkeit leicht realisierbar
- Bei ungeregelter Ansteuerung nicht leerlauffest
- Einsatzgebiet: Erzeugung einer zusätzlichen negativen Betriebsspannung aus einer gegebenen positiven.

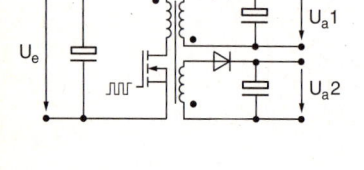

Sperrwandler

- Mehrere galvanisch getrennte Ausgangsspannungen über einen Regler regelbar
- Leistung bis einige 100 W
- Großer Regelbereich (Weitbereichsnetzteil 85...270 VAC möglich)
- Transistorsperrspannung $U_{DS} \geq 2 U_e$
- Sehr gute magnetische Kopplung notwendig
- Großer Kern mit Luftspalt notwendig

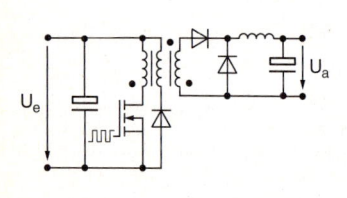

Eintakt-Durchflußwandler

- Eine galvanisch getrennte, regelbare Ausgangsspannung
- Leistung bis einige 100 W
- Transistorsperrspannung $U_{DS} \geq 2 U_e$
- Tastverhältnis $\dfrac{t_{\text{ein}}}{T} \leq 0,5$
- Sehr gute magnetische Kopplung notwendig
- Kleiner Kern ohne Luftspalt

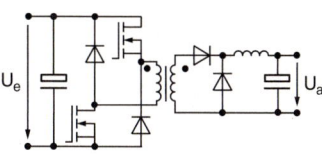

Halbbrücken-Durchflußwandler

- Eine galvanisch getrennte, regelbare Ausgangsspannung
- Leistung bis einige kW
- Transistorsperrspannung $U_{DS} = U_e$
- Tastverhältnis $\dfrac{t_{ein}}{T} \leq 0,5$
- Kleiner Kern ohne Luftspalt
- Keine besonders gute magnetische Kopplung notwendig

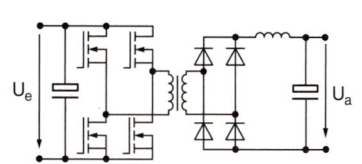

Vollbrücken-Gegentaktwandler

- Eine galvanisch getrennte, regelbare Ausgangsspannung
- Leistung bis viele kW
- Transistorsperrspannung $U_{DS} = U_e$
- Kleiner Kern ohne Luftspalt
- Keine besonders gute magnetische Kopplung notwendig
- Symmetrierungsprobleme

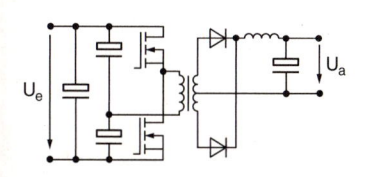

Halbbrücken-Gegentaktwandler

- Eine galvanisch getrennte, regelbare Ausgangsspannung
- Leistung bis einige kW
- Transistorsperrspannung $U_{DS} = U_e$
- Kleiner Transformatorkern ohne Luftspalt
- Keine besonders gute magnetische Kopplung notwendig
- Symmetrierungsprobleme

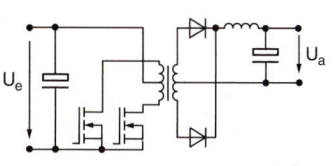

Gegentaktwandler mit Parallelspeisung

- Eine galvanisch getrennte, regelbare Ausgangsspannung
- Leistung bis einige 100 W
- Transistorsperrspannung $U_{DS} \geq 2U_e$
- Kleiner Transformatorkern ohne Luftspalt
- Sehr gute magnetische Kopplung zwischen den Primärwicklungen notwendig
- Symmetrierungsprobleme

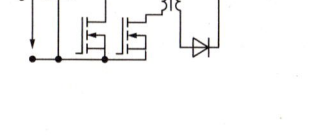

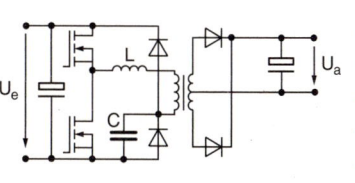

Gegentakt-Resonanzwandler

- Mehrere, galvanisch getrennte Ausgangsspannungen
- Leistung bis viele kW
- Transistorsperrspannung $U_{DS} = U_e$
- Kleiner Kern ohne Luftspalt
- Keine besonders gute magnetische Kopplung notwendig
- Regelung über feste Pulslänge, variable Frequenz
- Im Teillastbereich kann die Taktfrequenz in den Hörbereich laufen

10.5.4 Regelung von Schaltnetzteilen

Die Ausgangsspannung von Schaltnetzteilen wird mittels einer geschlossenen Regelschleife konstant gehalten. Der Wert der Ausgangsspannung (Istwert) wird mit einer Referenzspannung (Sollwert) verglichen. Die Differenz zwischen Ist- und Sollwert steuert, je nach Vorzeichen, das Tastverhältnis der Transistoransteuerung. Der Regelkreis hat dabei die Aufgabe Netzschwankungen sowie Änderungen des Laststromes auszuregeln. Man nennt dies **Netzausregelung**[*] und **Lastausregelung**[*].

Man unterscheidet zwei Regelverfahren: Die sogenannte *voltage-mode*-**Regelung** und die *current-mode*-**Regelung**. Das *voltage-mode*-Verfahren kann hierbei als „traditionelle" Schaltnetzteilregelung angesehen werden. Es ist heutzutage von der *current-mode*-Regelung fast vollständig verdrängt. Moderne Schaltregler-ICs sind fast ausschließlich *current-mode*-Regler.

Beide Regler werden im folgenden am Beispiel einer Regelung für einen Aufwärtswandler erklärt.

10.5.4.1 Voltage-mode-Regelung

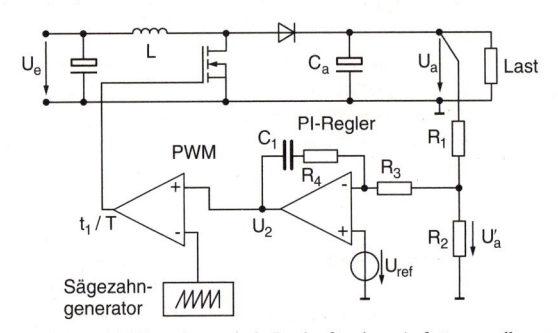

Abbildung 10.209: voltage-mode-Regler für einen Aufwärtswandler

Die Ausgangsspannung U_a wird über den Spannungsteiler R_1, R_2 mit der Referenzspannung U_{ref} verglichen und über den PI-Regler verstärkt. Ein Pulsweitenmodulator (PWM) wandelt die Ausgangsspannung des PI-Reglers U_2 in eine pulsweitenmodulierte Spannung t_1/T (siehe auch Abschn. 8.6.4.16). Der Ausgang des Pulsweitenmodulators steuert den Transistor (siehe auch Abschn. 10.5.1.2).

Regelmechanismus: Ist die Ausgangsspannung U_a zu klein, ist U_a' kleiner als die Referenzspannung U_{ref}. Die Ausgangsspannung des PI-Reglers U_2 läuft infolge dessen hoch. Dadurch wird das Tastverhältnis t_1/T ebenfalls größer und die Ausgangsspannung des Aufwärtswandlers wird größer, und zwar genau so lange, bis $U_a' = U_{\text{ref}}$.

10.5.4.2 Current-mode-Regelung

Die Ausgangsspannung U_a wird über den Spannungsteiler R_1, R_2 mit der Referenzspannung U_{ref} verglichen und über den PI-Regler verstärkt. Die Spannung U_2 am Ausgang des PI-Reglers wird mit der rampenförmigen Spannung an dem Strommeßwiderstand R_i verglichen. Der Ausgang des Komparators setzt ein RS-Flip-

---

[*] NETZAUSREGELUNG: *line regulation*
[*] LASTAUSREGELUNG: *load regulation*

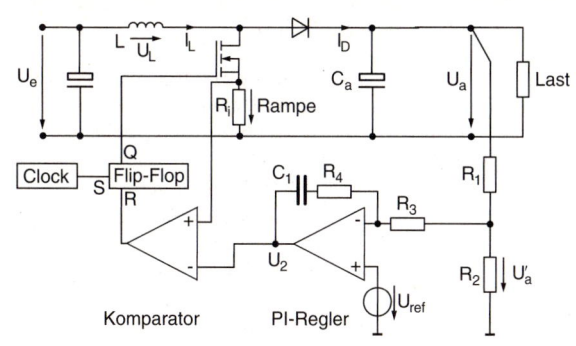

Abbildung 10.210: Current-mode-Regler für einen Aufwärtswandler

Flop zurück und schaltet damit den Transistor aus. Eingeschaltet wird der Transistor von der positiven Flanke des Taktsignals (Clock), ausgeschaltet wird der Transistor, wenn die Rampenspannung an R_i die Spannung U_2 erreicht.

Regelmechanismus: Ist die Ausgangsspannung U_a zu klein, ist U'_a kleiner als die Referenzspannung U_{ref}. Die Ausgangsspannung des PI-Reglers U_2 läuft infolge dessen hoch. Die Spannung U_2 bestimmt, bis zu welchem Wert der Strom durch R_i und damit auch der Drosselstrom I_L ansteigt, bevor der Transistor abgeschaltet wird. Läuft U_2 hoch, weil U'_a kleiner als U_{ref} ist, so wird auch der Drosselstrom größer, und zwar so lange, bis U'_a genau gleich der Referenzspannung ist.

10.5.4.3 Vergleich: voltage-mode vs. current-mode-Regelung

Beim current mode-Regler regelt der PI-Regler praktisch verzugslos den Drosselstrom und damit näherungsweise auch den Ladestrom des Ausgangskondensators. Die Regelstrecke besteht nur noch aus dem Kondensator C_a und dem Lastwiderstand R_L mit der Eingangsgröße I_D und der Ausgangsgröße U_a. Die Regelstrecke hat PT_1-Verhalten, die Ausgleichsvorgänge beschreiben eine e-Funktion.

Beim voltage-mode-Regler wird das Tastverhältnist t_1/T geregelt, d. h. die Spannung über L. Diese ändert erst den Drosselstrom und dann die Ausgangsspannung. In diesem Falle hat die Regelstrecke PT_2-Verhalten, die Ausgleichsvorgänge beschreiben einen nur schwach bedämpften Einschwingvorgang 2. Ordnung, d. h., die Ausgangsspannung strebt sinusfömig dem stationären Wert zu.

Der current-mode-Regler zeigt damit deutlich günstigeres Regelverhalten. Dies ist der Grund, warum heutzutage fast ausschließlich diese Regler eingesetzt werden.

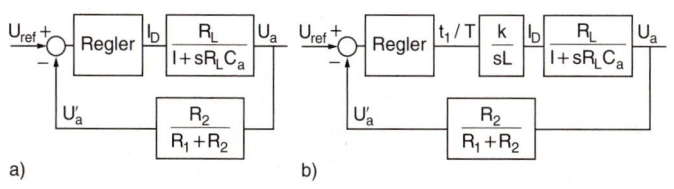

Abbildung 10.211: Vereinfachtes Blockschaltbild für
a) current-mode- und b) voltage-mode-Regelung

10.5.4.4 Dimensionierung des PI-Reglers

Der PI-Regler neigt zum Schwingen, wenn der Kondensator C_1 zu klein und der Widerstand R_4 zu groß gewählt werden. Daher wählt man zunächst C_1 groß (bei handelsüblichen Regel-ICs für Schaltnetzteile ca. 1 µF Folienkondensator). R_4 wählt man so, daß die Grenzfrequenz des PI-Reglers deutlich unterhalb der Resonanzfrequenz von L und C_a liegt:

$$\frac{1}{2\pi\sqrt{LC_a}} \geq 10\frac{1}{2\pi R_4 C_1} \tag{10.35}$$

Nun sollte der Regler stabil arbeiten (wenn nicht, können auch interne Störungen oder ungeeigneter Aufbau die Ursache sein). Um den Regler zu verbessern, kann nun C_1 schrittweise verkleinert werden, bei gleichzeitiger Vergrößerung von R_4. Wenn der Kreis instabil wird, d. h. schwingt, den Wert des Kondensators wieder um den Faktor 10 vergrößern und R_4 um den Faktor 10 verkleinern. Auf diese Weise erhält man einen stabilen Regler mit, für die meisten Fälle, hinreichender Regeldynamik.

HINWEIS: Bei vielen handelsüblichen ICs ist der Operationsverstärker (er heißt dort: Error Amplifier) ein sogenannter Transconductanz-Verstärker. Dieser liefert einen Ausgangsstrom (sehr hochohmiger Ausgang), der proportional der Eingangsdifferenz-Spannung ist. Die RC-Kombimation des PI-Reglers (R_4 und C_1) wird in diesem Fall zwischen dem Operationsverstärker-Ausgang und Masse angeschlossen.

10.5.5 Wickelgüter

Als Wickelgüter bezeichnet man alle induktiven Bauelemente des Schaltnetzteils. Dies sind zum einen die **Speicherdrosseln**[*] (hierzu gehört auch der Speichertransformator des Sperrwandlers!) und die **Hochfrequenz-Transformatoren**. Als Kernmaterial wird in erster Linie Ferrit benutzt. Aber auch andere hoch permeable und hoch sättigbare Kernmaterialien sind handelsüblich.

10.5.5.1 Berechnung von Speicherdrosseln

Gesucht sei eine Drossel mit der Induktivität L und einer Strombelastbarkeit $\hat{I}$.

Speicherdrosseln sollen Energie speichern. Die gespeicherte Energie beträgt: $W = \frac{1}{2}L\hat{I}^2$. Diese Energie ist in Form von magnetischer Feldenergie gespeichert, und zwar sowohl im Ferrit als auch im Luftspalt des Kerns (siehe auch Abbildung 10.212).

● Die Baugröße einer Speicherdrossel wächst ungefähr proportional zur zu speichernden Energie.

Die Feldenergie in der Speicherdrossel beträgt:

$$W = \frac{1}{2}\int \vec{H}\cdot\vec{B}\,dV \approx \underbrace{\frac{1}{2}\vec{H}_{Fe}\cdot\vec{B}_{Fe}\cdot V_{Fe}}_{\text{Energie im Ferrit}} + \underbrace{\frac{1}{2}\vec{H}_\delta\cdot\vec{B}_\delta\cdot V_\delta}_{\text{Energie im Luftspalt}} \tag{10.36}$$

Die magnetische Flußdichte $\vec{B}$ ist stetig und hat im Luftspalt und im Ferrit näherungsweise die gleiche Größe, d. h. $\vec{B} \approx \vec{B}_{Fe} \approx \vec{B}_\delta$. Die magnetische Feldstärke $\vec{H}$ ist nicht stetig, sie ist im Luftspalt um den Faktor μ_r

---

[*] SPEICHERDROSSEL: *choking coil*

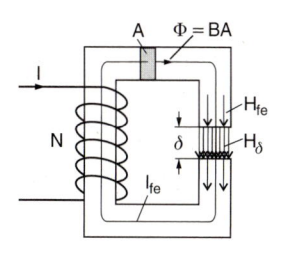

10.5 Schaltnetzteile

I	Drosselstrom
N	Anzahl der Windungen
A	Kernquerschnitt
l_{fe}	effektive magnetische Kernlänge
δ	Luftspaltlänge
Φ	magnetischer Fluß
B	magnetische Flußdichte
H_{fe}	magnetische Feldstärke im Kern
H_δ	magnetische Feldstärke im Luftspalt

Abbildung 10.212: Speicherdrossel mit ihren magnetischen und mechanischen Größen

größer als im Ferrit. Führt man dies in Gleichung (10.36) ein, so ergibt sich mit $\vec{B} = \mu_0 \mu_r \cdot \vec{H}$, $V_{Fe} = l_{Fe} \cdot A$ und $V_\delta = \delta \cdot A$:

$$W \approx \frac{1}{2} \frac{B^2}{\mu_0} \left(\frac{l_{Fe}}{\mu_r} + \delta \right) \cdot A \qquad (10.37)$$

μ_r beträgt im Ferrit ca. 1000...4000. Die effektive magnetische Kernlänge geht nur mit l_{Fe}/μ_r in die Energieberechnung ein. Daher kann man bei üblichen Kernabmessungen sagen, daß die Energie maßgeblich im Luftspalt gespeichert ist.

Daher gilt in guter Näherung: $W \approx \frac{1}{2} \frac{B^2 \cdot A \cdot \delta}{\mu_0}$

- Speicherdrosseln brauchen einen Luftspalt. In diesem ist die Energie gespeichert.

Da die Energie im Luftspalt gespeichert ist, benötigt man ein bestimmtes Luftspaltvolumen, um die geforderte Energie $\frac{1}{2} L \hat{I}^2$ zu speichern. Die maximal zulässige Flußdichte B beträgt bei handelsüblichen Ferriten ca. $B_{max} \leq 0,3\,\text{T}$. Das notwendige Luftspaltvolumen beträgt:

$$V_\delta = A \cdot \delta \geq \frac{L \hat{I}^2 \cdot \mu_0}{B_{max}^2} \qquad \text{mit} \quad B_{max} = 0,3\,\text{T} \qquad (10.38)$$

Mit diesem Volumen kann ein entsprechender Kern aus einem Datenbuch gewählt werden.

Die Windungszahl N kann mit Hilfe des magnetischen Leitwertes A_L (auch A_L-Wert genannt) berechnet werden:

$$N = \sqrt{\frac{L}{A_L}}; \qquad A_L: \text{magnetischer Leitwert} \qquad (10.39)$$

Der A_L-Wert kann dem Datenblatt entnommen werden. Zur Kontrolle kann nun noch die maximal auftretende magnetische Flußdichte mit den Datenblattangaben berechnet werden. Diese darf üblicherweise nicht größer als $0,3$ Tesla sein.

$$B = \frac{L \cdot \hat{I}}{N \cdot A_{min}} = \frac{N \cdot A_L \cdot \hat{I}}{A_{min}} \leq 0,3\,\text{T} \qquad (10.40)$$

A_{min}: Minimaler Kernquerschnitt zur Berechnung der maximalen Flußdichte, A_{min} ist im Datenblatt des Ferritkerns angegeben.

Berechnung des Drahtdurchmessers

Die Stromdichte S der Wicklung kann zwischen 2 und 5 A/mm² gewählt werden (je nach Größe und Isolation, sprich: je nachdem, wie die Wärme abgeführt werden kann). Daraus folgt für den Drahtdurchmesser d:

$$d = \sqrt{\frac{4 \cdot I}{\pi \cdot S}} \quad \text{mit} \quad S = 2\ldots\underline{3}\ldots5 \; \frac{\text{A}}{\text{mm}^2} \tag{10.41}$$

10.5.5.2 Berechnung von Hochfrequenztransformatoren

Hochfrequenztransformatoren übertragen elektrische Leistung. Ihre Baugröße hängt von der zu übertragenden Leistung, sowie von der Betriebsfrequenz ab. Je höher die Frequenz, desto kleiner die Baugröße. Üblich sind Frequenzen zwischen 20 und 100 kHz. Als Kernmaterial wird hauptsächlich Ferrit benutzt.

Datenbücher für geeignete Kerne beinhalten üblicherweise Angaben über die übertragbare Leistung der verschiedenen Kerne.

Für die Berechnung eines Hochfrequenztransformators beginnt man daher damit, daß man einen für die geforderte Leistung und die gewünschte Frequenz geeigneten Kern entsprechend den Datenbuchangaben auswählt. Im zweiten Schritt wird die primäre Windungszahl berechnet, denn diese bestimmt die magnetische Flußdichte im Kern. Danach wird der Drahtdurchmesser berechnet, er ist abhängig von den Stromstärken auf Primär- und Sekundärseite.

Berechnung der primären Mindestwindungszahl

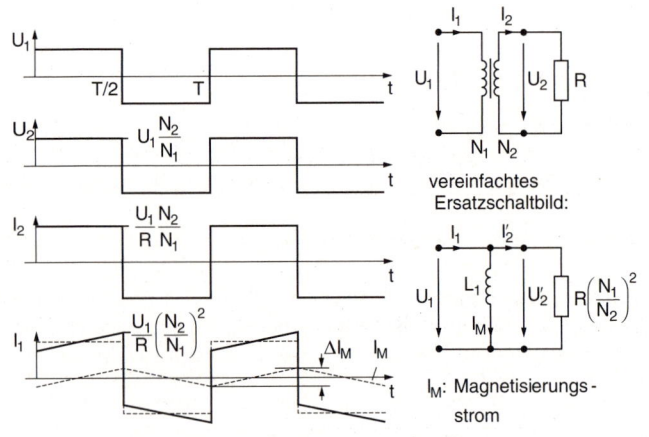

Abbildung 10.213: Spannungen und Ströme am Transformator

An der Primärseite des Transformators liege eine rechteckförmige Spannung U_1. Diese bewirkt einen Eingangsstrom I_1, der sich zusammensetzt aus dem rücktransformierten Sekundärstrom I_2 und dem Magnetisierungsstrom I_M (siehe Abbildung 10.213). Damit der Magnetisierungsstrom I_M möglichst klein bleibt, wird ein Kern ohne Luftspalt eingesetzt.

Die Rechteckspannung U_1 am Eingang des Transformators verursacht einen dreieckförmigen Magnetisierungsstrom I_M, näherungsweise unabhängig vom Sekundärstrom I_2 (siehe auch das Ersatzschaltbild in Abbildung 10.213). Der Magnetisierungsstrom ist in etwa proportional zum magnetischen Fluß bzw. zur magnetischen Flußdichte. Die Eingangsspannung U_1 bestimmt den magnetischen Fluß im Transformatorkern. Der entsprechende physikalische Zusammenhang ist durch das Induktionsgesetz $u = N \cdot \dfrac{d\Phi}{dt}$ gegeben.

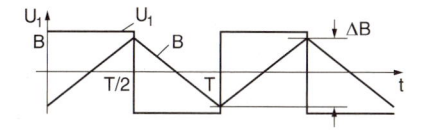

Abbildung 10.214: Eingangsspannung und magnetische Flußdichte am Transformator

Für den in Abbildung 10.213 gezeigten Transformator gilt dann:

$$\Delta B = \frac{U_1 \cdot T/2}{N_1 \cdot A} \tag{10.42}$$

● Der Flußdichtehub ΔB ist umso kleiner, je größer die Frequenz und je größer die Windungszahl N_1 ist.

Nun kann eine Mindestwindungszahl $N_{1\,min}$ berechnet werden, die notwendig ist, um einen vorher gewählten Flußdichtehub ΔB nicht zu überschreiten. Die Sättigungsflußdichte von $\hat{B} \approx 0,3\,T$, d. h. $\Delta B \approx 0,6\,T$, kann bei Hochfrequenztransformatoren in der Regel nicht ausgenutzt werden. Bei Gegentaktwandlern würde dann bei jedem Takt die volle Hystereseschleife durchlaufen werden, was zu einer in der Regel unzulässig hohen Erwärmung des Kerns führen würde. Wenn keine genauen Angaben über Wärmeabgabe und Kernverluste vorliegen, sollte man bei üblichen Frequenzen (20 kHz bis 100 kHz) $\Delta B \approx 0,3\ldots0,2\,T$ wählen. Je kleiner ΔB ist, desto kleiner sind die Hystereseverluste.

Daraus ergibt sich eine Mindestwindungszahl für N_1:

$$\boxed{N_{1\,min} \geq \frac{U_1 \cdot T/2}{\Delta B \cdot A_{min}}} \quad \text{mit} \quad \Delta B \approx 0,3\ldots0,2\,T \tag{10.43}$$

A_{min}: minimaler Kernquerschnitt, er bestimmt die maximale Flußdichte, ist im Datenblatt angegeben.

HINWEIS: Bei Eintaktdurchflußwandlern wird der Kern nur in eine Richtung aufmagnetisiert, während er bei Gegentaktwandlern in beide Richtungen magnetisiert wird.

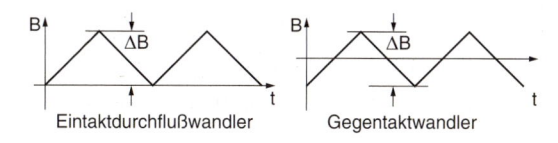

Eintaktdurchflußwandler   Gegentaktwandler

Die Berechnung für die Mindestwindungszahl $N_{1\,min}$ ist bei beiden Wandlern gleich.

Berechnung des Drahtdurchmessers

Der Drahtdurchmesser richtet sich nach dem jeweiligen Effektivwert des Wicklungsstromes. Dieser kann aus der übertragenen Leistung berechnet werden. Unter Vernachlässigung der Verluste und unter der Annahme, daß bei minimaler Eingangsspannung das maximale Tastverhältnis gefahren wird, ergibt sich:

Für den Gegentaktwandler:

$$I_{1\text{eff}} \approx \frac{P_a}{U_e} \quad \text{und} \quad I_{2\text{eff}} = \frac{P_a}{U_a}$$

Für den Halbbrückengegentaktwandler:

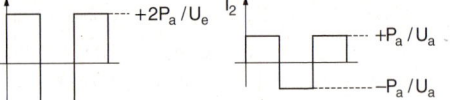

$$I_{1\text{eff}} \approx \frac{2P_a}{U_e} \quad \text{und} \quad I_{2\text{eff}} = \frac{P_a}{U_a}$$

Für den Flußwandler:

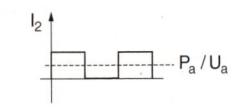

$$I_{1\text{eff}} \approx \frac{\sqrt{2}P_a}{U_e} \quad \text{und} \quad I_{2\text{eff}} = \frac{\sqrt{2}P_a}{U_a}$$

Der Magnetisierungsstrom kann dabei vernachlässigt werden. Die Stromdichte wird wie bei der Speicherdrossel zwischen 2 und 5 A/mm gewählt, je nachdem, wie die Wärmeabgabe ist. Der Drahtquerschnitt A_{Draht} und der Drahtdurchmesser d_{Draht} berechnen sich dann:

$$A_{\text{Draht}} = \frac{I}{S} \quad \text{und} \quad d_{\text{Draht}} = \sqrt{\frac{I \cdot 4}{S \cdot \pi}} \quad \text{mit} \quad S = 2\ldots\underline{3}\ldots 5 \frac{\text{A}}{\text{mm}^2} \quad (10.44)$$

Übliche Kerne sind so konstruiert, daß der verfügbare Wickelraum bei dieser Auslegung ausreicht. Primär- und Sekundärwicklung nehmen dabei den gleichen Wickelquerschnitt ein.

HINWEIS: Wenn es auf gute Kopplung zwischen den Wicklungen ankommt, sollten die Wicklungen übereinander, gegebenenfalls sogar verschachtelt, gewickelt werden. So ist die Kopplung zwischen Primär- und Sekundärwicklung für a) schlecht, für b) gut und für c) ca. viermal besser als b).

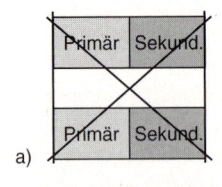

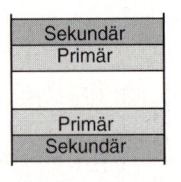

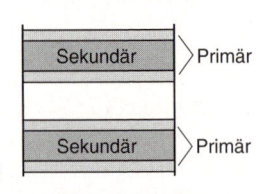

HINWEIS: Die Primärwindungszahl sollte nicht wesentlich höher als $N_{1\text{min}}$ gewählt werden, weil sonst die Kupferverluste infolge des längeren Drahtes unnötig erhöht werden. Weiterführende Literatur gibt sogar ein optimales ΔB_{opt} an, bei dem Hysterese und Kupferverluste zusammen ein Minimum annehmen.

HINWEIS: Bei hohen Frequenzen und großem Drahtdurchmesser muß der Skineffekt berücksichtigt werden. Es empfiehlt sich, bei Frequenzen $> 20\,\text{kHz}$ und Drahtquerschnitten $> 1\,\text{mm}^2$ Kupferfolie oder HF-Litze zu verwenden.

10.5.6 Leistungfaktor-Vorregelung

Die europäische Norm EN61000-3-2 definiert Grenzwerte für den Oberschwingungsgehalt des Netzstromes für Geräte, die für den Verkauf an die allgemeine Öffentlichkeit vorgesehen sind und die eine Wirkleistungsaufnahme von $\geq 75\,\text{W}$ haben (Einschränkungen und Ausnahmen siehe EN61000-3-2). Die wichtigsten Grenzwerte sind in Tabelle 10.2 wiedergegeben. Für die Praxis bedeutet das, daß die einfache Netzgleichrichtung mittels Brückengleichrichter und nachfolgender Siebung in vielen Fällen nicht zulässig ist, weil der Netzstrom in diesem Fall pulsierend ist und einen hohen Oberschwingungsgehalt aufweist (siehe Abbildung 10.215).

Tabelle 10.2: Zulässige Effektivwerte der Netzoberschwingungsströme

Oberschwingungsordnung n	Wirkleistungsaufnahme 75 bis 600 W Zulässiger Höchstwert des Oberschwingungsstromes je Watt (mA/W) / Maximum (A)	Wirkleistungsaufnahme $> 600\,\text{W}$ Zulässiger Höchstwert des Oberschwingungsstromes (A)
3	3,4 / 2,30	2,30
5	1,9 / 1,14	1,14
7	1,0 / 0,77	0,77
9	0,5 / 0,4	0,40
11	0,35 / 0,33	0,33

Um den Netzstrom näherungsweise sinusförmig zu halten, benutzt man einen Aufwärtswandler (siehe Abbildung 10.216). Diesen nennt man dann **Leistungsfaktor-Vorregler***. Als Abkürzung ist auch **PFC** gebräuchlich, PFC steht für **P**ower **F**actor **C**orrection. Gegenüber dem Aufwärtswandler wird der Leistungsfaktor-Vorregler jedoch anders gesteuert: Zwar ist die Ausgangsspannung wie üblich höher als die höchste mögliche Eingangsspannung (dies sind im europäischen Netz bei Netzüberspannung ca. $\hat{U}_{\text{Netz}} \approx 360\,\text{V}$), der Transistor wird jedoch so gesteuert, daß der Netzstrom nahezu sinusförmig ist. Dies ist durch entsprechende Taktung des Transistors möglich. Der Strom in der Induktivität wird so geführt, daß er proportional zur Spannung $U_e(t)$ ist. Die Ausgangsspannung des Leistungsfaktor-Vorreglers wird üblicherweise auf einen mittleren Wert von $\overline{U}_a \approx 380\,\text{V}$ geregelt.

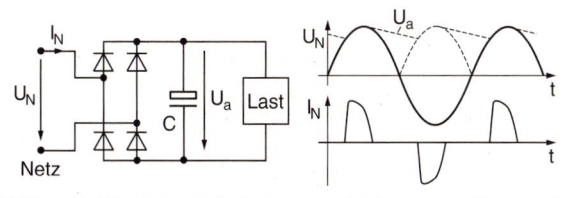

Abbildung 10.215: Direkte Halbschwingungsgleichrichtung: der Netzstrom hat einen hohen Oberschwingungsgehalt

---

* LEISTUNGSFAKTOR-VORREGLER: *Power Factor Preregulator*

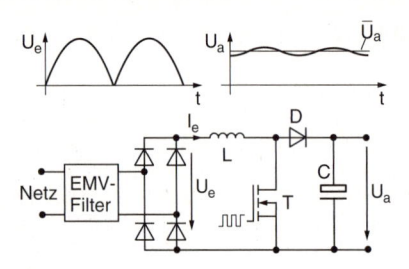

Abbildung 10.216: Aufwärtswandler als Leistungsfaktor-Vorregler

10.5.6.1 Ströme, Spannungen und Leistung im Leistungsfaktor-Vorregler

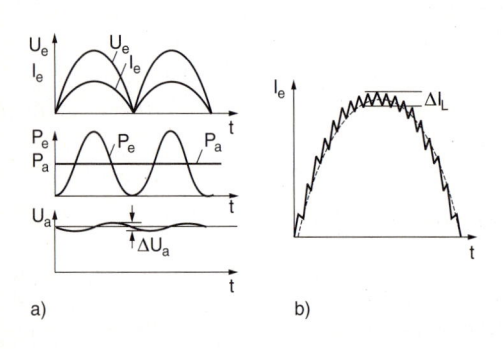

Abbildung 10.217: Ströme, Spannungen und Leistung im Leistungsfaktor-Vorregler

Es sei angenommen, daß die Ausgangsleistung der Schaltung konstant sei. Dann gilt:

$$P_\mathrm{a} = U_\mathrm{a} \cdot I_\mathrm{a} = \text{konst.} \tag{10.45}$$

Der Eingangsstrom sei sinusförmig gesteuert und in Phase mit der Eingangsspannung. Die Eingangsleistung ist dann pulsierend und beträgt bei verlustlos angenommenem Leistungsfaktor-Vorregler:

$$P_\mathrm{e}(t) = \frac{\hat{U}_\mathrm{e} \cdot \hat{I}_\mathrm{e}}{2} \cdot (1 - \cos 2\omega t) \tag{10.46}$$

Die Eingangsleistung besteht aus einem Gleichanteil $P_{\mathrm{e}=} = \frac{\hat{U}_\mathrm{e} \cdot \hat{I}_\mathrm{e}}{2}$ und aus einem Wechselanteil $P_{\mathrm{e}\sim} = \frac{\hat{U}_\mathrm{e} \cdot \hat{I}_\mathrm{e}}{2} \cdot \cos 2\omega t$. Der Gleichanteil ist gleich der Ausgangsleistung P_a.

$$P_\mathrm{e} = \frac{\hat{U}_\mathrm{e} \cdot \hat{I}_\mathrm{e}}{2} = U_\mathrm{a} \cdot I_\mathrm{a} = P_\mathrm{a} \tag{10.47}$$

Der Hochsetzsteller ist hier vereinfachend als verlustlos angenommen. Ein Wirkungsgrad $\eta = 95\,\%$ ist realistisch.

Der Ausgangskondensator C wird mit der pulsierenden Eingangsleistung P_e geladen und mit der konstanten Ausgangsleistung P_a entladen. Der daraus resultierende Spannungshub ΔU_a hängt von dem Wert des Kondensators ab. Für das 230 V/50 Hz-Netz ergibt sich bei $U_a = 380\,\text{V}$, der Spannungswelligkeit $\Delta U_a/U_a = 10\,\%$ und in Abhängigkeit von der Ausgangsleistung:

$$C \approx 0{,}5\,\frac{\mu F}{W} \tag{10.48}$$

Die Speicherdrossel L bestimmt die hochfrequente Welligkeit des Eingangsstromes ΔI_L (siehe Abbildung 10.217 b). Je größer die Drossel ist, aber auch je höher die Taktfrequenz f ist, desto kleiner ist die Stromwelligkeit des Eingangsstromes. Wählt man $\Delta I_L = 20\,\%$ des Scheitelwertes des Eingangsstromes $\hat{I}_e$, so ergibt sich für das 230 V/50 Hz-Netz mit der minimalen Eingangswechselspannung $U_{e\min} = 200\,\text{V}$:

$$L \approx \frac{50 \cdot 10^3}{f \cdot P_e}; \qquad L(\text{H}),\ f(\text{Hz}),\ P_e(\text{W}) \tag{10.49}$$

Der maximale Drosselstrom beträgt dann:

$$I_{L\max} = \hat{I}_{e\max} + \frac{1}{2}\Delta I_L = 1{,}1 \cdot \frac{2 P_e}{\hat{U}_{e\min}} \tag{10.50}$$

10.5.6.2 Die Regelung des Leistungsfaktor-Vorreglers

Für die Regelung und Steuerung des Schalttransistors stehen diverse integrierte Schaltkreise (PFC-Controller) zur Verfügung. Trotz in der Regel umfangreicher Datenblätter und Applikationen ist es wichtig, die Regelkreise zu verstehen, um diese Steuerschaltungen in geeigneter Weise beschalten zu können.

Es werden grundsätzlich zwei Regelkreise benötigt:

Ein Regelkreis, der den Eingangsstrom des Leistungsfaktor-Vorreglers $I_e(t)$ proportional zum Augenblickswert der Eingangsspannung $U_e(t)$ führt. Denn wenn dieser Strom der sinusförmigen Eingangsspannung folgt, ist auch der Netzstrom sinusförmig und in Phase mit der Netzspannung, und dementsprechend ist der Leistungsfaktor gleich Eins. Dieser Regelkreis wird im folgenden *Stromregelkreis* genannt.

Ein zweiter Regelkreis wird benötigt, der den *Effektivwert* des Drosselstromes so führt, daß die mittlere Ausgangsspannung $\overline{U}_a$ des Leistungsfaktor-Vorreglers trotz unterschiedlicher Ausgangsleistung konstant bleibt. Dieser Regelkreis wird im folgenden *Spannungsregelkreis* genannt.

Der Stromregelkreis hat die Aufgabe, den Augenblickswert des Eingangsstromes $I_e(t)$ (Drosselstrom) proportional zum Augenblickswert der Eingangsspannung zu halten. Führungsgröße (Sollwert) dieses Regelkreises ist daher die Eingangsspannung $U_e(t)$, Ausgangsgröße ist der Drosselstrom I_e. Der Sollwert des Stromreglers wird am Eingang des Leistungsfaktor-Vorreglers abgenommen, über R_1, R_2 heruntergeteilt und mit einem Wert U_2 multipliziert. U_2 ist eine Gleichspannung, so daß die sinusförmige Kurvenform des Sollwertes dadurch nicht verändert wird. Der Istwert $I_e(t)$ wird am Strommeßwiderstand R_M abgegriffen. Der Regler ist ein PI-Regler mit intergriertem Tiefpaß. Der Tiefpaß $f_{g1} = \dfrac{1}{2\pi R_5 C_5}$ wird so bemessen, daß die Taktfrequenz im Strommeßwert hinreichend unterdrückt wird (Faktor zehn unterhalb der Taktfrequenz). Die Grenzfrequenz des PI-Reglers $f_{g2} = \dfrac{1}{2\pi R_5 C_6}$ sollte um den Faktor 10 bis 20 höher als die Netzfrequenz gewählt werden. Der nachfolgende Pulsweitenmodulator wandelt die Ausgangsspannung des Stromreglers in eine pulsweitenmodulierte Spannung zur Ansteuerung des Schalttransistors.

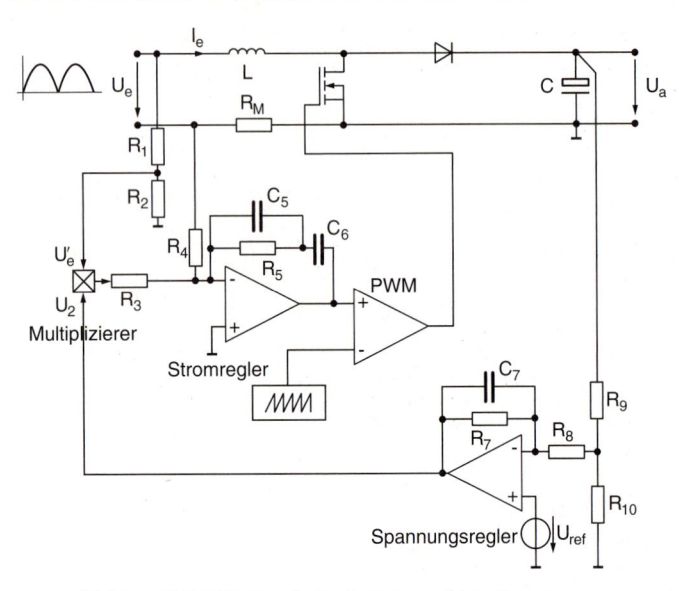

Abbildung 10.218: Die Regelkreise des Leistungsfaktor-Vorreglers

Die *Amplitude* des Eingangsstromes hängt von U'_e und von dem Multiplikator U_2 ab. Mit dem Multiplikator U_2 greift der Spannungsregelkreis ein. Die Spannung U_2 ist abhängig von dem Vergleich der Ausgangsspannung U_a mit der Referenzspannung U_{ref}. Ist die Ausgangsspannung zu klein, so wird U_2 größer, wodurch dann die Amplitude des Drosselstromes angehoben wird und umgekehrt. Die Grenzfrequenz des Spannungsreglers $f_{g3} = \dfrac{1}{2\pi R_7 C_7}$ wird so klein gewählt, daß der 100 Hz-Brumm der Ausgangsspannung unterdrückt wird und nicht in U_2 enthalten ist.

● Der *Effektivwert* des Eingangsstromes wird vom Spannungsregelkreis geregelt, dagegen sorgt der Stromregelkreis dafür, daß der Eingangsstrom *sinusförmig* ist.

10.5.7 Funkentstörung von Schaltnetzteilen

Schaltnetzteile erzeugen infolge ihrer hochfrequenten Taktung **Funkstörungen**[*]. Diese breiten sich mittels elektromagnetischer Felder im freien Raum und leitungsgebunden über die Netzanschlußleitungen in Form von hochfrequenten Spannungen und Strömen aus. Der Gesetzgeber hat für die Störaussendung Grenzwerte vorgesehen. Diese sind in den entsprechenden europäischen Normen festgelegt. Tabelle 10.3 gibt die wichtigsten Grenzwerte für ortsveränderliche Hochfrequenzgeräte (Entstörklasse B) wieder. Hochfrequenzgeräte sind Geräte mit einer Arbeitsfrequenz oberhalb von 9 kHz.

---

[*] FUNKSTÖRUNG: *radio frequency interference*

Tabelle 10.3: Grenzwerte für ortsveränderliche Hochfrequenzgeräte Grenzwertklasse B

Meßgröße	Frequenzbereich	Grenzwerte	Grundnorm
Störstrahlung in 10 m Entfernung	30 bis 230 MHz 230 bis 1000 MHz	30 dB (µV/m) 37 dB (µV/m)	EN55022 Klasse B
Oberschwingungsstrom in der Netzanschlußleitung	0 bis 2 kHz	siehe Tabelle 10.2 (PFC)	EN61000
Funkstörspannung auf der Netzanschlußleitung gegen Erde	0,15 bis 0,5 MHz** 0,5 bis 5 MHz 5 bis 30 MHz	66 bis 56 dB (µV) Q* 56 bis 46 dB (µV) M* 56 dB (µV) Q* 46 dB (µV) M* 60 dB (µV) Q* 50 dB (µV) M*	EN55022 Klasse B

* Q: Messung mit Quasispitzenwert-Gleichrichter
  M: Messung mit Mittelwert-Gleichrichter
** Linear mit dem Logarithmus der Frequenz fallend

10.5.7.1 Funkstörstrahlung

Hochfrequenzgeräte senden eine **Funkstörstrahlung** aus. Diese wird als Funkstörfeldstärke in (µV/m) gemessen. Die Intensität der Funkstörstrahlung hängt von der Flankensteilheit der geschalteten Ströme und Spannungen ab und ganz wesentlich vom Aufbau (Platinenlayout) des Schaltnetzteiles. Um die Funkstörstrahlung gering zu halten, sollten drei Grundsätze für den Schaltnetzteilaufbau beachtet werden:

- Maschen, in denen ein geschalteter Strom fließt, sollten in ihrer umfahrenden Fläche so klein wie möglich gehalten werden.
- Knoten, die in ihrem Potential gegenüber Erde bei jedem Schaltaugenblick springen, sollten in ihrer räumlichen Ausdehnung so klein wie möglich gehalten werden.
- Das Schaltnetzteil sollte ein geschlossenes Blechgehäuse haben.

HINWEIS: Die ersten beiden Grundsätze sind neben der Verminderung der Funkstörstrahlung auch sehr vorteilhaft für die Verminderung der leitungsgebundenen Funkstörungen und für den stabilen, störungsfreien Betrieb des Schaltnetzteiles. Ein hoher Störpegel führt auch zu unsauberem Schalten der Transistoren und zu Störungen der Regelkreise. Dies verursacht oft Geräusche im Hörbereich.

10.5.7.2 Leitungsgebundene Störungen

Schaltnetzteile entnehmen dem Stromversorgungsnetz hochfrequente Ströme. Diese verursachen am Netzinnenwiderstand Spannungsabfälle, die an den Netzanschlußklemmen gemessen werden können. Entsprechend der europäischen Norm werden diese hochfrequenten Spannungen, die sogenannten **Funkstörspannungen**, zwischen Zuleitungsdraht und Erde gemessen. Die Funkstörspannung wird in einem nach Norm definierten Aufbau an einer sogenannten **Netznachbildung*** (dadurch erhält das Netz einen definierten Innenwiderstand) mit einem sogenannten **Funkstörmeßempfänger*** gemessen. Zur Verminderung der leitungsgebundenen Störungen werden an den Netzanschlußklemmen sogenannte **Funkentstörfilter*** eingesetzt.

* NETZNACHBILDUNG: *artificial mains network*
* FUNKSTÖRMESSEMPFÄNGER: *radio frequency interference meter*
* FUNKENTSTÖRFILTER: *radio frequency interference Filter, EMI-Filter (EMI: electromagnetic interference)*

Man unterscheidet zwischen drei verschiedenen Funkstörspannungen (siehe Abbildung 10.219):

- **Unsymmetrische Funkstörspannung**[*]: Sie ist die hochfrequente Spannung zwischen Erde und jeder einzelnen Netzader. Nur diese Spannung wird vom Gesetzgeber entsprechend der Norm gemessen. Nur für diese gelten die Grenzwerte nach Tabelle 10.219.
- **Asymmetrische Funkstörspannung (Gleichtakt-Funkstörspannung)**[*]: Sie ist die gegen Erde wirkende Summe der unsymmetrischen Funkstörspannungen eines Leitungsbündels.
- **Symmetrische Funkstörspannung (Gegentakt-Funkstörspannung)**[*]: Sie ist die hochfrequente Spannung zwischen den Adern der Netzleitung.

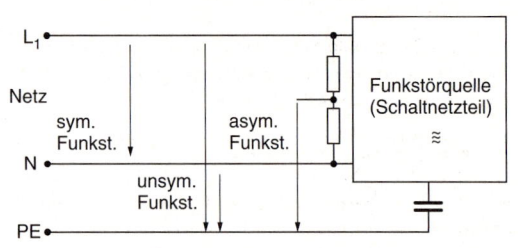

Abbildung 10.219: Funkstörspannungen am einphasigen Netz

Obwohl der Gesetzgeber nur die unsymmetrische Funkstörspannung mißt, sind für die Funkentstörung die asymmetrischen *und* symmetrischen Störungen maßgebend. Die jeweilige Verminderung der Funkstörung bedarf unterschiedlicher Maßnahmen bzw. unterschiedlicher Funkentstörmittel.

10.5.7.3 Verminderung der asymmetrischen Funkstörspannungen

Asymmetrische Störspannungen auf den Netzleitungen L_1 und N (Im Drehstromnetz L_1, L_2, L_3 und N) sind Gleichtaktstörungen gegenüber Erde PE, d. h., sie haben die gleiche Amplitude und sind gleichphasig. Der Störstrom $I_\approx$ den diese Spannungen bewirken, ist ebenfalls gleichphasig und fließt über die Erde (Schutzleiter) und die parasitäre Kapazität C_{Erde} zum Schaltnetzteil zurück. Da die Kapazität C_{Erde} sehr klein ist, hat die asymmetrische Störspannung eine hohe Impedanz. Die Störquelle kann daher als *Störstromquelle* angesehen werden. Ein Tiefpaß, der die Störspannung an den Netzanschlußleitungen vermindern soll, muß daher wie in Abbildung 10.220 dargestellt angeordnet sein: vom Schaltnetzteil aus gesehen zuerst die Kapazitäten und dann die Induktivitäten. Als Induktivitäten werden sogenannte **stromkompensierte Drosseln**[*] eingesetzt. Diese sind so gewickelt, daß der Betriebsstrom (50- bzw. 60 Hz-Strom) kein Magnetfeld im Kern hervorruft (siehe Abbildung 10.221).

Die Kondensatoren sind sogenannte **Y-Kondensatoren**[*]. Y-Kondensatoren unterliegen einer besonderen Sicherheitsklasse, weil sie im Fehlerfall die Leiterspannung an Schutzerde legen. Y-Kondensatoren dürfen bestimmte Kapazitätswerte nicht überschreiten, da sonst ein unzulässig hoher 50 Hz-Strom über den Schutzleiter fließen würde. Für ortsveränderliche Geräte (ausgenommen medizinische Geräte) darf der sogenannte **Ableitstrom**[*] 3, 5 mA nicht überschreiten. Da für die normentsprechende Messung des Ableitstromes L_1 und

---

[*] UNSYMMETRISCHE FUNKSTÖRSPANNUNG: *unsymmetric interference voltage*
[*] ASYMMETRISCHE FUNKSTÖRSPANNUNG: *Common-mode interference voltage*
[*] SYMMETRISCHE FUNKSTÖRSPANNUNG: *Differential-mode interference voltage*
[*] STROMKOMPENSIERTE DROSSEL: *current-compensated double choke*
[*] Y-KONDENSATOR: *Y capacitor*
[*] ABLEITSTROM: *leakage current*

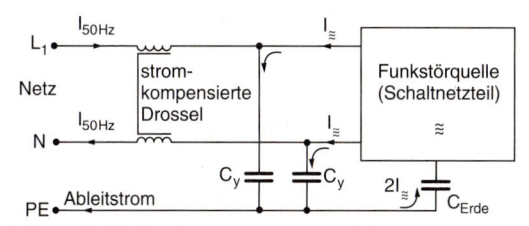

Abbildung 10.220: Verminderung der asymmetrischen Fünkstörspannungen

N zusammengeschaltet werden und die maximal auftretende Netzspannung zwischen L_1/N und PE gelegt wird, sind die Y-Kondensatoren in der Messung parallelgeschaltet. Für das europäische 230 V/50 Hz-Netz ergibt das für die Y-Kondensatoren je den maximalen Wert von $Cy \leq 22\,\text{nF}$.

stromkompensierte Drossel   Pulverkerndrossel

Abbildung 10.221: links: Stromkompensierte Ringkerndrossel gegen asymmetrische Störspannungen, rechts: nicht stromkompensierte Ringkerndrossel (Pulverkerndrossel) gegen symmetrische Störspannungen

10.5.7.4 Verminderung der symmetrischen Funkstörspannungen

Symmetrische Störspannungen sind Gegentaktspannungen, d. h., die hochfrequente Störspannung liegt zwischen L_1 und N. Um den Störpegel zu vermindern, wird ein LC-Tiefpaß in die Netzleitung L_1, N eingefügt (Abbildung 10.222). Diese Störspannung entsteht im wesentlichen infolge des gepulsten Stromes, der am Eingang des Schaltnetzteiles dem Kondensator hinter der Gleichrichtung entnommen wird. Auf Grund des Innenwiderstandes des Kondensators entsteht dadurch ein Spannungsabfall zwischen L_1 und N. Dieser Innenwiderstand ist in der Regel recht niederohmig, so daß man diese Störspannungsquelle als niederohmig ansehen kann. Der Tiefpaß, der zur Verminderung dieser Störspannung eingesetzt wird, erhält daher vom Schaltnetzteil aus gesehen erst die Drossel, dann die Kapazität. Die Drossel ist in diesem Fall eine nicht stromkompensierte Drossel, d. h., Störstrom als auch Betriebsstrom bauen ein Magnetfeld im Kern auf (siehe Abbildung 10.221). Damit diese **Funkentstördrosseln**[*] nicht durch den Betriebsstrom gesättigt wird, haben sie einen Luftspalt. Dieser ist bei der Ringkernausführung jedoch nicht sichtbar, vielmehr ist der Luftspalt durch den losen Verbund der Eisenteilchen im Kern „verteilt" (**Pulverkerndrossel**[*]) oder die Drossel hat die Form eines Stabes (**Stabkerndrosseln**[*]), so daß das Feld an den Enden austritt und sich durch die Luft schließt. Pulverkerndrosseln bzw. andere Ringkerndrosseln sind wegen ihres kleineren Streufeldes Stabkerndrosseln vorzuziehen.

---

[*] FUNKENTSTÖRDROSSEL: *EMI suppression chokes, EMI: electromagnetic interference*
[*] RINGKERNDROSSEL: *ring core double choke with powder core*
[*] STABKERNDROSSEL: *one core double choke*

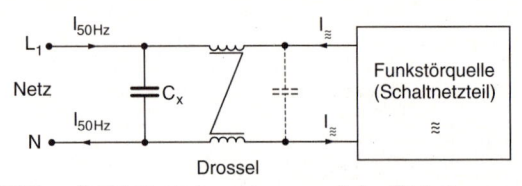

Abbildung 10.222: Verminderung der symmetrischen Funkstörspannungen

Die Entstörkondensatoren sind sogenannte **X-Kondensatoren**[*]. Sie haben eine niedrigere Sicherheitsklasse als Y-Kondensatoren. Üblich sind Folienkondensatoren bis zu 1 µF.

HINWEIS: Liegt der Innenwiderstand der symmetrischen Funkstörquelle in der gleichen Größenordung wie der Netzinnenwiderstand, so wählt man oft einen p-Tiefpaß mit zwei X-Kondensatoren (in Abbildung 10.222 gestrichelt eingezeichnet).

10.5.7.5 Vollständiges Funkentstörfilter

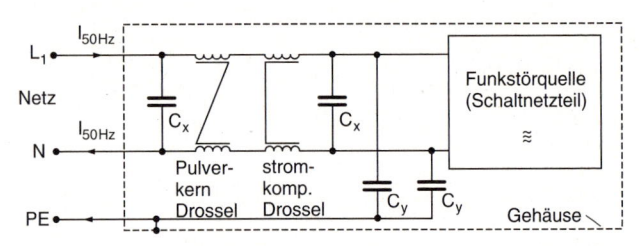

Abbildung 10.223: Funkentstörfilter zur Verminderung von symmetrischen und asymmetrischen Funkstörspannungen

Abbildung 10.223 zeigt ein vollständiges **Funkentstörfilter**. Die Bauteilwerte werden durch „Probieren" und auf Grund von Erfahrung ermittelt. Mit einem Funkstörmeßempfänger wird grundsätzlich nur die unsymmetrische Störspannung gemessen. Man kann daher nicht erkennen, ob es sich um symmetrische oder asymmetrische Störspannungen handelt. Als Faustregel gilt hier: Bei der Taktfrequenz und wenigen Vielfachen handelt es sich um symmetrische Störspannungen, bei allen höheren Frequenzen um asymmetrische. Oft kann auf die Pulverkerndrossel verzichtet werden.

10.6 Formelzeichen

A	Querschnittsfläche
A_L	magnetische Leitwert
a	als Index: Ausgangsgröße
B_{FE}	magnetische Flußdichte im Eisen bzw. Ferrit
B_δ	magnetische Flußdichte im Luftspalt
C	Kondensator

---

[*] X-KONDENSATOR: *X capacitor*

D	Diode
δ	Luftspaltlänge
e	als Index: Eingangsgröße
eff	als Index: Effektivwert einer Größe
f	Frequenz
f_0	Resonanzfrequenz
$\Delta U, \Delta I$	Spannungswelligkeit, Stromwelligkeit
I_F	Strom in einer Diode in Durchlaßrichtung
H_{FE}	magnetische Feldstärke im Eisen bzw. Ferrit
H_δ	magnetische Feldstärke im Luftspalt
I	Gleichstrom, Effektivwert eines Stromes
$\hat{I}$	Scheitelwert, Spitzenwert eines Stromes
I_k	Kurzschlußstrom
$\bar{I}$	Mittelwert eines Stromes
L	Induktivität
l_{FE}	magnetische Länge des Eisen- bzw. Ferritkerns
μ_0	magnetische Feldkonstante, $1,257 \cdot 10^{-6}$ Vs/Am
μ_r	relative Permeabilität
N	als Index: Nennwert
P	Leistung
P_V	Verlustleistung
R_M	Strommeßwiderstand
S	Stromdichte
T	Periodendauer
T	Transistor
t_1	Einschaltzeit eines Transistors
t_1/T	Tastverhältnis
U_{BE}	Basis-Emitter-Spannung
U_{BRss}	Brummspannung Spitze-Spitze
U_F	Spannungsabfall an einer Diode in Durchlaßrichtung
U_{max}	Maximalwert einer Spannung
U_{min}	Minimalwert einer Spannung
U_{ref}	Referenzspannung
U_{st}	Steuerspannung an einem Transistor
U_z	Zenerspannung
V_{FE}	magnetisches Volumen des Ferrit-Kerns
V_δ	Luftspaltvolumen
Z	Impedanz
Z_{max}	Impedanz eines Kondensators (Datenblattangabe meist für 10 kHz)

10.7 Weiterführende Literatur

CHRYSSIS, G.: *High Frequency Switching Power Supplies*
McGrawHill 1984

HIRSCHMANN, W.; HAUENSTEIN, A.: *Schaltnetzteile*
Siemens-Verlag 1990

KILGENSTEIN, OTMAR: *Schaltnetzteile in der Praxis*
Vogel Verlag 1986

RASHID, MUHAMMAD H.: *Power Electronics*
Prentice Hall International Editions 1993

SCHMIDT-WALTER, HEINZ: *Dimensionierung von ZCS-Gegentakt-Resonanzwandlern*
Zeitschrift Elektronik, 2/98, WEKA Fachzeitschriftenverlag GmbH

WÜSTEHUBE, JOACHIM U. A.: *Schaltnetzteile*
Expert-Verlag 1979

WILHELM, JOHANNES: *Elektromagnetische Verträglichkeit*
Expert-Verlag 1992

TIETZE, U.; SCHENK, CH.: *Halbleiterschaltungstechnik*
Springer-Verlag 1991

A Mathematische Grundlagen

A.1 Trigonometrische Funktionen

A.1.1 Eigenschaften

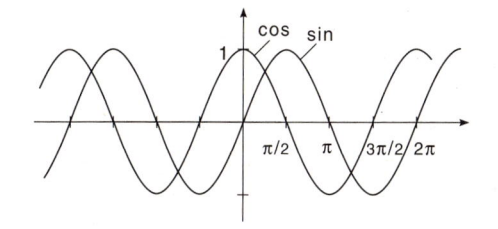

Abbildung A.1: Graphen der Sinus- und Kosinusfunktion

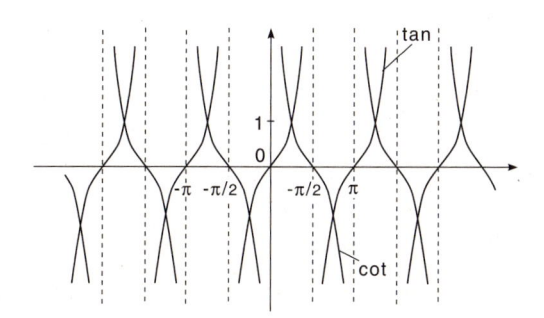

Abbildung A.2: Graphen der Tangens- und Kotangensfunktion

		Spezielle Werte			
$\alpha =$	0	$\pi/6$	$\pi/4$	$\pi/3$	$\pi/2$
	0°	30°	45°	60°	90°
$\sin x =$	0	1/2	$\sqrt{2}/2$	$\sqrt{3}/2$	1
$\cos x =$	1	$\sqrt{3}/2$	$\sqrt{2}/2$	1/2	0
$\tan x =$	0	$\sqrt{3}/3$	1	$\sqrt{3}$	∞

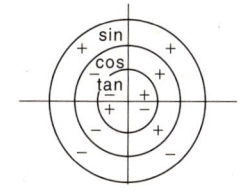

Abbildung A.3: Vorzeichen der Winkelfunktionen

Umrechnungen			
	$\cos\alpha$	$\sin\alpha$	$\tan\alpha$
$\cos\alpha =$	...	$\pm\sqrt{1-\sin^2\alpha}$	$\dfrac{1}{\pm\sqrt{1+\tan^2\alpha}}$
$\sin\alpha =$	$\pm\sqrt{1-\cos^2\alpha}$	...	$\dfrac{\tan\alpha}{\pm\sqrt{1+\tan^2\alpha}}$
$\tan\alpha =$	$\dfrac{\pm\sqrt{1-\cos^2\alpha}}{\cos\alpha}$	$\dfrac{\sin\alpha}{\pm\sqrt{1-\sin^2\alpha}}$	...

$$\sin^2\alpha + \cos^2\alpha = 1; \qquad \tan\alpha = \frac{\sin\alpha}{\cos\alpha}; \qquad \cot\alpha = \frac{1}{\tan\alpha}$$

Quadrate der Winkelfunktionen			
	$\sin^2\alpha$	$\cos^2\alpha$	$\tan^2\alpha$
$\sin^2\alpha =$	...	$1-\cos^2\alpha$	$\dfrac{\tan^2\alpha}{1+\tan^2\alpha}$
$\cos^2\alpha =$	$1-\sin^2\alpha$	...	$\dfrac{1}{1+\tan^2\alpha}$
$\tan^2\alpha =$	$\dfrac{\sin^2\alpha}{1-\sin^2\alpha}$	$\dfrac{1-\cos^2\alpha}{\cos^2\alpha}$	...

Symmetrie-Eigenschaften			
$\sin(-\alpha)$	$=$	$-\sin\alpha$	ungerade Funktion
$\cos(-\alpha)$	$=$	$\cos\alpha$	gerade Funktion
$\tan(-\alpha)$	$=$	$-\tan\alpha$	ungerade Funktion

Summen und Differenzen mit π				
$x =$	$(\pi/2-\alpha)$	$(\pi-\alpha)$	$(\pi+\alpha)$	$(\pi/2+\alpha)$
$\sin x =$	$\cos\alpha$	$\sin\alpha$	$-\sin\alpha$	$\cos\alpha$
$\cos x =$	$\sin\alpha$	$-\cos\alpha$	$-\cos\alpha$	$-\sin\alpha$
$\tan x =$	$\cot\alpha$	$-\tan\alpha$	$\tan\alpha$	$-\cot\alpha$

A.1.2 Summen und Differenzen von Winkelfunktionen

$$\sin\alpha + \sin\beta = 2\sin\left(\frac{\alpha+\beta}{2}\right)\cdot\cos\left(\frac{\alpha-\beta}{2}\right) \tag{A.1}$$

$$\sin\alpha - \sin\beta = 2\cos\left(\frac{\alpha+\beta}{2}\right)\cdot\sin\left(\frac{\alpha-\beta}{2}\right) \tag{A.2}$$

$$\cos\alpha + \cos\beta = 2\cos\left(\frac{\alpha+\beta}{2}\right)\cdot\cos\left(\frac{\alpha-\beta}{2}\right) \tag{A.3}$$

$$\cos\alpha - \cos\beta = -2\sin\left(\frac{\alpha+\beta}{2}\right)\cdot\sin\left(\frac{\alpha-\beta}{2}\right) \tag{A.4}$$

$$\tan\alpha \pm \tan\beta = \frac{\sin(\alpha\pm\beta)}{\cos\alpha\cdot\cos\beta} \tag{A.5}$$

A.1.3 Summen und Differenzen im Argument

$$\sin(\alpha\pm\beta) = \sin\alpha\cos\beta \pm \cos\alpha\sin\beta \tag{A.6}$$

$$\cos(\alpha\pm\beta) = \cos\alpha\cos\beta \mp \sin\alpha\sin\beta \tag{A.7}$$

$$\tan(\alpha\pm\beta) = \frac{\tan\alpha\pm\tan\beta}{1\mp\tan\alpha\tan\beta} \tag{A.8}$$

A.1.4 Vielfache des Arguments

$$\sin 2\alpha = 2\sin\alpha\cos\alpha \tag{A.9}$$

$$\cos 2\alpha = \cos^2\alpha - \sin^2\alpha \tag{A.10}$$

$$\tan 2\alpha = \frac{2\tan\alpha}{1-\tan^2\alpha} \tag{A.11}$$

$$\sin 3\alpha = 3\sin\alpha - 4\sin^3\alpha \tag{A.12}$$

$$\cos 3\alpha = 4\cos^3\alpha - 3\cos\alpha \tag{A.13}$$

$$\tan 3\alpha = \frac{3\tan\alpha - \tan^3\alpha}{1 - 3\tan^2\alpha} \tag{A.14}$$

$$\sin 4\alpha = 8\cos^3\alpha\sin\alpha - 4\cos\alpha\sin\alpha \tag{A.15}$$

$$\cos 4\alpha = 8\cos^4\alpha - 8\cos^2\alpha + 1 \tag{A.16}$$

$$\tan 4\alpha = \frac{4\tan\alpha - 4\tan^3\alpha}{1 - 6\tan^2\alpha + \tan^4\alpha} \tag{A.17}$$

$$\sin\frac{\alpha}{2} = \pm\sqrt{\frac{1-\cos\alpha}{2}} \tag{A.18}$$

$$\cos\frac{\alpha}{2} = \pm\sqrt{\frac{1+\cos\alpha}{2}} \tag{A.19}$$

$$\tan\frac{\alpha}{2} = \pm\sqrt{\frac{1-\cos\alpha}{1+\cos\alpha}} \tag{A.20}$$

HINWEIS: In den Gleichungen (A.18) bis (A.20) ist das Vorzeichen der Wurzel so zu wählen, daß es dem Vorzeichen der Funktion auf der linken Seite der Gleichung entspricht.

A.1.5 Gewichtete Summe von Winkelfunktionen

$$a \cdot \cos\alpha + b \cdot \cos\beta = c \cdot \cos\gamma \tag{A.21}$$

mit

$$c = \sqrt{a^2 + b^2 + 2ab \cdot \cos(\alpha - \beta)}; \qquad \tan\gamma = \frac{a \cdot \sin\alpha + b \cdot \sin\beta}{a \cdot \cos\alpha + b \cdot \cos\beta} \tag{A.22}$$

$$a \cdot \sin\alpha + b \cdot \sin\beta = c \cdot \sin\gamma \tag{A.23}$$

mit

c und $\tan\gamma$ wie in Gleichung (A.22)

A.1.6 Produkte von Winkelfunktionen

$$\cos\alpha \cdot \cos\beta = \frac{1}{2}\big(\cos(\alpha - \beta) + \cos(\alpha + \beta)\big) \tag{A.24}$$

$$\cos\alpha \cdot \sin\beta = \frac{1}{2}\big(\sin(\alpha + \beta) - \sin(\alpha - \beta)\big) \tag{A.25}$$

$$\sin\alpha \cdot \sin\beta = \frac{1}{2}\big(\cos(\alpha - \beta) - \cos(\alpha + \beta)\big) \tag{A.26}$$

$$\sin\alpha \cdot \cos\beta = \frac{1}{2}\big(\sin(\alpha - \beta) + \sin(\alpha + \beta)\big) \tag{A.27}$$

$$\sin(\alpha + \beta) \cdot \sin(\alpha - \beta) = \cos^2\beta - \cos^2\alpha \tag{A.28}$$

$$\cos(\alpha + \beta) \cdot \cos(\alpha - \beta) = \cos^2\beta - \sin^2\alpha \tag{A.29}$$

A.1.7 Dreifachprodukte

$$\cos\alpha \cdot \cos\beta \cdot \cos\gamma = \frac{1}{4}\big[\cos(\alpha + \beta + \gamma) + \cos(-\alpha + \beta + \gamma) + \cos(\alpha - \beta + \gamma) + \cos(\alpha + \beta - \gamma)\big] \tag{A.30}$$

$$\cos\alpha \cdot \cos\beta \cdot \sin\gamma = \frac{1}{4}\big[\sin(\alpha + \beta + \gamma) + \sin(-\alpha + \beta + \gamma) + \sin(\alpha - \beta + \gamma) - \sin(\alpha + \beta - \gamma)\big] \tag{A.31}$$

$$\cos\alpha \cdot \sin\beta \cdot \sin\gamma = \frac{1}{4}\big[-\cos(\alpha + \beta + \gamma) - \cos(-\alpha + \beta + \gamma) + \cos(\alpha - \beta + \gamma) + \cos(\alpha + \beta - \gamma)\big] \tag{A.32}$$

$$\sin\alpha \cdot \sin\beta \cdot \sin\gamma = \frac{1}{4}\big[-\sin(\alpha + \beta + \gamma) + \sin(-\alpha + \beta + \gamma) + \sin(\alpha - \beta + \gamma) + \sin(\alpha + \beta - \gamma)\big] \tag{A.33}$$

A.1.8 Potenzen von Winkelfunktionen

$$\cos^2 \alpha = \frac{1}{2}(1 + \cos 2\alpha) \tag{A.34}$$

$$\sin^2 \alpha = \frac{1}{2}(1 - \cos 2\alpha) \tag{A.35}$$

$$\cos^3 \alpha = \frac{1}{4}(\cos 3\alpha + 3\cos \alpha) \tag{A.36}$$

$$\sin^3 \alpha = \frac{1}{4}(3\sin \alpha - \sin 3\alpha) \tag{A.37}$$

$$\cos^4 \alpha = \frac{1}{8}(\cos 4\alpha + 4\cos 2\alpha + 3) \tag{A.38}$$

$$\sin^4 \alpha = \frac{1}{8}(\cos 4\alpha - 4\cos 2\alpha + 3) \tag{A.39}$$

A.1.9 Winkelfunktionen mit komplexem Argument

$$\cos z = \frac{1}{2}e^{jz} + \frac{1}{2}e^{-jz} \tag{A.40}$$

$$\sin z = \frac{1}{2j}e^{jz} - \frac{1}{2j}e^{-jz} \tag{A.41}$$

A.2 Inverse Winkelfunktionen (Arkusfunktionen)

Die Arkusfunktionen sind die Umkehrfunktionen der Winkelfunktionen.

$\arcsin(\sin \alpha) = \alpha \qquad \arccos(\cos \alpha) = \alpha$
$\text{arccot}(\cot \alpha) = \alpha \qquad \arctan(\tan \alpha) = \alpha$

HINWEIS: Die amerikanische Bezeichnung der Arkusfunktionen (und auf dem Taschenrechner) lauten $\sin^{-1}$, $\cos^{-1}$ und $\tan^{-1}$.

Wegen der Periodizität der Winkelfunktionen sind die Arkusfunktionen mehrdeutig. Man definiert **Hauptwerte** der Arkusfunktionen.

$$-\pi/2 \leq \arcsin x \leq +\pi/2 \tag{A.42}$$

$$0 \leq \arccos x \leq \pi \tag{A.43}$$

$$-\pi/2 \leq \arctan x \leq +\pi/2 \tag{A.44}$$

Im Bereich der Hauptwerte gilt

$$\arcsin x = \pi/2 - \arccos x = \arctan(x/\sqrt{1-x^2}) \tag{A.45}$$

$$\arccos x = \pi/2 - \arcsin x = \text{arccot}(x/\sqrt{1-x^2}) \tag{A.46}$$

$$\arctan x = \pi/2 - \text{arccot} x = \arcsin(x/\sqrt{1+x^2}) \tag{A.47}$$

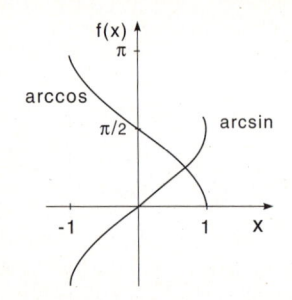

Abbildung A.4: Graphen der Arkussinus- und Arkuskosinus-Funktion im Bereich der Hauptwerte

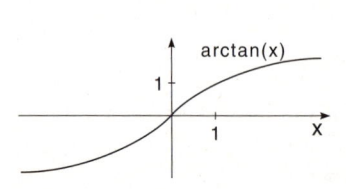

Abbildung A.5: Graph der Arkustangens-Funktion

A.3 Hyperbelfunktionen

$$\cosh z = \frac{1}{2}e^z + \frac{1}{2}e^{-z} \qquad (A.48)$$

$$\sinh z = \frac{1}{2}e^z - \frac{1}{2}e^{-z} \qquad (A.49)$$

$$\tanh z = \frac{e^z - e^{-z}}{e^z + e^{-z}} \qquad (A.50)$$

Zu den **Additionstheoremen der Hyperbelfunktionen** kommt man durch formale Ersetzung von

$$\sin z \to j \sinh z; \qquad \cos z \to \cosh z$$

BEISPIEL: $\cos^2 z + \sin^2 z \to \cosh^2 z + j^2 \sinh^2 z = \cosh^2 z - \sinh^2 z = 1$

A.4 Differentialrechnung

A.4.1 Differentiationsregeln

$f(x), u(x), v(x)$ sind differenzierbare Funktionen. a ist eine reelle Konstante.

$$\begin{aligned}
a' &= 0 \\
(au)' &= au' \\
(u+v)' &= u'+v' \\
(u \cdot v)' &= uv' + vu' \qquad \text{Produktregel} \\
\left(\frac{u}{v}\right)' &= \frac{u'v - uv'}{v^2} \qquad \text{Quotientenregel} \\
[f(u(x))]' &= f'(u) \cdot u'(x) \qquad \text{Kettenregel}
\end{aligned}$$

A.4.2 Ableitungen einfacher Funktionen

$f(x)$	$f'(x)$
a	0
x	1
ax^n	anx^{n-1}
a^x	$a^x \ln a$
e^{ax}	ae^{ax}
x^x	$x^x(1+\ln x)$
$\log_a x$	$\dfrac{1}{x}\log_a e$
$\ln x$	$\dfrac{1}{x}$
$\sin x$	$\cos x$
$\cos x$	$-\sin x$
$\tan x$	$\cos^{-2} x = 1+\tan^2 x$
$\cot x$	$-\sin^{-2} x = -(1+\cot^2 x)$
$\sinh x$	$\cosh x$
$\cosh x$	$\sinh x$

$f(x)$	$f'(x)$
$\tanh x$	$\cosh^{-2} x = 1-\tanh^2 x$
$\coth x$	$-\sinh^{-2} x = 1-\coth^2 x$
$\arcsin x$	$\dfrac{1}{\sqrt{1-x^2}}$
$\arccos x$	$-\dfrac{1}{\sqrt{1-x^2}}$
$\arctan x$	$\dfrac{1}{1+x^2}$
$\text{arccot } x$	$-\dfrac{1}{1+x^2}$
$\text{arsinh } x$	$\dfrac{1}{\sqrt{x^2+1}}$
$\text{arcosh } x$	$\dfrac{1}{\sqrt{x^2-1}}$
$\text{artanh } x$	$\dfrac{1}{1-x^2},\quad x^2<1$
$\text{arcoth } x$	$\dfrac{1}{1-x^2},\quad x^2>1$

A.5 Integralrechnung

A.5.1 Integrationsregeln

$$\int_a^b f(x)\,dx = -\int_b^a f(x)\,dx \tag{A.51}$$

$$\int_a^b f(x)\,dx = \int_a^c f(x)\,dx + \int_c^b f(x)\,dx \tag{A.52}$$

$$\int_a^b f(x)\,dx - \int_a^c f(x)\,dx = \int_c^b f(x)\,dx \tag{A.53}$$

$$\int_a^b f(x) \pm g(x)\,dx = \int_a^b f(x)\,dx \pm \int_a^b g(x)\,dx \tag{A.54}$$

$$\int_a^b u\,dv = u(b)v(b) - u(a)v(a) - \int_a^b v\,du \tag{A.55}$$

A.5.1.1 Integrale einfacher Funktionen

$$\int x^n \, dx = \frac{x^{n+1}}{n+1} \qquad \text{für } n \neq -1 \tag{A.56}$$

$$\int \frac{dx}{x} = \ln x \tag{A.57}$$

$$\int f(x) f'(x) \, dx = \frac{1}{2}(f(x))^2 \tag{A.58}$$

$$\int \frac{f'(x)}{f(x)} \, dx = \ln(f(x)) \tag{A.59}$$

$$\int \frac{f'(x)}{2\sqrt{f(x)}} \, dx = \sqrt{f(x)} \tag{A.60}$$

$$\int e^x \, dx = e^x \tag{A.61}$$

$$\int e^{ax} \, dx = \frac{1}{a} e^{ax} \tag{A.62}$$

$$\int \ln x \, dx = x \ln x - x \tag{A.63}$$

$$\int a^x \ln a \, dx = a^x \tag{A.64}$$

$$\int \sin x \, dx = -\cos x \tag{A.65}$$

$$\int \cos x \, dx = \sin x \tag{A.66}$$

$$\int \cot x \, dx = \ln|\sin x| \tag{A.67}$$

$$\int \frac{dx}{\sin^2 x} = -\cot x \tag{A.68}$$

$$\int \frac{dx}{\cos^2 x} = \tan x \tag{A.69}$$

$$\int \sinh x \, dx = \cosh x \tag{A.70}$$

$$\int \cosh x \, dx = \sinh x \tag{A.71}$$

$$\int \frac{dx}{\sinh^2 x} = -\coth x \tag{A.72}$$

$$\int \frac{dx}{\cosh^2 x} = \tanh x \tag{A.73}$$

$$\int \frac{dx}{\sqrt{1-x^2}} = \arcsin x = -\arccos x \tag{A.74}$$

$$\int \frac{dx}{\sqrt{x^2-1}} = \operatorname{arcosh} x = \ln\left(x + \sqrt{x^2-1}\right) \tag{A.75}$$

$$\int \frac{dx}{\sqrt{x^2+1}} = \operatorname{arsinh} x = \ln\left(x + \sqrt{x^2+1}\right) \tag{A.76}$$

$$\int \frac{dx}{1+x^2} = \arctan x = -\operatorname{arccot} x \tag{A.77}$$

$$\int \frac{dx}{1-x^2} = \operatorname{artanh} x \qquad \text{für } x^2 < 1$$

$$\phantom{\int \frac{dx}{1-x^2}} = \operatorname{arcoth} x \qquad \text{für } x^2 > 1 \tag{A.78}$$

$$\int \frac{1}{a^2+x^2}\, dx = \frac{1}{a} \arctan\left(\frac{x}{a}\right), \quad a \neq 0 \tag{A.79}$$

$$\int \frac{1}{a^2-x^2}\, dx = \frac{1}{2a} \ln\left|\frac{a+x}{a-x}\right| \tag{A.80}$$

$$\int \frac{\sqrt{1+x}}{\sqrt{1-x}}\, dx = \arcsin x - \sqrt{1-x^2} \tag{A.81}$$

A.5.2 Integrale mit Winkelfunktionen

$$\int \sin mx\, dx = -\frac{1}{m} \cos mx \tag{A.82}$$

$$\int \sin^2 x\, dx = -\frac{1}{2} \sin x \cos x + \frac{x}{2} = -\frac{1}{4} \sin 2x + \frac{x}{2} \tag{A.83}$$

$$\int \sin^3 x\, dx = -\frac{1}{3}(\sin^2 x + 2) \cdot \cos x = -\frac{3 \cos x}{4} + \frac{\cos^3 x}{12} \tag{A.84}$$

$$\int \sin^n x\, dx = -\frac{1}{n} \sin^{n-1} x \cos x + \frac{n-1}{n} \int \sin^{n-2} x\, dx \tag{A.85}$$

$$\int \frac{dx}{\sin x} = \ln\left|\frac{1}{\sin x} - \cot x\right| = \ln\left|\tan\frac{x}{2}\right| = -\frac{1}{2} \ln\left(\frac{1+\cos x}{1-\cos x}\right) = \operatorname{artanh}(\cos x) \tag{A.86}$$

$$\int \frac{dx}{\sin^2 x} = -\cot x \tag{A.87}$$

$$\int \sin(a+bx)\, dx = -\frac{1}{b} \cos(a+bx) \tag{A.88}$$

$$\int \cos mx\, dx = \frac{1}{m} \sin mx \tag{A.89}$$

$$\int \cos^2 x\, dx = \frac{1}{2} \sin x \cos x + \frac{x}{2} = \frac{1}{4} \sin 2x + \frac{x}{2} \tag{A.90}$$

$$\int \cos^3 x\, dx = \frac{1}{3} \sin x (\cos^2 x + 2) = \frac{3}{4} \sin x + \frac{\sin^3 x}{12} \tag{A.91}$$

$$\int \cos^n x\, dx = \frac{1}{n} \sin x \cos^{n-1} x + \frac{n-1}{n} \int \cos^{n-2} x\, dx \tag{A.92}$$

$$\int \frac{\mathrm{d}x}{\cos x} = \ln\left|\frac{1}{\cos x} + \tan x\right| = \ln\tan\left(\frac{\pi}{4} + \frac{x}{2}\right) = \frac{1}{2}\ln\left(\frac{1+\sin x}{1-\sin x}\right) = \operatorname{artanh}(\sin x) \quad (A.93)$$

$$\int \frac{\mathrm{d}x}{\cos^2 x} = \tan x \quad (A.94)$$

$$\int \cos(a+bx)\,\mathrm{d}x = \frac{1}{b}(\sin a + bx) \quad (A.95)$$

$$\int \sin x \cos x\,\mathrm{d}x = \frac{\sin^2 x}{2} \quad (A.96)$$

$$\int \frac{\mathrm{d}x}{\sin x \cos x} = \ln(\tan x) \quad (A.97)$$

$$\int \sin mx \sin nx\,\mathrm{d}x = \frac{\sin(m-n)x}{2(m-n)} - \frac{\sin(m+n)x}{2(m+n)} \quad \text{für } m^2 \neq n^2 \quad (A.98)$$

$$\int \cos mx \cos nx\,\mathrm{d}x = \frac{\sin(m-n)x}{2(m-n)} + \frac{\sin(m+n)x}{2(m+n)} \quad \text{für } m^2 \neq n^2 \quad (A.99)$$

$$\int \sin mx \cos nx\,\mathrm{d}x = -\frac{\cos(m-n)x}{2(m-n)} - \frac{\cos(m+n)x}{2(m+n)} \quad \text{für } m^2 \neq n^2 \quad (A.100)$$

$$\int \sin x \cos^n x\,\mathrm{d}x = -\frac{1}{n+1}\cos^{n+1} x \quad (A.101)$$

$$\int \sin^n x \cos x\,\mathrm{d}x = \frac{1}{n+1}\sin^{n+1} x \quad (A.102)$$

$$\int \tan x\,\mathrm{d}x = -\ln|\cos x| \quad (A.103)$$

$$\int \cot x\,\mathrm{d}x = \ln|\sin x| \quad (A.104)$$

$$\int \tan^2 x\,\mathrm{d}x = \tan x - x \quad (A.105)$$

$$\int \cot^2 x\,\mathrm{d}x = -\cot x - x \quad (A.106)$$

$$\int x \sin x\,\mathrm{d}x = \sin x - x\cos x \quad (A.107)$$

$$\int x \sin mx\,\mathrm{d}x = \frac{\sin mx}{m^2} - \frac{x\cos mx}{m} \quad (A.108)$$

$$\int x^2 \sin x\,\mathrm{d}x = 2x\sin x - (x^2 - 2)\cos x \quad (A.109)$$

$$\int x^2 \sin mx\,\mathrm{d}x = \frac{2x}{m^2}\sin mx - \left(\frac{x^2}{m} - \frac{2}{m^3}\right)\cos mx \quad (A.110)$$

$$\int x^3 \sin x\,\mathrm{d}x = (3x^2 - 6)\sin x - (x^3 - 6x)\cos x \quad (A.111)$$

$$\int x^n \sin x\,\mathrm{d}x = -x^n \cos x + n\int x^{n-1}\cos x\,\mathrm{d}x \quad (A.112)$$

$$\int x\sin^2 x \, dx = \frac{x^2}{4} - \frac{x}{4}\sin 2x - \frac{1}{8}\cos 2x \tag{A.113}$$

$$\int x^2 \sin^2 x \, dx = \frac{x^3}{6} - \left(\frac{x^2}{4} - \frac{1}{8}\right)\sin 2x - \frac{x}{4}\cos 2x \tag{A.114}$$

$$\int \frac{\sin x}{x} \, dx = x - \frac{x^3}{3\cdot 3!} + \frac{x^5}{5\cdot 5!} - \frac{x^7}{7\cdot 7!} + - \cdots = \text{Si}(x) \quad \text{Integral-Sinus} \tag{A.115}$$

$$\int \frac{\sin x}{x^n} \, dx = -\frac{\sin x}{(n-1)x^{n-1}} + \frac{1}{n-1}\int \frac{\cos x}{x^{n-1}} \, dx \quad \text{für } n \neq 1 \tag{A.116}$$

$$\int x\cos x \, dx = \cos x + x\sin x \tag{A.117}$$

$$\int x\cos mx \, dx = \frac{\cos mx}{m^2} + \frac{x\sin mx}{m} \tag{A.118}$$

$$\int x^2 \cos x \, dx = 2x\cos x + (x^2 - 2)\sin x \tag{A.119}$$

$$\int x^2 \cos mx \, dx = \frac{2x}{m^2}\cos mx + \left(\frac{x^2}{m} - \frac{2}{m^3}\right)\sin mx \tag{A.120}$$

$$\int x^3 \cos x \, dx = (3x^2 - 6)\cos x + (x^3 - 6x)\sin x \tag{A.121}$$

$$\int x^n \cos x \, dx = x^n \sin x - n\int x^{n-1}\sin x \, dx \tag{A.122}$$

$$\int x\cos^2 x \, dx = \frac{x^2}{4} + \frac{x}{4}\sin 2x + \frac{1}{8}\cos 2x \tag{A.123}$$

$$\int x^2 \cos^2 x \, dx = \frac{x^3}{6} + \left(\frac{x^2}{4} - \frac{1}{8}\right)\sin 2x + \frac{x}{4}\cos 2x \tag{A.124}$$

$$\int \frac{\cos x}{x} \, dx = \ln|x| - \frac{x^2}{2\cdot 2!} + \frac{x^4}{4\cdot 4!} - \frac{x^6}{6\cdot 6!} + - \cdots = \text{Ci}(x) \quad \text{Integral-Kosinus} \tag{A.125}$$

$$\int \frac{\cos x}{x^n} \, dx = -\frac{\cos x}{(n-1)x^{n-1}} - \frac{1}{n-1}\int \frac{\sin x}{x^{n-1}} \, dx \quad \text{für } n \neq 1 \tag{A.126}$$

A.5.3 Integrale mit Exponentialfunktionen

$$\int e^x \, dx = e^x \tag{A.127}$$

$$\int e^{-x} \, dx = -e^{-x} \tag{A.128}$$

$$\int e^{ax} \, dx = \frac{1}{a}e^{ax} \tag{A.129}$$

$$\int e^{-x^2} \, dx = \frac{x}{0!\cdot 1} - \frac{x^3}{1!\cdot 3} + \frac{x^5}{2!\cdot 5} - \ldots \quad \text{Gauß-Fehlerintegral} \tag{A.130}$$

$$\int x e^{ax} \, dx = \frac{1}{a^2} e^{ax}(ax - 1) \tag{A.131}$$

$$\int x^n e^{ax} \, dx = \frac{x^n}{a} e^{ax} - \frac{n}{a} \int x^{n-1} e^{ax} \, dx = e^{ax} \left[\frac{x^n}{a} - \frac{n x^{n-1}}{a^2} + \frac{n(n-1) x^{n-2}}{a^3} - + \cdots \right] \tag{A.132}$$

$$\int \frac{e^{ax}}{x} \, dx = \ln x + ax + \frac{a^2 x^2}{2 \cdot 2!} + \frac{a^3 x^3}{3 \cdot 3!} + \frac{a^4 x^4}{4 \cdot 4!} + \cdots$$

$$= \text{Ei}(x) \quad \text{Integral-Exponentialfunktion} \tag{A.133}$$

$$\int e^{ax+c} \sin(bx + d) \, dx = \frac{e^{ax+c}}{a^2 + b^2} \left(a \sin(bx + d) - b \cos(bx + d) \right) \tag{A.134}$$

$$\int e^{ax+c} \cos(bx + d) \, dx = \frac{e^{ax+c}}{a^2 + b^2} \left(a \cos(bx + d) + b \sin(bx + d) \right) \tag{A.135}$$

A.5.4 Integrale mit inversen Winkelfunktionen

$$\int \arcsin \frac{x}{a} \, dx = x \arcsin \frac{x}{a} + \sqrt{a^2 - x^2} \tag{A.136}$$

$$\int \arccos \frac{x}{a} \, dx = x \arccos \frac{x}{a} - \sqrt{a^2 - x^2} \tag{A.137}$$

$$\int \arctan \frac{x}{a} \, dx = x \arctan \frac{x}{a} - a \ln(\sqrt{a^2 + x^2}) \tag{A.138}$$

$$\int \text{arccot} \frac{x}{a} \, dx = x \, \text{arccot} \frac{x}{a} + a \ln(\sqrt{a^2 + x^2}) \tag{A.139}$$

$$\int x \arctan \frac{x}{a} \, dx = -\frac{ax}{2} + \frac{x^2 + a^2}{2} \arctan \frac{x}{a} \tag{A.140}$$

A.5.5 Bestimmte Integrale

$$\int_0^{\frac{\pi}{2}} \sin^n x \, dx = \int_0^{\frac{\pi}{2}} \cos^n x \, dx$$

$$= \frac{1 \cdot 3 \cdot 5 \cdots (n-1)}{2 \cdot 4 \cdot 6 \cdots n} \frac{\pi}{2} \quad \text{für geradzahliges } n$$

$$= \frac{2 \cdot 4 \cdot 6 \cdots (n-1)}{1 \cdot 3 \cdot 5 \cdots n} \quad \text{für ungeradzahliges } n$$

$$= \frac{\sqrt{\pi}}{2} \frac{\Gamma\left(\frac{n}{2} + \frac{1}{2}\right)}{\Gamma\left(\frac{n}{2} + 1\right)} \quad \text{für } n > -1 \tag{A.141}$$

$$\int_0^\infty \frac{\sin ax}{x}\,dx = \frac{\pi}{2}, \quad \text{für } a > 0$$

$$= 0, \quad \text{für } a = 0$$

$$= -\frac{\pi}{2}, \quad \text{für } a < 0 \tag{A.142}$$

$$\int_0^\infty \frac{\cos ax}{x}\,dx = \infty \tag{A.143}$$

$$\int_{-\infty}^\infty \frac{\cos ax}{x}\,dx = 0 \tag{A.144}$$

$$\int_0^\pi \sin^2(ax)\,dx = \frac{\pi}{2} \quad \text{für } a \neq 0 \tag{A.145}$$

$$\int_0^\pi \cos^2(ax)\,dx = \frac{\pi}{2} \quad \text{für } a \neq 0 \tag{A.146}$$

$$\int_0^\pi \sin mx \cdot \sin nx\,dx = \int_0^\pi \cos mx \cdot \cos nx\,dx \tag{A.147}$$

$$= 0, \quad \text{für } m \neq n \quad \text{mit } m,n = 1,2,3,\ldots$$

$$= \frac{\pi}{2}, \quad \text{für } m = n \quad \text{mit } m,n = 1,2,3,\ldots$$

$$\int_{-a}^{+a} \sin\frac{m\pi x}{a} \cdot \sin\frac{n\pi x}{a}\,dx = \int_{-a}^{+a} \cos\frac{m\pi x}{a} \cdot \cos\frac{n\pi x}{a}\,dx \tag{A.148}$$

$$= 0, \quad \text{für } m \neq n \quad \text{mit } m,n = 1,2,3,\ldots$$

$$= a, \quad \text{für } m = n \quad \text{mit } m,n = 1,2,3,\ldots$$

$$\int_{-a}^{+a} \sin\frac{m\pi x}{a} \cdot \cos\frac{n\pi x}{a}\,dx = 0 \quad \text{mit } m,n = 1,2,3,\ldots \tag{A.149}$$

$$\int_0^\infty \frac{\sin mx \cdot \sin nx}{x}\,dx = \frac{1}{2}\ln\frac{m+n}{m-n} \quad \text{mit } m > n > 0 \tag{A.150}$$

$$\int_0^\infty \frac{\sin mx \cdot \cos nx}{x}\,dx = \frac{\pi}{2}, \quad \text{für } m > n \geq 0 \tag{A.151}$$

$$= \frac{\pi}{4}, \quad \text{für } m = n > 0$$

$$= 0, \quad \text{für } n > m \geq 0$$

$$\int_0^\infty \sin x^2\,dx = \int_0^\infty \cos x^2\,dx = \frac{1}{2}\sqrt{\frac{\pi}{2}} \tag{A.152}$$

$$\int_0^\infty e^{-ax}\,dx = \frac{1}{a} \quad \text{mit } a > 0 \tag{A.153}$$

$$\int_0^\infty e^{-a^2 x^2}\,dx = \frac{1}{2a}\sqrt{\pi} \quad \text{mit } a > 0 \tag{A.154}$$

$$\int_0^\infty x e^{-x^2}\,dx = \frac{1}{2} \tag{A.155}$$

$$\int_0^\infty x^2 e^{-x^2}\,dx = \frac{1}{4}\sqrt{\pi} \tag{A.156}$$

$$\int_0^\infty x^2 e^{-a^2 x^2}\,dx = \frac{\sqrt{\pi}}{4a^3} \quad a > 0 \tag{A.157}$$

$$\int_0^\infty e^{-ax}\sin(nx)\,dx = \frac{n}{a^2 + n^2} \quad \text{mit } a > 0 \tag{A.158}$$

$$\int_0^\infty e^{-ax}\cos(nx)\,dx = \frac{a}{a^2 + n^2} \quad \text{mit } a > 0 \tag{A.159}$$

$$\int_0^\infty e^{-a^2 x^2}\cos bx\,dx = \frac{\sqrt{\pi}}{2a}e^{-b/4a^2} \quad a > 0 \tag{A.160}$$

$$\int_0^\infty x^n e^{-ax}\,dx = \frac{n!}{a^{n+1}} \quad a > 0,\ n > 0,\ \text{ganzzahlig} \tag{A.161}$$

A.6 Das Integral der Standard-Normalverteilung

Für eine normalverteilte Zufallsgröße x mit Erwartungswert μ und Standardabweichung σ ist die **normierte** Zufallsgröße $z = (x - \mu)/\sigma$ **standardnormalverteilt**. Das Integral dieser Verteilung ist auf den folgenden Seiten tabelliert.

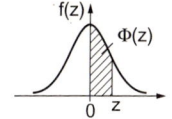

$$\Phi(z) = \frac{1}{\sqrt{2\pi}} \int_0^z e^{-\frac{x^2}{2}} \, dx$$

Anwendung		Gesucht ist
(−z 0 z)	$p = 2 \cdot \Phi(z)$	Wahrscheinlichkeit p, daß Wert **nicht mehr** als $|z|$ vom Erwartungswert (nach oben oder unten) abweicht.
		Beispiel: Gegeben ist eine Serie von $100\,\Omega \pm 5\%$ Widerständen. Welcher Anteil der Bauelemente weicht nicht mehr als $\pm 15\,\Omega$ vom Nominalwert ab? $z = (115 - 100)/5 = 3{,}0 \Rightarrow p = 2 \cdot \Phi(z) = 99{,}7\%$
(−z 0 z)	$p = 1 - 2 \cdot \Phi(z)$	Wahrscheinlichkeit, daß Wert **mehr** als $|z|$ (nach oben oder unten) vom Erwartungswert abweicht.
		Beispiel: Wie groß ist der Anteil der Bauelemente mit einem tatsächlichen Widerstandswert kleiner als $90\,\Omega$ oder größer als $110\,\Omega$? $z = 2{,}0 \Rightarrow p = 1 - 2 \cdot \Phi(z) = 4{,}55\%$
(0 z)	$p = 0{,}5 - \Phi(z)$	Wahrscheinlichkeit, daß Erwartungswert um mehr als z überschritten wird.
		Beispiel: Wieviel Prozent der Bauelemente haben einen tatsächlichen Widerstandswert größer als $110\,\Omega$? $z = 2{,}0 \Rightarrow p = 0{,}5 - \Phi(z) = 2{,}275\%$
(0 z_1 z_2)	$p = \Phi(z_1) - \Phi(z_2)$	Wahrscheinlichkeit, daß Wert zwischen z_1 und z_2 liegt.
		Beispiel: Wie groß ist die Wahrscheinlichkeit, daß ein Widerstandswert zwischen $114{,}5\,\Omega$ und $115\,\Omega$ in der Serie auftritt? $z_1 = (114{,}5 - 100)/5 = 2{,}9$, $z_2 = 3{,}0 \Rightarrow$ $p = \Phi(3{,}0) - \Phi(2{,}9)$ $= 0{,}498\,6500 - 0{,}498\,1341 = 0{,}05\%$

HINWEIS: Bei dieser Anwendung ist es ausnahmsweise sinnvoll, viele Stellen aus der Tabelle zu berücksichtigen, weil sich bei der Differenzbildung mehrere Stellen auslöschen können.

Konfidenzintervalle

			z
−z 0 z	−z 0 z	0 z	
90.0 %	10.0 %	5.0 %	1.645
95.0 %	5.0 %	2.5 %	1.960
98.0 %	2.0 %	1.0 %	2.326
99.0 %	1.0 %	0.5 %	2.576
99.5 %	0.5 %	0.25 %	2.807
99.8 %	0.2 %	0.1 %	3.091
99.9 %	0.1 %	0.05 %	3.293
99.95 %	0.05 %	0.025 %	3.483

Integral der Standard-Normalverteilung

z		0	1	2	3	4	5	6	7	8	9
0.0	0.0	000	040	080	120	160	199	239	279	319	359
0.1		398	438	478	517	557	596	636	675	714	753
0.2		793	832	871	910	948	987	0.1 026	0.1 064	0.1 103	0.1 141
0.3	0.1	179	217	255	293	331	368	406	443	480	517
0.4		554	591	628	664	700	736	772	808	844	879
0.5		915	950	985	0.2 019	0.2 054	0.2 088	0.2 123	0.2 157	0.2 190	0.2 224
0.6	0.2	257	291	324	357	389	422	454	486	517	549
0.7		580	611	642	673	704	734	764	794	823	852
0.8		881	910	939	967	995	0.3 023	0.3 051	0.3 078	0.3 106	0.3 133
0.9	0.3	159	186	212	238	264	289	315	340	365	389
1.0		413	438	461	485	508	531	554	577	599	621
1.1		643	665	686	708	729	749	770	790	810	830
1.2		849	869	888	907	925	944	962	980	997	0.4 015
1.3	0.4	032	049	066	082	099	115	131	147	162	177
1.4		192	207	222	236	251	265	279	292	306	319
1.5		332	345	357	370	382	394	406	418	429	441
1.6		452	463	474	484	495	505	515	525	535	545
1.7		554	564	573	582	591	599	608	616	625	633
1.8		641	649	656	664	671	678	686	693	699	706
1.9		713	719	726	732	738	744	750	756	761	767
2.0	0.4	772 499	777 845	783 084	788 218	793 249	798 179	803 008	807 739	812 373	816 912
2.1		821 356	825 709	829 970	834 143	838 227	842 224	846 137	849 966	853 713	857 379
2.2		860 966	864 475	867 907	871 263	874 546	877 756	880 894	883 962	886 962	889 894
2.3		892 759	895 559	898 296	900 969	903 582	906 133	908 625	911 060	913 437	915 758
2.4		918 025	920 237	922 397	924 506	926 564	928 572	930 531	932 443	934 309	936 128
2.5		937 903	939 634	941 322	942 969	944 574	946 138	947 664	949 150	950 600	952 012
2.6		953 388	954 729	956 035	957 307	958 547	959 754	960 929	962 074	963 188	964 274
2.7		965 330	966 358	967 359	968 332	969 280	970 202	971 099	971 971	972 820	973 645
2.8		974 448	975 229	975 988	976 725	977 443	978 140	978 817	979 476	980 116	980 737
2.9		981 341	981 928	982 498	983 051	983 589	984 111	984 617	985 109	985 587	986 050
3.0	0.4	986 500	986 937	987 361	987 772	988 170	988 557	988 932	989 296	989 649	989 991
3.1		990 323	990 645	990 957	991 259	991 552	991 836	992 111	992 377	992 636	992 886
3.2		993 128	993 363	993 590	993 810	994 023	994 229	994 429	994 622	994 809	994 990
3.3		995 165	995 335	995 499	995 657	995 811	995 959	996 102	996 241	996 375	996 505
3.4		996 630	996 751	996 868	996 982	997 091	997 197	997 299	997 397	997 492	997 584
3.5		997 673	997 759	997 842	997 922	997 999	998 073	998 145	998 215	998 282	998 346
3.6		998 409	998 469	998 527	998 583	998 636	998 688	998 739	998 787	998 834	998 878
3.7		998 922	998 963	999 004	999 042	999 080	999 116	999 150	999 184	999 216	999 247
3.8		999 276	999 305	999 333	999 359	999 385	999 409	999 433	999 456	999 478	999 499
3.9		999 519	999 538	999 557	999 575	999 592	999 609	999 625	999 640	999 655	999 669
4.0	0.4 999	683	696	709	721	733	744	755	765	775	784
4.1		793	802	810	819	826	834	841	848	854	860
4.2		866	872	878	883	888	893	898	902	906	911
4.3		915	918	922	925	929	932	935	938	941	943
4.4		946	948	951	953	955	957	959	961	963	964
4.5		966	968	969	970	972	973	974	976	977	978
5.0		997 129	997 274	997 412	997 544	997 669	997 787	997 900	998 008	998 110	998 207

B Tabellen

B.1 Das SI-System

Die SI-Basiseinheiten			
Basisgröße	Name	Zeichen	Definition
Länge	Meter	m	1 Meter ist die Länge der Strecke, die Licht im Vakuum während der Dauer von 1/299 792 458 Sekunden durchläuft.
Zeit	Sekunde	s	1 Sekunde ist das 9 192 631 770 fache der Periodendauer der dem Übergang zwischen den beiden Hyperfeinstrukturniveaus des Grundzustands von Atomen des Nuklids ^{133}Cs entsprechenden Strahlung.
Masse	Kilogramm	kg	1 Kilogramm ist die Masse des internationalen Kilogrammprototyps.
Stromstärke	Ampere	A	1 Ampere ist die Stärke eines zeitlich unveränderlichen Stroms, der, durch zwei im Vakuum parallel im Abstand von 1 Meter voneinander angeordnete, geradlinige, unendlich lange Leiter von vernachlässigbar kleinem kreisförmigen Querschnitt fließend, zwischen diesen Leitern je Meter Leiterlänge die Kraft $2 \cdot 10^{-7}$ N hervorruft.
Temperatur	Kelvin	K	1 Kelvin ist der 273,16te Teil der thermodynamischen Temperatur des Tripelpunkts des Wassers.
Stoffmenge	Mol	mol	1 Mol ist die Stoffmenge eines Systems, das aus ebensoviel Einzelteilchen besteht, wie Atome in 12/1000 Kilogramm des Kohlenstoffnuklids ^{12}C enthalten sind.
Lichtstärke	Candela	cd	1 Candela ist die Lichtstärke in einer bestimmten Richtung einer Strahlungsquelle, die monochromatische Strahlung der Frequenz 540 THz aussendet und deren Strahlstärke in dieser Richtung 1/683 W/sr beträgt.

Das SI-System (frz.: *Système International d' Unités*) besteht aus

- sieben Basiseinheiten (z. B. das Ampere)
- den daraus kohärent abgeleiteten Einheiten (z. B. die Wattsekunde)
- weiteren nicht kohärenten zulässigen Einheiten (z. B. die Stunde)

Die Lichtgeschwindigkeit ist als $c_0 = 299\,792\,458$ m/s definiert und verküpft damit die beiden Basiseinheiten Länge und Zeit. Die kohärent abgeleiteten Einheiten ergeben sich als Produkte oder Quotienten der Basiseinheiten. Bei den nicht kohärenten Einheiten gehören dazu noch von Zehnerpotenzen verschiedene Proportionalitätsfaktoren, wie z. B. 3 600 bei Stunde und Sekunde.

B.1.1 Dezimalvorsätze

Eine **Größe** besteht aus einem **Zahlenwert** und einer **Einheit**. Vor das Einheitenzeichen kann ein (und nur ein) Dezimalvorsatz gesetzt werden z. B. kΩ für 10^3 Ω. In aller Regel beschränkt man sich dabei auf Potenzen von 1000 wie kilo, Mega, milli. Wenige (historisch bedingte) Ausnahmen sind cm, hPa, Dezibel und einige andere.

Dezimalvorsätze vor Maßeinheiten					
Kurzzeichen	Vorsatzsilbe	Potenz	Kurzzeichen	Vorsatzsilbe	Potenz
d	Dezi-	10^{-1}	D	Deka-	10^{1}
c	Zenti-	10^{-2}	H	Hekto-	10^{2}
m	Milli-	10^{-3}	k	Kilo-	10^{3}
μ	Mikro-	10^{-6}	M	Mega-	10^{6}
n	Nano-	10^{-9}	G	Giga-	10^{9}
p	Pico-	10^{-12}	T	Tera-	10^{12}
f	Femto-	10^{-15}	P	Peta-	10^{15}
a	Atto-	10^{-18}	E	Exa-	10^{18}

Bezeichnungen in USA: 10^9 *billion*, 10^{12}: *trillion*, 10^{15} *quadrillion*, 10^{18} *quintillion*. Im Französischen wird eine Billiarde als *mille billion* bezeichnet.

In Schaltungsunterlagen werden Kapazitäts- und Widerstandswerte oft verkürzt angegeben. Der Dezimalvorsatz steht dabei anstelle des Kommas.

```
3K3           lies als  3,3 kΩ
3p3           lies als  3,3 pF
6M8           lies als  6,8 MΩ
2n7           lies als  2,7 nF
2R2           lies als  2,2 Ω
4µ7 oder 4u7  lies als  4,7 µF
```

B.1.2 SI-Einheiten der Elektrotechnik

Die in der Elektrotechnik üblichen Einheiten lassen sich auf die SI-Basiseinheiten zurückführen. Die wichtigsten führt die folgende Tabelle auf.

Einheiten der Elektrotechnik

Einheitenzeichen	Einheit	Zusammenhang	Einheit für
A	Ampere	Basiseinheit	Stromstärke
C	Coulomb	As	Ladung
cd	Candela	Basiseinheit	Lichtstärke
F	Farad	As/V	Kapazität
H	Henry	Vs/A	Induktivität
Hz*	Hertz	1/s	Frequenz
J	Joule	Ws	Energie, Arbeit
K	Kelvin	Basiseinheit	Temperatur
kg	Kilogramm	Basiseinheit	Masse
kWh**	Kilowattstunde	3.6 MJ	Arbeit
lm	Lumen	cd sr	Lichtstrom
l	Lux	lm/m^2	Beleuchtungsstärke
m	Meter	Basiseinheit	Länge
N	Newton	kg m/s^2	Kraft
Ω	Ohm	V/A	Widerstand
S	Siemens	$1/\Omega$	Leitwert
s	Sekunde	Basiseinheit	Zeit
T	Tesla	Vs/m^2	magnetische Flußdichte
V	Volt	J/C = Ws/As	Spannung
W	Watt	AV	Leistung
Wb	Weber	Vs	magnetischer Fluß

* Die Einheit Hertz (Hz) wird nur bei Frequenzgrößen verwendet. Die Einheit der Kreisfrequenz ist s^{-1}.
** Nicht kohärente, zulässige Einheit.

Bei Größen, die als Quotient zweier gleichartiger Größen definiert sind, kürzen sich die Einheiten heraus. Es handelt sich dann um **Verhältnisgrößen**. Es sind dies beispielsweise der Winkel (gemessen in rad oder Grad), der Raumwinkel (sr), der Wirkungsgrad und logarithmische Leistungsverhältnisse (Dezibel).

B.2 Naturkonstanten

Naturkonstanten	
Magnetische Feldkonstante (Permeabilitätskonstante)	$\mu_0 = 4 \cdot \pi \cdot 10^{-7}$ H/m $= 1,2566370614 \cdot 10^{-6}$ Vs/Am
Elektrische Feldkonstante (Dielektrizitätskonstante)	$\varepsilon_0 = 1/(\mu_0 \cdot c^2)$ $= 8,854187817 \cdot 10^{-12}$ As/Vm
Vakuumlichtgeschwindigkeit	$c = 2,99792458 \cdot 10^8$ m/s
Elementarladung des Elektrons	$e = 1,60217653 \cdot 10^{-19}$ C
Boltzmann-Konstante	$k = 1,3806505 \cdot 10^{-23}$ J/K
Ruhemasse des Elektrons	$m_e = 9,1093826 \cdot 10^{-31}$ kg

HINWEIS: Bei den meisten Berechnungen ist eine vierstellige Rundung der Werte ausreichend.

B.3 Formelzeichen des griechischen Alphabets

Formelzeichen des griechischen Alphabets			
Buchstabe	Name	Buchstabe	Name
α	Alpha	ν	Ny (sprich: nü)
β	Beta	ξ, Ξ	Xi
γ, Γ	Gamma	o	Omikron (unüblich)
δ, Δ	Delta	π, Π	Pi
ε	Epsilon	ρ	Rho
ζ	Zeta	σ, Σ	Sigma
η	Eta	τ	Tau
$\theta, \vartheta, \Theta$	Theta	υ, Υ	Ypsilon
ι	Iota (sprich: jota)	ϕ, φ, Φ	Phi (sprich: Fi)
κ	Kappa	χ	Chi
λ, Λ	Lambda	ψ, Ψ	Psi
μ	My (sprich: mü)	ω, Ω	Omega

B.4 Einheiten und Definitionen technisch-physikalischer Größen

Größe	Zeichen	Definition	Einheit	Name
Länge	l, r, s	Basisgröße	m	Meter
Fläche	A	$= l^2$	m^2	
Volumen	V	$= l^3$	m^3	
Zeit	t, T, τ	Basisgröße	s	Sekunde
Geschwindigkeit	v	$= ds/dt$	m/s	
Beschleunigung	a	$= dv/dt$	m/s^2	
Frequenz	f	$= 1/T$	1/s = Hz	Hertz
Kreisfrequenz	ω	$= 2\pi/T$	1/s	
Masse	m	Basisgröße	kg	Kilogramm
Dichte	ρ	$= m/V$	kg/m^3	
Kraft	F	$= m \cdot a$	$kgm/s^2 = N$	Newton
Druck	p	$= F/A$	$N/m^2 = Pa$	Pascal
Impuls	p	$= m \cdot v = \int F \, dt$	kg m/s	
Drehimpuls	L	$= J \cdot \omega$	kgm^2/s	
Drehmoment	M	$= r \cdot F$	Nm	
Trägheitsmoment	J	$= \int r^2 \cdot dm$	kgm^2	
Stromstärke	I	Basisgröße	A	Ampere
Stromdichte	S	$= dI/dA$	A/m^2	
Ladung	Q	$= \int I \, dt$	As = C	Coloumb
Spannung	U	$= W/Q$	V	Volt
el. Feldstärke	E	$= F/Q$	V/m	
Arbeit	W	$= \int P \, dt$	Ws = J	Joule
Leistung	P	$= U \cdot I$	W	Watt
Scheinleistung	S		VA	
Blindleistung	Q		var	
Widerstand	R	$= U/I$	Ω	Ohm
spez. Widerstand	ρ	$= R \cdot A/l$	Ωm	
Leitwert	G	$= 1/R$	S	Siemens*
Leitfähigkeit	γ	$= 1/\rho$	S/m	
Verschiebungsdichte	D	$= dQ/dA$	As/m^2	
Kapazität	C	$= Q/U$	F	Farad
Kapazitätsbelag	C'	$= C/l$	F/m	
magn. Flußdichte	B	$= F/Q \cdot v$	$Vs/m^2 = T$	Tesla
magn. Feldstärke	H		A/m	
magn. Fluß	Φ	$= \int B \, dA$	Vs = Wb	Weber
Induktivität	L	$= u/(di/dt)$	Vs/A = H	Henry
Induktivitätsbelag	L'	$= L/l$	H/m	

* Im angelsächsischen Raum ist die Einheit Siemens ungeläufig. Man findet als Einheit das Ω^{-1} oder gar ℧ mit der Bezeichnung *mho* (Ohm rückwärts).

B.5 Englisch/Amerikanische Einheiten

Einheit	Zeichen	in SI-Einheiten	Umrechnungsfaktor
Länge			
inch	in	25,4 mm	0,0393701 in/mm
mil = 1/1000 in	mil	25,4 µm	0,0393701 mil/µm
foot = 12 in	ft	0,3048 m	3,28084 ft/m
yard = 3 ft	yd	0,9144 m	1,09361 yd/m
(statute) mile = 1760 yd	mi	1,60934 km	0,62137 mi/km
Fläche			
square inch	sq in	6,4516 cm^2	0,155 sq in/mm^2
square mil	sq mil	$6,4516 \cdot 10^{-4}$ mm^2	1550 sq mil/mm^2
circular mil	CM	$0,5067 \cdot 10^{-3}$ mm^2	1,974 CM/mm^2
M circular mil	MCM	0,5067 mm^2	1,974 MCM/mm^2
Raum			
cubic inch	cu in	16,387 cm^3	0,061024 cu in/cm^3
cubic foot = 1728 cu in	cu ft	28,317 dm^3	0,035315 cu ft/dm^3
cubic yard = 27 cu ft	cu yd	0,76455 m^3	1,30795 cu yd/m^3
fluid ounce (UK)	fl oz	28,413 cm^3	0,035195 fl oz/cm^3
fluid ounce (US)	fl oz	29,574 cm^3	0,033813 fl oz/cm^3
gallon (US) = 128 fl oz	gal	3,78543 dm^3	0,264170 gal/dm^3
Masse			
ounce	oz	28,3459 g	0,0352739 oz/g
pound = 16 oz	lb	0,453592 kg	2,204622 lb/kg
Kraft			
pound force	lbf	4,445 N	0,225 lbf/N
poundal = 1 lb · ft/s^2	pdl	0,1383 N	7,23 pdl/N
Dichte			
pound per cubic foot	lb/ft^3	16,02 kg/m^3	$0,0624 \dfrac{\text{lb} \cdot \text{m}^3}{\text{ft}^3 \cdot \text{kg}}$
Arbeit			
British thermal unit	BTU	1,055056 kJ	0,947817 BTU/kJ
horse-power hour	HPhr	2,6845 MJ	0,37251 HPhr/MJ
Leistung			
BTU per second	BTU/s	1,055056 kW	0,947817 BTU/kWs
BTU per hour	BTU/h	0,293071 W	3,41214 BTU/Wh
horse power	HP	0,74570 kW	1,34102 HP/kW
Drahtgewichte (Masse pro Längeneinheit)			
pound per foot	lb/ft	1,488 kg/m	$0,672 \dfrac{\text{lb} \cdot \text{m}}{\text{kg} \cdot \text{ft}}$
pound per yard	lb/yd	0,496 kg/m	$2,016 \dfrac{\text{lb} \cdot \text{m}}{\text{kg} \cdot \text{yd}}$
pound per mile	lb/mi	0,2818 kg/km	$3,548 \dfrac{\text{lb} \cdot \text{km}}{\text{kg} \cdot \text{mi}}$

Einheit	Zeichen	in SI-Einheiten	Umrechnungsfaktor
Leitungsbeläge (elektrotechnische Größen bezogen auf Leitungslänge)			
Ohms per 1000 feet	$\Omega/1000\,\text{ft}$	$3{,}28\,\Omega/\text{km}$	$0{,}3047\,\dfrac{\text{m}}{\text{ft}}$
Ohms per 1000 yards	$\Omega/1000\,\text{yd}$	$1{,}0936\,\Omega/\text{km}$	$0{,}9144\,\dfrac{\text{m}}{\text{yd}}$
Megohms per mile	$\text{M}\Omega/\text{mi}$	$0{,}6214\,\Omega/\text{km}$	$1{,}6093\,\dfrac{\text{km}}{\text{mi}}$
microfarads per mile	$\mu\text{F}/\text{mi}$	$0{,}6214\,\mu\text{F}/\text{km}$	$1{,}6093\,\dfrac{\text{km}}{\text{mi}}$
micromicrofarads per foot	$\mu\mu\text{F}/\text{ft}$	$3{,}2808\,\text{pF}/\text{m}$	$0{,}30468\,\dfrac{\text{m}}{\text{ft}}$
decibel per 100 ft	$\text{dB}/100\,\text{ft}$	$32{,}75\,\text{dB}/\text{km}$	$0{,}305\,\dfrac{\text{m}}{\text{ft}}$
		$3{,}77\,\text{Np}/\text{km}$	$0{,}2653\,\dfrac{\text{dB}\cdot\text{km}}{\text{Np}\cdot\text{ft}}$
decibel per 1000 yd	$\text{dB}/1000\,\text{yd}$	$1{,}094\,\text{dB}/\text{km}$	$0{,}9144\,\dfrac{\text{m}}{\text{yd}}$
		$0{,}126\,\text{Np}/\text{km}$	$7{,}943\,\dfrac{\text{dB}\cdot\text{m}}{\text{Np}\cdot\text{yd}}$
decibel per mile	dB/mi	$0{,}621\,\text{dB}/\text{km}$	$1{,}609\,\dfrac{\text{km}}{\text{mi}}$
		$0{,}0715\,\text{Np}/\text{km}$	$13{,}98\,\dfrac{\text{dB}\cdot\text{km}}{\text{Np}\cdot\text{mi}}$
Lichttechnische Einheiten			
lambert	la	$3183\,\text{cd}/\text{m}^2$	$\pi\cdot 10^{-4}\,\text{lam}^2/\text{cd}$
foot-lambert	ft la	$3{,}42626\,\text{cd}/\text{m}^2$	$0{,}291864\,\text{ft la m}^2/\text{cd}$
candela per square inch	cd/sq in	$1555{,}0\,\text{cd}/\text{m}^2$	$64{,}308\cdot 10^{-3}\,\text{m}^2/\text{sq in}$
candela per square foot	cd/sq ft	$10{,}7639\,\text{cd}/\text{m}^2$	$0{,}092903\,\text{m}^2/\text{sq in}$
footcandle	ft cd	$10{,}7639\,\text{lx}$	$0{,}092903\,\text{ft cd}/\text{lx}$
Temperatur			
degree Fahrenheit	°F	$5/9\,\text{K}$	$9/5\,°\text{F/K}$
		für Temperaturdifferenzen	
	°F	$5/9(x\,°\text{F} - 32\,°\text{F})\,°\text{C}$	$(9/5\cdot x\,°\text{C} + 32\,°\text{C})\,°\text{F}$
		für absolute Temperaturangaben	

BEISPIEL: Eine Breite von 3/8 inch beträgt $3/8 \cdot 25{,}4\,\text{mm} \approx 9{,}5\,\text{mm}$. 10 mm dagegen sind gleich $10 \cdot 0{,}0393701\,\text{in} \approx 0{,}4\,\text{in}$.

B.6 Sonstige Einheiten

Viele dieser Einheiten sind veraltet oder ungebräuchlich. Sie finden sich aber noch in älterer oder fremdsprachlicher Literatur.

Zeichen	Name	in SI-Einheiten
′	Winkelminute	$1/60°$
′	foot	$0{,}304\,68$ m
″	Winkelsekunde	$1/3600°$
″	inch, Zoll	$25{,}4$ mm
a	Jahr	
Å	Ångström	$0{,}1$ nm
asb	Apostilb	$1/\pi$ cd/m^2
at	Atmosphäre, technische	$98{,}0665$ kPa
atm	Atmosphäre, physikalische	$101{,}325$ kPa
bar	Bar	100 kPa
bbl	barrel (US)	$1{,}59$ hl
Bi	Biot	10 A
Bq	Becquerel	$1/$s
bu (UK)	bushel	$36{,}37$ l
bu (US)	bushel	$35{,}24$ l
bW	Blindwatt	1 var
c	Neuminute	$\pi/2 \cdot 10^4$ rad
cal	Kalorie	$4{,}1868$ J
cbm	Kubikmeter	1 m^3
cc	Neusekunde	$\pi/2 \cdot 10^6$ rad
ccm	Kubikzentimeter	1 cm^3
Ci	Curie	$3{,}7 \cdot 10^{10}$ Bq
Cic	Cicero	12 p $\approx 4{,}5$ mm
CM	circular mil	$5{,}06707 \cdot 10^{-4}$ mm^2
cmm	Kubikmillimeter	1 mm^3
cwt (UK)	hundred weight	$50{,}80$ kg
cwt (US)	long hundred weight	$50{,}80$ kg
d	Tag	$86\,400$ s
Dez	Dez	$\pi/18$ rad
dr av	dram	$1{,}772$ g
dry pt (US)	dry pint	$0{,}5506$ l
dyn	Dyn	10^{-5} N
erg	Erg	10^{-7} J
eV	Elektronvolt	$1{,}602 \cdot 10^{-19}$ J
fL	foot Lambert	$3{,}426$ cd/m^2
fm	Fermi	1 fm
Fr	Franklin	$\approx 1/3 \cdot 10^{-9}$ C

	Sonstige Einheiten	
Zeichen	Name	in SI-Einheiten
G	Gauss	10^{-4} T
g	Gon (Neugrad)	$1,1111°$
γ	Gamma	$1\,\mu g$
gal (UK)	gallon	$4,5466\,l$
gal (US)	gallon	$3,7854\,l$
Gb	Gilbert	$10/4\pi$ A
Gon	Neugrad	$1,1111°$
gr	grain	$64,8$ mg
grd	Grad	1 K
Gy	Gray	1 J/kg
h	Stunde	$3\,600$ s
HK	Hefner-Kerze	$0,903$ cd
hl	Hektoliter	$100\,l$
hp	horsepower	$745,7$ W
IK	Internationale Kerze	$1,019$ cd
k	Karat (metrisches)	$0,200$ g
Kal	Kilokalorie	$4,1868$ kJ
kcal	Kilokalorie	$4,1868$ kJ
kp	Kilopond	$9,806\,65$ N
kWh	Kilowattstunde	$3,6 \cdot 10^6$ J
L	Lambert	$1/\pi \cdot 10^4$ cd/m²
lbf	pound-force	$4,448$ N
lb wt	pound weight	$4,48$ N
M	Maxwell	10^{-8} Wb
μ	My (sprich: mü)	$1\,\mu m$
MCM	1000 circular mils	$0,5067$ mm²
ml	Milliliter	1 cm³
mmHg	Millimeter Quecksilber	$133,322$ Pa
mmQ	s. mmHg	
mrad	Millirad	$1/1000$ rad
mWS	Meter Wassersäule	$9,806\,65$ kPa
Np	Neper	$8,686$ dB
nt	Nit	1 cd/m²
nx	Nox	10^{-3} lx
Oe	Oersted	$1000/4\pi$ A/m
p	Pond	$9,806\,65 \cdot 10^{-3}$ N
p	Punkt, typographischer	$0,376\,065$ mm
pdl	poundal	$0,1383$ N
ph	Phot	10^4 lm/m²
PS	Pferdestärke	$735,498\,75$ W
psf	pound (weight) per square foot	$47,88$ Pa
psi	pound (weight) per square inch	6895 Pa
pt (UK)	pint	$0,5683\,l$
pt (US)	pint	$0,4731\,l$

Zeichen	Sonstige Einheiten Name	in SI-Einheiten
q	quarter (mass)	12,7 kg
qmm	Quadratmillimeter	1 mm^2
qt (US)	quart	0,9463 l
R	Röntgen	$258 \cdot 10^{-6}$ C/kg
rad	Radiant	57,29578°
rem	Rem	0,01 J/kg
sb	Stilb	10^4 cd/m^2
sh cwt	short hundredweight	45,36 kg
sh tn	short ton	907,2 kg
sm	Seemeile	1852 m
sr	Steradiant	Raumwinkel
Sv	Sievert	1 J/kg
t	Tonne	1000 kg
t (UK)	ton	1016 kg
Torr	Torr	133,322 Pa

B.7 Lade- und Entladekurven

Die Funktion $e^{-t/\tau}$										
t/τ	0	1	2	3	4	5	6	7	8	9
0	1,0000	0,9048	,8187	,7408	,6703	,6065	,5488	,4966	,4493	,4066
1	,3679	,3329	,3012	,2725	,2466	,2231	,2019	,1827	,1653	,1496
2	,1353	,1225	,1108	,1003	,0907	,0821	,0743	,0672	,0608	,0550
3	,0498	,0450	,0408	,0369	,0334	,0302	,0273	,0247	,0224	,0202
4	,0183	,0166	,0150	,0136	,0123	,0111	,0101	,0091	,0082	,0074
5	,0067	,0061	,0055	,0050	,0045	,0041	,0037	,0033	,0030	,0027

BEISPIEL: Ein $4,7\,\mu F$ Kondensator wird über einen Widerstand von $1\,k\Omega$ entladen. Welche Spannung liegt nach $10\,ms$ am Kondensator?
Die Zeitkonstante der RC-Kombination beträgt $4,7\,ms$. Die Zeit von $10\,ms$ entspricht etwa $2,3$ Zeitkonstanten τ. Der Tabelle entnimmt man den Wert $0,1003$. Die Spannung am Kondensator ist also auf $10\,\%$ gefallen.

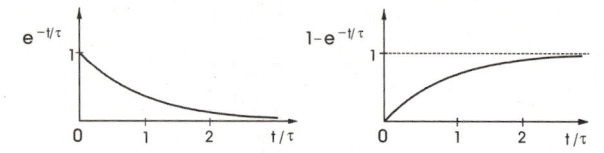

Abbildung B.1: Entlade- und Ladekurven an einer RC-Kombination

Die Funktion $1 - e^{-t/\tau}$										
t/τ	0	1	2	3	4	5	6	7	8	9
0	0,0000	,0952	,1813	,2592	,3297	,3935	,4512	,5034	,5507	,5934
1	,6321	,6671	,6988	,7275	,7534	,7769	,7981	,8173	,8347	,8504
2	,8647	,8775	,8892	,8997	,9093	,9179	,9257	,9328	,9392	,9450
3	,9502	,9550	,9592	,9631	,9666	,9698	,9727	,9753	,9776	,9798
4	,9817	,9834	,9850	,9864	,9877	,9889	,9899	,9909	,9918	,9926
5	,9933	,9939	,9945	,9950	,9955	,9959	,9963	,9967	,9970	,9973

BEISPIEL: Ein entladener $4,7\,\mu F$ Kondensator wird über einen Widerstand von $1\,k\Omega$ aus einer Spannungsquelle von $5\,V$ geladen. Welche Spannung liegt nach $10\,ms$ am Kondensator?
Die Zeitkonstante der *RC*-Kombination beträgt $4,7\,ms$. Die Zeit von $10\,ms$ entspricht etwa $2,3$ Zeitkonstanten τ. Der Tabelle entnimmt man den Wert $0,8997$. Die Spannung am Kondensator beträgt also $5\,V \cdot 0,8997 \approx 4,5\,V$.

B.8 IEC-Normreihe

E96 ±1%	E48 ±2%	E24 ±5%	E12 ±10%	E6 ±20%
1,00	1,00	1,0↑	1,0↑	1,0↑
1,02				
1,05	1,05			
1,07				
1,10	1,10	1,1		
1,13				
1,15	1,15			
1,18				
1,21	1,21	1,2	1,2	
1,24				
1,27	1,27			
1,30				
1,33	1,33	1,3		
1,37				
1,40	1,40			
1,43				
1,47	1,47	1,5	1,5	1,5
1,50				
1,54	1,54			
1,58				
1,62	1,62	1,6		
1,65				
1,69	1,69			
1,74				
1,78	1,78	1,8	1,8	
1,82				
1,87	1,87			
1,91				
1,96	1,96	2,0		
2,00				
2,05	2,05			
2,10				
2,15	2,15	2,2	2,2	2,2
2,21				
2,26	2,26			
2,32				
2,37	2,37	2,4		
2,43				
2,49	2,49			
2,55				
2,61	2,61			
2,67				
2,74	2,74	2,7	2,7	
2,80				
2,87	2,87			
2,94				
3,01	3,01	3,0↓		
3,09				
3,16	3,16↓		3,3↓	3,3↓

E96 ±1%	E48 ±2%	E24 ±5%	E12 ±10%	E6 ±20%
3,24				
3,32	3,32	3,3↑	3,3↑	3,3↑
3,40				
3,48	3,48			
3,57				
3,65	3,65	3,6		
3,74				
3,83	3,83			
3,92				
4,02	4,02	3,9	3,9	
4,12				
4,22	4,22			
4,32		4,3		
4,42	4,42			
4,53				
4,64	4,64	4,7	4,7	4,7
4,75				
4,87	4,87			
4,99				
5,11	5,11	5,1		
5,23				
5,36	5,36			
5,49				
5,62	5,62	5,6	5,6	
5,76				
5,90	5,90			
6,04				
6,19	6,19	6,2		
6,34				
6,49	6,49			
6,65				
6,81	6,81	6,8	6,8	6,8
6,98				
7,15	7,15			
7,32				
7,50	7,50	7,5		
7,68				
7,87	7,87			
8,06				
8,25	8,25	8,2	8,2	
8,45				
8,66	8,66			
8,87				
9,09	9,09	9,1		
9,31				
9,53	9,53			
9,76				
10,0	10,0↓	10↓	10↓	10↓

Die horizontalen Linien markieren näherungsweise die Intervalle, die bei den angegebenen Toleranzen überdeckt werden.

BEISPIEL: Für einen berechneten Widerstandswert von $1,17$ kΩ wählt man einen Widerstand $1,15$ kΩ aus der E48-Reihe oder einen von $1,2$ kΩ aus der E24-Reihe. Stehen nur Widerstände der E6-Reihe zur Verfügung, verwendet man einen $1,0$ kΩ Widerstand.

Die Werte der IEC-Reihe bilden eine harmonische Folge, aufeinander folgende Werte stehen immer im selben Verhältnis. Das ist bei der E6-Reihe $\sqrt[6]{10}$, bei E12 $\sqrt[12]{10}$ etc. Die Werte sind so gewählt, daß sich bei den angegebenen Toleranzen eine minimale Anzahl von Lagerwerten ergibt.

B.9 Farbcode zur Kennzeichnung von Widerständen

		E96, E48, E24			
	1. Ring	2./3. Ring	4. Ring	5. Ring	6. Ring
Farbe	1. Ziffer	2./3. Ziffer	Multiplikator	Toleranz	Temp.-Koeff.
Silber			$0,01\,\Omega$	$\pm 10\%$	
Gold			$0,1\,\Omega$	$\pm 5\%$	
Schwarz		0	$1,0\,\Omega$		$\pm 250 \cdot 10^{-6}$/K
Braun	1	1	$10\,\Omega$	$\pm 1\%$	$\pm 100 \cdot 10^{-6}$/K
Rot	2	2	$100\,\Omega$	$\pm 2\%$	$\pm 50 \cdot 10^{-6}$/K
Orange	3	3	$1\,$kΩ		$\pm 15 \cdot 10^{-6}$/K
Gelb	4	4	$10\,$kΩ		$\pm 25 \cdot 10^{-6}$/K
Grün	5	5	$100\,$kΩ	$\pm 5\%^*$	$\pm 20 \cdot 10^{-6}$/K
Blau	6	6	$1\,$MΩ		$\pm 10 \cdot 10^{-6}$/K
Violett	7	7	$10\,$MΩ		$\pm 5 \cdot 10^{-6}$/K
Grau	8	8	$100\,$MΩ^*		$\pm 1 \cdot 10^{-6}$/K
Weiß	9	9	$0,1\,\Omega^*$	$\pm 10\%^*$	
Farbe	1. Ziffer	2. Ziffer	Multiplikator	Toleranz	—
	1. Ring	2. Ring	3. Ring	4. Ring	—
		E6, E12, E24			

*Dort wo die Leitfähigkeit von Gold- und Silberlacken stört, ersetzt man
Gold   durch   Weiß für $0,1\,\Omega$ und durch   Grün für $\pm 5\%$.
Silber durch   Grau für $0,01\,\Omega$ und durch   Weiß für $\pm 10\%$.

BEISPIEL: Ein Widerstand mit den Farbringen grau, rot, rot, gold hat einen Widerstandswert von $8,2$ kΩ mit einer Toleranz von $\pm 5\,\%$.

Mitunter sind Toleranz und Temperaturkoeffizient durch Buchstaben gekennzeichnet.

Toleranz							
Buchstabe	B	C	D	F	G	J	K	M
%	$\pm 0,1$	$\pm 0,25$	$\pm 0,5$	± 1	± 2	± 5	± 10	± 20

Temperaturkoeffizient							
Buchstabe	T	E	C	K	J	L	D
10^{-6}/K	± 10	± 25	± 50	± 100	± 150	± 200	$+200 - 500$

BEISPIEL: Ein Meßwiderstand mit fünf Farbringen in den Farben grün, blau, rot, braun, rot, und einem Buchstaben E hat den Widerstandswert $5620\,\Omega$ bei einer Toleranz von $\pm 2\%$ und einem Temperaturkoeffizienten von $\pm 25 \cdot 10^{-6}$/K.

B.10 Parallelschaltung von Widerständen

Hochgenaue Widerstände liegen häufig nicht in allen 96 bzw. 192 Werten pro Dekade der E-Reihe vor. Viele Hersteller liefern die Werte der E-12 Reihe mit einer Toleranz von 1 % oder besser. Durch Parallelschaltung dieser Widerstände läßt sich jeder Wert der feiner gestaffelten Reihen gut annähern. Die Tabelle führt *die* Werte auf, die am dichtesten bei den E-96 Werten liegen.

Wert	$R_1 \| R_2$	Wert	$R_1 \| R_2$	Wert	$R_1 \| R_2$
100	100	210	220||4700	464	560||2700
102	120||680	214	220||8200	470	470
105	120||820	220	270||1200	479	560||3300
107	120||1000	229	270||1500	487	820||1200
110	220||220	230	390||560	500	1000||1000
112	120||1800	235	330||820	509	560||5600
115	120||2700	245	270||2700	524	560||8200
118	120||6800	250	270||3300	530	820||1500
120	120	253	270||3900	545	1000||1200
121	220||270	261	270||8200	560	560
123	180||390	264	390||820	563	820||1800
127	150||820	270	270	579	680||3900
130	180||470	280	560||560	594	680||4700
133	150||1200	287	330||2200	606	680||5600
136	150||1500	294	330||2700	618	680||6800
140	150||2200	300	330||3300	629	820||2700
143	150||3300	310	390||1500	643	1000||1800
147	150||6800	317	330||8200	667	1200||1500
150	150	321	390||1800	680	680
153	180||1000	331	390||2200	698	820||4700
158	220||560	340	680||680	715	820||5600
161	180||1500	349	390||3300	732	820||6800
165	330||330	358	470||1500	750	1500||1500
169	180||2700	365	390||5600	767	1000||3300
174	180||5600	373	470||1800	796	1000||3900
179	330||390	382	560||1200	820	820
180	180	390	390	825	1000||4700
182	270||560	400	470||2700	848	1000||5600
186	220||1200	411	470||3300	872	1000||6800
192	220||1500	419	470||3900	891	1000||8200
196	220||1800	434	470||5600	918	1200||3900
200	220||2200	440	470||6800	956	1200||4700
206	220||3300	451	820||1000	964	1500||2700

B.11 Strombelastbarkeit von Leiterbahnen

Leiterbahnen auf gedruckten Schaltungen erwärmen sich bei Stromdurchfluß. Das Nomogramm (Abbildung B.2) erlaubt die Ermittlung der notwendigen Leiterbahnbreite in Abhängigkeit von der zulässigen Temperaturerhöhung und der Stärke der Kupferkaschierung. Es handelt sich dabei um Orientierungswerte für die Umgebungstemperatur von 20 °C ohne Zwangskühlung.

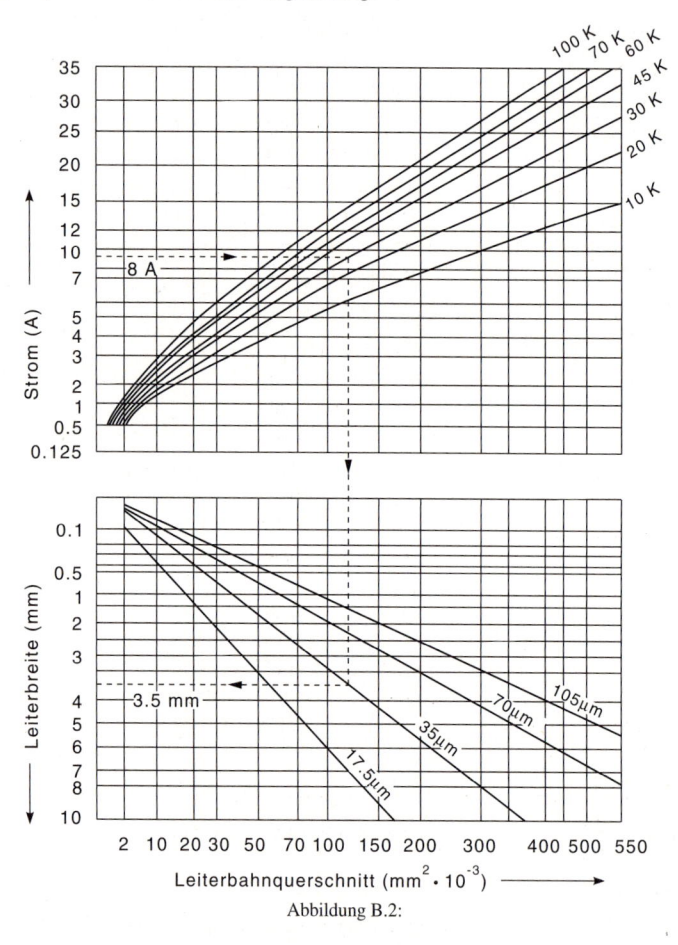

Abbildung B.2:

BEISPIEL: Eine Leiterbahn soll 8 A führen, sie soll sich nicht um mehr als 30 K erwärmen. Dazu ist ein Querschnitt von etwa 0,12 mm^2 nötig. Bei einer Kaschierdicke von 35 µm erfordert das eine Leiterbreite von 3,5 mm.

B.12 Amerikanische Drahtstärken

Im US Einflußbereich werden Drahtstärken mit AWG-Nummern (*American Wire Gauge*) bezeichnet. Sie orientieren sich am schrittweisen Herstellungsprozeß von Kupferdraht.

AWG	Durchmesser inches	Querschnitt MCM	Durchmesser mm	Querschnit mm^2
0000	0.4600	211	11.7	107
000	0.4100	168	10.4	84.9
00	0.3650	133	9.27	67.5
0	0.3250	105	8.25	53.5
1	0.2890	83.7	7.35	42.4
2	0.2580	66.3	6.54	33.6
4	0.2040	41.8	5.19	21.2
6	0.1620	26.3	4.12	13.3
8	0.1280	16.5	3.26	8.35
10	0.1020	10.4	2.59	5.27
12	0.0810	6.51	2.05	3.30
14	0.0640	4.12	1.63	2.09
16	0.0510	2.58	1.29	1.31
18	0.0400	1.63	1.024	0.824
20	0.0320	1.02	0.813	0.519
22	0.0253	0.641	0.643	0.325
24	0.0210	0.405	0.511	0.205
26	0.0159	0.254	0.405	0.129
28	0.0126	0.159	0.320	0.0804
30	0.0100	0.101	0.255	0.0511
32	0.0080	0.0639	0.203	0.0324
34	0.0063	0.0397	0.160	0.0201
36	0.0050	0.0250	0.127	0.0127
38	0.0040	0.0161	0.102	0.00817
40	0.0031	0.0097	0.079	0.00490
4/0	siehe 0000			
3/0	siehe 000	usw.		

Die Drahtstärken 0000, 000 usw. werden auch mit 4/0, 3/0 usw. bezeichnet.

Für AWG Nummern gelten folgende Praxisregeln:

- Ein AWG 10 Draht hat einen Durchmesser dicht bei 0,1 in, einen Querschnitt von etwa 10 MCM und (bei Kupferdraht) einen Widerstand von 1 Ω/1000 ft.
- Eine Zunahme um drei AWG-Nummern verdoppelt den Querschnitt und das Drahtgewicht, halbiert den Drahtwiderstand.
- Eine Zunahme um sechs AWG-Nummern verdoppelt den Durchmesser.
- Eine Zunahme um 10 AWG Nummern verzehnfacht den Drahtquerschnitt.

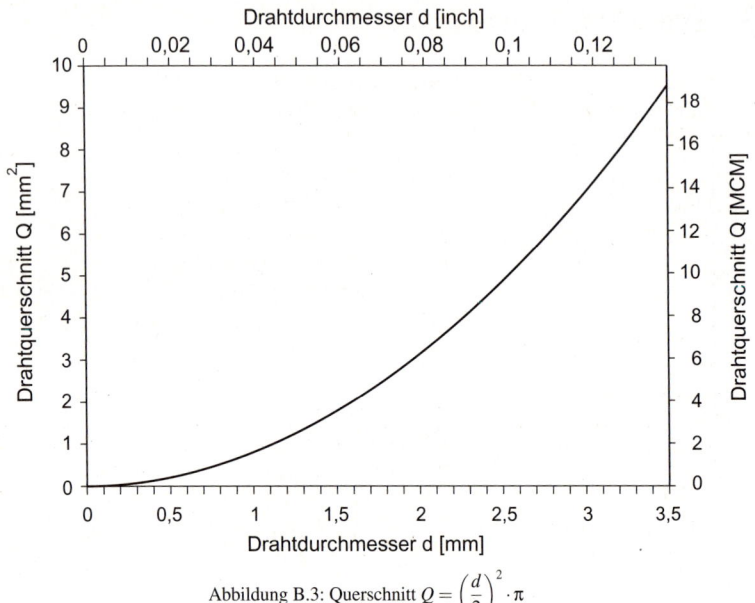

Abbildung B.3: Querschnitt $Q = \left(\dfrac{d}{2}\right)^2 \cdot \pi$

B.13 Trockenbatterien

Codierung des Zellensystems		
IEC-Bezeichnung	Leerlaufspannung	chemisches System
R	1,5 V	Zink-Kohle
CR	3,3 V	Mangandioxid-Lithium
ER	3,8 V	Chromoxid-Lithium
LR	1,45 V	Zink-Alkali-Mangan
MR	1,35 V	Zink-Quecksilberoxid
NR	1,40 V	Zink-Mangandioxid-Quecksilberoxid
PR	1,40 V	Zink-Luft
SR	1,55 V	Zink-Silberoxid

Bauformen				
Bezeichnung Abmessungen	Zink-Kohle Kapazität	Alkali-Mangan Kapazität	Ni-Cd-Akku Kapazität	NiMH-Akku Kapazität
Monozelle 33 mm $\varnothing$ × 60 mm	R20 7,3 Ah	LR20 18 Ah	KR35/62 4 Ah	5 Ah
Babyzelle 26 mm $\varnothing$ × 50 mm	R14 3,1 Ah	LR14 7 Ah	KR27/50 2 Ah	2,6 Ah
Mignonzelle 14,5 mm $\varnothing$ × 50 mm	R6 1,1 Ah	LR6 2,3 Ah	KR15/51 0,75 Ah	1,1 Ah
Microzelle 10,5 mm $\varnothing$ × 44,5 mm	R03 0,5 Ah	LR03 1,2 Ah	KR10/44 0,2 Ah	0,45 Ah
Ladyzelle* 12 mm $\varnothing$ × 30 mm	R1 0,6 Ah	LR1 0,8 Ah	KR12/30 0,15 Ah	
9 V-Pack 15,5 mm × 25 mm × 48 mm	6F22 0,4 Ah	6LF22 0,6 Ah	TR7/8 0,15 Ah	0,12 Ah
4,5 V-Flachbatterie 22 mm × 62 mm × 65 mm	3R12 2 Ah			

*Die Ladyzelle wird auch als Microdynzelle bezeichnet.

Die Kapazitätsangaben dienen der Orientierung. Die Kapazität einer Zelle ist stark abhängig von der Art der Entladung und der Betriebstemperatur. Alle Bezeichnungen nach IEC.

Internationale Bezeichnung der Bauformen							
	Mono- zelle	Baby- zelle	Mignon- zelle	Micro- zelle	Lady- zelle	Transistor- batterie	Flach- batterie
IEC	R20	R14	R6	R03	R1	6F22	3R12
USA	D	C	AA	AAA	N	6AM6	
Japan	UM1	UM2	UM3	UM4	UM5		UM10

Die Bezeichnungen gelten für Zink-Kohle-Zellen.

B.14 Bezeichnung der Radiofrequenzbereiche

Frequenzbereich	Wellenlänge	Deutsche Bezeichnung	Abk.
30…300 Hz	10 000…1000 km		ELF
300 Hz…3 kHz	1000…100 km		ILF
3…30 kHz	100…10 km	Miriameterwellen	VLF
30…300 kHz	10…1 km	(Kilometerwellen)	LF
		Langwellen	(LW)
300…3000 kHz	1000…100 m	(Hektometerwellen)	MF
		Mittelwellen	(MW)
3…30 MHz	100…10 m	(Dekameterwellen)	HF
		Kurzwellen	(KW)
30…300 MHz	10…1 m	(Meterwellen)	VHF
		Ultrakurzwellen	(UKW)
300…3000 MHz	100…10 cm	Dezimeterwellen	UHF
3…30 GHz	10…1 cm	Zentimeterwellen	SHF
30…300 GHz	10…1 mm	Millimeterwellen	EHF
300…3000 GHz	1…0.1 mm	Submillimeterwellen	HHF

Die eingeklammerten Bezeichnungen sind weniger gebräuchlich. Die eingeklammerten Abkürzungen sind auf den deutschsprachigen Raum beschränkt.

Bereich	Bedeutung	CCIR-Band	CCITT-Bezeichnung
ELF	extremely low freq.		
ILF	infra low		
VLF	very low	4	miriametric
LF	low	5	kilometric
MF	middle	6	hectometric
HF	high	7	decametric
VHF	very high	8	metric
UHF	ultra high	9	decimetric
SHF	super high	10	centimetric
EHF	extremely high	11	millimetric
HHF	hyper high	12	submillimetric

Im internationalen Sprachgebrauch spricht man von *very high frequency* bzw. *metric waves* etc.

B.15 Pegel

In der Meßtechnik arbeitet man häufig mit logarithmischen Größenverhältnissen. Gemessene Größe und Bezugsgröße müssen die gleiche Dimension (Leistung, Strom etc.) aufweisen. Bei komplexen Größen wird das Verhältnis der Beträge (z. B. Scheinleistung) betrachtet.

Man unterscheidet **Leistungsgrößen** und **Feldgrößen**. Leistungsgrößen sind der Leistung proportional, wogegen bei Feldgrößen ihr Quadrat der Leistung proportional ist.

Das Einheitenzeichen der logarithmischen Verhältniseinheit ist bei Verwendung des Zehnerlogarithmus das Dezibel (dB). In wenigen Anwendungen tritt noch das Neper (Np) als Einheit bei Verwendung des natürlichen Logarithmus auf.

$$1\,\text{Np} = 8,685889\ldots\text{dB} \qquad 1\,\text{dB} = 0,115129\ldots\text{Np} \tag{B.1}$$

Leistungsdämpfungsmaß (logarithmisches Leistungsgrößenverhältnis):

$$a_\text{P} = 10 \cdot \lg \frac{P_1}{P_2}\,\text{dB} \tag{B.2}$$

Spannungsdämpfungsmaß (logarithmisches Feldgrößenverhältnis):

$$a_\text{U} = 20 \cdot \lg \frac{U_1}{U_2}\,\text{dB} \quad U_1, U_2 \text{ am gleichen Innenwiderstand} \tag{B.3}$$

B.15.1 Absolute Pegel

Bezieht man Größen auf eine vereinbarte Bezugsgröße, spricht man von **absoluten Pegeln**[*]. Absoluter Leistungspegel:

$$P_\text{L} = 10 \cdot \lg \frac{P}{1\,\text{mW}}\,\text{dB(mW)} \quad \text{oder dBm} \tag{B.4}$$

Als alternatives Einheitenzeichen findet sich sehr häufig dafür das dBm.

Der **absolute Spannungspegel**[*] ist definiert als

$$P_\text{SP1} = 20 \cdot \lg \frac{U}{0,775\,\text{V}}\,\text{dB(0,775 V)} \tag{B.5}$$

Somit entspricht ein Spannungspegel von 0 dB(0,775 V) einer Spannung von 0,775 V. An einem Widerstand von 600 Ω wird dabei eine Leistung von 1 mW umgesetzt. Sehr häufig (vor allem international) wird der Spannungspegel bezogen auf 1 V ausgedrückt.

$$P_\text{SP2} = 20 \cdot \lg \frac{U}{1\,\text{V}}\,\text{dB(V)} \quad \text{oder dBV} \tag{B.6}$$

Man verwendet auch andere Bezugsgrößen bei absoluten Pegeln.

---

[*] ABSOLUTER PEGEL: *absolute level*
[*] ABSOLUTER SPANNUNGSPEGEL: *absolute voltage level*

| \multicolumn{5}{c}{Bezugsgrößen: Pegel} |
$R_i = R_a$ (Ω)	P_Bezug (mW)	U_0 (V)	dB(mW)	Anwendung
600	1	0,77459	0	Standard
75	1	0,27386	0	HF-Technik
60	1	0,24494	0	Meßtechnik
50	1	0,22360	0	Meßtechnik
150	1	0,389	0	Telefontechnik
500	6	1,73205	7,78	USA "
600	6	1,1898	7,78	USA "
600	12,5	2,739	10,97	USA "

Die Kennzeichnung der verschiedenen Bezugsgrößen ist sehr uneinheitlich. Vorsicht bei Angaben in internationaler Literatur!

| \multicolumn{3}{c}{Bezugsgrößen: Spannungspegel} |
Bezeichnung	Bezugsgröße	dB(0,775V)
dBV	0 dBV=1 V	2,2
dBmV	0 dBmV=1 mV	−57,8
dBµV	0 dBµV=1 µV	−117,8

B.15.1.1 Umrechnung von Leistungs- und Spannungspegeln

Nur bei einem Widerstand von 600 Ω entspricht der Leistungspegel zahlenmäßig dem Spannungspegel. Für absolute Pegel, gemessen am Widerstand R, gilt

$$\text{Leistungspegel} = \text{Spannungspegel} + \text{Korrekturfaktor } \Delta \tag{B.7}$$

$$P_\text{L} = P_\text{SPl} + \underbrace{10 \cdot \lg \frac{600\,\Omega}{R}}_{\Delta} \tag{B.8}$$

Die Einheit des Korrekturfaktors ist das dB. Abhängig vom Widerstand R, an dem der Pegel gemessen wird, ergibt sich

| \multicolumn{8}{c}{Korrekturfaktoren} |
$R\,(\Omega)$	50	60	75	150	500	600	1200
$\Delta\,(\text{dB})$	10,79	10,00	9,03	6,02	0,79	0	−3,01

B.15.2 Relative Pegel

Pegel	Verstärkung	Dämpfung	Pegel	Verstärkung	Dämpfung
0,0	1,0000	1,0000	0,5	1,0593	0,9441
0,1	1,0116	0,9886	0,6	1,0715	0,9333
0,2	1,0233	0,9772	0,7	1,0839	0,9226
0,3	1,0351	0,9661	0,8	1,0965	0,9120
0,4	1,0471	0,9550	0,9	1,1092	0,9016
1,0	1,1220	0,8913	11,0	3,5481	0,2818
1,5	1,1885	0,8414	11,5	3,7584	0,2661
2,0	1,2589	0,7943	12,0	3,9811	0,2512
2,5	1,3335	0,7499	12,5	4,2170	0,2371
3,0	1,4125	0,7079	13,0	4,4668	0,2239
3,5	1,4962	0,6683	13,5	4,7315	0,2113
4,0	1,5849	0,6310	14,0	5,0119	0,1995
4,5	1,6788	0,5957	14,5	5,3088	0,1884
5,0	1,7783	0,5623	15,0	5,6234	0,1778
5,5	1,8836	0,5309	15,5	5,9566	0,1679
6,0	1,9953	0,5012	16,0	6,3096	0,1585
6,5	2,1135	0,4732	16,5	6,6834	0,1496
7,0	2,2387	0,4467	17,0	7,0795	0,1413
7,5	2,3714	0,4217	17,5	7,4989	0,1334
8,0	2,5119	0,3981	18,0	7,9433	0,1259
8,5	2,6607	0,3758	18,5	8,4140	0,1189
9,0	2,8184	0,3548	19,0	8,9125	0,1122
9,5	2,9854	0,3350	19,5	9,4406	0,1059
10,0	3,1623	0,3162	20,0	10,0000	0,1000
40	10^2	10^{-2}	100	10^5	10^{-5}
60	10^3	10^{-3}	120	10^6	10^{-6}
80	10^4	10^{-4}	140	10^7	10^{-7}

BEISPIEL: Gesucht ist die Leistungsverstärkung eines 48,5 dB Verstärkers. 48,5 dB = 8,5 dB + 40 dB. Der Tabelle entnimmt man bei 8,5 dB eine Verstärkung von 2,6607. 40 dB entsprechen einer 100 fachen Verstärkung. Das Produkt der beiden ergibt eine Spannungsverstärkung von 266. Wird ein genaues Ergebnis erwartet, z. B. für 48,7 dB, so entnimmt man der Tabelle die Werte für 0,7 dB + 8 dB + 40 dB. Daraus ergibt sich: $1,0839 \cdot 2,5119 \cdot 100 = 272,26$.

B.16 Kontaktbelegung ausgewählter Steckverbinder

B.16.1 VGA (9-polig)

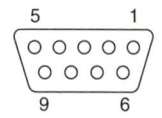

an der Grafikkarte
9 pin D-sub Buchse

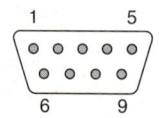

Monitorkabel
9 pin high density D-sub Stecker

Stift	Bezeichnung	Signal
1	RED	Video Rot (75 Ohm, 0,7 V_{ss})
2	GREEN	Video Grün (75 Ohm, 0,7 V_{ss})
3	BLUE	Video Blau (75 Ohm, 0,7 V_{ss})
4	HSYNC	Sync Horizontal
5	VSYNC	Sync Vertikal
6	RGND	Masse Rot
7	GGND	Masse Grün
8	BGND	Masse Blau
9	SGND	Masse Synch

Signalquelle ist die Grafikkarte.

B.16.2 VGA (15-polig)

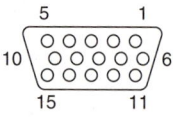

an der Grafikkarte

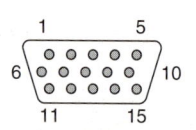

Monitorkabel

Stift	Bezeichnung	Richtung	Signal
1	RED	→	Video Rot (75 Ohm, 0,7 V_{ss})
2	GREEN	→	Video Grün (75 Ohm, 0,7 V_{ss})
3	BLUE	→	Video Blau (75 Ohm, 0,7 V_{ss})
4	ID2	←	Monitor ID Bit 2
5	GND	—	Masse
6	RGND	—	Masse Rot
7	GGND	—	Masse Grün
8	BGND	—	Masse Blau
9	KEY		Kodierung (kein Stift)
10	SGND	—	Masse Sync
11	ID0	←	Monitor ID Bit 0
12	ID1 or SDA	←	Monitor ID Bit 1
13	HSYNC or CSYNC	→	Horizontalsynchronisation (oder Komposit-Sync)
14	VSYNC	→	Vertikalsynchronisation
15	ID3 or SCL	←	Monitor ID Bit 3

Nach rechts gerichtete Richtungspfeile zeigen von Grafikkarte zu Monitor.

B.16.3 9-zu-15-Stift-VGA-Kabel

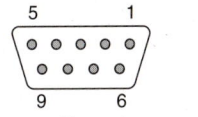

zum Computer
9 pin D-sub Stecker

zum Monitor
15 pin high density D-sub Buchse

Signal	9-Stift	15-Stift
Video Rot	1	1
Video Grün	2	2
Video Blau	3	3
Sync Horizontal	4	13
Sync Vertikal	5	14
Masse Rot	6	6
Masse Grün	7	7
Masse Blau	8	8
Masse Sync	9	10 & 11

B.16.4 SCART

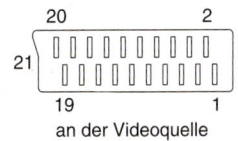

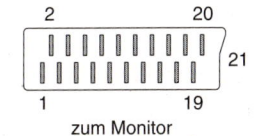

an der Videoquelle   zum Monitor

Stift	Bezeichnung	Signal	Signalpegel/Impedanz
1	AOR	Audio Out Right	$0,5 V_{eff} < 1 k\Omega$
2	AIR	Audio In Right	$0,5 V_{eff} > 10 k\Omega$
3	AOL	Audio Out Left or Mono	$0,5 V_{eff} < 1 k\Omega$
4	AGND	Audio Ground	
5	B GND	RGB Blue Ground	
6	AIL	Audio In Left or Mono	$0,5 V_{eff} > 10 k\Omega$
7	B	RGB Blue In	$0,7 V\ 75 \Omega$
8	SWTCH	Audio/RGB switch / 16:9	Schaltspannung
9	G GND	RGB Green Ground	
10	CLKOUT	Data 2: Clock Out	
11	G	RGB Green In	$0,7 V\ 75 \Omega$
12	DATA	Data 1: Data Out	
13	R GND	RGB Red Ground	
14	DATAGND	Data Ground	
15	R	RGB Red In/Chrominance	$0,7 V$ (Chrom.: $0,3 V$ burst) 75Ω
16	BLNK	Blanking Signal	1–3 V: RGB, 0–0,4 V: Composite, 75Ω
17	VGND	Composite Video Ground	
18	BLNKGND	Blanking Signal Ground	
19	VOUT	Composite Video Out	$1 V\ 75 \Omega$
20	VIN	Composite Video In/Luminance	$1 V\ 75 \Omega$
21	SHIELD	Ground/Shield	

B.16.5 SCART-Verbindungskabel

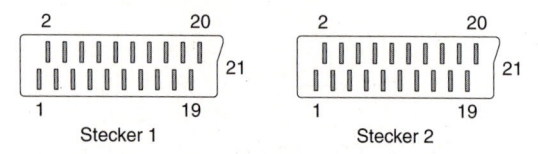

Stecker1	Stecker2	Signal
3	6	Audio A (links)
6	3	Eingang/Ausgang
1	2	Audio B (rechts)
2	1	Eingang/Ausgang
4	4	Audio Masse
19	20	Video
20	19	Eingang/Ausgang
5, 7, 8	1 : 1 verbunden	
9–18	1 : 1 verbunden	

B.16.6 S-Video

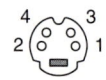

4-polige Mini-DIN-Buchse

Stift	Bezeichnung	Signal
1	GND	Masse Luminanz
2	GND	Masse Chrominanz
3	Y	Luminanz
4	C	Chrominanz

B.16.7 Serielle Schnittstelle (9-polig)

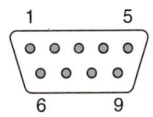

```
  1       5
  ○ ○ ○ ○ ○
   ○ ○ ○ ○
  6       9
```
9 pin D-sub Stecker am Rechner

Stift	Bezeichnung	Richtung	Signal
1	CD	←	Carrier Detect
2	RXD	←	Receive Data
3	TXD	→	Transmit Data
4	DTR	→	Data Terminal Ready
5	GND	—	System Ground
6	DSR	←	Data Set Ready
7	RTS	→	Request to Send
8	CTS	←	Clear to Send
9	RI	←	Ring Indicator

Nach rechts gerichtete Richtungspfeile zeigen von DTE (Rechner) zu DCE (Modem o. ä.).

B.16.8 Serielle Schnittstelle (25-polig)

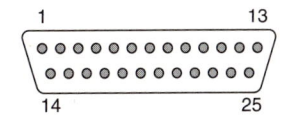

```
  1                    13
  ○ ○ ○ ○ ○ ○ ○ ○ ○ ○ ○ ○ ○
   ○ ○ ○ ○ ○ ○ ○ ○ ○ ○ ○ ○
  14                   25
```
25 pin D-sub Stecker am Rechner

Stift	Bezeichnung	Richtung	Signal
1	SHIELD	-	Shield
2	TXD	→	Transmit Data
3	RXD	←	Receive Data
4	RTS	→	Request to Send
5	CTS	←	Clear to Send
6	DSR	←	Data Set Ready
7	GND		System Ground
8	CD	←	Carrier Detect
9–19	n/c		
20	DTR	→	Data Terminal Ready
21	n/c		
22	RI	←	Ring Indicator
23–25	n/c		

Nach rechts gerichtete Richtungspfeile zeigen von DTE (Rechner) zu DCE (Modem o. ä.).
Pin 1 und Pin 7 werden nicht im Kabel verbunden.

B.16.9 Verbindungsschema serielle Schnittstelle

Die Schnittstelle nach CCITT V.24 ist ebenso in der amerikanischen Norm EIA232E und der DIN 66 020 beschrieben. In der praktischen Anwendung werden meist nur einige der vielen Signale ausgewertet. Beispiele für das Zusammenschalten zweier Geräte mit V.24-Schnittstellen:

ohne handshake		CTS handshake		DTR handshake		full handshake	
DEE	DÜE	DEE	DÜE	DEE	DÜE	DEE	DÜE
2	→ 2	2	→ 2	2	→ 2	2	→ 2
3	← 3	3	← 3	3	← 3	3	← 3
4	4	4	→ 4	4	4	4	→ 4
5	5	5	← 5	5	5	5	← 5
6	6	6	6	6	6	6	→ 6
7	— 7	7	7	7	7	7	7
8	8	8	8	8	8	8	— 8
15	15	15	15	15	15	15	← 15
17	17	17	17	17	17	17	← 17
20	20	20	20	20	— 20	20	→ 20
24	24	24	24	24	24	24	→ 24

CTS- und DTR-handshake können miteinander kombiniert werden.

Nullmodem		CTS handshake					
DEE	DEE	DEE	DEE	DEE	DEE	DEE	DEE
2	2	2	2	2	2	2	2
3	✕ 3	3	✕ 3	3	✕ 3	3	✕ 3
4	4	4	4	4	✕ 4	4	✕ 4
5	5	5	✕ 5	5	5	5	5
6	6	6	6	6	6	6	6
7	— 7	7	— 7	7	7	7	7
8	8	8	8	8	8	8	8
15	15	15	15	15	15	15	15
17	17	17	17	17	17	17	17
20	20	20	20	20	20	20	20
24	24	24	24	24	24	24	24

Pegel: MARK (1) $-15\,\text{V} < U < -3\,\text{V}$
SPACE (0) $+15\,\text{V} > U > +3\,\text{V}$

Protokolle: Die Datenflußsteuerung erfolgt über die Signale RTS/CTS bzw. DTR oder aber durch Austausch der Zeichen XON/XOFF (DC1/DC3) bzw. ETX/ACK.

B.16.10 Cisco Console Port

Management Konsole für Cisco Router und Switches

RJ45-Buchse am
Router/Switch Console Port

Stift	Bezeichnung	Richtung	Signal
1	RTS	→	Request To Send
2	DTR	→	Data Terminal Ready
3	TXD	→	Transmit Data
4	n/c		
5	n/c		
6	RXD	←	Receive Data
7	DSR	←	Data Set Ready
8	CTS	←	Clear To Send

Nach rechts gerichtete Richtungspfeile zeigen weg vom Router/Switch.
Nicht zu verwechseln mit der Kontaktbelegung für die identisch aussehenden Netzwerkanschlüsse.

B.16.11 Cisco Console Kabel (9-polig)

Verbindungskabel zwischen Cisco Router/Switch und Rechner

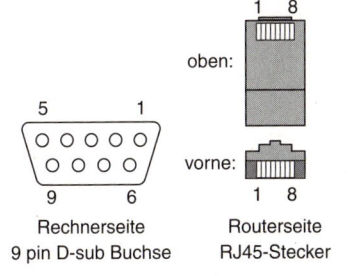

Rechnerseite
9 pin D-sub Buchse

Routerseite
RJ45-Stecker

D-sub	Signal	RJ45	Richtung
2	Receive Data	3	←
3	Transmit Data	6	→
4	Data Terminal Ready	7	→
5	Ground	Schirm	—
6	Data Set Ready	2	←
7	Request to Send	8	→
8	Clear to Send	1	←

B.16.12 Cisco Console Kabel (25-polig)

Verbindungskabel zwischen Cisco Router/Switch und Rechner

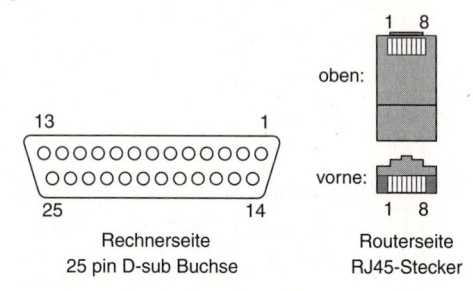

Rechnerseite
25 pin D-sub Buchse

Routerseite
RJ45-Stecker

D-sub	Signal	D-sub	RJ45	Richtung
1	Shield Ground	1	Schirm	—
2	Transmit Data	2	6	→
3	Receive Data	3	3	←
4	Request to Send	4	8	→
5	Clear to Send	5	1	←
6	Data Set Ready	6	2	←
20	Data Terminal Ready	20	7	→

B.16.13 Universal Serial Bus (USB)

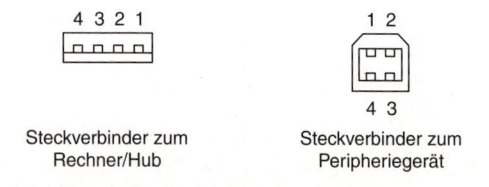

Steckverbinder zum
Rechner/Hub

Steckverbinder zum
Peripheriegerät

Stift	Bezeichnung	Adernfarbe		Signal
1	VCC	rot		+5 V=
2	D−	weiß	Diese beidenAdern sind verdrillt	Data −
3	D+	grün		Data +
4	GND	schwarz		Masse

Ein USB-Port kann ein Endgerät mit max. 500 mA versorgen.

B.16 Kontaktbelegung ausgewählter Steckverbinder   633

B.16.14 Diodenstecker (3-polig)

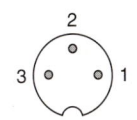

Ansicht Steckerseite
Stecker beweglich: 130-9 IEC-01
Buchse fest: 130-9 IEC-02

Anwendung	1	2	3
Mikrofon, Mono-System, (symmetrisch)	Signal	Schirmung	Rückleitung
Mikrofon, Mono-System, symmetrisch, tonadergespeist	Signal und Pluspol	Schirmung	Rückleitung und Minuspol
Mikrofon, Mono-System, symmetrisch, phantomgespeist	Signal und Pluspol	Schirmung und Minuspol	Rückleitung und Pluspol
Mikrofon, Mono-System, unsymmetrisch	Signal	Schirmung und Rückleitung	—

B.16.15 Diodenstecker (5-polig)

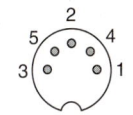

Ansicht Steckerseite
Stecker beweglich: 130-9 IEC-03
Buchse fest: 130-9 IEC-04

Anwendung	1	2	3	4	5
Mikrofon, Mono-System, (symmetrisch)	Signal	Schirmung	Rückleitung	Verbunden mit 1	Verbunden mit 3
Mikrofon, Mono-System, unsymmetrisch	Signal	Schirmung und Rückleitung	–	Verbunden mit 1	–
Mikrofon, Stereo-System, symmetrisch	Signal linker Kanal	Schirmung	Rückleitung linker Kanal	Signal rechter Kanal	Rückleitung rechter Kanal
Mikrofon, Stereo-System, unsymmetrisch	Signal linker Kanal	Schirmung und Rückleitung	–	Signal rechter Kanal	–
Stereo Quelle (CD, Tuner)		Schirmung und Rückleitung	Signal linker Kanal	–	Signal rechter Kanal
Aufnahme und Wiedergabesysteme	Eingang linker Kanal	Schirmung und Rückleitung	Ausgang linker Kanal	Eingang rechter Kanal	Ausgang rechter Kanal
Sprechgarnitur mono	Mikrofonsignal	Schirmung und Rückleitung Mikrofon	Signal linker Kopfhörer	Rückleitung Kopfhörer	Verbunden mit 3
Sprechgarnitur stereo	Mikrofonsignal	Schirmung und Rückleitung Mikrofon	Signal linker Kopfhörer	Rückleitung Kopfhörer	Signal rechter Kopfhörer

B.16.16 Klinkenstecker mono

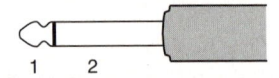

Bauform 3,5 mm bzw. 6,3 mm

Signal für Mikrofon, Lautsprecher oder Kopfhörer an der Spitze (1), Schirmung und Rückleitung an der Hülse (2).
Viele PC-Soundkarten speisen den Mikrofoneingang mit 1,5 V zur Versorgung von Kondensatormikrofonen.

B.16.17 Klinkenstecker stereo

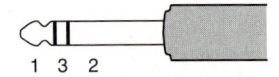

Bauform 3,5 mm bzw. 6,3 mm

Anwendung	Spitze (1)	Hülse (2)	Ring (3)
Kopfhörer mono	Signal	Schirmung und Rückleitung	Verbunden mit 1
Kopfhörer stereo	Signal linker Kanal	Schirmung und Rückleitung	Signal rechter Kanal

B.17 Telefontechnik

B.17.1 Mehrfrequenzwahl

Beim Drücken jeder Wähltaste sendet das Telefon zwei Sinustöne unterschiedlicher Frequenz. Die Frequenzen und ihre Zuordnung sind international standardisiert.

	1	2	3	A
697 Hz	1	2	3	A
770 Hz	4	5	6	B
852 Hz	7	8	9	C
941 Hz	*	0	#	D
	1209 Hz	1336 Hz	1477 Hz	1633 Hz

Die Tasten in der letzten Spalte stehen nur auf Komforttelefonen zur Verfügung.

B.17.2 TAE-Dosen Anschlußschema

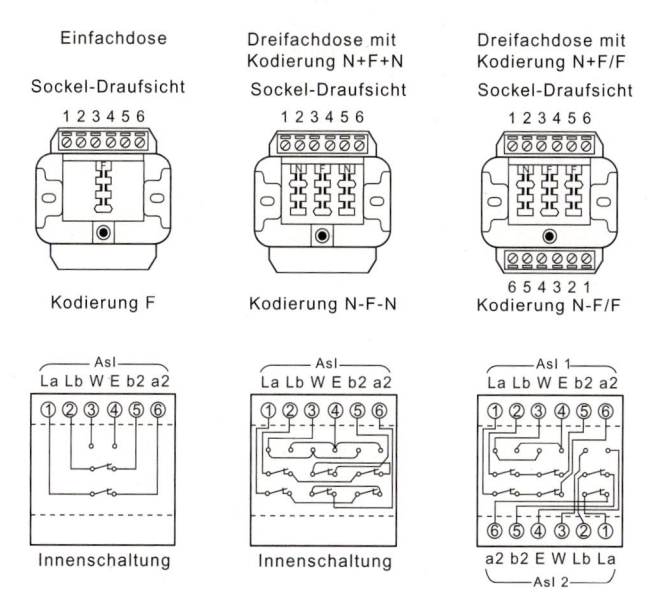

Abbildung B.4: Anschlußschema der TAE-Dosen in verschiedener Kodierung

TAE Dosen sind die Anschlußdosen für Telefon-Endgeräte im Netz der Deutschen Telekom. Dosen und Anschlußstecker existieren mit den Kodierungen F (Fernsprecher) und N (Nicht-Fernsprecher). Die Dosen mit der Kodierung F dienen dem Anschluß von Telefonapparaten, dagegen ist die Kodierung N für Faxgeräte, Anrufbeantworter, Gebührenzähler etc. vorgesehen.

Die Amtsleitung wird an den Klemmen 1 und 2 angeschlossen. Mehrere TAE-Dosen lassen sich hintereinanderschalten. Die Klemmen 5 und 6 der Dose werden dann auf die Klemmen der folgenden Dose weitergeführt. Die im Schaltbild oben dargestellten internen Schalter sorgen dafür, daß beim Einstecken mehrerer Apparate der dem Amtsanschluß nächste alle weiteren abschaltet.

Abbildung B.5: Ersatzschaltbild eines Telefons

Abbildung B.5 zeigt das Ersatzschaltbild eines Fernsprechapparates. Bei aufgelegtem Hörer ist der Schalter S_1 geöffnet, der Widerstand liegt also wechselspannungsmäßig an der Amtsleitung. Mit abgenommenen Hörer stellt das Telefon einen Gleichspannungswiderstand von 600 Ω dar, dem noch die Gesprächswechselspannung überlagert ist.

B.17.3 ISDN-Dosen Anschlußschema

IAE: ISDN Anschlußeinheit, UAE: Für ISDN und LAN

Ausführungen: IAE 4(4): 4-poliges Steckgesicht, 4 Buchsenkontakte
IAE 8(4): 8-poliges Steckgesicht, 4 Buchsenkontakte
UAE 8(8): 8-poliges Steckgesicht, 8 Buchsenkontakte

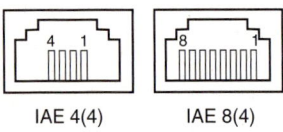

Abbildung B.6: Steckgesichter der 4- und 8-poligen Buchsen

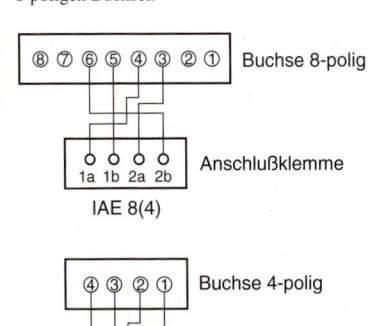

Abbildung B.7: Anschlußschemata für 8- und 4-polige Buchsen

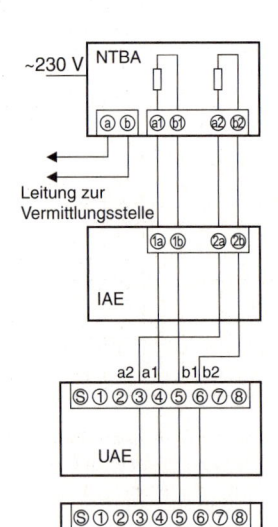

S: Schirmabschluß
NTBA: Netzabschlußgerät (wird i. d. R. vom Netzbetreiber gestellt)

Die Widerstände sind 100-Ω-Abschlußwiderstände

Abbildung B.8: Anschluß mehrerer Endgeräte am S_0-Bus mit IAE und UAE

B.18 ASCII-Codierung

hex	0	1	2	3	4	5	6	7
0	NUL 0	DLE 16	32	0 48	P 64	` 80	p 96	112
1	SOH 1	DC1 17	! 33	1 49	A 65	Q 81	a 97	q 113
2	STX 2	DC2 18	" 34	2 50	B 66	R 82	b 98	r 114
3	ETX 3	DC3 19	# 35	3 51	C 67	S 83	c 99	s 115
4	EOT 4	DC4 20	$ 36	4 52	D 68	T 84	d 100	t 116
5	ENQ 5	NAK 21	% 37	5 53	E 69	U 85	e 101	u 117
6	ACK 6	SYN 22	& 38	6 54	F 70	V 86	f 102	v 118
7	BEL 7	ETB 23	' 39	7 55	G 71	W 87	g 103	w 119
8	BS 8	CAN 24	(40	8 56	H 72	X 88	h 104	x 120
9	HT 9	EM 25	) 41	9 57	I 73	Y 89	i 105	y 121
A	LF 10	SUB 26	* 42	: 58	J 74	Z 90	j 106	z 122
B	VT 11	ESC 27	+ 43	; 59	K 75	[/Ä 91	k 107	{/ä 123
C	FF 12	FS 28	, 44	< 60	L 76	\/Ö 92	l 108	—/ö 124
D	CR 13	GS 29	- 45	= 61	M 77	]/Ü 93	m 109	}/ü 125
E	SO 14	RS 30	. 46	> 62	N 78	∧ 94	n 110	~/ß 126
F	SI 15	US 31	/ 47	? 63	O 79	_ 95	o 111	DEL 127

ASCII (*American Standard Code for Information Interchange*) ist ein 7-bit-Zeichencode. Er wurde von der ITU als IRA (*International Reference Alphabet*) auf 256 8-bit-Zeichen erweitert. An 12 Plätzen sind nationale Sonderzeichen zulässig. Die Tabelle zeigt auf diesen Plätzen die deutschen Sonderzeichen nach DIN 66003.

Die zwei- und dreibuchstabigen Kürzel kennzeichnen Steuercodes nach ISO für die Datenübertragung. Das Zeichen DC1 wird auch als XON, das Zeichen DC3 als XOFF bezeichnet.

B.19 Chemische Elemente

Z	Symbol	Elementname deutsch	Elementname englisch	Molmasse	Bemerkung
1	H	Wasserstoff	Hydrogen	1,008	Gas
2	He	Helium		4,003	Edelgas
3	Li	Lithium		6,941	Alkalimetall
4	Be	Beryllium		9,012	Erdkalimetall
5	B	Bor	Boron	10,81	
6	C	Kohlenstoff	Carbon	12,01	
7	N	Stickstoff	Nitrogen	14,01	Gas
8	O	Sauerstoff	Oxygen	16,00	Gas
9	F	Flour	Flourine	19,00	Halogen
10	Ne	Neon		20,18	Edelgas
11	Na	Natrium	Sodium	22,99	Alkalimetall
12	Mg	Magnesium		24,31	Leichtmetall
13	Al	Aluminium		26,98	Leichtmetall
14	Si	Silizium	Silicon	28,09	Halbleiter
15	P	Phosphor	Phosphorus	30,97	
16	S	Schwefel	Sulfur	32,06	
17	Cl	Chlor	Chlorine	35,45	Halogen
18	Ar	Argon		39,95	Edelgas
19	K	Kalium	Potassium	39,10	Alkalimetall
20	Ca	Calcium		40,08	Erdalkalimetall
21	Sc	Scandium		44,96	Metall
22	Ti	Titan	Titanium	47,87	Leichtmetall
23	V	Vanadium		50,94	Schwermetall
24	Cr	Chrom	Chromium	52,00	Schwermetall
25	Mn	Mangan	Manganese	54,94	Schwermetall
26	Fe	Eisen	Iron	55,85	Schwermetall
27	Co	Kobalt	Cobalt	58,93	Schwermetall
28	Ni	Nickel		58,69	Schwermetall
29	Cu	Kupfer	Copper	63,55	Schwermetall
30	Zn	Zink	Zinc	65,41	Metall
31	Ga	Gallium		69,72	Halbleiter
32	Ge	Germanium		72,64	Halbleiter
33	As	Arsen	Arsenic	74,92	
34	Se	Selen	Selenium	78,96	Halbleiter
35	Br	Brom	Bromine	79,90	Halogen
36	Kr	Krypton		83,78	Edelgas
37	Rb	Rubidium		85,47	Alkalimetall
38	Sr	Strontium		87,62	Erdalkalimetall
39	Y	Yttrium		88,91	Metall
40	Zr	Zirkonium	Zirconium	91,22	Metall
41	Nb	Niob	Niobium	92,91	Metall
42	Mo	Molybdän	Molybdenum	95,94	Metall
43	Tc	Technetium		(98)	künstl. Metall
44	Ru	Ruthenium		101,1	Kontaktmetall

Z: Kernladungszahl, Ordnungszahl. Die Molmasse ist angegeben in g/mol.

Z	Symbol	Elementname		Mol-	Bemerkung
		deutsch	englisch	masse	
45	Rh	Rhodium		102,9	Edelmetall
46	Pd	Palladium		106,4	Edelmetall
47	Ag	Silber	Silver	107,9	Edelmetall
48	Cd	Cadmium		112,4	Metall
49	In	Indium		114,8	Metall
50	Sn	Zinn	Tin	118,7	Schwermetall
51	Sb	Antimon	Antimony	121,8	Schwermetall
52	Te	Tellur	Tellurium	127,6	Halbleiter
53	I	Jod	Iodine	126,9	Halogen
54	Xe	Xenon		131,3	Edelgas
55	Cs	Caesium	Cesium	132,9	Alkalimetall
56	Ba	Barium		137,3	Erdalkalimetall
57	La	Lanthan	Lanthanum	138,9	Seltene Erden ↓
58	Ce	Cer	Cerium	140,1	
59	Pr	Praseodym	Praseodymium	140,9	
60	Nd	Neodym	Neodymium	144,2	
61	Pm	Promethium		(145,0)	
62	Sm	Samarium		150,4	
63	Eu	Europium		152,0	
64	Gd	Gadolinium		157,3	
65	Tb	Terbium		158,9	
66	Dy	Dysprosium		162,5	
67	Ho	Holmium		164,9	
68	Er	Erbium		167,3	
69	Tm	Thulium		168,9	
70	Yb	Ytterbium		173,0	
71	Lu	Lutetium		175,0	Seltene Erden ↑
72	Hf	Hafnium		178,5	
73	Ta	Tantal	Tantalum	180,9	
74	W	Wolfram	Tungsten	183,8	
75	Re	Rhenium		186,2	Kontaktmetall
76	Os	Osmium		190,2	Schwermetall
77	Ir	Iridium		192,2	Edelmetall
78	Pt	Platin	Platinum	195,1	Edelmetall
79	Au	Gold		197,0	Edelmetall
80	Hg	Quecksilber	Mercury	200,6	flüssiges Metall
81	Tl	Thallium		204,4	
82	Pb	Blei	Lead	207,2	Schwermetall
83	Bi	Bismut	Bismuth	209,0	Schwermetall
84	Po	Polonium		(209)	
85	At	Astat	Astatine	(210)	
86	Rn	Radon		(222)	radioaktives Edelgas
87	Fr	Francium		(223,0)	Alkalimetall
88	Ra	Radium		(226,0)	radioaktives Metall

Z: Kernladungszahl, Ordnungszahl. Die Molmasse ist angegeben in g/mol. Bei instabilen, kurzlebigen Elementen ist anstelle der Molmasse die Massenzahl des langlebigsten Isotops in Klammern angegeben.

Z	Symbol	Elementname		Mol-masse	Bemerkung
		deutsch	englisch		
89	Ac	Actinium	Actinum	(227,0)	Actinoid
90	Th	Thorium		232,0	" "
91	Pa	Protactinium		231,0	" "
92	U	Uran	Uranium	238,0	" "
93	NP	Neptunium		(237,0)	Transurane ↓
94	Pu	Plutonium		(244)	
95	Am	Americum	Americium	(243)	
96	Cm	Curium		(247)	
97	Bk	Berkelium		(247)	
98	Cf	Californium		(251)	
99	Es	Einsteinium		(252)	
100	Fm	Fermium		(257)	
101	Md	Mendelevium		(258)	
102	No	Nobelium		(259)	
103	Lr	Lawrencium		(262)	
104	Rf	Rutherfordium		(261)	
105	Db	Dubnium		(262)	
106	Sg	Seaborgium		(266)	
107	Bh	Bohrium		(264)	
108	Hs	Hassium		(277)	
109	Mt	Meitnerium		(268)	
110	Ds	Darmstadtium		(281)	entdeckt: 1994
111	Rg	Roentgenium		(272)	entdeckt: 1994
112	Uub	Ununbium		(285)	entdeckt: 1996
113					
114	Uuq	Ununquadium		(289)	entdeckt: 1999
115					
116	Uuh	Ununhexium		(?)	entdeckt: 1999
117					
118	Uuo	Ununoctium		(?)	entdeckt: 1999 (zurückgezogen 2001)
...	??	Stand 2005			

Z: Kernladungszahl, Ordnungszahl. Die Molmasse ist angegeben in g/mol. Bei kurzlebigen, instabilen Elementen ist anstelle der Molmasse die Massenzahl des langlebigsten Isotops in Klammern angegeben.

B.20 Werkstoffe

Werkstoff	Chem. Zeichen	Dichte kg/dm³	Resistivität µΩm*	Temperaturkoeffizient 10^{-3}K^{-1}
Aluminium	Al	2,70	0,027	4,3
Antimon	Sb	6,68	0,42	3,6
Blei	Pb	11,2	0,21	3,9
Bronze		8,9	0,02...0,14	0,5
Cadmium	Cd	8,64	0,077	3,8...4,2
Chrom	Cr	7,20	0,13	
Chromnickel		8,3	1...1,1	0,14
Eisen	Fe	7,86	0,1	6,5
Germanium (rein)	Ge	5,35	$0,46 \cdot 10^6$	
Glas		2,4...2,6	$10^{17}...10^{18}$	
Glimmer		2,6...3,2	$10^{19}...10^{21}$	
Gold	Au	19,3	0,022	3,8
Iridium	Ir	22,42	0,06...0,08	4,1
Kobalt	Co	8,9	0,06...0,09	3...6
Konstantan 55 %Cu, 44 %Ni, 1 %Mn		8,8	0,5	−0,04
Kupfer	Cu	8,92	0,017	4,3
Magnesium	Mg	1,74	0,045	3,8...5,0
Manganin 86 % Cu, 2 % Ni, 12 % Mn		8,4	0,43	±0,01
Messing		8,4	0,05...0,12	1,5
Molybdän	Mo	10,2	0,055	3,3
Neusilber		8,5	0,33	0,07
Nickel	Ni	8,9	0,08	6,0
Palladium	Pd	11,97	0,11	3,3
Platin	Pt	21,45	0,098	3,5
Quecksilber	Hg	13,55	0,97	0,8
Rhodium	Rh	12,4	0,045	4,4
Selen	Se	4,8	10^{11}	
Silber	Ag	10,5	0,016	3,6
Silizium	Si	2,4	0,59	
Tantal	Ta	16,6	0,15	3,1...3,5
Titan	Ti	4,43	0,048	
Wasser (destilliert)	H₂O	1,00	$4 \cdot 10^4$	
Wolfram	W	19,3	0,055	4,5...5,7
Woodsches Metall		9,7	0,53	2,0
Zink	Zn	7,14	0,061	3,7
Zinn	Sn	7,23	0,12	4,3

*Umrechnung: $1\,\mu\Omega\text{m} = 1\,\Omega\text{mm}^2/\text{m} = 10^{-6}\,\Omega\text{m}$. Die Resistivität (spezifischer Widerstand) gilt im Bereich 0 bis 100 °C. Die Dichte ist für 20 °C angegeben. Der Temperaturkoeffizient gilt für 0 °C, es sei denn, es sind Intervalle angegeben, die für den Temperaturbereich von 0 bis 500 °C gelten.

Resistivität von Isolatoren (Ωm)			
Bernstein	$> 10^{16}$	Plexiglas	10^{15}
Epoxydharz	$10^{13} \ldots 10^{15}$	Polyethylen	10^{16}
Glas	$10^{11} \ldots 10^{12}$	Polystyrol	10^{16}
Glimmer	$10^{13} \ldots 10^{15}$	Porzellan	$< 5 \cdot 10^{12}$
Hartgummi	10^{16}	PVC, hart	10^{15}
Holz (trocken)	$10^{9} \ldots 10^{13}$	PVC, weich	10^{13}
Mikanit	10^{15}	Quarz	$10^{13} \ldots 10^{16}$
Papier	$10^{15} \ldots 10^{16}$	Transformatorenöl	$10^{10} \ldots 10^{13}$

Permittivitätszahlen (Dielektrizitätszahlen)			
Argon	1,000 504	Mikanit	4,0…6,0
Aceton	21,4	Nitrobenzol	35,5
Bariumtitanat	1000…9000	Paraffinöl	2,2
Benzol	2,3	Petroleum	2,2
Bernstein	2,2…2,9	Pertinax	3,5…5,5
Condensa	40…80	Phenoplaste	5…7
Diethylether	4,3	Plexiglas	3…4
Epoxidharz	3,7	Polyethylen	2,2…2,7
Ethylalkohol	25,1	Porzellan	4,5…6,5
Germanium	≈ 16	PVC	3,1…3,5
Glas	2…16	Quarzglas	3,2…4,2
Glimmer	4…9	Sauerstoff	1,000 486
Glycerin	41,1	Schellack	2,7…4
Hartgummi	2,5…5	Silikonöl	2,2…2,8
Helium	1,000 066	Silizium	≈ 12
Holz	2,5…6,8	Stickstoff	1,000 528
Kabelvergußmasse	2,5	Styroflex	2,5
Kabelpapier, imprägniert	4…4,3	Styropor	1,1…1,4
Kabelöl	2,25	Teflon	2,1
Keramiken	bis 4000	Transformatorenöl	2,2…2,5
Kohlendioxid	1,000 985	Vakuum	1,000 000
Luft 1at, 0°C, trocken	1,000 594	Wasser destilliert	81
Marmor	8,4…14	Wasserstoff	1,000 252
Methylalkohol	33,5	Zellulose	3…7

Die Größenangaben bei Werkstoffen sind Orientierungswerte. Für eine konkrete Anwendung informiere man sich aus Referenz- und Tabellenwerken und beachte insbesondere die Randbedingungen, unter denen die Werte ermittelt wurden.

C Elemente der Installationstechnik

HINWEIS: Bei allen Installationsarbeiten sind die einschlägigen VDE-Vorschriften, insbesondere die DIN VDE 0100 zu beachten.

C.1 Schmelzsicherungen

Um zu vermeiden, daß Schmelzsicherungen* durch solche mit zu hohem Nennstrom ersetzt werden, befindet sich im Sicherungssockel eine Paßschraube, die farblich kodiert ist.

Nennstrom	Kennfarbe	Nennstrom	Kennfarbe
2 A	rosa	16 A	grau
4 A	braun	20 A	blau
6 A	grün	25 A	gelb
10 A	rot	35 A	schwarz
50 A	weiß	63 A	kupfer
80 A	silber	100	rot

C.2 Bezeichnung von Leitern

Leiterbezeichnung	Kennzeichnung	Bildzeichen	Farbe
Außenleiter	L1, L2, L3		1)
Neutralleiter	N		blau
Schutzleiter*	PE	⏚	grün-gelb 3)4)
Neutralleiter* mit Schutzfunktion	PEN	⏚	grün-gelb 3)4)
Erde*	E	⏚	1)

1) Farbe nicht festgelegt
2) Wenn kein Mittelleiter vorhanden ist, kann der blaue Leiter auch für andere Zwecke verwendet werden, jedoch nicht als Schutzleiter
3) Die Farbe grün-gelb darf für keinen anderen Leiter verwendet werden
4) Gilt auch für Erdleitungen, soweit sie Schutzfunktion haben

---

* SICHERUNG: *fuse* oder *breaker*
* NEUTRALLEITER: *neutral (wire, conductor, line)*
* SCHUTZLEITER: *protective earth, protective ground*
* ERDE *earth*

C.3 Schutzklassen

Elektrische Betriebsmittel werden in verschiedene Schutzklassen eingeteilt.

Schutzklasse I: In dieser Schutzklasse sind leitende Gehäuse(teile) mit dem Schutzleiter verbunden. Bei Körperschlüssen löst das Überstromschutzorgan (Sicherung) aus.

Schutzklasse II: Geräte dieser Schutzklasse sind schutzisoliert. Sie werden häufig mit einem flachen Euro-Stecker über eine zweiadrige Zuleitung mit Strom versorgt.

Schutzklasse III: Diese Schutzklasse umfaßt Geräte, die mit Schutzkleinspannungen bis 42 V betrieben werden.

Abbildung C.1: Kennzeichnung der Schutzklassen I, II und III

C.4 Farbkurzzeichen nach DIN IEC 757

Farbe	bisher	englisch	DIN IEC
schwarz	sw	black	BK
braun	br	brown	BN
rot	rt	red	RD
orange	or	orange	OG
gelb	ge	yellow	YE
grün	gn	green	GN
blau	bl	blue	BU
violett	vi	violet	VT
grau	gr	grey	GY
weiß	we	white	WH
rosa	rs	pink	PK
gold	...	gold	GD
türkis	tk	turquoise	TQ
silber	...	silver	SR
grüngelb	gnge	greenyellow	GNYE

HINWEIS: Mehrfarbige Leitungen werden bezeichnet wie BK+BN+BU, bisher sw/br/bl.

C.5 Adernfarben in mehradrigen Leitungen

Leitungen für ortsfeste Verlegung	
Adernzahl	Farben
3	gnge/sw/bl
	GNYE+BK+BU
4	gnge/sw/bl/br
	GNYE+BK+BU+BN
5	gnge/sw/bl/br/sw
	GNYE+BK+BU+BN+BK

Flexible Leitungen		
Adernzahl	Farben mit Schutzleiter	Farben ohne Schutzleiter
2	...	br/bl
		BN+BU
3	gnge/br/bl	sw/bl/br
	GNYE+BN+BU	BK+BU+BN
4	gnge/sw/bl/br	sw/bl/br/sw
	GNYE+BK+BU+BN	BK+BU+BN+BK
5	gnge/sw/bl/br/sw	sw/bl/br/sw/sw
	GNYE+BK+BU+BN+BK	BK+BU+BN+BK+BK

HINWEIS: In älteren Installationen ist der Außenleiter schwarz gekennzeichnet, der Neutralleiter jedoch *grau* und der Schutzleiter *rot*. Bei Neuinstallationen dürfen die alten Leiterfarben nicht mehr verwendet werden!

C.6 Typen-Kennzeichnung bei isolierten Leitungen

Kennzeichnung der Bestimmung
H: harmonisierte Bestimmung
A: anerkannter nationaler Typ
Nennspannung
03: 300/300 V
05: 300/500 V
07: 450/750 V
Isolierwerkstoff
V: PVC
R: Natur- oder synthetischer Kautschuk
S: Silikonkautschuk
Mantelwerkstoff
V: PVC
R: Natur- oder synthetischer Kautschuk
N: Chloroprenkautschuk
J: Glasfasergeflecht
T: Textilgeflecht
Aufbauart
H: flache, aufteilbare Leitung
H2: flache, nicht aufteilbare Leitung
Leiterart
U: eindrähtig
R: mehrdrähtig
K: feindrähtig bei Leitungen für feste Verlegung
F: feindrähtig für flexible Leitungen
H: feinstdrähtig für flexible Leitungen
Y: Lahnlitze
Aderzahl
Schutzleiter
X: ohne Schutzleiter
G: mit Schutzleiter
Leiterquerschnitt

BEISPIEL: Eine Leitung mit der Bezeichnung H07VV-F3G1,5 ist eine harmonisierte Leitung mit einer Nennspannung von 450/750 V. Der Mantel und die Isolierhülle sind aus PVC. Die Leitung ist flexibel mit feindrähtigen Adern. Sie hat drei Adern, wovon eine als Schutzleiter ausgeführt ist. Der Leiterquerschnitt beträgt 1,5 mm^2.

Nicht harmonisierte Leitungen siehe Seite 647 im Abschnitt C.7.

C.7 Leitungsausführungen

Die Angabe des Anwendungsbereichs dient der Orientierung. Vor der Durchführung einer Installation informiere man sich aus den einschlägigen VDE-Bestimmungen, insbesondere VDE 0100.

Bezeichnung	Aderzahl	Querschnitt in mm^2	Anwendungsbereich
Leitungen für die feste Verlegung			
Starkstromleitungen:			
PVC Aderleitung	1	1,5…6	In trockenen Räumen, in Rohren, auf und unter Putz; in geschlossenen Kanälen. In Baderäumen nicht in den Bereichen[†] 0, 1 und 2.
H07V-U	1	6…400	
H07V-R	1	1,5…240	
H07V-K	1	1,5…6	
Stegleitung	2…3	1,5…4	In trockenen Räumen in und unter Putz; in Baderäumen nicht in den Bereichen 0, 1 und 2. Unzulässig in Holzhäusern; unter Gipskarton nur, wenn dieser nicht geschraubt oder genagelt wird.
NYIF	4…5	1,5…2,5	
Mantelleitung	1	1,6…16	In trockenen Räumen, feuchten und nassen Räumen sowie im Freien. Nicht im Erdboden. In Beton nur, wenn dieser nicht gerüttelt oder gestampft wird. Zulässig über, auf, in und unter Putz.
NYM	2…3	1,5…10	
	4	1,5…35	
	5	1,5…16	
Erdkabel	1	4…500	In Innenräumen, im Freien, in Erde mindestens 0,6 m unter der Erdoberfläche, in Wasser.
NYY	2	1,5…25	
	3…4	1,5…300	
	5	1,5…16	
Fernmeldeleitungen:			
Klingeldrähte Y	2…5	0,6…0,8 ⌀	In trockenen Räumen im Rohr auf und unter Putz; offene Verlegung auf Putz.
Klingelleitung YR	2…8	0,6 ⌀	In trockenen und feuchten Räumen, im Freien, auf und unter Putz.
	2…16	0,8 ⌀	

NYM: **nichtharmonisierte** PVC-Mantelleitung. Nennspannung 300/500 V.
NYIF: nichtharmonisierte Stegleitung 230/400 V.
Der Zusatz -O kennzeichnet das Fehlen des Schutzleiters.

[†] Zur Definition der Schutzbereiche in Feuchträumen siehe den Abschnitt C.9.

Flexible Leitungen			
im allgemeinen nicht für feste Verlegung			
Bezeichnung	Aderzahl	Querschnitt in mm^2	Anwendungsbereich
Zwillingsleitung H03VVH-H	2	0,5/0,75	In trockenen Räumen bei sehr geringer mechanischer Beanspruchung für leichte Handgeräte; nicht für Wärmegeräte.
PVC-Schlauchleitung H03VV-F	2...4	0,5/075	In trockenen Räumen bei geringer mechanischer Beanspruchung für leichte Handgeräte; nicht für Wärmegeräte.
PVC-Schlauchleitung H05VV-F	2...7	0,75...2,5	In trockenen Räumen bei mittlerer mechanischer Beanspruchung, für Haus- und Küchengeräte auch in feuchten Räumen (z. B. Waschmaschine); feste Verlegung in Möbeln; nicht im Freien.
Gummischlauchleitung H05RR-F	2...5	0,75...2,5	Für leichte mechanische Beanspruchung für leichte Hand- und Wärmegeräte. Nicht dauerhaft im Freien.
Gummischlauchleitung H05RN-F	2...4	0,75...1,5	wie oben, jedoch für Verwendung im Freien geeignet (z. B. Gartengeräte).
Gummischlauchleitung H07RN-F	2...7	1...300	Bei mittlerer mechanischer Beanspruchung für alle Bereiche geeignet, auch für feste Verlegung.

Zulässige Strombelastung von mehradrigen Kupferleitungen			
Nennquerschnitt (mm^2)	Drahtdurchmesser (mm)	zul. Nennstrom (A)	Absicherung (A)
0,5	0,8	4	2
0,75	1,0	6	4
1,0	1,1	11	6
1,5	1,4	15	10
2,5	1,8	20	16
4	2,3	25	20
6	2,8	33	25
Bei Umgebungstemperatur $\leq 30\,°C$			

C.8 Schutzarten

Berührungsschutz		
Schutzart	Berührungsschutz	Symbol
IP 0X	kein Berührungsschutz	
IP 1X	Berührungsschutz gegen Fremdkörper größer als 50 mm ⌀	
IP 2X	Berührungsschutz gegen Fremdkörper größer als 12 mm ⌀	
IP 3X	Berührungsschutz gegen Fremdkörper größer als 2,5 mm ⌀	
IP 4X	Berührungsschutz gegen Fremdkörper und Werkzeuge größer als 1 mm ⌀	
IP 5X	Schutz gegen übermäßige Staubablagerung im Innern	✵
IP 6X	staubdicht	◈

Wasserschutz		
Schutzart	Wasserschutz	Symbol
IP X0	kein Wasserschutz	
IP X1	tropfwassergeschützt, bei senkrechtem Tropfenfall	▲
IP X2	tropfwassergeschützt, bei schrägem Tropfenfall	
IP X3	sprühwassergeschützt bis zu 30° über der Waagerechten	▲
IP X4	spritzwassergeschützt von allen Seiten	▲
IP X5	strahlwassergeschützt	▲ ▲
IP X6	Überflutungsschutz	
IP X7	Schutz beim Eintauchen	▲ ▲
IP X8	Schutz beim Untertauchen	▲ ▲ 5 bar

BEISPIEL: Installationen in trockenen Räumen müssen die Schutzart IP 20 haben. Wird über eine Schutzart keine Aussage gemacht, wird sie durch X ersetzt. So müssen beispielsweise Anlagen überdacht im Freien die Schutzart IP X1 aufweisen.

---

* IP: *international protection*

C.9 Installationen in Feuchträumen

Feuchträume werden in vier **Schutzbereiche** eingeteilt.

Schutzbereich 0 umfaßt das Innere der Dusch- oder Badewanne.
Schutzbereich 1 umfaßt den Bereich unmittelbar über der Badewanne bis in eine Höhe von 2,25 m
Schutzbereich 2 umfaßt einen Streifen von 0,6 m Breite um die Badewanne.
Schutzbereich 3 schließt an Schutzzone 2 an mit einer Breite von 2,40 m

Vorgeschriebene Schutzart bei Bädern im Wohnbereich		
Schutzbereich	Schutzart	zulässige Installation
0	IP X7	nur Geräte mit Schutzkleinspannung, keine Steckdosen
1	IP X4	nur ortsfeste Heißwasser- und Abluftgeräte und ihre Schalter, keine Steckdosen
2	IP X4	Steckdosen unzulässig. Nur Schrank- und Spiegelleuchten, ortsfeste Heiz- und Abluftgeräte
3	IP X1	Steckdosen mit FI-Schutzschalter 0,03 A

C.10 Spannungsabfall

Die DIN VDE 0100 Teil 520 schreibt vor, daß der Spannungsabfall vom Hausanschluß bis zum Verbraucher 4 % der Nennspannung nicht überschreiten darf. Bei $U_N = 230$ V sind das 9,2 V und bei $U_N = 400$ V maximal 16 V zulässiger Spannungsabfall.

C.11 Wechselschaltung, Kreuzschaltung

Um eine Leuchte von zwei oder drei Schaltern aus ein- und ausschalten zu können, verwendet man die Wechsel- bzw. die Kreuzschaltung. Bei mehr als drei Schaltstellen setzt man häufig Relaissteuerungen ein.

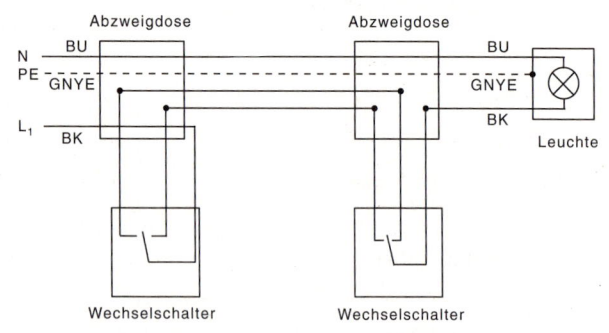

Abbildung C.2: Wechselschaltung zur Bedienung einer Leuchte von zwei Schaltern

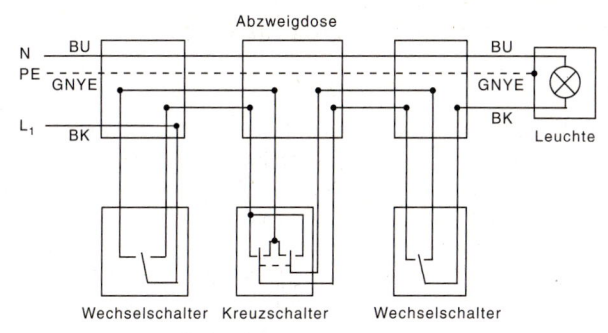

Abbildung C.3: Kreuzschaltung zur Bedienung einer Leuchte von drei Schaltern

C.12 Übersicht: Bildzeichen der Installationstechnik

Symbol	Bezeichnung	Symbol	Bezeichnung
———	Leiter, allgemein		Schutzkontaktsteckdose
—⌒—	Leiter, bewegbar		Fernmeldesteckdose
—⫽—	Leitung mit Kennzeichnung der Aderzahl		Antennensteckdose
—⫽—³	wie oben, vereinfachte Darstellung	⌀	Schalter mit Kontrollampe
⊥	Leiterverbindung	♂	Aus-Schalter, einpolig
⊕	Abzweigdose	♂	Aus-Schalter, zweipolig
○	Dose	⋎	Serienschalter, einpolig
—·—·—	PE- oder PEN-Leiter	♂	Wechselschalter, einpolig
·····—·····	Fernmeldeleitung	⋈	Kreuzschalter, einpolig
·····—·····	Rundfunkleitung	♂t	Zeitschalter

⁄⁄⁄	Leiter auf Putz	◉	Taster
—⁄⁄⁄—	Leiter im Putz	✎	Dimmer (Aus-Schalter)
⁄⁄⁄	Leiter unter Putz	⊐⊏	Stromstoßschalter
○	Leiter im Elektro-installationsrohr	✕	Leuchte, allgemein
⊣▭⊢	Sicherung	✕ 5·60W	Leuchte mit Angabe der Lampenzahl und Leistung
4	Fehlerstromschutz-schalter, vierpolig	✕	Leuchte mit Schalter
⊥ 3/N/PE	Schutzkontaktsteckdose für Drehstrom, 5-polig	⊸⌇▦	Herdanschlussdose (hier mit Elektroherd)

C.13 Schutzmaßnahmen

Werden durch Berühren spannungsführender Leiter Ströme durch den menschlichen Körper abgeleitet, so besteht Gefahr für Gesundheit und Leben der Person. Schutzmaßnahmen der elektrischen Installationstechnik zielen darauf ab, Berührungen zu vermeiden (Berührschutz) oder, falls diese doch eintreten sollten, die Gefährdung zu begrenzen und schnellstmöglich abzuschalten.

Schutzmaßnahmen für Installationen bis 1000 V sind in der umfangreichen VDE 0100 gesetzlich verbindlich vorgeschrieben. Gleichspannungen bis 60 V und Wechselspannungen bis 25 V werden als ungefährlich angesehen (in der Medizintechnik gelten niedrigere Werte).

Für elektrische Anlagen und Betriebsmittel, die Spannungen oberhalb dieser Grenzwerte führen, sind unter anderem folgende Schutzmaßnahmen vorzusehen

- **Isolation** spannungsführender Leiter (Berührschutz).
- bei Versagen der Isolation (indirektes Berühren) muß der Aufbau schädlicher Spannungen vermieden werden, oder wenigstens durch **Abschalten** zeitlich stark begrenzt werden.
- der Sternpunkt des Speisetransformators wird geerdet und von dort ein separater **PEN-Leiter** zum Verbraucher geleitet. Wenn dessen Querschnitt 10 mm^2 unterschreitet, werden Neutralleiter (N) und Schutzleiter (PE) getrennt geführt. Der Schutzleiter wird mit dem Gehäuse (Körper) des Betriebsmittels leitend verbunden. Bei Körperschluß fließt ein hoher Kurzschlußstrom, der das Leitungsschutzorgan (Sicherung) im L-Leiter(!) zum Abschalten bringt.
- **Fehlerstrom-Schutzschalter** messen die momentane Differenz aus Leiter- und Neutralleiterströmen. Bei Berührung oder Isolationsfehler fließt ein sogenannter Fehlerstrom in Erde oder zum Schutzleiter ab. beiden Ströme sind dann nicht mehr gleich groß, der FI-Schalter schaltet innerhalb von 30...50 ms ab.

D Abkürzungsverzeichnis

Akronym	Fremdsprachliche Bedeutung	Deutsche Bedeutung
1TR6	...	nationales (deutsches) D-Kanal-Protokoll im ISDN; Nachfolger: DSS-1 im Euro-ISDN
3DES	triple DES	dreifache Verschlüsselung mit DES
4PDT	four-pole double-throw	vierpoliger Umschalter
4PST	four-pole single-throw	vierpoliger Ein-/Aus-Schalter
555	triple nickel	Laborjargon, Bezeichnung für den Zeitgeberschaltkreis 555. Nickel: US 5-cent-Münze

A

AAA	authentication, authorisation, accounting	Sicherheitsfunktionen des Netzbetriebs
AAE	...	abgesetzte ATM Einrichtung
AAL	ATM adaptation layer	ATM Anpassungsschicht
AAL	ATM adaptation layer	ATM Anpassungsschicht
a/b	analog phone line	Bezeichnung der analogen Telefon-Schnittstelle
ABB	...	Ausschuß für Blitzableiterbau
ABCD	ABCD-parameters	Parameter der Kettenmatrix eines Vierpols
ABF	air-blow fibre	flexibles Leerrohr, in das Glasfaser mit Preßluft eingeblasen wird
ABR	available bit rate (service)	Dienstgüteklasse in ATM, verfügbare Bitrate ohne Garantien
AC	alternating current	Wechselstrom
ACD	automatic call distribution	automatische Anrufverteilung
ACI	alternating current	Wechselstrom, Betonung auf Strom
ACIA	asynchronous communication-interface adapter	Serieller Interface Baustein
ACK	acknowledge	Bestätigungszeichen
ACL	access control list	Methode der Zugriffsbeschränkung auf Dateien Netze und Dienste (Server)
ACPI	advanced configuration and power interface	BIOS-Erweiterung für das Management der Stromversorgung
ACR	attenuation cross-talk ratio	log. Verhältns aus Leitungsdämpfung und Übersprechen
ACSE	association control service element	Schicht-6-Protokoll nach ISO DIS 8822 (MAP Protokollstapel)
ACTE	Approval Committee for Telecommunications Equipment	EU-Ausschuß zur Zulassung von Telekommunikationseinrichtungen
ACV	alternating voltage	Wechselspannung
ACW	architecture control word	Konfigurationsregister in GALs

Akronym	Fremdsprachliche Bedeutung	Deutsche Bedeutung
AD	administrative domain	Abschnitt eines Rechnernetzes (e-mail)
A/D	analogue to digital	Analog-Digital-
ADC	analogue-to-digital converter	Analog-Digital-Umsetzer
ADLCP	advanced datalink control protocol	ANSI Leitungs-(LLC)-Protokoll
ADM	add-drop multiplexer	Add/Drop-Multiplexer (SDH)
ADO	auxiliary disconnect outlet	Netzübergabepunkt
ADO8	...	8-polige Anschlußdose für Telefone
ADPCM	adaptive differential pulse code modulation	Datenreduzierende PCM
ADSL	asymmetrical digital subscriber line	Technik zur Realisierung breitbandiger Dienste auf Telefon-Anschlußleitungen (Kupfer)
ADSR	attack–decay–sustain–release (sound generator)	Generator zur Formung der Hüllkurve von synthetischen Tönen
ADU	...	Analog-Digital-Umsetzer
AEA	American Electronics Association	Vereinigung der amerikanischen Elektronik-Industrie
AEF	...	Ausschuß für Einheiten und Formelgrößen im DNA
AF	audio frequency	Tonfrequenz
AFAIK	as far as I know	Kürzel in Diskussionsforen: soweit ich weiß
AFC	automatic frequency control	Frequenzregelung
AFK	away from keyboard	Kürzel in Diskussionsforen: nicht an der Tastatur
AFT	automatic fine tuning	automatische Abstimmung
AFuG	...	Amateurfunk-Gesetz
AGA	alterable gate array	abänderbare Gatter-Anordnung (änderbares Gate-Array)
AGC	automatic gain control	Verstärkungs- bzw. Amplitudenregelung
AGt	...	Ausschuß für Gebrauchstauglichkeit
AHDL	analogue hardware-description language	Spezifikationssprache für Analogschaltungen
AKA	also known as	Kürzel in Diskussionsforen: auch bekannt als
AKF	auto-correlation function	Autokorrelationsfunktion
ALC	automatic level control	automatische Pegelregelung
ALERT	advice and problem location for European road traffic	Kurznachrichten-Dienst für Autoradios mit RDS-Ausrüstung
ALGOL	algorithmic language	als ALGOL 60 erste strukturierte Programmiersprache. Nachfolger: PASCAL
ALS	advanced low-power Schottky	schnelle TTL-Baureihe
ALU	arithmetic logical unit	Rechenwerk
AM	amplitude modulation	Amplitudenmodulation
AMI	alternate mark inversion	gleichstromfreier Leitungscode
AMPS	advanced mobile phone system	Mobil-Telefon-System in USA, Australien, Hong-Kong

Akronym	Fremdsprachliche Bedeutung	Deutsche Bedeutung
AMVSB	amplitude-modulation vestigeous sideband	AM mit Restseitenband
AN	access network	Zugangsnetz
ANL	automatic noise limiter	automatische Rauschsperre
ANSI	American National Standards Institute	Normungsgremium der USA ähnlich DIN
ANSI	ANSI code	weit verbreiteter Zeichencode, fälschlich oft noch als ASCII bezeichnet, dessen Nachfolger er ist
AOR	Atlantic ocean region	Ausleuchtzone von Satelliten
AP	access point	(Netz-)Zugangspunkt
APC	angled physical contact (connector)	Glasfaserverbinder für Monomodefasern, z. B. FC/APC und SC/APC
APD	avalanche photodiode	Lawinen-Photodiode
APDU	Application Protocol Data Unit (OSI)	Datenblock, der von der Anwendungsschicht zur Darstellungsschicht gereicht wird
API	application programming interface	Programmier-Schnittstelle zwischen Anwendung und Betriebssystem
APL	a programming language	interaktive Programmiersprache zur Lösung mathematischer Probleme in kompakter Notation
APM	advanced power management	Vorgänger von ACPI für die BIOS-Erweiterung für das Powermanagement
APNIC	Asia Pacific Network Information Centre	Registrierungsstelle für IP-Adressen in Asien
APPC	advanced program-to-program communication	Schnittstelle von Token Ring in SNA-Netze
APPLI/COM	application/communication	(in Deutschland) standardisierte Schnittstelle zwischen Anwendungen und Netzen
AQL	acceptable quality level	annehmbare Qualitätsgrenzlage (DIN 40 080)
ARI	...	Autofahrer Rundfunkinformationssystem in D, L und CH
ARIN	American Registry for Internet Numbers	Registrierungsstelle für IP-Adressen in Nordamerika
ARMAX	auto-regressive moving average with exogenious variables	regelungstechnisches Modell
ARP	address resolution protocol	Protokoll zur Umsetzung von Internet- in MAC-Adressen
ARPU	average return per user	Durchschnittsertrag pro Teilnehmer
ARQ	automatic repeat request	Aufforderung zur Wiederholung der Übertragung bei Fehlern
ARRL	American Radio Relay League	Verband Amerikanischer Funkamateure
AS	advanced Schottky	schnelle TTL-Baureihe
ASA	American Standards Association	Amerikanisches Normungsgremium
ASAP	as soon as possible	Kürzel in Diskussionsforen: sobald wie möglich
ASCII	American Standard Code for Information Interchange	7 bit Zeichencode, zwischenzeitlich mehrfach erweitert. Heute vielfach (fälschliche) Bezeichnung für ANSI-Code
ASIC	application-specific integrated circuit	kundenspezifischer Schaltkreis

Akronym	Fremdsprachliche Bedeutung	Deutsche Bedeutung
ASIS	application-specific instruction set	kundenspezifischer Befehlssatz
ASK	amplitude shift keying	Amplitudentastung
ASM	algorithmic state machine	Beschreibung eines Schaltwerks durch Flußdiagramm
ASN.1	abstract syntax notation no. 1	Abstrakte Beschreibungssprache
ASP	application service provider	Anbieter von Anwendungsdiensten über das Netz
ASRA	application-specific resistor array	kundenspezifisches Widerstandsnetzwerk
ASSP	application-specific standard product	anwendungspezifische komplexe Digitalschaltkreise
AT	control language for dial-up modems	Zeichenfolge, die Kommandos an Modems nach dem Hayes-Standard einleitet
ATAPI	AT-attachment packet interface	Standard für EIDE-Controller (CD-ROM)
ATE	automatic test equipment	automatisierter Meßplatz
ATF	automatic track finding	Spurregelung bei Audio- und Video-Rekordern
ATM	Adobe Type Manager	Programmsystem zur Verwaltung skalierbarer Schriften
ATM	asynchronous transfer mode	asynchroner Transfer Mode. Verbindungsorientierter multimediafähiger Transportdienst in LANs und WANs
ATM-CC	ATM cross-connect	ATM Netzkoppelelement
ATM-F	ATM forum	Vereinigung wesentlicher ATM Hersteller, erlässt Normen zu ATM
ATM-TA	ATM terminal adapter	erlaubt Anschluss von nicht-ATM Komponentenan ATM-Netze
AUI	attachment unit interface	Schnittstelle zwischen Endgerät und Transceiver (Ethernet IEEE 802.3)
AVC	automatic volume control	Lautstärkeregelung
avg	average	Durchschnitt
AVI	audio–video interlace	Dateiformat für Videosequenzen
AWADo	…	automatische Wechselschalterdose, automatischer Telefonumschalter
AWG	American wire gauge	Amerikanische Drahtlehre
AWGN	additive white Gaussian noise	additives weißes Gauß-Rauschen
AYOR	at your own risk	Kürzel in Diskussionsforen: auf eigene Gefahr

B

B2B	business to business	Im e-commerce Geschäftskundenbeziehung
B2C	business to consumer	Im e-commerce Privatkundenbeziehung
B3ZS	bipolar 3 with zero substitution	Leitungscode
B4	before	Kürzel in Diskussionsforen: vorher
BaAs	base rate access	ISDN-Basisanschluß

Akronym	Fremdsprachliche Bedeutung	Deutsche Bedeutung
BALUN	balanced/unbalanced	Anpassungsglied zwischen symmetrischen und unsymmetrischen Leitungen
BAM	…	Bundesanstalt für Materialprüfung
BAPT	…	Bundesamt für Post und Telekommunikation
BASIC	beginner's all-purpose instruction code	verbreitete Programmiersprache
BBAE	broadband access unit	Breitband-Anschluss-Einheit, Splitter bei ADSL
bbl	barrel	US/UK Hohlmaß
BBL	be back later	Kürzel in Diskussionsforen: bin bald zurück
BBS	bulletin board system	„Schwarzes Brett", elektronische Mailbox
BCC	block check character	Prüfzeichen in fehlertoleranten Protokollen
BCD	binary coded decimal	Dezimalziffern in 4 bit Darstellung
BCH	Bose–Chaudhuri–Hocquenghem (code)	Fehlerkorrigierender Code
BCNU	be seeing you	Kürzel in Diskussionsforen: tschüß bis bald
bd	frz.: baud	Maßeinheit für die Schrittgeschwindigkeit einer Datenübertragung [1/s]
BD	building distributor	Gebäudeverteiler
BDSG	…	Bundesdatenschutzgesetz
BEAB	British Electrotechnical Approvals Board	Nationales Prüfzeichen Großbritanniens, vergleichbar VDE-Zeichen
BEL	bell	Klingelzeichen (^G)
BER	bit error rate	Bitfehlerrate
BfD	…	Bundesbeauftragter für Datenschutz
BFH	bit error rate	Bitfehlerhäufigkeit
BFN	bye for now	Kürzel in Diskussionsforen: tschüß bis bald
BFO	beat frequency oscillator	Schwebungssummer, Hilfsoszillator in Überlagerungsempfängern
BFOC	bayonet fiber optic connector	Glasfasersteckverbinder
BG	borrow generate	Übertrag-Ausgang (bei Subtraktion)
BGA	ball/column grid array	hochpolige Halbleitergehäuseform
BHCA	busy hour call attempts	Anzahl der Anrufversuche zu Sptzenzeiten
BI	burn-in	thermische Voralterung von Bauelementen zur Erhöhung der Ausfallsicherheit
BIBLT	bit block transfer	Flexible Kopieroperation für Grafikaufbau
BIBO	bounded input–bounded output	stabiles System nach BIBO-Kriterium
BIFET	bipolar field-effect transistor	bipolarer FET
BIOS	basic input/output system	Programmierschnittstelle, die Ein-/Ausgabe unabhängig von Hardware machen soll
BIS	back in a second	Kürzel in Diskussionsforen: bin gleich zurück
B-ISDN	broadband ISDN	Breitband-ISDN

Akronym	Fremdsprachliche Bedeutung	Deutsche Bedeutung
BIST	built-in self test	Komponenten in integrierten Schaltungen zur eigenständigen Funktionskontrolle
B-ISUP	B-ISDN user part	Zeichengabesystem im B-ISDN
BISYNC	binary synchronous communication	Protokoll für synchrone Übertragung
bit	binary digit	Informationsmaßeinheit
BK	broadband ...	Breitbandkommunikation
BK	office communications	Bürokommunikation
BK	black	(Leiterfarbe) schwarz
BKZ	domain identifier	Benutzerkennzahl (T-online)
BLOB	binary large object	Datenstruktur zur Speicherung großer Datenmengen (Video etc.)
BMA	...	Brandmeldeanlagen
BMPT	...	Bundesministerium für Post- und Telekommunikation
bn	billion	Milliarde (nicht Billion)
BN	brown	(Leiterfarbe) braun
BNC	bayonet nut connector, baby n-connector	verriegelbare Koaxialverbindung für Video- und Meßsignale
B-NT	broadband network termination	Breitband-Netzabschluss
BO	borrow-out output, ripple borrow output	Übertrag-Ausgang (bei Subtraktion)
BOC	Bell Operating Company	regionale Telekommunikationsgesellschaften in USA
BOM	begin of message	Steuerzeichen, kennzeichnet Beginn des Nachrichtenteils
BORSCHT	battery, overvoltage protection, ringing, signalling, coding, hybrid and testing	Baugruppe in Komfort-Telekommunikationsendgeräten
BOT	back on topic	Kürzel in Diskussionsforen: zurück zum Thema
bp	boiling point	Siedepunkt
BP	borrow propagate	Übertrag-Ausgang (bei Subtraktion)
BPDU	bridge protocol data unit	anderer Name für HELLO-Pakete zwischen Brücken/Switches
BPL	biphase level (code)	Biphase Code
bpp	bits per pixel	Maßeinheit für die Farb/Grauwertauflösung
BPSK	biphase shift keying	Biphase-Modulation
BRA	basic rate access	Basis-Anschluß (ISDN)
B & S	Brown & Sharpe	Amerikanische Drahtlehre, entspricht AWG
BS	base station	(Mobilfunk-)Basisstation
BS	backspace	Zeichenschritt rückwärts (bei Druckern), Zeichen löschen (bei Terminals)
BSC	binary synchronous communication	synchrone Datenübertragung
BSI	...	Bundesamt für Sicherheit in der Informationstechnik

Akronym	Fremdsprachliche Bedeutung	Deutsche Bedeutung
BSI	British Standards Institution	Britischer Normenausschuß
B-TA	broadband terminal adapter	Breitband Terminaladapter
BTLZ	British Telecom Lempel–Ziv algorithm	Datenkomprimierungsverfahren V.42bis
BTW	by the way	Kürzel in Diskussionsforen: übrigens
Btx	video text	Bildschirmtext. Alte Bezeichnung für den on-line Dienst der Deutschen Telekom
BU	blue	(Leiterfarbe) blau
BUS	broadcast and unknown server	Instanz bei der LAN-Emulation die Rundrufe ausführt
BVN	...	Breitband-Verteil-Netz
BW	bandwidth	Bandbreite
BWG	Birmingham wire gauge	Britische Drahtlehre
BZT	...	Bundesamt für Zulassungen in der Telekommunikation

C

C	ceramic	Keramik ..., Vorsatz vor Gehäusebezeichnungen
CA	collision avoidance	Zugriffsverfahren in Rechnernetzen
CAD	computer-aided design	Rechnerunterstütztes Konstruieren
CAE	computer-aided engineering	Rechnerunterstützter Enwurf
CAI	computer-assisted instruction	computerunterstützter Unterricht
CAM	common access method	Schnittstellen-Standard für SCSI-Controller
CAM	content-addressable memory	Assoziativspeicher, inhaltsadresierter Speicher
CAN	cancel	Löschen
CAN	controller area network	ursprünglich Bus zur Datenübertagung in Kfz, heute auch für allg. Industrieanwendungen
CAN	customer access network	Zugangsnetz für MANs
CAP	carrierless amplitude modulation	Amplitudenmodulation mit unterdrücktem Träger
CAP	computer-aided planning	rechnerunterstütztes Planen
CAPEX	capital expenditure	Investitionsbudget
CAPI	common ISDN application programming interface	Programmierschnittstelle für ISDN-Anwendungen
CAQ	computer-aided quality assurance	rechnerunterstützte Qualitätssicherung
CAS	column address strobe	Freigabe-Signal bei Halbleiterspeichern
CASE	computer-aided software engineering	rechnerunterstützte Programmerstellung
CAT	computer-aided telephony	rechnerunterstütztes Telefonieren, z. B. Rufumleitung
CATV	community antenna television	Breitbandkommunikation, speziell Kabelfernsehen (urspr. mit Gemeinschafts-Antenne)

660　Anhang D Abkürzungsverzeichnis

Akronym	Fremdsprachliche Bedeutung	Deutsche Bedeutung
CAV	constant angular velocity	Lese/Schreibmethode bei CD-ROMs mit konstanter Drehzahl
CAZ	commutating auto zero (amplifier)	Gleichspannungsverstärker mit selbsttätigem Nullabgleich
CB	common base (circuit)	Basis-Schaltung
CB	citizen band (radio)	unlizensiertes 27 MHz-Band zur öffentlichen Nutzung
CBDS	connectionless broadband data service	Europaweiter Breitbanddienst, u. a. für LAN–LAN–Kopplung. In USA als SMDS bezeichnet.
CBMS	computer-based message system	elektronische Post
CBR	constant bit rate (service)	Dienst mt konstanter Bitrate
CBT	computer-based training	rechnerbasierte Unterweisung
CBU	...	computerbasierte Unterweisung
CC	comunity college	Subdomain für öffentliche Schulen in USA
CC	cross-connect	Netzkoppelelement
CCC	ceramic chip carrier	quadratisches, flaches IC-Gehäuse mit Leiterbahnen auf Keramikträger als Kontakte
CCD	charge-coupled device	Bauelement nach dem Eimerkettenprinzip
CCFL	cold-cathode flourescent light	Kaltkathodenbeleuchtung i. d. R. für LCD-Bildschirme
CCIE	Cisco Certified Internetwork Expert	Herstellerspezifisches Berufszertifikat
CCIR	frz.: Comité Consultatif International de Radiodiffusion	Internationales Normungsgremium für das Funkwesen, ersetzt durch ITU-R
CCITT	frz.: Comité Consultatif International de Téléphonique et de Télégraphique	Internationaler Zusammenschluß von Fernmeldeverwaltungen, ersetzt durch ITU-TSS
CCN	cordless communication network	drahtloses Netz mit ISDN-Funktionalität im lokalen Bereich
CCO	current-controlled oscillator	stromgesteuerter Oszillator
CCS	centum call second	100 Sekunden Belegung pro Stunde. US Maß für TK Verkersintensität (1ccs=1/36 Erlang)
CCS	common channel signaling	zentrale Zeichengabe
CCS7	common channel signalling system no. 7	ITU-T Protokoll zwischen (öffentlichen) Vermittlungsknoten
CCTV	closed circuit television	Fernseh-Haus/Bord-Anlage
ccw	counterclockwise	gegen den Uhrzeigersinn
CD	call deflection	Rufumleitung im ISDN
CD	collision detection	Zugriffsverfahren bei Rechnernetzen
CD	conditioned diphase (pulse frequency shift keying)	binärer gleichstromfreier Leitungscode
CD	campus distributor	Geländeverteiler, Hauptverteiler
CDDI	copper distributed data interface	FDDI-LAN auf Kupferdraht
CD-I	CD interactive	auf CD basierende Bildplatte

Akronym	Fremdsprachliche Bedeutung	Deutsche Bedeutung
CDIP	ceramic dual in-line package	keramisches IC-Gehäuse in DIL-Bauform
CDLC	cellular data link control	Protokoll zur Datenübermittlung in Funktelefonnetzen
CDMA	code-division multiple access	Code-Multiplex
CDN	count down	Zählrichtungssignal bei Vorwärts-/Rückwärtszählern
CDRAM	cached dynamic RAM	dynamisches RAM mit Cache-Speicher
CD-ROM	compact disk ROM	Festwertspeicher auf CD
CDV	compressed digital video	datenreduzierte Bildsignale
CDV	cell delay variation	Zelljtter (ATM)
CE	chip enable	Baustein-Freigabesignal
CE	common emitter (circuit)	Emitter-Schaltung
CE	concurrent engineering	gleichzeitige Entwicklung von Hardware und Software
CECC	frz.: Comité des Composants Electroniques du CENELEC	CENELEC-Komitee für Bauelemente der Elektronik
CEE	Central and Eastern Europe	Mittel- und Osteuropa
CEE	frz.: Commission Internationale pour la Réglementation et la Côntrole de l'Equipement Electrique	Int. Kommission für Regeln zur Beurteilung elektrotechnischer Produkte
CEI	IEC	Internatonale Elektrotechnische Kommission
CELP	code-excited linear predictive coding	Datenreduktionsverfahren
CEN	frz.: Comité Européen de Normalisation	Europäisches Komitee für Normung
CENELEC	frz.: Comité Européen de Normalisation Electrotechniques	Europäisches Komitee für Elektrotechnische Normung
CEO	chief executive officer	Vorstandsvorsitzender
CEPT	frz.: Conférence Européenne des Administrations des Postes et des Télécommunications	Konferenz der Europäischen Post- und Fernmeldeverwaltungen
CERDIP	ceramic dual in-line package	keramisches DIL-Gehäuse
CF	call forwarding	Rufumleitung im ISDN
CF	center frequency	Mittenfrequenz (von Bandpässen)
CF	compact flash	nichtflüchtiger Wechselspeicher für mobile Geräte wie Kameras usw.
CFO	chief financial officer	Finanzvorstand
CG	carry generate	Ausgang für Übertrag eines arithmetischen Elementes
CGA	color graphics adaptor	(überholter) Farbgraphikstandard auf PCs
CGI	common gateway interface	Programmierschnittstelle zur Interaktion mit Webserver
CHAP	challenge handshake authentication protocol	Protokoll zur Authentisierung beim Verbindungsaufbau
CI	carry-in input	Eingang für Übertragsignal
CIA	classical IP over ATM	IP-Transport über ATM

Akronym	Fremdsprachliche Bedeutung	Deutsche Bedeutung
CID	charge injection device	alternative Technologie zu CCD
CIE	frz.: Commission International de l'Éclairage	Standardisierungsgremium für Beleuchtungstechnik, insbes. für Farben
CIF	common intermediate format	Fernsehstandard für Bildtelefon
CIFS	common internet file standard	Protokoll für den Zugriff von Windows-Systemen auf Speicher im Netz
CIM	computer-integrated manufacturing	computerintegrierte Fertigung
CIR	committed information rate	garantierte Datenrate beim Frame Relay im Gegensatz zur Spitzenrate
CISC	complex instruction set computer	Gegensatz zum RISC-Prozessor
CISSP	Certified Information Systems Security Professional	Herstellerspezifisches Berufszertifikat
CIT	computer-integrated telephony	Steigerung der Funktionalität von Telefon-Endgeräten durch Rechnerkopplung
Ck	clock	Taktsignal, Taktgeber
CL	connectionless	verbindungslos
CLCC	ceramic leaded chip carrier	quadratisches IC-Gehäuse aus Keramik mit federnden Anschlüssen
CLEC	competitive local exchange carrier	alternativer Ortsnetzbetreiber (im Wettbewerb zum ehem. Monopolist)
CLI	command language interpreter	Interpreter der Kommandosprache, mit der ein Rechner bedient wird
CLIP	calling line identification presentation	Rufnummernanzeige (ISDN)
CLIR	calling line identification restriction	Unterdrückung der Rufnummernanzeige im ISDN
CLP	cell loss priority	mit CLP = 1 gekennzeichnete ATM-Zellen können bei Netzüberlastung fallen gelassen werden
CLP	configurable logic block	programmierbare Logikblöcke in LCAs
Clr	clear	Löschen, Rücksetzen
CLR	cell loss ratio	Zellverlustrate
CLUT	colour look-up table	Speichertabelle zur Falschfarbendarstellung
CLV	constant linear velocity	Lese/Schreibmethode bei CD-ROMs mit konstanter Spurgeschwindigkeit
CM	circular mil	Fläche eines Kreises mit Durchmesser 1 mil
CM	common mode	Gleichtakt-
CMC-7	...	menschen- und maschinenlesbare Schrift mit Magnettinte
CMI	coded mark inversion	gleichstromfreier Bipolar-Schnittstellencode
CMIP	common management information protocol	OSI-konformes Netzmanagement-Protokoll
CMIP	common management information protocol	Protokoll zum Netzmanagement
CML	current mode logic	anderer Name für ECL
CMOL	CMIP over LLC (logical link control)	OSI-konformes LAN Management

Anhang D Abkürzungsverzeichnis 663

Akronym	Fremdsprachliche Bedeutung	Deutsche Bedeutung
CMOP	CMIP over TCP/IP	CMIP Standard auf TCP/IP Basis
CMR	common-mode rejection	Gleichtaktunterdrückung
CMRR	common-mode rejection ratio	Gleichtaktunterdrückung
CMV	common-mode voltage	Gleichtaktspannung
C/N	carrier-to-noise ratio	Trägerrauschabstand
CN	corporate network	Corporate Network (firmeneigenes Sprach-Daten-Netz)
CNC	computer numerical control	numerisch (eigtl. programm-)gesteuerte (Werkzeug-)Maschine
CNE	Certified Novell Engineer	Herstellerspezifisches Berufszertifikat
CNR	carrier-to-noise ratio	Trägerrauschabstand
CO	carry-out output, ripple carry output	Übertrag-Ausgang
CO	connection oriented	verbindungsorientiert
COFDM	coded orthogonal frequency-division multiplex	künftiges Digitalsignal-Modulationsverfahren für DSBS
COHO	coherent oscillator	kohärenter Oszillator
COLP	connected line identification presentation	Anzeige der Rufnummer des angerufenen Partners (kann wegen Rufumleitung von gewählter Nummer verschieden sein) ISDN
COLR	connected line identification restriction	Unterdrückung der Anzeige der Rufnummer des angerufenen Partners; kann wegen Rufumleitung von gewählter Nummer verschieden sein (ISDN)
COMA	cache-only memory access	Mehrprozessor-Architektur, bei der der Speicherzugriff nur durch den Cache erfolgt
COMAL	common algorithmic language	Programmiersprache mit Elementen von Basic und Pascal
COMEL	frz.: Comité de Coordination des Constructeurs des Machines Tournantes Electriques du Marché Commun	EU-weiter Zusammenschluß der Fachverbände von Herstellern elektrischer Maschinen
CompuSec	computer security	Datenschutz und Datensicherheit in Rechnersystemen
ComSec	communications security	Datenschutz in der Telekommunikation
CONP	connection-oriented protocol	Protokoll für verbindungsorientierte Kommunikation
COO	chief operations officer	Vorstand für den technischen Betrieb
CoS	class of service	Dienstgüteklassen, Prioritätsstufen in 802.1p
COW	cluster of workstations	lose gekoppeltes Mehrprozessorsystem aus Standardrechnern
CP	carry propagate (output)	Ausgang für arithmetischen Übertrag
CP	consolidation point	Zwischenverteiler in der Stockwerkverkabelung
CPCS	common part of convergence sublayer	Teilschicht bei den schnellen 802.3 Varianten
CPE	customer premises equipment	TK-Ausrüstung beim Kunden
CPFSK	continuous phase frequency shift keying	Frequenzumtastung ohne Phasensprünge

Akronym	Fremdsprachliche Bedeutung	Deutsche Bedeutung
CPGA	ceramic pin grid array	quadratisches, keramisches IC-Gehäuse mit matrixartig angeordneten Anschlüssen
CPL	computer pidgin language	an das Englische angelehnte vereinfachte phonetische Sprache zur verbalen Kommunikation mit Spracherkennungssystemen
CPM	continuous phase modulation	Schmalbandmodulationsverfahren für DAB
CPN	customer premises network	Inhouse-Netz
cps	characters per second	Zeichen pro Sekunde (Druckergeschwindigkeit)
cps	cycles per second	Schwingungen pro Sekunde (Hz)
CPU	central processing unit	Zentraleinheit (bei Großrechnern), bei Mikrorechnern häufig der Mikro-Prozessor
CQFP	ceramic quad flat package	quadratisches, flaches IC-Gehäuse, Rastermaß 0,635 mm
CR	carriage return	Wagenrücklauf (^M)
CRC	cyclic redundancy check	Fehlerkorrekturverfahren
CRM	customer relation management	IV-Unterstützung zur Gewinnung, Verdichtung und Präsentation von Informationen zu Kunden und die Geschäftsbeziehungen zu ihnen
CRO	cathode ray oscilloscope	Oszilloskop
CRT	cathode ray tube	Kathodenstrahlröhre, Bildröhre
c/s	client server (application)	Client-Server(-Anwendung)
CS	chip select	Bausteinauswahl-Signal
CS	circuit switching	Leitungsvermittlung
CSA	Canadian Standard Association	Kanadischer Normenausschuß
CSDN	circuit switched data network	leitungsvermitteltes Datennetz
CSF	critical success factor	erfolgskritischer Faktor
CSMA	carrier sense multiple access	Zugriffsverfahren bei LANs
CSMA/CA	carrier sense multiple access/collision avoidance	Zugriffsverfahren bei LANs
CSMA/CD	carrier sense multiple access/collision detection	Zugriffsverfahren bei LANs
CSS	cascading style sheets	vom W3C standardisierte „Formatvorlage" für das Erscheinungsbild eines HTML-Dokumentes
CSTA	computer-supported telephony applications	Programmier-Schnittstelle zur Kopplung von TK-Anlagen und Rechnern
CT	cordless telephone	schnurloses Telephon
CTC	counter/timer circuit	Zähler und Zeitgeber Schaltkreis
CTI	computer telephone integration	Integration von Telefonfunktionen im Rechner
CTO	chief technical officer	Technik-Vorstand
CTR	counter	Zähler
CTS	clear to send	Signalisierungsleitung bei V.24 Schnittstelle
CU	see you	Kürzel in Diskussionsforen: bis dann
CUG	closed user group	geschlossene Benutzergruppe

Anhang D Abkürzungsverzeichnis 665

Akronym	Fremdsprachliche Bedeutung	Deutsche Bedeutung
CUL	see you later	Kürzel in Diskussionsforen: bis später
CUL8R	see you later	Kürzel in Diskussionsforen: bis später
CUP	count up	Zählrichtungssignal bei Vorwärts-/Rückwärtszählern
CUU	computer aided instruction	computerunterstützter Unterricht
CV	curriculum vitae resume	Lebenslauf
CVD	chemical vapour deposition	Abscheiden von Schichten auf dem Substrat durch chemische Reaktion (Dünnschichttechnik)
CW	call wait	Anklopfen im ISDN
cw	clockwise	im Uhrzeigersinn
CW	continuous wave	Dauerstrich-
CWDM	coarse wavelength division multiplexing	Mehrfachausnutzung der Übertragungskapaztät einer Glasfaser durch Verwendung einiger abgestimmter Laserquellen
CWL	continuous wave laser	Dauerstrich-Laser
Cy	carry	arithmetischer Übertrag

D

D	data	Daten(-leitung)
D2B	domestic digital bus	Bus zur Vernetzung von Geräten der Unterhaltungselektronik
D^2MAC	duobinary coded multiplexed analogue components	europäische Fernsehnorm mit digitaler Farbinformation im Zeitmultiplex
D/A	digital to analogue	Digital-Analog-
DAB	digital audio broadcast	digitales Hörfunksystem in CD-Qualität
DAC	digital-to-analogue converter	Digital-Analog-Umsetzer
DAC	dual attached concentrator	Konzentrator mit Doppelanschluss (FDDI)
DAI	digital audio interface	digitale Sprachschnittstelle im GSM
DAL	wireless subscriber loop	drahtlose Anschlußleitung: Telefonanschluß über Funkstrecke zur Vermittlungsstelle
DAM-QAM	...	dynamisch adaptive Mehrfachträger-Quadratur-Amplitudenmodulation
DAS	dual attached station	FDDI-Station mit Doppelanschluss
DASP	digital audio signal processor	digitaler Tonsignal-Prozessor
DATEL	data telecommunications	Oberbegriff für Telex, Teletex etc.
DATEX-L	data exchange line switching	leitungsvermittelte Datenübertragung
DATEX-P	data exchange packet switching	paketvermittelte Datenübertragung
DAU	data acquisition unit	Digital-Analog-Umsetzer
DB	...	Datenbaustein
dB	decibel	logarithmisches Verhältnismaß
DBMS	data base management system	Datenbank-Managementsystem

Akronym	Fremdsprachliche Bedeutung	Deutsche Bedeutung
DBP	…	Deutsche Bundespost
DBP	…	Deutsches Bundespatent
DBS	direct broadcast satellite	direkt empfangbarer Rundfunksatellit
DC	direct current	Gleichstrom
dc	don't care	nicht zu berücksichtigen
DCC	data country code	Teil der ATM-Adresse
DCC	digital cross-connect	digitaler Crossconnect („Kreuzschienenverteiler")
DCE	data circuit-terminating equipment	Datenübermittlungseinrichtung
DCF	discounted cashflow	auf den heutigen Tag abgezinste künftige Zahlungsflüsse zur Beurteilung einer Investition (Netto-Barwert)
DCF 77	digital coded frequency 77.5 kHz	Zeitzeichensender in Mainflingen
DCN	data communication network	Datennetz
DCS	digital cellular system	Mobilfunknetzstandard (meist noch mit Frequenzangabe in MHz versehen)
DCT	discrete cosine transform	Transformation ähnlich der FFT, meist bei datenreduzierender Codierung
DCTL	direct-coupled transistor logic	Vorläufer für TTL-Familie
DD	double density	doppelte Schreibdichte bei Disketten, ca. 720 kB
DDC	direct digital control	Regelung mit digitalem Regler
DDE	dynamic data exchange	Kommunikationsprotokoll für Datenaustausch zwischen Anwendungen in Windows
DDI	direct dialing in	Durchwahl zur Endstelle
DDoS	distributed denial of service (attack)	willkürliche Überlastung eines IT-Systems durch viele Angreifer mit dem Ziel, seine Verfügbarkeit zu verhindern (Hacker)
DDS	digital data storage	aus dem DAT entwickelte Bandspeichertechnik
DDV	digital leased line	Datendirektverbindung, digitale Standleitung
DDWG	Digital Display Working Group	Arbeitsgruppe, die die DVI-Spezifikation erarbeitet hat
DE	discard eligibility	Bit, das einen Rahmen kennzeichnet, der bei Engpässen verworfen werden kann
DECT	digital enhanced cordless telephone	Standard für schnurloses digitales Telefon mit Sprachverschleierung
DEMKO	…	Nationales dänisches Prüfzeichen, vergleichbar VDE-Zeichen
DES	data encryption standard	vom NBS standardisiertes Verschlüsselungsverfahren
DFB	distributed feedback (laser)	Laser mit verteilter Reflexionszone
DFG	…	Deutsche Forschungsgemeinschaft
DFN	…	Deutsches Forschungsnetz
DFT	discrete Fourier transform	diskrete Fourier-Transformation

Akronym	Fremdsprachliche Bedeutung	Deutsche Bedeutung
DFÜ	…	Datenfernübertragung
DGBMT	…	Deutsche Gesellschaft für Biomedizinische Technik im VDE
DGMA	…	Deutsche Gesellschaft für Meßtechnik und Automatisierung
DGQ	…	Deutsche Gesellschaft für Qualitätssicherung
DIAC	diode alternating current switch	Triggerdiode
DIL	dual in-line	siehe DIP
DIMM	dual in-line memory module	Speicher-Modul mit zweireihigen Kontakten
DIN	…	Deutsches Institut für Normung e. V.
DIP	dual in-line package	häufigste Gehäuseform für ICs mit zwei Kontaktreihen
DIU	digital indoor unit	Teil einer Vsat-Empfangseinrichtung
DIV	digital exchange	digitale Vermittlungsstelle
DIVF	digital exchange	digitale Fernvermittlungsstelle
DIX	Digital Equipment Intel Xerox	Konsortium
DKE	…	Deutsche Kommission Elektrotechnik Elektronik Informationstechnik im DIN und VDE
DL	…	Dioden-Logik: überholte Realisierung von Logikfunktionen
DLC	data link control	Schicht 2 im OSI-Modell zur Steuerung der Datenverbindung
DLCI	data link connection identifier	„Rufnummer" beim Frame Relay
DLT	digital linear tape	Technik zur Datenaufzeichnung auf Magnetbändern (Kassetten)
DMA	direct memory access	Speicherzugriff ohne Mitwirkung des Prozessors
DMAC	destination MAC	Ziel-MAC-Adresse
DMFC	direct methanol fuel cells	Direkt-Methanol Brennstoffzellen
DMM	digital multimeter	Digital-Vielfach-Meßgerät
DMS	…	Dehnungsmeßstreifen
DMZ	de-militarized zone	Zone zwischen zwei Firewalls
DNA	…	Deutscher Normenausschuß
DNA	Digital network architecture	Rechnernetzarchitektur von Digital Equipment
DNF	sum of products	disjunktive Normalform
DNS	domain name system	verteilter Dienst des Internets, der Domain-Namen in Adressen übersetzt
DoD	Department of Defence	(US) Verteidigungsministerium
DoS	denial of service (attack)	willkürliche Überlastung eines IT-Systems mit dem Ziel, seine Verfügbarkeit zu verhindern (Hacker)
DOV	data over voice	(verdeckte) Datenübertragung während der Gesprächsverbindung

Akronym	Fremdsprachliche Bedeutung	Deutsche Bedeutung
DP	demarcation point	Übergabepunkt, Netzgrenze zwischen Betreibern oder Eignern
dpb	defects per billion	Ausfälle pro 1 Milliarde Bauelemente
DPDT	double-pole double-throw	zweipoliger Umschalter
dpi	dots per inch	Anzahl der aufgelösten Punkte pro Zoll bei Druckern und Scannern
DPLL	digital phase-locked loop	digitale phasenverkoppelte Schleife
DPM	digital panel meter	digitales (Einbau-)Instrument
DPMA	demand priority medium access	Zugriffsverfahren bei VGanyLAN
DPSK	differential phase shift keying	Differenz-Phasentastung
DPST	double-pole single-throw	zweipoliger Ein-/Aus-Schalter
DQDB	distributed queued dual bus	LAN und WAN IEEE 802.6
DQPSK	differential quadrature phase shift keying	differentielle Phasenumtastung
DRAM	dynamic random-access memory	dynamisches RAM
DRO	digital recording oscilloscope	Speicher-Oszilloskop mit Schreiber
DS	double sided	Kennzeichnung für doppelseitig beschreibbare Disketten
DS	datagram service	Datagrammdienst (verbindungslose Paketvermittlung)
DS	digital signal	Kennzeichen eines Leitungsbündels in der europäischen Multiplexhierarchie
DSAP	destination service access point	Dienstzugangspunkt auf der Empfängerseite
DSB	double sideband	Zweiseitenband-
DSBS	direct sound broadcasting by satellite	digitaler Tonrundfunk über Satelliten
DSLAM	Digital subscriber line access multiplexer	abgesetzte Einheit zur Konzentration mehrerer DSL-Anschlüsse
DSO	digital storage oscilloscope	Digitaler Speicher-Oszillograph
DSO	dual in-line package small outline	kleines IC-Gehäuse, Rastermaß 1,27 mm
DSP	digital signal processing/processor	Digitale Signalverarbeitung, Signalprozessor
DSR	data set ready	Signalisierungsleitung bei V.24 Schnittstelle
DSR	digital satellite radio	Digitaler Satelliten-Tonrundfunk
DSS-1	digital subscriber signalling system no. 1	D-Kanal Protokoll des Euro-ISDN
DSS-2	digtal subscriber signalling system no. 2	Zeichengabe-Protokoll des Breitband-ISDN
DSSS	direct sequencing spread spectrum	Spreizspektrumtechnik durch Code-Multiplex (WLANs)
DSU/CSU	digital service unit/channel service unit	allgemeine Bezeichnung für Geräte zur Anschaltung von lokalen an Weitverkehrsnetze
DSV	digital signal processing	Digitalsignalverarbeitung
DTD	document type definition	definiert die Regeln für Tags in XML-Dokumenten
DTE	data terminal equipment	Datenendeinrichtung
DTL	diode transistor logic	veraltete Vorläufer von TTL

Anhang D Abkürzungsverzeichnis 669

Akronym	Fremdsprachliche Bedeutung	Deutsche Bedeutung
DTLZ	…	störsichere Dioden-Transistor-Logik mit Zenerdioden
DTMF	dial tone multiple frequency	Mehrfrequenzwählverfahren (Telefon)
DTR	data terminal ready	Signalisierungsleitung bei V.24 Schnittstelle
DTS	…	digitale Teilnehmerschaltung
DÜ	…	Datenübertragung
DÜE	DCE	Datenübertragungseinrichtung
DUT	device under test	Testobjekt
DVA	…	Datenverarbeitungsanlage
DVA	distance vector algorithm	Klasse von Routingprotokollen
DVD	digital versatile disk	Digitales Speichermedium
DVI	digital video interface	Schnittstellenspezifikation für digitale Monitore
DVI-A	digital video interface analog	DVI-Konfiguration für analoge Signale
DVI-D	digital video interface digital	DVI-Konfiguration für digitale Signale
DVI-I	digital video interface integrated	DVI-Konfiguration für analoge und digitale Signale gemeinsam
DVSO	dual in-line package very small outline	Miniatur-IC-Gehäuse, Rastermaß 0,76 mm
DVSt	…	Datenvermittlungsstelle
DWDM	dense wavelength-divison multiplexing	Mehrfachausnutzung der Übertragungskapaztät einer Glasfaser durch Verwendung vieler abgestimmter Laserquellen
DX	distant (reception)	Fernempfang
dx	duplex	duplex, Doppel-
DXI	data exchange interface	Router-Schnittstelle zu V.35, X.21 Netzen

E

E	extension input	Erweiterungseingang (bei Schaltsymbolen)
E1	…	2,048 Mbit/s ETSI PDH
E2	…	8,448 Mbit/s ETSI PDH
E^2PROM	electrically erasable EPROM	elektrisch löschbares EPROM
E3	…	34,368 Mbit/s ETSI PDH
E4	…	139,264 Mbit/s (ungebräuchliche Bez.)
EAI	enterprise application integration	Integration von Geschäftsanwendungen
EAP	extensible authentication protocol	Authentisierung unabhängig vom Netzzugang. Erweiterung von PPP
EAPROM	electrically alterable PROM	überschreibbares PROM
EAPS	Ethernet automatic protection switching	Ethernet Variante, die bei Leitungsbruch automatisch auf einen Ersatzweg schaltet
EAROM	electrically alterable ROM	überschreibbares ROM

Akronym	Fremdsprachliche Bedeutung	Deutsche Bedeutung
EAV	end of active video	Zeitpunkt, bei dem die Videodaten innerhalb einer Zeile enden
EAZ	terminal identifier	Endgeräte-Auswahlziffer (ISDN)
EBCDIC	extended binary-coded-decimal interchange code	von IBM propagierter Zeichencode. Nur noch rechnerintern von Bedeutung
EBITDA	earnings before interest, taxes depreciation and amortisation	Gewinn vor Steuern, Zinsen und Abschreibungen
EBU	European Broadcasting Union	Union der europäischen Fernsehanstalten
EBV	digital image processing	elektronische (eigtl. rechnergestützte) Bildverarbeitung
ECC	error checking and correction	fehlerkorrigierend (bei Codes oder Speichern)
ECC	error correcting code	fehlerkorrigierender Code
ECCT	enhanced computer-controlled teletext	neue Generation des Videotext-Systems
ECL	emitter-coupled logic	Emittergekoppelte Logik
ECM	error-correcting mode	fehlerkorrigierender Übertragungsmodus (Telefax)
ECMA	European Computer Manufacturers Association	Verband Europäischer Computer-Hersteller
ECMA-6	extended ASCII code	um die Kleinbuchstaben erweiterter ASCII
ECQAC	Electronic Components Quality Assurance Committee	Komitee zur Gütesicherung elektronischer Bauelemente
ED	extreme density	sehr hohe Schreibdichte bei Disketten, ca. 2,88 MB
EDA	electronic design automation	rechnergestützte Werkzeuge für den Schaltungsentwurf
EDAP	extended data availability and protection	Klassifizierung von RAID-Systemen
EDC	error-detecting code	fehlererkennender Code
EDC	error-detection and correction	fehlerkorrigierend (bei Codes oder Speichern)
EDFA	Erbium-doped fibre amplifier	optische Glasfaser-Verstärker
EDGE	enhanced data for GSM evolution	Weiterentwicklung des GSM Netzes zur Datenübertragung
EDI	electronic data interchange	Elektronische Datenaustausch in Handel und Verwaltung
EDIF	electronic data interchange format	standardisiertes Format von Hardware-beschreibungen und Entwurfsdaten
EDO	extended data out	RAM, bei dem die Auslesezeit das Adressierintervall überlappt
EDP	electronic data processing	Datenverarbeitung
EDRAM	enhanced dynamic RAM	RAM mit verkürztem Schreib-Lese-Zyklus
E-DSS1	European digital subscriber system no. 1	überholte Bezeichnung für das ISDN-Protokoll DSS1
EDTV	enhanced definition TV	Fernsehen mit erhöhter Auflösung, z. B. PAL plus
EE	electrical engineering	Elektrotechnik
EE	…	Bauform von Transformatorkernen aus Blech oder Ferrit

Akronym	Fremdsprachliche Bedeutung	Deutsche Bedeutung
EEPLD	electrically erasable PLD	mehrfach programmierbarer Funktionsspeicher
EEPROM	electrically erasable PROM	elektrisch löschbares EPROM
EF	entrance facility	Hauptanschluss(-raum/kasten)
EFCI	explicit forward congestion indication	Anzeige einer Überlastsituation beim Frame Relay
EFCN	explicit forward congestion notification	Signalisierung einer Überlastsituation beim Frame Relay in Übertragungsrichtung
EFM	eight-to-fourteen (modulation)	Signalcode der Compakt-Disk
EGA	enhanced graphics adapter	(überholter) Graphikstandard auf PCs
EHF	extremely high frequency	Millimeterwellen, $(30\ldots300\,\text{GHz})$
EI	…	andere Bezeichnung für EI-Tranformatorenkerne
EIA	Electronic Industries Association	Normungsgremium der (amerikanischen) Elektronik-Industrie
EIB	European installation bus	Europäischer Installationsbus
E-IDE	enhanced IDE	Spezifikation für Festplattencontroller für Kapazitäten $>504\,\text{MB}$
EIR	equipment identity register	Datenbank der GSM-Netzbetreiber, um gestohlene GSM-Endgeräte von der Netznutzung auszuschließen
EIRP	effective isotropic radiated power	Leistungsangabe, die den Antennengewinn berücksichtigt
EISA	extended industry standard architecture	32 bit, 8 MHz Bus für PC-Erweiterungskarten
EK	…	Bauform von Transformatorkernen aus Blech
EL	electrical level	Bezeichnung für die elektrische Schnittstellenspezifikation in SDH
ELAN	emulated LAN	emuliertes LAN (ATM)
ELCB	earth leakage circuit breaker	Fehlerstrom-Schutzschalter
ELD	electroluminescent display	Elektrolumineszenz-Bildschirm
ELF	extremely low frequency	Frequenzen $30\ldots300\,\text{Hz}$
ELFEXT	equal level far end crosstalk	Ausgangsseitige Fernnebensprechdämpfung
ELR	solid state relais	elektronisches Lastrelais
EMA	…	Einbruchmeldeanlagen
EMC	electromagnetic compatibility	elektromagnetische Verträglichkeit
EMEA	Europe Middle East and Africa	Europa, Naher Osten und Afrika
emf	electromotive force	elektro-motorische Kraft, Quellenspannung
EMI	electromagnetic interference	Funkstörung
EMI-AC	EMI by alternating current	elektromagnetische Beeinflussung durch Wechselströme
EMI-tran	EMI by transients	elektromagnetische Beeinflussung durch Schaltvorgänge
EMK	electro-motive force	elektro-motorische Kraft, Quellenspannung

Akronym	Fremdsprachliche Bedeutung	Deutsche Bedeutung
EMR	electromagnetic radiation	elektromagnetische Strahlung
EMS	enhanced message service	Übermittlung von Multimedia-Nachrichten im GSM
EMVg	...	Gesetz über die elektromagnetische Verträglichkeit von Geräten
EMVU	...	elektromagnetische Umweltverträglichkeit
EN	enable	Freigabesignal
EN	European norm	Europa-Norm
ENQ	enquiry	Stations-Aufforderungszeichen
e/o	electro-optical	elektro-optisch
EOD	end of discussion	Kürzel in Diskussionsforen: Ende der Diskussion
EOF	end of file	Dateiende(zeichen) (^Z)
EOM	end of message	Steuerzeichen zum Signalisieren des Endes der Nachricht
EOR	exclusive Or	exclusives Oder
EOT	end of tape	Endezeichen bei Bandaufzeichnung
EOT	end of thread	Kürzel in Diskussionsforen: Ende des Themas
EOT	end of transmission	Steuerzeichen zum Signalisieren des Übertragungsendes
EPA	...	Europäisches Patentamt
EPAC	electrically programmable analogue circuit	analoges FPGA
EPLD	electrically programmable logic device	elektrisch programmierbarer Funktionsspeicher
EPO	European Patent Office	Europäisches Patentamt
EPROM	erasable ROM	UV-löschbarer Festwertspeicher
EPS	encapsulated PostScript	geräteunabhängige Seitenbeschreibungssprache
ER	equipment room	Hauptanschlussraum
erf	error function	Fehlerfunktion, meist Integral der Gaußfunktion
ERMES	European radio message system	europaweiter Funkrufdienst
ERP	effective radiated power	abgestrahlte Antennenleistung
ES	European standard	Europa-Norm
ESC	escape	Codeumschaltezeichen, Fluchtsymbol
ESD	electrostatic discharge	elektrostatische Entladung
ESDI	enhanced small device interface	Standard für Festplattencontroller für Kapazitäten > 504 MB
ESDS	electrostatic discharge sensitive (device)	Schaltkreis, der empfindlich für statische Entladungen ist
ESL	equivalent series inductance	induktiver Anteil in der Ersatzreihenschaltung
ESPRIT	European Strategic Programme for Research and Development on Information Technology	Langfristiges Forschungsprogramm der Europäischen Komission
ESR	equivalent series resistor	ohmscher Anteil in der Ersatzreihenschaltung

Akronym	Fremdsprachliche Bedeutung	Deutsche Bedeutung
ETB	end of transmission block	Steuerzeichen zum Signalisieren des Endes des übertragenen Blocks
ETD	economic transformer design	Bauform eines Transformatorenkerns
ETG	...	Energietechnische Gesellschaft im VDE
ETNO	European Telecommunication Network Operators	Vereinigung europäischer Netzbetreiber
ETR	early token release	Freigabe des Token sofort nach Senden der eigenen Nachricht beim Token-Passing
ETR	European Technical Report	ETSI Dokument
ETS	European Telecommunication Standard	von ETSI verabschiedeter Standard
ETSI	European Telecommunication Standards Institute	Europäisches Institut für Telekommunikationsnormen. Legt verbindliche Telekommunikations-Standards für Europa fest.
EUT	equipment under test	Gerät im Test
EVÖ	...	Elektrotechnischer Verein Österreichs
EVU	...	Elektizitätsversorgungsunternehmen
EXOR	exclusive Or	exclusives Oder

F

FACT	Fairchild Advanced CMOS Technology	herstellerspezifische CMOS-Baureihe
FAG	...	Fernmeldeanlagen-Gesetz
FAG		Fernmeldeanlagengesetz
FAMOS	floating gate avalanche-injection MOS	MOS Speicherelement von EPROMS
FAQ	frequently asked questions	häufig gestellte Fragen
FAST	Fairchild advanced Schottky TTL	herstellerspezifische TTL-Baureihe
FAT	file allocation table	Dateizuordnungstabelle auf Datenträgern
FBAS	composite colour signal	Farbbild-Austast-Synchron-Signal
FBR	fixed bitrate	konstante Datenrate
FC	Fibre Channel	Hochgeschwindigkeits-(Glasfaser-)Netz
FC	fuel cell	Brennstoffzelle
FCC	Federal Communications Commission	amerikanische (Funk-)Zulassungsbehörde ähnlich dem BAPT
FCIP	Fibre Channel over IP	Verbindung von FC Netzen über IP-Netze
FCKW	...	Flour-Chlor-Kohlenwasserstoff
FCS	frame check sequence	Blockprüfzeichen, Kontrollwort zur Fehlerdetektion
FDC	floppy disk controller	Steuereinheit für Diskettenlaufwerk
FDD	floppy disk drive	Diskettenlaufwerk
FDDI	fibre-distributed data interface	Protokoll für Glasfaser-Rechnernetze (ISO 9314...)

Akronym	Fremdsprachliche Bedeutung	Deutsche Bedeutung
FDDI-II	FDDI enhancement	Weiterentwicklung von FDDI, die auch isochrone Dienste unterstützt
FDE	full-duplex Ethernet	Vollduplex-Ethernet
FDM	frequency-division multiplexing	Frequenz-Multiplex
FDMA	frequency-division multiple access	Frequenz-Multiplex
FDX	full duplex	Voll-Duplex
F & E	research and development	Forschung und Entwicklung
FEC	forward error correction	Übertragungsverfahren unter Verwendung von fehlerkorrigierenden Codes
FEC	fast Ether channel	prorietäre Bezeichnung für die Bündelung mehrerer Ethernet Ports an einem Switch zu einem „Kanal" höherer Rate.
FeO	...	Fernsprechordnung
FET	field-effect transistor	Feldeffekt-Transistor
FEXT	far-end cross-talk	Leistungsmaß für das Übersprechen am fernen Ende der Leitung
FF	form feed	Seitenvorschub (^L)
FFS	for further study	Kennzeichnung eines Standards, der für weitere Untersuchungen zurückgestellt wird
FFT	fast Fourier transform	Schnelle Fourier-Transformation
FH	frequency hopping	schneller Frequenzwechsel während der Übertragung
FH-CDMA	frequency-hopping CDMA	Code-Multiplex durch Frequenzsprünge
FhG	...	Fraunhofer-Gesellschaft für angewandte Forschung e. V.
FHSS	frequency-hopping spread spectrum	Spreizspektrumtechnik durch Frequenzsprünge (WLANs)
FIFO	first in, first out	Ringspeicher
FILO	first in, last out	Stapelspeicher
FIPS	Federal information-processing standard	Standards des NIST zur Informationsverarbeitung
FIPS PUB	Federal Information Processing Standard Publication	Namen der Standards des NIST zur Informationstechnik
FIR	finite impulse response	endliche Impulsantwort (von digitalen Filtern)
FIT	failures in time	Ausfälle in 10^9 Stunden
FLOTOX	floating gate tunnel oxide	Koppelelement in EEPROMS: FET mit Ladungsspeicher
FM	frequency modulation	Frequenzmodulation, mitunter: UKW-Bereich
FNA	...	Fachnormenausschuß im Deutschen Normen Ausschuß
FNE	...	Fachnormenausschuß für Elektrotechnk im Deutschen Normen Ausschuß
FoD	fax on demand	Faxabruf
FOIRL	fiber optic inter repeater link	10 Mbit/s Ethernet auf Glasfaser

Anhang D Abkürzungsverzeichnis

Akronym	Fremdsprachliche Bedeutung	Deutsche Bedeutung
FOMAU	fiber-optic medium attachment unit	Koppelelement bei Ethernet über Glasfaser
FOR	fax over radio	Faxdienst im Seefunk
FORTRAN	formula translator	gängige Programmiersprache
FOX	fibre-optic transceiver	Transceiver für FDDI
fp	freezing point	Erstarrungspunkt
FPA	floating point accelerator	Koprozessor zur Gleitkommarechnung
FPDT	four-pole double-throw	vierpoliger Umschalter
FPGA	field-programmable gate array	programmierbares Gate-Array
FPLA	field-programmable logic device	programmierbarer Funktionsspeicher
FPLS	field-programmable logic sequencer	programmierbarer Funktionsspeicher mit Registern am Ausgang (zur Schaltwerksynthese)
fps	frames per second	Bilder pro Sekunde
fps	frames per second	Rahmen pro Sekunde (LANs)
FPS	fast packet switching	schnelle Paketvermittlung
FPST	four-pole single-throw	vierpoliger Ein-/Aus-Schalter
FPU	floating point unit	Gleitkommaprozessor
FR	frame relay	schneller Paketvermittlungsdienst
FRAD	frame relay access device	Netzanschlussgerät beim Frame-Relay
FRD	fast recovery diode	Diode mit kurzer Erholzeit
FROM	flash ROM	ROM kombiniert mit schnellem RAM-Speicher
FSD	full scale deflection	Vollausschlag (Meßgeräte)
FSK	frequency shift keying	Frequenzumtastung
FSM	finite state machine	endlicher Automat (Schaltwerk)
FSM	forward surge maximum	Diodenstoßstrom
FSR	force sensitive resistor	kraftabhängiger Widerstand
ft.	feet	Fuß, amerik. Längeneinheit (0,3048 m)
FTAM	file transfer, access and management	standardisiertes OSI Protokoll für den Dateizugriff
FTE	full-time equivalent	Vollzeit-Arbeitskraft
FTP	file transfer protocol	Protokoll zur Dateiübertragung (TCP/IP)
FTP	foil twisted-pair	Leitung mit verdrillten Adernpaaren mit Folienschirm
FTTB	fibre to the building	Glasfaserführung bis ins Gebäude
FTTC	fibre to the curb	Glasfaserführung bis an den Verteilerkasten
FTTD	fibre to the desk	Glasfaser bis zum Kabelverzweiger
FTTH	fibre to the home	Glasfaserführung bis ins Haus
FTZ	…	Fernmeldetechnisches Zentralamt
FuE	research and development	Forschung und Entwicklung

Akronym	Fremdsprachliche Bedeutung	Deutsche Bedeutung
FÜV	...	Fernmeldeüberwachungsverordnung
FV	leased line	Festverbindung
FVV	permanent virtual circuit	virtuelle Festverbindung
FYA	for your amusement	Kürzel in Diskussionsforen: viel Spaß damit
FYI	for your information	Kürzel in Diskussionsforen: zur Kenntnis

G

GA	gate array	Gate-Array, vorgefertigtes integriertes Feld von Logikblöcken
GaAs	gallium arsenide	Gallium-Arsenid
GAFET	gallium arsenide FET	Gallium-Arsenid-FET
GAL	generic array logic	programmierbarer, elektrisch löschbarer Funktionsspeicher, der viele PAL-Typen emulieren kann
GAN	global area network	Netze globaler Ausdehnung
GAP	generic access profile	Standard, der die Interoperabilität von DECT-Geräten unterschiedlicher Hersteller sicherstellt
GB	gigabytes	2^{30} Byte, ca. 10^9 Byte
GBG	closed user group	geschlossene Benutzergruppe (bei Diensten)
GBIC	Gigabit interface connector	Steckverbinder für Gigabit-Ethernet
GCD	greatest common divisor	größter gemeinsamer Teiler, ggT
GCR	group-coded recording	Aufzeichnungsverfahren bei Magnetbändern
GCT	gamma correction table	Gammakorrekturtabelle (zum Farbabgleich von Monitoren)
GD	gold	(Leiterfarbe) gold
GDI	graphics device interface	Programmier-Schnittstelle zu Ausgabegeräten (Windows)
GEO	geosynchronous earth orbit	geostationär(er Satellit)
GFC	generic flow control	Mehrzweckfeld im ATM-Zellenkopf
GFCI	Ground Fault Circuit Interrupter	FI-Schutzschalter
GFK	...	glasfaserverstärkter Kunststoff
GFLOPS	giga (10^9) floating point operations per second	10^9 Gleitkommaoperationen pro Sekunde
GGA	...	Groß-Gemeinschaftsantenne
GIGO	garbage in, garbage out	scherzhafte Bezeichnung für die Tatsache, daß sich aus unzulässigen Eingabedaten keine aussagekräftigen Ergebnisse erzielen lassen
GIS	geographic information system	geographisches Informationssystem
GMA	...	Gesellschaft für Meß- und Automatisierungstechnik
GMA	...	Gefahrenmeldeanlagen

Akronym	Fremdsprachliche Bedeutung	Deutsche Bedeutung
GMA	...	VDI/VDE-Gesellschaft Mess- und Automatisierungstechnik
GMD	...	Gesellschaft für Mathematik und Datenverarbeitung
GME	...	VDE/VDI-Gesellschaft Mikroelektronik
GML	general markup language	allgemeine Sprache zur Beschreibung der Struktur von Dokumenten
GMM	...	VDI/VDE-Gesellschaft Mikroelektronik, Mikro- und Feinwerktechnik
GMSK	Gaussian minimum shift keying	spezielle Phasenmodulation
GN	green	(Leiterfarbe) grün
GND	ground	Masse
GNYE	green–yellow	grüngelb (Schutzleiterfarbe)
GOC	gigabit on copper	Ethernet Variante gemäß 802.3ab
GOLD	GSM one-chip logic device	integrierter Logikschaltkreis für GSM Anwendungen
GOPS	giga (10^9) operations per second	10^9 Prozessor-Operationen pro Sekunde
GP	general purpose	Vielzweck-
GPIA	general-purpose interface adapter	IEC-Bus-Adapter für PCs
GPIB	general-purpose interface bus	Meßgerätebus von HP, standardisiert als IEC 488
GPRS	general packet radio servce	paketorientierte Datenübertragung in GSM-Netzen
GPS	global positioning system	satellitengestütztes Präzisionsnavigationsverfahren
GS	...	Prüfzeichen, verliehen von einer Prüfstelle nach dem Gerätesicherheitsgesetz
GSG	...	Gerätesicherheitsgesetz
GSM	frz.: Groupe speciale mobile; engl.: Global mobile communication system	Europaweiter Standard für digitale Mobiltelefone. Bezeichnung der Arbeitsgruppe, die den GSM-Standard definierte
GSM	global system for mobile communications	Marketing-Bezeichnung für das GSM-Funktelefonsystem
GTO	gate turn-off (thyristor)	über die Steuerelektrode löschbarer Thyristor
GUI	graphical user interface	graphische Benutzer-Schnittstelle
GY	grey, gray	(Leiterfarbe) grau

H

HAK	...	Hausanschlusskasten (Elektroinstallation)
HAL	hardware array logic	herstellerprogrammierte Funktionsspeicher
HAs	...	(Telefon-)Hauptanschluß
HAsl	subscriber line	(Telefon-)Hauptanschluß-Leitung
HBE	high byte enable	Steuersignal bei D/A-Umsetzern

Akronym	Fremdsprachliche Bedeutung	Deutsche Bedeutung
HBT	heterojunction bipolar transistor	sehr schneller Transistor für GHz Anwendungen
HC	high-speed CMOS	schnelle TTL-kompatible CMOS-Baureihe
HCC	horizontal cross-connect	Stockwerkverteiler
HCF	highest common factor	größter gemeinsamer Teiler
HCMOS	high-density complementary metal oxide on silicon	CMOS Variante
HCT	high-speed CMOS with TTL thresholds	schnelle TTL-kompatible CMOS-Baureihe
HD	hard disk	Festplatte(nlaufwerk)
HD	high density	hohe Schreibdichte bei Disketten, ca. 1,44 MB
HDB3	high-density binary code with 3 zeros substitution	gleichstromfreier Leitungscode mit Nullsubstitution
HDCD	high-density compact disk	Bezeichnung für Weiterentwicklung der CD-Technik
HDD	hard disk drive	Festplattenlaufwerk
HDL	hardware-description language	Sprache zur Spezifikation und Beschreibung von Schaltungen zur Simulation durch Programme
HDLC	high-level data-link control	Protokoll für synchrone Datenübertragung
HDMAC	high-definition multiplexed analogue components	Übertragungsverfahren für HDTV-Signale
HDSL	high data rate digital subscriber line	Hochgeschwindigkeitstechnik aus der xDSL-Familie zur Datenübertragung auf Kupferleitungen
HDTM	half-duplex transmission module	halbduplex Übertragung (X.25)
HDTV	high-definition TV	hochauflösendes Fernsehen oberhalb von 1 000 Zeilen
HDVS	high-definition video system	hochauflösendes Fernsehsystem
HDX	half duplex	halb-Duplex
HE	...	Höheneinheit im 19''-Gehäusesystem
HE	...	Höheneinheit, Maßeinheit in 19"-Gestellen und Schränken, 1HE=44,45 mm
HEC	header error control	Wort zur Fehlersicherung im Kopf einer ATM-Zelle
HEMT	high electron mobility transistor	schneller HF-Transistor
HFC	hybrid fibre/coax	hybrides Übertragungsnetz aus Koax- und Glasfaseranteilen
HfD	leased line	Hauptanschluß für Datendirektverbindung
HFO	high-frequency oscillator	Hochfrequenz-Oszillator
HGÜ	...	Hochspannungs-Gleichstrom-Übertragung
HHF	hyperhigh frequency	Submillimeterwellen, 300...3 000 GHz
HiFi	high fidelity	hohe Übertragungsgüte, Marketingbezeichnung für Geräte der Unterhaltungselektronik
HIP	hex in-line package	Schaltkreis-Gehäuse-Bauform
HIPO	hierarchy of input–process–output	Strukturierungsmethode des Software-Engineering

Akronym	Fremdsprachliche Bedeutung	Deutsche Bedeutung
HIPPI	high-performance parallel interface	Hochgeschwindigkeitsbus zur Speicher- und Rechnerkopplung
HLF	hyperlow frequency	Tiefstfrequenzen unter 3 kHz
HLL	high-level logic	störsichere Logikfamilie
HLL	high-level language	Bezeichnung für höhere Programmiersprachen
HLLCMOS	high-speed low-voltage low-power CMOS	CMOS für niedrige Betriebsspannung
HLR	home location register	Teilnehmerdatenbank beim Heimat-Netzbetreiber (GSM)
HMA	high memory area	die ersten 64 k Speicher oberhalb der 1 M-Grenze (DOS)
HNIL	high noise immunity logic	störsichere Logikfamilie
HOAI	…	Honorarordnung für Architekten und Ingenieure
HPIB	general-purpose interface bus	Meßgerätebus von Hewlett Packard, standardisiert als IEC 488
HPSS	high-performance storage system	für große Datenmengen optimiertes Speicherverwaltungssystem
HSB	hue, saturation, brightness	Farbkoordinatensystem basierend auf Farbton, Sättigung und Helligkeit
HSCSD	high speed circuit switched data	Datenübertragung im GSM durch Bündelung mehrerer Sprachkanäle
HSD	high-speed data	Hochgeschwindigkeitsdaten-
HSI	hue, saturation, intensity	Farbkoordinatensystem ähnlich HSB
HSV	hue, saturation, value	Farbkoordinatensystem ähnlich HSB
HTL	high threshold logic	störsichere Logikfamilie
HTL	high-voltage transistor logic	störsichere Logik mit Betriebsspannungen von 26…33 V
HTML	hypertext markup language	Dokumentenbeschreibungssprache, häufig genutzt im WWW
HTP	high trigger point	obere Schwellspannung (bei Schmitt-Trigger)
HTS	high-temperature superconductor	Hochtemperatur-Supraleiter
http	hypertext transfer protocol	Protokoll im Internet zum Austausch von Hypertext-Dokumenten
HVAC	heating, ventilation and air conditioning	Klimaanlage
h/w	hardware	gerätetechnische im Gegensatz zur programmtechnischen Realisierung

I

IA5	international alphabet no. 5	7-bit Zeichencode der ITU mit 128 Schriftzeichen und Steuerzeichen. Ist die IRV nach ISO/IEC 646 (ASCII)
IAE	ISDN attachment unit	ISDN-Anschluß-Einheit
IANA	Internet Assigned Numbers Authority	Unterorganisation der ICANN zur Vergabe von Bezeichnern im Internet
IARU	International Amateur Radio Union	Internationale Radio-Amateur-Union

680 Anhang D Abkürzungsverzeichnis

Akronym	Fremdsprachliche Bedeutung	Deutsche Bedeutung
IBFN	...	integriertes Breitband-Fernmeldenetz
IC	integrated circuit	integrierte Schaltung
IC	intermediate cross-connect	Zwischenverteiler, Gebäudeverteiler (Schrank, Raum)
ICANN	International Corporation for Assigned Names and Numbers	Agentur zur Vergabe von Namen und Bezeichnern im Internet
ICAP	Interactive Circuit Analysis Program	Programm zur interaktiven Schaltungsanalyse
ICCS	integrated communications cabling system	Gebäudeverkabelungs-System für Sprach- und Datenanwendungen
ICE	in-circuit emulation	Nachbildung eines Bauelements (Prozessor) im eingebauten Zustand
ICIS	current-controlled current source	stromgesteuerte Stromquelle
ICMP	Internet Control Message Protocol	Signalisierungsprotokoll in der TCP/IP-Familie
ICS	IBM cabling System	von IBM standardisiertes Gebäude-Verkabelungssystem
ICT	in-circuit test	Test einer Funktionsgruppe im Einbauzustand
ICVS	current-controlled voltage source	stromgesteuerte Spannungsquelle
IDC	insulation displacement connection	Schneidklemmen
IDE	intelligent drive electronics	Standard für Festplattencontroller, abgelöst durch E-IDE
IDF	intermediate distribution facility	Zwischenverteiler (Schrank, Raum)
IDF	intermediate distribution frame	Zwischenverteiler (Schrank)
IDFT	inverse discrete Fourier transform	inverse DFT
IDN	integrated digital network	integriertes Datennetz
IDN	International Data Numbers	X.121 Adresssen für X.25
IDS	intrusion detection system	System zur Detektion von unauthorisierten Nutzern, Programmen
IDTV	improved definition TV	Fernsehen mit erhöhter Auflösung
IEC	International Electrotechnical Commission	Internationale Elektrotechnische Kommission
IECC	International Electronic Components Committee	Int. Komitee für elektronische Bauelemente
IECEE	IEC System for Conformity Testing to Standards for Safety of Electrical Equipment	IEC System für die Konformitätsprüfung von Betriebsmitteln gemäß Sicherheitsstandards
IEEE	Institute of Electrical and Electronics Engineers	Berufsorganisation in USA, ähnlich dem VDE
IETF	Internet Engineering Task Force	Gremium zur Entwicklung neuer Standards im Internet
IEV	International Electrotechnical Vocabulary	Internationales Elektrotechnisches Wörterbuch
IF	image frequency	Spiegelfrequenz
IF	intermediate frequency	Zwischenfrequenz
IF	interface	Schnittstelle
IFCP	Internet Fibre Channel Protocol	Verbindung von FC-Netzen über IP-Netze
IFL	integrated fuse logic	generische Bezeichnung für programmierbare Funktionsspeicher

Akronym	Fremdsprachliche Bedeutung	Deutsche Bedeutung
IGBT	insulated gate bipolar transistor	Leistungstransistor mit Bipolar-Eigenschaften, der wie FET gesteuert wird
IGES	initial graphics exchange specification	Grafikstandard zum Austausch von CAD-Daten
IGFET	insulated gate FET	FET mit isoliertem Gate
IIL	integrated injection logic	weniger verbreitete bipolar-Technik
IIR	infinite impulse response	unendlich (andauernde) Impulsantwort (von Filtern)
IKE	Internet kex exchange	Protokoll zum Schlüsselaustausch über das Internet
ILEC	incumbent local exchange carrier	Ortsnetzbetreiber, der der Universaldienstobligation unterliegt. Üblicherweise der frühere Monopolist.
ILF	infralow frequency	Niederfrequenz, 300 Hz...3 kHz
IM	intermodulation	Intermodulation
IMD	intermodulation distortion	Intermodulationsverzerrungen
IMEI	international mobile equipment identity	eindeutige Endgerätenummer, die das Sperren gestohlener Geräte erlaubt
IMHO	in my humble opinion	Kürzel in Diskussionsforen: meiner bescheidenen Meinung nach
IMO	in my opinion	Kürzel in Diskussionsforen: meiner Meinung nach
IMP	intermediate processor	Name für Router in den Gründungsjahren des Internet
IMPATT	impact avalanche transit time	Lawinenlaufzeit(diode) (Mikrowellenoszillator)
IMQ	...	Nationales italienisches Prüfzeichen, vergleichbar VDE-Zeichen
InARP	inverse ARP	erfragt IP-Adresse zu einer MAC-Adresse (z. B. bei speicherlosen Arbeitstationen)
INCNIRP	International Commission on Non-Ionizing Radation Protection	setzt in der EU Grenzwerte für elektromagnetisch strahlende Geräte fest
INIC	current inverting negative impedance converter	NIC mit Strominvertierung
INOC	Internet network operations center	Internetbetriebszentrale
INT	interrupt	Unterbrechungsanforderung
I/O	input–output	Ein-/Ausgabe
IOW	in other words	Kürzel in Diskussionsforen: anders ausgedrückt
IP	Internet Protocol	verbindungsloses Schicht-3-Protokoll
IP	international protection	Schutzart nach DIN 40 050
IP3	intercept point of third order	Intercept-Punkt für Verzerrungsprodukte dritter Ordnung
IPC	Institute for Interconnecting and Packaging of Electronic Circuits	Einrichtung zur Definition und Standardisierung von Halbleitergehäusen
IPIP	input intercept point	Interceptpoint angegeben als Eingangsleistung
IPng	internet protocol (next generation)	andere Bezeichnung für Version 6 von IP
IPoA	IP over ATM	Transport von IP-Datagrammen über ATM

Akronym	Fremdsprachliche Bedeutung	Deutsche Bedeutung
ips	inches per second	Geschwindigkeitsmaßeinheit
IPX	Internetwork Packet Exchange	Schicht-3-Protokoll in Rechnernetzen
IR	infrared	Infrarot
IRA	international reference alphabet	durch ITU-T standardisierter Zeichensatz. In USA ASCII genannt.
IrDA	Infrared Data Association	Standard für Infrarotschnittstellen zum Datenaustausch
IRE	Institute for Radio Engineers	Vorläuferorganisation von IEEE
IRE	IRE units	in der amerikanischen Fernsehtechnik übliche Spannungseinheit. 1 IRE = 1/140 V
IRED	infrared emitting diode	Infrarot Leuchtdiode
IRQ	interrupt request	Unterbrechungsanforderung
IRT	...	Institut für Rundfunktechnik
IRV	international reference version	Alphabet gemäß ASCII
ISA	industry standard architecture	8/16 bit, 8/10 MHz Bus für PC-Erweiterungskarten
ISA	Integrated Services Architecture	Weiterentwicklung des Internets zur Unterstützung von QoS
iSCSI	Internet SCSI	Transport des SCSI-Protokolls über IP-Netze zur Speicheranbindung
ISDN	integrated services digital network	diensteintegrierendes Netz
ISFET	ion-sensitive FET	chem. FET, Detektor für spezifische Substanzen
ISI	intersymbol interference	Intersymbolinterferenz, Verzerrung bei der Digitalsignalübertragung
ISM	industry service medicine	öffentlich nutzbares Band bei 2
ISO	International Standards Organisation	Dachorganisation von nationalen Normungsausschüssen
ISP	Internet service provider	Internet Dienstanbieter
ISUP	ISDN user part	Protokoll zur Ende-zu-Ende Signalisierung im ISDN
ISV	independent software vendor	unabhängiger Lieferant für Software
IT	information technology	Informationstechnik
ITC	information and telecommunications technology	Informations- und Kommunkationstechnik
ITE	...	informationstechnische Einheit
ITG	...	Informationstechnische Gesellschaft im VDE
ITK	information and telecommunications technology	Informations- und Kommunkationstechnik
ITSEC	information technology security evaluation criteria	Kriterien zur Bewertung der Sicherheit von Systemen der Informationstechnik
ITU	International Telecommunications Union	Internationale Telekommunikationsunion
ITU-R	International Telecommunications Union – Radio Communication Sector	Standardisierungsgremium, ehem. CCIR
ITU-T	see ITU-TSS	siehe ITU-TSS

Akronym	Fremdsprachliche Bedeutung	Deutsche Bedeutung
ITU-TSS	International Telecommunications Union – Telecom Standardisation Sector	Standardisierungsgremium, ehem. CCITT
IuK	information and telecommunications technology	Informations- und Kommunikationstechnik
IuKDG	…	Informations- und Kommunikationsdienstegesetz
IV	initialisation vector	Startvektor bei Verschlüsselungsverfahren
IVD	integrated voice data	Sprach-Daten (Netz), ehem. Name für IEEE 802.9
IVR	interactive voice response	Sprachsteuerung
IWG	Imperial wire gauge	britische Drahtlehre
IWV	…	Impulswahlverfahren

J

JAN	Joint Army–Navy	US-Institution, die die MIL-Spezifikationen festlegt
JBOD	just a bunch of disks	Betriebsart eines Plattenarrays als unabhängige Laufwerke im Gegensatz zu RAID
JEDEC	Joint Electron Device Engineering Committee	Standardisierungsgremium, Übertragungsprotokoll für Daten zum Programmieren von Funktionsspeichern
JFET	junction FET	Sperrschicht-FET
JIT	just in time	Lieferung genau zu dem Zeitpunkt, wenn Bedarf beim Kunden besteht. Verringert dessen Lagerkosten.
JPEG	Joint Photographic Expert Group (picture compression)	Bezeichnung eines Bilddatenkompressionsverfahrens
JVM	Java virtual machine	abstrakte Maschine, funktioniert als Interpreter des plattformunabhängigen Javacodes

K

kbps	kilobits per second	Maß für Datenrate
KCL	Kirchhoff's current law	Knotenregel
kc/s	kilocycles per second	Kilohertz
KIS	keep it simple	konstruiere möglichst einfach
KISS	keep it simple stupid	Kürzel in Diskussionsforen: bitte etwas einfacher
KKF	cross-correlation function	Kreuzkorrelationsfunktion
KLT	Karhunen–Loéve transform	Karhunen-Loéve-Transformation. Reihenentwicklung (ähnlich Fourier) nach Eigenvektoren
kMc	kilo megacycles	GHz
KMU	Small and Medium-sized Enterprises	kleine und mittlere Unternehmen
KNF	product of sums	konjunktive Normalform

Akronym	Fremdsprachliche Bedeutung	Deutsche Bedeutung
KOP	...	Kontaktplan
KOPS	kilo-operations per second	Anzahl der Maschinenbefehle pro Sekunde
ksps	kilosamples per second	Tausend Abtastungen/s
KTP	...	Küpfmüller-Tiefpaß, (nur in Deutschland verbreitete) Bezeichnung für den idealen TP
KVL	Kirchhoff's voltage law	Maschenregel
KVM	keyboard video mouse (switch)	Multiplexer, der die Bedienung vieler Rechner mit nur je einer Tastatur, Maus, Monitor ermöglicht
KVSt	secondary exchange	Knotenvermittlungsstelle
KW	short wave, decametric waves	Kurzwelle

L

L	live	Phase bei Elektroinstallation
L8R	later	Kürzel in Diskussionsforen: später
LACNIC	Latin American and Caribbean IP address Regional Registry	Registrierungsstelle für IP-Adressen in Südamerika
LAN	local area network	lokales (Rechner-)Netz
LANE	LAN emulation	LAN-Emulation
LAP	link access procedure	Protokoll zum Verbindungsaufbau
LAP-B	link access procedure balanced	Protokoll zum Verbindungsaufbau bei gleichberechtigten Kommunikationspartnern
LAP-D	link access procedure D-channel	Protokoll zum Verbindungsaufbau beim ISDN
LAP-F	link access procedure frame relay	Protokoll zum Verbindungsaufbau bei Frame Relay
LAP-M	link access procedure for modems	Protokoll zum Verbindungsaufbau bei Modems
Laser	light emission by stimulated emission of radiation	Laser
LAT	local area transport	nicht routbares Protokoll (für Terminalserver)
lbf	pounds force	amerik. Maßeinheit für die Kraft
LBS	location based services	standortabhängige Dienste (Mobilfunk)
LCA	logic cell array	konfigurierbare Logikblöcke in Verbindung mit nichtflüchtigem Speicher
LCC	leadless chip carrier	Keramik-Flachgehäuse ohne „Beinchen"
LCCC	leadless ceramic chip carrier	keramisches SMD-Gehäuse mit federnden Kontakten an vier Seiten
LCD	liquid crystal display	Flüssigkristall-Anzeige
LCF	low cost fiber	preiswerter LWL (aus Kunststoff)
LCM	least common multiple	kleinstes gemeinsames Vielfaches, kgV
LCN	logical channel number	logische Kanalnummer
LCR	least cost routing	Vermitteln (eines Telefongespräches) zu geringsten Kosten

Akronym	Fremdsprachliche Bedeutung	Deutsche Bedeutung
LD	laser diode	Laserdiode
LDC	long distance carrier	Netzbetreiber, der den Fernsprechverkehr wahrnimmt
LDR	light-dependent resistor	lichtabhängiger Widerstand
LDS	running digital sum	laufende digitale Summe, Fehlererkennung durch Abzählung von Einsen und Nullen in einem Bitstrom bei geeignetem Leitungscode
LDTV	low-definition TV	niedrig auflösendes Fernsehen, z. B. Bildtelefon
LE	local exchange	Ortsvermittlungsstelle
LEC	LAN emulation client	Protokollinstanz bei der LAN-Emulation
LEC	local exchange carrier	durch Regulierung vorgegebener Ortsnetzbetreiber (im Gegensatz zum CLEC)
LECS	LAN emulation configuration server	Protokollinstanz bei der LAN-Emulation
LE-CVD	light-enhanced chemical vapour deposition	chemisches Abscheiden in der Dünnschichttechnik unterstützt durch UV-Licht
LED	light-emitting diode	Leuchtdiode
LEMP	lightning electromagnetic pulse	durch Blitzschlag verursachter elektromagnetischer Puls
LEO	low earth orbit	Satellitenbahn in etwa 1000 km Höhe
LES	LAN emulation server	Protokollinstanz bei der LAN-Emulation
LEX	local exchange	Ortsvermittlungsstelle
LF	leap-frog filter	Filterstruktur, bei der zwei benachbarte Funktionsblöcke durch Rückführung verkoppelt sind
LF	line feed	Zeilenvorschubzeichen (^K)
LF	low frequency	Niederfrequenz (30 Hz ... 300 kHz)
LFO	low-frequency oscillator	Niederfrequenz-Oszillator
LIFO	last in, first out	Stapelspeicher
LIS	logical IP sub-network	logisches IP-Subnetz
LISP	list processing	listenorientierte Programmiersprache
LL	leased line	Mietleitung
LLC	logical link control	Schicht 2b der IEEE 802.x Protokolle
LLLTV	low-level light TV	Restlichtfernsehen, Kameras mit Restlichtverstärkern
LMR	land mobile radio	Mobilfunkvorläufer
LMS	least mean square	minimale Quadratsumme (Optimierung)
LNA	low-noise amplifier	rauscharmer (Vor-)Verstärker
LNB	low-noise block converter	rauscharmer Mischer/Verstärker (Satellitenfunk)
LNC	low-noise converter	rauscharmer Mischer/Verstärker (Satellitenfunk)
LO	local oscillator	lokaler Oszillator (bei Mischern oder PLL)
LOCMOS	local oxide CMOS	spezielle CMOS-Technik

Akronym	Fremdsprachliche Bedeutung	Deutsche Bedeutung
LOF	loss of frame	Fehlersignal bei Rahmenverlust
LOF	lowest operating frequency	tiefste Arbeitsfrequnz
LOHET	linear-output Hall-effect transducer	Feldplatten-Sensor zur Abstandsmessung
LOM	lights-out management	Fernsteuerung von Servern
LORAN	long-range navigation	Weitbereichs-Funknavigation
LOS	line of sight	Sichtlinie, Richtfunk
LOS	loss of signal	Fehlersignal bei Signalverlust
LP	low pass (filter)	Tiefpaß
LPC	linear predictive coding	Datenreduktionsverfahren (für Sprachsignale)
LPD	low power device	Funkgeräte niedriger Leistung im 70 cm-Band
LPZ	lightning protection zone	Blitzschutzzone
LR	loudness rating	Bezugsdämpfung
LRC	longitudinal redundancy check	Längsparitätsprüfung
LRU	last recently used (memory)	Algorithmus zum Verwerfen der am längsten ungenutzten Speicherseiten
LS	least square	kleinste Quadratsumme
LSA	…	löt-, schraub- und abisolierfrei; Arbeitssparende Verbindungstechnik
LSA	link state algorithm	Klasse von Routingprotokollen
LSB	least significant bit	niedrigstwertiges Bit
LSD	least significant digit	niedrigstwertige (Dezimal-)Ziffer
LSI	large-scale integration	Großintegration 1000–5000 Gatter
LSL	…	langsame störsichere Logik
LSR	label switch router	Bezeichnung für Router in MPLS
LSTTL	low-power Schottky TTL	TTL-Baureihe, Industrie-Standard
LTO	linear tape open	Technik zur Datenaufzeichnung auf Magnetbändern (Kassetten)
LTP	lower trigger point	untere Schwellspannung (bei Schmitt-Trigger)
LUN	logic unit number	Selektor bei SCSI-Geräten
LUT	look-up table	Wertetabelle mit Speicher realisiert
LWL	…	Lichtwellenleiter
LZBT	Lempel-Ziv British Telecom	datenreduzierendes Kodierverfahren gestützt auf Wörterbuch. Basis für V.42bis
LZW	Lempel–Ziv–Welch (data compression)	nach den Autoren benanntes Datenkompressionsverfahren

M

M	…	Mantelkern von Transformatoren aus Blech oder Schnittband

Akronym	Fremdsprachliche Bedeutung	Deutsche Bedeutung
M2M	machine to machine (communication)	Kommunikation von Gerät zu Gerät (ohne menschliche Intervention)
MAC	media access control	Schicht 2a der IEEE 802.x Protokolle
MAC	multiplexed analogue components	Übertragungsverfahren für Fernsehsignale
MAD	mean absolute difference	mittlerer Absolutfehler
MAN	metropolitan area network	Kommunikations-Netz innerhalb eines (Groß-)Stadtgebietes
MAP	manufacturing automation protocol	standardisiertes Protokoll für LANs
MAP	manufacturing automation protocol	standardisiertes Protokoll für LANs in der Automatisierungstechnik
MASK	multiple-amplitude shift keying	Mehrstufen-Amplitudentastung
MAU	medium attachment unit	Funktionskomponente zur Anschaltung an das Medium in Ethernet-Netzen
MAU	multistation access unit	Konzentrator im Token-Ring-Netzwerk
MAU	medium attachment unit	Komponente zur Anschaltung an das Medium in Ethernet-Netzen
MB	megabytes	2^{20} Bytes, ca. 10^6 Bytes
MB	megabytes	220 byte = 1048576 byte
MBE	medium byte enable	Steuersignal bei D/A-Umsetzern
Mbps	megabits per second	Maß für Datenrate
MBS	mutual broadcasting system	Gleichwellenrundfunk
MCA	microchannel architecture	32 bit, 10 MHz-Bussystem für PCs
MCC	main cross-connect	Hauptverteiler
MCM	1000 circular mils	1 CM ist die Fläche eines Kreises mit Durchmesser 1 mil. $1\,\text{MCM} = 0{,}5067\,\text{mm}^2$
MCM	mulichip module	Bauelement in Dünnschichttechnik mit mehreren Chips auf einem Substrat
MCM	multicarrier modulation	Mehrträgermodulation
MCSE	Microsoft Certified Systems Engineer	Herstellerspezifisches Berufszertifikat
MCT	MOS-controlled thyristor	Thyristor mit Eingangscharakteristik eines MOS-FET
MCU	multipoint control unit	zentrale Instanz bei Videokonferenzschaltungen o. ä.
MD5	message digest 5	Verschlüsselungsverfahren
MDAC	multiplying analogue-to-digital converter	multiplizierender D/A-Umsetzer
MDF	main distribution frame	Hauptverteiler(rahmen)
MDF	main distribution facility	Hauptverteiler
MDI	medium dependent interface	Teilschicht bei den schnellen Ethernetprotokollen
MDR	magnetic field dependent resistor	magnetfeldabhängiger Widerstand, Feldplatte
MDStV	…	Mediendienste-Staatsvertrag
MDT	mean down time	mittlere Ausfallzeit

Akronym	Fremdsprachliche Bedeutung	Deutsche Bedeutung
MDU	multi dwelling unit	Mehrfamilienhaus
MECL	Motorola emitter-coupled logic	firmenspezifische ECL-Baureihe
MELF	metal electrode face bonding	zylinderförmges Gehäuse für SMD-Bauelemente
MEM	micro-electro-mechanic	mikromechanisches System
MEO	medium earth orbit	mittelhohe Satellitenumlaufbahn (ca. 10 000 km)
MET	multiemitter transistor	Multi-Emitter-Transistor (in integr. Schaltungen)
MF	medium frequency	Frequenzbereich von 300 kHz ... 3 MHz
MF	microfarad	µF
MFAQ	most frequently asked questions	die häufigsten Fragen
MFC	multi-frequency code	Mehrfrequenzwahlverfahren
MFD	maximally flat delay (filter)	Bessel-Filter
MFD	microfarad	µF
MFLOPS	mega floating-point operations per second	Maß für Prozessorleistung
MFM	maximally flat magnitude (filter)	Butterworth-Filter
MFM	modified frequency modulation	überholtes Aufzeichnungsformat auf Festplatten
MFSK	multiple frequency-shift keying	Mehrfrequenzkodierung
MFV	dual tone dialling	Mehrfrequenz-Wahlverfahren
MHC	modified Huffmann code	Quellencode für Faxübertragung
MHF	medium high frequency	mittelhohe Frequenz
mho	mho	Ω^{-1}, Siemens (Einheit des Leitwertes)
MHS	message-handling system	elektronische Post
MIB	management information base	baumartige Datenstruktur zur Beschreibung eines Gerätes für das Netzmanagement
MIC	media interface connector	Steckverbinder
MICE	money, ideology, constraint, ego	Hauptmotive für die Preisgabe von Datensicherheit
MIDI	musical instrument digital interface	Schnittstelle Rechner/Musikinstrumente
MII	media independent interface	Teilschicht bei den schnellen Ethernetprotokollen
mil	1/1000 inch	1/1000 Zoll
MIL	qualified for military use	Kennzeichnung für Bauelemente, die für erschwerte Umgebungsbedingungen spezifiziert sind
MIMD	multiple instruction/multiple data (stream)	Struktur eines Mehrprozessor-Rechners
MIME	multipurpose Internet mail extension	offener Standard für Dokumentdarstellung in unterschiedlichen nationalen Alphabeten sowie Multimedia-Erweiterungen
MIPS	million instructions per second	gewichtetes Maß für Prozessorleistung (70 % Multiplikationen, 30 % Additionen), weitgehend ungeeignet für Vergleiche

Akronym	Fremdsprachliche Bedeutung	Deutsche Bedeutung
MK	...	Kondensatorbauform mit metallisierter Kunststofffolie
MKP	...	Kondensatorbauform mit metallisierter Polypropylenfolie
MKV	...	Kondensatorbauform mit beidseitig metallisiertem Papier
MLE	maximum likelihood estimation/estimator	Maximum Likelihood Schätzung / Schätzer
MLSE	minimum least-square error	minimaler quadratischer Fehler
MLT-3	multi-level transmission 3	dreipegelige Signalcodierung beim Fast-Ethernet
MM-CD	mixed-mode compact disk	CD mit Audio- und Datenspuren
MMS	manufacturing message specification	objektorientierte Sprache nach ISO 9506
MMS43	multimode system 4B3T	gleichstromfreier Blockcode, der 4 Binärzeichen in 3 Ternärzeichen umsetzt
MMU	memory management unit	Speicherverwaltungs(-IC)
MNC	multinational company	multinationale Firma
MNP	Microcom network protocol	Fehlersicherungs- bzw. Datenkompressions-Protokoll für Modems (MNP-2 ... MNP-5)
MO	magneto-optical	magneto-optisch(er Plattenspeicher)
MOD	magneto-optical drive	magneto-optisches Laufwerk (Massenspeicher)
Modem	modulator/demodulator	Modem
MOS	metal-oxide semiconductor	MOS
MOSFET	metal-oxide semiconductor field-effect transistor	FET mit isolierter Gate-Elektrode
MOTD	message of the day	Tagesmeldung, z. B. beim Login
MoU	memorandum of understanding	Vertrag, Übereinkunft
mp	melting point	Schmelzpunkt
MP	...	Kondensatorbauform mit metallisierter Papierfolie
MPEG	motion picture expert group	Bezeichnung eines Bilddatenkompressionsverfahrens für Bildfolgen
MPLD	mask-programmed logic device	zu EPLDs kompatible maskenprogrammierte Logikbausteine
MPLS	multiprotocol label switching	Markieren von Frames in paketvermittelten Netzen, um schnelles Routing und Dienstgüte zu erreichen
MPOA	multi-protocol encapsulation over ATM	Technik zur Übertragung beliebger Protokolle über ATM
MPP	maximum power point	Leistungsanpassung
MPP	massively parallel processor	Supercomputer-Architektur mit (u. U.) Tausenden von Prozessoren
MPPP	multiwatt power plastic package	Kunststoffgehäuse für Leistungs-ICs
MPR	multi protocol router	Router, der mehrere Protokolle unterstützt
MPRII	...	schwedische Norm, die Strahlungsgrenzwerte für Monitore festlegt

Akronym	Fremdsprachliche Bedeutung	Deutsche Bedeutung
MPSK	multiple-phase shift keying	Mehrstufen-Phasenumtastung
MPU	microprocessing unit	Mikroprozessor
MR	master reset	General-Rücksetz-Eingang
MRC	modified Reed code	datenreduzierender Code beim Telefax
MRCS	multi-rate circuit switching	Form der Kanalbündelung
MRCS	multirate circuit switching	Mehrraten-Leitungsvermittlung
MRU	maximum receive unit	Empfangspuffergröße (PPP)
MS	mobile station	Mobiltelefon
MSB	most significant bit	höchstwertiges Bit
MSC	mobile switching center	Vermittlungsstelle im Mobilfunk
MSD	most significant digit	höchstwertige (Dezimal-)Ziffer
MS-DOS	Microsoft disk operating system	weit verbreitetes Betriebssystem für PCs
MSE	mean square error	mittlerer quadratischer Fehler
MSI	medium scale integration	Integrationsgrad 10–1000 Gatter
MSK	minimum shift keying	FSK mit Index 0,5
MSN	multiple subscriber number	eine der mehreren Nummern, die einem ISDN-Anschluss zugeteilt werden
MSPS	mega samples per second	Mill. Abtastungen/s
MSR	measurement and control	Messen, Steuern, Regeln
MSS	maximum segment size	maximale Segmentgröße bei TCP
MTBC	mean time to crash	statistisches Lebensdauermaß bis zum Totalausfall, analog zu MTBF
MTBF	mean time between failures	bei der angegebenen jährlichen Betriebsdauer wird eine Baugruppe mit ca. 9 % Wahrscheinlichkeit im ersten Jahr ausfallen
MTF	modulation transfer function	Modulations-Übertragungsfunktion
MTTF	mean time to failure	siehe MTBF
MTTFF	mean time to first failure	mittlere Zeit bis zum erstmaligen Ausfall
MTTR	mean time to recover/repair	statistisches Lebensdauermaß bis zur Wiederherstellung, analog zu MTBF
MTU	maximum transfer unit	maximale Größe eines Paketes in einem Protokoll
µC	micro-controller	Einchip-Mikroprozessor
µP	microprocessor	Mikroprozessor
MUSE	multiple subsampling encoding	japanischer Standard für HDTV
MUSICAM	masking pattern universal sub-band integrated coding and multiplexing	datenreduzierendes Codierverfahren für hochwertige Tonübertragung
MUT	mean up-time	mittlere Verfügbarkeitsdauer
MuTOA	multi-user telecommunications outlet assembly	Anordnung von mehreren TK-Steckverbindern
MUX	multiplexer	Multiplexer

Anhang D Abkürzungsverzeichnis

Akronym	Fremdsprachliche Bedeutung	Deutsche Bedeutung
MVNO	mobile virtual network operator	virtueller Mobilfunknetzbetreiber
MVSt	…	Mutter-Vermittlungsstelle
MW	hectometric waves	Mittelwelle
MX	multiplex	Multiplex, Mehrfach-

N

N	neutral	Nulleiter bei Elektroinstallation
NAK	negative acknowledge	Fehlersignalisierung
NAP	network access point	Netzzugangspunkt, Netzübergabepunkt (BK)
NAS	network attached storage	auf einfache Bedienung optimierte Dateiserver
NAT	network address translation	Technik von Routern, die hinter ihnen angeschlossenen Rechner verstecken
NB	narrowband	Schmalband-
NB30	…	Nationale Regelungen zur Beschränkung der Emission von leitergebundener Übertragung
NBFM	narrow-band frequency modulation	Schmalband-FM
NBS	National Bureau of Standards	Metrologie- und Prüfbehörde der USA ähnlich der PTB
NBT	NetBIOS over TCP/IP	Transport von NetBIOS Namen über TCP/IP
nc	normally closed	Ruhekontakt
nc	not connected	Anschluß ohne elektrische Verbindung
NCC	non-contact connector	Glasfaser-Steckverbinder, z. B. SMA
NCCF	normalized cross-correlation function	normierte Kreuzkorrelationsfunktion
NCO	numerically controlled oscillator	digital steuerbarer Oszillator
NCOT	non-contacting displacement transducer	Sensor für berührungslose Verschiebungsmessung
NDI	nondestructive inspection	zerstörungsfreies Prüfverfahren
NDT	nondestructive testing	zerstörungsfreies Testen
NE	network element	Netzelement (Netzmanagement)
NEC	National Electric Code	entspricht etwa VDE-Vorschriften in USA
NEMA	National Electrical Manufacturers Association	US-Vereinigung der Elektrogerätehersteller
NEMKO	…	Nationales norwegisches Prüfzeichen, vergleichbar VDE-Zeichen
NEP	noise equivalent power	äquivalente Rauschleistung
NEXT	near-end cross-talk	Leistungsmaß für das Übersprechen am nahen Ende der Leitung
NF	noise figure	Rauschzahl
NFB	negative feedback	Gegenkopplung
NFC	near-field communication	drahtlose Kommunikation auf kurze (cm) Distanz

Akronym	Fremdsprachliche Bedeutung	Deutsche Bedeutung
NFS	network file system	Protokoll für rechnerübergreifenden Dateizugriff im Netz
NI	network interface	Netzanschluß
NIC	negative impedance converter	Negativ-Impedanz-Konverter
NIC	network interface card	Rechner(einsteck)karte, die den Anschluß zum LAN herstellt
NIH	not invented here (syndrome)	scherzhafte Bezeichnung für den Umstand, daß von außen stammende Innovationen nur zögerlich akzeptiert werden
NIM	nuclear instrumentation module	standardisiertes Einschubsystem für Meßtechnik und Signalverarbeitung
N-ISDN	narrow-band ISDN	Schmalband (= Standard) ISDN
NIST	US National Institute of Standards and Technology	Standardisierungsbehörde in USA
NLQ	near letter quality	Marketingbezeichnung für Matrixdrucker, die annähernd Briefqualität erreichen
NMC	network management center	Netzmanagementcenter
NMI	nonmaskable interrupt	nicht maskierbare Unterbrechungsanforderung
NMS	network management system	Netzmanagementsystem
NN	neural network	künstliches neuronales Netz
NNI	network to network interface	Protokoll zwischen ATM-Switches
no	normally open	Arbeitskontakt
NOC	network operation center	Netzmanagementzentrale
NORMA	no remote memory access	Mehrprozessor-Architektur, bei der die einzelnen Prozessoren keinen Zugriff auf externe Speicher haben
NOT	number of turns	Windungszahl
NOW	network of workstations	lose gekoppeltes Mehrprozessorsystem aus Standardrechnern
Np	neper	Neper, Einheit für logarithmierte Verhältnisgrößen (= 8,69 dB)
NPD	new product birthing	Entwicklungsvorhaben
NPR	non-priority request	nicht priorisierte Anfrage
NPV	net present value	Nettobarwert
NRA	national regulatory authority	Regulierungsbehörde (für Telekommunikation)
NRZ	nonreturn-to-zero	NRZ Standard-Binärdarstellung Richtungsschrift (DIN 66 010)
NRZI	nonreturn-to-zero inverted	invertierter NRZ-Code
NSI	dial pulsing switch	Nummernschalter-Impulskontakt (Telefon)
NSP	network service provider	Erbringer von Netzwerkdiensten
NT	network terminator	Netzabschlußeinheit im ISDN
NT	network termination	Netzabschluss(-gerät)

Akronym	Fremdsprachliche Bedeutung	Deutsche Bedeutung
NTBA	network terminator basic access	Netzabschluss, der beim ISDN den Übergang zwischen öffentlichem Netz und Hausinstallation darstellt
NTBBA	network terminator broadband access	ADSL-Modem
NTC	negative temperature coefficient	Heißleiter
NTFS	new technology file system	Dateisystem von Windows NT
NTG	...	Nachrichtentechnische Gesellschaft (im VDE), heißt heute ITG
NTP	normal temperature and pressure	Normalbedingungen für spezifizierte Werte
NTSC	National Television System Committee	amerikanische (und japanische) Fernsehnorm
NUMA	non-uniform memory access	Mehrprozessor-Architektur, bei der Prozessoren alle Ressourcen gemeinsam nutzen
nv	nonvolatile	nicht flüchtig (Speicher)
NVM	nonvolatile memory	nichtflüchtiger Speicher
NZDF	non-zero dispersion fiber	dispersionsbehafteter Lichtwellenleiter

O

Akronym	Fremdsprachliche Bedeutung	Deutsche Bedeutung
OA	office automation	Büro-Automatisierung
OA	operational amplifier	Operationsverstärker
OAM	operation, administration and maintenance	Zellen, die der Signalisierung dienen
OC	open collector	offener Kollektor
OC	optical carrier	Bezeichnung für Übertragungstechnik im SDH/SONET
OC	output control	Steuersignal bei Tristate-Ausgängen
OCCAM	programming language for transputer	Programmiersprache für Transputer(netze)
OCP	overcurrent protection	Überstromschutz
OCR	optical character recognition/reader	automatische Zeichenerkennung/Lesegerät
ODA	open document architecture	Standard zur Struktur elektronischer Dokumente
ODIF	open document interchange format	Transferformat für elektronische Dokumente
ODL	optical data link	Glasfaserverbindung
o/e	optoelectronic	opto-elektronisch
OEIC	optoelectronic integrated circuit	opto-elektronischer Schaltkreis
OEM	original equipment manufacturer	Systemintegrator
OFA	optical fibre amplifier	Glasfaserverstärker
OFDM	optical frequency-division multiplex	Wellenlängenmultiplex (in Glasfasern)
OFDM	orthogonal frequency-division multiplex	Orthogonal-Frequenzmultiplex
OG	orange	(Leiterfarbe) orange
OGM	outgoing message	Ansage (bei Anrufbeantwortern)
OHP	overheat protection	Übertemperaturschutz

694 Anhang D Abkürzungsverzeichnis

Akronym	Fremdsprachliche Bedeutung	Deutsche Bedeutung
OIC	oh I see	Kürzel in Diskussionsforen: jetzt verstehe ich
OLMC	output logic macro cell	konfigurierbare Ausgabe-Makrozelle in GALs
OMB	surface mounted device, SMD	oberflächenmontierbares Bauelement
OMT	surface mount technology SMT	Oberflächen-Montagetechnik
ÖNA	...	Österreichischer Normenausschuß
ONNA	oh no not again	Kürzel in Diskussionsforen: oh nein nicht schon wieder
ÖNORM	...	Österreichische Norm
ONT	optical network termination	Netzabschluß einer optischen Leitung
OOK	on–off keying	100 % Amplitudenumtastung
OOP	object-oriented programming	objektorientierte Programmierung
OOS	out of service	Signalisierung eines Geräteausfalls
OPAL	FTTH, FTTC	optische Anschlußleitung (Telefonanschluß über Glasfaser)
OPEX	operational expenditure	Betriebskostenbudget
OPIP	output intercept point	Interceptpoint angegeben als Ausgangsleistung
OPV	operational amplifier	Operationsverstärker
OSD	on-screen display	Benutzerführung über Bildschirm (bei Videorekordern und Fernsehern)
OSF	Open Systems Foundation	Vereinigung zur Förderung offener (OSI-konformer) Rechner-Systeme
OSI	open systems interconnection	standardisiertes Kommunikations-Referenz-Modell
OSPF	open shortest path first	Routingprotokoll
OTA	operational transconductance amplifier	Steilheitsverstärker
OTDM	optical time-division multiplex	optischer Zeitmultiplex
OTDR	optical time-domain reflectometer	Meßgerät zur Bestimmung der Rückstreuung in LWL
OTOH	on the other hand	Kürzel in Diskussionsforen: andererseits
OTP	one-time programmable	EPLDs ohne Fenster, deshalb nicht löschbar
OUI	Organizational Unique Identifier	Teil der Ethernetadresse, die den Hersteller angibt
ÖVE	...	Nationales österreichisches Prüfzeichen, vergleichbar VDE-Zeichen
OVP	overvoltage protection	Überspannungsschutz
OXC	optical cross-connect	Rangiereinheit für Glasfaserstrecken

P

P	plastic	Kunststoff ..., Vorsatz vor IC-Gehäusebezeichnungen
P	proportional (control)	Proportional(-Regler)

Anhang D Abkürzungsverzeichnis 695

Akronym	Fremdsprachliche Bedeutung	Deutsche Bedeutung
P	pot	Topfkern von Transformatoren aus Ferrit
P2P	peer to peer	Kommunikationsbeziehung ohne zentrale Instanz
PA	power amplifier	Leistungsverstärker, Endverstärker
PA	polyamide	Polyamid
PA	public address	ELA, elektroakustische Anlage
PABX	private automatic branch exchange	Nebenstellenanlage
PAD	packet assembler/disassembler	Anschluß von zeichenorientierten Geräten an paketorientiertes Netz
PAL	phase alternation line	Fernsehnorm in Mitteleuropa
PAL	programmable array logic	programmierbare Funktionsspeicher mit fester Oder-Matrix
PAM	pulse amplitude modulation	Pulsamplituden-Modulation
PAP	plug and play	sofort funktionsbereit
PASC	precision adaptive sub-band coding	datenreduzierende Audiocodierung
PASTA	Poisson arrivals see time averages	Theorem aus der Verkehrstheorie, das besagt, daß (unter geeigneten Voraussetzungen) mit zeitlichen Mittelwerten gerechnet werden darf
PAT	port address translation	Technik von Routern, die hinter ihnen angeschlossenen Rechner verstecken
PATA	parallel Advanced Technology Attachment	40 poliger Steckverbinder für Plattenlaufwerke
PBN	private branch network	Kundennetz
PBX	private branch exchange	Nebenstellenanlge
PC	personal computer	Arbeitsplatzrechner
PC	path colouring	Bezeichnung für das Routing in WDM-Netzen, weil die Wellenlängen einer Farbe entsprechen
PCB	printed circuit board	Platine
PCC	plastic chip carrier	Halbleitergehäuseform
PCC	physical contact connector	Glasfaser-Steckverbinder, z. B. ST
PCD	photo compact disk	Foto-CD
PCI	peripheral component interconnect	32/64 bit 33 MHz Bus für PCs unabhängig vom CPU-Takt
PCL	printer command language	Druckersteuersprache von Hewlett-Packard
PCM	pulse code modulation	Pulsecode-Modulation
PCMCIA	PC Memory Card International Association	Norm urspr. für (Massen-)Seicherkarten am PC, dann auch Modems etc.
PCN	personal communication network	Mobiltelefon mit global einheitlicher Rufnummer, teilweise Synonym für DCS 1800
PCR	peak cell rate	Spitzen-Zellrate
pcs	pieces	Stück (in Mengenangaben)
PCS	plastic cladded silica	Quarz-LWL mit Kunststoffummantelung
PCSF	plastic cladding silica fibre	kunststoffumhüllte Quarzfaser

Akronym	Fremdsprachliche Bedeutung	Deutsche Bedeutung
PCTA	personal computer terminal adapter	ISDN-Anschlußeinheit für PCs
PD	proportional differential (control)	Proportional-Differential(-Regler)
PD	public domain	öffentlich zugänglich/verfügbar, meist bei Programmen
PD	phase detector	Phasendetektor
PD	powered device	Verbraucher
PDA	personal digital assistant	handgroße PCartige Rechner mit ausgefeilter Benutzerschnittstelle
PDCA	plan, do, check, assess	Planen, Ausführen, Überprüfen, Bewerten
PDH	plesiosynchronous digital hierarchy	plesiosynchrone digitale Hierarchie, heutiges Übertragungsverfahren für PCM, wird abgelöst durch SDH
PDM	polarization-division multiplex	Polarisations-Multiplex
PDM	pulse-duration modulation	Pulsdauer-Modulation
PDN	public data network	öffentliches Datennetz
PDU	protocol data unit	Datenpaket, das innerhalb der Protokollsoftware von Schicht zu Schicht weitergegeben wird
PE	parallel enable	Freigabe zum parallelen Laden (bei Schieberegistern)
PE	phase encoding	Richtungstaktschrift (DIN 66 010)
PE	polyethylene	Polyethylen (früher -äthylen)
PE	protective earth	Schutzleiter
PEARL	process and experiment automation real-time language	Programmiersprache zur Prozeßdatenverarbeitung
PECL	pseudo-ECL	ECL Schnittstelle in PGAs
PE-CVD	plasma-enhanced chemical vapour deposition	chemisches Abscheiden in der Dünnschichttechnik unterstützt durch Plasmabildung
PEEL	programmable electrically erasable logic	Bezeichnung für EPLD
PEN	protective earth neutral	Null- und Schutzleiter
PERL	practical extraction and report language	Skriptsprache mit ähnlicher Syntax wie C
PERL	Practical Extraction and Reporting Language	plattformunabhängige Skriptsprache; Einsatz z. B. bei der Entwicklung von Webanwendungen.
PF	power factor cos φ	Leistungsfaktor cos φ
PFC	power factor correction	Blindstromkompensation
PFET	power field-effect transistor	Leistungs-FET
PFM	pulse frequency modulation	Pulsfrequenz-Modulation
PGA	pin grid array	quadratisches IC Gehäuse mit matrixartig angeordneten Kontaken
PGA	programmable gain amplifier	Verstärker mit (digital) einstellbarem Verstärkungsfaktor

Anhang D Abkürzungsverzeichnis

Akronym	Fremdsprachliche Bedeutung	Deutsche Bedeutung
PHIGS	programmer's hierarchical interactive graphics system	Standard für Grafikschnittstelle in offenen Systemen
PHL	physical layer	Schicht 1 im OSI-Referenzmodell
PHY	physical	physikalische Protokollschicht
PI	proportional integral (control)	Proportional-Integral(-Regler)
PIA	peripheral interface adapter	Schnittstellen-Schaltkreis für Mikroprozessoren
PID	proportional integral differential (control)	Proportional-Integral-Differential(-Regler)
PIM	protocol independent multicast	Prototkoll zur Unterstützung der Sendung an viele Empfänger im Internet
PIM	personal information manager	Benutzeroberfläche auf PDAs
PIN	personal identification number	persönliche Geheimzahl
PIN	positive–intrinsic–negative	Dioden/Transistor-Typ
PIO	parallel input/output	Digitalschnittstelle für parallele Ein-/Ausgabe
PIP	picture in picture	Bild im Bild
PIPO	parallel in, parallel out	parallele Dateneingabe, parallele Ausgabe
PIR	passive infrared (detector)	passiver Infrarot(-sensor)
PISO	parallel in, serial out	parallele Dateneingabe, serielle Ausgabe
PK	pink	(Leiterfarbe) rosa
PKC	public key cryptography system	Verschlüsselungssystem mit öffentlichem Schlüssel
PKI	public key cryptography infrastructure	öffentlich zugängliche Infrastruktur zur Unterstützung digitaler Zertifikate
P&L	profit and loss (statement)	Gewinn-Verlustrechnung
PL/1	programming language no. 1	sehr umfangreiche Programmiersprache für kommerzielle und technisch-wissenschaftliche Anwendungen
PLA	programmable logic array	programmierbarer Funktionsspeicher
PLCC	plastic leaded chip carrier	quadratisches IC-Gehäuse mit federnden Kontakten an vier Seiten
PLD	programmable logic device	programmierbarer Funktionsspeicher
PLL	phase-locked loop	Phasenregelkreis
PLM	pulse-length modulation	Pulsdauer-Modulation
PM	phase modulation	Phasenmodulation
PM	polarization maintaining (fibre)	polarisationserhaltende Glasfaser
PM	physical media	Teilschicht der 802.3 Protokolle
PMD	physical media dependent	für das Übertragungsmedium spezifische Teilschicht der 802.3 Protokolle
PMF	power MOSFET	Leistungs-MOSFET
PMP	point-to-multipoint	Punt-zu-Mehrpunkt-
PMR	private mobile radio	privater Mobilfunk
PNO	private network operator	privater Netzbetreiber

Akronym	Fremdsprachliche Bedeutung	Deutsche Bedeutung
PnP	plug and play	Verfahren zum automatischen Erkennen von PC-Erweiterungskarten
PNP	private numbering plan	privater Rufnummernplan
PoE	power over Ethernet	Stromversorgung über Netzwerkleitungen nach IEEE 802.3af (48V, max. 350mA)
POF	polymer optical fibre	Plexiglas-Lichtwellenleiter
POH	power-on hours	Betriebsstunden
POH	path overhead	Feld im SDH-Rahmen
PoL	power over LAN	alternativer Name für PoE
POLSK	polarisation shift keying	Polarisationstastung (in LWL)
PON	passive optical network	passives optisches Netz
PON	power on	Bezeichnung für Startzustand in Schaltwerken
POS	product of sums	konjunktive Normalform
POST	power-on self-test	Selbstdiagnose beim Einschalten
POTS	plain old telephone service	scherzhaft abfällige Bezeichnung für den Telefondienst ohne Zusatzfunktionen
POV	point of view	Kürzel in Diskussionsforen: Standpunkt, Sichtweise
pp	peak to peak	von Spitze zu Spitze
PP	polypropylene	Polypropylen
PPA	push–pull amplifier	Gegentaktverstärker
ppb	parts per billion	10^{-9}
ppm	parts per million	10^{-6}
PPP	point-to-point protocol	Protokoll zur LAN-WAN-LAN,Kopplung, auch zur Kommunikation zu on-line-Diensten und Internet
PPPoE	PPP over Ethernet	ppp Protokoll auf Ethernet (Internetzugang über DSL)
PQFP	plastic quad flat pack	flaches, quadratisches IC-Gehäuse aus Kunststoff, Rastermaß 0,635 mm, mit gullwing-Anschlüssen an allen Seiten
PRA	primary rate access	Primär-Multiplex-Anschluß (ISDN)
PRBS	pseudo-random binary sequence	Pseudo-Zufallszahlenfolge
PRF	pulse repetition frequency	Pulswiederholfrequenz
PRI	primary rate interface	Primärmultiplexanschluss
PRN	pseudo-random noise	algorithmisch generiertes zufallsartiges Signal
PROM	programmable read-only memory	programmierbarer Festwertspeicher
PRR	pulse repetition rate	Pulswiederholfrequenz
PS	polystyrol	Polystyrol
PS	packet switched	paketvermittelt
PSACR	PowerSumACR	Leistungssummiertes Nebensprechdämpfungsverhältnis

Akronym	Fremdsprachliche Bedeutung	Deutsche Bedeutung
PSDN	packet-switched data network	paketvermitteltes Netz
PSE	power sourcing equipment	Speisegerät
PSELFEXT	PowerSumELFEXT	Leistungssummierte ausgangsseitige Fernnebensprechdämpfung
PSK	phase shift keying	Phasenumtastung
PSN	packet switched network	paketvermitteltes Netz(werk)
PS NEXT	power sum NEXT	
PSNEXT	PowerSumNEXT	Leistungssummierte Nahnebensprechdämpfung. NEXT gemessen mit Beiträgen aus allen Adernpaaren.
PSRR	power supply rejection ratio	Versorgungsspannungsunterdrückung
PSSO	plastic shrink small outline	SMD Gehäuseform
PSTN	public switched telephone network	Telefon-Netz
PSW	program status word	Statusregister
PT	payload type	Nutzdatentyp (ATM)
PTB	...	Physikalisch-Technische Bundesanstalt
PTC	positive temperature coefficient	Kaltleiter
PTF	Powerline Telecommunications Forum	Forum zur Förderung der Powerline Anwendungen in der Telekommunikation
PTFE	polytetraflourineethylene	Handelsname: Teflon
PTO	public telephone operator	öffentlicher Netzbetreiber (meist im Sinne von *Monopolist* gebraucht)
PTT	post, telephone and telegraph company	klassische Post (mit Brief- und Telefondienst)
PU	polyurethane	Polyurethan (Kunststoffschaum)
PVC	permanent virtual circuit	Äquivalent einer Mietleitung bei Frame Relay und ATM
PVC	polyvinyl chloride	Polyvinylchlorid
PVD	physical vapour deposition	Abscheiden von Schichten auf dem Substrat durch physikalische Effekte (Dünnschichttechnik)
PVP	permanent virtual path	Äquivalent einer Mietleitung in ATM
PWD	pulse-width distortion	Pulsbreitenverzerrung
PWM	pulse-width modulation	Pulsweiten-Modulation
PWR	power	Versorgungsspannung
PWR DWN	power down	leistungsarme Betriebsbereitschaft bei Speichern
PXO	programmable oscillator	steuerbarer (programmierbarer) Oszillator

Q

QAM	quadrature amplitude modulation	Quadratur-Amplituden-Modulation
QASK	quadrature amplitude shift keying	Quadratur-Amplitudentastung

Akronym	Fremdsprachliche Bedeutung	Deutsche Bedeutung
QBE	query by example	Datenbankabfrage durch Vorgabe eines Beispiels
QCIF	quarter common intermediate format	Übertragungsstandard für Bildtelefon
QDPSK	quadrature differential-phase shift keying	differentielle Quadratur-Phasentastung
QFP	quad flat package	flaches, quadratisches IC-Gehäuse, Rastermaß 0,635 mm
QFPP	quad flat plastic package	flaches, quadratisches IC-Kunststoffgehäuse, Rastermaß 0,635 mm
QIC	quarter-inch cartridge	Industrie-Standard für Bandlaufwerke (Streamer)
QIP	quad in parallel	IC-Gehäuse mit zwei Doppelkontaktreihen
QIP	quad-in-line package	Schaltkreis-Gehäuseform mit vier parallelen Kontaktreihen
QMS	quality management system	Qualitätssicherungssystem (ISO 9000)
QoS	quality of service	Dienstgüte
QPP	quiescent push–pull amplifier	Gegentaktverstärker in B-Betrieb
QPSK	quadrature phase shift keying	Quadratur-Phasentastung
QPSX	queued packet synchronous switch	andere Bezeichnung für DQDB, ISO 8802/6
QS	…	Qualitätssicherung
QSPI	queued serial peripheral interface	Schnittstellenbaustein für serielle Datenübertragung (Warteschlange)
QTY	quantity	Menge
QWERTY	…	Bezeichnung amerikanischer Tastaturen, nach den Tasten in der zweiten Reihe
QWERTZ	…	Bezeichnung deutscher Tastaturen
QZF	PRBS	Quasi-Zufallszahlenfolge

R

RAB	RAID advisory board	Zertifizierer für RAID Systeme
RAC	rectified alternating current	(ungeglätteter) gleichgerichteter Wechselstrom
RACE	Research on Advanced Communications for Europe	Forschungsprogramm der Europäischen Union zur Telekommunikation
RADAR	radio detection and ranging	Radar
RAH	row address hold	Übernahmesignal für Zeilenadresse (Halbleiterspeicher)
RAID	redundant array of inexpensive disks	Fehlertoleranter Massenspeicher als Verbund vieler Plattenlaufwerke
RAIT	redundant array of inexpensive tapes	Fehlertoleranter Massenspeicher als Verbund vieler Bandlaufwerke
RAL	…	Ausschuß für Lieferbedingungen und Gütesicherung beim DNA
RAM	random-access memory	Schreib-Lesespeicher
RAMDAC	digital-to-analogue converter with RAM	Digital-Analog-Umsetzer mit Umsetzspeicher für Grafik-Anwendungen

Akronym	Fremdsprachliche Bedeutung	Deutsche Bedeutung
RARP	reverse address resolution protocol	erfragt IP-Adresse zu einer MAC-Adresse (z. B. bei speicherlosen Arbeitstationen)
RAS	row address strobe	Übernahmesignal für Zeilenadresse (Halbleiterspeicher)
RBER	residual bit error rate	Restbitfehlerrate
RBOC	regional Bell operating company	Sammelbezeichnung für die aus Bell hervorgegangenen regionalen Telefondienstanbieter in USA
RbXO	rubidium-crystal oscillator	Rubidium-Quarz-Oszillator, Rubidium-Frequenznormal
RC4	Ron's code 4	1987 von Ron Rivest erfundenes Stromverschlüsselungsverfahren
RCA	root cause analysis	Analyse der zugrundeliegenden Fehlerursache
RCO	ripple counter output	Übertrag bei Asynchron-Zählern
RCT	reduced contact test	Testverfahren für Baugruppen, das mit den wenigen von außen zugänglichen Anschlüssen auskommt
RCTL	resistor-coupled transistor logic	veraltete Logikfamilie
RCV	receive	empfangenes Signal
R&D	research and development	Forschung und Entwicklung
RD	receive data	eingehende Datenleitung der V.24 Schnittstelle
RD	red	(Leiterfarbe) rot
RDBMS	relational database management system	relationales Datenbankmanagementsystem
RDY	ready	fertig, bereit
REB	remote Ethernet bridge	abgesetzte Netzkoppeleinrichtung für Ethernet-Netze
REFA	…	Verband für Arbeitsstudien und Betriebsorganisation
RegTP	(German) Regulatory Authority for Telecommunications and Posts	Regulierungsbehörde für Telekommunikation und Post (veraltet)
RF	radio frequency	Hochfrequenz (3…30 MHz)
RF	reactive factor $\sin \varphi$	Blindfaktor $\sin \varphi$
RFA	radio-frequency amplifier	HF-Verstärker
RFC	request for comment	Internet-Standard
RFI	radio-frequency interference	Funkstörung
RFID	radio frequency identification	kontaktloses Verfahren zur Kommunikation mit Chipkarten, Etiketten u. ä.
RFP	request for proposal	Ausschreibung
RGB	red, green, blue	Farbsignaldarstellung in drei Farbkomponenten (Video)
RH	relative humidity	relative (Luft-) Feuchte
RIF	routing information field	Feld zur Unterstützung des Source-Routing
RiFu	…	Richtfunk

Akronym	Fremdsprachliche Bedeutung	Deutsche Bedeutung
RIP	remote image processing	Standard für die Übertragung von Rasterbilddaten
RIPE	Réseaux IP Européens	Registrierungsstelle für IP-Adressen in Europa
RISC	reduced instruction set computer	Prozessor mit einfachem Befehlssatz, mit dem Ziel hoher Verarbeitungsgeschwindigkeit
RJ-11	registered jack 11	6-poliger Steckverbinder für Telefonieanwendungen
RJ-45	registered jack 45	8-poliger Steckverbinder für LAN- und TK-Anwendungen
RKW	…	Rationalisierunskommitee der Deutschen Wirtschaft
RLC	resistor, inductance, capacitor (filter)	Struktur bestehend aus Widerständen, Induktivitäten und Kapazitäten
RLE	run-length encoding	Lauflängencodierung, ersetzt Folge von gleichen Zeichen (Bildpunkten) durch kürzeres Codewort
RLLE	run-length-limited encoding	Aufzeichnungsformat auf Festplatten
RMOA	real-time multimedia over ATM	Echtzeit-Multimedia über ATM
RMON	remote monitoring	Netzmanagementprotokoll
RMS	root mean square	Zusatz bei Effektivwerten
RNIS	frz.: Réseau Numérique Intégration de Services	ISDN
ROC	region of convergence	Konvergenzbereich bei Reihen
ROD	rewritable optical disk	optischer Schreib-/Lese-Speicher
ROFL	rolling on the floor laughing	Kürzel in Diskussionsforen: sich vor Lachen auf dem Boden wälzen
RoHS	Directive on the restriction of the use of certain hazardous substances in electrical and electronic equipment	EU-Richtlinie zur Beschränkung der Verwendung gefährlicher Substanzen in elektronischen und Elektrogeräten
ROM	read-only memory	Festwertspeicher
ROTFL	rolling on the floor laughing	Kürzel in Diskussionsforen: sich vor Lachen auf dem Boden wälzen
RPC	remote procedure call	Protokoll zur Interprozess-Kommunikation
RPC	remote procedure call (protocol)	Protokoll für die Interprozesskommunikation
RPM	revolutions per minute	Umdrehungen pro Minute
RPN	reverse polish notation	umgekehrte polnische Notation (bei stackorientierten Taschenrechnern)
RPR	resilient packet ring	Erweiterung der Ethernet-Technik auf Metronetze
RPS	revolutions per second	Umdrehungen pro Sekunde
RPS	redundant power supply	zusätzliche Stromversorgung zur Erhöhung der Ausfallsicherheit
RR	repetition rate	Wiederholungsrate
RS	Reed–Solomon (code)	Fehlerkorrigierender Code (bei CDs)
RS232C	…	amerikanische Schnittstellennorm ähnlich V.24
RSA	Rivest–Shamir–Adleman (code)	Kryptosystem mit öffentlichem Schlüssel

Akronym	Fremdsprachliche Bedeutung	Deutsche Bedeutung
RSC	Reed–Solomon code	fehlerkorrigierender Code (bei CDs)
RSN	real soon now	Kürzel in Diskussionsforen: wirklich bald (ironisch)
RS-PG	Reed–Solomon product code	Reed-Solomon Produkt Code (CD)
rss	root-sum-square	geometrisches Mittel
RST	rapid spanning tree (protocol)	schnelle Spanning-Tree Variante nach 802.1w
RTB	remote token ring bridge	abgesetzte Netzkoppeleinheit für Tokenring-Netze
RTC	real-time convolver	Echtzeit-Faltungseinheit (Rechenwerk)
RTCP	real-time control protocol	Protokoll zur Steuerung und Überwachung von RTP-Verbindungen
RTD	resistive temperature device	Thermowiderstand, Thermistor
RTD	round trip delay	Umlaufzeit (Ethernet)
RTF	rich text format	Format zum Austausch von formatierten Dokumenten zwischen Textverarbeitungen
RTFM	read the f* manual	Kürzel in Diskussionsforen: das steht im Handbuch
RTL	resistor transistor logic	veraltete Logik-Familie
RTP	real-time protocol	Protokoll zur Übertragung von Multimedia-Inhalten über IP-Netze
RTS	request to send	Signalisierungsleitung bei V.24-Schnittstelle
RTT	round trip time	Rundreisezeit (Ethernet)
RTTY	radio teletype	Funkfernschreiber
RVA	reactive volt-ampere	VA (reaktiv)
RVSt	regional exchange	Regional-Vermittlungsstelle
R/W	read/write	Schreibsignal bei Speichern
RX	receiver	Empfänger
RX	receive	Empfang (Signalbezeichnung)
RZ	return to zero	Binärcode, bei dem das Signal während der Schrittdauer auf Null zurückgeht

S

S_0	ISDN subscriber interface	Schnittstelle beim ISDN-Teilnehmeranschluß
SAA	standard application architecture	zeichenorientierte Benutzeroberfläche für DOS-Programme, die Fenstertechniken nachbildet
SAC	single attached concentrator	Einzelanschluss-Konzentrator
SAH	stuck at high	Fehler in Halbleiter, der Schluß zum H-Pegel verursacht
SAL	stuck at low	Fehler in Halbleiter, der Schluß zum L-Pegel verursacht
SAM	sequential access memory	Band- oder Ringspeicher

Akronym	Fremdsprachliche Bedeutung	Deutsche Bedeutung
SAN	storage area network	Hochgeschwindigkeits-Verbindung von Speichersubsystemen und Servern
SAP	service access point	Dienstzugangspunkt (OSI)
SAS	single attached station	FDDI-Station mit Einzelanschluss
SAS	single attached station	einfach angeschlossene Station in FDDI
SATA	Serial Advanced Technology Attachment	7-poliger Steckverbinder für Plattenlaufwerke
SAV	start of active video	Beginn der Videodaten innerhalb einer Zeile
SAW	surface acoustic wave (filter)	Oberflächenwellen(-Filter)
SAWR	surface acoustic wave resonator	Resonator bestehend aus einem Oberflächenwellen-Filter
SBC	single-board computer	Ein-Platinen-Rechner
SBC	server-based computing	Anwendungsarchitektur, bei der der wesentliche Teil im Server erledigt wird
SC	switched capacitor (filter)	Schalter-Kondensator(-Filter)
SC	stick and click (connector)	Glasfaser-Steckverbinder
SC	subscriber connector	Teilnehmeranschluss-Verbinder
SCAM	suppressed carrier amplitude modulation	Zweiseitenbandmodulation mit unterdrücktem Träger
SCC	single-chip computer	alter Name für Mikrocontroller
SCM	subcarrier modulation	Modulation des Hilfsträgers
SCP	serial communication port	Mikroprozessor-Schnittstelle zum seriellen Datenaustausch
SCR	silicon-controlled rectifier	Thyristor
SCR	sustainable cell rate	dauerhaft unterstützte Zellrate
SCS	silicon-controlled switch	Halbleiterrelais
SCSI	small computer systems interface (pronounce: scuzzy)	standardisiertes Bussystem (im wesentlichen) zur Anbindung von Massenspeichern an Arbeitsplatzrechner
SCTE	Society of Cable Telecommunications Engineers	Berufsverband von Technikern der Kabelnetzbetreiber (TV und Sprach/Daten))
ScTP	screened twisted-pair	mit Folie oder Geflecht geschirmtes Netzwerkkabel
SD	single density	niedrige Schreibdichte auf Disketten (ca. 360 kB)
SD	secure digital (memory card)	nichtflüchtiger Wechselspeicher mit Urheberrechtsverwaltung für mobile Geräte
SDDI	shielded twisted pair distributed data interface	FDDI auf STP
SDH	synchronous digital hierarchy	Zeitmultiplexverfahren für (öffentliche) Weitverkehrsnetze
SDIP	shrink dual in-line package	Miniaturversion des DIL-Gehäuses mit 1,78 mm Kontaktabstand
SDLC	synchronous data-link control	Protokoll für synchrone Datenübertragung
SDRAM	synchronous dynamic RAM	synchrones RAM

Akronym	Fremdsprachliche Bedeutung	Deutsche Bedeutung
SDSL	symmetric digital subscriber line	Technik zur Realisierung breitbandiger Dienste auf Telefon-Anschlußleitungen (Kupfer)
SDTV	standard-definition TV	Fernsehen mit Standard-Auflösung
SDU	service data unit	Anschalteinheit an Weitverkehrsnetze
SECAM	frz.: Séquential á mémoire	französische Farbfernsehnorm
SEM	scanning electron microscope	Raster-Elektronen-Mikroskop
SEMKO	…	Nationales schwedisches Prüfzeichen, vergleichbar VDE-Zeichen
SET	single-electron transistor	experimenteller, wenige 10 nm großer Transistor, der durch die Ladung eines Elektrons gesteuert wird
SETI	…	nationales finnisches Prüfzeichen, vergleichbar VDE-Zeichen
SEV	…	nationales Schweizer Prüfzeichen, vergleichbar VDE-Zeichen
SFN	single-frequency network	Gleichwellennetz
SG	signal ground	Signalmasse
SGML	standardized generalized markup language	Standard für elektronischen Dokumentenaustausch
SGML	standardized generalized markup language	nach ISO 8879 standardisierte allgemeine Sprache zur Beschreibung der Struktur von Dokumenten
S/H	sample and hold	Abtast-Halte(-Schaltung)
SHA	sample-and-hold amplifier	Abtast-Halte-Glied mit Verstärker
SHF	superhigh frequency	Mikrowellen (3…30 GHz), Zentimeterwellen
S/I	signal to interference (ratio)	Signal-Stör-Verhältnis
SIA	Semiconductor Industry Association	Verband der US-Halbleiterindustrie
SIG	special interest group	Arbeitsgruppe in Standardisierungsgremien
SigG	…	Signaturgesetz
Σ–Δ	sigma delta converter	Sigma-Delta-Umsetzer
SigV	…	Signaturverordnung
SIL	single in line	schmale Gehäuseform mit Kontakten in einer Reihe
SIMD	single-instruction multiple data (stream)	Multiprozessor-Struktur, Arrayprozessor
SIMM	single in-line memory modules	Speicher in raumsparender Vertikal-Anordnung
SIO	serial input/output	serielle Ein-/Ausgabe
SIP	single in-line package	RAM-Modul mit einer 30-poligen Kontaktreihe
SIPO	serial in, parallel out	Serien/Parallel-Wandlung
SISD	single instruction single data	konventionelle Prozessor-Struktur
SISO	serial in, serial out	serielle Ein-/Ausgabe
SLA	service level agreement	Vertrag zur Einhaltung vereinbarter Dienstgüte

Akronym	Fremdsprachliche Bedeutung	Deutsche Bedeutung
SLALOM	semiconductor laser amplifier in a loop mirror	wie ein Faser-Interferometer gebauter optischer Pulsregenerator
SLF	superlow frequency	Frequenzen unter 3 kHz
SLIC	subscriber line interface circuit	Anpaßschaltung an Telefonleitung
SLR	scalable linear reading	Technik zur Datenaufzeichnung auf Magnetbändern (Kassetten)
SM	...	Schnittbandkern von Transformatoren in M-Bauform
SMAC	state machine atomic cell	Komplexitätsmaß für Funktionsspeicher
SMAC	source MAC	Absender-MAC-Adresse
SMC	surface-mounted component	Bauelement für Oberflächenmontage
SMD	surface-mounted device	oberflächenmontiertes Bauelement
SME	Small and Medium-sized Enterprises	kleine und mittlere Unternehmen (KMU)
SMF	single-mode fibre	Einmodenfaser
SMIL	synchronized multimedia integration language	Auszeichnungssprache für die Integration von TV und Multimedia in Dokumente
SMMDS	switched multi-megabit data service	vermittelte Breitbanddienste
SMPS	switched-mode power supply	Schaltnetzteil
SMPTE	Society of Motion Picture and Television Engineers	Berufsorganisation, zugleich Bezeichnung für einen Standard für digitales Video
SMS	short message service	Übermittlung von Text-Nachrichten im GSM. Oft Bezeichnung für die Nachricht selbst
SMT	surface-mount technology	Technik der Oberflächenmontage von Miniaturbauelementen
SMTP	simple mail transfer protocol	auf TCP/IP aufsetzendes Protokoll für elektronische Post
S/N	signal to noise (ratio)	Signal-Rausch(-Verhältnis)
SNA	systems network architecture	IBM-orientierte Rechnernetz-Architektur
SNAP	subnetwork access protocol	Ergänzung des LLC 802.2
SNMP	simple network management protocol	herstellerneutrales verbreitetes Netzmanagement Protokoll
SNR	signal-to-noise ratio	Signal-Rausch-Verhältnis
SO	serial output	serielle Ausgabe
SO	small outline	Miniaturausführung
SO	small outline	rechteckiges SMD-Gehäuse mit gullwing-Anschlüssen auf beiden Seiten
SOA	safe operating area	überlastfreier Bereich im Kennlinienfeld (Spannungsregler)
SOG	small-outline gull-wing	Mini-IC-Gehäuse mit nach außen gebogenen Kontakten
SOH	start of heading	Signalisierungszeichen bei Datenübertragung
SOH	section overhead	Beginn der Steuerinformation im SDH-Rahmen
SOHO	small office, home office	Freiberufler

Akronym	Fremdsprachliche Bedeutung	Deutsche Bedeutung
SOIC	small-outline IC	SMD-Gehäuseform
SOJ	small-outline J	Mini-IC-Gehäuse mit nach innen gebogenen Kontakten
SONET	synchronous optical network	Hochgeschwindigkeits-Weitverkehrsnetz in USA, in Europa als SDH
SOP	state of polarization	Polarisationszustand
SOP	sum of products	disjunktive Normalform
SOP	small-outline package	Miniaturgehäuse
SOP	standard operating procedure	übliche Vorgehensweise
SOR	start of record	Beginn der Aufzeichnung
SOS	silicon on sapphire	spezielle CMOS-Technik
SOT	small-outline transistor	Transistor-Gehäuse
SOT	small-outline transistor	rechteckiges SMD-Gehäuse mit 3 oder 4 Anschlüssen
SP	signal processor	Signalprozessor
SP	stack pointer	Stapelzeiger
SP	surge protector	Überspannungsschutz
SPARC	scalable processor architecture	Architektur der Sun-Rechnerfamile
SPC	stored program control	speicherprogrammierbare Steuerung
SPD	serial presence detect	EEPROM, das die Betriebsparameter für RAM-Speicher enthält
SPDT	single-pole double-throw	einpoliger Umschalter
SPE	subscriber premises equipment	Geräte beim Kunden
sp gr	specific gravity	spezifische Dichte
SPICE	simulation program with IC emphasis	verbreitetes Schaltungs-Simulationsprogramm
SPN	subscriber premises network	Netz auf Grundstück des Kunden
SPST	single-pole single-throw	einpoliger Ein-/Aus-Schalter
SPX	sequenced packet exchange	Schicht-4-Protokoll in Rechnernetzen
SQE	signal quality error	Kollisionssignal im Ethernet
SQFT	shrink quad flat package	miniaturisiertes Flachgehäuse
SQL	structured query language	Abfragesprache an Datenbanken
SR	shift register	Schieberegister
SR	silver	(Leiterfarbe) silber
SRAM	static RAM	statisches RAM
SRB	source route bridge	Brücke im Token-Ring
SRB	source routing bridging	Weiterleitung durch Brücken, wobei der Weg im Rahmen vorgegeben ist
SRD	step recovery diode	Frequenzvervielfacherdiode bis in den GHz-Bereich

Akronym	Fremdsprachliche Bedeutung	Deutsche Bedeutung
SS#7	signalling system no. 7	Signalisierungsprotokoll zwischen Vermittlungsstellen
SS7	signalling system no. 7	Signalisierungsprotokoll SS#7
SSAP	source service access point	Dienstzugangspunkt auf der Senderseite
SSB	single sideband (modulation)	Einseitenband(-Modulation)
SSBSC	single sideband suppressed carrier (modulation)	Einseitenband-Modulation mit unterdrücktem Träger
SSD	solid-state disk	durch Halbleiterspeicher nachgebildetes Plattenlaufwerk
SS/DD	single side double density	einseitig beschriebene Diskette mit doppelter Schreibdichte
SSI	small-scale integration	Integrationsgrad der ersten ICs
SSID	system set identifier	„Name" eines drahtlosen LANs
SSL	secure socket layer	Protokoll zur verschlüsselten Kommunikation im Internet
SSMA	spread spectrum multiple access	Spreizspektrum-Multiplex, Code-Multiplex
SSN7	signalling system no. 7	Signalisierungsprotokoll zwischen Vermittlungsstellen
SSO	single sign-on	Authentisierung durch nur einmalige Angabe von Benutzernamen und Passwort o. a. Merkmalen
SSOP	shrink small-outline package	Subminiaturgehäuse
SSPA	solid-state power amplifier	Halbleiter-Leistungsverstärker
SSR	solid-state relay	elektronischer Leistungsschalter, Halbleiterrelais
SSSC	single sideband suppressed carrier	Einseitenband-Modulation mit unterdrücktem Träger
S/STP	screened/shielded twisted pair	mit Folienschirm umgebene STP-Leitung
SSTV	slow-scan television	TV im Amateurfunk
SSUPS	solid-state uninterruptible power system	halbleiterbestückte unterbrechungsfreie Stromversorgung
SSV	…	Sonderstromversorgung
STA	spanning tree algorithm	Verfahren zur Bestimmung eines schleifenfreien Netzes
STDM	synchronous time-division multiplex	synchroner Zeitmultiplex
STEP	standard for the exchange of product and model data	standardisiertes Format von Hardwarebeschreibungen und Entwurfsdaten
STEP5	…	Programiersprache für SPS
STM	synchronous transfer mode	synchroner Transfer-Mode, Übertragungsverfahren in klassischen Weitverkehrsnetzen
STM-1	synchronous transport module	Basisübertragungsstruktur im SDH, entsprechend 155 Mbit/s
STM-1	synchronous transport module	Basisübertragungsstruktur im SDH, entsprechend 155,52 Mbit/s
STM-16	synchronous transport module	STS 48= 2 488,32 Mbit/s ETSI SDH
STM-3c	synchronous transport module concatenated	155,52 Mbit/s

Akronym	Fremdsprachliche Bedeutung	Deutsche Bedeutung
STM-4	synchronous transport module	STS 12= 622,08 Mbit/s ETSI SDH
STP	shielded twisted pair	abgeschirmte, verdrillte Zweidrahtleitung
STP	standard temperature and pressure	Standardbedingungen (in Datenblättern) unter denen Spezifikationen eingehalten werden
STP	spanning tree protocol	Protokoll zur Bestimmung eines schleifenfreien Netzes zwischen Brücken/Switches
STS	synchronous transport signal	Bezeichnung für Grundsignal des SDH
STS-1		51,84 Mbit/s SDH
STS-12		622,08 Mbit/s SDH
STS-48		2 488,32 Mbit/s SDH
STX	start of text	Startzeichen
SU	...	Schnittbandkern von Transformatoren in U-Bauform
S/UTP	screened/unshielded twisted pair	mit Folienschirm umgebene UTP-Leitung
SV	power supply	Stromversorgung
SVC	switched virtual circuit	virtuelle Wählleitung, Verbindung in FR- und ATM-Netzen
SVG	scalable vector graphics	Standard für die Darstellung von skalierbaren Grafiken (im Web)
s-VHS	super video home system	Super VHS mit erhöhter Auflösung
SVP	surge voltage protector	Überspannungsschutz
SW	short wave	Kurzwelle
s/w	software	Programm, programmtechnische Realisierung
SWG	Imperial standard wire gauge	britische Drahtlehre
SWR	standing-wave ratio	Stehwellenverhältnis
SYN	synchronous idle	Synchronisierungszeichen, synchrones Füllzeichen

T

T1		Basisrate in US-Multiplex-Hierarchie, 1,544 µbit/s
T3		Übertragungskapazität in US-Multiplex-Hierarchie von 44,736 µbit/s
TA	terminal adapter	Adapter zum Anschluss eines Endgerätes, meist mit Protokollanpassung
TAB	...	technische Anschlußbedingungen des VDEW
TAB	tabulator	Tabulator (Steuerzeichen)
TAB	tape automatic bonding	sehr flache SMD-Gehäuse für die autom. Bestückung von Bändern
TAE	telephone jack	Telekommunikations-Anschlußeinheit, Telefon-Steckdose
TAM	telephone answering machine	Anrufbeantworter
TAP	terminal access point	Verbinder zum Ethernet-Kabel (LAN)

Akronym	Fremdsprachliche Bedeutung	Deutsche Bedeutung
TAPI	telephony application programming interface	standardisierte Programmierschnittstelle zur Unterstützung von CTI
TASI	time-assignment speech interpolation	Multiplex durch Nutzung der Sprechpausen
TAT	transatlantic tube	Transatlantik-Telefonkabel
TAXI	Transparent Asynchronous Transmitter/Receiver Interface	Standardisiertes 100 Mbit/s-Interface für FDDI und 100Base-F
TAZ	transient absorption zener (diode)	Zenerdiode für den Überspannungsschutz
TB	terminal block	Lüsterklemme
TBO	total benefits of ownwership	Lebensdauernutzen (im Kontrast zu TCO)
TC	temperature coefficient	Temperaturkoeffizient
TC	terminal count	Zählerstand, bei dem ein Übertrag ausgelöst wird
TC	two's complement	Zweierkomplement
TC	telecommunications closet	TK-Schrank, Verteiler für das Stockwerk
TC	thin client	laufwerklose „leichtgewichtige" Rechner
TC	toll center	Fernverkehrsvermittlungstelle
TCM	Trellis coded modulation	Trellis Codierung
TCO	total cost of ownership	Lebensdauerkosten einer ITK-Lösung
TCO	Swedish Confederation of Professional Employees	Arbeitnehmerorganisation, die international anerkannte Ergonomiestandards erläßt
TCO92		schwedische Norm für Strahlungsgrenzwerte für Monitore
TCO95		schwedische Norm für Grenzwerte der Leistungsaufnahme für Monitore
TCP	transport control protocol	verbindungsorientiertes Schicht-4-Protokoll, aufsetzend auf IP
TCP/IP	transmission control protocol/internet protocol	Protokoll auf Rechner-Netzen, insbes. bei UNIX-Systemen
TD	transmit data	Sendeaufforderungs-Signal
TDD	time-division duplex	Multiplexverfahren beim DECT
TDDSG	…	Teledienstedatenschutzgesetz
TDF	trunk distribution facility	Backbone-Verteiler
TDG	…	Teledienstegesetz
TDM	time-division multiplexing	Zeitmultiplex
TDMA	time-division multiple access	Zeitmultiplex
TDR	time-domain reflectometer	Reflektometer, mißt Laufzeit und Vierpolparameter
TDSV	…	Teledienstedatenschutzverordnung
TE	transversal electrical (wave)	Welle mit E-Vektor senkrecht auf Ausbreitungsrichtung
TE	terminal equipment	Endgerät
TEM	transversal electromagnetic (wave)	(Welle), bei der E- und H-Feldvektor senkrecht auf Ausbreitungsrichtung stehen

Akronym	Fremdsprachliche Bedeutung	Deutsche Bedeutung
TEMPEST	test for electromagnetic propagation emission and secure transmission	Bezeichnung für „abhörsichere" DV-Geräte
TETRA	trans-European trunked radio	europäischer Bündelfunk
TEX	transit exchange	Durchgangsvermittlungsstelle
TF	carrier frequency	Trägerfrequenz
TFP	thin flat package	Gehäuseform
TFT	thin-film transistor	Dünnfilm-Transistor (LCD displays)
TFTP	Trivial File Transfer Protocol	Einfaches Protokoll zur Dateiübertragung
T/H	terminal host (application)	Terminal-Zentralrechner (Anwendung)
T/H	track and hold	Mitlauf-Halte(-Schaltung)
THD	total harmonic distortion	Klirrfaktor
THX	thanks	Kürzel in Diskussionsforen: danke
THZ	terahertz	10^{15} Hz
TIA	Telecommunications Industries Association	Normungsgremium der (amerikanischen) Telekommunikations-Industrie
TIFF	tagged image file format	Dateistandard zur Speicherung von Bilddaten
TIM	transient intermodulation	Anstiegsverzerrungen
TINA-C	Telecommunication Intelligent Architecture Consortium	Vereinigung zur Förderung der intelligenten Telekommunikationsnsetze
TK	...	Telekommunikations...
TKG	...	Telekommunikationsgesetz
TKO	...	Telekommunikationsordnung
TKÜV	...	Telekommunikationsüberwachungsverordnung
TLA	three-letter acronym	Kürzel in Diskussionsforen: Abkürzung mit drei Buchstaben
TLD	top-level domain	Die Gliederungsnamen im DNS wie com, de, net etc.
Tln	subscriber	Teilnehmer
TLS	transport layer security	Weiterentwicklung des sicheren Kommunikationsprotokolls SSL 3.0
TM	transversal magnetic (wave)	Welle mit H-Vektor senkrecht auf Ausbreitungsrichtung
TMN	telecommunications management protocol	Netzmanagementarchitektur für Telekommunikationsnetze
TMTOWTDI	there is more than one way to do it (sprich: „tim toady").	viele Wege führen nach Rom
TN-C	terra, neutral, common	Starkstrominstallationsform mit geerdetem, genulltem Netz
TN-C-S	terra, neutral, common, separated	Starkstrominstallationsform mit geerdetem, genulltem Netz mit separater Führung von Null- und Schutzleiter
TNX	thanks	Kürzel in Diskussionsforen: danke
TO	telecommunications outlet	Telekommunikationsanschlussdose

Akronym	Fremdsprachliche Bedeutung	Deutsche Bedeutung
TOC	table of contents	Inhaltsverzeichnis (CD)
TOP	technical and office protocol	standardisierter Protokollstapel für die Bürokommunikation
TOR	telex over radio	Funktelegrammdienst, Seefunkdienst
TP	twisted pair	verdrillte Zweidrahtleitung
TP	transition point	Übergang von Bandleitungs- auf Rundleitungsverdrahtung in der Geschossverkabelung (US)
TPDDI	twisted-pair distributed data interface	Rechnernetz basierend auf dem FDDI-Standard auf verdrillten Leitungen
TPE	twisted pair Ethernet	Zweidraht-Ethernet
tpi	tracks per inch	Maß für Aufzeichnungsdichte auf Disketten
TP-PMD	twisted-pair physical media dependent	ANSI X3T9.5 Standard für FDDI auf Kupferleitungen
TQ	turquoise	(Leiterfarbe) türkis
TQFP	thin quad flat package	flache Miniaturgehäuseform
TQM	total quality management	umfassendes Qualitätsmanagement
TR	Token Ring	Token Ring
TRGS	...	technische Regeln für Gefahrstoffe
TRIAC	triode alternating current switch	TRIAC, Wechselstrom-Vierschichtdiode
...	triple nickel	scherzhafte Bezeichnung für den Timer-Schaltkreis 555
TS	subscriber line interface circuit	Teilnehmerschaltung, Anpassungsschaltung an Telefonleitung
TSB	Telecommunications System Bulletin	Verlautbarung der TIA
TSR	terminate and stay resident	speicherresidente Programme (DOS)
TSSOP	thin shrink small-outline package	IC-Gehäuseform
TT	true type	Bezeichnung der unter Windows verfügbaren skalierbaren Schriften
TTL	transistor–transistor logic	Logikfamilie
TTY	teletypewriter	Fernschreiber
TÜV	..	Technischer Überwachungs-Verein
TV	television	Fernseh-
TVSt	local central office	Teilnehmer-Vermittlungsstelle
TWA	two-way alternate	halbduplex
TWAIN	technology without an interesting name	scherzhafte Bezeichnung für eine standardisierte Programmschnittstelle für Scanner
TWS	two-way simultaneous	vollduplex
TWT	travelling wave tube	Wanderwellenröhre (Mikrowellenoszillator)
TX	transmitter	Sender
TYCLO	turn your caps lock off	Kürzel in Diskussionsforen: hör auf zu schreien

Anhang D Abkürzungsverzeichnis

Akronym	Fremdsprachliche Bedeutung	Deutsche Bedeutung
U		
U	...	Transformatorenkern aus Blech, Schnittband oder Ferrit in U-Form
U_{CC}	...	Versorgungsspannung
UART	universal asynchronous receiver/transmitter	programmierbarer Peripheriebaustein für Mikroprozessoren
UBR	unspecified bitrate	Dienstgüteklasse für Datenrate, die ohne Güteforderungen nachgefragt wird
UCE	unsolicited commercial email	unerwünschte E-Mail, Spam
UDP	user datagram protocol	verbindungsloses Schicht-4-Protokoll aufsetzend auf IP
UDTV	ultradefinition TV	höchstauflösendes Fernsehen oberhalb von 3 000 Zeilen
UEP	unequal error protection	Eigenschaft eines Codes, einige Bitpositionen stärker zu schützen als andere (Faltungscodes)
uF	microfarad	µF
uH	microhenry	µH
UHF	ultrahigh frequency	300 MHz ... 3 GHz
UI	unit interval	Maßeinheit für Jitteramplitude
UIT	frz.: Union International des Télécommunications	Internationale Fernmeldeunion ITU
UJT	unijunction transistor	Unijunktionstransistor
UKW	VHF	Ultrakurzwellen
UL	Underwriter Laboratories	nationales amerikanisches Prüfzeichen, vergleichbar VDE-Zeichen
ULA	uncommitted logic arrays	veraltete Bezeichnung für ASICs
ULF	ultralow frequency	Niederfrequenz 300 Hz ... 3 kHz
ULP	upper-layer protocol	allg. Protokoll der oberen Schichten
ULSI	ultralarge scale integration	zukünftige Integrationsdichte oberhalb von VLSI
ÜMA	...	Überfallmeldeanlagen
UMA	upper memory area	Speicherbereich zwischen 640 k und 1 M (DOS)
UMA	uniform memory access	Mehrprozessor-Architektur, mit vorhersagbarer Zugriffszeit jedes Prozessors auf den Hauptspeicher
UMB	upper memory blocks	64 k-Speicherblöcke innerhalb der UMA (DOS)
UMTS	Universal mobile tephone service	Mobilfunksystem der 3. Generation
UNI	user network interface	Protokoll zwischen ATM-Endgerät und Switch
UNIC	voltage-inverting negative impedance converter	NIC mit Spannungsinvertierung
U-NII	unlicensed national information infrastructure	US Frequenzband im 5GHz Bereich für Nutzung durch WLANs
UNIX	...	weit verbreitetes Mehrbenutzer-Betriebssystem für leistungsfähige Arbeitsplatzrechner

Akronym	Fremdsprachliche Bedeutung	Deutsche Bedeutung
UPC	universal product code	(Balken-)code zur Kennzeichnung von Produkten
UPS	uninterruptible power supply	unterbrechungsfreie Stromversorgung
U-R2	...	Schnittstellenspezifikation der Deutschen Telekom für T-DSL Anschluss
US	unavailable seconds	Maß für Systemverfügbarkeit
USART	universal synchronous/asynchronous receiver/transmitter	programmierbarer Peripheriebaustein für Mikroprozessoren
USAT	ultrasmall-aperture terminal	Satellitenfunkempfänger mit sehr kleiner Antenne
USD	US dollars	US Dollars
USP	unique selling point	Alleinstellungsmerkmal
USV	...	unterbrechungsfreie Stromversorgung, Netzgerät mit Puffer-Akkumulator
UTC	universal time coordinated	weltweit gültige Tageszeit, wird durch die nationalen Eichbehörden, wie PTB, verbreitet
UTP	unshielded twisted pair (cable)	nicht abgeschirmtes, verdrilltes Adernpaar
UV	ultraviolet	Ultraviolett $\lambda < 400$ nm

V

V_{cc}	supply voltage	Versorgungsspannung
V_{IH}	high-level input voltage	Eingangsspannung für Zustand H
V_{IL}	low-level input voltage	Eingangsspannung für Zustand L
V_{OH}	high-level output voltage	Ausgangsspannung im Zustand H
V_{OL}	low-level output voltage	Ausgangsspannung im Zustand L
V_{ss}	ground	Masse
V.24	interface standard of the CCITT	Schnittstellennorm des CCITT
VAC	volts alternating current	effektive Wechselspannung
VANS	value-added network service	Mehrwertdienst
VAR	value-added reseller	Wiederverkäufer, Systemintegrator
VAS	value-added service	Mehrwertdienst
VBD	sign magnitude representation	Vorzeichen-Betragsdarstellung von Binärzahlen
VBN	SMMDS	vermitteltes Breitbandnetz
VBR	variable bit rate	variable Datenrate
VC	virtual channel	virtueller Kanal
VC	virtual connection	virtuelle Verbindunng
VCA	voltage-controlled amplifier	spannungsgesteuerter Verstärker
VCC	virtual channel connection	virtuelle (Kanal-)Verbindunng
VCD	variable-capacitance diode	Kapazitätsdiode
VCF	voltage-controlled filter	spannungsgesteuertes Filter

Akronym	Fremdsprachliche Bedeutung	Deutsche Bedeutung
VCI	virtual channel identifier	Kennziffer zur Routenfindung in ATM-Netzen
VCIS	voltage-controlled current source	spannungsgesteuerte Stromquelle
VCO	voltage-controlled oscillator	spannungsgesteuerter Oszillator
VCR	videocassette recorder	Videorekorder
VCVS	voltage-controlled voltage source	spannungsgesteuerte Spannungsquelle
VCXO	voltage-controlled crystal oscillator	spannungsgesteuerter Quarz-Oszillator
VDC	volts direct current	Gleichspannung
VDE	…	Verband Deutscher Elektrotechniker
VDEW	…	Vereinigung Deutscher Elektrizitätswerke
VDI	…	Verein Deutscher Ingenieure
VDMA	…	Verein Deutscher Maschinenbau-Anstalten
VDR	voltage-dependent resistor	Varistor
VDT	video display terminal	Bildschirm-Terminal
VDU	video display unit	Sichtgerät
VESA	Video Electronics Standards Association	überholter Bus- und Grafikstandard für PC-Systeme
VF	voice frequency	Sprachfrequenz, 16 Hz … 20 kHz
VFC	voltage-to-frequency converter	Spannungs-Frequenzwandler, VCO
VFD	vacuum flourescent display	Vakuum Floreszenz-Anzeige
VFO	variable-frequency oscillator	abstimmbarer Oszillator
VHDL	VHSIC hardware description language	standardisierte Hardware-Beschreibungssprache
VHF	very high frequency	30 … 300 MHz, UKW
VHSIC	very high speed integrated circuit	FuE-Programm zur Entwicklung von Hochgeschwindigkeitsschaltkreisen
VIA	versatile interface adapter	programmierbarer Peripheriebaustein für Mikroprozessoren
VIL	vertical in-line	Gehäusebauform
VLA	vented lead-acid	wartungsarme Bleiakkummulatoren
VLAN	virtual LAN	virtuelles LAN
VLB	VESA local bus	32 bit 40/50 MHz Bus für PCs
VLF	very low frequency	Frequenzen im Bereich 3 kHz … 30 kHz
VLSI	very large scale integration	Höchstintegration, mehr als 5 000 Gatter
VLT	video look-up table	Speichertabelle zur Video-Signal-Umsetzung
VME	Versa Module Eurocard	herstellerübergreifendes Bussystem für Mikrocomputer und Workstations
VMOS	V-groove MOS	MOS-Technologie für hohe Spannungen
VMS	voice mail system	Anrufbeantworterfunktion in einer Nebenstellenanlage
VoD	video on demand	Video nach individueller Auswahl

Akronym	Fremdsprachliche Bedeutung	Deutsche Bedeutung
VOM	volt–ohm–milliammeter (multimeter)	Vielfach-Meßinstrument
VOX	voice-operated transmission	sprachgesteuerte Übertragung
VP	virtual path	virtuelles Kanalbündel
VPCI	virtual path connection idntifier	Bezeichner zur Kennzeichnung eines virtuellen Pfades
VPI	virtual path identifier	Kennziffer zur Routenfindung in ATM-Netzen
VPN	virtual private network	virtuelles Privatnetz
VPS	...	Video-Programm-System, Codierung im Fernsehsignal zur Steuerung von Videorekordern
VR	voltage regulator	Spannungsregler
VRAM	video random-access memory	Video-RAM
VRC	vertical redundancy check	Querparitätsprüfung
VRLA	valve-regulated lead-acid	wartungsfreie Bleiakkummulatoren
Vrms	volts root mean square	Effektivspannung
VSAT	very small aperture terminal	Satellitenfunkempfänger mit sehr kleiner Antenne
VSM	vestigial sideband modulation	Restseitenbandmodulation
VSO	very small outline	Subminiatur...
VSO	very small outline	sehr kleines SMD-Gehäuse mit Rastermaß 0,5 oder 0,76 mm
VSt	exchange, switch	Vermittlungsstelle
VSW	very short waves	Meterwellen 10...1 m, UKW
VSWR	voltage standing-wave ratio	Stehwellenverhältnis der Spannung
VT	vertical tabulator	Vertikaltabulator
VT	violet	(Leiterfarbe) violett
VTF	voltage-tunable filter	spannungsgesteuertes Filter
VTR	videotape recorder	Videorekorder
VTVM	vacuum voltmeter	hochohmiges (Röhren-)Voltmeter
VXI	VME bus extension for instrumentation	Sonderform des VME-Bus zur Meßgerätesteuerung
VXO	variable-frequency crystal oscillator	abstimmbarer Quarzoszillator

W

W^3	World Wide Web	siehe WWW
W3C	World Wide Web Consortium	Industriekonsortium zur Förderung des Web
WA	work area	der Bereich zwischen Anschlußdose und Endgerät, der mit dem Arbeitsplatzkabel überbrückt wird
WAN	wide area network	Weitverkehrsnetz (im Gegensatz zu LAN)

Akronym	Fremdsprachliche Bedeutung	Deutsche Bedeutung
WARC	World Administrative Radio Conference	Organisation der UN zur Vergabe von Funkfrequenzen
WB	wide-band	Breitband-
WBFM	wide-band frequency modulation	Breitband-FM
WBT	web-based training	webbasierte Unterweisung
WCDMA	wideband code-division multiple access	Modulationsverfahren des UMTS
WCS	writable control store	Mikroprogrammspeicher der Prozessoren der 4. Generation
WDM	wavelength-division multiplexing	Multiplexverfahren auf LWL durch Verwendung von Lasern verschiedener Wellenlängen
WDT	watchdog timer	rücksetzbarer Zeitgeber, der warnen soll, wenn Programme „hängen" bleiben
WE	write enable	Freigabesignal zum Schreiben (von Speichern)
WEEE	Directive on waste electrical and electronic equipment	EU-Richtlinie zum Elektronikschrott
WEP	wire equivalent privacy	Verschlüsselungsprotokoll für wireless LANs
WH	white	(Leiterfarbe) weiß
WiFi	wireless fidelity	Herstellerveinigung, die die Interoperabilität ihrer WLAN-Komponenten sicherstellen soll
WiFi	wireless fidelity	Herstellerveinigung, die die Interoperabltät ihrer WLAN-Komponenten sicherstellen soll
WIN	...	Wissenschaftsnetz
WISCA	why isn't Sam coding anything?	spaßhafte Bezeichnung des langwierigen Entwurfsprozesses vor der Programmeingabe
WLAN	wireless LAN	drahtloses LAN
WMA	WiFi multimedia extensions	Erweiterung der 802.11x WLANs um Elemente der Dienstgüte
WML	WAP markup language	Auszeichnungssprache für die Darstellung von Dokumenten auf Mobilgeräten
WORM	write once read multiple	einmal beschreibbares optisches Speichermedium
WPA	WiFi protected access	Authentisierungsverfahren für 802.11x WLANs
wpc	watts per candle	Einheit für die Leistung pro Lichtstärkeeinheit
wrt	with respect to	in Bezug auf
WSF	windows scripting format	auf XML basierendes Skript für WSH
WSI	wafer-scale integration	zukünftige Technik der Integration eines gesamten Systems auf einer Halbleiterscheibe (wafer)
wt	weight	Gewicht
WTTM	without thinkng too much	Kürzel in Diskussionsforen: ohne viel nachzudenken
wv	working voltage	Arbeitsspannung
WVDC	working voltage direct current	Arbeitsgleichspannung
WVSt	toll switch	Weitverkehrsvermittlungsstelle

Akronym	Fremdsprachliche Bedeutung	Deutsche Bedeutung
WWW	World Wide Web	verteilte Hypertextanwendung im Internet
WYSIWYG	what you see is what you get	Prinzip von interaktiven Programmen, die Bildschirmdarstellung dem Druckergebnis sehr nahe kommen zu lassen

X

X	cross-connect	Verteiler
X#	X	sprich: X sharp
XBIOS	extended basic input/output system	Erweiterungen des BIOS
xDSL	„any" digital subscriber line	jede Varante der DSL-Technk
XHTML	extensible HTML	Neudefinition von HTML gemäß den XML-Regeln
XMIT	transmit	sende
XML	extensible mark-up language	Metasprache für das Definieren von Dokumenttypen
XMSN	transmission	Sendung, Übertragung
XMT	transmit	senden
XMTD	transmitted	gesendet
XNS	extensible name service	auf XML basierender universeller Verzeichnisdienst (Erweiterung von DNS)
XO	crystal oscillator	Quarzoszillator
XOFF	transmitter off	Sender aus, Flusskontrollzeichen bei zeichenserieller Übertragung
XON	transmitter on	Sender an, Flusskontrollzeichen bei zeichenserieller Übertragung
XOR	exclusive Or	exclusives Oder
XSL	extensible style sheet language	Formatiersprache zur Umwandlung von XML in andere Formate (z. B. HTML)
XT	crosstalk	Übersprechen
XTAL	crystal	Quarz

Y

yd	yard	yard, ca. 1 m
YE	yellow	(Leiterfarbe) gelb
YIG	yttrium–iron–garnet	künstl. Substrat für Mikrowellenbauteile
YIQ	luminance, in-phase, quadrature	Farbkoordinaten des amerikanischen NTSC-Systems ähnlich dem YUV
YUV	Y = luminance, UV = chrominance	Farbkoordinaten im europäischen PAL-System

Z

Z	zero bit	Null-Flagge in Prozessoren

Akronym	Fremdsprachliche Bedeutung	Deutsche Bedeutung
Z80	...	verbreiteter 8-Bit-Mikroprozessor
ZAE	...	zentrale ATM-Einheit
ZCS	zero code suppression	Ersetzen einer Nullfolge durch ein anderes Zeichen
ZCS	zero current switching	Schalten im Strom-Nulldurchgang
ZD	zero defects	fehlstellenfrei
ZF	intermediate frequency	Zwischenfrequenz
ZfM	...	Zentralamt für Mobilfunk (veraltet)
ZGS Nr. 7	signalling system no. 7	Zeichengabesystem Nr. 7
ZIF	zero insertion force (ICs)	aufklappbare Prüffassung für ICs, Nullkraftsockel
ZIP	zigzag in-line package	Gehäuseform mit auf Lücke stehenden Kontakten
ZK	access node	Zugangsknoten
ZKD	two's complement representation	Zweierkomplementdarstellung von Binärzahlen
ZM	dual sideband modulation	Zweiseitenbandmodulation
ZTAT	zero turnaround time	Zusatz bei einmal-programmierbaren PLDs und Mikroprozessoren
ZVEH	...	Zentralverband des Deutschen Elektrohandwerks
ZVEI	...	Zentralverband Elektrotechnik- und Elektroindustrie
ZVS	zero voltage switching	Schalten im Spannungs-Nulldurchgang
ZVSt	regional exchange	Zentralvermittlungsstelle
ZZF	...	Zentralamt für Zulassungen im Fernmeldewesen (veraltet)
ZZK	common signalling channel	zentraler Zeichengabekanal

E Schaltzeichen (Auswahl)

	Widerstände		
⎓▭⎓	Widerstand, allgemein	⌀-Θ	Heißleiter, NTC
⌀	veränderbarer Widerstand	⌀Θ	Kaltleiter, PTC
⌀	Potentiometer mit beweglichem Kontakt	⌀B	magnetfeldabhängiger Widerstand
⌀U	spannungsabhängiger Widerstand, Varistor	⌀X	magnetfeldempfindlicher Widerstand, linear
⎓▭⎓	Widerstand mit festen Anzapfungen	/	Einstellbarkeit, allgemein
⎓▭⎓	Shunt Nebenschlußwiderstand	⤴	Einstellbarkeit, nicht linear
⎓▥⎓	Heizelement	/	Veränderbarkeit, inhärent, allgemein
		⤴	Veränderbarkeit, inhärent, nicht linear

Das Seitenverhältnis des Schaltzeichens für den Widerstand soll 1 : ≥ 2 sein.

	Kondensatoren		
⎓╤⎓	Kondensator, allgemein	⎓╪⎓	Kondensator, veränderbar
⎓╪⎓	Kondensator, gepolt	⎓┬⎓	Durchführungskondensator

Die Kondensatorplatten dürfen auch mit derselben Strichstärke wie die Zuleitungen dargestellt werden. Der Plattenabstand sollte 20...30% der Plattenbreite betragen.

Induktivitäten

⌒⌒⌒	Induktivität, Wicklung allgemein	⌒⌒⌒	Induktivität, stetig veränderbar
⌒⌒⌒	Induktivität mit Magnetkern	⌒⌒⌒	Induktivität mit festen Anzapfungen
⌒⌒⌒	Induktivität mit Luftspalt im Magnetkern		Ferrit-Perle, dargestellt auf einem Leiter

Transformatoren, Übertrager

	Transformator mit 2 Wicklungen		Transformator mit 3 Wicklungen
	Transformator mit 2 Wicklungen mit gleicher Phasenlage		Spartransformator
	Transformator mit 2 Wicklungen mit gegensinniger Phasenlage		Impulstransformator

Spannungsquellen, Stromquellen

⏀	ideale Spannungsquelle	⊖	ideale Stromquelle
	Wechselspannungsquelle, technische Frequenz		Wechselspannungsquelle, Hochfrequenz
	Wechselspannungsquelle, Tonfrequenz		Schutzerde Schutzleiteranschluß
	Erde, allgemein		Masse, Gehäuse
	Sicherung		

Das Seitenverhältnis dieser Schaltzeichen sollte 3 : 1 betragen.

Alte Schaltzeichen (nicht mehr verwenden!)

─⋀⋀⋀─	Widerstand, allgemein		Elko
	Kondensator, allgemein		Induktivität
	Kondensator, gepolt		Transformator

Halbleiter-Dioden

⏚	Halbleiterdiode, allgemein	⏚	Kapazitätsdiode
⏚	Leuchtdiode, LED allgemein	⏚	Durchbruchdiode Z-Diode
⏚	Temperturempfindliche Diode	⏚	Suppressordiode
⏚	Photodiode	–	–

Thyristoren

⏚	Bidirektionale Thyristordiode DIAC	⏚	Bidirektionale Thyristortriode TRIAC
⏚	Thyristor	⏚	Abschalt-Thyristortriode GTO

Transistoren

⏚	npn-Transistor	⏚	Isolierschicht-Feldeffekt Transistor, IGFET, Anreichungstyp, p-Kanal
⏚	pnp-transistor	⏚	IGFET, Anreichungstyp, n-Kanal
⏚	npn-Transistor, Kollektor mit Gehäuse verbunden	⏚	IGFET, Anreicherungstyp, p-Kanal
⏚	Sperrschicht-Feldeffekt Transistor, JFET, n-Kanal	⏚	IGFET, Verarmungstyp n-Kanal
⏚	JFET, p-Kanal	⏚	IGFET, Verarmungstyp, p-Kanal
⏚	Bipolarer Isolierschicht-Transistor, IGBT, Anreicherungstyp, n-Kanal	⏚	Phototransistor, pnp-Typ

Meßgeräte

○	anzeigendes Meßgerät	▭	aufzeichnendes Meßgerät
⊟	integrierendes Meßgerät	⊸○⊶	Zähler
Ⓥ	Voltmeter	W	Wirkleistungsschreiber
ⓒᵒˢᵠ	Leistungsfaktormeßgerät	Wh	Wattstundenzähler Elektrizätszähler
Ⓦ	Wattmeter	h	Betriebsstundenzähler
Ⓗ	Thermometer	▭○	Impulszähler
−∪+	Thermoelement, mit Polarität	∪	Thermoelement mit nicht isoliertem Heizelement

Meßwerksymbole siehe im Abschnitt 5.1.6

Schalter, Relais

∖	Schließer	⊏⊐	Elektromechanischer Antrieb, Relaisspule, allgemein
⊢	Öffner		Elektromechanischer Antrieb eines polarisierten Relais
⊢Θ	Öffner, temperaturabhängig		Elektromechanischer Antrieb eines Remanzrelais
	Öffner mit selbsttätiger thermischer Betätigung		Elektromechanischer Antrieb eines Thermorelais
⊢-∖	Handbetätigter Schalter, allgemein		Elektromechanischer Antrieb eines elektronischen Relais

Anhang E Schaltzeichen

	Leitungen, Leitungsverbindungen		
———	Leitung, allgemein	•	Kreuzungspunkt, Verbindungspunkt
⫽₃	3 Verbindungen	⊤ ⊤	T-Verbindung
—◯—	Leiter, geschirmt	╬	Doppelabzweig von Leitern
⫽	Verbindung, verdrillt, zweiadrig	┼	nicht verbunden
	Leiter, koaxial	—◖■—	Buchse und Stecker
○	Anschluß, z. B. Klemme	—◖	Buchse, Pol einer Steckbuchse
	Trennstelle Lasche, geschlossen	■—	Stecker, Pol eines Steckers

	Sensoren		
S N	Dauermagnet		Hallgenerator
	Photowiderstand		Photozelle
	Piezoelektrischer Kristall, auch Quarz	–	–

	Integrierte Schaltungen		
	Optokoppler		Operationsverstärker
	Optokoppler mit Schlitz für Lichtsperre (Lichtschranke)		Opto-TRIAC

Sachwortverzeichnis deutsch

A

AB-Betrieb 454
–, Vorspannungserzeugung 455
A-Betrieb 450
Abfallzeit 482
Abgleichbedingung, einer Wechselstrombrücke 156
Abhängigkeitsnotation 494, 496
abklingende Schwingung 115
Ableitstrom 582
Ableitung 295
– einfacher Funktionen 593
–, verallgemeinerte 295
Abschirmung 42
–, elektrostatische 42
–, magnetische 78
Abschnürgrenze 379
Abschnürspannung 378
absolute Spannungspegel 623
Abtast-Halte-Glied 250
Abtast-Halte-Kreis 250
AB-Verstärker 454
Abwärtswandler 568
Abzweigdose, Bildzeichen 651
Achsensymmetrie 278
Addierer 410
Additionsstelle 338
Additionstheoreme, der Hyperbelfunktionen 592
– der Winkelfunktionen 588
Adernfarben 645
Admittanz 126
Adreßeingänge 495
Adresse 510
ADU 245
Advanced-Schottky-TTL-Reihe 487
AGA 516
ähnliche Terme, Schaltalgebra 477
aktive Filter, *siehe* Filter 419
aktiver Zweipol 34
allgemeine Wechselgröße 119
Allpaß 307, 420
A_L-Wert 77, 573
amerikanische Drahtstärken 619
Ampere 1
–, Definition 66
Amplitude 105, 119
Amplitudenbedingung 399, 435
Amplituden-Frequenzgang 261, 266, 270
Amplitudengang 261, 340
Amplituden-Phasen-Form 281
Amplitudenreserve 406
Amplitudenspektrum 281
Analog-Digital-Umsetzer 245, 251
–, Auflösung und Codierung 254
analoge Schaltungen, Berechnungsverfahren 332
analoge Schaltungstechnik 332 ff.
analoge Signale 332
Anker 192
Ankerquerfeld 193
Ankerrückwirkung 193
Anlauf, Stern-Dreieck- 172
Anpassung 11, 35
Anstiegszeit 267, 482
antisymmetrische Funktion 278
Antivalenz 467
Anzeigefehler 255
–, Genauigkeitsklassen 255
aperiodischer Fall 26 f.
aperiodischer Grenzfall 26, 28
Äquipotentialfläche 42, 55
äquivalente Parallelschaltung 143
äquivalente Reihenschaltung 143
äquivalente Zweipole 142
Arbeit im Strömungsfeld 64
Arbeitsgerade 361
Arbeitspunkt 332
Arbeitspunkteinstellung 357
Arbeitspunktstabilisierung 359
–, nichtlineare 361
Arbiter 513
Argument 109 f.
arithmetischer Mittelwert 120
Arkusfunktionen 591
–, Hauptwerte 591
Aron-Schaltung 242
ARRHENIUS-Gesetz 443
ASCII-Tabelle 637
Assoziativ-Gesetze 468
asymmetrische Funkstörspannung 582

Asynchronmotor 205 ff.
–, Anlaufstromreduzierung 213
–, Bremsen 217
–, Drehmoment 209
–, Drehmomentlinie 213
–, Drehzahlverstellung 214
–, Einfluß der Speisespannung 211
–, Ersatzschaltbild 208
–, Funktionsprinzip 205
–, Generatorbetrieb 216
–, generatorisches Bremsen 217
–, Gleichstrombremsen 217
–, Heyland-Kreis 211
–, Klemmblock 207
–, Kreisdiagramm 211
–, Läuferwiderstand 210
–, Leistungslinie 212
–, Nenndaten 207
–, Netztoleranz 211
–, Osanna-Kreis 211
–, Polumschaltung 214
–, Sanftanlaufgerät 214
–, Schlupflinie 213
–, Stern-Dreieck-Umschaltung 213
–, Stromortskurve 211
–, Stromverdrängung 210
–, Typenschild 207
Asynchronzähler 520
atto 605
aufklingende Schwingung 115
Aufwärtswandler 554, 568
Augenblicksleistung 7, 158
Augenblickswert 105, 119
Außenleiter 166
Außenleiterstrom 167
Ausfallrate 442 f.
Ausgabe-ROM 538
Ausgangsaussteuerbereich 401
Ausgangsimpedanz 148, 334
Ausgangskennlinien 344, 378
Ausgangslastfaktor 481
Ausgangs-Schaltnetz 536
Ausgangsspektrum 301
Ausgangsvektor 536
Ausgangswiderstand 392
Ausgleichvorgänge 20 ff.
A-Verstärker 450
AWG 619

B

Babyzelle 621
balancierte Systeme 172
Bandbreite 26, 264, 311, 432
–, Definition 311
Bandpaß 431
–, Bandbreite 432
–, Frequenzgang 432
– höherer Ordnung 433
–, idealer 311
–, Mittenfrequenz 432
–, Schaltung 432
Basisschaltung 365, 367
–, Ausgangswiderstand 366
–, Eingangswiderstand 366
–, hohe Frequenzen 367
–, Wechselspannungsverstärkung 366
–, Wechselstromersatzschaltbild 365
Batteriebezeichnungen 621
Batterien 621
B-Betrieb 453
BCD 522
BCD-Dezimal-Dekoder 497
BCD-Zähler 520
Bemessungsscheinleistung 186
Bemessungsspannung 186
Berechnungsverfahren 332
Berührungsschutz 649
Beschleunigung 182
Beschleunigungsweg 184
Bessel-Filter 421
Betrag 108 ff.
Betrag der Summe 112
Betrag Eins 112
Betrags-Charakteristik 262
Betragsquadrat 108
Betrieb, diskontinuierlicher 553
–, kontinuierlicher 552
–, lückender 553
–, nicht lückender 552
Betriebsspannungsdurchgriff 402
Bewegungsinduktion 87
Bezugspfeil 29
Bildbereich 313, 338
Bimetallmeßwerk 226
Biot-Savart 71
Bipolartransistor 342 ff.
–, Ausgangswiderstand 346
–, Eingangswiderstand 346, 350

–, Emitterschaltung 351
–, Ersatzschaltbild nach Giacoletto 348
–, Ersatzschaltbild, statisches 347
–, Ersatzschaltbild, Wechselstrom- 348
–, Grenzfrequenz 347
–, Grundschaltungen 351
–, Kenngrößen 343
–, Spannungsrückwirkung 347
–, Stromverstärkung 345
–, Temperaturdrift 346
–, Transitfrequenz 347
–, Übersicht: Grundschaltungen 367
–, Wechselstromersatzschaltbild 348
–, Zählpfeilrichtungen 343
Blindanteil 159
Blindfaktor 161
Blindleistung 160, 163
– aus 3-Voltmeter-Messung 240
–, Messung im Drehstromkreis 242
–, Messung im Wechselstromkreis 239
Blindleitwert 126
Blindspannung 161
Blindstrom 161
Blindstromkompensation 164
Blindwiderstand 123, 129 f.
–, induktiver 129
–, kapazitiver 130
Blockschaltbild 338
Bode-Diagramm 262, 340
Boltzmann-Konstante 607
Boolesche Algebra 463
Bootstrap 455
Brücke, siehe Brückenschaltung 156
Brückengleichrichtung 543 f.
Brückenschaltung 156
–, Abgleichbedingung 156
Brummspannung 542
Brummunterdrückung 369
Bürde, von Meßwandlern 234
Bürsten 193
Butterworth-Filter 421

C

CAS 513
C-Betrieb 453
CE-Zeichen 540
charakteristische Gleichung 507
Chopper 198
CMOS 488

CMOS-Baureihen, technische Daten 488
CMOS-Zähler 531
Code, 8421-Code 522
Colpitts-Oszillator 439
Coulomb 1
Coulombintegral 45
Coulombsches Gesetz 39

D

Dämpfungsgrad 25, 272 f.
Dämpfungsmaß 262, 308
Dämpfungsverzerrungen 308
Darlingtonschaltung 349, 456
Datenblätter, Digitaltechnik 484
Datenselektoren 498
Dauermagnet 84
–, Dimensionierung 85
De Morgansche Regeln 468
Deglitching 253
D-Eingang 504
Dekoder 497
Delon-Schaltung 545
Delta-Funktion 294
Demultiplexer 498
Dezibel 261
Dezimalvorsätze, vor Einheiten 605
Dezimalzähler 522 f.
D-Flip-Flop 501, 506 f.
Diamagnetismus 73, 78
Dielektrikum 44
Dielektrizitätskonstante 44
Differentiationsregeln 592
differentielle Stromverstärkung 345
differentieller Ausgangswiderstand 346
differentieller Eingangswiderstand 346
differentieller Widerstand 333
Differenz-Eingangswiderstand 372
Differenzierer 414
Differenzverstärker 369, 410
– mit Bipolartransistoren 369 f.
– –, Ausgangswiderstand 373
– –, Beispiele 374
– –, Eingangswiderstand 372
– –, Formelübersicht 375
– –, Gegentaktverstärkung 371
– –, Gleichtaktunterdrückung 372
– –, Gleichtaktverstärkung 371
– –, Offsetspannung 373

– –, Offsetspannungsdrift 373
– –, Offsetstrom 373
– mit Feldeffekttransistoren 390 f.
– –, Ausgangswiderstand 392
– –, Differenzverstärkung 391
– –, Eingangsimpedanz 392
– –, Formelübersicht 392
– –, Gegentaktverstärkung 391
– –, Gleichtaktunterdrückung 391
– –, Gleichtaktverstärkung 391
Differenzverstärkung 370
Digital-Analog-Umsetzer 251
Digital-Analog-Umsetzung 251
Dimmer 547
Diode 341
–, differentieller Widerstand 342
–, Parallelschaltung 342
DIRAC-Funktion 294
–, Spektrum 316
DIRAC-Impuls 294
DIRAC-Stoß 294
Disjunktion 464
disjunktive Normalform 470, 476
diskontinuierlicher Betrieb 553
Distributiv-Gesetze 468
DNF, siehe disjunktive Normalform 470
Dose, Bildzeichen 651
Drahtdurchmesser 574
Drahtdurchmesser und Querschnitt, Tabelle 648
Drahtstärken, amerikanische 619
Drain 376
Drainschaltung 387, 389
DRAM 512
Dreheiseninstrument 122
Dreheisenmeßwerk 225
Drehfeld 166, 203
–, Erzeugung 203
Drehmagnetmeßwerk 225
Drehmomentbildung 177
Drehrichtung 182
Drehspulinstrument 122, 223, 228
Drehspulmeßwerk 223
Drehstromasynchronmotor 205 ff.
Drehstrommotor 203
Drehstromsystem 166
Drehstromtransformator 190
Drehung 114
Drehzahl, synchrone 204
Drehzeiger 113

Drei-Amperemeter-Methode 239
Dreieckimpuls 293
–, Spektrum 319
Dreieck-Rechteck-Generator 416
Dreieckschaltung 18
–, Umwandlung in Sternschaltung 18, 143
Dreiphasensystem 166
Drei-Voltmeter-Methode 239
Drei-Wattmeter-Schaltung 243
Driftverstärkung 360
Drossel 4, 572
–, stromkompensierte 582 f.
Drosselwandler 552
DTL 490
dual 145
Dualität von Schaltungen 145
Dualitätsinvariante 145
Dualitätskonstante 145
Dualzähler 520
Duhamel-Integral, siehe Faltungsintegral 298
Durchflußwandler 552
Durchflutungssatz 74, 101
Durchlaßbereich 263 f.
Durchlaßspannung 341 f.
Durchlaßstrom 341
dynamisch 483
dynamische Arbeitsgerade 362
dynamischer Eingang 504
dynamischer RAM 512
dynamischer Widerstand 333
Dynamometer 224

E

EAROM 514
ECC-Speicher 513
echte Effektivwertmessung 234
Eckfrequenz 266, 270
EC-Konformitätszeichen 540
ECL 490
EEPROM 514
Effektivwert 121 f.
Effektivwertmessung 234
Eichleitung 151
Eigenfrequenz 26
Eingangsfehlspannung 373
Eingangsfehlstrom 373
Eingangsimpedanz 148, 334, 392
Eingangskennlinie 344
Eingangslastfaktor 481

Eingangsruhestrom 403
Eingangsspektrum 301
Eingangsvektor 536
Eingangswiderstand des Differenzverstärkers 372
Einheit 605
Einheiten, Dezimalvorsätze 605
Einschwingvorgänge 25 ff.
Einschwingzeit 310
Eintaktdurchflußwandler 561, 568
Einweggleichrichtung 543 f.
Eisenverluste 80, 180
elektrische Durchflutung 75
elektrische Erregung 43
elektrische Feldkonstante 45
elektrische Feldstärke 40, 55
elektrische Induktion 42
elektrische Ladung 1
elektrische Maschine 176
–, Arbeitspunkt 182
–, Baugröße 181
–, Beschleunigung 182
–, Drehmoment 180
–, Hochlaufzeit 182
–, Leistungsbilanz 180
–, Linkslauf 182
–, mechanische Leistung 180
–, Rechtslauf 182
–, Typenschild 181
elektrische Motoren 176
elektrische Spannung 2
elektrischer Strom 1
elektrischer Widerstand 3
elektrisches Feld 39
elektrisches Potential 2
elektrisches Strömungsfeld 55
– an Grenzflächen 62
Elektrizitätszähler 226
elektrodynamisches Meßwerk 224
elektrodynamisches Quotientenmeßwerk 226
Elektrometersubtrahierer 411
Elektrometerverstärker 407
Elektron, Ladung des 607
elektrostatisches Feld 39–54
– an Grenzflächen 48
elektrostatisches Meßwerk 225
Elementarladung 1
Emitterfolger 362, 367, 447
– als Leistungsverstärker 447
–, Ausgangsleistung 449

–, Aussteuergrenzen 448
–, Eingangs- und Ausgangswiderstand 448
–, komplementärer 451
–, Verlustleistung 449
–, Wirkungsgrad 450
Emitterschaltung 351 ff., 367
–, Arbeitsgerade 361
–, Arbeitspunkt 357
–, Ausgangswiderstand 355
–, Driftverstärkung 360
–, Eingangswiderstand 354
–, hohe Frequenzen 362
–, Vierpolgleichungen 352
–, Vierpolparameter 352
–, Wechselspannungsverstärkung 356
–, Wechselstromersatzschaltbild 353
endliche Automaten 535
Endtransistoren 456
Energie 7 f.
– im elektrostatischen Feld 50
– im Kondensator 9
– im magnetischen Feld 96
– im Strömungsfeld 64
– in der Induktivität 9
–, normierte 277
Energiesignal 277
Entlastungsnetzwerk 559
Entmagnetisierung 81
EPLD 516
EPROM 514, 516
Erde 643
Erregerwicklung 192
Ersatzschaltbild 6
– nach Giacoletto 348
Erwärmung von Bauelementen 441
Erzeuger 29
Erzeugerzählpfeilsystem 30, 67
Euler-Formel 115
Europäische Norm, EN 55022 581
–, EN 61000 581
–, EN 61000-3-2 577
exa 605
exklusives Oder 467
Exor-Verknüpfung 467
Exponentialform komplexer Zahlen 110
Exponentialfunktion, Ableitungen/Integrale 114
–, komplexe 114 f.
– mit imaginärem Exponenten 114
– mit komplexem Exponenten 115

F

Faltung 298 f.
–, Rechenregeln 299
Faltungsintegral 299
Faltungsprodukt 299
Farad 5, 47
Faradayscher Käfig 42
Farbcode, Widerstände 616
Farbe, Kurzzeichen nach DIN bei Leitern 644
FAST-Reihe 487
Fehlergrenzen 255
Fehlerstrom 652
Feldeffektransistor 376 ff.
–, Ausgangskennlinien 379
–, Ausgangswiderstand 380
–, Eingangsimpedanz 380
–, Ersatzschaltbild 380
–, Grenzfrequenz 381
–, Grundschaltungen 381 f.
–, hohe Frequenzen 381
–, ohmscher Bereich 378
–, Schwellenspannung 379
–, Steilheit 379
–, Übertragungskennlinie 379
Feldeffekttransistor, Abschnürspannung 378
–, aktiver Bereich 378
– als steuerbarer Widerstand 392
–, Ausgangskennlinien 378
–, Grundschaltungen 381
–, IGFET 377
–, Isolierschicht- 376
–, JFET 377
–, MOSFET 377
–, n-Kanal- 376
–, p-Kanal- 376
–, Schaltbilder 377
–, selbstleitend 376
–, selbstsperrend 376
–, Sperrschicht- 376
–, Übersicht: Grundschaltungen 389
–, Übertragungskennlinie 378
–, Zählpfeilrichtungen 376
Feldgrößen 623
Feldkonstante, elektrische 607
–, magnetische 607
Feldlinie 40, 69
femto 605
Ferrit 572
Ferromagnetika 179

ferromagnetische Werkstoffe 179
Ferromagnetismus 78 f.
Festwertspeicher, *siehe* ROM 510, 514
Feuchtrauminstallation 650
FIFO 513
Filter 147
–, aktive 419
–, Bandpaß 431
–, Bessel- 421, 424
–, Butterworth- 421, 423
–, Hochpaß 430
–, Koeffizienten 421
– mit geschalteten Kapazitäten 434
– mit kritischer Dämpfung 422
–, Normierung der Übertragungsfunktion 421
–, Ordnung 421
–, passive 420
–, Pole 421
–, Potenzfilter 421
–, Tiefpässe 420
–, Tschebyscheff- 422
–, Tschebyscheff-, 0.5 dB 425
–, Tschebyscheff-, 3 dB 426
–, Übersicht 263
–, Universal- 433
Filter-Ordnung 271
FI-Schalter, Bildzeichen 651
fit 442
flankengesteuerte Flip-Flops, Synthese von 507
flankengetriggerte Flip-Flops 505
Flankensteilheit 483
Flip-Flop 499
–, flankengetriggert 505
–, Schaltkreise, Übersicht 509
–, Schaltsymbole 504
–, Synthese 507
–, Übersicht 505
Flußdichte 68
Formfaktor 122, 265
FOURIER-Koeffizienten 280
–, komplexe 282
FOURIER-Reihe 279
–, Amplituden-Phasen-Form 281
–, Exponentialform 282
–, trigonometrische Form 279
FOURIER-Transformation, Definition 313
–, Symmetrien 314
FOURIER-Transformierte 313
FPGA 516

FPLA 516
FPLS 516
Freilaufdiode 24
Frequenz 105, 119
–, komplexe 338
Frequenzbereich 313
Frequenzbezeichnungen 622
Frequenzgang 261, 340
Frequenzgangkorrektur 405
Frequenznormierung 268, 302
Frequenzteiler 506
Frequenzumrichter 215
Funkentstördrossel 583
Funkentstörfilter 584
Funkentstörung 580
Funkstörfeldstärke 581
Funkstörmeßempfänger 581
Funkstörspannung, asymmetrische 582
–, Gegentakt 582
–, Gleichtakt 582
–, symmetrische 582 f.
–, unsymmetrische 582
Funkstörspannungen 581
Funkstörstrahlung 581
Funktionsspeicher 510
–, Beginn 515
–, Ende 518
Funktionstabelle 463

G

GaAs 490
GAL 517
Gallium-Arsenid 490
Galvanometer 223
Garantie-Fehlergrenzen 255
Gate 376
Gateschaltung 388 f.
Gatter 464
Gaußimpuls 293
–, Spektrum 319
Gaußklammer 245
Gaußsche Ebene 109
Gaußscher Satz 102
Gaußscher Satz der Elektrostatik 46
Gegeninduktion 93
Gegeninduktivität 93
Gegenkopplung 393–400
–, Ein- und Ausgangsimpedanz 397
–, Frequenzgang 398

–, Grenzfrequenz 399
–, Stabilität 399
–, Verstärkung 394, 399
Gegenkopplungarten 395
Gegenkopplungsgrad 394
Gegentakt-Funkstörspannung 582
Gegentakt-Resonanzwandler 569
Gegentaktsignal 370
Gegentakt-Verstärker 451
Gegentaktverstärkung 370, 391
Gegentaktwandler 563
– mit Parallelspeisung 569
Genauigkeitsklassen 255
Generator-Dreieckschaltung 168
Generatoren 176
generatorisches Bremsen 217
Generatorprinzip 177
Generator-Sternpunkt 169
Generator-Sternschaltung 169
gerade Funktion 278
Germaniumdiode 341
Gesetz von Biot-Savart 71
Gewichtsfunktion 297
Giacoletto 348
Gibbssches Phänomen 310
Gleichanteil 280
Gleichgewicht, einer Wechselstrombrücke 156
Gleichgröße 118
–, pulsierende 118
Gleichrichter 542
Gleichrichtwert 121
Gleichspannungsmessung 228
Gleichstrom 1
Gleichstrombremsen 217
Gleichstrommaschine 192
–, Ankerquerfeld 193
–, Aufbau 192
–, Drehzahlverstellung 197
–, Ersatzschaltbild 194
–, Kompensationswicklung 193
–, Wendepolwicklung 194
Gleichstrommessung 228
Gleichstromnebenschlußmotor 195
–, Drehzahlverstellung 197
Gleichstromreihenschlußmaschine 199
Gleichstromsteller 198
Gleichtaktaussteuerbereich 401
Gleichtakt-Eingangswiderstand 373
Gleichtakt-Funkstörspannung 582

Gleichtaktsignal 370
Gleichtaktunterdrückung 372, 391, 402
Gleichtaktverstärkung 370 f., 391, 402
Gleichwert 120
Graetzgleichrichter 544
Grenzfrequenz 263 f., 266, 270, 419
– der Vorwärtssteilheit 381
Grenzkreisfrequenz 153
Grundstromkreis 34
Gruppenlaufzeit 308
Güte 265
Güte(faktor) 26

H

HAL 516
Halbbrücken-Durchflußwandler 563, 569
Halbbrücken-Gegentaktwandler 565, 569
Halbleiterspeicher 510
Halbwellensymmetrie 279
harmonisch 119
Harmonische 279, 325
harmonische Funktionen 106, 114
harmonisierte Leitungen 646
–, Kennzeichnung 646
Hartley-Oszillator 438
hartmagnetisch 81
Hauptwert 109, 591
Henry 4, 77
Heyland-Kreis 211
HF-Litze 576
High-Speed-CMOS-Reihe 487
High-Speed-TTL-Reihe 486
Hitzdrahtmeßwerk 226
Hochfrequenztransformator 572, 574
–, Drahtdurchmesser 576
–, Hystereseverluste 575
–, primäre Mindestwindungszahl 575
–, Wicklung 575 f.
Hochlaufzeit 182
Hochpaß 264, 269, 430
–, Schaltungen 430
–, Übertragungsfunktion 430
Hochsetzsteller 554
höchstwertige Zählerstelle 534
Hoch-Tiefsetzsteller 556
homogenes Feld 56
h-Parameter 337
H-Pegelbereich 480
Hummelschaltung 154

Hybrid-Parameter 337
Hyperbelfunktionen 592
–, Additionstheoreme 592
Hysterese 493
Hysterese-Schalter 415
Hystereseverluste 80, 180
Hysteresiskurve 79

I

idealer Bandpaß 311
idealer Tiefpaß 308
–, Sprungantwort 309
IFL 516
IGFET 376
imaginäre Einheit 107
–, Potenzen 107
imaginäre Zahlen 107
Imaginärteil 108
Impedanz 123
Impedanznormierung 302
Impedanzwandler 362, 407
Implikant 477
Impulsantwort 297
–, Systeme 1. Ordnung 303
–, Systeme 2. Ordnung 304
Impulsbreite 310 f.
–, Definition 311
Impulsfunktion 294
Induktion 68, 87–96
Induktionsgesetz 88, 101, 178
Induktionsmeßwerk 226
induktiver Blindwiderstand 129
induktiver Teiler 19
Induktivität 4, 77, 129
induzierte Spannung 89 ff.
Influenz 42
Innenwiderstand 12 f.
– beim Voltmeter 230
–, spannungsbezogener 230
Installationstechnik 643–651
–, Bildzeichen 651
Instrumentenverstärker 411
Integrale einfacher Funktionen 594
Integral-Exponentialfunktion 598
Integral-Kosinus 597
Integral-Sinus-Funktion 309
Integrationsregeln 593
Integrator 413
Intercept-Punkt 329

Intermodulationsabstand 329
Intermodulationsverzerrungen 327
Inversions-Gesetze 468
Inverter 465
–, gesteuerter 467
invertierender Verstärker 408
invertierender Wandler 556, 568
ISDN 636
Isolierschicht-Feldeffekttransistor 376

J

JFET 376
JK-Flip-Flop 503, 506
Johnson-Zähler 520
Joule 8

K

Käfigläufer 206
Kapazität 5, 47, 129
kapazitiver Blindwiderstand 130
kapazitiver Teiler 19
Kaskadierung von Zählern 527
kausale Signale 277, 291
kausale Systeme 291
Kennliniengleichung, nichtlineare Systeme 325
Kernlänge, magnetische 573
Kernquerschnitt, magnetischer 573
Kettenschaltung 271
Kippmoment 209
Kippschaltung, bistabil 499
Kirchhoffsches Gesetz 6, 60
Klassenzeichen 255
Kleinmotor 219 f.
Kleinsignal 332
Kleinsignalverstärker 342, 376
Klemmblock 207
Klirrdämpfung 326
Klirrfaktor 325 f.
Kloßsche Gleichung 209
KNF, siehe konjunktive Normalform 472
Knoten 6
Knotenpotentialanalyse 33
Knotenpunktregel 6, 30, 60
Koerzitivfeldstärke 80
kohärente Einheiten 604
Kollektor 193
Kollektorschaltung 362, 367
–, Ausgangswiderstand 364
–, Eingangswiderstand 363

–, hohe Frequenzen 364
–, Spannungsverstärkung 362
–, Wechselstromersatzschaltbild 363
–, Wechselstromverstärkung 364
kombinatorische Logik 494
Kommutativ-Gesetze 468
Kommutator 193
Komparator 406
Kompaßnadel 69
Kompensation, des Blindstroms 164
Kompensationswicklung 193
komplementärer Emitterfolger 451
–, AB-Betrieb 454
–, Ansteuerung 458
–, Ausgangsleistung 452
–, Aussteuergrenzen 451
–, B-Betrieb 451, 453
–, Betriebsarten 454
–, Bootstrap 455
–, C-Betrieb 453
–, Darlingtonschaltung 456
–, Eingangs- und Ausgangswiderstand 451
–, Nullpunktstabilität 458
–, Quasidarlingtonschaltung 456
–, Rückkopplung 458
–, Schwingneigung 459
–, Strombegrenzung 457
–, Verlustleistung 452
–, Vorspannungserzeugung 455
–, Wirkungsgrad 453
komplexe Amplitude 116
komplexe Ebene 109
komplexe Exponentialfunktion 110
komplexe Frequenz 338
komplexe Leistung 162
komplexe Normalform 282
komplexe Zahlen 107 ff.
–, Addition und Subtraktion 108
–, Darstellung 111
–, Division 108
–, Multiplikation 108, 112
komplexe Zeitfunktion 116
komplexer Effektivwert 116
komplexer Leitwert 126
komplexer Widerstand 123
komplexes Spektrum 282
Kompressionspunkt 329
Kondensator 5
Kondensatormotor 219

Konduktanz 126
Konduktivität 58
konjugiert komplex 108 ff.
Konjunktion 464
konjunktive Normalform 472, 476
kontinuierlicher Betrieb 552
Koppelfaktor 93
Korkenzieher-Regel 67
Kosinusfunktion 105, 115
–, Grundbegriffe 105
– mit komplexem Argument 115
Kosinusgrößen, Summe von 106
Kotangensfunktion, Graph 587
Kraft, auf bewegte Ladung 68
– auf eine Ladung 51
– auf Grenzflächen 51, 98
– auf stromdurchflossenen Leiter 69, 97
– im elektrostatischen Feld 51
– im magnetischen Feld 97
Kreisdiagramm 211
Kreisfrequenz 105, 113, 119
Kreuzfeldmeßwerk 226
Kreuzschaltung 650
Kreuzspulmeßwerk 224
Kronecker-Symbol 284
Kühlkörper, Berechnung 441
Kurzschluß 12, 35
Kurzschluß-Eingangsleitwert 338
Kurzschluß-Eingangswiderstand 337
Kurzschlußimpedanz 189
Kurzschlußläufer 206
Kurzschluß-Rückwärtssteilheit 338
Kurzschlußspannung 189
Kurzschlußstromverstärkung 345
Kurzschlußversuch 188
Kurzschluß-Vorwärtssteilheit 338
Kurzschluß-Vorwärtsstromverstärkung 337

L

Ladung 1
–, elektrische 1
Ladungspumpen 546
Ladyzelle 621
Längstransistor 549
Lastausregelung 570
Lastfaktor 481
Laufzeitverzerrungen 308
LCA 516
Lebensdauer 442

Leerlauf 12, 34
Leerlauf-Ausgangsleitwert 337 f.
Leerlauf-Spannungsrückwirkung 337
Leerlaufverluste 188
Leistung 7 f.
– am ohmschen Widerstand 8
–, Augenblicks- 7
– im Dreiphasensystem 172
– im Strömungsfeld 64
–, Messung im Drehstromkreis 241
–, Mittelwert der 159
–, mittlere 7
–, normierte 277
Leistungfaktor-Vorregelung 577
Leistungsanpassung 11, 34, 335
Leistungsdämpfungsmaß 623
Leistungsfaktor 159, 164
–, Messung 240
Leistungsfaktor-Vorregler 552
Leistungsgrößen 623
Leistungsmeßkoffer 243
Leistungsmessung, Drehstromkreis 241
–, Gleichstromkreis 237
–, Wechselstromkreis 238
Leistungssignal 277
Leistungstransistoren 456
Leistungsverstärker 447–459
–, Ansteuerung 458
–, Rückkopplung 458
–, Strombegrenzung 457
–, Wechselspannungsverstärkung 458
Leiter, zulässige Strombelastung 648
Leiterbahnen, Strombelastbarkeit 618
Leiterbezeichnung 643
Leiterfarben 645
Leiterspannung 166
Leitungen, isolierte, Kennzeichnung von 646
–, Starkstrom, Beispiele 647
leitungsgebundene Störung 581
Leitwert 3, 59, 129
–, komplexer 126
–, magnetischer 573
Leitwertebene, komplexe 127
Leitwertoperator 126
Leitwertparameter 337
Lenzsche Regel 89
Lese-Zugriffszeit 511
lineare Systeme 260, 290
Linearisierung 332

Linearmotor 217
Linienspektrum 288
Linkslauf 182
Logik-Familien 483
logische Funktionen 463
logische Variable 463
Lorentzkraft 69
Low-Power-Schottky-TTL-Reihe 487
Low-Power-TTL-Reihe 486
L-Pegelbereich 480
LRC-Tiefpaß 26
LSL 490
LTI-Systeme 292
lückender Betrieb 553
Luftspalt 573

M

magnetische Erregung 72
magnetische Feldkonstante 72
magnetische Feldstärke 72
magnetische Flußdichte 68
magnetische Hysteresis 79
magnetische Induktion 68, 87
magnetische Kernlänge 573
magnetische Kopplung 93
magnetische Sättigung 79
magnetische Spannung 74
magnetische Streuung 179
magnetischer Dipol 69
magnetischer Fluß 73
magnetischer Koppelfaktor 93
magnetischer Kopplungskoeffizient 94
magnetischer Kreis 82
– mit Permanentmagnet 84
magnetischer Leitwert 76, 573
magnetischer Widerstand 76
magnetisches Feld 66–100, 176
– an Grenzflächen 81
–, Kraft auf Grenzflächen 98
–, Zählpfeilvereinbarungen 67
Masche 6
Maschenregel 7, 30, 61
Maschenstromanalyse 32
maskenprogrammiert 514
Master-Slave-Flip-Flop 502
Maxterme 477
Maxwellsche Doppelplatte 42
Maxwellsche Gleichungen 101
Mehrphasensystem 165

Meißner-Oszillator 437
Meßabweichung, Spannungsmessung 231
–, Strommessung 230
Meßbereichserweiterung, durch Meßwandler 233
–, Spannungsmessung 230
Strommessung 228
Meßfehler 255
–, Genauigkeitsklassen 255
Messung, Blindleistung 239 f.
–, Blindleistung Drehstrom 242
–, Drehstromleistung 241
–, Effektivwerte 234
–, Gleichspannung 228
–, Gleichstrom 228
–, Gleichstromleistung 237
–, Leistungsfaktor 240
–, Wechselspannung 231
–, Wechselstrom 231
–, Wechselstromleistung 238
Meßwerke 223–227
–, Bimetall- 226
–, Drehmagnet- 225
–, elektrodynamische 224
–, elektrodynamische Quotienten- 226
–, elektrostatische 225
–, Hitzdraht- 226
–, Induktions- 226
–, Kreuzfeld- 226
–, Kreuzspul- 224
–, Übersicht 227
–, Zungenfrequenz- 226
Meßwerksymbole 227
mho, Einheit 608
Microzelle 621
Mignonzelle 621
Mikrodynzelle 621
Miller-Kapazität 352, 362
Mindestwindungszahl, primäre 574
Minterme 476
Mischgröße 119
Mitkopplung 393
Mittelpunktleiter 167
Mittelpunktschaltung 544
Mittelwert 120
–, arithmetischer eines Signals 120
Mittenfrequenz 264, 432
mittlere Lebensdauer 442
mittlere Leistung 7, 159
modulo-$(m+1)$-Zähler 526

Momentanleistung 158
– im Drehstromkreis 172
Momentanwert 105
Monozelle 621
Motoren 176
Motorprinzip 177
Multiplexer 498
Multiport RAM 513
Multivibrator 417, 441

N

Nacheilen 120
Nachlauf-Umsetzer 247
Nand-Verknüpfung 466
nationale Prüfzeichen 540
Nebenschlußmaschine 195 f.
Nebenschlußmotor 195
–, Drehzahlverstellung 197
–, Feldschwächung 199
–, permanenterregt 195
Nebenschlußverhalten 202
Nebenschlußwiderstand 228
Negation 463, 465
negative Logik 480
Nennbürde 234
Nennspannung 186
Neper 623
Netzausregelung 570
Netznachbildung 581
Netztransformator 540
–, Absicherung 541
–, Innenwiderstand 541
–, Kurzschlußfestigkeit 541
–, Leerlaufspannung 541
–, Nennleistung 541
–, Nennspannung 541
–, Primärseite 540
–, Sekundärseite 540
–, Verlustfaktor 541
Netzwerk 6
Netzwerkberechnung 29 ff.
Netzwerkumformungen 142–146
Neukurve 80
neutrale Zone 194
Neutralleiter 167, 643
nicht lückender Betrieb 552
nichtharmonisierte Leitungen 647
nichtinvertierender Verstärker 407

nichtlineare Systeme 260, 296, 324–329
–, Definition 324
nichtperiodische Signale 277
niedrigstwertige Zählerstelle 533
n-Kanal-FET 376
Normalform, disjunktive 471
–, konjunktive 472
–, vollständige 470
normierte Frequenz 268
Normierung von Schaltkreisen 302
Normreihe, IEC 615
Nor-Verknüpfung 466
n-Phasensystem 165
Nullphasenwinkel 105, 120
Nullpunkt, künstlicher 241
Nutquerfeld 210

O

obere Grenzfrequenz 264
Oberschwingungen 279, 325
Oder 515
Oder-Funktion 464
Oder-Verknüpfung 466
offene Verstärkung 394
offener Kollektor 490
Offsetspannung 373, 401
Offsetspannungsdrift 373, 401
Offsetstrom 373
Ohm 3, 58 f.
ohmscher Bereich 378
Ohmscher Widerstand 59
Ohmsches Gesetz 3
Operationsverstärker 400 ff.
–, Amplitudenreserve 406
–, Ausgangsaussteuerbereich 401
–, Ausgangswiderstand 403
–, Aussteuergrenzen 401
–, Betriebsspannungsdurchgriff 402
–, Eingangsruhestrom 403
–, Eingangswiderstand 403
–, Ersatzschaltbild 404
–, Frequenzgangkorrektur 405
–, Gleichtaktaussteuerbereich 401
–, Gleichtaktunterdrückung 402
–, Gleichtaktverstärkung 402
–, Grenzfrequenz 404
–, Kennwerte 401
–, Kompensation 405
–, Offsetspannung 401

–, Phasenreserve 405
–, Slew Rate 404
–, Transitfrequenz 403
–, Verstärkungsbandbreiteprodukt 403
Operationsverstärkerschaltungen 406 f.
–, Addierer 410
–, Bandpaß-Schaltung 432
–, Differenzierer 414
–, Dreieck-Rechteck-Generator 416
–, Elektrometerverstärker 407
–, Hochpaß-Schaltungen 430
–, Impedanzwandler 407
–, Instrumentenverstärker 411
–, Integrator 413
–, invertierender Verstärker 408
–, Kompensation des Eingangsruhestroms 409
–, Multivibrator 417
–, nichtinvertierender Verstärker 407
–, Sägezahn-Generator 417
–, Schmitt-Trigger 415
–, Spannungseinsteller 415
–, Stromquelle 412
–, Subtrahierer 410
–, Tiefpaß-Schaltungen 428
–, Wechselspannungsverstärker 414
Operator 116
Ordnung eines Filters 420 f.
orthogonal 284
Osanna-Kreis 211
Oszillator 435–441
–, Amplitudenbedingung mit FET 436
–, Colpitts- 439
–, Hartley- 438
–, induktiver Dreipunkt- 438
–, kapazitiver Dreipunkt- 439
–, LC-Oszillator 437
–, Meißner- 437
–, Phasenschieber- 436
–, Pierce- 440
–, Quarz- 439
–, RC-Oszillator 436
–, Wien-Robinson- 437

P

PAL 516
–, Ausgangsschaltungen 517
PAL-Assembler 534
Paradoxon der Wechselstromtechnik 155
Parallel-Ersatzschaltung, von Zweipolen 164

Parallelschaltung 14–17, 137
–, Umwandlung in Reihenschaltung 142
– von Induktivitäten 16, 20
– von Kapazitäten 17, 20
– von Leitwerten 15
– von R und C 22 f., 137
– von R und L 136
– von R, C und L 138
– von Widerständen 14
Parallelschwingkreis 138
Parallel-Serien-Wandler 519
Parallelverfahren 251
Paramagnetismus 73, 78
Pascal, Einheit 608
Pasenstrom 167
passiver Zweipol 34
Pegel 480
–, relative, Tabelle 625
Periode 277
Periodendauer 105, 119 f., 277
periodisch, Definition 119
periodische Größe 119
periodische Signale 277
periodischer Fall 26, 28
Permanentmagnet 84, 177
–, Dimensionierung 85
Permeabilität 72, 179
–, relative 72
Permittivitätszahl 45
–, Tabelle 642
peta 605
PFC 577
Phantom-Veknüpfung 491
Phase 105, 109 f.
Phasenanschnittsteuerung 547
Phasenbedingung 399, 435
Phasen-Charakteristik, *siehe* Phasen-Frequenzgang 262
Phasen-Frequenzgang 261, 266, 270
Phasengang 261, 340
Phasenlaufzeit 308
Phasenmaß 262, 308
Phasenreserve 405
Phasenschieber 153
Phasenschieberoszillator 436
Phasenspannung 167
Phasenspektrum 281
Phasenverschiebung 120
–, Schaltungen zur 152–156

Phasenverzerrungen 308
Pierce-Oszillator 440
Π-Glied 151
PI-Regler 572
p-Kanal-FET 376
PLA 516
PLA-Bausteine 516
PLD 515
PLD-Typen, Übersicht 517
Pole einer Filterfunktion 421
Polekschaltung 155
Polpaar 203
Polpaarzahl 204
Polumschaltung 214
Polygonschaltung 169
positiv flankengetriggert 505
positive Logik 480
positive Stromrichtung 1
Potential 2, 41, 55
primär getaktetes Schaltnetzteil 551, 557
primäre Mindestwindungszahl 574
Primärelemente 621
Primimplikant 477
programmierbare Zähler 520, 525
Programm-ROM 538
PROM 514, 516
Prüfzeichen 540
pseudostatischer RAM 513
Pseudozustand 538
pulsierende Gleichgröße 118
Pulswärmewiderstand 446
Pulsweitenmodulation 418
Pulsweitenmodulator 570
Pulverkern 97
Pulverkerndrossel 583
Punktsymmetrie 278
PWM 418, 570

Q

quadratischer Mittelwert 121
Quarzoszillator 439
Quasidarlingtonschaltung 350, 456 f.
Quellenfeld 41
Quine-McCluskey, Minimierung 476
Quotientenmeßwerk 224
–, elektrodynamisches 226

R

RAM 510
RAM-controller 513
RAS 513
RC-Kombinationen 20
RCL-Kombinationen 25
RC-Phasenschieber 153
Reaktanz 123
Realteil 108
Rechteckfunktion 293
Rechteckimpuls, Spektrum 318
Rechteckschwingung, Spektrum 287
Rechte-Hand-Regel 69
Rechtslauf 182
reduzierte disjunktive Normalform 473
reduzierte konjunktive Normalform 474
reelle Normalform 280
Regelkreis 394
Regelung, current-mode- 570
–, Leistungsfaktor-Vorregler 579
–, PI-Regler 572
–, voltage-mode- 570
– von Schaltnetzteilen 570
Reihen-Ersatzschaltung, von Zweipolen 164
Reihenschaltung 14–17
– aus R, L, und C 26
–, Umwandlung in Parallelschaltung 142
– von Induktivitäten 16, 20
– von Kapazitäten 17, 20
– von Leitwerten 15
– von R und C 21 f., 132
– von R und L 131
– von R, C und L 133
– von Wechselstromwiderständen 130
– von Widerständen 14
Reihenschlußmaschine 195, 199 ff.
Reihenschlußmotor 200
– am Wechselstromnetz 201
–, Drehzahlverstellung 202
Reihenschlußverhalten 202
Reihenschwingkreis 133
relative Bandbreite 264
relative Dielektrizitätskonstante 45
relative Permeabilität 72
Remanenzflußdichte 79
Remanenzinduktion 80
Resistanz 123
Resistivität 58, 641
Resonanz 135, 140
Resonanzfrequenz 135, 139
Resonanzkreisfrequenz 25
Resonanzwandler 552, 565

retardierte (verzögerte) Ausgänge 503 f.
Ringspeicher 513
Ringzähler 520
RL-Kombinationen 20
ROM 510, 514
Rotation 113
Rotor 192
RS232 630
RS-Flip-Flop 500 f., 506 f.
–, getaktet 501
Rückkopplung 393
Rückkopplungsfaktor 394
Rückwärtszähler 520, 524
rückwirkungsfrei 336
Rückwirkungskapazität 383
Ruhestrom 455
Ruhestromkompensation 409

S

Sägezahnfunktion, Spektrum 288
Sägezahn-Generator 417
Sanftanlaufgerät 214
Sättigungsflußdichte 79
Sättigungsinduktion 79
Schaltgruppe 191
Schaltnetz 478, 494
Schaltnetzteil 551
–, Funkentstörung 580
–, Funkstörstrahlung 581
–, primär getaktetes 551, 557
–, Regelung 570
–, sekundär getaktetes 551 f.
Schaltwerk 494
–, Synthese von 531
Schaltzeichen 720–724
–, alte Schaltzeichen 721
–, Analog-Digital-Umsetzer 251
–, Digital-Analog-Umsetzer 251
–, Halbleiter-Dioden 721
–, Induktivitäten 721
–, integrierte Schaltungen 724
–, Kondensatoren 720
–, Leitungen 724
–, Leitungsverbindungen 724
–, Meßgeräte 723
–, Relais 723
–, Schalter 723
–, Sensoren 724
–, Spannungsquellen 721
–, Stromquellen 721

–, Thyristoren 722
–, Transformatoren 721
–, Transistoren 722
–, Widerstände 720
Scheinleistung 162 f.
Scheinleitwert 126, 138
Scheinwiderstand 123
Scheitelfaktor 122
Scheitelwert 105, 119, 122
Schieberegister 519
Schleifenverstärkung 395
Schleifringläufer 205
Schleusenspannung 341
–, Temperaturabhängigkeit 342
Schließungswiderstand 229
Schlupf 206
Schlupflinie 213
Schmelzsicherungen, Farbkennung 643
–, Kennfarben 643 f., 646, 650
Schmitt-Trigger 415, 493
Schottky-TTL-Reihe 487
Schraubenregel 67, 69
Schreib-Lesespeicher, *siehe* RAM 510
Schrittmotor 220
Schutzarten 649
Schutzbereiche 650
Schutzklassen 644
Schutzleiter 643
Schwellenspannung 379
Schwellspannung 481
Schwingbedingung 399
Schwingkreis 25
sekundär getaktetes Schaltnetzteil 551 f.
Selbstinduktion 92
selbstleitend 376
selbstreziproke Funktionen 320
selbstsperrend 376
semisynchron 528
Semisynchronzähler 520
sequentielle Logik 494
Serien-Parallel-Wandler 519
Serienschwingkreis 133
SI-Basiseinheiten, Definition 604
Siebkondensator 542
Siebschaltung 147
Siebung 542
Siemens 3, 58 f.
Si-Funktion 309
–, Definition 309

Signumfunktion 317
–, Spektrum 317
Siliziumdiode 341
Sinusfunktion 105, 115
–, Grundbegriffe 105
– mit komplexem Argument 115
Sinusgröße 119
–, Summe von 106
SI-System 604
Skineffekt 576
Slew Rate 404
Solid State Relais 548
Source 376
Sourcefolger 387, 389
Sourceschaltung 382 ff., 389
–, Arbeitspunkt 385
–, Ausgangsimpedanz 384
–, Eingangsimpedanz 384
–, Rückwirkungskapazität 385
–, Verstärkung 385
–, Vierpolgleichungen 383
–, Wechselstromersatzschaltbild 383
–, y-Parameter 383
Spaltpolmotor 219
Spannung 2, 41, 55
–, elektrische 2
–, magnetische 74
–, verkettete 167
Spannungsabfall, zulässiger, bei Leitungen 650
spannungsbezogener Innenwiderstand 230
Spannungsdämpfungsmaß 623
Spannungseinsteller mit definierter Änderungsgeschwindigkeit 415
Spannungsfehler, bei Meßwandlern 234
Spannungsfehlerschaltung 237
Spannungspfad 238
Spannungsquelle 5, 13
–, ideale 5
–, reale 12
–, Umrechnung in Stromquelle 13
Spannungsregler 550
–, Fest- 551
– für variable Ausgangsspannung 550
–, pulsweitenmoduliert 570
spannungsrichtige Messung 237
Spannungsrückwirkung 347
Spannungsstabilisierung 549
–, analoge 549
–, mit Zenerdiode 549

Spannungsteiler 147
–, belasteter 36
–, induktiver 19
–, kapazitiver 19
–, kompensierter 148
–, komplex belasteter 148
–, komplexer 147
– mit definierten E/A-Widerständen 151
Spannungsteilerregel 18
Spannungsverdoppler 545
Spannungsverdopplungsschaltung 545
Spannungsverstärker 395
Spannungsverstärkung 362
Spannungsvervielfacher 545
Spannungswandler 233
Spartransformator 190
Speicherdrossel 4, 97, 572
–, Drahtdurchmesser 574
–, Kern 574
–, Luftspalt 573
Speichern 510
Speichertransformator 557, 559, 572
Speicherzelle 510
Speicherzugriff 511
Spektralbereich 313
Sperrbereich 263 f.
Sperrfilter 420
Sperrschicht-Feldeffekttransistor 376
Sperrstrom 341
Sperrwandler 552, 557, 568
spezifische Wärmekapazität 446
spezifischer Leitwert 58
spezifischer Widerstand 58
–, Tabelle 641
Sprungantwort 20 ff., 29, 297
–, Systeme 1. Ordnung 303
–, Systeme 2. Ordnung 304
Sprungfunktion 292
–, Spektrum 317
Spule 4
SRAM 512
Stabilisierung, mit Längstransistor 549
Stabkerndrossel 583
Standard-TTL-Reihe 486
Ständer 192
stationäres elektrisches Strömungsfeld 55–66
statisch 483
statische Arbeitsgerade 361
statischer RAM 512

Steilheit 345, 379
Steilheitsgrenzfrequenz 381
Steilheitsverstärker 395
Stern-Dreieck-Anlauf 172
Stern-Dreieck-Umrechnung 18
Stern-Dreieck-Umschaltung 213
Sternpannung 167
Sternpunkt, künstlicher 241
Sternschaltung 18
–, Umwandlung in Dreieckschaltung 143
steuerbarer Widerstand 392
Steuerkennlinie 344
Störabstand 481
Störung, leitungsgebundene 581
Stoßantwort 297
Stoßfunktion 294
Strangspannung 167
Strangstrom 167
Streuung 179
Strom 1, 55
–, elektrischer 1
Strombegrenzung 457
Strombelastbarkeit 618
Stromdichte 57
Stromfehler, bei Meßwandlern 234
Stromfehlerschaltung 237
Stromflußwinkel 542
Stromgegenkopplungswiderstand 357
stromkompensierte Drossel 582 f.
Stromortskurve, der Asynchronmaschine 211
Strompfad 238
Stromquelle 6, 13, 488
–, ideale 6
– mit Bipolartransistor 368
– mit FET 390
–, reale 12
–, spannungsgesteuert 412
–, Umrechnung in Spannungsquelle 13
stromrichtige Messung 237
Stromrichtung, positive 1
Stromsenke 488
Stromspiegelschaltung 375
Stromstärke, Definition 66
Stromteiler 147
–, induktiver 19
–, kapazitiver 19
–, komplexer 147
Stromteilerregel 19

Strömungsfeld 55–66
– an Grenzflächen 62
–, elektrisches 55
Stromverdrängung 210
Stromverdrängungsläufer 210
Stromversorgungen 540–551
Stromverstärker 395
Stromverstärkung 345
–, differentielle 345
–, Kurzschluß- 345
–, statische 345
–, Wechsel- 345
Stromwandler 233
Stromwärmeverluste 188
Subtrahierer 410
Subtraktion 111
sukzessive Approximation 247
Superpositionsgesetz 31, 333
Superpositionsprinzip 260, 290
Suszeptanz 126
symbolische Methode 116
symmetrisch 336
symmetrische Funkstörspannung 582 f.
symmetrische Funktion 278
synchrone Drehzahl 204
synchrone Schaltwerke 535
Synchronmaschine 204
Synchronzähler 520, 526
Synthesetabelle 506
System 260, 290
–, lineares, Definition 290
–, stabiles, Definition 292
–, zeitinvariantes, Definition 291

T

Tabelle, Fourierentwicklung von Signalen 285
–, FOURIER-Transformierte von Signalen 321
Tabellenspeicher 510
TAE 635
Taktverstärker 459
Tangensfunktion, Graph 587
Tastgrad 552
Tastkopf 148
Tastverhältnis 552
teilsynchron 528
Temperaturberechnung von Bauelementen 443
Temperaturdrift 346
Temperaturkoeffizient 3
– der Eingangsfehlspannung 373

Temperaturspannung 341
Tera 605
Tesla 68
–, Einheit 608
T-Flip-Flop 506, 508
T-Glied 151
thermische Meßwerke 226
Tiefpaß 263, 266, 420
–, 2. Ordnung 26
–, Berechnung 426
–, idealer 308
–, Schaltungen 428
–, Sprungantwort 29
Tiefsetzsteller 552
Transformator 95, 186–189, 540
–, idealer 186
–, Parallelschaltung 189
–, realer 187
Transformator-Nennspannung 543
transienter Wärmewiderstand 446
Transimpedanzverstärker 395
Transistorkenngrößen 343
–, Basis 343
–, Emitter 343
–, Kollektor 343
Transitfrequenz 347, 403
transparent 502
Transparenz, beim Flip-Flop 502
Treibertransistoren 456
Trenntransformator 190
Triac 202, 547
Triggerung von Flip-Flops 503
Tristate 492, 495, 517
Tschebyscheff-Filter 422
TTL 485
–, innerer Aufbau 487
TTL-Baureihen, technische Daten 487
Typenleistung 186
Typenschild 181
Typisierung 478

U

Überdeckung, minimale von Schalttermen 478
Übergangs-Schaltnetz 536
Überkompensation 165
Überlagerungssatz 31, 260, 290, 333
Überlastschutz, bei Drehspulinstrumenten 230
Übernahmeverzerrungen 451, 455
Überschwingen 310

Übersicht, Abhängigkeitsnotation 496
–, Auflösung und Codierung bei ADU und DAU 254
–, Bezeichnungen in Datenblättern von Digitalschaltungen 484
–, Bildzeichen der Installationstechnik 651
–, Bipolartransistor-Grundschaltungen 367
–, Differenzverstärker mit Bipolartransistoren 375
–, Differenzverstärker mit Feldeffekttransistoren 392
–, Drehstromsysteme 171
–, Eigenschaften des elektrostatischen Feldes 53
–, Eigenschaften des magnetischen Feldes 99
–, Eigenschaften des stationären elektrischen Strömungsfeldes 65
–, Eigenschaften FOURIER-Transformation 315
–, Filter 263
–, Flip-Flops 505
–, Flip-Flops, flankengetriggert 505
–, FOURIER-Reihen 283
–, Grundschaltungen mit Feldeffekttransistor 389
–, Induktivitäten verschiedener geometrischer Anordnungen 86
–, Kapazitäten verschiedener geometrischer Anordnungen 49
–, komplexe Widerstände 128
–, Meßverfahren 257
–, Meßwerke 227
–, Rechnen mit komplexen Zahlen 113
–, Reihen- und Parallelschaltung 140
–, Schaltnetzteile 568
–, Termumformungen 469
–, Verfahren zur Analog-Digital-Umsetzung 251
–, Wechselstromleistung 163
–, Widerstände verschiedener geometrischer Anordnungen 63
–, Zähler 529
–, Zählerschaltkreise, CMOS 531
–, Zählerschaltkreise, TTL 530
–, Zeichen auf Meßgeräten 256
Übertragungsfunktion 261, 266, 269, 301, 338
–, Definition 300
Übertragungskennlinie 344, 378, 480
umkehrbar 336
Ummagnetisierungsverluste 80
Umschaltpunkt 481
Umschaltung, 230 V/120 V- 545
Und 515
Und-Funktion 464

Und-Verknüpfung 465
ungerade Funktion 278
Universalfilter 433
Universalmotor 195, 201 f.
–, Drehzahlverstellung 202
unrichtiger Meßwert 255
Unschärferelation 311
unsicherer Meßwert 255
unsymmetrisch 336
unsymmetrische Funkstörspannung 582
untere Grenzfrequenz 264
Unterschwingungsverfahren 459

V

V.24 630
vektorielle Addition 111
Verbraucher 29
Verbraucherzählpfeilsystem 30, 67
Verhältnisgrößen 606
verkettet 166
verkettete Spannungen 166
verketteter Fluß 74
Verkürzung von Schalttermen 477
Verlustfaktor 26
Verlustleistung, bei Logik-Schaltkreisen 483
Verlustleistungshyperbel 344
Verschiebungsdichte 43
Versor 110
Verstärkungsbandbreiteprodukt 403
Verstärkung 394
Verstärkungs-Charakteristik siehe Amplituden-Frequenzgang 262
Verstärkungsmaß 261
Verzerrungen, lineare 308
–, nichtlineare 324–329
verzerrungsfreies System 307
Verzögerungszeit 307, 482
Vibrationsmeßwerk 226
Vierpol 336
–, aktiver 336
–, linearer 336
–, passiver 336
–, rückwirkungsfreier 336
–, symmetrischer 336
–, umkehrbarer 336
–, unsymmetrischer 336
Vierpolgleichungen 336
Vierpolparameter 336
Villard-Schaltung 546

virtuelle Verschiebung 51, 98
Vollbrücken-Gegentaktwandler 569
Vollwellensymmetrie 279
voltage-mode-Regelung 570
Volt-Ampere 162
Volt-Ampere-reaktiv 161
Vorbereitungseingang 503
Voreilen 120
Vorspannungserzeugung 456
Vorwahlzähler 526
Vorwärts-Rückwärtszähler 520, 525
Vorwärtssteilheit 338
Vorwärtszähler 520
Vorzeichenregeln 29

W

Wägeverfahren 248
Wahrheitstabelle 463
Wandler, invertierender 556, 568
Wärmekapazität 445
Wärmeleitpaste 442
Wärmewiderstand 444
–, transienter 446
Wasserschutz 649
Watt 7, 159
Wattsekunde 7
Weber 73
–, Einheit 608
Wechselgröße 118
Wechselschaltung 650
Wechselspannungsmessung 231
Wechselspannungsverstärker 414
Wechselstrombrücke, siehe Brückenschaltung 156
Wechselstromersatzschaltbild 333
Wechselstrommessung 231
Wechselstrom-Paradoxon 155
Wechselstromverstärkung 345
Weicheisenmeßwerk 225
weichmagnetisch 81
Weißsche Bezirke 79
Wendepolspannung 194
Wendepolwicklung 194
Wickelgut 572
Widerstand 3, 59, 123
–, komplexer 123
–, Temperaturabhängigkeit 3
Widerstandsebene, komplexe 124
Widerstands-Normreihe 615
Widerstandsoperator 123

widerstandsreziprok 145
Wien-Brücke 157
Wien-Robinson-Oszillator 437
Winkelfehler, bei Meßwandlern 234
Winkelfrequenz 119
Winkelfunktionen, Additionstheoreme 589
–, Eigenschaften 587
–, inverse 591
–, Produkte 590
Wirbelstrom 180
Wirbelstromverluste 180
Wirkanteil 159
Wirkfaktor 159, 164
Wirkleistung 159, 163
–, Messung im Drehstromkreis 241
Wirkleitwert 126
Wirkspannung 160
Wirkstrom 160
Wirkungsgrad 10
Wirkwiderstand 123

X

X-Kondensator 584

Y

Y-Kondensator 582
y-Parameter 337

Z

Zähler 520–531
Zählerbausteine, TTL und CMOS 530
–, Übersicht 530
Zählpfeil 29
Zählpfeilvereinbarungen 67
Zangenamperemeter 233
ZCS-Gegentakt-Resonanzwandler 566
ZCS-Resonanzwandler 565

Zeiger 109, 116
–, Drehung des 113
–, Multiplikation mit reeller Zahl 112
–, umlaufender 117
Zeigerdiagramm 117
Zeigergrößen, Summe von 117
Zeit-Bandbreite-Produkt 310
Zeitdehnung 295
zeitinvariante Systeme 291
Zeitkonstante 20, 153
Zeitverschiebung 295
Zeitwert 105
Zellen 621
Zenerdiode 549
Zugriffszeit 511
Zungenfrequenzmeßwerk 226
Zustandsdiagramm 535
Zustandsfolgetabelle 506
Zustandsspeicher 536
Zustandsvektor 536
Zuverlässigkeit 442
ZVS-Resonanzwandler 565
Zweig 6
Zweipol 29, 130, 335
–, aktiv 34
–, äquivalente 142
–, duale 145
–, Parallelschaltung von 135
–, passiv 34
–, Reihenschaltung von 130–135
Zweipolverfahren 34
Zweirampenverfahren 249
zweiseitiges Spektrum 282
Zweiton-Signal 327
Zweitore 336
Zwei-Wattmethode 242
Zweiweggleichrichtung 544

Sachwortverzeichnis englisch

A

A.C.-D.C. motor 195
absolute level 623
absolute voltage level 623
acceleration 182
active 336
active filters 419
active two terminal network 34
address access time 511
address setup time 511
admittance 126
admittance parameter 337
all-pass filter 263, 420
alterable gate array logic 516
aluminium oxyde wafer 444
American Wire Gauge 619
Ampere's Law 75
amplitude/frequency characteristic 261
analog to digital converter 245
angle of current flow 542
angular frequency 105, 113, 119
apparent power 162 f.
apparent resistance 123
armature 192
armature reaction 193
artificial mains network 581
asymmetrical 336
asynchronous clear 530
asynchronous counter 520, 529
attenuation factor 262
attenuator 18
auto transformer 190
available power efficiency 11
avalanche induced migration 514
average power 7, 159

B

backward voltage ratio with input open 347
balanced bridge 156
band-pass filter 263, 419
band-stop filter 263, 419
bandwidth 264
binary coded decimal 522
binary counter 520

Biot and Savart's law 71
block diagram 338
boost-converter, step-up-converter 554
boost-converter 554
boundary surface 48
branch 6
branch point 6
breaker 643
brushes 193
Buck-Boost-converter 556
buck-converter, step-down-converter 552
buck-converter 552
buffer 496

C

capacitance 5
capacitor 5
capacity 47
carry/borrow 532
cause and effect 31
centre frequency 264
channel 376
characteristics 376
charge 1
chip select 510
choking coil 4, 572
chopper 198
clamp-on ammeter 236
class-A operation 450
class-AB operation 454
class-B operation 453
class-C operation 454
clear 508 f.
clip-on ammeter 233
clock 501, 519 f.
clocked flip flop 501, 503
coercitive magnetic field strength 80
coil 4
collector 193
column address strobe 513
combinatorial circuit 478
combinatorial logic 494
commom mode gain 370
commom-collector circuit 362
common mode gain 402

common mode input swing 402
common mode rejection ratio(CMRR) 402
common mode, push-push 370
common-base cicuit 365
common-emitter circuit 351
Common-mode interference voltage 582
common-mode rejection ratio 372
commutator 193
comparator 406
compensation winding 193
complementary emitter follower 451
complex conductance 126
complex conjugate 108
complex impedance 123
complex number 107
complex plane 109
complex power 162
conductance 3, 126
conductance element 3
conductance, als Bauteil: conductance element 59
conductive part of admittance 126
conductivity, specific conductance 58
conductor 643
content 495
continuous mode 552
control 495
convolution 298
cooling 441
Coulomb's law 39
counter 496
crest factor 122
critical frequency 263 f., 266, 270, 404
critical frequency, $-3\,\mathrm{dB}$ point 419
critically damped 26
cross-coil movement 224
crystal oscillator 439
current 1
current density 57
current displacement 210
current divider 147
current gain 345
current mirror 375
current sink 488
current source 6, 368, 488
current transformer 233
current-compensated double choke 582

D

damping ratio 25, 272
Darlington circuit 349

data lockout 503
data selector 498
data valid to end of write 512
DC-drive 192
DC-motor 192
deceleration 182, 217
decoder 497
delta-connected generators 169
delta-connected network 144
delta-connection, Δ-connection 18
depletion 376
diac 548
diamagnetism 78
dielectric 44
dielectric constant 45
differential amplifier 369
differential gain 370
differential input impedance 403
Differential-mode interference voltage 582
differentiator 414
digital to analog converter 246, 251
disable time 485
discontinuous mode 553
dual circuits 145
dual slope conversion 249
duty cycle 552
dynamic current gain, small-signal current gain 349
dynamic output impedance 380
dynamic RAM 512

E

earth 643
eddy current 180
eddy-free 61
edge triggered flip-flops 504 f.
efficiency 10, 447, 450
electric displacement 43
electric energy 8
electric field 39
electric field strength 40
electric flow field 39
electric flux line 40
electric network 6
electric potential 42
electrical drives 176
electrical isolation 540
electrically alterable read only memory 514
electrically erasable read only memory 514
electrodynamic cross-coil movement 226

electrodynamic movement 224
electrostatic field 39
electrostatic induction 42
electrostatic movement 225
elementary charge 1
EMI suppression chokes, EMI: electromagnetic interference 583
emitter follower 447
emitter-follower 362
enable 492, 495, 517, 527, 529
energy density 51
energy signal 277
enhancement 376
equipotential surface 42
equivalent circuit diagram 6
equivalent circuits 142
erasable programmable, read only memory 516
erasable programmable logic device 516
erasable programmable read only memory 514
error correcting code 513
error detection and correction 513
even function 278
excitation 192
exciting winding 192
exclusive or 467
Exor 467
exponential function 114

F

failure in time 442
failure rate 442 f.
fall time 482, 485
fan 442
fan in 481
fan out 481
Faraday's cage 42
Faraday's Law of induction 88
fast rectifier 378
feedback 393
feedback factor 394
ferromagnetism 78
field effect transistor 376
field programmable gate array 516
field programmable logic array 516
field programmable logic sequencer 516
filter capacitor 542
filtering 542
finite state machines 535
first in first out 513

flash 515
Flashconverter 246
floating gate 514
floor function 245
flux line 69
Flyback-converter 557
forced convection 444
form factor 122
forward current amplification, output shorted 337
forward transconductance 379
four-terminal network, two-port network 336
Fourier series 279
frequency 105
frequency compensation 405
frequency converter 215
frequency divider 503
frequency normalization 268
frequency response 261, 340
fuse 541, 643
fuses 516
fusible link 514

G

gain 447
gain bandwidth product 403
gain margin 406
gate 464
Gaussian pulse 293
generator 29, 176
generic array logic 517
glitches 253

H

Hall generator 235
hardware array logic 516
harmonic functions 106, 114
harmonics 279
heating-up 441
heatsink 442
high impedance amplifier, instrumentation amplifier 411
high input impedance subtractor 411
high-impedance state output current with high-level voltage applied 484
high-impedance state output current with low-level voltage applied 484
high-impedance-state 492
high-level input current 484
high-level input voltage 484

748 Sachwortverzeichnis englisch

high-level output current 484
high-level output voltage 484
high-pass filter 263, 419
hold time 485, 512
hot-wire measuring system 226
hybrid parameter 337
hysteresis 493
hysteresis loop 79
hysteretic loss 80

I

illegal states 538
imaginary number 107
immittance 126
impedance 123
impedance matching 11
impedance transformer 407
impedance triangle 124
impulse function 294
impulse response 297
impulse stretching 493
incremental resistance, small-signal resistance 333
indication of direction 67
induced voltage 89
inductance 4, 77
inductive part of resistance 129
inductor 4
input bias current 403
input characteristic 344
input impedance 148, 334, 380, 448
input intercept point 329
input offset current 373
input offset voltage 373, 401
input offset voltage drift 401
input resistance, output shorted 337
input vector 536
instantaneous power 7, 158
instantaneous value 105, 119
instrument transformer 233
insulated-gate fet 376
insulation 444
integrated fuse logic 516
integrator 413
intercept point 329
internal resistance 150
internally compensated 405
international protection 649
interpole, commutation pole 194
inverse feedback 393

inverting amplifier 409
inverting input 400
irreversible, nonreciprocal 336
isolating transformer 190

J

junction fet 376

K

Kirchhoff's law 6, 61

L

lagging power factor 161
laod variation 549
last fuse 517
latch 519
leading power factor 161
leakage 179
leakage current 582
leakage power, dissipation 449
least significant bit 533
least significant bit (LSB) 248
Lenz's law 89
level triggered flip-flops 504
line 643
line regulation 570
line regulation, power supply rejection ratio 402
linear differential equation first order 20
linear systems 290
linear time-invariant 292
linearization 332
load 29, 519, 525, 532
load (resistance) 150
load regulation 570
loadable shift register 519
locus diagramm 211
logic cell array 516
loop gain 395
Lorentz force 69
low-level input current 484
low-level input voltage 484
low-level output current 484
low-level output voltage 484
low-pass filter 263, 419

M

magnetic circuit 82
magnetic dipole 68
magnetic field 39, 66
magnetic field strength 72

magnetic flux 73
magnetic flux density 68
magnetic induction 87
magnetic saturation 79
magnetomotive Force (MMF) or Ampere-Turns 75
magnitude 108
master 502
master-slave 502
matching efficiency 35
maximum available power output 449
maximum clock frequency 484
mean time between failure, MTBF 442
Meissner oscillator 437
mesh 6
mho $\frac{\text{mho}}{\text{m}}$ 58
mica wafer 444
mode 532 ff.
most significant bit 534
most significant bit (MSB) 247
motor 176
movement, measuring system 223
moving-coil instrument 223
moving-iron instrument 233
moving-iron movement 225
multiplexer, multiplexor 496, 498
multivibrator, square wave generator 417
mutual inductance 94

N

name plate 181
nameplate 186
national approval (of electric equipment) 540
natural convection 444
neutral 167
neutral conductor 643
neutral line 643
neutral wire 643
no load operation 35
noise margin 481
nominal voltage 186
non vortical 61
non-inverting amplifier 407
non-inverting input 400
non-reactive 336
Norton equivalent circuit 143
notch filter 265

O

odd function 278
offset voltage drift 373

Ohm's law 3
one core double choke 583
open collector 490
open drain 490
open loop gain 394
open-collector 495
operating limit 448
operating point 332, 357
operational amplifier 400
order 420
Osanna circle 211
oscillator 435
output admittance 337
output characteristics 344, 378
output impedance 148, 403, 448
output impedance, equivalent source resistance 334
output intercept point 329
output logic 536
output logic macro cell 518
output vector 536
output voltage swing 401
overdamped 26

P

pair of poles 203
parallel connection 14
parallel in serial out 519
parallel-resonant circuit 138
paramagnetism 78
pass-band 263 f.
passive 336
passive two terminal network 34
peak magnitude 105
peak value 119
period 105, 120, 277
periodic signals 277
permanent magnet 84
permeability 72
permittivity 45
phase (conductor) 166
phase control 547
phase current. Achtung, Verwechslungsgefahr zwischen Strang- und Außenleitergrößen 167
phase factor 262
phase lag 120
phase lead 120
phase margin 405
phase response 261, 340
phase shift 120

phase voltage 166 f.
phase winding 167
phase/frequency characteristic 261
photo triac 548
Pi-network 152
Pierce oscillator 440
pinch-off voltage 378
pliers ammeter, clamp ammeter 236
pointer 223
pole changing 214
polyphase current 165
positive feedback 393
positive going edge triggered 529
potential 2
power amplifier 447
power density 64
power down 484
power down supply current 484
power factor correction 164
power factor PF 159, 164, 240
Power Factor Preregulator 577
power meter 238
power on 535
power output 447
power signal 277
power source 6
power supply 540
power transformer 540
preset 508 f.
primary 540
primary rated voltage 541
principle of superposition 31
probe 148
product of sums, POS 472
programmable array logic 516
programmable logic array 516
programmable logic device 515
programmable read only memory 514
propagation delay time 482, 485
protective earth 643
protective ground 643
pull-up resistor 492
pulse width 485
pulse width modulation, PWM 418
pulse-width-modulation 198
push-pull 370
push-pull converter 563

Q

qualifier 536 f.
quality factor 265

R

radio frequency interference 580
radio frequency interference Filter, EMI-Filter
  (EMI: electromagnetic interference) 581
radio frequency interference meter 581
random access memory 510
rated power 541
ratings 376
ratio-meter type moving-coil instrument 224
reactance 123
reactive part of impedance 123
reactive power 160, 163
read-only memory 510, 514
read/write 510
real power 159, 163
reciprocal 336
rectangular pulse 293
rectifier 542
rectifier circuit 543
rectifier, diode 341
reed frequency meter 226
refresh 512 f.
relative permittivity 45
remanent flux density 80
reset 504, 506, 532
resistance 3, 59, 123
resistive part of impedance 123
resistivity, specific resistance 58
resistor 3
resonance 135, 140
resonant converter 565
resonant frequency 25, 135, 139
reverse current 341
reverse transfer capacitance 381
reverse voltage transfer ratio 337
RF probe 233
right-hand-thread rule 69
ring core double choke with powder core 583
ripple count enable 527
ripple through counter 522
ripple voltage 542
rise time 267, 482, 485
rms-value 121
rotary current 166
rotary magnet movement 225

rotating field 203
rotating magnetic field 166
rotor 192
row address strobe 513

S

sample and hold 250
sample and hold, S/H 250
saw-tooth generator 418
scaler 503
Schmitt trigger, comparator with hysteresis 415
secondary 540
self-induction 92
sequential logic 494
serial in parallel out 519
series connection 14
series motor 195
series transformer 233
series-resonant circuit 133
set 505 f.
set, reset 499
shape factor 265
shielding 42
shift register with parallel access 519
short circuit 35
short circuit proof 541
short circuit protection 541
short-circuit output current 484
shunt 228
shunt motor 195
sine, cosine 106, 115
single phase capacitor motor 219
single transistor forward converter 561
single-ended push-pull converter 565
sinusoidal quantity 119
slave 502
slew rate 483
slip 206
slip-ring motor 205
slot 193
small signal 376
small-signal equivalent circuit 333
small-signal input resistance 346
small-signal source resistance 346
small-signal voltage gain 356
smooth start device 214
snubber circuit 559
soft iron 81
solenoid field 61

solid state memories 510
specific thermal capacity 446
speed (of rotation) 181
split-pole motor 219
squirrel-cage induction motor 206
state diagram 535
state vector 536
static current gain, DC current gain 349
static RAM 512
stator 192
step response 297
step-down-converter 552
stepping motor 220
step-up-converter 554
stop-band 263 f.
stop-band filter 265
subtractor 410
successive approximation register 247
sum of products, SOP 471
summing amplifier 410
superposition 31
supply current 484
surface acoustic wave filters 275
susceptance 126
susceptive part of admittance 126
switch mode power supply 551
switch tail ring counter 520
switched-capacitor filters 275
switched-capacity filter 434
symmetrical 336
synchronous clear 530
synchronous counter 520
synchronous machine 204

T

T-network 151
temperature coefficient 3
terminal board 207
thermal capacity 445
thermal compound 442
thermal resistance 444
thermal runaway 346
thermal time constant 446
thermal voltage 341
Thevenin equivalent circuit 143
three-phase current 166
three-phase induction motor 205
three-phase motor 203
three-phase transformer 190

three-state 484, 492
three-state-Ausgänge 485
threshold voltage 341, 379, 481
time constant 153
time-invariant systems 291
toggle 503, 505, 521
toggle flip-flop 503
torque 181
total input power 450
totem-pole 487 f., 490
transconductance 345
transfer characteristic 344
transfer characteristics 378
transfer factor 261
transfer function 261, 266, 301, 338
transformer 95, 186
transient distortion 451
(effective) transient thermal impedance 446 f.
transition frequency, unity gain frequency 347
transition logic 536
triac, bidirectional triode thyristor 547
triangle-square-pulse generator 416
triangular pulse 293
tristate 492, 495, 517
truthtable 463
two terminal network 29
two transistors forward converter 563
two-terminal network 129, 335

U

underdamped 26
uniform motion 68
unit step function 292
unity gain frequency 404
unsymmetric interference voltage 582
up/down counter 520, 529

V

vector 67
vector group 191
volatile, non volatile memories 510
voltage 2, 41
voltage controlled current source 412
voltage divider 18, 147
voltage regulation 549
voltage source 5
voltage to neutral 167
voltage transformer 233
voltage variation 549

W

walking-ring counter 520
Weiss domain 79
Wien bridge 157
Wien-bridge oscillator 437
wire 643
wired or 491
write cycle time 512
write enable 510
write pulse width 512
wye-connected generators 169
wye-connected network 144

X

X capacitor 584
Xor 467

Y

Y capacitor 582
Y-connection 18

Z

zero stability 458

Notizen

Notizen

Aus unserem Verlagsprogramm

H. Stöcker (Hrsg.)
Taschenbuch der Physik

5., korrigierte Auflage 2004
1 080 Seiten, zahlreiche Abbildungen und Tabellen, Plastikeinband
ISBN 3-8171-1720-5
ab 01.01.2007: ISBN 978-3-8171-1720-8
mit Multiplattform-CD-ROM
ISBN 3-8171-1721-3
ab 01.01.2007: ISBN 978-3-8171-1721-5

Das *Taschenbuch der Physik* wurde von einem Team erfahrener Hochschuldozenten, Wissenschaftler und in der Praxis stehender Ingenieure unter dem Gesichtspunkt „Physik griffbereit" erstellt: Alle wichtigen Begriffe, Formeln, Meßverfahren und Anwendungen sind hier kompakt zusammengestellt.

Nicht zuletzt die ausführlichen Tabellenteile zur Mechanik, zu Schwingungen/Wellen/Akustik/Optik, zur Elektrizitätslehre, zur Thermodynamik und zur Quantenphysik machen dieses Buch zu einem unverzichtbaren Nachschlagewerk für Ingenieure und Naturwissenschaftler, die im physikalisch-technischen Sektor tätig sind.

H. Stöcker (Hrsg.)
Taschenbuch mathematischer Formeln und moderner Verfahren

Sonderausgabe der 4., korrigierten Auflage 1999, 2003
903 Seiten, zahlreiche Abbildungen und Tabellen, gebunden
ISBN 3-8171-1700-0
ab 01.01.2007: ISBN 978-3-8171-1700-0
mit Multiplattform-CD-ROM
ISBN 3-8171-1701-9
ab 01.01.2007: ISBN 978-3-8171-1701-7

Elementare Schulmathematik, Basis- und Aufbauwissen für Abiturienten oder Studenten, mathematischer Hintergrund für Ingenieure oder Wissenschaftler: dieses Buch bietet alle wichtigen Begriffe, Formeln, Regeln und Sätze, zahlreiche Beispiele und praktische Anwendungen, Hinweise auf Fehlerquellen, wichtige Tips und Querverweise, analytische und numerische Lösungsverfahren im direkten Vergleich.

Zudem behandelt das Taschenbuch auch Graphen und Bäume, Wavelets, Fuzzy Logik, Neuronale Netze, Betriebssysteme sowie ausgewählte Programmiersprachen und gibt eine Einführung in die Computeralgebra.

Beide Bücher sind jeweils auch mit einer CD-ROM aus der *DeskTop*-Reihe erhältlich, die den kompletten Inhalt der Taschenbücher als vernetzte HTML-Struktur mit farbigen Abbildungen, multimedialen Zusatzkomponenten und komfortabler Suchfunktion enthält. Als plattformübergreifende Multimedia-Enzyklopädien sind diese CD-ROMs überall dort verfügbar, wo der Nutzer seinen PC, Laptop, PDA oder Mac einsetzt.

H. Lutz, W. Wendt

Taschenbuch der Regelungstechnik

6., aktualisierte und erweiterte Auflage 2005
1 332 Seiten, zahlreiche Abbildungen und Tabellen, Plastikeinband
ISBN 3-8171-1749-3
ab 01.01.2007: ISBN 978-3-8171-1749-9

Das *Taschenbuch der Regelungstechnik* eignet sich aufgrund der ausführlichen und doch kompakten Darstellung für die Anwendung in der ingenieurtechnischen Praxis sowie auch als Begleittext für regelungstechnische Vorlesungen.

Der Themenbereich erstreckt sich von der Berechnung einfacher Regelkreise mit Proportional-Elementen, von Regelkreisen im Zeit- und Frequenzbereich bis zu digitalen Regelungen, Zustandsregelungen, nichtlinearen Regelungen und Fuzzy-Regelungen. Die Verfahren der Zustandsregelung werden auf Probleme der Antriebstechnik angewendet. Zwei Kapitel befassen sich mit der Anwendung des Programmsystems MATLAB, Simulink für Problemstellungen der Regelungstechnik.

Die Beschreibung der regelungstechnischen Verfahren und Methoden wird durch überschaubare Beispiele ergänzt. Zu vielen Beispielen sind m-Files und Simulink-Modelle für das Programmsystem MATLAB, Simulink angegeben.

Das Werk enthält zudem zahlreiche Tabellen, die in der Regelungstechnik benötigt werden. Ein englisch-deutsches und deutsch-englisches Wörterbuch für die Regelungstechnik und Fuzzytechnologie runden das Taschenbuch ab.

I. N. Bronstein, K. A. Semendjajew, G. Musiol, H. Mühlig

Taschenbuch der Mathematik

6., überarbeitete und ergänzte Auflage 2005
1 242 Seiten, zahlreiche Abbildungen und Tabellen, Plastikeinband
ISBN 3-8171-2006-0
ab 01.01.2007: ISBN 978-3-8171-2006-2
mit Multiplattform-CD-ROM
ISBN 3-8171-2016-8
ab 01.01.2007: ISBN 978-3-8171-2016-1

Über Generationen ist der *Bronstein* zum Symbol für das gesammelte Wissen in der Mathematik geworden. Regelmäßig auf den neuesten Wissensstand gebracht, setzt der *Bronstein* den Maßstab für mathematische Nachschlagewerke.

Neben dem klassischen Buch gibt es eine Ausgabe mit einer dem Buch beigelegten Multiplattform-CD-ROM. Sie bereitet den kompletten Inhalt des Taschenbuches als vernetzte HTML-Struktur mit zahlreichen Hyperlinks und farbigen, bildschirmgerechten Abbildungen auf. Eine komfortable Suchfunktion erleichtert das Arbeiten.

Mit seinem großen Informationsgehalt – verbunden mit seiner hohen Verläßlichkeit und dem elektronischen Zusatznutzen – macht der *Bronstein* Studierenden, Dozenten, Professoren, Wissenschaftlern und Berufspraktikern ein umfassendes und vielseitig nutzbares Informationsangebot.

Einheiten der Elektrotechnik			
Einheitenzeichen	Einheit	Zusammenhang	Einheit für
A	Ampere	Basiseinheit	Stromstärke
C	Coulomb	As	Ladung
cd	Candela	Basiseinheit	Lichtstärke
F	Farad	As/V	Kapazität
H	Henry	Vs/A	Induktivität
Hz	Hertz	1/s	Frequenz
J	Joule	Ws	Energie, Arbeit
K	Kelvin	Basiseinheit	Temperatur
kg	Kilogramm	Basiseinheit	Masse
kWh	Kilowattstunde	3,6 MJ	Arbeit
lm	Lumen	cd sr	Lichtstrom
l	Lux	lm/m^2	Beleuchtungsstärke
m	Meter	Basiseinheit	Länge
N	Newton	kg m/s^2	Kraft
Ω	Ohm	V/A	Widerstand
S	Siemens	1/Ω	Leitwert
s	Sekunde	Basiseinheit	Zeit
T	Tesla	Vs/m^2	magnetische Flußdichte
V	Volt	J/C=Ws/As	Spannung
W	Watt	AV	Leistung
Wb	Weber	Vs	magnetischer Fluß
Einheiten außerhalb des SI-Systems			
kcal	Kilokalorie	4,186 Ws	Wärmemenge
PS	Pferdestärke	735,5 W	Leistung
eV	Elektronvolt	$1,602 \cdot 10^{-19}$ Ws	Energie
Naturkonstanten			
Magnetische Feldkonstante (Permeabilitätskonstante)		$\mu_0 = 4 \cdot \pi \cdot 10^{-7}$ H/m $= 1,256370614 \cdot 10^{-6}$ Vs/Am	
Elektrische Feldkonstante (Dielektrizitätskonstante)		$\varepsilon_0 = 1/(\mu_0 \cdot c^2)$ $= 8,854187817 \cdot 10^{-12}$ As/Vm	
Vakuumlichtgeschwindigkeit		$c = 2,99792458 \cdot 10^8$ m/s	
Elementarladung des Elektrons		$e = 1,60217653 \cdot 10^{-19}$ C	
Boltzmann-Konstante		$k = 1,3806505 \cdot 10^{-23}$ J/K	
Ruhemasse des Elektrons		$m_e = 9,1093826 \cdot 10^{-31}$ kg	